Apresentação

Caro aluno,

Para aprender Matemática, é necessário compreender as ideias e os conceitos e saber aplicá-los em situações do cotidiano. Essas aplicações exigem também habilidade em resolver problemas e efetuar cálculos.

Elaboramos este Caderno de atividades para você rever e fixar conceitos, procedimentos e habilidades já estudados no livro. Quanto mais exercitar seu raciocínio lógico, resolvendo as atividades e os problemas propostos, mais facilidade terá com os assuntos de Matemática.

Vamos começar?

Um abraço.

O autor.

SUMÁRIO

Luiz Roberto Dante

Livre-docente em Educação Matemática pela Universidade Estadual Paulista "Júlio de Mesquita Filho" (Unesp-SP), *campus* de Rio Claro

Doutor em Psicologia da Educação: Ensino da Matemática pela Pontifícia Universidade Católica de São Paulo (PUC-SP)

Mestre em Matemática pela Universidade de São Paulo (USP)

Licenciado em Matemática pela Unesp-SP, Rio Claro

Pesquisador em Ensino e Aprendizagem da Matemática pela Unesp-SP, Rio Claro

Ex-professor do Ensino Fundamental e do Ensino Médio na rede pública de ensino

Autor de várias obras de Educação Infantil, Ensino Fundamental e Ensino Médio

Fernando Viana

Doutor em Engenharia Mecânica pela Universidade Federal da Paraíba (UFPB)

Mestre em Matemática pela UFPB

Aperfeiçoamento em Docência no Ensino Superior pela Faculdade Brasileira de Ensino, Pesquisa e Extensão (Fabex)

Licenciado em Matemática pela UFPB

Professor efetivo do Instituto Federal de Educação, Ciência e Tecnologia da Paraíba (IFPB)

Professor do Ensino Fundamental, do Ensino Médio e de cursos pré-vestibulares há mais de 20 anos

O nome ***Teláris*** se inspira na forma latina *telarium*, que significa "tecelão", para evocar o entrelaçamento dos saberes na construção do conhecimento.

TELÁRIS

MATEMÁTICA

CADERNO DE ATIVIDADES

9

editora ática

editora ática

Direção Presidência: Mario Ghio Júnior
Direção de Conteúdo e Operações: Wilson Troque
Direção editorial: Luiz Tonolli e Lidiane Vivaldini Olo
Gestão de projeto editorial: Mirian Senra
Gestão e coordenação de área: Ronaldo Rocha
Edição: Pamela Hellebrekers Seravalli e Carlos Eduardo Marques (editores); Sirlaine Cabrine Fernandes e Darlene Fernandes Escribano (assist.)
Planejamento e controle de produção: Patrícia Eiras e Adjane Queiroz
Revisão: Hélia de Jesus Gonsaga (ger.), Kátia Scaff Marques (coord.), Rosângela Muricy (coord.), Ana Paula C. Malfa, Arali Gomes, Claudia Virgilio, Daniela Lima, Diego Carbone, Gabriela M. Andrade, Heloísa Schiavo, Kátia S. Lopes Godoi, Luciana B. Azevedo, Luís M. Boa Nova, Luiz Gustavo Bazana, Patricia Cordeiro, Sueli Bossi, Vanessa P. Santos; Amanda T. Silva e Bárbara de M. Genereze (estagiárias)
Arte: Daniela Amaral (ger.), Erika Tiemi Yamauchi (coord.), Filipe Dias, Karen Midori Fukunaga e Renato Akira dos Santos (edição de arte)
Diagramação: Typegraphic
Iconografia e tratamento de imagem: Sílvio Kligin (ger.), Roberto Silva (coord.), Roberta Freire (pesquisa iconográfica), Cesar Wolf e Fernanda Crevin (tratamento)
Licenciamento de conteúdos de terceiros: Thiago Fontana (coord.), Flavia Zambon (licenciamento de textos), Erika Ramires, Luciana Pedrosa Bierbauer, Luciana Cardoso Sousa e Claudia Rodrigues (analistas adm.)
Ilustrações: Murilo Moretti
Cartografia: Eric Fuzii (coord.), Robson Rosendo da Rocha (edit. arte)
Design: Gláucia Correa Koller (ger.), Adilson Casarotti (proj. gráfico e capa), Erik Taketa (pós-produção), Gustavo Vanini e Tatiane Porusselli (assist. arte)
Foto de capa: Michael Melford/The Image Bank/Getty Images

Avenida das Nações Unidas, 7221, 3º andar, Setor A
Pinheiros – São Paulo – SP – CEP 05425-902
Tel.: 4003-3061
www.atica.com.br / editora@atica.com.br

Dados Internacionais de Catalogação na Publicação (CIP)

Dante, Luiz Roberto
Teláris matemática 9º ano / Luiz Roberto Dante, Fernando Viana. - 3. ed. - São Paulo : Ática, 2019.

Suplementado pelo manual do professor.
Bibliografia.
ISBN: 978-85-08-19344-8 (aluno)
ISBN: 978-85-08-19345-5 (professor)

1. Matemática (Ensino fundamental). I. Viana, Fernando. II. Título.

2019-0174 CDD: 372.7

Julia do Nascimento - Bibliotecária - CRB - 8/010142

2024
Código da obra CL 742184
CAE 654375 (AL) / 654374 (PR)
3ª edição
1ª impressão
De acordo com a BNCC.

Impressão e acabamento: Bercrom Gráfica e Editora
Código da Op: 251826

Uma publicação SOMOS EDUCAÇÃO

CAPÍTULO 1

Números reais

1 Calcule o valor de cada potência em $\mathbb{R}$, quando existir.

a) $7^4 =$ ______

b) $7^{-4} =$ ______

c) $7^{\frac{1}{4}} =$ ______

d) $7^{\frac{4}{5}} =$ ______

e) $(-7)^4 =$ ______

f) $(-7)^0 =$ ______

g) $2^{\frac{3}{5}} =$ ______

h) $6^{\frac{1}{2}} =$ ______

i) $(-6)^{-1} =$ ______

j) $0^{-3} =$ ______

k) $(-2)^{-1} =$ ______

l) $(-4)^{\frac{1}{2}} =$ ______

m) $(-8)^{\frac{1}{3}} =$ ______

n) $16^{-\frac{1}{2}} =$ ______

o) $10^{-3} =$ ______

p) $2^{0,3} =$ ______

q) $2^{0,\bar{3}} =$ ______

r) $2^{1\frac{1}{3}} =$ ______

2 › Escreva o que se pede.

a) 4 096 como potência de base 4.

______

b) 4 096 como potência de expoente 3.

______

c) 4 096 como potência de base 8.

______

d) 4 096 como potência de expoente 2.

______

e) 36 como potência de expoente -2.

______

f) 0,1 como potência de base 10.

______

g) 9 como potência de expoente $\frac{1}{2}$.

______

h) -32 como potência de base $-\frac{1}{2}$.

______

i) 1 como potência de base 12.

______

j) 3 como potência de base 81.

______

3 › Calcule o valor numérico de cada expressão algébrica.

a) $3x^3 - x^2 + 4x + 1$, para $x = -3$.

______

b) $5x^2 - 2xy + y^2$, para $x = -1$ e $y = 2$.

______

c) $a^4 - 2a^3 + 5a^2$, para $a = 10$.

d) $a - a^{-1} + a^{-2}$, para $a = 4$.

4 Transforme cada número na potência indicada.

a) $2^3 \cdot 4^2$ em potência de base 2.

b) $\frac{1}{81}$ em potência de base 3.

c) $5^6 \cdot 4^3$ em potência de expoente 6.

d) $\sqrt[8]{25 \cdot 125}$ em potência de base 5.

e) $10^4 \cdot 10 \cdot 0{,}001$ em potência de base 10.

f) $\frac{37 \times 29}{29 \times 37}$ em potência de base 7.

5 Classifique cada igualdade como verdadeira ou falsa.

a) $-7^2 = (-7)^2$

b) $-2^3 = (-2)^3$

c) $17^7 \cdot 17^{-4} = 17^{-28}$

d) $(43^4)^3 = 43^{12}$

e) $(5^{-5})^5 = 5^0$

f) $(3^{-2})^{\frac{1}{2}} = 3^{-1}$

g) $\frac{4^8}{8^2} = 2^{10}$

h) $3^4 \cdot 7^4 = 21^4$

i) $\frac{10^6}{5^6} = 2^6$

j) $\frac{6^{10}}{6^5} = 6^2$

k) $(-38{,}77)^0 = -1$

l) $(0{,}1\overline{3})^{-1} = 7\frac{1}{2}$

6 Calcule o valor de cada expressão numérica.

a) $\dfrac{4^7 \cdot 8^2 \cdot 2}{1024^2} =$ ________

b) $\dfrac{0{,}01 \cdot 0{,}0001}{10 \cdot 0{,}001} =$ ________

c) $\dfrac{2^5 \cdot 3^5}{6^2 \cdot 6} =$ ________

7 Escreva cada número em notação científica.

a) Seis milhões e duzentos mil.

____

b) Dezessete bilhões.

____

c) Quarenta e três décimos de milésimos.

____

d) 0,0008

____

e) 295 000

____

f) 83,40000000

____

8 Complete cada item com >, < ou =.

a) $\sqrt[7]{3 \cdot 5}$ ______ $\sqrt[7]{3} \cdot \sqrt[7]{5}$

b) $\sqrt{25 + 16}$ ______ $\sqrt{25} + \sqrt{16}$

c) $\sqrt[3]{12 : 3}$ ______ $\sqrt[3]{12} : \sqrt[3]{3}$

d) $\sqrt{49 - 0}$ ______ $\sqrt{49} - \sqrt{0}$

e) $\sqrt{36 - 9}$ ______ $\sqrt{36} - \sqrt{9}$

f) $\dfrac{\sqrt{12}}{\sqrt{2}}$ ______ $\sqrt{\dfrac{12}{2}}$

9 Calcule o valor de cada raiz. Em raízes não exatas, aproxime-as por falta, até os décimos.

a) $\sqrt[3]{729}$

____

b) $\sqrt[5]{16\,807}$

____

c) $\sqrt{194\,481}$

____

d) $\sqrt{5{,}76}$

____

e) $\sqrt{46}$

____

f) $\sqrt[3]{10}$

____

10 › Escreva 3 raízes exatas considerando os números 2, 3 e 4 para os índices e os números 64, 81 e 36 para os radicandos.

____

11 › Complete cada igualdade para que ela seja verdadeira.

a) $\sqrt[3]{5} = \sqrt[12]{\underline{\qquad\qquad}}$

b) $\sqrt{6 \times 7} = \sqrt{6} \times$ __________

c) $\sqrt[4]{11^4} =$ __________

d) $\dfrac{\sqrt[6]{10}}{\sqrt[6]{5}} = \sqrt[\_\_]{2}$

e) $\sqrt[15]{5^9} = \sqrt[\_\_]{2^3}$

f) $\sqrt[10]{32} = \sqrt{\underline{\qquad\qquad}}$

g) $\sqrt[3]{3} = \sqrt[6]{\underline{\qquad\qquad}}$

h) $\sqrt[3]{12} = \sqrt[3]{3} \times$ __________

i) $\sqrt[3]{5^2} = 5^{\_\_}$

j) $\sqrt[4]{8} = 2^{—}$

k) $9^{\frac{2}{3}} = \sqrt[3]{3^{—}}$

l) $5^{\frac{1}{2}} = \sqrt[6]{\_\_\_\_\_\_}$

12 ▸ Calcule o valor de cada raiz exata e simplifique cada raiz não exata, quando possível.

a) $\sqrt{5184} =$ ____________

b) $\sqrt[6]{343} =$ ____________

c) $\sqrt[3]{250} =$ ____________

d) $\sqrt[3]{14641} =$ ____________

e) $\sqrt[4]{28561} =$ ____________

f) $\sqrt[10]{64} =$ ____________

g) $\sqrt[5]{16}$ = ____________

h) $\sqrt[3]{91\,125}$ = ____________

i) $\sqrt[6]{512}$ = ____________

13 ▸ Escreva as raízes de cada item em ordem crescente usando o sinal $<$.

a) $\sqrt[6]{3}$, $\sqrt[10]{6}$ e $\sqrt[15]{15}$.

____

b) $\sqrt[3]{5}$, $\sqrt{3}$, $\sqrt[6]{26}$ e $\sqrt[4]{8}$.

____

14 ▸ Reduza as raízes de cada item ao mesmo índice.

a) $\sqrt[6]{10}$ e $\sqrt[15]{7}$. ________________________________

b) $\sqrt[8]{5}$ e $\sqrt{5}$. ________________________________

c) $\sqrt[4]{2}$ e $\sqrt[14]{11}$. ________________________________

d) $\sqrt{5}$ e $\sqrt[6]{6}$. ________________________________

e) $\sqrt[4]{10}$, $\sqrt[6]{7}$ e $\sqrt[3]{2}$. ________________________________

15 ▸ Em cada item, compare as raízes utilizando os sinais $>$, $<$ ou $=$.

a) $\sqrt[3]{18}$ ______ $\sqrt[3]{20}$

b) $\sqrt{11}$ ______ $\sqrt{7}$

c) $\sqrt[5]{-2}$ ______ $\sqrt[5]{-9}$

d) $\sqrt[3]{14}$ ______ $\sqrt{6}$

e) $\sqrt[10]{45}$ ______ $\sqrt[5]{7}$

f) $\sqrt[8]{3}$ ______ $\sqrt[10]{4}$

g) $\sqrt[9]{8}$ ______ $\sqrt[3]{2}$

h) $\sqrt[8]{5}$ ______ $\sqrt[6]{3}$

i) $\sqrt{10}$ ______ $\sqrt[3]{30}$

16▸ Observe o número indicado em cada item e escreva entre quais números inteiros consecutivos ele fica.

a) $\sqrt[3]{900}$ ______

b) $\sqrt{1547}$ ______

c) $\sqrt[5]{40}$ ______

d) $\dfrac{\sqrt{140}}{2}$ ______

e) $\sqrt[5]{-411}$ ______

f) $5 + \sqrt{90}$ ______

17▸ Calcule o valor de cada expressão numérica.

a) $\sqrt[3]{5} \times \sqrt[3]{2} + \sqrt[3]{80} =$ ______

b) $\left(\sqrt{98} - \sqrt{50}\right)^3 =$ ______

c) $\left(\sqrt[5]{2^3}\right)^2 + \sqrt[15]{8} =$ ______

18▸ Efetue as operações com raízes e simplifique o resultado sempre que possível.

a) $\sqrt[5]{2} \times \sqrt[5]{11} =$ ______

b) $\sqrt[4]{3} \times \sqrt[10]{2} =$ ______

c) $\sqrt[4]{27} : \sqrt[4]{3} =$ ______

d) $\sqrt{6} : \sqrt[8]{9} =$ ______

e) $3\sqrt[3]{11} + 5\sqrt[3]{11} =$ ______

f) $\sqrt{300} + \sqrt{243} =$ ______

g) $4\sqrt[5]{7} - \sqrt[5]{7} =$ ______

h) $\sqrt[6]{25} - \sqrt[3]{5} =$ ______

i) $\left(\sqrt[10]{2}\right)^8 =$ ______

j) $\left(\sqrt{7}\right)^6 =$ ______

k) $\sqrt{10} : \sqrt{5} \times \sqrt{5} =$ ______

l) $\sqrt{50} - \sqrt{8} + \sqrt{3} =$ ______

19▸ Faça a comparação das raízes de cada item utilizando os sinais $>$, $<$ ou $=$.

a) $3\sqrt{5}$ ______ $2\sqrt{10}$

b) $2\sqrt[3]{3}$ ______ $3\sqrt[3]{2}$

c) $2\sqrt{5}$ ______ $3\sqrt[3]{3}$

d) $2\sqrt[4]{10}$ ______ $2\sqrt{3}$

20› Introduza os fatores externos nos radicais.

a) $2\sqrt[3]{2}$ = ______

b) $7\sqrt{5}$ = ______

c) $3\sqrt[4]{2}$ = ______

d) $10\sqrt{7}$ = ______

e) $4\sqrt{2}$ = ______

f) $10\sqrt[3]{10}$ = ______

21› Entre quais números inteiros consecutivos cada raiz fica?

a) $7\sqrt{2}$ ______

b) $3\sqrt{13}$ ______

c) $2\sqrt[3]{10}$ ______

d) $10\sqrt[3]{2}$ ______

e) $5\sqrt{5}$ ______

f) $10\sqrt{10}$ ______

22› Escreva cada número na forma de potência de base 2.

a) 128 = ______

b) $\frac{1}{16}$ = ______

c) 1 = ______

d) $\sqrt{2}$ = ______

e) $\sqrt[7]{8}$ = ______

f) $\frac{1}{\sqrt{32}}$ = ______

g) $\frac{\sqrt{2}}{2}$ = ______

h) $2\sqrt{2}$ = ______

i) 2048 = ______

23› Racionalize o denominador de cada fração.

a) $\frac{3}{\sqrt{10}}$ = ______

b) $\frac{\sqrt[3]{5}}{\sqrt[3]{2}}$ = ______

c) $\frac{4}{\sqrt[5]{7^3}}$ = ______

d) $\dfrac{\sqrt{11}}{\sqrt{2}} =$ ______________

e) $\dfrac{6}{5\sqrt{2}} =$ ______________

f) $\dfrac{1}{\sqrt{7}} =$ ______________

g) $\dfrac{\sqrt{5}}{3\sqrt{2}} =$ ______________

h) $\dfrac{15}{2\sqrt[3]{5}} =$ ______________

24› Transforme cada número em uma raiz e simplifique-a quando possível.

a) $5^{\frac{3}{4}} =$ ______________

b) $(-2)^{\frac{1}{3}} =$ ______________

c) $5^{1\frac{1}{3}} =$ ______________

d) $4^{0,\bar{3}} =$ ______________

e) $2^{0,7} =$ ______________

f) $(-5)^{\frac{3}{7}} =$ ______________

25› Complete os itens.

a) A raiz quadrada exata de 841 tem valor igual a __________.

b) A aproximação para os décimos, por excesso, de $\sqrt{70}$ é __________.

c) Simplificando $\sqrt{539}$, obtemos __________.

d) $\sqrt{721}$ fica entre os números inteiros consecutivos __________ e __________.

e) A raiz quadrada correspondente a $9\sqrt{2}$ é __________.

f) A raiz de índice 6 que é igual a $\sqrt{10}$ é ________.

g) $\sqrt{14}$ na forma de potência é ________.

h) $3\sqrt{3}$ na forma de potência é ________.

i) $\sqrt{125}$ na forma de potência de base 5 é ________.

j) Racionalizando o denominador de $\frac{6}{\sqrt{5}}$, obtemos

________.

k) $\frac{8}{\sqrt{2}}$ fica entre os números inteiros consecutivos

________ e ________.

26▸ Efetue as operações.

a) $\sqrt{72} + \sqrt{72} =$ ________

b) $\sqrt{98} \times \sqrt{2} =$ ________

c) $\sqrt{50} - \sqrt{2} =$ ________

d) $4\sqrt{3} : 2\sqrt{2} =$ ________

e) $\left(\sqrt{5}\right)^5 =$ ________

f) $\sqrt{\sqrt{3}} =$ ________

g) $\sqrt{5\sqrt{10}} =$ ________

h) $\left(3\sqrt{5}\right)^2 =$ ________

27 ▸ Faça as comparações entre os números de cada item e registre os sinais >, < ou =.

a) $\sqrt{19}$ ______ $\sqrt{22}$

b) $5\sqrt{7}$ ______ $7\sqrt{5}$

c) $\sqrt{180}$ ______ 13

d) 26 ______ $\sqrt{676}$

e) $\frac{3}{\sqrt{7}}$ ______ $3 - \sqrt{7}$

28 ▸ Em um losango, a medida de comprimento de cada lado é de $5\sqrt{2}$ cm e as medidas de comprimento das diagonais são de $2\sqrt{2}$ cm e $8\sqrt{3}$ cm. Calcule o que se pede.

a) A medida de perímetro desse losango.

______

b) A medida de área da região plana determinada pelo losango.

______

29 ▸ Observe esta sequência.

$$\left(\frac{4}{5}, \frac{2}{25}, \frac{1}{125}, \frac{1}{1250}, \ldots\right)$$

a) Qual é o quinto termo dessa sequência?

______

b) A fração $\frac{1}{12\,500\,000}$ faz parte dessa sequência. Qual posição ela ocupa?

______

c) Qual é o décimo termo dessa sequência?

______

d) Qual é o centésimo termo dessa sequência? Dê a resposta em forma de potência.

______

e) Você consegue estabelecer uma relação entre o termo e a posição que ele ocupa nessa sequência?

______

30 ▸ Determine e escreva os números citados.

a) Um número racional, entre 6 e 7, escrito na forma decimal.

______

b) Um número racional, entre 4 e 5, escrito na forma mista.

______

c) Uma dízima periódica composta, entre 1 e 2.

d) Um número racional, entre 8 e 9, escrito na forma de fração irredutível.

e) Um número irracional, entre 10 e 11, escrito na forma de raiz quadrada.

f) Um número racional, entre $\frac{1}{3}$ e $\frac{2}{3}$, escrito na forma de fração.

g) Um número racional, entre $-\frac{1}{2}$ e $-\frac{1}{3}$, escrito na forma decimal.

h) Uma dízima periódica simples, entre $1\frac{2}{5}$ e $\sqrt{2}$.

31 Calcule o que se pede.

a) O quociente entre o quadrado de 6 e a raiz quadrada de 9.

b) A diferença entre o quíntuplo de 9 e o cubo de 3.

c) A metade de 20 elevada à quarta potência.

d) O dobro da soma de 21 e 8.

e) O produto entre a raiz quadrada de 16 e a raiz quadrada de 25.

f) A raiz quadrada do produto entre 16 e 25.

32 Verifique se cada igualdade é verdadeira ou falsa.

a) $2^3 \cdot 2^4 = 2^{3+4}$

b) $(3^2)^3 = 3^{2+3}$

c) $\sqrt{100 - 64} = \sqrt{100} - \sqrt{64}$

d) $\sqrt{100 \cdot 64} = \sqrt{100} \cdot \sqrt{64}$

e) $2^{10} : 2^4 = 2^{10-4}$

f) $(3^2)^3 = 3^{2 \times 3}$

g) $\sqrt{36 : 4} = \sqrt{36} : \sqrt{4}$

h) $\sqrt{25 + 9} = \sqrt{25} + \sqrt{9}$

33 ▸ Qual é o resultado de $\sqrt{25} - \sqrt{16}$? E de $\sqrt{25 - 16}$?

34 ▸ Calcule o valor da raiz quadrada da soma de 5^2 com 12^2 e o valor da raiz quadrada de $(5 + 12)^2$. Esses valores são iguais?

35 ▸ Resolva estas equações do 1º grau com 1 incógnita em $\mathbb{R}$.

a) $x - 4 = 2(x + 1)$

b) $3(x - 1) = 2x + \sqrt{2}$

c) $3(x - \sqrt{10}) = 3(x + 1) - x$

d) $2x + 1{,}5x = 75$

e) $3 + 2x = 4x - \sqrt{5}$

f) $\dfrac{x}{2{,}5} = \dfrac{30}{15}$

36 ▸ Escreva um exemplo de número em cada item.

a) Número inteiro que não é natural.

b) Número racional que não é inteiro.

c) Número real que não é racional.

d) Número inteiro que não é racional.

37 ▸ Responda.

a) $\sqrt{2}$ é um número racional? Por quê?

b) Um número irracional pode ser representado por uma fração com numerador e denominador inteiros e denominador diferente de zero? Por quê?

c) Um número irracional pode ser representado por uma dízima periódica? Por quê?

d) Qual conjunto numérico obtemos ao juntar o conjunto dos números racionais e o conjunto dos números irracionais?

38 ▸ Reescreva cada expressão numérica utilizando parênteses, de modo que os resultados fiquem corretos.

a) $5^2 \cdot 4 + \sqrt{9} + 8 \cdot 5 = 155$

b) $5^2 \cdot 4 + \sqrt{9} + 8 \cdot 5 = 215$

39 ▸ Observe estes números e indique-os nos itens correspondentes.

27	$\frac{2}{11}$	$-2\frac{1}{4}$	$\sqrt{15}$	$0,\bar{2}$	$3,45$	18	$\sqrt{-1}$
234	$-\frac{1}{4}$	0	$-2,8$	-28	$\sqrt{49}$	π	$3,26\bar{1}$

a) Os que são números naturais.

b) Os que são números inteiros.

c) Os que são números racionais.

d) Os que são números irracionais.

e) Os que são números reais.

f) Os que pertencem a $\mathbb{Z}^*$.

g) Os que pertencem a $\mathbb{Q}_-$.

h) Os que pertencem a $\mathbb{R}^*_+$.

i) Os números racionais maiores do que 3.

40 ▸ Em cada item, indique o conjunto de números reais representado no diagrama.

a) 

____

b) 

____

c) 

____

d) 

____

Ilustrações: Banco de imagens/Arquivo da editora

41 ▸ Descubra o valor aproximado de cada número irracional, sem usar calculadora.

a) $\sqrt{6}$ com aproximação até os décimos.

____

b) $\sqrt{29}$ com aproximação até os centésimos.

____

42 ▸ Observe este diagrama de um conjunto de números reais.

Banco de imagens/ Arquivo da editora

Assinale os números que pertencem a esse conjunto.

a) -6

b) 0

c) $4,3$

d) $\sqrt{33}$

e) $8\frac{1}{5}$

f) $-\frac{8}{9}$

g) $-1,3\overline{7}$

h) $\sqrt{50}$

i) -5

j) 5

k) π

l) $\frac{25}{3}$

43 ▸ Observe esta sequência.

$$\left(\sqrt{3}, \sqrt{12}, \sqrt{27}, \sqrt{48}, \sqrt{75}, \ldots\right)$$

a) Qual é o sexto termo dessa sequência?

____

b) A raiz $\sqrt{300}$ pertence a essa sequência? Se sim, então qual posição essa raiz ocupa?

____

c) Qual é o vigésimo termo dessa sequência?

____

d) Escreva uma expressão que relacione o termo à posição dele nessa sequência.

____

____

e) Ao simplificarmos as raízes dessa sequência, obtemos uma nova sequência. Escreva-a na forma simplificada.

____

f) Qual será o 80º termo dessa sequência escrito na forma simplificada?

____

g) Simplifique a raiz $\sqrt{19\,200}$ e, em seguida, indique a posição dela nessa sequência.

____

h) Escreva outra expressão que estabeleça uma relação entre o termo e a posição dele na sequência. Verifique a veracidade da expressão encontrada.

____

____

____

____

44 Desenhe uma reta numerada para cada item e marque nela o conjunto de números.

a) $\{x \in \mathbb{R} \mid x \leq 5\}$

b) $\{x \in \mathbb{R} \mid 2 < x < 8\}$

c) $\{x \in \mathbb{R} \mid x \neq 5\}$

d) $\{x \in \mathbb{R} \mid x > 0\}$

45 Considere esta região retangular *ABCD* e as medidas de comprimento indicadas. Calcule o que se pede.

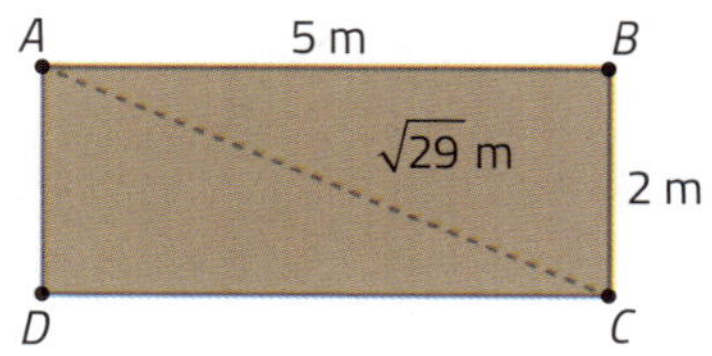

Banco de imagens/Arquivo da editora

a) A medida de perímetro dessa região.

____

b) A medida de área dessa região.

____

c) A medida de comprimento da diagonal dessa região, em metros, com aproximação até os décimos.

____

d) A medida de área da região triangular *ABC*.

____

e) A medida de perímetro aproximada dessa região triangular.

____

46 Nesta reta numerada, estão marcados pontos de *A* a *I* que representam números reais.

Banco de imagens/Arquivo da editora

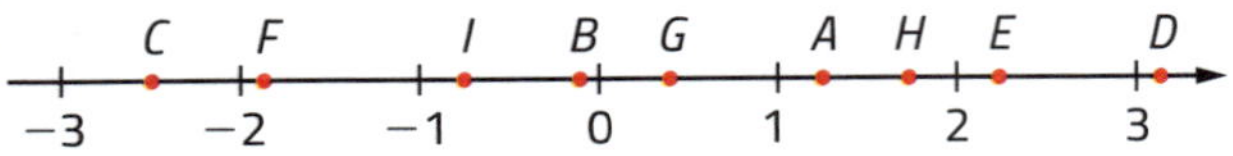

Assinale o número mais adequado a cada ponto.

A: $1,\overline{8}$ / $2,6$ / $1\frac{1}{4}$

B: $-0,\overline{1}$ / $-1,8$ / $0,2$

C: $-2\frac{1}{5}$ / $-2\frac{1}{2}$ / $-3\frac{1}{2}$

D: π / $3,9$ / $3\frac{1}{2}$

E: $\sqrt{10}$ / $2,\overline{6}$ / $\sqrt{5}$

F: $-1\frac{7}{8}$ / $-1,2$ / $-\frac{7}{3}$

G: $\frac{1}{2}$ / $\frac{2}{5}$ / $\frac{7}{8}$

H: $1,\overline{4}$ / $\sqrt{3}$ / $\sqrt{6}$

I: $-\frac{1}{4}$ / $-\frac{2}{4}$ / $-\frac{3}{4}$

47 Use a decomposição em fatores primos para determinar o valor de cada raiz.

a) $\sqrt{784}$ = ____________

b) $\sqrt{15\,625}$ = ____________

c) $\sqrt{13\,689}$ = ____________

48 **Conexões.** A medida de intervalo de tempo necessária para a desintegração da metade dos átomos radioativos, inicialmente presentes em qualquer quantidade de uma substância radioativa, recebe o nome de **meia-vida** ou **período de semidesintegração**. Como exemplo, podemos citar o cobalto-60, usado na Medicina, que tem meia-vida de 5 anos.

a) Sendo m_0 a medida de massa inicial de cobalto-60, qual expressão algébrica representa a medida de massa dessa substância radioativa daqui a 80 anos?

b) Em janeiro de 2015, foram armazenados 256 g de cobalto-60. Em qual ano esse material passará a ter uma medida de massa de apenas 16 g?

49 Um terreno quadrado tem medida de área de 500 m². Qual é a medida de comprimento do lado desse terreno? É possível escrevê-la como um número decimal finito? Justifique.

50 Um encontro de acadêmicos matemáticos aconteceu em um restaurante. Aproveitando a oportunidade para fazer uma brincadeira, o proprietário do restaurante escreveu a senha da internet como mostrado a seguir.

1º dígito	$\sqrt{6} \cdot \sqrt{24} - \sqrt{9}$
2º dígito	$\left(\dfrac{\sqrt{2}}{\sqrt{8}}\right)^{-1}$
3º dígito	$\sqrt{80} - 4\sqrt{5}$
4º dígito	$\dfrac{\dfrac{2}{\sqrt{2}} - \dfrac{\sqrt{2}}{2}}{\dfrac{1}{\sqrt{2}}}$
5º dígito	$\sqrt[3]{2^6} + \sqrt[3]{27}$
6º dígito	$3^{\frac{7}{4}} \div \sqrt[4]{27}$

Qual é a senha da internet do estabelecimento?

51 › Neste capítulo, você estudou alguns conjuntos numéricos. Complete este mapa conceitual.

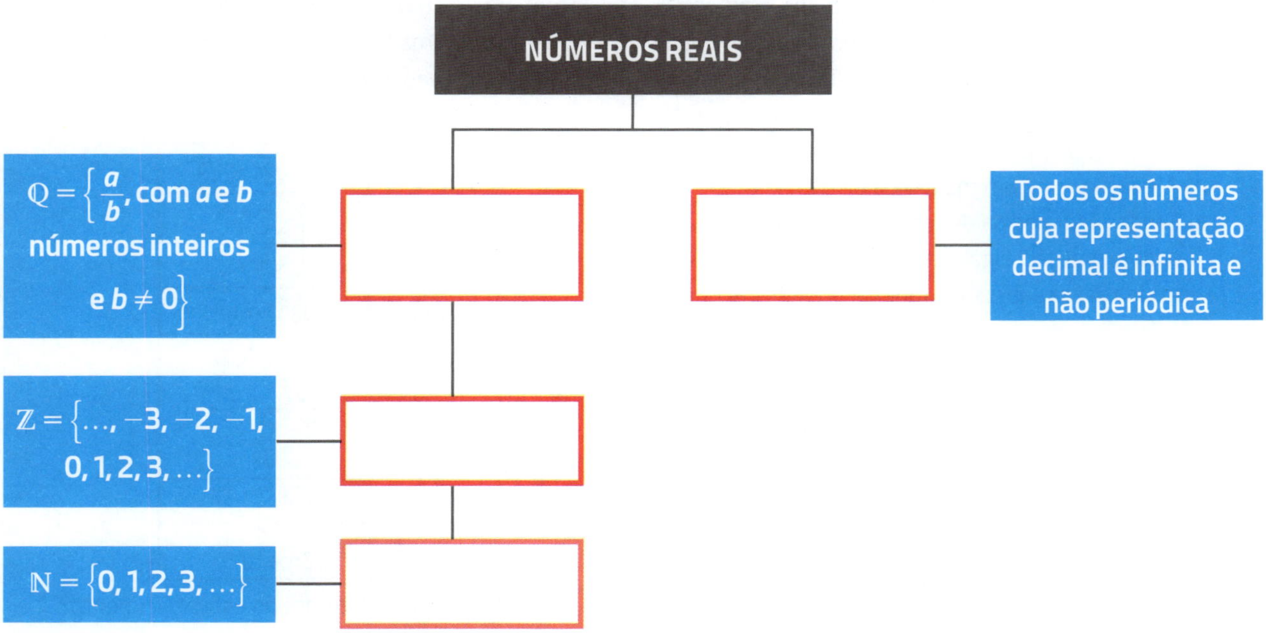

Banco de imagens/Arquivo da editora

CAPÍTULO 2

Produtos notáveis, fatoração e equações do 2º grau

1 Descubra quais das equações dadas são do 2º grau com 1 incógnita. Em seguida, escreva cada uma delas na forma geral, indique os coeficientes e verifique se ela é completa ou incompleta.

a) $(x + 5)^2 = x^2 + 12x + 1$

b) $3x(x - 4) = x - 2$

c) $\frac{x - 5}{2} = x^2 + \frac{x}{3}$

d) $(x^2)^2 - 1 = 0$

e) $x^2 + x + x^{\frac{1}{2}} = x$

f) $(x + 1)(x - 1) = x$

g) $4x(x-2)=x^2$

h) $\frac{x-2}{3}=\frac{x+2}{6}$

i) $x^{\frac{3}{4}}=x^{\frac{1}{2}}+5$

j) $(x+4)^2=5x^2+8(x+2)$

k) $5x^2+3x+5=x^2+3x-5$

l) $(x+1)^3=(x-4)^3$

2› Qual é o número real negativo que tem o triplo do quadrado dele igual a 135?

3› Verifique e responda a cada item.

a) Dos números 3, −1 e 5, quais são raízes de $x^2-2x-3=0$?

b) −8 é raiz da equação $x^2+5x-24=0$?

c) 2 é raiz da equação $2x^2 - 4x + 1 = x^2 - 3x + 3$?

d) $\frac{1}{2}$ é raiz da equação $2x^2 - 3x + 1 = 0$?

e) $\sqrt{5}$ é raiz da equação $x^2 - 5 = 0$?

f) $3 + \sqrt{2}$ é raiz da equação $x^2 - 6x + 7 = 0$?

4 › Estas regiões quadrada e retangular têm medidas de área iguais. Calcule a medida de perímetro de cada uma delas considerando que as medidas de comprimento dos lados estão indicadas em metros.

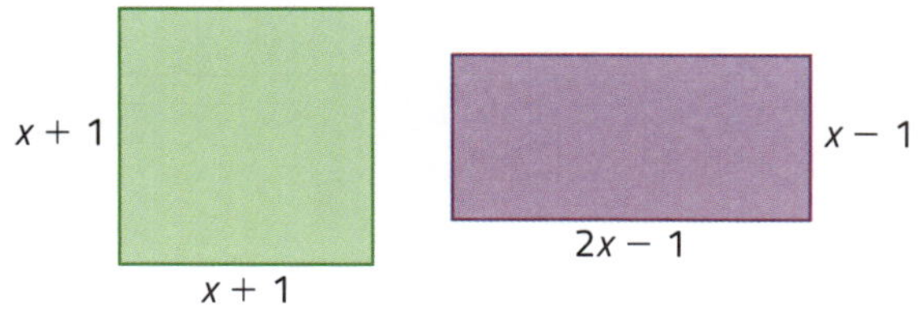

Ilustrações: Banco de imagens/Arquivo da editora

5 › Resolva as equações incompletas do 2º grau com 1 incógnita, em $\mathbb{R}$.

a) $-5x^2 + 250 = 0$

b) $3x^2 + 21x = 0$

c) $-2x^2 + x = 0$

d) $-5x^2 + 7x = 0$

e) $6x^2 - 10x = 0$

f) $-2x^2 = 0$

g) $(x+5)(x-5)=11$

h) $\frac{x^2}{10}-\frac{3x}{4}=x$

i) $x-6=(x-2)(x+3)$

j) $\frac{x^2-4}{2}=x^2-3$

k) $(3x+1)^2=2(3x-4)$

l) $\frac{x^2}{2}=\frac{x}{5}$

6 Fatore o 1º membro e determine os valores reais de x em cada equação.

a) $x^2-4x+4=9$

b) $x^2+6x+9=5$

7 A soma do quadrado de um número real negativo com o quádruplo dele é igual a 0. Qual é esse número?

8 Descubra os 3 números naturais consecutivos para os quais o produto dos 2 menores é igual à soma de 9 e o triplo do maior.

9 Em uma região retangular, a medida de comprimento da altura é 3 cm menor do que a medida de comprimento da base e a medida de área é de 108 cm^2. Qual é a medida de perímetro dessa região?

10 Resolva as equações do 2º grau com 1 incógnita, em $\mathbb{R}$, usando o método de completar quadrados.

a) $x^2-6x+8=0$

b) $-x^2 - 8x - 15 = 0$

c) $4x^2 - 12x + 1 = 0$

d) $x^2 + 2x + 9 = 0$

11 ▸ Considere um polígono convexo com 44 diagonais. Quantos lados esse polígono tem?

12 ▸ Classifique cada equação do 2º grau em completa ou incompleta.

a) $x^2 - 8 = 0$ ______

b) $2x^2 - 1 = 0$ ______

c) $3x^2 - x - 1 = 0$ ______

d) $5x^2 = 0$ ______

e) $-x^2 - 8x + 3 = 0$ ______

f) $-x^2 + 4x = 0$ ______

13 ▸ Solange fez um desenho com medidas das dimensões de 22 cm por 28 cm e o colocou em uma moldura de papelão cuja medida de comprimento da largura é constante.

Banco de imagens/ Arquivo da editora

Se a medida de área dessa moldura é de 336 cm², então qual é a medida de comprimento da largura da moldura que ela colocou?

14 ▸ Fatore cada polinômio até não ser mais possível fatorar.

a) $x^2 - 196 =$ ______

b) $3x^2y - 12xy^2 + 15x^2y^2 =$ ______

c) $x^2 - 40x + 400 =$ ______

d) $3(x+7) - y(x+7) =$ ______

e) $5a^2 + 80a + 320 =$ ______

f) $2x^2 - 32 =$ ______

g) $3x^3 - 4x^2 + x =$ ______

h) $25x^2 - 25x + 4 =$ ______

i) $x^2 + xy - 3x - 3y =$ ______

j) $a^2 + ab - a =$ ______

k) $\frac{3x}{7} + \frac{6a}{11} =$ ______

l) $16x^4 - 1 =$ ______

m) $x^4 - 81 =$ ______

n) $2x^2 - 50 =$ ______

15 ▸ Determine o valor de m para que a equação do 2º grau $x^2 - (m+1)x + (2m-1) = 0$, de incógnita x, tenha 1 única raiz real. Em seguida, verifique a equação e descubra a raiz dela.

______

16 ▸ Veja como podemos simplificar uma fração com polinômios no numerador e no denominador, com o denominador diferente de 0.

$$\frac{4x^2 + 4x}{2x^2 + 4x + 2} = \frac{\cancel{4}^{2}x(x+1)}{\cancel{2}(x^2 + 4x + 2)} =$$

$$= \frac{2x\cancel{(x+1)}}{(x+1)^{\cancel{2}}} = \frac{2x}{x+1}$$

Agora, simplifique estas frações, com denominadores diferentes de 0.

a) $\frac{8x^2}{20x} =$ ______

b) $\dfrac{45x^2y^2}{18xy^2} =$ ______________

c) $\dfrac{3x}{12xy} =$ ______________

d) $\dfrac{4x}{10y} =$ ______________

e) $\dfrac{x^2 - 49}{3x + 21} =$ ______________

f) $\dfrac{x^2 + 10x + 25}{x^2 + 3x - 10} =$ ______________

g) $\dfrac{4x^2 - 10x}{6x} =$ ______________

h) $\dfrac{x^2 - 4}{x^2 - 3x + 2} =$ ______________

i) $\dfrac{x^3 - x}{x^2 - 2x + 1} =$ ______________

j) $\dfrac{x^2 + 2xy + y^2}{x^2 - 3x + xy - 3y} =$ ______________

k) $\dfrac{x^3 - 9x}{x^3 - 6x^2 + 9x} =$ ______________

l) $\dfrac{x - 4}{x^2 - 2x - 8} =$ ______________

17 Responda às questões.

a) $(x - 5)(x + 2) = (x - 1)^2$ é uma equação do 2º grau?

____

b) -4 é raiz da equação $-x^2 + 2x + 24 = 0$?

____

c) Quais são as raízes de $-2x^2 + 56 = 0$?

____

d) Quantas raízes reais a equação $31x^2 - 27x - 44 = 0$ tem?

e) Qual deve ser o valor de k para que a equação $kx^2 + 6x - 1 = 0$ seja do 2º grau, com incógnita x, e tenha raiz real?

f) Entre quais números inteiros consecutivos a menor das raízes da equação $3x^2 + x - 7 = 0$ fica?

g) **Desafio.** Como ficam as raízes de $x^4 - 11x^2 + 18 = 0$ quando colocadas em ordem crescente?

h) Qual é o par ordenado de números reais positivos que satisfaz as equações $2xy = 3$ e $4x - y = -1$ simultaneamente?

18 A medida de área desta região plana é de 36 m^2 e as medidas de comprimento dos lados estão dadas em metros. Qual é o valor de x?

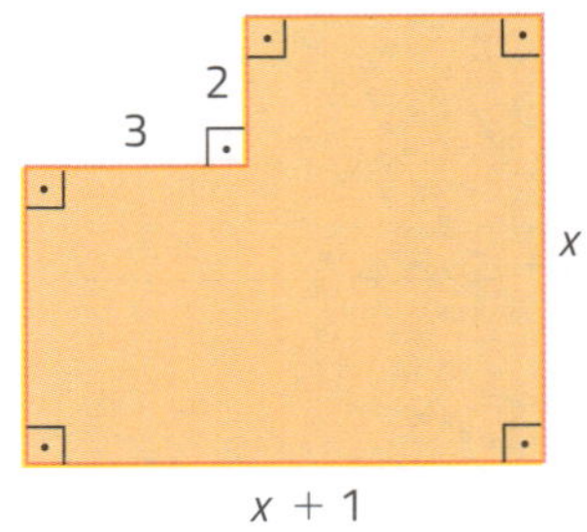

Banco de imagens/Arquivo da editora

19 Quais são os números reais que têm o triplo do quadrado igual a 16?

20 Em um losango, a medida de comprimento da diagonal maior é 4 cm a mais do que a medida de comprimento da diagonal menor e a medida de área da região plana determinada por esse losango é de 11,52 cm^2. Qual é a medida de comprimento da diagonal maior?

21 Roberto percebeu que, multiplicando a idade que ele tinha há 5 anos pela idade que ele terá daqui a 3 anos, o produto é 384. Qual é a idade atual de Roberto?

22 Usando o discriminante, determine quantas raízes reais cada equação tem.

a) $3x^2 - 4x + 1 = 0$

____

b) $-6x^2 + 5x - 2 = 0$

____

c) $9x^2 + 6x + 1 = 0$

____

d) $4x^2 + 5 = 0$

____

e) $-3x^2 + 5x = 0$

____

f) $8x^2 = 0$

____

23 Calcule o valor da letra k para que a equação $kx^2 - 5x + k = 2x^2 + x - 1$ seja do 2º grau de incógnita x.

____

24 Considere as frações com denominadores diferentes de 0 e simplifique-as sempre que possível.

a) $\dfrac{2x - 1}{4x^2 - 4x + 1} =$ ______________________

b) $\dfrac{5x - 15}{x^2 - 9} =$ ______________________

c) $\dfrac{a^2 + 2a - ab - 2b}{a^2 - 2ab + b^2} =$ ______________________

d) $\dfrac{x^3 - 36x}{5x} =$ ______________________

e) $\dfrac{18x^2yz^3}{30x^2y^2z^2} =$ ______________________

25 Faça estes cálculos usando produtos notáveis e fatoração. Depois, confira o resultado com uma calculadora.

a) $230^2 =$ ______________________

b) $115^2 - 85^2 =$ ______________________

c) $301^2 - 299^2 =$ ______________________

26 Resolva as equações-produto.

a) $(3x - 2)(x + 4) = 0$

____

b) $9x^2 - 49 = 0$

c) $3x^2 - 6x = 0$

d) $x^2 - 8x + 16 = 0$

e) $9x^2 + 6x + 1 + 0$

f) $x^3 - 25x = 0$

27 ▸ Calcule o valor real de m para o qual a equação $3x^2 - 4x - (m - 1) = 0$ seja uma equação do 2º grau de incógnita x e tenha 2 raízes reais distintas.

28 ▸ Qual deve ser o valor de p para que -3 seja raiz da equação de 2º grau $2x^2 + px - 3 = 0$, com incógnita x?

29 ▸ Sem resolver cada equação, descubra se ela tem 1 raiz real (2 raízes reais iguais), 2 raízes reais distintas ou se ela não tem raízes reais.

a) $4x^2 - 28x + 49 = 0$

b) $5x^2 - 3x + 1 = 0$

c) $24x^2 - 22x + 3 = 0$

d) $x^2 - 3x - 4 = 0$

e) $3x^2 - 6x = 0$

f) $9x^2 - 6x + 1 = 0$

g) $-3x^2 + x - 2 = 0$

h) $8x^2 - 8x - 5 = 0$

30 ▸ Determine a equação do 2º grau, na forma geral, para as raízes dadas em cada item.

a) Raízes 5 e 8.

b) Raízes $\frac{3}{5}$ e -2.

c) Raízes -4 e 9.

d) Raízes $\frac{3}{5}$ e $\frac{1}{2}$.

e) Raízes 0 e -9.

f) Raízes -6 e 6.

31 › Usando a fórmula que você estudou, resolva a equação do item **b** da atividade anterior e confira as raízes dadas.

32 › Desafio. Cada item apresenta uma equação do 4º grau com incógnita x. Em cada equação, substitua x^2 por y e x^4 por y^2 e resolva a equação do 2º grau obtida, com incógnita y. Depois, calcule os possíveis valores de x que são raízes da equação do 4º grau dada.

a) $x^4 - 8x^2 - 9 = 0$

b) $4x^4 - 17x^2 + 4 = 0$

c) $9x^4 - 1 = 0$

d) $3x^4 - 4x^2 + 2 = 0$

e) $x^4 - 16x^2 + 64 = 0$

f) $2x^4 - 7x^2 = 0$

g) $x^4 - 21x^2 + 80 = 0$

h) $x^2(x^2 - 6) = 3(x^4 - 2x^2)$

i) $-2x^4 + 5x^2 - 7 = 0$

j) $t^4 - 34t^2 + 225 = 0$

33 ▸ Fatore cada trinômio.

a) $x^2 - 2x - 3 =$ ______

b) $3x^2 - 11x + 10 =$ ______

c) $6x^2 + 19x + 10 =$ ______

d) $x^2 - 8x + 12 =$ ______

e) $4x^2 - 4x - 3 =$ ______

f) $5x^2 - 8x + 3 =$ ______

g) $x^2 + 13x - 30 =$ ______

h) $8x^2 - 18x + 9 =$ ______________________

i) $7x^2 + 41x - 6 =$ ______________________

j) $y^2 - 20y + 19 =$ ______________________

34› Uma região retangular tem medida de área de 24 cm². Dobrando a medida de comprimento da altura e aumentando em 2 cm a medida de comprimento da base, obtemos outra região retangular, cuja medida de perímetro é 8 cm maior do que a medida de perímetro da primeira região. Qual é a medida de área dessa nova região retangular?

____

35› Escreva uma equação biquadrada cujas raízes são 5, −5, $\sqrt{3}$ e $-\sqrt{3}$.

____

36› Determine o valor de k para o qual a equação $kx^2 - 6x + 1 = 0$ seja do 2º grau, de incógnita x, e tenha pelo menos 1 raiz real.

____

37› Use a regularidade que você aprendeu e indique o desenvolvimento de cada produto.

a) $(x + 30)^2 =$ ______________________

b) $(5x - 9)^2 =$ ______________________

c) $(7x + 5y)(7x - 5y) =$ ______________________

d) $(a + 6)^2 =$ ______________________

e) $(3a + b)^2 =$ ______________________

f) $\left(x + \frac{1}{2}\right)^2 =$ ______________________

g) $(3a + 7)(7 - 3a) =$ ______________________

38› Calcule os valores de m e n para que a equação $mx^2 - 2x + (m - n) = 0$ seja do 2º grau, com incógnita x, e tenha os números 1 e −3 como raízes.

____

39› Substitua os valores de m e n encontrados na atividade anterior, resolva a equação obtida e confira as raízes.

40› Quais são os 2 números inteiros consecutivos cujo produto é igual a 156?

____

41 ▸ Resolva cada sistema de 2 equações com 2 incógnitas determinando os pares ordenados que são soluções dele.

a) $\begin{cases} xy = 6 \\ 3x - y = 7 \end{cases}$

b) $\begin{cases} x + y = 2 \\ x^2 + y^2 = 74 \end{cases}$

c) $\begin{cases} x + 2y = 1 \\ 2x - y^2 = 5 \end{cases}$

d) $\begin{cases} x^2 + y^2 = 18 \\ x^2 - y^2 = 0 \end{cases}$

e) $\begin{cases} x + y^2 = 1 \\ x - y = 5 \end{cases}$

f) $\begin{cases} 2x - y = 3 \\ x^2 - 3y = 0 \end{cases}$

g) $\begin{cases} x^2 - y^2 = 8 \\ 2x^2 - y = 17 \end{cases}$

h) $\begin{cases} x^2 - xy = 2 \\ x - y = 1 \end{cases}$

i) $\begin{cases} x - y = 3 \\ xy = 0 \end{cases}$

j) $\begin{cases} \dfrac{x^2}{4} + \dfrac{y}{6} = 2 \\ 2\left(x^2 - 1\right) = y \end{cases}$

42 ▸ Complete estas igualdades.

a) $(x + \_\_\_\_\_\_)(x - 7) = x^2 - \_\_\_\_\_\_$

b) $(\_\_\_\_\_\_ + 8)(\_\_\_\_\_\_ - 8) =$

$= \_\_\_\_\_\_ - 64$

c) $(x + \_\_\_\_\_\_)(\_\_\_\_\_\_ - 10) =$

$= \_\_\_\_\_\_ - \_\_\_\_\_\_$

d) $x^2 - 4 = (\_\_\_\_\_\_ + 2)(\_\_\_\_\_\_ - 2)$

e) $y^2 - 100 = (y + \_\_\_\_\_\_)(y - \_\_\_\_\_\_)$

f) $a^2 - 121 =$

$= (\_\_\_\_\_\_ + \_\_\_\_\_\_)(\_\_\_\_\_\_ - \_\_\_\_\_\_)$

43 ▸ Em cada item, assinale apenas a expressão da direita que for equivalente à expressão da esquerda.

a) $(x - 8)^2$
- $x^2 - 64$
- $x^2 - 16x + 64$
- $x^2 - 16x - 64$

b) $(3a - b)(b + 3a)$
- $b^2 - 9a^2$
- $9a^2 - b^2$
- $9a^2$

c) $\left(\frac{m}{2} + 5\right)^2$
- $\frac{m^2}{4} + 5m + 25$
- $\frac{m^2}{4} + 10m + 25$
- $\frac{25m^2}{4}$

d) $(6 + r)(3 - r)$
- $18 - r^2$
- $r^2 - 3r + 18$
- $18 - 3r - r^2$

44 ▸ Descubra quais são os 3 números pares consecutivos cuja diferença entre o quadrado do menor e o dobro do maior é igual a 40.

____

45 ▸ O número 5 é uma das 2 raízes da equação de 2º grau $4x^2 - 23x + c = 0$, de incógnita x. Descubra a outra raiz.

____

46 ▸ Substitua a letra n por um número de modo que cada trinômio se torne um trinômio quadrado perfeito.

a) $x^2 + 6x + n^2$

____

b) $x^2 - nx + 25$

____

c) $(2x)^2 - 16x + n^2$

____

d) $9x^2 + nx + 25$

____

47 ▸ Simplifique as expressões algébricas e, depois, determine o valor numérico delas para $x = 3$. Considere os denominadores diferentes de 0.

a) $\dfrac{x^2 - 4}{x^2 + 2x} + \dfrac{1}{x} =$ ______

Valor numérico: ______

b) $\dfrac{3x}{4} - \dfrac{x^2 + x}{x + 1} =$ ______

Valor numérico: ______

48 ▸ Simplifique as expressões algébricas, quando possível, considerando os denominadores diferentes de 0.

a) $\dfrac{20x^2y^3}{30xy^2} =$ ______

b) $\dfrac{3ab}{5x} =$ ______

c) $\dfrac{48m^3n^2}{36m^3n} =$ ______

d) $\dfrac{16r^6s^5t}{12rs^5t} =$ ______

e) $\dfrac{8xyz}{8xyz} =$ ______

49 ▸ Desenvolva cada produto.

a) $(\sqrt{5} + \sqrt{2})^2 =$ ______

b) $(4 - \sqrt{3})^2 =$ ______

c) $(2\sqrt{3} - 1)^2 =$ ______

d) $(10 + \sqrt{5})^2 =$ ______

e) $(\sqrt{11} + 3)(\sqrt{11} - 3) =$ ______

f) $(\sqrt{5} + \sqrt{2})(\sqrt{5} - \sqrt{2}) =$ ______

g) $\left(3\sqrt{3}+1\right)\left(3\sqrt{3}-1\right) =$ ____________________

h) $\left(\sqrt{5}+\sqrt{3}\right)\left(\sqrt{3}-\sqrt{5}\right) =$ ____________________

50 › Fatore cada expressão colocando o fator comum em evidência.

a) $3x^5 - 18x^3 =$ ____________________

b) $5a^2 + 3ab + 2a =$ ____________________

c) $9x - 15 =$ ____________________

d) $8a^2b^3 + 12a^3b^4 - 20a^2b^5 =$ ____________________

51 › Escreva estas diferenças como produtos da soma pela diferença dos mesmos 2 termos.

a) $x^2 - 121 =$ ____________________

b) $4x^2 - 25y^2 =$ ____________________

c) $100a^2 - 1 =$ ____________________

d) $y^2 - \dfrac{9}{64} =$ ____________________

52 › Efetue cada multiplicação e, se possível, simplifique o resultado.

a) Para $x \neq 0$, $\dfrac{1}{x} \cdot \dfrac{x^2}{3} =$ __________

b) Para $1 \neq 0$, $\dfrac{a}{2} \cdot \dfrac{4}{a^3} \cdot \dfrac{a^5}{3} =$ __________

c) Para $x \neq -y$, $\dfrac{x^2 + 2xy + y^2}{4} \cdot \dfrac{16}{x+y} =$ __________

d) Para $x \neq 4$ e $x \neq -4$, $\dfrac{2x^2 - 32}{x+4} \cdot \dfrac{1}{x-4} =$ __________

53 › Calcule o valor de cada potência considerando os denominadores diferentes de 0.

a) $\left(\dfrac{a}{3b}\right)^2 =$ ____________________

b) $\left(\dfrac{3x}{2y}\right)^{-2} =$ ____________________

c) $\left(\dfrac{2x^2y}{3xy^2}\right)^3 =$ ____________________

d) $\left(\dfrac{3a^3b^2}{4ab^3}\right)^{-3} =$ ____________________

54 ▸ **Desafio.** Quantos lados tem um polígono convexo cujo número de diagonais é o dobro do número de lados?

55 ▸ Uma região retangular tem medida de área de 1 440 m^2 e a diferença entre as medidas de comprimento da base e da largura é de 62 m. Quais são as medidas de comprimento da base e da largura dessa região?

56 ▸ Resolva as equações do 2º grau com 1 incógnita, em $\mathbb{R}$, usando a fórmula que você estudou.

a) $2x^2 + 7x - 4 = 0$

b) $-x^2 - 15x - 50 = 0$

c) $2x^2 + 5x + 4 = 0$

d) $x^2 - 3x - 1 = 0$

e) $-4x^2 + 20x - 25 = 0$

f) $4x^2 - 3x = 0$

g) $x^2 - 2\sqrt{3}x + 2 = 0$

h) $\dfrac{x^2 - 1}{5} + 2 = 1 - x$

i) $2x^2 - 40 = 0$

j) $(x + 5)^2 = 16x + 17$

k) $-28x^2 - 21x + 70 = 0$

l) $(3x + 1)(3x - 1) = 2 + x(x - 2)$

m) $-5x^2 + 7x - 3 = 0$

n) $11x^2 - 66x + 99 = 0$

o) $x^2 - \sqrt{2}x - 4 = 0$

p) $45x^2 - 45x + 10 = 0$

57 ▸ O sistema $\begin{cases} x^2 + 2y = 9 \\ y = x^2 + 3 \end{cases}$ é do 2º grau com 2 incógnitas e tem 2 pares ordenados como solução. Resolva-o pelo método da substituição.

58 ▸ A soma de 2 números negativos é igual a -7. Sabe-se também que o quadrado do menor, menos o quíntuplo do maior, é igual a 35. Quais são esses números?

59 ▸ Fatore os trinômios quadrados perfeitos.

a) $x^2 - 14x + 49 =$ __________

b) $9x^2 + 30x + 25 =$ __________

c) $a^2 + 6ab + 9b^2 =$ __________

d) $x^6 - 18x^3 + 81 =$ __________

60 ▸ Efetue cada operação e, se possível, simplifique o resultado. Considere os denominadores não nulos.

a) $\frac{1}{x^2} : \frac{2}{x^3} =$ __________

b) $\dfrac{a}{2b} : \dfrac{1}{2ab} =$ ______

c) $\dfrac{x^2 - y^2}{x^2 + 2xy} : \dfrac{x + y}{2xy + x^2} =$ ______

d) $\dfrac{x^2 + 4x + 4}{x^2 - 4} : \dfrac{x + 2}{x^2 - 4} =$ ______

e) $\dfrac{x + 3}{y} : \dfrac{x^2 - 9}{y^2} =$ ______

f) $\left(1 + \dfrac{2}{x^2}\right) : \left(1 + \dfrac{2}{x^2}\right) =$ ______

61 ▸ A razão entre 2 números naturais é $\dfrac{2}{3}$ e a diferença entre o quadrado do maior e o quadrado do menor é igual a 20. Quais são esses 2 números?

______

62 ▸ Fatore cada polinômio agrupando convenientemente os termos.

a) $x^2 - 10x + xy - 10y =$ ______

b) $ab + a + 5b + 5 =$ ______

c) $3xy + 12x - y - 4 =$ ______

d) $x^2 + 2x - 15 =$ ______
(Sugestão: Substitua $+2x$ por $-3x + 5x$.)

63 ▸ Fatore cada polinômio usando um dos casos que você estudou.

a) $x^2 - 64 =$ ______

b) $8x^2 - 32x =$ ______

c) $27x^3 + 8y^3 =$ ______

d) $16x^2 - 56x + 49 =$ ______

e) $25a + 30b - 15c =$ ______

f) $x^2 + 6x - ax - 6a =$ ______

g) $16r^2 - 9s^2 =$ ______

h) $x^2 + 2xy^2 + y^4 =$ ______

i) $a^3 - 1 =$ ______

j) $3x^2 + 6xy + 8x =$ ______

k) $m^2 - 49n^2 =$ ______

l) $3x^2 - 9xy + 6x + 21x^3 =$ ______

64 Efetue cada operação e, se possível, simplifique os resultados. Considere os denominadores diferentes de 0.

a) $\dfrac{x}{x-y} + \dfrac{y}{y-x} =$ ______

b) $\left(\dfrac{1}{1-a} - 1\right) : \dfrac{1}{1-a} =$ ______

c) $\dfrac{x^2 - y^2}{x^2y - xy} \cdot \dfrac{x-y}{x^2+xy} =$ ______

65 No projeto inicial, a planta baixa de um prédio tinha a forma quadrada. No segundo projeto, a planta passou a ter a forma retangular em que a medida de comprimento de um dos lados ficou com 10 m a mais do que a medida de comprimento do outro lado. Sabendo que a medida de área dessa nova planta é de 300 m², quais são as medidas de comprimento dos lados dela?

______

66 A medida de intervalo de tempo t, em minutos, que um reservatório demora para encher uma medida de volume de 10 000 L é dada pela equação $t^2 - 2t + 1 = 10\,000$. Em quantos minutos esse reservatório enche os 10 000 L de água?

______

67 ▸ Neste capítulo, você estudou os produtos notáveis e a fatoração de polinômios. Complete os exemplos deste mapa conceitual.

PRODUTOS NOTÁVEIS E FATORAÇÃO

- [ ]
  - **Quadrado da soma de 2 termos**
    - Exemplo: $(2a+1)^2 =$
 $=$ ____________________
  - **Quadrado da diferença de 2 termos**
    - Exemplo: $(2a-1)^2 =$
 $=$ ____________________
  - **Produto da soma pela diferença dos mesmos 2 termos**
    - Exemplo: $(5a+2)(5a-2) =$
 $=$ ____________________
- [ ]
  - **Fator comum em evidência**
    - Exemplo: $a^2 + a =$
 $=$ ____________________
  - **Agrupamento**
    - Exemplo: $a^2 + ab + a + b =$
 $=$ ____________________
  - **Diferença entre 2 quadrados**
    - Exemplo: $a^2 - b^2 =$
 $=$ ____________________
  - **Trinômio quadrado perfeito**
    - Exemplos:
 $a^2 + 6a + 9 =$ ____________ e
 $a^2 - 6a + 9 =$ ____________
  - **Trinômio do 2º grau**
    - Exemplo: $a^2 - a - 6 =$
 $=$ ____________________

CAPÍTULO 3

Proporcionalidade e juros

1 › Calcule a razão entre os pares de medidas citadas em cada item.

a) A medida de comprimento de um lado de um triângulo equilátero e a medida de perímetro dele.

____

b) A medida de comprimento de um lado de um quadrado e a medida de comprimento da diagonal dele.

____

c) A medida de comprimento do raio de uma circunferência e a medida de comprimento do diâmetro dela.

____

d) A medida de área de uma região quadrada cujos lados têm medidas de comprimento de 6 cm e a medida de área de uma região quadrada cujo perímetro mede 12 cm.

____

e) A medida de comprimento do raio de um círculo e a medida de perímetro dele.

____

2 › Sejam $\overline{AB}$ e $\overline{CD}$ segmentos de reta tais que $AB = 2$ cm e $\frac{AB}{CD} = \frac{1}{3}$. Qual é a medida de comprimento do $\overline{CD}$?

____

3› Analise esta figura e as medidas de comprimento indicadas, todas na mesma unidade, e complete a proporção de cada item.

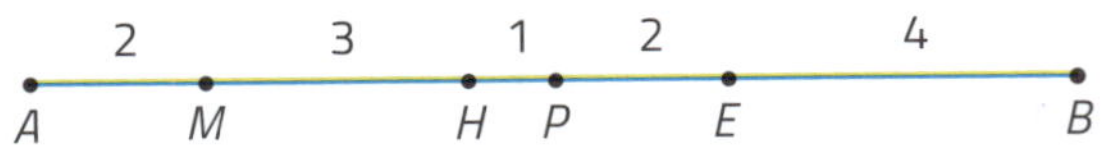

Banco de imagens/Arquivo da editora

a) $\frac{EB}{AE} = \frac{AP}{\_\_\_}$

b) $\frac{AM}{ME} = \frac{\_\_\_}{MH}$

c) $\frac{ME}{EH} = \frac{EB}{\_\_\_}$

d) $\frac{HP}{PM} = \frac{PE}{\_\_\_}$

As imagens desta página não estão representadas em proporção.

4› Observe estes retângulos.

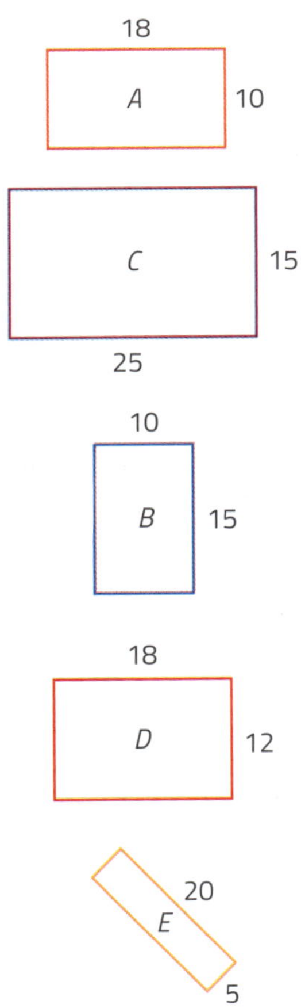

Ilustrações: Banco de imagens/Arquivo da editora

a) Determine a razão entre as medidas de comprimento da base e da altura de cada retângulo, considerando todas as medidas de comprimento na mesma unidade.

____

b) Responda e justifique: Entre esses retângulos, quais são os 2 que têm as medidas de comprimento da base e da altura proporcionais entre si?

____

____

5› O $\triangle ABC$ e o $\triangle EFG$ têm as medidas de comprimento dos lados proporcionais. Os lados do $\triangle ABC$ têm medidas de comprimento de 18 cm, 20 cm e 12 cm. O menor lado do $\triangle EFG$ tem medida de comprimento de 30 cm. Qual é a medida de comprimento do maior lado do $\triangle EFG$?

____

6› Observe a figura e calcule as razões indicadas.

Banco de imagens/Arquivo da editora

a) $\frac{AB}{BC} =$ ______________

b) $\frac{AB}{CD} =$ ______________

c) $\frac{AB}{AD} =$ ______________

d) $\frac{BD}{AD} =$ ______________

7 ▸ Em um mapa com escala de 1 : 1 000 000, Marisa desenhou uma região quadrada com lados de medidas de comprimento de 2,5 cm. Qual é a medida de área real, em km^2, da região quadrada correspondente?

8 ▸ Entre as unidades federativas brasileiras, os extremos, considerando a densidade demográfica, são Distrito Federal (maior valor da densidade demográfica) e Roraima (menor valor da densidade demográfica).

De acordo com estimativas do IBGE, em 2018:

- o número de habitantes da população do Distrito Federal era de aproximadamente 2 974 703 e a medida de área era de aproximadamente 5 761 km^2;
- o número de habitantes da população do estado de Roraima era de aproximadamente 576 568 e a medida de área era de aproximadamente 224 274 km^2.

Fonte de consulta: IBGE. *Cidades*. Disponível em: <https://cidades.ibge.gov.br/>. Acesso em: 18 abr. 2018.

a) Qual era o valor da densidade demográfica do Distrito Federal em 2018?

b) Qual era o valor da densidade demográfica do estado de Roraima nesse mesmo ano?

c) Quantas vezes o valor da densidade demográfica do Distrito Federal é maior do que o valor da densidade demográfica do estado de Roraima?

9 ▸ Faça uma pesquisa para saber qual é o número aproximado de habitantes da população do município onde você mora e qual é a medida de área dele. Em seguida, determine o valor da densidade demográfica e responda: O valor da densidade demográfica do município em que você mora é maior ou menor do que o valor da densidade demográfica do estado de Roraima? Quantas vezes?

10 ▸ Em um mapa desenhado na escala 1 : 1 000 000, a medida de distância entre as cidades **A** e **B** é de 12 cm.

a) Se o mesmo mapa for desenhado na escala 1 : 800 000, então qual será, no mapa, a medida de distância entre essas cidades?

b) Calcule a medida de distância real entre essas cidades usando a segunda escala.

11 ▸ As regiões retangulares R_1 e R_2 têm as medidas de comprimento dos lados proporcionais. O comprimento da base da região R_1 mede 4,5 cm e o perímetro dela mede 15 cm; o comprimento da altura da região R_2 mede 7 cm.

Complete esta tabela.

Medidas das regiões R_1 e R_2

Região	R_1	R_2
Medida de comprimento da base	4,5 cm	
Medida de comprimento da altura		7 cm
Medida de perímetro	15 cm	
Medida de área		

Tabela elaborada para fins didáticos.

12 ▸ Uma sala retangular, cuja medida de comprimento da profundidade é de 6 m, aparece na planta da casa com medida de comprimento da profundidade de 7,5 cm e medida de comprimento da largura de 3 cm.

Calcule o que se pede.

a) A escala utilizada no desenho da planta da casa.

b) A medida de comprimento real da largura da sala.

c) A medida de perímetro real da sala.

d) A medida de área real da sala.

13 ▸ Em determinado momento de um dia, Elias notou que a sombra projetada pela casa dele no chão tinha a mesma medida de comprimento que a vassoura que ele estava usando. Então ele colocou a vassoura na posição vertical, apoiada no chão, e mediu o comprimento da sombra dela, obtendo 45 cm.

Sabendo que a medida de comprimento da vassoura é 75 cm maior do que a medida de comprimento da sombra dela nesse instante, determine a medida de comprimento da altura da casa.

14 ▸ Calcule os valores de x, y e z nesta figura.

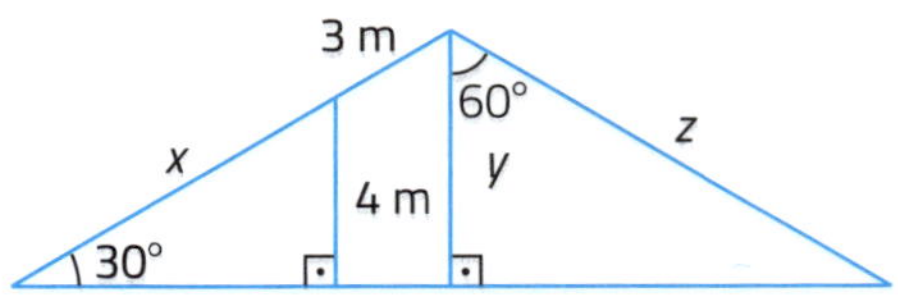

Banco de imagens/Arquivo da editora

15 › À tarde, Pedro mediu o comprimento da sombra de uma árvore, obtendo 10 m, e o comprimento da própria sombra, obtendo 2 m. Sabendo que a medida de comprimento da altura de Pedro é de 1,70 m, qual é a medida de comprimento da altura da árvore?

As imagens desta página não estão representadas em proporção.

Banco de imagens/Arquivo da editora

Modelo matemático

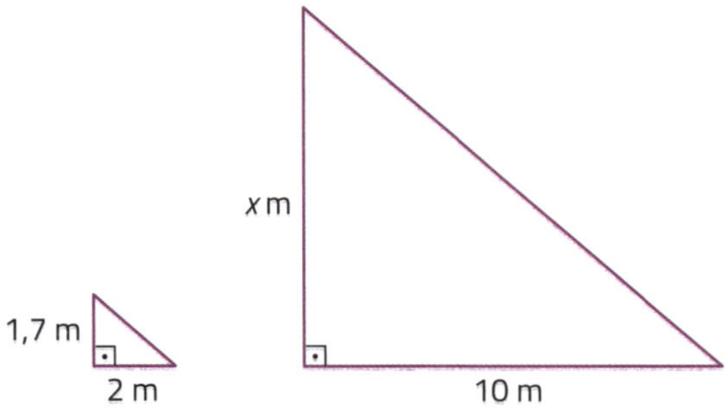

Ilustrações: Banco de imagens/Arquivo da editora

16 › João aplicou R$ 5000,00 em um banco, por 6 meses, em um investimento cuja taxa de juros mensal é variável. No primeiro trimestre, são aplicados juros compostos de 3% ao mês, e, nos meses seguintes, juros simples de 2% ao mês a partir do montante obtido no terceiro mês.

Qual é a quantia que João terá ao final dos 6 meses em que o dinheiro ficar aplicado?

17 › **Conexões.** O avião supersônico é uma aeronave capaz de voar mais rápido do que a medida de velocidade do som, ou seja, tem medida de velocidade superior a 1 224 km/h.

Uma empresa americana tem um projeto, para o ano de 2025, de lançar no mercado um avião comercial supersônico capaz de voar uma medida de distância de 4 320 km em apenas 2,5 horas.

Fonte de consulta: AIRWAY. Disponível em: <https://airway.uol.com.br/jato-executivo-supersonico-aerion-as2-chegara-ao-mercado-em-2025/>. Acesso em: 18 abr. 2019.

Ferrari/Zuma Press/Fotoarena

Jato supersônico Aerion A52, com capacidade para até 12 passageiros. Foto de 2017.

a) Qual é a medida de velocidade média desse avião nas medidas de distância e de intervalo de tempo citadas?

b) Quantas horas esse avião levaria para ir de Recife, no Brasil, a Lisboa, em Portugal, sabendo que a medida de distância aproximada entre essas cidades é de 6 000 km?

18 › Uma pessoa quer aplicar a quantia de R$ 20 000,00 durante 3 meses e deseja saber qual aplicação é mais vantajosa: a juros simples de 2,1% ao mês ou a juros compostos de 2% ao mês. Qual aplicação ela deve fazer?

19 ▸ Nesta figura, temos $a \parallel b \parallel c$, $\overline{BC} \cong \overline{DE}$; $AB = BC - 3$ cm; e $EF = DE + 4$ cm. Calcule as medidas de comprimento AB, BC, DE e EF.

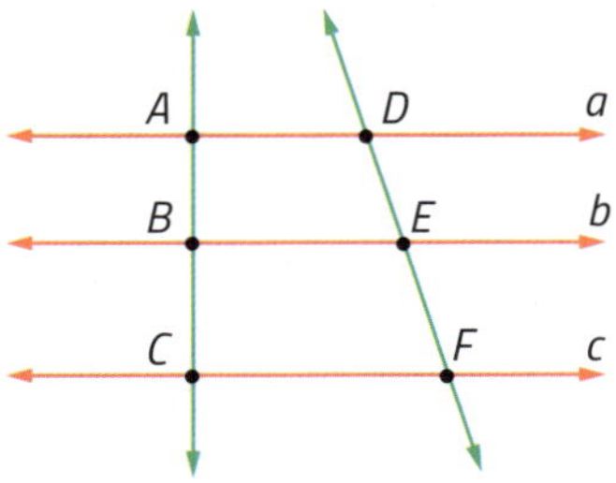

Banco de imagens/Arquivo da editora

20 ▸ O gráfico das medidas de grandezas diretamente proporcionais, como a medida de comprimento C de uma circunferência e a medida de comprimento D do diâmetro dela ($C = \pi D$), é sempre uma reta (ou parte de uma reta) que passa pela origem dos eixos cartesianos.

a) Construa um gráfico que relacione as medidas dessas grandezas, em centímetros. (Use $\pi = 3$.)

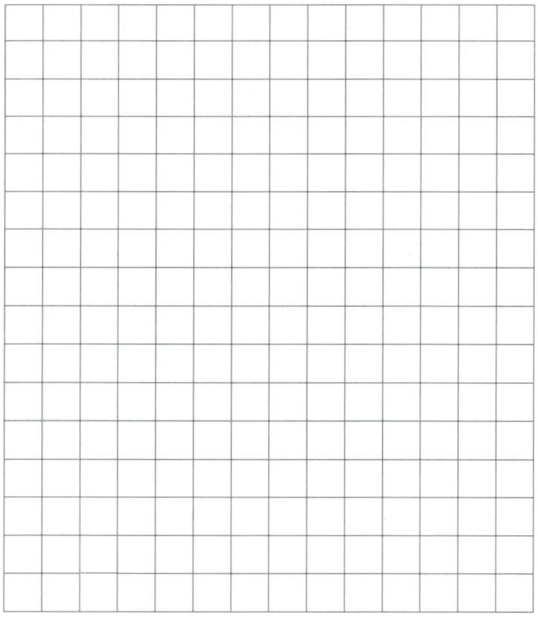

Banco de imagens/Arquivo da editora

b) Dobrando a medida de comprimento do diâmetro, dobra também a medida de comprimento da circunferência?

c) Triplicando a medida de comprimento do diâmetro, triplica também a medida de comprimento da circunferência?

21 ▸ Determine os valores de x e y nos feixes de retas paralelas cortados pelas transversais r e s dados em cada item.

a)

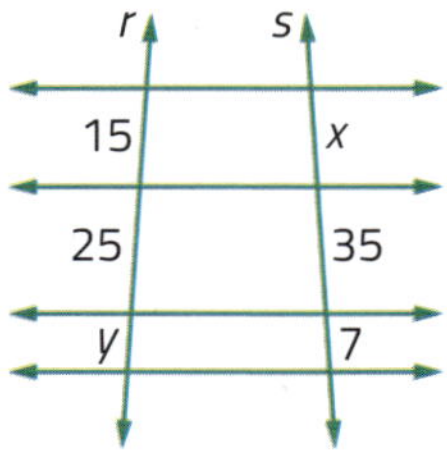

Ilustrações: Banco de imagens/Arquivo da editora

b)

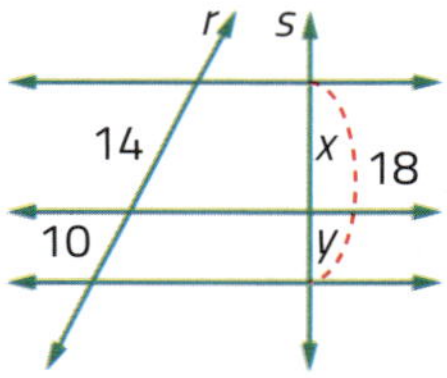

c)

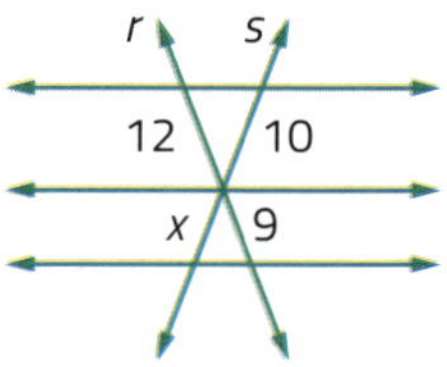

d) 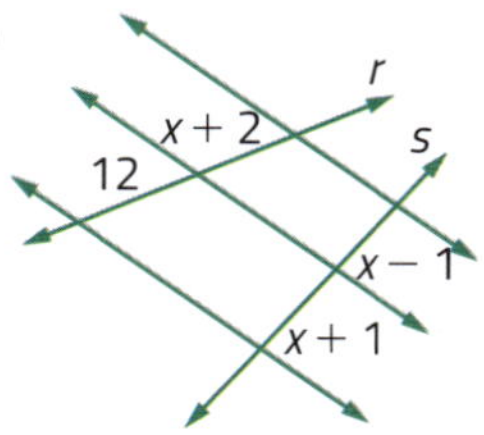

Ilustrações: Banco de imagens/Arquivo da editora

e) 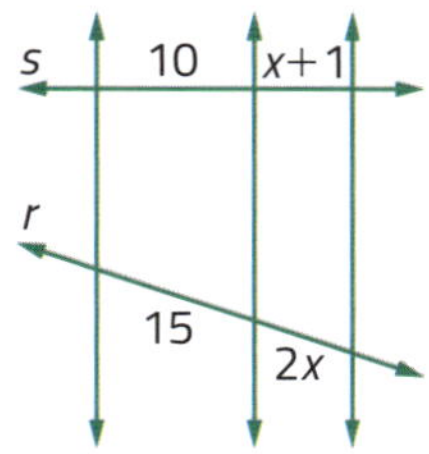

f) 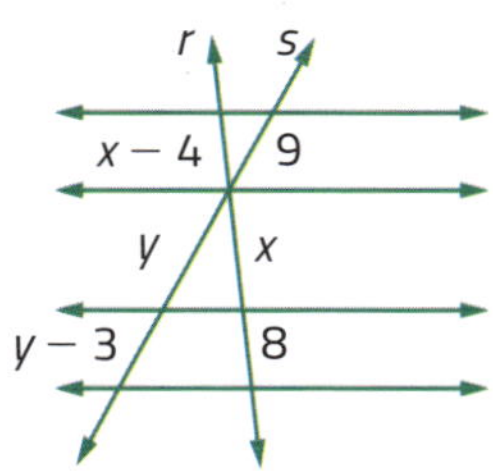

22 › Use uma calculadora e complete esta tabela com os valores relacionados à densidade demográfica das cidades **A**, **B** e **C**.

Valor da densidade demográfica das cidades A, B e C

Cidade	Número de habitantes da população	Medida de área (em km²)	Valor da densidade demográfica (em hab./km²)
A	655 385	152 581	
B		27 768	109,4
C	3 221 938		2,1

Tabela elaborada para fins didáticos.

23 › Nesta figura, temos $r \mathbin{/\!/} s \mathbin{/\!/} t$, $AC = 40$ m, $DE = 35$ m e $EF = 21$ m. Calcule as medidas de comprimento AB e BC.

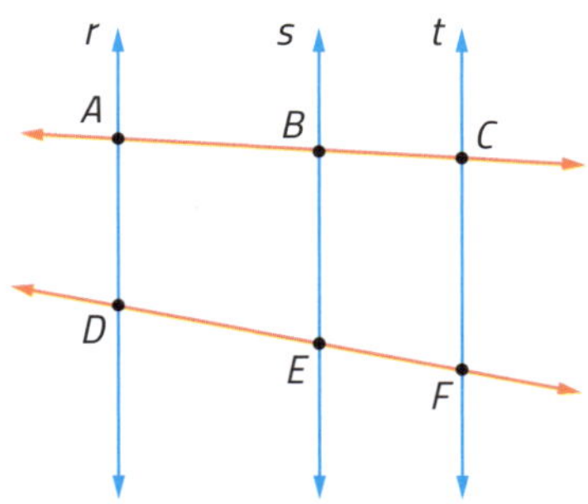

Banco de imagens/Arquivo da editora

24 › Nesta figura, os segmentos de reta $\overline{EF}$ e $\overline{BC}$ são paralelos e as medidas de comprimento estão dadas na mesma unidade. Calcule as medidas de comprimento dos segmentos de reta $\overline{AF}$ e $\overline{AC}$.

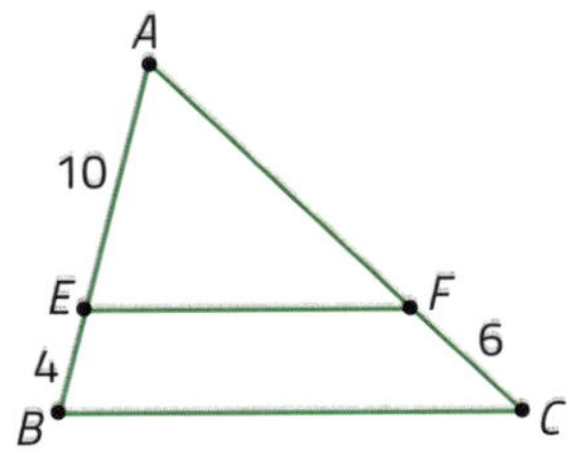

Banco de imagens/Arquivo da editora

____

25 › Nesta figura, $\overline{MN} \parallel \overline{RS}$, $RT = 35$ m, $RM = 14$ m e $SN = 10$ m. Calcule a medida de comprimento NT.

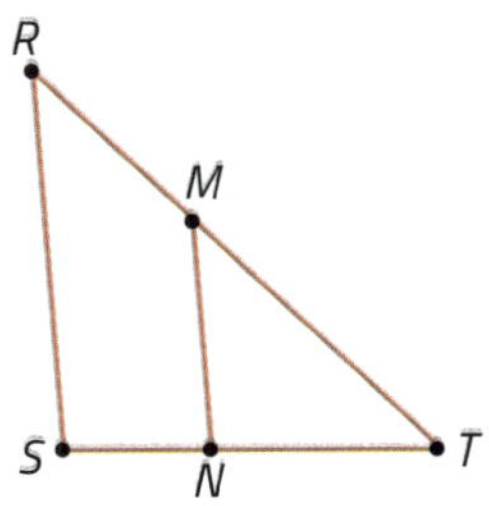

Banco de imagens/Arquivo da editora

____

26 › Nesta figura, $\overline{BE} \parallel \overline{CD}$. Calcule as medidas de perímetro do $\triangle ABE$ e do $\triangle ACD$, considerando que todas as medidas de comprimento dadas estão na mesma unidade.

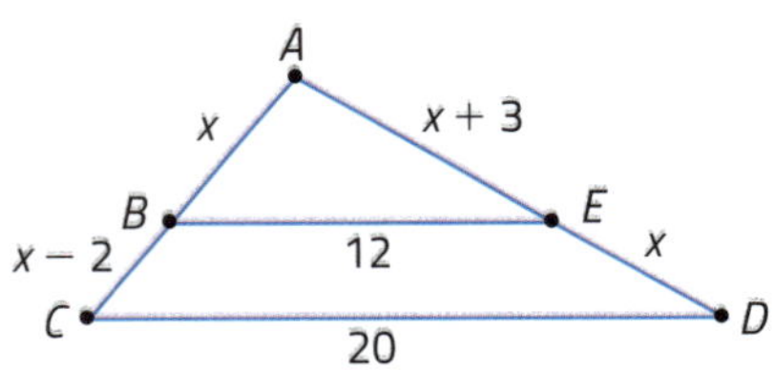

Banco de imagens/Arquivo da editora

____

____

27 › Uma circunferência tem medida de comprimento do diâmetro $11q$ e medida de perímetro de 44 cm. Determine a medida de perímetro de outra circunferência cuja medida de comprimento do diâmetro é $7q$.

____

28 › João comprou uma bicicleta antiga e precisa restaurá-la. Ele vai comprar alguns "raios" do pneu dianteiro, cujo contorno tem medida de comprimento de 282,6 cm. Para isso, ele precisa saber a medida de comprimento dos "raios". Ele sabe algumas informações que podem ajudá-lo nessa tarefa: a medida de comprimento dos raios do pneu traseiro é de 15 cm e a medida de comprimento do contorno da roda traseira é de 94,2 cm.

Amy Johansson/Shutterstock

Bicicleta antiga.

Qual é a medida de comprimento dos "raios" do pneu dianteiro?

____

29 › Use uma régua não graduada e um compasso e divida o $\overline{AB}$ em 3 partes iguais.

Banco de imagens/Arquivo da editora

30 Transporte este segmento de reta $\overline{XY}$ uma vez. Faça a divisão desse segmento de reta em 4 partes iguais usando 2 processos diferentes, com régua não graduada e compasso.

Banco de imagens/Arquivo da editora

31 Nesta figura, $\overline{AS}$ é bissetriz do $\triangle ABC$. Calcule a medida de comprimento do lado $\overline{BC}$.

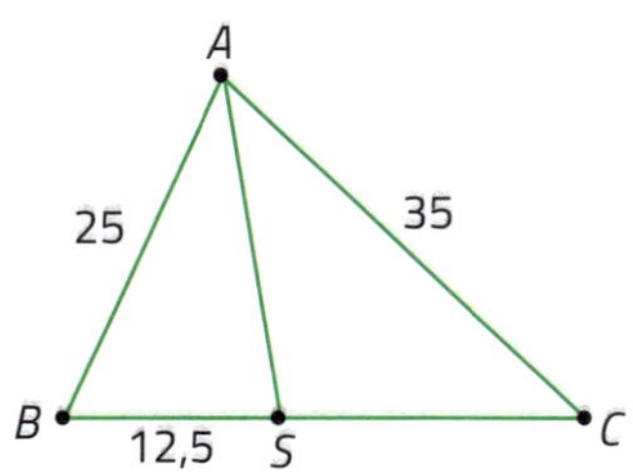

Banco de imagens/Arquivo da editora

32 Os lados $\overline{AB}$, $\overline{BC}$ e $\overline{AC}$ deste $\triangle ABC$ têm medidas de comprimento de 24 cm, 40 cm e 54 cm, respectivamente. Calcule as medidas de comprimento dos segmentos de reta $\overline{AR}$ e $\overline{CR}$, sabendo-se que o segmento de reta $\overline{BR}$ é bissetriz do $\triangle ABC$.

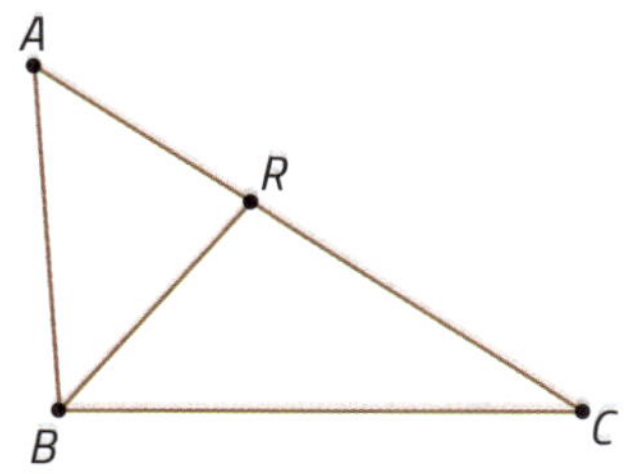

Banco de imagens/Arquivo da editora

33 **Conexões.** No rompimento de uma barragem, os rejeitos de minério atingiram determinada cidade 1 h 20 min depois do rompimento. Se a cidade está a 8 km de medida de distância da barragem, então qual foi a medida de velocidade média com que esses rejeitos se deslocaram até atingi-la?

34 Um capital aplicado a juros simples rendeu, à taxa de 25% ao ano, juros de R$ 110,00 depois de 24 meses. Qual foi esse capital?

35 ▸ Neste $\triangle EFG$, uma das bissetrizes é $\overline{GM}$. Calcule as medidas de perímetro e de área do $\triangle EFG$. (Para o cálculo da medida de área, use a fórmula de Heron, que você estudou no 8º ano.)

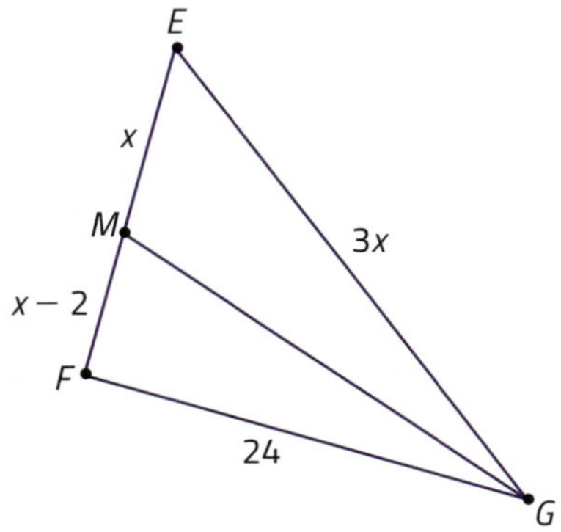

Banco de imagens/Arquivo da editora

36 ▸ Nesta figura, o $\overline{BD}$ é bissetriz do $\triangle ABC$, $AD = 8$ cm, $CD = 10$ cm.

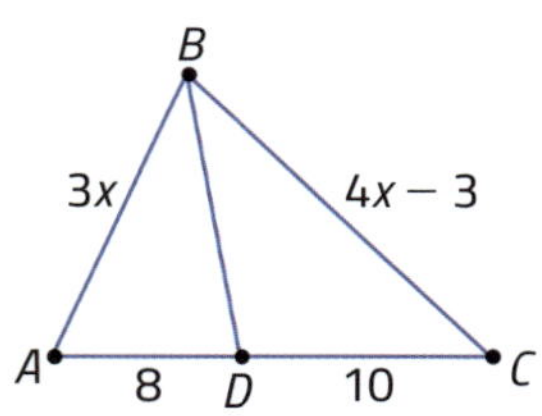

Banco de imagens/Arquivo da editora

Sendo $AB = 3x$ e $BC = 4x - 3$, então a medida de perímetro desse triângulo é de:

a) 99 cm.

b) 67 cm.

c) 50 cm.

d) 18 cm.

e) 32 cm.

37 ▸ Quanto rendeu a quantia de R$ 800,00, aplicada a juros simples, com taxa de 1,5% ao mês, no final de 1 ano e 4 meses?

38 ▸ Uma dívida de R$ 750,00 foi paga após 8 meses e os juros pagos foram de R$ 60,00. Sabendo que o cálculo foi feito usando juros simples, qual foi a taxa de juros?

39 ▸ Determine os valores de x e y.

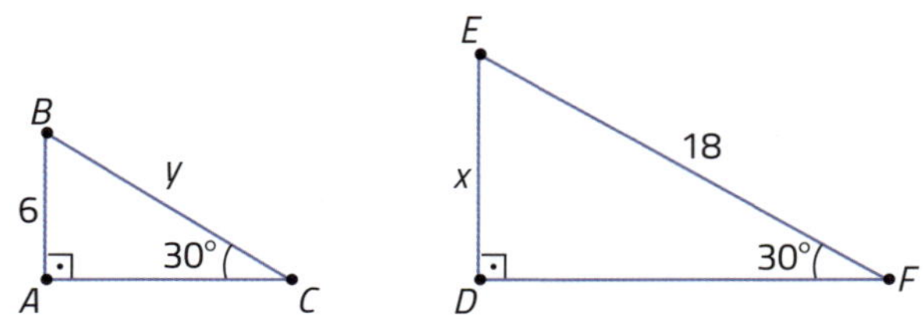

Ilustrações: Banco de imagens/Arquivo da editora

40 ▸ Uma escada está apoiada em uma parede. A medida de distância do "pé" da escada à parede é de 2 m e a abertura do ângulo de elevação da escada mede 60°. Qual é a medida de comprimento da escada?

41 › Uma rampa lisa, de medida de comprimento de 10 m, forma um ângulo com o plano horizontal, com medida de abertura de 30°. Uma pessoa que sobe essa rampa inteira se eleva quantos metros?

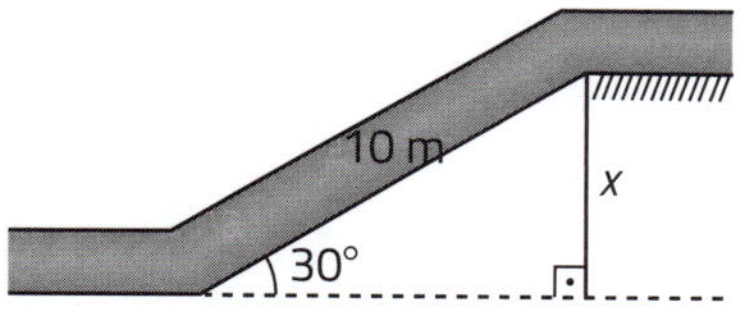

Banco de imagens/Arquivo da editora

42 › Para se deslocar de carro da cidade **A** para a cidade **B**, há 2 opções de trajeto:

- ir diretamente da cidade **A** para a cidade **B**, o que permite desenvolver uma velocidade média de 60 km/h no trajeto;
- passar pela cidade **M**, equidistante das cidades **A** e **B**, antes de ir para a cidade **B**, o que permite desenvolver uma medida de velocidade média de 80 km/h no trajeto.

Qual é o trajeto mais rápido para se deslocar da cidade **A** para a cidade **B**?

As imagens desta página não estão representadas em proporção.

Modelo matemático

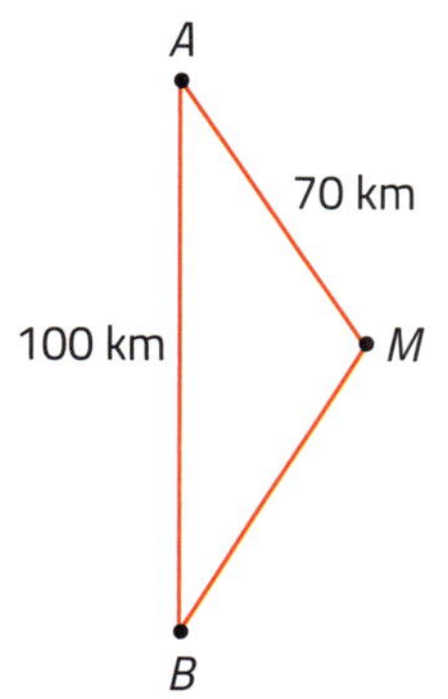

Banco de imagens/Arquivo da editora

43 › Calcule o juros em cada situação.

a) R$ 4 500,00 aplicados por 6 meses à taxa de juros simples de 2% ao mês.

b) R$ 28 000,00 aplicados por 5 anos à taxa de juros simples de 30% ao ano.

c) R$ 6 000,00 aplicados por 2 anos à taxa de juros simples de 17% ao ano.

d) R$ 5 000,00 aplicados por 1 ano à taxa de juros simples de 1,5% ao mês.

e) R$ 350,00 aplicados por 3 anos à taxa de juros compostos de 9% ao ano.

f) R$ 4 050,00 aplicados por 2 anos à taxa de juros compostos de 12% ao ano.

44 ▸ Calcule os valores de *x*, *y* e *t* nesta figura, sabendo que *r* // *s* // *v* // *u*.

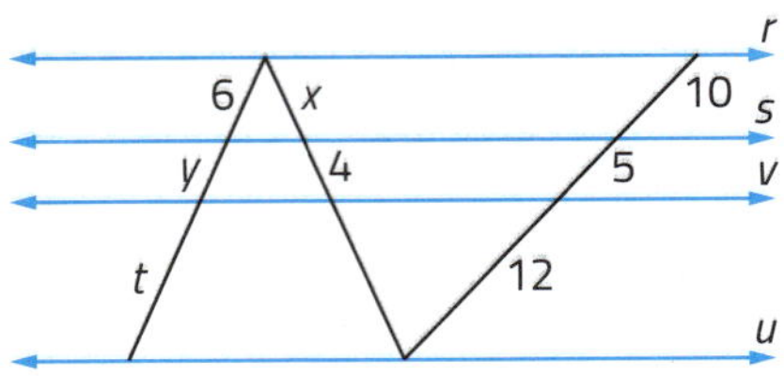

Banco de imagens/Arquivo da editora

45 ▸ **Conexões | Desafio.** Especialista em provas de velocidade, a francesa Marie-José Pérec ganhou 3 medalhas olímpicas: 1 nos Jogos Olímpicos de Verão de 1992, em Barcelona (400 m), e 2 nos Jogos Olímpicos de Verão de 1996, em Atlanta (200 e 400 m). Em Atlanta, ela percorreu 400 m em 48,26 s.

Fonte de consulta: MEMÓRIA DO ESPORTE OLÍMPICO BRASILEIRO. *Atlanta 1996*. Disponível em: <https://memoriadoesporte.org.br/2011/07/09/atlanta-1996/>. Acesso em: 18 abr. 2019.

Eric Feferberg/Agência France-Presse

Largada de Marie-José Pérec em um dos blocos da prova de atletismo feminino de 400 m, nos Jogos Olímpicos de Verão, em Atlanta (Estados Unidos). Foto de 26 de julho de 1996.

a) Qual foi a medida de velocidade média dela em Atlanta?

b) Em quantos minutos ela percorreria uma maratona (42,195 km) se fosse possível manter essa mesma medida de velocidade?

46 Preencha os mapas conceituais com o que você aprendeu ao longo deste capítulo.

a)

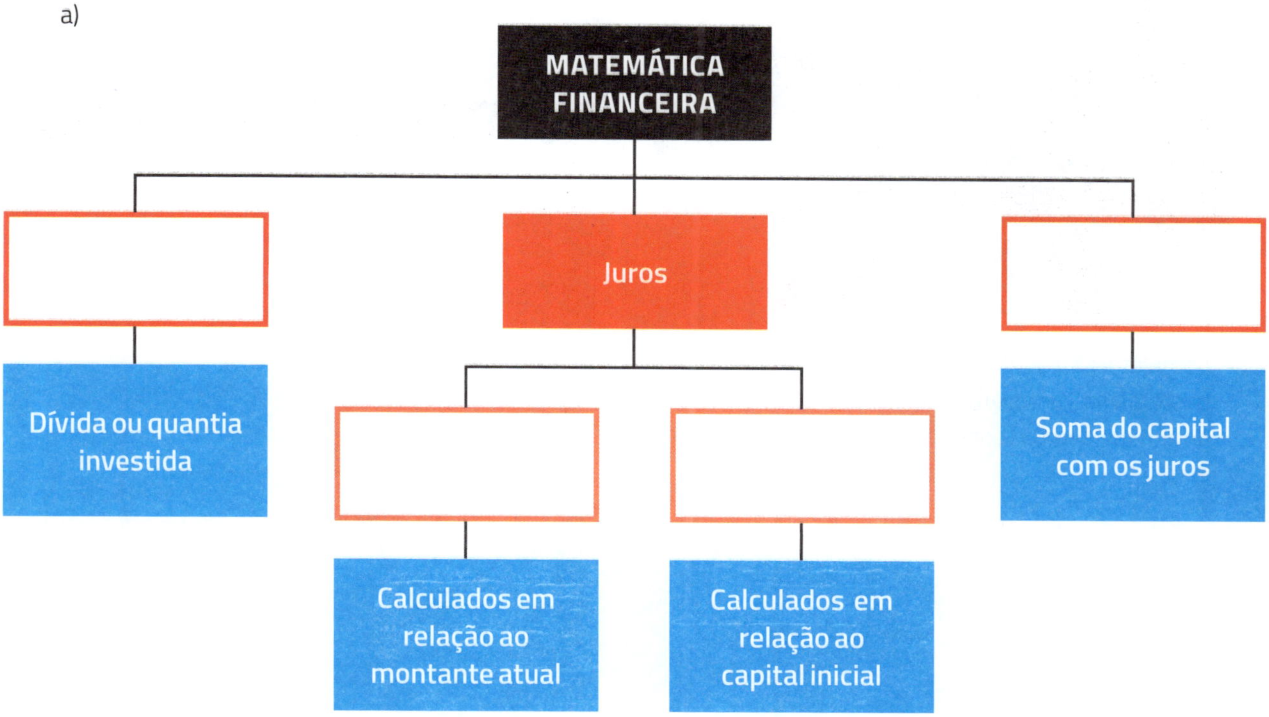

Ilustrações: Banco de imagens/Arquivo da editora

b)

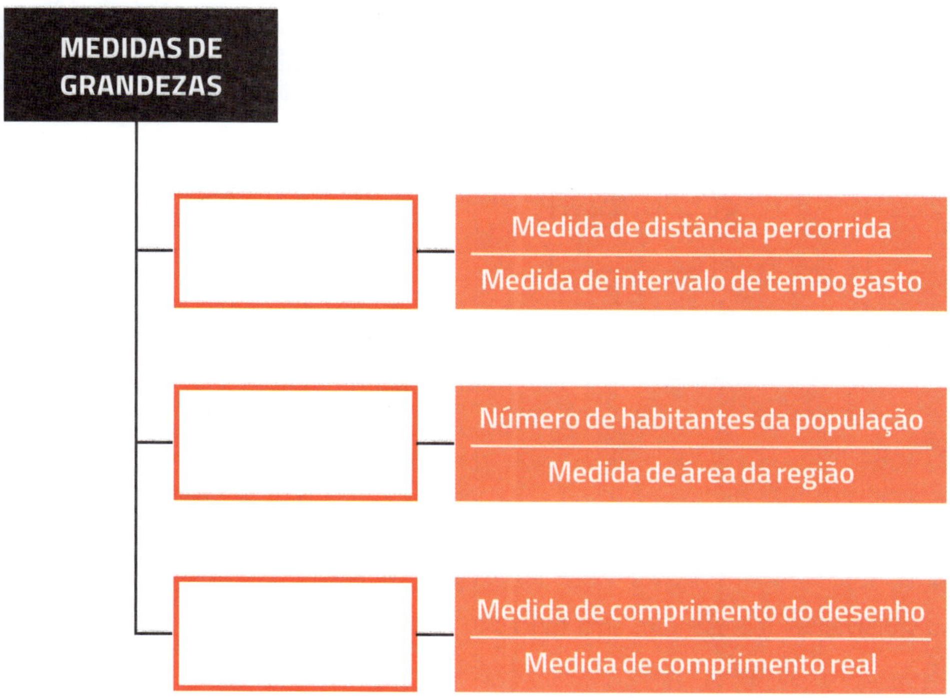

CAPÍTULO 4

Explorando as funções

1 Complete as coordenadas dos pontos assinalados neste plano cartesiano. Depois, escolha 2 pontos e determine a lei da função afim cujo gráfico passa por eles.

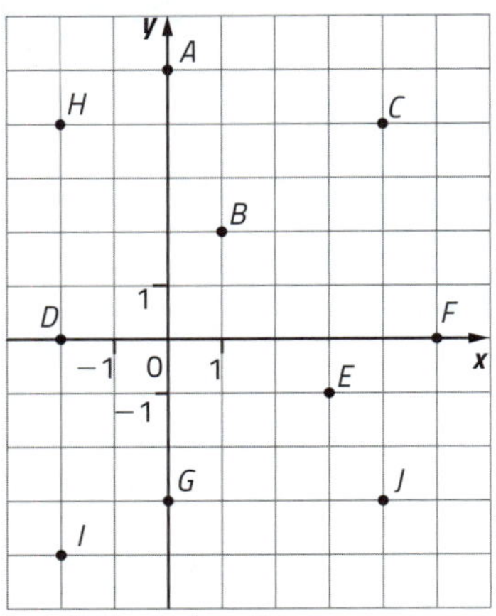

Banco de imagens/Arquivo da editora

A(_____, _____) *F*(_____, _____)

B(_____, _____) *G*(_____, _____)

C(_____, _____) *H*(_____, _____)

D(_____, _____) *I*(_____, _____)

E(_____, _____) *J*(_____, _____)

Lei da função: ______________________________

2 Quais destes diagramas representam uma função de *A* em *B*?

a)

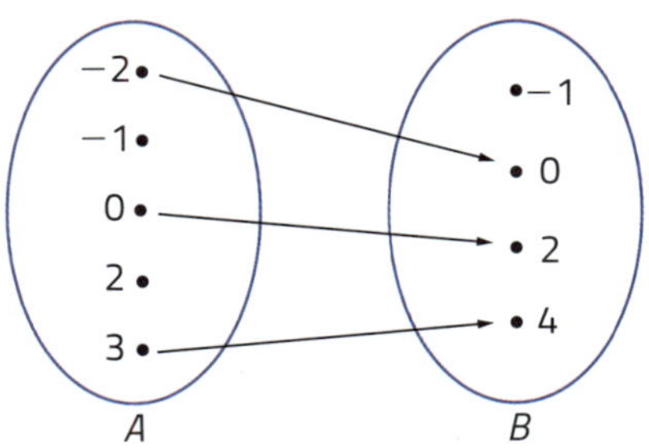

Banco de imagens/Arquivo da editora

b)

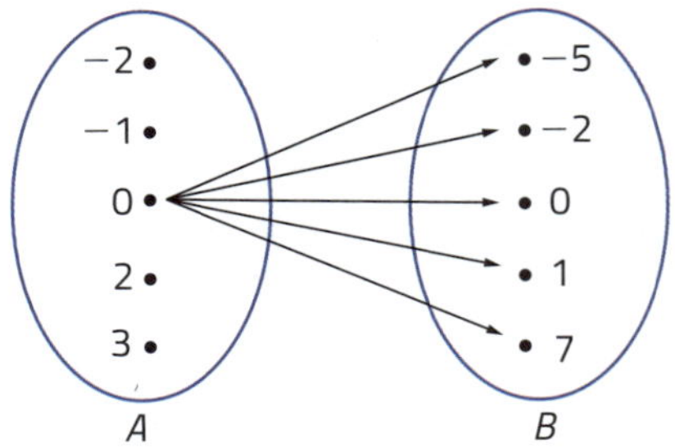

c)

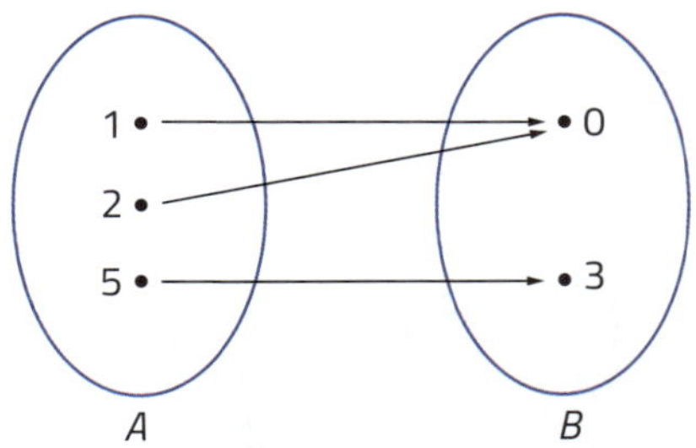

d)

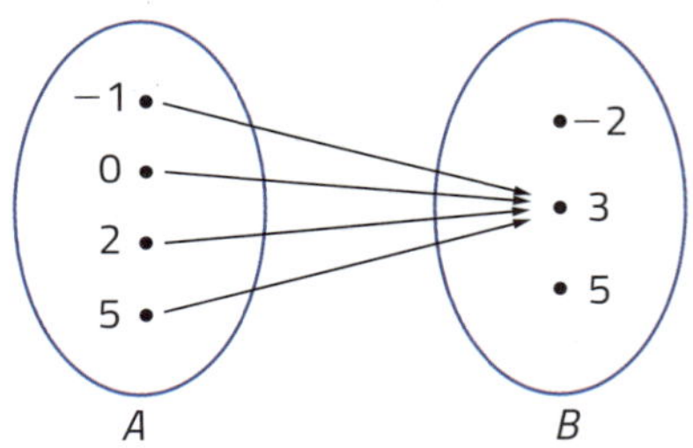

e)

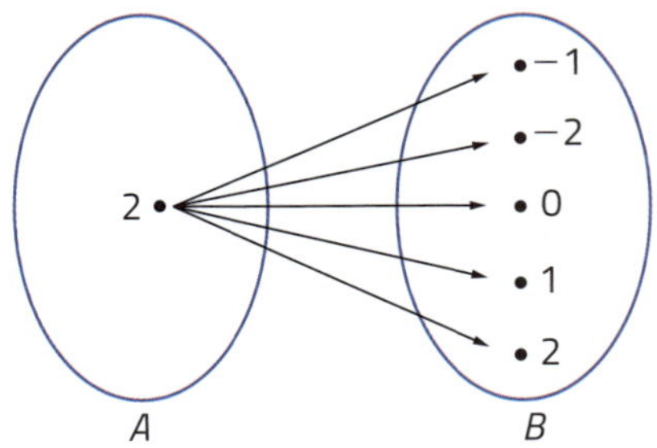

f)

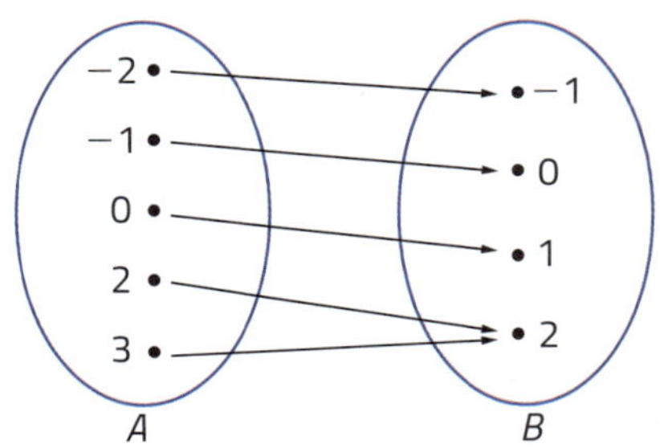

Ilustrações: Banco de imagens/Arquivo da editora

3 ▸ Em cada item, escreva a lei da função em que y depende de x e complete a tabela.

a) Em uma região triangular, a medida de comprimento da base é de 6 cm, a medida de comprimento da altura é de x cm e a medida de área é de y cm^2.

___

Relação entre a medida de área e a medida de comprimento da altura da região triangular

Medida de comprimento da altura (x cm)	Medida de área (y cm^2)
3	
5	
	21
	33

Tabela elaborada para fins didáticos.

b) A medida de volume y de um cubo, em m^3, dada em função da medida de comprimento x de cada aresta, em m.

___

Relação entre a medida de volume e a medida de comprimento da aresta do cubo

Medida de comprimento da aresta (x m)	Medida de volume (y m^3)
10	
	125
0,2	
	343

Tabela elaborada para fins didáticos.

c) A medida de área y, em cm^2, desta região retangular, dada em função da medida de comprimento x da base, em cm.

___

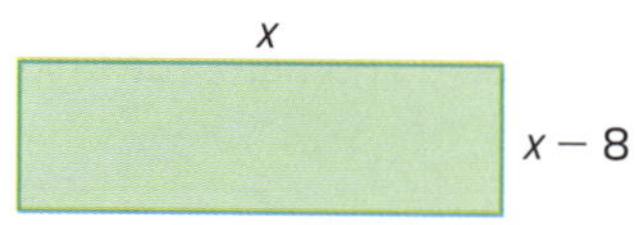

Banco de imagens/Arquivo da editora

Relação entre a medida de área e a medida de comprimento da base da região retangular

Medida de comprimento da base (x cm)	Medida de área (y cm^2)
20	
	65
	9
17	

Tabela elaborada para fins didáticos.

4 ▸ Observe este diagrama e, se a relação mostrada for uma função de A em B, responda aos itens.

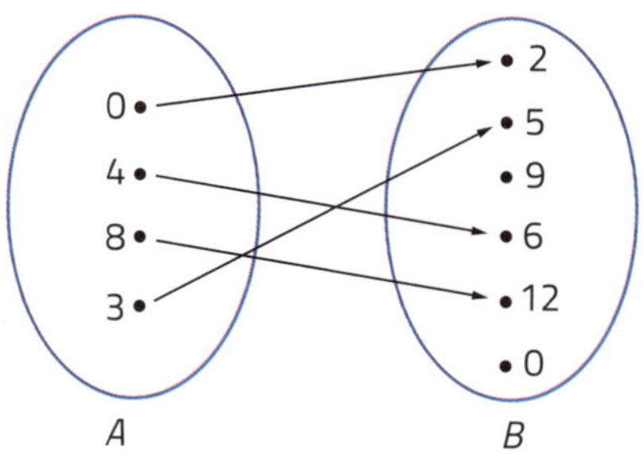

Banco de imagens/Arquivo da editora

a) Qual é o domínio dessa função?

___

b) Qual é o contradomínio dessa função?

___

c) Qual é o conjunto imagem dessa função?

___

5 › Uma fábrica vende a unidade de um produto por R$ 1,20. O custo total do produto é formado por uma taxa fixa de R$ 48,00 mais o custo de produção de R$ 0,40 por unidade.

a) Qual é a fórmula que dá o custo total *y* do produto em função do número *x* de unidades produzidas?

____

b) Qual é o custo da produção de 1 000 unidades?

____

c) Quanto a fábrica arrecada na venda de 1 000 unidades?

____

d) Quantas unidades a fábrica deve vender para não ter lucro nem prejuízo?

____

e) Se a fábrica vender 200 unidades desse produto, então ela terá lucro ou prejuízo? De quanto?

____

6 › Determine o domínio e o conjunto imagem de cada relação representada graficamente e, em seguida, diga se a relação é uma função ou não.

a)

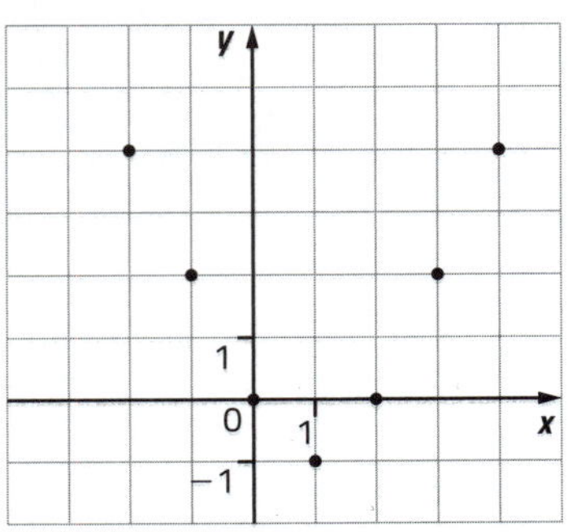

____

____

b)

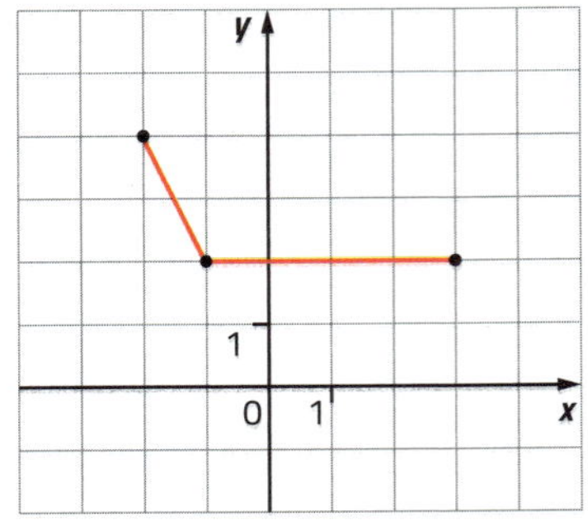

____

____

c)

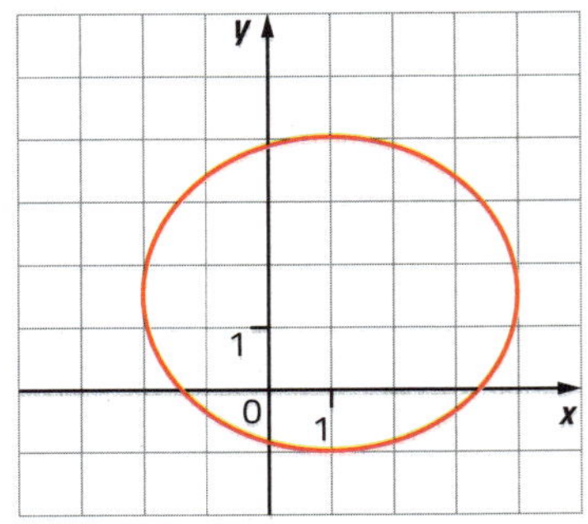

____

____

d)

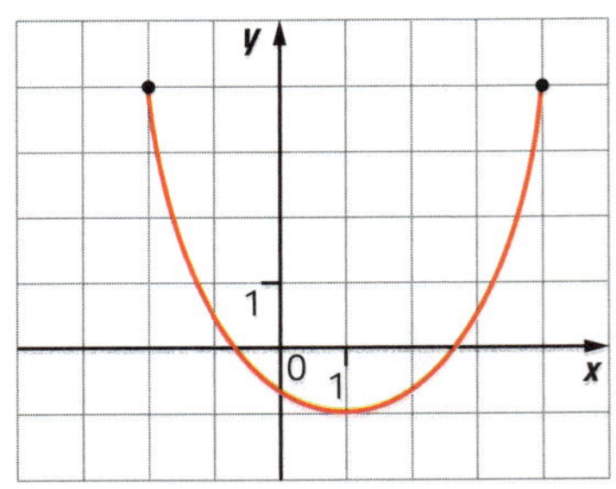

____

____

Ilustrações: Banco de imagens/Arquivo da editora

7 › Dados os conjuntos $A = \{-2, -1, 0, 2, 3\}$ e $B = \{-2, -1, 0, 1, 2, 3, 4, 5\}$, determine o conjunto imagem da relação definida pela fórmula $y = x + 1$, com $x \in A$ e $y \in B$.

____

8 Construa o gráfico da função definida pela fórmula dada em cada item.

a) $y = \frac{x}{2} + 3$

x	y

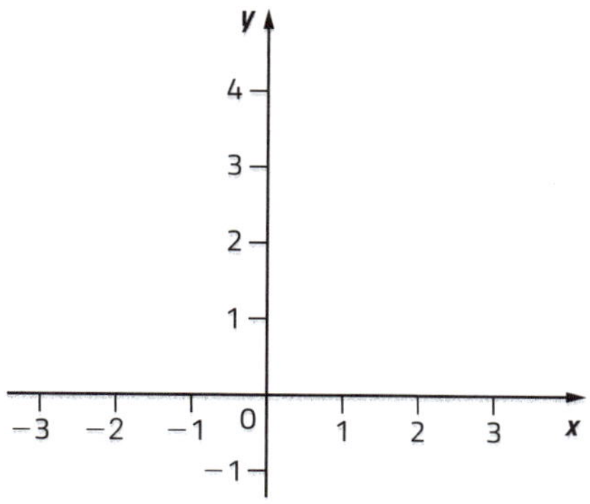

b) $y = \sqrt{2x}$, para $x \geqslant 0$.

x	y

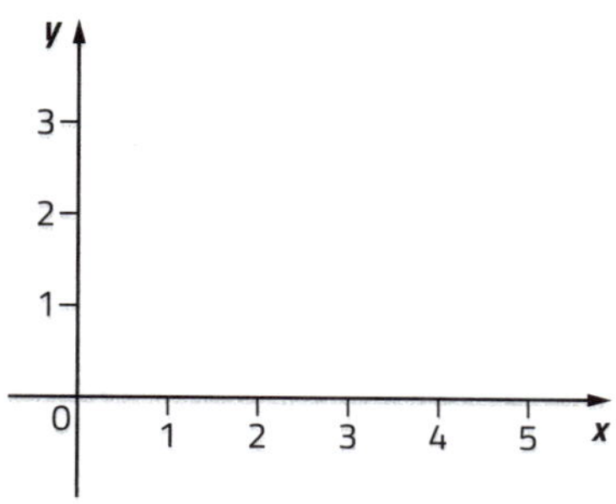

Ilustrações: Banco de imagens/Arquivo da editora

c) $y = x^2 - 2x$

x	y

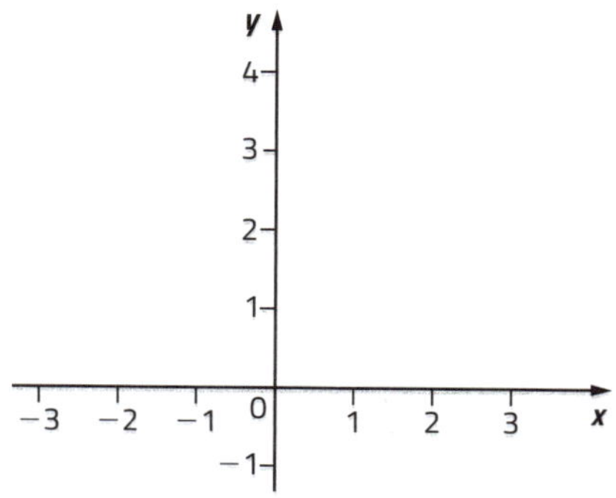

Ilustrações: Banco de imagens/Arquivo da editora

d) $y = \frac{x}{2}$

x	y

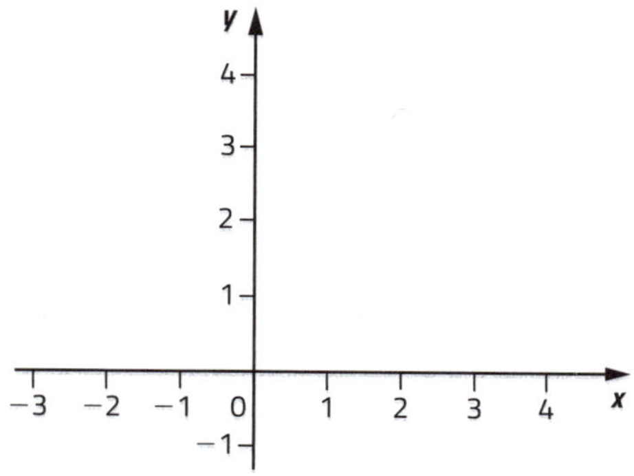

9› Considere as funções dadas nos itens da atividade anterior.

a) A função de qual item não é afim nem quadrática? ________

b) A função de qual item é afim, mas não é linear? ________

c) A função de qual item é afim e linear? ________

d) A função de qual item é quadrática? ________

10› O zero da função dada por $f(x) = \frac{2x}{3} + \frac{5}{2}$ é igual a:

a) $\frac{15}{4}$.

b) $-\frac{5}{2}$.

c) $\frac{5}{2}$.

d) $-\frac{15}{4}$.

11› Observe o gráfico de uma função f de $\mathbb{R}$ em $\mathbb{R}$.

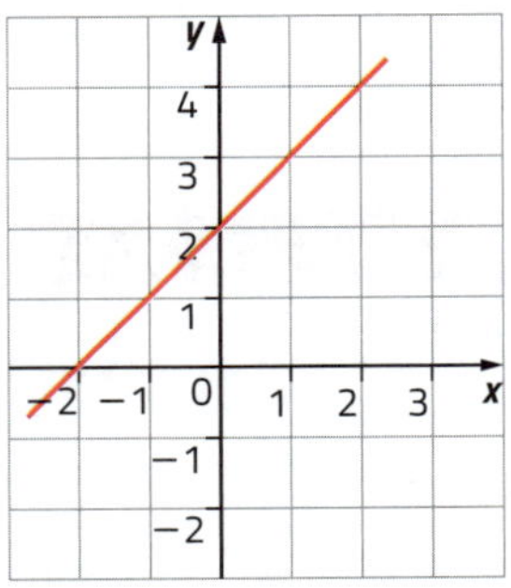

Banco de imagens/Arquivo da editora

As coordenadas do zero dessa função e do ponto de intersecção do gráfico dela com o eixo y são, respectivamente:

a) $(0, 0)$ e $(-2, 0)$.

b) $(-2, 2)$ e $(0, 0)$.

c) $(0, -2)$ e $(0, 2)$.

d) $(2, 0)$ e $(0, 2)$.

e) $(-2, 0)$ e $(0, 2)$.

12› Qual é a lei de uma função afim cujo gráfico intersecta os eixos em $(5, 0)$ e $(0, -2)$?

____

13› Considere a lei da função que associa a cada número real x o número que corresponde ao quadrado desse número mais o triplo dele menos 4.

a) Escreva a lei dessa função.

____

b) Essa função é afim ou quadrática?

____

c) O gráfico dessa função é uma reta?

____

d) Qual é o valor de y para $x = 10$?

____

e) Quais são os zeros dessa função?

____

f) Em quais pontos o gráfico dessa função intersecta os eixos do plano cartesiano?

____

g) Construa o gráfico dessa função.

14 › A parábola que representa uma função quadrática tem vértice em $(2, -1)$, intersecta o eixo y em $(0, 3)$ e passa pelo ponto $(-1, 8)$. Determine a lei dessa função.

15 › Resolva em $\mathbb{R}$ as seguintes inequações usando o processo que julgar mais conveniente.

a) $x + 10 < 15$

b) $x^2 - 136 \geqslant 8$

c) $12x + 6 < 3x - 10$

d) $\frac{33x}{5} - 2 \leqslant \frac{13x}{2}$

16 › Joaquim fez uma viagem de São Paulo a Marília. Na estrada, ele verificou que a medida de distância percorrida, a partir do ponto inicial da viagem, podia ser calculada por $d = 90x$, sendo d a medida de distância percorrida, em quilômetros, e x a medida de intervalo de tempo gasto, em horas.

Distância entre São Paulo e Marília

Fonte de consulta: IBGE. *Atlas geográfico escolar*. 7. ed. Rio de Janeiro, 2016.

a) Construa uma tabela com as medidas de distância percorrida após cada hora desde $x = 1$ até $x = 5$ (medida de intervalo de tempo total da viagem).

b) Faça um gráfico que relacione d em função de x.

c) Qual foi a medida de distância total percorrida nessa viagem?

17 ▸ Considere as funções dadas por $y = 2x - 3$; $y = 2x$ e $y = 2x + 5$.

a) Todas essas funções são da forma $y = ax + b$, com $a = 2$. Trace neste plano cartesiano as retas que as representam.

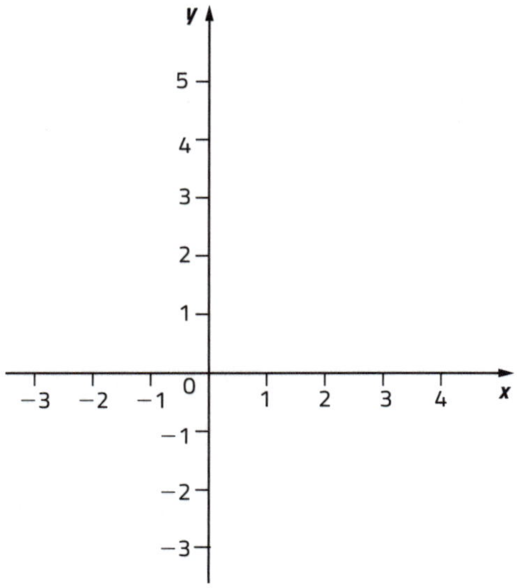

Banco de imagens/Arquivo da editora

b) Qual é a posição relativa das 3 retas, tomadas 2 a 2?

____

18 ▸ Desenhe um plano cartesiano em cada item e trace nele as 2 retas correspondentes às funções dadas.

a) $y = -2x + 5$ e $y = -2x - 1$.

x	y

x	y

b) $y = 4x$ e $y = 4x + 3$.

x	y

x	y

c) $y = x - 5$ e $y = x - 1$.

x	y

x	y

d) $y = -3x + 3$ e $y = -3x$.

x	y

x	y

19 ▸ O que você verificou nas 2 atividades anteriores os matemáticos já provaram que acontece sempre.

> Se as leis de 2 funções afins (na forma $y = ax + b$) têm o coeficiente a igual e o coeficiente b diferente, então os gráficos dessas funções são 2 retas distintas e paralelas.

Determine a lei de uma função afim cuja reta passa pelo ponto $(3, 16)$ e é paralela à reta que representa a função dada por $y = 5x - 9$.

____

20 ▸ Considerando a função dada por $y = x^2 + 2x - 3$, determine o que se pede.

a) Os coeficientes a, b e c. __________________

b) Os zeros dessa função. __________________

c) O vértice da parábola. __________________

d) O valor máximo ou mínimo. __________________

21 ▸ Determine o vértice da parábola que representa cada função quadrática dada.

a) $y = 6x^2 - 12x + 5$

____

b) $y = -3x^2 - 24x + 2$

____

c) $y = 8x^2$

____

d) $y = -x^2 + 10x - 9$

____

e) $y = 3x^2 + 9x$

____

f) $y = -4x^2 + 11$

____

22 › Considere uma região plana limitada por um trapézio cujas medidas de comprimento das bases são de 10 cm e 7 cm. A medida de área dessa região é dada em função da medida de comprimento da altura do trapézio.

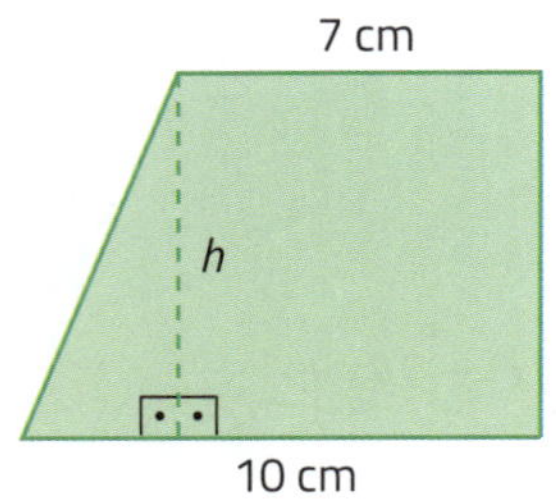

Banco de imagens/Arquivo da editora

a) Escreva a fórmula que indica a medida de área A (em centímetros quadrados) dessa região plana em função da medida de comprimento h da altura (em centímetros).

b) Qual é a medida de área A quando $h = 6$ cm?

c) Qual é a medida de comprimento h da altura quando $A = 42{,}5\ \text{cm}^2$?

23 › Em quais pontos a parábola que representa a função quadrática dada por $y = -2x^2 + 5x - 7$ intersecta os eixos x e y?

24 › Conexões. A medida de energia potencial elástica E armazenada em uma mola que foi distendida uma medida de comprimento d pode ser calculada pela expressão $E = \frac{kd^2}{2}$, em que k representa a constante elástica (característica da mola utilizada), dada em dyn/cm.

a) Complete a tabela que relaciona a medida de energia armazenada E em função da medida de comprimento d da distensão sofrida por uma mola e determine a constante elástica dessa mola.

Relação entre a medida de energia e a medida de comprimento da distensão em uma mola

E (em erg)	0	1		16		9
d (em cm)	0	1	2		5	

Tabela elaborada para fins didáticos.

b) Represente graficamente a medida de energia E (em erg) em função da medida de comprimento d da distensão (em cm).

c) Qual é a medida de energia acumulada nessa mola quando ela é distendida 3,5 cm?

25 ▸ Considerando a função dada por $y = -x^2 + 4x - 3$, determine o que se pede.

a) Os zeros dessa função. ____________________

b) O vértice da parábola. ____________________

c) O valor máximo ou mínimo. ____________________

26 ▸ Cada vez que vai ao posto de gasolina, Juliano abastece o carro e lava-o com ducha.
Observe os preços de uma promoção em um posto de combustíveis.

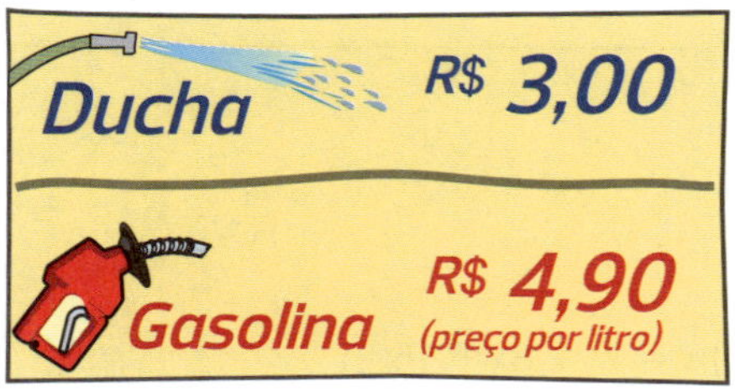

Banco de imagens/Arquivo da editora

a) A correspondência que associa a quantia de y reais pagos para x litros de gasolina colocados é um exemplo de função? Justifique sua resposta.

____

____

b) Quanto Juliano gasta para colocar 20 L de gasolina e lavar o carro com a ducha?

____

c) Escreva a fórmula que representa o valor y gasto por Juliano nessa situação em função do número x de litros de gasolina que ele abastece.

____

27 ▸ Sem representar em um plano cartesiano, descubra o ponto de intersecção da reta r que passa pelos pontos $(1, 5)$ e $(-1, -3)$ e da reta de equação $y = 3x$.

____

28 ▸ **Conexões.** A intensidade da força de atração F_M existente entre um ímã e um clipe de papel varia de acordo com o inverso da medida de distância d entre eles e pode ser calculada pela expressão $F_M = \dfrac{14}{d^2}$.
Utilizando os valores apresentados nesta tabela, construa o gráfico que relaciona a intensidade da força magnética F_M em função da medida de distância d.

Intensidade da força magnética entre um ímã e um clipe de papel

d (em cm)	F_M (em dyn)
1	14
1,5	6,2
2	3,5
2,5	2,2

Tabela elaborada para fins didáticos.

29 ▸ Considere estas leis de funções.

f_1: $y = 8x$

f_2: $y = x + 8$

f_3: $y = \dfrac{8}{x}$, para $x \neq 0$

f_4: $y = 2x^2$

a) Quais dessas funções podem ser chamadas de função afim? ____________________

b) Quais são funções lineares? ____________________

c) Quais são funções quadráticas? ____________________

d) Em quais delas x e y têm valores diretamente proporcionais? ____________________

e) Em quais delas x e y têm valores inversamente proporcionais? ____________________

30 Associe cada item (**I**, **II**, **III**, **IV**) ao gráfico (**A**, **B**, **C**, **D**) da função afim correspondente, tal que $y = ax + b$, com $a \neq 0$.

I. $a > 0$ e $b > 0$.

II. $a < 0$ e $b = 0$.

III. $a < 0$ e $b > 0$.

IV. $a > 0$ e $b < 0$.

A

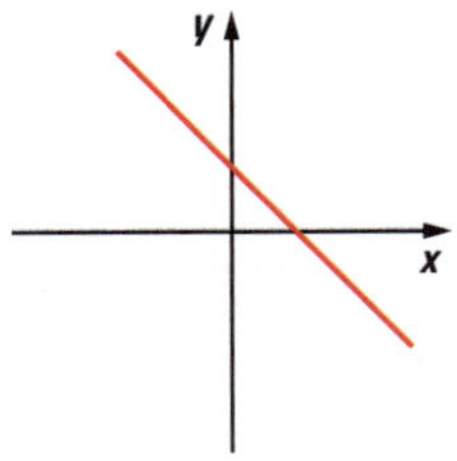

B

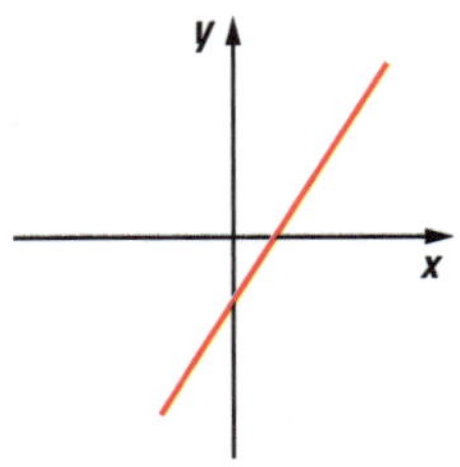

C

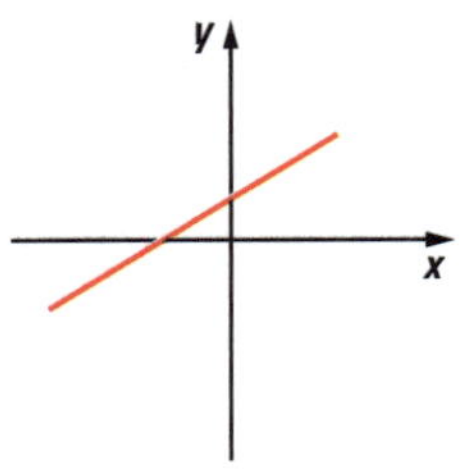

D

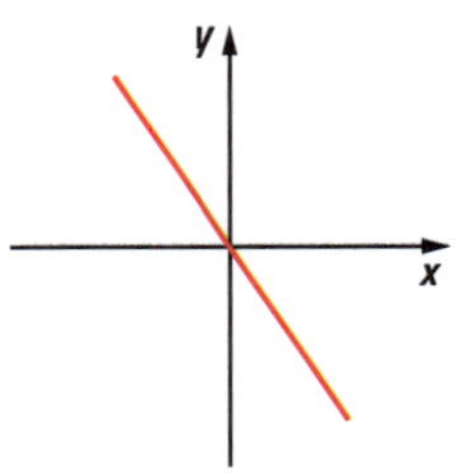

Ilustrações: Banco de imagens/Arquivo da editora

____

31 Considere este esboço do gráfico de uma função do tipo $y = ax^2 + bx + c$.

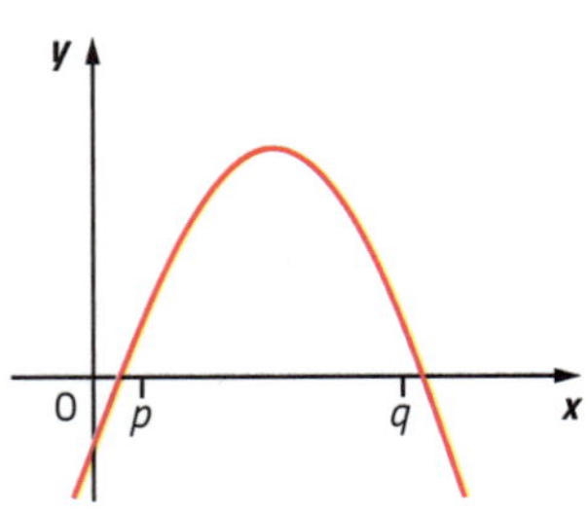

Banco de imagens/Arquivo da editora

Indique se y é positivo, negativo ou nulo em cada caso.

a) $x < p$ ______________________

b) $x > q$ ______________________

c) x está entre p e q. ______________________

d) $x = p$ ou $x = q$. ______________________

32 Faça o estudo dos sinais de cada função dada.

a) $y = x^2 - 10x + 25$

____

____

____

b) $y = x^2 + 8x + 16$

____

____

____

c) $y = -2x^2 + 4x - 5$

____

____

____

d) $y = -x^2 - 6x - 9$

____

____

____

33› Resolva as inequações do 2º grau, em $\mathbb{R}$.

a) $2x^2 - x - 10 \leqslant 0$

b) $-x^2 - 8x + 9 < 0$

34› Lucas fez uma caminhada das 7 h às 8 h em certo dia. Veja neste gráfico a medida de distância percorrida (em metros) em função da medida de intervalo de tempo (em minutos).

Caminhada de Lucas

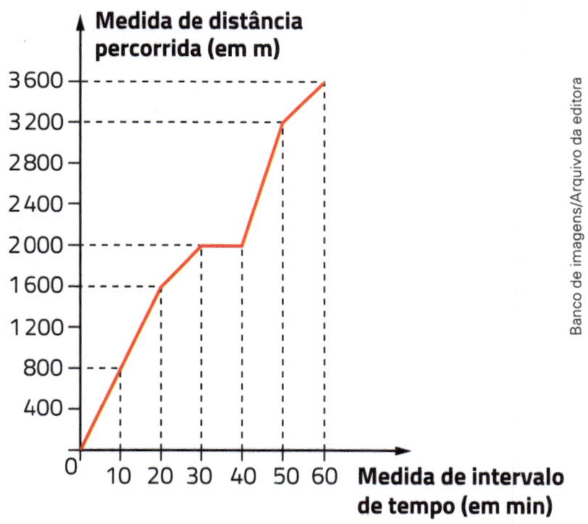

Gráfico elaborado para fins didáticos.

Banco de imagens/Arquivo da editora

a) Quantos metros Lucas percorreu nos primeiros 20 minutos?

b) Qual foi a medida de velocidade média (em m/min) nos últimos 20 minutos?

c) Quantos metros ele percorreu do 30º ao 40º minuto?

d) E do 40º ao 50º minuto, quantos metros Lucas percorreu?

35› Para cada gráfico dado, obtenha a fórmula que expressa y em função de x.

a)

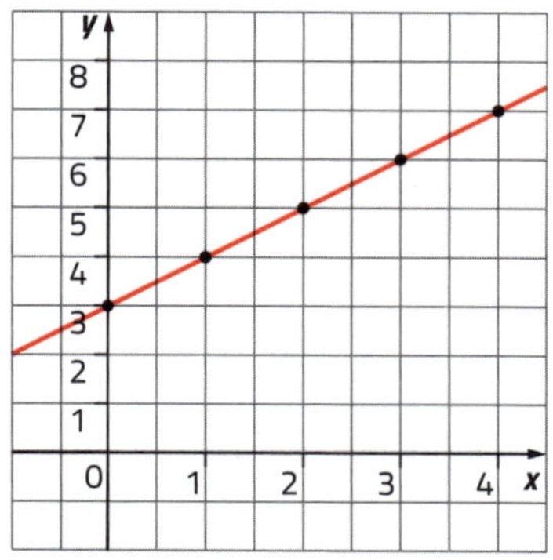

Ilustrações: Banco de imagens/Arquivo da editora

b)

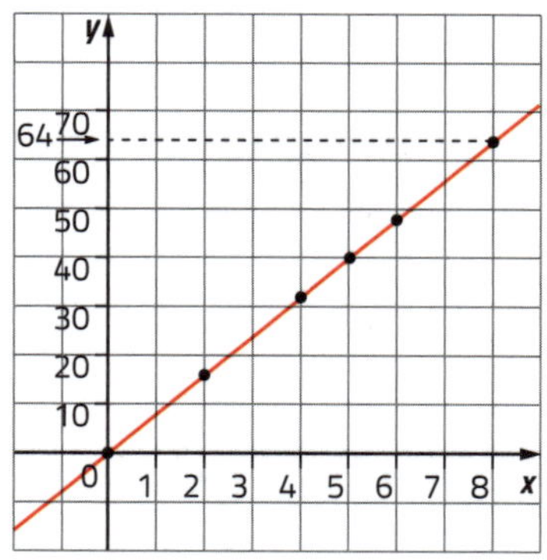

36 ▸ Escreva uma fórmula correspondente a cada gráfico de função.

a)

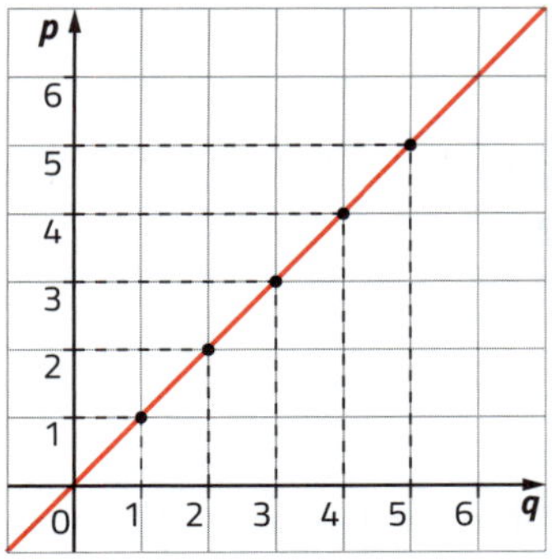

Ilustrações: Banco de imagens/Arquivo da editora

____

b)

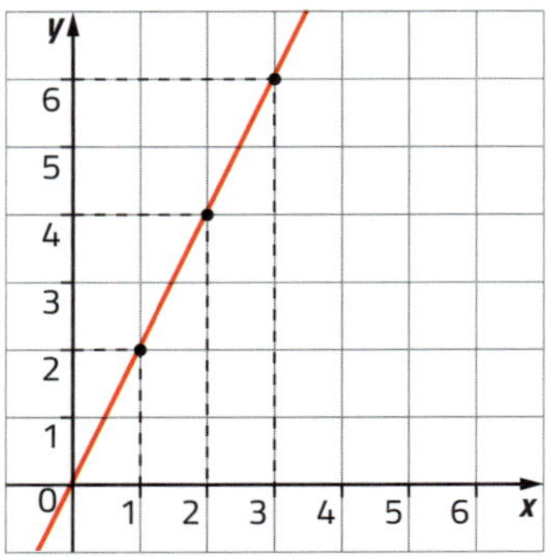

____

c)

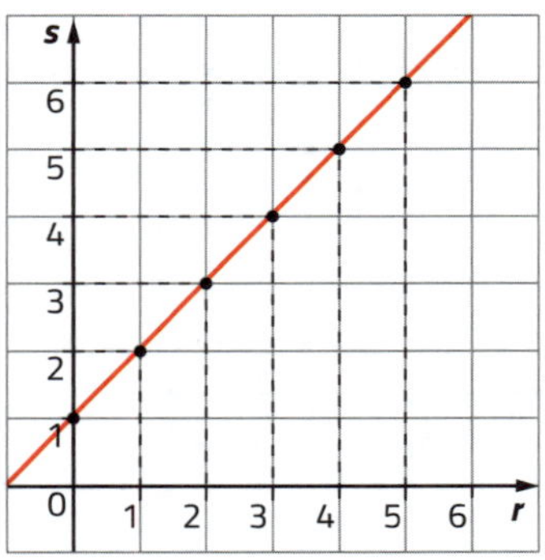

____

d)

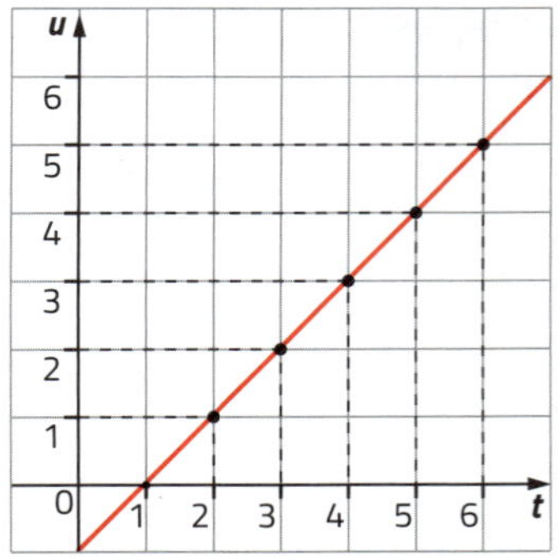

____

37 ▸ Use as fórmulas e responda às questões.

- **Fórmula da medida de distância:** $d = vt$

  d: medida de distância, em quilômetros

  v: medida de velocidade média, em quilômetros por hora (km/h)

  t: medida de intervalo de tempo, em horas

- **Fórmula do consumo de combustível:** $c = \frac{d}{q}$

  c: consumo, em quilômetros por litro

  d: medida de distância, em quilômetros

  q: medida de volume de combustível, em litros

- **Fórmula do custo de combustível:** $C = pq$

  C: custo, em reais

  p: preço de 1 litro de combustível, em reais

  q: medida de volume de combustível, em litros

a) Em quantas horas um veículo percorre 260 km à medida de velocidade média de 65 km/h?

____

b) Quantos litros de gasolina são necessários para uma viagem de 260 km se o consumo do veículo é de 1 L para cada 13 km?

____

c) Qual é o custo para colocar 20 L de combustível em um veículo, sabendo que o preço do litro do combustível é de R$ 2,20?

____

38 Um motorista dirige o carro, em um trecho de uma rodovia de pista dupla, a uma medida de velocidade constante de 100 km/h. Nessas condições, a medida de distância que ele percorre com o veículo pode ser calculada pela fórmula $d = 100t$, em que d é a medida de distância (em km) e t é a medida de intervalo de tempo (em h).

Banco de imagens/Arquivo da editora

a) Qual medida de distância ele percorre em 2 horas?

b) Qual medida de distância ele percorre em meia hora?

c) Qual medida de intervalo de tempo é necessária para ele percorrer 250 km?

d) Qual medida de intervalo de tempo é necessária para ele percorrer 40 km?

39 Use a fórmula $F = 1{,}8C + 32$, que transforma a medida de temperatura de graus Celsius (°C) em graus Fahrenheit (°F), e obtenha o valor de F em cada item.

a) $C = 20$ °C

b) $C = 30$ °C

c) $C = 15$ °C

40 Em uma fábrica de joias, foram fundidas 160 peças maciças de ouro com medida de massa de 13,51 g cada uma. Com o material obtido, foram feitas 200 peças maciças iguais em formato cúbico.

a) Qual é a medida de volume de cada uma das peças fundidas, sabendo que a medida de densidade do ouro é de 19,3 g/cm^3?

b) Quais são as medidas de massa e de volume de cada peça cúbica?

c) A medida de comprimento de cada aresta da peça cúbica é de aproximadamente 0,7 cm, 0,8 cm ou 0,9 cm?

41 Veja os valores que 2 empresas de transporte de carga cobram pelos serviços.

- Empresa 1: R$ 7,00 por quilômetro.
- Empresa 2: parcela fixa de R$ 862,00, acrescidos de R$ 5,00 por quilômetro.

a) Determine, para cada empresa, a função que representa o custo C, em reais, do transporte de carga em função da medida de distância q percorrida, em quilômetros.

b) Para transportar uma carga por 430 km, qual das 2 empresas cobra o menor valor?

42 › Um tanque cheio de combustível esvazia de acordo com a função dada por $F(t) = 20 - 4t$, em que F representa a medida de volume de combustível no tanque, em metros cúbicos, e t representa a medida de intervalo de tempo do escoamento, em horas.

a) Qual é a medida de capacidade do tanque, em metros cúbicos?

b) Em quantas horas o tanque esvazia?

c) Construa nesta malha quadriculada o gráfico da função F.

Banco de imagens/Arquivo da editora

43 ▸ Preencha o mapa conceitual com os conteúdos sobre funções que você estudou neste capítulo.

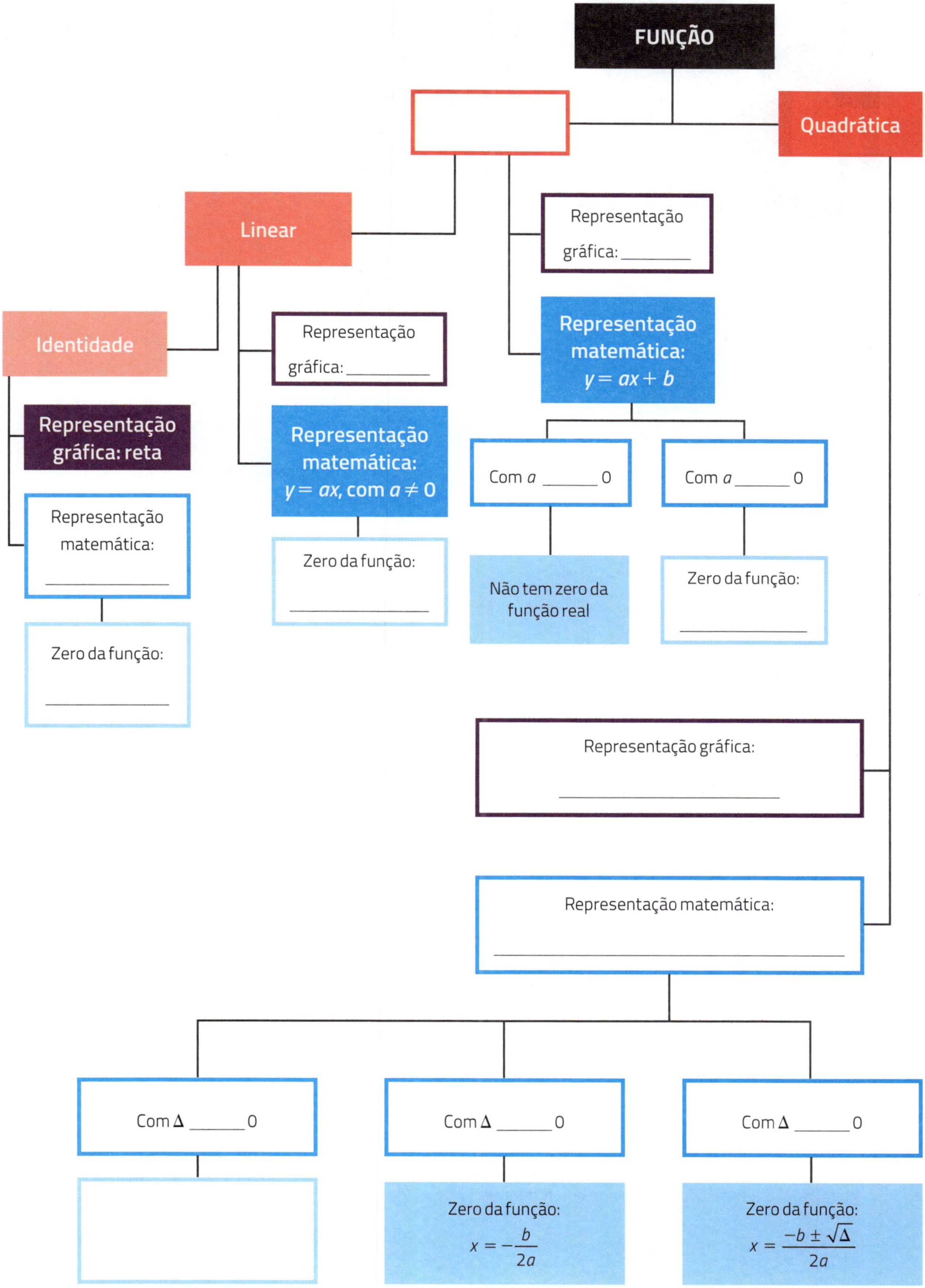

Banco de imagens/Arquivo da editora

CAPÍTULO 5

Geometria: semelhança, vistas ortogonais e perspectiva

1 Observe esta figura em uma malha quadriculada.

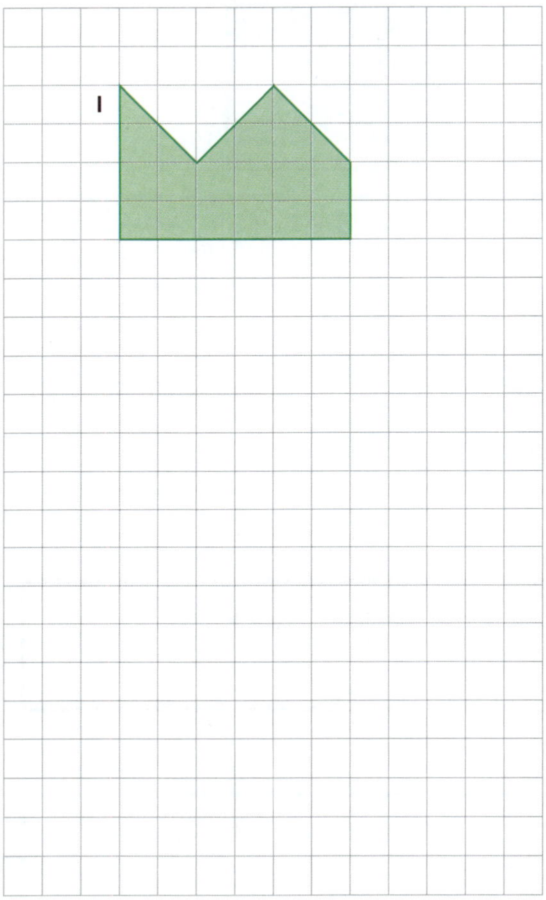

Banco de imagens/Arquivo da editora

a) Na mesma malha, construa uma figura **II**, semelhante à figura **I** dada, com razão de semelhança $\frac{1}{2}$ de **II** para **I**.

b) Novamente na mesma malha, construa uma figura **III**, semelhante à figura **I**, com razão de semelhança 2 de **III** para **I**.

c) As figuras **II** e **III** são semelhantes? Em caso positivo, qual é a razão de semelhança de **II** para **III**?

____

2 Os pares de figuras descritas em cada item a seguir são semelhantes sempre, às vezes ou nunca?

a) Dois triângulos equiláteros.

____

b) Dois triângulos retângulos.

____

c) Um triângulo acutângulo e um triângulo obtusângulo.

____

d) Dois polígonos com o mesmo número de lados.

____

e) Um triângulo e um quadrilátero.

____

f) Dois polígonos regulares.

____

g) Dois polígonos regulares com o mesmo número de lados.

____

h) Duas circunferências.

____

i) Dois polígonos congruentes.

____

j) Dois triângulos isósceles.

____

k) Dois retângulos.

____

l) Um triângulo escaleno e um triângulo isósceles.

____

m) Dois triângulos retângulos isósceles.

____

3▸ Considerando este sólido geométrico, classifique a vista fornecida.

Ilustrações: Banco de imagens/ Arquivo da editora

Sólido geométrico.

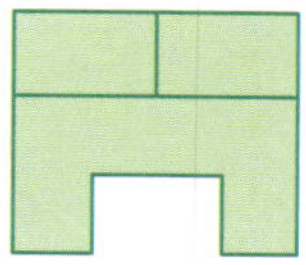

Vista.

4▸ Desenhe as projeções ortogonais deste cilindro nos planos α, β e γ.

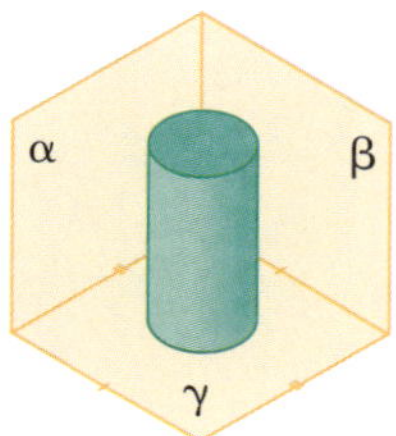

Banco de imagens/Arquivo da editora

5▸ Faça os desenhos das vistas de cima e de baixo desta pirâmide de base quadrada.

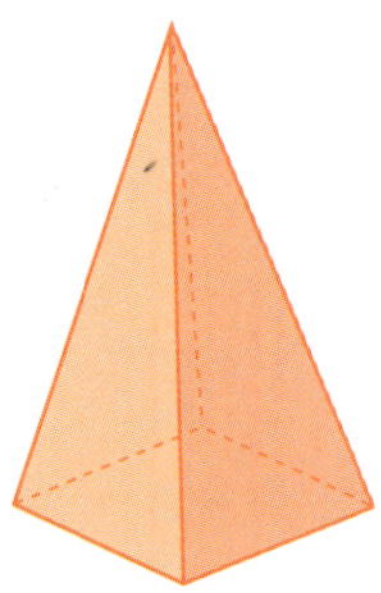

Banco de imagens/Arquivo da editora

6▸ Um quadrilátero Q_1 tem lados com medidas de comprimento de 18 cm, 15 cm, 30 cm e 21 cm. Um quadrilátero Q_2 tem medida de perímetro de 105 cm. Descubra as medidas de comprimento dos lados do quadrilátero Q_2 sabendo que $Q_1 \sim Q_2$.

7▸ Em um losango *ABCD*, $m(\hat{A}) = 70°$ e $AB = 8$ cm. Em um losango *EFGH*, $m(\hat{E}) = 110°$ e $GH = 10$ cm. Esses losangos são semelhantes? Justifique sua resposta.

8▸ Dois paralelepípedos P_1 e P_2 são semelhantes. As medidas de comprimento da largura, da altura e da profundidade de P_1 são, respectivamente, de 12 cm, 10 cm e 7 cm.
Sabendo que a medida de comprimento da altura de P_2 é de 15 cm, calcule as medidas das outras dimensões.

9 › Sabendo que os polígonos dados em cada item são semelhantes, calcule o valor de *x*.

a)

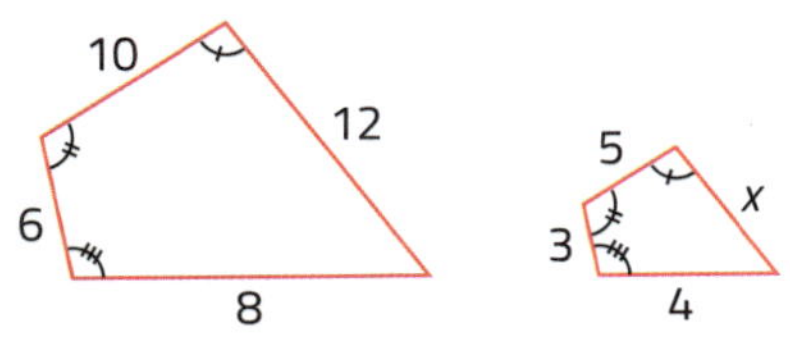

Ilustrações: Banco de imagens/Arquivo da editora

b)

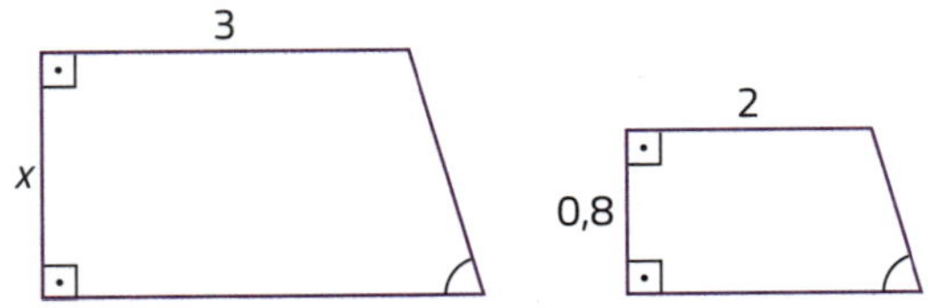

10 › Um poste projeta no chão uma sombra cujo comprimento mede 3 m. No mesmo instante, um cabo de vassoura colocado perpendicularmente ao plano do chão projeta uma sombra cujo comprimento mede 60 cm.

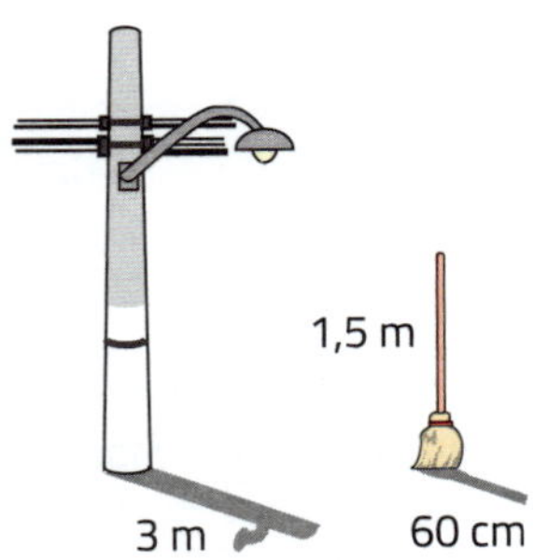

Banco de imagens/Arquivo da editora

Sabendo que a medida de comprimento da altura da vassoura é de 1,5 m, determine a medida de comprimento da altura do poste.

11 › A altura $\overline{AH}$ deste triângulo retângulo *ABC* determina 2 triângulos semelhantes: *ACH* e *BHA*.

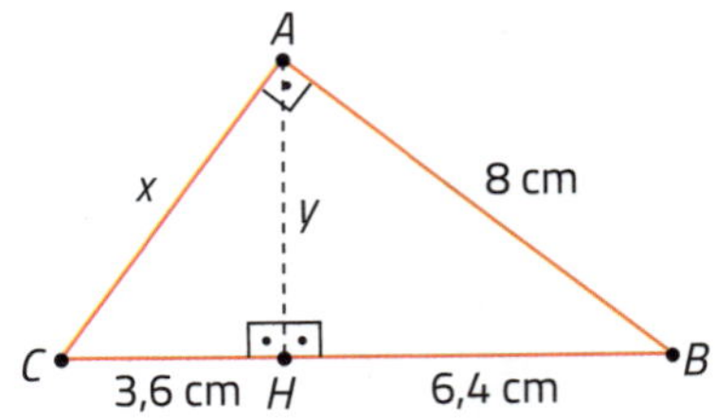

Banco de imagens/Arquivo da editora

Determine os valores de *x* e *y*, em centímetros.

12 › Faça um esboço da vista frontal deste sólido geométrico.

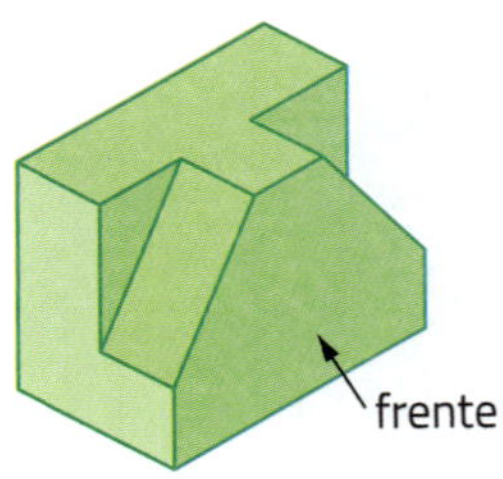

Banco de imagens/Arquivo da editora

13 Observe estas imagens em perspectiva.

Ilustrações: Murilo Moretti/Arquivo da editora

Qual dessas imagens foi elaborada em perspectiva usando 2 pontos de fuga?

____

14 Complete os desenhos para que sejam representados: uma pirâmide no item **a**; um prisma no item **b**. Não se esqueça de pintar as faces.

a)

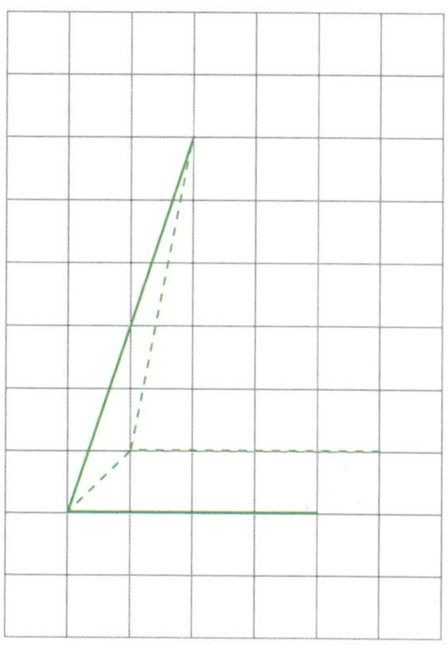

Banco de imagens/Arquivo da editora

b)

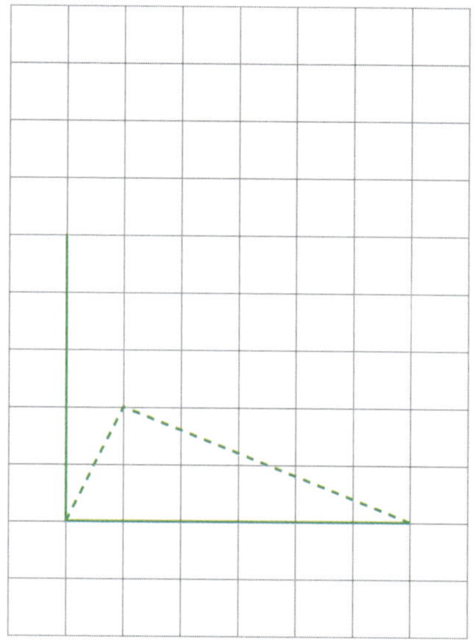

Banco de imagens/Arquivo da editora

15 Estes trapézios são semelhantes.

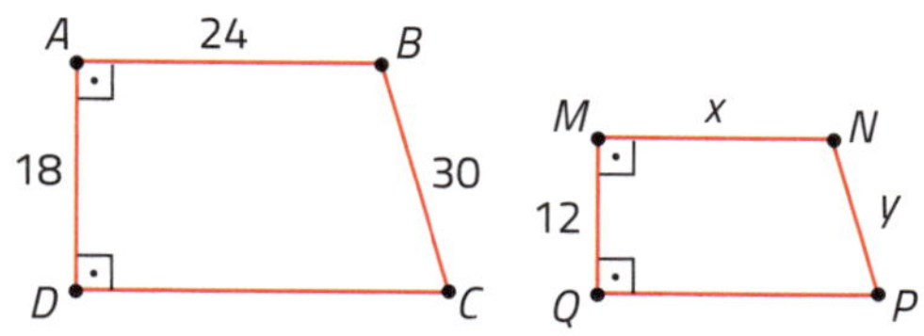

Ilustrações: Banco de imagens/Arquivo da editora

a) Qual é a razão de semelhança entre as medidas de comprimento dos lados correspondentes dos trapézios *ABCD* e *MNPQ*?

____

b) Calcule as medidas *x* e *y* indicadas.

____

16› Em um mapa com escala de 1 : 500 000, foi desenhada uma circunferência cujo raio tem medida de comprimento de 4 cm. Use $\pi = 3$ e calcule a medida de comprimento aproximada dessa circunferência no mapa e na realidade.

17› Veja a planta baixa do terreno onde está localizada uma casa.

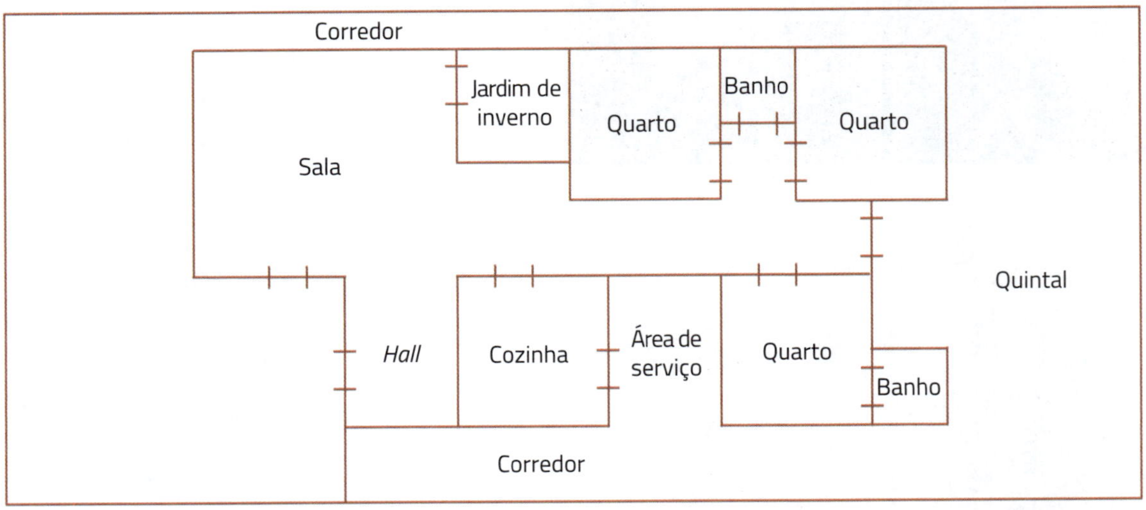

Banco de imagens/Arquivo da editora

Escala: 1 : 200

Usando uma régua, meça os comprimentos necessários e responda.

a) Quais são as medidas de comprimento reais dos lados de um dos quartos?

---

b) Qual é a medida de perímetro real do terreno?

18› Com uma régua, trace a linha do horizonte neste desenho.

Murilo Moretti/Arquivo da editora

19 › Classifique cada sentença em verdadeira ou falsa.

a) Dois quadrados são sempre semelhantes.

____

b) Dois polígonos são semelhantes quando os lados correspondentes são proporcionais e os ângulos correspondentes são congruentes.

____

c) Dois polígonos são semelhantes quando os lados correspondentes são congruentes.

____

d) Dois losangos são sempre semelhantes.

____

e) Dois polígonos são semelhantes quando os lados correspondentes são proporcionais.

____

20 › Sabendo que $\triangle ABC \sim \triangle CDE$ e $AD = 10$ cm, determine o valor de x, em centímetros.

As imagens desta página não estão representadas em proporção.

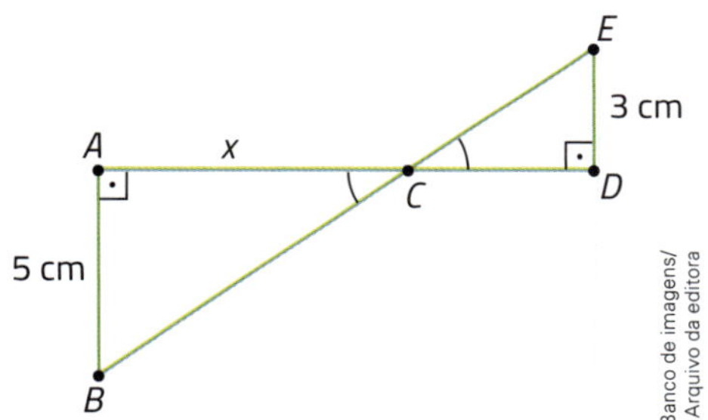

Banco de imagens/ Arquivo da editora

____

21 › Sabendo que $\overline{MN} \mathbin{/\!/} \overline{BC}$, determine o valor de x, em centímetros, na figura dada em cada item.

a)

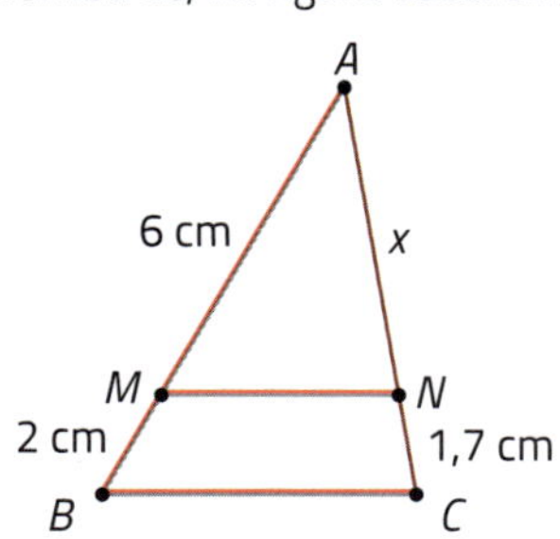

Banco de imagens/ Arquivo da editora

____

b)

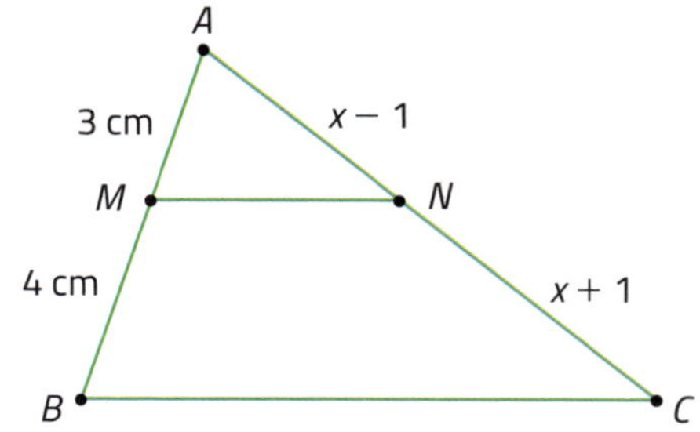

Ilustrações: Banco de imagens/ Arquivo da editora

____

c)

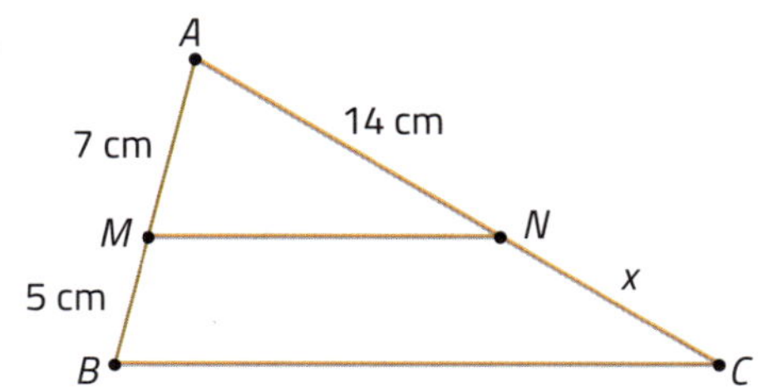

____

d)

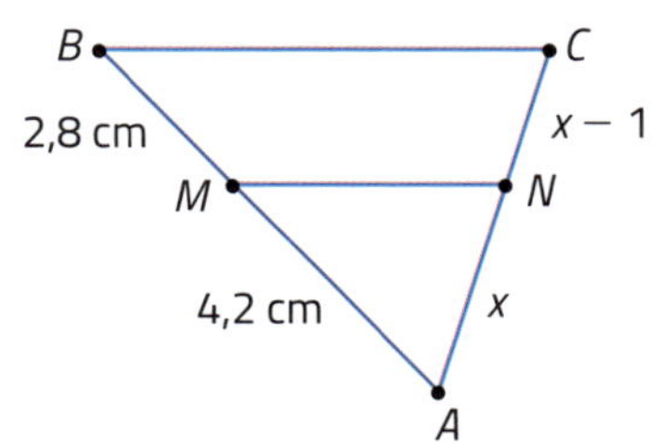

____

22 Verifique, sem fazer medições, se os pares de triângulos dados em cada item são semelhantes ou não. Nos itens em que forem, indique os lados correspondentes.

Ilustrações: Banco de imagens/Arquivo da editora

a)

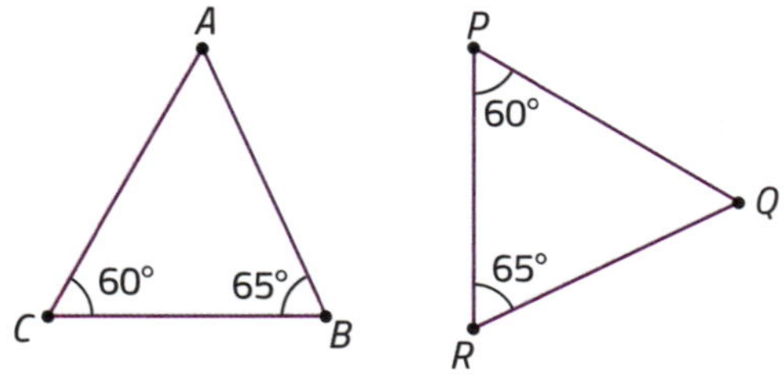

b)

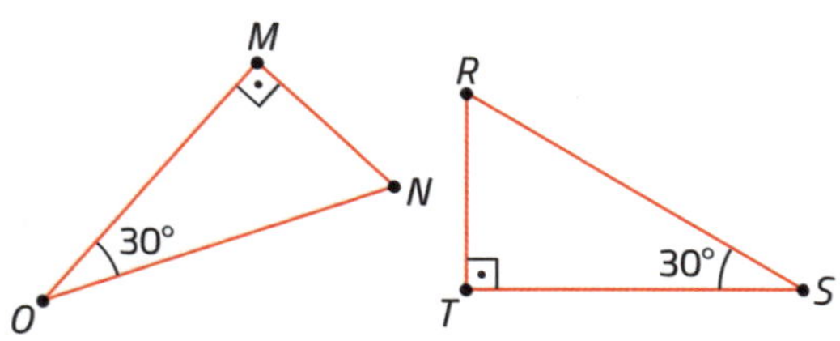

c)

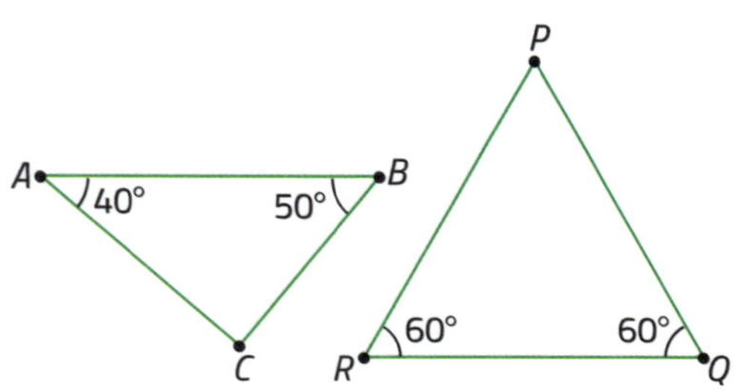

d)

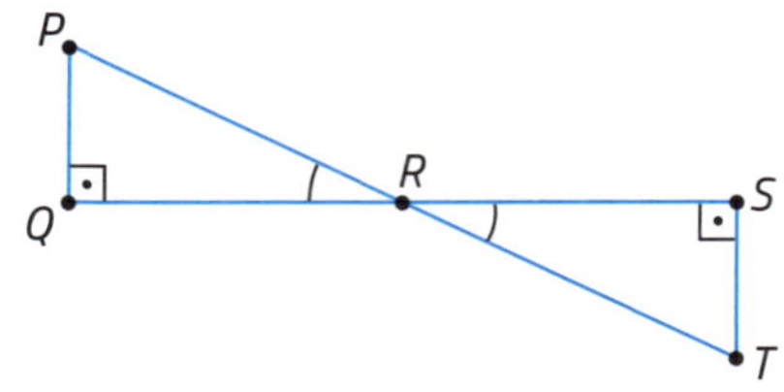

e)

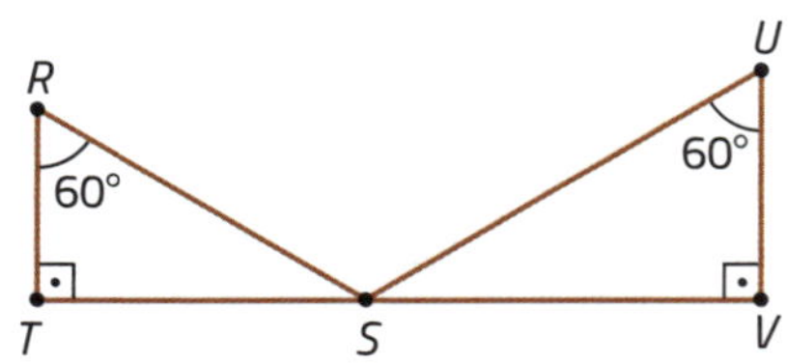

f)

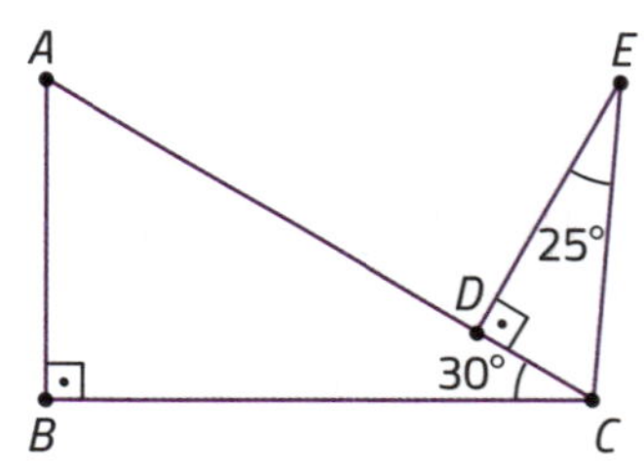

Ilustrações: Banco de imagens/Arquivo da editora

23 › Dois pentágonos regulares P_1 e P_2 têm medidas de perímetro de 40 cm e 30 cm, respectivamente. Calcule o que se pede.

a) A medida de abertura de cada ângulo interno de P_1.

b) A medida de abertura de cada ângulo interno de P_2.

c) A medida de comprimento de cada lado de P_1.

d) A medida de comprimento de cada lado de P_2.

e) A razão entre as medidas de perímetro de P_1 e de P_2.

f) A razão entre as medidas de área das regiões planas determinadas por P_1 e por P_2.

24 › Nesta situação, a medida de comprimento da altura da árvore é de 10 m, a medida de distância entre ela e o observador é de 50 m e a medida de distância entre a árvore e o ponto M é de 70 m.

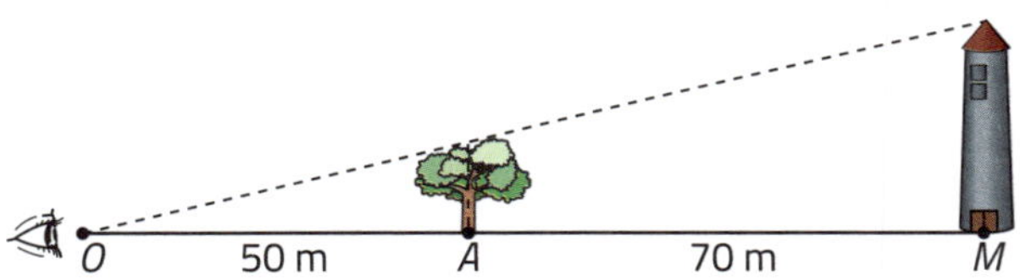

Banco de imagens/Arquivo da editora

Considerando que o olho do observador, o topo da árvore e o topo da torre estão alinhados e desconsiderando a medida de comprimento da altura do observador, responda: Qual é a medida de comprimento da altura da torre?

25 › Observe este sólido geométrico desenhado em uma malha e desenhe as vistas dele: lateral esquerda, de frente, de baixo, de cima, de trás e lateral direita.

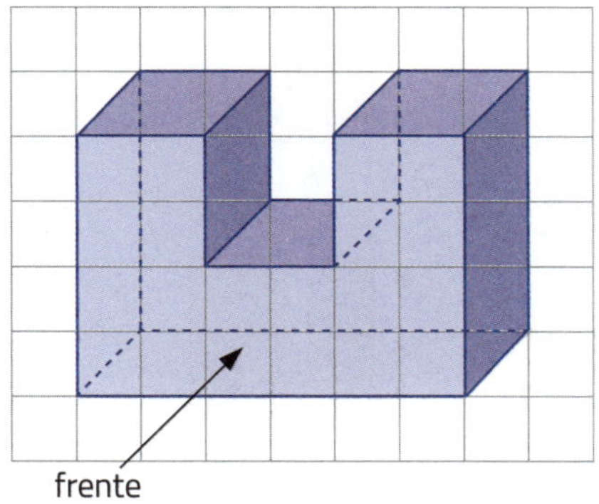

Banco de imagens/Arquivo da editora

Vista lateral esquerda.

Vista de frente.

Vista de baixo.

Vista de cima.

Vista de trás.

Vista lateral direita.

26 Observe 4 representações de um mesmo objeto.

Ilustrações: Banco de imagens/Arquivo da editora

A

B

C

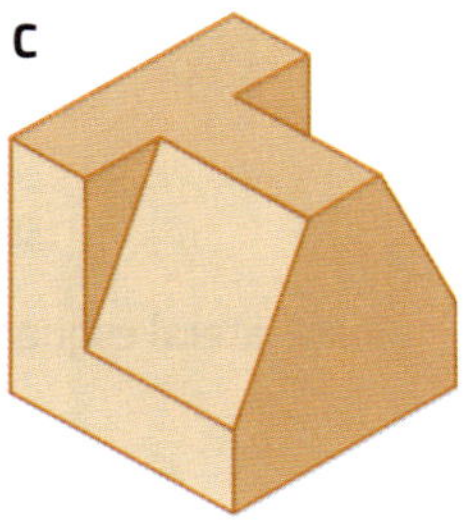

D

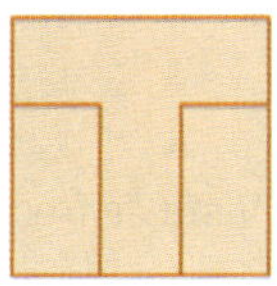

Determine qual delas fornece a melhor noção de profundidade e das dimensões do objeto.

27 Faça uma ampliação deste cubo triplicando as medidas de comprimento das arestas.

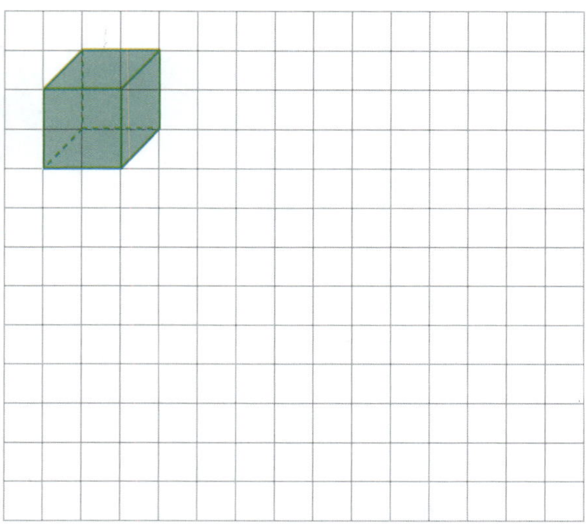

Banco de imagens/Arquivo da editora

28 Sabendo que $\triangle ABC \sim \triangle PQR$, determine o valor de x, em centímetros.

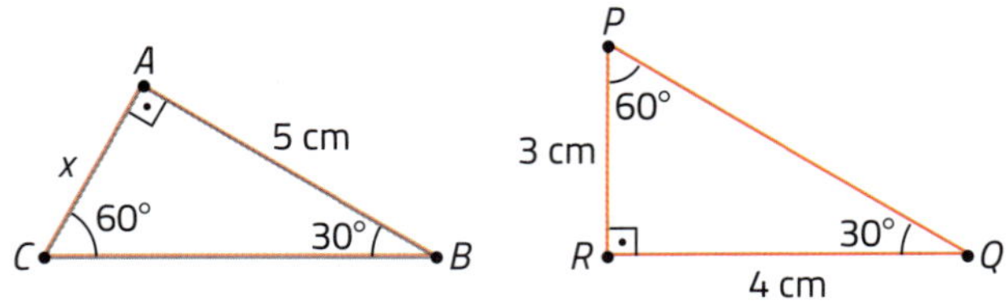

Banco de imagens/Arquivo da editora

29 Constate, sem fazer medições, que os 2 triângulos que podem ser identificados em cada item são semelhantes. Em seguida, determine as medidas desconhecidas, em centímetros.

As imagens desta página não estão representadas em proporção.

a) $\overline{AB} \parallel \overline{QR}$

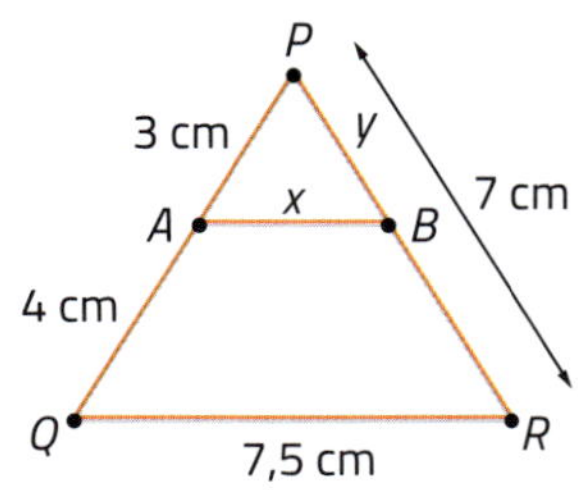

Ilustrações: Banco de imagens/Arquivo da editora

b)

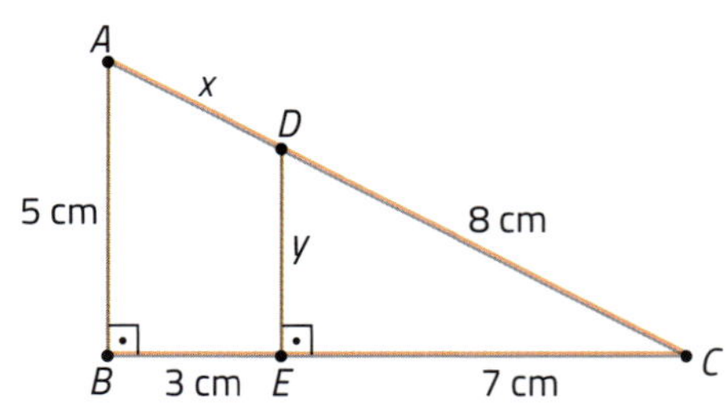

Ilustrações: Banco de imagens/Arquivo da editora

c) $\overline{AB} \parallel \overline{DE}$

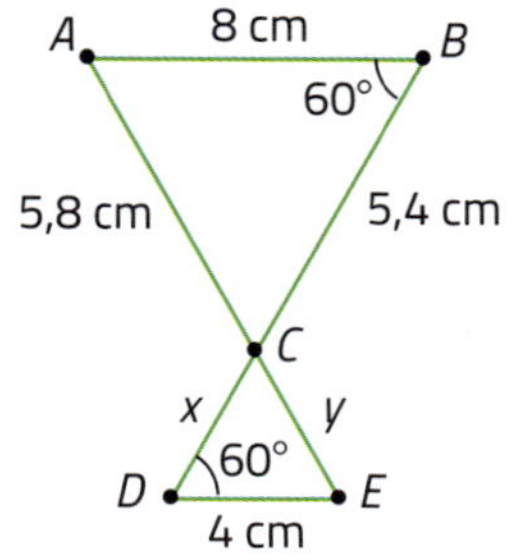

As imagens desta página não estão representadas em proporção.

d)

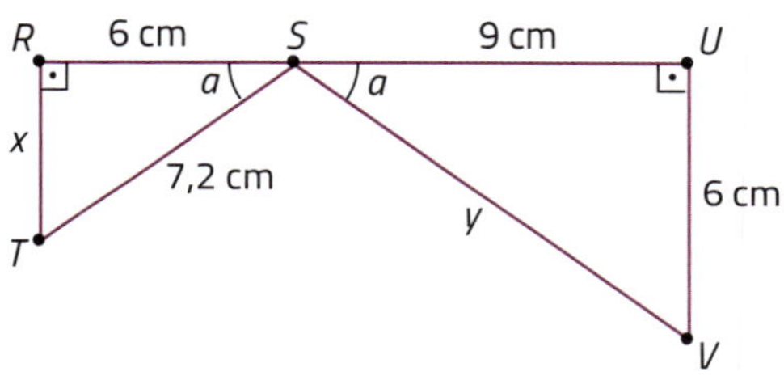

30 ▸ A planta de uma casa foi feita na escala $\frac{1}{50}$ (razão de semelhança), o que significa que cada 1 cm no desenho representa 50 cm na realidade. Uma dependência retangular dessa casa tem, na planta, dimensões que medem 8 cm e 14 cm. Quais são as medidas das dimensões reais dessa dependência?

31 ▸ Duas regiões retangulares R_1 e R_2 são semelhantes e têm medidas de área de 96 cm² e 294 cm², respectivamente.

A medida de comprimento da base de R_1 tem 9 cm a menos do que a medida de comprimento da base de R_2.

Calcule as medidas de perímetro de R_1 e de R_2.

32 ▸ A medida de comprimento da sombra de um prédio é de 15 m no mesmo instante em que a medida de comprimento da sombra de um poste é de 1,5 m. Sabendo que a medida de comprimento da altura do poste é de 5 m, determine a medida de comprimento da altura do prédio.

33 ▸ Determine a medida de comprimento x, em metros, da largura do rio representado nesta figura.

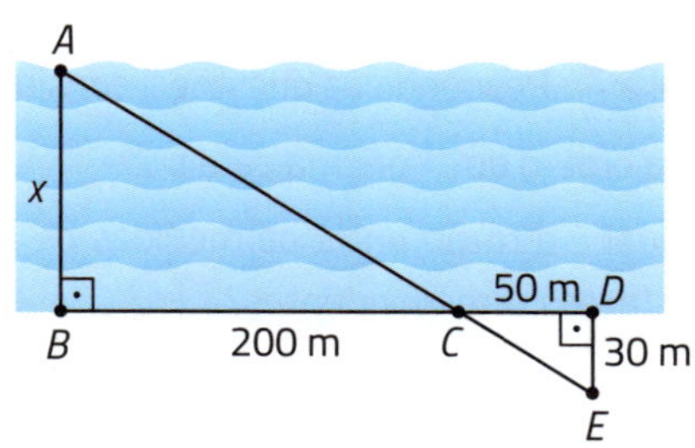

Banco de imagens/Arquivo da editora

34 ▸ Calcule as medidas de perímetro destes 2 triângulos sabendo que $\overline{AB}$ e $\overline{ED}$ são paralelos.

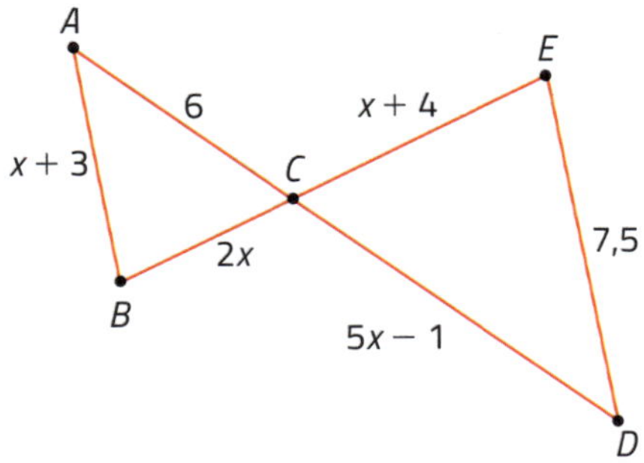

Banco de imagens/Arquivo da editora

35 ▸ Determine o valor de x, em metros.

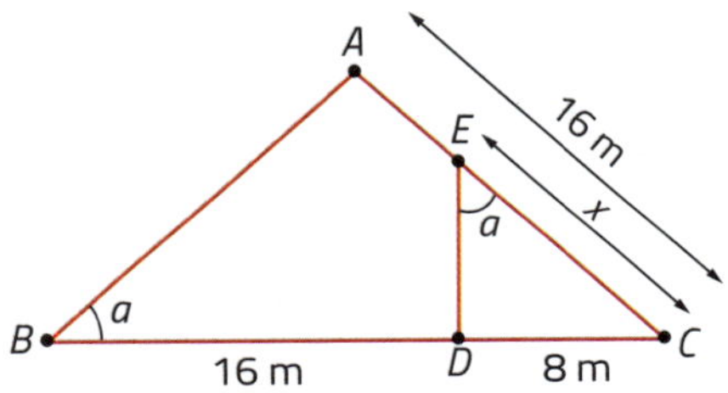

Banco de imagens/Arquivo da editora

36 ▸ A razão entre as medidas de comprimento de 2 arestas correspondentes de 2 prismas semelhantes é igual a $\frac{4}{7}$. Responda às questões, considerando sempre a ordem do 1º prisma para o 2º.

a) Qual é a razão entre as medidas de perímetro de 2 faces correspondentes?

b) Qual é a razão entre as medidas de comprimento das diagonais de 2 faces correspondentes?

c) Qual é a razão entre as medidas de área de 2 faces correspondentes?

d) Qual é a razão entre as medidas de volume dos 2 prismas?

37 ▸ Nesta figura, $\overline{BC}$ // $\overline{DE}$.

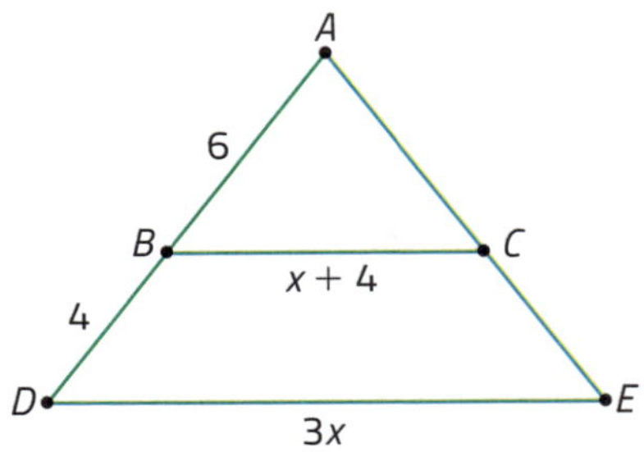

Banco de imagens/Arquivo da editora

Determine as medidas de comprimento BC e DE.

38 ▸ Represente a vista frontal deste sólido geométrico.

Banco de imagens/Arquivo da editora

39 ▸ Observe nesta malha triangulada o mesmo bloco retangular, com medidas de dimensões de 1, 2 e 3 unidades, desenhado em 2 posições diferentes. Considerando que as faces opostas desse bloco têm a mesma cor, desenhe-o em outras 4 posições.

Banco de imagens/Arquivo da editora

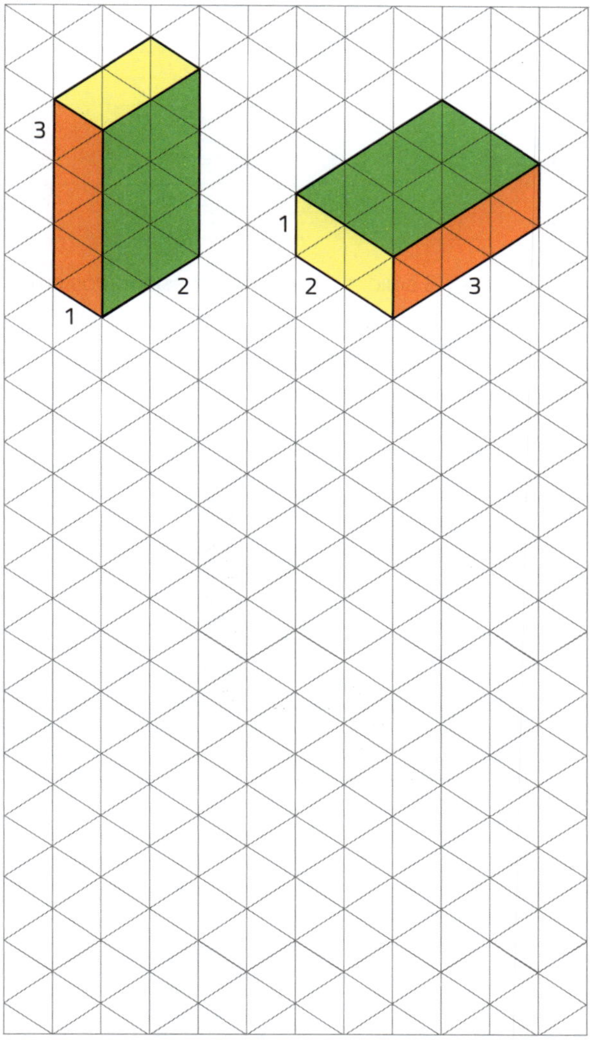

40 ▸ Dois triângulos são semelhantes tal que o primeiro tem medida de perímetro de 60 cm e medida de área de 120 cm^2 e o segundo tem medida de perímetro de 90 cm.

a) Qual é a medida de área do segundo triângulo?

____

b) Se a medida de comprimento do maior lado do segundo triângulo é de 39 cm, então qual é a medida de comprimento do maior lado do primeiro triângulo?

____

41 ▸ Marcelo imaginou, em uma malha pontilhada, sólidos geométricos construídos com 4 peças iguais a esta.

Ilustrações: Banco de imagens/ Arquivo da editora

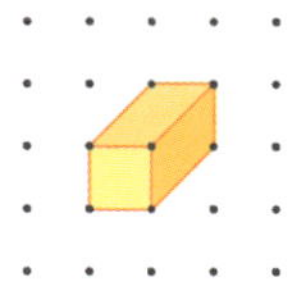

Veja 2 desenhos que Marcelo fez e elabore pelo menos mais 2 sólidos geométricos.

42 ▸ Rita está observando uma pilha de caixas em forma de cubo. Observe o desenho da vista frontal (vista de frente) da pilha.

Vista frontal.

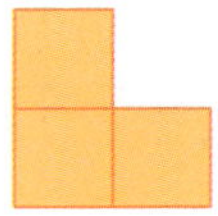

Banco de imagens/Arquivo da editora

Desenhe o que se pede.

a) A vista superior (de cima).

b) A vista lateral direita.

c) A vista lateral esquerda.

43 ▸ Um arquiteto vai projetar 3 prédios em formato de paralelepípedo. Embora tenham medidas de comprimento da altura e da largura diferentes, os edifícios têm a mesma medida de comprimento da profundidade. Para fazer um esboço de cada construção, o arquiteto começou desenhando uma das vistas de cada prédio.

Ilustrações: Banco de imagens/Arquivo da editora

a) Qual vista foi utilizada pelo arquiteto para fazer esse esboço das construções? Justifique sua resposta.

____

____

b) Utilizando as mesmas figuras que o arquiteto e considerando as características dos prédios, faça um esboço deles nesta malha quadriculada.

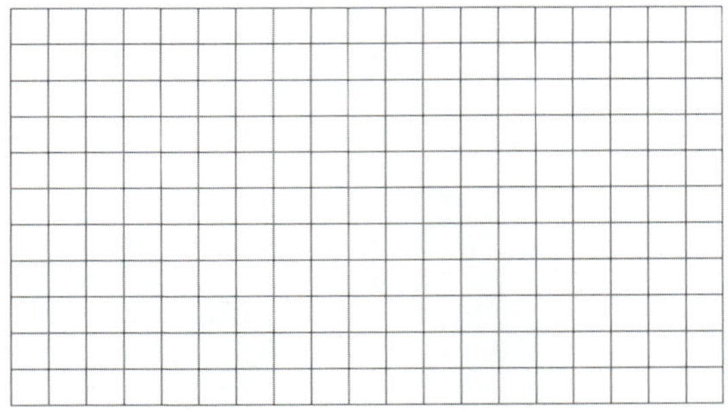

Banco de imagens/Arquivo da editora

44 ▸ Observe 3 sólidos geométricos desenhados em uma malha pontilhada, em uma malha quadriculada e em uma malha triangulada.

I

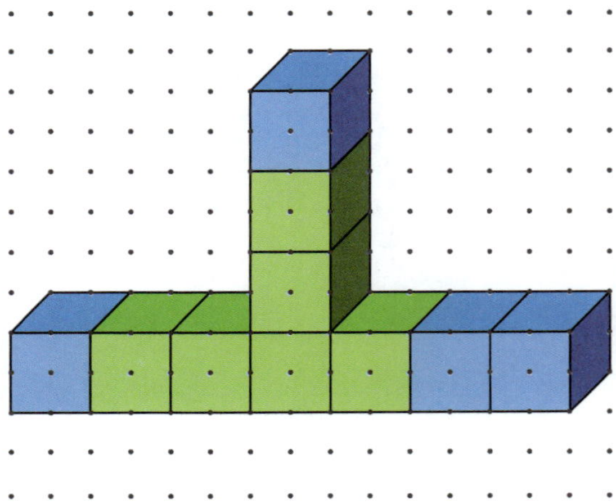

Ilustrações: Banco de imagens/Arquivo da editora

II

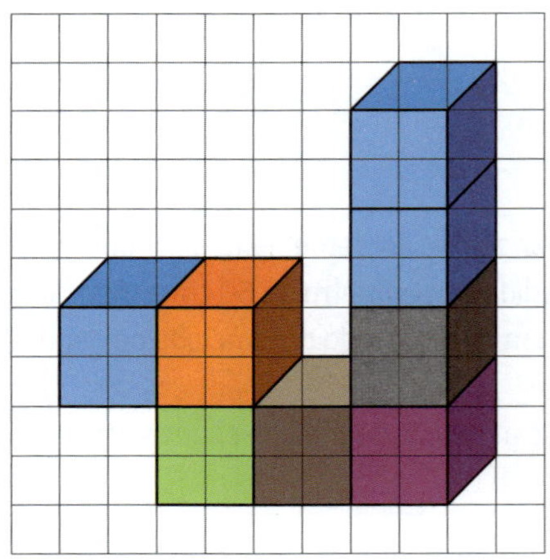

III

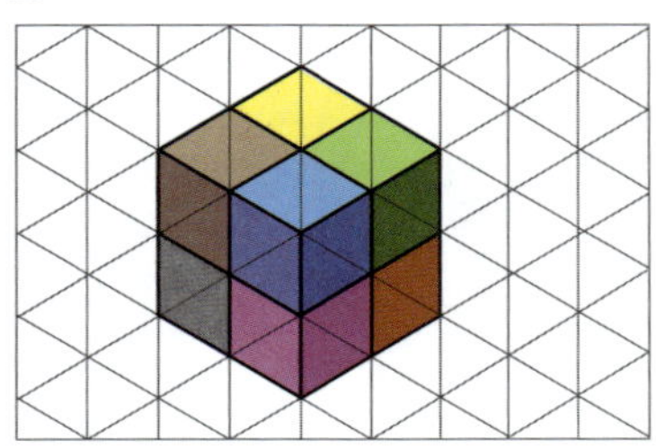

a) Desenhe o sólido geométrico **I** visto de cima.

Banco de imagens/Arquivo da editora

b) Desenhe como ficariam os sólidos geométricos **I**, **II** e **III** se fossem retiradas deles as peças azuis (cada um na respectiva malha).

I

II

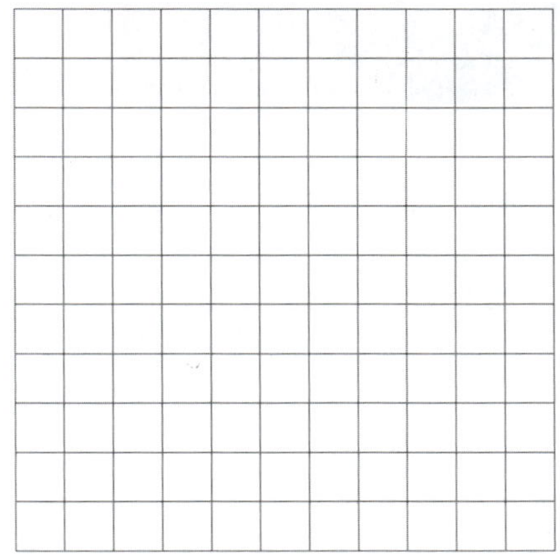

III

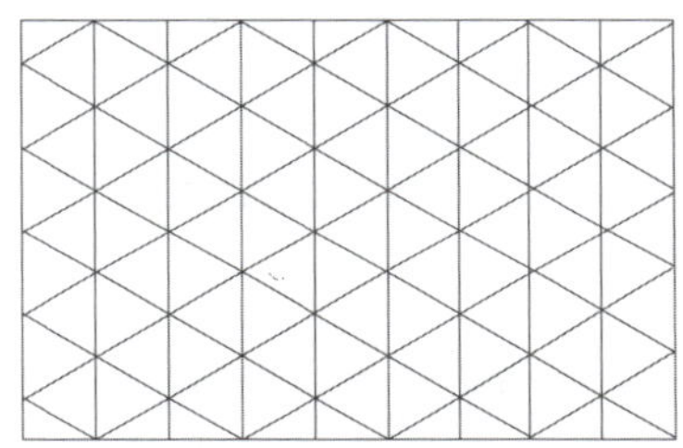

Ilustrações: Banco de imagens/Arquivo da editora

45 › Represente em perspectiva o segundo sólido geométrico do exemplo da atividade 41 colocando a linha do horizonte acima da figura e o ponto de fuga à direita. Em seguida, escolha outro sólido geométrico da atividade 41 e desenhe-o em perspectiva, marcando as posições da linha do horizonte e do ponto de fuga onde você quiser.

46 › Preencha este mapa conceitual com os conceitos sobre figuras semelhantes que você estudou neste capítulo.

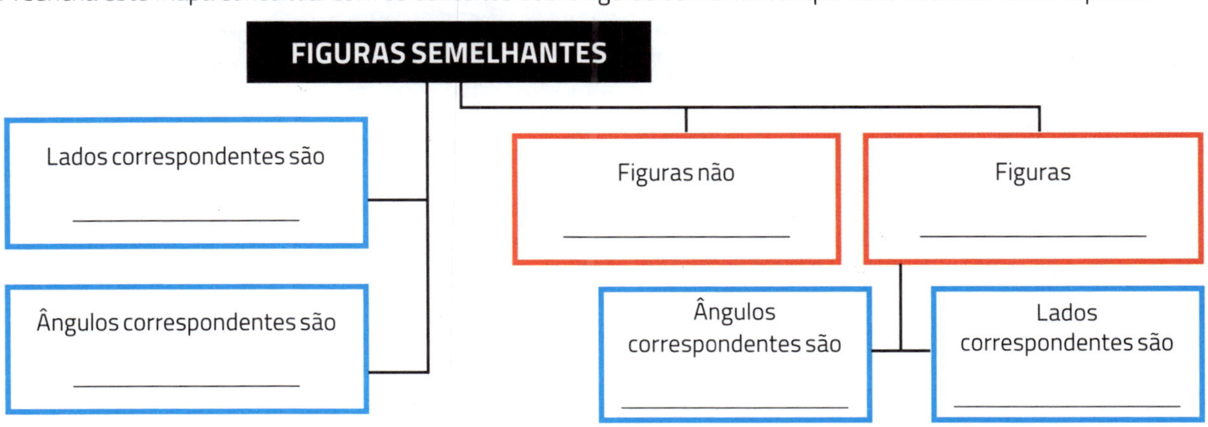

Banco de imagens/Arquivo da editora

CAPÍTULO

6

Trigonometria nos triângulos retângulos

1 ▸ Observe estas figuras.

Ilustrações: Banco de imagens/Arquivo da editora

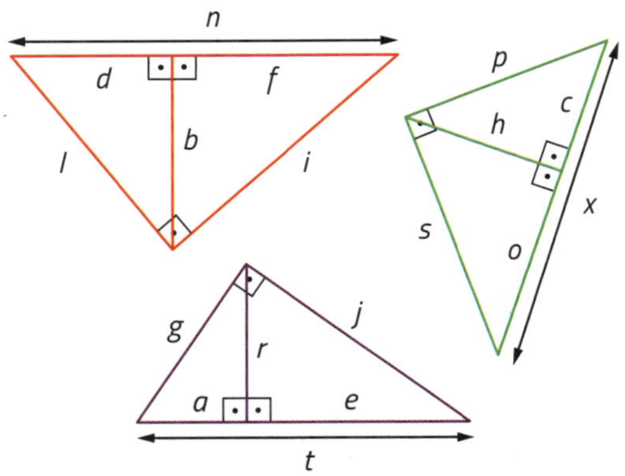

Agora, indique quais relações são verdadeiras.

a) $b^2 = d \cdot f$

b) $x = o + c$

c) $n = d \cdot f$

d) $b^2 + f^2 = i^2$

e) $h^2 = c^2 + p^2$

f) $t^2 = g^2 + j^2$

g) $a + e = t$

h) $x \cdot h = s \cdot p$

i) $a \cdot e = g \cdot j$

j) $l^2 = n \cdot d$

k) $x^2 = s^2 \cdot p^2$

l) $l \cdot i = n \cdot b$

m) $p^2 = x \cdot c$

n) $i = b + f$

o) $r^2 = a \cdot e$

p) $x^2 = p^2 + s^2$

2 ▸ Utilizando as figuras da atividade anterior, complete as sentenças.

a) Se $d = 3$ cm e $f = 5$ cm, então $b =$ ____________.

b) Se $g = 6$ cm, $j = 8$ cm e $t = 10$ cm, então $r =$ ____________.

c) Se $o = 6$ cm e $x = 18$ cm, então $c =$ ____________.

d) Se $g = 10$ cm e $a = 4$ cm, então $t =$ ____________.

3 ▸ Usando uma calculadora, determine as medidas de comprimento *AB*, *AC*, *BD*, *BC*, a medida de perímetro deste $\triangle ABC$ e a medida de área da região triangular determinada pelo $\triangle ABD$.

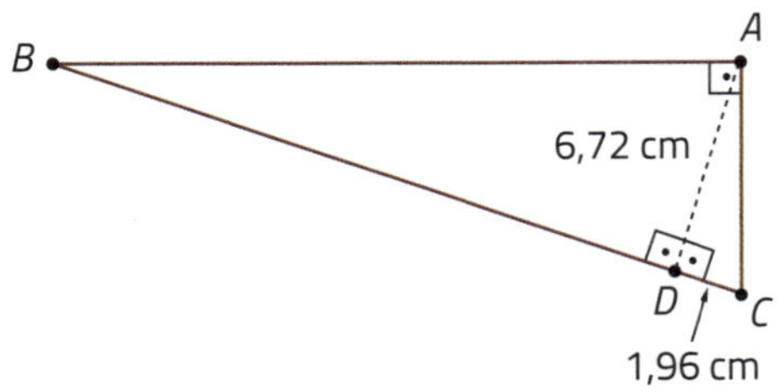

Banco de imagens/Arquivo da editora

____

____

4 ▸ Em um triângulo retângulo, a medida de comprimento da altura relativa à hipotenusa é de 5 cm e a medida de comprimento da projeção do cateto maior sobre a hipotenusa é de 6,25 cm. Determine a medida de comprimento da projeção do cateto menor sobre a hipotenusa.

____

5 › Nesta figura, temos que $\overline{AB} \cong \overline{BC}$ e F é ponto médio do lado $\overline{BE}$ da região retangular $BCDE$.

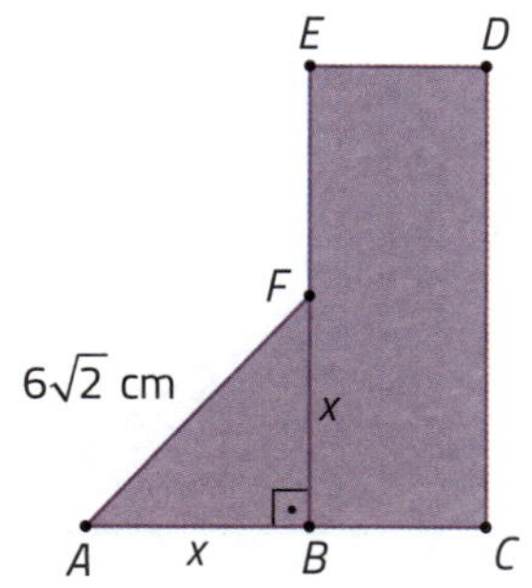

Determine o que se pede.

a) A medida de comprimento x indicada na figura.

b) A medida de área da região retangular $BCDE$.

6 › Um retângulo tem lados com medidas de comprimento de 12 cm e 6 cm. Calcule a medida de perímetro do quadrilátero que tem como vértices os pontos médios dos lados desse retângulo.

7 › Demonstre que, em todo triângulo retângulo isósceles cujos catetos têm medidas de comprimento x, a medida de comprimento da altura relativa à hipotenusa é $\frac{x\sqrt{2}}{2}$.

8 › Em um triângulo retângulo, a medida de abertura do ângulo formado entre o cateto maior e a hipotenusa é de 30° e a medida de comprimento desse cateto é de 6 cm. Calcule as medidas de comprimento da altura relativa à hipotenusa e das projeções dos catetos sobre a hipotenusa.

9 › Determine a medida de comprimento do cateto maior em um triângulo retângulo cujas medidas de comprimento da hipotenusa é de 26 cm e da altura é de 12 cm.

10 › Complete a tabela de razões trigonométricas para ângulos de medida de abertura de 30°, 45° e 60°.

Razões trigonométricas para ângulos de medida de abertura de 30°, 45° e 60°

	30°	45°	60°
sen			
cos			
tan			

11 › Um arame, com medida de comprimento de 120 m, é esticado do topo de um prédio até o solo. Calcule a medida de comprimento da altura do prédio sabendo que o arame forma com o solo um ângulo de medida de abertura de 25°. (Dados: sen 25° = 0,42; cos 25° = 0,91 e tan 25° = 0,47.)

12 › Considere um $\triangle ABC$ retângulo em $\hat{A}$, tal que a medida de comprimento do cateto $\overline{AB}$ é de 4 cm e sen $\hat{B} = 2 \cdot$ sen $\hat{C}$. Determine as medidas de comprimento do outro cateto e da hipotenusa desse triângulo.

13 › Neste triângulo retângulo, a medida de comprimento da hipotenusa é 4 cm maior do que a medida de comprimento do cateto $\overline{AB}$ e o sen $\hat{C} = 0{,}6$.

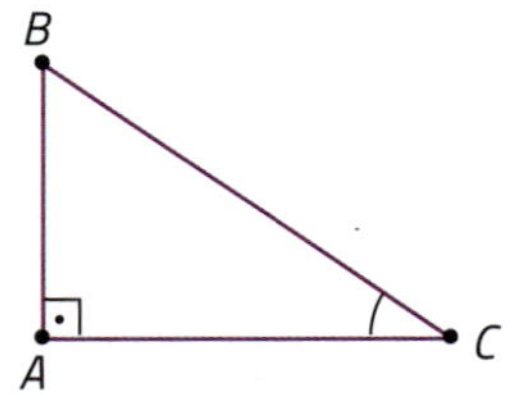

Banco de imagens/Arquivo da editora

Calcule as medidas de perímetro e de área da região plana determinada por esse triângulo.

14 › As ruas Canário e Tico-Tico são perpendiculares. A medida de distância entre os pontos A e B é de 50 m. As ruas Canário e Sabiá intersectam-se em B, formando um ângulo com medida de abertura de 60°.

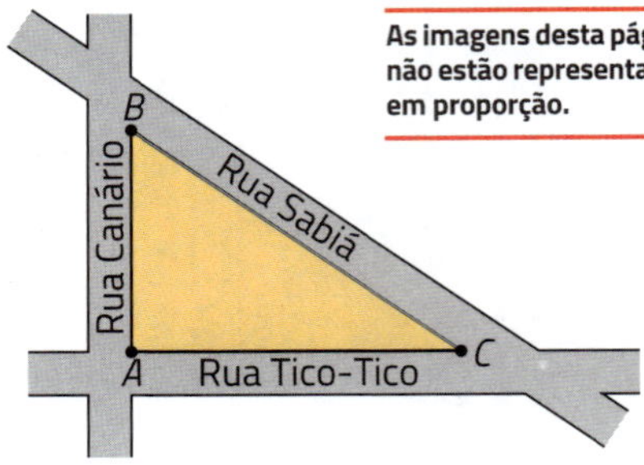

As imagens desta página não estão representadas em proporção.

Banco de imagens/Arquivo da editora

Qual é a medida de perímetro do triângulo ABC determinado pelos cruzamentos dessas 3 ruas?
Use $\sqrt{3} = 1{,}7$.

15 › Calcule a medida de perímetro da região poligonal $ABCDE$, em centímetros, e a medida de área aproximada dela, em centímetros quadrados. Use $\sqrt{2} = 1{,}4$ e $\sqrt{3} = 1{,}7$.

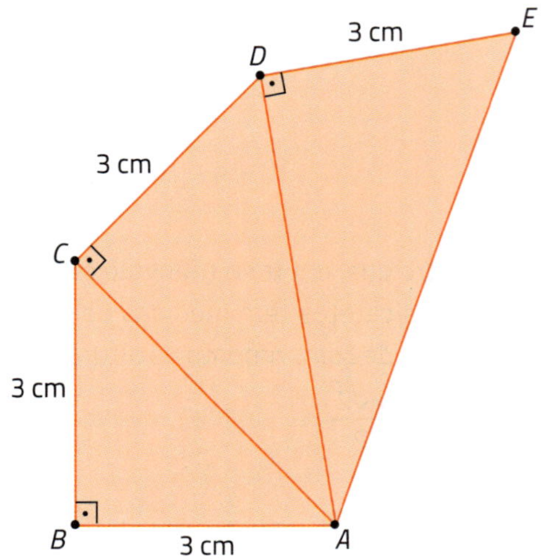

Banco de imagens/Arquivo da editora

16› Nesta figura, temos que o ângulo $\hat{A}$ é reto e que $\overline{DE} \parallel \overline{AB}$.

Banco de imagens/Arquivo da editora

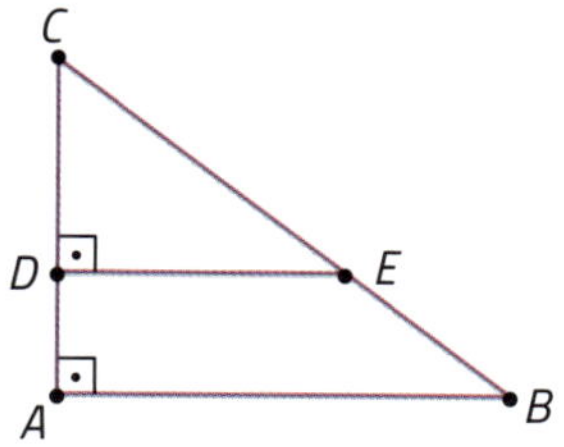

Sabendo que $AD = 3$ m, $BC = 20$ m e $AB = 16$ m, calcule DE.

17› Determine a medida de comprimento da hipotenusa de um triângulo retângulo sabendo que a medida de comprimento do cateto menor é de 4 cm e a medida de comprimento da projeção dele sobre a hipotenusa é de 1,6 cm.

18› No $\triangle ABC$, a altura $\overline{AH}$ tem medida de comprimento de 12 cm e divide a base $\overline{BC}$ em segmentos de reta com medidas de comprimento de 5 cm e 16 cm.

a) O ângulo $\hat{A}$ é reto?

b) Qual é a medida de área da região plana delimitada pelo $\triangle ABC$?

c) Qual é a medida de perímetro do $\triangle ABC$?

19› A medida de comprimento da diagonal de um quadrado é de $8\sqrt{2}$ cm.

a) Determine a medida de comprimento do lado desse quadrado aplicando o teorema de Pitágoras.

b) Calcule essa mesma medida usando a fórmula $d = \ell\sqrt{2}$.

20› A medida de comprimento da altura de um triângulo equilátero é de 15 dm.

Considerando $\sqrt{3} = 1{,}7$, determine a medida de comprimento dos lados usando as estratégias descritas nos itens.

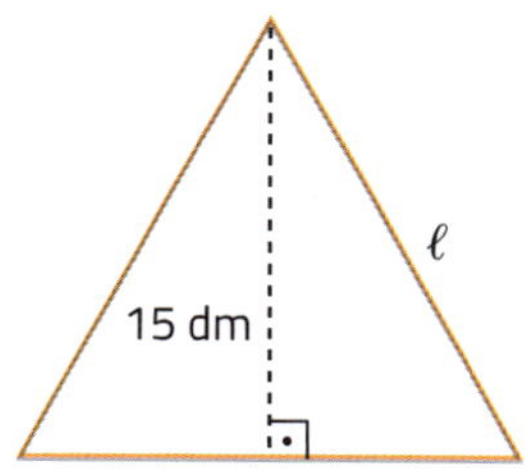

Banco de imagens/Arquivo da editora

a) Usando o teorema de Pitágoras.

b) Aplicando a fórmula $h = \dfrac{\ell\sqrt{3}}{2}$.

21 Determine as medidas de perímetro e de área de cada região plana cujo contorno é descrito nos itens.

a) Quadrado com medida de comprimento da diagonal de 8 cm.

b) Triângulo retângulo com medidas de comprimento de um dos catetos e da hipotenusa de 5 cm e $\sqrt{34}$ cm, respectivamente.

c) Triângulo equilátero com medida de comprimento da altura de 6 cm.

d) Triângulo isósceles com medidas de comprimento dos lados de 13 cm, 10 cm e 13 cm.

e) Losango com medidas de comprimento das diagonais de $6\sqrt{2}$ cm e $2\sqrt{7}$ cm.

f) Retângulo com medidas de comprimento da altura e da diagonal de 4 cm e $4\sqrt{5}$ cm, respectivamente.

g) Triângulo retângulo com medidas de comprimento de um dos catetos e da altura relativa à hipotenusa de 15 cm e 12 cm, respectivamente.

22 As medidas de comprimento das arestas de um bloco retangular são de 12 cm, 16 cm e $\sqrt{129}$ cm. Determine as medidas citadas.

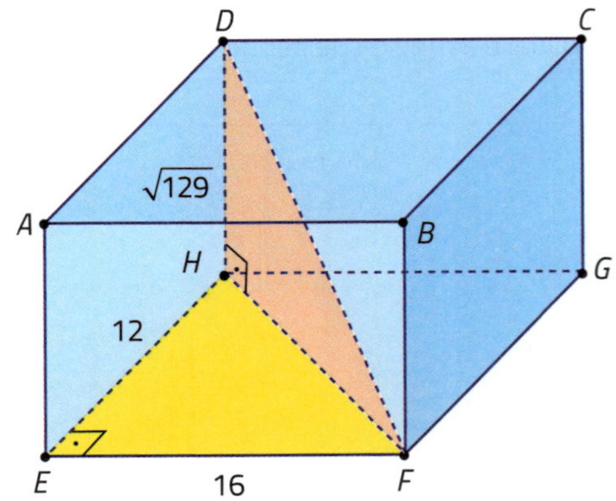

Banco de imagens/Arquivo da editora

a) Medida de comprimento da diagonal $\overline{HF}$ da face *EFGH*.

b) Medida de comprimento da diagonal $\overline{DF}$ do bloco retangular.

23 Em todo triângulo isósceles, a altura relativa à base coincide com a mediana. Sabendo que as medidas de comprimento da base e dos lados congruentes de um triângulo isósceles são, respectivamente, de 28 mm e 50 mm, determine a medida de comprimento da altura desse triângulo.

24 Em um triângulo isósceles, a medida de comprimento da altura relativa à base é $\frac{2}{3}$ da medida de comprimento da base e a medida de comprimento dos lados congruentes é de 10 cm. Quais são as medidas de comprimento da altura e da base?

25 Um cubo tem medida de volume de 64 cm^3. Determine as medidas de comprimento aproximadas, em centímetros.

a) Medida de comprimento da diagonal de uma das faces desse cubo.

b) Medida de comprimento da diagonal do cubo.

26 Determine a medida de comprimento aproximada desta região plana, limitada por um trapézio isósceles, e a medida de área dela.

As imagens desta página não estão representadas em proporção.

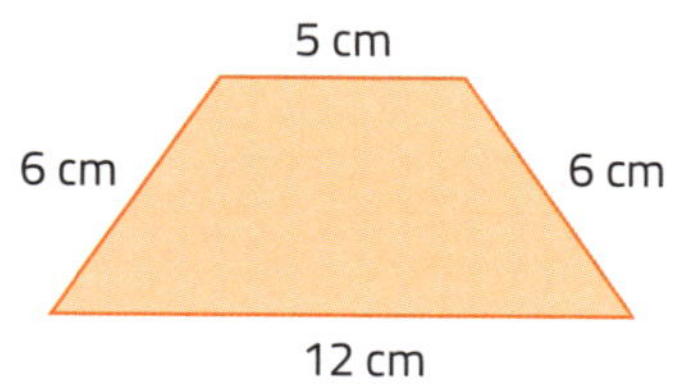

Banco de imagens/Arquivo da editora

27 A diagonal maior de um losango tem medida de comprimento de 8 cm e os lados dele têm medidas de comprimento de 5 cm. Qual é a medida de comprimento da diagonal menor?

28 Qual é a medida de área aproximada da região plana limitada por um triângulo equilátero cuja medida de comprimento do lado é de 20 m? (Use $\sqrt{3} = 1{,}73$.)

29 Determine a medida de área aproximada de cada região plana limitada por um paralelogramo. (Consulte a tabela trigonométrica.)

As imagens desta página não estão representadas em proporção.

a)

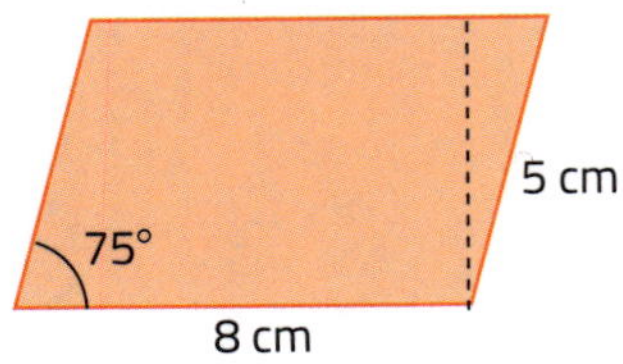

Ilustrações: Banco de imagens/Arquivo da editora

b)

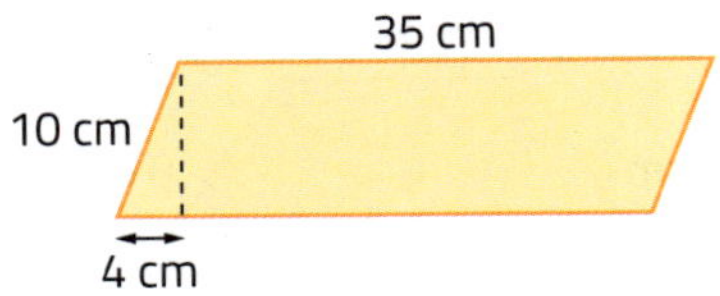

30 As medidas de comprimento das bases de um trapézio são de 50 cm e 20 cm e as medidas de comprimento dos outros lados são de 30 cm e 15 cm. Sabendo que a medida de comprimento da projeção do lado, cujo comprimento mede 30 cm, sobre a base maior é de 28 cm, determine a medida de área da região plana limitada por esse trapézio.

31 Consulte a tabela trigonométrica e determine a medida de área aproximada de cada região triangular.

a)

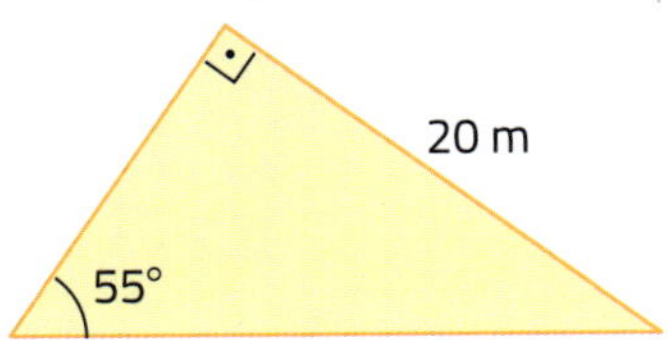

Banco de imagens/Arquivo da editora

b)

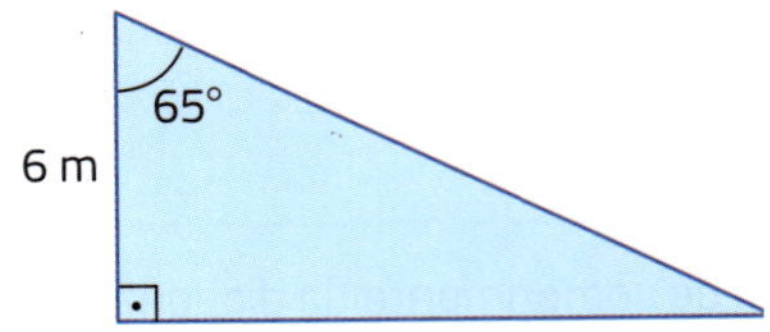

c)

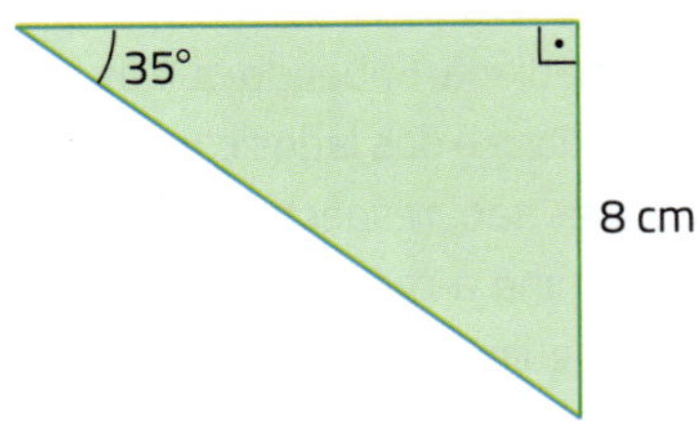

Ilustrações: Banco de imagens/Arquivo da editora

32 A medida de comprimento da diagonal de um retângulo é de 10 cm e a diferença entre as medidas de comprimento de 2 lados consecutivos é de 2 cm. Determine as medidas de comprimento dos lados desse retângulo.

33 Usando o método gráfico, calcule o valor aproximado de cada raiz quadrada.

a) $\sqrt{8} \simeq$ ____________

b) $\sqrt{15} \simeq$ ____________

c) $\sqrt{12} \simeq$ ____________

34 ▸ Considerando determinado ponto de partida, um ciclista percorre 4 km na direção norte e, em seguida, 6 km na direção leste. Depois disso, ele está a que medida de distância aproximada do ponto de partida?

____

35 ▸ Um triângulo está inscrito em uma semicircunferência cuja medida de comprimento do raio é de 6 cm. Sabendo que a medida de comprimento da projeção do cateto maior sobre a hipotenusa é de 7 cm, determine a medida de comprimento aproximada da altura relativa à hipotenusa.

____

36 ▸ As medidas de comprimento das bases de um trapézio retângulo são de 8 dm e 12 dm, e a medida de comprimento da altura é de 5 dm.

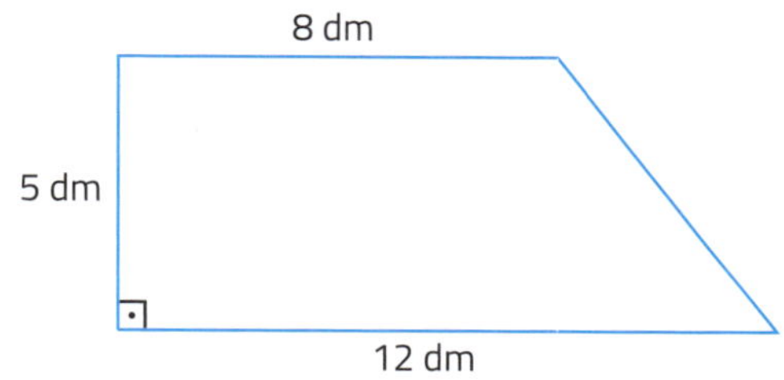

Banco de imagens/Arquivo da editora

Determine a medida de comprimento aproximada do lado oblíquo às bases desse trapézio.

____

37 ▸ Calcule a medida de área da região determinada por um triângulo equilátero cujos lados têm medidas de comprimento de $10\sqrt{3}$ cm.

____

38› João está construindo uma rampa de concreto para dar acesso à garagem da casa dele, que fica 50 cm acima do nível da rua. A medida de comprimento do afastamento da rampa é de 1 m, como mostra a figura.

As imagens desta página não estão representadas em proporção.

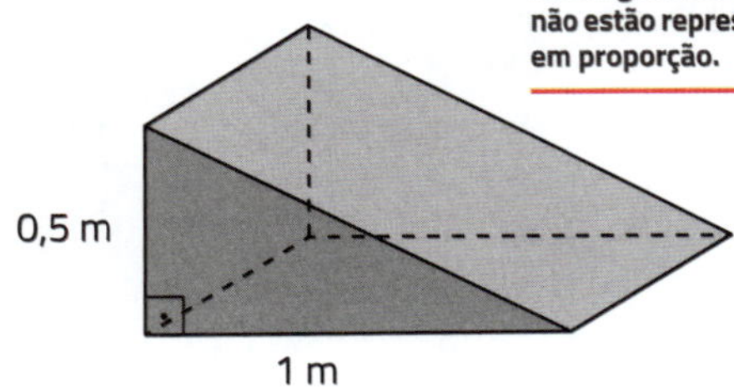

Banco de imagens/Arquivo da editora

Use $\sqrt{5} = 2{,}2$ e determine a medida de comprimento aproximada do percurso dessa rampa, em metros.

39› Calcule a medida de área desta região triangular *ABC*.

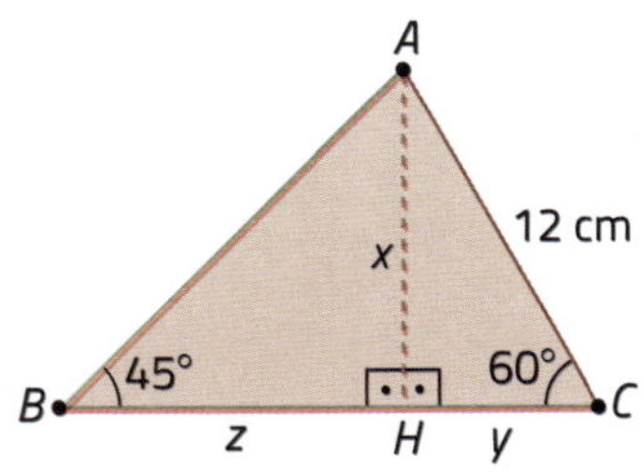

Banco de imagens/Arquivo da editora

40› Determine a medida de comprimento, em centímetros, da diagonal maior deste losango. (Consulte a tabela trigonométrica.)

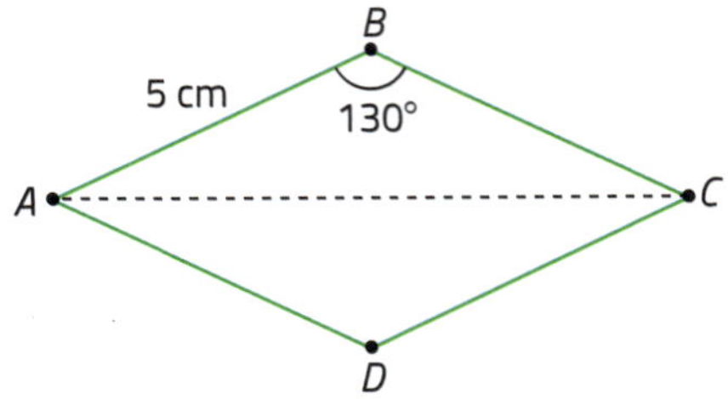

Banco de imagens/Arquivo da editora

41› Veja a tabela trigonométrica e determine a medida de comprimento aproximada da base $\overline{AB}$ deste triângulo isósceles.

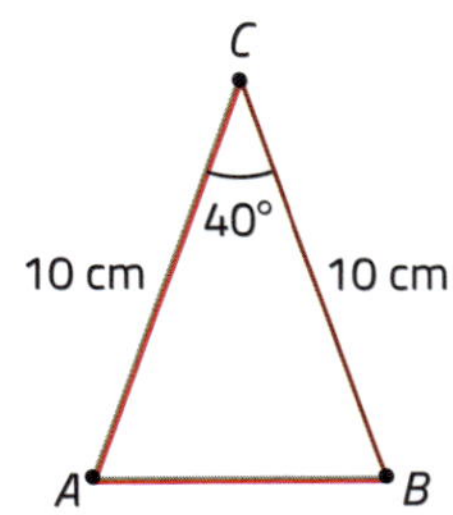

Banco de imagens/Arquivo da editora

42› Determine o valor aproximado de *x* em cada triângulo, considerando as medidas de comprimento em centímetros.

a)

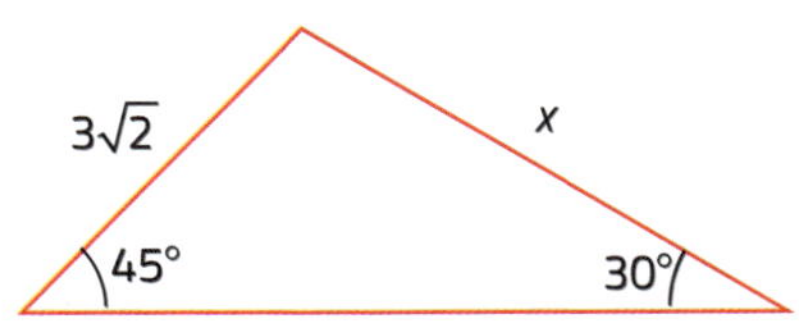

Banco de imagens/Arquivo da editora

Banco de imagens/Arquivo da editora

b)

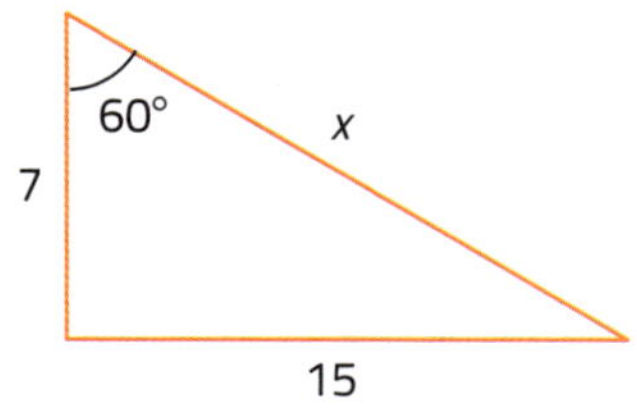

43 ▸ Determine a medida de comprimento aproximada da diagonal maior deste paralelogramo. (Consulte a tabela trigonométrica.)

Banco de imagens/Arquivo da editora

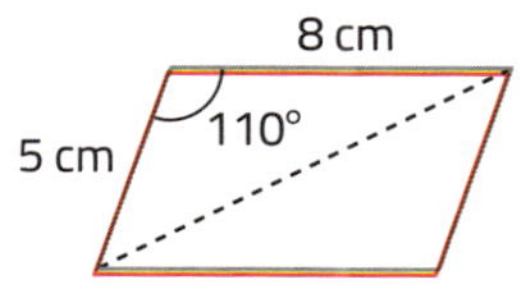

44 ▸ Qual é a medida de abertura aproximada do ângulo $\hat{A}$ neste triângulo? (Veja a tabela trigonométrica.)

Banco de imagens/Arquivo da editora

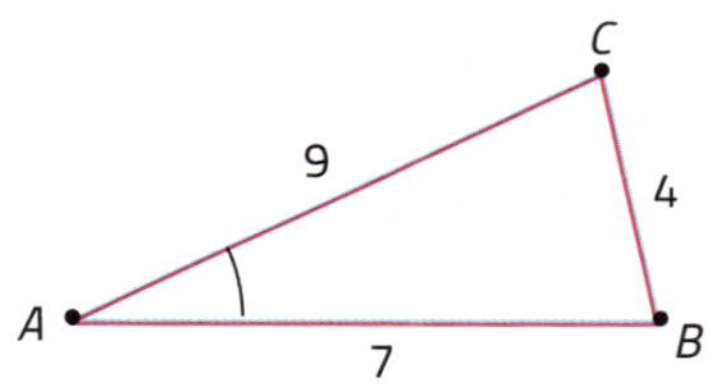

45 ▸ Usando o método gráfico, calcule o valor aproximado de $\sqrt{14}$.

46 ▸ A janela lateral de um prédio antigo foi construída com a forma de um triângulo equilátero cujos lados têm medida de comprimento de 1 m. Durante as obras de restauração, para ajudar na proteção da janela, foi confeccionada uma peça de madeira que foi colocada entre o ponto médio da base do triângulo e o vértice oposto a ela.
Calcule a medida de comprimento dessa peça de madeira usando $\sqrt{3} = 1{,}7$.

____

47 ▸ Calcule o índice de subida e desenhe a rampa correspondente às medidas de comprimento da altura e do afastamento indicadas nesta tabela.

Dados de uma rampa

Ponto	Medida de comprimento do afastamento	Medida de comprimento da altura
A	3 m	1 m
B	6 m	2 m
C	9 m	3 m
D	12 m	4 m
E	15 m	5 m

Tabela elaborada para fins didáticos.

Índice de subida: __________.

48 ▸ Desenhe uma rampa com índice de subida 1, meça a abertura do ângulo de subida e escreva uma conclusão relacionando essa medida com o índice de subida.

____

____

49 ▸ Qual subida é menos íngreme: uma com índice de subida 1 ou uma com índice de subida $\frac{1}{3}$?

____

50 ▸ Complete as frases dizendo se a subida é mais íngreme ou menos íngreme.

a) Quanto maior a medida de abertura do ângulo de subida, ____________________ é a subida.

b) Quanto menor o índice de subida, ____________ ____________________ é a subida.

51 ▸ Examine estas representações de subidas.

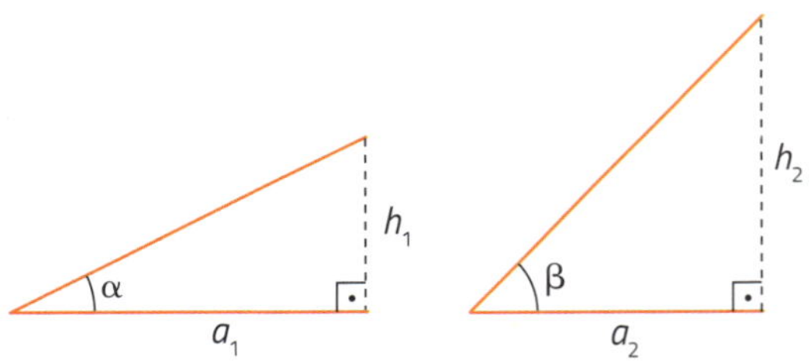

Banco de imagens/Arquivo da editora

Usando >, < ou =, compare as medidas de abertura α e β dos ângulos de subida e as razões $\frac{h_1}{a_1}$ e $\frac{h_2}{a_2}$.

____

52 › Considere um $\triangle ABC$ retângulo em $\hat{A}$ tal que $AB = 2\sqrt{15}$ cm e $AC = 2$ cm.

a) Quais são os valores de sen $\hat{B}$, cos $\hat{B}$, tan $\hat{B}$, sen $\hat{C}$, cos $\hat{C}$ e tan $\hat{C}$?

b) Qual ângulo tem medida de abertura maior: $\hat{B}$ ou $\hat{C}$?

c) Se $\triangle RSP \sim \triangle ABC$ e o $\triangle RSP$ tem hipotenusa com medida de comprimento de 10 cm, então qual é a medida de comprimento do cateto menor do $\triangle RSP$?

53 › Uma rampa, com medida de comprimento de 30 m, forma com o plano horizontal um ângulo de medida de abertura de 12°. Qual é a medida de comprimento da altura do ponto mais alto da rampa? (Dados: sen 12° = 0,2; cos 12° = 0,98; tan 12° = 0,21.)

54 › Desafio. Do ponto *A*, um observador vê o topo de uma torre sob um ângulo com medida de abertura de 45°. Se avançar 21 m em direção à torre, a medida de abertura do ângulo passa a ser de 60°.

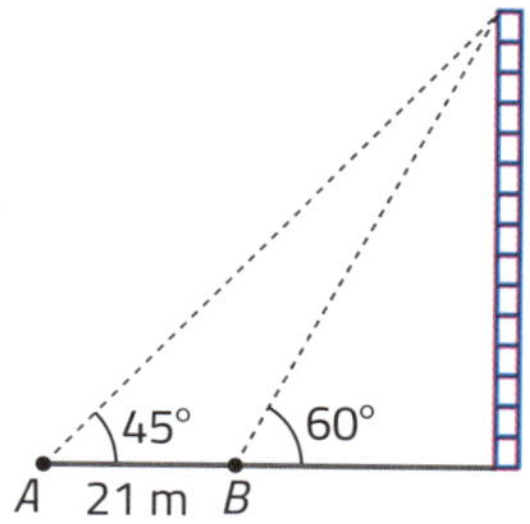

Banco de imagens/Arquivo da editora

Qual é a medida de comprimento aproximada da altura da torre? Use $\sqrt{3} = 1,7$.

55 › Arredondamentos, cálculo mental e resultado aproximado. Em cada item, sem consultar a tabela de razões trigonométricas, escolha a opção mais próxima do valor real e compare com a resposta de um colega. Cada um deve justificar sua resposta e um pode completar a justificativa do outro.

a) tan 85°
- 1,32
- 0,10
- 11,4

b) cos 42°
- 0,74
- 0,14
- 0,93

c) sen 14°
- 0,95
- 0,24
- 0,49

d) tan 50°
- 0,07
- 1,20
- 20,3

e) sen 80°
- 0,98
- 0,21
- 0,52

f) cos 10°
- 0,11
- 0,44
- 0,99

56 › Em um $\triangle ABC$ retângulo em $\hat{A}$, a altura relativa à hipotenusa determina sobre a hipotenusa os segmentos de reta $\overline{BH}$ e $\overline{CH}$, com medidas de comprimento de 4 cm e 9 cm, respectivamente. Use a tabela de razões trigonométricas e determine o valor aproximado de $m(H\hat{A}C)$.

57 › Considerando estes valores, determine o valor de x em cada figura. (Use uma calculadora.)

sen 40° = 0,64	cos 40° = 0,77	tan 40° = 0,84
sen 70° = 0,94	cos 70° = 0,34	tan 70° = 2,75

a)

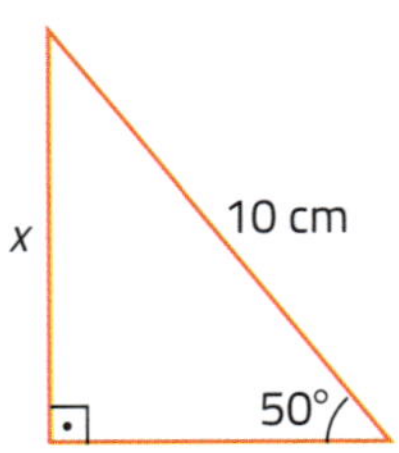

Banco de imagens/Arquivo da editora

As imagens desta página não estão representadas em proporção.

b)

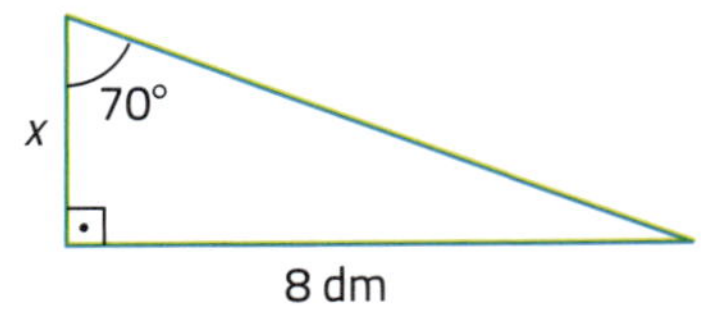

c)

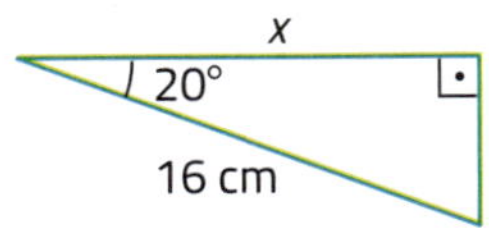

d)

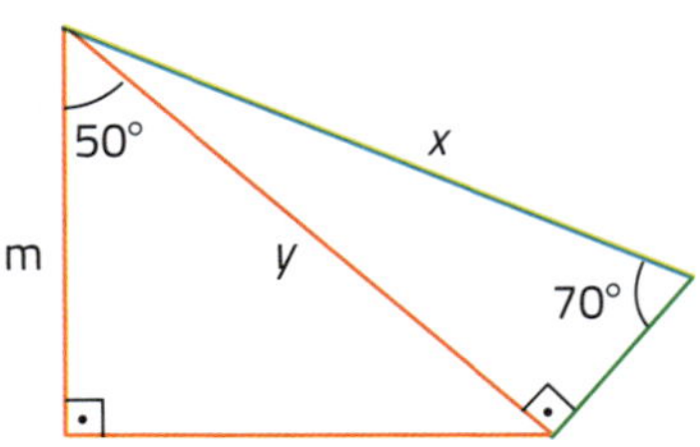

Ilustrações: Banco de imagens/Arquivo da editora

58 › Em uma praça retangular, com lados de medida de comprimento de 60 m por 45 m, foram construídas 2 passarelas nas diagonais. Observe o modelo matemático dessa situação, use a tabela trigonométrica e descubra os valores aproximados de x e y.

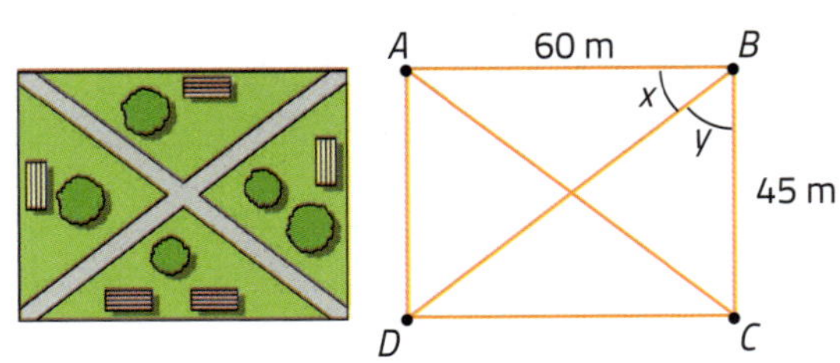

Ilustrações: Banco de imagens/Arquivo da editora

59 ▸ Determine os valores aproximados de x e y neste triângulo considerando as medidas de comprimento em centímetros e consultando a tabela trigonométrica.

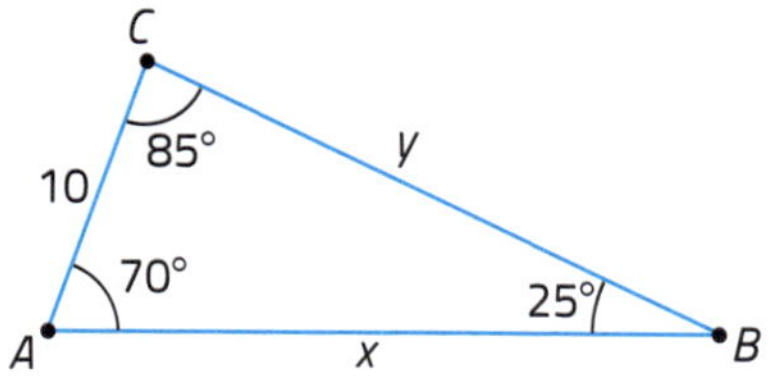

60 ▸ Sabendo que a medida de distância entre A e B é de 1,5 km e que as medidas de abertura dos ângulos $B\hat{A}P$ e $A\hat{B}P$ são de 115° e 35°, respectivamente, qual é a medida de distância aproximada entre A e P? (Veja a tabela trigonométrica.)

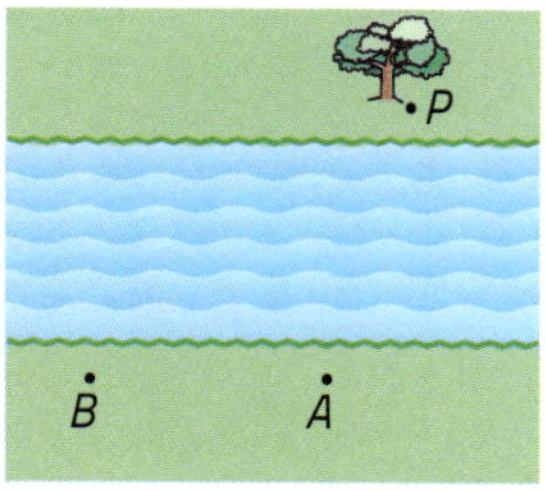

Banco de imagens/Arquivo da editora

61 ▸ Determine a medida de comprimento aproximada da diagonal de uma região quadrada cuja área mede 256 cm^2.

62 ▸ Qual é a medida de distância entre os postes P e Q conhecendo-se as medidas de abertura dos ângulos $P\hat{O}Q$ e $O\hat{P}Q$ de 115° e 50°, respectivamente, e a medida de distância entre O e Q de 150 m? (Consulte a tabela trigonométrica.)

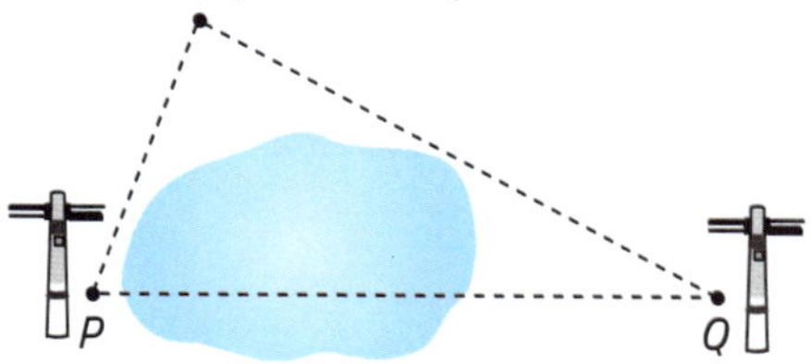

Banco de imagens/Arquivo da editora

63 ▸ Em um retângulo, a medida de perímetro é de 30 cm e a medida de comprimento da altura é $\frac{2}{3}$ da medida de comprimento da base. Determine a medida de comprimento da diagonal desse retângulo.

64 ▸ A medida de comprimento da diagonal de uma região retangular é de 50 m e as medidas de comprimento dos lados estão na razão 4 : 3. Determine a medida de área dessa região retangular.

65› Determine a medida de área de uma região retangular em que a medida de perímetro é de 62 m e a medida de comprimento da diagonal é de 25 m.

66› Determine a medida de área da região plana limitada por um paralelogramo *ABCD* sabendo que $AB = 12$ cm, $AD = 5$ cm e a medida de comprimento da projeção do lado $\overline{AD}$ sobre o lado $\overline{DC}$ é de 4 cm.

67› Determine a medida de área aproximada da região plana limitada por um paralelogramo cujas medidas de comprimento da diagonal maior e dos lados são de 11 m, 5 m e 8 m, respectivamente.

68› Em um losango, a abertura de um dos ângulos internos mede 120° e o perímetro mede 32 cm. Calcule a medida de área da região plana determinada por esse losango.

69› Em uma região retangular, a medida de comprimento da diagonal é de 15 cm e a medida de comprimento da altura corresponde a 75% da medida de comprimento da base. Determine as medidas de perímetro e de área dessa região retangular.

70› Consulte a tabela trigonométrica e determine a medida de área aproximada de cada região retangular.

a)

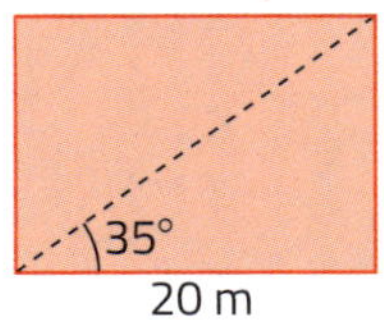

b)

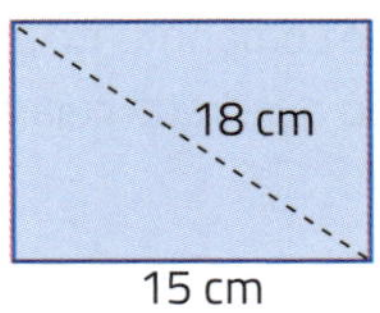

Ilustrações: Banco de imagens/Arquivo da editora

c)

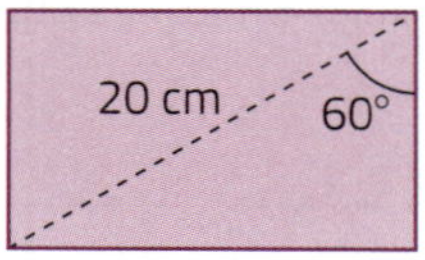

Banco de imagens/Arquivo da editora

71 › Determine a medida de área aproximada de cada região plana limitada por um trapézio.

a)

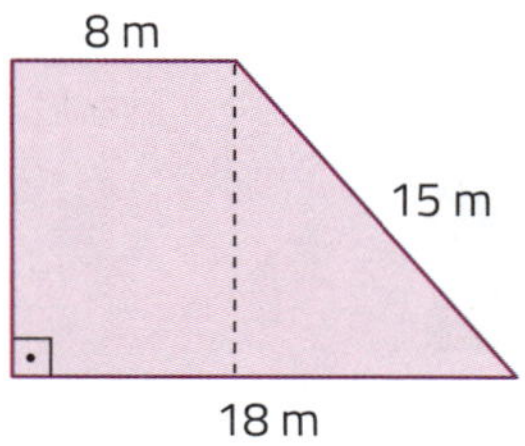

As imagens desta página não estão representadas em proporção.

b)

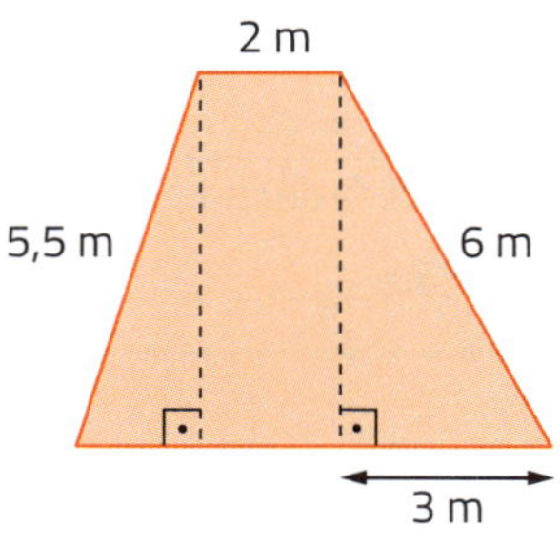

Ilustrações: Banco de imagens/Arquivo da editora

c)

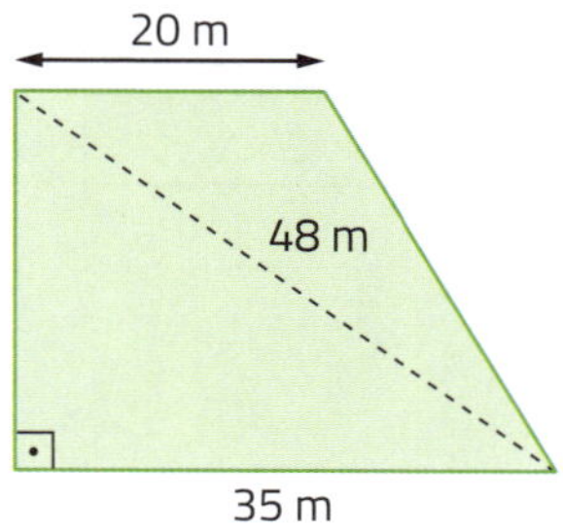

Banco de imagens/Arquivo da editora

72 › Veja a tabela trigonométrica e determine a medida de área aproximada de cada região plana limitada por um losango.

a)

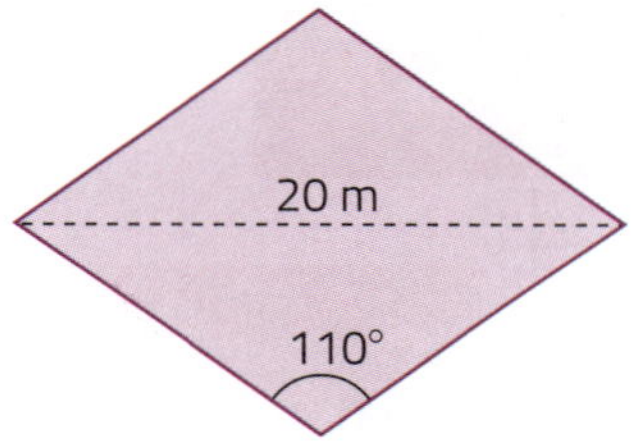

b)

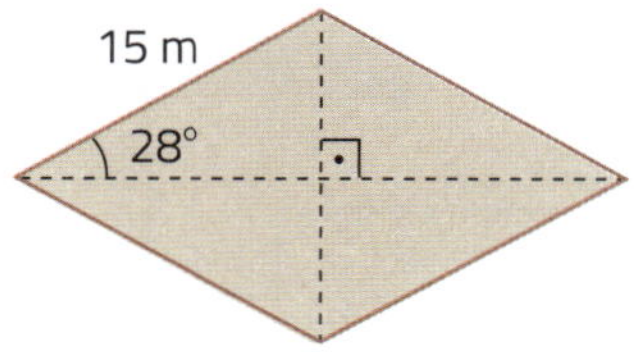

Ilustrações: Banco de imagens/Arquivo da editora

73› Calcule a medida de área da região triangular determinada por um triângulo retângulo cujas projeções dos catetos sobre a hipotenusa têm medidas de comprimento de 9 cm e 4 cm.

____

74› Preencha este mapa conceitual com as relações métricas e as razões trigonométricas no triângulo retângulo que você estudou.

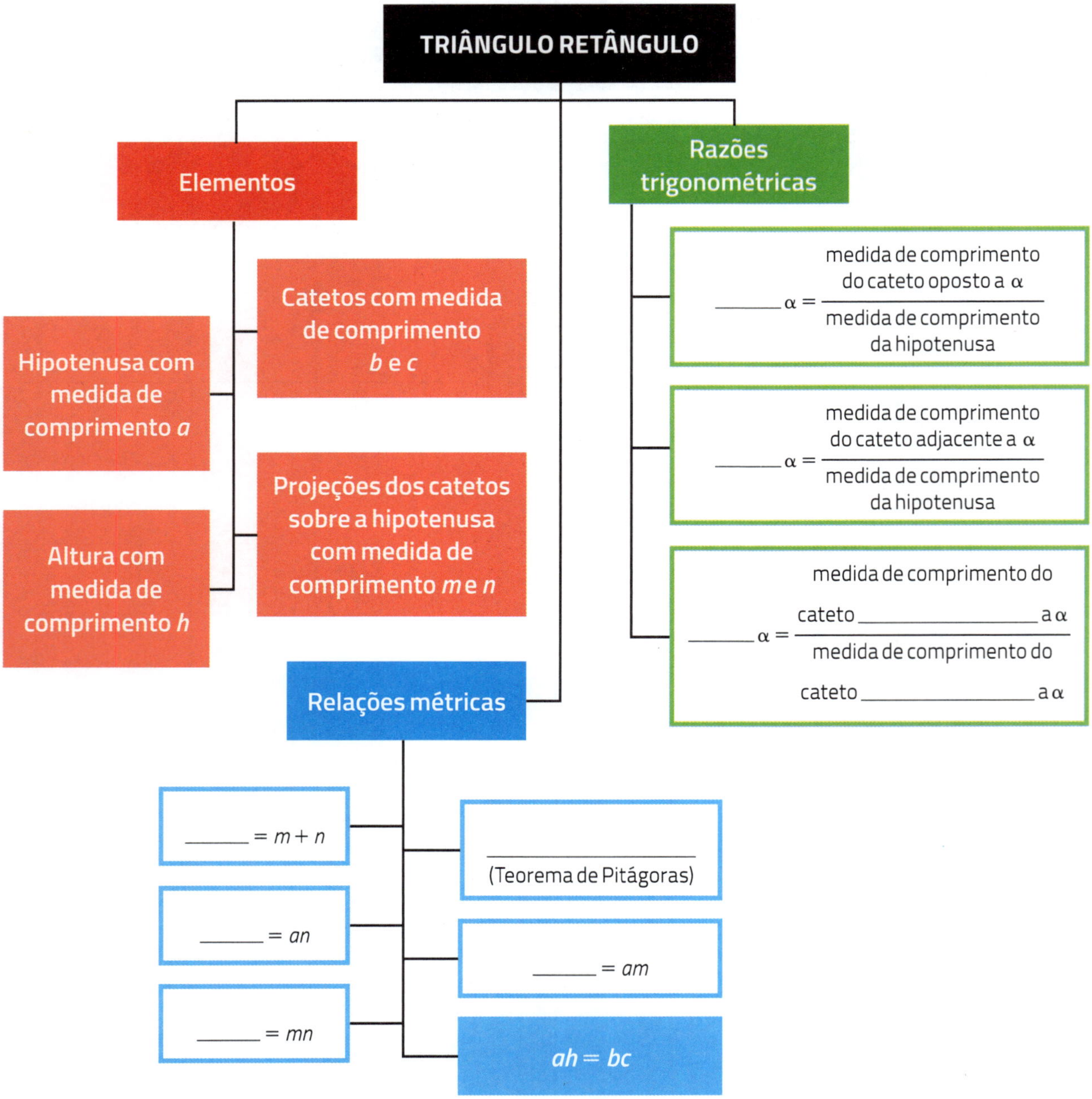

Banco de imagens/Arquivo da editora

CAPÍTULO 7

Circunferências e círculos

1 ‣ **Conexões.** A maior roda-gigante sem raios do mundo foi inaugurada em 2018, em Shandong, na China. Ela tem medida de comprimento da altura de 145 metros, medida de comprimento do diâmetro de 125 metros e 36 cabines com capacidade para 10 passageiros cada uma.

Fonte de consulta: ÉPOCA NEGÓCIOS. *Mundo*. Disponível em: <https://epocanegocios.globo.com/Mundo/noticia/2018/05/china-inaugura-maior-roda-gigante-sem-raios-do-mundo.html>. Acesso em: 31 maio 2019.

Wei Peng/Imaginechina/Agência France-Presse

Roda-gigante na China. Foto de 2018.

Considerando $\pi = 3{,}14$, responda às questões.

a) Qual é a medida de comprimento do raio dessa roda-gigante?

____

b) Qual é a medida de comprimento da circunferência dessa roda-gigante?

____

c) Quantos passageiros a roda-gigante transporta de uma só vez quando está lotada?

____

d) Se em uma das voltas houver apenas 60% da capacidade total, então quantos passageiros haverá nessa volta?

____

2 ‣ Uma pizzaria vende *pizzas* inteiras ou em porções (fatias). Veja nesta tabela o número de fatias e a medida de comprimento do diâmetro de acordo com o tamanho da *pizza*.

Pizzas

Tamanho	Número de fatias	Medida de comprimento do diâmetro (em cm)
Pequena	6	30
Média	8	36
Grande	8	40

Tabela elaborada para fins didáticos.

Pedro comprou 4 fatias da *pizza* pequena, Júlia comprou 3 fatias da média e Ana comprou 2 fatias da grande. Sabendo que o preço da *pizza* pequena inteira é de R$ 22,50 e que os preços são diretamente proporcionais à medida de área da *pizza*, calcule quanto cada um deles gastou.

____

____

3 Em outra pizzaria, há 3 tamanhos de *pizza*:

- grande, com medida de comprimento do raio de 25 cm;
- média, com medida de comprimento do raio de 20 cm;
- pequena, com medida de comprimento do raio de 15 cm.

Sabendo que Elisa comprou 3 *pizzas*, uma de cada tamanho, qual é a medida de área de *pizza* que ela comprou? (Use $\pi = 3,14$.)

____

4 Nomeie os elementos destacados nesta circunferência.

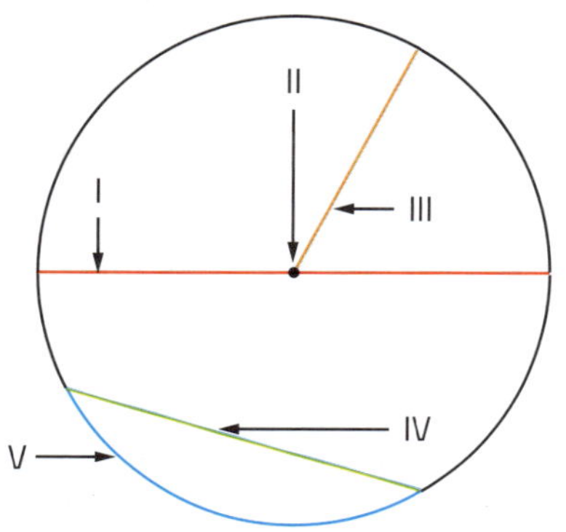

Banco de imagens/Arquivo da editora

I: ______________________________

II: ______________________________

III: ______________________________

IV: ______________________________

V: ______________________________

5 Um pneu aro 14 tem diâmetro com medida de comprimento de 14 polegadas (14"). Sabendo que 1 polegada equivale a 2,54 centímetros, determine o número de voltas que um pneu aro 14 dá ao percorrer uma medida de distância de 12 000 m. (Considere $\pi = 3,14$.)

____

6 Todas as manhãs, Mariana anda de bicicleta em torno de uma praça circular com raio de medida de comprimento de 42 m. Qual é a medida de distância percorrida por ela em um dia em que tenha dado 3 voltas? (Use $\pi = 3$.)

____

7 **Conexões.** O tiro com arco, ou arco e flecha, é um esporte olímpico. Em uma das provas dessa modalidade, os atletas lançam flechas, que podem atingir mais de 200 km/h, em um alvo a 70 metros.

Dmitry Naumov/Shutterstock

Alvo utilizado no esporte arco e flecha.

Sabendo que o alvo e a "mosca" (pequeno círculo central) têm medidas de comprimento do diâmetro de 1,22 m e 12,2 cm, respectivamente, determine as medidas de área desses círculos, em cm^2.

____

8 Nesta circunferência, foram marcados 4 pontos (*A*, *B*, *C* e *D*).

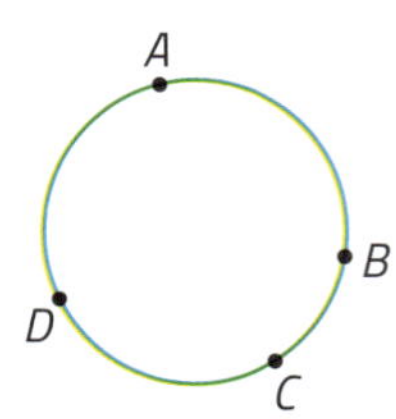

Banco de imagens/Arquivo da editora

Indique quantos e quais são os triângulos que podem ser traçados com vértices em 3 desses pontos.

____

9 › **Conexões.** O maior edifício circular do mundo está localizado em Abu Dhabi, capital dos Emirados Árabes Unidos. Ele tem 23 andares, 18 elevadores e raio com medida de comprimento de aproximadamente 55 metros.

Fonte de consulta: GIGANTES DO MUNDO. Disponível em: <https://gigantesdomundo.blogspot.com/2013/11/maior-edificio-circular-do-mundo.html>. Acesso em: 8 maio 2019.

Frederic Soreau/Photononstop/Agência France-Presse

Prédio nos Emirados Árabes Unidos. Foto de 2017.

Qual é a medida de área aproximada da fachada desse edifício? (Use $\pi = 3$.)

10 › Observe esta figura.

Banco de imagens/ Arquivo da editora

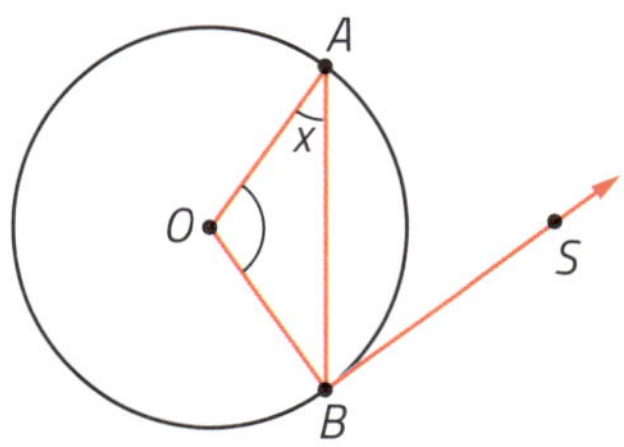

Temos que:

- O: centro da circunferência;
- $A\hat{B}S$: ângulo de segmento com medida de abertura de 54°.

Determine o valor de x.

11 › Observe esta circunferência de centro O.

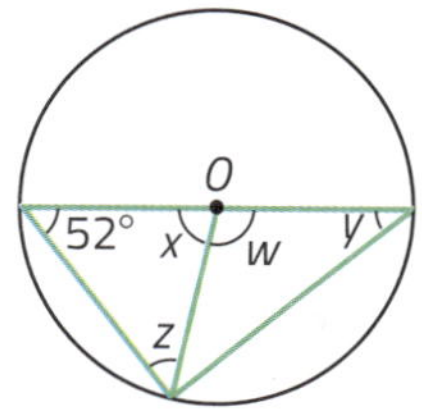

Banco de imagens/ Arquivo da editora

Determine os valores de x, y, z e w.

12 › Considere um ângulo $\hat{A}$ inscrito em uma circunferência e o ângulo central $\hat{B}$ correspondente. Calcule $m(\hat{A})$ e $m(\hat{B})$ sabendo que $m(\hat{A}) + m(\hat{B}) = 234°$.

13 › Calcule os valores de x e y sabendo que O é o centro desta circunferência e $y - x = 22°$.

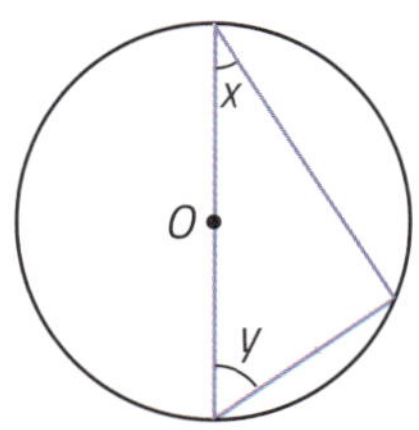

Banco de imagens/ Arquivo da editora

14 › Calcule as medidas de abertura *a*, *b*, *c* e *d* dos ângulos desta figura sabendo que os arcos $\widehat{BC}$ e $\widehat{ED}$ têm medidas angulares de 92° e 40°, respectivamente.

Banco de imagens/Arquivo da editora

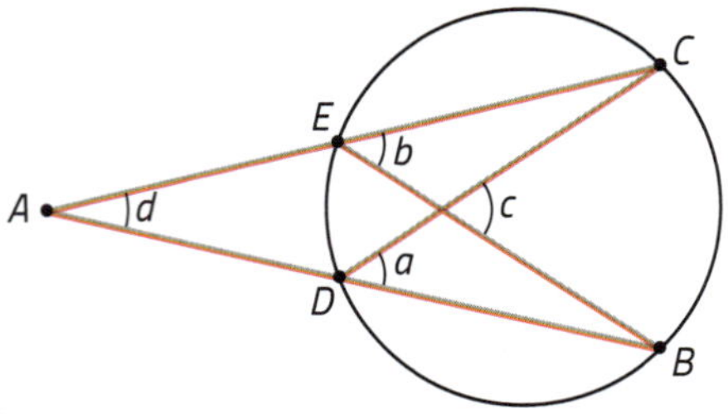

15 › Conexões. A ponte Laguna Gárzon, no Uruguai, tem forma circular para que o motorista reduza a medida de velocidade e aprecie a paisagem da região.

Fonte de consulta: DIÁRIO GAÚCHO. *Dia a dia*. Disponível em: <http://diariogaucho.clicrbs.com.br/rs/dia-a-dia/noticia/2016/01/ponte-circular-no-uruguai-faz-com-que-motoristas-reduzam-a-velocidade-e-apreciem-a-paisagem-4960706.html>. Acesso em: 10 maio 2019.

Rafael Viñoly Architects/Zuma/Fotoarena

Ponte Laguna Gárzon, no Uruguai. Foto de 2016.

Considere que a ponte tem raio com medida de comprimento de aproximadamente 50 m, despreze a medida de comprimento da largura da pista e use $\pi = 3$.

a) Qual é a medida de distância percorrida por um carro que dá 1 volta completa na parte circular da ponte?

b) Qual é a medida de área delimitada pela parte circular da ponte, ou seja, a medida de área do "círculo de água"?

16 › Calcule o valor de *x* em cada uma das figuras.

a)

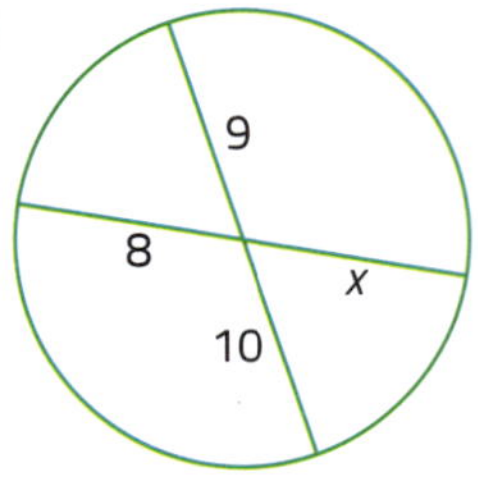

b)

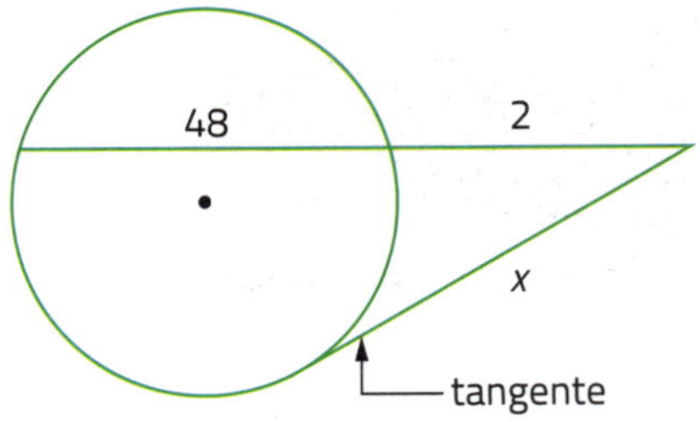

c)

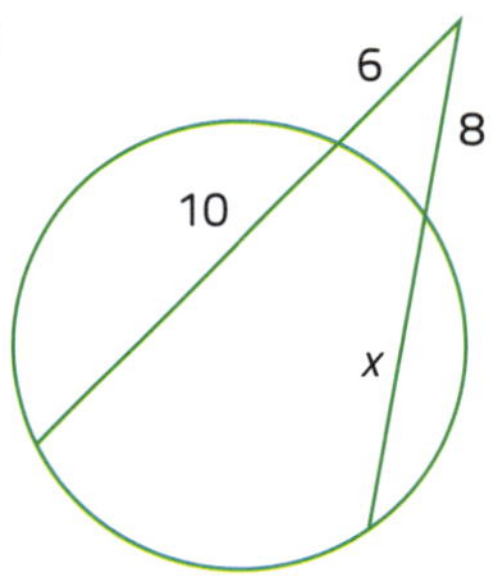

d)

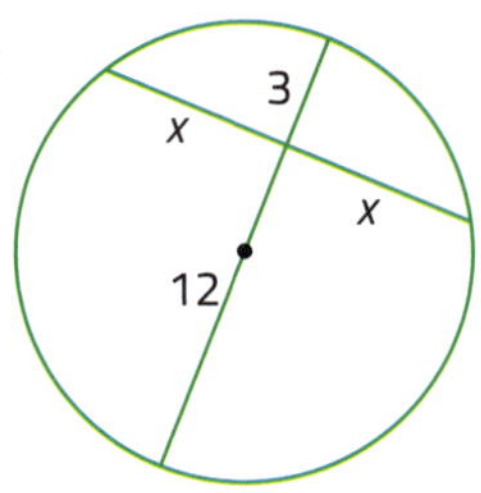

Ilustrações: Banco de imagens/Arquivo da editora

e)

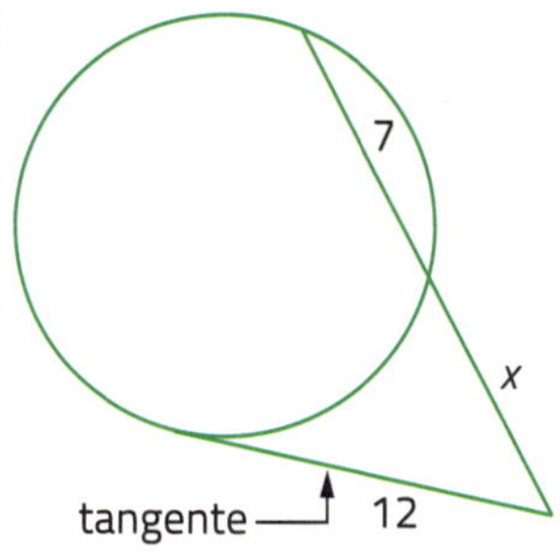

f)

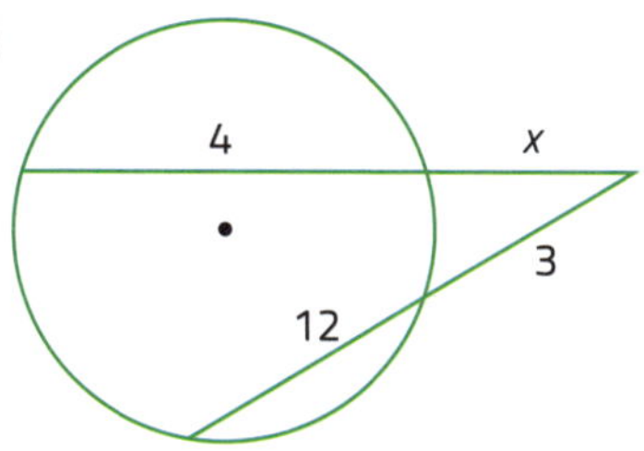

Ilustrações: Banco de imagens/Arquivo da editora

17 › Um CD é um disco de plástico que armazena dados na região plana formada por uma liga metálica de alumínio (maior parte do disco).

As imagens desta página não estão representadas em proporção.

CD.

Alexey Filatov/Shutterstock

Qual é a medida de área, em cm^2, da região plana destinada ao armazenamento de dados nesse CD? (Use $\pi = 3,14$.)

18 › Ao observar as estrelas com um telescópio, Marina se surpreendeu com uma estrela cadente que passou rapidamente pelo céu. Em relação à borda circular do visor do telescópio, qual é a posição relativa da linha da trajetória da estrela cadente?

19 › O símbolo dos Jogos Olímpicos é composto de 5 anéis (um para cada continente) e representa a união dos povos.

Alexsey Valentinovich/Shutterstock

Escultura do símbolo dos anéis olímpicos em Sochi, Rússia, uma das cidades-sede dos Jogos Olímpicos de 2018.

Desprezando a medida de comprimento da espessura dos anéis, ou seja, considerando-os como circunferências, responda: Quais são as possibilidades de posição relativa de 2 circunferências desse símbolo?

20 › Considere 2 circunferências concêntricas com raios de medidas de comprimento de 8 cm e 10 cm e um segmento de reta $\overline{AB}$ tangente à menor delas. Sabendo que as extremidades desse segmento de reta são pontos da circunferência maior, determine a medida de comprimento AB.

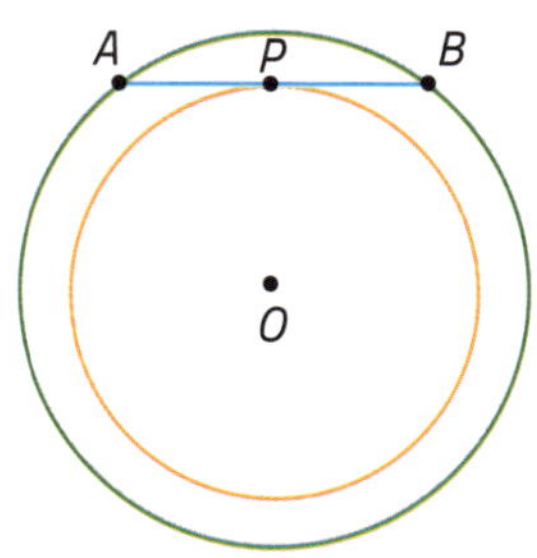

Banco de imagens/Arquivo da editora

21 Nesta figura, temos:

- *O* é o centro da circunferência;
- $AB = 20$ cm;
- $DE = 12$ cm;
- $\overline{AB}$ é perpendicular a $\overline{BC}$.

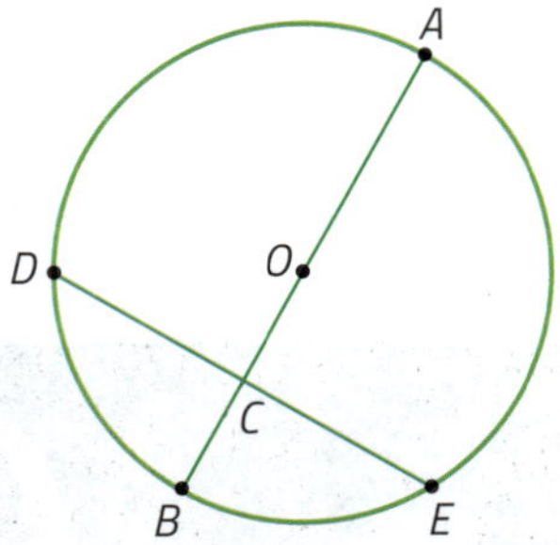

Banco de imagens/Arquivo da editora

Calcule as medidas de comprimento *OC* e *BC*.

22 Com régua e compasso, construa o que se pede.

a) Um triângulo equilátero.

b) Um hexágono a partir do triângulo construído no item **a**.

23 Nesta circunferência, $AB = 35$, $CD = 30$ e $AR = 27$.

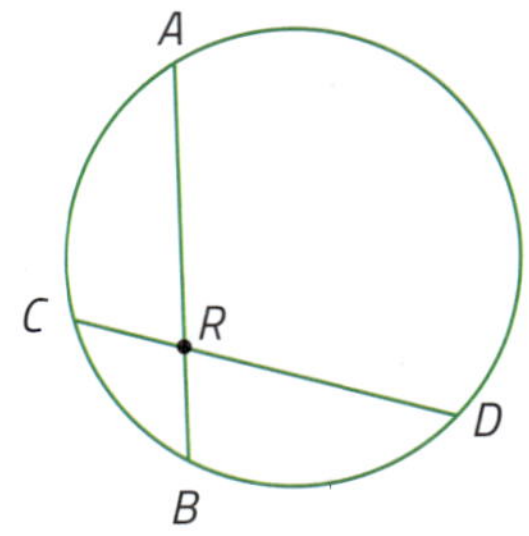

Banco de imagens/Arquivo da editora

Determine as medidas de comprimento *CR* e *RD*, com $CR < RD$.

24 Determine a medida de abertura do ângulo inscrito em uma circunferência cujos lados compreendem um arco de medida angular de 72° 20'.

25 Observe esta figura.

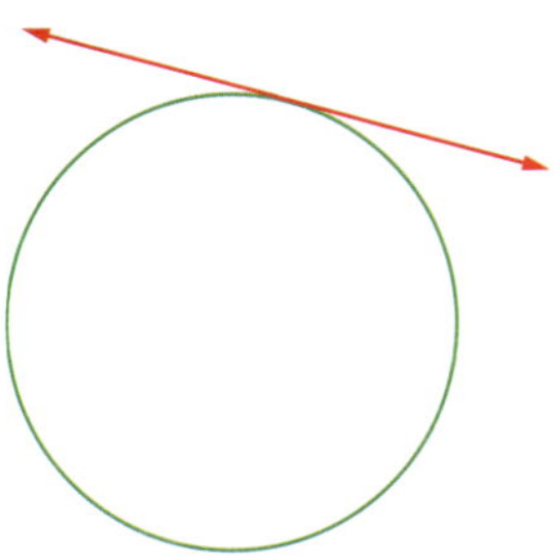

Banco de imagens/Arquivo da editora

a) Quantos pontos comuns essa circunferência e essa reta têm?

b) Qual é a posição da reta em relação à circunferência?

26› Nas margens de um lago circular há 2 postes de iluminação *A* e *B* ligados por uma rede aérea que está presa a um poste *C*. Os 2 ramos da rede formam um ângulo com medida de abertura de 80°.

Em uma reforma, a rede aérea será substituída por cabos subterrâneos que contornarão o lago.

Para conectar os postes *A* e *B* pela rede subterrânea, a menor quantidade de fio será gasta caso a ligação seja feita partindo do ponto *A* no sentido horário ou anti-horário? Justifique.

____

____

27› Conexões. Os satélites artificiais são muito importantes para os meios de comunicação, pois, usando ondas eletromagnéticas, propagam os sinais de operadoras de telefonia celular e de TVs por assinatura, por exemplo, além de orientar aeronaves de maneira eficiente.

O satélite artificial representado nesta imagem está situado à medida de distância mínima *ST* do planeta Terra.

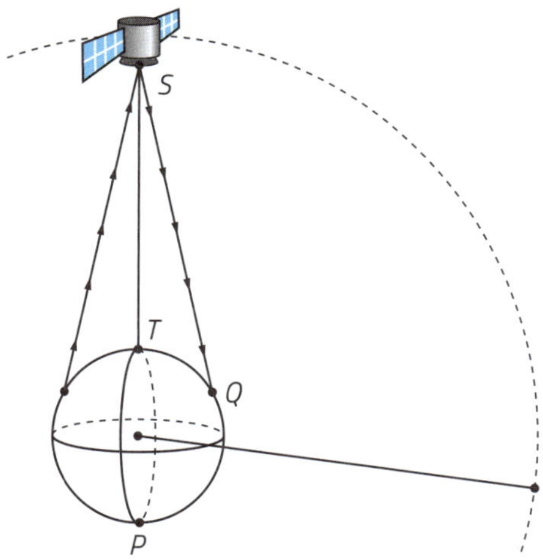

Banco de imagens/Arquivo da editora

Sabendo que *Q* é o ponto de tangência do segmento de reta $\overline{SQ}$ e que as medidas de comprimento dos segmentos de reta $\overline{ST}$ e $\overline{SQ}$ são, respectivamente, de 20 e $\sqrt{640}$ milhares de quilômetros, determine a medida de comprimento aproximada do raio da Terra.

Observação: Considere a Terra uma esfera.

____

28› Assinale a alternativa correta em cada item.

I. Observando a figura, a relação que a representa é:

a) $ab = xy$.

b) $a(a + b) = x(x + y)$.

c) $(a + b)b = (x + y)x$.

d) $(a + b)b = (x + y)y$.

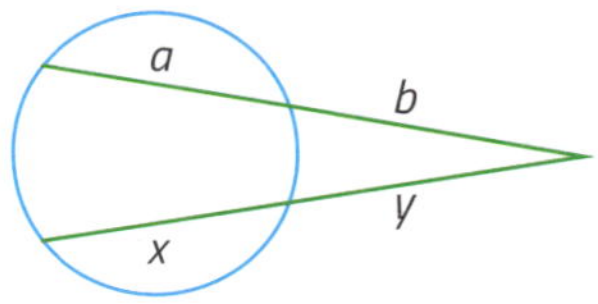

Ilustrações: Banco de imagens/Arquivo da editora

II. Nesta figura, vale a relação:

a) $x = ab$.

b) $x^2 = ab$.

c) $x = (a + b)a$.

d) $x^2 = (a + b)b$.

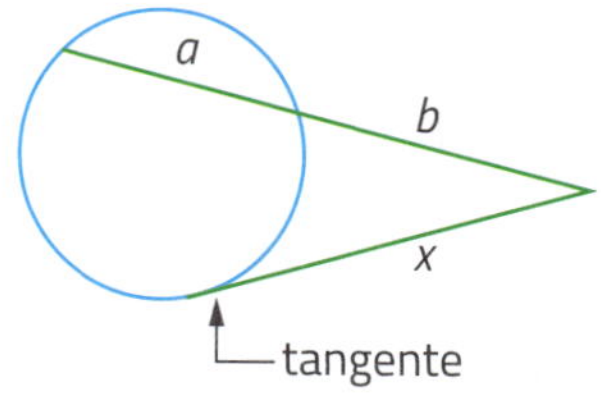

III. Quanto a estas cordas, a relação válida é:

a) $ab = xy$.

b) $a + b = x + y$.

c) $a(a + b) = x(x + y)$.

d) $ax = by$.

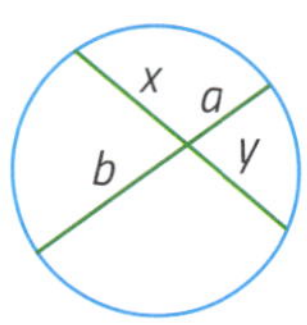

29 › Construa uma circunferência e uma reta em cada item.

a) Com 2 pontos comuns.

b) Sem ponto comum.

c) Com 3 pontos comuns.

30 › Qual é o número máximo de pontos comuns que as 2 figuras descritas em cada item podem ter? Desenhe-as para comprovar sua resposta.

a) 2 circunferências distintas.

____

b) 1 triângulo e 1 circunferência.

____

c) 1 reta e 1 circunferência.

____

d) 1 circunferência e 1 quadrilátero.

____

31 › Duas circunferências tangenciam-se externamente. Se a diferença entre as medidas de comprimento dos raios delas é de 2 cm e a medida de distância entre os 2 centros é de 14 cm, então qual é a medida de comprimento do diâmetro de cada circunferência?

____

32 › A medida de abertura de um ângulo inscrito em uma circunferência é de 64° 18'. Qual é a medida angular do arco correspondente a esse ângulo?

____

33 › Em uma circunferência de centro O e com pontos A, B e C pertencentes a ela, temos que $m(A\hat{O}C) = 50° 27'$ e $m(C\hat{O}B) = 85° 15'$. Determine a medida de abertura do ângulo inscrito $A\hat{C}B$.

____

34 › Um ângulo inscrito em uma circunferência, com medida de abertura de 48°, é formado pelo diâmetro $\overline{AB}$ e pela corda $\overline{AC}$. Determine a medida angular do arco $\overset{\frown}{AC}$.

____

35 › Sabendo que o ponto O é o centro desta circunferência, determine as medidas de abertura x e y dos ângulos indicados.

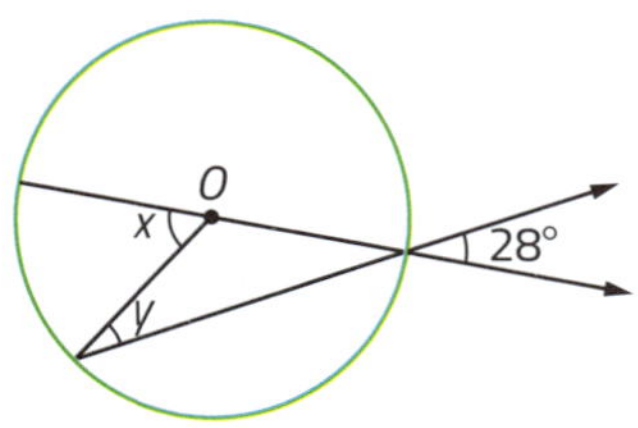

Banco de imagens/ Arquivo da editora

____

36 › Responda.

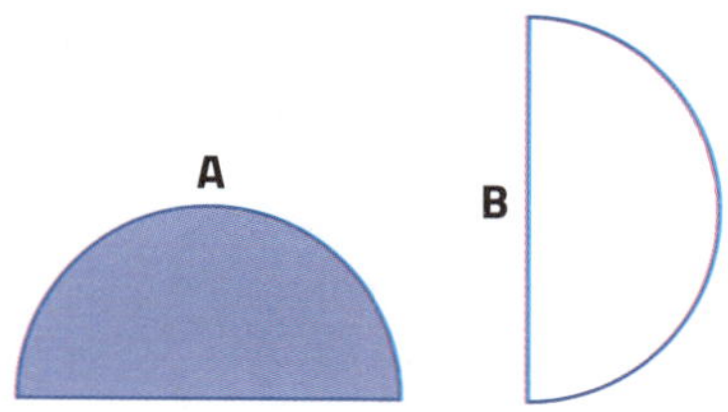

Ilustrações: Banco de imagens/ Arquivo da editora

a) A figura **A** pode ser chamada de semicírculo? Por quê?

____

____

b) A figura **B** pode ser chamada de semicircunferência? Por quê?

____

____

c) Como devem ser um quarto de círculo e um quarto de circunferência? Desenhe-os.

37 › A medida de comprimento desta circunferência é de aproximadamente 37,68 cm.

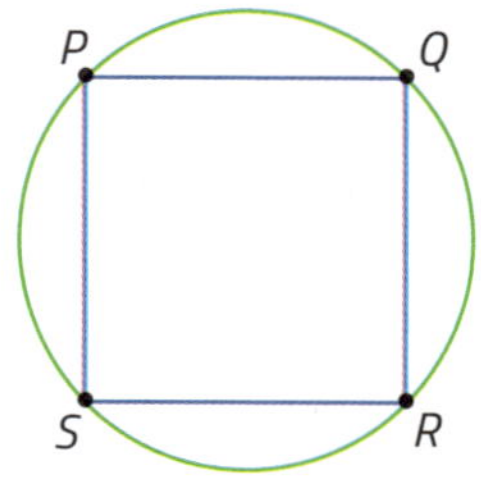

Banco de imagens/Arquivo da editora

Considerando $\pi = 3,14$, determine a medida de perímetro do quadrado $PQRS$.

____

38 Qual é a medida de comprimento desta semicircunferência (parte vermelha da circunferência)? (Use $\pi = 3,14$.)

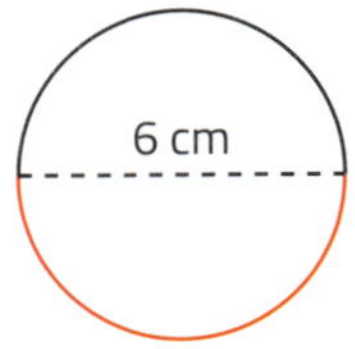

Banco de imagens/Arquivo da editora

39 O ponto *O* é o centro desta circunferência laranja. Usando $\pi = 3,1$ e calculando a medida de comprimento da circunferência azul, obtemos aproximadamente 5,58 cm. Determine a medida de comprimento da circunferência laranja.

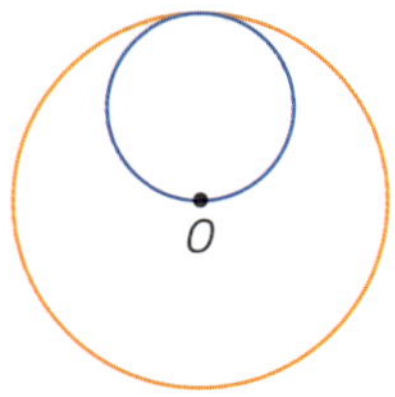

Banco de imagens/Arquivo da editora

40 Determine a medida de comprimento de uma circunferência cuja medida de comprimento do raio é igual à medida de comprimento da diagonal de um quadrado com lado de medida de comprimento de 10 cm. (Considere $\pi = 3,14$.)

41 Em uma circunferência com raio de medida de comprimento de 10 m, determine a medida de comprimento de um arco cuja medida angular é de 45°. (Use $\pi = 3,14$.)

42 As 3 circunferências desta figura são tangentes 2 a 2, $\overline{AB}$ é tangente às 2 circunferências menores e $AB = 12$ cm.

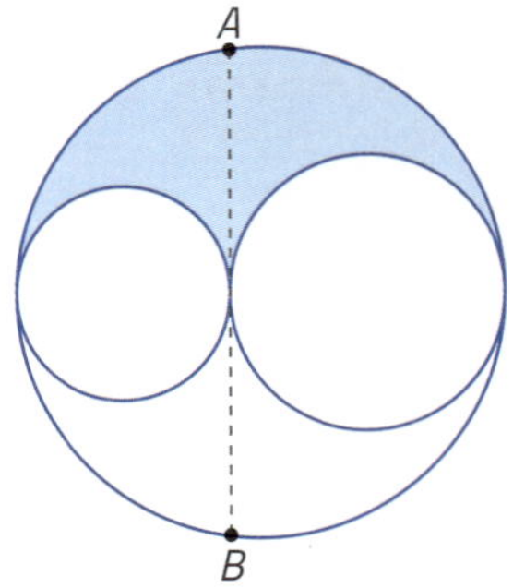

Banco de imagens/Arquivo da editora

Calcule a medida de área da região pintada.

43 Nesta figura, temos um hexágono regular inscrito em uma circunferência com raio de medida de comprimento de 4 cm.

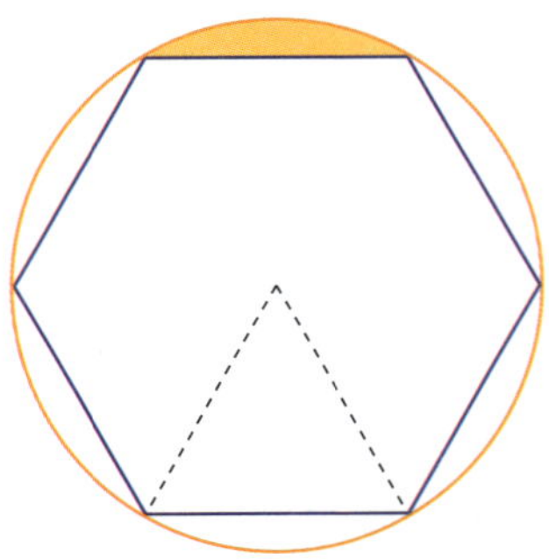

Banco de imagens/Arquivo da editora

Calcule a medida de área aproximada da região pintada. (Use $\sqrt{3} = 1,7$ e $\pi = 3,1$.)

44 ▸ Determine a medida de área desta figura. (Considere $\pi = 3{,}14$.)

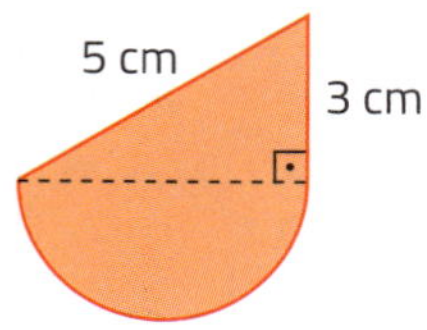

Banco de imagens/
Arquivo da editora

45 ▸ Paulo criou um esboço do escudo para um time de futebol usando um *software* de Geometria dinâmica. Ele criou uma circunferência e traçou 2 cordas partindo do mesmo ponto e que formam um ângulo de medida de abertura de 60°. Das extremidades dessas cordas, ele traçou 3 segmentos de reta, ligando-as ao centro da circunferência, e dispôs as iniciais do time (*P*, *E* e *C*) em 3 das 5 regiões, como nesta figura.

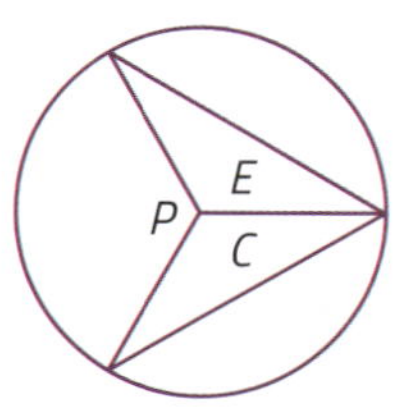

Banco de imagens/
Arquivo da editora

Qual fração da medida de área do escudo corresponde à região plana em que se encontra a letra *P*?

46 ▸ Observe esta figura.

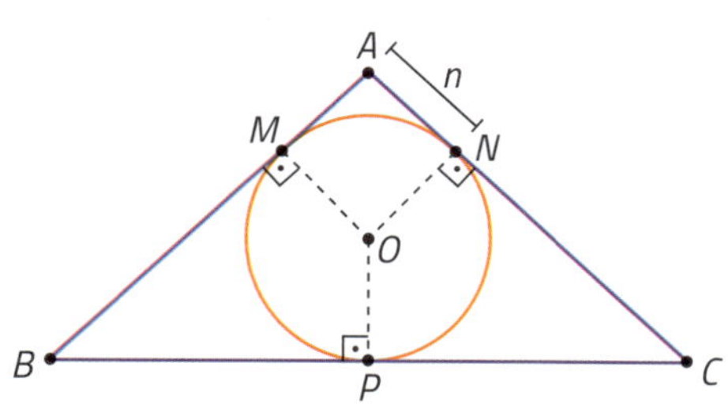

Banco de imagens/Arquivo da editora

Determine a medida de comprimento *n* do segmento de reta $\overline{AN}$ sabendo que $AB = 8$ cm, $BC = 12$ cm e que o $\triangle ABC$ é isósceles de base $\overline{BC}$.

47 ▸ Examine esta figura e considere as informações apresentadas sobre ela.

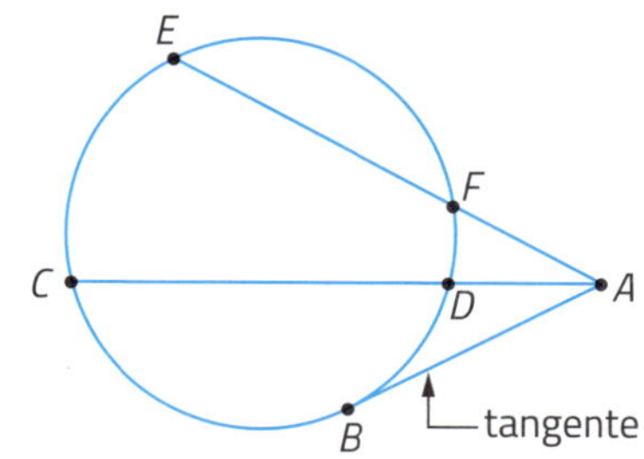

Banco de imagens/Arquivo da editora

- $EF = 5$ cm;
- *AB* é o dobro de *AD*;
- *CD* é o triplo de *AD*;
- *AF* é 5 cm a menos do que *CD*.

Calcule as medidas de comprimento *AB*, *AD*, *AC*, *CD*, *AF* e *AE*.

48 ▸ Considere um ponto *P* externo a uma circunferência com raio de medida de comprimento de 12 cm. A medida de distância entre *P* e o centro da circunferência é de 15 cm. Determine a medida de comprimento de um segmento de reta tangente a essa circunferência com extremidades em *P* e no ponto de tangência.

49 ▸ A faixa retangular *ABDC* foi obtida da lateral de uma superfície cilíndrica com raio de medida de comprimento de 16 cm. Com ela, construímos uma faixa de Möbius dando um meio giro em uma das extremidades da faixa e juntando os pontos *A* e *D*, *B* e *C*.

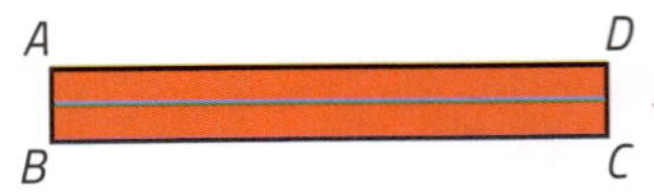

Faixa retangular *ABCD*.

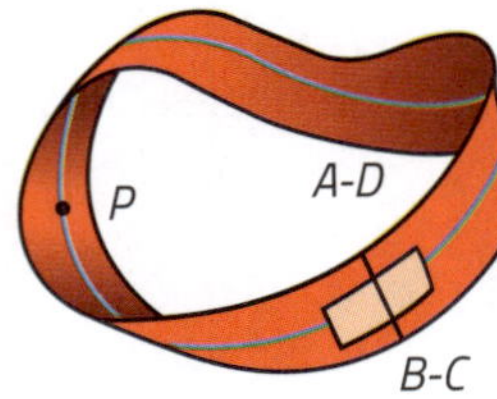

Faixa de Möbius.

Banco de imagens/Arquivo da editora

Observe a indicação do ponto *P* na faixa de Möbius e responda: Qual medida de distância foi percorrida por uma formiga que, caminhando sempre sobre a linha azul no meio da faixa e no mesmo sentido, sai do ponto *P* e retorna a ele? (Adote $\pi = 3,14$.)

____

50 ▸ Uma circunferência tem raio de medida de comprimento de 8 cm. Usando $\pi = 3,14$, responda às questões.

a) Qual é a medida de comprimento dessa circunferência?

____

b) Qual é a medida de comprimento do arco dessa circunferência associado ao ângulo central cuja medida de abertura é de 30°?

____

51 ▸ Preencha este mapa conceitual com as possíveis posições relativas entre as figuras geométricas descritas.

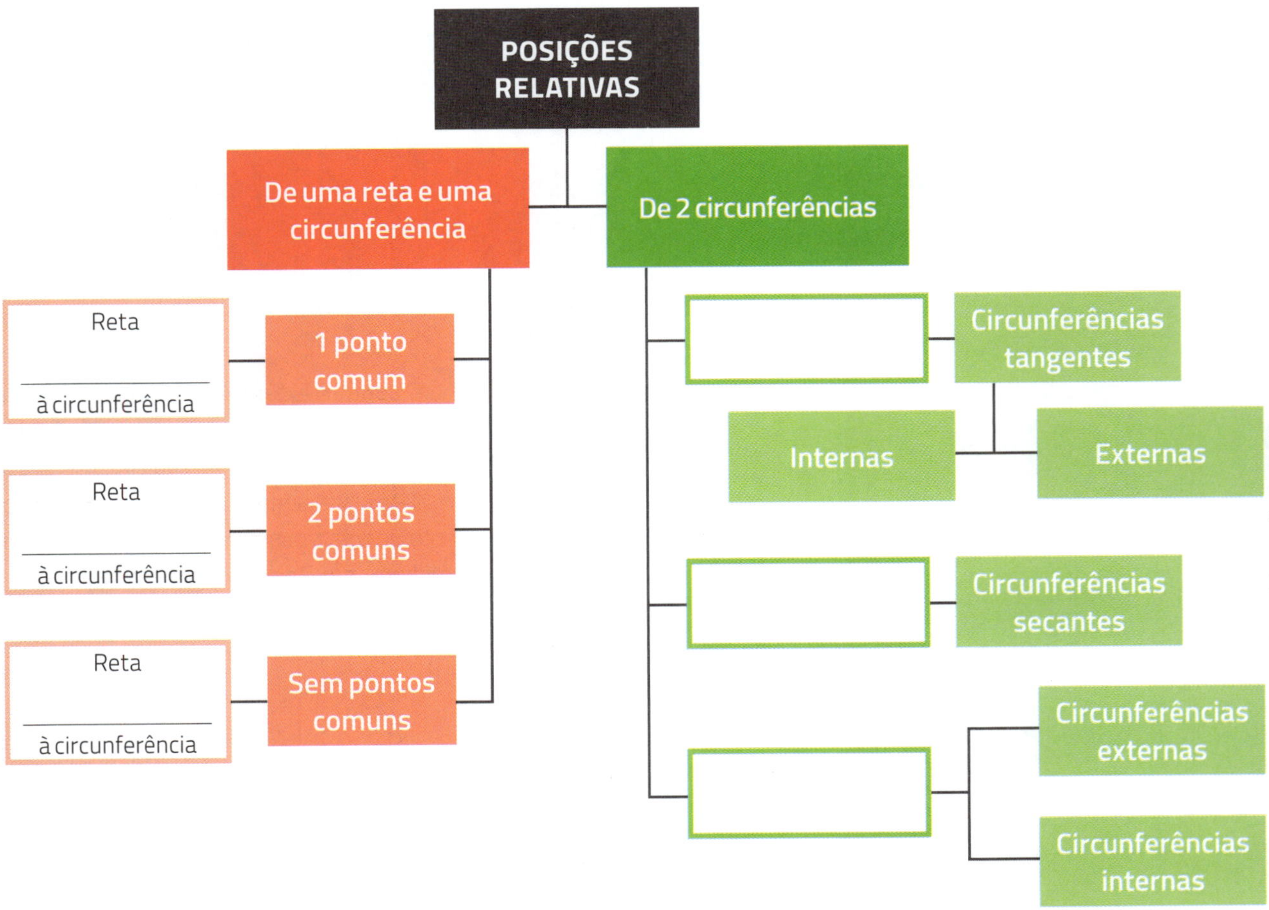

Banco de imagens/Arquivo da editora

CAPÍTULO

8

Grandezas e medidas

1 › Alguns centros urbanos, como a ilha de Manhattan, em Nova York, usam o plano cartesiano como modelo para nomear as ruas, facilitando a localização e o deslocamento tanto da população local quanto dos turistas. Sabendo que, em uma cidade que segue esse modelo de identificação de ruas, o cruzamento da avenida 3 com a rua 10 é representado pelo ponto $P(3, 10)$ e a medida de comprimento aproximada dos lados de cada quarteirão é de 100 m, determine a medida de distância, em linha reta, entre os cruzamentos citados.

a) O cruzamento da avenida 2 com a rua 6 e o cruzamento da avenida 5 com a rua 2.

____

b) O cruzamento da avenida 17 com a rua 9 e o cruzamento da avenida 5 com a rua 4.

____

2 › Um empresário comprou uma fazenda cercada. A região poligonal *ABCDE* neste plano cartesiano representa essa fazenda, e as medidas de comprimento estão em quilômetros.

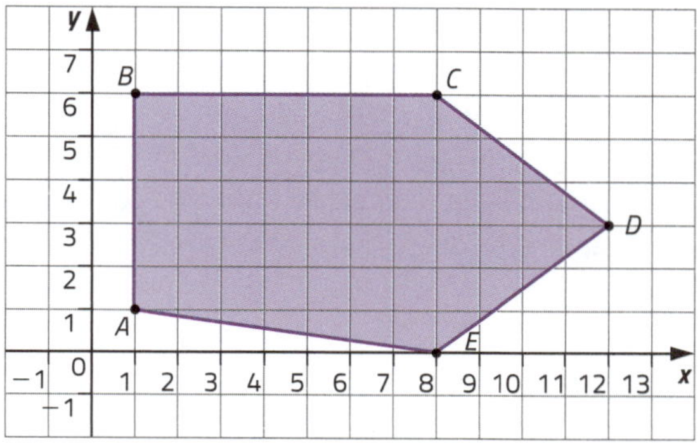

Banco de imagens/Arquivo da editora

a) Qual é a medida de comprimento da cerca?

____

b) Qual é a medida de área da fazenda?

____

3 › Até o início dos anos 2000, os disquetes eram o principal dispositivo móvel de armazenamento de dados, geralmente com 1,44 MB.

Disquetes.

Shutter Ryder/Shutterstock

Atualmente, é comum a utilização de *pendrives* para essa finalidade. Usando uma calculadora, determine a quantos disquetes, aproximadamente, equivale 1 *pendrive* de 64 GB.

a) 1 213 disquetes.
b) 3 127 disquetes.
c) 23 954 disquetes.
d) 45 511 disquetes.

4 › Em uma maratona, os participantes largaram no ponto $A(0, 0)$ de um sistema de coordenadas cartesianas, passaram pelos pontos $B(4, 3)$ e $C(0, 6)$ e retornaram ao ponto A, finalizando a corrida. Sabendo que a medida de distância entre os pontos é dada em quilômetros e que o trajeto entre 2 pontos consecutivos é feito em linha reta, qual é a medida de comprimento do percurso dessa maratona?

5 › A medida de capacidade de uma garrafa de café é de 1,2 L. Sabendo que uma xícara de café tem medida de capacidade de 50 mL, qual é o número de xícaras de café que podem ser completamente cheias com o conteúdo dessa garrafa?

6 › Calcule a medida de volume de cada sólido geométrico dado.

a) Cubo cujo comprimento de cada aresta mede 30 cm.

b) Paralelepípedo cujas dimensões medem 0,5 m, 1,5 m e 2 m.

c) Este prisma.

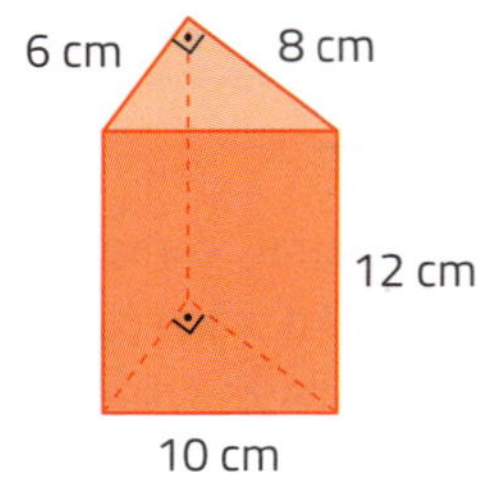

Banco de imagens/Arquivo da editora

d) Pirâmide de base quadrada cujos lados e altura têm medidas de comprimento de 10 cm e 6 cm, respectivamente.

7 › Os amigos Carlos e Paulo estavam, respectivamente, nos pontos $C(12, 7)$ e $P(4, 19)$ de um sistema de coordenadas cartesianas quando resolveram se encontrar. Para que um amigo não caminhe mais do que o outro, em qual local eles devem se encontrar?

a) Na biblioteca central, localizada no ponto $(2, 4)$.
b) Na sorveteria, localizada no ponto $(13, 8)$.
c) No parque, localizado no ponto $(11, 6)$.
d) No clube, localizado no ponto $(8, 13)$.
e) Na escola, localizada no ponto $(6, 11)$.

8 ▸ Uma chapa triangular está representada neste plano cartesiano.

Banco de imagens/Arquivo da editora

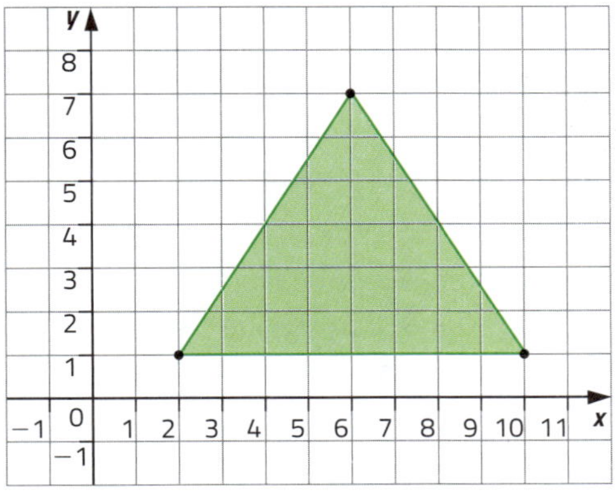

Um engenheiro mecânico quer determinar o ponto de equilíbrio dessa chapa. Quais são as coordenadas desse ponto?

____

9 ▸ A elevação da medida de temperatura é um fator que influencia negativamente o desempenho de um computador. Em um ambiente de trabalho com medida de temperatura elevada, os processadores reduzem em 40% a medida de velocidade de rotação. Determine a nova medida de velocidade de rotação, em RPM, de um processador submetido a essa medida de temperatura elevada para cada processador cuja medida de velocidade de rotação é dada.

a) 10 000 RPM → ______________

b) 7 200 RPM → ______________

10 ▸ Usando notação científica, transforme cada medida de comprimento.

a) 3,2 UA em mm.

____

b) 12 UA em nm.

____

c) 150 μm em UA.

____

11 ▸ Em um cilindro equilátero, a medida de comprimento do diâmetro da base é igual à medida de comprimento da altura. Sabendo disso, calcule a medida de volume do cilindro equilátero descrito em cada item.

a) A medida de comprimento do raio da base é de 4 cm.

____

b) A medida de comprimento do diâmetro da base é de 12 cm.

____

c) A medida de comprimento da altura é de 20 cm.

____

12 › Uma lata de suco tem o diâmetro da base com medida de comprimento de 6 cm e a altura com medida de comprimento de 13 cm.

As imagens desta página não estão representadas em proporção.

ShutsWis/Shutterstock

Lata de suco.

Utilizando $\pi = 3$, determine a medida de capacidade, em mL, dessa lata.

____

13 › Em um plano cartesiano, um paralelogramo *ABCD* tem 2 vértices consecutivos nos pontos $A(2, 2)$ e $B(6, 6)$. Sabendo que as coordenadas do ponto de intersecção das diagonais é o ponto $P\left(\frac{17}{2}, 4\right)$, determine as coordenadas dos outros vértices do paralelogramo.

____

14 › Jorge deseja armazenar alguns aplicativos que criou, com total de 10 000 000 kB, em um único dispositivo que facilite o transporte. Veja os dispositivos de que ele dispõe e considere a medida de armazenamento de informação de cada um deles.

Fotos: Shutterstock/ Montagem Fernanda Crevin

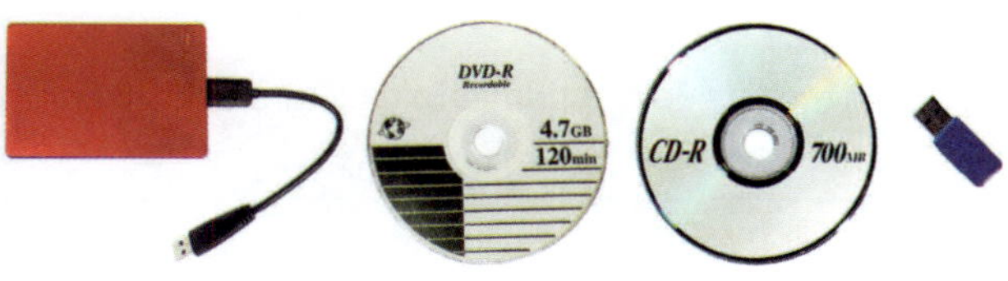

HD, DVD, CD e *pendrive*.

- HD: 1 TB
- DVD: 4,7 GB
- CD: 700 MB
- *Pendrive*: 16 GB

Qual dispositivo Jorge deve utilizar para transportar os aplicativos?

____

15 › Uma praça, com contorno na forma de paralelogramo, tem os vértices dados pelos pontos $A(0, 0)$, $B(14, 0)$, $C(18, 6)$ e $D(4, 6)$ de um plano cartesiano. O prefeito da cidade vai construir uma fonte no centro da praça, ou seja, no ponto de intersecção das diagonais do paralelogramo que a representa. Quais são as coordenadas do ponto *P* onde a fonte será construída?

____

16 › Responda às questões.

a) 1 PB equivale a quantos TB?

____

b) 1 PB equivale a quantos MB?

____

c) 1 TB equivale a quantos kB?

____

d) Qual medida de armazenamento de informação é maior: 1 PB ou 1 000 TB?

____

17 › Um aquário em forma de paralelepípedo, cujas dimensões medem 1 m, 0,5 m e 0,8 m, deve ser completamente cheio com água. Como não há uma mangueira disponível, será utilizado um balde com medida de capacidade de 5 L. Quantas vezes será necessário encher o balde para deixar o aquário completamente cheio?

____

18 ▸ Uma piscina em forma de paralelepípedo, cujas dimensões medem 10 m, 2 m e 6 m, tem água até a metade da capacidade. Sabendo que um ralo com vazão de 200 L por minuto foi aberto para esvaziar a piscina, calcule em quantas horas ela estará totalmente vazia.

____

19 ▸ Em um sistema de eixos cartesianos de origem *O*, são dados os pontos $A(2;\ 0)$ e $B(1;\ 1{,}73)$. Considere u e u^2 as unidades de medida de comprimento e de área, respectivamente.

a) Mostre que o $\triangle OAB$ é equilátero.

b) Calcule as medidas de perímetro e de área da região plana limitada pelo $\triangle OAB$.

____

20 ▸ Faça as transformações das medidas de frequência do trabalho de um processador.

a) 120 daHz para Hz → ______________

b) 2,35 GHz para kHz → ______________

c) 0,1342 MHz para hHz → ______________

d) 2 487 kHz para GHz → ______________

21 ▸ Considerando que 1 unidade astronômica (1 UA) corresponde a aproximadamente 150 milhões de quilômetros, determine a medida de distância, em unidades astronômicas, em cada item.

a) Entre dois planetas cuja medida de distância entre eles é de 300 milhões de quilômetros.

____

b) Entre uma estrela e um planeta cuja medida de distância entre eles é de 75 milhões de quilômetros.

____

c) Entre Netuno e o Sol, sabendo que a medida de distância entre eles é de aproximadamente 4 500 milhões de quilômetros.

____

22 ▸ Preencha a tabela com a medida de comprimento da aresta ou com a medida de volume de um cubo.

Medidas de um cubo

Medida de comprimento da aresta	Medida de volume
2 cm	
5 cm	
	64 cm^3
	1000 cm^3

Tabela elaborada para fins didáticos.

23 ▸ Em um plano cartesiano, Felipe indicou os pontos $E(1, -1)$, $F(-2, -1)$ e $G(3, 1)$. Em seguida, disse: "A circunferência de centro E e que passa por F passa também pelo ponto G.".
Verifique se a afirmação de Felipe está correta e justifique sua resposta.

24 ▸ Em um plano cartesiano, foi traçado um triângulo cujos vértices são a origem O e os pontos $A(0, 4)$ e $B(6, 4)$.

a) Calcule a medida de comprimento da mediana $\overline{OM}$, sendo u a unidade de medida de comprimento.

b) Determine as coordenadas do baricentro G.

25 ▸ Em um plano cartesiano, os pontos $A(-2, 4)$, $B(3, 3)$ e $D(-1, -1)$ são vértices de um paralelogramo.

a) Quais são as coordenadas do vértice C desse paralelogramo?

b) $ABCD$ é um losango?

26 ▸ A mãe de Rafael vai fazer uma receita que necessita de 4 L de compota. Ela comprou 3 latas cilíndricas de compota, cujo diâmetro da base tem medida de comprimento de 12 cm e cuja altura tem medida de comprimento de 14 cm.
Essas latas são suficientes para fazer a receita? Explique sua resposta. (Use $\pi = 3{,}14$.)

27 › Júlia e Laura decidiram preencher uma caixa em forma de paralelepípedo, cujas dimensões medem 21 cm, 49 cm e 15 cm, usando blocos cúbicos com arestas de medidas de comprimento de 7 cm. Para saber quantos desses cubos são necessários, cada uma calculou de uma maneira.

- Júlia:

  $21 \times 49 \times 15 = 15\,435$

  $7 \times 7 \times 7 = 343$

  $15\,435 \div 343 = 45$ (quantidade de cubos)

- Laura:

  $21 \div 7 = 3$

  $49 \div 7 = 7$

  $15 \div 7 = 2$ e resto 1

  $3 \times 7 \times 2 = 42$ (quantidade de cubos)

Sabendo que os blocos cúbicos não podem ser "cortados", analise os cálculos efetuados e verifique quem fez os cálculos corretamente.

____

28 › Estes 2 blocos retangulares são semelhantes. Sabendo que a medida de volume do menor é de 80 cm³, calcule os valores de a, b e c (com $a < b < c$).

Ilustrações: Banco de imagens/Arquivo da editora

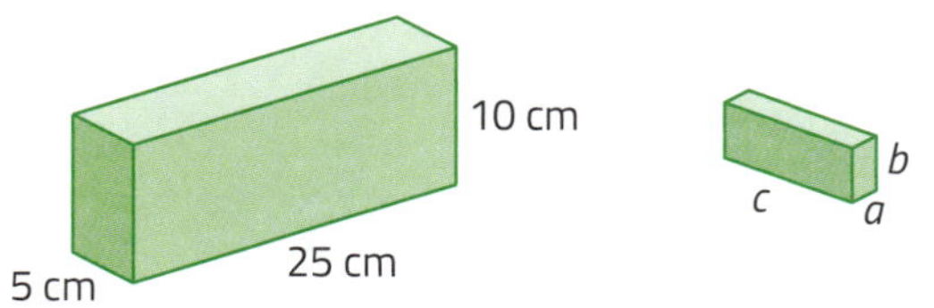

____

29 › Considere estes poliedros. No prisma, a medida de comprimento da altura é de 5 cm e a base tem como contorno um triângulo equilátero com lados de medida de comprimento de 8 cm. Na pirâmide, a medida de comprimento da altura é de 8 cm e a base tem como contorno um hexágono regular com lados de medida de comprimento de 4 cm.

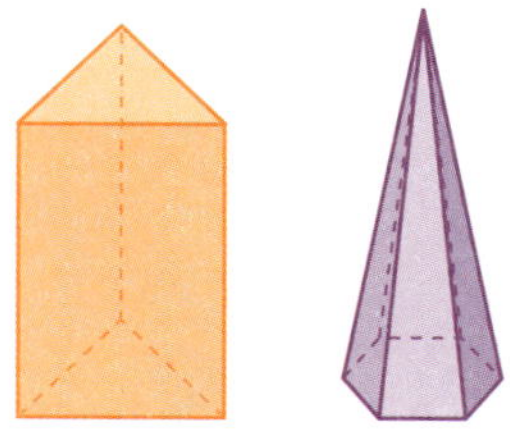

Ilustrações: Banco de imagens/Arquivo da editora

a) Determine a razão entre a medida de comprimento da altura do prisma e a medida de comprimento da altura da pirâmide, nessa ordem.

____

b) Calcule a razão entre a medida de área da base do prisma e a medida de área da base da pirâmide, nessa ordem.

____

c) Determine a razão entre a medida de volume do prisma e a medida de volume da pirâmide, nessa ordem.

____

30 › O $\triangle ABC$, cujos vértices são os pontos $A(1, 6)$, $B(1, 1)$ e $C(6, 1)$, é isósceles? Caso seja, identifique os lados congruentes.

____

____

31 › Considere que a medida de velocidade da luz é de 300 000 km/s, a medida de comprimento da linha do equador é de 40 000 km e a medida de intervalo de tempo que a luz do Sol leva para chegar à Terra é de 8 minutos e 20 segundos.

a) Determine o número de voltas que a luz poderia dar na Terra (em torno da linha do equador) em apenas 1 segundo.

____

b) Calcule a medida de distância aproximada, em quilômetros, entre o Sol e a Terra.

____

32 › **Conexões.** Inventado pelos holandeses Hans e Zacharias Janssen (pai e filho) em 1591, o microscópio possibilita a visualização de elementos muito pequenos.

Corbis Historical/Getty Images

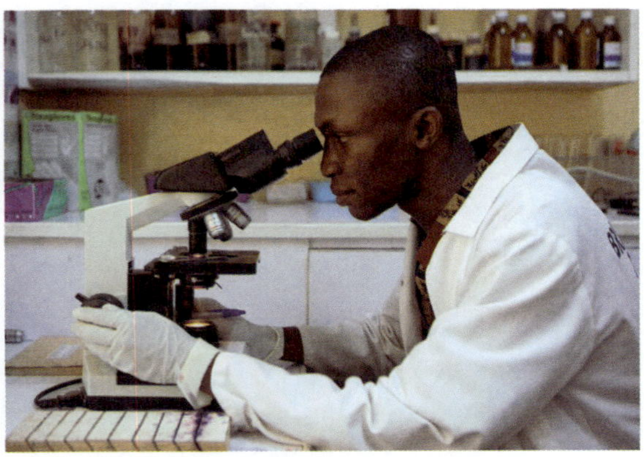

Cientista utilizando microscópio.

Visto por um microscópio cuja lente amplia uma medida de comprimento em 1 000 vezes, por exemplo, um objeto com medida de comprimento de 2 milímetros aparenta ter 2 m de medida de comprimento, pois $1\,000 \times 2\text{ mm} = 2\,000\text{ mm} = 2\text{ m}$.

Considerando um microscópio cuja lente amplia uma medida de comprimento em 40 000 vezes, determine a medida de comprimento aparente, em metros, de cada elemento com medida de comprimento real dada.

a) 3 mm $\rightarrow$ ______________

b) 4 μm ($1\ \mu\text{m} = 10^{-6}$ m) $\rightarrow$ ______________

c) 150 nm ($1\text{ nm} = 10^{-9}$ m) $\rightarrow$ ______________

33 › Em uma competição de robótica, a mesa de competição foi associada a um plano cartesiano e os trajetos dos robôs foram dados em função dos pontos desse plano. Um robô partiu do ponto $(2, 3)$ e seguiu até o ponto $(22, 24)$. Em seguida, deslocou-se ao ponto $(2, 24)$ e retornou ao ponto de partida.

Calcule a medida de distância percorrida por esse robô durante a competição, considerando que todos os deslocamentos foram realizados em linha reta e sendo u a unidade de medida.

____

34 Em um plano cartesiano, dados os pontos $A(-1{,}6;\ -0{,}5)$, $B(2{,}4;\ 1{,}1)$ e $I(0{,}4;\ 0{,}8)$, responda: A e B são simétricos em relação a I?

____

35 Durante uma obra, um carpinteiro precisou furar uma peça de madeira para que ela se encaixasse em um suporte. A peça tem a forma de um prisma de base quadrada com lado da base e altura de medida de comprimento de 8 cm e 10 cm, respectivamente. O buraco feito na peça tem a forma de um cilindro com raio da base e altura de medida de comprimento de 2 cm e 10 cm, respectivamente.
Calcule a medida de volume de madeira, em centímetros cúbicos, que restou na peça. (Use $\pi = 3{,}14$.)

____

36 Sabendo que a medida de volume de um cone é de 60π cm^3 e a medida de comprimento da altura dele é de 5 cm, determine a medida de comprimento do diâmetro da base desse sólido geométrico.

____

37 Usando $\pi = 3{,}1$, calcule o que se pede.

a) A medida de comprimento de uma circunferência cujo raio tem medida de comprimento de 5 cm.

____

b) A medida de área de um círculo cujo raio tem medida de comprimento de 5 cm.

____

c) A medida de área da superfície de uma esfera cujo raio tem medida de comprimento de 5 cm.

____

d) A medida de volume de uma esfera cujo raio tem medida de comprimento de 5 cm.

____

e) A medida de comprimento do raio de uma circunferência cujo perímetro mede 55,8 cm.

____

f) A medida de comprimento do raio de um círculo cuja área mede 198,4 cm^2.

____

38 › Preencha este mapa conceitual com o nome das unidades de medida de comprimento que você estudou neste capítulo.

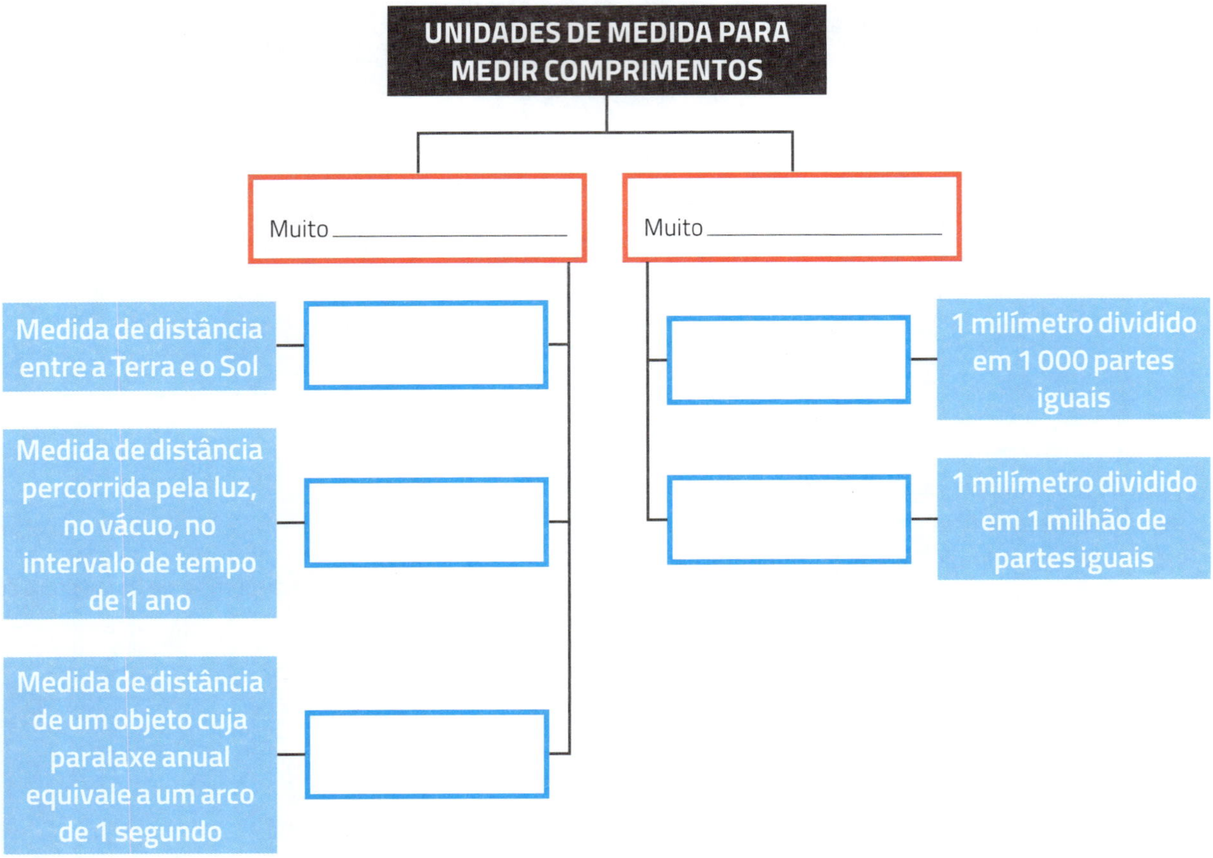

CAPÍTULO

9 Estatística, combinatória e probabilidade

1 Considere pesquisas feitas com cada questão dada. Para cada uma delas, escreva o tipo da variável pesquisada e 2 possíveis valores.

a) Quantas vezes você foi ao cinema no mês passado?

____

____

b) Qual é sua cor preferida?

____

____

c) Qual é a medida de distância entre sua casa e a escola?

____

____

d) Qual medalha olímpica um atleta pode conquistar em uma prova?

____

____

e) Quantos estados do Brasil você já visitou?

____

____

f) Em qual estado do Brasil você mora?

____

____

g) Quantos livros de literatura você tem?

____

____

h) Qual tamanho de camiseta você usa: P, M, G ou GG?

____

____

2 Em uma prova olímpica, as notas dos participantes foram divulgadas nesta tabela.

Notas dos participantes da prova

Nota	Número de participantes
5	6
6	10
7	5
8	4
9	3
10	2

Tabela elaborada para fins didáticos.

Os técnicos dos atletas desejam construir um gráfico que permita a comparação das notas dessa prova em relação ao todo.

a) Qual é o tipo de gráfico que eles devem utilizar?

____

b) Construa o gráfico que você sugeriu no item **a**.

3› Considere os salários dos 20 funcionários de uma empresa.

R$ 1520,00	R$ 1620,00	R$ 1530,00	R$ 1700,00	R$ 1580,00
R$ 1450,00	R$ 1740,00	R$ 1500,00	R$ 1450,00	R$ 1600,00
R$ 1530,00	R$ 1700,00	R$ 1660,00	R$ 1540,00	R$ 1730,00
R$ 1650,00	R$ 1550,00	R$ 1580,00	R$ 1630,00	R$ 1560,00

a) Elabore uma tabela de frequências com os salários agrupados em 4 classes com amplitude de R$ 75,00 cada uma.

b) Construa um histograma relacionando cada classe salarial à respectiva frequência relativa.

c) Usando uma calculadora, determine a média salarial dos funcionários dessa empresa a partir das classes.

4› Os 40 alunos de uma turma optaram pelo estudo de uma língua estrangeira entre espanhol, francês, inglês e italiano. Veja este gráfico de barras com as escolhas dos alunos e, usando esses dados, construa uma tabela de frequências e um gráfico de setores.

Língua estrangeira escolhida

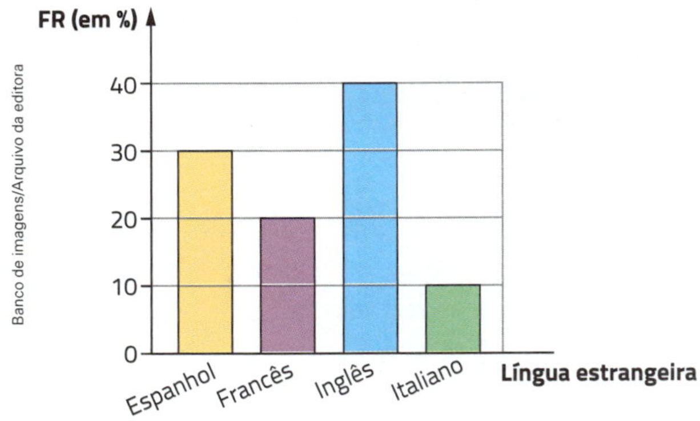

Gráfico elaborado para fins didáticos.

5› Em uma pesquisa, 180 jovens de um bairro foram consultados se praticam estes esportes: futebol e *skate*.

Considere os resultados da pesquisa:

- 100 jovens jogam futebol;
- 65 andam de *skate*;
- 25 não praticam nenhum deles.

a) Complete o diagrama com os valores correspondentes.

Banco de imagens/Arquivo da editora

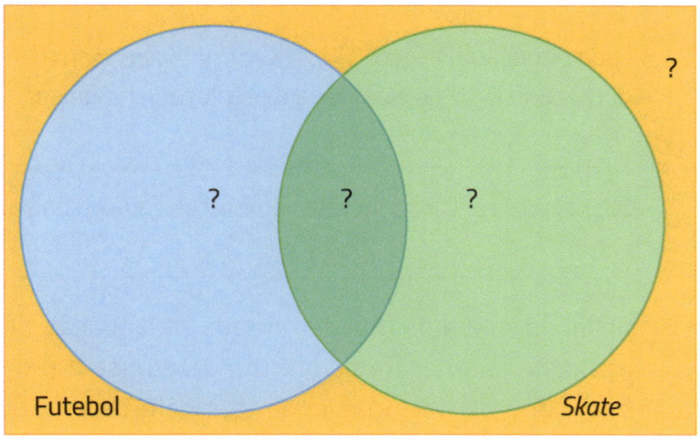

b) Ao escolher um dos jovens, constatou-se que ele joga futebol. Determine a probabilidade de que esse jovem também ande de *skate*.

____

6› Em um campo de futebol, há 8 portões. Quantas são as possibilidades de entrar por um portão e sair por outro?

____

7› Após um trabalho em equipe, Ellen, Flávio, Angelina e Antonela se cumprimentaram com um aperto de mão para irem embora. Qual foi o total de apertos de mão que eles deram?

____

8› Os alunos da professora Noemi fizeram uma pesquisa para saber quantos irmãos cada um deles tem. Eles tabularam os dados, mas ainda não acabaram os cálculos.

a) Complete esta tabela.

Número de irmãos dos alunos de Noemi

Número de irmãos	Contagem	Frequência absoluta	Frequência relativa (em %)
0			
1			
2			
3			
4			
Total			

Tabela elaborada para fins didáticos.

b) Calcule a moda, a mediana, a média aritmética, a amplitude, a variância e o desvio-padrão desse conjunto de dados.

____

____

9 › A cada 5 dias, um jardineiro acompanhou o crescimento de um girassol e registrou nesta tabela os dados coletados.

Crescimento de um girassol

Número de dias	Medida de comprimento da altura (em cm)
0	16
5	19
10	23,5
15	27
20	31,5
25	36
30	40
35	46
40	52,5

Tabela elaborada para fins didáticos.

a) Construa um gráfico de segmentos com esses dados.

b) Observando o gráfico, complete esta tabela estimando os valores que estão faltando.

Crescimento de um girassol

Número de dias	Medida de comprimento da altura (em cm)
8	
12	
22	
	42
34	

Tabela elaborada para fins didáticos.

10 › Uma bolsa contém 2 moedas de bronze e 3 moedas de prata. Classifique a retirada de 2 moedas da bolsa como eventos independentes ou dependentes em cada situação.

a) Quando a primeira moeda é recolocada na bolsa.

____

b) Quando a primeira moeda não é recolocada na bolsa.

____

11 › Sabendo que a 1ª moeda retirada na situação da atividade anterior foi de bronze, determine a probabilidade de a 2ª moeda ser também de bronze em cada item.

____

12 › Uma lanchonete oferece 4 tipos de lanche (frango, carne, queijo e peito de peru) e 3 tipos de suco de fruta (laranja, morango e acerola).

a) Quantas são as possibilidades de escolha de 1 lanche e 1 suco?

____

b) Enumere todas as possibilidades.

____

____

____

13 › Elisa, Felipe e Anne vão lançar um dado para definir quem vai iniciar um jogo. Quem tirar o maior resultado será o primeiro a jogar.

a) Qual é a probabilidade de Anne começar o jogo se Elisa sortear o número 3 e Felipe sortear o número 1?

____

b) E se Elisa sortear o número 2 e Felipe sortear o número 4?

____

14 › Vicente lançou 2 dados numerados de 1 a 6 e somou os números que obteve.

a) Complete esta tabela com as possibilidades de resultados.

Soma dos números dos dados

+	1	2	3	4	5	6
1	2					
2						8
3		5				
4				8		
5			8			
6					11	

Tabela elaborada para fins didáticos.

b) Determine a probabilidade de obter cada resultado.

- 7 → ____________
- 3 → ____________
- 9 → ____________
- 1 → ____________
- Um número par. → ____________
- Um número primo. → ____________

15 › Em uma pesquisa, os alunos do 9º ano responderam como iam à escola. Os resultados obtidos foram registrados nesta tabela.

Maneiras de os alunos do 9º ano irem à escola

Maneira de ir à escola	Número de alunos
De carro com os pais	10
De carro com os amigos	4
De ônibus	2
A pé	8
De bicicleta	6

Tabela elaborada para fins didáticos.

Calcule a probabilidade descrita em cada item, ao sortear um aluno ao acaso.

a) De ele ir à escola de ônibus.

____

b) De ele ir à escola de carro com os pais.

____

c) De ele ir à escola de bicicleta.

____

d) De ele não ir à escola a pé.

____

16 › Amanda lançou uma moeda honesta 20 vezes e registrou os resultados nesta tabela.

Lançamentos de uma moeda

Face	Frequência absoluta
Cara	13
Coroa	7

Tabela elaborada para fins didáticos.

a) Os resultados obtidos condizem com o resultado esperado pelo cálculo da probabilidade teórica? Justifique sua resposta.

____

____

b) O que pode ser feito para que os resultados se aproximem dos resultados esperados? Explique sua resposta.

____

____

____

17 › Beto está tirando, ao acaso, bolinhas coloridas de uma bolsa. Veja a tabela de frequências das bolinhas contidas na bolsa.

Bolinhas coloridas na bolsa

Cor	Frequência absoluta
Vermelho	120
Azul	45
Verde	75
Amarelo	50

Tabela elaborada para fins didáticos.

Estime a probabilidade de que, na próxima retirada de uma bolinha, Beto obtenha cada situação.

a) Uma bolinha vermelha. ____________

b) Uma bolinha azul. ____________

c) Uma bolinha que não é amarela. ____________

18 › Pedro lançou por 240 vezes este dado, cujas faces têm probabilidades diferentes de ocorrer.

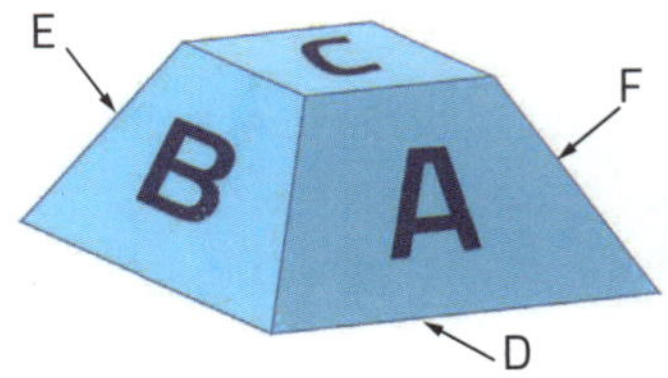

Banco de imagens/ Arquivo da editora

a) Complete esta tabela.

Resultados dos lançamentos do dado

Face	Contagem	Frequência absoluta
A	卌 卌 卌 卌 卌 ||||	
B	卌	
C	卌 卌 卌 卌 卌 卌 卌 卌 卌 卌 卌 ||||	
D	卌 卌 卌 卌 卌 卌 卌 卌 卌 卌 卌 卌 卌 卌 卌 卌 卌 卌 卌 |	
E	卌 卌 卌 卌 卌 卌 卌 |	
F	卌 卌 卌	

Tabela elaborada para fins didáticos.

b) Levando em conta o experimento feito por Pedro, estime a probabilidade de cada evento.

- Obter a face **E**.

____

- Obter a face **A**.

____

- Não obter a face **B**.

19 › Em uma turma, há 14 meninas e 16 meninos. Desses alunos, 3 das meninas e 2 dos meninos usam óculos. Determine a probabilidade de cada evento ao sortear um aluno dessa turma.

a) Sortear uma menina.

b) Sortear um menino.

c) Sortear uma menina que usa óculos.

d) Sortear um aluno que usa óculos.

e) Sortear um menino sabendo que não usa óculos.

20 › Usando as informações que registra sobre os pacientes, um médico deseja analisar os sintomas mais frequentes nas 150 pessoas atendidas por ele nos últimos 6 meses. Para facilitar essa análise, ele construiu estes 2 gráficos.

Sintomas dos pacientes nos últimos 6 meses

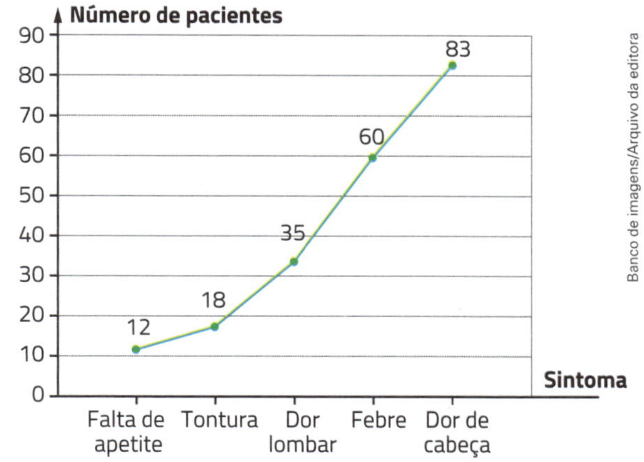

Banco de imagens/Arquivo da editora

Gráfico elaborado para fins didáticos.

Sintomas dos pacientes nos últimos 6 meses

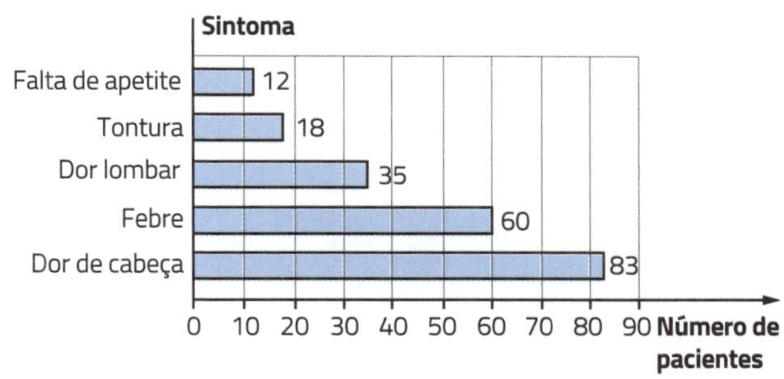

Banco de imagens/Arquivo da editora

Gráfico elaborado para fins didáticos.

Um desses gráficos não é o mais adequado para representar o que o médico quer observar. Qual é esse gráfico? Justifique sua resposta.

21 Cientistas desenvolveram um novo fertilizante para aumentar a medida de massa de cenouras. Um agricultor cultivou cenouras em 2 canteiros **A** e **B** e utilizou o novo fertilizante em um deles. Uma amostra aleatória de 50 cenouras foi colhida de cada canteiro. Observe as medidas de massa, em gramas, das cenouras do canteiro **A**.

118	91	82	105	72	92	103	95	73	109
63	111	102	116	101	104	107	119	111	108
112	97	100	75	85	94	76	67	93	112
70	116	118	103	65	107	87	98	105	117
114	106	82	90	77	88	66	99	95	103

Veja também o histograma construído com as medidas de massa, em gramas, das cenouras do canteiro **B**.

Medidas de massa das cenouras do canteiro B

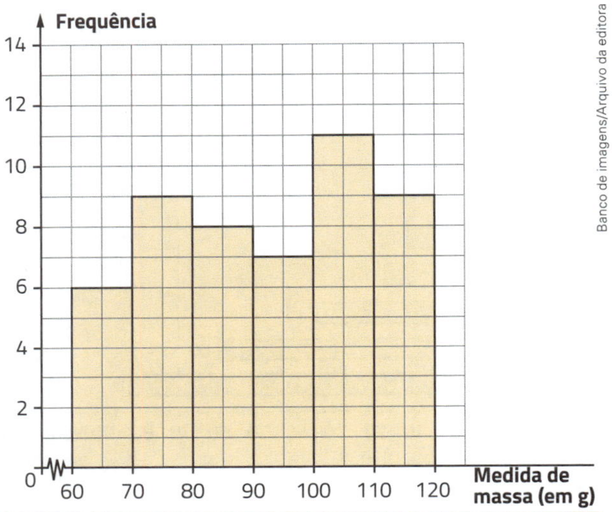

Gráfico elaborado para fins didáticos.

a) Complete a tabela usando o conjunto de dados das medidas de massa das cenouras do canteiro **A**.

Medidas de massa das cenouras do canteiro A

Medida de massa (em g)	Contagem	Frequência absoluta
60 ⊢ 70		
70 ⊢ 80		
80 ⊢ 90		
90 ⊢ 100		
100 ⊢ 110		
110 ⊢ 120		

Tabela elaborada para fins didáticos.

b) Construa um histograma usando os dados da tabela que você completou no item **a**.

c) Comparando os histogramas das medidas de massa das cenouras dos 2 canteiros, responda: Qual canteiro aparentemente foi tratado com o novo fertilizante? Justifique sua resposta.

22 Lúcia, funcionária de uma sorveteria, ficou encarregada de levantar dados estatísticos sobre os sorvetes vendidos em determinada semana. Ela anotou a quantidade de sorvetes vendidos diariamente, separando-os por sabor, e organizou esta tabela.

Venda de sorvetes por dia

Dia da semana \ Sabor	Morango	Chocolate	Baunilha
Segunda-feira	32	25	12
Terça-feira	15	30	15
Quarta-feira	24	27	16
Quinta-feira	18	15	20
Sexta-feira	47	50	38

Tabela elaborada para fins didáticos.

a) Qual é a média de sorvetes de cada sabor vendidos por dia?

b) Qual é a média de sorvetes vendidos por dia, independentemente do sabor?

23 ▸ As médias salariais em 3 cidades (**A**, **B** e **C**) estão representadas neste gráfico.

Médias salariais nas cidades A, B e C

Notas: Murilo Moretti/Arquivo da editora; gráfico: Banco de imagens/Arquivo da editora

Gráfico elaborado para fins didáticos.

Qual é o salário médio, em reais, em cada uma das cidades?

24 ▸ **Conexões.** A concentração de colesterol HDL no sangue é uma informação muito solicitada em exames médicos, pois identifica o nível do colesterol "bom" presente no sangue do paciente. Veja neste histograma os resultados obtidos em exames de 18 pacientes de um hospital.

Concentração de colesterol HDL no sangue

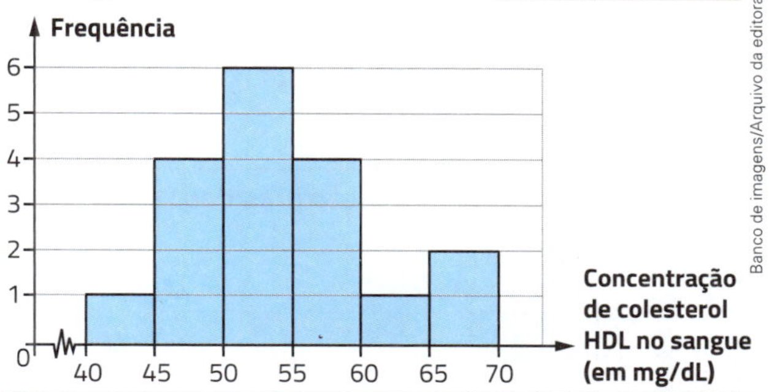

Banco de imagens/Arquivo da editora

Gráfico elaborado para fins didáticos.

a) Construa uma tabela de frequências com os dados desse histograma.

b) Calcule a média aritmética da concentração do colesterol HDL no sangue dos pacientes.

25 › Um empresário deseja apresentar algumas informações a possíveis investidores.

Murilo Moretti/Arquivo da editora

Para ajudá-lo, determine o melhor tipo de gráfico para mostrar cada situação.

a) A evolução dos lucros da empresa em cada ano.

____

b) A representatividade de cada um dos 4 produtos da empresa no lucro atual.

____

26 › Em uma eleição presidencial, o candidato **A** mostrou este gráfico de intenção de voto no horário eleitoral gratuito.

Intenção de voto na eleição presidencial

Banco de imagens/Arquivo da editora

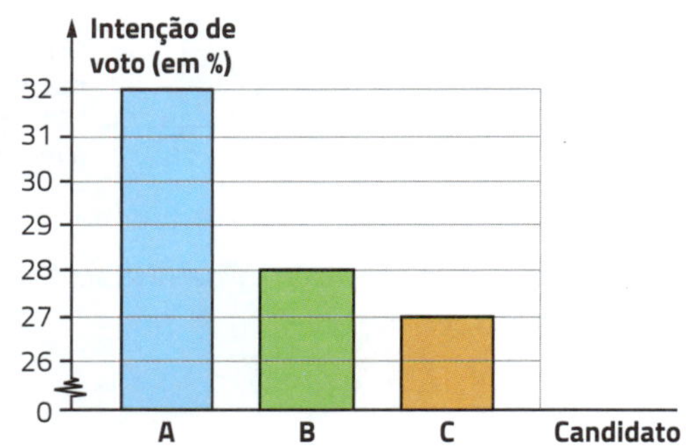

Gráfico elaborado para fins didáticos.

Esse gráfico pode induzir o leitor a qual interpretação equivocada? Justifique sua resposta.

____

____

____

____

27 › Três moedas são lançadas simultaneamente.

a) Determine o espaço amostral dos lançamentos.

____

____

b) Determine o evento *A*: obter apenas 1 coroa.

____

28 › Em uma caixa, há papéis com todos os números primos menores do que 20. Determine o evento complementar a sortear um número primo menor do que 10.

____

29 › Este pictograma mostra o número de carros que passam por uma balsa em cada dia da semana.

Número de carros que passam pela balsa por dia

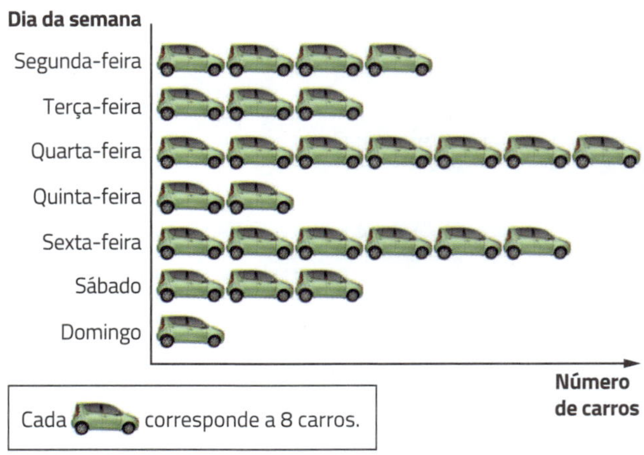

Fotos: Avatar_023/Shutterstock; gráfico: Banco de imagens/Arquivo da editora

Gráfico elaborado para fins didáticos.

Construa um gráfico de barras horizontais usando esses dados.

30 ▸ Na escola onde Patrícia estuda, foi feita uma pesquisa com 300 alunos do 9º ano, que responderam à pergunta: "Entre os gêneros musicais samba, *rock* e *rap*, de quais você gosta?".
Observe o diagrama com o resultado da pesquisa.

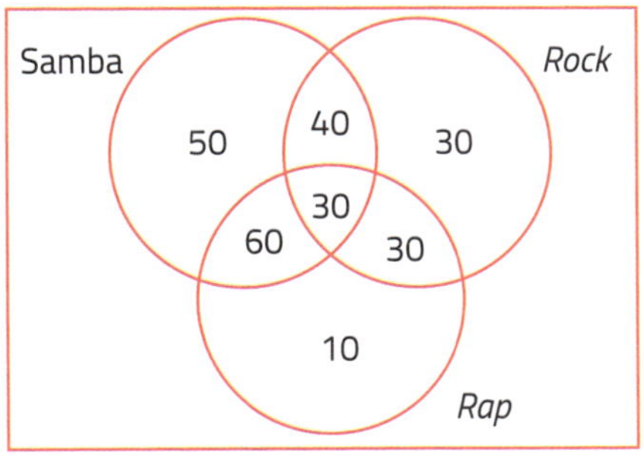

Banco de imagens/Arquivo da editora

a) Quantos dos alunos não gostam de nenhum dos 3 gêneros musicais?

____

b) Quantos alunos gostam de samba?

____

c) Quantos alunos gostam apenas de samba?

____

d) Sorteando um aluno pesquisado, qual é a probabilidade de ele gostar dos 3 gêneros musicais?

____

e) Sorteando um dos alunos que gosta de *rap*, qual é a probabilidade de ele gostar também de *rock*?

____

f) Sorteando um dos alunos, qual é a probabilidade de ele não gostar de samba mas gostar de *rock*?

____

31 ▸ Analise este gráfico, que mostra a taxa mensal de desemprego em determinada região.

Taxa mensal de desemprego

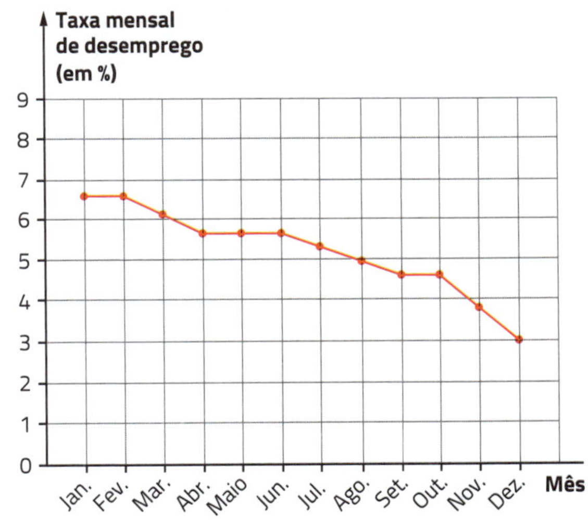

Banco de imagens/Arquivo da editora

Gráfico elaborado para fins didáticos.

É incorreto afirmar que:

a) a taxa mensal de desemprego não cresceu entre janeiro e abril.
b) a menor taxa mensal de desemprego ocorreu em dezembro.
c) durante o ano considerado, a taxa mensal de desemprego não excedeu 5%.
d) a média anual das taxas mensais de desemprego foi superior a 3%.
e) a média anual das taxas mensais de desemprego foi inferior a 7%.

32 ▸ Uma cidade tem 30 praças, sendo 18 localizadas na Zona Norte e 12 na Zona Sul. Neste ano, para alocação de um guarda municipal, foi realizado o sorteio, com reposição, do nome da praça em que ele trabalhará a cada semestre. No próximo ano, para evitar que um guarda trabalhe na mesma praça nos 2 semestres, o sorteio das praças será realizado sem reposição.

a) Os eventos ocorridos no sorteio deste ano são dependentes ou independentes? E os eventos que ocorrerão no sorteio do próximo ano? Justifique sua resposta.

b) Calcule a probabilidade de um guarda trabalhar em praças da Zona Sul nos 2 semestres deste ano.

c) Sabendo que um guarda trabalhará em uma praça da Zona Sul no 1º semestre do próximo ano, calcule a probabilidade de ele trabalhar em uma praça da Zona Norte no 2º semestre.

33 ▸ Este gráfico de setores apresenta os resultados da eleição para representante de turma do 9º ano **A**.

Eleição de representante do 9º ano A

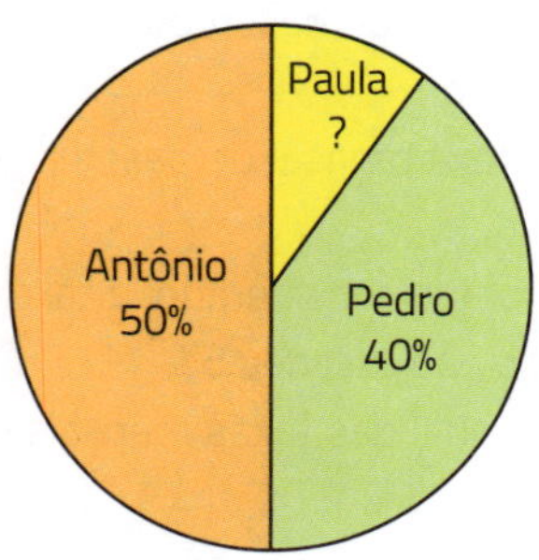

Banco de imagens/Arquivo da editora

Gráfico elaborado para fins didáticos.

a) Qual é a porcentagem do total de votos que Paula obteve?

b) Se 30 alunos votaram nessas eleições, então quantos votos cada candidato obteve?

34 ▸ A programação da rádio de uma cidade é dividida da seguinte maneira: 55% para música, 30% para esporte e o restante para publicidade.

Sabendo disso, complete esta tabela e o gráfico de setores a seguir.

Programação da rádio

	Música	Esporte	Publicidade	Total
Porcentagem				100%
Medida de abertura do ângulo central	198°			360°

Tabela elaborada para fins didáticos.

Programação da rádio

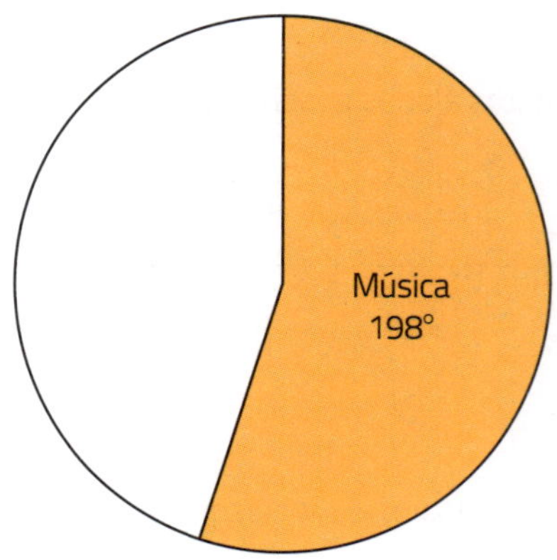

Banco de imagens/Arquivo da editora

Gráfico elaborado para fins didáticos.

35 ▸ Preencha este mapa conceitual com os tipos de evento que você estudou neste capítulo.

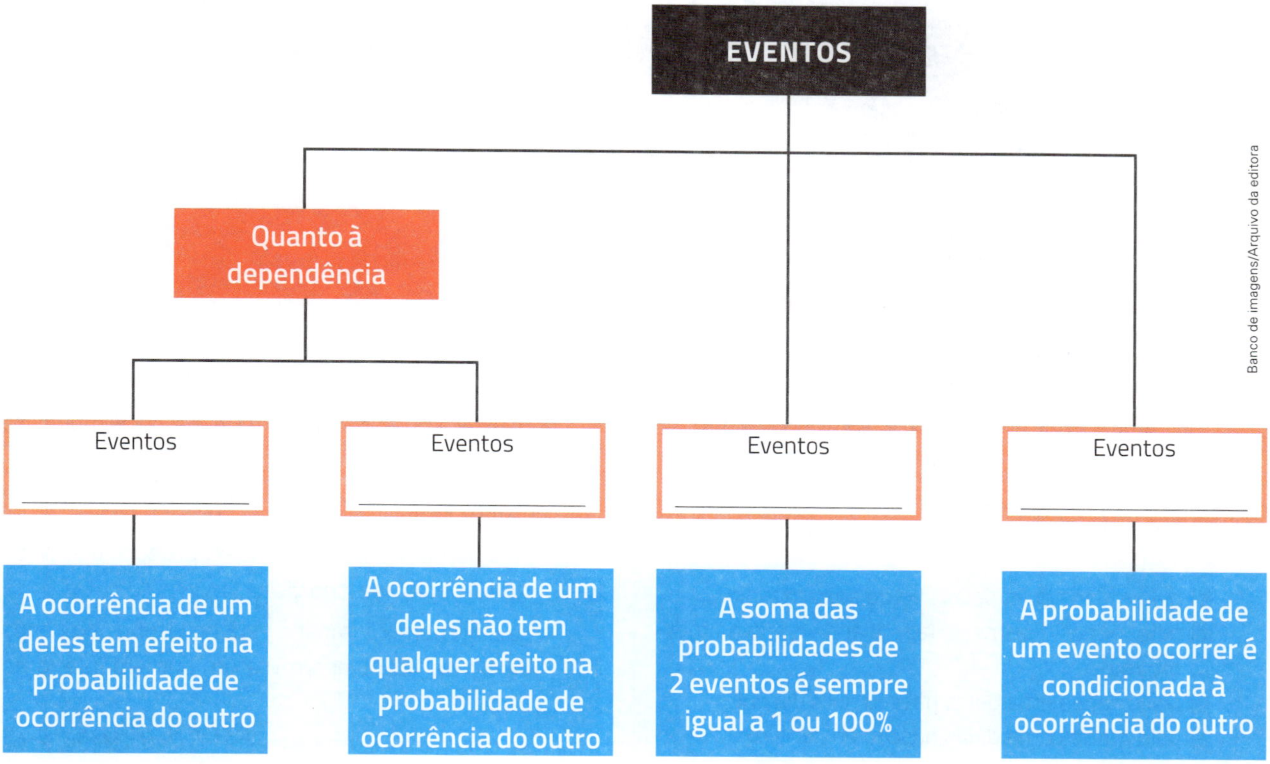

Banco de imagens/Arquivo da editora

Atividades de lógica

1 › **(Vunesp)** Um jantar reúne 13 pessoas de uma mesma família. Das afirmações a seguir, referentes às pessoas reunidas, a única necessariamente verdadeira é:

a) pelo menos uma delas tem altura superior a 1,90 m.
b) pelo menos duas delas são do sexo feminino.
c) pelo menos duas delas fazem aniversário no mesmo mês.
d) pelo menos uma delas nasceu num dia par.
e) pelo menos uma delas nasceu em janeiro ou fevereiro.

2 › **(UFRJ)** João não estudou para a prova de Matemática. Por conta disso, não entendeu o enunciado da primeira questão. A questão era de múltipla escolha e tinha as seguintes opções:

a) O problema tem duas soluções, ambas positivas.
b) O problema tem duas soluções, uma positiva e outra negativa.
c) O problema tem mais de uma solução.
d) O problema tem pelo menos uma solução.
e) O problema tem, exatamente, uma solução positiva.

João sabia que só havia uma opção correta. Ele pensou um pouco e cravou a resposta certa. Determine a escolha feita por João. Justifique sua resposta.

____
____
____
____
____
____
____

3 › **(UFPB)** Em uma calculadora, a tecla *A* transforma o número *x* em $\frac{1}{x}$, sendo $x > 0$, e a tecla *B* multiplica por 2 o número que está no visor. Sobre esta situação, afirma-se:

I. se o número *x* está no visor, então, após digitar-se *ABAB*, obtém-se *x* no visor.
II. se o número *x* é ímpar e está no visor, então, após digitar-se *ABBA*, obtém-se um número inteiro no visor.
III. se o número *x* é inteiro e está no visor, então, após digitar-se *BAAB*, obtém-se um número não inteiro no visor.
IV. se o número *x* é inteiro, é possível encontrar um outro inteiro *y*, de modo que, partindo-se de *y* e digitando-se as teclas *A* e *B*, convenientemente, isto é, sem impor quantidade de vezes nem sequência, se chegará ao número *x*.

São verdadeiras as afirmações:

a) **I** e **III**.
b) **I** e **II**.
c) **I** e **IV**.
d) **II** e **III**.
e) **III** e **IV**.

4› **(FCC-SP)** A figura abaixo representa um certo corpo sólido vazado.

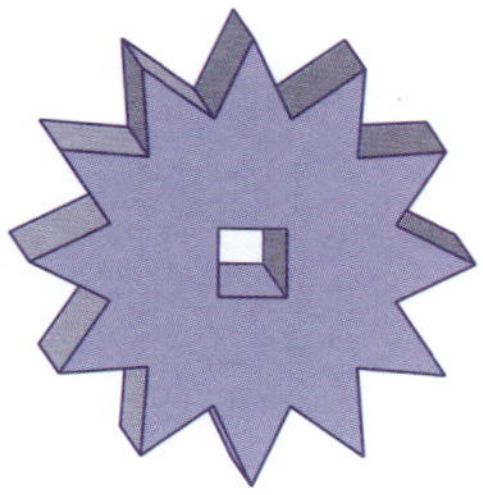

Banco de imagens/Arquivo da editora

O número de faces desse sólido é:

a) 24.
b) 26.
c) 28.
d) 30.
e) 32.

5› **(UFRJ)** Um saco contém 13 bolinhas amarelas, 17 rosa e 19 roxas. Uma pessoa de olhos vendados retirará do saco n bolinhas de uma só vez. Qual é o menor valor de n de forma que se possa garantir que será retirado pelo menos um par de bolinhas de cores diferentes? Justifique.

____

____

____

6› **(UEL-PR)** Em um supermercado, as latas de certos produtos são expostas em pilhas, encostadas em uma parede, com 1 lata na primeira fileira (a superior), 2 latas na segunda fileira, 3 latas na terceira e assim por diante. Observe na figura a seguir uma dessas pilhas, com 5 fileiras.

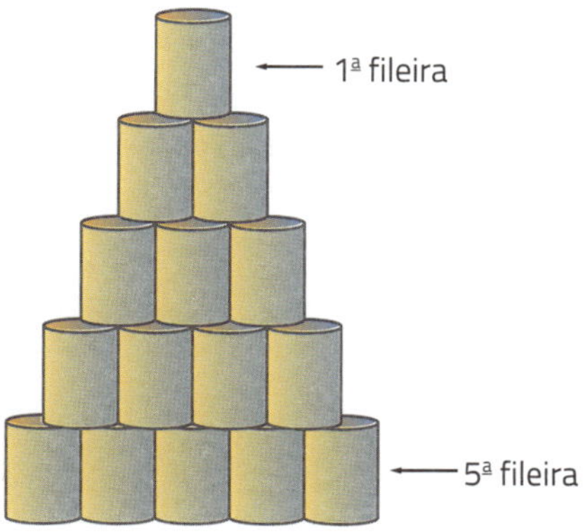

Banco de imagens/Arquivo da editora

Se uma pilha tem um número ímpar de fileiras e a fileira do meio tem 7 latas, o total de fileiras é:

a) 11.
b) 12.
c) 13.
d) 14.
e) 15.

7› **(Enem)** Os alunos de uma escola organizaram um torneio individual de pingue-pongue nos horários dos recreios, disputado por 16 participantes, segundo o esquema abaixo.

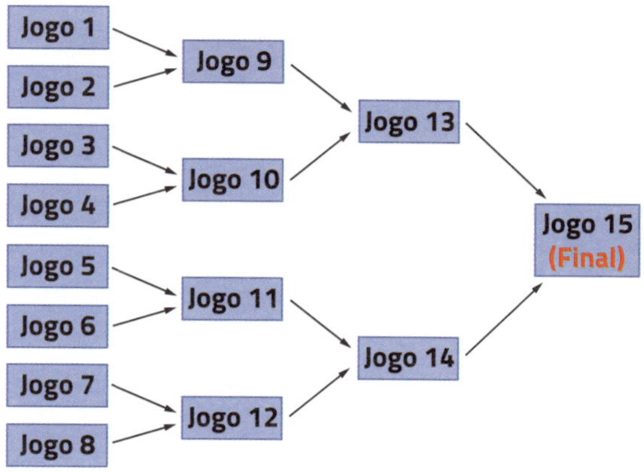

Banco de imagens/Arquivo da editora

Foram estabelecidas as seguintes regras.

- Em todos os jogos, o perdedor será eliminado.
- Ninguém poderá jogar duas vezes no mesmo dia.
- Como há cinco mesas, serão realizados, no máximo, 5 jogos por dia.

Com base nesses dados, é correto afirmar que o número mínimo de dias necessário para se chegar ao campeão do torneio é:

a) 8.
b) 7.
c) 6.
d) 5.
e) 4.

8› **(UFRJ)** Maria deseja saber o significado da palavra ESCRUTAR. Abriu o dicionário e verificou que o primeiro verbete da página 558 é ESCRUTÍNIO e o último é ESCUTAR. Indique qual das três alternativas a seguir é a correta.

I) A palavra procurada encontra-se na página 558.

II) A palavra procurada encontra-se em uma página anterior à 558.

III) A palavra encontra-se em uma página posterior à 558.

9 ▸ **(FGV-SP)** Em relação a um código de 5 letras, sabe-se que:

- o código CLAVE não possui letras em comum;
- o código LUVRA possui uma letra em comum, que está na posição correta;
- o código TUVCA possui duas letras em comum, uma na posição correta e a outra não;
- o código LUTRE possui duas letras em comum, ambas na posição correta.

Numerando, da esquerda para a direita, as letras do código com 1, 2, 3, 4 e 5, as informações dadas são suficientes para determinar, no máximo, as letras em:

a) 1 e 2.
b) 2 e 3.
c) 1, 2 e 3.
d) 1, 3 e 4.
e) 2, 3 e 4.

10 ▸ **(UFF-RJ)** As três filhas de seu Anselmo, Ana, Regina e Helô, vão para o colégio usando, cada uma, seu meio de transporte preferido: bicicleta, ônibus ou moto. Uma delas estuda no Colégio Santo Antônio, outra no São João e outra no São Pedro. Seu Anselmo está confuso em relação ao meio de transporte usado e ao colégio em que cada filha estuda. Lembra-se, entretanto, de alguns detalhes:

- Helô é a filha que anda de bicicleta;
- a filha que anda de ônibus não estuda no Colégio Santo Antônio;
- Ana não estuda no Colégio São João e Regina estuda no Colégio São Pedro.

Pretendendo ajudar seu Anselmo, sua mulher junta essas informações e afirma:

I) Regina vai de ônibus para o Colégio São Pedro.
II) Ana vai de moto.
III) Helô estuda no Colégio Santo Antônio.

Com relação a estas afirmativas, conclui-se:

a) Apenas a **I** é verdadeira.
b) Apenas a **I** e a **II** são verdadeiras.
c) Apenas a **II** é verdadeira.
d) Apenas a **III** é verdadeira.
e) Todas são verdadeiras.

11 ▸ **(OBM)** Quantos quadrados têm como vértices os pontos do reticulado abaixo?

Banco de imagens/Arquivo da editora

a) 6
b) 7
c) 8
d) 9
e) 10

12 ▸ **(Cesgranrio-RJ)** Um dado é dito "normal" quando faces opostas somam sete. Desse modo, num dado normal, o 1 opõe-se ao 6, o 2 opõe-se ao 5 e o 3 opõe-se ao 4. Dez dados normais são lançados sobre uma mesa e observa-se que a soma dos números de todas as faces superiores é 30. O valor da soma dos números de todas as faces que estão em contato com a mesa é:

a) 38.
b) 39.
c) 40.
d) 41.
e) 42.

13› **(UFPE)** Júnior intercala períodos em que está acordado, cada um de 19 horas, com períodos em que está dormindo, cada um de 6 horas. Se no dia 1º de dezembro Júnior foi dormir à 1 h da manhã, temos que:

( ) em algum dia de dezembro, Júnior começará a dormir às 15 h.

( ) em algum dia de dezembro, Júnior acordará às 17 h.

( ) existem dois dias de dezembro em que Júnior acordará ao meio-dia.

( ) existem dois dias de dezembro em que Júnior começará a dormir à meia-noite.

( ) em 25 de dezembro, Júnior acordará às 6 h.

14› **(UFC-CE)** Um garoto brinca de arrumar palitos, fazendo uma sequência de quadrados, cada um com uma diagonal, como na figura.

Banco de imagens/ Arquivo da editora

O número de palitos que ele utilizará para fazer 100 quadrados, tendo em cada um uma diagonal, é igual a:

a) 401.

b) 411.

c) 421.

d) 431.

e) 441.

15› **(OBM)** Na multiplicação abaixo, alguns algarismos, não necessariamente iguais, foram substituídos pelo sinal *.

$$\begin{array}{cccc} & * & * & * \\ & \times & * & 7 \\ \hline & * & * & * \\ * & * & * & \\ \hline 6 & 1 & 5 & 7 \end{array}$$

Qual é a soma dos valores desses algarismos?

a) 17

b) 27

c) 37

d) 47

e) 57

16› **(Cesgranrio-RJ)** João sabia ter, em sua gaveta, 18 pés (9 pares) de meias: 10 meias brancas, todas iguais, e 8 meias pretas, todas iguais. Pegando, aleatoriamente, algumas meias da gaveta, quantos pés de meia, no mínimo, ele deve retirar para ter certeza de que pegou um par de meias da mesma cor?

a) 9

b) 8

c) 5

d) 4

e) 3

Respostas

Capítulo 1

1› a) 2401

b) $\frac{1}{2401}$

c) $\sqrt[4]{7}$

d) $\sqrt[5]{2401}$

e) 2401

f) 1

g) $\sqrt[5]{8}$

h) $\sqrt{6}$

i) $-\frac{1}{6}$

j) Não existe em $\mathbb{R}$.

k) $-\frac{1}{2}$

l) Não existe em $\mathbb{R}$.

m) -2

n) $\frac{1}{4}$

o) $\frac{1}{1000}$ ou 0,001.

p) $\sqrt[10]{8}$

q) $\sqrt[3]{2}$

r) $2\sqrt[3]{2}$

2› a) 4^6

b) 16^3

c) 8^4

d) 64^2 ou $(-64)^2$.

e) $\left(\frac{1}{6}\right)^{-2}$ ou $\left(-\frac{1}{6}\right)^{-2}$.

f) 10^{-1}

g) $81^{\frac{1}{2}}$

h) $\left(-\frac{1}{2}\right)^{-5}$

i) 12^0

j) $81^{\frac{1}{4}}$

3› a) -101

b) 13

c) 8500

d) $\frac{61}{16}$ ou $3\frac{13}{16}$.

4› a) 2^7

b) 3^{-4}

c) 10^6

d) $5^{\frac{5}{8}}$

e) 10^2

f) 7^0

5› a) Falsa.

b) Verdadeira.

c) Falsa.

d) Verdadeira.

e) Falsa.

f) Verdadeira.

g) Verdadeira.

h) Verdadeira.

i) Verdadeira.

j) Falsa.

k) Falsa.

l) Verdadeira.

6› a) 2

b) 10^{-4}

c) 36

7› a) $6{,}2 \cdot 10^6$

b) $1{,}7 \cdot 10^{10}$

c) $4{,}3 \cdot 10^{-3}$

d) $8 \cdot 10^{-4}$

e) $2{,}95 \cdot 10^5$

f) $8{,}34 \cdot 10$

8› a) $=$

b) $<$

c) $=$

d) $=$

e) $>$

f) $=$

9› a) 9

b) 7

c) 441

d) 2,4

e) Aproximadamente 6,7.

f) Aproximadamente 2,1.

10› $\sqrt[2]{36} = 6$; $\sqrt[3]{64} = 4$; $\sqrt[4]{81} = 3$.

11› a) 625 ou 5^4.

b) $\sqrt{7}$

c) 11

d) 6

e) 5

f) 2

g) 9

h) $\sqrt[3]{4}$

i) $\frac{2}{3}$

j) $\frac{3}{4}$

k) 4

l) 5^3 ou 125.

12▸ a) 72
b) $\sqrt{7}$
c) $5\sqrt[3]{2}$
d) $11\sqrt[3]{11}$
e) 13
f) $\sqrt[5]{2^3}$ ou $\sqrt[5]{8}$.
g) Não é exata e não pode ser simplificada $\left(\sqrt[5]{2^4}\right)$.
h) 45
i) $2\sqrt{2}$

13▸ a) $\sqrt[10]{6} < \sqrt[15]{15} < \sqrt[6]{3}$
b) $\sqrt{3} < \sqrt[6]{26} < \sqrt[3]{5} < \sqrt[4]{8}$

14▸ a) $\sqrt[30]{100\,000}$ e $\sqrt[30]{49}$.
b) $\sqrt[8]{5}$ e $\sqrt[8]{625}$.
c) $\sqrt[28]{128}$ e $\sqrt[28]{121}$.
d) $\sqrt[6]{125}$ e $\sqrt[6]{6}$.
e) $\sqrt[12]{1\,000}$, $\sqrt[12]{49}$ e $\sqrt[12]{16}$.

15▸ a) $<$
b) $>$
c) $>$
d) $<$
e) $<$
f) $<$
g) $=$
h) $>$
i) $>$

16▸ a) Entre 9 e 10.
b) Entre 39 e 40.
c) Entre 2 e 3.
d) Entre 5 e 6.
e) Entre -4 e -3.
f) Entre 14 e 15.

17▸ a) $3\sqrt[3]{10}$
b) $16\sqrt{2}$
c) $3\sqrt[5]{2}$

18▸ a) $\sqrt[5]{22}$
b) $\sqrt[20]{972}$
c) $\sqrt{3}$
d) $\sqrt[4]{12}$
e) $8\sqrt[3]{11}$
f) $19\sqrt{3}$
g) $3\sqrt[5]{7}$
h) 0
i) $\sqrt[5]{16}$
j) 343
k) $2\sqrt{3}$
l) $3\sqrt{2} + \sqrt{3}$

19▸ a) $>$
b) $<$
c) $>$
d) $>$

20▸ a) $\sqrt[3]{16}$
b) $\sqrt{245}$
c) $\sqrt[4]{162}$
d) $\sqrt{700}$
e) $\sqrt{32}$
f) $\sqrt[3]{10\,000}$

21▸ a) Entre 9 e 10.
b) Entre 10 e 11.
c) Entre 4 e 5.
d) Entre 12 e 13.
e) Entre 11 e 12.
f) Entre 31 e 32.

22▸ a) 2^7
b) 2^{-4}
c) 2^0
d) $2^{\frac{1}{2}}$
e) $2^{\frac{3}{7}}$
f) $2^{-\frac{5}{2}}$
g) $2^{-\frac{1}{2}}$
h) $2^{\frac{3}{2}}$
i) 2^{11}

23▸ a) $\dfrac{3\sqrt{10}}{10}$
b) $\dfrac{\sqrt[3]{20}}{2}$
c) $\dfrac{4\sqrt[5]{49}}{7}$
d) $\dfrac{\sqrt{22}}{2}$
e) $\dfrac{3\sqrt{2}}{5}$
f) $\dfrac{\sqrt{7}}{7}$
g) $\dfrac{\sqrt{10}}{6}$
h) $\dfrac{3\sqrt[3]{25}}{2}$

24▸ a) $\sqrt[4]{125}$
b) $\sqrt[3]{-2}$
c) $5\sqrt[3]{5}$
d) $\sqrt[3]{4}$
e) $\sqrt[10]{128}$
f) $\sqrt[7]{-125}$

25› a) 29
b) 8,4
c) $7\sqrt{11}$
d) 26; 27.
e) $\sqrt{162}$
f) $\sqrt[6]{1\,000}$
g) $14^{\frac{1}{2}}$
h) $27^{\frac{1}{2}}$ ou $3^{\frac{3}{2}}$.
i) $5^{\frac{3}{2}}$
j) $\frac{6\sqrt{5}}{5}$
k) 5; 6.

26› a) $12\sqrt{2}$
b) 14
c) $4\sqrt{2}$
d) $\sqrt{6}$
e) $25\sqrt{5}$
f) $\sqrt[4]{3}$
g) $\sqrt[4]{250}$
h) 45

27› a) $<$
b) $<$
c) $>$
d) $=$
e) $>$

28› a) $20\sqrt{2}$ cm
b) $8\sqrt{6}$ cm^2

31› a) 12
b) 18
c) 10 000
d) 58
e) 20
f) 20

32› a) Verdadeira.
b) Falsa.
c) Falsa.
d) Verdadeira.
e) Verdadeira.
f) Verdadeira.
g) Verdadeira.
h) Falsa.

33› 1; 3.

34› $\sqrt{5^2 + 12^2} = \sqrt{25 + 144} = \sqrt{169} = 13$ e $\sqrt{(5+12)^2} = \sqrt{17^2} = 17$; não.

35› a) $x = -6$
b) $x = 3 + \sqrt{2}$
c) $x = 3 + 3\sqrt{10}$
d) $x = 21\frac{3}{7}$
e) $x = \frac{3+\sqrt{5}}{2}$
f) $x = 5$

36› d) Não existe.

37› a) Não, é um número irracional, pois não pode ser escrito como uma fração com numerador e denominador inteiros e denominador diferente de zero.
b) Não, só os números racionais podem ser representados por frações com numerador e denominador inteiros e denominador diferente de zero.
c) Não, uma dízima periódica pode ser transformada em uma fração com numerador e denominador inteiros e denominador diferente de zero e, portanto, é um número racional, e não irracional.
d) O conjunto dos números reais.

38› a) $5^2 \cdot 4 + \left(\sqrt{9} + 8\right) \cdot 5 = 155$
b) $5^2 \cdot \left(4 + \sqrt{9}\right) + 8 \cdot 5 = 215$

39› a) 18; 234; 0 e $\sqrt{49}$.
b) -7; 18; 234; 0; -28 e $\sqrt{49}$.
c) -7; $\frac{2}{11}$; $-2\frac{1}{4}$; $0{,}\overline{2}$; 3,45; 18; 234; $-\frac{1}{4}$; 0; $-2{,}8$; -28; $\sqrt{49}$ e $3{,}26\overline{1}$.
d) $\sqrt{15}$ e π.
e) Todos, menos $\sqrt{-1}$.
f) -7; 18; -34; -28 e $\sqrt{49}$.
g) -7; $-2\frac{1}{4}$; $-\frac{1}{4}$; 0; $-2{,}8$ e -28.
h) $\frac{2}{11}$; $\sqrt{15}$; $0{,}\overline{2}$; 3,45; 18; 234; $\sqrt{49}$; π; $3{,}26\overline{1}$.
i) 3,45; 18; 234; $\sqrt{49}$; $3{,}26\overline{1}$.

40› a) $\{x \in \mathbb{R} \mid 4 < x \leqslant 11\}$
b) $\{x \in \mathbb{R} \mid x \geqslant -3\}$
c) $\{x \in \mathbb{R} \mid -2 \leqslant x \leqslant 5\}$
d) $\{x \in \mathbb{R} \mid x < 0\}$

41› a) Aproximadamente 2,4.
b) Aproximadamente 5,38.

42› **b**, **c**, **d**, **f**, **g**, **j**, **k**.

44› a) 

b) 

c) 

d) 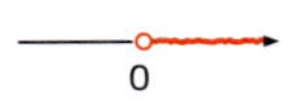

Ilustrações: Banco de imagens/Arquivo da editora

45› a) 14 m
b) 10 m^2
c) Aproximadamente 5,4 m.
d) 5 m^2
e) Aproximadamente 12,4 m.

46› A: $1\frac{1}{4}$; B: $-0,\bar{1}$; C: $-2\frac{1}{2}$; D: π; E: $\sqrt{5}$; F: $-1\frac{7}{8}$; G: $\frac{2}{5}$; H: $\sqrt{3}$; I: $-\frac{3}{4}$.

47› a) 28
b) 125
c) 117

48› a) $\frac{1}{2^{16}}m_0$
b) Em janeiro de 2035.

49› $10\sqrt{5}$ m; não, pois $\sqrt{5}$ não tem raiz exata.

50› 920173

51› Números racionais; números inteiros; números naturais; números irracionais.

Capítulo 2

1› b) $3x^2 - 13x + 2 = 0$; $a = 3$, $b = -13$ e $c = 2$; completa.
c) $-6x^2 + x - 15 = 0$; $a = -6$, $b = 1$ e $c = -15$; completa.
f) $x^2 - x - 1 = 0$; $a = 1$, $b = -1$ e $c = -1$; completa.
g) $3x^2 - 8x = 0$; $a = 3$, $b = -8$ e $c = 0$; incompleta.
j) $-4x^2 = 0$; $a = -4$, $b = 0$ e $c = 0$; incompleta.
k) $4x^2 + 10 = 0$; $a = 4$, $b = 0$ e $c = 10$; incompleta.
l) $15x^2 - 45x + 65 = 0$; $a = 15$, $b = -45$ e $c = 65$; completa.

2› $-3\sqrt{5}$

3› a) 3 e −1.
b) Sim.
c) Sim.
d) Sim.
e) Sim.
f) Sim.

4› Medida de perímetro da região quadrada: 24 m; medida de perímetro da região retangular: 26 m.

5› a) $x' = 5\sqrt{2}$ e $x'' = -5\sqrt{2}$.
b) $x' = 0$ e $x'' = -7$.
c) $x' = 0$ e $x'' = \frac{1}{2}$.
d) $x' = 0$ e $x'' = 1\frac{2}{5}$.
e) $x' = 0$ e $x'' = 1\frac{2}{3}$.
f) $x = 0$
g) $x' = 6$ e $x'' = -6$.
h) $x' = 0$ e $x'' = 17\frac{1}{2}$.
i) $x = 0$
j) $x' = \sqrt{2}$ e $x'' = -\sqrt{2}$.
k) Impossível em $\mathbb{R}$.
l) $x' = 0$ e $x'' = \frac{2}{5}$.

6› a) $x' = 5$ e $x'' = -1$.
b) $x' = -3 + \sqrt{5}$ e $x'' = -3 - \sqrt{5}$.

7› -4

8› 5, 6 e 7.

9› 42 cm

10› a) $x' = 4$ e $x'' = 2$.
b) $x' = -3$ e $x'' = -5$.
c) $x' = \frac{3 + 2\sqrt{2}}{2}$ e $x'' = \frac{3 - 2\sqrt{2}}{2}$.
d) Impossível em $\mathbb{R}$.

11› 11 lados.

12› a) Incompleta.
b) Incompleta.
c) Completa.
d) Incompleta.
e) Completa.
f) Incompleta.

13› 3 cm

14› a) $(x + 14)(x - 14)$
b) $3xy(x - 4y + 5xy)$
c) $(x - 20)^2$
d) $(x + 7)(3 - y)$
e) $5(a + 8)^2$
f) $2(x + 4)(x - 4)$
g) $x(3x - 1)(x - 1)$
h) $(5x - 4)(5x - 1)$
i) $(x - 3)(x + y)$
j) $a(a + b - 1)$
k) $3\left(\frac{x}{7} + \frac{2a}{11}\right)$
l) $(4x^2 + 1)(2x + 1)(2x - 1)$
m) $(x^2 + 9)(x + 3)(x - 3)$
n) $2(x + 5)(x - 5)$

15› $m = 1$ com raiz 1 ou $m = 5$ com raiz 3.

16› a) $\frac{2x}{5}$
b) $\frac{5x}{2}$
c) $\frac{1}{4y}$
d) $\frac{2x}{5y}$
e) $\frac{x - 7}{3}$
f) $\frac{x + 5}{x - 2}$

g) $\dfrac{2x-5}{3}$

h) $\dfrac{x+2}{x-1}$

i) $\dfrac{x^2+x}{x-1}$

j) $\dfrac{x+y}{x-3}$

k) $\dfrac{x+3}{x-3}$

l) $\dfrac{1}{x+2}$

17› a) Não.
b) Sim.
c) $x' = 2\sqrt{7}$ e $x'' = -2\sqrt{7}$.
d) 2 raízes reais distintas.
e) $k \geqslant -9$ e $k \neq 0$.
f) -2 e -1.
g) $-3, -\sqrt{2}, \sqrt{2}, 3$.
h) $\left(\dfrac{1}{2}, 3\right)$

18› $x = 6$

19› $\dfrac{4\sqrt{3}}{3}$ e $-\dfrac{4\sqrt{3}}{3}$.

20› 7,2 cm

21› 21 anos.

22› a) 2 raízes reais distintas.
b) Não tem raízes reais.
c) 1 única raiz real (2 raízes reais iguais).
d) Não tem raízes reais.
e) 2 raízes reais distintas.
f) 1 única raiz real (2 raízes reais iguais).

23› $k \in \mathbb{R}, k \neq 2$.

24› a) $\dfrac{1}{2x-1}$

b) $\dfrac{5}{x+3}$

c) $\dfrac{a+2}{a-b}$

d) $\dfrac{x^2+36}{5}$

e) $\dfrac{3z}{5y}$

25› a) 52 900
b) 6 000
c) 1 200

26› a) $x' = \dfrac{2}{3}$ e $x'' = 4$.

b) $x' = 2\dfrac{1}{3}$ e $x'' = -2\dfrac{1}{3}$.

c) $x' = 0$ e $x'' = 2$.

d) $x' = x'' = 4$

e) $x' = x'' = -\dfrac{1}{3}$

f) $x' = 0$, $x'' = 5$ e $x''' = -5$.

27› $m \in \mathbb{R}, m > -\dfrac{1}{3}$.

28› $p = 5$

29› a) 1 raiz real (2 raízes reais iguais).
b) Não tem raízes reais.
c) 2 raízes reais distintas.
d) 2 raízes reais distintas.
e) 2 raízes reais distintas.
f) 1 raiz real (2 raízes reais iguais).
g) Não tem raízes reais.
h) 2 raízes reais distintas.

31› $5x^2 + 7x - 6 = 0 \Rightarrow \Delta = 49 + 120 = 169 \Rightarrow$
$\Rightarrow x = \dfrac{-7 \pm 13}{10} \Rightarrow x' = \dfrac{6}{10} = \dfrac{3}{5}$ e $x'' = \dfrac{-20}{10} = -2$

32› a) 3 e -3.

b) $2, -2, \dfrac{1}{2}$ e $-\dfrac{1}{2}$.

c) $\dfrac{\sqrt{3}}{3}$ e $-\dfrac{\sqrt{3}}{3}$.

d) Não tem raízes reais.

e) $2\sqrt{2}$ e $-2\sqrt{2}$.

f) $0, \dfrac{\sqrt{14}}{2}$ e $-\dfrac{\sqrt{14}}{2}$.

g) $4, -4, \sqrt{5}$ e $-\sqrt{5}$.

h) 0

i) Não tem raízes reais.

j) $5, -5, 3$ e -3.

33› a) $(x-3)(x+1)$
b) $(3x-5)(x-2)$
c) $(2x+5)(3x+2)$
d) $(x-6)(x-2)$
e) $(2x-3)(2x+1)$
f) $(5x-3)(x-1)$
g) $(x+15)(x-2)$
h) $(4x-3)(2x-3)$
i) $(x+6)(7x-1)$
j) $(y-19)(y-1)$

34› 56 cm^2

36› $k \in \mathbb{R}, k \leqslant 9$ e $k \neq 0$.

37› a) $x^2 + 60x + 900$
b) $25x^2 - 90x + 81$
c) $49x^2 - 25y^2$

d) $a^2 + 12a + 36$

e) $9a^2 + 6ab + b^2$

f) $x^2 - x + \frac{1}{4}$

g) $49 - 9a^2$

38› $m = -1$ e $n = -4$.

39› $-x^2 - 2x + (-1 + 4) = 0 \Rightarrow$

$\Rightarrow x^2 + 2x - 3 = 0 \Rightarrow$

$\Rightarrow \Delta = 4 + 12 = 16 \Rightarrow x = \frac{-2 \pm 4}{2} \Rightarrow$

$\Rightarrow x' = \frac{2}{2} = 1$ e $x'' = \frac{-6}{2} = -3$

40› 12 e 13 ou −13 e −12.

41› a) $(3, 2)$ e $\left(-\frac{2}{3}, -9\right)$.

b) $(7, -5)$ e $(-5, 7)$.

c) $(3, -1)$ e $(7, -3)$.

d) $(3, 3)$, $(3, -3)$, $(-3, 3)$ e $(-3, -3)$.

e) Não tem soluções reais.

f) $(3, 3)$

g) $(3, 1)$, $(-3, 1)$, $\left(\frac{\sqrt{33}}{2}, -\frac{1}{2}\right)$ e $\left(-\frac{\sqrt{33}}{2}, -\frac{1}{2}\right)$.

h) $(2, 1)$

i) $(3, 0)$ e $(0, -3)$.

j) $(2, 6)$ e $(-2, 6)$.

42› a) 7; 49.

c) 10; x; x^2; 100.

d) x; x.

e) 10; 10.

f) a; 11; a; 11.

43› a) $x^2 - 16x + 64$

b) $9a^2 - b^2$

c) $\frac{m^2}{4} + 5m + 25$

d) $18 - 3r - r^2$

44› 8, 10 e 12 ou −6, −4 e −2.

45› $\frac{3}{4}$

46› a) $n = 3$ ou $n = -3$.

b) $n = 10$ ou $n = -10$.

c) $n = 4$ ou $n = -4$.

d) $n = 30$ ou $n = -30$.

47› a) $\frac{x-1}{x}$; valor numérico: $\frac{2}{3}$.

b) $-\frac{x}{4}$; valor numérico: $-\frac{3}{4}$.

48› a) $\frac{2xy}{3}$

b) Não é possível.

c) $\frac{4n}{3}$

d) $\frac{4r^5}{3}$

e) 1

49› a) $7 + 2\sqrt{10}$

b) $19 - 8\sqrt{3}$

c) $13 - 4\sqrt{3}$

d) $105 + 20\sqrt{5}$

e) 2

f) 3

g) 26

h) −2

50› a) $3x^3(x^2 - 6)$

b) $a(5a + 3b + 2)$

c) $3(3x - 5)$

d) $4a^2b^3(2 + 3ab - 5b^2)$

51› a) $(x + 11)(x - 11)$

b) $(2x + 5y)(2x - 5y)$

c) $(10a + 1)(10a - 1)$

d) $\left(y + \frac{3}{8}\right)\left(y - \frac{3}{8}\right)$

52› a) $\frac{x}{3}$

b) $\frac{2a^3}{3}$

c) $4(x + y)$

d) 2

53› a) $\frac{a^2}{9b^2}$

b) $\frac{4y^2}{9x^2}$

c) $\frac{8x^3}{27y^3}$

d) $\frac{64b^3}{27a^6}$

54› 7 lados.

55› Medida de comprimento da base: 80 m; medida de comprimento da altura: 18 m.

56› a) $x' = -4$ e $x'' = \frac{1}{2}$.

b) $x' = -5$ e $x'' = -10$.

c) Não tem raízes reais.

d) $x' = \frac{3 + \sqrt{13}}{2}$ e $x'' = \frac{3 - \sqrt{13}}{2}$.

e) $x' = x'' = 2\frac{1}{2}$

f) $x' = \frac{3}{4}$ e $x'' = 0$.

g) $x' = \sqrt{3} + 1$ e $x'' = \sqrt{3} - 1$.

h) $x' = -1$ e $x'' = -4$.

i) $x' = 2\sqrt{5}$ e $x'' = -2\sqrt{5}$.

j) $x' = 4$ e $x'' = 2$.

k) $x' = 1\frac{1}{4}$ e $x'' = -2$.

l) $x' = \frac{1}{2}$ e $x'' = -\frac{3}{4}$.

m) Não tem raízes reais.

n) $x' = x'' = 3$.

o) $x' = 2\sqrt{2}$ e $x'' = -\sqrt{2}$.

p) $x' = \frac{2}{3}$ e $x'' = -\frac{1}{3}$.

57 $(1, 4)$ e $(-1, 4)$.

58 -5 e -2.

59 a) $(x - 7)^2$

b) $(3x + 5)^2$

c) $(a + 3b)^2$

d) $(x^3 - 9)^2$

60 a) $\frac{x}{2}$

b) a^2

c) $x - y$

d) $x + 2$

e) $\frac{y}{x - 3}$, $x \neq 3$.

f) 1

61 6 e 4.

62 a) $(x - 10)(x + y)$

b) $(b + 1)(a + 5)$

c) $(y + 4)(3x - 1)$

d) $(x - 3)(x + 5)$

63 a) $(x + 8)(x - 8)$

b) $8x(x - 4)$

c) $(3x + 2y)(9x^2 - 6xy + 4y^2)$

d) $(4x - 7)^2$

e) $5(5a + 6b - 3c)$

f) $(x + 6)(x - a)$

g) $(4r + 3s)(4r - 3s)$

h) $(x + y^2)^2$

i) $(a - 1)(a^2 + a + 1)$

j) $x(3x + 6y + 8)$

k) $(m + 7n)(m - 7n)$

l) $3x(x - 3y + 2 + 7x^2)$

64 a) 1

b) a

c) $\frac{x - y}{x^2}$, $x \neq 0$.

65 10 m e 30 m.

66 101 minutos.

67 Produtos notáveis; $4a^2 + 4a + 1$; $4a^2 - 4a + 1$; $25a^2 - 4$; fatoração; $a(a + 1)$; $(a + 1)(a + b)$; $(a + b)(a - b)$; $(a + 3)^2$; $(a + 3)^2$; $(a + 2)(a - 3)$.

Capítulo 3

1 a) $\frac{1}{3}$

b) $\frac{\sqrt{2}}{2}$

c) $\frac{1}{2}$

d) 4

e) $\frac{1}{2\pi}$

2 6 cm

3 a) AB

b) HP

c) AM ou PE.

d) AE

4 a) A: $\frac{9}{5}$; B: $\frac{3}{2}$; C: $\frac{5}{3}$; D: $\frac{3}{2}$; E: 4.

b) B e D, pois as razões entre as medidas de comprimento da base e da altura são iguais.

5 50 cm

6 a) $\frac{2}{3}$

b) $\frac{1}{2}$

c) $\frac{2}{9}$

d) $\frac{7}{9}$

7 625 km²

8 a) Aproximadamente 516,4 hab./km².

b) Aproximadamente 2,6 hab./km².

c) Aproximadamente 199 vezes.

10 a) 15 cm

b) 120 km

11

Medidas das regiões R_1 e R_2

Região	R_1	R_2
Medida de comprimento da base	4,5 cm	10,5 cm
Medida de comprimento da altura	3 cm	7 cm
Medida de perímetro	15 cm	35 cm
Medida de área	13,5 cm²	73,5 cm²

Tabela elaborada para fins didáticos.

12▸ a) 1 : 80
b) 2,4 m
c) 16,8 m
d) 14,4 m²

13▸ 3,20 m

14▸ $x = 8$ m; $y = 5{,}5$ m; $z = 11$ m.

15▸ 8,5 m

16▸ R$ 5 791,45

17▸ a) 1 728 km/h
b) Aproximadamente 3,5 h.

18▸ Juros simples de 2,1% ao mês.

19▸ $AB = 9$ cm; $BC = 12$ cm; $DE = 12$ cm; $EF = 16$ cm.

20▸ a)

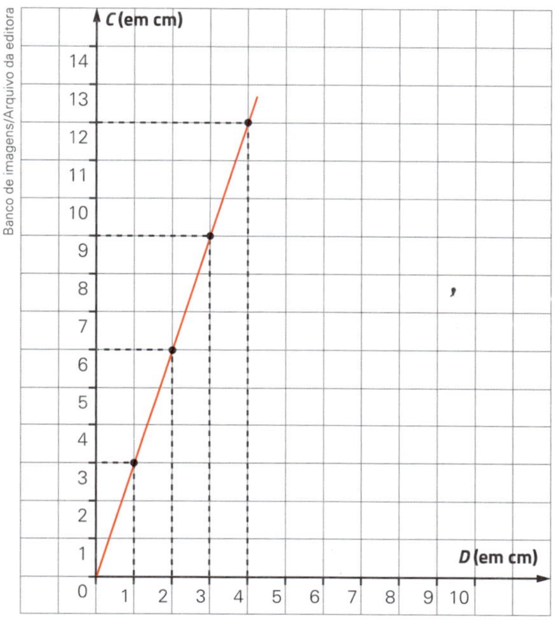

Banco de imagens/Arquivo da editora

b) Sim.
c) Sim.

21▸ a) $x = 21$ e $y = 5$.
b) $x = 10{,}5$ e $y = 7{,}5$.
c) $x = 7{,}5$
d) $x = 7$ ou $x = 2$.
e) $x = 3$
f) $x = 10$ e $y = 15$.

22▸

Valor da densidade demográfica das cidades A, B e C

Cidade	Número de habitantes da população	Medida de área (em km²)	Valor da densidade demográfica (em hab./km²)
A	655 385	152 581	4,3
B	3 037 819	27 768	109,4
C	3 221 938	1 534 256	2,1

Tabela elaborada para fins didáticos.

23▸ $AB = 25$ m e $BC = 15$ m.

24▸ $AF = 15$ e $AC = 21$.

25▸ $NT = 15$ m

26▸ Medida de perímetro do $\triangle ABE$: 27; medida de perímetro do $\triangle ACD$: 45.

27▸ 28 cm

28▸ 45 cm

29▸

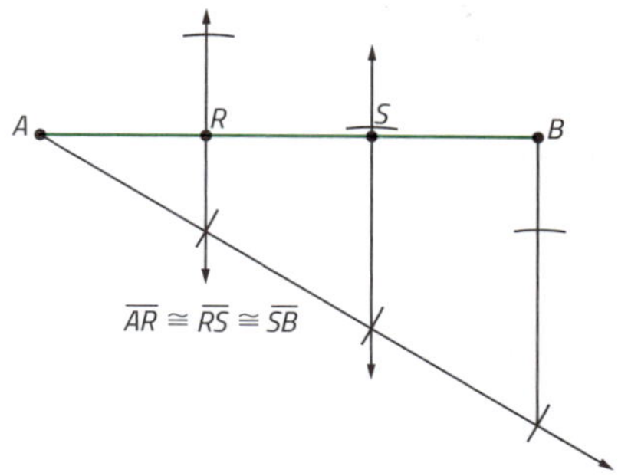

Banco de imagens/Arquivo da editora

30▸

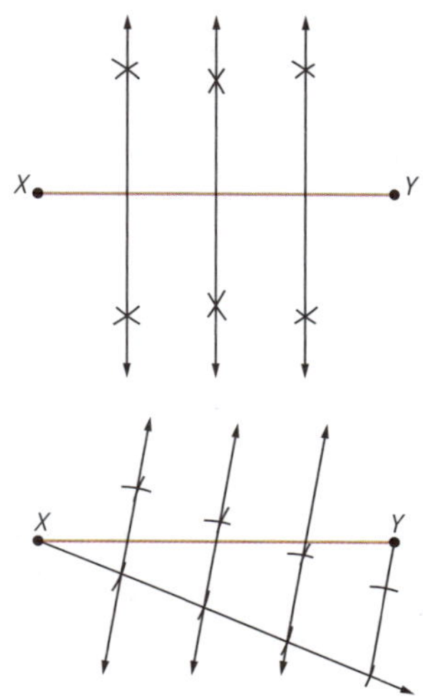

Ilustrações: Banco de imagens/Arquivo da editora

31▸ $BC = 30$

32▸ $AR = 20{,}25$ cm e $CR = 33{,}75$ cm.

33▸ 6 km/h

34▸ R$ 220,00

35▸ $P = 72$ e $A = 216$.

36▸ **a**

37▸ R$ 192,00

38▸ 1% ao mês.

39▸ $x = 9$ e $y = 12$.

40▸ 4 m

41▸ 5 m

42▸ O trajeto da cidade **A** diretamente para a cidade **B**.

43› a) R$ 540,00
b) R$ 42 000,00
c) R$ 2 040,00
d) R$ 900,00
e) R$ 103,25
f) R$ 1 030,32

44› $x = 8$; $y = 3$; $t = 7{,}2$.

45› a) Aproximadamente 8,3 m/s ou 29,9 km/h.
b) Aproximadamente 84 min.

46› a) Capital; compostos; simples; montante.
b) Velocidade média; densidade demográfica; escala.

Capítulo 4

1› $A(0, 5)$; $B(1, 2)$; $C(4, 4)$; $D(-2, 0)$; $E(3, -1)$; $F(5, 0)$; $G(0, -3)$; $H(-2, 4)$; $I(-2, -4)$; $J(4, -3)$.

2› **c**, **d**, **f**.

3› a) $y = 3x$

Relação entre a medida de área e a medida de comprimento da altura da região triangular

Medida de comprimento da altura (x cm)	Medida de área (y cm²)
3	9
5	15
7	21
11	33

Tabela elaborada para fins didáticos.

b) $y = x^3$

Relação entre a medida de volume e a medida de comprimento da aresta do cubo

Medida de comprimento da aresta (x m)	Medida de volume (y m³)
10	1 000
5	125
0,2	0,008
7	343

Tabela elaborada para fins didáticos.

c) $y = x^2 - 8x$

Relação entre a medida de área e a medida de comprimento da base da região retangular

Medida de comprimento da base (x cm)	Medida de área (y cm²)
20	240
13	65
9	9
17	153

Tabela elaborada para fins didáticos.

4› a) $D(f) = \{0, 3, 4, 8\}$
b) $CD(f) = \{0, 2, 5, 6, 9, 12\}$
c) $Im(f) = \{2, 5, 6, 12\}$

5› a) $y = 48 + 0{,}4x$
b) R$ 448,00
c) R$ 1 200,00
d) 60 unidades.
e) Lucro; R$ 112,00.

6› a) $D = \{-2, -1, 0, 1, 2, 3, 4\}$; $Im = \{-1, 0, 2, 4\}$; é função.
b) $D = [-2, 3]$; $Im = [2, 4]$; é função.
c) $D = [-2, 4]$; $Im = [-1, 4]$; não é função.
d) $D = [-2, 4]$; $Im = [-1, 4]$; é função.

7› $Im = \{-1, 0, 1, 3, 4\}$

8› a)

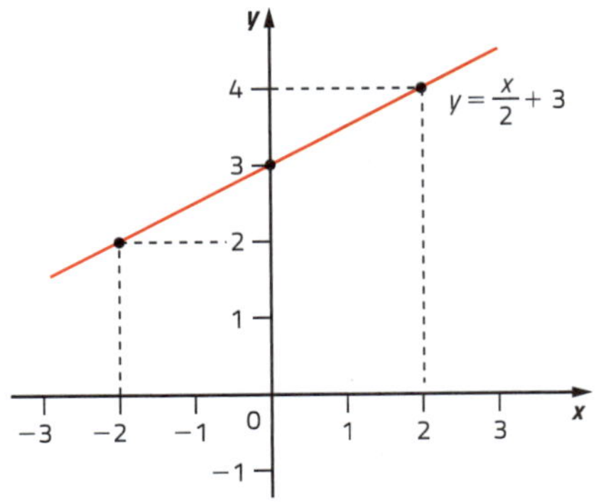

b)

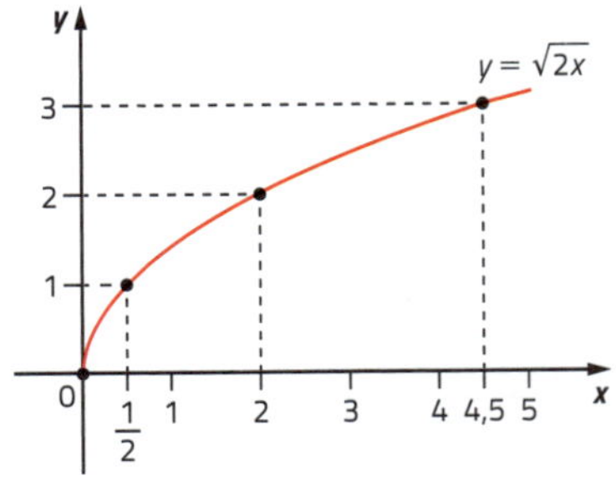

c)

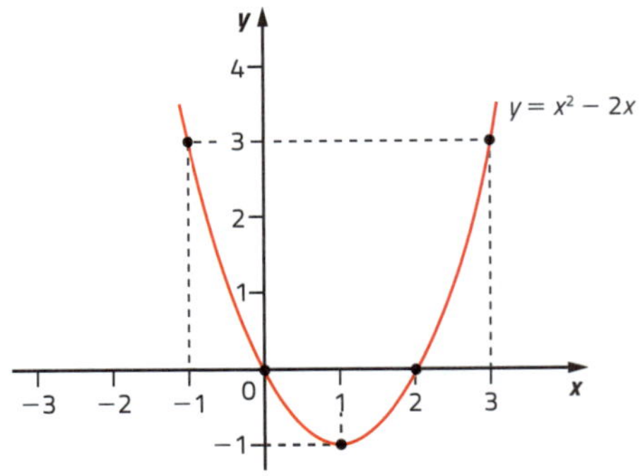

d)

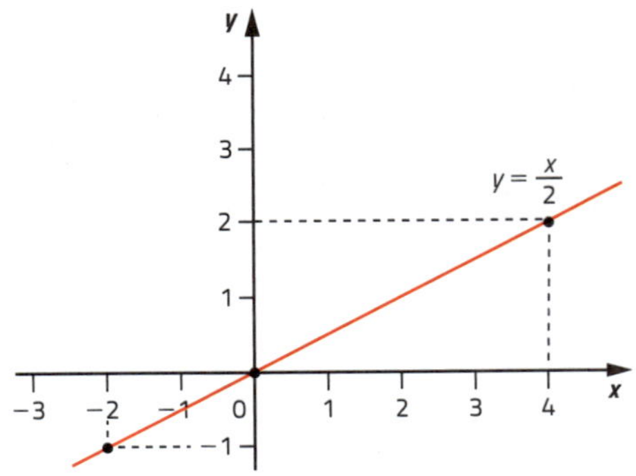

Ilustrações: Banco de imagens/Arquivo da editora

9› a) **b** b) **a** c) **d** d) **c**

10› **d**

11› **e**

12› $y = \frac{2}{5}x - 2$

13› a) $y = x^2 + 3x - 4$

b) Quadrática.

c) Não.

d) 126

e) 1 e −4.

f) Eixo x em $(1, 0)$ e $(-4, 0)$; eixo y em $(0, -4)$.

g)

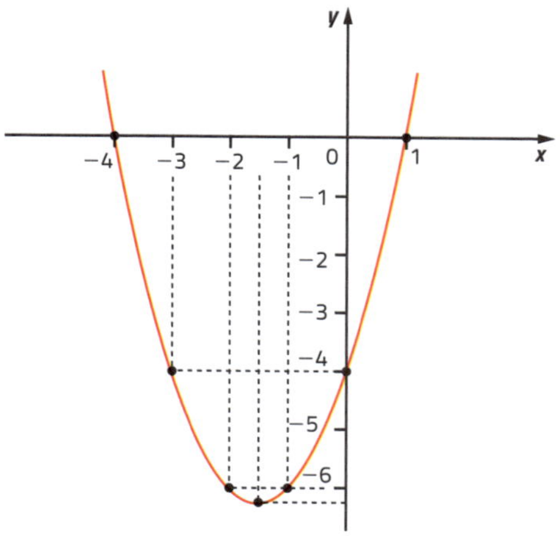

Banco de imagens/Arquivo da editora

14› $y = x^2 - 4x + 3$

15› a) $S = \{x \in \mathbb{R} \mid x < 5\}$

b) $S = \{x \in \mathbb{R} \mid x \geq 12 \text{ ou } x \leq -12\}$

c) $S = \left\{x \in \mathbb{R} \mid x < -\frac{16}{9}\right\}$

d) $S = \{x \in \mathbb{R} \mid x \leq 20\}$

16› a)

Relação entre a medida de distância percorrida e a medida de intervalo de tempo de viagem

x (em h)	1	2	3	4	5
d (em km)	90	180	270	360	450

Tabela elaborada para fins didáticos.

b)

Relação entre a medida de distância percorrida e a medida de intervalo de tempo de viagem

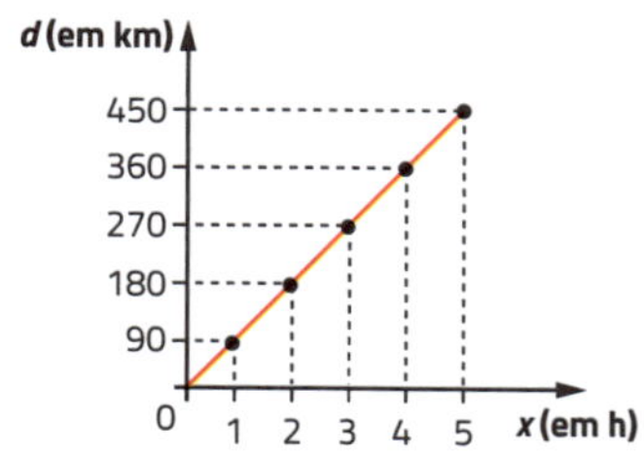

Gráfico elaborado para fins didáticos.

Banco de imagens/Arquivo da editora

c) 450 km

17› a)

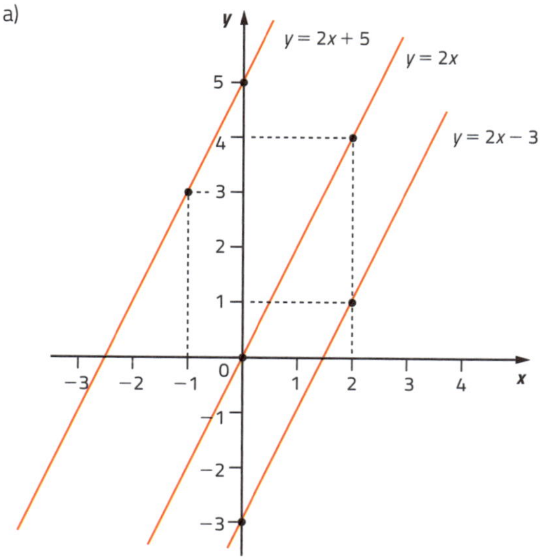

Banco de imagens/Arquivo da editora

b) Paralelas.

18› a)

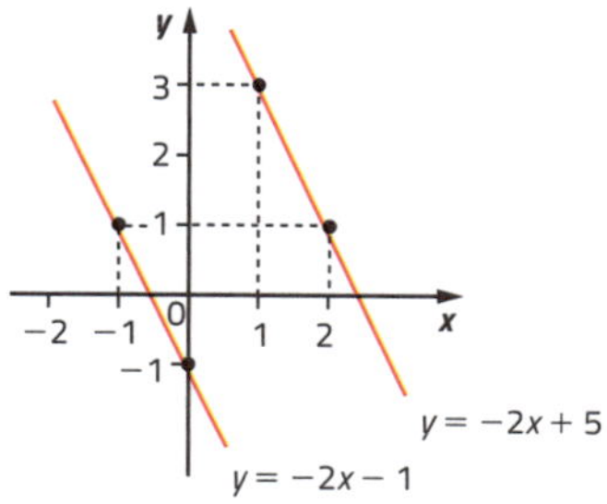

b)

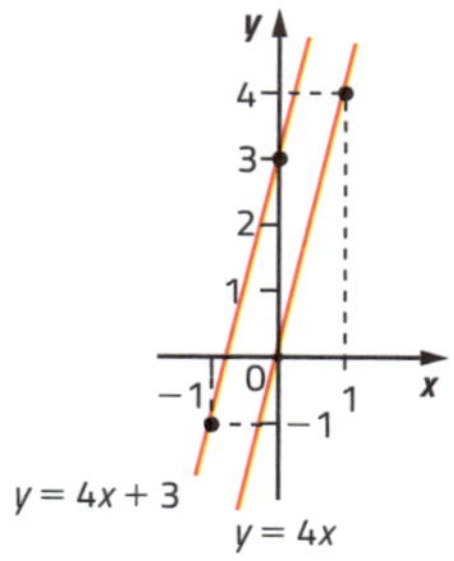

c)

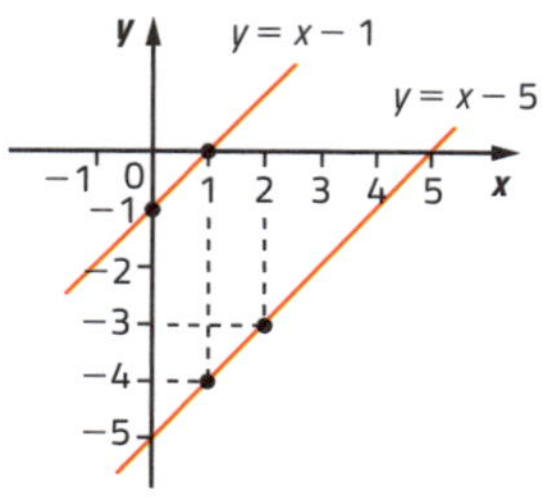

d)

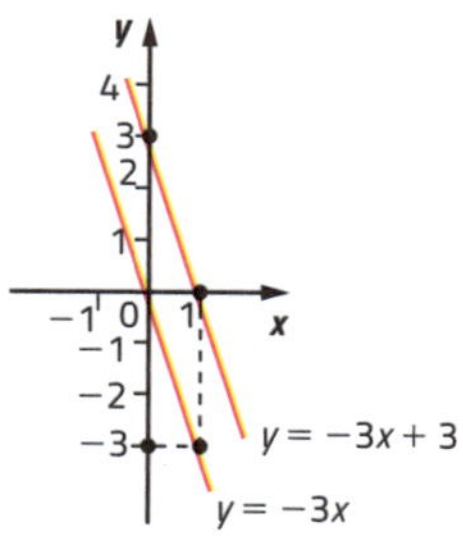

Ilustrações: Banco de imagens/Arquivo da editora

19› $y = 5x + 1$

20› a) $a = 1$; $b = 2$ e $c = -3$.

b) -3 e 1.

c) $V(-1, -4)$

d) -4

21› a) $(1, -1)$

b) $(-4, 50)$

c) $(0, 0)$

d) $(5, 16)$

e) $\left(-\frac{3}{2}, -\frac{27}{4}\right)$

f) $(0, 11)$

22› a) $A = \frac{17h}{2}$

b) 51 cm^2

c) 5 cm

23› Eixo x: não corta; eixo y: no ponto $(0, -7)$.

24› a) 2 dyn/cm

Relação entre a medida de energia e a medida de comprimento da distensão em uma mola

E (em erg)	0	1	4	16	25	9
d (em cm)	0	1	2	4	5	3

Tabela elaborada para fins didáticos.

b) **Relação entre a medida de energia e a medida de distensão em uma mola**

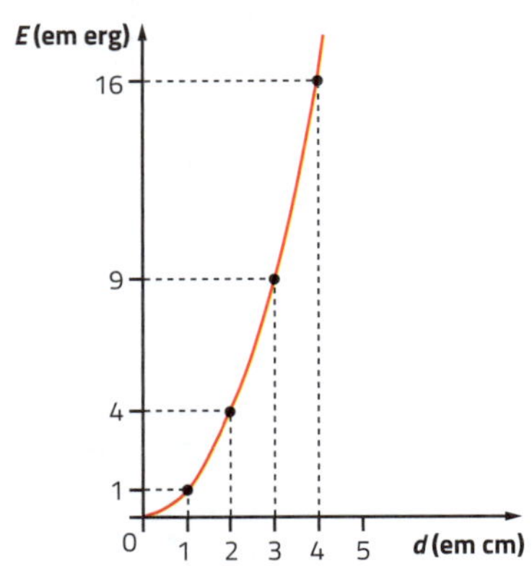

Gráfico elaborado para fins didáticos.

Banco de imagens/Arquivo da editora

c) 12,25 erg

25› a) 3 e 1.

b) $V(2, 1)$

c) 1

26› a) Sim, pois, para cada valor de x, temos um único valor de y.

b) R$ 101,00

c) $y = 4{,}9x + 3$

27› $(-1, -3)$

28› **Intensidade da força magnética entre um ímã e um clipe de papel**

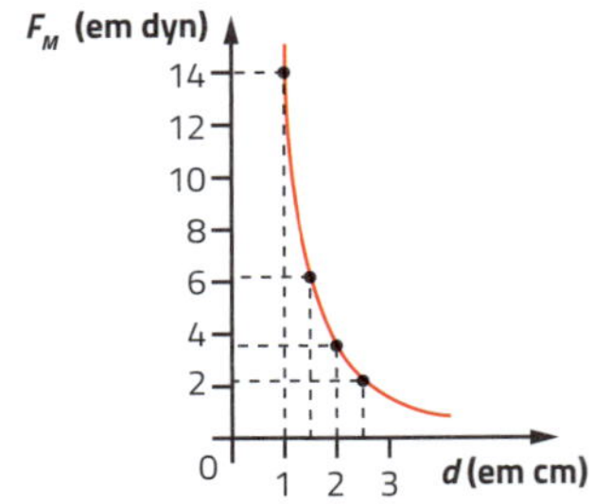

Gráfico elaborado para fins didáticos.

Banco de imagens/Arquivo da editora

29› a) f_1 e f_2.

b) f_1

c) f_4

d) f_1

e) f_3

30› **I-C**; **II-D**; **III-A**; **IV-B**.

31› a) Negativo.

b) Negativo.

c) Positivo.

d) Nulo.

32› a) $x = 5 \Rightarrow f(x) = 0$; $x \neq 5 \Rightarrow f(x) > 0$.

b) $x = -4 \Rightarrow f(x) = 0$; $x \neq -4 \Rightarrow f(x) > 0$.

c) $\forall x \in \mathbb{R} \Rightarrow f(x) < 0$

d) $x = -3 \Rightarrow f(x) = 0$; $x \neq -3 \Rightarrow f(x) < 0$.

33› a) $S = \left\{x \in \mathbb{R} \middle| -2 \leqslant x \leqslant \frac{5}{2}\right\}$

b) $S = \{x \in \mathbb{R} \mid x < -1 \text{ ou } x > 9\}$

34› a) 1 600 m

b) 80 m/min

c) 0 m

d) 1 200 m

35› a) $y = x + 3$

b) $y = 8x$

36› a) $p = q$

b) $y = 2x$

c) $s = r + 1$

d) $u = t - 1$

37› a) 4 h

b) 20 L

c) R$ 44,00

38› a) 200 km

b) 50 km

c) 2,5 h ou 2 h 30 min.

d) 0,4 h ou 24 min.

39› a) $F = 68$ °F

b) $F = 86$ °F

c) $F = 59$ °F

40› a) 0,7 cm³

b) Aproximadamente 10,8 g e 0,56 cm³.

c) 0,8 cm

41› a) Empresa 1: $C = 7q$; empresa 2: $C = 862 + 5q$.

b) A empresa 1.

42› a) 20 m³

b) 5 h

c)

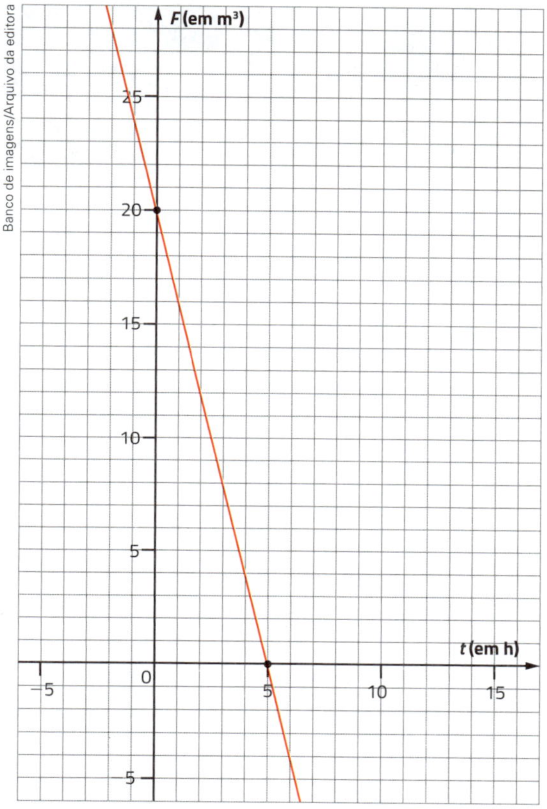

Banco de imagens/Arquivo da editora

43› $y = x$; $x = 0$; reta; $x = 0$; afim; reta; $=$; $\neq$; $x = -\frac{b}{a}$; parábola; $y = ax^2 + bx + c$, com $a \neq 0$; $<$; não tem zero da função real; $=$; $>$.

Capítulo 5

1› a, b)

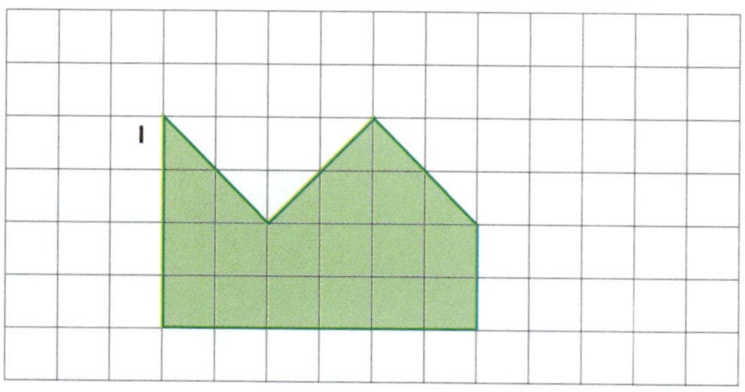

Banco de imagens/Arquivo da editora

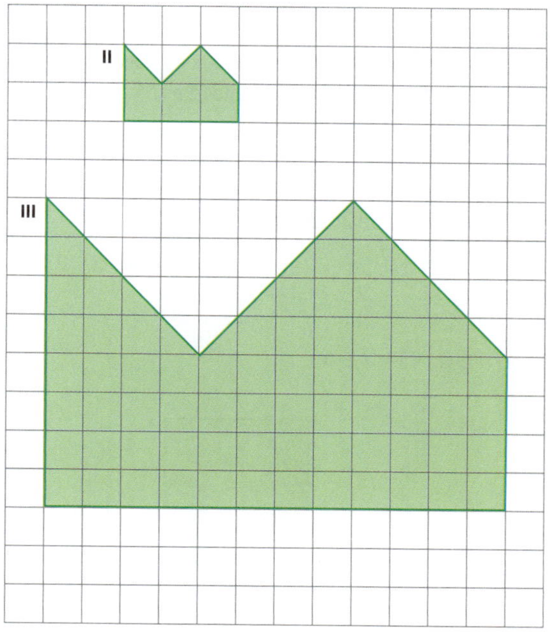

Banco de imagens/Arquivo da editora

c) Sim; $\frac{1}{4}$.

2› a) Sempre.

b) Às vezes.

c) Nunca.

d) Às vezes.

e) Nunca.

f) Às vezes.

g) Sempre.

h) Sempre.

i) Sempre.

j) Às vezes.

k) Às vezes.

l) Nunca.

m) Sempre.

3› Vista superior.

4› Em α:

Em β:

Em γ:

Ilustrações: Banco de imagens/Arquivo da editora

5›

Vista de cima.

Vista de baixo.

Ilustrações: Banco de imagens/Arquivo da editora

6› 22,5 cm; 18,75 cm; 37,5 cm e 26,25 cm.

7› Sim, pois têm ângulos de medidas de abertura de 70°, 110°, 70° e 110° e os lados correspondentes são proporcionais, com razão $\frac{4}{5}$.

8› Medida de comprimento da largura: 18 cm; medida de comprimento da profundidade: 10,5 cm.

9› a) $x = 6$ b) $x = 1,2$

10› 7,5 m

11› $x = 6$ cm e $y = 4,8$ cm.

12›

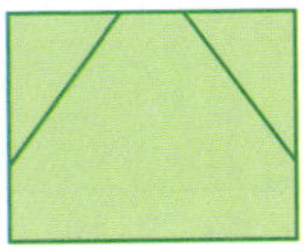

Vista frontal.

Banco de imagens/Arquivo da editora

13› A segunda.

14› a)

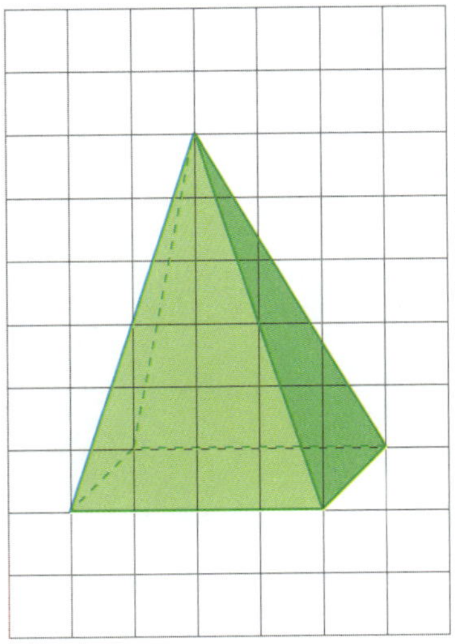

b)

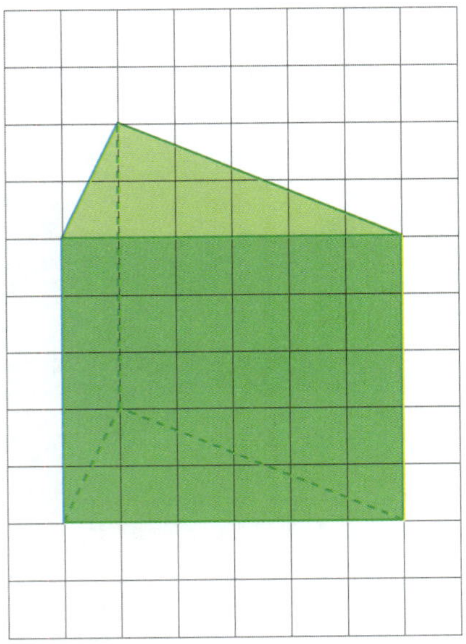

Ilustrações: Banco de imagens/Arquivo da editora

15› a) $\frac{3}{2}$

b) $x = 16$ e $y = 20$.

16› 24 cm e 120 km.

17› a) 400 cm por 400 cm ou 4 m por 4 m.

b) 8 600 cm ou 86 m.

18›

Murilo Moretti/Arquivo da editora

19› a) Verdadeira.

b) Verdadeira.

c) Falsa.

d) Falsa.

e) Falsa.

20› $x = 6,25$ cm

21› a) $x = 5,1$ cm

b) $x = 7$ cm

c) $x = 10$ cm

d) $x = 3$ cm

22› a) Sim; lados correspondentes: $\overline{CB}$ e $\overline{PR}$; $\overline{AC}$ e $\overline{PQ}$; $\overline{AB}$ e $\overline{QR}$.

b) Sim; lados correspondentes: $\overline{MO}$ e $\overline{TS}$; $\overline{MN}$ e $\overline{TR}$; $\overline{NO}$ e $\overline{RS}$.

c) Não.

d) Sim; lados correspondentes: $\overline{PQ}$ e $\overline{TS}$; $\overline{QR}$ e $\overline{SR}$; $\overline{PR}$ e $\overline{TR}$.

e) Sim; lados correspondentes: $\overline{RT}$ e $\overline{UV}$; $\overline{TS}$ e $\overline{VS}$; $\overline{RS}$ e $\overline{US}$.

f) Não.

23› a) 108°

b) 108°

c) 8 cm

d) 6 cm

e) $\frac{4}{3}$

f) $\frac{16}{9}$

24› 24 m

25›

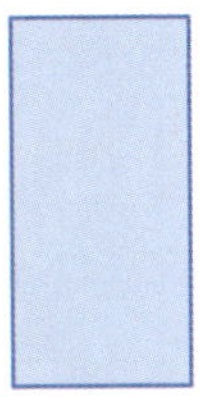

Vista lateral esquerda.

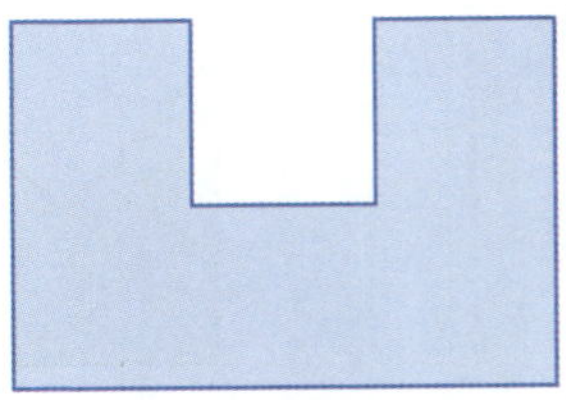

Vista de frente.

Ilustrações: Banco de imagens/Arquivo da editora

Vista de baixo.

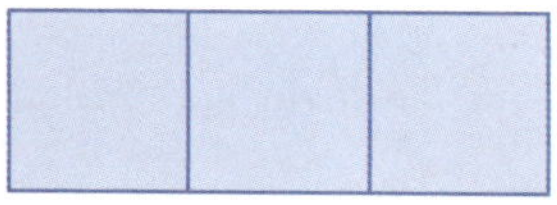

Vista de cima.

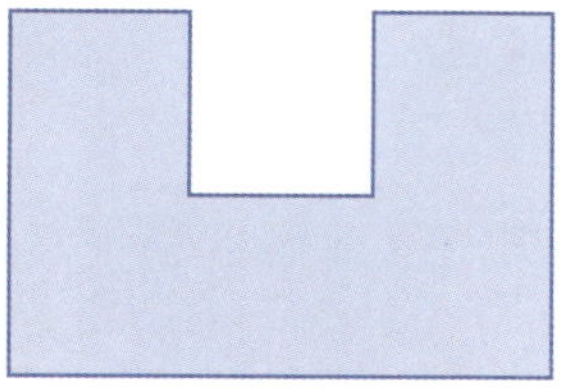

Vista de trás.

Vista lateral direita.

Ilustrações: Banco de imagens/Arquivo da editora

26 A representação **C**.

27

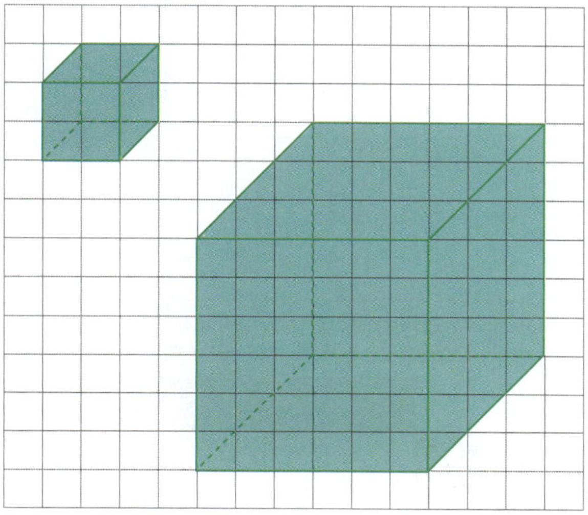

Banco de imagens/Arquivo da editora

28 $x = 3{,}75$ cm

29 a) $x \simeq 3{,}2$ cm e $y = 3$ cm.

b) $x \simeq 3{,}4$ cm e $y = 3{,}5$ cm.

c) $x = 2{,}7$ cm e $y = 2{,}9$ cm.

d) $x = 4$ cm e $y = 10{,}8$ cm.

30 400 cm por 700 cm ou 4 m por 7 m.

31 $P_1 = 40$ cm e $P_2 = 70$ cm.

32 50 m

33 $x = 120$ m

34 Medida de perímetro do $\triangle ABC$: 15 cm; medida de perímetro do $\triangle DEC$: 22,5 cm.

35 12 m

36 a) $\frac{4}{7}$ b) $\frac{4}{7}$ c) $\frac{16}{49}$ d) $\frac{64}{343}$

37 $BC = 9$ e $DE = 15$.

38

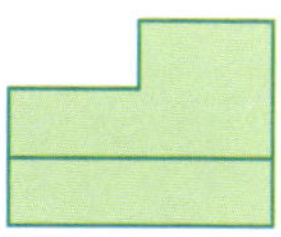

Vista frontal.

Banco de imagens/Arquivo da editora

39

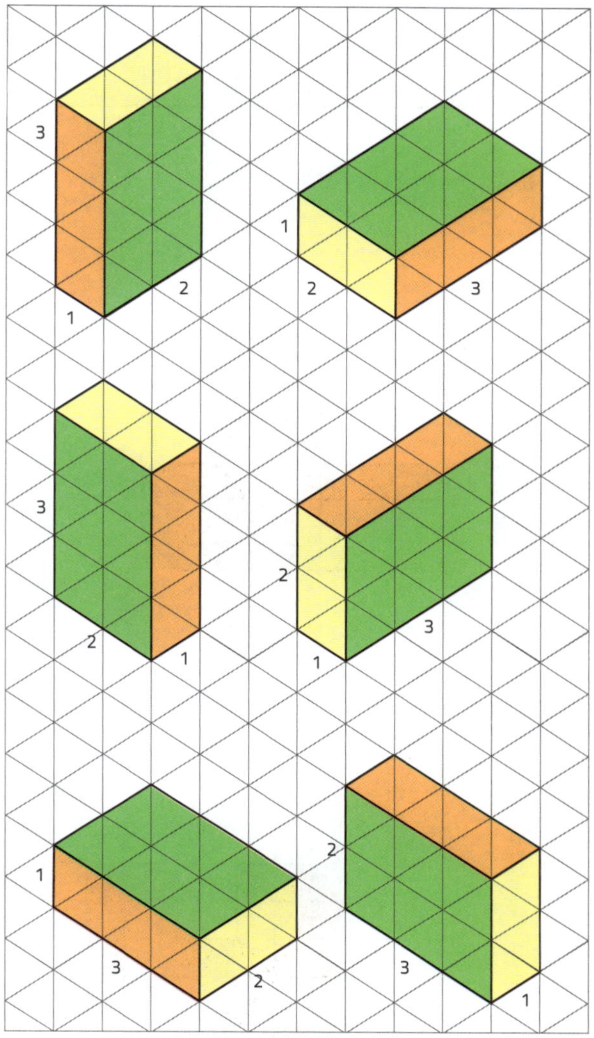

Banco de imagens/Arquivo da editora

40 a) 270 cm^2

b) 26 cm

42 a)

b)

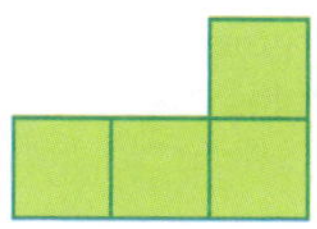

c)

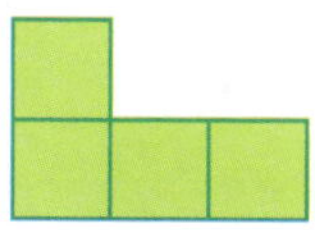

Ilustrações: Banco de imagens/Arquivo da editora

43 a) Vista de frente ou de trás, pois não existe uma aresta de mesma medida de comprimento nas 3 figuras.

44› a)

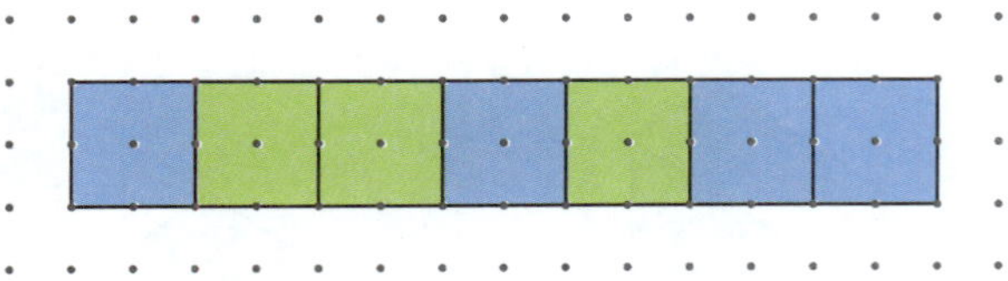

b) I

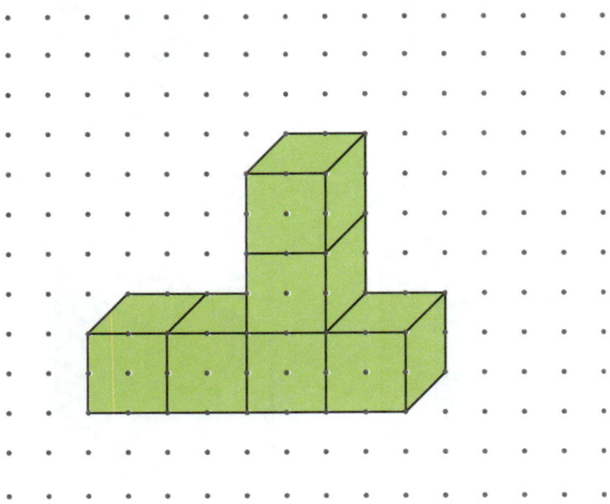

II

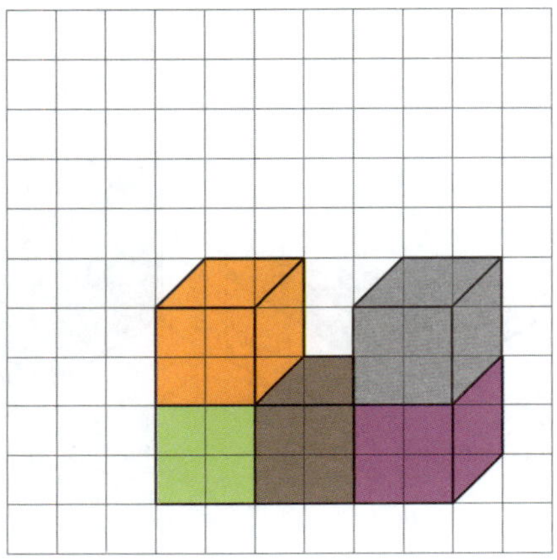

III

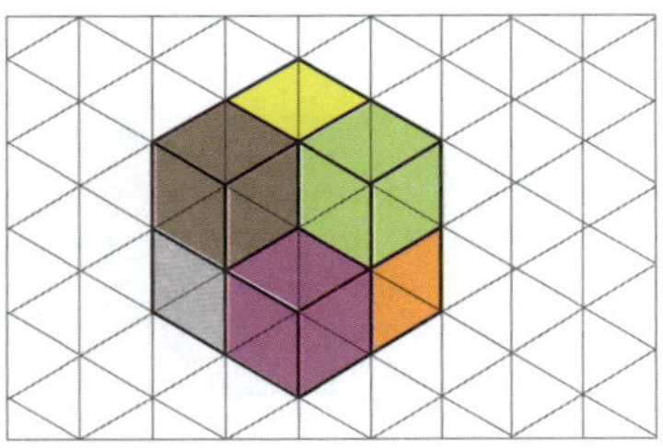

Ilustrações: Banco de imagens/Arquivo da editora

46› Proporcionais; congruentes; congruentes; congruentes; congruentes; congruentes.

Capítulo 6

1› **a**, **b**, **d**, **f**, **g**, **h**, **j**, **l**, **m**, **o**, **p**.

2› a) $\sqrt{15}$ cm

b) 4,8 cm

c) 12 cm

d) 25 cm

3› $AC = 7$ cm; $BC = 25$ cm; $BD = 23{,}04$ cm; $AB = 24$ cm; $P = 56$ cm; $A = 77{,}4144$ cm^2.

4› 4 cm

5› a) 6 cm

b) 72 cm^2

6› $12\sqrt{5}$ cm

7› Medida de comprimento da hipotenusa: y.

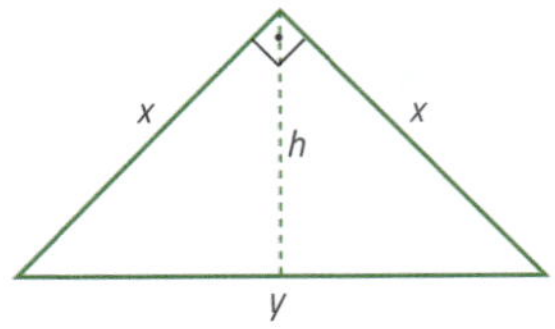

Banco de imagens/Arquivo da editora

$y^2 = x^2 + x^2 \Rightarrow y^2 = 2x^2$, com $x > 0$ e $y > 0 \Rightarrow y = x\sqrt{2}$;

$y \cdot h = x \cdot x \Rightarrow x\sqrt{2} \cdot h = x^2 \Rightarrow$

$$\Rightarrow h = \frac{x^2}{x\sqrt{2}} = \frac{x}{\sqrt{2}} = \frac{x\sqrt{2}}{2}.$$

8› 3 cm; $\sqrt{3}$ cm e $3\sqrt{3}$ cm.

9› $6\sqrt{13}$ cm

10› **Razões trigonométricas para ângulos de medida de abertura de 30°, 45° e 60°**

	30°	45°	60°
sen	$\frac{1}{2}$	$\frac{\sqrt{2}}{2}$	$\frac{\sqrt{3}}{2}$
cos	$\frac{\sqrt{3}}{2}$	$\frac{\sqrt{2}}{2}$	$\frac{1}{2}$
tan	$\frac{\sqrt{3}}{3}$	1	$\sqrt{3}$

11› Aproximadamente 50,4 m.

12› 8 cm e $4\sqrt{5}$ cm.

13› 24 cm e 24 cm^2.

14› Aproximadamente 235 m.

15› 18 cm e aproximadamente 18,45 cm^2.

16› 12 m

17› 10 cm

18› a) Não.

b) 126 cm^2

c) 54 cm

19› a) 8 cm

b) 8 cm

20▸ a) Aproximadamente 17,3 dm.
b) Aproximadamente 17,3 dm.

21▸ a) $16\sqrt{2}$ cm e 32 cm².
b) $(8 + \sqrt{34})$ cm e 7,5 cm².
c) $12\sqrt{3}$ cm e $12\sqrt{3}$ cm².
d) 36 cm e 60 cm².
e) 20 cm e $6\sqrt{14}$ cm².
f) 24 cm e 32 cm².
g) 60 cm e 150 cm².

22▸ a) 20 cm
b) 23 cm

23▸ 48 mm

24▸ 8 cm e 12 cm.

25▸ a) Aproximadamente 5,7 cm.
b) Aproximadamente 6,9 cm.

26▸ $h \simeq 4{,}9$ cm; $A \simeq 41{,}7$ cm².

27▸ 6 cm

28▸ Aproximadamente 173 m².

29▸ a) Aproximadamente 38,4 cm².
b) Aproximadamente 322 cm².

30▸ Aproximadamente 378 cm².

31▸ a) Aproximadamente 140 m².
b) Aproximadamente 38,61 m².
c) Aproximadamente 45,6 m².

32▸ 6 cm e 8 cm.

33▸ a) 2,8
b) 3,9
c) 3,5

34▸ Aproximadamente 7,2 km.

35▸ Aproximadamente 5,9 cm.

36▸ Aproximadamente 6,4 dm.

37▸ $75\sqrt{3}$ cm²

38▸ Aproximadamente 1,1 m.

39▸ $(54 + 18\sqrt{3})$ cm²

40▸ Aproximadamente 9,1 cm.

41▸ Aproximadamente 6,84 cm.

42▸ a) Aproximadamente 6 cm.
b) Aproximadamente 17,2 cm.

43▸ Aproximadamente 10,79 cm.

44▸ Aproximadamente 25°.

45▸ $\sqrt{14} \simeq 3{,}7$

46▸ Aproximadamente 0,85 m.

47▸ $\frac{1}{3}$

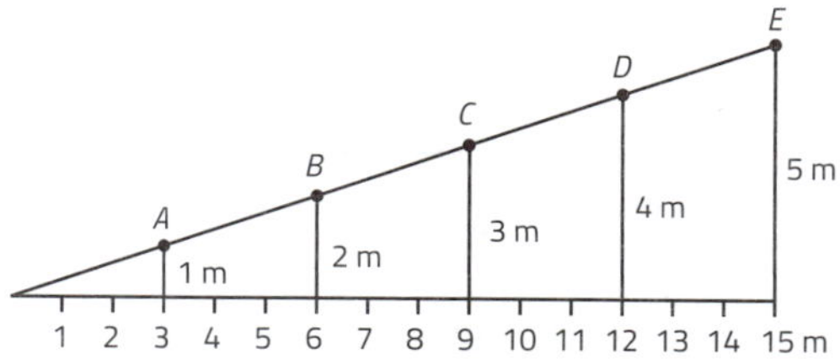

Banco de imagens/Arquivo da editora

48▸ Medida de abertura do ângulo de subida: 45°; o índice de subida 1 corresponde a um ângulo com medida de abertura de 45°.

49▸ A com índice de subida $\frac{1}{3}$.

50▸ a) mais íngreme
b) menos íngreme

51▸ $\alpha < \beta$; $\frac{h_1}{a_1} < \frac{h_2}{a_2}$.

52▸ a) $\text{sen}\,\hat{B} = \frac{1}{4}$; $\cos\hat{B} = \frac{\sqrt{15}}{4}$; $\tan\hat{B} = \frac{\sqrt{15}}{15}$; $\text{sen}\,\hat{C} = \frac{\sqrt{15}}{4}$;
$\cos\hat{C} = \frac{1}{4}$; $\tan\hat{C} = \sqrt{15}$.
b) $\hat{C}$
c) 2,5 cm

53▸ Aproximadamente 6 m.

54▸ Aproximadamente 51 m.

55▸ a) 11,4
b) 0,74
c) 0,24
d) 1,20
e) 0,98
f) 0,99

56▸ Aproximadamente 56°.

57▸ a) Aproximadamente 7,7 cm.
b) Aproximadamente 2,9 dm.
c) 15,04 cm
d) Aproximadamente 13,3 m.

58▸ $x \simeq 37°$ e $y \simeq 53°$.

59▸ $x \simeq 23{,}6$ cm e $y \simeq 22{,}2$ cm.

60▸ Aproximadamente 1,7 km.

61▸ Aproximadamente 22,6 cm.

62▸ Aproximadamente 177,4 m.

63▸ Aproximadamente 10,8 cm.

64▸ 1 200 m²

65▸ 168 m²

66▸ 36 cm²

67▸ Aproximadamente 36,8 m².

68 $32\sqrt{3}$ cm²

69 42 cm e 108 cm².

70 a) Aproximadamente 280 m².
b) Aproximadamente 148,5 cm².
c) Aproximadamente 173 cm².

71 a) Aproximadamente 145,6 m².
b) Aproximadamente 22,9 m².
c) Aproximadamente 902 m².

72 a) 140 m²
b) Aproximadamente 186,2 m².

73 39 cm²

74 a; b^2; h^2; $a^2 = b^2 + c^2$; c^2; sen; cos; tan; oposto; adjacente.

Capítulo 7

1 a) 62,5 m
b) 392,5 m
c) 360 passageiros.
d) 216 passageiros.

2 Pedro: R$ 15,00; Júlia: R$ 12,15; Ana: R$ 10,00.

3 Aproximadamente 3 925 cm².

4 I: Diâmetro.
II: Centro.
III: Raio.
IV: Corda.
V: Arco.

5 Aproximadamente 10 747 voltas.

6 Aproximadamente 756 m.

7 $3\,721\pi$ cm² e $37{,}21\pi$ cm².

8 4 triângulos: $\triangle ABC$, $\triangle ABD$, $\triangle ACD$ e $\triangle BCD$.

9 Aproximadamente 9 075 m².

10 $x = 36°$

11 $x = 76°$; $y = 38°$; $z = 52°$; $w = 104°$.

12 $m(\hat{A}) = 78°$ e $m(\hat{B}) = 156°$.

13 $x = 34°$ e $y = 56°$.

14 $a = 46°$, $b = 46°$, $c = 66°$ e $d = 26°$.

15 a) Aproximadamente 300 m.
b) Aproximadamente 7 500 m².

16 a) $x = 11{,}25$
b) $x = 10$
c) $x = 4$
d) $x = 6$
e) $x = 9$
f) $x = 5$

17 Aproximadamente 92 cm².

18 Secante.

19 Circunferências secantes ou circunferências externas.

20 12 cm

21 $OC = 8$ cm e $BC = 2$ cm.

22 a)

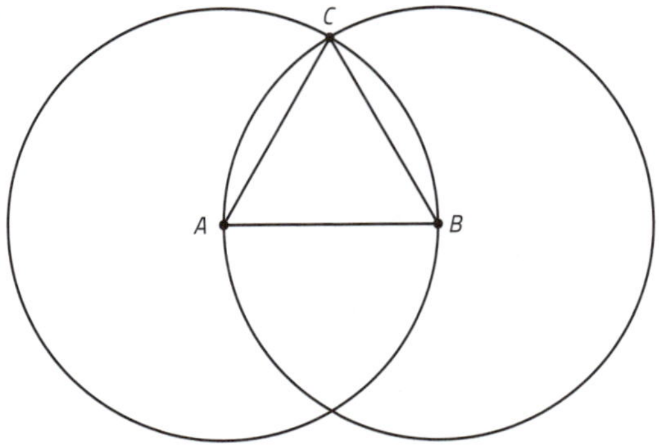

Ilustrações: Banco de imagens/Arquivo da editora

b)

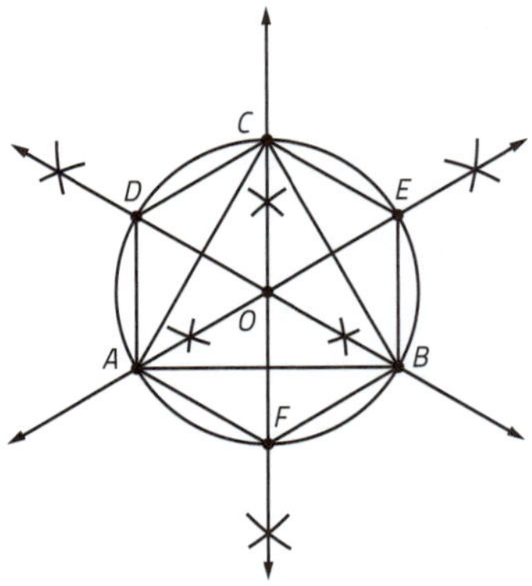

23 12 e 18.

24 36° 10'

25 a) 1 ponto.
b) Tangente.

26 Anti-horário, pois as medidas angulares dos arcos $\overset{\frown}{AB}$ (anti-horário) e $\overset{\frown}{ACB}$ (horário) são 160° e 200°, respectivamente.

27 Aproximadamente 6 000 km.

28 I. **d**
II. **d**
III. **a**

29 c) Não é possível.

30 a) 2 pontos.
b) 6 pontos.
c) 2 pontos.
d) 8 pontos.

31 12 cm e 16 cm.

32 128° 36'

33 112° 9'

34 84°

35 $x = 56°$ e $y = 28°$.

Ilustrações: Banco de imagens/ Arquivo da editora

36› a) Sim, porque corresponde à metade de um círculo.
b) Não, porque é formada por uma semicircunferência e um segmento de reta (um diâmetro).
c)

Quarto de círculo: 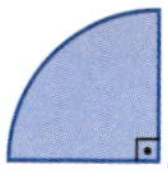; quarto de circunferência: 

37› Aproximadamente 33,96 cm.

38› Aproximadamente 9,42 cm.

39› Aproximadamente 11,16 cm.

40› Aproximadamente 88,5 cm.

41› Aproximadamente 7,85 m.

42› 9π cm²

43› Aproximadamente 1,47 cm².

44› Aproximadamente 12,28 cm².

45› $\frac{1}{3}$

46› 2 cm

47› $AB = 6$ cm; $AD = 3$ cm; $AC = 12$ cm; $CD = 9$ cm; $AF = 4$ cm e $AE = 9$ cm.

48› 9 cm

49› Aproximadamente 200,96 cm.

50› a) Aproximadamente 50,24 cm.
b) Aproximadamente 4,19 cm.

51› Tangente; secante; externa; 1 ponto comum; 2 pontos comuns; Sem pontos comuns.

Capítulo 8

1› a) 500 m
b) 1 300 m

2› a) $(22 + 5\sqrt{2})$ km
b) 50,5 km²

3› **d**

4› 16 km

5› 24 xícaras.

6› a) 27 000 cm³
b) 1,5 m³
c) 288 cm³
d) 200 cm³

7› **d**

8› $(6, 3)$

9› a) 6 000 RPM
b) 4 320 RPM

10› a) $4,8 \times 10^{14}$ mm
b) $1,8 \times 10^{21}$ nm
c) 1×10^{-15} UA

11› a) 128π cm³
b) 432π cm³
c) $2\,000\pi$ cm³

12› Aproximadamente 351 mL.

13› $C(15, 6)$ e $D(11, 2)$.

14› O *pendrive*.

15› $P(9, 3)$

16› a) 2^{10} TB
b) 2^{30} MB
c) 2^{30} kB
d) 1 PB

17› 80 vezes.

18› 5 horas.

19› a) Para que o $\triangle OAB$ seja equilátero, é necessário que $d(O, A) = d(A, B) = d(O, B)$.
$d(O, A) = 2 - 0 = 2$
$d(A, B) = \sqrt{(1-2)^2 + (1{,}73 - 0)^2} \simeq 2$
$d(O, B) = \sqrt{(1-0)^2 + (1{,}73 - 0)^2} \simeq 2$
Logo, o $\triangle OAB$ é equilátero.
b) $P = 6$ u e $A = 1{,}73$ u².

20› a) 1 200 Hz
b) 2 350 000 kHz
c) 1 342 hHz
d) 0,002487 GHz

21› a) 2 UA
b) 0,5 UA
c) Aproximadamente 30 UA.

22› **Medidas de um cubo**

Medida de comprimento da aresta	Medida de volume
2 cm	8 cm³
5 cm	125 cm³
4 cm	64 cm³
10 cm	1000 cm³

Tabela elaborada para fins didáticos.

23› A afirmação de Felipe está incorreta, pois $d(E, F) \neq d(E, G)$.

24› a) $OM = 5$ u
b) $G\left(2, \frac{8}{3}\right)$

25› a) $C(4, -2)$
b) Sim.

26› Sim, as 3 latas juntas têm medida de capacidade de aproximadamente 4,8 L, o que é suficiente para a receita.

27› Laura.

28› $a = 2$ cm, $b = 4$ cm, $c = 10$ cm.

29› a) $\frac{5}{8}$
b) $\frac{2}{3}$
c) $\frac{5}{4}$

30› O $\triangle ABC$ é isósceles e os lados $\overline{AB}$ e $\overline{BC}$ são congruentes.

31▸ a) 7,5 voltas.
b) 150 000 000 km

32▸ a) 120 m
b) 0,16 m
c) 0,006 m

33▸ 70 u

34▸ Não.

35▸ Aproximadamente 514,4 cm^3.

36▸ 12 cm

37▸ a) Aproximadamente 31 cm.
b) Aproximadamente 77,5 cm^2.
c) Aproximadamente 310 cm^2.
d) Aproximadamente 516,7 cm^3.
e) Aproximadamente 9 cm.
f) Aproximadamente 8 cm.

38▸ Grandes; unidade astronômica; ano-luz; parsec; pequenos, micrômetro; nanômetro.

Capítulo 9

1▸ a) Variável quantitativa discreta; exemplos de valores: 1 e 5.
b) Variável qualitativa nominal; exemplos de valores: verde e azul.
c) Variável quantitativa contínua; exemplos de valores: 1 e 2,5.
d) Variável qualitativa ordinal; exemplos de valores: prata e ouro.
e) Variável quantitativa discreta; exemplos de valores: 2 e 5.
f) Variável qualitativa nominal; exemplos de valores: Pará e Maranhão.
g) Variável quantitativa discreta; exemplos de valores: 30 e 45.
h) Variável qualitativa ordinal; exemplos de valores: P e M.

2▸ a) Gráfico de setores.
b)

Notas dos participantes da prova

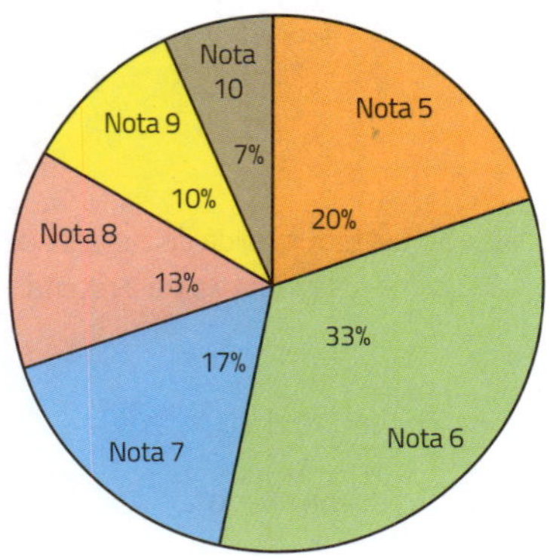

Gráfico elaborado para fins didáticos.

Banco de imagens/Arquivo da editora

3▸ a)

Frequências dos salários

Salário (em R$)	FA	FR (em %)
1450,00 ⊢— 1525,00	4	20
1525,00 ⊢— 1600,00	7	35
1600,00 ⊢— 1675,00	5	25
1675,00 ⊢— 1750,00	4	20

Tabela elaborada para fins didáticos.

b)

Salários dos funcionários

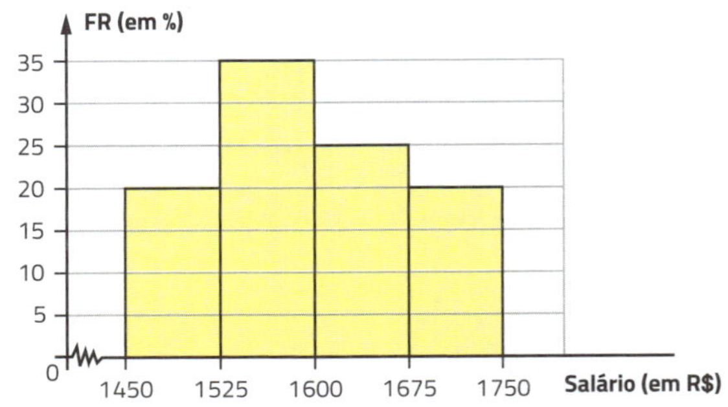

Gráfico elaborado para fins didáticos.

Banco de imagens/Arquivo da editora

c) R$ 1 596,25.

4▸

Língua estrangeira escolhida

Língua estrangeira	FA	FR (em %)
Espanhol	12	30
Francês	8	20
Inglês	16	40
Italiano	4	10

Tabela elaborada para fins didáticos.

Língua estrangeira escolhida

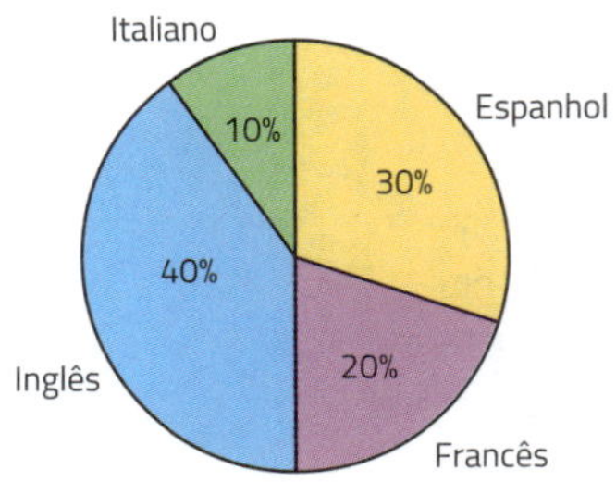

Gráfico elaborado para fins didáticos.

Banco de imagens/Arquivo da editora

5▸ a)

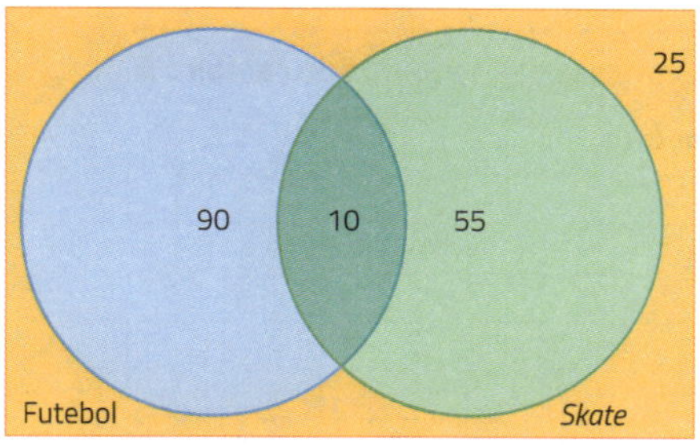

Banco de imagens/Arquivo da editora

b) $\frac{1}{10}$

6▸ 56 possibilidades.

7▸ 6 apertos de mão.

8▸ a)

Número de irmãos dos alunos de Noemi

Número de irmãos	Contagem	Frequência absoluta	Frequência relativa (em %)
0		5	20%
1		10	40%
2		6	24%
3		3	12%
4		1	4%
Total		**25**	**100%**

Tabela elaborada para fins didáticos.

b) Moda: 1; mediana: 1; média aritmética: 1,4; amplitude: 4; variância: 1,424; desvio-padrão: 1,2.

9▸ a)

Crescimento de um girassol

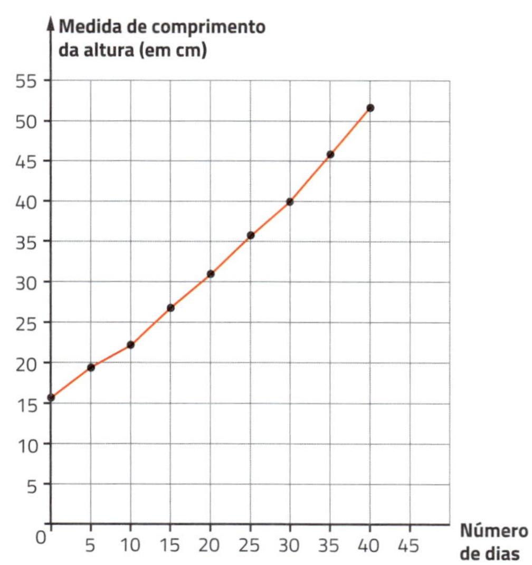

Banco de imagens/Arquivo da editora

Gráfico elaborado para fins didáticos.

10▸ a) Eventos independentes.

b) Eventos dependentes.

11▸ a) $\frac{2}{5}$ ou 40%.

b) $\frac{1}{4}$ ou 25%.

12▸ a) 12 possibilidades.

b) Frango: F; carne: C; queijo: Q; peito de peru: P; laranja: L; morango: M; acerola: A; possibilidades: F-L, F-M, F-A, C-L, C-M, C-A, Q-L, Q-M, Q-A, P-L, P-M e P-A.

13▸ a) $\frac{1}{2}$ ou 50%.

b) $\frac{1}{3}$ ou aproximadamente 33,3%.

14▸ a)

Soma dos números dos dados

+	1	2	3	4	5	6
1	2	3	4	5	6	7
2	3	4	5	6	7	8
3	4	5	6	7	8	9
4	5	6	7	8	9	10
5	6	7	8	9	10	11
6	7	8	9	10	11	12

Tabela elaborada para fins didáticos.

b)
- $\frac{1}{6}$
- $\frac{1}{9}$
- $\frac{1}{2}$
- $\frac{1}{18}$
- 0
- $\frac{5}{12}$

15▸ a) $\frac{1}{15}$ ou aproximadamente 6,7%.

b) $\frac{1}{3}$ ou aproximadamente 33,3%.

c) $\frac{1}{5}$ ou 20%.

d) $\frac{11}{15}$ ou aproximadamente 73,3%.

16▸ a) Não, pois o resultado esperado era 10 caras e 10 coroas.

17▸ a) $\frac{120}{290}$ ou aproximadamente 41%.

b) $\frac{45}{290}$ ou aproximadamente 16%.

c) $\frac{240}{290}$ ou aproximadamente 83%.

18▸ a)

Resultados dos lançamentos do dado

Face	Contagem	Frequência absoluta
A	𝍸 𝍸 𝍸 𝍸 𝍸 ||||	29
B	𝍸	5
C	𝍸 𝍸 𝍸 𝍸 𝍸 𝍸 𝍸 𝍸 𝍸 𝍸 𝍸 ||||	59
D	𝍸 𝍸 𝍸 𝍸 𝍸 𝍸 𝍸 𝍸 𝍸 𝍸 𝍸 𝍸 𝍸 𝍸 𝍸 𝍸 𝍸 𝍸 𝍸 |	96
E	𝍸 𝍸 𝍸 𝍸 𝍸 𝍸 𝍸 |	36
F	𝍸 𝍸 𝍸	15

Tabela elaborada para fins didáticos.

b) • $\frac{36}{240}$ ou 15%.

• $\frac{29}{240}$ ou aproximadamente 12%.

• $\frac{235}{240}$ ou aproximadamente 98%.

19▸ a) $\frac{7}{15}$ ou aproximadamente 46,7%.

b) $\frac{8}{15}$ ou aproximadamente 53,3%.

c) $\frac{1}{10}$ ou 10%.

d) $\frac{1}{6}$ ou aproximadamente 16,7%.

e) $\frac{14}{25}$ ou 56%.

20▸ O gráfico de segmentos, pois ele é utilizado quando queremos mostrar a evolução das frequências dos valores de uma variável durante um intervalo de tempo observado, o que não é a intenção nesta situação.

21▸ a)

Medidas de massa das cenouras do canteiro A

Medida de massa (em g)	Contagem	Frequência absoluta
60 ⊢— 70	||||	4
70 ⊢— 80	𝍸 |	6
80 ⊢— 90	𝍸	5
90 ⊢— 100	𝍸 𝍸	10
100 ⊢— 110	𝍸 𝍸 𝍸	15
110 ⊢— 120	𝍸 𝍸	10

Tabela elaborada para fins didáticos.

b)

Medidas de massa das cenouras do canteiro A

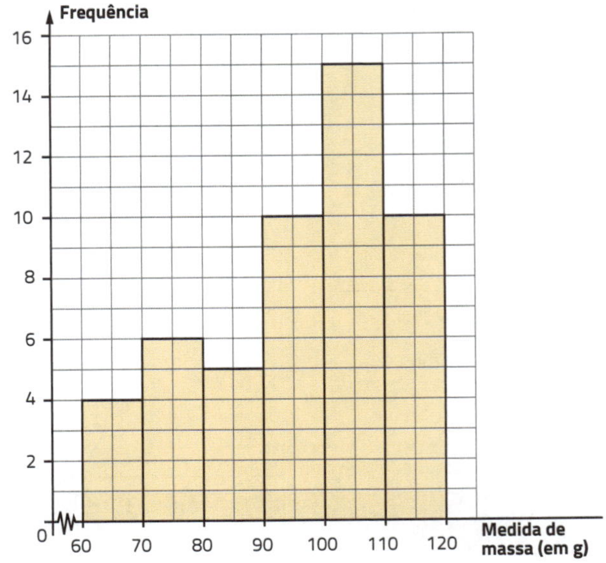

Banco de imagens/Arquivo da editora

Gráfico elaborado para fins didáticos.

c) O canteiro **A**, pois tem mais cenouras com medidas de massa entre 90 g e 120 g.

22▸ a) Morango: 27,2; chocolate: 29,4; baunilha: 20,2.

b) 76,8 sorvetes.

23▸ Cidade **A**: R$ 1 800,00; cidade **B**: R$ 900,00; cidade **C**: R$ 2 100,00.

24▸ a)

Concentração de colesterol HDL no sangue

Concentração de colesterol HDL no sangue (em mg/dL)	Frequência absoluta
40 ⊢— 45	1
45 ⊢— 50	4
50 ⊢— 55	6
55 ⊢— 60	4
60 ⊢— 65	1
65 ⊢— 70	2

Tabela elaborada para fins didáticos.

b) Aproximadamente 54,17.

25▸ a) Gráfico de segmentos.

b) Gráfico de setores.

27▸ a) K: cara; C: coroa; $\Omega = \{(K, K, K), (K, K, C), (K, C, K), (K, C, C), (C, K, K), (C, K, C), (C, C, K), (C, C, C)\}$.

b) $A = \{(K, K, C), (K, C, K), (C, K, K)\}$

28▸ $\{11, 13, 17, 19\}$

29›

Número de carros que usam a balsa por dia

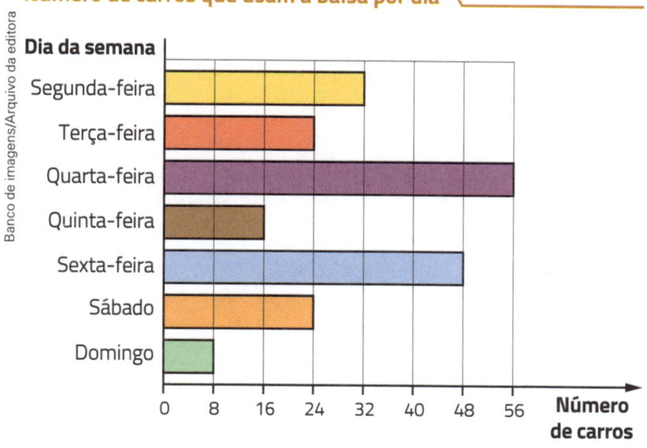

Gráfico elaborado para fins didáticos.

30› a) 50 alunos.

b) 180 alunos.

c) 50 alunos.

d) $\frac{1}{10}$ ou 10%.

e) $\frac{6}{13}$ ou aproximadamente 46%.

f) $\frac{1}{5}$ ou 20%.

31› c

32› a) Os eventos deste ano são independentes, pois o resultado do sorteio do 1º semestre não influencia o resultado do 2º semestre; os eventos do próximo ano são dependentes, pois o resultado do 2º semestre é influenciado pelo resultado do 1º semestre.

b) $\frac{4}{25}$ ou 16%.

c) $\frac{18}{29}$ ou aproximadamente 62%.

33› a) 10%

b) Antônio: 15 votos; Pedro: 12 votos; Paula: 3 votos.

34›

Programação da rádio

	Música	Esporte	Publicidade	Total
Porcentagem	55%	30%	15%	**100%**
Medida de abertura do ângulo central	198°	108°	54°	**360°**

Tabela elaborada para fins didáticos.

Programação da rádio

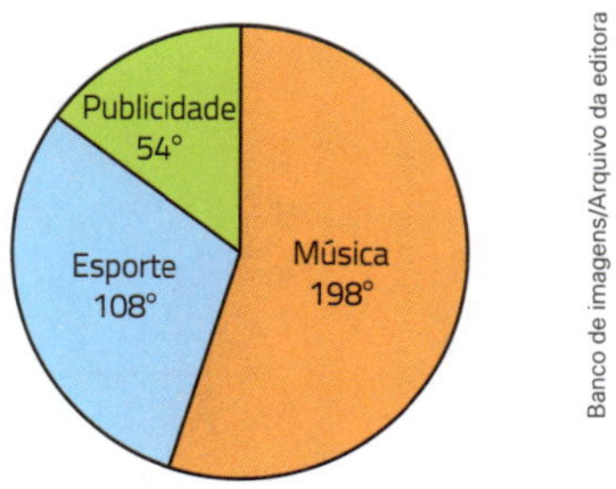

Gráfico elaborado para fins didáticos.

35› Dependentes; independentes; complementares; condicionados.

Atividades de lógica

1› c

2› Alternativa **d**; se as alternativas **a** ou **b** fossem verdadeiras, a alternativa **c** também seria. Como só há uma opção verdadeira, as alternativas **a** e **b** devem ser eliminadas. Da mesma maneira, se as alternativas **c** ou **e** fossem verdadeiras, a alternativa **d** também seria. Logo, a única opção que pode ser correta, sem que outra também seja, é a alternativa **d**.

3› c

4› d

5› Se forem retiradas 19 bolinhas, ou uma quantidade menor do que esta, existe a possibilidade de que todas sejam da mesma cor. Logo, $n = 20$.

6› c

7› d

8› II

9› b

10› b

11› b

12› c

13› V, V, V, F, F.

14› a

15› c

16› e

plurall

Parabéns!
Agora você faz parte do **Plurall**, a plataforma digital do seu livro didático!
Acesse e conheça todos os recursos e funcionalidades disponíveis para as suas aulas digitais.

Baixe o aplicativo do **Plurall** para Android e IOS ou acesse **www.plurall.net** e cadastre-se utilizando o seu código de acesso exclusivo:

AAAJMP8TH

Este é o seu código de acesso Plurall.
Cadastre-se e ative-o para ter acesso aos conteúdos relacionados a esta obra.

@plurallnet

@plurallnetoficial

SOMOS EDUCAÇÃO

Luiz Roberto Dante

Livre-docente em Educação Matemática pela Universidade Estadual Paulista "Júlio de Mesquita Filho" (Unesp-SP), *campus* de Rio Claro

Doutor em Psicologia da Educação: Ensino da Matemática pela Pontifícia Universidade Católica de São Paulo (PUC-SP)

Mestre em Matemática pela Universidade de São Paulo (USP)

Licenciado em Matemática pela Unesp-SP, Rio Claro

Pesquisador em Ensino e Aprendizagem da Matemática pela Unesp-SP, Rio Claro

Ex-professor do Ensino Fundamental e do Ensino Médio na rede pública de ensino

Autor de várias obras de Educação Infantil, Ensino Fundamental e Ensino Médio

Fernando Viana

Doutor em Engenharia Mecânica pela Universidade Federal da Paraíba (UFPB)

Mestre em Matemática pela UFPB

Aperfeiçoamento em Docência no Ensino Superior pela Faculdade Brasileira de Ensino, Pesquisa e Extensão (Fabex)

Licenciado em Matemática pela UFPB

Professor efetivo do Instituto Federal de Educação, Ciência e Tecnologia da Paraíba (IFPB)

Professor do Ensino Fundamental, do Ensino Médio e de cursos pré-vestibulares há mais de 20 anos

O nome ***Teláris*** se inspira na forma latina *telarium*, que significa "tecelão", para evocar o entrelaçamento dos saberes na construção do conhecimento.

TELÁRIS

MATEMÁTICA

9

editora ática

editora ática

Direção Presidência: Mario Ghio Júnior
Direção de Conteúdo e Operações: Wilson Troque
Direção editorial: Luiz Tonolli e Lidiane Vivaldini Olo
Gestão de projeto editorial: Mirian Senra
Gestão e coordenação de área: Ronaldo Rocha
Edição: Pamela Hellebrekers Seravalli, Marina Muniz Campelo, Carlos Eduardo Marques e Paula Sampaio Meirelles (editores), Sirlaine Cabrine Fernandes e Darlene Fernandes Escribano (assist.)
Planejamento e controle de produção: Patrícia Eiras e Adjane Queiroz
Revisão: Hélia de Jesus Gonsaga (ger.), Kátia Scaff Marques (coord.), Rosângela Muricy (coord.), Ana Maria Herrera, Ana Paula C. Malfa, Arali Gomes, Brenda T. M. Morais, Carlos Eduardo Sigrist, Daniela Lima, Diego Carbone, Flavia S. Vênezio, Gabriela M. Andrade, Heloísa Schiavo, Kátia S. Lopes Godoi, Luciana B. Azevedo, Luís M. Boa Nova, Luiz Gustavo Bazana, Patricia Cordeiro, Patrícia Travanca, Paula T. de Jesus, Sandra Fernandez, Sueli Bossi, Vanessa P. Santos; Amanda T. Silva e Bárbara de M. Genereze (estagiárias)
Arte: Daniela Amaral (ger.), André Gomes Vitale e Erika Tiemi Yamauchi (coord.), Filipe Dias, Karen Midori Fukunaga, Renato Akira dos Santos e Renato Neves (edição de arte)
Diagramação: Estúdio Anexo e Arte4 Produção editorial
Iconografia e tratamento de imagem: Sílvio Kligin (ger.), Roberto Silva (coord.), Izabela Mariah Rocha e Izabela Roberta Freire (pesquisa iconográfica), Cesar Wolf e Fernanda Crevin (tratamento)
Licenciamento de conteúdos de terceiros: Thiago Fontana (coord.), Flavia Zambon (licenciamento de textos), Erika Ramires, Luciana Pedrosa Bierbauer, Luciana Cardoso Sousa e Claudia Rodrigues (analistas adm.)
Ilustrações: Ericson Guilherme Luciano, Felix Reiners, Guilherme Asthma, Luis Moura, Mauro Souza, Michel Ramalho, Paulo Manzi, Rodrigo Pascoal e Thiago Neumann
Cartografia: Eric Fuzii (coord.), Robson Rosendo da Rocha (edit. arte)
Design: Gláucia Koller (ger.), Adilson Casarotti (proj. gráfico e capa), Erik Taketa (pós-produção), Gustavo Vanini e Tatiane Porusselli (assist. arte)
Foto de capa: Michael Melford/The Image Bank/Getty Images

Avenida das Nações Unidas, 7221, 3º andar, Setor A
Pinheiros – São Paulo – SP – CEP 05425-902
Tel.: 4003-3061
www.atica.com.br / editora@atica.com.br

Dados Internacionais de Catalogação na Publicação (CIP)

Dante, Luiz Roberto
Teláris matemática 9º ano / Luiz Roberto Dante, Fernando Viana. - 3. ed. - São Paulo : Ática, 2019.

Suplementado pelo manual do professor.
Bibliografia.
ISBN: 978-85-08-19344-8 (aluno)
ISBN: 978-85-08-19345-5 (professor)

1. Matemática (Ensino fundamental). I. Viana, Fernando. II. Título.

2019-0174 CDD: 372.7

Julia do Nascimento - Bibliotecária - CRB - 8/010142

2024
Código da obra CL 742184
CAE 654375 (AL) / 654374 (PR)
3ª edição
1ª impressão
De acordo com a BNCC.

Impressão e acabamento: Bercrom Gráfica e Editora
Código da Op: 251826

Uma publicação SOMOS EDUCAÇÃO

Apresentação

Caro aluno

Bem-vindo a esta nova etapa de estudos e aprendizagens.

Como você já sabe, a Matemática é uma parte importante de sua vida. Ela está presente em todos os lugares e em todas as situações de seu cotidiano: na escola, no lazer, nas brincadeiras, em casa.

Escrevi este livro para você compreender as ideias matemáticas e aplicá-las em seu dia a dia. Estou certo de que fará isso de maneira prazerosa, agradável, participativa e sem aborrecimentos. Sabe por quê? Porque ao longo deste livro você será convidado a pensar, explorar, resolver problemas e desafios, trocar ideias com os colegas, observar ao seu redor, ler sobre a evolução histórica da Matemática, trabalhar em equipe, conhecer curiosidades, brincar, pesquisar, argumentar, redigir e divertir-se.

Gostaria muito de que você aceitasse este convite com entusiasmo e dedicação, participando ativamente de todas as atividades propostas.

Vamos começar?

Um abraço.

O autor

CONHEÇA SEU LIVRO

Ao longo dos capítulos, há várias seções e boxes especiais que vão contribuir para a construção de seus conhecimentos matemáticos.

Abertura do capítulo

Apresenta algumas imagens e um breve texto de introdução que vão prepará-lo para as descobertas que você fará no decorrer do trabalho proposto. Também apresenta algumas questões sobre os assuntos que serão desenvolvidos no capítulo.

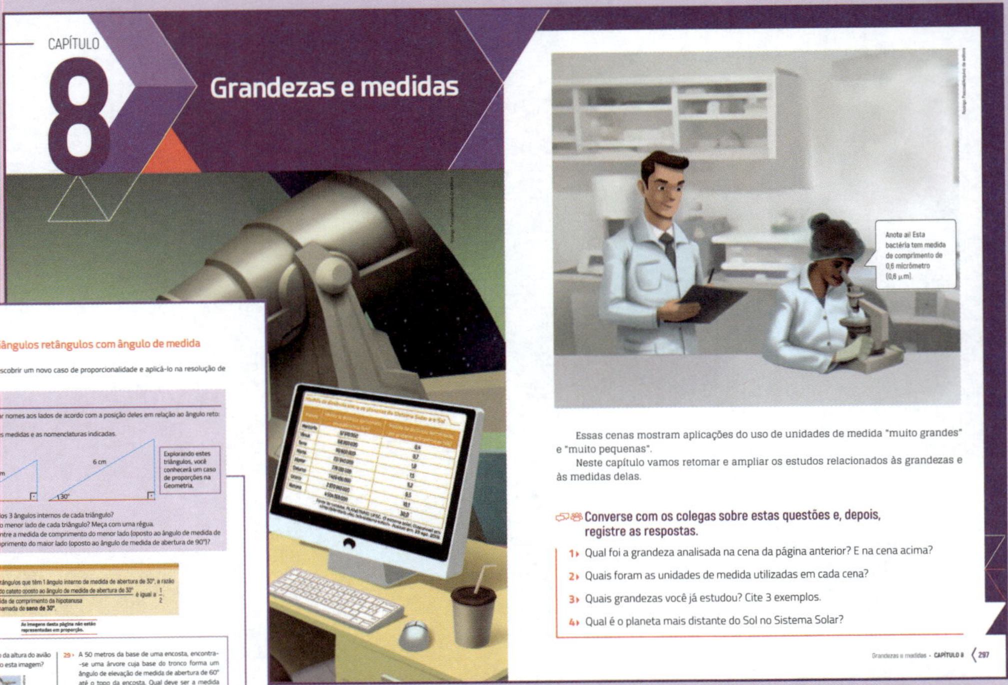

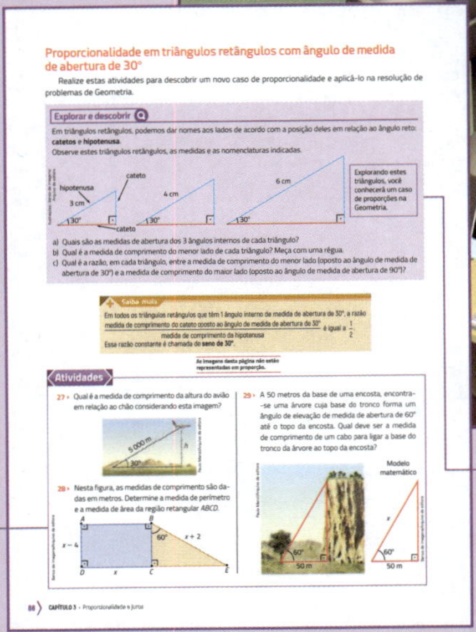

Explorar e descobrir

Atividades de exploração, experimentação, verificação, descobertas e sistematização dos conteúdos apresentados.

Atividades

Seção que propõe diferentes atividades e situações-problema para você resolver, desenvolvendo os conceitos abordados. Nela, você pode encontrar atividades do tipo **desafio**, que instigam e exigem maior perspicácia na resolução.

Em algumas atividades, há também indicações de cálculo mental, de resolução oral e de conversa em dupla ou em grupo. Outras atividades indicam o uso da calculadora.

Conexões

Textos adicionais e interessantes que complementam e contextualizam a aprendizagem, muitas vezes de modo interdisciplinar, priorizando temas como ética, saúde e meio ambiente. Os textos são acompanhados de questões que evidenciam a Matemática em diferentes contextos.

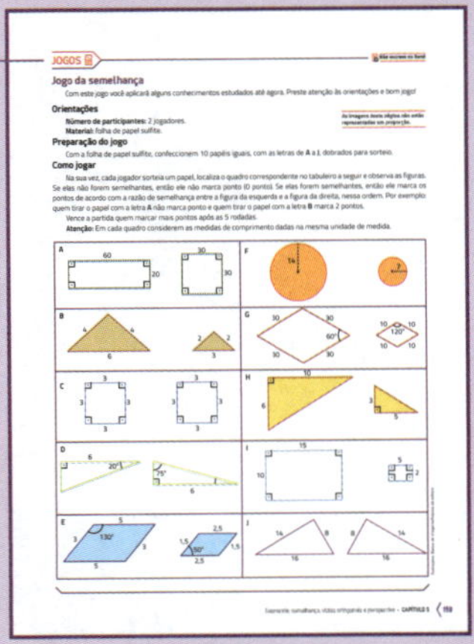

Jogos

Seção de jogos relacionados aos conteúdos que estão sendo estudados no capítulo.

Estudando Matemática, você vai adquirir conhecimentos que vão auxiliá-lo a compreender o mundo à sua volta, estimulando também seu interesse, sua curiosidade, seu espírito investigativo e sua capacidade de resolver problemas. Desse modo, você estará apto, por exemplo, a comprar produtos de modo mais consciente, a ler jornais e revistas de maneira mais crítica, a entender documentos importantes, como contas, boletos e notas fiscais, a interpretar criticamente textos, tabelas e gráficos divulgados pela mídia, entre outras coisas. Assim, você terá uma participação mais ativa e esclarecida na sociedade.

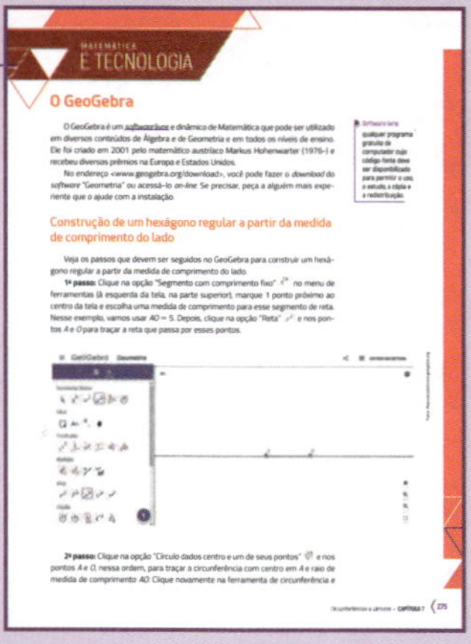

Matemática e tecnologia

Seção de exploração da tecnologia, como o uso de calculadora e de *softwares* livres. As atividades envolvem conteúdos de operações, geometria e estatística.

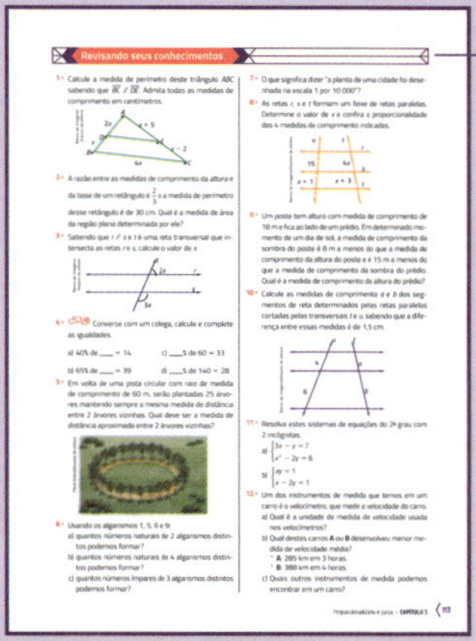

Revisando seus conhecimentos

Atividades, problemas, situações-problema contextualizadas e testes que revisam contínua e cumulativamente os conceitos e os procedimentos fundamentais estudados no capítulo e nos capítulos e anos anteriores.

Para ler, pensar e divertir-se

Textos para leitura, sobre assuntos de interesse matemático, seguidos de atividades desafiadoras e atividades divertidas. É o encerramento de cada capítulo.

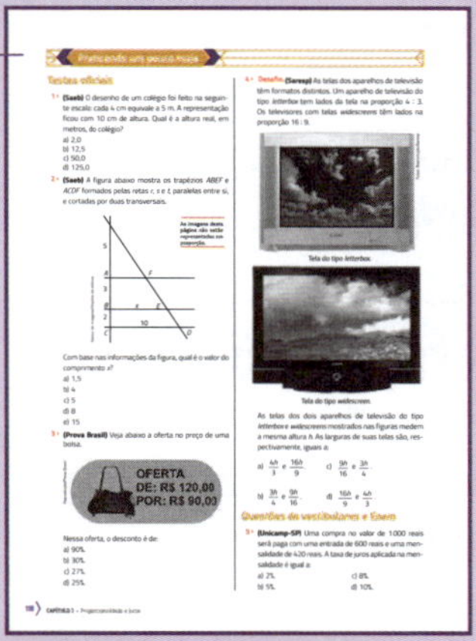

Praticando um pouco mais

Questões de avaliações oficiais sobre os conteúdos que estão sendo estudados.

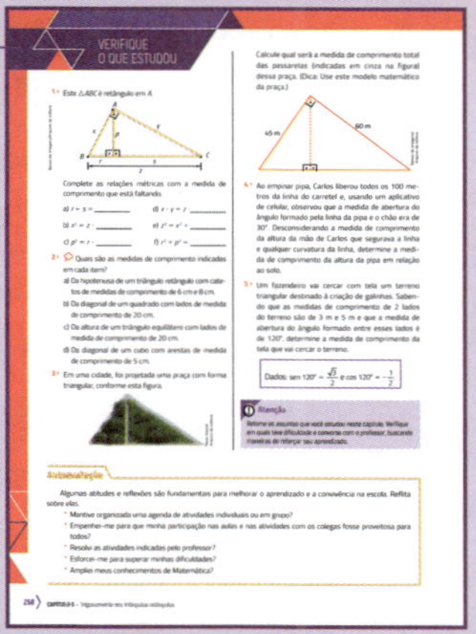

Verifique o que estudou

Atividades de revisão e verificação de alguns dos conteúdos e temas abordados ao longo do capítulo, seguidas de uma proposta de autoavaliação para você refletir sobre seu processo de aprendizagem e sobre atitudes que tomou em relação aos estudos, ao professor e aos colegas.

Raciocínio lógico

Atividades voltadas para a aplicação de noções de lógica na resolução de problemas.

Bate-papo

Atividades orais para você, os colegas e o professor compartilharem opiniões e conhecimentos.

Saiba mais

Fatos e curiosidades relacionados aos tópicos estudados.

Um pouco de História

Informações e fatos históricos relacionados à Matemática.

Atividade resolvida passo a passo

Atividade com proposta de resolução detalhada e comentada, seguida de uma ampliação.

Glossário

Verbetes e respectivas definições que são relacionados à Matemática e aos conteúdos do volume.

Material complementar

Material com peças e figuras recortáveis para manipulação.

SUMÁRIO

Capítulo 4

Capítulo 5

Capítulo 6

Capítulo 7

Capítulo 8

Capítulo 9

INTRODUÇÃO

A Matemática está presente no cotidiano, desde em coisas simples, como fazer uma contagem das moedas que temos na carteira, até em situações mais complexas, nas quais precisamos elaborar um raciocínio.

Kostin/Shutterstock

Moedas.

O modo de pensar matemático nos ajuda a resolver diversos problemas que dificilmente resolveríamos de outra maneira.

Veja, por exemplo, a torre de Hanói. Esse jogo, criado no fim do século XIX, consiste em discos empilhados, com tamanhos decrescentes, e 3 pinos. O propósito é transferir todos os discos que estão em um pino para um dos outros pinos, movendo 1 disco de cada vez, sem nunca deixar um disco maior em cima de um menor.

As imagens desta página não estão representadas em proporção.

Dmitry Elagin/Shutterstock

Torre de Hanói com 7 discos.

Você já conhecia esse jogo? Lendo as regras, conseguiria dizer qual é o número mínimo de movimentos necessários para essa torre com 7 discos?

Pode parecer difícil calcular o número de movimentos necessários, porém, o raciocínio matemático de buscar situações parecidas a essa, mas mais simples, pode nos ajudar. Observe o número de movimentos considerando menos discos.

Número de discos	Número de movimentos
1	1
2	3
3	7
4	15
⋮	⋮

Usando nossos conhecimentos matemáticos, podemos observar uma regularidade no número de movimentos.

1 disco: $1 = 2^1 - 1$

2 discos: $3 = 2^2 - 1$

3 discos: $7 = 2^3 - 1$

4 discos: $15 = 2^4 - 1$

Então, com 7 discos, são necessários 127 movimentos ($2^7 - 1 = 128 - 1 = 127$), no mínimo.

Agora, que tal descobrir o número mínimo de movimentos necessários para esta torre com 9 discos?

Reprodução/<https://www.solve-it-puzzles.com>

Torre de Hanói com 9 discos.

Além do raciocínio matemático, a linguagem matemática também auxilia muito na simplificação, na representação e na comunicação de ideias. Por exemplo, vamos considerar um dos conceitos mais importantes da Matemática: o conceito de função.

Podemos contextualizar essa ideia de maneira muito simples: quando você vai à padaria e pede 6 pães, o atendente os coloca em um saquinho, pesa e coloca o preço; em seguida, você vai ao caixa pagar. O preço a pagar depende da medida de massa dos pães, ou seja, o preço a pagar é dado em função da medida de massa.

Note que, nessa situação, estão presentes 2 conjuntos de números: o conjunto das medidas de massa (em gramas, por exemplo) e o conjunto dos valores a pagar (em reais). A cada medida de massa corresponde um único valor a pagar, o que caracteriza uma função.

Lev Dolgachov/Alamy/Fotoarena

As imagens desta página não estão representadas em proporção.

Atendente colocando pães no saquinho.

Assim, por exemplo, se o valor a pagar é de R$ 16,90 por quilograma de pães, podemos escrever:

$$y = 16{,}9x$$

em que y é o valor a pagar (em reais) e x é a medida de massa (em quilogramas) dos pães.

A linguagem que simplifica bastante a comunicação matemática também é usada em muitas outras ciências.

Na Física, por exemplo, o cientista italiano Galileu Galilei (1564-1642) analisou o movimento de objetos em queda no campo gravitacional da Terra. Ele concluiu que, desprezando a resistência do ar, a medida de comprimento da altura percorrida por um corpo em queda livre é diretamente proporcional ao quadrado da medida de intervalo de tempo da queda.

Em linguagem matemática, isso é escrito assim:

$$S = 4{,}9t^2$$

em que S é a medida de comprimento da altura e t é a medida de intervalo de tempo.

DeAgostini/Getty Images

Retrato de Galileo Galilei. 1636. Justus Sustermans. Óleo sobre tela, 66 cm × 56 cm.

Pense nesta situação. Se você elevar os braços e soltar uma bola, em quantos segundos ela chegará ao chão?

Use a fórmula acima e a medida de comprimento da altura da qual a bola será solta e calcule a medida de intervalo de tempo aproximada. Depois, faça o teste, cronometre a medida de intervalo de tempo e divirta-se com essa experimentação!

As imagens desta página não estão representadas em proporção.

Dotta2/Arquivo da editora

Jovens fazendo o experimento de queda livre.

Outra linguagem matemática muito útil na Arquitetura e na Engenharia, por exemplo, se relaciona à Geometria. Traçando retas paralelas e retas concorrentes e usando o conceito de perspectiva, os profissionais dessas áreas desenham plantas baixas, vistas de construções e diversos projetos arquitetônicos detalhados e realistas.

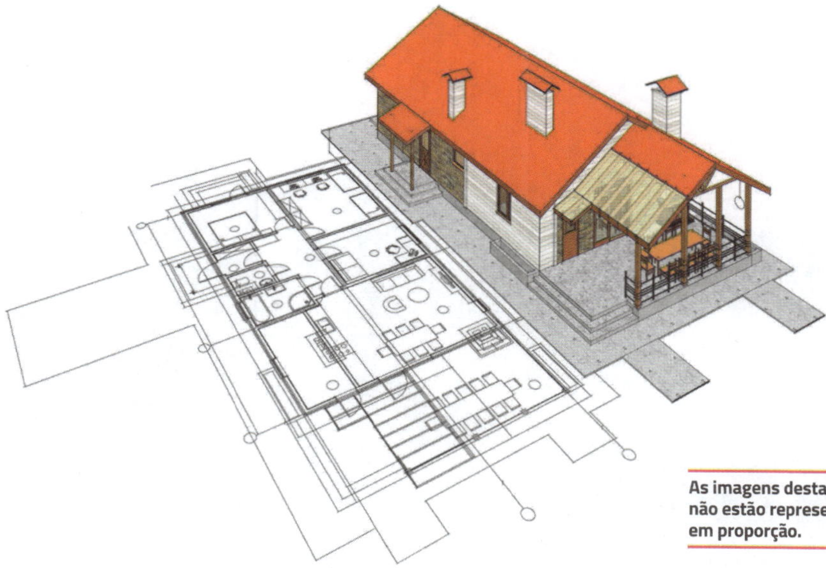

Svjatoslav Andreichyn/Shutterstock

As imagens desta página não estão representadas em proporção.

Planta baixa e projeto arquitetônico de uma casa com varanda.

Observe que, para essas ciências, unidades de medida como o centímetro, o metro e até mesmo o quilômetro são suficientes para expressar as medidas de comprimento. Mas seria prático utilizá-las para medir, por exemplo, a distância entre a Terra e o buraco negro na galáxia Messier 87?

Esse buraco negro está a 55 milhões de anos-luz da Terra (cerca de 520 trilhões de quilômetros), tem medida de diâmetro de cerca de 100 bilhões de quilômetros e a medida de massa dele corresponde a mais de 6 vezes a do Sol do Sistema Solar.

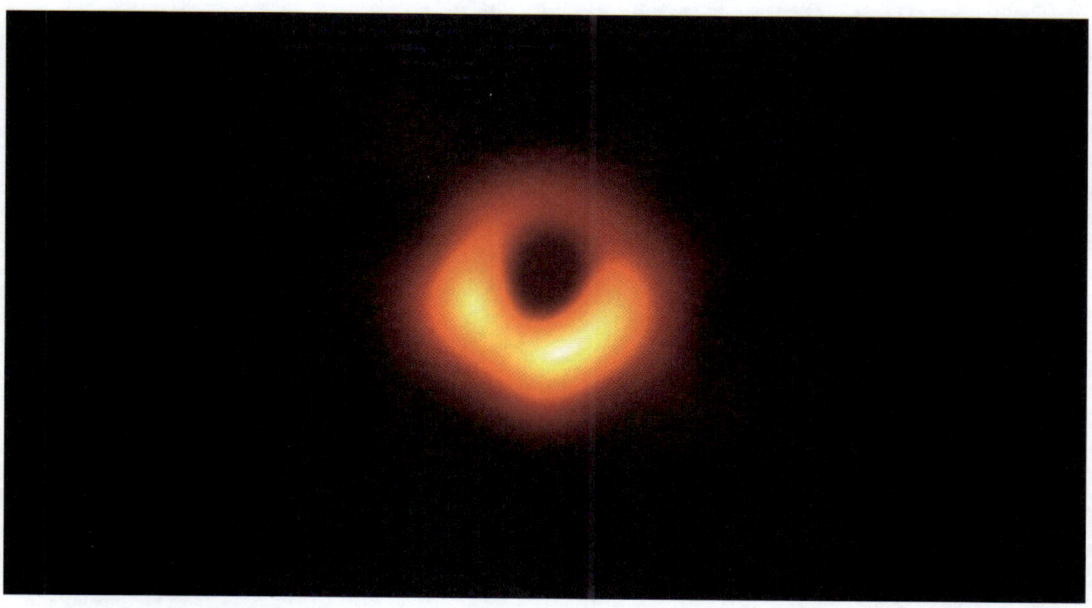

NSF/EyePress/Agência France-Presse

Imagem do buraco negro na galáxia Messier 87. Criada por uma rede de telescópios e divulgada pela Fundação Nacional de Ciências dos Estados Unidos, em abril de 2019, essa é a primeira imagem captada de um buraco negro na História.

Convidamos você a descobrir esses e muitos outros conhecimentos neste livro, transitando em diversas situações em que a Matemática está presente e é essencial para resolvê-las.

CAPÍTULO

1 Números reais

Felix Reiners/Arquivo da editora

Ilustrações: Felix Reiners/Arquivo da editora

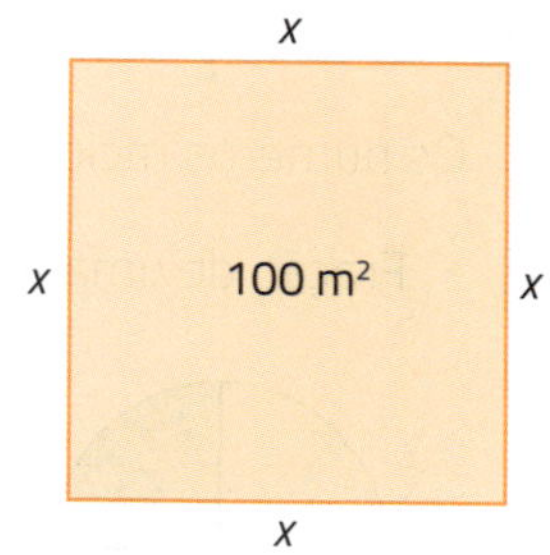

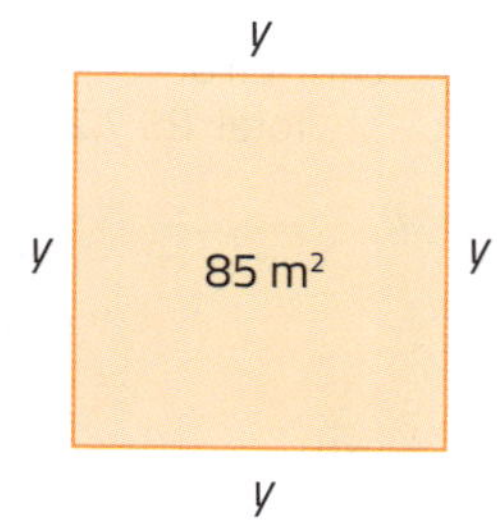

Ilustrações: Banco de imagens/Arquivo da editora

Na fazenda de Pedro e Giovana, facilmente podemos concluir que a medida de comprimento do lado do terreno com floresta é de 10 m, já que $10^2 = 100$ e que o terreno tem a forma quadrada.

Contudo, não parece tão fácil determinar a medida de comprimento do lado do terreno com plantação, que também tem a forma quadrada. Qual número elevado ao quadrado resulta em 85? Neste capítulo vamos ver que esse é um **número irracional** e vamos aprender maneiras de trabalhar com ele.

Converse com os colegas sobre estas questões e registre as respostas.

1 Quanto mede o comprimento do lado de um terreno quadrado com medida de área de 81 m²?

2 Como você indicaria a medida de comprimento do lado de um terreno quadrado com medida de área de 70 m²?

3 Qual é a característica comum a todos os números racionais?

4 Como são representados o conjunto dos números naturais? E o dos números inteiros?

5 Como ficam os números racionais abaixo, representados na forma decimal?

a) $\frac{3}{4}$

b) $-\frac{1}{2}$

c) $2\frac{3}{5}$

d) $-\frac{8}{3}$

1 Conjunto dos números racionais ($\mathbb{Q}$)

Os números racionais você já conhece. Veja alguns exemplos de situações nas quais eles são usados.

- Fração de uma figura.

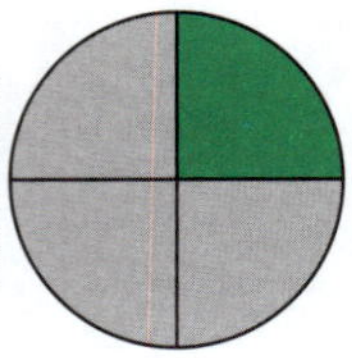

Banco de imagens/Arquivo da editora

Parte pintada de verde:

$\frac{1}{4}$ do círculo.

Parte não pintada de verde:

$\frac{3}{4}$ do círculo.

- Dinheiro.

Total: R$ 7,25

Reprodução/Casa da Moeda do Brasil/Ministério da Fazenda

- Divisão.

$5 \div 3$

```
    5        | 3
  - 3        |------
  ----       | 1,66
    2 0      |
  - 1 8      |
  ------     |
    0 2 0    |
    - 1 8    |
    ------   |
      0 2    |
```

Logo, $5 \div 3 = 1{,}666...$ ou $1{,}\overline{6}$.

- Receita culinária.

As imagens desta página não estão representadas em proporção.

Thiago Neumann/Arquivo da editora

- Medida de comprimento de um segmento de reta.

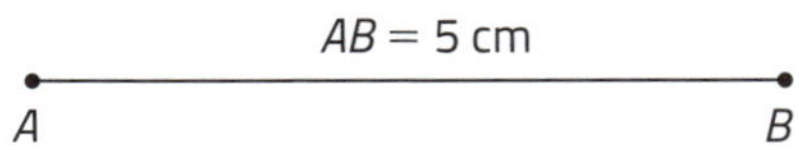

Banco de imagens/Arquivo da editora

Todo número **racional** pode ser representado por uma **fração com numerador e denominador inteiros e denominador diferente de zero**.

O conjunto de todos os números racionais é indicado por $\mathbb{Q}$.

Representamos assim: $\mathbb{Q} = \left\{x \text{ tal que } x = \frac{a}{b}, \text{ com } a \text{ e } b \text{ números inteiros e } b \neq 0\right\}$

Atividades

1 Escreva todos os números racionais citados nos exemplos acima, na forma de fração irredutível.

2 Escreva os números racionais a seguir na forma decimal exata ou na forma de dízima periódica.

a) 4

b) $-\frac{1}{4}$

c) $\frac{1}{9}$

d) $3\frac{1}{5}$

3 **Projeto em equipe: números racionais em notícias.** Com os colegas, recortem 3 notícias de jornais, revistas ou folhetos de propaganda: uma que envolva números inteiros, outra que envolva fração e outra que envolva números racionais na forma decimal. Montem um painel e, para cada notícia, formulem uma questão e respondam a ela. Compartilhem o trabalho com os demais colegas.

2 Conjunto dos números irracionais ($\mathbb{I}$)

A ideia de número irracional

Existem números cuja **representação decimal** é **infinita e não periódica** e que, por isso, não são racionais. Por exemplo, 0,1010010001000010000 0... e 2,71727374... têm representações decimais infinitas e não periódicas. Eles são chamados de **números irracionais**.

No primeiro número apresentado, a parte decimal é formada pelo algarismo 1 seguido de 1 algarismo 0, depois o algarismo 1 seguido de 2 algarismos 0, depois o algarismo 1 seguido de 3 algarismos 0, e assim por diante. Dessa maneira, essa representação é infinita e não periódica. No segundo número, as casas decimais também são infinitas e não é possível determinar um período.

Assim, podemos escrever:

> **Número irracional** é todo número cuja representação decimal é infinita e não periódica.

Thiago Neumann/Arquivo da editora

Veja outros exemplos de números racionais e de números irracionais.

- 0,42 é um número racional (decimal exato).
- $0,4\overline{2}$ é um número racional (dízima periódica).
- 0,424224222... é um número irracional (decimal infinito não periódico).

Neste livro, representaremos o conjunto dos números irracionais por $\mathbb{I}$.

Saiba mais

O número irracional pi (π)

Em qualquer circunferência, a divisão da medida de comprimento (C) da circunferência pelo dobro da medida de comprimento do raio ($2r$) tem como resultado o número 3,14159265... Esse número é um exemplo de número irracional e é representado pela letra grega π (pi). Com o auxílio de um computador, já foi possível determinar mais de 31,4 trilhões de casas decimais do número π sem que tenha surgido um decimal exato ou uma dízima periódica.

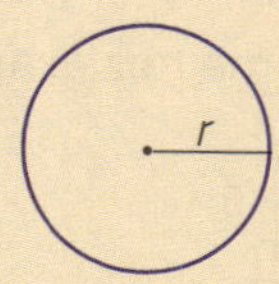

$$\frac{C}{2r} = \pi$$

Banco de imagens/Arquivo da editora

Fonte de consulta: OLHAR DIGITAL. Disponível em: <https://olhardigital.com.br/noticia/google-calcula-31-4-trilhoes-de-digitos-do-pi-e-quebra-recorde-do-guinness/83702>. Acesso em: 25 mar. 2019.

Atividades

4 Indique se cada número é racional ou irracional.

a) 0,01

b) 0,01234567891011...

c) $0,\overline{01}$

5 **Comprimento da circunferência.** Da igualdade $\frac{C}{2r} = \pi$, obtemos $C = 2r \cdot \pi$, expressão que permite calcular a medida de comprimento da circunferência, conhecida a medida de comprimento do raio.

> Nos cálculos é comum o uso de aproximações racionais para π, como 3 ou 3,1 ou 3,141.

Por exemplo, ao calcular a medida de comprimento de uma circunferência cuja medida de comprimento do raio é de 4 cm, podemos fazer de 2 maneiras.

- Valor exato: $C = 2 \cdot 4\text{ cm} \cdot \pi = 8\pi\text{ cm}$.
- Valor aproximado, usando $\pi = 3,1$:
  $C = 2 \cdot 4\text{ cm} \cdot 3,1 = 24,8\text{ cm}$

Escreva o valor exato e o valor aproximado (para $\pi = 3,14$) da medida de comprimento de uma circunferência com raio de medida de comprimento de 10 cm.

6 **Área do círculo.** Você já viu que a medida de área A do círculo com raio de medida de comprimento r pode ser calculada por $A = \pi \cdot r^2$.

Se r é dada em metros, por exemplo, então A será dada em metros quadrados. Use $\pi = 3$ e calcule a medida de área aproximada de um círculo com raio de medida de comprimento de 6 cm.

Mais números irracionais: as raízes não exatas de números racionais

Observe estas raízes de números racionais.

$$\sqrt{9} = 3 \qquad \sqrt{100} = 10 \qquad \sqrt{0{,}25} = 0{,}5 \qquad \sqrt[3]{\frac{1}{8}} = \frac{1}{2} \qquad \sqrt[4]{81} = 3$$

Elas são exemplos de **raízes exatas**, pois o valor de cada uma delas é um número racional.

Veja como podemos usar a decomposição de números naturais em fatores primos para verificar se uma raiz é exata ou não e, no caso de ser exata, calcular o valor dela.

- $\sqrt{256} = 16$, pois $16^2 = 256$.
  $\sqrt{256}$ é uma raiz exata, ou seja, é um número racional.

$$\begin{array}{r|l}
256 & 2 \\
128 & 2 \\
64 & 2 \\
32 & 2 \\
16 & 2 \\
8 & 2 \\
4 & 2 \\
2 & 2 \\
1 &
\end{array}
\quad
\begin{array}{l}
\left.\begin{array}{l} \\ \\ \\ \\ \end{array}\right] 16 \\
\left.\begin{array}{l} \\ \\ \\ \\ \end{array}\right] 16
\end{array}$$

Lembre-se, na **radiciação** $\sqrt[3]{64} = 4$, temos que $\sqrt[3]{64}$ é a **raiz**, de **índice** 3 e **radicando** 64, cujo **valor** é igual a 4. O símbolo $\sqrt{\ }$ é chamado **radical**.

- $\sqrt{2{,}25} = \sqrt{\frac{225}{100}} = \frac{15}{10} = 1{,}5$, pois $(1{,}5)^2 = 2{,}25$.
  $\sqrt{2{,}25}$ é uma raiz exata, ou seja, é um número racional.

$$\begin{array}{r|l}
225 & 3 \\
75 & 3 \\
25 & 5 \\
5 & 5 \\
1 &
\end{array}
\qquad 3 \cdot 5 = 15, \quad 3 \cdot 5 = 15$$

- $\sqrt{125}$ não é uma raiz exata, pois não existe número racional que, multiplicado por ele mesmo, resulta em 125. Então, $\sqrt{125}$ é um número irracional.

$$\begin{array}{r|l}
125 & 5 \\
25 & 5 \\
5 & 5 \\
1 &
\end{array}
\qquad 125 = 5^3$$

Quando uma raiz é um número irracional, podemos obter **parte** da representação decimal do valor dela fazendo **aproximações sucessivas**. Acompanhe o exemplo para $\sqrt{2}$.

$$\left.\begin{array}{l} 1^2 = 1 \text{ (menor do que 2)} \\ 2^2 = 4 \text{ (maior do que 2)} \end{array}\right\} \text{Então, } \sqrt{2} \text{ está entre 1 e 2.}$$

$$\left.\begin{array}{l} (1{,}4)^2 = 1{,}96 \text{ (menor do que 2)} \\ (1{,}5)^2 = 2{,}25 \text{ (maior do que 2)} \end{array}\right\} \text{Então, } \sqrt{2} \text{ está entre 1,4 e 1,5.}$$

$$\left.\begin{array}{l} (1{,}41)^2 = 1{,}9881 \text{ (menor do que 2)} \\ (1{,}42)^2 = 2{,}0164 \text{ (maior do que 2)} \end{array}\right\} \text{Então, } \sqrt{2} \text{ está entre 1,41 e 1,42.}$$

$(1{,}414)^2 = 1{,}999396$ (menor do que 2)
$(1{,}415)^2 = 2{,}002225$ (maior do que 2)
Então, $\sqrt{2}$ está entre 1,414 e 1,415.

Se continuarmos esse processo, não chegaremos a uma representação decimal exata nem a uma dízima periódica, pois $\sqrt{2}$ é um número irracional.

Assim como $\sqrt{2}$, todas as outras raízes quadradas não exatas de números racionais são exemplos de números irracionais: $\sqrt{3}$; $\sqrt{7}$; $\sqrt{30}$; $\sqrt{9{,}5}$; $\sqrt{120}$ e outras raízes. São também números irracionais outras raízes não exatas de números racionais, como $\sqrt[3]{7}$, $\sqrt[5]{10}$, $\sqrt[4]{49}$, $\sqrt[3]{2}$ e $\sqrt[5]{0{,}7}$.

Saiba mais

Os babilônios já haviam calculado o valor de $\sqrt{2}$ como 1,4142129 (com erro a partir da 6ª casa decimal), sem considerar se $\sqrt{2}$ era um número racional ou não.

Já para os pitagóricos (discípulos do matemático e filósofo grego Pitágoras, 582 a.C.-497 a.C.), a descoberta de que $\sqrt{2}$ não era racional, mas um número dado por uma sequência infinita de casas decimais sem nenhum padrão $(\sqrt{2} = 1{,}414213562\ldots)$, causou uma grande crise de natureza filosófica e religiosa, pois, até então, para eles, "tudo era número", subentendendo número como número racional.

Atividades

7 Entre quais números inteiros consecutivos fica cada uma destas raízes?

a) $\sqrt{10}$
b) $\sqrt{30}$
c) $\sqrt{87}$
d) $\sqrt{43}$
e) $\sqrt{600}$
f) $\sqrt[3]{12}$

8 Indique o que se pede.

a) Um número inteiro que não é número natural.
b) Um número racional que fica entre 5 e 6, escrito na forma de fração.
c) Uma raiz quadrada irracional que fica entre 8 e 9.
d) Um decimal exato que fica entre π e 3,2.

9 Determine por aproximações (até os décimos), sem o uso de calculadora, o valor de cada raiz.

a) $\sqrt{7}$
b) $\sqrt{13}$
c) $\sqrt{3}$

10 Calcule o valor de cada raiz quadrada, com aproximação até os centésimos, sem usar calculadora.

a) $\sqrt{8}$ b) $\sqrt{20}$

11 Para calcular o valor da raiz quadrada de um número natural em uma calculadora, teclamos o número e, em seguida, a tecla √. Confira os resultados das atividades 10 e 11 usando uma calculadora.

Banco de imagens/Arquivo da editora

12 Calcule o valor de cada raiz quadrada usando uma calculadora. Você obterá mais exemplos de números irracionais na forma decimal, com infinitas casas decimais que não formam um período.

Thiago Neumann/Arquivo da editora

a) $\sqrt{11}$
b) $\sqrt{37}$
c) $\sqrt{90}$
d) $\sqrt{20}$

13 Um terreno com forma quadrada tem medida de área de 90 m². Use uma calculadora e descubra a medida de perímetro aproximada (até os décimos) desse terreno.

As imagens desta página não estão representadas em proporção.

Paulo Manzi/Arquivo da editora

14 Use a decomposição dos números naturais em fatores primos e determine quais destas raízes quadradas são números racionais e quais são números irracionais. Nas raízes racionais (as raízes exatas), calcule o valor de cada uma delas.

a) $\sqrt{441}$ b) $\sqrt{6\,875}$ c) $\sqrt{968}$ d) $\sqrt{1\,936}$

15 Você também pode usar uma calculadora para calcular o valor aproximado de raízes quadradas de números racionais dados na forma decimal ou fracionária. Veja alguns exemplos.

- $\sqrt{12,5} = ?$

$\sqrt{12,5} \simeq 3,5355339$

- $\sqrt{\frac{3}{4}} = ?$

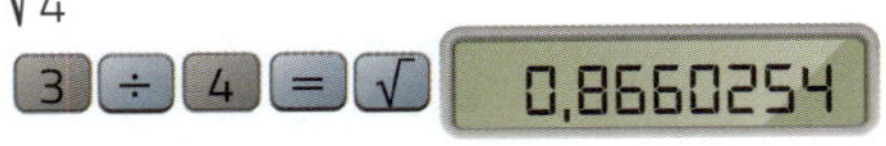

$\sqrt{\frac{3}{4}} \simeq 0,8660254$

- $\sqrt{0,\overline{7}} = ?$

Fazemos $0,\overline{7} = \frac{7}{9}$ e, depois:

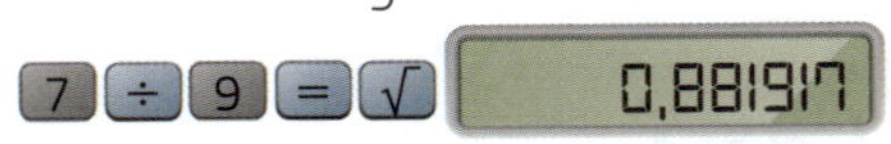

$\sqrt{0,\overline{7}} \simeq 0,881917$

Ilustrações: Banco de imagens/Arquivo da editora

Use uma calculadora e calcule, com aproximação até os centésimos (2 casas decimais), o valor da raiz dada em cada item.

a) $\sqrt{0,08}$

b) $\sqrt{0,15}$

c) $\sqrt{\frac{4}{5}}$

d) $\sqrt{\frac{2}{3}}$

e) $\sqrt{2,44}$

f) $\sqrt{\frac{5}{6}}$

16 Veja neste gráfico o valor das raízes quadradas dos números de 0 a 50.

Raízes quadradas dos números de 0 a 50

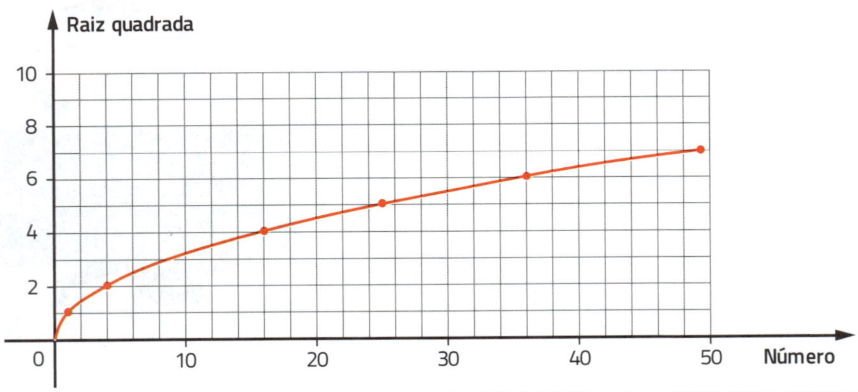

Ericson Guilherme Luciano/Arquivo da editora

Gráfico elaborado para fins didáticos.

Converse com um colega e responda aos itens.

a) Qual é o valor da raiz quadrada de 25?

b) Qual é o valor aproximado da raiz quadrada de 40?

c) Qual é o número cuja raiz quadrada é igual a 6?

CONEXÕES

Segmentos de reta comensuráveis e segmentos de reta incomensuráveis

Consideremos este segmento de reta $\overline{AB}$ e fixemos um segmento de reta unitário u como unidade de medida de comprimento. Por exemplo, a medida de comprimento de u é igual a 1 cm.

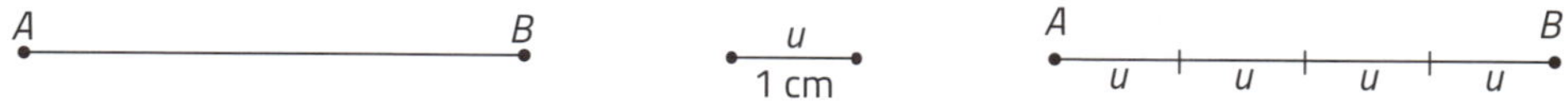

Ilustrações: Banco de imagens/Arquivo da editora

Como u cabe exatamente 4 vezes no $\overline{AB}$ e a medida de comprimento de u é igual a 1 cm, dizemos que a medida de comprimento do $\overline{AB}$ é de 4 cm.

Consideremos agora este segmento de reta $\overline{CD}$ e o mesmo segmento de reta unitário u com medida de comprimento de 1 cm.

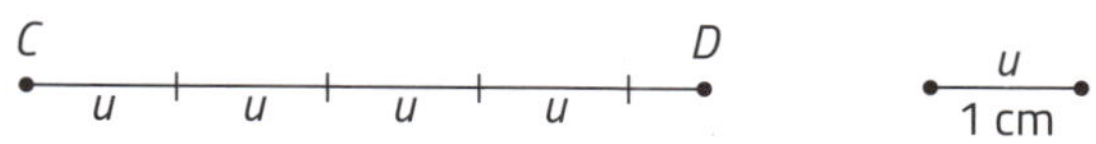

Ilustrações: Banco de imagens/Arquivo da editora

Neste caso, u não cabe um número inteiro de vezes no $\overline{CD}$. Então, devemos procurar um segmento de reta v que caiba um número inteiro de vezes em u e também um número inteiro de vezes no $\overline{CD}$. Neste exemplo, se tomarmos a medida de comprimento de v igual a $\frac{1}{2}$ cm, então v caberá 2 vezes em u e 9 vezes no $\overline{CD}$.

Assim, a medida de comprimento do $\overline{CD}$ será igual a $9 \cdot \frac{1}{2}$ cm $= \frac{9}{2}$ cm $= 4{,}5$ cm.

Note que a medida de comprimento do $\overline{CD}$, em centímetros, é o número **racional** 4,5.

Quando isso ocorre, ou seja, quando é possível encontrar um segmento de reta v nas condições acima, dizemos que o segmento de reta $\overline{CD}$ e o segmento de reta u são **comensuráveis**.

Pensou-se, por muitos séculos, que 2 segmentos de reta quaisquer sempre eram comensuráveis, ou seja, que o comprimento de um sempre podia ser medido pelo outro e essa medida de comprimento era um número racional. Essa crença permaneceu até o quarto século antes de Cristo.

Naquela época, em Crotona, no sul da Itália, Pitágoras liderava uma escola que se dedicava ao estudo de Filosofia, Matemática e Música. Os discípulos de Pitágoras também acreditavam que só existiam segmentos de reta comensuráveis. Porém, foram eles próprios que descobriram, por exemplo, que o lado e a diagonal de um quadrado são segmentos de reta **incomensuráveis**.

Isso significa que a medida de comprimento da diagonal do quadrado (d) **não** pode ser expressa por um número racional, tomando a medida de comprimento do lado do quadrado (ℓ) como unidade de medida.

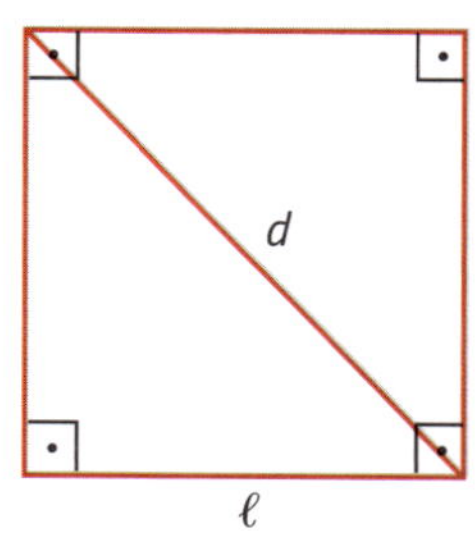

Banco de imagens/Arquivo da editora

Podemos concluir que: quando o segmento de reta é comensurável com a unidade de medida escolhida, a medida de comprimento dele é um número racional; e, quando é incomensurável com a unidade de medida escolhida, a medida de comprimento dele é um número irracional. Assim, com os números racionais e os números irracionais, todos os segmentos de reta podem ter os comprimentos medidos.

3 Conjunto dos números reais ($\mathbb{R}$)

Reunindo o conjunto dos números racionais ($\mathbb{Q}$) com o conjunto dos números irracionais ($\mathbb{I}$), obtemos o **conjunto dos números reais ($\mathbb{R}$)**.

$$\mathbb{R} = \mathbb{Q} \cup \mathbb{I}$$

Lemos: união com.

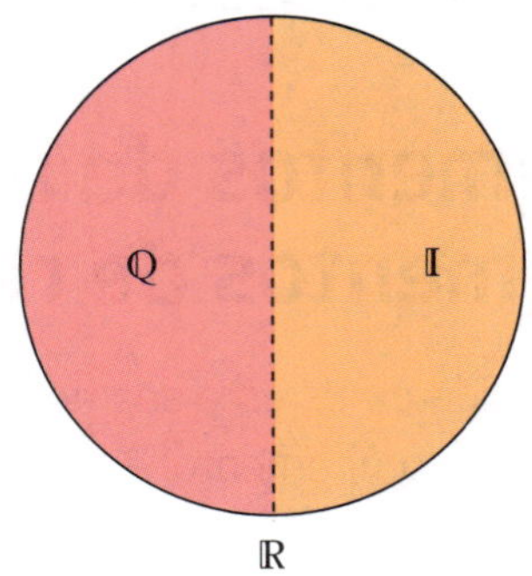

Banco de imagens/Arquivo da editora

Não existe um número que seja, ao mesmo tempo, racional e irracional; mas qualquer número racional ou irracional pode ser chamado de **número real**. Veja alguns exemplos.

- $\sqrt{7}$ é um número real irracional.
- $\frac{4}{7}$ é um número real racional.
- -4 é um número real racional.
- π é um número real irracional.

O diagrama ao lado relaciona os conjuntos numéricos $\mathbb{N}$, $\mathbb{Z}$, $\mathbb{Q}$, $\mathbb{I}$ e $\mathbb{R}$.

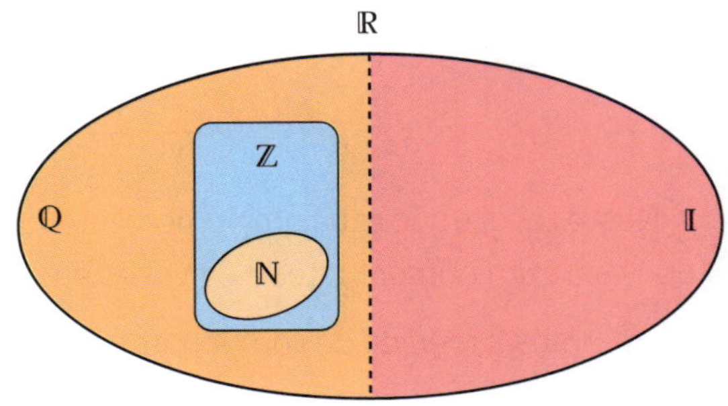

Banco de imagens/Arquivo da editora

- $\mathbb{N}$ é parte de $\mathbb{Z}$ ou $\mathbb{N}$ está contido em $\mathbb{Z}$; $\mathbb{Z}$ é parte de $\mathbb{Q}$; $\mathbb{Q}$ é parte de $\mathbb{R}$.
  Indicamos essas relações por: $\mathbb{N} \subset \mathbb{Z} \subset \mathbb{Q} \subset \mathbb{R}$.
- $\mathbb{I}$ é parte de $\mathbb{R}$. Indicamos essa relação assim: $\mathbb{I} \subset \mathbb{R}$.
- $\mathbb{Q}$ e $\mathbb{I}$ não têm elementos comuns.

Os números reais na reta numerada

Para cada número real, há um ponto correspondente na reta numerada e, para cada ponto da reta, há um número real correspondente.

Thiago Neumann/Arquivo da editora

Observe esta reta numerada e a localização de alguns números reais nela. Os números reais irracionais $\sqrt{2}$, $\sqrt{7}$ e π foram considerados com valores aproximados $\left(\sqrt{2} \simeq 1{,}4;\ \sqrt{7} \simeq 2{,}6 \text{ e } \pi \simeq 3{,}1\right)$.

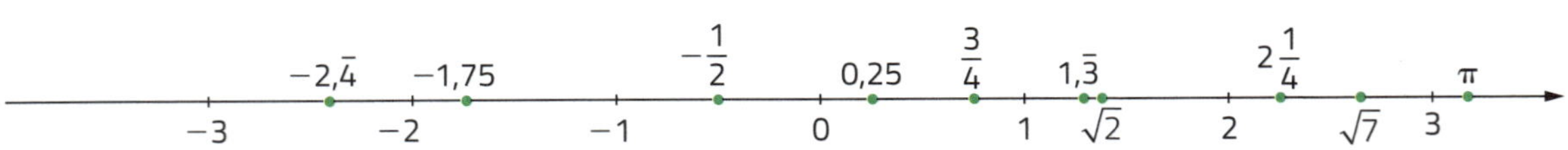

Banco de imagens/Arquivo da editora

Atividades

17 Observe estes números.

-4	$\frac{1}{3}$	$0,\overline{8}$	$\sqrt{6}$	0
$-1\frac{3}{5}$	$4,86$	π	8	

Entre esses números, escreva quais são:

a) números naturais;

b) números inteiros;

c) números racionais;

d) números irracionais.

18 Agora, responda: Qual é o nome que pode ser dado a todos os números da atividade anterior?

19 Indique apenas as afirmações verdadeiras.

a) Todo número natural é inteiro.

b) Todo número inteiro é real.

c) Todo número irracional é real.

d) Todo número racional é inteiro.

e) Existem números racionais que não são reais.

f) Existem números reais que não são racionais.

20 Justifique cada afirmação falsa da atividade anterior.

21 **Avaliação de resultados.** Um professor pediu aos alunos que indicassem um número real racional entre 7 e 8. Veja algumas das respostas dadas pelos alunos e registre quais deles acertaram.

- Ana: $\sqrt{50}$
- Carla: $7,\overline{1}$
- Pedro: $\frac{50}{7}$
- Lucas: 8
- Marcos: $-7,5$
- Flávia: $7\frac{3}{8}$

22 Indique entre quais números inteiros consecutivos cada um dos números reais dados fica e identifique se o número é real racional ou real irracional.

a) $\sqrt{30}$

b) $\frac{18}{7}$

c) $-8,\overline{6}$

d) $\sqrt{50}$

e) $\sqrt{10}$

23 Escreva 2 números reais, um racional e outro irracional, que ficam entre 10 e 11.

Um pouco de História

Euclides de Alexandria (século III a.C.), usando um tipo de raciocínio denominado "redução ao absurdo", provou que $\sqrt{2}$ não é um número racional. Veja como o matemático grego pensou.

Ele supôs que $\sqrt{2}$ fosse um número racional. Assim, pela definição de número racional, $\sqrt{2} = \frac{p}{q}$, com p e q números inteiros, $q \neq 0$ e p e q números primos entre si, ou seja, 1 é o único divisor comum entre p e q $\left(\frac{p}{q}\text{ é uma fração irredutível}\right)$.

Elevando ambos os membros ao quadrado, ele encontrou o seguinte resultado.

$$2 = \frac{p^2}{q^2}\text{, ou seja, } p^2 = 2q^2 \text{ (I)}$$

A partir disso, podemos concluir que p^2 é par.
Não existe nenhum número inteiro ímpar que elevado ao quadrado resulte em um número par. Além disso, se o quadrado de um número inteiro tem o 2 como um dos divisores, então esse número precisa ter também o 2 como divisor, ou seja, precisa ser par.
Dessa maneira, podemos concluir que p é par, isto é, $p = 2n$, $n \in \mathbb{Z}$. (II)
Se $p = 2n$, então podemos dizer que $p^2 = 4n^2$.
Retomando a equação **I**, podemos dizer que $2q^2 = 4n^2$; portanto, $q^2 = 2n^2$. Isso significa que q^2 é par e, como já vimos, podemos concluir que q é par. (III)
Temos, então, que as conclusões **II** e **III** são contraditórias, já que p e q foram supostos primos entre si, ou seja, não poderiam ter nenhum divisor comum; nesse caso, descobrimos que 2 seria um divisor comum de p e q.

Por que Euclides chegou a esse absurdo? Por supor que $\sqrt{2}$ é um número racional. Assim, podemos concluir que $\sqrt{2}$ não é um número racional.

Desigualdades em $\mathbb{R}$

Considere esta reta real.

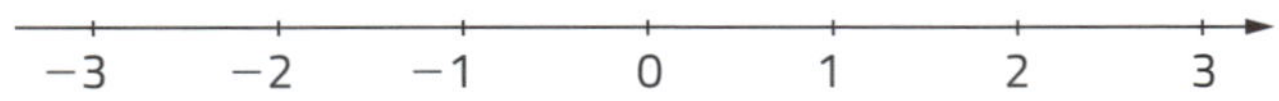

Banco de imagens/ Arquivo da editora

Dados 2 números reais quaisquer a e b, ocorre uma, e somente uma, das seguintes possibilidades: $a < b$ ou $a = b$ ou $a > b$.

Geometricamente, a desigualdade $a < b$ significa que a está à esquerda de b nesta reta real. Da mesma maneira, a desigualdade $a > b$ significa que a está à direita de b nesta reta real.

Aritmeticamente, vamos analisar alguns exemplos.

- $2{,}195... < 3{,}189...$, pois $2 < 3$.
- $4{,}128... < 4{,}236...$, pois $4 = 4$ e $0{,}1 < 0{,}2$.
- $3{,}267... < 3{,}289...$, pois $3 = 3$; $0{,}2 = 0{,}2$ e $0{,}06 < 0{,}08$.
- $5{,}672... < 5{,}673...$, pois $5 = 5$; $0{,}6 = 0{,}6$; $0{,}07 = 0{,}07$ e $0{,}002 < 0{,}003$.

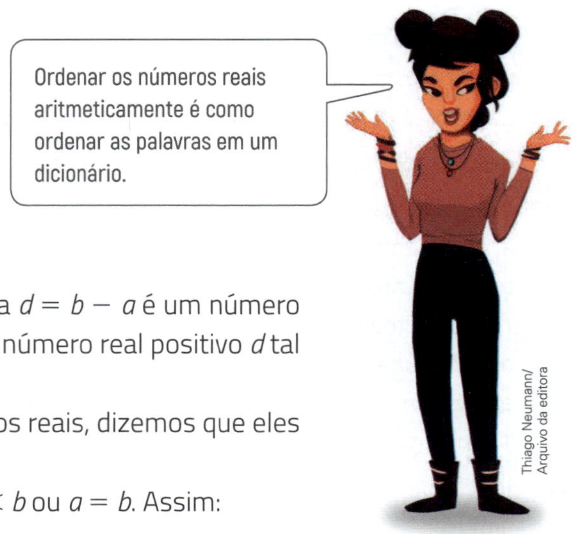

Thiago Neumann/ Arquivo da editora

Algebricamente, $a < b$ se, e somente se, a diferença $d = b - a$ é um número positivo, ou seja, vale $a < b$ se, e somente se, existe um número real positivo d tal que $b = a + d$.

Uma vez definida essa relação de ordem dos números reais, dizemos que eles estão **ordenados**.

Usamos também a notação $a \leqslant b$ para dizer que $a < b$ ou $a = b$. Assim:

- $a \leqslant b$ (Lemos: a é menor do que ou igual a b.)
- $b \geqslant a$ (Lemos: b é maior do que ou igual a a.)

Notação: conjunto de sinais com que se faz uma representação ou uma designação convencional.

Observe os diagramas a seguir e veja exemplos de desigualdades.

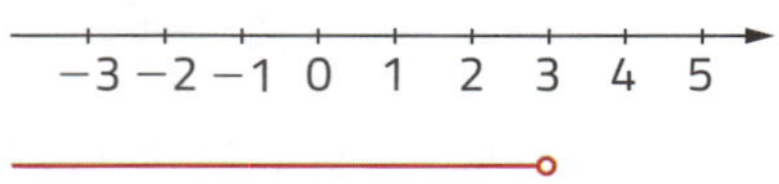

$x < 3$

x é menor do que 3.

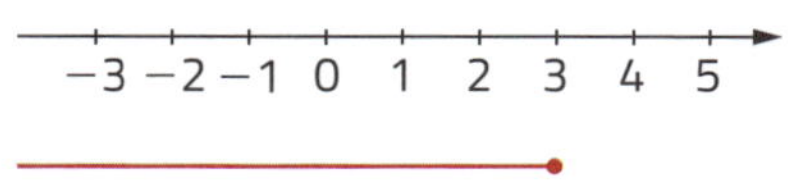

$x \leqslant 3$

x é menor do que ou igual a 3.

Ilustrações: Banco de imagens/Arquivo da editora

Esses diagramas mostram geometricamente os valores reais de x para $x < 3$ e para $x \leqslant 3$.

- Se $x < 3$, então x pode assumir diversos valores, como -1; 2; 2,9 ou 2,99, mas não pode ser igual a 3. A **bolinha vazia** no diagrama indica isso.
- Se $x \leqslant 3$, então x pode assumir todos esses valores exemplificados e também o valor 3. A **bolinha cheia** indica isso.

Se A é o conjunto dos elementos para os quais a desigualdade $x < 3$ é verdadeira, então podemos escrever:

$$A = \{x \in \mathbb{R} \mid x < 3\}$$

Lemos: A é o conjunto dos números reais x, tal que x é menor do que 3.

Do mesmo modo, para a outra desigualdade, podemos escrever:

$$B = \{x \in \mathbb{R} \mid x \leqslant 3\}$$

Lemos: B é o conjunto dos números reais x, tal que x é menor do que ou igual a 3.

Atividades

24 ▸ Desenhe uma reta numerada para cada item e marque nela o conjunto de números.

a) $A = \{x \in \mathbb{R} \mid x < 4\}$

b) $B = \{x \in \mathbb{R} \mid x \leq -1\}$

c) $C = \{x \in \mathbb{R} \mid x \geq 3\}$

d) $D = \{x \in \mathbb{R} \mid x > 6\}$

25 ▸ Os conjuntos $P = \{x \in \mathbb{R} \mid x < 2\}$ e $Q = \{x \in \mathbb{R} \mid x \geq -1\}$ estão marcados neste diagrama.

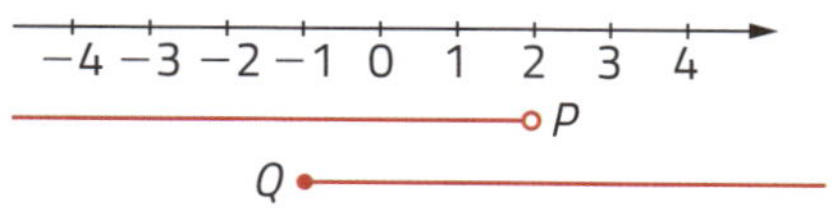

Banco de imagens/ Arquivo da editora

Indique apenas as afirmações verdadeiras.

a) $0 \in P$

b) $2 \in Q$

c) $2 \in P$

d) $-1 \in P$

e) $-1 \in Q$

f) $-2 \in Q$

26 ▸ Na atividade anterior, quais números reais pertencem, ao mesmo tempo, a P e a Q? Faça o diagrama com essa representação.

27 ▸ Represente o conjunto formado pelos possíveis valores de x em cada item.

a) $x \in \mathbb{N}$ e $x < 3$.

b) $x \in \mathbb{Z}$ e $x \geq -2$.

c) $x \in \mathbb{N}$ e $x \leq +1$.

d) $x \in \mathbb{Z}$ e $-2 < x \leq 3$.

e) $x \in \mathbb{N}$ e $x < 0$.

f) $x \in \mathbb{Z}$ e $x < 0$.

28 ▸ Observe os itens e compare os números reais usando os sinais $>$, $<$ ou $=$.

a) $-12 \ \square \ 7$

b) $\frac{4}{5} \ \square \ \frac{9}{13}$

c) $0{,}7\overline{2} \ \square \ 0{,}73$

d) $\pi \ \square \ 3{,}5$

e) $\sqrt{2} \ \square \ \frac{4}{9}$

f) $\sqrt{10} \ \square \ 3{,}15$

29 ▸ Escreva estes números reais, em ordem crescente.

$\frac{12}{5}$ $\sqrt{3}$ 0 $-2{,}8$ $-2{,}\overline{7}$

30 ▸ Considere os números reais $-\sqrt{3}$ e $+\sqrt{5}$.

a) Quantos números naturais existem entre eles? E números inteiros?

b) Quantos números racionais existem entre eles? E números irracionais?

31 ▸ Escreva estes números reais em ordem crescente.

$$\frac{6}{10};\ 0{,}\overline{5};\ \frac{1}{2};\ \frac{4}{5};\ 0{,}52;\ 0{,}25.$$

Raciocínio lógico

Sabe-se que Fofo é mais pesado do que Lulu, Bilu é mais pesado do que Fofo, Lulu é mais leve do que Bilu e Fifi é mais pesado do que Bilu.
Afinal, qual é o mais pesado de todos?

32 ▸ **Números reais e medidas.** Nos Estados Unidos são usadas algumas unidades de medida de comprimento fora do SI. Veja os exemplos.

- 1 polegada (1") $\simeq$ 2,54 cm
- 1 pé (1 ft) $\simeq$ 30,48 cm
- 1 jarda (1 yd) $\simeq$ 91,44 cm

Sabendo disso, responda aos itens.

a) Qual fita é mais larga: a que tem medida de comprimento da largura de $\frac{1}{2}$ pé ou a que tem medida de comprimento da largura de 7 polegadas?

b) Qual faixa é mais estreita: a que tem medida de comprimento da largura de $\frac{3}{4}$ pé ou a que tem medida de comprimento da largura de 10 polegadas?

c) Qual é a medida de comprimento aproximada, em centímetros, da diagonal de uma TV de 30 polegadas?

Guilherme Asthma/ Arquivo da editora

33› **Números reais: situações diversas.** Os números reais aparecem nas mais variadas situações do cotidiano. Veja alguns exemplos e complete cada sentença com o número real correto. Depois, indique se o número é **real racional inteiro**, **real racional não inteiro** ou **real irracional**.

Por exemplo: 1 dúzia e meia de ovos corresponde a 18 ovos. 18 é um número real racional inteiro.

a) Marcela dividiu um bolo em 6 partes iguais. Cada uma das partes corresponde a _____ do bolo.

b) Reinaldo pagou 69 reais na compra de 3 DVDs de mesmo valor. Se tivesse comprado 2 desses DVDs, então ele teria pagado _____ reais.

c) A medida de área de um piso quadrado é de 70 m^2. Cada lado do piso tem medida de comprimento de _____ m.

d) Uma peça de tecido com medida de comprimento de 14 m foi repartida em 4 partes iguais. Cada parte tem medida de comprimento de _____ m.

e) Se a medida de temperatura em um dia de inverno era de +4 °C e teve uma queda de 6 °C, então a medida de temperatura passou a ser de _____ °C.

f) Se a medida de comprimento do contorno de uma praça circular for dividida pelo dobro da medida de comprimento do raio da mesma praça, então o resultado será _____.

g) Um musical durou 2 horas e 20 minutos. Essa medida de intervalo de tempo também pode ser indicada por _____ horas.

Flavio Hopp/Futura Press

As imagens desta página não estão representadas em proporção.

▷ Cena do musical *O rei leão*, dirigido por Julie Taymor, que estreou no Brasil em 2013.

34› Em um zoológico, 1 urso panda adulto consome 68 kg de bambu em 5 dias. Se os ursos consomem aproximadamente a mesma quantidade de alimento por dia, então quantos quilogramas de bambu 2 ursos consomem em 1 dia?

35› Caloria (cal) é uma unidade de medida de **energia.** Examine esta tabela e responda aos itens.

Medida de energia por tipo de lanche

Tipo de lanche	Medida de energia
14 amêndoas	90 cal
Bolacha de água e sal com *cottage*	50 cal
Barra de cereal de morango com chocolate	10 cal
Iogurte com gelatina *diet*	25 cal
Torradas com patê de atum	70 cal
Salada de frutas	80 cal
Torrada com geleia *diet*	95 cal
5 unidades de damasco seco	50 cal
1 copo de suco de laranja sem açúcar	95 cal
Cheeseburger	360 cal
Big hambúrguer	500 cal

Tabela elaborada para fins didáticos.

a) A medida de energia de um *cheeseburger* é quantas vezes a medida de energia de 14 amêndoas?

b) A medida de energia de um *big* hambúrguer é quantas vezes a medida de energia de um iogurte com geleia *diet*?

c) Se ingerimos 1 *big* hambúrguer e 1 copo de suco de laranja, então quantas calorias ingerimos?

d) Quantas calorias 1 *cheeseburger* tem a mais do que uma salada de frutas?

e) Se uma pessoa ingerir 2 porções de torrada com patê de atum e 15 unidades de damasco seco, então quantas calorias ela vai ingerir?

36› Nos cálculos, use $\pi = 3{,}1$.

a) Qual destas regiões planas tem maior medida de perímetro: a circular ou a retangular? E qual tem maior medida de área?

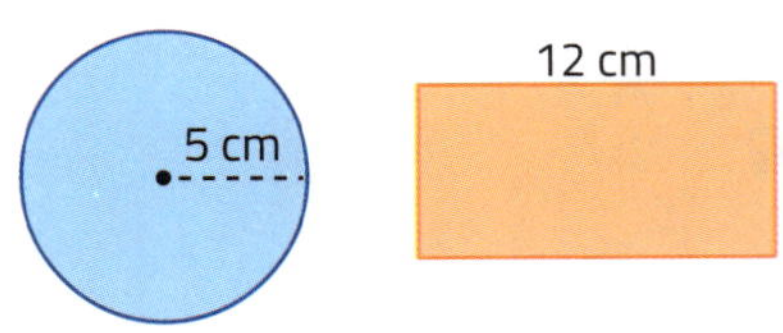

Ilustrações: Banco de imagens/Arquivo da editora

b) Qual destes sólidos geométricos tem maior medida de volume: o cubo, o bloco retangular verde ou o cilindro? E a menor medida de volume?

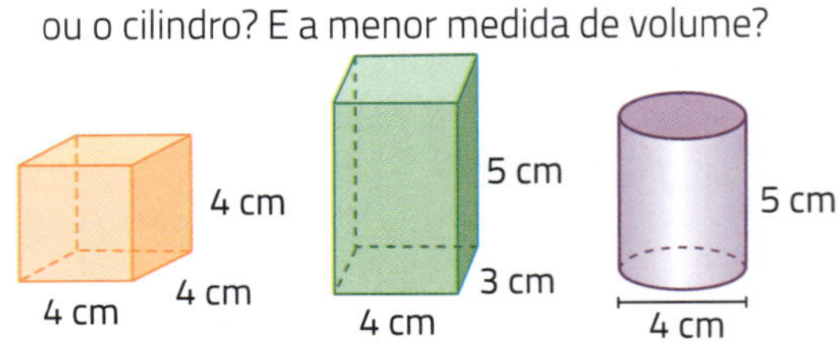

Ilustrações: Banco de imagens/Arquivo da editora

4 Operações com raízes

Muitas vezes, é conveniente deixar o resultado de uma operação ou a resposta de uma situação-problema na forma de **raiz**, seja porque se quer um resultado preciso, e não aproximado, seja porque facilitará simplificações posteriores. Nesses casos, precisamos saber operar com raízes. É o que você vai estudar agora.

Explorar e descobrir

Reúna-se com um colega e observem como Henrique e Giovana efetuaram a multiplicação $\sqrt{16}\cdot\sqrt{4}$.

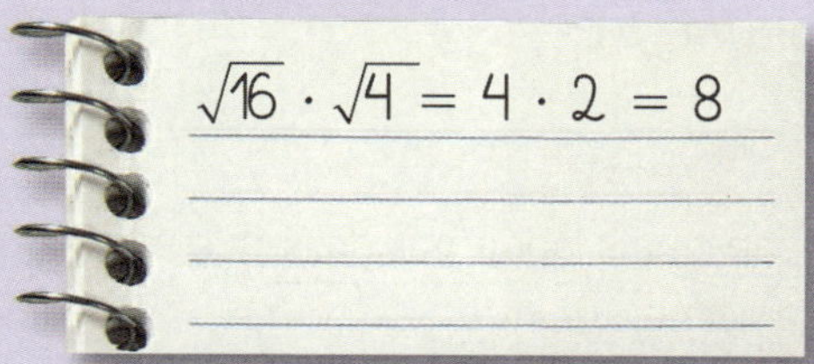

Henrique.

Ilustrações: Paulo Manzi/Arquivo da editora

Ilustrações: Thiago Neumann/Arquivo da editora

As imagens desta página não estão representadas em proporção.

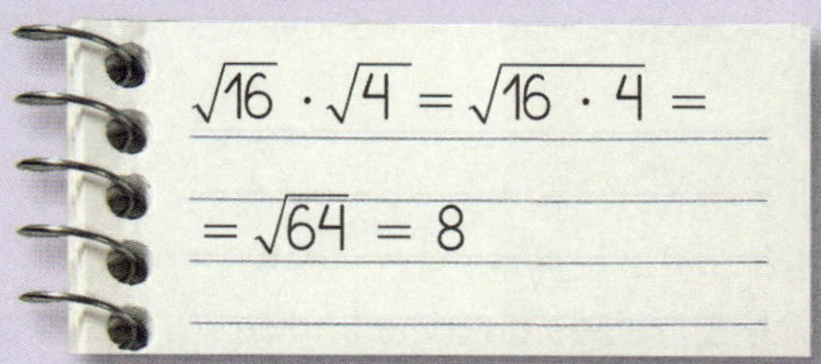

Giovana.

a) Para verificar se essa conclusão é válida para as operações com raízes, completem cada par de operações.

$\sqrt{25}\cdot\sqrt{4} = 5\cdot 2 = \_\_\_$	$\sqrt{25\cdot 4} = \sqrt{\_\_\_} = \_\_\_$
$\sqrt{\_\_\_}\cdot\sqrt{16} = 3\cdot\_\_\_ = \_\_\_$	$\sqrt{\_\_\_\cdot 16} = \sqrt{144} = \_\_\_$
$\frac{\sqrt{100}}{\sqrt{25}} = \frac{\_\_\_}{\_\_\_} = \_\_\_$	$\sqrt{\frac{100}{25}} = \sqrt{\_\_\_} = \_\_\_$
$\frac{\sqrt{1}}{\sqrt{4}} = \frac{\_\_\_}{\_\_\_}$	$\sqrt{\frac{1}{4}} = \frac{\_\_\_}{\_\_\_}$
$\sqrt{16}+\sqrt{9} = \_\_\_ + \_\_\_ = \_\_\_$	$\sqrt{16+9} = \sqrt{\_\_\_} = \_\_\_$
$\sqrt{100}-\sqrt{36} = \_\_\_ - \_\_\_ = \_\_\_$	$\sqrt{100-36} = \sqrt{\_\_\_} = \_\_\_$
$\sqrt{25}+\sqrt{0} = \_\_\_ + \_\_\_ = \_\_\_$	$\sqrt{25+0} = \sqrt{\_\_\_} = \_\_\_$
$\sqrt{16}-\sqrt{16} = \_\_\_ - \_\_\_ = \_\_\_$	$\sqrt{16-16} = \sqrt{\_\_\_} = \_\_\_$

b) Conversem com os colegas e relatem o que vocês descobriram completando as operações com raízes. Testem com outros exemplos e, depois, escrevam uma conjectura (uma suposição) que vocês julguem ser verdadeira.

Multiplicação de raízes

Você analisou alguns exemplos de operações com raízes quadradas de números naturais no *Explorar e descobrir* da página anterior. Veremos agora que, na multiplicação de raízes quadradas, temos sempre:

$\sqrt{a} \cdot \sqrt{b} = \sqrt{a \cdot b}$, com a e b números reais positivos ou nulos.

Vamos justificar essa propriedade da multiplicação de raízes quadradas. Como a radiciação e a potenciação são operações inversas, podemos escrever:

$$\left(\sqrt{a} \cdot \sqrt{b}\right)^2 = \left(\sqrt{a}\right)^2 \cdot \left(\sqrt{b}\right)^2 = a \cdot b \text{ e } \left(\sqrt{a \cdot b}\right)^2 = a \cdot b$$

Então, $\left(\sqrt{a} \cdot \sqrt{b}\right)^2 = \left(\sqrt{a \cdot b}\right)^2$.

Quando os quadrados de números reais positivos ou nulos são iguais, podemos dizer que esses números também são iguais. Logo, justificamos a propriedade enunciada acima: $\sqrt{a} \cdot \sqrt{b} = \sqrt{a \cdot b}$.

Quando vamos multiplicar raízes quadradas, às vezes extraímos as raízes e às vezes multiplicamos os radicandos para extrair a raiz quadrada do resultado dessa multiplicação, conforme a conveniência. Veja alguns exemplos.

- $\sqrt{9} \cdot \sqrt{4} = 3 \cdot 2 = 6$
- $\sqrt{2} \cdot \sqrt{18} = \sqrt{2 \cdot 18} = \sqrt{36} = 6$
- $\sqrt{3} \cdot \sqrt{5} = \sqrt{15}$
- $\sqrt{8} \cdot \sqrt{2} = \sqrt{8 \cdot 2} = \sqrt{16} = 4$

Esse procedimento vale também para raízes cúbicas (índice 3), raízes quartas (índice 4), raízes quintas (índice 5), enfim, para raízes enésimas (índice *n*).

- $\sqrt[3]{2} \cdot \sqrt[3]{2} \cdot \sqrt[3]{2} = \sqrt[3]{2^3} = 2$
- $\sqrt[7]{8} \cdot \sqrt[7]{16} = \sqrt[7]{2^3} \cdot \sqrt[7]{2^4} = \sqrt[7]{2^3 \cdot 2^4} = \sqrt[7]{2^7} = 2$
- $\sqrt[4]{16 \cdot 81} = \sqrt[4]{16} \cdot \sqrt[4]{81} = 2 \cdot 3 = 6$
- $\sqrt[5]{7^{10}} = \sqrt[5]{7^5 \cdot 7^5} = \sqrt[5]{7^5} \cdot \sqrt[5]{7^5} = 7 \cdot 7 = 49$

Assim, podemos concluir que:

$\sqrt[n]{a} \cdot \sqrt[n]{b} = \sqrt[n]{a \cdot b}$, com a e b números reais positivos ou nulos e n natural, $n \geqslant 2$.

Divisão de raízes

Na divisão de raízes, vale a propriedade análoga à da multiplicação.

$\sqrt[n]{a} : \sqrt[n]{b} = \sqrt[n]{a : b}$ ou $\dfrac{\sqrt[n]{a}}{\sqrt[n]{b}} = \sqrt[n]{\dfrac{a}{b}}$, com a e b números reais, $a \geqslant 0$ e $b > 0$, e n natural, $n \geqslant 2$.

Veja alguns exemplos de aplicação dessa propriedade.

- $\dfrac{\sqrt{1}}{\sqrt{4}} = \sqrt{\dfrac{1}{4}} = \dfrac{1}{2}$
- $\dfrac{\sqrt{200}}{\sqrt{2}} = \sqrt{\dfrac{200}{2}} = \sqrt{100} = 10$
- $\sqrt[3]{8} : \sqrt[3]{27} = \sqrt[3]{\dfrac{8}{27}} = \dfrac{2}{3}$
- $\sqrt[4]{32} : \sqrt[4]{2} = \sqrt[4]{\dfrac{32}{2}} = \sqrt[4]{16} = 2$

Em particular, quando $n = 2$, temos:

$$\frac{\sqrt{a}}{\sqrt{b}} = \sqrt{\frac{a}{b}}$$

Simplificação de raízes quadradas não exatas

No início deste capítulo, você aprendeu a decompor um número natural em fatores primos para verificar se a raiz quadrada dele é exata ou não e para calcular o valor das raízes que são exatas. Agora, veja como podemos usar a propriedade da multiplicação de raízes para simplificar as raízes quadradas não exatas.

- $\sqrt{225} = \sqrt{3^2 \cdot 5^2} = \sqrt{3^2} \cdot \sqrt{5^2} = 3 \cdot 5 = 15$
  Logo, $\sqrt{225} = 15$.
- $\sqrt{12} = \sqrt{2^2 \cdot 3} = \sqrt{2^2} \cdot \sqrt{3} = 2\sqrt{3}$
  Logo, $\sqrt{12} = 2\sqrt{3}$.

"Introdução" de um fator no radical

Thiago Neumann/Arquivo da editora

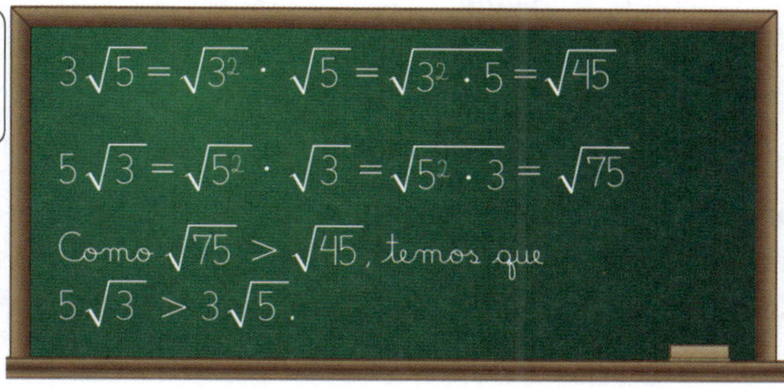

Banco de imagens/Arquivo da editora

Thiago Neumann/Arquivo da editora

Veja outros exemplos de "introdução" de um fator no radical.

- $7\sqrt{2} = \sqrt{7^2 \cdot 2} = \sqrt{98}$
- $2\sqrt{2} = \sqrt{2^2 \cdot 2} = \sqrt{8}$
- $3\sqrt{2} = \sqrt{3^2 \cdot 2} = \sqrt{18}$
- $5\sqrt[3]{5} = \sqrt{5^3 \cdot 5} = \sqrt{625}$

Atividades

37 › Determine o valor de cada expressão com raízes.

a) $\sqrt{49} \cdot \sqrt{36 \cdot 25}$
b) $\sqrt{13^2 \cdot 20^2}$
c) $\sqrt[5]{3^2} \cdot \sqrt[5]{3^3}$
d) $\sqrt[3]{5^6}$
e) $\sqrt[3]{8 \cdot 64} \cdot \sqrt{49}$
f) $2 \cdot \sqrt{2} \cdot \sqrt{18}$

38 › Use o que você estudou sobre a multiplicação e a divisão de raízes e determine o valor de cada expressão.

a) $\sqrt{\dfrac{3}{25}}$
b) $\sqrt{\dfrac{9}{4}}$
c) $\sqrt{\dfrac{16}{36}}$
d) $\sqrt{\dfrac{1}{49}}$
e) $\dfrac{2\sqrt[3]{27}}{\sqrt{64}}$
f) $\sqrt{\dfrac{1}{4} \cdot \dfrac{1}{9}}$

Bate-papo

Analise outros exemplos de simplificação de raízes quadradas e comente as resoluções com os colegas.

a) $\sqrt{1\,764} = \sqrt{2^2 \cdot 3^2 \cdot 7^2} = \sqrt{2^2} \cdot \sqrt{3^2} \cdot \sqrt{7^2} = 2 \cdot 3 \cdot 7 = 42$
b) $\sqrt{40} = \sqrt{2^2 \cdot 2 \cdot 5} = \sqrt{2^2} \cdot \sqrt{2 \cdot 5} = 2\sqrt{10}$
c) $\sqrt{15} = \sqrt{3 \cdot 5}$ (Essa raiz já está simplificada.)

39 › Calcule o valor das raízes quadradas exatas e simplifique as não exatas, quando possível.

a) $\sqrt{441}$
b) $\sqrt{18}$
c) $\sqrt{500}$
d) $\sqrt{729}$
e) $\sqrt{8}$
f) $\sqrt{30}$
g) $\sqrt{324}$
h) $\sqrt{540}$

40 › Determine a raiz quadrada equivalente em cada item.

a) $3\sqrt{3}$
b) $10\sqrt{2}$
c) $2\sqrt{10}$
d) $2\sqrt{3}$
e) $10\sqrt{5}$
f) $10\sqrt{10}$

41 › **Desafio.** Introduza o fator nos radicais em cada item.

a) $2\sqrt[3]{5}$
b) $a\sqrt[n]{b}$, com $n \in \mathbb{N}$, $n \geqslant 2$, e a e $b \in \mathbb{R}$, $a > 0$ e $b > 0$.

Racionalização de denominadores

No conjunto dos números reais, existem frações que apresentam uma raiz no denominador; por exemplo, $\frac{1}{\sqrt{3}}$. A fração $\frac{1}{\sqrt{3}}$ é aproximadamente igual a $\frac{1}{1{,}7320508}$ ou $1 \div 1{,}7320508$. Perceba que esse é um quociente cujo valor é difícil de calcular.

Podemos determinar uma fração equivalente a $\frac{1}{\sqrt{3}}$ de uma maneira bem simples. Para isso, basta multiplicar o numerador e o denominador por $\sqrt{3}$, o que não altera o valor da fração.

$$\frac{1}{\sqrt{3}} = \frac{1 \cdot \sqrt{3}}{\sqrt{3} \cdot \sqrt{3}} = \frac{\sqrt{3}}{\sqrt{3^2}} = \frac{\sqrt{3}}{3}$$

Então, $\frac{1}{\sqrt{3}} = \frac{\sqrt{3}}{3}$. A segunda fração apresenta um número racional no denominador. Esse procedimento que fizemos é chamado de **racionalização do denominador**, pois transformamos uma fração com denominador irracional em uma fração com denominador racional, sem alterar o valor dela. Esse método facilita os cálculos com números como esse.

Bate-papo

Converse com um colega e tentem calcular, sem usar uma calculadora, o valor de $\frac{1}{\sqrt{3}} \simeq 1 \div 1{,}7320508$. Depois, tentem calcular o valor de $\frac{\sqrt{3}}{3} \simeq \frac{1{,}7320508}{3} = 1{,}7320508 \div 3$. Qual cálculo foi mais fácil de efetuar?

Observe mais estes exemplos de racionalização dos denominadores das frações.

- $\frac{1}{\sqrt{2}} = \frac{1 \cdot \sqrt{2}}{\sqrt{2} \cdot \sqrt{2}} = \frac{\sqrt{2}}{\sqrt{2^2}} = \frac{\sqrt{2}}{2}$
- $\frac{2}{\sqrt{7}} = \frac{2 \cdot \sqrt{7}}{\sqrt{7} \cdot \sqrt{7}} = \frac{2\sqrt{7}}{\sqrt{7^2}} = \frac{2\sqrt{7}}{7}$

Atividades

42 › Racionalize o denominador de cada fração.

a) $\frac{1}{\sqrt{5}}$

b) $\frac{7}{\sqrt{7}}$

c) $\frac{3}{\sqrt{11}}$

d) $\frac{1}{\sqrt{a}}$, $a \in \mathbb{R}$ e $a > 0$.

e) $\frac{p}{\sqrt{p}}$, $p \in \mathbb{R}$ e $p > 0$.

f) $\frac{10}{3\sqrt{5}}$

43 › Qual fração tem maior valor: $\frac{3}{\sqrt{5}}$ ou $\frac{4}{\sqrt{6}}$?

44 › Racionalize o denominador de cada fração. Em seguida, sabendo que $\sqrt{2} \simeq 1{,}41$, $\sqrt{3} \simeq 1{,}73$ e $\sqrt{5} \simeq 2{,}24$, substitua as raízes por esses valores aproximados e, depois, use uma calculadora para determinar o valor aproximado da expressão.

a) $\frac{2}{\sqrt{3}}$

b) $\frac{3}{\sqrt{2}}$

c) $\frac{1}{\sqrt{5}} + \frac{2}{\sqrt{2}}$

d) $2\sqrt{5} - \frac{2}{\sqrt{3}}$

45 › Desafio. Racionalize o denominador de cada fração.

a) $\frac{1}{\sqrt[3]{2}}$

b) $\frac{7}{\sqrt[5]{3}}$

Adição e subtração de raízes

Podemos efetuar a adição ou a subtração de 2 raízes utilizando os valores aproximados delas ou podemos deixar a operação indicada da maneira mais simplificada possível. Veja um exemplo.

$$\sqrt{2} + \sqrt{2} \simeq 1{,}41 + 1{,}41 = 2{,}82 \text{ ou } \sqrt{2} + \sqrt{2} = 2\sqrt{2}$$

Thiago Neumann/Arquivo da editora

Observe outros exemplos da indicação do resultado de maneira mais simples.

- $\sqrt{8} + \sqrt{2} = \sqrt{2^2 \cdot 2} + \sqrt{2} = 2\sqrt{2} + \sqrt{2} = (2 + 1)\sqrt{2} = 3\sqrt{2}$
- $\sqrt{75} - \sqrt{12} = \sqrt{3 \cdot 5^2} - \sqrt{2^2} \cdot 3 = 5\sqrt{3} - 2\sqrt{3} = (5 - 2)\sqrt{3} = 3\sqrt{3}$
- $\sqrt{8} + \sqrt{45} = \sqrt{2^2 \cdot 2} + \sqrt{3^2 \cdot 5} = 2\sqrt{2} + 3\sqrt{5}$ (Este é o resultado final; não há como simplificá-lo mais.)
- $\sqrt{50} - \sqrt{32} = \sqrt{2 \cdot 5^2} - \sqrt{2^5} = \sqrt{2 \cdot 5^2} - \sqrt{2^2 \cdot 2^2 \cdot 2} = 5\sqrt{2} - 4\sqrt{2} = \sqrt{2}$

De modo geral, os matemáticos já provaram que:

> $\sqrt{a} + \sqrt{b} \neq \sqrt{a + b}$ e $\sqrt{a} - \sqrt{b} \neq \sqrt{a - b}$,
> com a e b números reais positivos e $a \neq b$.

Atividades

46 › Use o que você estudou sobre operações com raízes e determine o valor de cada expressão.

a) $\frac{\sqrt{25}}{2} - \sqrt{\frac{9}{4}}$

b) $2 \cdot \sqrt{\frac{1}{9}} + \sqrt{\frac{16}{36}}$

c) $3 \cdot \sqrt{\frac{1}{49}} - \sqrt{\frac{4}{49}}$

d) $\frac{2\sqrt[3]{27}}{\sqrt{64}} - \sqrt[3]{\frac{8}{64}}$

e) $\sqrt{\frac{1}{4} \cdot \frac{1}{9}} - \sqrt{\sqrt{\frac{4}{9}}}$

47 › Efetue estas operações apresentando o resultado na forma mais simples possível.

a) $\sqrt{28} + \sqrt{63}$

b) $\sqrt{75} - \sqrt{3}$

c) $\sqrt{27} + \sqrt{147}$

d) $\sqrt{20} - \sqrt{8}$

e) $\sqrt{20} + \sqrt{125}$

f) $\sqrt{1\,000} - \sqrt{10}$

48 › Desafio. Qual destas adições de raízes está com o resultado correto?

a) $\sqrt{50} + \sqrt{8} = \sqrt{58}$

b) $\sqrt{50} + \sqrt{8} = \sqrt{98}$

c) $\sqrt{50} + \sqrt{8} = \sqrt{96}$

5 Potenciação com base real

No 8º ano, você já viu a potenciação com base racional e expoente natural, inteiro ou fracionário. Quando a base é um número real (racional ou irracional), os procedimentos para efetuar a potenciação são os mesmos.

Resolva as atividades explorando separadamente os vários tipos de expoente nas potenciações com base real.

Atividades

49 **Expoente natural.** Se a é um número real e n é um número natural, então podemos dizer que $a^0 = 1$ e, para $n \neq 0$, $a^n = \underbrace{a \cdot a \cdot \ldots \cdot a}_{n \text{ fatores}}$.

Observe os exemplos.

- $6^0 = 1$
- $3^4 = 3 \cdot 3 \cdot 3 \cdot 3 = 81$
- $\left(-\frac{1}{5}\right)^2 = \left(-\frac{1}{5}\right) \cdot \left(-\frac{1}{5}\right) = \frac{1}{25}$
- $(0,2)^3 = (0,2) \cdot (0,2) \cdot (0,2) = 0,008$
- $(\sqrt{5})^2 = \sqrt{5} \cdot \sqrt{5} = \sqrt{25} = 5$
- $(\sqrt{7})^1 = \sqrt{7}$

Agora, faça como nos exemplos e calcule o valor de cada potência de expoente natural.

a) 5^3

b) $(-2)^4$

c) $\left(\frac{3}{8}\right)^2$

d) $(-3,4)^0$

e) $(\sqrt[3]{2})^3$

f) $(\sqrt{3})^5$

50 **Expoente inteiro negativo.** Se a é um número real diferente de 0 e n é um número natural diferente de 0, então podemos dizer que $a^{-n} = \frac{1}{a^n}$.

Observe os exemplos.

- $\left(\frac{1}{2}\right)^{-3} = \frac{1}{\left(\frac{1}{2}\right)^3} = \frac{1}{\frac{1}{8}} = 8$
- $(-3)^{-2} = \frac{1}{(-3)^2} = \frac{1}{9}$
- $(\sqrt{5})^{-2} = \frac{1}{(\sqrt{5})^2} = \frac{1}{5}$
- $(\sqrt{3})^{-1} = \frac{1}{(\sqrt{3})^1} = \frac{1}{\sqrt{3}} = \frac{\sqrt{3}}{3}$

Agora, faça como nos exemplos e calcule o valor de cada potência de expoente inteiro negativo.

a) $(-5)^{-3}$

b) $\left(1\frac{2}{7}\right)^{-1}$

c) $(\sqrt[3]{7})^{-3}$

d) $(2\sqrt{2})^{-1}$

51 **Conexões. Notação científica.** A notação científica nos permite escrever números usando potências de base 10. A principal utilidade dela é a de fornecer mais facilmente a ideia da ordem de grandeza de um número que, se fosse escrito com todos os algarismos, não daria essa informação de modo tão imediato. A maior aplicação da notação científica é a representação de números muito grandes (na Astronomia, por exemplo) ou muito pequenos (como na Química). Um número expresso em notação científica deve ser escrito como o produto de um número real, maior ou igual a 1 e menor do que 10, e uma potência de base 10 e expoente inteiro. Veja exemplos de como escrever números em notação científica.

- $300 = 3 \cdot 100 = 3 \cdot 10^2$
- $0,0052 = 5,2 \cdot 0,001 = 5,2 \cdot 10^{-3}$
- $32,45 = 3,245 \cdot 10 = 3,245 \cdot 10^1$
- Medida de distância média entre a Terra e o Sol: 149 600 000 km $= 1,496 \cdot 10^8$ km.

Luís Moura/Arquivo da editora

Representação sem escala e em cores fantasia do Sol e dos planetas do Sistema Solar.

- Medida de velocidade da luz: 300 000 km/s $= 3 \cdot 10^5$ km/s.
- Medida de comprimento da circunferência da Terra na linha do equador: 40 075 km $\simeq 4 \cdot 10^4$ km.
- Medida de massa de um átomo de oxigênio: 0,000000000000000000000027 g $= 2,7 \cdot 10^{-23}$ g.
- Medida de massa de um átomo de hidrogênio: 0,00000000000000000000000166 g $= 1,66 \cdot 10^{-24}$ g.

Finalmente, escreva cada número em notação científica.

a) 500
b) 0,0006
c) 0,000000025
d) 0,02
e) 0,034
f) 0,8
g) 20,39
h) 0,000008
i) 48 000
j) 7 000 000 000
k) 923,1
l) 40 400

52 ▸ Observe os números escritos em notação científica e escreva-os com todos os algarismos.

a) $8 \cdot 10^4$
b) $5 \cdot 10^{-2}$
c) $3{,}52 \cdot 10^5$
d) $1{,}6 \cdot 10^{-3}$

53 ▸ Escreva cada medida em notação científica.

a) Medida de distância média entre o Sol e Marte: 227 900 000 km.

b) Medida de distância média entre o Sol e Júpiter: 778 300 000 km.

c) Medida de massa de um elétron: aproximadamente 0,000000000000000000000000000911 g.

54 ▸ **Expoente fracionário.**

Veja estes exemplos e procure perceber como calcular o valor de potências com expoente fracionário.

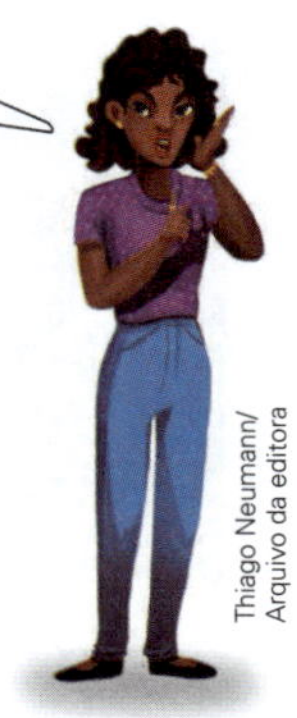

Thiago Neumann/ Arquivo da editora

- $\sqrt{3} = \sqrt{3^1} = \sqrt{3^{\frac{1}{2}+\frac{1}{2}}} =$
  $= \sqrt{3^{\frac{1}{2}} \cdot 3^{\frac{1}{2}}} = \sqrt{\left(3^{\frac{1}{2}}\right)^2} = 3^{\frac{1}{2}}$
  Logo, $3^{\frac{1}{2}} = \sqrt[2]{3^1} = \sqrt{3}$.

- Se $3^{\frac{1}{2}} = \sqrt{3}$, então: $3^{\frac{5}{2}} = \left(3^{\frac{1}{2}}\right)^5 = \left(\sqrt{3}\right)^5 = \sqrt{3^5}$
  Logo, $3^{\frac{5}{2}} = \sqrt[2]{3^5} = \sqrt{3^5}$.

- $\sqrt[3]{5} = \sqrt[3]{5^1} = \sqrt[3]{5^{\frac{1}{3}+\frac{1}{3}+\frac{1}{3}}} = \sqrt[3]{5^{\frac{1}{3}} \cdot 5^{\frac{1}{3}} \cdot 5^{\frac{1}{3}}} =$
  $= \sqrt[3]{\left(5^{\frac{1}{3}}\right)^3} = 5^{\frac{1}{3}}$
  Logo, $5^{\frac{1}{3}} = \sqrt[3]{5^1} = \sqrt[3]{5}$.

- $5^{\frac{2}{3}} = \left(5^{\frac{1}{3}}\right)^2 = \left(\sqrt[3]{5}\right)^2 = \sqrt[3]{5^2}$
  Logo, $5^{\frac{2}{3}} = \sqrt[3]{5^2}$.

Generalizando, se a é um número real positivo ou nulo e m e n são números inteiros, com $n \geqslant 2$, então podemos dizer que $a^{\frac{m}{n}} = \sqrt[n]{a^m}$.

Se $\frac{m}{n}$ for uma fração irredutível de denominador ímpar, então a base a da potência também pode ser real negativa.

Veja alguns exemplos.

- $(-8)^{\frac{1}{3}} = \sqrt[3]{-8} = -2$
- $(-32)^{\frac{1}{5}} = \sqrt[5]{-32} = -2$
- $(-2\,187)^{\frac{1}{7}} = \sqrt[7]{-2\,187} = -3$
- $(-1)^{\frac{3}{5}} = \sqrt[5]{(-1)^3} = \sqrt[5]{-1} = -1$
- $9^{\frac{1}{2}} = \sqrt{9} = 3$
- $5^{\frac{2}{3}} = \sqrt[3]{5^2} = \sqrt[3]{125}$

Observação: Se $\frac{m}{n}$ for uma fração irredutível de denominador par e a base a for um número real negativo, então obteremos um número que **não** é real. Por exemplo, $(-3)^{\frac{1}{2}} = \sqrt[2]{-3}$; e $\sqrt[2]{-3}$ não é um número real, pois não existe número real que, multiplicado por ele mesmo, resulte em -3.

Agora, faça como nos exemplos e calcule o valor de cada potência de expoente fracionário.

a) $8^{\frac{2}{3}}$
b) $11^{\frac{1}{2}}$
c) $\left(\frac{5}{9}\right)^{\frac{1}{2}}$
d) $(-1)^{\frac{3}{5}}$
e) $36^{-\frac{1}{2}}$

55 ▸ Analise o quadro-resumo.

Nos anos anteriores e neste capítulo, você estudou potências e raízes e viu que algumas indicam números reais e outras não.

Número real: todo número racional ou irracional.

Número real racional: corresponde a um quociente de 2 números inteiros, com o segundo número diferente de 0.

Número real irracional: aquele que tem a forma de número decimal infinito e não periódico.

Agora, observe os exemplos.

- $16^{\frac{1}{2}} = \sqrt{16} = 4$ é um número real racional $\left(4 = \frac{4}{1}\right)$.
- $3^{\frac{1}{2}} = \sqrt{3} = 1{,}73205...$ é um número real irracional.
- $(-9)^{\frac{1}{2}} = \left(\sqrt{-9}\right)$ não é um número real.
- $0^{-1} = \frac{1}{0}$ não é um número real.
- $3^{-2} = \frac{1}{9} = 0{,}\bar{1}$ é um número real racional.
- $2^{-\frac{1}{2}} = \frac{1}{\sqrt{2}} = \frac{\sqrt{2}}{2} = 0{,}7071067...$ é um número irracional.

Finalmente, faça o mesmo com as potências indicadas em cada item.

a) $125^{\frac{1}{3}}$

b) $(-1)^{\frac{2}{3}}$

c) $(-1)^{\frac{3}{4}}$

d) $0^{\frac{4}{5}}$

e) 0^{-4}

f) $(-3)^{\frac{2}{3}}$

56 › Determine o número na forma de raiz correspondente a cada potência.

a) $6^{\frac{1}{4}}$

b) $3^{1\frac{1}{2}}$

c) $11^{0,\bar{2}}$

d) $3^{-\frac{1}{2}}$

57 › Escreva cada número na forma de potência de base 10.

a) 100 000

b) 0,001

c) $\frac{1}{100}$

d) $\sqrt[3]{10}$

e) $\sqrt{1\,000}$

f) $\sqrt[5]{0{,}01}$

Raciocínio lógico

Use os algarismos 1, 2, 3, 4 e 5 de modo que um número formado por 2 desses algarismos vezes um número formado por 1 desses algarismos dê um número formado pelos outros 2 algarismos.

58 › Conexões. Dois números muito "grandes"! Dois dos maiores números que têm nome são o googol e o googolplex. Um googol vale 10^{100} e um googolplex vale 10^{googol}. São números incrivelmente "grandes", já que o googol corresponde ao algarismo 1 seguido de 100 algarismos 0, e o googolplex é o algarismo 1 seguido de 1 googol de algarismos 0.

Em 1938, o matemático estadunidense Edward Kasner (1878-1955) perguntou ao sobrinho Milton Sirotta (1929-1981), na época com 9 anos, qual nome ele daria a um número muito "grande", por exemplo, o 10^{100}. O pequeno Milton grunhiu uma resposta que Kasner interpretou como "googol".

Kasner queria mostrar ao sobrinho que mesmo números grandes admitem números maiores do que eles. Por isso, assim que Milton deu nome ao número 10^{100}, Kasner disse: "Pois eu conheço um número maior do que esse, o googolplex; ele vale 10^{googol}.".

Fonte de consulta: SUPERINTERESSANTE. *Mundo estranho.* Disponível em: <https://super.abril.com.br/mundo-estranho/o-que-e-um-googol/>. Acesso em: 26 mar. 2019.

Wikipedia/Wikimedia Commons

Retrato de Edward Kasner. Autor e data desconhecidos.

a) Se alguém no mundo tivesse 1 googol de centavos de dólar, então quantos milhões de dólares essa pessoa teria? Indique sua resposta na forma de potência.

b) Qual número equivale à raiz quadrada de 1 googol?

c) Em muitos países, inclusive no Brasil, um centilhão é o nome do número 10^{303}. Qual número é maior: a raiz cúbica de 1 centilhão ou 1 googol?

d) Associe os números correspondentes.

A. Meio googol.	**I.** 10^{98}
B. 1% de 1 googol.	**II.** $2^{101} \cdot 5^{100}$
C. 5 googol.	**III.** $2^{99} \cdot 5^{100}$
D. 2 googols.	**IV.** $2^{100} \cdot 5^{99}$
E. 20% de googol.	**V.** $2^{100} \cdot 5^{101}$

e) Qual deve ser o valor de n para que $\sqrt[n]{\text{googol}}$ seja igual a 10 000?

Revisando seus conhecimentos

1 ▸ **(Fuvest-SP)** Simplificar $\sqrt[3]{\dfrac{2^{28}+2^{30}}{10}}$ é igual a:

a) $\dfrac{2^8}{5}$.
b) $\dfrac{2^9}{5}$.
c) 2^8.
d) 2^9.
e) $\left(\dfrac{2^{58}}{10}\right)^{\frac{1}{3}}$.

2 ▸ Cada expressão indicada com letra minúscula tem uma correspondente indicada com letra maiúscula. Associe as letras correspondentes.

a. $\sqrt{12}+\sqrt{243}$ — **A.** $\sqrt{6}$
b. $\sqrt{8}+\sqrt{8}$ — **B.** $2\sqrt{15}$
c. $\dfrac{6}{\sqrt{6}}$ — **C.** $\sqrt{32}$
d. $\sqrt{6}\cdot\sqrt{10}$ — **D.** $11\sqrt{3}$

3 ▸ Considere os números 2, 5 e 6.

a) Usando apenas esses 3 números para escrever frações, 2 números por vez, quantas frações podemos escrever?
b) Escreva todas as possibilidades de frações que podem ser formadas.
c) Sorteando uma dessas frações, qual é a probabilidade de ela ser menor do que 1?
d) Sorteando uma dessas frações, qual é a probabilidade de ela ser uma fração aparente?
e) Sorteando uma dessas frações, qual é a probabilidade de ela ser uma fração entre 1 e 2?

4 ▸ Qual alternativa não é válida para todos os losangos?

a) As diagonais são perpendiculares.
b) As diagonais se intersectam no ponto médio.
c) As diagonais são congruentes.
d) As diagonais estão sobre as bissetrizes dos ângulos internos.

5 ▸ **Arredondamentos, cálculo mental e resultado aproximado.** Se a medida de volume de um cubo é de aproximadamente 26,97 cm^3, então qual é o valor mais próximo da medida de área de cada face desse cubo: 7 cm^2, 9 cm^2 ou 11 cm^2?

6 ▸ Usando $\pi = 3{,}14$ e considerando 5 pessoas por metro quadrado, calcule e responda: Quantas pessoas cabem, aproximadamente, em uma praça circular como esta, na realização de um *show* ao ar livre?

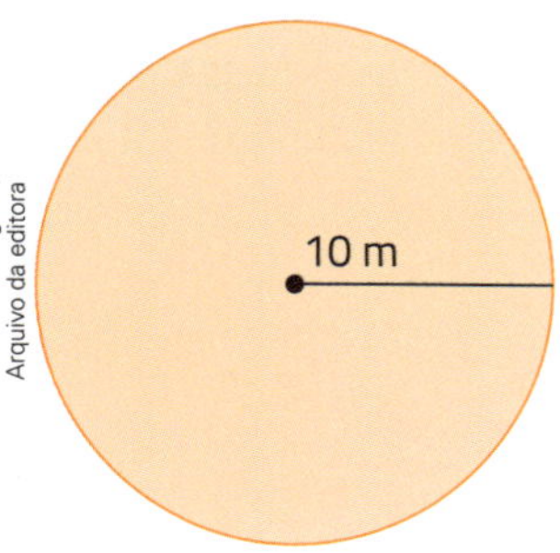

Banco de imagens/Arquivo da editora

7 ▸ Arredondando o número 17 549 para a unidade de milhar exata mais próxima, obtemos:

a) 18 000.
b) 17 000.
c) 17 500.
d) 20 000.

8 ▸ **História.** Veja algumas datas importantes para a história do Brasil.

1500: Pedro Álvares Cabral chegou ao litoral da Bahia.
1822: Independência do Brasil em relação a Portugal.
1888: Abolição da escravatura no Brasil.
1945: O Brasil passa a integrar a Organização das Nações Unidas (ONU).
1960: A capital de Brasil é transferida do Rio de Janeiro para a recém-construída cidade de Brasília.

Responda aos itens.

a) Qual é o valor posicional do algarismo 5 nas datas 1500 e 1945?
b) Qual é o valor posicional do algarismo 9 nas datas 1945 e 1960?
c) Em qual século a abolição da escravatura no Brasil ocorreu?
d) Em qual século Pedro Álvares Cabral chegou ao Brasil?

9 ▸ Observe o gráfico e responda aos itens.

Distribuição da medida de área total do Brasil por região (2017)

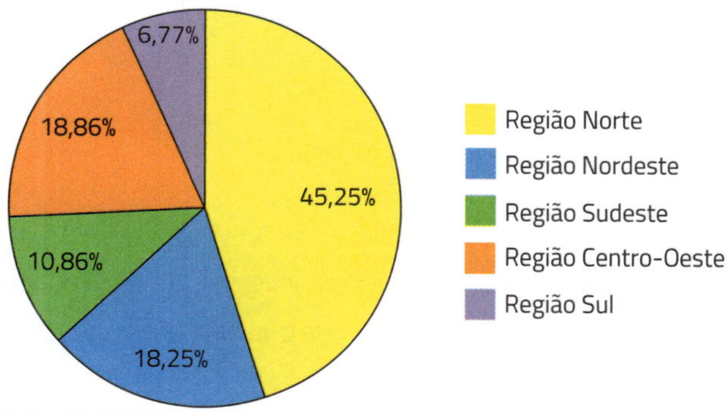

Banco de imagens/Arquivo da editora

Fonte de consulta: IBGE. *Geociências.* Disponível em: <www.ibge.gov.br/geociencias-novoportal/organizacao-do-territorio/estrutura-territorial/15761-areas-dos-municipios.html?t=downloads&c=12>. Acesso em: 15 maio 2019.

a) Qual tipo de gráfico é esse?
b) A qual assunto se refere?
c) Qual é a fonte desse gráfico?
d) De acordo com os dados desse gráfico, qual região do Brasil apresentava maior medida de área em 2017?

10 ▸ O resultado de $2 - 4^{-1}$ fica entre:

a) -1 e 0.
b) 0 e 1.
c) 1 e 2.
d) 2 e 3.

Praticando um pouco mais

Testes oficiais

1 ▸ **(Obmep)** Qual das expressões abaixo tem como resultado um número ímpar?

a) $7 \times 5 \times 11 \times 13 \times 2$
b) $(2\,005 - 2\,003) \times (2\,004 + 2\,003)$
c) $7 + 9 + 11 + 13 + 15 + 17$
d) $52 + 32$
e) $3 \times 5 + 7 \times 9 + 11 \times 13$

2 ▸ **(Obmep)** Qual dos números a seguir está mais próximo de $\frac{60{,}12 \times (0{,}99)^2}{\sqrt{401}}$?

a) 0,03
b) 0,3
c) 3
d) 30
e) 300

3 ▸ **(Obmep)** Qual dos números a seguir está mais próximo de $(0{,}8992 - 0{,}1012) \times 0{,}5$?

a) 1
b) 0,9
c) 0,8
d) 0,5
e) 0,4

4 ▸ **(Saresp)** Simplificando a expressão $(\sqrt{32} + \sqrt{18}) \cdot \sqrt{2}$, obtemos o resultado:

a) 2.
b) 8.
c) 10.
d) 14.

5 ▸ **(Saresp)** Por qual número deve ser multiplicada a expressão $\sqrt{8} \cdot \sqrt{9} \cdot \sqrt{5}$ para que seja obtido um número inteiro?

a) $\sqrt{10}$
b) $\sqrt{30}$
c) $\sqrt{45}$
d) $\sqrt{50}$

6 ▸ **Desafio. (Obmep)** Quantas vezes 17^2 deve aparecer dentro do radicando na igualdade

$$\sqrt{17^2 + 17^2 + \ldots + 17^2} = 17^2 + 17^2 + 17^2$$

para que ela seja verdadeira?

a) 9
b) 51
c) 259
d) 861
e) 2 601

7 ▸ **(Prova Brasil)** O número $\sqrt{7}$ está compreendido entre os números:

a) 2 e 3.
b) 13 e 15.
c) 3 e 4.
d) 6 e 8.

8 ▸ **(Prova Brasil)** Para ligar a energia elétrica em seu apartamento, Felipe contratou um eletricista para medir a distância do poste da rede elétrica até seu imóvel. Esta distância foi representada pela expressão $(2\sqrt{10} + 6\sqrt{17})$ m. Para fazer a ligação, a quantidade de fio a ser usada é duas vezes a medida fornecida pela expressão.

Nessas condições, Felipe comprará aproximadamente:

a) 43,6 m de fio.
b) 58,4 m de fio.
c) 61,6 m de fio.
d) 81,6 m de fio.

9 ▸ **(Prova Brasil)** Foi proposta para um aluno a seguinte expressão:

$$\sqrt{2} + \sqrt{3}$$

Um resultado aproximado da expressão é:

a) 5,0.
b) 2,50.
c) 3,1.
d) 2,2.

Questões de vestibulares e Enem

10 ▸ **Conexões. (Enem)** Dentre outros objetos de pesquisa, a Alometria estuda a relação entre medidas de diferentes partes do corpo humano. Por exemplo, segundo a Alometria, a área *A* da superfície corporal de uma pessoa relaciona-se com a sua massa *m* pela fórmula:

$A = k \cdot m^{\frac{2}{3}}$, em que *k* é uma constante positiva.

Se no período que vai da infância até a maioridade de um indivíduo, sua massa é multiplicada por 8, por quanto será multiplicada a área da superfície corporal?

a) $\sqrt[3]{16}$
b) 4
c) $\sqrt{24}$
d) 8
e) 64

11 ▸ Conexões. (Enem) Embora o Índice de Massa Corporal (IMC) seja amplamente utilizado, existem ainda inúmeras restrições teóricas ao uso e às faixas de normalidade preconizadas. O Recíproco do Índice Ponderal (RIP), de acordo com o modelo alométrico, possui uma melhor fundamentação matemática, já que a massa é uma variável de dimensões cúbicas e a altura, uma variável de dimensões lineares. As fórmulas que determinam esses índices são:

$$\text{IMC} = \frac{\text{massa (kg)}}{[\text{altura (m)}]^2}$$

$$\text{RIP} = \frac{\text{altura (cm)}}{\sqrt[3]{\text{massa (kg)}}}$$

ARAUJO, C. G. S.; RICARDO, D. R. *Índice de Massa Corporal*: um questionamento científico baseado em evidências. Arq. Bras. Cardiologia, volume 79, nº 1, 2002 (adaptado).

Se uma menina com 64 kg de massa apresenta IMC igual a 25 kg/m², então ela possui RIP igual a:

a) $0{,}4\ \text{cm/kg}^{\frac{1}{3}}$.

b) $2{,}5\ \text{cm/kg}^{\frac{1}{3}}$.

c) $8\ \text{cm/kg}^{\frac{1}{3}}$.

d) $20\ \text{cm/kg}^{\frac{1}{3}}$.

e) $40\ \text{cm/kg}^{\frac{1}{3}}$.

12 ▸ (PUC-RS) Em nossos trabalhos com Matemática, mantemos um contato permanente com o conjunto $\mathbb{R}$ dos números reais, que possui, como subconjuntos, o conjunto $\mathbb{N}$ dos números naturais, o conjunto $\mathbb{Z}$ dos números inteiros, o $\mathbb{Q}$ dos números racionais e o dos números irracionais $\mathbb{I}$. O conjunto dos números reais também pode ser identificado por:

a) $\mathbb{N} \cup \mathbb{Z}$.

b) $\mathbb{N} \cup \mathbb{Q}$.

c) $\mathbb{Z} \cup \mathbb{Q}$.

d) $\mathbb{Z} \cup \mathbb{I}$.

e) $\mathbb{Q} \cup \mathbb{I}$.

13 ▸ (UFSM-RS) Assinale verdadeira (V) ou falsa (F) em cada uma das afirmações a seguir.

( ) A letra grega π representa o número racional que vale 3,14159265.

( ) O conjunto dos números racionais e o conjunto dos números irracionais são subconjuntos dos números reais e possuem apenas um ponto em comum.

( ) Toda dízima periódica provém da divisão de dois números inteiros, portanto é um número racional.

A sequência correta é:

a) F - V - V.

b) V - V - F.

c) V - F - V.

d) F - F - V.

e) F - V - F.

Para as questões 14 e 15, indique a soma das alternativas corretas.

14 ▸ (UEM-PR) Sobre os conjuntos numéricos, é correto afirmar que:

01) o produto de dois números irracionais é sempre um número irracional.

02) a soma de dois números irracionais é sempre um número racional.

04) o produto de um número irracional por um número racional não nulo é sempre um número irracional.

08) a soma de um número irracional com um número racional é sempre um número irracional.

16) o conjunto dos números reais é a união do conjunto dos números racionais com o conjunto dos números irracionais.

15 ▸ (UEPG-PR) Assinale o que for correto.

01) O número real representado por 0,5222... é um número racional.

02) O quadrado de qualquer número irracional é um número racional.

04) Se m e n são números irracionais então $m \cdot n$ pode ser racional.

08) O número real $\sqrt{3}$ pode ser escrito sob a forma $\frac{a}{b}$, em que a e b são inteiros e $b \neq 0$.

16) Toda raiz de uma equação algébrica do 2º grau é um número real.

16 ▸ (Unemat-MT) O número $\sqrt{2\,352}$ corresponde a:

a) $4\sqrt{7}$.

b) $4\sqrt{21}$.

c) $28\sqrt{3}$.

d) $\sqrt{28\sqrt{21}}$.

e) $56\sqrt{3}$.

17 ▸ (UFC-CE) O valor da expressão $\sqrt[3]{\sqrt{729}} - \sqrt{\sqrt[3]{64}}$ é:

a) -1.

b) 0.

c) 1.

d) 2.

e) 3.

VERIFIQUE O QUE ESTUDOU

1 Indique o nome e a descrição de cada conjunto numérico.

a) $\mathbb{Z}$
b) $\mathbb{Q}$
c) $\mathbb{N}$
d) $\mathbb{I}$
e) $\mathbb{R}$

2 Indique apenas as relações corretas que envolvem os conjuntos numéricos.

a) $\mathbb{N} \subset \mathbb{Q}$
b) $\mathbb{R} \subset \mathbb{Z}$
c) $\mathbb{I} \subset \mathbb{R}$
d) $\mathbb{Q} \subset \mathbb{I}$
e) $\mathbb{Q} \subset \mathbb{R}$
f) $\mathbb{N} \subset \mathbb{Z}$
g) $\mathbb{Z} \subset \mathbb{Q} \subset \mathbb{N} \subset \mathbb{R}$
h) $\mathbb{N} \subset \mathbb{Z} \subset \mathbb{Q} \subset \mathbb{R}$
i) $\mathbb{R} \subset \mathbb{Q} \subset \mathbb{Z} \subset \mathbb{N}$
j) $\mathbb{N} \subset \mathbb{Q} \subset \mathbb{Z} \subset \mathbb{R}$

3 Observe estes números.

3	$\sqrt{64}$	-4
$3\frac{1}{4}$	$\frac{2}{5}$	$4,\bar{7}$
0	$\sqrt{18}$	π

a) Qual desses números é menor do que 0?
b) Qual corresponde a 0,4?
c) Qual é irracional e fica entre 3 e 4?
d) Qual é racional e fica entre 4 e 5?
e) Qual é irracional e maior do que 4?
f) Qual é o maior de todos?
g) Quais são números reais?

4 Observe esta reta real e os pontos indicados com letras.

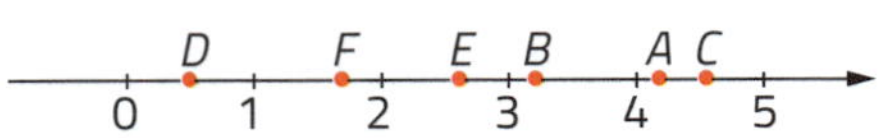

Banco de imagens/Arquivo da editora

Relacione cada número real com a letra correspondente.

a) $\frac{9}{2}$
b) $\sqrt{10}$
c) $0,\bar{4}$
d) $\frac{13}{5}$
e) $4,1$
f) $\sqrt{3}$

5 Qual intervalo de números está representado entre os pontos *E* a *A* da reta real da atividade anterior?

6 Analise estas igualdades.

- $3^{\frac{2}{3}} = \sqrt[3]{9}$
- $5^{-\frac{1}{2}} = \frac{\sqrt{5}}{5}$
- $4^{0,\bar{2}} = \sqrt[9]{16}$
- $(-25)^{\frac{1}{2}} = -5$

Quantas dessas igualdades são verdadeiras?

a) As 4.
b) Somente 3.
c) Somente 2.
d) Nenhuma.

7 Em cada item, compare o resultado das operações usando os sinais $>$, $<$ ou $=$.

a) $\sqrt{16+9}$ ____ $\sqrt{16} + \sqrt{9}$

b) $\frac{10-1}{3}$ ____ $\frac{10}{3} - 1$

c) $\sqrt{4 \cdot 25}$ ____ $\sqrt{4} \cdot \sqrt{25}$

8 Escreva $\sqrt[3]{64}$ na forma de potência:

a) de base 64;
b) de base 2;
c) de base 8;
d) de base 4.

Atenção

Retome os assuntos que você estudou neste capítulo. Verifique em quais teve dificuldade e converse com o professor, buscando maneiras de reforçar seu aprendizado.

Autoavaliação

Algumas atitudes e reflexões são fundamentais para melhorar o aprendizado e a convivência na escola. Reflita sobre elas.

- Compareci a todas as aulas e fui pontual?
- Realizei as tarefas dadas em sala de aula e as propostas para casa?
- Procurei ouvir com atenção as opiniões dos colegas?
- Ampliei meus conhecimentos em Matemática?

PARA LER, PENSAR E DIVERTIR-SE

Ler

Um método pouco conhecido para calcular o valor aproximado de uma raiz quadrada não exata é o **método das iterações**. Para calcular o valor aproximado da raiz quadrada de *n*, que é representada por $\sqrt{n}$, podemos usar esta expressão:

$$\sqrt{n} \simeq \frac{n + Q}{2 \cdot \sqrt{Q}},$$

em que *n* é o número natural positivo ou nulo do qual queremos calcular o valor da raiz quadrada e *Q* é o número natural mais próximo de *n* (acima ou abaixo) que tem uma raiz quadrada exata.

Veja alguns exemplos.

$$\sqrt{20} \simeq \frac{20 + 16}{2 \cdot \sqrt{16}} = \frac{36}{2 \cdot 4} = \frac{36}{8} = 4{,}5$$

$$\sqrt{62} \simeq \frac{62 + 64}{2 \cdot \sqrt{64}} = \frac{126}{2 \cdot 8} = \frac{126}{16} = 7{,}875$$

De fato, temos que $\sqrt{20} = 4{,}472135...$ e $\sqrt{62} = 7{,}874007...$

Pensar

Crie outros exemplos de raízes quadradas não exatas e calcule o valor de cada uma delas usando o método das iterações. Depois, confira o valor de cada raiz quadrada usando uma calculadora. Assim, você perceberá como é possível obter, com esse método, valores bem próximos aos obtidos com a calculadora!

Divertir-se

Você sabia que existe o **dia da raiz quadrada**? Criada pelo professor estadunidense Ron Gordon, essa comemoração ocorre nas datas em que o dia e o mês são o valor da raiz quadrada do número formado pelos 2 últimos algarismos do ano.

Por exemplo, no dia 4 de abril de 2016, os últimos 2 algarismos de 2016 formam o número 16, abril é o mês 4 e $4^2 = 16$. Outro exemplo é o dia 5 de maio de 2025, já que $5^2 = 25$.

Veja outras datas anteriores em que podemos observar esse padrão.

1º/1/2001 2/2/2004 3/3/2009

Quais serão as 4 próximas datas em que comemoraremos o dia da raiz quadrada?

Frank & Ernest, Bob Thaves © 1998 Thaves/ Dist. by Andrews McMeel Syndication

Fonte: GO COMICS. *Frank and Ernest*. Disponível em: <www.gocomics.com/frank-and-ernest/1998/09/24>. Acesso em: 6 jun. 2019.

CAPÍTULO

2 Produtos notáveis, fatoração e equações do 2º grau

Felix Reiners/Arquivo da editora

Ilustrações: Thiago Neumann/Arquivo da editora

Sabendo que a medida de área do quarteirão é de 195 m², podemos usar as demais informações para calcular a medida de comprimento do lado do terreno da escola, que será representada por x.

$$A = a \cdot b \Rightarrow 195 = (x + 10) \cdot (x + 8)$$

Esta é uma **equação do 2º grau com 1 incógnita** e também pode ser escrita assim: $x^2 + 18x - 115 = 0$. Neste capítulo, vamos retomar as **expressões algébricas** e estudar os **produtos notáveis**. Vamos fazer a **fatoração** de expressões algébricas e aplicar tudo isso na resolução de equações do 2º grau.

Converse com os colegas sobre estas questões e responda.

1› Considere a equação $x^2 + 18x - 115 = 0$, que representa a medida de área do terreno da escola. Teste os valores a seguir nessa equação. Qual deles pode ser a medida de comprimento dos lados do terreno da escola?

a) 4

b) 5

c) 9

d) 10

2› Como você encontrou a resposta da atividade anterior?

1 Produtos notáveis

Alguns produtos envolvendo polinômios apresentam uma regularidade (um padrão) nos resultados e, por isso, são conhecidos como **produtos notáveis**. Conhecendo-os, podemos economizar muitos cálculos. Vamos estudar alguns deles a seguir.

Thiago Neumann/Arquivo da editora

O quadrado da soma de 2 termos

Observe a aplicação da propriedade distributiva.

$$(a + b)^2 = (a + b)(a + b) = a \cdot a + a \cdot b + b \cdot a + b \cdot b = a^2 + 2ab + b^2$$

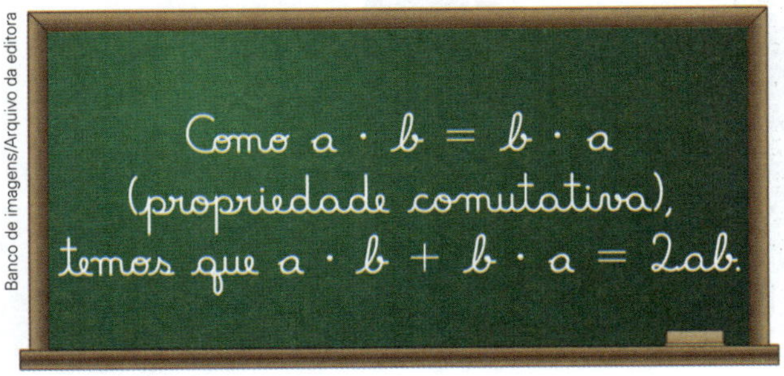

Banco de imagens/Arquivo da editora

Assim, podemos concluir que: $(a + b)^2 = a^2 + 2ab + b^2$.

Geometricamente, é o mesmo que calcular a medida de área de uma região quadrada de lados com medida de comprimento $(a + b)$.

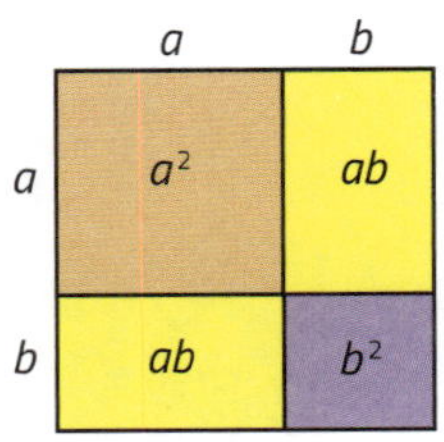

Banco de imagens/Arquivo da editora

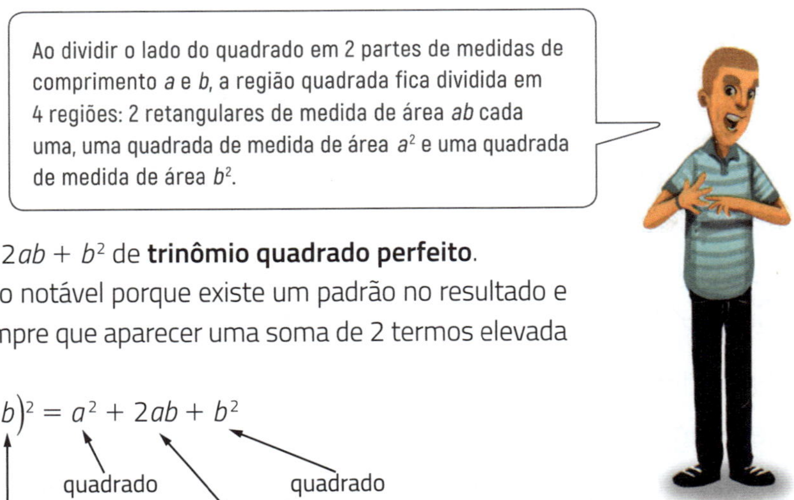

Thiago Neumann/Arquivo da editora

Chamamos o polinômio $a^2 + 2ab + b^2$ de **trinômio quadrado perfeito**.

E esse polinômio é um produto notável porque existe um padrão no resultado e esse padrão pode ser utilizado sempre que aparecer uma soma de 2 termos elevada ao quadrado.

$$(a + b)^2 = a^2 + 2ab + b^2$$

- a: 1º termo da soma
- b: 2º termo da soma
- a^2: quadrado do 1º termo
- $2ab$: o dobro do produto do 1º pelo 2º termo
- b^2: quadrado do 2º termo

> O quadrado da soma de 2 termos é igual ao quadrado do 1º termo mais o dobro do produto do 1º pelo 2º termo mais o quadrado do 2º termo.

Veja alguns exemplos.

- $(3x + 5)^2 = 9x^2 + 30x + 25$, em que $9x^2 = (3x)^2$, $30x = 2 \cdot (3x) \cdot 5$ e $25 = 5^2$
- $(5x + y)^2 = 25x^2 + 10xy + y^2$
- $(y + 6)^2 = y^2 + 12y + 36$
- $(a + 22)(a + 22) = a^2 + 44a + 484$

O quadrado da diferença entre 2 termos

Analogamente, podemos usar a propriedade distributiva e aplicar a mesma regra da soma para a diferença entre 2 termos.

$$(a - b)^2 = (a - b)(a - b) = a \cdot a \underbrace{- a \cdot b - b \cdot a}_{-2ab} + b \cdot b = a^2 - 2ab + b^2$$

Geometricamente, isso equivale a calcular a medida de área de uma região quadrada de lado com medida de comprimento $(a - b)$. Por exemplo, esta região quadrada *AEIG*.

Banco de imagens/Arquivo da editora

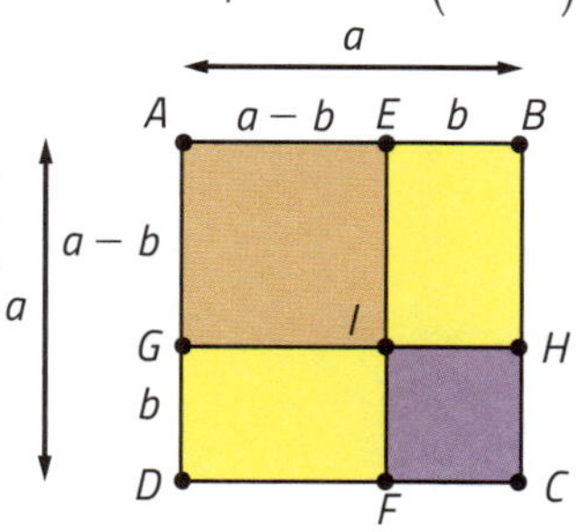

Para isso, determinamos a medida de área de *ABCD* (que é a^2) e subtraímos dela as medidas de área de *EBCF* (que é *ab*) e de *GHCD* (que é *ab*). Ao subtrair essas 2 últimas medidas de área, subtraímos 2 vezes a medida de área de *IHCF*. Por isso, precisamos somar de novo 1 vez a medida de área de *IHCF* (que é b^2). Assim:

$$(a - b)^2 = a^2 - ab - ab + b^2 = a^2 - 2ab + b^2$$

Veja que aqui também temos uma regularidade e que, por isso, o quadrado da diferença entre 2 termos também é um produto notável. O polinômio $a^2 - 2ab + b^2$ também é chamado de **trinômio quadrado perfeito**.

$$(a - b)^2 = a^2 - 2ab + b^2$$

- a^2: quadrado do 1º termo
- $-2ab$: o oposto do dobro do produto do 1º pelo 2º termo
- b^2: quadrado do 2º termo

Bate-papo

Converse com os colegas sobre por que esses polinômios recebem o nome de trinômio quadrado perfeito.

O quadrado da diferença entre 2 termos é igual ao quadrado do 1º termo menos o dobro do produto do 1º pelo 2º termo mais o quadrado do 2º termo.

Veja alguns exemplos.

- $(x - 4)^2 = x^2 - 8x + 16$
- $(3x - y)^2 = 9x^2 - 6xy + y^2$
- $(7x - 3)^2 = 49x^2 - 42x + 9$

Atividades

1 › Use a regularidade que você estudou e indique o desenvolvimento de cada item.

a) $(a + 5)^2$

b) $(x + 3)^2$

c) $(y + 10)^2$

d) $(x + 7)(x + 7)$

e) $(a + 4)(a + 4)$

f) $(x + 1)(x + 1)$

g) $(2x + y)^2$

h) $(3a + 4)^2$

i) $(5 + 3x)^2$

j) $(x^2 + a^2)^2$

2 › Desafio. Escreva o polinômio $x^2 + 6x + 9$ na forma de um produto em que os 2 fatores sejam iguais.

3 › Desenvolva o quadrado da soma e, depois, reduza os termos semelhantes.

a) $(x + 3)^2 + x^2 - 7x$

b) $(x + 2)^2 - (x + 4)^2 + 4x + 12$

4 › Use a regularidade do quadrado da diferença entre 2 termos e indique o desenvolvimento de cada item.

a) $(a - 3)^2$

b) $(x - 2)^2$

c) $(5 - y)^2$

d) $(a - 1)^2$

e) $(2a - b)^2$

f) $(3x - 5)^2$

g) $(3 - 2x)^2$

h) $\left(\frac{1}{3} - x\right)^2$

5 › Prove que $4ab + (a - b)^2$ é igual a $(a + b)^2$. Essa igualdade foi demonstrada geometricamente pelo matemático grego Euclides (330 a.C.-260 a.C.) no livro II da obra *Os elementos*.
(Sugestão: Desenvolva cada polinômio separadamente e chegue ao mesmo valor nos 2 casos.)

6 › Desafio. Estes trinômios podem ser obtidos a partir do quadrado da soma ou da diferença entre 2 termos. Descubra.

a) $x^2 - 10x + 25$

b) $a^2 + 6a + 9$

c) $x^2 - 8xy + 16y^2$

d) $36x^2 + 12x + 1$

Produto da soma pela diferença dos mesmos 2 termos

Este produto notável é usado quando os fatores do produto não são iguais, mas relacionam os mesmos 2 termos.

$$(a+b)(a-b) = a^2 - ab + ba - b^2 = a^2 - \cancel{ab} + \cancel{ab} - b^2 = a^2 - b^2$$

Assim: $(a+b)\cdot(a-b) = a^2 - b^2$.

Geometricamente, isso equivale a calcular a medida de área de uma região retangular com lados de medidas de comprimento $(a+b)$ e $(a-b)$.

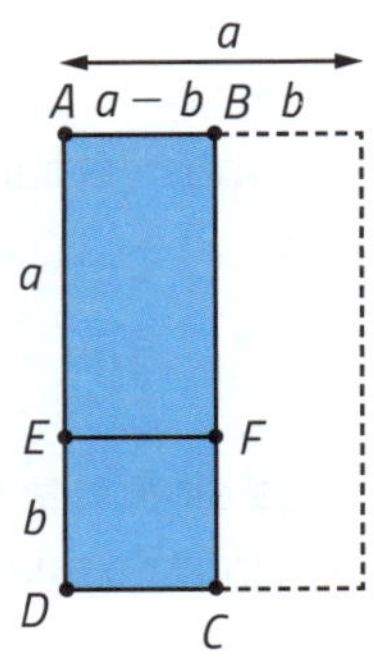

Banco de imagens/Arquivo da editora

Thiago Neumann/Arquivo da editora

Para calcular a medida de área de *ABCD*, precisamos adicionar a medida de área de *ABFE* e a medida de área de *EFCD*. Assim:

$$(a+b)(a-b) = a(a-b) + b(a-b) = a^2 - ab + ba - b^2 = a^2 - b^2$$

Temos aqui mais um produto notável, pois há uma regularidade no resultado.

$$(a+b)(a-b) = a^2 - b^2$$

quadrado do 1º termo (a^2); quadrado do 2º termo (b^2)

> O produto da soma pela diferença dos mesmos 2 termos é igual ao quadrado do 1º termo menos o quadrado do 2º termo.

Veja alguns exemplos.

- $(x+5)(x-5) = x^2 - 25$
- $(5x+y)(5x-y) = 25x^2 - y^2$
- $(x^2+x)(x^2-x) = x^4 - x^2$
- $(m-3p)(m+3p) = m^2 - 9p^2$

As imagens desta página não estão representadas em proporção.

Atividades

7 Use a regularidade que você acabou de aprender e indique o desenvolvimento destes produtos.

a) $(a+2)(a-2)$

b) $(y-4)(y+4)$

c) $(x+3)(x-3)$

d) $(x-5)(x+5)$

e) $(a-1)(a+1)$

f) $(t+6)(t-6)$

g) $(2a+b)(2a-b)$

h) $(2x+2y)(2x-2y)$

8 Desenvolva estes produtos e reduza os termos semelhantes.

a) $(x+7)(x-7) - x^2 + 50$

b) $\left(x+\frac{1}{2}\right)\left(x-\frac{1}{2}\right) + \frac{3}{4}$

9 Helen escreveu este produto notável no caderno.

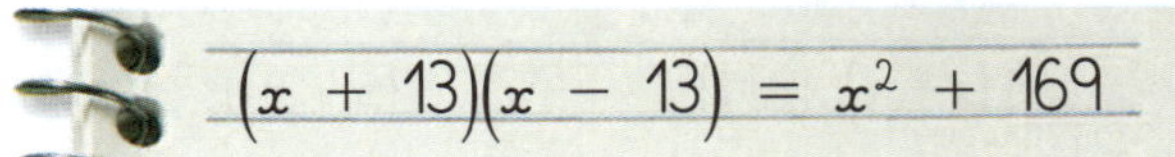

Paulo Manzi/Arquivo da editora

Ela está correta? Por quê?

10 **Desafio.** Estas diferenças podem ser escritas como produtos da soma pela diferença dos mesmos 2 termos. Determine quais são esses produtos.

a) $x^2 - 900$

b) $16x^2 - y^2$

c) $64 - 25a^2$

d) $169 - 49y^4$

2 Fatoração de polinômios

Fazer a **fatoração** ou **fatorar** um polinômio é expressá-lo como o produto de 2 ou mais polinômios.

Por exemplo, o polinômio $x^2 + 2x$ pode ser escrito como o produto $x \cdot (x + 2)$. Dizemos que $x \cdot (x + 2)$ é a forma fatorada de $x^2 + 2x$. Vejamos alguns casos de fatoração.

1º caso de fatoração: fator comum em evidência

Observe esta região retangular cujos lados têm medida de comprimento x e $a + b$. A medida de área total dessa região retangular pode ser obtida somando as medidas de área das partes que a compõem.

Banco de imagens/Arquivo da editora

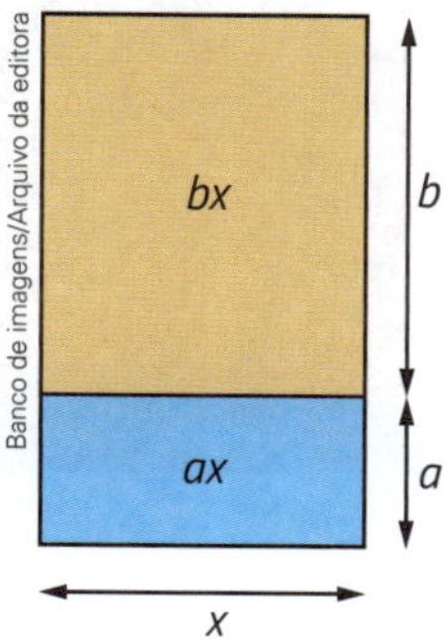

$$A = ax + bx$$

Essa mesma medida de área pode ser obtida determinando a medida de área da região retangular com base de medida de comprimento x e altura de medida de comprimento $(a + b)$.

$$A = x \cdot (a + b)$$

Assim: $ax + bx = x(a + b)$.

O polinômio $x(a + b)$ é uma **forma fatorada** de $ax + bx$. Neste caso, colocamos o **fator comum *x* em evidência**.

Quando todos os termos de um polinômio tiverem um fator comum, este pode ser colocado em evidência. Por exemplo, vamos fatorar a expressão $3ac + 3ab$, colocando em evidência o fator comum.

$$3ac + 3ab = 3a \cdot (c + b)$$

fator comum ($3a$, circulado em $3ac$ e $3ab$) — fator comum ($3a$)

$3a$ é o **fator comum** aos 2 termos do polinômio $3ac + 3ab$. Então ele é um dos fatores na fatoração.

Para verificar se a fatoração está correta, basta desenvolver o produto $3a \cdot (c + b)$ e observar se o resultado é igual ao polinômio na forma inicial $3ac + 3ab$.

$$3a \cdot (c + b) = 3ac + 3ab$$

Para encontrar o fator comum, às vezes precisamos escrever os termos do polinômio de outra maneira. Por exemplo, o polinômio $10x^2 - 15x$ pode ser escrito assim:

$$10x^2 - 15x = 2x \cdot 5x - 3 \cdot 5x = 5x(2x - 3)$$

fator comum ($5x$)

Observe outros exemplos de fatoração em que são colocados termos em evidência.

- $6x - 10y = 2 \cdot (3x + 5y)$, com $6x = 2 \cdot 3 \cdot x$ e $10y = 2 \cdot 5 \cdot y$; fator comum: 2
- $9x^3 - 6x^2 + 3x = 3x \cdot (3x^2 - 2x + 1)$, com $9x^3 = 3 \cdot 3 \cdot x \cdot x \cdot x$, $6x^2 = 2 \cdot 3 \cdot x \cdot x$ e $3x = 3 \cdot x$; fator comum: $3x$
- $5a^2b + 6ab = ab \cdot (5a + 6)$, com $5a^2b = 5 \cdot a \cdot a \cdot b$ e $6ab = 2 \cdot 3 \cdot a \cdot b$; fator comum: ab
- $x(x + 2) + 3(x + 2) = (x + 2)(x + 3)$; fator comum: $(x + 2)$

2º caso de fatoração: agrupamento

Analise o polinômio $ax + 2a + 5x + 10$. Não existe nenhum fator comum aos 4 termos desse polinômio. Mas, **agrupando-os** de maneira conveniente, podemos fatorá-lo aplicando 2 vezes o 1º caso de fatoração (colocar o termo comum em evidência).

Banco de imagens/Arquivo da editora

Thiago Neumann/Arquivo da editora

As imagens desta página não estão representadas em proporção.

Veja outros exemplos.

- $ab + a - bx - x$
  $a(b + 1) - x(b + 1)$
  $(b + 1)(a - x)$

- $a^2 - 5a + a - 5$
  $a(a - 5) + 1(a - 5)$
  $(a - 5)(a + 1)$

- $x^3 - 2x^2 + x + x^2y - 2xy + y$
  $x(x^2 - 2x + 1) + y(x^2 - 2x + 1)$
  $(x^2 - 2x + 1)(x + y)$

Atividades

11 Faça o que se pede.

a) Escreva o polinômio $8x^2 - 6x$ de maneira que apareça um fator comum em ambos os termos.

b) Escreva esse polinômio como uma multiplicação de 2 fatores.

c) Por fim, faça a verificação.

12 Fatore os polinômios colocando em evidência o fator comum a cada um deles.

a) $4r + 12$

b) $5x - 20$

c) $15x^3 + 10x^2 - 5xy$

d) $x^2 - xy$

e) $a^2 + ab + a$

f) $x(x - 4) + 6(x - 4)$

13 Fatore cada polinômio agrupando convenientemente os termos.

a) $2x^2 - 4x + 3xy - 6y$

b) $x^2 + xy + x + y$

c) $ab + 3b - 7a - 21$

14 Somente um destes 3 polinômios pode ser fatorado por agrupamento. Identifique qual é e faça a fatoração.

a) $x^2 - 2x + xy + 2y$

b) $x^2 - 2x - xy + 2y$

c) $x^2 + 2x + xy - 2y$

15 Qual é o monômio que, multiplicado por $3a + b^2$, resulta no polinômio $12a^2 + 4ab^2$?

$3^{\underline{o}}$ caso de fatoração: diferença entre 2 quadrados

Você estudou que o produto da soma pela diferença dos mesmos 2 termos é um produto notável e que o resultado é igual à diferença entre o quadrado do $1^{\underline{o}}$ termo e o quadrado do $2^{\underline{o}}$ termo. Veja mais alguns exemplos.

- $(x+8)(x-8)=x^2-64$
- $(5x+9)(5x-9)=25x^2-81$
- $(7x-y)(7x+y)=49x^2-y^2$
- $(10+a)(10-a)=100-a^2$

- $x^2-64=(x+8)(x-8)$

  x^2: quadrado de x; 64: quadrado de 8

  Dizemos que $(x+8)(x-8)$ é a forma fatorada de x^2-64.

- $25x^2-81=(5x+9)(5x-9)$

  $25x^2$: $(5x)^2$; 81: 9^2

- $49x^2-y^2=(7x+y)(7x-y)$

  $49x^2$: quadrado de $7x$; y^2: quadrado de y

- $100-a^2=(10+a)(10-a)$

  100: 10^2; a^2: a^2

$4^{\underline{o}}$ caso de fatoração: trinômio quadrado perfeito

Explorar e descobrir

Observem estas figuras.

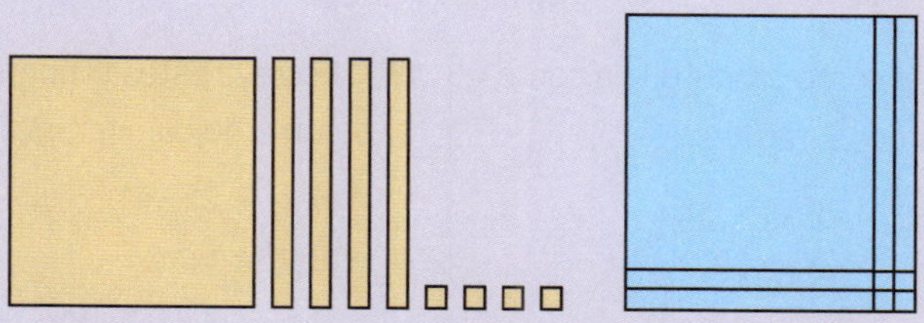

Ilustrações: Banco de imagens/Arquivo da editora

Considerem que a região quadrada laranja maior tem lados com medida de comprimento x e que as barras têm o lado maior com medida de comprimento x e o lado menor com medida de comprimento 1. Por sua vez, as regiões quadradas menores têm lados com medida de comprimento 1.

a) Qual polinômio representa a medida de área total da figura azul?

b) Qual polinômio representa a medida de comprimento da altura da figura azul? E a medida de comprimento da largura?

c) Qual produto de polinômios representa a medida de área total da figura azul?

Nesta situação, temos 2 polinômios que representam a medida de área total da figura azul. Uma delas é um trinômio conhecido como **trinômio quadrado perfeito** (item **a**) e a outra é a forma **fatorada** do trinômio (item **c**).

No estudo dos produtos notáveis, você viu que o desenvolvimento do quadrado da soma de 2 termos e do quadrado da diferença entre 2 termos resulta em trinômios quadrados perfeitos. Veja mais alguns exemplos.

- $(x + 5)^2 = x^2 + 10x + 25$
- $(3x + 10)^2 = 9x^2 + 60x + 100$
- $(a - 7)^2 = a^2 - 14a + 49$
- $(4x - 9y)^2 = 16x^2 - 72xy + 81y^2$

Thiago Neumann/Arquivo da editora

Veja alguns exemplos.

- $x^2 + 10x + 25 = (x + 5)^2$
  - x^2: quadrado de x
  - $10x$: dobro do produto de x e 5
  - 25: quadrado de 5

Dizemos que $(x + 5)^2$ é a forma fatorada de $x^2 + 10x + 25$.

- $9x^2 + 60x + 100 = (3x + 10)^2$
  - $9x^2$: $(3x)^2$
  - $60x$: $2 \cdot 3x \cdot 10$
  - 100: 10^2

- $a^2 - 14a + 49 = (a - 7)^2$
  - a^2: quadrado de a
  - $-14a$: oposto do dobro do produto de a e 7
  - 49: quadrado de 7

- $16x^2 - 72xy + 81y^2 = (4x - 9y)^2$
  - $16x^2$: $(4x)^2$
  - $-72xy$: $-2 \cdot 4x \cdot 9y$
  - $81y^2$: $(9y)^2$

As imagens desta página não estão representadas em proporção.

Atividades

16 Escreva estas diferenças como produtos da soma pela diferença dos mesmos 2 termos.

a) $x^2 - 1$
b) $y^2 - 81$
c) $1 - a^2$
d) $x^2 - 144$
e) $64x^2 - 9$
f) $36 - \frac{x^2}{49}$

17 Entre os 4 trinômios dados, há 2 que são quadrados perfeitos. Faça a fatoração deles.

a) $x^2 + 16x + 64$
b) $4x^2 + 6xy - 8y$
c) $16x^2 + 8xy + 2y^2$
d) $9x^2 + 12xy + 4y^2$

18 Fatore estes trinômios quadrados perfeitos.

a) $4x^2 + 4x + 1$
b) $y^2 - 14y + 49$
c) $100x^2 - 80x + 16$
d) $x^2 + x + \frac{1}{4}$

19 Escreva estes trinômios na forma do quadrado da soma ou da diferença entre 2 termos.

a) $x^2 + 2x + 1$
b) $a^2 - 6a + 9$
c) $x^2 + 20x + 100$
d) $n^2 - 10n + 25$
e) $y^2 + 22y + 121$
f) $x^2 - 16x + 64$

20 **Avaliação de resultados.** Observe o que Fábio escreveu no caderno.

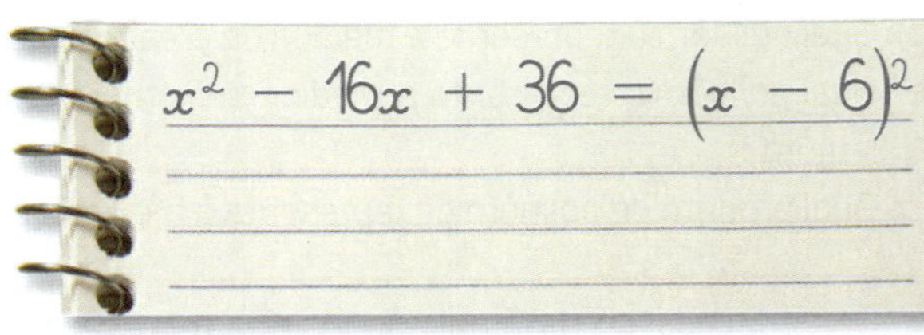

Paulo Manzi/Arquivo da editora

Você acha que ele acertou? Por quê?

Raciocínio lógico

Considerando estas regiões planas, podemos verificar geometricamente 3 dos casos estudados de fatoração de polinômios.

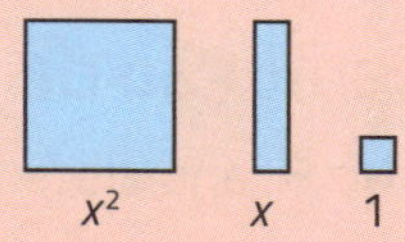

Analise os exemplos e troque ideias com os colegas.

- **Fator comum em evidência.**

  O polinômio $x^2 + x$ corresponde às regiões planas 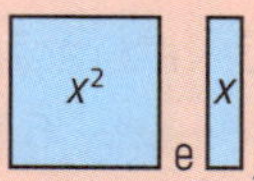 juntas.

  Com elas, obtemos a região retangular 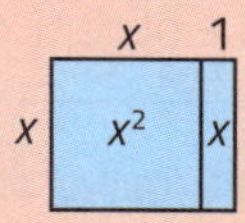, cuja medida de área pode ser representada por $x(x + 1)$.

  Assim, $x^2 + x = x(x + 1)$.

- **Diferença entre 2 quadrados.**

  Fatorar $x^2 - 4$.

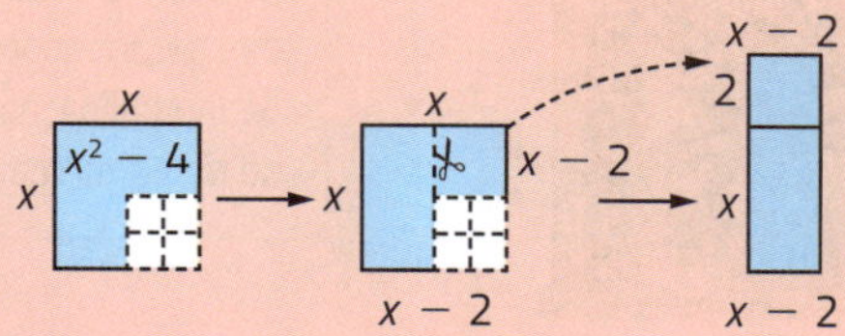

  Medida de área: $(x + 2)(x - 2)$

  Assim, $x^2 - 4 = (x + 2)(x - 2)$.

- **Trinômio quadrado perfeito.**

  Fatorar $x^2 + 4x + 4$.

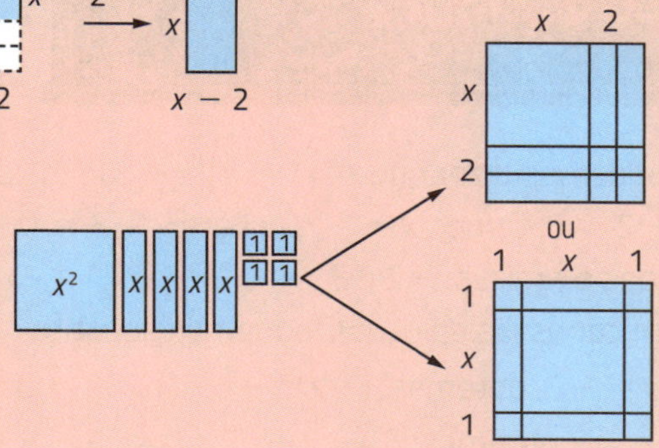

  Medida de área: $(x + 2)(x + 2)$ ou $(x + 2)^2$.

  Assim: $x^2 + 4x + 4 = (x + 2)(x + 2)$ ou $x^2 + 4x + 4 = (x + 2)^2$.

Outras fatorações

Há polinômios que podem ser fatorados mais de uma vez. Veja alguns exemplos.

- $3x^2 - 75 = 3(x^2 - 25) = 3(x + 5)(x - 5)$

  colocando o 3 em evidência; fatorando a diferença entre 2 quadrados

- $4x^3 + 4x^2 + x = x(4x^2 + 4x + 1) = x(2x + 1)^2$
- $x^4 - 81 = (x^2 + 9)(x^2 - 9) = (x^2 + 9)(x + 3)(x - 3)$
- $x^2 - y^2 + 3x + 3y = (x + y)(x - y) + 3(x + y) = (x + y)(x - y + 3)$

Atividades

21 Faça a fatoração destes polinômios usando os 4 casos estudados. (Sugestão: Para descobrir qual caso usar, pense neles na ordem em que foram estudados.)

a) $3x^2 - 15x$

b) $5a^2 - a + 10ab - 2b$

c) $x^2 + 40x + 400$

d) $9x^2 - 25$

e) $16a^2 - 8a + 1$

f) $r^2 - 2rs + s^2$

g) $m^2 - n^2$

h) $49x^2 - 144y^2$

22 **Desafio.** Fatore esta expressão.

$$(3x + 4)^2 - (2x - 1)^2$$

23 Fatorem estes polinômios até não ser mais possível fatorar.

a) $45x^3 - 5xy^2$

b) $a^4 - b^4$

c) $xy - 5x + 4y - 20$

d) $y^3 - 9y$

e) $x^2 + 2xy + y^2 + 5x + 5y$

f) $a^2 - 3a - ab + 3b$

Aplicações dos casos de fatoração

Resolução de equação-produto

No 8º ano, você conheceu as equações do 2º grau com 1 incógnita e aprendeu a resolver aquelas que podem ser escritas na forma $ax^2 = b$, com os coeficientes a e b dados e $a \neq 0$.

Agora você verá que uma das aplicações dos casos de fatoração é a resolução de outros tipos de equações do 2º grau com 1 incógnita. Por exemplo, a equação $x^2 - x - 6 = 0$ é chamada de **equação-produto**, pois podemos fatorá-la usando o caso do trinômio quadrado perfeito e obter $(x + 2)(x - 3) = 0$.

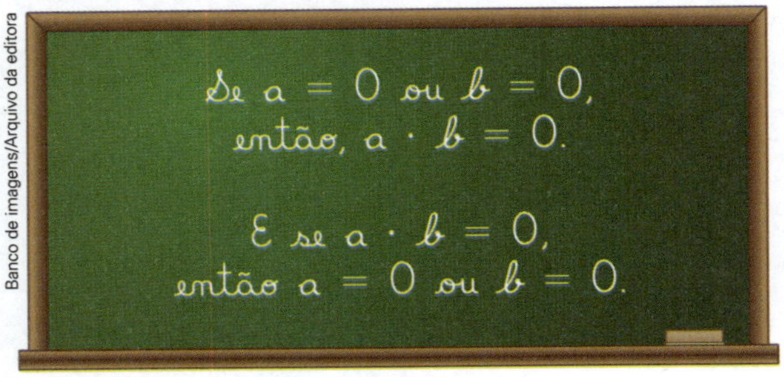

Banco de imagens/Arquivo da editora

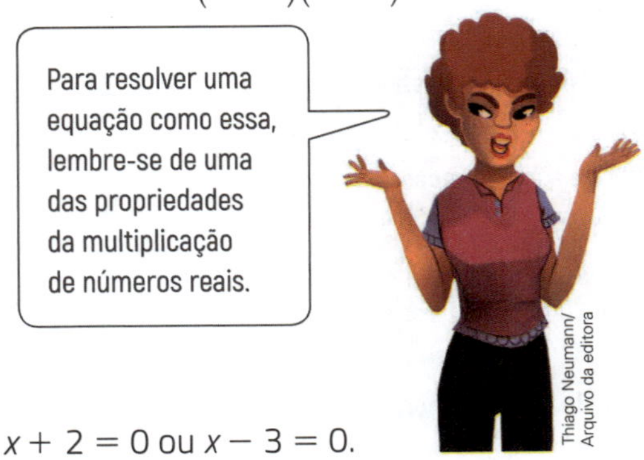

Thiago Neumann/Arquivo da editora

Assim, podemos dizer que se $(x + 2)(x - 3) = 0$, então $x + 2 = 0$ ou $x - 3 = 0$.

Para $x + 2 = 0$, temos $x = -2$; e, para $x - 3 = 0$, temos $x = 3$. Logo, a equação-produto $x^2 - x - 6 = 0$ tem 2 soluções ou raízes: -2 e 3.

Para verificar essas soluções, podemos substituir cada uma delas no primeiro membro da equação.

- Para $x = -2$, obtemos: $(-2)^2 - (-2) - 6 = 0 \Rightarrow 4 + 2 - 6 = 0 \Rightarrow 0 = 0$
- Para $x = 3$, obtemos: $3^2 - 3 - 6 = 0 \Rightarrow 9 - 3 - 6 = 0 \Rightarrow 0 = 0$

> Lembre-se: **Raiz** ou **solução** de uma equação com 1 incógnita é o valor que, atribuído à incógnita, torna a sentença matemática verdadeira.

Veja outros exemplos de resolução de equações-produto. Observe que, às vezes, é necessário fazer uma fatoração antes.

- $(3x - 1)(x + 4) = 0$

  $3x - 1 = 0$ ou $x + 4 = 0$

  $3x = 1$ $\qquad x = -4$

  $x = \frac{1}{3}$

  Raízes da equação: -4 e $\frac{1}{3}$.

- $9x^2 - 25 = 0$

  Fatoramos o 1º membro:

  $(3x + 5)(3x - 5) = 0$

  $3x + 5 = 0$ ou $3x - 5 = 0$

  $3x = -5$ $\qquad 3x = 5$

  $x = -\frac{5}{3}$ $\qquad x = \frac{5}{3}$

  Raízes da equação: $-\frac{5}{3}$ e $\frac{5}{3}$.

- $x^2 - 20x + 100 = 0$

  Fatoramos o 1º membro:

  $(x - 10)^2 = 0$

  Se uma expressão elevada ao quadrado é igual a 0, então o valor dela é 0:

  $x - 10 = 0$

  $x = 10$

  Única raiz da equação: 10.

Atividades

24 Resolva as equações-produto.

a) $(y + 7)(y - 3) = 0$

b) $(4x - 3)(x + 5) = 0$

c) $(3n + 2)(4n + 5) = 0$

d) $(t - 1)(t + 5)(2t - 1) = 0$

25 Em cada item, fatore o 1º membro e, depois, resolva a equação-produto resultante.

a) $5x^2 - 15x = 0$

b) $n^2 - 121 = 0$

c) $t^2 + 12t + 36 = 0$

d) $3x^3 - 48x = 0$

Cálculos com números

Outra aplicação dos casos de fatoração é no cálculo do valor de potências. Por exemplo, sem usar uma calculadora, responda: Qual é o valor de $(1\,003)^2$?

Veja como calcular o valor dessa potência usando fatoração.

$$1\,003^2 = (1\,000 + 3)^2 = 1\,000\,000 + 6\,000 + 9 = 1\,006\,009$$

- $1\,000\,000$: quadrado de 1000
- $6\,000$: dobro do produto de 1 000 por 3
- 9: quadrado de 3

Observe mais alguns exemplos.

- $99^2 = (100 - 1)^2 = 10\,000 - 200 + 1 = 9\,801$
- $101^2 - 99^2 = \underbrace{(101 + 99)}_{200} \cdot \underbrace{(101 - 99)}_{2} = 400$
- $10\,001^2 - 9\,999^2 = (10\,001 + 9\,999) \cdot (10\,001 - 9\,999) = 20\,000 \cdot 2 = 40\,000$

Demonstrações

Usando o que você aprendeu neste capítulo, você pode **demonstrar** ou **provar** algumas propriedades operatórias com números reais. Acompanhe a situação a seguir, para entender o que significa isso.

Rosana e Felício estavam ansiosos para mostrar ao professor o que descobriram brincando com alguns números. Eles sabiam que era algo interessante, mesmo sem entender o que realmente significava. Veja o que eles descobriram.

Ilustrações: Thiago Neumann/Arquivo da editora

Rosana.

Banco de imagens/Arquivo da editora

Felício.

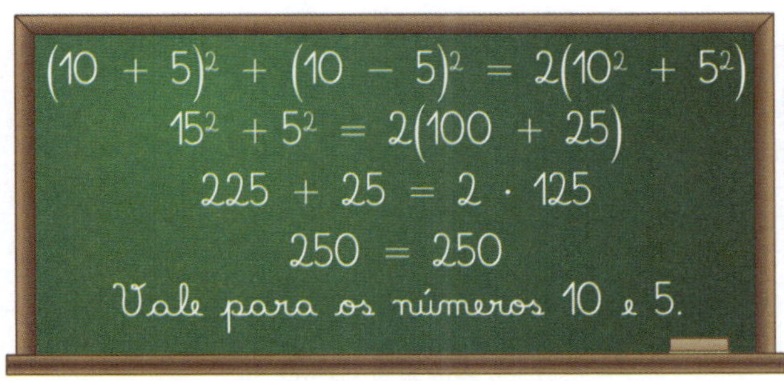

Banco de imagens/Arquivo da editora

Mas será que essas igualdades valem para quaisquer números? Veja com o 7 e o 4.

$$(7 + 4)^2 + (7 - 4)^2 = 2(7^2 + 4^2)$$
$$11^2 + 3^2 = 2(49 + 16)$$
$$121 + 9 = 2 \cdot 65$$
$$130 = 130$$

As descobertas com determinados números são muito interessantes e intrigantes. Elas podem indicar uma regularidade, ou seja, podem ser uma regra geral. Mas para uma propriedade ser válida, não basta constatarmos que ela é verdadeira para **alguns números**. Precisamos mostrar que ela é verdadeira para **todos os números** do conjunto numérico considerado (no caso, queremos provar para os números reais), fazendo uma demonstração ou prova para obter uma **generalização**.

Inicialmente, escolhemos x e y para representar 2 números reais quaisquer. Vamos verificar que, para esses 2 números quaisquer, é verdadeira a igualdade:

$$(x+y)^2+(x-y)^2=2(x^2+y^2)$$

Desenvolvemos o primeiro lado da igualdade:

$$(x+y)^2+(x-y)^2=\underbrace{x^2+\cancel{2xy}+y^2}+\underbrace{x^2-\cancel{2xy}+y^2}=2x^2+2y^2=2(x^2+y^2)$$

De fato, mostramos que a igualdade $(x+y)^2+(x-y)^2=2(x^2+y^2)$ é verdadeira para quaisquer valores reais de x e y que você escolher, ou seja, **demonstramos** ou provamos que essa igualdade é sempre verdadeira.

Veja outro exemplo. Vamos provar que a soma de 2 números inteiros pares é um número par.

Um número inteiro par qualquer pode ser escrito na forma $2n$, em que n é um número inteiro. Consideremos 2 números pares $2p$ e $2q$, em que p e q são números inteiros. Assim:

$$2p+2q=2\underbrace{(p+q)}_{m}=2m$$

Thiago Neumann/Arquivo da editora

Raciocínio lógico

Cuidado com as generalizações

É perigoso generalizar utilizando apenas alguns casos particulares.
Por exemplo, considere o polinômio n^2+n+41, com n representando um número natural.

- Para $n=0$, temos: $0^2+0+41=41$ (é um número primo).
- Para $n=1$, temos: $1^2+1+41=43$ (é um número primo).

Verifique que, para $n=2$, $n=3$, $n=4$ e $n=5$, o resultado é um número primo.
Para $n=6$, $n=7$, $n=8$ ... até $n=39$, o número n^2+n+41 é primo. Assim, muitos poderiam afirmar que, para qualquer número natural n, temos que n^2+n+41 é primo.
Porém, veja que interessante, para $n=40$, temos:
$n^2+n+41=40^2+40+41=1681$, que é múltiplo de 41 $(1681:41=41)$.
Portanto, o número $40^2+40+41=1\,681$ tem como divisores: 1, 41 e 1 681. Logo, não é primo.

Esse exemplo mostra claramente que é muito perigoso generalizar um resultado ou uma propriedade considerando apenas alguns casos particulares.

Atividades

26 Faça estes cálculos usando produtos notáveis e fatoração.

Thiago Neumann/Arquivo da editora

a) 108^2
b) 999^2
c) 9999^2
d) 51^2
e) 998^2
f) $1001^2 - 999^2$
g) $105^2 - 95^2$
h) $100001^2 - 99999^2$

27 **Cálculo do quadrado de números entre 41 e 59.** Considere, por exemplo, o número $N = 46$. Qual é o valor de 46^2?

- Os 2 primeiros algarismos da resposta são dados por: $N - 25 = 46 - 25 = 21$.
- Os 2 últimos algarismos são dados por: $(50 - N)^2 = (50 - 46)^2 = 4^2 = 16$.
- Resposta: $46^2 = 100 \cdot 21 + 16 = 2116$.

Mágica? Não! Pura matemática.
Por quê? Porque $N^2 = 100(N - 25) + (50 - N)^2$.

a) Você está duvidando? Então verifique se esta igualdade é verdadeira.

$$N^2 = 100(N - 25) + (50 - N)^2$$

b) Determine o quadrado dos números 49 e 57. Depois, use uma calculadora para conferir sua resposta.

28 Faça como Rosana e Felício fizeram na página 51. Teste a equação $(x + y)^2 + (x - y)^2 = 2(x^2 + y^2)$ para os números indicados em cada item.

a) Para $x = 5$ e $y = 20$.
b) Para $x = 2$ e $y = 9$.
c) Para x e y de sua escolha.

29 Demonstre que a soma de 2 números inteiros consecutivos é igual à diferença dos quadrados desses números.

30 Demonstre que a soma de 2 números inteiros ímpares é um número inteiro par.

31 Demonstre que, se um número natural é múltiplo de 2 e também é múltiplo de 3, então ele é múltiplo de 6.

32 Observe estas igualdades.

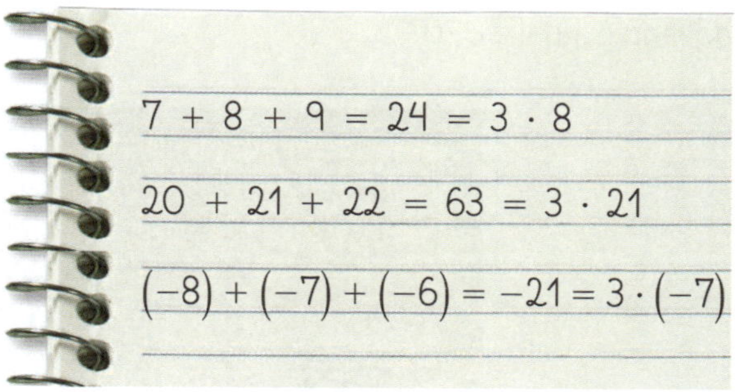

Paulo Manzi/Arquivo da editora

Thiago Neumann/Arquivo da editora

As imagens desta página não estão representadas em proporção.

Conjecturar: supor, presumir, levantar uma hipótese.

Nomeie os 3 números inteiros consecutivos como: $(n - 1)$, n e $(n + 1)$ e demonstre que essa propriedade vale para quaisquer 3 números inteiros consecutivos.

33 Prove que a adição de 5 números inteiros consecutivos resulta em um número múltiplo de 5. (Sugestão: Use os números escritos como $(n - 2)$, $(n - 1)$, n, $(n + 1)$ e $(n + 2)$.)

3 Equações do 2º grau com 1 incógnita

Ao longo da história da Matemática, vários povos deram importantes contribuições ao desenvolvimento dessa Ciência: egípcios, babilônios, gregos, romanos, hindus, árabes e muitos outros.

Os babilônios, por exemplo, tiveram um importante papel na construção de áreas da Matemática, como a Álgebra e a Geometria. Os conhecimentos matemáticos dessa civilização, que habitou a antiga Mesopotâmia, foram extremamente valiosos para que ela se desenvolvesse e prosperasse em campos como Agricultura, Arquitetura e Astronomia. Esses conhecimentos eram aplicados em várias situações, desde o cálculo dos dias, meses e anos até a construção de templos e palácios.

Entre os vários documentos que os babilônios deixaram, há um antigo texto de problemas matemáticos, escrito em argila, que apresenta um problema que pode ser enunciado assim: Qual é a medida de comprimento do lado de uma região quadrada sabendo que a medida de área dela menos a medida de comprimento do lado é igual a 870?

The Trustees of the British Museum/Scala, Florença, Itália

Placa de argila de aproximadamente 2000 a.C.-1600 a.C. (11,7 cm × 19,4 cm), guardada no Museu Britânico, em Londres (Inglaterra). O primeiro problema dessa placa, registrado em escrita cuneiforme, corresponde ao problema citado no texto acima.

Passando da linguagem usual para a linguagem algébrica, a solução desse problema equivale a resolver a equação $x^2 - x = 870$, que também pode ser escrita como $x^2 - x - 870 = 0$, que é uma **equação do 2º grau com 1 incógnita**.

> Toda equação que pode ser escrita na forma $ax^2 + bx + c = 0$, com a, b e c números reais e $a \neq 0$, é chamada de **equação do 2º grau com 1 incógnita**.

A representação $ax^2 + bx + c = 0$ é chamada de **forma geral** da equação do 2º grau, em que os números a, b e c são os **coeficientes** da equação e x é a **incógnita**.

No exemplo visto, temos que $x^2 - x - 870 = 0$ é uma equação do 2º grau com incógnita x, representada na forma geral.

Os coeficientes dessa equação são $a = 1$, $b = -1$ e $c = -870$.

a é o coeficiente de x^2, b é o coeficiente de x e c é o termo independente.

Equações do 2º grau completas e equações do 2º grau incompletas

Na equação $ax^2 + bx + c = 0$, quando, além de $a \neq 0$, temos $b \neq 0$ e $c \neq 0$, dizemos que a equação do 2º grau é **completa**. Se pelo menos um dos coeficientes b e c é nulo, então dizemos que a equação do 2º grau é **incompleta**.

Veja 2 exemplos de equações do 2º grau completas.

- $3x^2 + x + 8 = 0$
  $(a = 3;\ b = 1;\ c = 8)$
- $-y^2 + 3y - 2 = 0$
  $(a = -1;\ b = 3;\ c = -2)$

Agora, veja alguns exemplos de equações do 2º grau incompletas.

- $5x^2 = 0$
  $(a = 5;\ b = 0;\ c = 0)$
- $3x^2 - 2x = 0$
  $(a = 3;\ b = -2;\ c = 0)$
- $-4x^2 + 10 = 0$
  $(a = -4;\ b = 0;\ c = 10)$
- $2x^2 - 20 = 0$
  $(a = 2;\ b = 0;\ c = -20)$

Atividades

34 Identifique as equações que são do 2º grau.

a) $3x^2 - 5x + 8 = 0$
b) $2x + 10 = 0$
c) $-2x - 5 + x^2 = 0$
d) $3x^2 - 1 = 0$
e) $(y + 3)(y - 1) = 4$

35 Escreva o grau de cada equação. Para isso, desenvolva os produtos indicados e reduza os termos semelhantes.

a) $x(x - 8) = x^2 - 4x$
b) $5x^3 + 3x^2 - 7x + 8 = 0$
c) $(3x - 2)^2 = x^2 - 12x$
d) $x^4 - 6x^2 = 10$

36 Escreva a equação $ax^2 + bx + c = 0$ para cada conjunto de coeficientes dados.

a) $a = 2$, $b = -3$ e $c = 0$.
b) $a = \frac{1}{3}$, $b = -1$ e $c = 5$.

37 Qual das equações da atividade anterior é completa? E qual é incompleta? Justifique suas respostas.

38 Determine os coeficientes de cada equação do 2º grau.

a) $2x^2 - 10x + 5 = 0$
b) $x^2 + 6x = 0$
c) $10 - 2x + x^2 = 0$

39 Escreva a equação correspondente a cada item e classifique-a em equação do 2º grau completa, equação do 2º grau incompleta ou equação do 1º grau.

a) Um número inteiro somado ao quadrado dele é igual a 20.
b) Um número inteiro multiplicado pelo oposto dele é igual a -81.
c) Um número inteiro somado o dobro dele é igual a 9.

40 Mostre que a equação $\frac{x(x - 3)}{2} = 54$ é do 2º grau e indique os respectivos coeficientes.

41 Escreva 2 equações completas e 2 equações incompletas do 2º grau.

42 Qual deve ser o valor de m para que a equação $mx^2 - 3x + 4 = 0$, de incógnita x, seja do 2º grau?

43 A medida de perímetro desta região retangular é de 16 cm e a medida de área é de 15 cm².

Banco de imagens/Arquivo da editora

a) Escreva uma equação que represente a medida de perímetro dessa região retangular.
b) Escreva uma equação que represente a medida de área da região retangular.
c) Qual das equações é do 2º grau? Por quê?

Raízes ou soluções de uma equação

Vamos relembrar: resolver uma equação é determinar as raízes ou soluções da equação, em um conjunto universo $\mathbb{U}$ considerado, que torna a sentença matemática verdadeira.

Por exemplo, a raiz ou solução da equação do 1º grau $2x + 3 = 13$, no universo dos números reais, é 5, pois este é o número real que torna a sentença verdadeira.

$$2x + 3 = 13 \Rightarrow 2 \cdot 5 + 3 = 13 \Rightarrow 13 = 13$$

Já a equação do 2º grau $x^2 - 5x + 6 = 0$ tem 2 raízes ou soluções: 2 e 3. Indicamos as raízes assim: $x' = 2$ e $x'' = 3$.

- Substituindo x por 2, obtemos:
  $x^2 - 5x + 6 = 0 \Rightarrow 2^2 - 5 \cdot 2 + 6 = 0 \Rightarrow 0 = 0$
- Substituindo x por 3, obtemos:
  $x^2 \cdot 5x + 6 = 0 \Rightarrow 3^2 - 5 \cdot 3 + 6 = 0 \Rightarrow 0 = 0$

Observações

- Existem equações do 2º grau que não têm solução real. Por exemplo, $x^2 = -4 \Rightarrow x = \pm\sqrt{-4}$ não tem solução no conjunto dos números reais, pois não existe nenhum número real que, elevado ao quadrado, resulte em -4.
- Números como $\sqrt{-4}$ fazem parte do conjunto dos números complexos $\mathbb{C}$, que é uma extensão do conjunto dos números reais $\mathbb{R}$, e que será estudado no Ensino Médio.

Atividades

44 Verifique e responda.

a) 2 é raiz da equação $t^2 - 2t + 1 = 0$?

b) Existe raiz real para a equação $y^2 + 9 = 0$?

c) $\frac{4}{5}$ é raiz da equação $5x^2 = 8x - \frac{16}{5}$?

d) -4 e 4 são raízes da equação $p^2 = 16$?

e) -1 é raiz da equação $3x^2 + 4x + 1 = 0$?

45 Quais destes números são raízes da equação $3x^2 - 15x + 18 = 0$?

1 | 2 | 3 | 4 | 5

46 Crie uma equação do 2º grau que tenha o número 10 como raiz ou solução. Dê para um colega conferir enquanto você confere a dele.

47 Associe cada equação do 2º grau às respectivas raízes.

A. $x^2 - 3x + 2 = 0$ **I.** Raízes 3 e 4.

B. $y^2 - 7y + 12 = 0$ **II.** Raízes -1 e 6.

C. $x^2 - 5x - 6 = 0$ **III.** Raízes -2 e -4.

D. $t^2 + 6t + 8 = 0$ **IV.** Raízes 1 e 2.

48 Elisa pensou em um número inteiro e efetuou algumas operações.

Thiago Neumann/Arquivo da editora

O número em que Elisa pensou foi:

a) 3 ou 2.

b) 3 ou -2.

c) 4 ou -3.

d) -5 ou 2.

e) 2 ou -3.

49 Qual destes números é solução tanto da equação $x^2 + 3x - 10 = 0$ quanto da equação $x^2 - 5x + 6 = 0$?

-5 | 3 | 2 | 4 | -1

Resolução de equações incompletas do 2º grau

Equações do tipo $ax^2 + c = 0$, com $a \neq 0$ e $c \neq 0$

Você já aprendeu a resolver este tipo de equação no ano anterior. Vamos recordar.

Considere esta situação.

Qual é a medida de comprimento de cada lado de uma região quadrada com medida de área de 144 cm²?

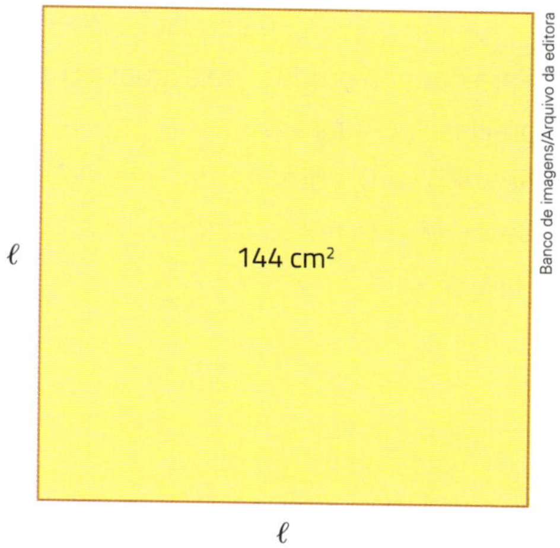

Em equações incompletas desse tipo, podemos escrever, genericamente, $ax^2 = c$ ou $ax^2 + c = 0$, com $a \neq 0$ e $c \neq 0$.

Se representarmos por ℓ a medida de comprimento do lado da região quadrada, podemos escrever a equação:

$$\ell^2 = 144$$

Assim, $\ell = \pm\sqrt{144} \Rightarrow \ell = \pm 12$, pois há 2 números que, elevados ao quadrado, resultam em 144. São eles: 12 e -12. Como a medida de comprimento do lado deve ser um número positivo, nessa região quadrada, a medida de comprimento dos lados é de 12 cm.

Veja outro exemplo. Vamos determinar as soluções ou raízes da equação $3x^2 - 48 = 0$, sendo $\mathbb{U} = \mathbb{R}$.

$3x^2 - 48 = 0$

$3x^2 - 48 + 48 = 0 + 48$ (Somamos 48 em ambos os membros da equação.)

$3x^2 = 48$

$\frac{3x^2}{3} = \frac{48}{3}$ (Dividimos ambos os membros por 3.)

$x^2 = 16 \Rightarrow x = \pm\sqrt{16} \Rightarrow x' = +\sqrt{16} = 4$ e $x'' = -\sqrt{16} = -4$

Observação: Se $\mathbb{U} = \mathbb{N}$, apenas o número 4 seria raiz dessa equação, pois -4 não é um número natural.

Logo, as soluções ou raízes reais dessa equação são 4 e -4.

Veja mais alguns exemplos de resolução de equações no conjunto dos números reais.

- $3x^2 - 36 = 0$

  $3x^2 = 36$

  $x^2 = \frac{36}{3}$

  $x^2 = 12$

  $x = \pm\sqrt{12}$

  $x = \pm\sqrt{2^2 \cdot 3}$

  $x = \pm 2\sqrt{3}$

  Raízes: $x' = -2\sqrt{3}$ e $x'' = 2\sqrt{3}$.

- $5x^2 + 45 = 0$

  $5x^2 = -45$

  $x^2 = -\frac{45}{5}$

  $x^2 = -9$

  $x = \pm\sqrt{-9}$

  Não existe nenhum número real para x, ou seja, essa equação não tem raiz real.

Agora, acompanhe como resolver a seguinte situação de 2 maneiras diferentes.

O dobro do quadrado de um número x menos 98 é igual a 0. Qual é esse número?

1ª maneira

$2x^2 - 98 = 0$

$2x^2 = 98$

$x^2 = \frac{98}{2}$

$x^2 = 49$

$x = \pm\sqrt{49}$

$x = \pm 7$

Raízes: $x' = -7$ e $x'' = 7$.

2ª maneira

$2x^2 - 98 = 0$

$x^2 - 49 = 0$ (Dividindo ambos os membros por 2.)

$(x + 7)(x - 7) = 0$ (Fatorando o primeiro membro da equação $x^2 - 49 = 0$.)

Para que um produto seja igual a 0, um dos fatores precisa ser igual a 0.

Se $x + 7 = 0$, então temos $x = -7$.

Se $x - 7 = 0$, então temos $x = 7$.

Raízes: $x' = 7$ e $x'' = -7$.

Logo, o número é 7 ou -7.

Bate-papo

Converse com um colega e, levando em conta o que foi estudado sobre as equações incompletas do tipo $ax^2 + c = 0$ (a e c reais, $a \neq 0$ e $c \neq 0$), respondam.

a) As equações desse tipo sempre têm raízes reais?

b) Quando têm, quantas são e como são?

Atividades

50 É possível resolver mentalmente algumas equações do tipo $ax^2 + c = 0$, com $a \neq 0$ e $c \neq 0$. Por exemplo, $x^2 - 1 = 24$ é equivalente a $x^2 = 25$ e as soluções são 5 e -5.

Resolva mentalmente as equações, considerando $\mathbb{U} = \mathbb{R}$, e registre as raízes.

a) $x^2 - 3 = 33$

b) $x^2 - 44 = 5$

c) $2x^2 = 200$

d) $3x^2 = 27$

51 Resolva estas equações incompletas considerando $\mathbb{U} = \mathbb{R}$. Primeiro, tente resolvê-las mentalmente.

a) $4x^2 - 100 = 0$

b) $3x^2 + 48 = 0$

c) $-2x^2 + 64 = 0$

d) $x^2 - 36 = 0$

e) $2x^2 - 32 = 0$

f) $2x^2 - 2\,450 = 0$

52 Veja o que Roberto pensou.

Thiago Neumann/Arquivo da editora

53 O triplo do quadrado de um número real mais 5 é igual a 80. Qual é esse número?

54 A metade do quadrado de um número real mais 2 é igual a 20. Qual é esse número?

55 Observe esta região plana formada por 5 regiões quadradas iguais.

Banco de imagens/Arquivo da editora

Sabendo que a medida de área dessa região plana é de 80 cm², qual é a medida de comprimento de cada lado das regiões quadradas que a compõem?

56 Qual é o número real tal que o dobro do quadrado dele é igual a 5?

Equações do tipo $ax^2 + bx = 0$, com $a \neq 0$ e $b \neq 0$

Considere esta questão: Qual número real tem o dobro do próprio quadrado igual ao quádruplo do número?

- x: número procurado.
- x^2: quadrado do número.
- $2x^2$: dobro do quadrado do número.
- $4x$: quádruplo do número.

Montamos a equação e a resolvemos.

$2x^2 = 4x$

$2x^2 - 4x = 0$ (Colocamos x em evidência e fatoramos o primeiro membro da equação.)

$x \cdot (2x - 4) = 0$ (Para que um produto seja igual a 0, um dos fatores precisa ser igual a 0.)

$x = 0$ ou $2x - 4 = 0$

$\hookrightarrow 2x - 4 = 0 \Rightarrow 2x = 4 \Rightarrow x = 2$

Soluções: $x' = 0$ e $x'' = 2$.

Logo, existem 2 números que satisfazem as condições da questão: 0 e 2.

Considere outro exemplo: Quais são as raízes reais da equação $-4x^2 + 12x = 0$?

$-4x^2 + 12x = 0$ (Multiplicamos os 2 membros da equação por -1.)

$4x^2 - 12x = 0$

$x(4x - 12) = 0$

$x = 0$ ou $4x - 12 = 0$

$\hookrightarrow 4x - 12 = 0 \Rightarrow 4x = 12 \Rightarrow x = \frac{12}{4} = 3$

Portanto, as raízes são $x' = 0$ e $x'' = 3$.

Thiago Neumann/Arquivo da editora

Bate-papo

Converse com um colega e, a partir dos exemplos dados sobre equações do tipo $ax^2 + bx = 0$, com $a \neq 0$ e $b \neq 0$, respondam.

a) As equações desse tipo sempre têm raízes reais?

b) Quantas são e como são essas raízes?

Atividades

57 Determine os valores reais da incógnita em cada equação.

a) $5y^2 - 2y = 0$

b) $7x^2 - 35x = 0$

c) $(x - 6)^2 = 2(x + 18)$

d) $\sqrt{5}x^2 - x = 0$

58 Resolva as questões.

a) O triplo do quadrado de um número é igual a 75. Qual é esse número?

b) O triplo de um número real positivo é igual ao dobro do quadrado dele. Qual é esse número?

59 Quais destas equações não têm raízes reais?

a) $x^2 + 6 = 0$

b) $\frac{x^2}{2} - 8 = 8$

c) $x^2 + 3x = 0$

d) $-x^2 - 10x = 0$

e) $\frac{x^2}{3} = -\frac{1}{2}$

f) $4x^2 = 0$

60 Resolva mais estas equações incompletas do 2º grau com 1 incógnita, em $\mathbb{R}$.

a) $x^2 - 15 = 0$

b) $8x^2 = 0$

c) $3x^2 + 12 = 0$

d) $-2x^2 + 10x = 0$

e) $4y^2 - 5y + 1 = 3y^2 - 2y + 1$

f) $9x^2 - 1 = 0$

61 Escreva uma equação do 2º grau de incógnita x, na forma geral, que tem as raízes reais indicadas em cada item.

a) Raízes 8 e -8.

b) Raízes 0 e 8.

c) Raízes $\sqrt{5}$ e $-\sqrt{5}$.

d) Raízes 0 e $-\frac{3}{7}$.

Resolução de equações completas do 2º grau cujo primeiro membro é um trinômio quadrado perfeito

Acompanhe a resolução da equação do 2° grau $9x^2 - 30x + 25 = 0$ e justifique cada passagem. Lembre-se da fatoração do trinômio quadrado perfeito.

$$\underbrace{9x^2}_{(3x)^2} - \underbrace{30x}_{2\cdot 3x\cdot 5} + \underbrace{25}_{5^2} = 0$$

$$(3x - 5)^2 = 0$$

$$3x - 5 = 0$$

$$3x = 5$$

$$x = \frac{5}{3}$$

Veja outros exemplos de resolução desse tipo de equação do 2º grau.

- $x^2 + 8x + 16 = 0$
  $(x + 4)^2 = 0$
  $x + 4 = 0$
  $x = -4$
- $16x^2 - 8x + 1 = 0$
  $(4x - 1)^2 = 0$
  $4x - 1 = 0$
  $4x = 1$
  $x = \frac{1}{4}$
- $(x - 5)(x + 6) = 13x - 66$
  $x^2 + 6x - 5x - 30 - 13x + 66 = 0$
  $x^2 - 12x + 36 = 0$
  $(x - 6)^2 = 0$
  $x - 6 = 0$
  $x = 6$

Atividades

62 › Resolva estas equações completas do 2º grau. Escritas na forma geral, elas têm um trinômio quadrado perfeito no primeiro membro.

a) $x^2 + 14x + 49 = 0$

b) $36x^2 - 12x + 1 = 0$

c) $y^2 - 22y + 121 = 0$

d) $4x^2 = 5(4x - 5)$

63 › Escreva uma equação completa do 2º grau com incógnita x, na forma geral, que tem o número -5 como única raiz.

64 › Entre estas equações, identifique a que tem um quadrado perfeito no primeiro membro e resolva essa equação.

a) $x^2 + 9x + 9 = 0$

b) $x^2 + 4x + 4 = 0$

c) $x^2 + 6x + 6 = 0$

65 › Quantas raízes pode ter uma equação completa do 2º grau com 1 incógnita em que o primeiro membro é um trinômio quadrado perfeito? Converse com os colegas sobre isso e analisem as equações desse tipo que vocês já resolveram.

66 › O quadrado de um número é igual à diferença entre o dobro desse mesmo número e 1. Qual é esse número?

67 › Desafio. Resolva esta equação.

$$16x^2 + 24x + 9 = 100$$

68 › Desafio. O quádruplo do quadrado de um número real mais 8 vezes esse número mais 4 é igual a 16. Qual é esse número?

69 › Invente uma equação do 2º grau com 1 incógnita cujo primeiro membro seja um trinômio quadrado perfeito. Dê para um colega resolvê-la e você resolve a equação que ele criou.

Resolução de quaisquer equações completas do 2º grau

Agora vamos aprender a resolver qualquer equação completa do 2º grau com 1 incógnita, inclusive aquelas em que o primeiro membro não é um trinômio quadrado perfeito. Para isso, vamos estudar diferentes maneiras de resolvê-las.

Método de completar quadrados

Por exemplo, na equação $x^2 + 6x - 7 = 0$, o primeiro membro não é um trinômio quadrado perfeito; mas vamos transformar a equação para encontrar um.

$$x^2 + 6x - 7 = 0 \Rightarrow x^2 + 6x = +7 \Rightarrow x^2 + 6x + 9 = +7 + 9$$

quadrado de x^2 — $2 \cdot x \cdot 3$ — quadrado de 3

Para obter um trinômio quadrado perfeito, somamos 9 a $x^2 + 6x$.

Para manter a igualdade, tivemos que somar 9 também a +7, chegando a $x^2 + 6x + 9 = 16$.

Thiago Neumann/Arquivo da editora

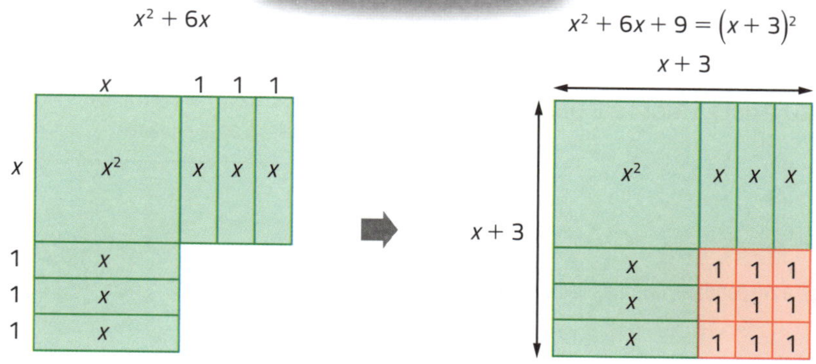

Banco de imagens/Arquivo da editora

Com o "completamento de quadrado", podemos resolver a equação inicial. Veja o procedimento todo.

$x^2 + 6x - 7 = 0$

$x^2 + 6x = 7$

$x^2 + 6x + 9 = 7 + 9$ (Somamos 9 em ambos os membros da equação.)

$(x + 3)^2 = 16$

$x + 3 = \pm\sqrt{16}$

$x + 3 = \pm 4$

$x + 3 = 4$ ou $x + 3 = -4$

$x = 4 - 3 = 1$ $\quad$ $x = -4 - 3 = -7$

Logo, as raízes da equação $x^2 + 6x - 7 = 0$ são $x' = 1$ e $x'' = -7$.

Observe que o valor de $x + 3$ na interpretação geométrica deve ser positivo, mas na resolução algébrica devemos também considerar o valor negativo.

Veja outros exemplos.

- Quais são as raízes reais da equação $x^2 + 4x - 12 = 0$?

$x^2 + 4x = 12$

$x^2 + 4x + 4 = 12 + 4$

(4: quadrado de 2; 4x: dobro do produto de x por 2; x^2: quadrado de x)

(Somamos 4 a ambos os membros para que o 1º membro se torne um trinômio quadrado perfeito.)

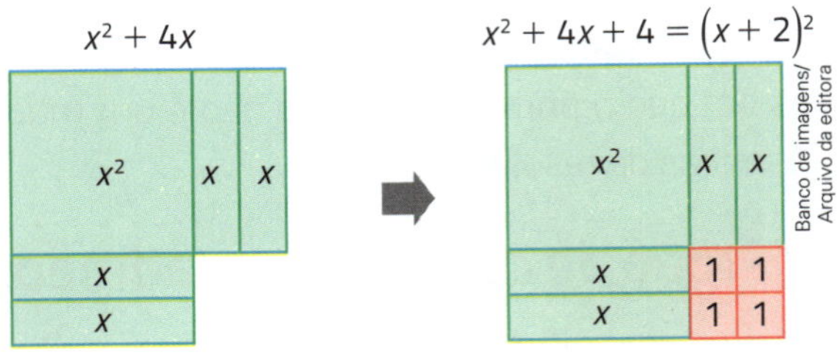

Banco de imagens/Arquivo da editora

$x^2 + 4x + 4 = 16$

$(x + 2)^2 = 16$ (Fatoramos o trinômio quadrado perfeito.)

$x + 2 = \pm\sqrt{16} \Rightarrow x + 2 = \pm 4 \Rightarrow x + 2 = 4$ ou $x + 2 = -4 \Rightarrow x = 2$ ou $x = -6$

Assim, as raízes da equação $x^2 + 4x - 12 = 0$ são $x' = 2$ e $x'' = -6$.

- Vamos resolver a equação $9x^2 - 6x - 24 = 0$.

$9x^2 - 6x = 24 \Rightarrow 9x^2 - 6x + 1 = 24 + 1 \Rightarrow (3x - 1)^2 = 25 \Rightarrow 3x - 1 = \pm 5$

$3x - 1 = 5 \Rightarrow 3x = 6 \Rightarrow x = 2$

ou

$3x - 1 = -5 \Rightarrow 3x = -4 \Rightarrow x = -\frac{4}{3} = -1\frac{1}{3}$

Portanto, as raízes da equação $9x^2 - 6x - 24 = 0$ são $x' = 2$ e $x'' = -1\frac{1}{3}$.

- Vamos resolver a equação $x^2 - 8x + 18 = 0$.

$x^2 - 8x + 18 = 0$

$x^2 - 8x = -18$

$x^2 - 8x + 16 = -18 + 16$

$(x - 4)^2 = -2$

Neste caso, não existe valor real para *x*.

Elevando a expressão $x - 4$ ao quadrado, qualquer que seja o valor real de *x*, o resultado nunca será negativo. Por isso, dizemos que não existe valor real para *x* que satisfaça essa equação.

Thiago Neumann/Arquivo da editora

Bate-papo

Converse com um colega e respondam: Quantas raízes reais pode ter uma equação do tipo $ax^2 + bx + c = 0$, com *a*, *b* e *c* reais, $a \neq 0$, $b \neq 0$ e $c \neq 0$?

Atividades

70 Determine as raízes reais destas equações usando o método de completar quadrados.

a) $x^2 + 6x + 8 = 0$
b) $x^2 - 10x - 11 = 0$
c) $9x^2 + 6x - 48 = 0$
d) $x^2 + 8x + 15 = 0$
e) $y^2 - 2y - 3 = 0$
f) $x^2 - 14x + 50 = 0$

71 O dobro de um número natural somado ao quadrado do sucessor dele resulta em 166. Qual é esse número?

72 Analise as equações do 2º grau dadas e determine as raízes delas da maneira mais conveniente.

a) $3x^2 - 8x = 0$
b) $-2y^2 + 32 = 0$
c) $8t^2 = 0$
d) $x^2 - 16x + 64 = 0$
e) $z^2 + 12z - 13 = 0$
f) $5x^2 - 45 = 0$

73 Um reservatório tem forma de bloco retangular com altura de medida de comprimento de 8 m e medida de capacidade de 400 000 L. Na base, a medida de comprimento do maior lado é o dobro da medida de comprimento do menor lado. Determine a medida de perímetro e a medida de área da base.

Fórmula de resolução de uma equação do 2º grau

Generalizando a ideia de completar quadrados, podemos chegar a uma fórmula para resolver **qualquer equação do 2º grau com 1 incógnita**, incompleta ou completa, com o primeiro membro sendo um trinômio quadrado perfeito ou não.

Consideremos a equação genérica do 2º grau $ax^2 + bx + c = 0$, com coeficientes a, b e c reais e $a \neq 0$.

Dividindo ambos os membros dessa equação por a, obtemos:

$$x^2 + \frac{b}{a}x + \frac{c}{a} = 0$$

$$x^2 + \frac{b}{a}x = -\frac{c}{a}$$

Completamos o quadrado do primeiro membro somando $\frac{b^2}{4a^2}$ a ambos os membros.

$$x^2 + \frac{b}{a}x + \frac{b^2}{4a^2} = -\frac{c}{a} + \frac{b^2}{4a^2}$$

quadrado de x (indicando x^2)

$2 \cdot x \cdot \frac{b}{2a}$ (indicando $\frac{b}{a}x$)

quadrado de $\frac{b}{2a}$ (indicando $\frac{b^2}{4a^2}$)

Fatorando o trinômio quadrado perfeito do primeiro membro da equação e transformando o segundo membro em uma única fração, obtemos: $\left(x + \frac{b}{2a}\right)^2 = \frac{b^2 - 4ac}{4a^2}$.

Extraindo a raiz quadrada de ambos os membros, obtemos: $x + \frac{b}{2a} = \pm\sqrt{\frac{b^2 - 4ac}{4a^2}} \Rightarrow x + \frac{b}{2a} = \pm\frac{\sqrt{b^2 - 4ac}}{2a}$.

Isolando o x no primeiro membro, obtemos: $x = -\frac{b}{2a} \pm \frac{\sqrt{b^2 - 4ac}}{2a}$.

Finalmente, obtemos a fórmula da resolução de equações do 2º grau: $x = \frac{-b \pm \sqrt{b^2 - 4ac}}{2a}$.

Podemos indicar o valor da expressão $b^2 - 4ac$ pela letra grega Δ (delta). Assim, $\Delta = b^2 - 4ac$.
Substituindo na fórmula, obtemos:

$$x = \frac{-b \pm \sqrt{\Delta}}{2a}$$

Para determinar essa fórmula, partimos da forma geral da equação do 2º grau. Por esse motivo, a fórmula é válida para **qualquer equação do 2º grau**.

Thiago Neumann/Arquivo da editora

Agora, acompanhe estes exemplos de resolução com essa fórmula.

- $4x^2 - 12x + 9 = 0$

  $a = 4$, $b = -12$ e $c = 9$

  $\Delta = b^2 - 4ac = (-12)^2 - 4 \cdot 4 \cdot 9 = 144 - 144 = 0$

  Portanto, $\Delta = 0$.

  $$x = \frac{-b + \sqrt{\Delta}}{2a} = \frac{-(-12) \pm \sqrt{0}}{2 \cdot 4} = \frac{12 \pm 0}{8} = \frac{12}{8} = \frac{3}{2} = 1\frac{1}{2}$$

  $$x' = x'' = 1\frac{1}{2}$$

> $1\frac{1}{2}$ é a única raiz real dessa equação. Dizemos que a equação tem 1 raiz ou que tem 2 raízes iguais a $1\frac{1}{2}$, ou seja, $x' = 1\frac{1}{2}$ e $x'' = 1\frac{1}{2}$.

- $5x^2 - 3x + 1 = 0$

  $a = 5$, $b = -3$ e $c = 1$

  $\Delta = (-3)^2 - 4 \cdot 5 \cdot 1 = 9 - 20 = -11$

  $$x = \frac{-(-3) \pm \sqrt{-11}}{2 \cdot 5} = \frac{3 \pm \sqrt{-11}}{10}$$

  Impossível em $\mathbb{R}$.

> Essa equação não tem raiz real, pois não existe valor real para $\sqrt{-11}$ (raiz quadrada de número negativo).

Atividades

74 Considere a equação $x^2 - x - 6 = 0$.

a) Identifique os coeficientes a, b e c dessa equação.

b) Calcule o valor de $\Delta = b^2 - 4ac$.

c) Determine o valor de $x' = \frac{-b + \sqrt{\Delta}}{2a}$.

d) Calcule o valor de $x'' = \frac{-b - \sqrt{\Delta}}{2a}$.

e) Quais são as raízes dessa equação?

f) Faça a verificação para constatar se realmente as raízes que você encontrou estão corretas.

75 Considere agora a equação $9x^2 + 9x + 2 = 0$.

a) Identifique os coeficientes a, b e c dessa equação.

b) Calcule o valor de $\Delta = b^2 - 4ac$.

c) Determine os valores de $x = \frac{-b \pm \sqrt{\Delta}}{2a}$.

d) Quais são as raízes dessa equação?

e) Verifique se as raízes que você encontrou estão corretas.

76 Resolva estas equações.

a) $3x^2 - 2x - 1 = 0$

b) $y^2 - 7y + 6 = 0$

c) $16x^2 + 8x + 1 = 0$

d) $5x^2 - 4x + 2 = 0$

77 Resolva a equação $x^2 - 3x - 18 = 0$ usando a fórmula estudada.

78 Resolva mais estas equações utilizando a fórmula estudada. Procure relacionar o valor de Δ com o número de raízes reais de cada equação.

Veja algumas dicas.

- No item **b**, coloque inicialmente a equação na forma geral.
- No item **c**, você pode multiplicar inicialmente os 2 membros por -1, pois é melhor trabalhar com o coeficiente a positivo.
- No item **f**, você pode dividir inicialmente os 2 membros por 7. É melhor trabalhar com coeficientes inteiros e menores possíveis.

a) $4x^2 - 7x + 3 = 0$

b) $x(x - 1) = 11x - 36$

c) $2x^2 - 2x + 15 = 0$

d) $3y^2 - 4y + 2 = 0$

e) $5m^2 - 13m + 6 = 0$

f) $7x^2 + 28x + 21 = 0$

Bate-papo

Considerando o valor de Δ (positivo, negativo ou nulo), converse com um colega e verifiquem em quais casos a equação tem 2 raízes reais iguais, 2 raízes reais diferentes ou nenhuma raiz real.

Discriminante de uma equação do 2º grau

O número $\Delta = b^2 - 4ac$ é chamado de **discriminante** da equação do 2º grau $ax^2 + bx + c = 0$, com a, b e c reais e $a \neq 0$.

Como você deve ter percebido, o valor de Δ (positivo, negativo ou nulo) determina quantas raízes reais a equação tem quando os coeficientes são números reais.

Quando $\Delta > 0$, a equação tem 2 raízes reais distintas.
Quando $\Delta = 0$, a equação tem 2 raízes reais iguais.
Quando $\Delta < 0$, a equação não tem raízes reais.

Explorar e descobrir

Sabemos que uma equação do 2º grau tem 2 raízes reais e iguais quando $\Delta = 0$. Por que isso acontece? Para responder, substituam o valor de Δ na fórmula de resolução de uma equação do 2º grau e registrem o que observaram.

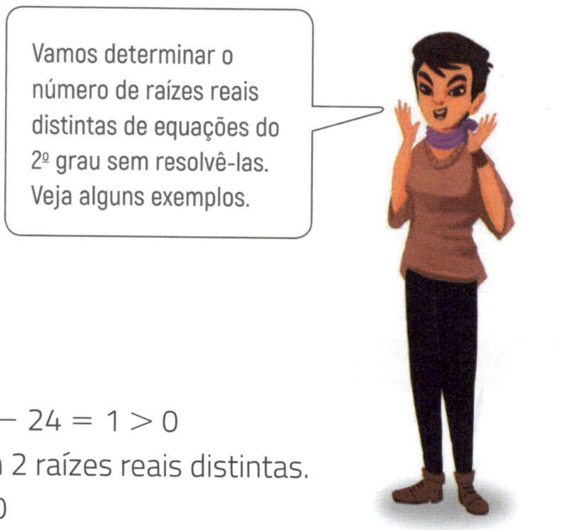

Thiago Neumann/Arquivo da editora

- Equação: $x^2 - 5x + 6 = 0$
  $\Delta = (-5)^2 - 4 \cdot 1 \cdot 6 = 25 - 24 = 1 > 0$
  Como $\Delta > 0$, a equação tem 2 raízes reais distintas.
- Equação: $12x^2 - 9x + 7 = 0$
  $\Delta = (-9)^2 - 4 \cdot 12 \cdot 7 = 81 - 336 < 0$
  Como $\Delta < 0$, a equação não tem raízes reais, ou seja, o número de raízes reais é zero.
- Equação: $x^2 + 2x + 1 = 0$
  $\Delta = 2^2 - 4 \cdot 1 \cdot 1 = 4 - 4 = 0$
  Como $\Delta = 0$, a equação tem 2 raízes reais e iguais, ou seja, 1 única raiz real.

Thiago Neumann/Arquivo da editora

Quantas raízes há?

Com esse jogo, além de se divertir, você vai aplicar alguns dos conteúdos que aprendeu neste capítulo. Preste atenção às orientações e bom jogo!

Orientações

Número de participantes: 2 jogadores.
Material: 1 folha de papel sulfite.

Preparação

Confeccionem 12 papéis para sorteio com as letras de **A** a **L**.

Banco de imagens/Arquivo da editora

Quadro de pontuação

Nome	Pontuação nas rodadas						Pontuação total

Como jogar

A cada rodada, cada jogador sorteia 1 papel, verifica abaixo a equação correspondente, determina quantas raízes reais a equação sorteada tem, usando o valor de Δ ou outro conhecimento adquirido, e marca os pontos no quadro de pontuação acima.

- Se a equação não tiver raízes reais, então o jogador não marca ponto (0).
- Se a equação tiver 2 raízes reais iguais, então o jogador marca 1 ponto (1).
- Se a equação tiver 2 raízes reais distintas, então o jogador marca 2 pontos (2).

A	$x^2 + x + 1 = 0$	**G**	$x^2 - 6x + 9 = 0$
B	$4x^2 - 4x + 1 = 0$	**H**	$7x^2 - 10x + 4 = 0$
C	$2x^2 - 3x + 1 = 0$	**I**	$3x^2 - 27 = 0$
D	$x^2 - 11x + 30 = 0$	**J**	$x(x + 1) = 0$
E	$3x^2 + 108 = 0$	**K**	$x(x - 1) = 11x - 36$
F	$(x - 2)(x - 2) = 0$	**L**	$2x(x - 1) = -4$

Vence a partida quem conseguir mais pontos após as 6 rodadas.

Um pouco de História

Quem foi Bhaskara e por que o nome "fórmula de Bhaskara"

O matemático e astrônomo indiano Bháskara (1114-1185) é considerado um dos mais importantes matemáticos do século XII. Porém, curiosamente, a fórmula de resolução de equações do 2º grau, que leva o nome dele, não foi escrita por ele!
Leia o texto a seguir para saber mais sobre isso.

O hábito de dar o nome de Bhaskara para a fórmula de resolução da equação do segundo grau se estabeleceu no Brasil por volta de 1960. Esse costume, aparentemente só brasileiro (não se encontra o nome de Bhaskara para essa fórmula na literatura internacional), não é adequado. [Os fatos apresentados a seguir contribuem para indicar que Bhaskara provavelmente não é o autor da fórmula.]

- Problemas que recaem numa equação do segundo grau já apareciam, há quase quatro mil anos atrás, em textos escritos pelos babilônios. Nesses textos o que se tinha era uma receita (escrita em prosa, sem uso de símbolos) que ensinava como proceder para determinar as raízes em exemplos concretos com coeficientes numéricos.
- As duas coleções de seus trabalhos mais conhecidas são *Lilavati* ("bela") e *Vijaganita* ("extração de raízes"), que tratam de Aritmética e Álgebra, respectivamente, e contêm numerosos problemas sobre equações lineares e quadráticas (resolvidas também com receitas em prosa) [...].
- Até o fim do século 16 não se usava uma fórmula para obter as raízes de uma equação do segundo grau, simplesmente porque não se representavam por letras os coeficientes de uma equação. Isso começou a ser feito a partir de François Viète, matemático francês que viveu de 1540 a 1603.

Logo, embora não se deva negar a importância e a riqueza da obra de Bhaskara, não é correto atribuir a ele a conhecida fórmula de resolução da equação do 2º grau.

Revista do Professor de Matemática, n. 39. Disponível em: <http://www.rpm.org.br/cdrpm/39/12.htm>. Acesso em: 27 mar. 2019

Observações referentes à resolução de equações do 2º grau

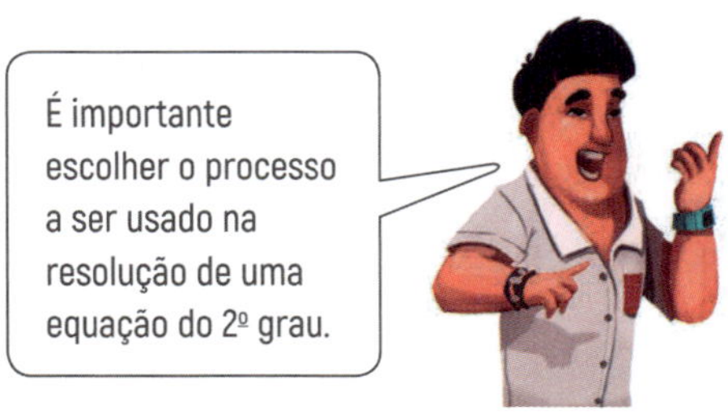

Thiago Neumann/Arquivo da editora

Considere, por exemplo, a equação $4x^2 - 8x + 3 = 0$.

- Por completamento de quadrado.

$4x^2 - 8x = -3$

$4x^2 - 8x + 4 = -3 + 4$

$(2x - 2)^2 = 1$

$2x - 2 = \pm 1$

$2x - 2 = -1$ ou $2x - 2 = 1$

$2x = 1$ $\quad$ $2x = 3$

$x = \frac{1}{2}$ $\quad$ $x = \frac{3}{2} = 1\frac{1}{2}$

- Pela fórmula de resolução.

$a = 4$, $b = -8$ e $c = 3$

$\Delta = 64 - 48 = 16$

$$x = \frac{-(-8) \pm \sqrt{16}}{8} = \frac{8 \pm 4}{8} \quad \begin{cases} x' = \frac{12}{8} = \frac{3}{2} = 1\frac{1}{2} \\ x'' = \frac{4}{8} = \frac{1}{2} \end{cases}$$

Logo, são 2 raízes reais distintas: $\frac{1}{2}$ e $1\frac{1}{2}$.

Na resolução de uma equação do 2º grau pela fórmula, nem sempre o discriminante Δ é um número quadrado perfeito.
Nesses casos, deixamos as raízes apenas indicadas. Veja nos exemplos.

Thiago Neumann/Arquivo da editora

- $x^2 - 3x + 1 = 0$

$\Delta = 9 - 4 = 5$

$$x = \frac{3 \pm \sqrt{5}}{2} \quad \begin{cases} x' = \dfrac{3 + \sqrt{5}}{2} \\ x'' = \dfrac{3 - \sqrt{5}}{2} \end{cases}$$

- $x^2 + 6x + 7 = 0$

$\Delta = 36 - 28 = 8$

$$x = \frac{-6 \pm \sqrt{8}}{2} = \frac{-6 \pm 2\sqrt{2}}{2} \quad \begin{cases} x' = \dfrac{-6 + 2\sqrt{2}}{2} = -3 + \sqrt{2} \\ x'' = \dfrac{-6 - 2\sqrt{2}}{2} = -3 - \sqrt{2} \end{cases}$$

Atividades

79 Usando o discriminante, determine quantas raízes reais cada equação tem.

a) $3x^2 - 5x + 3 = 0$

b) $2x^2 + 10x - 25 = 0$

c) $5x^2 - x - 1 = 0$

80 Resolva a equação $2x^2 - 50 = 0$, em $\mathbb{R}$, de 2 maneiras diferentes.

81 Resolva a equação $x^2 - 12x + 40 = 0$, em $\mathbb{R}$, pela fórmula de resolução.

82 Determine as soluções reais destas equações (quando existirem).

a) $2x^2 - 3x + 1 = 0$

b) $x^2 - 2x - 3 = 0$

c) $-3x^2 + 10x - 3 = 0$

d) $x^2 + x + 2 = 0$

e) $x^2 - 0{,}6x + 0{,}08 = 0$

f) $y(y + 2) + (y - 1)^2 = 9$

g) $(t - 1)^2 + (t + 2)^2 - 9 = 0$

h) $\dfrac{x - 1}{2} - \dfrac{3x - x^2}{3} = x + \dfrac{1}{3}$

83 Resolva as equações completando quadrados e também pela fórmula de resolução.

a) $x^2 + 4x + 3 = 0$

b) $x^2 - 2x - 8 = 0$

84 Resolva a equação $x^2 - 2x - 6 = 0$ e, depois, verifique entre quais números inteiros consecutivos cada uma das raízes fica.

85 A soma de 2 números reais é igual a 7 e a diferença entre o quadrado de um deles e o dobro do outro é igual a 21. Quais são esses números? (Sugestão: Represente os números por x e $7 - x$.)

86 Considere uma região plana cujo contorno é um trapézio. Nessa região, a medida de comprimento da base menor é de 6 m, a medida de comprimento da base maior é o dobro da medida de comprimento da altura e a medida de área é de 28 cm². Calcule a medida de comprimento da base maior dessa região plana.

87 Renata tem 18 anos e Lígia, 15. Daqui a quantos anos o produto das idades delas será igual a 378?

88 Os 180 alunos de uma escola estão dispostos em forma retangular, em filas, de tal modo que o número de alunos de cada fila supera em 8 o número de filas. Quantos alunos há em cada fila?

89 Entre quais números inteiros consecutivos fica a maior das raízes da equação $x^2 - x - 7 = 0$?

90 **Desafio.** Use a fatoração para resolver a equação do 3º grau $x^3 - 2x^2 - 8x = 0$, em $\mathbb{R}$.

Determinação de uma equação do 2º grau conhecidas as raízes

Você sabia que podemos escrever uma equação do 2º grau a partir das raízes dela? Por exemplo, como você faria para obter uma equação do 2º grau de raízes -4 e 5?

Analise com atenção.

Para $x = -4$, temos que $x + 4 = 0$; e, para $x = 5$, temos que $x - 5 = 0$.

Então, temos $(x + 4)(x - 5) = 0$ para $x = -4$ ou $x = 5$.

Chegamos assim à equação procurada: $(x + 4)(x - 5) = 0$.

Na forma geral, temos:

$$(x + 4)(x - 5) = 0 \Rightarrow x^2 - 5x + 4x - 20 = 0 \Rightarrow x^2 - x - 20 = 0$$

$$\Delta = 1 + 80 = 81$$

$$x = \frac{1 \pm 9}{2} \begin{cases} x' = \frac{10}{2} = 5 \\ x'' = \frac{-8}{2} = -4 \end{cases}$$

Thiago Neumann/Arquivo da editora

Veja mais alguns exemplos.

- Raízes -6 e 6.

  $(x + 6)(x - 6) = 0$

  $x^2 - 6x + 6x - 36 = 0$

  $x^2 - 36 = 0$

- Raízes -1 e $-\frac{2}{3}$.

  $(x + 1)\left(x + \frac{2}{3}\right) = 0$

  $x^2 + \frac{2x}{3} + x + \frac{2}{3} = 0$

  (Multiplicamos ambos os membros da equação por 3.)

  $3x^2 + 2x + 3x + 2 = 0$

  $3x^2 + 5x + 2 = 0$

- Raiz 5 (única).

  $(x - 5)(x - 5) = 0$

  ou

  $(x - 5)^2 = 0$

  $x^2 - 10x + 25 = 0$

Atividades

91› **Estimativa.** Em cada item, escreva se a equação do 2º grau com as raízes citadas é completa ou incompleta.

a) Raízes 0 e -4.

b) Raízes -5 e -2.

c) Raízes -9 e 9.

d) Raízes $-\frac{1}{2}$ e 4.

e) A única raiz é -3.

f) Raízes $\frac{1}{2}$ e $\frac{1}{3}$.

92› Escreva a equação do 2º grau de cada item da atividade anterior e confira suas estimativas.

93› Responda a cada pergunta e justifique sua resposta.

a)

b)

Ilustrações: Thiago Neumann/Arquivo da editora

Um novo caso de fatoração: trinômio do 2º grau

Você estudou vários casos de fatoração de polinômios. Relembre-os.

- Fator comum em evidência: $ab + a = a(b + 1)$
- Agrupamento: $a^2 + ab + ac + bc = a(a + b) + c(a + b) = (a + b)(a + c)$
- Diferença de 2 quadrados: $a^2 - b^2 = (a + b)(a - b)$
- Trinômio quadrado perfeito: $a^2 + 2ab + b^2 = (a + b)^2$ e $a^2 - 2ab + b^2 = (a - b)^2$

Vejamos outro caso de fatoração no qual aplicamos a equação do 2º grau com 1 incógnita.

> Um polinômio do tipo $ax^2 + bx + c$, com a, b e c reais e $a \neq 0$, pode ser fatorado como $ax^2 + bx + c = a(x - x')(x - x'')$, sempre que a equação $ax^2 + bx + c = 0$ tiver raízes reais x' e x'', distintas ou iguais.

Acompanhe estes exemplos de fatoração.

- Fatoração do polinômio $x^2 - 3x - 10$.
  Consideramos a equação $x^2 - 3x - 10 = 0$ e a resolvemos.
  $\Delta = 9 + 40 = 49$
  $$x = \frac{3 \pm 7}{2} \Rightarrow x' = \frac{10}{2} = 5 \text{ e } x'' = \frac{-4}{2} = -2$$
  A fatoração é $x^2 - 3x - 10 = 1 \cdot (x - 5)(x + 2) = (x - 5)(x + 2)$.
- Fatoração do polinômio $4x^2 - 11x + 6$.
  Resolvendo a equação $4x^2 - 11x + 6 = 0$, obtemos: $x' = 2$ e $x'' = \frac{3}{4}$.
  A fatoração é $4x^2 - 11x + 6 = 4(x - 2)\left(x - \frac{3}{4}\right) = (x - 2)(4x - 3)$.
- Fatoração do polinômio $6y^2 + y - 2$.
  Resolvendo a equação $6y^2 + y - 2 = 0$, obtemos: $y' = \frac{1}{2}$ e $y'' = -\frac{2}{3}$.
  A fatoração é $6y^2 + y - 2 = 6\left(y - \frac{1}{2}\right)\left(y + \frac{2}{3}\right) = \underbrace{2 \cdot \left(y - \frac{1}{2}\right)}_{(2y-1)} \cdot \underbrace{3 \cdot \left(y + \frac{2}{3}\right)}_{(3y+2)} = (2y - 1)(3y + 2)$.

Atividades

94 Faça a fatoração dos trinômios do 2º grau.

a) $x^2 + 5x + 4$
b) $10x^2 - 7x - 12$
c) $3x^2 - 10x + 3$
d) $y^2 + y - 30$

95 Às vezes, podemos aplicar mais de um caso de fatoração no mesmo polinômio. Veja os 2 exemplos e faça os demais.

- $x^3 - 6x^2 + 9x = x \cdot (x^2 - 6x + 9) = x(x - 3)^2$
  (x em evidência; trinômio quadrado perfeito)
- $x^4 - 81 = (x^2 + 9)(x^2 - 9) =$
  $= (x^2 + 9) \cdot (x + 3)(x - 3)$

a) $x^3 - 25x$
b) $3x^2 + 6xy + 3y^3$

Raciocínio lógico

Considerando estas representações, podemos verificar geometricamente o caso de fatoração do trinômio do 2º grau.

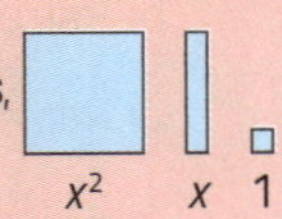

Analise o exemplo e troque ideias com os colegas.
Podemos fatorar $x^2 + 3x + 2$.

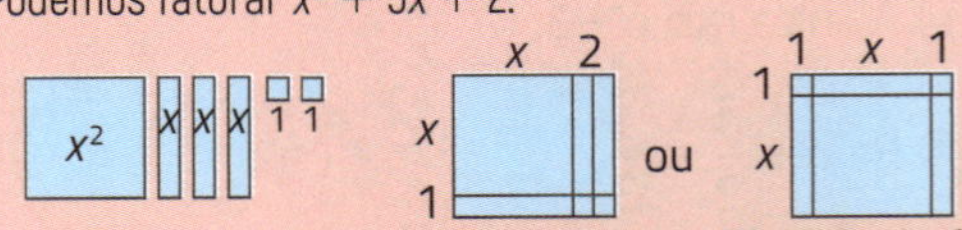

Medida de área: $(x + 1)(x + 2)$ Medida de área: $(x + 1)(x + 2)$

Ilustrações: Banco de imagens/Arquivo da editora

Outras situações que envolvem equações do 2º grau

No 8º ano, você estudou as equações do 1º grau com 2 incógnitas e aprendeu a determinar soluções para elas: ao atribuir um valor para uma das incógnitas, podemos determinar o valor da outra incógnita.

Por exemplo, para a equação $x + 2y = 4$ e o valor $x = 2$, determinamos o valor de y.

$$\underbrace{2 + 2y = 4}_{\text{equação do 1º grau com 1 incógnita}} \Rightarrow 2y = 2 \Rightarrow y = 1$$

Assim, o par ordenado $(2, 1)$ é uma solução dessa equação.

Também podemos ter equações do 2º grau com 2 incógnitas e, ao atribuir um valor para uma das incógnitas, determinamos o valor da outra resolvendo a equação obtida.

Por exemplo, para a equação $3x + y^2 = 4$ e o valor $x = 1$, determinamos o valor de y.

$$\underbrace{3 \times 1 + y^2 = 4}_{\text{equação do 2º grau com 1 incógnita}} \Rightarrow y^2 = 1 \Rightarrow y' = 1 \text{ e } y'' = -1$$

Assim, os pares ordenados $(1, 1)$ e $(1, -1)$ são soluções dessa equação.

Também no 8º ano, você aprendeu a resolver os sistemas formados por equações do 1º grau com 2 incógnitas. De maneira análoga, podemos resolver sistemas de equações do 2º grau com 2 incógnitas.

Aplique esses conhecimentos resolvendo as atividades e as situações-problema a seguir.

Atividades

96 A medida de temperatura C (em graus Celsius) de um forno é regulada de modo que varie com a medida de intervalo de tempo t (em minutos) em que ele fica aceso, de acordo com a equação $C = 300 - 0{,}5t^2 + 15t$, com $0 \leqslant t \leqslant 30$.

a) Calcule a medida de temperatura do forno no instante $t = 0$.

b) Verifique após quantos minutos a temperatura atinge a medida de 400 °C.

97 O número máximo de intersecções i possíveis com n retas distintas em um plano é dado pela equação $i = \dfrac{n^2 - n}{2}$. Veja alguns exemplos.

$n = 2$ $\quad i = \dfrac{2^2 - 2}{2} = \dfrac{4 - 2}{2} = \dfrac{2}{2} = 1$

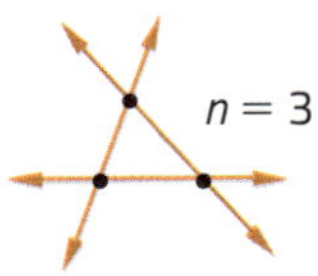

$n = 3$ $\quad i = \dfrac{3^2 - 3}{2} = \dfrac{9 - 3}{2} = \dfrac{6}{2} = 3$

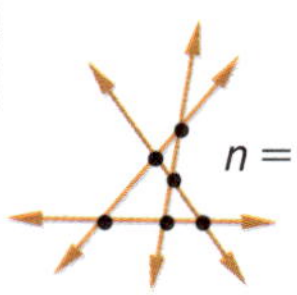

$n = 4$ $\quad i = \dfrac{4^2 - 4}{2} = \dfrac{16 - 4}{2} = \dfrac{12}{2} = 6$

Ilustrações: Banco de imagens/Arquivo da editora

Qual é o número de retas distintas que devem ser traçadas em um plano para que o número máximo possível de intersecções entre elas seja 15?

98 Este sistema de equações é do 2º grau. Resolva-o pelo método da substituição ("isole" x na 1ª equação e substitua na outra).

$$\begin{cases} x - y = 6 \\ x^2 + y^2 = 20 \end{cases}$$

99 **Times e jogos.** Em campeonatos de pontos corridos, cada time joga 2 vezes com todos os demais (turno e returno).

a) Quantos jogos há em um campeonato com 3 times?

b) E com 4 times?

c) Qual destas equações indica o número de jogos j em um campeonato com n times?

$j = n^2 + 1$	$j = n^2 + n$	$j = n^2 - n$

d) Quantos jogos um campeonato com 20 times tem?

e) Quantos times um campeonato de 210 jogos tem?

100 **Problema de idade.** Marcelo e Carlos decidiram criar um problema que envolvesse as idades deles. Marcelo, o mais velho, disse: O triplo de sua idade menos a minha resulta em 27.

Carlos, por sua vez, afirmou: O quadrado de sua idade menos o quadrado da minha idade é igual a 99.

Qual é a diferença entre a maior e a menor idade?

101 **Engenharia.** Um reservatório de água tem as medidas das dimensões internas, dadas em metros, indicadas nesta figura.

Banco de imagens/Arquivo da editora

O material usado para revestir o fundo custa R$ 20,00 o metro quadrado e o material usado para revestir as paredes laterais custa R$ 40,00 o metro quadrado.

a) Escreva a equação que expressa o custo c de todo o revestimento (fundo e lateral) de acordo com a medida de comprimento x.

b) Se o custo de todo o revestimento foi de R$ 7680,00, então qual é o valor de x?

102 **Conexões. Gravidade e queda livre.** Realizando experimentos, o matemático, físico, filósofo e astrônomo italiano Galileu Galilei (1564-1642) verificou que, se a resistência do ar for desprezada, todo corpo, independentemente da forma, das medidas das dimensões e da medida de massa, quando abandonado de um ponto próximo à superfície da Terra, cai em **queda livre**. Esse corpo estará sujeito à aceleração da gravidade, de acordo com a equação usada como modelo matemático para o movimento de queda livre dos corpos:

$$d = \frac{1}{2}gt^2$$

em que:

- d é a medida de **distância** percorrida pelo corpo até chegar ao chão;
- g é a medida de **aceleração da gravidade** na Terra, que vamos aproximar para 9,8 m/s²;
- t é a medida de **intervalo de tempo** que o corpo precisa para chegar ao chão.

The Bridgeman Art Library/Fotoarena/ Biblioteca Estatal da Rússia, Moscou.

As imagens desta página não estão representadas em proporção.

Galileu Galilei. 1830. Samuel Sartain de uma pintura de H. W. Wyatt. Gravura, dimensões desconhecidas.

Usando a equação do movimento de queda livre dos corpos, responda aos itens.

a) Qual é a medida de intervalo de tempo necessária para que uma bola atinja o chão ao ser largada da altura de medida de comprimento de 78,4 m?

b) A janela do quarto de André dá para o jardim da casa dele. Dessa janela, André largou uma borracha e cronometrou a medida de intervalo de tempo que demorou para ela atingir o chão: 1,5 segundo. Qual é a medida de comprimento da altura da janela do quarto de André em relação ao chão?

Saiba mais

Se você soltar uma bola de boliche e uma pena, da mesma medida de comprimento da altura em relação ao solo, qual chegará ao solo primeiro? Se desprezarmos a resistência do ar, como descrito pelo modelo matemático de movimento de queda livre dos corpos, ambos chegarão juntos ao solo.

Mas, de fato, se fizermos esse experimento na Terra, os objetos não chegarão juntos ao solo, pois aqui eles sofrem a ação da resistência do ar.

Reprodução/BBC

Imagem do experimento feito na câmara de vácuo *Facility Space Power*.

Para que experimentalmente não tivéssemos a resistência do ar, teríamos que soltar os objetos dentro de uma câmara de vácuo ou na Lua!

Esse experimento já foi feito usando a *Facility Space Power*, a maior câmara de vácuo do mundo, pertencente a um centro de pesquisa da agência espacial norte-americana NASA, em Ohio (Estados Unidos). Essa câmara, com a forma cilíndrica, tem o diâmetro da base de medida de comprimento de 30 metros e a altura de medida de comprimento de 27 metros. Você pode buscar na internet o vídeo desse experimento e observar como a bola e a pena caem juntas no solo.

Fonte de consulta: MANUAL DO MUNDO. Disponível em: <www.manualdomundo.com.br/2014/11/o-que-cai-chao-primeiro-uma-pena-ou-uma-bola-de-boliche/>. Acesso em: 16 maio 2019.

Revisando seus conhecimentos

1 Multiplicando a idade que Marta terá daqui a 3 anos com a idade dela de 2 anos atrás, o número obtido é 84. Calcule a idade de Marta.

2 Um fogão custa, à vista, R$ 720,00. Se ele for pago em 5 prestações iguais, então o preço total terá um acréscimo de 8%. Qual será o valor de cada prestação?

3 **Conexões.** Observe a tabela que mostra o consumo médio mensal de energia de alguns eletrodomésticos, medidos em watt-hora (energia consumida por hora).

Consumo médio de energia de eletrodomésticos

Aparelho	Consumo (em watt-hora)
Geladeira	840
Lavadora de louças	1028
Forno elétrico	500
Forno de micro-ondas	466
Ferro elétrico	240
Lavadora de roupas	13

Fonte de consulta: UOL. *Economia*. Disponível em: <https://economia.uol.com.br/noticias/redacao/2013/02/15/veja-os-eletrodomesticos-que-gastam-mais-energia.htm>. Acesso em: 16 maio 2019.

Determine quem gastou mais energia na situação de cada item.

a) Felipe, que usou o forno elétrico por 1 hora, ou Bruna, que usou o forno de micro-ondas durante 15 minutos?

b) Ana, que usou o ferro elétrico por 30 minutos, ou Elisa que utilizou a máquina de lavar roupa por 1 hora?

4 São dados 2 números negativos a e b, tal que $a - 2b = 4$ e $a + b^2 = 7$. Então:

a) $ab = 12$
b) $a^2 + b^2 = 13$
c) $a^2b = -18$
d) $a^2 - b^2 = 5$

5 Uma região retangular tem medida de área de 36 m². Aumentando em 1 m a medida de comprimento da base e em 1 m a medida de comprimento da altura, a nova região retangular passa a ter medida de área de 50 m². A medida de perímetro da primeira região retangular é de:

a) 26 m b) 28 m c) 24 m d) 30 m

6 **(Mack-SP)** A soma das idades de n pessoas é 468 anos. Se aumentarmos 3 anos à idade de cada pessoa, a nova soma será 573 anos. Então n vale:

a) 27.
b) 29.
c) 31.
d) 33.
e) 35.

7 A soma de 2 números é igual a 62 e a diferença entre eles é igual a 8. Quais são esses números?

8 Quais são os números que podem substituir x neste esquema?

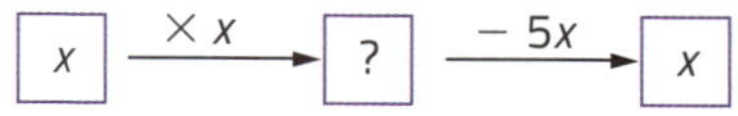

9 Determine as raízes da equação $x^2 + \frac{2}{3}x + \frac{1}{9} = \frac{4}{25}$.

10 Resolva estas equações.

a) $\frac{x^2}{4} - \frac{x + 4}{10} = 8$

b) $-2x^2 + 800 = 0$

11 Em um losango, a diagonal menor tem medida de comprimento de x cm e a diagonal maior, de $(x + 3)$ cm. Se a medida de área da região determinada por esse losango é de 45 cm², então qual destas equações define essa situação?

a) $x^2 + 6x - 90 = 0$
b) $x^2 + 3x + 90 = 0$
c) $x^2 + 3x - 90 = 0$
d) $x^2 + 6x + 90 = 0$

12 Qual destas equações tem -48 e 10 como raízes?

a) $x^2 - 38x + 480 = 0$
b) $x^2 + 38x + 480 = 0$
c) $x^2 + 38x - 480 = 0$
d) $x^2 - 38x - 480 = 0$

13 **O terreno de Juca.** Esta figura, formada por uma região retangular e por uma região triangular, representa o terreno de Juca. As medidas de comprimento estão indicadas em metros.

Banco de imagens/Arquivo da editora

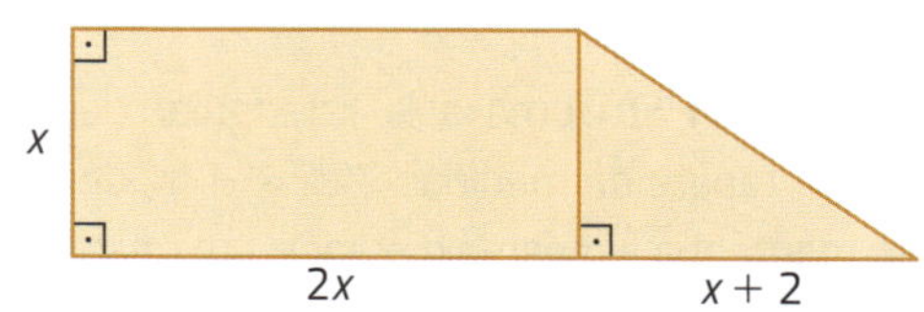

Sabe-se que a medida de área da região retangular é o triplo da medida de área da região triangular. Qual é a medida de área total do terreno?

14 **Simplificação de frações algébricas.** Fatore o numerador e o denominador para simplificar a fração tirando os fatores comuns.

a) $\frac{x^2 - 9}{x^2 - 3x}$, para $x \neq 0$ e $x \neq 3$.

b) $\frac{8a}{4a^2 + 8a}$, para $a \neq 0$ e $a \neq -2$.

c) $\frac{x^2 + 2x + 1}{x + 1}$, para $x \neq -1$.

d) $\frac{y}{y^2 + y}$, para $y \neq 0$ e $y \neq -1$.

Praticando um pouco mais

Testes oficiais

1 **(Saresp)** Num terreno de 99 m² de área será construída uma piscina de 7 m de comprimento por 5 m de largura, deixando-se um recuo x ao seu redor para construir um calçadão.

Reprodução/Saresp

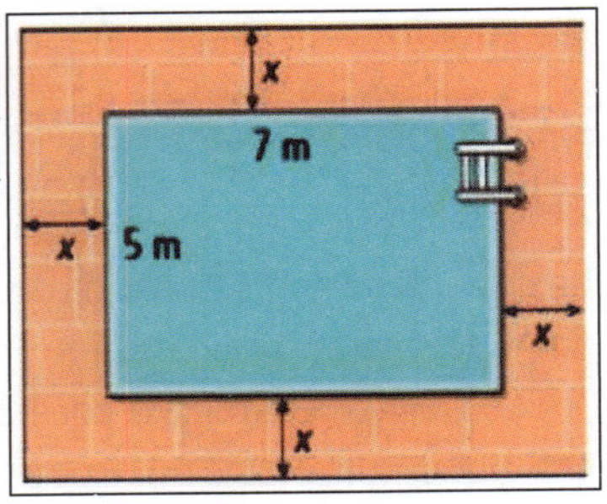

As imagens desta página não estão representadas em proporção.

Dessa forma, o recuo x deverá medir:

a) 1 m.
b) 2 m.
c) 5 m.
d) 8 m.

2 **(Saresp)** Um laboratório embalou 156 comprimidos de analgésico em 2 caixas, uma com 2 cartelas de x comprimidos cada e outra com 4 cartelas de y comprimidos cada. Sabendo-se que y é o quadrado de x, quantos comprimidos havia em cada cartela?

a) 4 e 6
b) 5 e 25
c) 6 e 36
d) 7 e 49

3 **(Saresp)** Em uma sala retangular deve-se colocar um tapete de medidas 2 m × 3 m, de modo que se mantenha a mesma distância em relação às paredes, como indicado no desenho abaixo.

Reprodução/Saresp, 2005

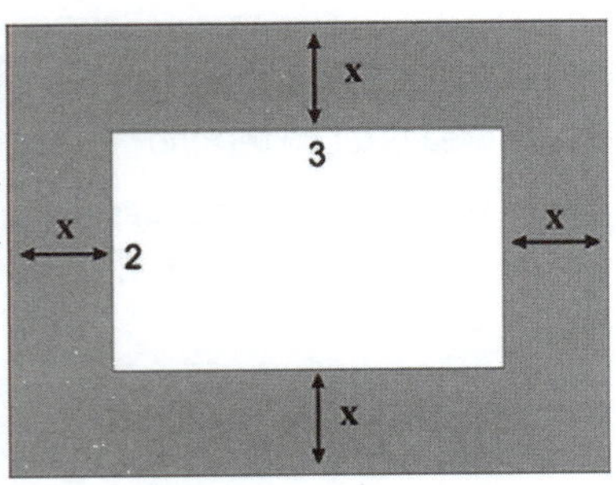

Sabendo que a área dessa sala é 12 m², o valor de x será:

a) 0,5 m.
b) 0,75 m.
c) 0,80 m.
d) 0,05 m.

4 **(Obmep)** Para cercar um terreno retangular de 60 metros quadrados com uma cerca formada por dois fios de arame foram usados 64 metros de arame. Qual é a diferença entre a largura e o comprimento do terreno?

a) 4 m
b) 7 m
c) 11 m
d) 17 m
e) 28 m

5 **(Obmep)** A figura mostra um quadrado de lado 1 m dividido em dois retângulos e um quadrado. As áreas do quadrado Q e do retângulo R são iguais.

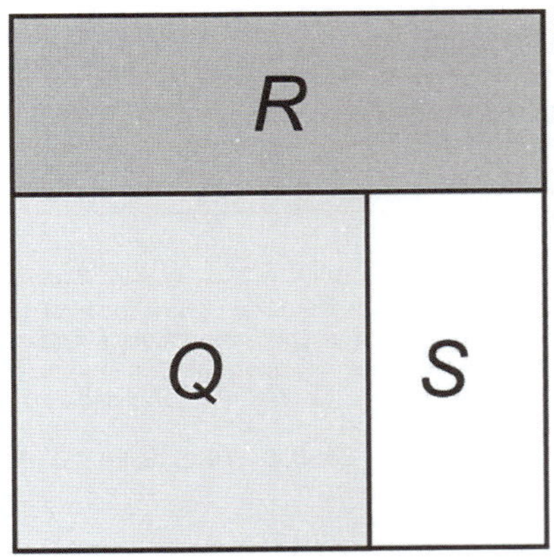

Reprodução/Obmep, 2009

Qual é a área do retângulo S?

a) $\left(\sqrt{5}-2\right)$ m²

b) $\frac{1}{5}$ m²

c) $\left(3-\sqrt{5}\right)$ m²

d) $\frac{1}{3}$ m²

e) $\frac{\sqrt{5}}{3}$ m²

6 **(Saresp)** Do total de moedas que Fausto tinha em sua carteira, sabe-se que: o seu quíntuplo era igual ao seu quadrado diminuído de 6 unidades. Assim sendo, o número de moedas que Fausto tinha na carteira era:

a) 1.
b) 2.
c) 5.
d) 6.

Questões de vestibulares e Enem

7 **(Enem)** Um senhor, pai de dois filhos, deseja comprar dois terrenos, com áreas de mesma medida, um para cada filho. Um dos terrenos visitados já está demarcado e, embora não tenha um formato convencional (como se observa na figura **B**), agradou ao filho mais velho e, por isso, foi comprado. O filho mais novo possui um projeto arquitetônico de uma casa que quer construir, mas, para isso, precisa de um terreno na forma retangular (como mostrado na figura **A**) cujo comprimento seja 7 m maior do que a largura.

Ilustrações: Reprodução/Enem 2016

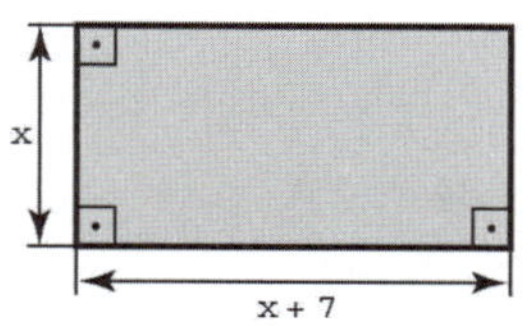

Figura A

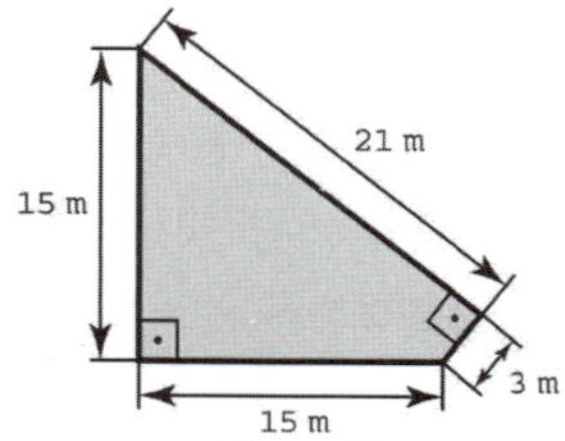

Figura B

Para satisfazer o filho mais novo, esse senhor precisa encontrar um terreno retangular cujas medidas, em metro, do comprimento e da largura sejam iguais, respectivamente, a:

a) 7,5 e 14,5.
b) 9,0 e 16,0.
c) 9,3 e 16,3.
d) 10,0 e 17,0.
e) 13,5 e 20,5.

8 **(IFCE)** O valor da expressão: $(a + b)^2 - (a - b)^2$ é:

a) ab.
b) $2ab$.
c) $3ab$.
d) $4ab$.
e) $6ab$.

9 **(Ifal)** Simplifique a seguinte expressão de produtos notáveis:

$$(2x + y)^2 - (2x - y)^2 - 4xy$$

Qual o resultado obtido?

a) $4xy$
b) $2xy$
c) 0
d) $-2xy$
e) $-4xy$

10 **(Ifal)** Determine o valor do produto $(3x + 2y)^2$, sabendo que $9x^2 + 4y^2 = 25$ e $xy = 2$.

a) 27.
b) 31.
c) 38.
d) 49.
e) 54.

11 **(Cefet-PR)** Uma indústria fabrica uma placa metálica no formato de um retângulo de lados $(ax + by)$ e $(bx + ay)$. Encontre, de forma fatorada, o perímetro deste retângulo.

a) $2(a + b)(x + y)$
b) $4(a + b)(x + y)$
c) $2(a - b)(x - y)$
d) $4(a - b)(x - y)$
e) $(a + b)(x + y)$

12 **(IFPE)** Efetuando-se $(2\,341)^2 - (2\,340)^2$, obtém-se:

a) 6 489.
b) 1.
c) 4 681.
d) 2 681.
e) 8 689.

13 **(UTFPR)** Simplificando a expressão $\frac{(x + y)^2 - 4xy}{x^2 - y^2}$, com $x \neq y$ obtém-se:

a) $2 - 4xy$.
b) $\frac{x - y}{x + y}$.
c) $\frac{2xy}{x + y}$.
d) $-2xy$.
e) $-\frac{4xy}{x - y}$.

14 **(UTFPR)** Dada a equação do segundo grau:

$$3x^2 - 20x + 12 = 0$$

Assinale a alternativa que apresenta o conjunto solução da equação dada.

a) $\left\{6, \frac{2}{3}\right\}$
b) $\left\{3, \frac{1}{3}\right\}$
c) $\left\{6, \frac{1}{3}\right\}$
d) $\left\{3, \frac{1}{2}\right\}$
e) $\left\{2, \frac{3}{2}\right\}$

15 **(Mack-SP)** O número inteiro positivo, cujo produto de seu antecessor com seu sucessor é igual a 8 é:

a) 5.
b) 4.
c) 23.
d) 3.
e) 2.

16 **Desafio. (Enem)** Uma fábrica utiliza sua frota particular de caminhões para distribuir as 90 toneladas de sua produção semanal. Todos os caminhões são do mesmo modelo e, para aumentar a vida útil da frota, adota-se a política de reduzir a capacidade máxima de carga de cada caminhão em meia tonelada. Com essa medida de redução, o número de caminhões necessários para transportar a produção semanal aumenta em 6 unidades em relação ao número de caminhões necessários para transportar a produção, usando a capacidade máxima de carga de cada caminhão.

Qual é o número atual de caminhões que essa fábrica usa para transportar a produção semanal, respeitando-se a política de redução de carga?

a) 36
b) 30
c) 19
d) 16
e) 10

VERIFIQUE O QUE ESTUDOU

1 Considere que x representa um número inteiro. Escreva uma expressão algébrica, sem parênteses, correspondente a cada item.

a) O produto do número pelo antecessor dele.

b) O produto do número pelo triplo dele.

c) O produto do antecessor do número pelo sucessor do número.

d) A metade do quadrado do sucessor do número.

2 Represente e desenvolva os produtos notáveis.

a) Produto da soma de x com 7 pela diferença entre x e 7.

b) Quadrado da soma de y com 9.

c) Quadrado da diferença entre r e s.

3 Reúna-se com os colegas. Em cada item, um desenvolve o produto notável e os demais conferem.

a) $(x+7)^2$

b) $(x-7)^2$

c) $(x+7)(x-7)$

d) $(4x-9)^2$

e) $(3x+y)(3x-y)$

f) $(3a+8b)^2$

4 Faça a fatoração dos polinômios.

a) $x^2-16x+64$

b) x^2-900

c) $x^2+3x+xy+3y$

d) x^2-4x+3

e) $8x^2-10x$

f) $x^2-12x+36$

g) $25x^2-9y^2$

h) $4a^2+20ab+25b^2$

i) $x^2-3x+xy-3y$

j) a^6+5a^5

k) y^2-121

l) $a^2+a+ab+b$

5 Escreva uma equação do 2º grau com incógnita x, na forma geral, cujas raízes são $\frac{1}{3}$ e $-\frac{1}{2}$.

6 Fatore o primeiro membro desta equação e determine as raízes dela.

$$x^2-16x+64=24$$

7 Determine as raízes desta equação usando a fórmula de resolução.

$$2x^2+x-10=0$$

8 Qual é o número real tal que o quadrado dele é igual ao quádruplo dele?

9 Observe estas equações.

$3x^2+1=0$ $\qquad$ $4(x-3)=0$

$x^2-2x+1=0$ $\qquad$ $4x^2-1=0$

$x(3x-2)=0$ $\qquad$ $x^2-6x+8=0$

Agora, indique o que se pede.

a) A equação que não é do 2º grau.

b) A equação que não tem raiz real.

c) A equação que tem o 0 como raiz.

d) A equação que tem 2 números opostos como raízes.

e) A equação que tem 2 e 4 como raízes.

f) A equação que tem apenas 1 número real como raiz.

10 Resolva a questão de abertura do capítulo: Qual é a medida de comprimento do lado do terreno da escola? (Lembre-se de usar a equação $x^2+18x-115=0$.)

11 Uma destas igualdades não é verdadeira. Indique-a e justifique por que ela não é verdadeira.

a) $(x+11)(x-11)=x^2-121$

b) $(y+5)(y+5)=y^2-25$

c) $\left(x+\frac{1}{3}\right)\left(x-\frac{1}{3}\right)=x^2-\frac{1}{9}$

d) $(y-0{,}5)(y-0{,}5)=y^2-y+0{,}25$

Atenção

Retome os assuntos que você estudou neste capítulo. Verifique em quais teve dificuldade e converse com o professor, buscando maneiras de reforçar seu aprendizado.

Autoavaliação

Algumas atitudes e reflexões são fundamentais para melhorar o aprendizado e a convivência na escola. Reflita sobre elas.

- Realizei as leituras do livro com atenção e resolvi todas as atividades que o professor propôs?
- Colaborei com o professor e com os colegas nas atividades realizadas na escola?
- Tomei atitudes visando resolver minhas dúvidas sobre o conteúdo e ajudando os colegas naquilo que sei?
- Ampliei meus conhecimentos de Álgebra?

PARA LER, PENSAR E DIVERTIR-SE

Ler

Um problema muito antigo

Problemas que recaem numa equação do segundo grau estão entre os mais antigos da Matemática. Em textos cuneiformes, escritos pelos babilônios há quase quatro mil anos, encontramos, por exemplo, a questão de achar dois números conhecendo sua soma s e seu produto p.

Em termos geométricos, este problema pede que se determinem os lados de um retângulo conhecendo o semiperímetro s e a área p.

Os números procurados são as raízes da equação do segundo grau $x^2 - sx + p = 0$.

Com efeito, se um dos números é x, o outro é $s - x$ e seu produto é $p = x(s - x) = sx - x^2$, logo $x^2 - sx + p = 0$.

[...]

A regra para achar dois números cuja soma e cujo produto são dados era assim enunciada pelos babilônios: Eleve ao quadrado a metade da soma, subtraia o produto e extraia a raiz quadrada da diferença. Some ao resultado a metade da soma. Subtraia-o da soma para obter o outro número.

Na notação atual, esta regra fornece as raízes $x = \frac{s}{2} + \sqrt{\left(\frac{s}{2}\right)^2 - p}$ e $s - x = \frac{s}{2} - \sqrt{\left(\frac{s}{2}\right)^2 - p}$ para a equação $x^2 - sx + p = 0$.

LIMA, Elon Lages et al. *A Matemática no Ensino Médio*. 11. ed. Rio de Janeiro: SBM, 2016. v. 1, p. 122-123.

Pensar

Leia e descubra o que se pede.

Dois homens estavam conversando quando um virou para o outro e disse:

– Tenho três filhas, a soma das idades delas é igual ao número da casa da frente e o produto é 36.

– Posso determinar as idades de suas filhas apenas com esses dados?

– Não. Dar-lhe-ei um dado fundamental: minha filha mais velha toca piano.

Determine as idades das filhas e o número da casa.

CLUBES DE MATEMÁTICA DA OBMEP. *Salas de problemas*. Disponível em: <http://clubes.obmep.org.br/blog/descubra-as-idades/>. Acesso em: 19 mar. 2019.

Divertir-se

Robinho usou equações para criar um enigma! Determine as possíveis raízes positivas de cada equação, ache as letras correspondentes e descubra a frase.

Dica: Associe os números às letras do alfabeto (1 → A; 2 → B; 3 → C; e assim por diante).

$\underline{(x - 4)} \cdot \underline{(2x - 10)} \cdot \underline{(19 - x)} \cdot \underline{(x^2 - 9)} \cdot \underline{(225 - x^2)} \cdot \underline{(x^8 - 256)} \cdot \underline{(-x + 18)} \cdot \underline{(x - 9)} \cdot \underline{(x^2 - 18^2)} = 0$

$\underline{(x - 5)} \cdot \underline{(x - 14)} \cdot \underline{(x^2 - 9^2)} \cdot \underline{(x^2 - 49)} \cdot \underline{(x^2 - 169)} \cdot \underline{(x - 1)} \cdot \underline{(x - 19)} = 0$ $\quad \underline{2x = 10}$

$\underline{(x^3 - 64)} \cdot \underline{(-x^3 + 9^3)} \cdot \underline{(-x + 22)} \cdot \underline{(x^2 - 25)} \cdot \underline{(x - 18)} \cdot \underline{(x^3 - 20^3)} \cdot \underline{(x^3 - 9^3)} \cdot \underline{(x^4 - 256)} \cdot \underline{(15 - x)} = 0$

CAPÍTULO 3

Proporcionalidade e juros

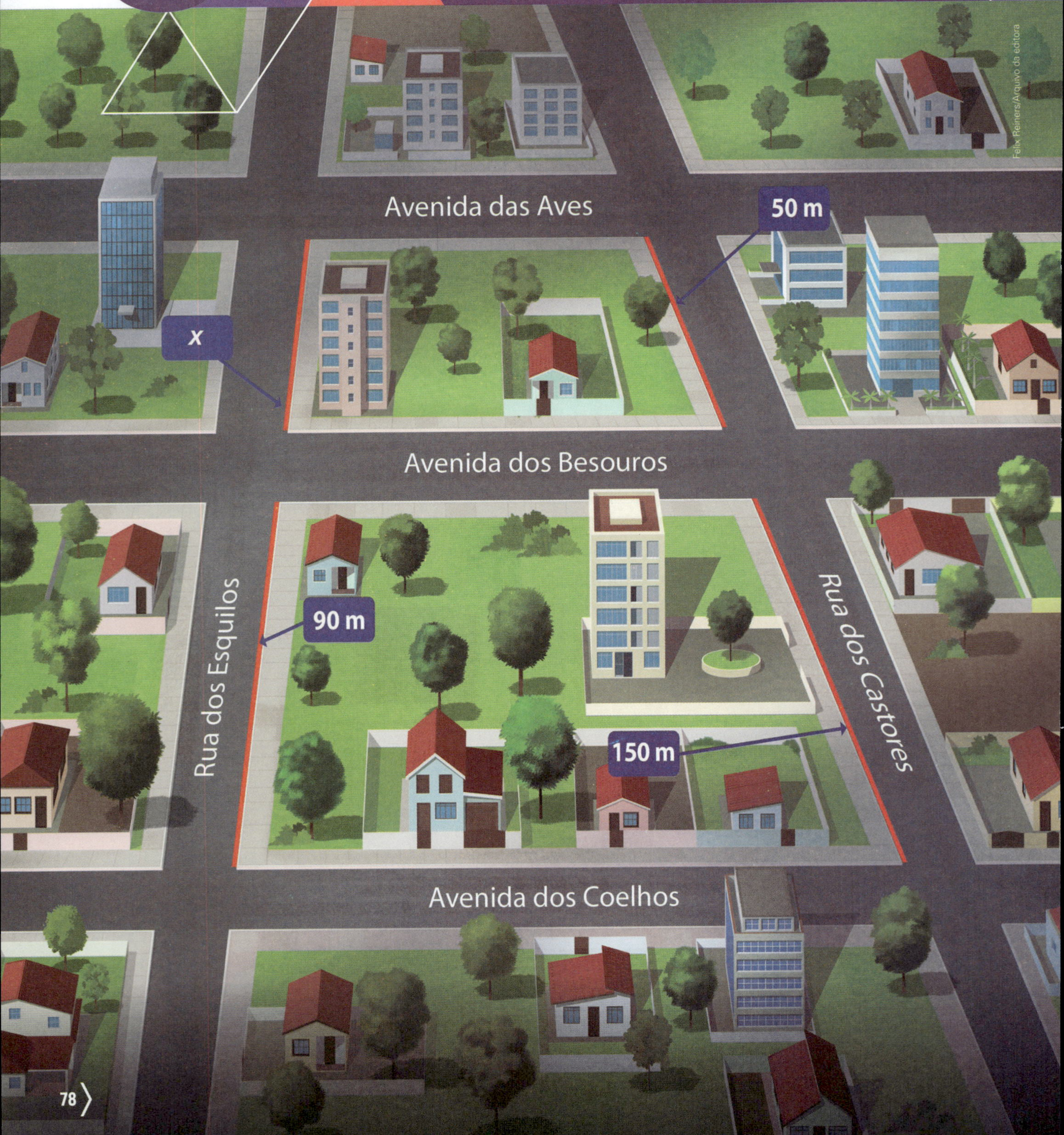

Analisando a observação feita por André e usando as medidas de comprimento de 50 m, 150 m e 90 m que aparecem na imagem, podemos responder à questão feita por Tatiana.

Para isto, devemos usar o conceito de **proporcionalidade**, um dos assuntos que será retomado e ampliado neste capítulo.

Converse com os colegas sobre estas questões e, depois, registre as respostas.

1▸ Observe a imagem com as ruas e as avenidas.

a) Cite o nome de 2 avenidas que são paralelas entre si.

b) Cite o nome de 1 rua que é transversal ao par de avenidas paralelas que você citou.

2▸ Você se lembra do significado de razão entre 2 números? Qual é a razão entre 50 e 150, nessa ordem? Como podemos indicar a razão entre x e 90?

3▸ Você se lembra do significado de proporção?

4▸ Entre as razões $\frac{6}{12}$, $\frac{2}{8}$, $\frac{1}{2}$ e $\frac{4}{6}$, quais formam uma proporção?

5▸ Se as razões $\frac{50}{150}$ e $\frac{x}{90}$ formam uma proporção, então qual é o valor de x?

1 Retomando as ideias de razão e de proporção

As ideias de razão e de proporção são fundamentais para um dos assuntos deste capítulo: proporcionalidade. Por isso, vamos retomá-las e ampliar o estudo delas.

Razão

Em uma turma, há 15 meninos e 20 meninas em um total de 35 alunos.

A **razão** entre o número de meninos e o número total de alunos da turma é indicada por 15 : 35 ou por $\frac{15}{35}$. Esse valor, na forma de fração irredutível, é $\frac{3}{7}$.

Ou seja, 15 em 35 ou $\frac{15}{35}$ ou $\frac{3}{7}$.

Thiago Neumann/Arquivo da editora

Assim, a razão entre 2 números, com o segundo diferente de 0, é o quociente do primeiro pelo segundo. Veja outros exemplos.

- A razão entre 5 e 8 é $\frac{5}{8}$ e a razão entre 8 e 5 é $\frac{8}{5}$.
- A razão entre 10 e 15 é $\frac{10}{15}$ ou $\frac{2}{3}$.
- A razão entre 6 e 2 é $\frac{6}{2}$ ou 3.
- A razão entre 0 e 9 é $\frac{0}{9}$ ou 0. Contudo, perceba que a razão entre 9 e 0 não existe!

As imagens desta página não estão representadas em proporção.

Razões especiais envolvendo 2 grandezas diferentes

Velocidade média

A medida de **velocidade média** é obtida pela razão entre a medida de distância percorrida e a medida de intervalo de tempo gasto.

Se um automóvel percorreu 240 quilômetros em 3 horas, então a medida de velocidade média dele, em quilômetros por hora, é calculada pela razão entre 240 e 3.

$$\frac{240}{3} = \frac{80}{1} = 80 \Rightarrow 80 \text{ km/h}$$ (Lemos: oitenta quilômetros por hora.)

Isso significa que o carro manteve uma medida de velocidade média de 80 km/h nesse percurso.

Delfim Martins/Pulsar Imagens

Automóvel em estrada. Em qualquer via, é importante não ultrapassar o limite de velocidade.

Densidade demográfica

O valor da **densidade demográfica** de uma região é obtido pela razão entre o número de habitantes da população e a medida de área da região.

Se um município tem população de 12 000 habitantes e medida de área de 150 km², então dizemos que o valor da densidade demográfica desse município é calculado pela razão entre 12 000 e 150.

$$\frac{12000}{150} = \frac{1200}{15} = \frac{80}{1} = 80 \Rightarrow 80 \text{ hab./km}^2$$ (Lemos: oitenta habitantes por quilômetro quadrado.)

Atividades

1 › Considerando a situação da página anterior, da turma com 15 meninos e 20 meninas, calcule o que se pede.

a) A razão entre o número de meninas e o número total de alunos da turma.

b) A razão entre o número de meninos e o número de meninas.

c) A razão entre o número de meninas e o número de meninos.

2 › As razões dos itens **b** e **c** da atividade anterior são razões inversas. Qual é o produto delas?

3 › Indique a razão na forma de fração irredutível.

a) A razão entre 10 e 25.

b) A razão entre 12 e 20.

c) A razão entre 6 e 15.

4 › Em qual dos itens da atividade anterior as razões são iguais?

5 › Calcule e responda ao itens.

a) Qual foi a medida de velocidade média, em km/h, de um jipe que percorreu 342 km em 4 horas?

b) Qual foi a medida de velocidade média, em m/min, de um ciclista que percorreu 1800 m em 5 minutos?

6 › Quantas horas uma caminhonete precisou para percorrer 340 km com medida de velocidade média de 85 km/h?

7 › Quantos quilômetros um carro percorre, com medida de velocidade média de 90 km/h, em 3 h 30 min?

8 › O trem japonês MLV (sigla em inglês para Veículo Levitado Magneticamente) atinge a medida de velocidade de 480 km/h. Calcule e responda: Qual é a medida de intervalo de tempo necessária para que esse trem percorra um trecho com medida de comprimento de 96 km?

The Yomiuri Shimbun/Associated Press/Glow Images

Trem japonês MLV. Foto de 2017.

9 › Desafio. Um corredor percorreu 500 m em 3 minutos. Qual foi a medida de velocidade média dele, em km/h?

10 › Calcule e responda aos itens.

a) Qual é o valor da densidade demográfica de uma região que tem população de 200 000 habitantes e medida de área de 25 000 km²?

b) Qual é medida de área de uma região que tem população de 127 500 habitantes e valor da densidade demográfica de 85 hab./km²?

c) Quantos habitantes tem a população de uma região que tem medida de área de 300 km² e valor da densidade demográfica de 120 hab./km²?

Saiba mais

Comparando os valores das densidades demográficas de 2 regiões, sabemos se uma região tem maior ou menor concentração de pessoas do que a outra.

11 › Conexões. De acordo com o Censo 2010 feito pelo Instituto Brasileiro de Geografia e Estatística (IBGE), das unidades de Federação (incluindo o Distrito Federal), as 3 unidades com maior valor da densidade demográfica eram Distrito Federal (444,66 hab./km²), Rio de Janeiro (365,23 hab./km²) e São Paulo (166,23 hab./km²) e as 3 unidades com menor valor da densidade demográfica eram Roraima (2,01 hab./km²), Amazonas (2,23 hab./km²) e Mato Grosso (3,36 hab./km²).

a) Use uma calculadora para efetuar os cálculos e complete esta tabela.

População, área e densidade demográfica de alguns estados brasileiros (em 2010)

Estado	Número de habitantes da população	Medida de área (em km²)	Valor da densidade demográfica aproximado (em hab./km²)
Minas Gerais	19 597 330	586 520,732	
Alagoas	3 120 494	27 848,140	
Rio Grande do Sul	10 693 929		37,96
Amapá		142 828,521	4,69

Fonte de consulta dos dados do texto e da tabela: IBGE. *Cidades*. Disponível em: <https://cidades.ibge.gov.br/>. Acesso em: 13 ago. 2018.

b) Agora, responda: Qual desses 4 estados tinha maior número de habitantes na população em 2010?

c) Qual tinha maior medida de área?

d) Qual tinha maior valor da densidade demográfica?

CONEXÕES

Obesidade, um sério problema de saúde

A obesidade é o acumulo de gordura no corpo, geralmente causado por fatores genéticos e disfunções hormonais. Ela também pode ocorrer devido ao consumo de alimentos em quantidade superior à necessária para o funcionamento do organismo ou, em outras palavras, quando a ingestão alimentar é maior do que o gasto energético correspondente.

Quando uma pessoa tem sobrepeso significa que o "peso" está acima do que seria saudável considerando a idade e a medida de altura dela.

O grande problema é que a obesidade e o sobrepeso podem causar outras doenças, como hipertensão arterial e diabetes, que juntas são uma das maiores causas de acidente vascular cerebral (AVC).

O número de pessoas obesas ou com sobrepeso, inclusive crianças, vem aumentando de maneira preocupante na maioria dos países desenvolvidos ou em desenvolvimento, como no Brasil.

Benson HE/Shutterstock

Balança digital.

No dia 17 de abril de 2017, a Pesquisa de Vigilância de Fatores de Risco e Proteção para Doenças Crônicas por Inquérito Telefônico (Vigitel), com base em entrevistas realizadas em todas as capitais brasileiras, de fevereiro a dezembro de 2016, com 53210 pessoas maiores de 18 anos, foi apresentada pelo Ministério da Saúde. Essa pesquisa mostra que, nos últimos 10 anos, a obesidade no Brasil aumentou em 60%, passando de 11,8% do número de habitantes da população, em 2006, para 18,9%, em 2016. O excesso de "peso" também subiu de 42,6% para 53,8% no mesmo período.

As imagens desta página não estão representadas em proporção.

Alimentação do brasileiro

O brasileiro come poucas frutas e verduras e cada vez mais produtos industrializados. Uma pesquisa do Ministério da Saúde revelou que 34,6% do número de habitantes da população comem carne com gordura em excesso, 56,9% bebem leite integral, 29,8% consomem refrigerante 5 ou mais vezes por semana e que apenas 20,2% ingerem a quantidade de 5 ou mais porções diárias de frutas e hortaliças, recomendada pela Organização Mundial de Saúde (OMS).

Aleksandar Mijatovic/Shutterstock

Frutas e hortaliças, importantes para uma alimentação saudável.

Sedentarismo

De acordo com o Ministério da Saúde, o sedentarismo aumenta com a idade. Entre homens de 18 a 24 anos, 60,1% praticam exercícios. Esse percentual reduz para menos da metade aos 65 anos (27,5%). Entre mulheres de 25 a 45 anos, 24,6% se exercitam regularmente. Esse percentual é de apenas 18,9% entre mulheres com mais de 65 anos.

O cálculo do IMC

Mas como descobrir se uma pessoa está acima do "peso" ideal?

Existem métodos para calcular isso. Um deles é o Índice de Massa Corporal (IMC), que a OMS recomenda para a verificação do estado nutricional de um indivíduo: $\text{IMC} = \dfrac{\text{medida de massa}}{(\text{medida de comprimento da altura})^2}$, ou seja, o IMC é a razão entre a medida de massa, em quilogramas, e o quadrado da medida de altura, em metros.

Veja a classificação de uma pessoa de acordo com o valor do IMC.

Classificação de acordo com o IMC

Resultado	Situação
Abaixo de 17	Muito abaixo do peso
Entre 17 e 18,49	Abaixo do peso
Entre 18,5 e 24,99	Peso normal
Entre 25 e 29,99	Acima do peso
Entre 30 e 34,99	Obesidade I
Entre 35 e 39,99	Obesidade II (severa)
Acima de 40	Obesidade III (mórbida)

Fonte de consulta: a mesma do texto.

Tyler Olson/Shutterstock

Pessoas caminhando em um parque.

Como evitar

Para evitar o sobrepeso ou a obesidade ou, ainda, manter um IMC saudável, é importante promover uma reeducação alimentar e fazer atividade física regularmente. Essa é uma associação saudável, que, levada com seriedade, pode fazer muito bem à saúde.

Fontes de consulta: MINHA VIDA. *Saúde.* Disponível em: <www.minhavida.com.br/saude/temas/obesidade>. ENDÓCRINO. *Números da obesidade no Brasil.* Disponível em: <www.endocrino.org.br/numeros-da-obesidade-no-brasil>. Acesso em: 13 ago. 2018.

Questões

1 ▸ Qual é o índice de massa corporal de uma pessoa com medida de comprimento da altura de 1,80 m e medida de massa de 90 kg?

2 ▸ Qual é a medida de comprimento da altura de uma pessoa que tem IMC = 21 e medida de massa de 63 kg?

3 ▸ João calculou o IMC dele e encontrou um valor igual a 24 (peso normal). Qual é a medida de massa dele, sabendo que ele tem medida de altura de 1,90 m?

4 ▸ Joaquim tem medida de comprimento da altura de 1,70 m e, ao se pesar em uma farmácia, descobriu que estava com 86,7 kg. Em casa, ao calcular o IMC, ficou preocupado. Imediatamente consultou uma nutricionista, reeducou a alimentação e começou a praticar atividades físicas regularmente. A intenção dele é atingir IMC = 21. Qual é o percentual da medida de massa que ele deve perder para alcançar o objetivo?

Proporção

Na atividade 3 da página 81, você viu que a razão entre 10 e 25 $\left(\frac{10}{25}\right)$ é igual à razão entre 6 e 15 $\left(\frac{6}{15}\right)$, e ambas são equivalentes a $\frac{2}{5}$.

Por isso dizemos que as razões $\frac{10}{25}$ e $\frac{6}{15}$ formam uma **proporção** e que $\frac{2}{5}$ é o **coeficiente de proporcionalidade**.

2 razões iguais formam uma proporção.

Indicamos essa proporção assim:

$$\frac{10}{25} = \frac{6}{15}$$

Temos que os números 10, 25, 6 e 15 são os **termos** dessa proporção, 10 e 15 são os **extremos** dessa proporção e 25 e 6 são os **meios** dessa proporção.

Observe que o produto dos extremos, $10 \times 15 = 150$, e o produto dos meios, $25 \times 6 = 150$, são iguais. Essa igualdade acontece em todas as proporções e é conhecida como **propriedade fundamental das proporções**.

Em toda proporção, o produto dos extremos é igual ao produto dos meios (**propriedade fundamental das proporções**).

$$\frac{a}{b} = \frac{c}{d} \Rightarrow a \cdot d = b \cdot c$$

Atividades

12 Determine o valor de x para que cada igualdade seja uma proporção.

a) $\frac{2}{3} = \frac{x}{9}$

b) $\frac{3}{x} = \frac{6}{10}$

c) $\frac{9}{x} = \frac{12}{8}$

13 A partir de uma proporção conhecida, podemos obter outras proporções fazendo alterações na posição dos termos. Por exemplo: $\frac{4}{10} = \frac{6}{15}$ é uma proporção, pois $4 \times 15 = 6 \times 10$.

Trocando os meios, obtemos outra proporção:

$$\frac{4}{6} = \frac{10}{15}$$

Invertendo as razões, obtemos mais uma proporção:

$$\frac{10}{4} = \frac{15}{6}$$

Considerando essas 3 proporções, formadas com os números 4, 10, 6 e 15, registre todas as demais possíveis (são 8 no total) que usam apenas esses números. Lembre-se de que a propriedade fundamental ($4 \times 15 = 10 \times 6$) deve valer para todas as proporções.

14 A partir da proporção $\frac{21}{30} = \frac{14}{20}$, obtenha outra proporção para cada caso descrito.

a) Trocando os extremos.

b) Trocando a posição das razões.

c) Invertendo as razões.

d) Trocando os meios.

15 **Outras propriedades das proporções.** Considere a proporção $\frac{a}{b} = \frac{c}{d}$. A partir dela, podemos obter outras proporções como estas:

- $\frac{a+b}{a} = \frac{c+d}{c}$
- $\frac{a+c}{b+d} = \frac{a}{b}$
- $\frac{a-b}{b} = \frac{c-d}{d}$
- $\frac{a-c}{b-d} = \frac{c}{d}$

Verifique essas igualdades usando a proporção $\frac{6}{4} = \frac{15}{10}$.

Uma aplicação de razão e proporção: escala

Nos mapas, nas maquetes e nas plantas de construções, as medidas de comprimento no desenho e na realidade mantêm uma proporcionalidade, que é definida por uma escala.

Neste **mapa**, a escala utilizada é de 1 : 1 000 000. Você se lembra o que é escala? Veja a explicação dada por Alexandre.

Região metropolitana de Belém (PA)

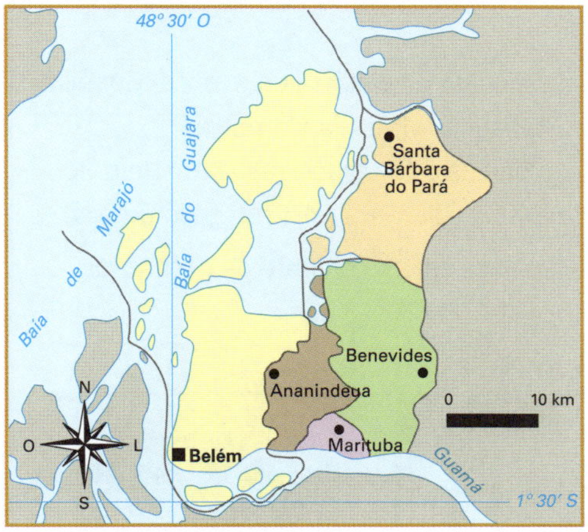

Banco de imagens/Arquivo da editora

Fonte de consulta: IBGE. *Atlas geográfico escolar*. 7. ed. Rio de Janeiro, 2016.

As imagens desta página não estão representadas em proporção.

Escala eu já estudei! Neste exemplo, a escala indica que cada centímetro no mapa corresponde a 1 000 000 de centímetros na realidade.
Como 1 000 000 cm é igual a 10 000 m, que é o mesmo que 10 km, podemos dizer que, nessa escala, 1 cm no mapa corresponde a 10 km na realidade.

Thiago Neumann/Arquivo da editora

Escala é a razão entre uma medida de comprimento no desenho e a medida de comprimento correspondente na realidade.

$$\text{escala} = \frac{\text{medida de comprimento no desenho}}{\text{medida de comprimento real}}$$

Veja outro exemplo. Neste mapa, a escala é de 1 cm para 605 km, isto é, cada 1 cm no mapa corresponde a 605 km (ou 60 500 000 cm) na realidade.

As medidas de comprimento nos mapas são diretamente proporcionais às medidas de comprimento correspondentes na realidade. Podemos indicar essa escala assim:

$$1 : 60\,500\,000 \text{ ou } \frac{1}{60\,500\,000} \text{ ou}$$

1 cm : 605 km (Lemos: um centímetro para seiscentos e cinco quilômetros.)

Perceba que, se as medidas de comprimento forem dadas em unidades de medida diferentes, é preciso especificar as unidades de medida na escala.

Neste mapa, a medida de distância em linha reta entre Porto Alegre e Cuiabá é de 2,8 cm. Como calcular a medida de distância real entre essas 2 capitais?

Brasil: político

Banco de imagens/Arquivo da editora

Fonte de consulta: IBGE. *Atlas geográfico escolar*. 7. ed. Rio de Janeiro, 2016.

Cada 1 cm no mapa corresponde a 605 km na realidade. Então, 2,8 cm no mapa correspondem a 2,8 · 605 km = 1 694 km na realidade.

Portanto, a medida de distância real entre Porto Alegre e Cuiabá, em linha reta, é de 1 694 km.

Atividades

16› Considerando o mapa da página anterior, com escala 1 : 1 000 000, calcule o que se pede.

a) A medida de distância real entre 2 cidades que estão distantes 1,7 cm no mapa.

b) A medida de distância no mapa de 2 cidades que estão afastadas 400 km uma da outra na realidade.

17› Nesta planta, estão representados 2 cômodos de uma casa. A sala real é quadrada, com lados de medida de comprimento de 6 m.

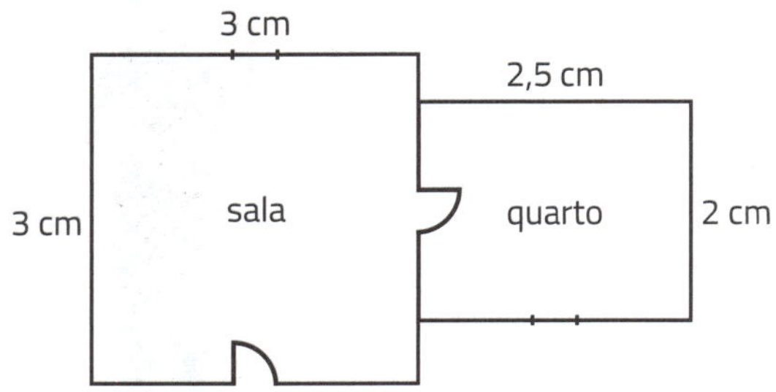

Banco de imagens/Arquivo da editora

a) Qual é a escala em que está desenhada essa planta?

b) Quais são as medidas de comprimento reais dos lados do quarto?

c) Utilize a mesma escala e faça o desenho da cozinha dessa casa, que tem lados com medidas de comprimento de 4,8 m por 3,6 m, e que tem uma porta e uma janela.

18› A maquete de um prédio é uma redução, em escala, em 3 dimensões. Na maquete, todas as medidas de comprimento são proporcionais às medidas reais correspondentes. Observe estas fotos.

VCG/Getty Images

Centro Financeiro Mundial de Xangai, 4º edifício mais alto do mundo. Foto de 2016.

Philipus/Alamy/Fotoarena

Maquete do edifício.

As imagens desta página não estão representadas em proporção.

O edifício de medida de comprimento da altura de 492 m está representado na maquete com escala 1 : 500.

a) Qual é a medida de comprimento da altura do edifício na maquete?

b) Se a porta da frente do edifício tem, na maquete, medida de comprimento da altura de 3,9 mm, então qual é a medida de comprimento da altura real da porta?

c) Se a medida de comprimento da largura real das portas é de 75 cm, então qual é a medida de comprimento da largura das portas na maquete?

19› Meça as distâncias no mapa do Brasil na página anterior e faça os cálculos usando a escala indicada.

a) Qual é a medida de distância real entre Goiânia (GO) e Manaus (AM), em quilômetros?

b) Qual é a medida de distância real entre Belo Horizonte (MG) e Boa Vista (RR), em quilômetros?

20› Observe a planta de um conjunto de escritórios.

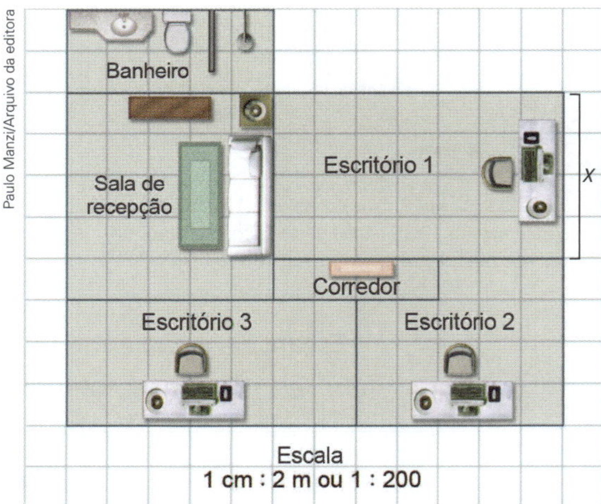

Paulo Manzi/Arquivo da editora

a) Qual é o significado da escala 1 : 200?

b) Qual é a medida de comprimento da largura real (indicada por x) do escritório 1, em metros?

c) Qual é a medida de área do escritório 1, em metros quadrados?

d) Desenhe um cômodo retangular cujas medidas de comprimento dos lados sejam de 3,5 m e 6 m, usando a mesma escala da planta acima.

21› Registre qual destas formas também é correta para indicar a escala 1 cm : 3,5 km.

1 : 3,5 | 1 : 3 500 | 1 : 350 000

22› Examine estas legendas copiadas de mapas, plantas ou croquis (esboços de desenhos) e indique a escala correspondente a cada uma delas.

a) 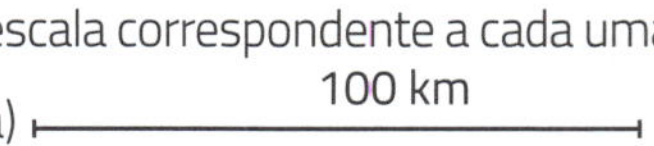

b) 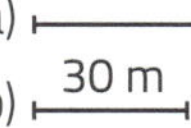

c) 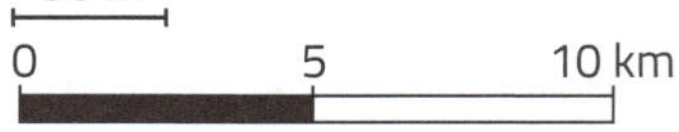

d) 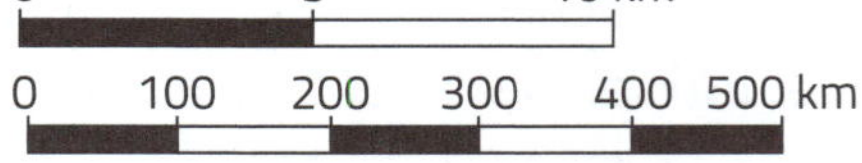

23› Agora, você é o arquiteto. Faça a planta da sala de aula. Utilize a escala 1 : 100.

Proporcionalidade na circunferência: o número pi (π)

Considerando 2 ou mais circunferências, a razão entre a medida de comprimento da circunferência e a medida de comprimento do diâmetro em qualquer uma delas é sempre a mesma.

$$\frac{C_1}{d_1} = \frac{C_2}{d_2} = \pi$$

Ilustrações: Banco de imagens/Arquivo da editora

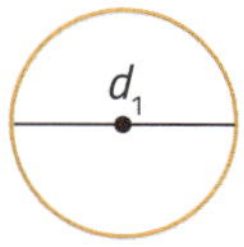

Medida de comprimento da circunferência: C_1
Medida de comprimento do diâmetro: d_1

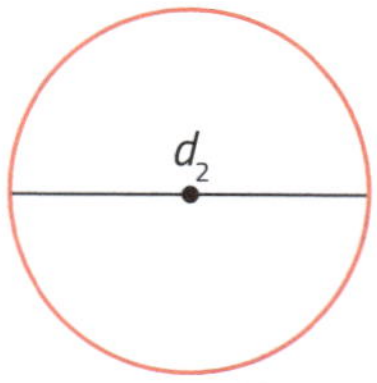

Medida de comprimento da circunferência: C_2
Medida de comprimento do diâmetro: d_2

Esse fato você já estudou: o valor dessa razão é um número irracional conhecido como π (pi).

Nos cálculos em que aparece o número π, usamos sempre um valor racional aproximado para ele, como 3,1 ou 3,14.

Thiago Neumann/Arquivo da editora

As imagens desta página não estão representadas em proporção.

Atividades

24 Uma pista circular tem raio com medida de comprimento de 80 m.

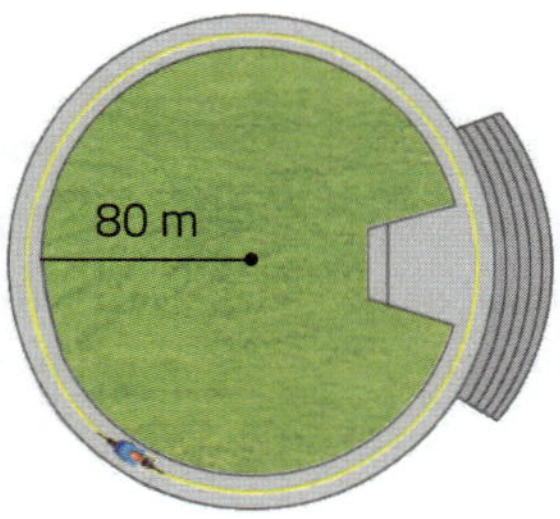

Paulo Manzi/Arquivo da editora

Lembre-se:
A medida de comprimento do diâmetro de uma circunferência é o dobro da medida de comprimento do raio dela.

Considerando $\pi = 3,14$, utilize uma calculadora e responda aos itens.

a) Qual é a medida de distância aproximada percorrida por um ciclista que dá 20 voltas nessa pista?

b) Quantos minutos esse ciclista vai precisar para dar 20 voltas na pista, considerando uma medida de velocidade média de 25 km/h?

25 Um reservatório tem a forma de um cilindro. Sabendo que a medida de comprimento do contorno da base é de 15,5 m, calcule a medida de comprimento aproximada do raio da base desse reservatório. (Use $\pi = 3,1$.)

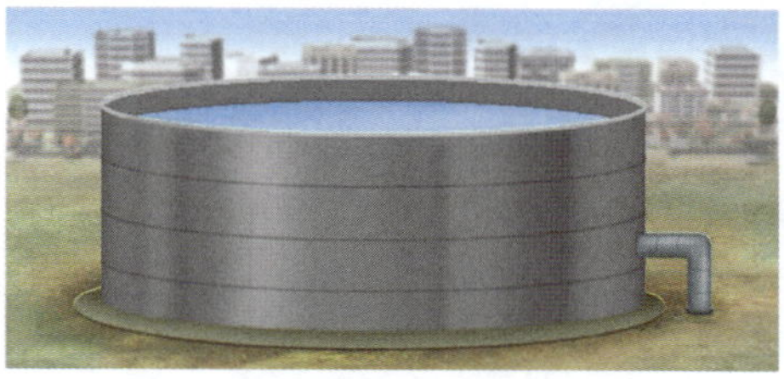

Paulo Manzi/Arquivo da editora

26 A circunferência que representa a roda da bicicleta de Fabiana tem medida de comprimento de 186 cm. Qual é a medida de comprimento do raio dessa circunferência? (Use $\pi = 3,1$.)

Aleksandr Markin/Shutterstock

As rodas de uma bicicleta têm a forma de circunferências. Atualmente, a maioria das bicicletas tem as 2 rodas com mesma medida de comprimento do diâmetro.

Proporcionalidade em triângulos retângulos com ângulo de medida de abertura de 30°

Realize estas atividades para descobrir um novo caso de proporcionalidade e aplicá-lo na resolução de problemas de Geometria.

Explorar e descobrir

Em triângulos retângulos, podemos dar nomes aos lados de acordo com a posição deles em relação ao ângulo reto: **catetos** e **hipotenusa**.

Observe estes triângulos retângulos, as medidas e as nomenclaturas indicadas.

Ilustrações: Banco de imagens/Arquivo da editora

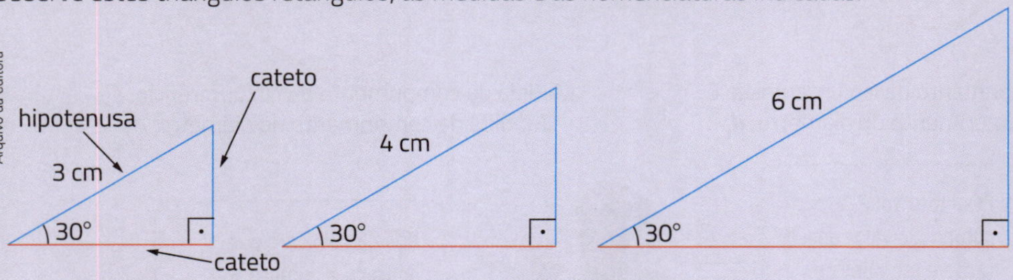

Explorando estes triângulos, você conhecerá um caso de proporções na Geometria.

a) Quais são as medidas de abertura dos 3 ângulos internos de cada triângulo?
b) Qual é a medida de comprimento do menor lado de cada triângulo? Meça com uma régua.
c) Qual é a razão, em cada triângulo, entre a medida de comprimento do menor lado (oposto ao ângulo de medida de abertura de 30°) e a medida de comprimento do maior lado (oposto ao ângulo de medida de abertura de 90°)?

Saiba mais

Em todos os triângulos retângulos que têm 1 ângulo interno de medida de abertura de 30°, a razão $\frac{\text{medida de comprimento do cateto oposto ao ângulo de medida de abertura de 30°}}{\text{medida de comprimento da hipotenusa}}$ é igual a $\frac{1}{2}$.
Essa razão constante é chamada de **seno de 30°**.

As imagens desta página não estão representadas em proporção.

Atividades

27 › Qual é a medida de comprimento da altura do avião em relação ao chão considerando esta imagem?

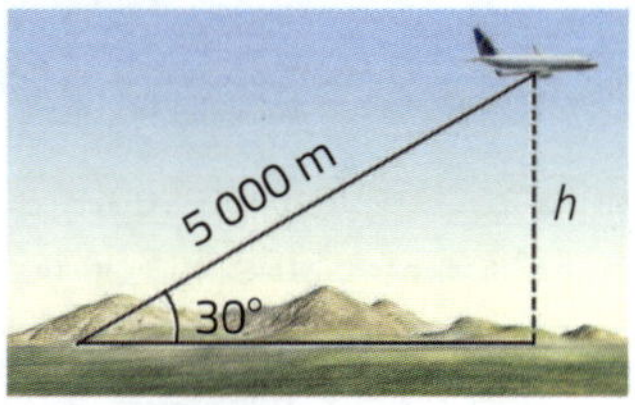

Paulo Manzi/Arquivo da editora

28 › Nesta figura, as medidas de comprimento são dadas em metros. Determine a medida de perímetro e a medida de área da região retangular *ABCD*.

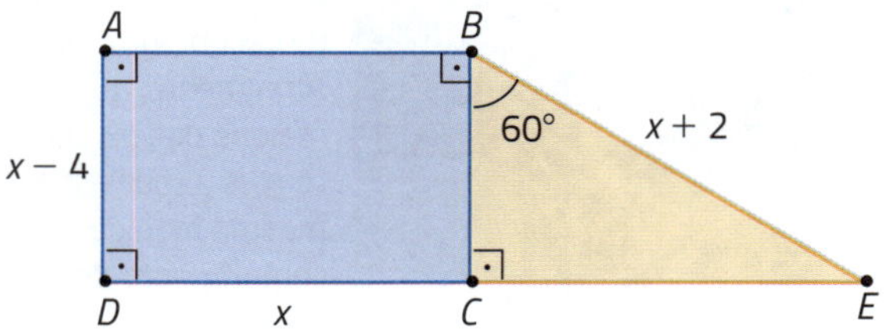

Banco de imagens/Arquivo da editora

29 › A 50 metros da base de uma encosta, encontra-se uma árvore cuja base do tronco forma um ângulo de elevação de medida de abertura de 60° até o topo da encosta. Qual deve ser a medida de comprimento de um cabo para ligar a base do tronco da árvore ao topo da encosta?

Paulo Manzi/Arquivo da editora

Modelo matemático

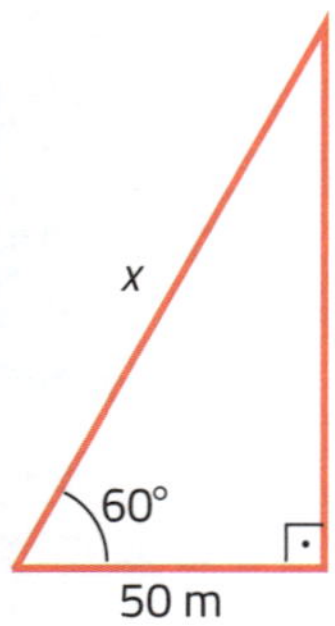

Banco de imagens/Arquivo da editora

Razão entre as medidas de comprimento de segmentos de reta e segmentos de reta proporcionais

Observe estes segmentos de reta.

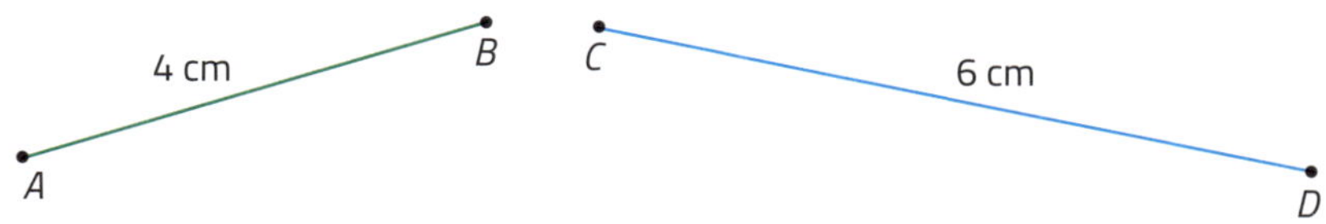

Ilustrações: Banco de imagens/ Arquivo da editora

A razão entre as medidas de comprimento dos segmentos de reta $\overline{AB}$ e $\overline{CD}$ é:

$$\frac{AB}{CD} = \frac{4}{6} = \frac{2}{3}$$

> **Lembre-se**: A notação AB indica a medida de comprimento do $\overline{AB}$.

Imagine agora outros 2 segmentos de reta: $\overline{EF}$ com medida de comprimento de 10 cm e $\overline{GH}$ com medida de comprimento de 15 cm.

A razão entre as medidas de comprimento deles, nessa ordem, é $\frac{EF}{GH} = \frac{10}{15}$, que também é igual a $\frac{2}{3}$.

Dizemos que $\overline{AB}$, $\overline{CD}$, $\overline{EF}$ e $\overline{GH}$, nessa ordem, são **segmentos de reta proporcionais**, pois as medidas de comprimento deles formam uma proporção: $\frac{AB}{CD} = \frac{EF}{GH}$. Neste caso, $\frac{2}{3}$ é o **coeficiente de proporcionalidade**.

Atividades

30 Analise as medidas de comprimento dos lados destes 2 triângulos, dadas na mesma unidade de medida.

Ilustrações: Banco de imagens/Arquivo da editora

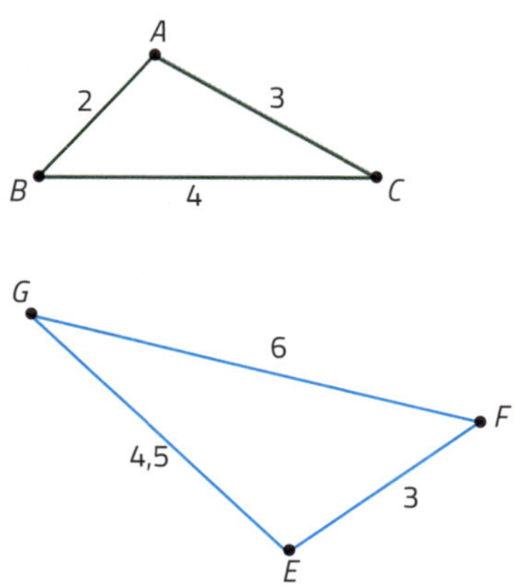

Banco de imagens/ Arquivo da editora

Thiago Neumann/ Arquivo da editora

a) Qual é a razão entre a medida de comprimento do maior lado do $\triangle ABC$ e a medida de comprimento do maior lado do $\triangle EFG$?

b) Qual é a razão entre a medida de comprimento do menor lado do $\triangle ABC$ e a medida de comprimento do menor lado do $\triangle EFG$?

c) Qual é a razão entre a medida de comprimento do terceiro lado do $\triangle ABC$ e a medida de comprimento do terceiro lado do $\triangle EFG$?

d) Calcule a razão entre as medidas de perímetros do $\triangle ABC$ e do $\triangle EFG$ e responda: Ela é igual à razão entre as medidas de comprimento dos lados correspondentes dos triângulos?

31 ▸ Considere estes segmentos de reta e indique cada razão na forma de fração irredutível.

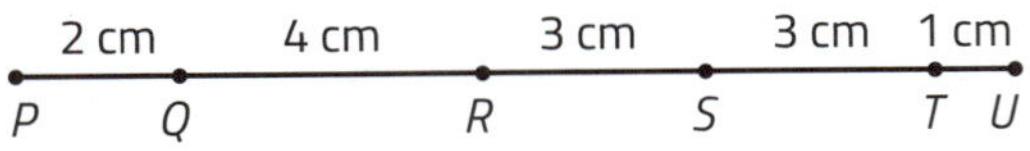

Banco de imagens/Arquivo da editora

a) Razão entre *PQ* e *ST*.

b) Razão entre *QR* e *RT*.

c) $\frac{RS}{ST}$

d) $\frac{UT}{PR}$

e) $\frac{SU}{PQ}$

f) $\frac{PR}{QT}$

32 ▸ Agora, considerando os segmentos de reta da atividade anterior, responda e justifique.

a) $\overline{RS}$, $\overline{ST}$, $\overline{QR}$ e $\overline{SU}$, nessa ordem, são segmentos de reta proporcionais?

b) $\overline{PQ}$, $\overline{RQ}$, $\overline{TU}$ e $\overline{ST}$, nessa ordem, são segmentos de reta proporcionais?

c) $\overline{QS}$, $\overline{RS}$, $\overline{UR}$ e $\overline{ST}$, nessa ordem, são segmentos de reta proporcionais?

33 ▸ Qual é a razão entre a medida de comprimento de 14 cm de um segmento de reta e a medida de comprimento de 0,3 m de outro?

34 ▸ $\overline{AB}$, $\overline{CD}$, $\overline{CD}$ e $\overline{EF}$, nessa ordem, são segmentos de reta proporcionais. Calcule a medida de comprimento do $\overline{CD}$ sabendo que $AB = 9$ cm e $EF = 40$ mm.

35 ▸ Examine estes quadriláteros 2 a 2 e responda às perguntas.

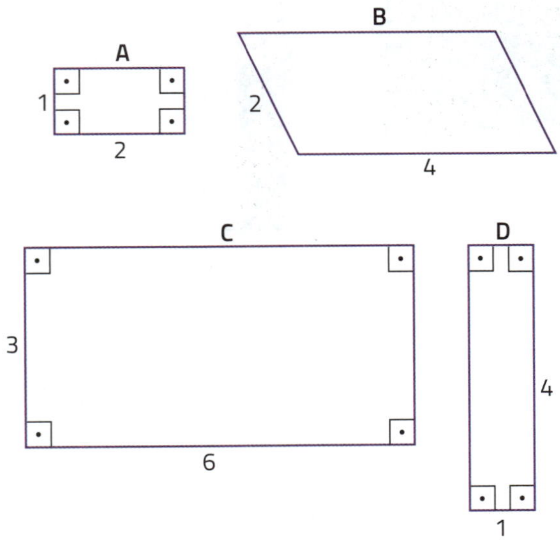

Ilustrações: Banco de imagens/Arquivo da editora

a) Quais pares de quadriláteros têm lados proporcionais?

b) Dos quadriláteros que têm os lados proporcionais, quais têm os ângulos correspondentes congruentes?

36 ▸ A figura *A'B'C'D'E'* é uma ampliação da figura *ABCDE*.

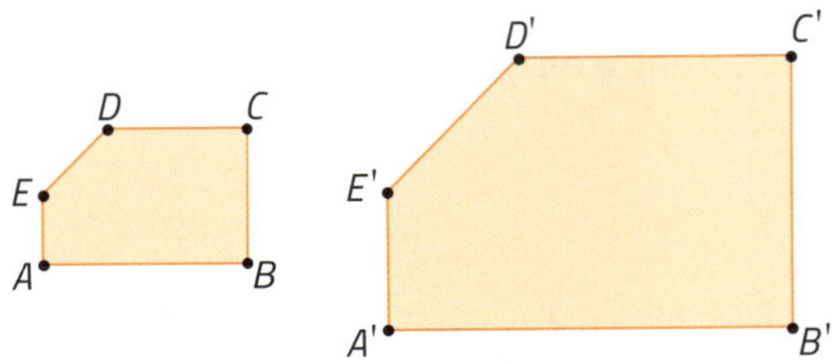

Banco de imagens/Arquivo da editora

a) Complete esta tabela com as medidas de comprimento, considerando a mesma unidade de medida.

Medidas de comprimento

Figura *ABCDE*	Figura *A'B'C'D'E'*
$AE = 1$	$A'E' = 2$
$BC =$ _____	$B'C' = 4$
$AB = 3$	$A'B' =$ _____

Tabela elaborada para fins didáticos.

b) As medidas de comprimento dos lados da figura ampliada são diretamente proporcionais às medidas de comprimento dos lados correspondentes da figura original? Explique.

c) Qual relação existe entre os ângulos internos $A\hat{E}D$ e $A'\hat{E}'D'$? E entre os demais ângulos internos correspondentes?

37 ▸ Faça as construções e os cálculos necessários.

a) Construa as seguintes regiões quadradas.

- **A**: com lados de medidas de comprimento de 2 cm.
- **B**: com lados de medidas de comprimento de 4 cm.
- **C**: com lados de medidas de comprimento de 6 cm.

b) Calcule a razão entre as medidas de comprimento dos lados das regiões quadradas **A** e **B**, nessa ordem, a razão entre as medidas de perímetro delas e a razão entre as medidas de área.

c) Calcule as mesmas razões, agora para as regiões quadradas **A** e **C**, nessa ordem.

d) Novamente, calcule as razões para as regiões quadradas **B** e **C**, nessa ordem.

A divina proporção e o número de ouro

A **divina proporção**, também conhecida como **proporção áurea**, foi descrita pela primeira vez na obra *Elementos*, atribuída a Euclides.

Simplificando a descrição dela, podemos dizer que, considerando um segmento de reta $\overline{AB}$, cuja medida de comprimento é de 1 unidade, é possível localizar nele um ponto C de modo que C divide o $\overline{AB}$ na seguinte proporção: a razão entre a medida de comprimento do segmento de reta todo e a medida de comprimento da maior parte é igual à razão entre a medida de comprimento da parte maior e a medida de comprimento da menor parte.

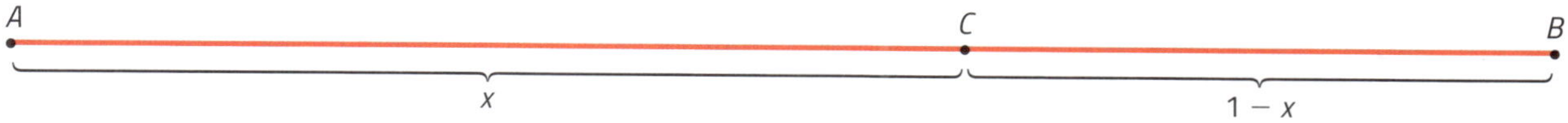

Banco de imagens/Arquivo da editora

Então, essa proporção é definida por:

$$\frac{AC}{CB} = \frac{AB}{AC} \Rightarrow \frac{x}{1-x} = \frac{1}{x} \Rightarrow x^2 = 1 - x \Rightarrow x^2 + x - 1 = 0$$

Resolvendo essa equação, determinamos que o valor positivo de x é $\frac{\sqrt{5}-1}{2}$.

Considerando agora a razão $\frac{1}{x}$, temos:

$$\frac{1}{x} = \frac{2}{\sqrt{5}-1} = \frac{2(\sqrt{5}+1)}{(\sqrt{5}-1)(\sqrt{5}+1)} = \frac{2(\sqrt{5}+1)}{5-1} = \frac{1+\sqrt{5}}{2}$$

Este número irracional $\frac{1+\sqrt{5}}{2}$, cujo valor racional aproximado é 1,618034, é conhecido por **número de ouro** ou **razão de ouro** ou, ainda, **razão áurea**.

Existem evidências históricas de que, para os gregos, o número de ouro representava harmonia, equilíbrio e beleza.

Explorar e descobrir

Retângulo de ouro ou retângulo áureo

Observem esta sequência de retângulos e, usando uma calculadora, registrem o que é pedido.

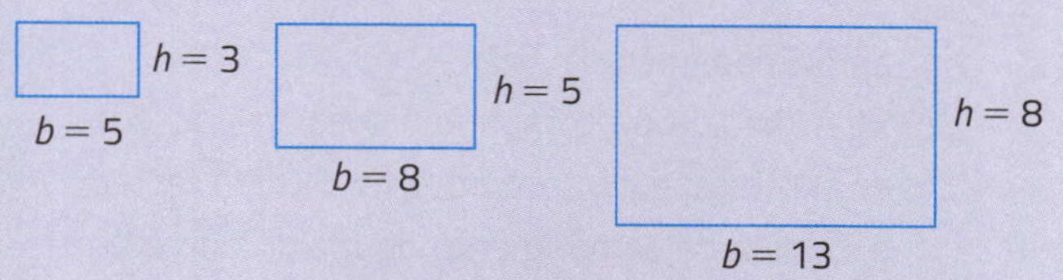

Ilustrações: Banco de imagens/Arquivo da editora

a) Calculem a razão aproximada entre as medidas de comprimento b da base e h da altura de cada retângulo. (Considerem apenas 1 casa decimal.)

b) Os 3 próximos retângulos dessa sequência têm as seguintes medidas de comprimento da base e da altura: 21 por 13; 34 por 21 e 55 por 34. Calcule a razão aproximada entre as medidas de comprimento da base e da altura desses novos retângulos.

c) Descubram como começou a sequência a seguir, copiem e completem-na com mais 3 números.

1, 1, 2, 3, 5, 8, 13, 21, 34, 55, ____, ____, ____, ...

d) Essa sequência é conhecida como **sequência de Fibonacci**. Comparem os números da sequência de Fibonacci a partir do 4º termo com as medidas de comprimento dos lados dos 6 retângulos anteriores. O que vocês descobriram?

e) Usem a calculadora e dividam cada termo da sequência de Fibonacci pelo termo anterior. Por exemplo, 233 ÷ 144 e 144 ÷ 89. O que vocês descobriram?

Todo retângulo cuja razão entre a medida de comprimento da base e a medida de comprimento da altura é aproximadamente igual ao número de ouro $\frac{1+\sqrt{5}}{2} \simeq 1,6$ é chamado de **retângulo de ouro**.

Retângulo de ouro

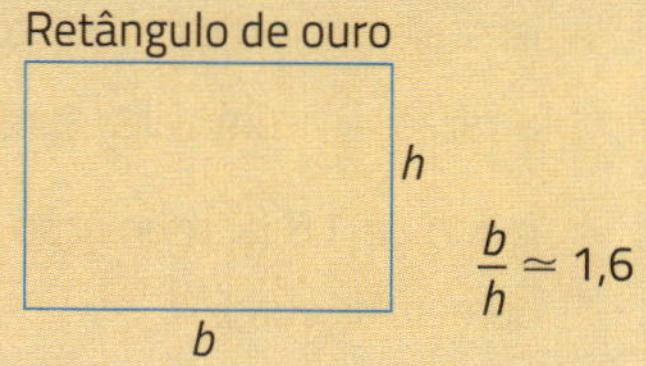

Um pouco de História

A sequência de Fibonacci e a criação de coelhos

No século XIII, o matemático Leonardo de Pisa, cujo apelido era Fibonacci, visitou uma fazenda onde havia uma criação de coelhos e pôs-se a refletir sobre a reprodução rápida desses animais.

Supondo que cada casal gere 1 novo casal depois de 2 meses e que, a partir daí, gere 1 casal todo mês, fica formada uma sequência especial com números naturais. Imaginando que os coelhos tivessem vida eterna, a sequência seria infinita. Veja ao lado um esquema.

Mês	Casais	Número de casais	Casais que dão cria
1º	A	1	
2º	A	1	A
3º	A, B	2	A
4º	A, B, C	3	A e B
5º	A, B, C, D, E	5	A, B e C
6º	A, B, C, D, E, F, G, H	8	A, B, C D e E
7º	A, B, C, D, E, F, G, H, I, J, K, L, M	13	A, B, C, D, E, F, G e H
⋮			

Essa sequência, em que cada termo nos dá o número de casais de coelhos, é a **sequência de Fibonacci**: $(1, 1, 2, 3, 5, 8, 13, 21, 34, 55, 89, 144, 233, \ldots)$.

Observe que obtemos um termo qualquer dessa sequência, a partir do 3º termo, somando os 2 termos imediatamente anteriores a ele. Por exemplo, $3 = 2 + 1$ e $34 = 21 + 13$.

Além disso, a partir do 5º termo, a razão entre cada termo e o anterior resulta em um valor próximo de 1,6 (valor aproximado do número de ouro). Veja: $\frac{5}{3} = 1,\overline{6}$; $\frac{8}{5} = 1,6$; $\frac{13}{8} = 1,625$; e assim por diante.

Atividades

38 Considerando o valor aproximado 1,6 para o número de ouro, complete cada item com a medida de comprimento adequada.

a) Em um retângulo de ouro, se a medida de comprimento do maior lado é de 5,6 cm, então a medida de comprimento do menor lado é de aproximadamente ________.

b) Se a medida de comprimento do menor lado de um retângulo de ouro é de 5,6 cm, então a medida de comprimento do maior lado é de aproximadamente ________.

c) Se a medida de perímetro de um retângulo de ouro é de 104 cm, então as medidas de comprimento dos lados são de ________ e ________.

39 **Triângulo de ouro ou triângulo sublime.** Os gregos chamavam de **triângulo de ouro** ou **triângulo sublime** todo triângulo isósceles, como este, que tem a razão $\frac{x}{a}$ com valor aproximado de 1,6 (aproximação do número de ouro).

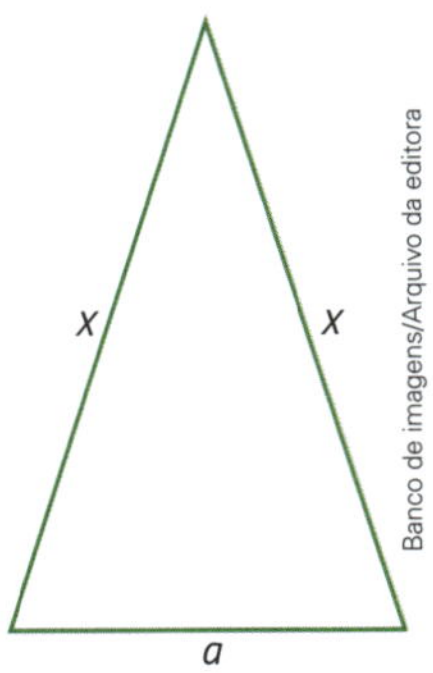

Banco de imagens/Arquivo da editora

Usando essa aproximação, construa um triângulo de ouro cuja base tem medida de comprimento de 2 cm.

40 **Pentágono regular.** Temos aqui mais um caso interessante no qual aparece o número de ouro: é possível provar que, em todo pentágono regular, a razão entre a medida de comprimento de uma diagonal e a medida de comprimento de um lado é igual a $\frac{1 + \sqrt{5}}{2}$, o número de ouro.

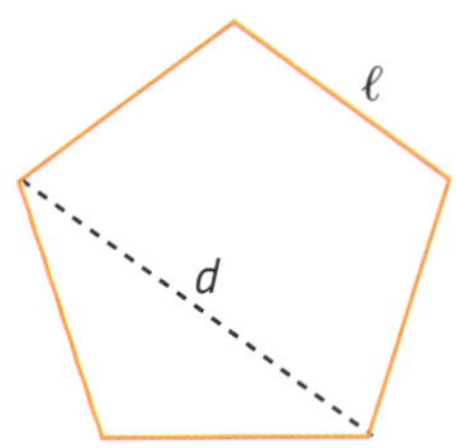

Banco de imagens/Arquivo da editora

a) Faça as medições necessárias e verifique, neste pentágono regular, o valor aproximado da razão entre d (medida de comprimento de uma diagonal) e ℓ (medida de comprimento de um lado).

b) Use essa propriedade e calcule a medida de comprimento exata da diagonal de um pentágono regular cuja medida de perímetro é de 30 cm.

2 Feixe de retas paralelas e o teorema de Tales

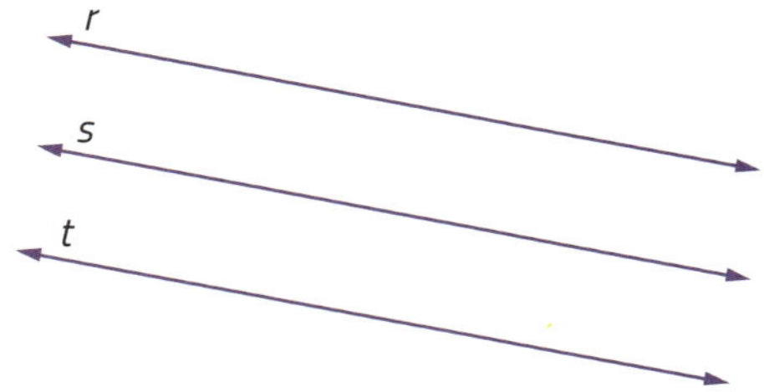

Duas ou mais retas de um mesmo plano formam um **feixe de retas paralelas** quando, tomadas 2 a 2, são sempre paralelas. Nesta figura, as retas *r*, *s* e *t* formam um feixe de retas paralelas ($r \mathbin{/\mkern-6mu/} s$, $r \mathbin{/\mkern-6mu/} t$ e $s \mathbin{/\mkern-6mu/} t$). Indicamos assim: $r \mathbin{/\mkern-6mu/} s \mathbin{/\mkern-6mu/} t$.

Se uma reta intersecta uma das retas de um feixe de retas paralelas, então ela intersecta também as demais. Dizemos que essa reta é **transversal ao feixe de retas paralelas**. Nesta figura, as retas *a*, *b*, *c* e *d* formam um feixe de retas paralelas e a reta *t* é uma transversal a esse feixe.

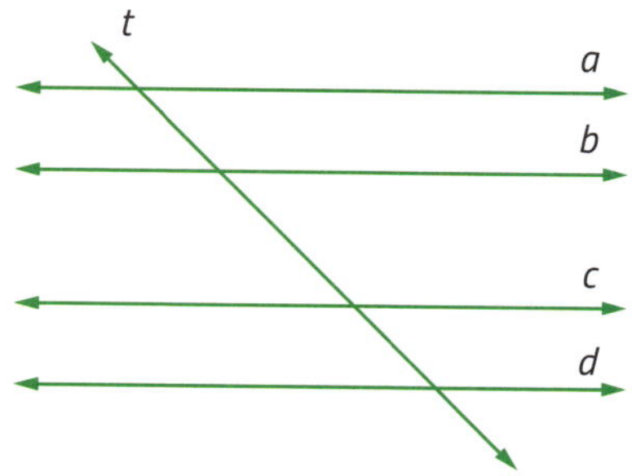

Ilustrações: Banco de imagens/Arquivo da editora

Ângulos formados por um feixe de retas paralelas cortadas por uma transversal

Você já aprendeu que, quando 2 retas são paralelas e traçamos uma reta transversal a elas, os ângulos formados podem ser relacionados. Agora, vamos **demonstrar** as relações entre esses ângulos.

Para as demonstrações, vamos considerar apenas 2 retas paralelas; mas podemos admitir que as relações são válidas em um feixe de retas paralelas, já que basta analisar as relações 2 a 2.

> **Lembre-se**: Podemos nomear os pares de ângulos como **opostos pelo vértice**, **correspondentes**, **colaterais externos**, **colaterais internos**, **alternos internos** e **alternos externos**.

Ângulos opostos pelo vértice

Observe esta figura, em que $r \mathbin{/\mkern-6mu/} s$ e *t* é uma reta transversal às retas *r* e *s*.

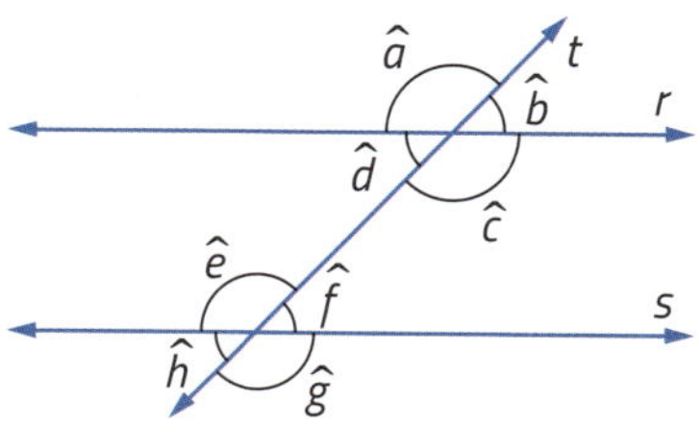

Banco de imagens/Arquivo da editora

Vamos demonstrar as relações entre o par de ângulos opostos pelo vértice $\hat{b}$ e $\hat{d}$.

Sabemos que os ângulos $\hat{a}$ e $\hat{b}$ são suplementares. Analogamente, os ângulos $\hat{b}$ e $\hat{c}$ também são suplementares.

$$a + b = 180° \Rightarrow a = 180° - b$$
$$b + c = 180° \Rightarrow c = 180° - b$$

Além disso, sabemos que a soma das medidas de abertura dos ângulos $\hat{a}$, $\hat{b}$, $\hat{c}$ e $\hat{d}$ é igual a 360°. Então:

$$a + b + c + d = 360° \Rightarrow \cancel{180°} - \cancel{b} + \cancel{b} + \cancel{180°} - b + d = \cancel{360°} \Rightarrow \boxed{b = d}$$

Logo, os ângulos opostos pelo vértice $\hat{b}$ e $\hat{d}$ são congruentes.

Analogamente, podemos demonstrar que, para os ângulos opostos pelo vértice $\hat{a}$ e $\hat{c}$, temos $a = c$, ou seja, $\hat{a}$ e $\hat{c}$ são congruentes.

> Lembre-se das notações: ângulo $\hat{a}$ cuja medida de abertura é representada por $m(\hat{a})$ ou, simplesmente, *a*.
>
> $m(\hat{a}) = a$

Considere novamente as retas paralelas r e s e a reta transversal t. Nomeamos a interseção de r e t por C e a intersecção de s e t por D. Em seguida, traçamos a reta u perpendicular às retas r e s, que intersecta a reta t no ponto P e divide o segmento de reta $\overline{CD}$ em 2 segmentos de reta congruentes.

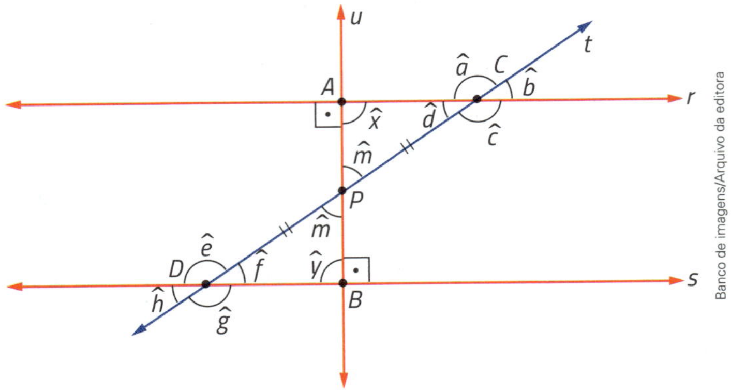

Assim, podemos escrever:

- $A\hat{P}C \cong B\hat{P}D$ (pois são ângulos opostos pelo vértice);
- $\overline{CP} \cong \overline{PD}$ (pois P é ponto médio do $\overline{CD}$);
- $m(\hat{x}) = 90°$ e $m(\hat{y}) = 90° \Rightarrow \hat{x} \cong \hat{y}$.

Portanto, pelo caso de congruência LAA_o dos triângulos, temos $\triangle APC \cong \triangle BPD$.

Assim, $\hat{d} \cong \hat{f}$, ou seja, $d = f$ e os ângulos $\hat{d}$ e $\hat{f}$ são congruentes.

A partir dessa relação, podemos demonstrar as demais.

Ângulos correspondentes

Demonstraremos que $\hat{a} \cong \hat{e}$. Temos:

- $a + d = 180°$ (pois são as medidas de abertura de ângulos suplementares);
- $e + f = 180°$ (pois também são as medidas de abertura de ângulos suplementares);
- $d = f$ (como demonstrado anteriormente).

Então: $a + \cancel{d} = e + \cancel{f} \Rightarrow a = e$

Logo, os ângulos correspondentes $\hat{a}$ e $\hat{e}$ são congruentes.

Analogamente, podemos demonstrar a congruência dos demais ângulos correspondentes: $b = f$, $c = g$ e $d = h$.

Ângulos alternos internos

Demonstraremos que $\hat{c} \cong \hat{e}$. Temos:

- $c = a$ (pois são ângulos opostos pelo vértice);
- $a = e$ (pois são ângulos correspondentes).

Então: $c = e$

Analogamente, podemos demonstrar que $d = f$ e os ângulos alternos internos $\hat{d}$ e $\hat{f}$ são congruentes.

Ângulos alternos externos

Demonstraremos que $\hat{a} \cong \hat{g}$. Temos:

- $e = g$ (pois são ângulos opostos pelo vértice);
- $a = e$ (pois são ângulos correspondentes).

Então: $a = g$

Analogamente, podemos demonstrar que $b = h$ e os ângulos alternos externos $\hat{b}$ e $\hat{h}$ são congruentes.

Ângulos colaterais internos

Demonstraremos que $\hat{c}$ e $\hat{f}$ são suplementares, ou seja, $c + f = 180°$. Temos:

- $c + d = 180°$ (pois são ângulos suplementares);
- $d = f$ (pois são ângulos alternos internos).

Então: $c + f = 180°$

Analogamente, podemos demonstrar que $d + e = 180°$ e os ângulos colaterais internos $\hat{c}$ e $\hat{f}$ são suplementares.

Ângulos colaterais externos

Demonstraremos que $\hat{a}$ e $\hat{h}$ são suplementares, ou seja, $a + h = 180°$. Temos:

- $a = e$ (pois são ângulos correspondentes);
- $e + h = 180°$ (pois são ângulos suplementares).

Então: $a + h = 180°$

Analogamente, podemos demonstrar que $b + g = 180°$ e os ângulos colaterais externos $\hat{b}$ e $\hat{g}$ são suplementares.

Propriedade em um feixe de retas paralelas

Agora, veja o que Ana fez.

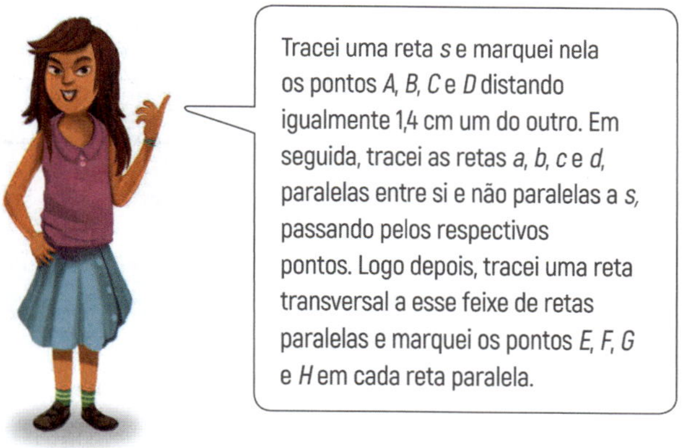

Thiago Neumann/Arquivo da editora

As imagens desta página não estão representadas em proporção.

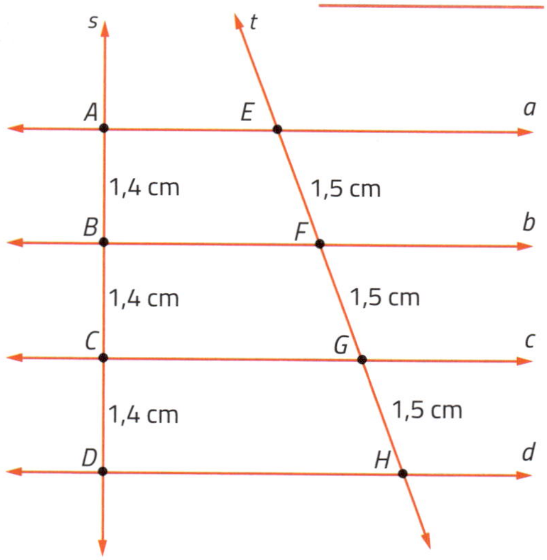

Banco de imagens/Arquivo da editora

Em seguida, Ana mediu cuidadosamente o comprimento dos segmentos de reta $\overline{EF}$, $\overline{FG}$ e $\overline{GH}$ e constatou que eles também tinham a mesma medida de comprimento, que era de 1,5 cm. Assim, ela pôde escrever:

$$\frac{AB}{BC} = \frac{EF}{FG} = 1, \text{ pois } \frac{1,4}{1,4} = \frac{1,5}{1,5} = 1.$$

Explorar e descobrir

Faça uma construção como a que Ana fez. Para isso, trace uma reta *r* e marque nela os pontos *P*, *Q*, *R* e *S*, distantes um do outro 2 cm. Trace retas paralelas entre si, que não sejam paralelas a *r*, passando por esses pontos. Depois, trace uma reta *v* transversal ao feixe de retas paralelas formado, obtendo os pontos *X*, *Y*, *Z* e *W*. Meça cuidadosamente o comprimento dos segmentos de reta $\overline{XY}$, $\overline{YZ}$ e $\overline{ZW}$. O que ocorreu?

Repita essa experiência algumas vezes com medidas de comprimento diferentes e escreva uma conjectura, ou seja, uma hipótese, sobre os resultados obtidos.

No *Explorar e descobrir* da página anterior, você fez uma constatação empírica, ou seja, concreta, de uma importante propriedade em um feixe de retas paralelas. Agora, vamos **demonstrar** essa propriedade, mostrando que ela vale sempre.

Vamos considerar um feixe de retas paralelas, em que todas as retas são equidistantes entre si, e uma reta t transversal que intersecta esse feixe de retas paralelas.

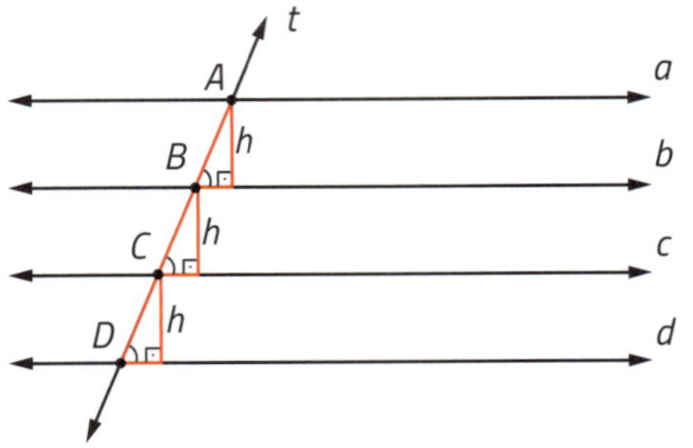

Banco de imagens/Arquivo da editora

Neste caso, os segmentos de reta $\overline{AB}$, $\overline{BC}$ e $\overline{CD}$ são congruentes, ou seja, $AB = BC = CD$, pois os triângulos destacados em vermelho são todos congruentes entre si (caso LAA_o). Então:

$$\frac{AB}{BC} = \frac{BC}{CD} = 1 \text{ (I)}$$

Agora, traçamos outra reta transversal s ao mesmo feixe de retas paralelas. Vamos demonstrar que os segmentos de reta $\overline{EF}$, $\overline{FG}$ e $\overline{GH}$ também são congruentes, ou seja, $EF = FG = GH$.

Para isso, devemos provar que $EF = FG$ e $FG = GH$.

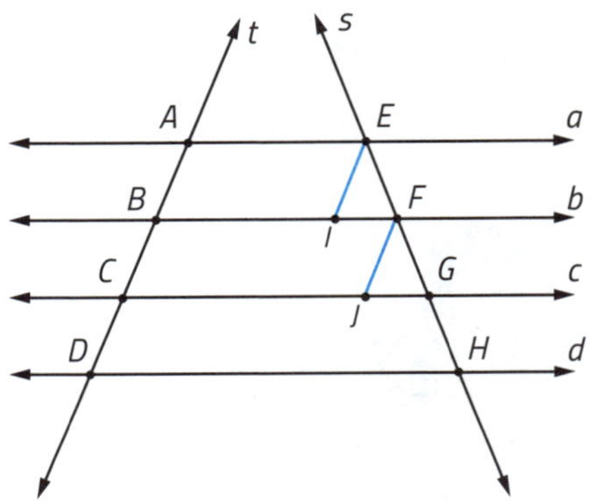

Banco de imagens/Arquivo da editora

Thiago Neumann/Arquivo da editora

Isso acarreta $AB = EI$ e $BC = FJ$. Como $AB = BC$, temos $EI = FJ$.

Observe que:

- $\overline{EI} \cong \overline{FJ}$ (pois têm medidas de comprimento iguais);
- $I\hat{E}F \cong J\hat{F}G$ (pois são ângulos correspondentes);
- $I\hat{F}E \cong J\hat{G}F$ (pois são ângulos correspondentes).

Então, $\triangle IFE \cong \triangle JGF$ pelo caso de congruência LAA_o dos triângulos. Assim, $\overline{EF} \cong \overline{FG}$.

Usando o mesmo raciocínio, podemos demonstrar que $\overline{FG} \cong \overline{GH}$.

Assim, $\overline{EF}$, $\overline{FG}$ e $\overline{GH}$ são congruentes e podemos escrever:

$$\frac{EF}{FG} = \frac{FG}{GH} = 1 \text{ (II)}$$

Comparando **I** e **II**, concluímos que $\frac{AB}{BC} = \frac{EF}{FG}$.

Dessa maneira, fica demonstrada a propriedade:

> Se um feixe de retas paralelas determina segmentos de reta congruentes sobre uma reta transversal, então ele também determina segmentos de reta congruentes sobre qualquer outra reta transversal.

Teorema de Tales

Thiago Neumann/Arquivo da editora

Considere um feixe de 3 retas paralelas r, s e v cortado por uma transversal t. Traçamos outra reta transversal qualquer u.

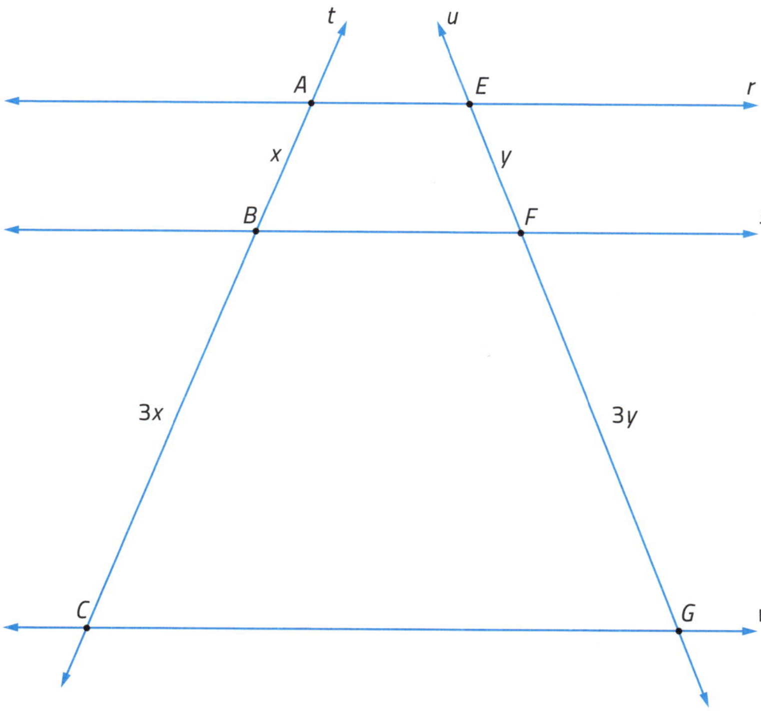

Banco de imagens/Arquivo da editora

Neste caso particular, $AB = x$ cm, $BC = 3x$ cm e $\frac{AB}{BC} = \frac{1x}{3x} = \frac{1}{3}$. (**I**)

Se você medir o comprimento dos segmentos de reta $\overline{EF}$ e $\overline{FG}$, poderá constatar (salvo pequenos erros de medição) que $EF = y$ cm e $FG = 3y$ cm, ou seja, $\frac{EF}{FG} = \frac{1y}{3y} = \frac{1}{3}$. (**II**)

De **I** e **II**, podemos concluir que $\frac{AB}{BC} = \frac{EF}{FG}$, ou seja, as medidas de comprimento AB, BC, EF e FG formam uma proporção.

Explorar e descobrir

Repita esse procedimento algumas vezes para você constatar empiricamente que isso sempre ocorre.

Agora, vamos demonstrar, ou seja, deduzir essa propriedade mostrando que ela vale sempre para qualquer feixe de retas paralelas intersectado por 2 retas transversais quaisquer.

Consideremos as retas $a \parallel b \parallel c$ que determinam, sobre a transversal t, os segmentos de reta $\overline{AB}$ e $\overline{BC}$, e, sobre a transversal s, os segmentos de reta $\overline{A'B'}$ e $\overline{B'C'}$.

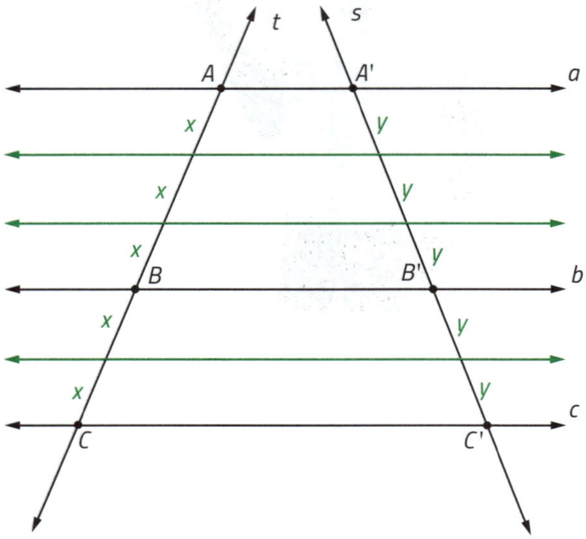

Banco de imagens/Arquivo da editora

Vamos demonstrar que os segmentos de reta $\overline{AB}$ e $\overline{BC}$, que têm medidas de comprimento racionais, são proporcionais aos segmentos de reta $\overline{A'B'}$ e $\overline{B'C'}$, ou seja, $\frac{AB}{BC} = \frac{A'B'}{B'C'}$.

Dividimos o segmento de reta $\overline{AB}$ em p partes iguais e o segmento de reta $\overline{BC}$ em q partes iguais, todas de medida de comprimento x. No exemplo dado, $p = 3$ e $q = 2$.

Pelo que vimos na propriedade anterior, ao traçarmos as retas paralelas indicadas em verde, elas determinam, em s, segmentos de reta congruentes. Nesse caso, indicamos a medida de comprimento delas por y.

Assim, temos:

$$\frac{AB}{BC} = \frac{p \cdot x}{q \cdot x} = \frac{p}{q} \text{ (I)} \qquad \frac{A'B'}{B'C'} = \frac{p \cdot y}{q \cdot y} = \frac{p}{q} \text{ (II)}$$

Comparando as igualdades **I** e **II**, podemos escrever a proporção $\frac{AB}{BC} = \frac{A'B'}{B'C'}$.

Este é o **teorema de Tales**:

Um feixe de retas paralelas determina, sobre 2 retas transversais, segmentos de reta proporcionais.

Observações

- A demonstração pode ser estendida para feixes com mais de 3 retas paralelas.
- Os matemáticos já provaram que a proporção $\frac{AB}{BC} = \frac{A'B'}{B'C'}$ vale também para quando as medidas de comprimento AB, BC, $A'B'$, $B'C'$ são números irracionais.

Atividade resolvida passo a passo

(Saresp) No desenho abaixo estão representados os terrenos **I**, **II** e **III**.

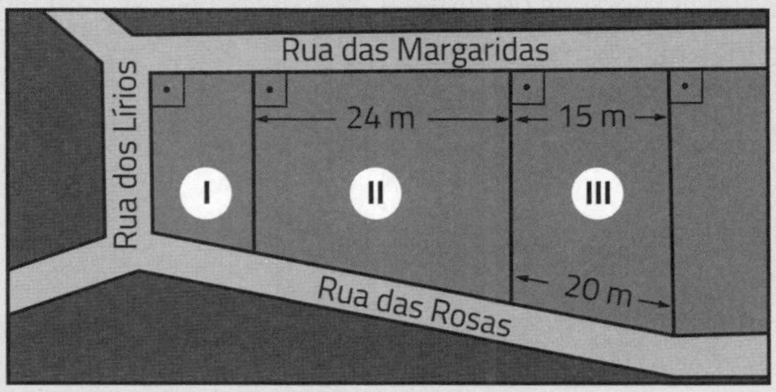

Banco de imagens/Arquivo da editora

Quantos metros de comprimento deverá ter o muro que o proprietário do terreno **II** construirá para fechar o lado que faz frente com a rua das Rosas?

Lendo e compreendendo

O muro que faz frente com a rua das Rosas, na imagem, pode ser visto como um segmento de reta proporcional aos segmentos de reta que representam os muros que fazem frente com a rua das Margaridas.

Planejando a solução

A imagem do enunciado pode ser representada por 3 retas paralelas intersectadas por outras 2 retas distintas e transversais.

Vamos usar o teorema de Tales para calcular a medida de comprimento do muro do terreno **II**, que dá frente para a rua das Rosas. Na figura ao lado, essa medida está representada por *x*.

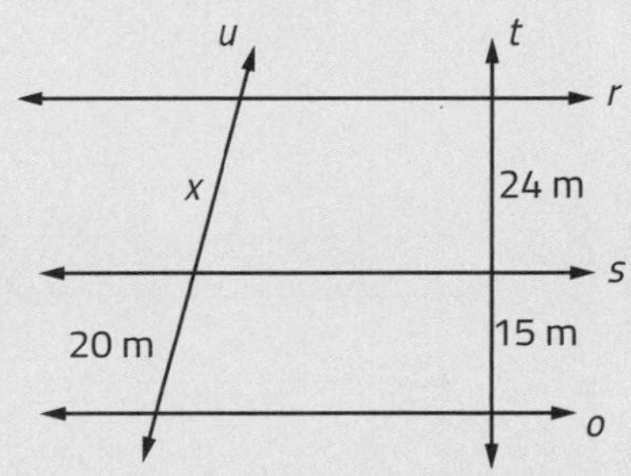

$r \,//\, s \,//\, o$

Banco de imagens/Arquivo da editora

Executando o que se planejou

Pelo teorema de Tales, temos:

$$\frac{x}{20} = \frac{24}{15} \Rightarrow x = \frac{20 \cdot 24}{15} = 32$$

Verificando

Podemos verificar se a solução está correta ou não aplicando uma das propriedades das proporções. Devemos encontrar o mesmo resultado.

$$\frac{x+20}{x} = \frac{24+15}{24} \Rightarrow 24x + 480 = 39x \Rightarrow 15x = 480 \Rightarrow x = 32$$

Emitindo a solução

A medida de comprimento do muro do terreno **II**, em frente à rua das Rosas, é de 32 metros.

Ampliando a atividade

Vamos ver outra situação, na qual é necessário conhecer as propriedades de uma proporção. Aplique o teorema de Tales no intuito de determinar o valor de *x*, sabendo que as retas *a*, *b* e *c* desta figura são paralelas.

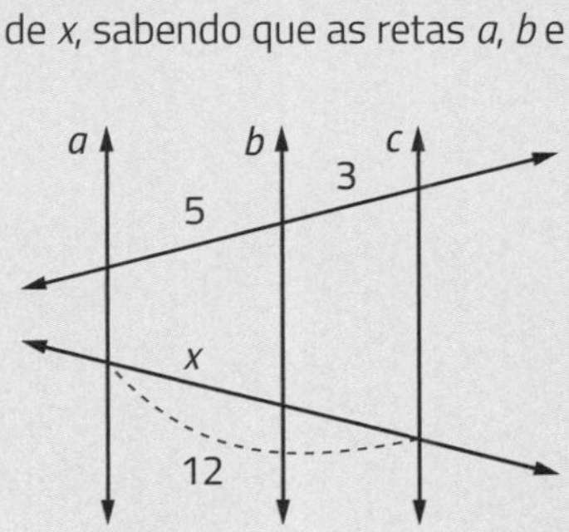

Banco de imagens/Arquivo da editora

Solução: $\frac{12}{x} = \frac{5+3}{5} \Rightarrow 8x = 60 \Rightarrow x = 7{,}5$

Atividades

41 Use o teorema de Tales e determine o valor de x em cada figura, considerando as medidas de comprimento em cada uma dadas na mesma unidade de medida.

a) $a \parallel b \parallel c$

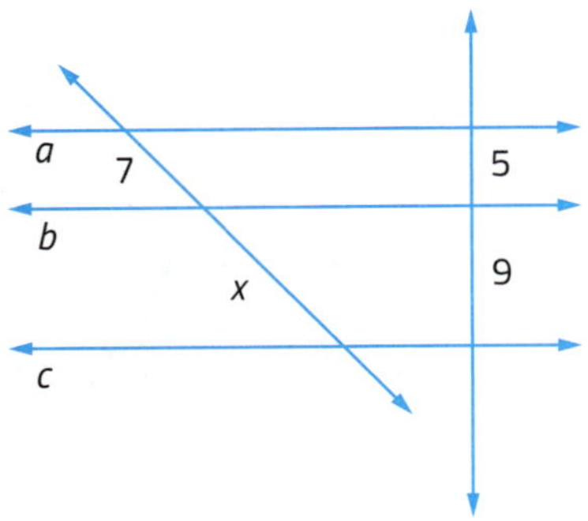

b) $a \parallel b \parallel c$ e $x + y = 15$.

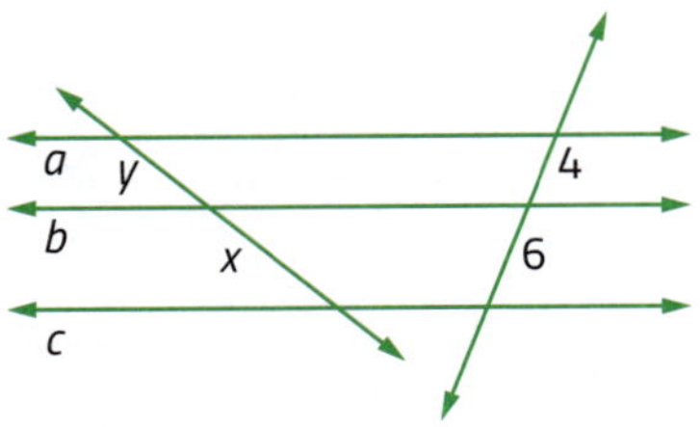

Ilustrações: Banco de imagens/Arquivo da editora

42 Em cada item, um aluno calcula mentalmente o valor de x e justifica. Os demais alunos conferem. As retas a, b e c formam sempre um feixe de retas paralelas e as medidas de comprimento estão indicadas na mesma unidade de medida.

a)

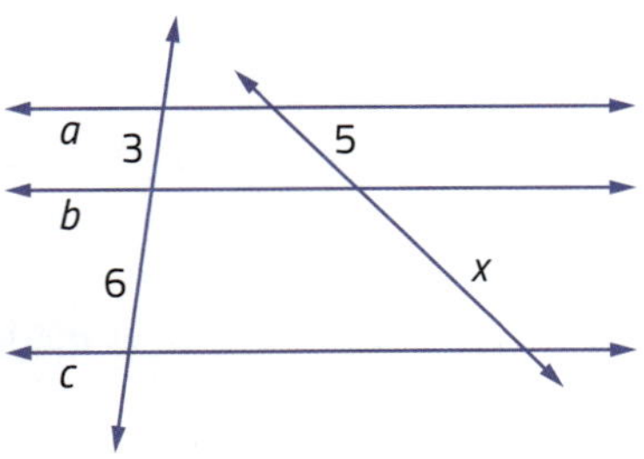

b)

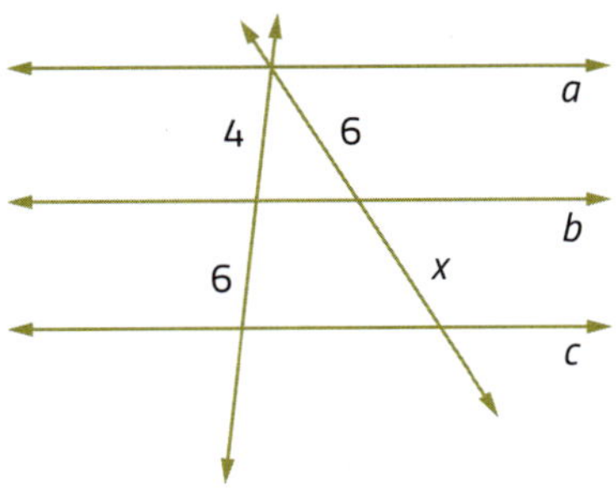

Ilustrações: Banco de imagens/Arquivo da editora

c)

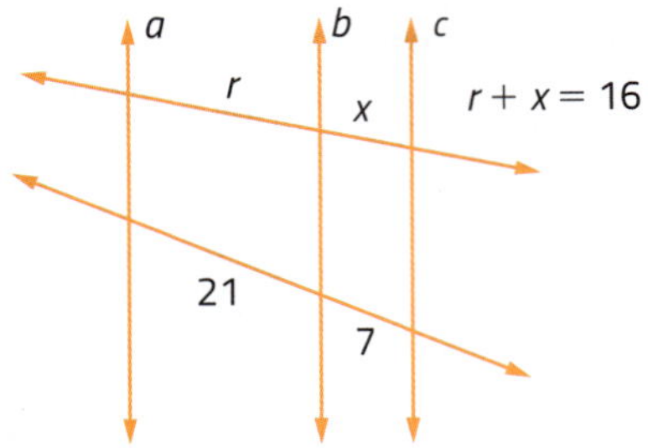

d)

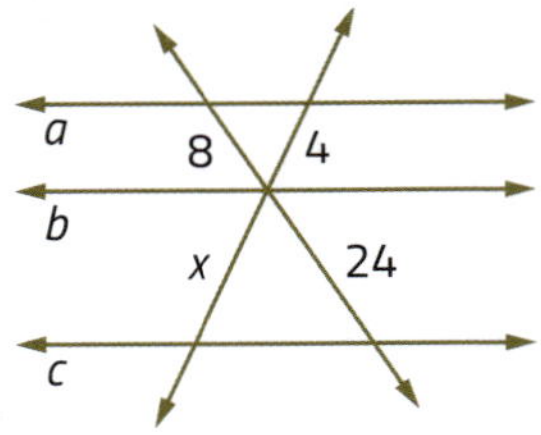

Ilustrações: Banco de imagens/Arquivo da editora

43 Observe esta figura, que tem um feixe de retas paralelas intersectado por 2 transversais.

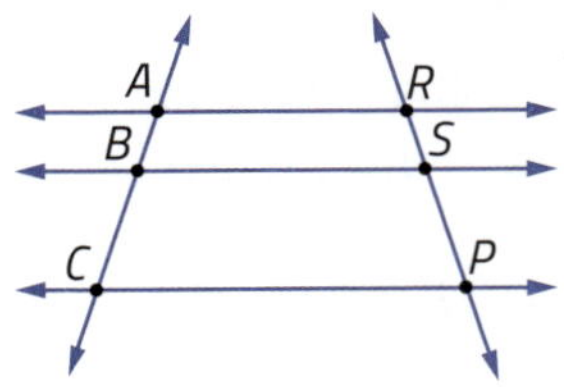

Banco de imagens/Arquivo da editora

Assinale somente as afirmações verdadeiras.

a) $\dfrac{AB}{BC} = \dfrac{RS}{SP}$

b) $\dfrac{BC}{SP} = \dfrac{AB}{RS}$

c) $\dfrac{RP}{RS} = \dfrac{AC}{AB}$

d) $\dfrac{AC}{RP} = \dfrac{BC}{SP}$

e) $\dfrac{AB}{RS} = \dfrac{SP}{BC}$

f) $\dfrac{AC}{BC} = \dfrac{RP}{SP}$

g) $\dfrac{BC - AB}{AB} = \dfrac{SP - RS}{RS}$

h) $\dfrac{AB}{BC} = \dfrac{SP}{RS}$

44 **Avaliação de resultados.** Os alunos de uma turma calcularam o valor de x e de y nesta figura, em que $a \parallel b \parallel c$ e $x + y = 14$.

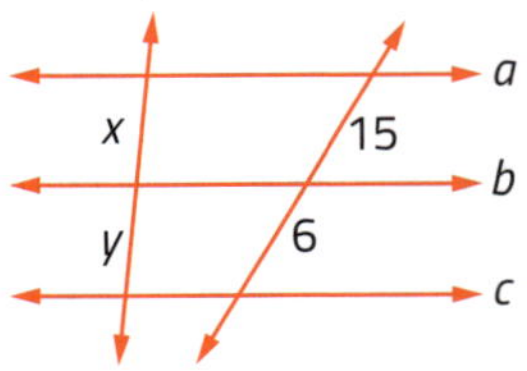

Banco de imagens/Arquivo da editora

Após a resolução, eles fizeram algumas afirmações sobre os resultados obtidos. Calcule você também o valor de x e de y e assinale apenas as afirmações corretas.

a) x é maior do que y.

b) x é o dobro de y.

c) $x = \dfrac{2y}{5}$

d) $y = \dfrac{2x}{5}$

e) $x - y = 6$

Aplicações do teorema de Tales

Divisão de um segmento de reta em partes iguais

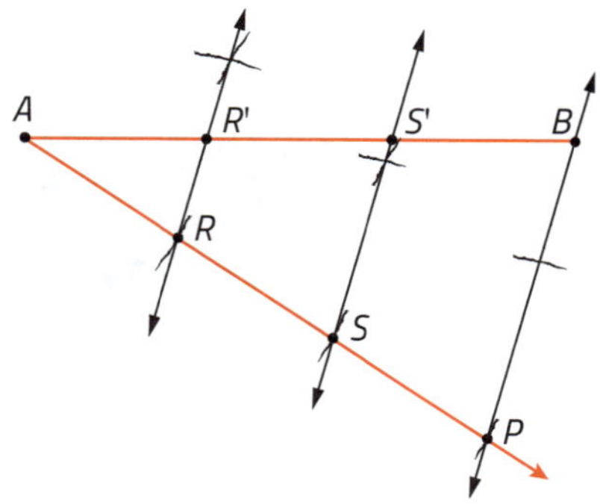

Banco de imagens/Arquivo da editora

Agora, vamos aprender a dividir um segmento de reta em partes iguais (ou seja, em segmentos de reta congruentes) usando régua não graduada e compasso.

Observe a construção para dividir o segmento de reta $\overline{AB}$ em 3 partes iguais.

- Traçamos uma semirreta com origem em A e que forma um ângulo agudo com o $\overline{AB}$.
- Com uma abertura qualquer do compasso, e a ponta-seca em A, obtemos o ponto R na semirreta.
- Com a mesma abertura do compasso, e a ponta-seca em R, obtemos o ponto S na semirreta. Depois, com a ponta-seca em S e a mesma abertura, obtemos o ponto P na semirreta. Dessa maneira, $AR = RS = SP$.
- Traçamos a reta que passa por P e B.
- Traçamos a reta que passa por S e é paralela a $\overline{PB}$, obtendo o ponto S'.
- Traçamos a reta que passa por R e é paralela a $\overline{SS'}$, obtendo o ponto R'.

O teorema de Tales garante que $\overline{AR'}$, $\overline{R'S'}$ e $\overline{S'B}$ são congruentes, pois $\overline{AB}$ e $\overline{AP}$ são segmentos de reta contidos em 2 retas transversais de um feixe de retas paralelas.

Então, como $AR = RS = SP$, temos $AR' = R'S' = S'B$. Ou seja, o segmento de reta $\overline{AB}$ foi dividido em 3 partes iguais.

Teorema da bissetriz de um ângulo interno em um triângulo

> Em todo triângulo, a bissetriz de qualquer ângulo interno divide o lado oposto a ele em 2 partes proporcionais aos lados que formam esse ângulo.

Vamos demonstrar esse teorema considerando a bissetriz $\overline{AD}$ neste $\triangle ABC$ e mostrando que $\frac{BD}{DC} = \frac{AB}{AC}$.

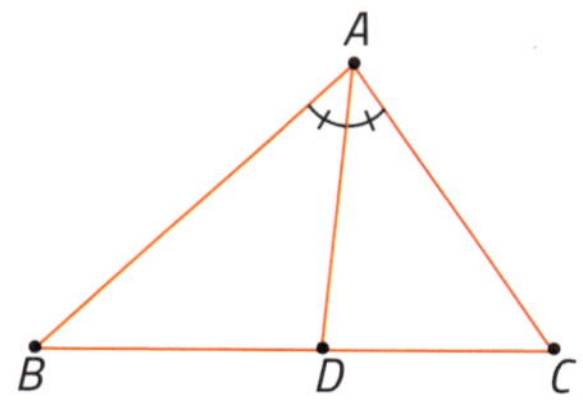

Para isso, prolongamos o $\overline{BA}$ e traçamos a semirreta de origem em C e paralela à bissetriz $\overline{AD}$, obtendo o ponto E.

No $\triangle BEC$, temos $\overline{AD} \parallel \overline{EC}$; logo, usando o teorema de Tales, temos:

$$\frac{BD}{DC} = \frac{AB}{AE} \quad \text{(I)}$$

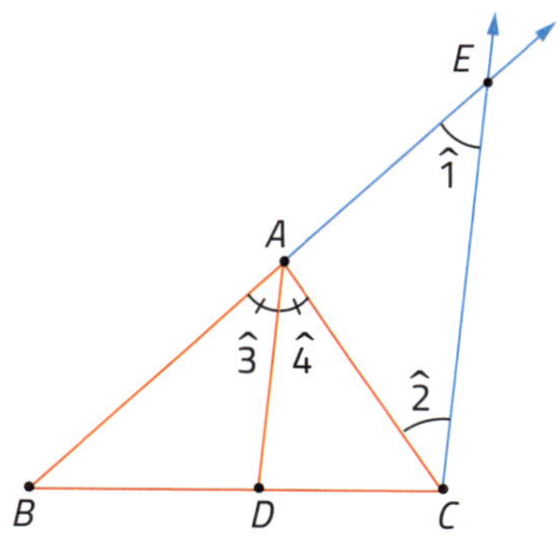

Ilustrações: Banco de imagens/Arquivo da editora

Analisando a figura, vemos que:

- $\hat{3} \cong \hat{4}$, pois $\overline{AD}$ é bissetriz do $\hat{A}$.
- $\hat{3} \cong \hat{1}$, pois são ângulos correspondentes de paralelas intersectadas por uma reta transversal.
- $\hat{4} \cong \hat{2}$, pois são ângulos alternos internos de retas paralelas intersectadas por uma reta transversal.

Então, $\hat{1} \cong \hat{2}$. Logo, podemos afirmar que o $\triangle ACE$ é isósceles de base $\overline{EC}$. Desse modo, temos que $AE = AC$. **(II)**

Comparando **II** e **I**, chegamos à proporção que queríamos demonstrar:

$$\frac{BD}{DC} = \frac{AB}{AC}$$

Saiba mais

Tales e a altura de uma pirâmide

O grande filósofo, astrônomo e matemático grego Tales, que viveu por volta de 500 a.C., usou a criatividade e os conhecimentos dele sobre Geometria e proporcionalidade para calcular a medida de comprimento da altura de uma pirâmide. Ele utilizou um processo que você estudou ao longo deste capítulo.

DigitalGlobe/Getty Images

Vista aérea das pirâmides de Gizé, Cairo (Egito). Foto de 2017.

Paulo Manzi/Arquivo da editora

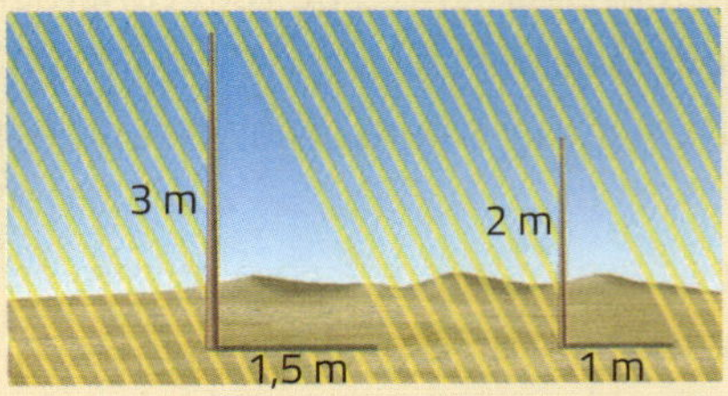

Como os raios do Sol podem ser considerados paralelos, as medidas de comprimento das sombras são proporcionais às medidas de comprimento das alturas que as determinam. Nas figuras acima, por exemplo, temos: $\frac{3}{1,5} = \frac{2}{1}$.

Para calcular a medida de comprimento da altura da pirâmide, Tales fincou uma estaca na areia, mediu os comprimentos das respectivas sombras da pirâmide e da estaca em determinado horário do dia e estabeleceu uma proporção:

$$\frac{\text{medida de comprimento da altura da pirâmide}}{\text{medida de comprimento da sombra da pirâmide}} = \frac{\text{medida de comprimento da altura da estaca}}{\text{medida de comprimento da sombra da estaca}}$$

Paulo Manzi/Arquivo da editora

Atualmente, com a ideia de proporcionalidade podemos resolver muitas situações do cotidiano, como determinar a medida de comprimento da altura de postes, casas, prédios, árvores, monumentos, etc.

As imagens desta página não estão representadas em proporção.

Atividades

45 ▸ Usando régua não graduada e compasso, faça o que é pedido em cada item.

a) Trace um segmento de reta qualquer $\overline{EF}$ na posição vertical e divida-o em 3 partes iguais.

b) Trace um segmento de reta qualquer $\overline{AB}$ e divida-o em 5 partes iguais.

46 ▸ Em um $\triangle PQR$, temos $PQ = 10$ cm, $QR = 20$ cm e $RP = 15$ cm. O ponto X pertence ao $\overline{PQ}$, o ponto Y pertence ao $\overline{PR}$, e $\overline{XY}$ é paralelo ao $\overline{QR}$. Sabendo que $PX = 6$ cm, calcule as medidas de comprimento XQ, PY e YR.

47 ▸ Calcule o valor de x em cada figura.

Banco de imagens/Arquivo da editora

a)

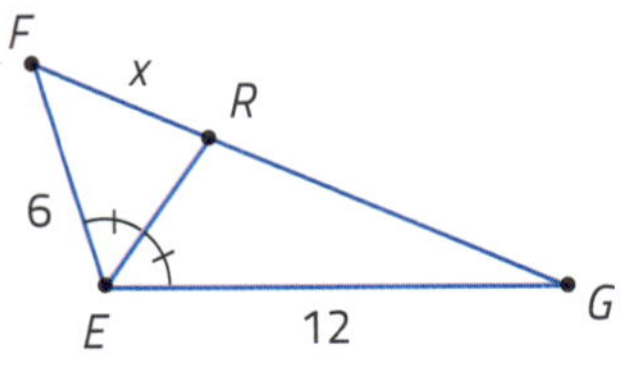

$\overline{ER}$ é bissetriz do $\triangle FEG$; $FG = 15$.

Ilustrações: Banco de imagens/Arquivo da editora

b)

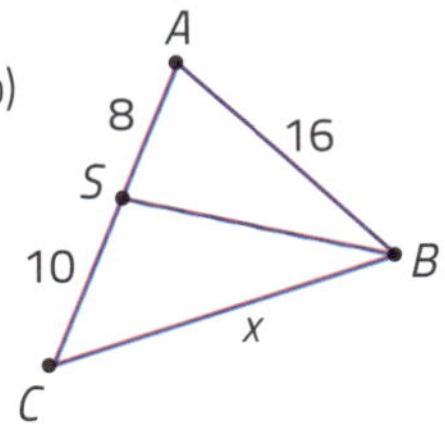

$\overline{BS}$ é bissetriz do $\triangle ABC$.

c)

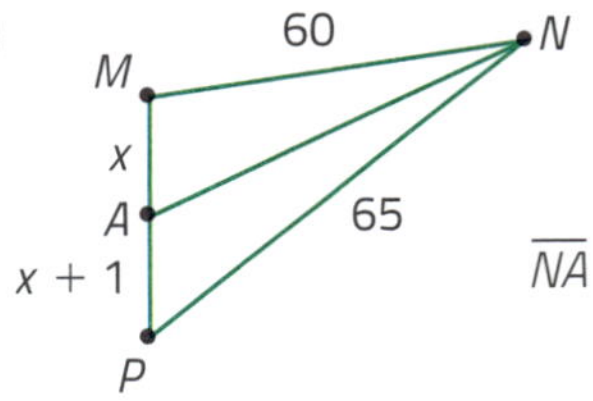

$\overline{NA}$ é bissetriz do $\triangle MNP$.

48 ▸ Explique com suas palavras a ideia principal do texto do *Saiba mais*.

49 ▸ **(Enem)** A sombra de uma pessoa que tem 1,80 m de altura mede 60 cm. No mesmo momento, a seu lado, a sombra projetada de um poste mede 2,00 m. Se, mais tarde, a sombra do poste diminuiu 50 cm, a sombra da pessoa passou a medir:

a) 30 cm.
b) 45 cm.
c) 50 cm.
d) 80 cm.
e) 90 cm.

3 Outras situações que envolvem proporcionalidade em Geometria

Agora, você vai aplicar o que estudou em mais algumas situações-problema.

As imagens desta página não estão representadas em proporção.

Atividades

50 A maquete de um prédio foi feita na escala 1 : 40. Nessa maquete, a janela tem medida de comprimento da base de 4 cm e medida de comprimento da altura de 3 cm.

Quais são as medidas de comprimento reais da janela?

Paulo Manzi/Arquivo da editora

51 **Descobrindo a medida de comprimento da altura da escola.** Você e os colegas vão determinar a medida de comprimento aproximada da altura do prédio da escola onde vocês estudam. Para isso, vão precisar de uma fita métrica e escolher determinado horário em um dia com bastante sol.

Veja as etapas do trabalho.

- Escolham um dia de sol e vão todos para o pátio.
- Meçam o comprimento da sombra do prédio da escola.
- Meçam o comprimento da altura de um aluno e o comprimento da respectiva sombra.
- Estabeleçam uma proporção adequada e calculem a medida de comprimento da altura procurada.

Mauro Souza/Arquivo da editora

Raciocínio lógico

Uma peça de tecido tinha medida de comprimento de 20 m. A cada dia, um vendedor corta um pedaço de medida de comprimento de 2 m. Em qual dia ele fará o último corte, se fez o primeiro corte dia 1º do mês?

52 **Conexões. Localização de cidades.** Use este mapa e determine a medida de distância real entre as cidades **A** e **B**.

Brasil: Minas Gerais e Paraná

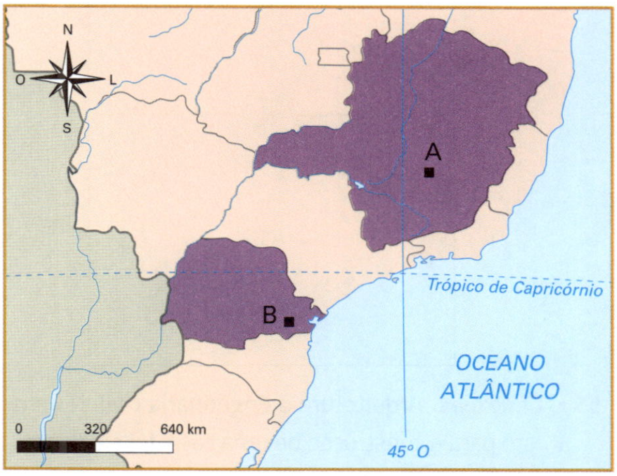

Banco de imagens/Arquivo da editora

Fonte de consulta: IBGE. *Atlas geográfico escolar*. 7. ed. Rio de Janeiro, 2016.

53 **Espaço empresarial.** Em uma empresa de *telemarketing*, há um salão retangular, com lados de medidas de comprimento de 10 m por 11 m, no qual devem ser montadas 3 salas para os operadores receberem e realizarem ligações.

As salas devem ter capacidade, respectivamente, para 15, 10 e 20 cabines, além de um escritório para a supervisão, com medida de área de 20 m^2.

a) Se a medida de área de cada sala deve ser proporcional à quantidade de cabines, então qual deve ser a medida de área de cada sala?

b) Faça um desenho na escala de 1 cm para cada 1 metro da realidade e que satisfaça as condições do problema.

54 Conexões. **Área gráfica.** Entre os padrões de tamanho de papel, o **sistema internacional** (A4 e derivados) é o mais adotado na maioria dos países. O formato-base desse sistema é uma folha de papel com medida de área de 1 m^2 (tamanho A0). A grande vantagem desse sistema é a proporção entre as medidas de comprimento dos lados do papel, que é a mesma em todos os tamanhos do padrão. A razão entre essas medidas de comprimento, em cada papel, é sempre igual a $\sqrt{2}$.

Utilize os dados para calcular as medidas de comprimento dos lados, em milímetros, do papel de tamanho A0. Use uma calculadora.

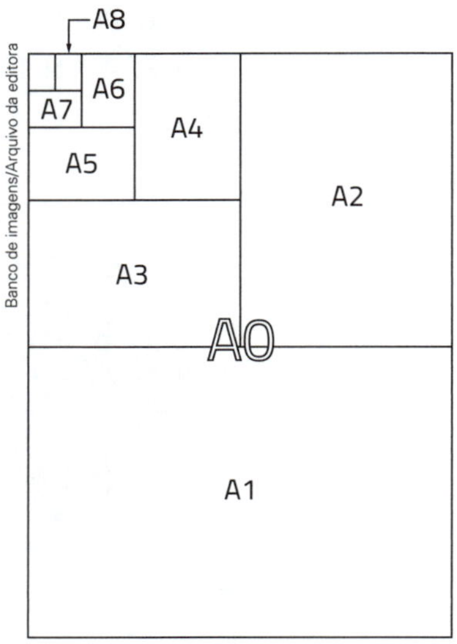

55 Conexões. **Arquitetura e Engenharia civil.** No projeto para a construção de uma casa, foi planejada a colocação de uma porta e de uma janela em uma parede com medida de comprimento da base de 8 m e medida de comprimento da altura de 4,8 m.

a) Calcule as medidas de comprimento da base e da altura da porta e da janela considerando as seguintes informações:
- a razão entre a medida de comprimento da base da porta e a medida de comprimento da base da parede é $\frac{1}{4}$;
- a razão entre a medida de comprimento da altura da porta e a medida de comprimento da altura da parede é $\frac{2}{3}$;
- a janela tem a forma quadrada e a medida de comprimento dos lados dela é $\frac{4}{5}$ da medida de comprimento da base da porta.

b) Faça um desenho da parede com a porta e a janela, na escala 1 : 160. Você escolhe a posição da porta e da janela.

56 **Produção industrial.** Uma indústria de embalagens fabrica 2 tipos de caixa para presentes: grande e pequena. A razão entre as medidas das dimensões correspondentes da caixa pequena para a caixa grande é de 5 para 7.

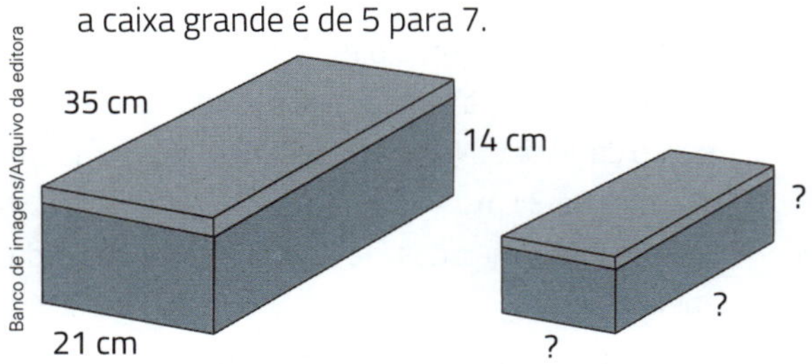

a) Calcule as medidas das dimensões da caixa pequena.

b) Verifique em qual caso se gasta mais material: na fabricação de 100 caixas grandes ou na fabricação de 180 caixas pequenas.

c) Determine, por 2 caminhos diferentes, a razão entre as medidas de volume da caixa pequena e da caixa grande, nessa ordem.

57 Conexões. **Miniaturas.** Muitas pessoas têm o hábito de colecionar miniaturas de automóveis, uma paixão que atrai desde crianças e jovens até os mais velhos. Algumas empresas, inclusive, acabam se especializando na prática de reproduzir miniaturas de veículos reais e daqueles retirados de filmes e de desenhos animados.

Considere uma empresa fabricante de miniaturas de automóveis que deseja construir uma réplica de um modelo. As escalas de fabricação dessa empresa são:

- 2 : 25
- 1 : 16
- 1 : 18
- 1 : 20
- 1 : 24

a) Se uma das miniaturas do veículo está na escala de1 : 18 e tem medida de comprimento de 25 cm, então qual é a medida de comprimento:
   I. do veículo original?
   II. de uma miniatura na escala 1 : 20?
   III. de uma miniatura na escala 2 : 25?

b) Entre as escalas 1 : 16 e 1 : 20, qual resulta em uma miniatura de maior medida de comprimento para um mesmo modelo? Justifique sua resposta.

4 Juros

Consulte jornais ou revistas impressos ou na internet e acompanhe os noticiários do rádio e da televisão. Com certeza você vai encontrar muitas situações relacionadas a dinheiro.

Examine estas situações e procure identificar a relação com o dinheiro.

- Três pessoas constituíram uma sociedade para a abertura de uma loja de roupas. Cada pessoa entrou com um capital. A primeira entrou com R$ 20 000,00, a segunda entrou com R$ 25 000,00 e a terceira entrou com R$ 15 000,00. No fim do ano, a loja apresentou um lucro de R$ 12 000,00. Quanto cada pessoa recebeu na divisão desse lucro?
- Bruna e Felipe fizeram uma aplicação financeira de R$ 10 000,00 em um banco que paga juro composto à taxa de 10% ao ano. Qual será o montante de dinheiro que eles terão após 3 anos?

Lwa/The Image Bank/Getty Images

Sócias de uma loja de roupas conversando sobre planejamento.

Jon Riley/Stone/Getty Images

Casal realizando investimento em instituição financeira.

Agora você vai retomar o conceito de porcentagem, aplicar o que aprendeu sobre razão e proporção e aprender a resolver situações que envolvem regra de sociedade, juro simples e juro composto, que são assuntos da Matemática financeira.

Retomando o conceito de porcentagem

Guilherme Asthma/Arquivo da editora

Thiago Neumann/Arquivo da editora

As imagens desta página não estão representadas em proporção.

Rui e Ana calcularam o desconto de maneiras diferentes. Observe como eles fizeram e procure se lembrar dos processos.

- Rui usou fração.

$$15\% = \frac{15}{100} = \frac{3}{20}$$

$$\frac{3}{20} \text{ de } 820 = 123, \text{ pois } 820 \div 20 = 41$$

e $3 \times 41 = 123$.

- Ana usou decimal.

$$15\% = \frac{15}{100} = 0{,}15$$

$$15\% \text{ de } 820 = 0{,}15 \cdot 820 = 123$$

$$\begin{array}{r} {}^{1}\;\; 8\;2\;0 \\ \times\; 0,\;1\;5 \\ \hline 4\;1\;0\;0 \\ +\;8\;2\;0\;\;\; \\ \hline 1\;2\;3,\;0\;0 \end{array}$$

Logo, o desconto nessa promoção foi de R$ 123,00.

Porcentagens em situações de acréscimo e de decréscimo

Explorar e descobrir

Em cada item, conversem sobre a situação apresentada e, depois, calculem e respondam aos itens.

Na escola de Mauro havia 800 alunos em 2018. De 2018 para 2019, houve um acréscimo de 10% no número de alunos. De 2019 para 2020 houve um decréscimo de 5%.

a) De 2018 para 2019, o número de alunos amentou ou diminuiu? Em quantos alunos?
b) Com quantos alunos a escola ficou em 2019?
c) De 2019 para 2020, o número de alunos aumentou ou diminuiu? Em quantos alunos?
d) Com quantos alunos a escola ficou em 2020?
e) De 2018 para 2020, houve acréscimo ou decréscimo no número de alunos? De quantos alunos?
f) A mudança citada no item **e** foi de quantos por cento?

Atividades

58 Calcule o que se pede da maneira que julgar mais conveniente.

a) 90% de 62.
b) 40% de R$ 85,00.
c) 30% de R$ 92,00.
d) 65% de 820.

59 Calcule as porcentagens mentalmente e registre o resultado. Depois, confira com os colegas.

a) 25% de 80.
b) 75% de 20.
c) 10% de R$ 45,00.
d) 1% de 600.

60 Calcule e responda: Nessa promoção de venda de camisetas, qual é o desconto, em reais, na compra de 5 camisetas? E em porcentagem?

Guilherme Asthma/Arquivo da editora

61 **Problemas.** Resolva cada problema e, depois, confira com os colegas.

a) Na escola em que Paula estuda há 520 alunos, sendo 45% meninos. Quantos meninos e quantas meninas há na escola?
b) Na escola em que José estuda há 260 meninos, o que representa 40% do total de alunos. Quantos alunos há nessa escola? Quantas são as meninas?
c) Na escola em que Renata estuda há 264 meninos e 286 meninas. Os meninos representam qual porcentagem do total? E as meninas?

62 **Acréscimos (aumentos) e decréscimos (descontos).** Calcule o que se pede e complete os itens.

a) Um produto custava R$ 40,00 e o preço sofreu um aumento de 5%. Agora esse produto custa R$ ________.
b) Um produto custava R$ 60,00 e passou a custar R$ 51,00. Então, ele teve um desconto ou decréscimo de ________ no preço.
c) Se for dado um aumento de 20% no preço de um produto, então ele passará a custar R$ 540,00. O preço atual é de R$ ________.
d) Um produto custava R$ 50,00 e teve um desconto de 8% no preço. Agora ela custa R$ ________.
e) Se for dado um desconto de 5% no preço desta batedeira, ela passará a custar R$ 247,00. O preço atual dela é de R$ ________.

As imagens desta página não estão representadas em proporção.

Oleg GawriloFF/Shutterstock

Batedeira.

O que são juros?

Uma loja de eletrodomésticos está vendendo fornos de micro-ondas nestas condições.

As imagens desta página não estão representadas em proporção.

O preço desse micro-ondas, à vista, é diferente do preço a prazo, porque estão sendo cobrados juros pelo parcelamento da dívida.

> O **juro** é uma compensação em dinheiro que a loja cobra por parcelar a dívida do comprador.

Nesse exemplo, o juro cobrado pela loja para parcelar a dívida de R$ 549,00 em 18 vezes foi de R$ 250,20 (799,20 − 549,00 = 250,20).

> A dívida ou a quantia que uma pessoa investe é o **capital**.
> A soma do capital e do juro é chamada de **montante** (capital + juro).
> A taxa de porcentagem que se paga pelo empréstimo do dinheiro é chamada de **taxa de juros**.

No exemplo do micro-ondas, o capital é de R$ 549,00 e o montante é de R$ 799,20 (549,00 + 250,20 = = 799,20). Calculando a porcentagem de R$ 250,20 em relação a R$ 549,00, encontramos aproximadamente 45,57%. Dividindo esse valor por 18 (são 18 parcelas), obtemos 2,53% ao mês, que corresponde à taxa de juros no sistema de **juros simples**.

Existe também o sistema de **juros compostos**. A seguir, vamos diferenciar juros simples de juros compostos.

Juros simples

O **juro simples** é sempre calculado em relação ao capital inicial, intervalo a intervalo. Assim, o juro é constante em cada intervalo de tempo.

Por exemplo: Cíntia aplicou R$ 400,00 e recebeu 2% de juros simples ao mês. Qual é o montante no fim de 5 meses de aplicação?

Observe a tabela.

Acompanhamento da aplicação de Cíntia - juros simples

Mês	Montante no início de cada mês	Juro do mês	Montante no final de cada mês
1º	400	2% de 400 = 8	408
2º	408	2% de 400 = 8	416
3º	416	2% de 400 = 8	424
4º	424	2% de 400 = 8	432
5º	432	2% de 400 = 8	440

Tabela elaborada para fins didáticos.

Logo, após 5 meses, Cíntia terá um montante de R$ 440,00.

Juros compostos

No caso do **juro composto**, o juro é adicionado ao capital para o cálculo de novo juro no intervalo de tempo seguinte.

Por exemplo: Carlos aplicou R$ 400,00 em um banco que paga juros compostos de 2% ao mês. Qual é o montante depois de 5 meses de investimento?

Acompanhamento da aplicação de Carlos - juros compostos

Mês	Montante no início de cada mês	Juro do mês	Montante no final de cada mês
1º	400	2% de 400 = 8	408
2º	408	2% de 408 = 8,16	416,16
3º	416,16	2% de 416,16 = 8,32	424,48
4º	424,48	2% de 424,48 = 8,49	432,97
5º	432,97	2% de 432,97 = 8,66	441,63

Tabela elaborada para fins didáticos.

Portanto, decorridos 5 meses, Carlos terá um montante de R$ 441,63.

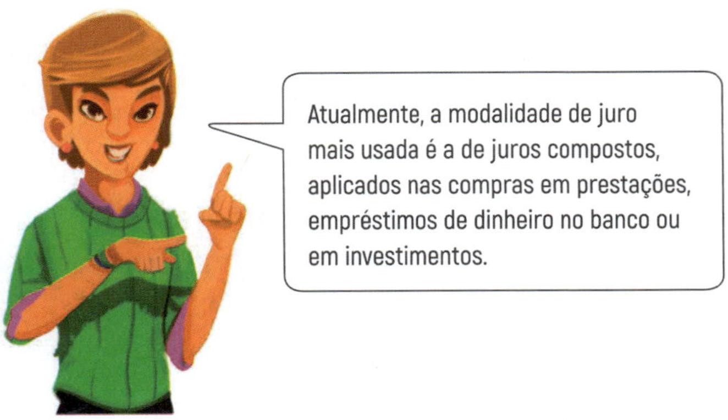

Thiago Neumann/Arquivo da editora

CONEXÕES

O que é inflação e como ela afeta a sua vida?

A **inflação** é o termo utilizado em economia para falar da alta dos preços de um conjunto de produtos e serviços em determinado período. Quando ocorre o contrário – ou seja, quando os preços caem –, o termo utilizado é **deflação**.

O que pode gerar inflação?

A inflação segue os efeitos da lei de oferta e demanda na economia. Quando os consumidores estão mais dispostos a gastar e têm disponibilidade para fazer isso, a tendência natural é que os preços subam.

A oferta também tem participação sobre os preços. Quando, por algum motivo, determinado produto ou serviço tem sua quantidade reduzida no mercado, o preço sobre. É o que acontece, por exemplo, quando algum efeito climático reduz muito a produção de um alimento e o valor dispara nos supermercados. [...]

O mercado de câmbio também influencia na inflação. Quando o dólar sobe, itens importados ficam mais caros no Brasil. Além disso, mesmo que um produto seja fabricado no Brasil, ele pode ter componentes importados – e, se o preço desses itens subir, pode ser repassado para o valor final.

O governo influencia na inflação?

A forma como o governo administra os recursos públicos também pode gerar uma pressão no preço dos produtos e serviços. Isso porque, se gastar mais do que arrecada, o governo pode emitir moeda para pagar seus débitos. Com mais dinheiro em circulação na economia, os preços tendem a subir.

Outra ação do governo que influencia na inflação é a cobrança de impostos. Quando o governo eleva tributos, acaba também puxando os preços para cima na economia.

Efeitos da inflação

Veja abaixo quais são as consequências da inflação na economia.

1. Perda do poder de compra das famílias.
2. Redução dos investimentos dos empresários, que podem ficar preocupados com os custos para produzir ou com a demanda dos consumidores.
3. Ambiente de incerteza sobre a economia pode paralisar projetos.

Mas, apesar desses efeitos negativos, a inflação [...] pode ser interpretada como um sinal de que a economia de um país está em movimento, aquecida.

Não é positivo para a economia a queda de preços de forma generalizada. Isso pode fazer com que os consumidores adiem suas compras, esperando que os valores sejam ainda mais reduzidos no futuro, travando a atividade do país.

Controle da inflação

- **Subir os juros:** Uma das ferramentas para controlar a inflação é a política monetária do Banco Central, que usa a taxa básica de juros da economia, a Selic, para tentar frear a alta de preços. Isso porque, com juros altos na economia, os consumidores podem adiar a decisão de comprar um bem. E, com menos demanda, a tendência é que os preços caiam. [...]
- **Reduzir os gastos do governo:** Se o governo arrecada mais do que gasta, não precisa emitir mais moeda para custear suas despesas ou aumentar os impostos.
- **Aumentar a produção:** Investir na capacidade produtiva é uma forma de reduzir os preços. Isso porque mais produtos à disposição dos consumidores significa aumento de oferta, que resulta em queda de preços.

G1. *Economia*. Disponível em: <https://g1.globo.com/economia/educacao-financeira/noticia/o-que-e-inflacao-e-como-ela-afeta-sua-vida.ghtml>. Acesso em: 14 ago. 2018.

As imagens desta página não estão representadas em proporção.

Atividades

63 ▸ Uma mesma quantia, aplicada a uma mesma taxa de juros mensal, depois de 2 meses ou mais, renderá juros maiores em qual modalidade: juros simples ou juros compostos? Por quê?

64 ▸ Sônia investiu R$ 40 000,00 em um banco. Calcule o montante que ela vai receber ao final de 3 meses supondo que o banco pague:

a) juros simples de 2% ao mês;

b) juros compostos de 2% ao mês.

YinYang/Getty Images

Sônia recebendo parte do dinheiro de um investimento.

65 ▸ Severino aplicou um capital de R$ 320,00, durante 2 meses, à taxa de juros simples de 0,7% ao mês. Mara aplicou um capital de R$ 300,00, durante 2 meses, à taxa de juros compostos de 1% ao mês. No fim dos 2 meses, qual deles tinha montante maior?

66 ▸ Em qual destas situações a aplicação de R$ 4 000,00 terá maior rendimento e de quanto a mais?

- No sistema de juros simples, à taxa de 3% ao mês, durante 2 meses.
- No sistema de juros compostos, à taxa de 2% ao mês, durante 3 meses.

67 ▸ Um capital de R$ 150,00, aplicado no sistema de juros simples, produziu um montante de R$ 162,00 após 4 meses de aplicação. Qual foi a taxa de juros ao mês?

68 ▸ Bruna e Felipe fizeram uma aplicação financeira de R$ 10 000,00 em um banco que paga juros compostos à taxa de 10% ao ano. Qual será o montante que eles terão após 3 anos?

69 ▸ Pesquisem o valor do dólar de segunda a sexta-feira de determinada semana. Em seguida, elaborem um gráfico e calculem a variação dia a dia, em porcentagem.

70 ▸ **Boleto bancário.** O boleto bancário é um documento por meio do qual o cliente pode pagar por um produto ou serviço. Geralmente, o boleto tem uma data de vencimento para ser pago.

Observe este boleto bancário referente à mensalidade de um clube de recreação do qual Evaldo é sócio.

Banco do Bom	011-7 033987.12345 25100.019 96548.5456 1 4568000013860
Pagar preferencialmente no Banco do Bom	Vencimento: **05/03/2020**
Clube Campestre Bom Descanso CNPJ: 18.654.777/0005-23	Agência: 349-1
Data de emissão: 08/02/2020 Número do documento: 001-DS A	Código: 00156-55
Instruções para o pagamento Após 05/03/2020, cobrar multa de R$ 2,70 mais juros simples de R$ 0,05 por dia de atraso. Atenção, caixa. Para os sócios que pagarem a mensalidade do clube até o 2º dia útil do mês de vencimento, conceder desconto de 5% sobre o valor do documento. Após vencimento, pagar nas agências do Banco do Bom ou na secretaria do clube.	Valor do documento **R$ 138,60** Desconto Multa Mora Outros Valor Cobrado
Sacado: Evaldo Silva Oliveira Rua Feliz, 355 - Bairro Alegre 30303-303 Belo Horizonte - MG	
	Autenticação Mecânica

Banco de imagens/Arquivo da editora

Observe as instruções para o pagamento descritas no boleto, faça os cálculos necessários e responda às questões.

a) Qual é o valor cobrado de Evaldo se ele pagar no 2º dia útil de março de 2020?

b) Qual é o valor cobrado de Evaldo se ele pagar no dia 7 de março de 2020?

c) Qual é a diferença entre o valor cobrado no dia 2 de março de 2020 e o valor cobrado no dia 7 de março de 2020?

d) Quanto por cento a mais Evaldo paga, em relação ao dia 2 de março de 2020, se pagar no dia 7 de março de 2020?

CONEXÕES

Cartão de crédito

O que é um **cartão de crédito**? O emissor (normalmente um banco) oferece um limite de crédito ao consumidor para que ele faça pagamentos de serviços e compras de bens. O consumidor recebe um documento (cartão) que apresenta na hora dos pagamentos de serviços ou no pagamento das compras.

Se o pagamento for na modalidade **débito**, então não se paga juros, apenas são cobradas algumas tarifas que constam no contrato de adesão. Se o pagamento estiver na modalidade **crédito**, então o cliente, além das tarifas de serviço, está sujeito a cobrança de juros.

Piotr Adamowicz/Shutterstock

Máquina de cartão de crédito.

Tarifas

O Banco Central, por meio da Resolução CMN 3.919/2010, definiu 5 tipos de tarifa de cartão de crédito básico (que é aquele que não tem programas de fidelidade ou recompensas). Veja quais são as tarifas.

- Anuidade: cobrada 1 vez a cada 12 meses ou cobrada em parcelas durante 1 ano.
- Avaliação emergencial de crédito: é cobrada quando o cliente realiza gastos acima dos limites de crédito do cartão.
- Pagamentos de contas: quando o cartão é usado para pagar faturas ou boletos de contas de água, energia ou outros serviços.
- Saque: a tarifa é cobrada no caso de saque em dinheiro por meio do cartão de crédito, em canais de atendimento no Brasil ou no exterior.
- Segunda via do cartão: cobrada para a confecção e emissão de um novo cartão, para pedidos de reposição por perda, roubo, furto, etc.

Fatura

Uma vez por mês, o cliente paga à instituição financeira o valor que utilizou, ou seja, o dinheiro que usou para fazer as compras ou pagar as contas. A fatura deve ser paga até a data de vencimento, estabelecendo novamente o limite de crédito. Ao contratar o serviço de cartão de crédito com o banco, o cliente pode escolher a melhor data para o vencimento das faturas.

Juros de mora

É uma taxa percentual sobre o atraso do pagamento da fatura por determinado intervalo de tempo. O juro de mora é a pena imposta ao devedor pelo atraso no cumprimento da obrigação (pagamentos). Financiar a fatura geralmente é melhor do que pagar multa e juro de mora.

Crédito rotativo

É o crédito usado pelo cliente que não quer ou não pode pagar o valor total da fatura na data do vencimento. Desde 2018, é possível entrar no crédito rotativo por apenas 1 mês.

Limite do cartão de crédito

É um valor que a empresa do cartão libera para o cliente gastar até fechar a fatura, ou seja, é o valor que ele tem de crédito para gastar no cartão. O limite é renovado toda vez que o cliente paga a fatura.

Como funciona o limite do cartão de crédito

Todo cartão de crédito tem um valor máximo de gastos permitido. Ou seja, se o limite do seu cartão for, por exemplo, de R$ 1800,00, você só poderá comprar até esse valor. E cada compra fará o limite reduzir.

Por exemplo, se você gastou R$ 100,00 com um par de sapatos, então o limite do cartão é reduzido de R$ 1800,00 para R$ 1700,00 até que você pague a fatura. Se em seguida você fizer uma compra de R$ 300,00 nesse mesmo cartão e parcelar o pagamento em 3 vezes, então o limite para novas compras cairá de R$ 1700,00 para R$ 1400,00.

No próximo mês, quando você pagar a fatura (e pagar a primeira prestação de R$ 100,00 do parcelamento), o valor volta a ser adicionado ao limite. Assim, no início do próximo mês, você terá R$ 1600,00 (pois falta pagar R$ 200,00 do parcelamento da compra feita no mês anterior; $1800 - 200 = 1600$) de crédito.

stockyimages/Shutterstock

Homem com sacolas de compras.

Revisando seus conhecimentos

1 ▸ Calcule a medida de perímetro deste triângulo ABC sabendo que $\overline{BC} \parallel \overline{DE}$. Admita todas as medidas de comprimento em centímetros.

Banco de imagens/ Arquivo da editora

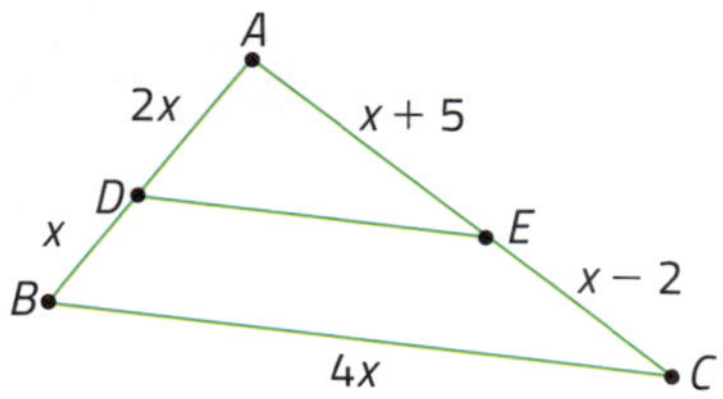

2 ▸ A razão entre as medidas de comprimento da altura e da base de um retângulo é $\frac{2}{3}$ e a medida de perímetro desse retângulo é de 30 cm. Qual é a medida de área da região plana determinada por ele?

3 ▸ Sabendo que $r \parallel s$ e t é uma reta transversal que intersecta as retas r e s, calcule o valor de x.

Banco de imagens/ Arquivo da editora

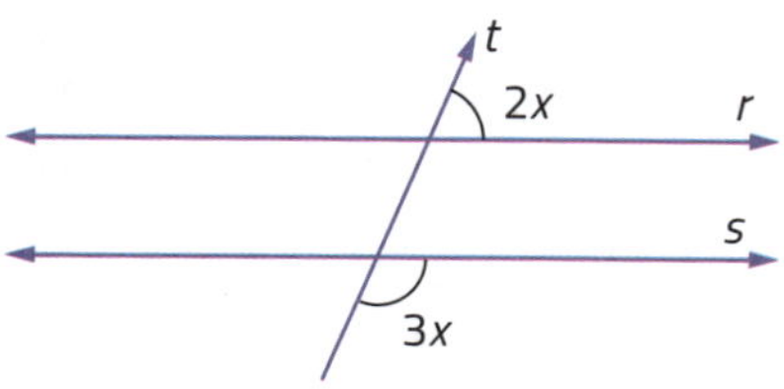

4 ▸ Converse com um colega, calcule e complete as igualdades.

a) 40% de ____ = 14

b) 65% de ____ = 39

c) ____% de 60 = 33

d) ____% de 140 = 28

5 ▸ Em volta de uma pista circular com raio de medida de comprimento de 60 m, serão plantadas 25 árvores mantendo sempre a mesma medida de distância entre 2 árvores vizinhas. Qual deve ser a medida de distância aproximada entre 2 árvores vizinhas?

Paulo Manzi/Arquivo da editora

6 ▸ Usando os algarismos 1, 5, 6 e 9:

a) quantos números naturais de 2 algarismos distintos podemos formar?

b) quantos números naturais de 4 algarismos distintos podemos formar?

c) quantos números ímpares de 3 algarismos distintos podemos formar?

7 ▸ O que significa dizer "a planta de uma cidade foi desenhada na escala 1 por 10 000"?

8 ▸ As retas r, s e t formam um feixe de retas paralelas. Determine o valor de x e confira a proporcionalidade das 4 medidas de comprimento indicadas.

Banco de imagens/Arquivo da editora

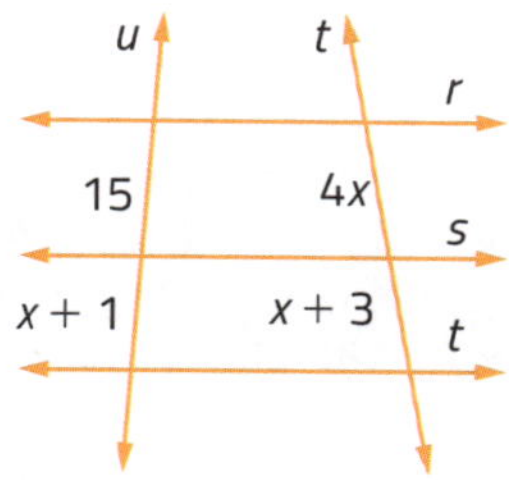

9 ▸ Um poste tem altura com medida de comprimento de 18 m e fica ao lado de um prédio. Em determinado momento de um dia de sol, a medida de comprimento da sombra do poste é 8 m a menos do que a medida de comprimento da altura do poste e é 15 m a menos do que a medida de comprimento da sombra do prédio. Qual é a medida de comprimento da altura do prédio?

10 ▸ Calcule as medidas de comprimento a e b dos segmentos de reta determinados pelas retas paralelas cortadas pelas transversais t e u, sabendo que a diferença entre essas medidas é de 1,5 cm.

Banco de imagens/Arquivo da editora

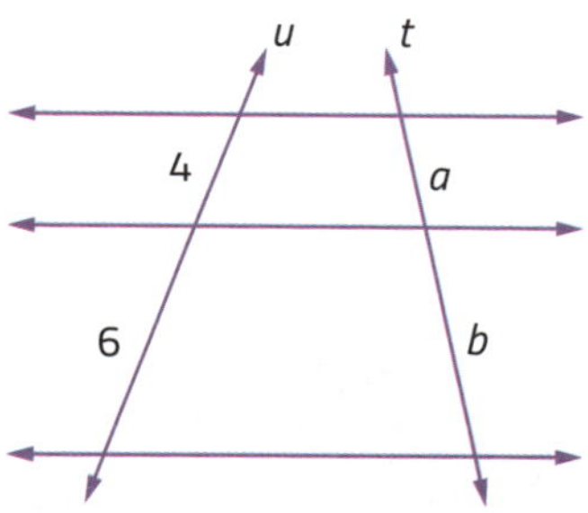

11 ▸ Resolva estes sistemas de equações do 2º grau com 2 incógnitas.

a) $\begin{cases} 3x - y = 7 \\ x^2 - 2y = 6 \end{cases}$

b) $\begin{cases} xy = 1 \\ x - 2y = 1 \end{cases}$

12 ▸ Um dos instrumentos de medida que temos em um carro é o velocímetro, que mede a velocidade do carro.

a) Qual é a unidade de medida de velocidade usada nos velocímetros?

b) Qual destes carros **A** ou **B** desenvolveu menor medida de velocidade média?

- **A**: 285 km em 3 horas.
- **B**: 388 km em 4 horas.

c) Quais outros instrumentos de medida podemos encontrar em um carro?

13 **Conexões. Material escolar e impostos.** Quando se compra um produto em uma loja ou em um supermercado, parte do valor pago corresponde aos impostos que incidem sobre aquele produto. Muitas vezes, esses impostos chegam a mais de 40% do preço final do produto. Observe nesta tabela alguns produtos que compõem a lista de material escolar e os respectivos percentuais pagos em impostos, em média, em agosto de 2018.

Material escolar e porcentual de impostos

Produto	Porcentagem de impostos embutidos no preço
Agenda escolar	43,19%
Apontador	39,29%
Borracha	39,29%
Caderno universitário	34,99%
Calculadora	44,75%
Caneta	49,95%
Cola	42,71%
Estojo para lápis	40,33%
Lápis	34,99%
Régua	44,65%

Fonte de consulta: EXTRA. *Notícias*. Disponível em: <https://extra.globo.com/noticias/economia/ate-50-do-preco-do-material-escolar-vao-para-impostos-mostra-pesquisa-22343843.html>. Acesso em: 14 ago. 2018.

As imagens desta página não estão representadas em proporção.

Petr Malyshev/Shutterstock

Estojo escolar.

Africa Studio/Shutterstock

Tintas guache.

Andresr/Shutterstock

Cadernos.

Analise a tabela e responda aos itens.

a) Qual produto tem maior porcentagem do preço paga em impostos?

b) Se um caderno universitário custar R$ 11,90, então qual quantia é paga em impostos?

c) Se uma caneta custar R$ 0,50, então quanto desse preço corresponde a impostos?

d) Considere a seguinte tabela de preços em uma papelaria.

Preço dos produtos da papelaria

Produto	Preço
Caderno universitário	R$ 9,90
Caneta	R$ 0,80
Lápis	R$ 0,60
Apontador	R$ 3,20
Borracha	R$ 2,60

Tabela elaborada para fins didáticos.

Vilma foi a essa papelaria com a seguinte lista de material escolar: 5 cadernos universitários, 3 canetas, 2 lápis, 1 apontador e 1 borracha.

I. Qual quantia do valor total da compra foi paga em impostos?

II. A qual porcentagem do valor total da compra corresponde esse valor, aproximadamente?

14 Quando constituíram uma sociedade em um negócio, Laura e Raul investiram uma quantia e, no final de 1 ano, receberam R$ 210,00 de juro.

Como Laura investiu R$ 200,00 a mais do que Raul, a parte do juro que corresponde a ela foi de R$ 30,00 a mais do que a de Raul. Quanto cada um investiu?

15 **Conexões. (Enem)** Um pesquisador, ao explorar uma floresta, fotografou uma caneta de 16,8 cm de comprimento ao lado de uma pegada. O comprimento da caneta (c), a largura (L) da pegada, na fotografia, estão indicados no esquema.

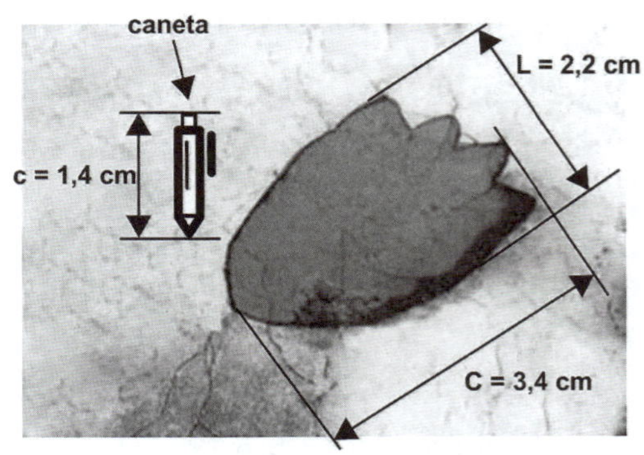

Reprodução/Enem 2015

A largura e o comprimento reais da pegada, em centímetros, são respectivamente, iguais a:

a) 4,9 e 7,6.

b) 8,6 e 9,8.

c) 14,2 e 15,4.

d) 26,4 e 40,8.

e) 27,5 e 42,5.

16 › **Conexões. Recibo de pagamento de salário.** Maria de Lourdes trabalha em uma escola como auxiliar de serviços gerais. A função dela é essencial para o bom funcionamento e a limpeza da escola.

Veja a seguir o recibo de pagamento de Maria de Lourdes. Observe que os valores dos descontos não aparecem no recibo de pagamento.

Empregador
SERVIÇOS GERAIS LTDA – CNPJ 000.000.111./0003-4

Nome do funcionário: MARIA DE LOURDES DA SILVA
Função – Cargo: AUXILIAR DE SERVIÇOS GERAIS

Cód	Descrição	Ref.	Vencimentos	Descontos
1	SALÁRIO BRUTO – MAIO/2019	110	R$ 1200,00	
2	INSS – 11%	206		
3	VALE-TRANSPORTE – 6%	212		
4	REFEIÇÃO – 20% DO VALOR DO VALE-REFEIÇÃO	212		
Observações			Total de venc.	Total de desc.

S. Base	S. cont INSS	Base FGTS –	FGTS do mês	IRRF	Valor Líquido ==>
1200,00	1200,00	1200,00	96,00	00	

Declaro ter recebido a importância descrita neste recibo
2 / 6 /2016 Ass.: Maria de Lourdes da Silva

Banco de imagens/Arquivo da editora

Leia as informações a seguir, referentes ao recibo de pagamento do salário de Maria de Lourdes.

Vencimentos

Salário bruto (sem descontos) de R$ 1200,00.

Benefícios (descontados do salário, conforme porcentagens indicadas no recibo):

- vale-transporte de R$ 198,00 referentes a 22 dias úteis (2 passagens de R$ 4,50 por dia);
- vale-refeição de R$ 330,00 referentes a 22 dias úteis (R$ 15,00 por dia).

As imagens desta página não estão representadas em proporção.

Descontos

INSS: 11% do salário bruto.

Vale-transporte: 6% do salário bruto.

Vale-refeição: 20% do valor recebido como benefício.

Após analisar o recibo de pagamento de Maria de Lourdes e as informações descritas acima, responda: Qual é o valor do salário líquido (diferença entre o total de vencimentos e o total de descontos) do recibo de Maria de Lourdes?

17 › Uma caixa de forma cúbica fica cheia quando colocamos dentro dela 40 blocos de madeira como este.

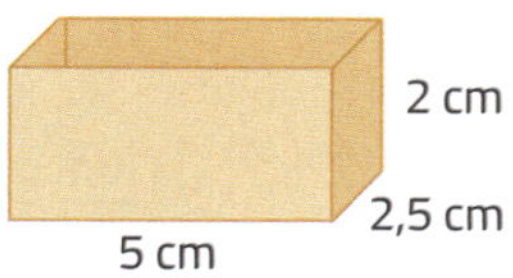

Banco de imagens/Arquivo da editora

a) Qual é a medida de comprimento de cada aresta da caixa?

b) Qual é a medida de área de cada face da caixa?

18 › **Conexões.** A diferença entre a quantia obtida com as exportações e a quantia gasta com as importações determina o saldo da balança comercial de um país em determinado intervalo de tempo.

Dizemos que houve um **superávit** quando o saldo da balança comercial é positivo e que houve um **déficit** quando o saldo é negativo.

Em julho de 2018, o superávit da balança comercial brasileira diminuiu aproximadamente 30,7% em relação a agosto de 2017.

Complete esta tabela considerando essas informações.

Comparação da balança comercial

Importação e exportação / Mês e ano	Julho de 2018	Agosto de 2017
Exportações (em milhões de dólares)		19 471
Importações (em milhões de dólares)	18 651	13 879
Saldo (em milhões de dólares)		

Fonte de consulta: MINISTÉRIO DO DESENVOLVIMENTO. INDÚSTRIA E COMÉRCIO EXTERIOR (MDIC). *Comércio exterior:* Disponível em: <www.mdic.gov.br/comercio-exterior/estatisticas-de-comercio-exterior/balanca-comercial-brasileira-semanal>. Acesso em: 5 set. 2018.

Saiba mais

É possível desenhar vários retângulos de ouro um dentro do outro e, com eles, traçar uma **espiral**.

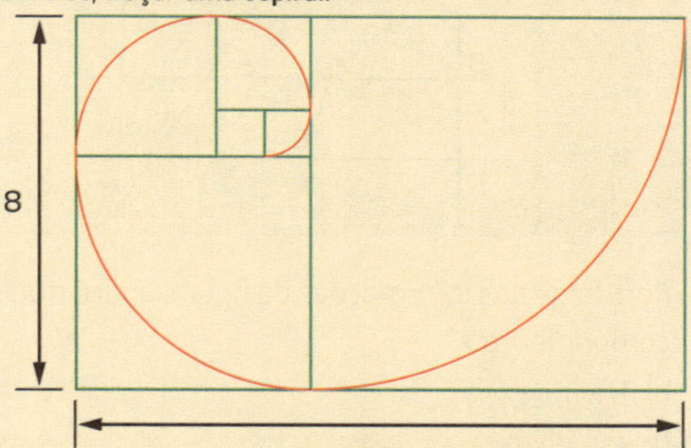

Banco de imagens/Arquivo da editora

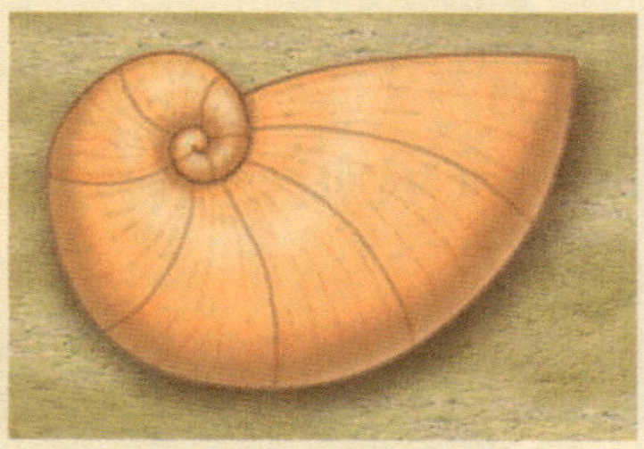

Representação artística da concha do molusco náutilo.

Mauro Souza/Arquivo da editora

Kevin Summers/Getty Images

Concha do molusco náutilo em corte. Esse molusco tem medida de comprimento de aproximadamente 20 cm.

Praticando um pouco mais

Testes oficiais

1 **(Saeb)** O desenho de um colégio foi feito na seguinte escala: cada 4 cm equivale a 5 m. A representação ficou com 10 cm de altura. Qual é a altura real, em metros, do colégio?

a) 2,0
b) 12,5
c) 50,0
d) 125,0

2 **(Saeb)** A figura abaixo mostra os trapézios *ABEF* e *ACDF* formados pelas retas *r*, *s* e *t*, paralelas entre si, e cortadas por duas transversais.

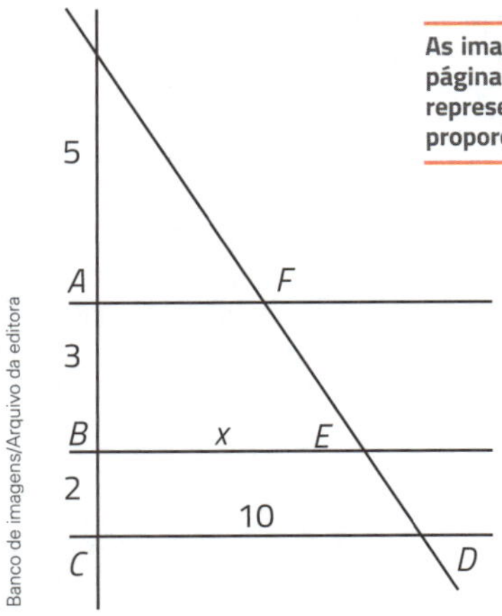

As imagens desta página não estão representadas em proporção.

Com base nas informações da figura, qual é o valor do comprimento *x*?

a) 1,5
b) 4
c) 5
d) 8
e) 15

3 **(Prova Brasil)** Veja abaixo a oferta no preço de uma bolsa.

Nessa oferta, o desconto é de:

a) 90%.
b) 30%.
c) 27%.
d) 25%.

4 **Desafio.** **(Saresp)** As telas dos aparelhos de televisão têm formatos distintos. Um aparelho de televisão do tipo *letterbox* tem lados da tela na proporção 4 : 3. Os televisores com telas *widescreens* têm lados na proporção 16 : 9.

Tela do tipo *letterbox*.

Tela do tipo *widescreen*.

As telas dos dois aparelhos de televisão do tipo *letterbox* e *widescreens* mostrados nas figuras medem a mesma altura *h*. As larguras de suas telas são, respectivamente, iguais a:

a) $\frac{4h}{3}$ e $\frac{16h}{9}$.
b) $\frac{3h}{4}$ e $\frac{9h}{16}$.
c) $\frac{9h}{16}$ e $\frac{3h}{4}$.
d) $\frac{16h}{9}$ e $\frac{4h}{3}$.

Questões de vestibulares e Enem

5 **(Unicamp-SP)** Uma compra no valor de 1 000 reais será paga com uma entrada de 600 reais e uma mensalidade de 420 reais. A taxa de juros aplicada na mensalidade é igual a:

a) 2%.
b) 5%.
c) 8%.
d) 10%.

6 › Conexões. (Enem) Cerca de 20 milhões de brasileiros vivem na região coberta pela caatinga, em quase 800 mil km^2 de área. Quando não chove, o homem do sertão e sua família precisam caminhar quilômetros em busca da água dos açudes. A irregularidade climática é um dos fatores que mais interferem na vida do sertanejo.

Disponível em: http://www.wwf.org.br. Acesso em: 23 abr. 2010.

Segundo este levantamento, a densidade demográfica da região coberta pela caatinga, em habitantes por km^2, é de:

a) 250.
b) 25.
c) 2,5.
d) 0,25.
e) 0,025.

7 › (Enem) A figura a seguir representa parte da planta de um loteamento, em que foi usada a escala 1 : 1 000. No centro da planta uma área circular, com diâmetro de 8 cm foi destinada para a construção de uma praça.

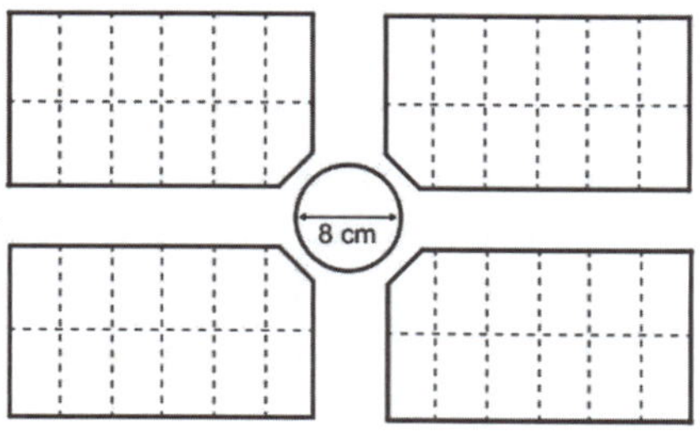

Reprodução/Enem, 2018

O diâmetro real dessa praça, em metro, é:

a) 1 250.
b) 800.
c) 125.
d) 80.
e) 8.

8 › (Enem) Um vaso decorativo quebrou e os donos vão encomendar outro para ser pintado com as mesmas características. Eles enviam uma foto do vaso na escala 1 : 5 (em relação ao objeto original) para um artista. Para ver melhor os detalhes do vaso o artista solicita uma cópia impressa da foto com dimensões triplicadas em relação às dimensões da foto original. Na cópia impressa, o vaso quebrado tem uma altura de 30 centímetros.

Qual é a altura real, em centímetros, do vaso quebrado?

a) 2
b) 18
c) 50
d) 60
e) 90

9 › (Cefet-MG) Na figura a seguir, as retas *r*, *s*, *t* e *w* são paralelas e *a*, *b* e *c* representam medidas dos segmentos tais que $a + b + c = 100$.

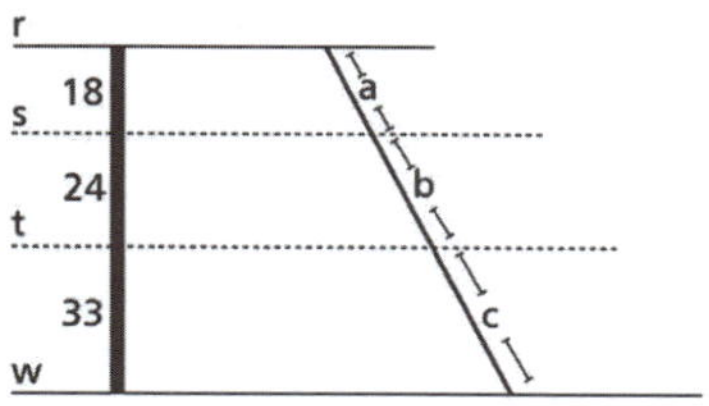

Reprodução/Cefet-MG, 2015

Conforme esses dados, os valores de *a*, *b* e *c* são, respectivamente, iguais a:

a) 24, 32 e 44.
b) 24, 36 e 40.
c) 26, 30 e 44.
d) 26, 34 e 40.

10 › (Cefet-MG) Considere a figura em que $r // s // t$.

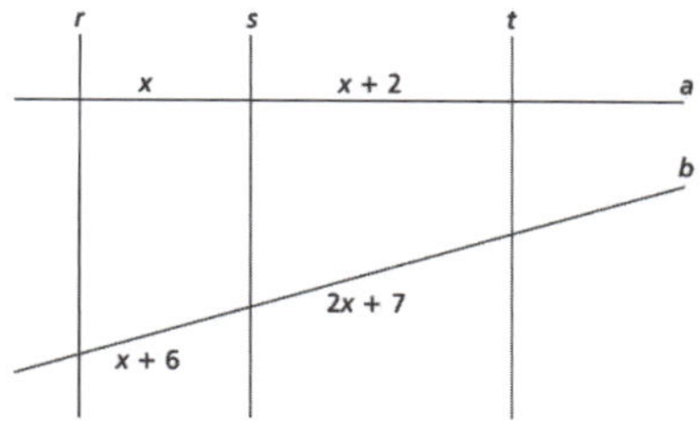

Reprodução/Cefet-MG, 2014

O valor de *x* é:

a) 3.
b) 4.
c) 5.
d) 6.

11 › (UFPB) Pedro emprestou R$ 1 500,00 ao seu cunhado, cobrando uma taxa mensal de juros de 15%. Ao final do primeiro mês, a quantia a ser paga pelo cunhado de Pedro, relativa aos juros desse empréstimo, será:

a) R$ 125,00.
b) R$ 135,00.
c) R$ 105,00.
d) R$ 150,00.
e) R$ 225,00.

12 › (Enem) Um rapaz possui um carro usado e deseja utilizá-lo como parte do pagamento na compra de um carro novo. Ele sabe que, mesmo assim, terá que financiar parte do valor da compra.

Depois de escolher o modelo desejado, o rapaz faz uma pesquisa sobre as condições de compra em três lojas diferentes. Em cada uma, é informado sobre o valor que a loja pagaria por seu carro usado, no caso de a compra ser feita na própria loja. Nas três lojas são cobrados juros simples sobre o valor a ser financiado, e a duração do financiamento é de um ano. O rapaz escolherá a loja em que o total, em real, a ser desembolsado será menor. O quadro resume o resultado da pesquisa.

Loja	Valor oferecido pelo carro usado (R$)	Valor do carro novo (R$)	Percentual de juros (%)
A	13 500,00	28 500,00	18 ao ano
B	13 000,00	27 000,00	20 ao ano
C	12 000,00	26 500,00	19 ao ano

A quantia a ser desembolsada pelo rapaz, em real, será:

a) 14 000.
b) 15 000.
c) 16 800.
d) 17 255.
e) 17 700.

VERIFIQUE O QUE ESTUDOU

1 ▸ Observe as medidas de comprimento destes segmentos de reta.

Banco de imagens/ Arquivo da editora

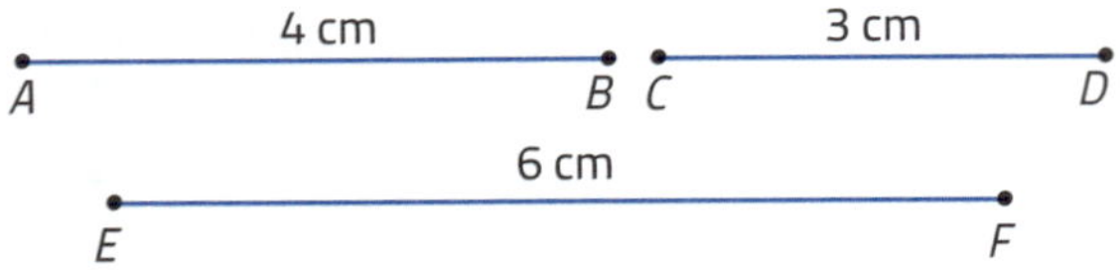

Complete os itens.

a) A razão entre ________ e ________ é $\frac{2}{3}$.

b) A razão entre ________ e ________ é $\frac{1}{2}$.

c) A razão entre *AB* e *CD* é ________ .

2 ▸ Considerando os segmentos de reta da atividade anterior, qual deve ser a medida de comprimento do $\overline{GH}$ para que, nessa ordem, $\overline{AB}$, $\overline{CD}$, $\overline{EF}$ e $\overline{GH}$ sejam segmentos de reta proporcionais?

3 ▸ Use as aproximações 3,1 para π e 1,6 para o número de ouro.

a) Qual é a medida de comprimento de uma circunferência que tem raio com medida de comprimento de 5 cm?

b) Qual é a medida de comprimento do menor lado de um retângulo de ouro cuja medida de comprimento do maior lado é de 4 cm?

c) Um triângulo é de ouro se é isósceles e a razão entre a medida de comprimento de um dos lados iguais e a medida de comprimento da base é igual ao número de ouro. Então, qual é a medida de perímetro de um triângulo de ouro cuja base tem medida de comprimento de 5 cm?

4 ▸ Na planta de uma casa, uma medida de comprimento real de 10 m está representada por um segmento de reta de medida de comprimento de 5 cm.

Qual é a escala dessa planta?

a) 1 : 2

b) 1 : 20

c) 1 : 200

d) 1 : 2000

5 ▸ As retas *a*, *b* e *c* são paralelas. Calcule o valor de *x* considerando todas as medidas de comprimento dadas na mesma unidade de medida.

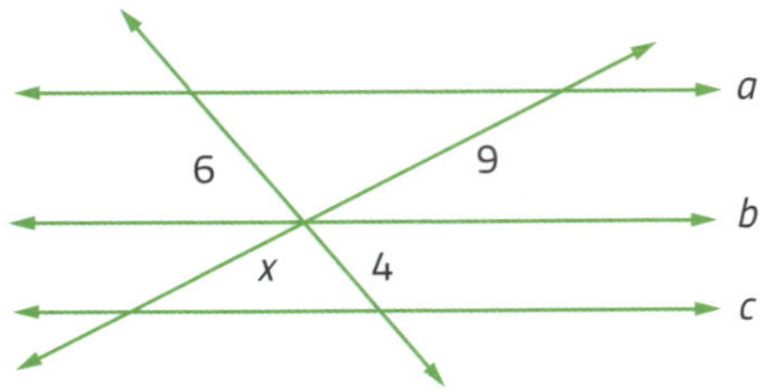

Banco de imagens/ Arquivo da editora

6 ▸ No mesmo lugar e instante, uma pessoa com altura de medida de comprimento de 1,80 m projeta uma sombra de medida de comprimento de 1,20 m e um prédio projeta uma sombra de medida de comprimento de 20 m. Qual é a medida de comprimento da altura do prédio?

7 ▸ Em uma produção do tipo LEVE 4 E PAGUE 3, o desconto em cada unidade é de quantos por cento?

8 ▸ Um produto custa R$ 200,00.

a) Se houver um acréscimo de 10% nesse preço e depois um acréscimo de 10% no novo preço, então quanto ele passará a custar?

b) E se houver um desconto de 10% e depois um novo desconto de 10%?

c) E se houver um acréscimo de 10% e depois um desconto de 10%?

9 ▸ Calcule e complete o que é pedido.

a) A quantia de R$ 200,00, aplicada a juros simples de 5% ao mês, produz um montante de R$ ________ no fim de 2 meses.

b) A quantia de R$ 200,00, aplicada a juros compostos de 5% ao mês, produz um montante de R$ ________ no fim de 2 meses.

Atenção

Retome os assuntos que você estudou neste capítulo. Verifique em quais teve dificuldade e converse com o professor, buscando maneiras de reforçar seu aprendizado.

Autoavaliação

Algumas atitudes e reflexões são fundamentais para melhorar o aprendizado e a convivência na escola. Reflita sobre elas.

- Prestei atenção às explicações do professor em todas as aulas?
- Retomei em casa cada assunto visto durante as aulas?
- Estou encerrando o estudo deste capítulo conhecendo adequadamente os conteúdos estudados?

PARA LER, PENSAR E DIVERTIR-SE

Ler

A coisa de maior extensão no mundo é o universo,
a mais rápida é o pensamento, a mais sábia é o tempo
e a mais cara e agradável é realizar a vontade de Deus.
(Tales de Mileto)

O filósofo, astrônomo e matemático grego Tales, que dá nome ao teorema que você estudou neste capítulo, também é comumente conhecido como Tales de Mileto, por ter vivido na cidade de Mileto (onde atualmente é a Turquia).

Ele foi um dos responsáveis por romper com o pensamento mitológico, muito usado na época, passando a utilizar o raciocínio lógico dedutivo para explicar fenômenos da natureza e elaborar teoremas matemáticos.

Apesar de não haver muitos registros de todos os estudos que ele desenvolveu – os poucos que existem estão em papiros e pergaminhos da época ou em anotações em livros de outros cientistas –, é fato que ele foi responsável por permitir novas perspectivas para a Matemática e para a Filosofia, em termos mais práticos e teóricos.

Além do cálculo da medida de comprimento da altura da pirâmide, usando a medida de comprimento da sombra da pirâmide, outro fato célebre que é de responsabilidade de Tales foi prever um eclipse total do Sol, em 585 a.C., fazendo observações dos astros.

De Agostini/Getty Images

Retrato de Tales de Mileto. Luigi Ramos. Demais informações desconhecidas.

Fontes de consulta: BRASIL ESCOLA. *Biografias*. Disponível em: <https://brasilescola.uol.com.br/biografia/tales-de-mileto.htm>; SOMATEMÁTICA. *Biografias de Matemáticos*. Disponível em: <www.somatematica.com.br/biograf/tales.php>. Acesso em: 2 abr. 2019.

Pensar

Se uma pessoa pode carregar 10 sacos de arroz ou 15 sacos de feijão, então quantos sacos de arroz ela ainda pode carregar se já está carregando 9 sacos de feijão?

Divertir-se

Renato Peters/Acervo do cartunista

As imagens desta página não estão representadas em proporção.

CAPÍTULO 4

Explorando as funções

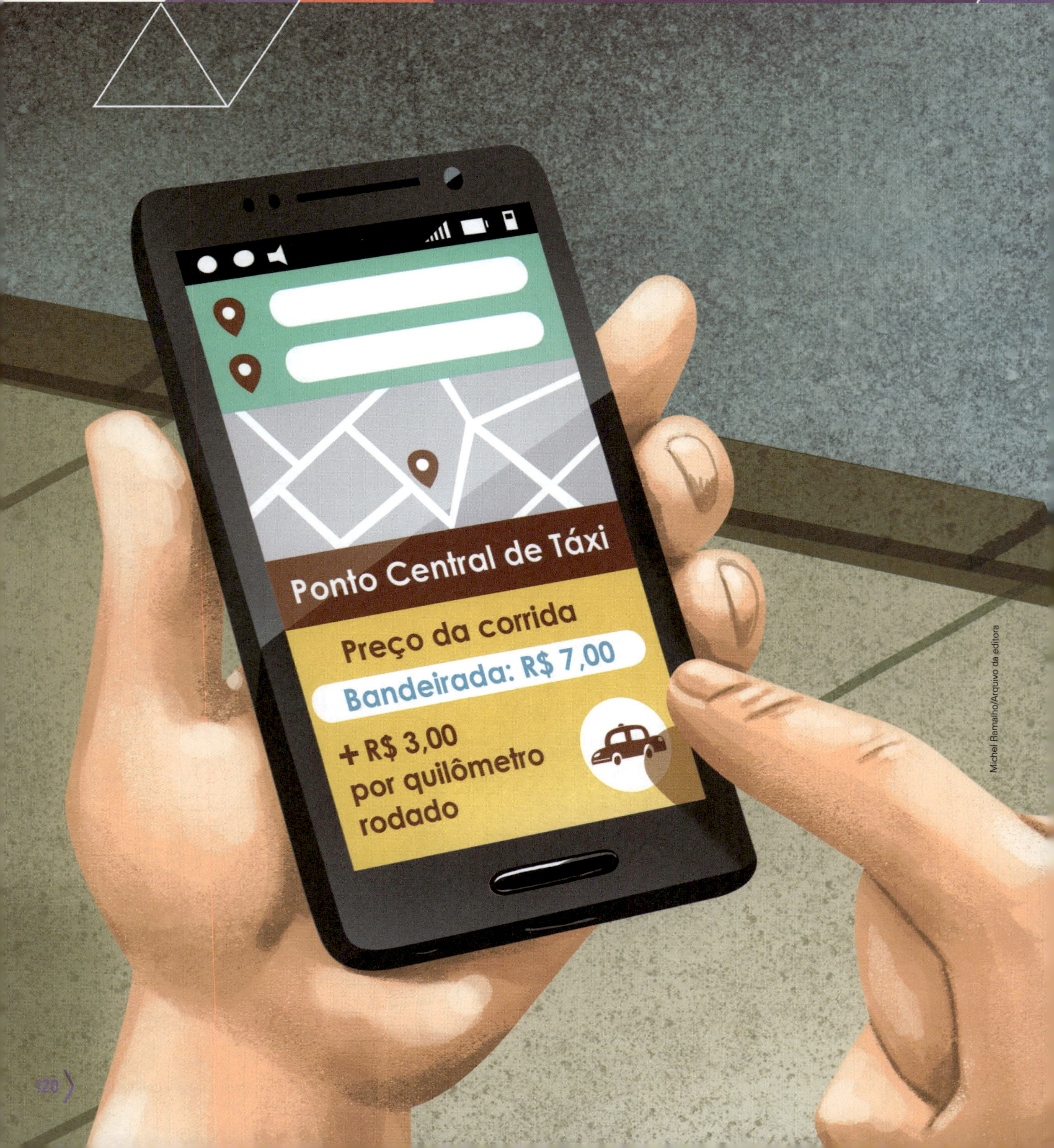

Michel Ramalho/Arquivo da editora

Nesse ponto de táxi, o preço a ser pago por uma corrida depende do número de quilômetros rodados. Dizemos que o preço é dado em **função** do número de quilômetros rodados.

Da mesma maneira, dizemos que: a medida de comprimento do contorno (a medida de perímetro) de uma praça circular é dada em função da medida de comprimento do raio; a medida de área de um terreno quadrado é dada em função da medida de comprimento dos lados desse terreno; a medida de volume de um reservatório cúbico é dada em função da medida de comprimento da aresta desse reservatório.

Situações como essas, envolvendo a ideia de função e as aplicações dela, serão estudadas neste capítulo.

Converse com os colegas sobre estas questões, faça os cálculos e registre as respostas.

1. Quanto um taxista vai receber por uma corrida de 5 quilômetros?
2. Um taxista recebeu R$ 43,00 no final de uma corrida. Quantos quilômetros ele percorreu?
3. Se, no final de uma corrida de x km, um taxista recebeu y reais, então qual destas igualdades corresponde a essa situação?

a) $y = 7 + 3x$ b) $y = 10x$ c) $x = 7 + 3y$

1 A ideia intuitiva de função

Leia estas situações.

- A medida de intervalo de tempo gasto por um carro para completar determinado percurso é dada em **função** da medida de velocidade média.
- O número de metros de tecido gastos para fazer uma roupa **depende** do tamanho da roupa.
- A medida de área do piso quadrado de uma sala **depende** da medida de comprimento do lado, ou seja, é dada em **função** da medida de comprimento do lado.

O conceito de **função** está presente em situações em que relacionamos 2 **grandezas variáveis**.

Acompanhe mais um exemplo. Gabriela foi ao supermercado com a mãe para comprar algumas caixas de suco para o aniversário do irmão dela.

No supermercado, 1 caixa de suco custava R$ 2,80, 2 custavam R$ 5,60, e assim por diante.

Observe esta tabela. Nela podemos perceber que o **preço a pagar** é dado **em função** do **número de caixas de suco** adquiridas, ou seja, o preço a pagar **depende** de quantas caixas foram compradas.

Grandeza: Algo que pode ser medido ou contado. Comprimento, área, volume, massa e população são alguns exemplos de grandezas.

Relação entre o número de caixas de suco e o preço a pagar

Número de caixas de suco	Preço a pagar (em R$)
1	2,80
2	5,60
3	8,40
4	11,20
5	14,00
⋮	⋮
10	28,00
n	$2{,}80 \cdot n$

Tabela elaborada para fins didáticos.

Guilherme Asthma/Arquivo da editora

Indicamos assim:

$$\underbrace{\text{preço a pagar}}_{P} = \underbrace{\text{número de caixas de suco}}_{n} \cdot 2{,}80 \text{ ou } P = 2{,}80 \cdot n$$

lei da função ou **fórmula matemática** da função

Atividades

1 Considere a situação do exemplo acima.

a) Qual é o preço de 6 caixas de suco?

b) Quantas caixas de suco podemos comprar com R$ 22,40?

c) Complete as frases.

I. Se $n = 20$, então $P =$ _________.

II. Se $P = 42$, então $n =$ _________.

2 Pedro tem 5 anos a mais do que Alice. Complete as frases.

a) Se Alice tem 7 anos, então Pedro tem _________ anos.

b) Quando Alice nasceu, Pedro tinha _________ anos.

c) Se y representa a idade de Pedro e x a idade de Alice, então a igualdade que dá o valor de y em função de x é _________.

3 Considere esta "máquina de calcular".

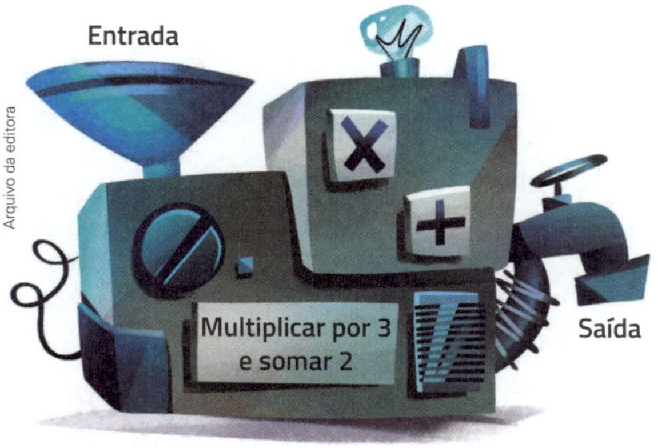

Guilherme Asthma/Arquivo da editora

a) Complete esta tabela.

Máquina de calcular

Entrada: x	-2	-1	0	1	2	3
Saída: y						

Tabela elaborada para fins didáticos.

b) Escreva a lei ou fórmula matemática que dá o valor de y em função de x.

4 Invente outra "máquina de calcular" e escreva a lei da função. Depois, elabore algumas perguntas e dê para um colega responder.

5 Observe esta tabela, complete-a com os números que faltam e escreva a lei da função que dá o valor de y a partir do valor de x correspondente.

x	-5	-2	0	1	3	4	5	7	8	10	11
y	25	4	0	1	9	16					

6 Volte às páginas de abertura deste capítulo e escreva a lei da função nas situações citadas.

a) Preço P a pagar em função do número x de quilômetros rodados.

b) Medida de perímetro P da praça circular em função da medida de comprimento r do raio dela.

c) Medida de área A do terreno quadrado em função da medida de comprimento ℓ do lado dele.

d) Medida de volume V do reservatório cúbico em função da medida de comprimento a da aresta.

7 **A máquina de triplicar.** Na máquina a seguir, o número que sai depende do número que entra, ou seja, o número que sai é obtido em **função** do número que entra.

Guilherme Asthma/Arquivo da editora

Representando por y o número que sai e por x o número correspondente que entra, registre o que se pede.

a) A lei em que y está em função de x.

b) O valor de y para $x = 3{,}9$.

c) O valor de x para $y = 3{,}9$.

8 Em relação à situação da atividade anterior, cada x corresponde a um único y?

9 Para este quadrado, podemos relacionar 2 grandezas variáveis: a medida de **comprimento** do lado do quadrado (ℓ) e a medida de **perímetro** (P).

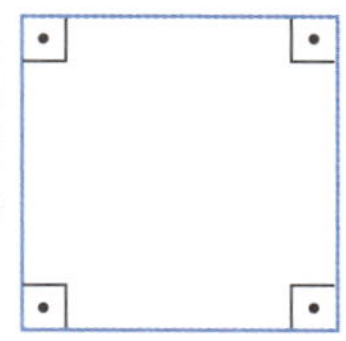

ℓ

ℓ

Banco de imagens/Arquivo da editora

a) Complete esta tabela.

Relação entre a medida de comprimento do lado e a medida de perímetro de um quadrado

Medida de comprimento do lado (em cm)	1	1,5	2	3	3,5	3,8	4	10
Medida de perímetro (em cm)	4	6						

Tabela elaborada para fins didáticos.

b) Observe os dados da tabela, descubra qual é o padrão e escreva a fórmula que determina a medida de perímetro P do quadrado em função da medida de comprimento ℓ do lado.

c) A medida de perímetro de um quadrado varia de maneira diretamente proporcional à medida de comprimento do lado dele? Explique sua resposta.

d) Se $\ell = 11{,}75$ cm, então qual é o valor de P?

e) Se $P = 22$ cm, então qual é o valor de ℓ?

Função: uma relação de dependência unívoca entre 2 variáveis

Pelos valores da tabela da atividade 9, observamos que, quando variamos a medida de comprimento do lado de um quadrado, a medida de perímetro dele também varia. Dizemos que a medida de perímetro de um quadrado é dada em **função** da medida de comprimento do lado dele, isto é, a medida de perímetro **depende** da medida de comprimento do lado.

> A cada valor dado para a medida de comprimento do lado do quadrado corresponde um **único valor** para a medida de perímetro. Por isso, a dependência é **unívoca**.

A fórmula que fornece a medida de perímetro P em função da medida de comprimento ℓ do lado de um quadrado é dada por:

$$P = 4\ell \rightarrow \text{lei da função}$$

Como a medida de perímetro do quadrado depende da medida de comprimento do lado, temos que a medida de perímetro do quadrado é a **variável dependente** e a medida de comprimento do lado é a **variável independente**.

Neste exemplo, ℓ assume valores reais positivos. Tanto a tabela quanto a fórmula mostram como **a medida de perímetro do quadrado varia em função da medida de comprimento do lado.**

Thiago Neumann/Arquivo da editora

Explorar e descobrir

Regularidade e função

Usem palitos de fósforo já queimados, canetas ou lápis e façam estas construções.

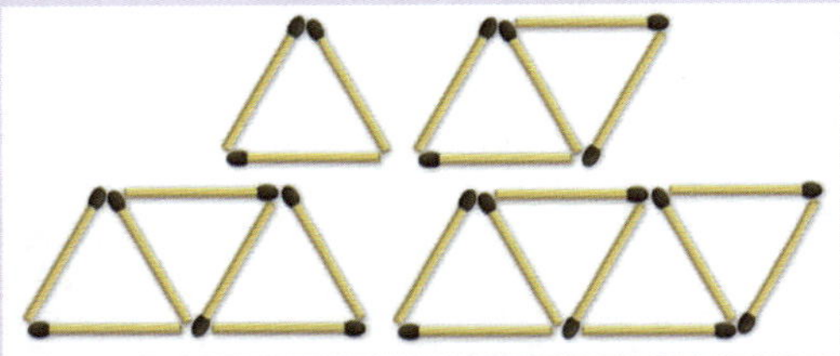

Paulo Manzi/Arquivo da editora

As imagens desta página não estão representadas em proporção.

a) Contem o número de triângulos e o número de palitos em cada construção. Em seguida, completem esta tabela.

Número de triângulos		Número de palitos
1	→	3
2	→	
3	→	
4	→	

Tabela elaborada para fins didáticos.

b) Quantos palitos são necessários para a construção com 5 triângulos?

c) Agora, façam a construção com 5 triângulos e verifiquem a resposta que vocês deram.

d) Observem o padrão (ou seja, a regularidade) e escrevam a lei que associa o número P de palitos em função do número t de triângulos construídos.

e) Usem a lei que vocês escreveram para calcular o número de palitos necessários para construir:

- 10 triângulos;
- 15 triângulos;
- 25 triângulos.

f) **Desafio.** Quantos triângulos a construção feita com 81 palitos tem?

Atividades

10 Elisa construiu esta máquina.

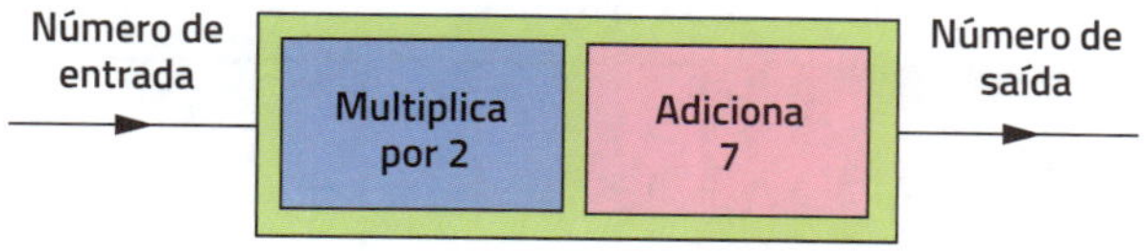

Banco de imagens/Arquivo da editora

a) Escreva a lei da função que representa essa máquina.

b) Calcule o valor de y para $x = -2$.

c) Qual é o valor de x quando $y = 6$?

11 Observe nesta tabela a medida de comprimento ℓ do lado (em cm) e a medida de área A (em cm^2) de uma região quadrada.

Relação entre a medida de comprimento do lado e a medida de área de uma região quadrada

Medida de comprimento ℓ do lado (em cm)	1	3	4	5,5	10	...	ℓ
Medida de área A (em cm^2)	1	9	16	30,25	100	...	ℓ^2

Tabela elaborada para fins didáticos.

a) O que é dado em função do que nessa situação?

b) Qual é a variável dependente?

c) Qual é a variável independente?

d) Qual é a lei da função que associa a medida de comprimento do lado com a medida de área?

e) Qual é a medida de área da região quadrada cujo lado tem medida de comprimento de 12 cm?

f) Qual é a medida de comprimento do lado da região quadrada cuja área mede 169 cm^2?

12 Esta tabela indica o custo de produção de certo número de peças para informática.

Custo de produção de certo número de peças para informática

Número de peças	1	2	3	4	5	6	7	n
Custo (em R$)	1,20	2,40	3,60	4,80				

Tabela elaborada para fins didáticos.

a) Complete a tabela.

b) A cada número de peças corresponde um único custo, em reais?

c) O que é dado em função do que nessa situação?

d) Qual é a fórmula matemática que indica o custo c em função do número n de peças?

e) Qual é o custo de 10 peças? E de 20 peças? E de 50 peças?

f) Com R$ 120,00, quantas peças é possível produzir?

g) Qual é a variável dependente? E a independente?

13 Considere a correspondência que associa cada número natural x ao sucessor dele, y.

a) Construa uma tabela que represente essa correspondência. Use os 6 primeiros números naturais.

b) O sucessor de um número natural é dado em função desse número natural?

c) Para cada número natural existe um único sucessor correspondente?

d) Escreva a lei da função.

14 Em dupla, examinem e, depois, completem esta tabela.

x	−2	−1	0	1	2	3	4	5
y	−9	−4	1	6				

Descubram o padrão e escrevam a lei da função que representa os dados dessa tabela.

15 Escreva a fórmula matemática que expressa a lei de cada uma destas funções.

a) Um fabricante produz objetos a um custo de R$ 12,00 a unidade, vendendo-os por R$ 20,00 a unidade. Portanto, o lucro y do fabricante é dado em função do número x de unidades produzidas e vendidas.

b) A Organização Mundial da Saúde (OMS) recomenda que cada cidade tenha no mínimo 14 m^2 de medida de área verde por habitante. A medida de área verde mínima y que deve ter uma cidade é dada em função do número x de habitantes.

16 Um cabeleireiro cobra R\$ 12,00 pelo corte para clientes com horário marcado e R\$ 10,00 sem horário marcado. Ele atende por dia um número fixo de 6 clientes com horário marcado e um número variável x de clientes sem horário marcado.

a) Escreva a fórmula matemática que fornece a quantia Q arrecadada por dia em função do número x de clientes sem horário marcado.

b) Qual foi a quantia arrecadada em um dia em que foram atendidos 16 clientes ao todo?

c) Qual foi o número de clientes atendidos em um dia em que foram arrecadados R\$ 212,00?

d) Qual é a lei que indica o número C de clientes atendidos por dia em função de x?

17 Um fabricante vende parafusos por R\$ 0,80 cada um. O custo total de um lote de parafusos é formado por uma taxa fixa de R\$ 40,00 mais o custo de produção de R\$ 0,30 por parafuso.

Le Tim/Shutterstock

Parafusos.

a) Qual lei indica o custo total y de um lote em relação ao número x de parafusos?

b) Qual é o custo da produção de um lote de 1 000 parafusos?

c) Quanto o fabricante arrecada na venda de um lote de 1 000 parafusos?

d) Qual é o número de parafusos de um lote para que, na venda, o fabricante não tenha lucro nem prejuízo?

e) Se vender um lote de 200 parafusos, então o fabricante terá lucro ou prejuízo? De quanto?

18 Em uma rodovia, um carro mantém medida de velocidade constante de 100 km/h.

a) Complete a tabela a seguir, que relaciona a medida de intervalo de tempo t (em horas) e a medida de distância d (em quilômetros) percorrida.

Relação entre a medida de intervalo de tempo e a medida de distância percorrida por um carro

Medida de intervalo de tempo t (em horas)	0,5	1	1,5	2	2,5	3
Medida de distância d (em quilômetros)	50	100				

Tabela elaborada para fins didáticos.

b) Qual grandeza foi calculada em função da outra?

c) Cada medida de intervalo de tempo corresponde a uma única medida de distância percorrida? Justifique.

d) Qual é a variável dependente nessa situação?

e) Escreva a lei que fornece d em função de t.

19 Gustavo é representante comercial. Ele recebe mensalmente um salário composto de 2 partes: uma fixa, no valor de R\$ 1 200,00, e uma variável, que corresponde a uma comissão de 7% (0,07) sobre o valor total das vendas que ele faz durante o mês. Considere S o salário mensal e x o valor total das vendas do mês.

a) Qual é a variável dependente? Justifique.

b) Qual é a lei da função que associa S a x?

c) Se o total de vendas no mês de setembro foi de R\$ 10 000,00, então quanto Gustavo recebeu nesse mês?

d) O salário de Gustavo varia de forma diretamente proporcional ao valor total das vendas que ele faz durante o mês? Justifique.

20 Uma empresa que conserta televisores cobra uma taxa fixa de R\$ 40,00 pela visita e mais R\$ 20,00 por hora de mão de obra. Considere c o custo do conserto e h o número de horas de trabalho.

As imagens desta página não estão representadas em proporção.

Hadrian/Shutterstock

Televisor que necessita de conserto.

a) Qual é a variável dependente nessa situação?

b) Qual é a fórmula matemática que representa a lei da função nessa situação?

2 A noção de função por meio de conjuntos

Vamos, agora, estudar essa mesma noção de função usando a nomenclatura de conjuntos. Considere estes exemplos.

- Observe os conjuntos *A* e *B* relacionados da seguinte maneira: em *A* estão alguns números inteiros e em *B*, outros. Podemos associar cada elemento de *A* ao triplo do elemento em *B*.

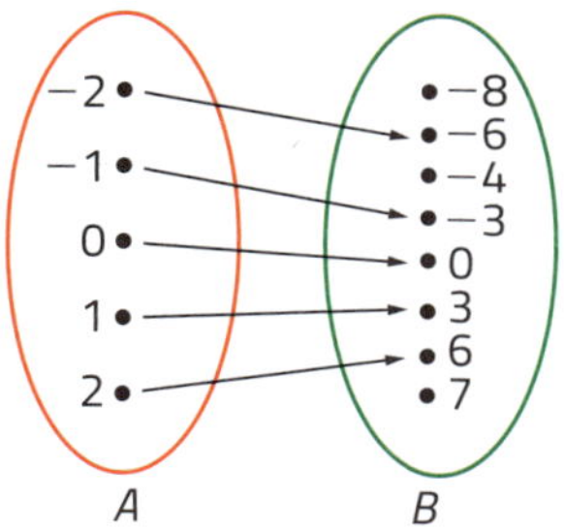

Banco de imagens/Arquivo da editora

$x \in A$	$y \in B$
−2	−6
−1	−3
0	0
1	3
2	6

Note que:

- todos os elementos de *A* têm correspondente em *B*;
- a cada elemento de *A* corresponde um único elemento de *B*.

Nesse caso, **temos uma função de *A* em *B***, que pode ser expressa pela fórmula $y = 3x$.

Veja outros exemplos de situações com conjuntos.

- Dados $A = \{0, 4\}$ e $B = \{2, 3, 5\}$, relacionamos *A* e *B* da seguinte maneira: cada elemento de *A* é menor do que um elemento de *B*. Nesse caso, **não temos uma função de *A* em *B***, pois ao elemento 0 de *A* correspondem 3 elementos de *B* (2, 3 e 5, pois $0 < 2$, $0 < 3$ e $0 < 5$), e não apenas um único elemento de *B*.

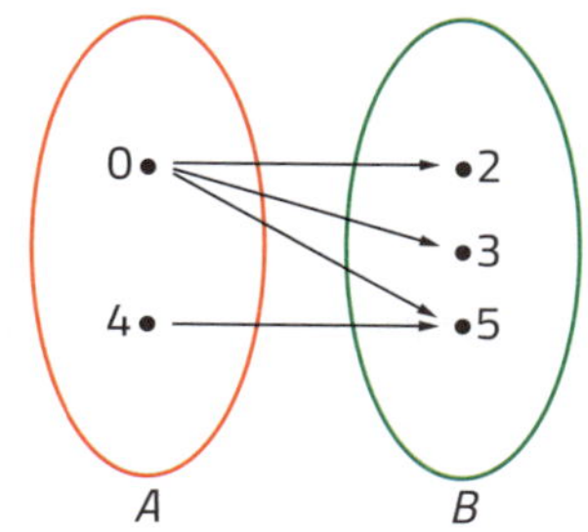

Ilustrações: Banco de imagens/Arquivo da editora

- Dados $A = \{-4, -2, 0, 2, 4\}$ e $B = \{0, 2, 4, 6, 8\}$, associamos os elementos de *A* aos elementos de igual valor em *B*.
  Observe que há elementos em *A* (os números −4 e −2) que não têm correspondente em *B*. Nesse caso, **não temos uma função de *A* em *B***.

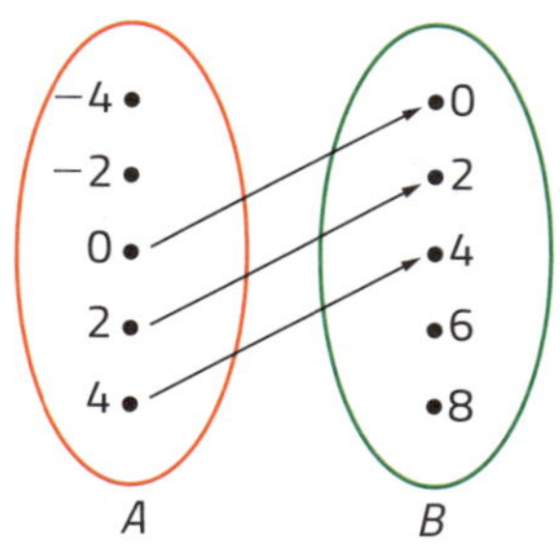

- Dados $A = \{-2, -1, 0, 1, 2\}$ e $B = \{0, 1, 4, 8, 16\}$ e a correspondência entre *A* e *B* dada pela fórmula $y = x^4$, com $x \in A$ e $y \in B$, temos:
  - todos os elementos de *A* têm correspondente em *B*;
  - a cada elemento de *A* corresponde um único elemento de *B*.

  Assim, para esses conjuntos e a correspondência expressa pela fórmula $y = x^4$, **temos uma função de *A* em *B***.

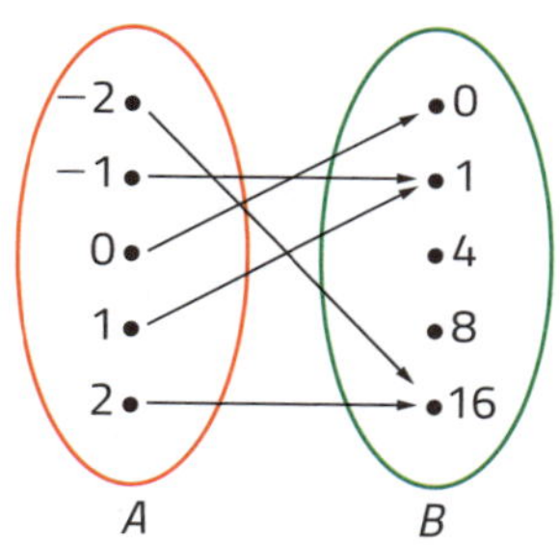

Definição e notação

> Dados 2 conjuntos não vazios A e B, uma função de A em B é uma regra que indica como associar cada elemento $x \in A$ a um único elemento $y \in B$.

Usamos a seguinte notação:

$$f: A \to B \quad \text{ou} \quad A \xrightarrow{f} B$$

(Lemos: f é uma função de A em B.)

A função f transforma x de A em y de B, ou seja, $f: x \mapsto y$.

Escrevemos assim:

$$y = f(x)$$

(Lemos: y é igual a f de x.)

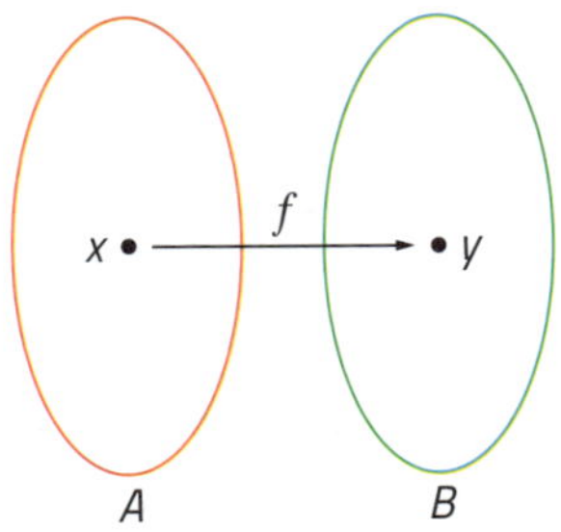

Banco de imagens/Arquivo da editora

$$f: A \to B$$
$$x \mapsto y$$

Valor de uma função

Guilherme Asthma/Arquivo da editora

Em uma papelaria, cada caderno custa R$ 6,50. Observe a tabela e o diagrama que relacionam o número x de cadernos e o preço y a pagar por eles.

x	1	2	3	4	5	6	7	...
y	6,50	13	19,50	26	32,50	39	45,50	...

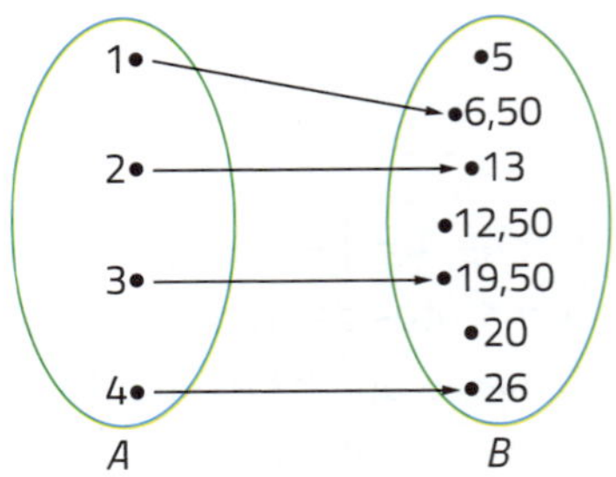

Banco de imagens/Arquivo da editora

Observe que o preço a pagar é dado em **função** do número de cadernos comprados. Nesse exemplo, o preço a pagar é a **variável dependente** e o número de cadernos, a **variável independente**.

A cada número de cadernos comprados corresponde um único preço a pagar.

$$\underbrace{\text{preço a pagar}}_{f(x)\,=\,y} = 6{,}50 \times \underbrace{\text{número de cadernos}}_{x}$$

Logo, $f(x) = y = 6{,}50x$.

Nesse exemplo, para $x = 5$, temos:

$$f(x) = 6{,}50x \Rightarrow f(5) = 6{,}50 \times 5 = 32{,}50$$

Assim, $f(5) = 32{,}50$. Dizemos que para $x = 5$, o **valor da função** é 32,50.

Portanto, o preço de 5 cadernos é R$ 32,50.

Atividades

21 ▸ Considerando o exemplo da página anterior, responda aos itens.

a) Qual é o preço de 10 cadernos?

b) Quantos cadernos podem ser comprados com R$ 78,00?

22 ▸ Complete as igualdades ainda considerando a situação da página anterior.

a) $f(9) =$ ______

b) $f(1) =$ ______

c) $f($______$) = 13{,}00$

d) $f($______$) = 19{,}50$

e) $f(20) =$ ______

f) $f($______$) = 52{,}00$

23 ▸ Quais destes diagramas representam uma função de *A* em *B*?

a)

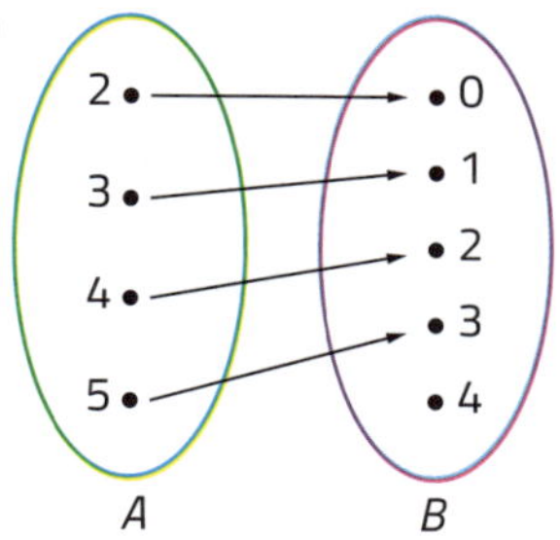

b)

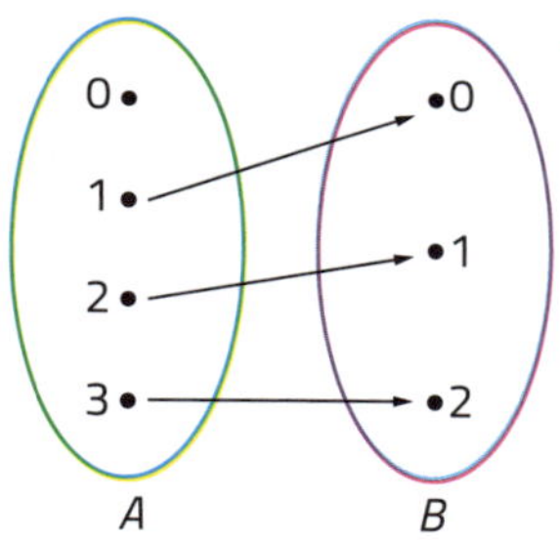

c)

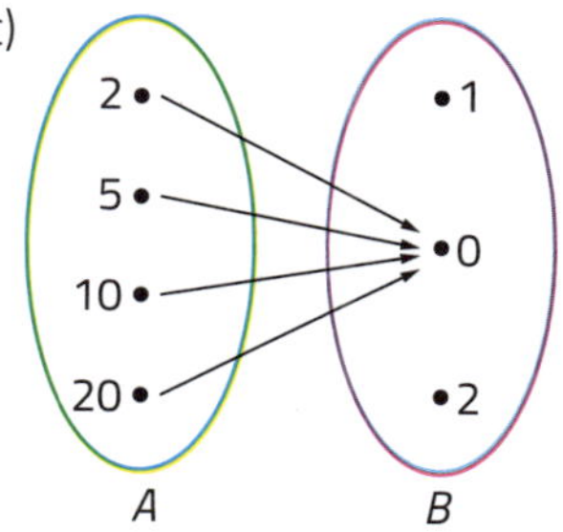

d)

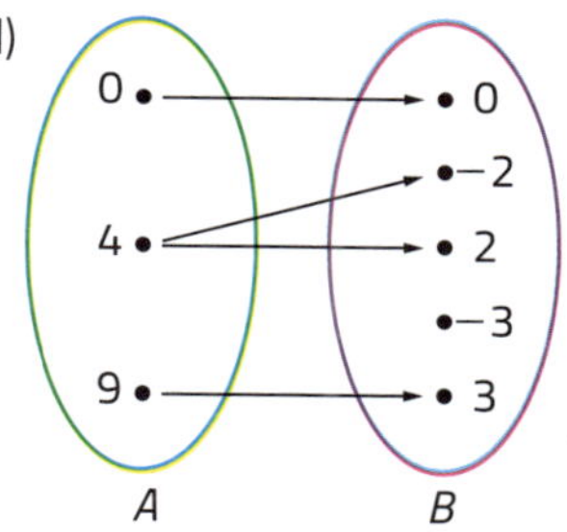

Ilustrações: Banco de imagens/Arquivo da editora

24 ▸ Dados $A = \{-2, -1, 0, 1, 2\}$, $B = \{-1, 0, 1, 3, 4\}$ e a correspondência entre *A* e *B* dada por $y = x^2$, com $x \in A$ e $y \in B$, faça um diagrama e diga se f é uma função de *A* em *B*.

25 ▸ Dados $A = \{0, 1, 2, 3\}$, $B = \{-1, 0, 1\}$ e a correspondência entre *A* e *B* dada por $y = x - 2$, com $x \in A$ e $y \in B$, faça um diagrama e diga se f é uma função de *A* em *B*.

26 ▸ Dados $A = \{-1, 0, 1, 2, 3\}$, $B = \left\{\frac{1}{2}, 1, 2, 4, 6, 8\right\}$ e a correspondência entre *A* e *B* dada por $y = 2^x$, com $x \in A$ e $y \in B$, essa correspondência é uma função de *A* em *B*?

27 ▸ Formule um exemplo de função, inventando os conjuntos *A* e *B* e a correspondência entre *A* e *B*.

28 ▸ Observe esta tabela.

A	x	1	4	9	16	25
B	y	1	2	3	4	5

a) Verifique se a correspondência de *A* em *B* pode ser uma função. Em caso afirmativo, determine a fórmula matemática dessa função.

b) Verifique se a correspondência de *B* em *A* pode ser uma função. Em caso afirmativo, determine a fórmula matemática dessa função.

Atividade resolvida passo a passo

Abre-se uma torneira para completar o conteúdo de uma caixa-d'água e ela fica aberta durante exatamente 10 horas. Observou-se que a medida de volume de água que a caixa recebe desde que se abriu essa torneira obedece à lei $V(x) = 90x + 100$, em que V é dado em litros e x em horas. Então é verdade que:

a) quando a torneira foi aberta, a medida de volume de água dentro da caixa-d'água era de 200 litros.

b) depois de 30 minutos que a torneira foi aberta, a medida de volume de água chegou a 200 litros.

c) nas 2 primeiras horas depois de aberta a torneira, a caixa recebeu 180 litros de água.

d) se depois de 10 horas que a torneira foi aberta a caixa se encheu completamente, então a medida de capacidade dessa caixa-d'água é de 1 100 litros.

e) na última hora em que esteve aberta, a torneira despejou 80 litros na caixa-d'água.

Lendo e compreendendo

Para cada valor de x, dado em horas, a lei matemática apresentada no enunciado nos fornece a medida de volume V de água, dada em litros, que se encontra na caixa-d'água naquele instante.

Planejando a solução

Lembremos que basta substituirmos o valor de x, dado em horas, para descobrirmos o valor da função, ou seja, a medida de volume V de água na caixa. Devemos assim proceder em todas as 5 alternativas apresentadas pela atividade.

Executando o que foi planejado

a) No instante em que a torneira foi aberta, devemos considerar $x = 0$. Então, temos:

$$V(0) = 90 \cdot 0 + 100 = 100$$

Com isso, concluímos que, no instante em que a torneira foi aberta, havia 100 litros de água na caixa. (falsa)

b) Transformando 30 minutos em horas, temos $x = \frac{1}{2}$. Então:

$$V\left(\frac{1}{2}\right) = 90 \cdot \frac{1}{2} + 100 = 45 + 100 = 145$$

Depois de meia hora, a medida de volume de água na caixa era de 145 litros. (falsa)

c) Para calcular quantos litros de água a caixa recebeu nas 2 primeiras horas, devemos considerar $x = 2$.

$$V(2) = 90 \cdot 2 + 100 = 180 + 100 = 280$$

Como já havia 100 litros na caixa, nessas primeiras 2 horas ela recebeu 180 litros ($280 - 100 = 180$). (verdadeira)

d) Façamos $x = 10$:

$$V(10) = 90 \cdot 10 + 100 = 900 + 100 = 1000$$

Se depois de 10 horas a caixa se encheu completamente, então a medida de capacidade dela é de 1 000 litros. (falsa)

e) Basta fazermos:

$$V(10) - V(9) = (90 \cdot 10 + 100) - (90 \cdot 9 + 100) = 1000 - 910 = 90 \text{ (falsa)}$$

Verificando

A sentença $V(x) = 90x + 100$ indica que:

- já havia 100 litros na caixa-d'água ($x = 0$);
- a cada hora a torneira despeja 90 litros de água na caixa.

Observando isso, é possível verificar de maneira imediata cada uma das alternativas.

Emitindo a resposta

A alternativa correta é a **c**, pois a torneira despejou 180 litros em 2 horas, já que despeja 90 litros por hora.

Ampliando a atividade

Uma torneira enche uma caixa-d'água de acordo com a lei $V_1(x) = 90x + 100$ e outra torneira esvazia a mesma caixa de acordo com a lei $V_2(x) = 80x$, se abertas no mesmo instante.

a) Qual é a medida de volume de água na caixa depois de 5 horas?

b) Em quanto tempo a caixa ficará cheia? (Supondo a medida de capacidade de 1 000 litros.)

Solução

a) Basta fazermos:

$$V_1(5) - V_2(5) = (90 \cdot 5 + 100) - (80 \cdot 5) = 550 - 400 = 150$$

Depois de 5 horas a medida de volume de água é de 150 litros.

b) Como a medida de capacidade é de 1 000 litros, temos:

$$V_1(x) - V_2(x) = 1000 \Rightarrow (90x + 100) - 80x = 1000 \Rightarrow 10x = 900 \Rightarrow x = 90$$

Nessas condições, a caixa ficará cheia depois de 90 horas.

Domínio, contradomínio e conjunto imagem

Dada uma função f de A em B, o conjunto A é chamado de **domínio (D)** da função e o conjunto B é chamado de **contradomínio (CD)** da função.

Para cada $x \in A$, o elemento $y \in B$ é chamado de **imagem** de x pela função f ou é o valor assumido pela função f para $x \in A$.
Representamos por $f(x)$.
Assim, $y = f(x)$.

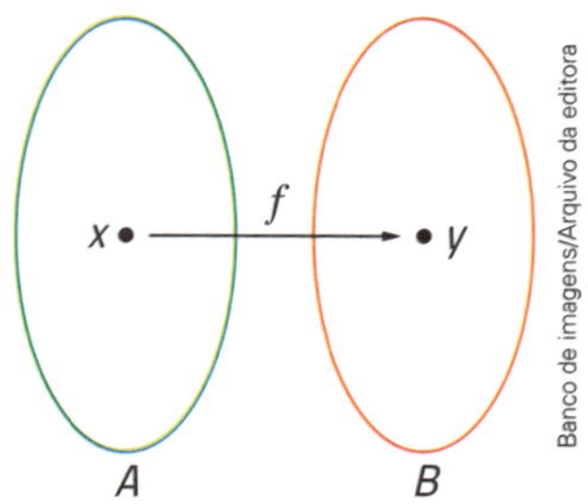

O conjunto de todos os y assim obtidos é chamado **conjunto imagem** da função f e é indicado por **Im(f)**.

Observe estes exemplos.

- Dados os conjuntos $A = \{0, 1, 2, 3\}$ e $B = \{0, 1, 2, 3, 4, 5, 6\}$, vamos considerar a função $f: A \rightarrow B$ que transforma $x \in A$ em $2x \in B$.

  Dizemos que $f: A \rightarrow B$ é definida por $f(x) = 2x$ ou por $y = 2x$. A indicação $x \xrightarrow{f} 2x$ significa que x é transformado pela função f em $2x$.

Observe que, em toda função f de A em B, temos $\text{Im}(f) \subset B$.

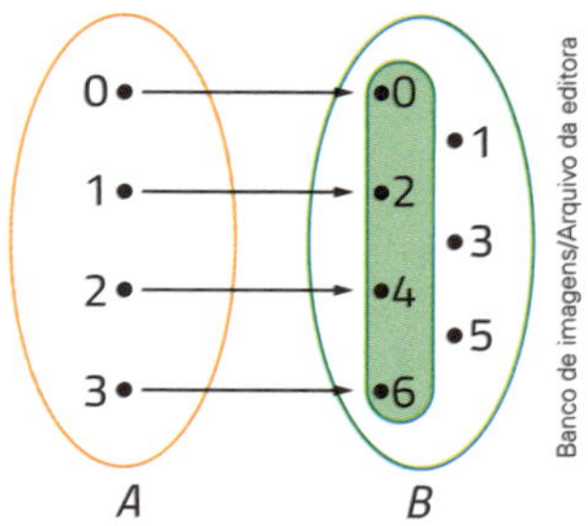

Veja que, para caracterizar uma função, é necessário conhecer os 3 componentes dela: o domínio (D), o contradomínio (CD) e uma regra que associa cada elemento de A a um único elemento $y = f(x)$ de B. Nesse exemplo, o domínio é $A = \{0, 1, 2, 3\}$, o contradomínio é $B = \{0, 1, 2, 3, 4, 5, 6\}$ e a regra é dada por $y = 2x$. Além disso, o conjunto imagem é dado por $\text{Im}(f) = \{0, 2, 4, 6\}$.

- Vamos considerar a função $f: \mathbb{N} \to \mathbb{N}$ que leva x em $x + 1$, definida por $f(x) = x + 1$.
  Nesse caso, a função f transforma todo número natural x em outro número natural y, que é o sucessor de x, indicado por $x + 1$.
  - A imagem de $x = 0$ é $f(0) = 0 + 1 = 1$.
  - A imagem de $x = 1$ é $f(1) = 1 + 1 = 2$.
  - A imagem de $x = 2$ é $f(2) = 2 + 1 = 3$.

  E assim por diante.
  Portanto, o domínio é $\mathbb{N}$ ($D = \mathbb{N}$), o contradomínio é $\mathbb{N}$ ($CD = \mathbb{N}$), a regra é $y = x + 1$ e o conjunto imagem é $\mathbb{N}^* = \mathbb{N} - \{0\}$, isto é, $Im(f) = \mathbb{N}^*$.

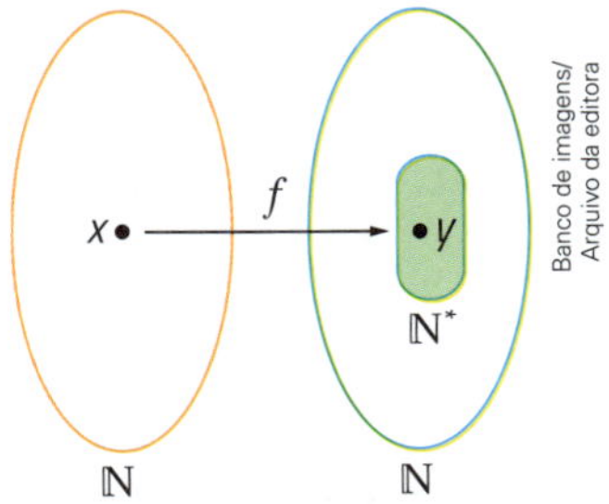

- Seja a função $f: \mathbb{R} \to \mathbb{R}$ definida por $y = x^2$.
  Nesse caso, a função f transforma cada número real x em outro número real y, que é o quadrado de x. Como todo número real maior do que ou igual a 0 tem raiz quadrada real, então o conjunto imagem é $Im(f) = \mathbb{R}_+ = \{y \in \mathbb{R} \mid y \geq 0\}$, o domínio é $\mathbb{R}$ ($D = \mathbb{R}$), o contradomínio é ($CD = \mathbb{R}$) e a regra que associa todo $x \in \mathbb{R}$ a um único y de $\mathbb{R}$ é dada por $y = x^2$.

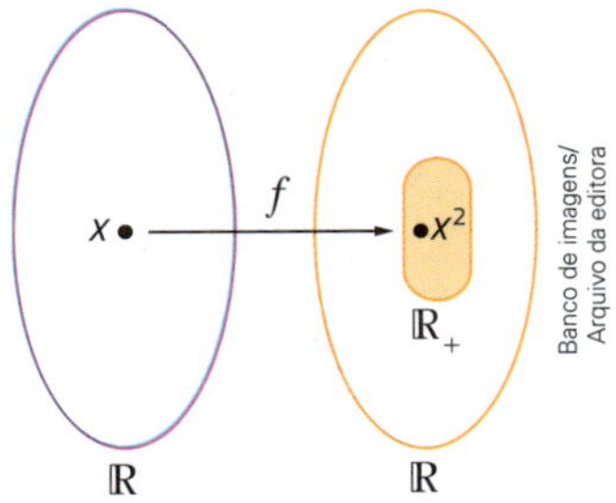

Atividades

29 Considere a função $A \xrightarrow{f} B$ dada por este diagrama e determine o que se pede.

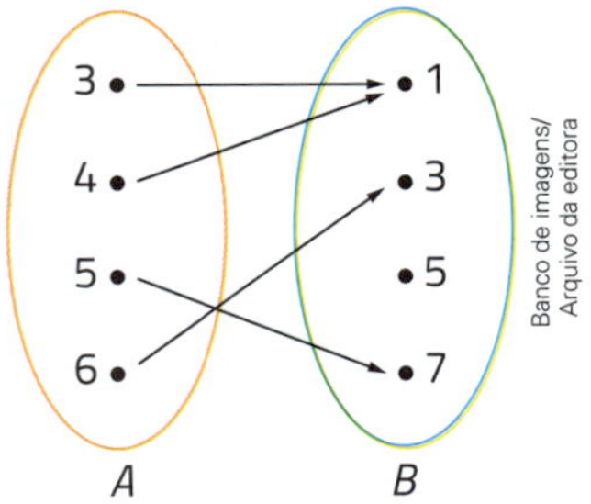

a) $D(f)$
b) $Im(f)$
c) $f(4)$
d) y, quando $x = 5$.
e) x, quando $y = 3$.
f) x, quando $f(x) = 1$.
g) $f(x)$, quando $x = 6$.
h) y, quando $x = 3$.
i) x, quando $y = 7$.

30 Considere $A \xrightarrow{g} B$ a função para a qual $A = \{1, 3, 4\}$, $B = \{3, 9, 12\}$ e $g(x)$ é o triplo de x, para todo $x \in A$. Faça o que se pede.
a) Construa o diagrama de flechas da função.
b) Determine $D(g)$, $CD(g)$ e $Im(g)$.
c) Determine $g(3)$.
d) Determine x para o qual $g(x) = 12$.

CONEXÕES

Um pouco da história das funções

O conceito de função é um dos mais importantes da Matemática e ocupa lugar de destaque em outras áreas do conhecimento. É muito comum e conveniente expressar fenômenos físicos, biológicos, sociais, etc. por meio de funções.

Fenômeno: Fato ou evento de interesse científico que pode ser descrito e explicado cientificamente.

Quando aparecem as funções?

O conceito de função aparece, de maneira intuitiva, desde a Antiguidade. Um dos melhores exemplos de função no período antigo deve-se ao cientista grego Claudius Ptolomeu (90-168), que viveu em Alexandria durante o período romano. Ptolomeu elaborou a famosa **tabela de cordas**, que foi um instrumento fundamental para cálculos na Astronomia e na navegação.

Essa tabela foi construída considerando uma semicircunferência com medida de comprimento do diâmetro de 120 unidades e que, para cada ângulo central de medida de abertura α, associava a medida de comprimento L da corda correspondente, como na figura a seguir.

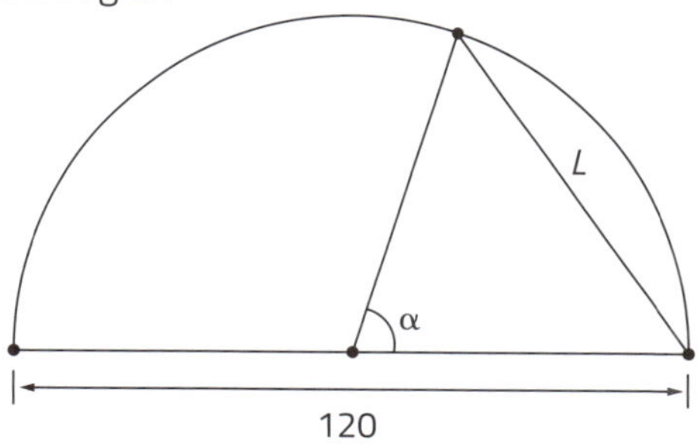

Banco de imagens/Arquivo da editora

Em uma circunferência, quaisquer 2 pontos dela determinam um segmento de reta chamado **corda**.

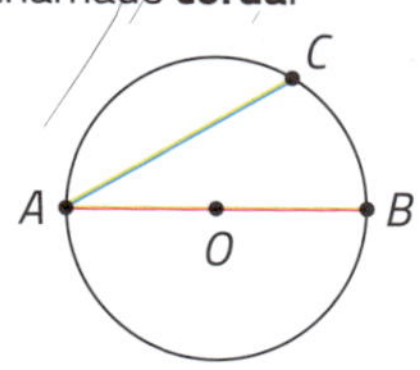

Banco de imagens/Arquivo da editora

$\overline{AB}$ e $\overline{AC}$ são cordas dessa circunferência de centro O.

Na tabela de cordas de Ptolomeu, as medidas de abertura dos ângulos são expressas em graus, com variação de meio grau de um valor para o seguinte, e a medida de comprimento da corda é determinada na semicircunferência em função de um ângulo com medida de abertura entre 0° e 180°. Veja alguns valores nesta tabela.

The Bridgeman Art Library/Fotoarena/Coleção particular

Retrato de Claudius Ptolomeu. 1597-1599. Johann Theodor de Bry. Gravura, 138 mm × 108 mm.

Tabela das cordas

α (em graus)	L (em unidades)
⋮	⋮
18,5	19,27
⋮	⋮
70	68,86
⋮	⋮
114	100,67
⋮	⋮

Fonte de consulta: a mesma do texto.

Atualmente, sabemos que existe uma fórmula que permite calcular o valor de α para cada valor de L da corda; mas, naquele tempo, não estava bem definido o conceito de "fórmula".

A palavra função, no sentido que usamos atualmente, apareceu pela primeira vez em correspondências entre 2 grandes matemáticos: o suíço Jacques Bernoulli (1667-1748) e o alemão Gottfried Leibniz (1646-1716). Inicialmente Leibniz dizia, falando de um problema de Geometria, que certos elementos devem ter alguma função. As cartas continuaram e, em uma carta de Bernoulli para Leibniz no ano de 1698, aparece a frase:

"... função é uma quantidade que de alguma maneira é formada por quantidades indeterminadas e quantidades constantes.".

E Leibniz responde:

"... e eu estou contente em ver que você usou o termo de acordo com o meu sentido.".

É interessante observar que a frase de Bernoulli, de mais de 300 anos atrás, exprime muito bem o que nós entendemos como uma função atualmente.

Nos anos posteriores à conversa de Bernoulli e Leibniz, as funções tornaram-se objetos comuns em toda a Matemática.

- No século XVIII, o matemático suíço Leonhard Euler (1707-1783) deu grandes contribuições para que esse conceito ficasse bem definido e fosse utilizado de maneira precisa. É atribuída a Euler a representação de uma função pela notação $f(x)$.
- No século XIX, o matemático alemão Johann Peter Gustav Lejeune Dirichlet (1805-1859) escreveu uma primeira definição de função muito semelhante àquela que usamos atualmente:
  "Uma variável y se diz função de uma variável x se, para todo valor atribuído a x, corresponde, por alguma lei ou regra, um único valor de y. Nesse caso, x denomina-se **variável independente**, e y, **variável dependente**.".
- No fim do século XIX, com a disseminação da linguagem dos conjuntos, tornou-se possível a definição formal do conceito de função por meio de conjuntos:
  "Dados os conjuntos X e Y, uma função $f: X \to Y$ (lemos: uma função de X em Y) é uma regra que determina como associar a cada elemento $x \in X$ um único $y = f(x) \in Y$.".

Banco de imagens/Arquivo da editora

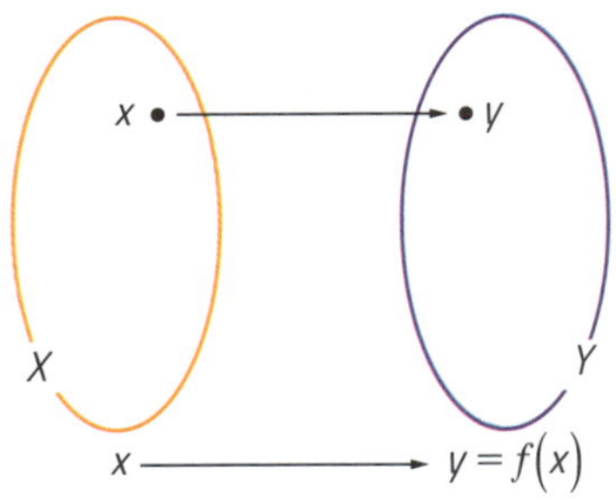

Fontes de consulta: E-DISCIPLINAS. Disponível em: <https://edisciplinas.usp.br/mod/resource/view.php?id=778089>; UOL EDUCAÇÃO. *Biografia.* Disponível em: <https://educacao.uol.com.br/biografias/claudio-ptolomeu.htm>. Acesso em: 24 out. 2018.

AKG-Images/Fotoarena

Retrato de Jacques Bernoulli. Séc. XVIII. G. G. Schmidt sobre a obra de J. Ruber. Gravura, 250 mm × 185 mm.

Album/Fotoarena/Galeria Tretjakov, Moscou

Leonhard Euler. 1780. Joseph Friedrich August Darbes. Óleo sobre tela, 61,3 cm × 47,3 cm.

As imagens desta página não estão representadas em proporção.

The Bridgeman Art Library/Fotoarena

Retrato de Peter Gustav Dirichlet. 1805-1859. Autor desconhecido. Gravura, dimensões desconhecidas.

Questões

Com um colega, tentem responder às seguintes questões.

1 Qual é a variável independente e qual é a variável dependente quando representamos a medida de velocidade alcançada por $v = f(t)$?

2 Qual é a variável independente e qual é a variável dependente na função cuja lei é $m = f(n)$?

3 Na função $f: A \to B$, em que $a \in A$ e $b \in B$, qual é a variável independente e qual é a variável dependente?

4 Existe diferença em escrever $a = f(b)$ e $b = f(a)$? Justifique.

3 Representação gráfica de uma função

Dada uma função $f: A \rightarrow B$, o gráfico dela é o conjunto formado por todos os pares ordenados (x, y), para $x \in A$, $y \in B$ e $y = f(x)$, ou seja, é o conjunto $\{(x, f(x)); x \in A\}$. E podemos representar esse conjunto em um plano cartesiano.

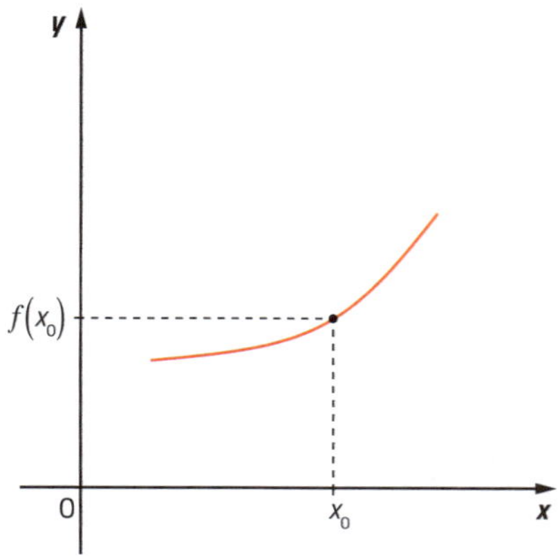

Banco de imagens/Arquivo da editora

$(x_0, f(x_0))$ é um ponto do gráfico.

A representação gráfica de uma função ajuda a analisar a variação das grandezas, uma dependente da outra.

Atividades

31 Este gráfico mostra como as grandezas volume e intervalo de tempo variam, uma dependendo da outra, em um tanque de água que estava cheio e foi se esvaziando. Vemos que a medida de volume de água foi diminuindo em função da medida de intervalo de tempo: quanto maior a medida de intervalo de tempo (de 0 a 35 minutos), menor a medida de volume de água no tanque (de 600 a 0 litros).

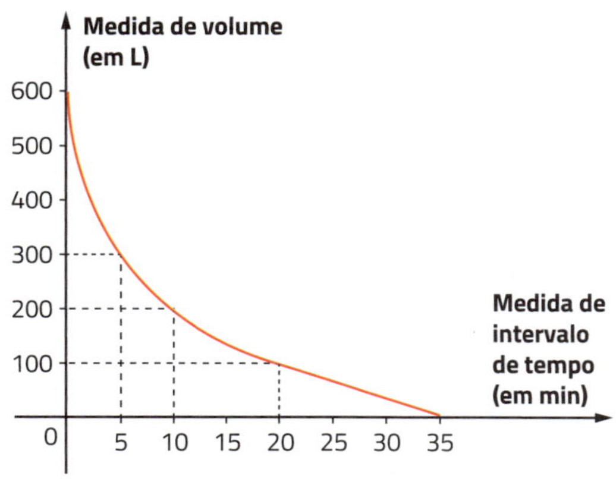

Banco de imagens/Arquivo da editora

a) O gráfico ilustra a variação de quais grandezas?

b) Qual é a medida de volume total desse tanque?

c) Após quantos minutos de esvaziamento o tanque ficou com 300 L de água?

d) Após 20 minutos de esvaziamento, quantos litros de água ainda havia no tanque?

e) Identifique um par ordenado dessa função.

f) A medida de intervalo de tempo e a medida de volume variam de maneira proporcional?

32 Neste gráfico de uma função, qual é o valor de $f(3)$?

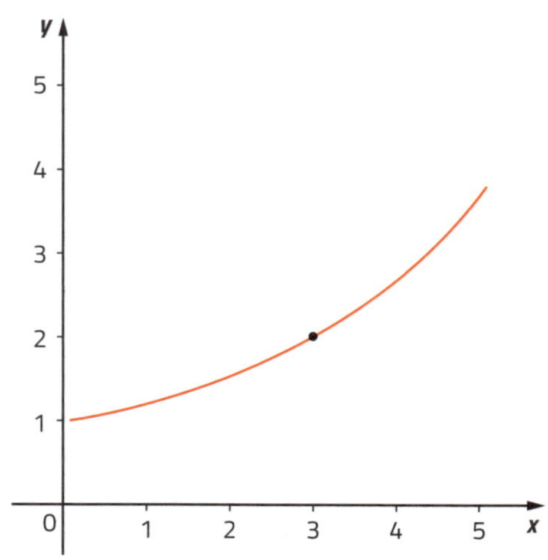

Banco de imagens/Arquivo da editora

Construção do gráfico de uma função

Quais são os dados necessários e como devemos proceder para construir o gráfico de uma função em um plano cartesiano? Veja o passo a passo a seguir.

- Construir uma tabela com valores x escolhidos convenientemente e os respectivos valores de y.
- A cada par ordenado (x, y) da tabela, associar um ponto do plano cartesiano determinado pelos eixos x e y.
- Marcar um número suficiente de pontos até que seja possível esboçar o gráfico da função.

> Na construção dos gráficos, vamos considerar a variável x assumindo todos os valores reais possíveis. Neste caso, podemos ligar os pontos por uma linha contínua.

Thiago Neumann/Arquivo da editora

Examine estes exemplos.

- Vamos construir o gráfico da função dada pela fórmula $y = f(x) = 2x + 1$, com x real.
  Como x varia no conjunto dos números reais, escolhemos alguns valores arbitrários para x e obtemos os valores reais correspondentes para y.

x	$y = 2x + 1$	(x, y)
-2	-3	$(-2, -3)$
-1	-1	$(-1, -1)$
0	1	$(0, 1)$
1	3	$(1, 3)$
2	5	$(2, 5)$

O gráfico é o conjunto de todos os pontos correspondentes aos pares ordenados (x, y), com x e y reais, e $y = 2x + 1$, o que nos fornece esta reta.

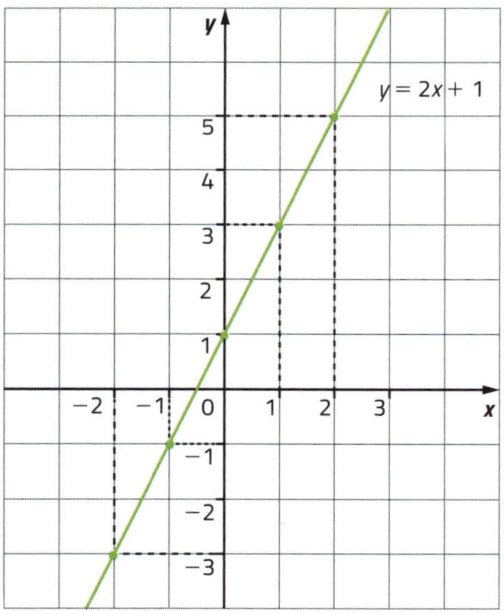

Banco de imagens/Arquivo da editora

> Os matemáticos já provaram que, quando temos $y = ax + b$, com a e b números reais, o gráfico é **sempre uma reta**.
> Como 2 pontos determinam uma reta, basta marcarmos apenas 2 pontos no plano cartesiano para traçá-la.

- Vamos agora construir o gráfico da função dada pela fórmula $y = x^2 - 4$, com x real. Quanto mais valores escolhermos para x, mais clara a ideia que teremos de como ficará o gráfico no plano cartesiano.
  Vamos escolher alguns valores para x e elaborar uma tabela. Em seguida, colocamos os pontos correspondentes aos pares ordenados (x, y) no plano cartesiano determinado pelo sistema de eixos.

x	$y = x^2 - 4$	(x, y)
-3	5	$(-3, 5)$
-2	0	$(-2, 0)$
-1	-3	$(-1, -3)$
0	-4	$(0, -4)$
1	-3	$(1, -3)$
2	0	$(2, 0)$
3	5	$(3, 5)$

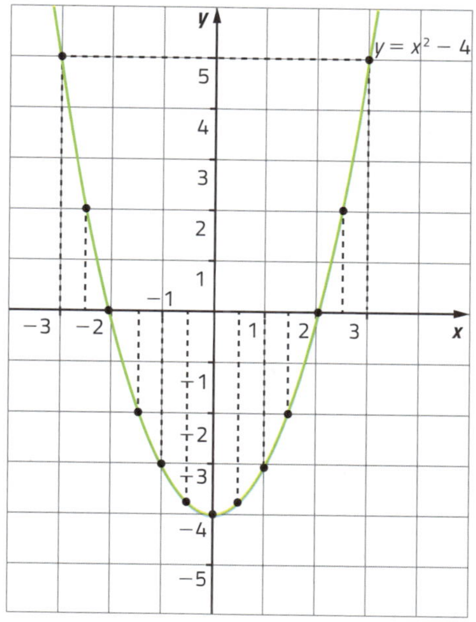

Banco de imagens/Arquivo da editora

Os matemáticos já provaram que, quando temos y igual a um polinômio do 2º grau da forma $ax^2 + bx + c$, com a, b e c números reais e $a \neq 0$, o gráfico é uma curva chamada **parábola**.

Neste exemplo, em $y = x^2 - 4$, temos $a = 1$, $b = 0$ e $c = -4$. Neste caso, o eixo y do plano cartesiano é o **eixo de simetria** da parábola.

Banco de imagens/Arquivo da editora

Thiago Neumann/Arquivo da editora

Zeros de uma função

Entre os possíveis valores que x pode assumir em uma função, é chamado de **zero da função** todo valor de x, quando existir, para o qual $y = 0$.

No exemplo da página 136, $-\frac{1}{2}$ é o zero da função dada por $y = f(x) = 2x + 1$, pois, para $x = -\frac{1}{2}$, temos $f\left(-\frac{1}{2}\right) = 2 \cdot \left(-\frac{1}{2}\right) + 1 = -1 + 1 = 0$. Veja que o ponto $\left(-\frac{1}{2}, 0\right)$ é a intersecção da reta com o eixo x.

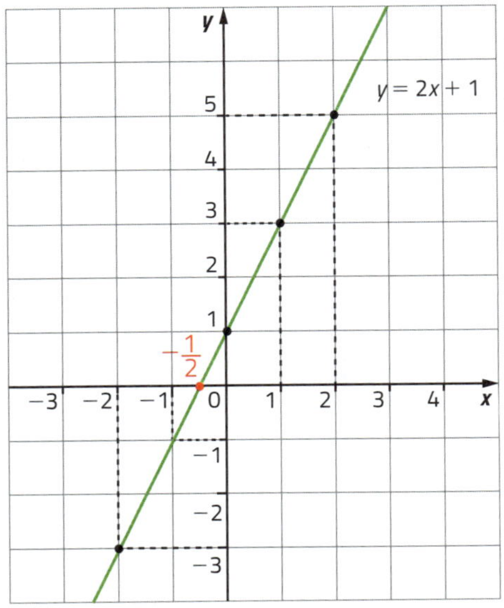

Banco de imagens/Arquivo da editora

Este gráfico mostra que $-\frac{1}{2}$ é o único zero dessa função.

Atividades

33 A função dada por $y = f(x) = x^2 - 4$, vista na página anterior, tem 2 zeros. Quais são eles?

34 Use uma folha de papel quadriculado para representar um plano cartesiano e construir o gráfico de cada função dada pela fórmula dos itens, para todo x real. Depois, observando os gráficos que você construiu, escreva os zeros de cada função.

a) $y = x + 1$

b) $y = -x + 2$

35 Responda e justifique.

a) Os pontos correspondentes aos zeros de uma função ficam sempre sobre qual eixo?

b) Das funções dadas por $y = x^2 + 8$ e $y = x^3 + 8$, sendo x real, qual não tem zeros?

c) Quais são os zeros da função dada por $y = x^2 + 5x + 6$?

Bate-papo

Converse com um colega e relacionem os zeros de uma função (por exemplo, da função dada por $y = -x^2 + 4$) com as raízes da equação associada a essa função (neste caso, $-x^2 + 4 = 0$), sendo x real.
Testem a descoberta de vocês com outras funções.

Reconhecendo se um gráfico é de uma função

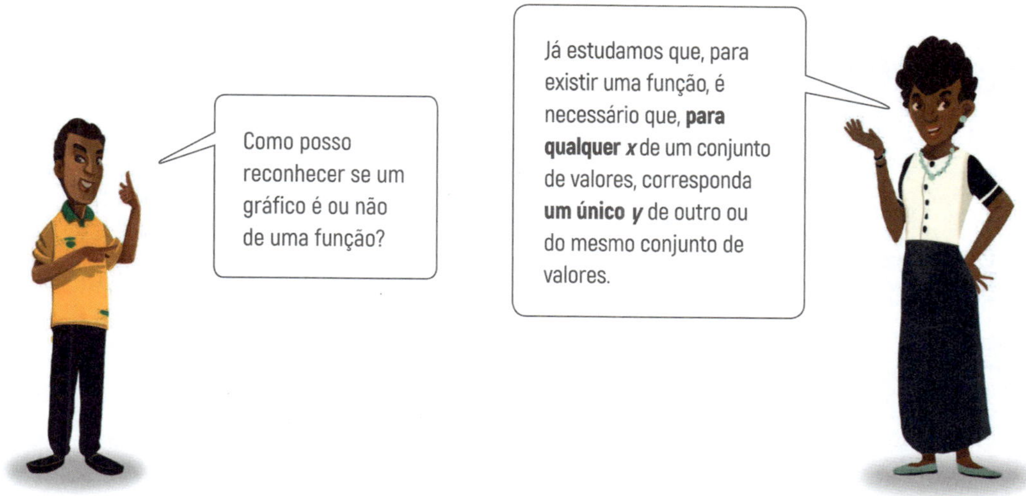

Ilustrações: Thiago Neumann/Arquivo da editora

Geometricamente, se esses 2 conjuntos de valores são o conjunto dos números reais, significa que **qualquer reta perpendicular ao eixo *x* deve intersectar o gráfico no plano cartesiano, sempre em um único ponto**. Assim, se a reta não intersectar o gráfico ou intersectar em mais de um ponto, então esse gráfico não é gráfico de uma função.

Examine os gráficos para que esse conceito fique mais claro.

- Este gráfico é de uma função, pois qualquer reta perpendicular ao eixo *x* intersecta o gráfico em um único ponto. Para todo *x* real, existe um único *y*.

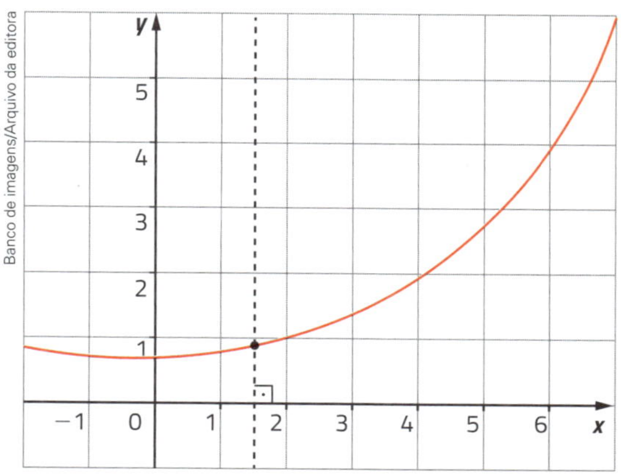

Banco de imagens/Arquivo da editora

- Este gráfico **não** é de uma função, pois existem retas perpendiculares ao eixo *x* que intersectam o gráfico em mais de um ponto. Ou seja, há valores de *x* com mais de um correspondente em *y*.

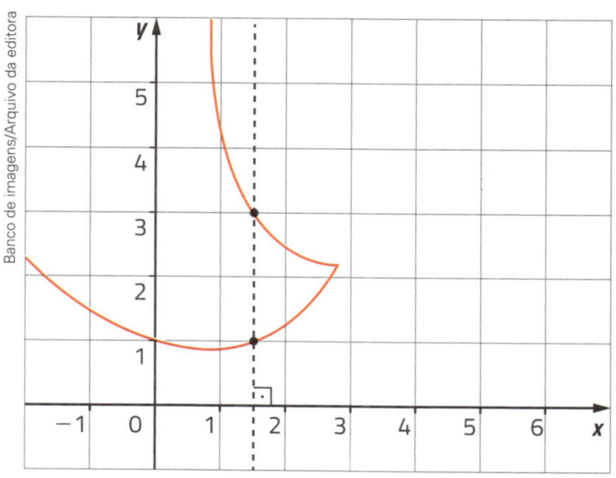

Banco de imagens/Arquivo da editora

- Considerando x um número real qualquer, este gráfico **não** define uma função, pois, para $x = 5$, por exemplo, não existe y correspondente.
  Mas, considerando x real de 1 a 4, este gráfico indica uma função, pois, para todo x real do intervalo $1 \leqslant x \leqslant 4$, existe sempre um único y.

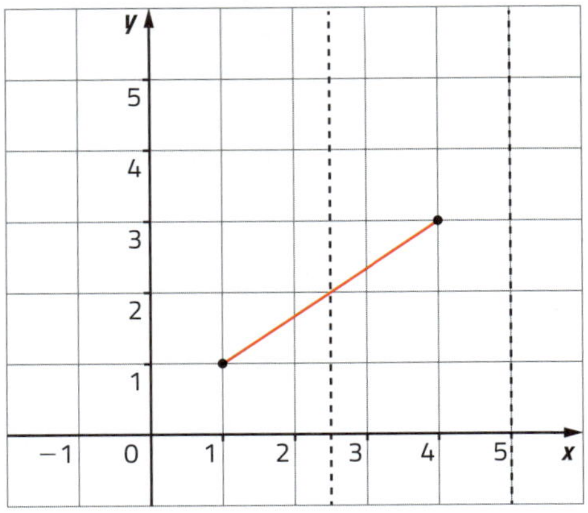

Banco de imagens/Arquivo da editora

Atividades

36 Para x e y números reais, escreva **sim** se o gráfico for de uma função e **não** em caso contrário. Justifique sua resposta nos casos em que não for função.

a)
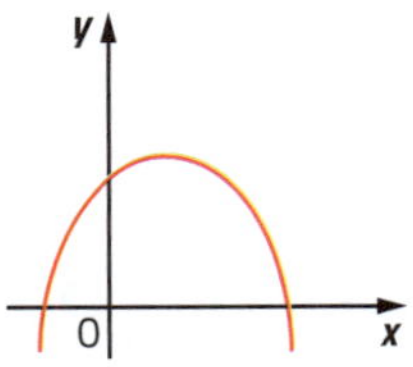

b)
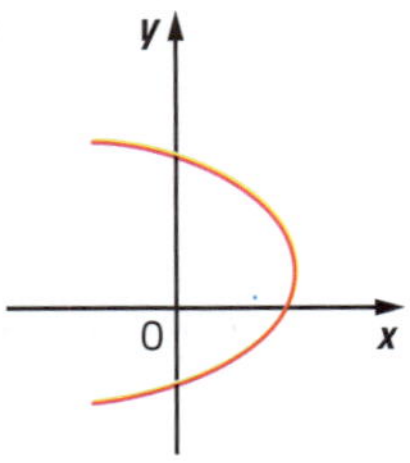

c)
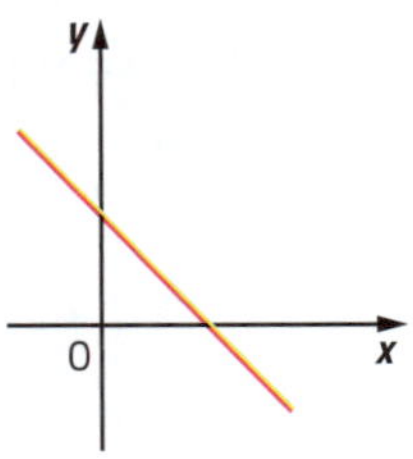

d)
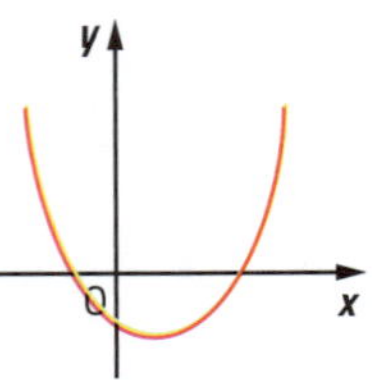

e)
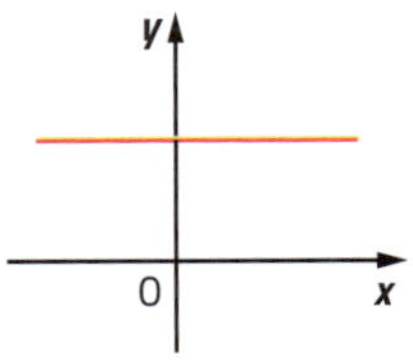

f)
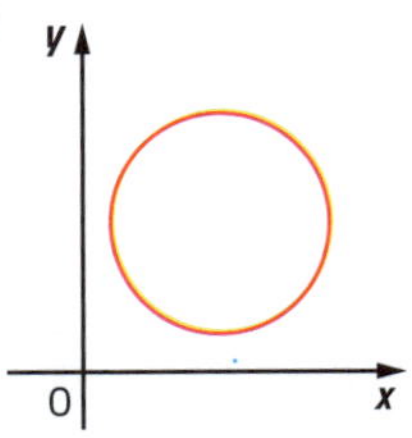

g)
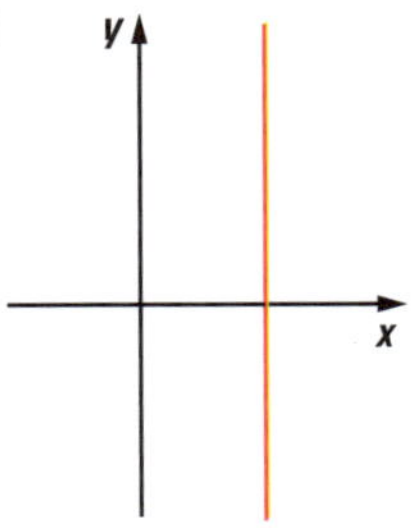

h)
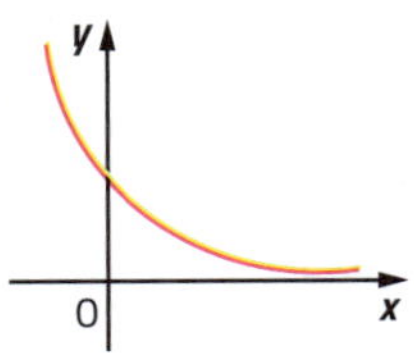

i)
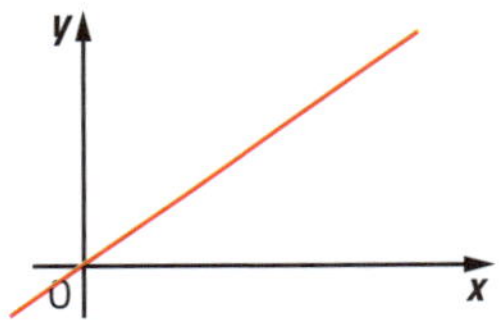

Ilustrações: Banco de imagens/Arquivo da editora

Banco de imagens/Arquivo da editora

37 Desenhe 2 sistemas de eixos cartesianos. Em um deles, faça o gráfico de uma função e, no outro, um gráfico que não seja de uma função.

38 Observe este gráfico e responda aos itens.

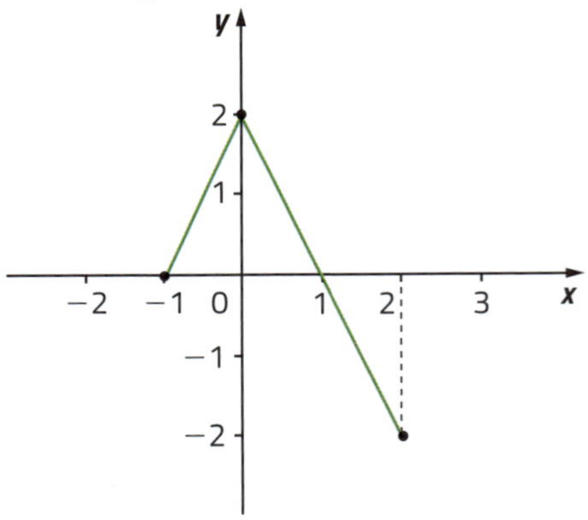

Banco de imagens/Arquivo da editora

a) Considerando x um número real qualquer, esse gráfico representa uma função? Por quê?

b) Para quais valores de x este gráfico representa uma função?

c) Qual deve ser o valor de x para que se tenha $y = 0$?

d) Qual é o valor de y quando $x = 0$?

e) Quantos e quais são os zeros da função indicada no item **b**?

Resolução de problemas que envolvem o conceito de função

Agora você vai aplicar o que estudou até aqui sobre funções em mais algumas situações.

Atividades

39 ▸ **Conexões.** A grandeza física **densidade** de um material (com medida d) é definida como o **quociente** entre a **medida de massa** (m) e a **medida de volume** (V) desse material $\left(d = \frac{m}{V}\right)$. Disso se conclui que a medida de massa e a medida de volume estão relacionadas por meio da fórmula $m = dV$. Observe esta tabela que relaciona m com V de determinado material.

Relação entre medida de volume e medida de massa

V (em cm^3)	10	30			25
m (em g)	80		480	720	

Tabela elaborada para fins didáticos.

a) Qual é a medida de densidade desse material?

b) Complete a tabela com os valores que faltam.

c) Represente graficamente m em função de V.

d) No gráfico, é possível ligar os pontos? Por quê?

40 ▸ **Conexões. Tomando decisões.** Leonor vai escolher um plano de aulas de violão entre 2 opções: **A** e **B**. O plano **A** cobra R$ 100,00 de inscrição e R$ 50,00 por aula e o plano **B** cobra R$ 180,00 de inscrição e R$ 40,00 por aula (ambos os planos com aulas de mesma duração). O gasto total de cada plano é dado em função do número x de aulas.

a) Escreva a fórmula da função correspondente a cada plano, considerando x um número natural.

b) Construa o gráfico de cada função em um mesmo plano cartesiano.

c) Observando o gráfico, registre em quais condições:

I. o plano **A** é mais econômico;

II. o plano **B** é mais econômico;

III. o gasto é o mesmo nos 2 planos.

41 ▸ Um rapaz desafiou o pai dele para uma corrida de 100 m. O pai permitiu que o filho começasse a corrida 30 m à frente dele.

Veja a seguir um gráfico simplificado do desenvolvimento dessa corrida.

Corrida

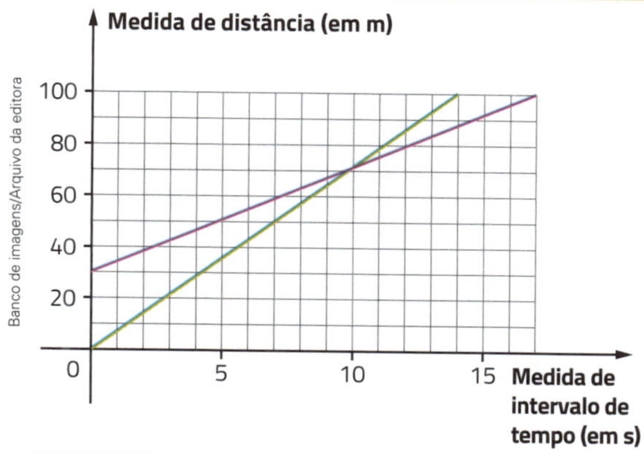

Gráfico elaborado para fins didáticos.

a) Analisando esse gráfico, como é possível dizer quem ganhou a corrida e qual foi a diferença das medidas de intervalo de tempo gastas para completar o percurso?

b) Qual é a medida de distância entre o início e o ponto em que o pai alcançou o filho?

c) Após quantos segundos do início da corrida ocorreu a ultrapassagem?

42 ▸ Observe esta sequência e responda aos itens.

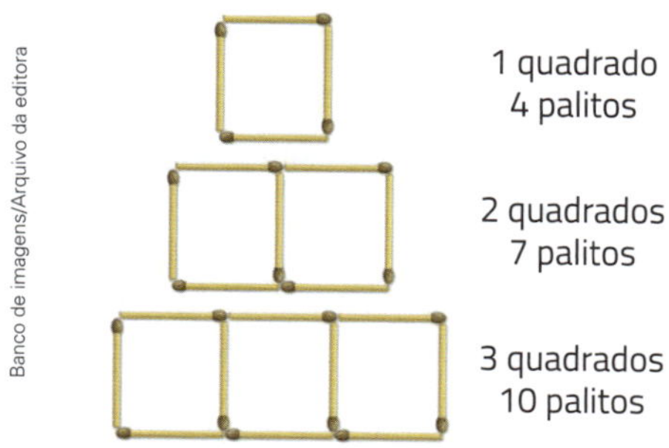

a) Qual é a fórmula que indica o número P de palitos em função do número x de quadrados formados, com x pertencente ao conjunto dos números naturais diferentes de zero?

b) Quantos palitos são necessários para formar 9 quadrados?

c) Quantos quadrados são formados com 16 palitos?

4 Função afim

Um caso particular de função é a **função afim**. Ao longo deste capítulo, você já resolveu algumas atividades com esse tipo de função. Retome a situação do representante comercial Gustavo, da atividade 19 da página 126.

O salário mensal de Gustavo é composto de uma parte fixa de R$ 1 200,00 e uma parte variável que corresponde a uma comissão de 7% sobre o valor total de vendas. Podemos representar essa situação por esta lei da função:

$$S(x) = 1\,200 + 0{,}07x$$

Também podemos representar assim:

$y = 1\,200 + 0{,}07x$ ou $y = 0{,}07x + 1\,200$

Esse é um exemplo de lei matemática que dá a ideia de função afim.

Uma função $f: \mathbb{R} \to \mathbb{R}$ é chamada de **função afim** quando pode ser escrita na forma $y = ax + b$, com a e b números reais.

ESB Professional/Shutterstock

Atendimento em uma loja.

Veja outros exemplos de leis de funções afins, com x e y reais.

- $y = -x + 6$ ($a = -1$ e $b = 6$)
- $y = 4x$ ($a = 4$ e $b = 0$)
- $y = \dfrac{2x - 1}{7}$ $\left(y = \dfrac{2}{7}x - \dfrac{1}{7};\ a = \dfrac{2}{7};\ b = -\dfrac{1}{7}\right)$
- $y = -2$ ($a = 0$ e $b = -2$)

Observe que, em uma função afim, podemos ter $a = 0$ ou $b = 0$.

Bate-papo

Observe a lei de algumas funções. Converse com os colegas e justifiquem por que elas **não** são de funções afins.

a) $y = x^2 + 5$ b) $y = \dfrac{1}{3x}$ c) $y = 2^x$

Atividades

43 Assinale apenas as leis matemáticas de funções afins, com $x \in \mathbb{R}$, e, para cada uma delas, escreva o valor dos coeficientes a e b considerando a lei $y = ax + b$.

a) $y = -3x + 5$
b) $y = 9x^2 + 4$
c) $y = x$
d) $y = 7(x - 2)$
e) $y = x^3$
f) $y = \dfrac{x}{3}$
g) $y = 3$
h) $y = \dfrac{2x - 15}{3}$

44 A produção de peças em uma indústria tem um custo fixo de R$ 8,00 mais um custo variável de R$ 0,50 por unidade produzida. Considere x o número de unidades produzidas (neste caso, x é um número natural).

a) Escreva a lei da função que fornece o custo total y de x peças.
b) Verifique se essa lei corresponde à de uma função afim.
c) Calcule o custo de 100 unidades produzidas nessa indústria.
d) Determine o preço de venda das 100 unidades produzidas se a indústria vende cada peça com um lucro de 40%.
e) Determine o número máximo de peças que podem ser fabricadas com R$ 95,20.

45 Complete os pares ordenados de acordo com a função afim dada pela fórmula $y = -2x + 3$.

a) (5, ___) b) (0, ___) c) (___, 9) d) (___, 0)

Zero de uma função afim

O **zero de uma função afim** dada por $y = ax + b$, com a e b números reais, é o valor real de x para o qual $y = 0$.

Veja alguns exemplos.

- O zero da função dada por $f(x) = 2x + 5$ é:

$$2x + 5 = 0 \Rightarrow 2x = -5 \Rightarrow x = -\frac{5}{2}$$

- O zero da função definida por $g(x) = 2x - 4$ é:

$$2x - 4 = 0 \Rightarrow 2x = 4 \Rightarrow x = 2$$

- A função dada por $y = 8$ não tem zero.

Genericamente, para qualquer valor real de a e b, com $a \neq 0$, temos que o zero da função é:

$$y = 0 \Rightarrow ax + b = 0 \Rightarrow ax = -b \Rightarrow \boxed{x = -\frac{b}{a}}$$

Gráfico de uma função afim

Na página 136, você já viu que o gráfico de uma função dada por $y = ax + b$, com a e b números reais, é sempre uma reta. Retome o gráfico da função dada pela lei $y = 2x + 1$.

Agora você também sabe que esse tipo de função é afim. Então:

O gráfico de uma **função afim** é **sempre uma reta**.
Essa reta nunca é perpendicular ao eixo x.

Explorar e descobrir

Vamos construir mais alguns gráficos de funções afins em planos cartesianos e analisar as características deles.

1 Relembrem: Quantos pontos são necessários para determinar uma reta?

2 Considerem a função afim dada pela lei $y = f(x) = ax + b$, com $a = 3$ e $b = 0$, e façam o que se pede.

a) Escrevam a lei dessa função.

b) Determinem 2 pares ordenados dessa função e, utilizando-os, construam o gráfico dela em um plano cartesiano.

c) Qual é o zero dessa função?

d) O valor de a na lei matemática dessa função é positivo ou negativo?

e) Conforme os valores de x crescem, os respectivos valores de y crescem ou decrescem?

3 Resolvam novamente os itens da questão anterior, agora para uma função dada pela lei $y = g(x) = ax + b$, com $a = -3$ e $b = 4$.

4 Será que o sinal de a positivo ou negativo tem relação com os valores de y crescerem ou decrescerem em função de x? Conversem sobre isso.

O gráfico da função afim e os coeficientes *a* e *b*

Vamos considerar a função afim dada por $y = ax + b$, com *a* e *b* números reais, para analisar os coeficientes e a relação deles com a reta que representa a função.

Coeficiente *a*

O coeficiente *a* da função afim é o responsável pela **inclinação** da reta.

- Se $a > 0$, então a função afim é **crescente**, pois os valores de *y* crescem conforme os valores de *x* crescem.

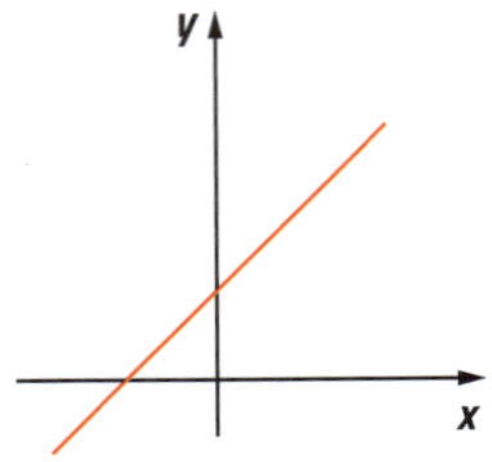

Banco de imagens/Arquivo da editora

- Se $a < 0$, então a função afim é **decrescente**, pois os valores de *y* decrescem conforme os valores de *x* crescem.

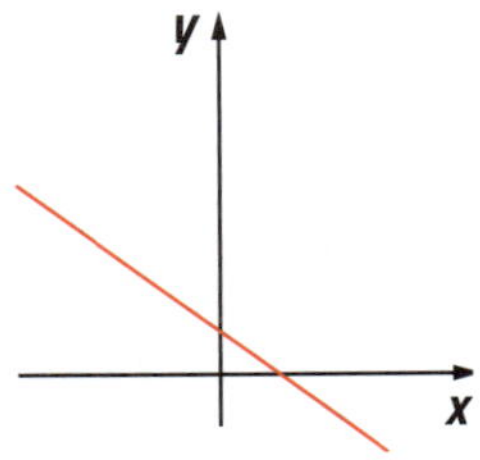

Banco de imagens/Arquivo da editora

- Se $a = 0$, temos $y = b$, ou seja, *y* é um número real e a função afim é **constante**.

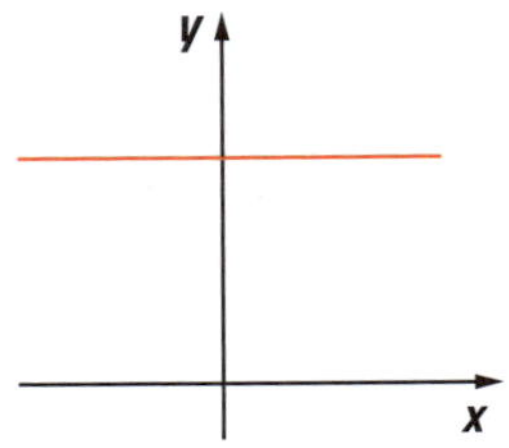

Banco de imagens/Arquivo da editora

Neste caso, a reta que representa o gráfico da função é paralela ao eixo *x*.

Bate-papo

Retome a questão 4 do *Explorar e descobrir* da página anterior e verifique se sua suposição sobre o crescimento ou decrescimento dos valores da função estava certa.

Além disso, quando $a \neq 0$, podemos associar um **ângulo de declive da reta** que representa o gráfico da função, que é o ângulo correspondente a um giro, no sentido anti-horário, partindo do eixo *x* até a reta.

Nestes gráficos, a medida de abertura desse ângulo está indicada por α.

Ilustrações: Banco de imagens/Arquivo da editora

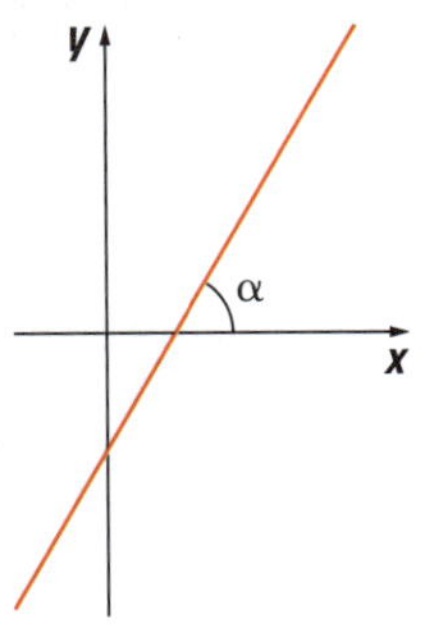

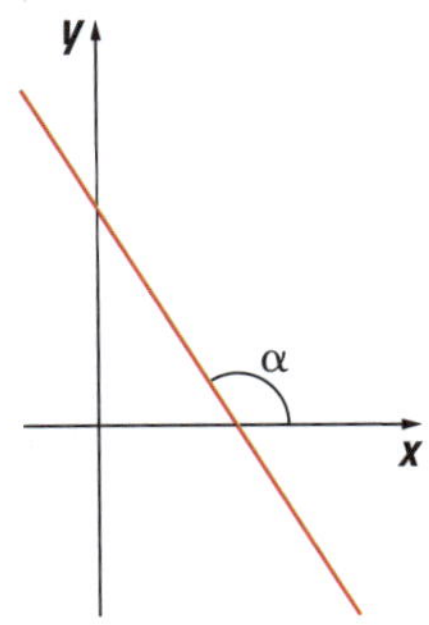

- Se $a > 0$, então α é a medida de abertura de um ângulo agudo.
- Se $a < 0$, então α é a medida de abertura de um ângulo obtuso.

O coeficiente *b*

Para $x = 0$, temos $y = b$, ou seja, b é o valor dessa função quando $x = 0$.

Assim, o coeficiente b da função afim indica a ordenada do ponto no qual o gráfico **intersecta o eixo** y. Essa intersecção é o ponto $(0, b)$.

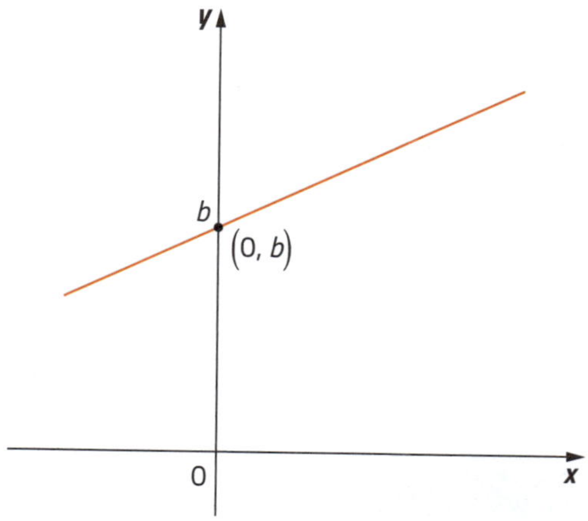

Ilustrações: Banco de imagens/Arquivo da editora

Thiago Neumann/Arquivo da editora

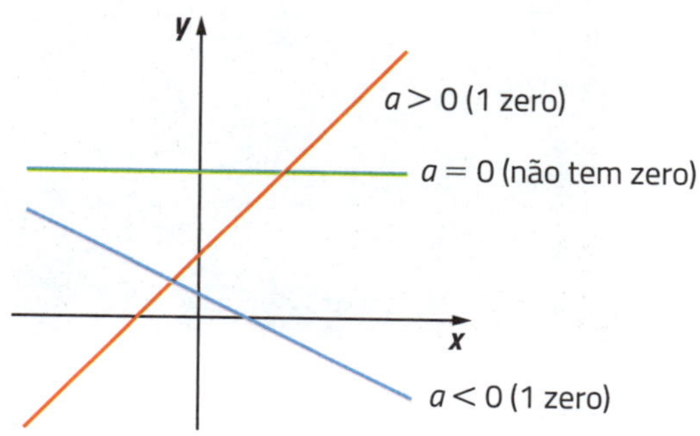

Atividades

46 Observe a lei matemática de cada função afim dada, com x real.

$y = f(x) = -x + 3$ $\qquad$ $y = g(x) = \dfrac{2x - 1}{2}$

a) A função f é crescente, decrescente ou constante? E a função g?

b) Determine 2 pares ordenados para cada função. Depois, em uma malha quadriculada, represente um plano cartesiano, marque os 2 pontos e trace a reta correspondente.

c) Em quais pontos a reta que representa a função f intersecta o eixo x e o eixo y? E na reta que representa a função g?

47 Em um plano cartesiano representado em uma malha quadriculada, construa o gráfico de cada função dada.

a) $y = x + 2$ $\qquad$ b) $y = -2x$

48 Para cada item, registre se o ângulo de declive da reta (gráfico da função afim) é agudo ou obtuso.

a) $y = 2x + 3$

b) $y = -3x + 4$

c) $y = -x - 8$

d) $y = x - 6$

49 Quais são as semelhanças e as diferenças entre os gráficos das funções dadas pelas leis $y = f(x) = x - 1$ e $y = g(x) = -x + 1$? Converse com os colegas.

50 Determine a lei da função afim cuja reta intersecta o eixo x e o eixo y nos pontos $(-3, 0)$ e $(0, 4)$, respectivamente.

51 Qual é o zero da função afim cujo gráfico passa pelos pontos $(2, 5)$ e $(-1, 6)$?

Um caso particular de função afim: a função linear

Uma função $f: \mathbb{R} \rightarrow \mathbb{R}$ é chamada de **função linear** quando pode ser escrita na forma $y = ax$, com a real e $a \neq 0$.

A função linear é um **caso particular da função afim**, pois $y = ax$ equivale a $y = ax + b$, com $a \neq 0$ e $b = 0$. E, por ser um caso particular da função afim, o gráfico da **função linear** também é **sempre uma reta**.

Explorar e descobrir

Vamos construir os gráficos de 2 funções lineares e analisar as características deles.

a) Em uma malha quadriculada, construam o gráfico de cada função afim dada por $y = f(x) = 2x$ e $y = g(x) = -3x$.

b) Quais são as semelhanças e as diferenças entre os gráficos dessas funções?

c) Quais são os zeros dessas funções?

d) Expliquem o fato de o gráfico de qualquer função linear ser uma reta que **passa pela origem** $(0, 0)$ do plano cartesiano.

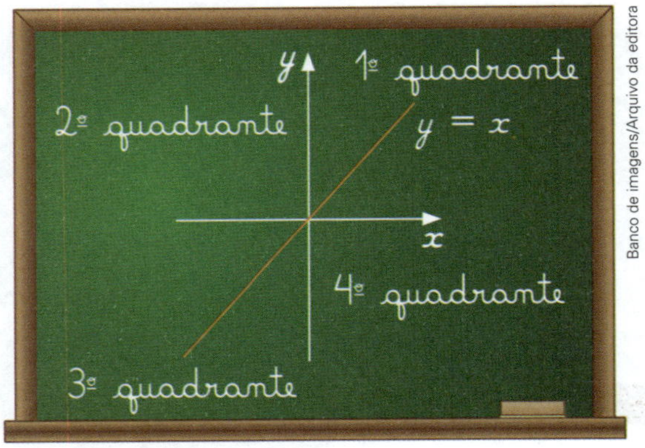

Banco de imagens/Arquivo da editora

Thiago Neumann/Arquivo da editora

Atividades

52 › Indique apenas as leis matemáticas de funções lineares, com $x \in \mathbb{R}$, e diga se cada uma delas é crescente ou decrescente.

a) $y = -4x$
b) $y = x - 4$
c) $y = 1{,}5x$
d) $y = x^3$
e) $y = -x$
f) $y = \sqrt{3} \cdot x$
g) $y = \sqrt{3x}$
h) $y = x$

53 › Alguma das funções da atividade anterior é linear e identidade?

54 › Represente um plano cartesiano em uma malha quadriculada, construa o gráfico das funções lineares da atividade 52 e verifique que cada um deles passa pela origem $(0, 0)$ do plano.

55 › Considere as 3 funções dadas pelas fórmulas $y = f(x) = 2x + 1$, $y = g(x) = x^2 + 1$ e $y = h(x) = 2x$, com x e y reais.

a) Qual dessas funções não é função afim?
b) Qual dessas funções é afim mas não é linear?
c) E qual dessas funções é afim e linear?
d) E qual delas é afim, linear e identidade?

56 › Determine a lei da função linear cujo gráfico passa pelo ponto $(4, 8)$.

57 › Escreva a fórmula matemática que expressa a função descrita em cada situação. Depois, identifique se cada lei define uma função afim e, nelas, as que são lineares.

a) A soma S das medidas de abertura dos ângulos internos de um polígono convexo é dada em função do número n de lados desse polígono.

b) Um triângulo tem base com medida de comprimento de 6 cm e altura com medida de comprimento de x cm. A medida de área y, em cm^2, é dada em função de x.

c) A medida de comprimento C de uma circunferência é dada em função da medida de comprimento r do raio, usando a aproximação $\pi = 3{,}1$.

d) A medida de volume V de um cubo é dada em função da medida de comprimento a da aresta dele.

Função linear e proporcionalidade direta

Você já estudou, nos anos anteriores, situações de proporcionalidade direta ou inversa. O modelo matemático para as situações de **proporcionalidade direta** é a **função linear**.

Veja os exemplos.

- Se 1 quilograma de feijão custa R$ 9,00, então x quilogramas custam $y = f(x) = 9x$ reais. Note que 1 kg custa R$ 9,00; 2 kg custam R$ 18,00; 3 kg custam R$ 27,00; e assim por diante. Dobrando o número de quilogramas, dobra o preço; triplicando o número de quilogramas, triplica o preço; e assim sucessivamente. Ou seja, o preço a pagar é **diretamente proporcional** ao número de quilogramas que compramos.
  Neste caso, o **coeficiente de proporcionalidade** é 9.

$$\frac{9}{1} = \frac{18}{2} = \frac{27}{3} = \frac{36}{4} = \frac{45}{5} = 9$$

  Observe que o coeficiente de proporcionalidade em uma função linear é sempre igual a a, em uma função do tipo $y = f(x) = ax$, em que $a \neq 0$.
- Um motorista mantém o carro em uma rodovia a uma medida de velocidade constante de 90 km/h no piloto automático.
  Veja a tabela que representa essa situação.

Deslocamento de um veículo

Medida de intervalo de tempo ***t*** (em horas)	$\frac{1}{3}$	$\frac{1}{2}$	1	2	t
Medida de distância ***d*** (em km)	30	45	90	180	$d = 90t$

Tabela elaborada para fins didáticos.

O modelo matemático dessa situação é a função linear dada pela lei $d = 90t$. Note que essa função é crescente e que, dobrando a medida de intervalo de tempo, dobra a medida de distância; triplicando a medida de intervalo de tempo, triplica a medida de distância; e assim sucessivamente. Ou seja, a medida de distância percorrida é diretamente proporcional à medida de intervalo de tempo.

Para determinar em quanto tempo o motorista percorrerá 126 km, fazemos:

$$d = 90t \Rightarrow 126 = 90 \cdot t \Rightarrow t = \frac{126}{90} = 1,4$$

Observe que: 0,4 h = 0,4 × 60 min = 24 min

Assim, o motorista percorrerá 126 km em 1,4 hora, ou seja, em 1 hora e 24 minutos.

E, para determinar quantos quilômetros ele percorrerá em 1,5 hora, fazemos:

$$d = 90t \Rightarrow d = 90 \cdot 1,5 \Rightarrow d = 135$$

Então, ele percorrerá 135 km em 1,5 hora.

Nesse caso, o coeficiente de proporcionalidade é 90.

Atividades

58 Sejam x a medida de comprimento do lado de uma região quadrada, P a medida de perímetro e A a medida de área.

a) Verifique se a lei que associa a medida de perímetro P da região quadrada em função da medida de comprimento x do lado dela é de uma função linear.

b) A medida de perímetro de uma região quadrada é diretamente proporcional à medida de comprimento do lado dela? Se sim, diga qual é o coeficiente de proporcionalidade.

c) Verifique se a lei que associa a medida de área A da região quadrada em função da medida de comprimento x do lado dela é de uma função linear.

d) A medida de área de uma região quadrada é diretamente proporcional à medida de comprimento do lado dela? Se sim, diga qual é o coeficiente de proporcionalidade.

59 Considere as regiões retangulares que têm base com medida de comprimento de 4 cm e altura com medida de comprimento de h cm.

a) Escreva a fórmula que relaciona a medida de área A da região retangular em função de h.

b) Nessa situação, A é diretamente proporcional a h? Se sim, explique por que e diga qual é o coeficiente de proporcionalidade.

c) Calcule a medida de área das regiões retangulares para $h = 1$, $h = 2$ e $h = 4$ e verifique sua resposta do item **b**.

60 Retome as fórmulas que você determinou para as situações da atividade 57 da página 146. Em cada situação, a variável dependente é diretamente proporcional à variável independente? Se sim, qual é o coeficiente de proporcionalidade?

61 Em uma loja, um tecido é vendido a R$ 17,00 o metro. Escreva a fórmula que indica o preço y a pagar na compra de x metros desse tecido, ou seja, y em função de x, sendo x e y reais, com $x > 0$. Depois, atribua alguns valores para x e mostre que y é diretamente proporcional a x.

62 Marcos é dono de um restaurante que oferece o serviço de *delivery* de refeições. Cada refeição é vendida por R$ 24,00 e, para a entrega, ele cobra R$ 4,50, independentemente da quantidade de refeições que serão entregues.

Escreva a fórmula que indica o preço y a pagar na compra de x refeições. Depois, atribua alguns valores para x e mostre que y não é diretamente proporcional a x.

63 **Conexões. Economia de energia.** Veja nesta tabela o consumo de energia elétrica, em quilowatt-hora (kWh), de alguns aparelhos elétricos domésticos.

Consumo de energia dos aparelhos elétricos

Aparelho eletrônico	Medida de intervalo de tempo de uso diário	Consumo mensal (em kWh)
Televisor de 29 polegadas 	5 horas	16,5
Lâmpada (110 watts) 	5 horas	15
Computador (CPU + monitor) 	3 horas	16,2
Ar-condicionado (18 000 BTU/h) 	8 horas	252
Geladeira (1 porta) 	24 horas	30
Forno de micro-ondas 	20 min	12

Ilustrações: Guilherme Asthma/Arquivo da editora

As imagens desta página não estão representadas em proporção.

Fonte de consulta: UNIVERSIDADE ESTADUAL PAULISTA "JÚLIO DE MESQUITA FILHO" (Unesp). *Campus de Rio Claro*. Disponível em: <www.rc.unesp.br/comsupervig/tabela_consumo.pdf>. Acesso em: 16 ago. 2018.

a) O consumo de energia de cada um desses aparelhos eletrônicos é diretamente proporcional ao tempo de uso?

b) Escolha um dos aparelhos eletrônicos e escreva a fórmula que relaciona o consumo C de energia mensal, em kWh, em função do número n de horas em que ele fica ligado por dia.

c) Em uma malha quadriculada, construa o gráfico da função que você escreveu.

d) Compare sua resposta do item **b** com as dos colegas e verifiquem para qual aparelho eletrônico o coeficiente de proporcionalidade da função é maior. O que isso significa?

e) E como é o gráfico dessa função em relação aos demais gráficos?

Funções e sistemas de 2 equações do 1º grau

Já estudamos os sistemas de 2 equações do 1º grau com 2 incógnitas em anos anteriores. Vamos revê-los associando-os aos gráficos de funções.

Em um mesmo sistema cartesiano de eixos, vamos traçar os gráficos das funções definidas por $y = 3x - 1$ e $y = -x + 3$, com x real.

x	$y = 3x - 1$
0	−1
1	2

x	$y = -x + 3$
0	3
1	2

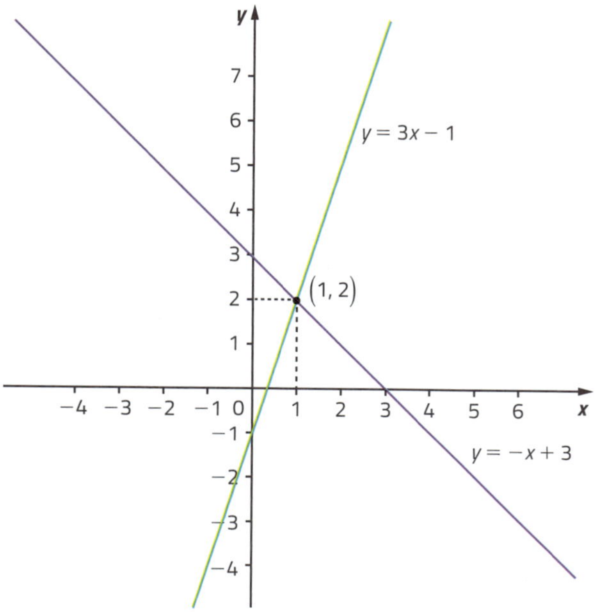

Banco de imagens/Arquivo da editora

Observe que o ponto $(1, 2)$ é o ponto de intersecção das retas, ou seja, quando consideramos simultaneamente as retas que são gráficos das funções dadas por $y = 3x - 1$ e $y = -x + 3$, obtemos o ponto $(1, 2)$.

Considerar simultaneamente as funções dadas por $y = 3x - 1$ e $y = -x + 3$ é o equivalente a resolver o sistema das 2 equações do 1º grau correspondentes às leis das funções.

$$\begin{cases} y = 3x - 1 \\ y = -x + 3 \end{cases}$$

Vamos resolver esse sistema.

Substituindo y por $-x + 3$ na primeira equação, obtemos:

$$-x + 3 = 3x - 1 \Rightarrow -4x = -4 \Rightarrow x = 1$$

Substituindo agora x por 1 na segunda equação, obtemos:

$$y = -x + 3 \Rightarrow y = -1 + 3 \Rightarrow y = 2$$

Assim, a solução do sistema é o par ordenado $(1, 2)$, ponto de intersecção das retas dadas por $y = 3x - 1$ e $y = -x + 3$. Desse modo, obtivemos a solução gráfica e também a solução algébrica desse sistema.

Atividades

64 ▸ A solução do sistema de equações $\begin{cases} y = 3x + 2 \\ y = -x + 6 \end{cases}$ é o par ordenado $(1, 5)$. Qual é o ponto de intersecção dos gráficos das funções dadas por $y = 3x + 2$ e $y = -x + 6$, com x real?

65 ▸ Resolva graficamente estes sistemas.

a) $\begin{cases} y = -x + 2 \\ y = x + 2 \end{cases}$

b) $\begin{cases} y = 2x + 1 \\ y = -x + 4 \end{cases}$

66 ▸ Quando os gráficos de 2 funções em um mesmo sistema cartesiano de eixos são retas paralelas, o sistema de equações é impossível. Qual destes sistemas é impossível?

a) $\begin{cases} y = x + 3 \\ y = -x + 3 \end{cases}$

b) $\begin{cases} y = 2x + 1 \\ y = 2x - 4 \end{cases}$

CONEXÕES

Graduação do termômetro

Os termômetros são graduados de acordo com uma escala termométrica. Esse tipo de escala é formado atribuindo arbitrariamente um valor para a medida de temperatura do ponto de fusão da água (quando a água passa do estado sólido, gelo, para o estado líquido) ao nível do mar e atribuindo outro valor para a medida de temperatura do ponto de ebulição da água (quando a água passa do estado líquido para o estado gasoso, vapor de água) ao nível do mar. Os demais valores são definidos proporcionalmente a partir desses.

Graças à facilidade em criar uma escala como essa, foram criadas muitas escalas ao longo do tempo, mas só 3 delas ainda são largamente utilizadas atualmente: a escala Kelvin, a escala Fahrenheit e a escala Celsius, que você já conhece.

Escala Celsius

Essa é a escala utilizada na maioria dos países, inclusive no Brasil. Ela foi criada pelo astrônomo e físico sueco Anders Celsius (1701-1744) e tem 100 divisões entre os pontos de atribuição. Por esse motivo, inicialmente, ela foi nomeada como escala centígrada, mas depois o nome foi alterado em homenagem ao criador dela.

Na escala Celsius, o ponto de fusão da água ao nível do mar é atribuído à medida de temperatura 0 °C e o ponto de ebulição, também ao nível do mar, fica na medida de temperatura 100 °C.

Escala Kelvin

Essa escala foi criada pelo matemático, físico e engenheiro irlandês William Thomson (1824-1907), conhecido também por Lord Kelvin. Nela, Kelvin introduziu o conceito de zero absoluto, que seria a menor medida de temperatura possível existente; ele atribuiu o valor de 0 K, que corresponde a −273 °C. Essa escala também tem 100 divisões entre os pontos de atribuição.

Dessa maneira, o ponto de fusão da água ficou em 273 K, e o ponto de ebulição da água ficou em 373 K.

Para converter medidas de temperaturas de graus Celsius para Kelvin, basta subtrair 273 da medida de temperatura em graus Celsius.

$$C = K - 273$$

Escala Fahrenheit

Essa escala foi criada pelo físico e engenheiro polonês Daniel Fahrenheit (1686-1736) e é a mais utilizada em países de língua inglesa, como os Estados Unidos e a Inglaterra. Fahrenheit a criou após desenvolver e testar termômetros de mercúrio (atualmente proibidos para fabricação e venda no Brasil devido ao risco do metal mercúrio para a saúde e para o meio ambiente).

Nessa escala, o ponto de fusão da água ao nível do mar é a 32 °F e o ponto de ebulição é a 212 °F. Essa escala é dividida em 180 partes iguais entre os pontos de atribuição, diferente das escalas Celsius e Kelvin, que são divididas em 100 partes iguais cada uma.

Para converter medidas de temperaturas de graus Celsius para graus Fahrenheit ou vice-versa, podemos utilizar uma destas fórmulas, em que uma medida é dada em função da outra.

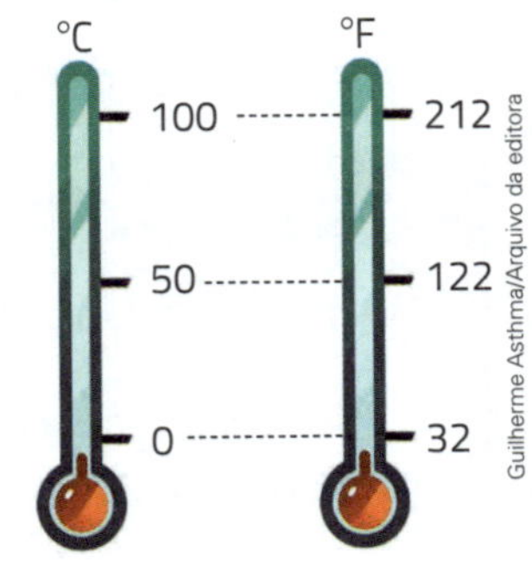

Celsius. Fahrenheit.

$$\frac{C}{100} = \frac{F - 32}{180} \quad \text{ou} \quad C = \frac{100\left(F - 32\right)}{180}$$

Observamos, então, que a transformação de uma medida de temperatura na escala Fahrenheit para a escala Celsius é um importante exemplo de função afim.

Fonte de consulta: UOL. *Química*. Disponível em: <https://brasilescola.uol.com.br/quimica/as-escalas-termometricas.htm>. Acesso em: 16 ago. 2018.

5 Função quadrática

Outro caso particular de função é a **função quadrática**. Você já viu um pouco sobre esse tipo de função ao longo do capítulo; veja agora mais uma situação.

Os diretores de um centro esportivo desejam cercar com tela o espaço em volta de uma quadra de basquete retangular. Tendo recebido 200 metros de tela, eles desejam saber quais devem ser as medidas das dimensões do terreno que vão cercar com tela para que a medida de área seja a maior possível.

Podemos ilustrar esse problema com a região retangular *ABCD*, com medidas das dimensões de x por $100 - x$, pois a medida de perímetro é de 200 m.

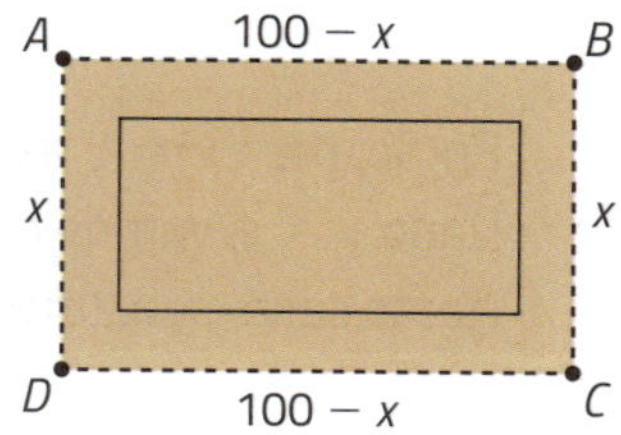

Modelo matemático.

Banco de imagens/ Arquivo da editora

Então, a medida de área do terreno que eles vão cercar é dada em função da medida de comprimento x.

$$f(x) = (100 - x)x = 100x - x^2$$

ou

$$f(x) = -x^2 + 100x$$

ou

$$y = -x^2 + 100x \quad \text{(lei da função)}$$

Esse é um exemplo de lei matemática que dá a ideia de função quadrática.

> Uma função de $\mathbb{R}$ em $\mathbb{R}$ é chamada de **função quadrática** quando pode ser escrita na forma $y = ax^2 + bx + c$, com a, b e c números reais e $a \neq 0$.

Veja outros exemplos de leis de funções quadráticas, com x e y reais.

- $y = 3x^2 - 2x + 5$ ($a = 3$, $b = -2$ e $c = 5$)
- $y = -x^2 + 5x + 6$ ($a = -1$, $b = 5$ e $c = 6$)
- $y = -x^2 + 9$ ($a = -1$, $b = 0$ e $c = 9$)
- $y = -6x^2$ ($a = -6$, $b = 0$ e $c = 0$)
- $y = -4x^2 - 3x$ ($a = -4$, $b = -3$ e $c = 0$)
- $y = x^2$ ($a = 1$, $b = 0$ e $c = 0$)

Agora, veja alguns exemplos de leis de funções que não são quadráticas.

- $y = 2x$, pois não aparece um termo de 2º grau (termo com x^2).
- $y = \dfrac{1}{3x^2}$, pois a variável aparece no denominador.
- $y = 2^x$, pois a variável aparece no expoente.
- $y = x^3 + 2x^2 + x + 1$, pois há um termo com grau maior do que 2 (3º grau).

Atividades

67 Quais sentenças indicam funções quadráticas que associam a cada $x \in \mathbb{R}$ um único $y \in \mathbb{R}$?

a) $y = x^2 - 6x + 10$

b) $y = 4x^2$

c) $y = 5x - 7$

d) $y = x(3x - 2)$

e) $y = x^3 + 4x^2 - x$

f) $y = (5x - 6)(x + 4)$

g) $y = 5 - x^2$

h) $y = \dfrac{x^2 + x - 4}{4}$

i) $y = 9(x^2 - 5x) + x$

68 O número d de diagonais de um polígono convexo é dado em função do número n de lados dele, para d e n números naturais e $n \geq 3$.

a) Qual é a equação que indica essa relação?

b) Essa equação representa uma função quadrática, para x e y reais? Justifique.

c) Calcule o número de diagonais em um decágono convexo.

d) Calcule o número de lados de um polígono convexo que tem 77 diagonais.

Valor de uma função quadrática em um ponto

Dada a função quadrática expressa por $y = ax^2 + bx + c$, com a, b e c números reais e $a \neq 0$, temos 2 problemas importantes a serem analisados: conhecido um valor de x, determinar o valor de y; e conhecido um valor de y, determinar os possíveis valores de x.

Considere a função quadrática dada por $y = x^2 - 5x + 6$, com x e y reais.

- Vamos calcular o valor de y para $x = 2$.

  Para isso, substituímos o valor de x por 2 na lei da função e efetuamos os cálculos.

  $$y = 2^2 - 5 \cdot 2 + 6 = 4 - 10 + 6 = 0$$

  Então, para $x = 2$, temos $y = 0$.

- Dado $y = 0$, vamos calcular os valores de x correspondentes.

  Neste caso, substituímos o valor de y por 0 na lei da função.

  $$0 = x^2 - 5x + 6 \text{ ou } x^2 - 5x + 6 = 0$$

  Resolvendo essa equação do 2º grau com incógnita x, determinamos os valores de x procurados: $x' = 2$ e $x'' = 3$.

  Ou seja, para $y = 0$, temos $x' = 2$ e $x'' = 3$.

Zeros de uma função quadrática

Os **zeros de uma função quadrática** dada por $y = ax^2 + bx + c$, com a, b e c números reais e $a \neq 0$, são os valores reais de x para os quais $y = 0$.

Vamos calcular os zeros da função quadrática cuja lei é dada por $y = x^2 - 9x + 20$, com x e y reais.

Fazemos $y = 0$, ou seja, $x^2 - 9x + 20 = 0$, e determinamos os valores reais de x que satisfazem a equação do 2º grau obtida.

$$\Delta = (-9)^2 - 4 \cdot 1 \cdot 20 = 81 - 80 = 1$$

$$x = \frac{-(-9) \pm \sqrt{1}}{2 \cdot 3} = \frac{9 \pm 1}{2} \Rightarrow x' = 5 \text{ e } x'' = 4$$

Logo, os zeros da função quadrática dada por $y = x^2 - 9x + 20$ são 4 e 5.

Observações

- O número $\Delta = b^2 - 4ac$, como você já viu, é o discriminante da equação de 2º grau $y = ax^2 + bx + c$.
- A quantidade de zeros de uma função quadrática pode ser determinada pelo estudo do sinal do discriminante da equação do 2º grau associada a ela.
  - Quando $\Delta > 0$, a função quadrática tem 2 zeros diferentes.
  - Quando $\Delta = 0$, a função quadrática tem 1 único zero (ou 1 zero duplo).
  - Quando $\Delta < 0$, a função quadrática não tem zeros.

Atividades

69 Considerando a função quadrática definida pela lei $y = 3x^2 - 4x + 1$, determine o que se pede.

a) Os coeficientes a, b e c.

b) O valor de y para $x = 0$, para $x = 1$, para $x = -1$ e para $x = \frac{1}{3}$, se existir.

c) O valor de x para $y = 0$, se existir.

d) O valor de x para $y = 1$, se existir.

70 Determine os zeros da função quadrática definida pela lei dada em cada item.

a) $y = x^2 - 6x + 8$

b) $y = x^2 - \frac{5}{6}x + \frac{1}{6}$

c) $y = -x^2 + 6x - 9$

d) $y = 3x^2 + 2x + 1$

Gráfico de uma função quadrática

Na página 137, você já viu o que o gráfico de uma função dada por $y = ax^2 + bx + c$, com a, b e c números reais e $a \neq 0$, é sempre uma parábola.

Agora você também já sabe que esse tipo de função é quadrática. Então:

O gráfico de uma **função quadrática** é sempre uma **parábola**.

Joe Hendrickson/Shutterstock

O monumento Gateway Arch ou Gateway to the West, na cidade de Saint Louis (Estados Unidos), alcança 192 m de medida de comprimento da altura e a forma dele lembra uma parábola. Foto de 2018.

Explorar e descobrir

Vamos construir alguns gráficos de funções quadráticas e analisar as características deles.

1› Considerem a função quadrática f dada por $y = ax^2 + bx + c$, com $a = 1$, $b = -2$ e $c = -3$, e façam o que se pede.

a) Escrevam a lei dessa função.

b) Determinem os pares ordenados dessa função para cada valor de x dado nesta tabela. Depois, representem um plano cartesiano, em uma malha quadriculada, e, utilizando os pares ordenados, construam o gráfico da função, ou seja, construam a parábola.

x	4	3	2	1	0	−1	−2
$g(x) = y =$ ☐							
(x, y)							

c) Quais são os zeros dessa função?

d) O valor de a na lei matemática dessa função é positivo ou negativo?

e) A parábola é uma figura que apresenta simetria. Tracem o eixo de simetria da parábola que vocês construíram.

No gráfico de uma função quadrática, o eixo de simetria da parábola é sempre perpendicular ao eixo x. O encontro da parábola com o eixo de simetria dela é o **vértice** $V(x_V, y_V)$ da parábola.

f) Qual é o vértice da parábola que vocês construíram?

O vértice $V(x_V, y_V)$ da parábola que representa uma função quadrática é tal que $x_V = -\dfrac{b}{2a}$ e $y_V = -\dfrac{\Delta}{4a}$.

2› Resolvam novamente os itens da questão anterior, agora para as funções quadráticas g e h, com $a = 2$, $b = 0$ e $c = 0$ e com $a = -1$, $b = 4$ e $c = 0$, respectivamente.

x	2	1	0	−1	−2
$g(x) = y =$ ☐					
(x, y)					

x	0	1	2	3	4
$h(x) = y =$ ☐					
(x, y)					

3› Será que o sinal de *a* positivo ou negativo tem relação com a concavidade da parábola? Observem todas as parábolas que vocês construíram e as parábolas abaixo e tentem estabelecer uma relação.

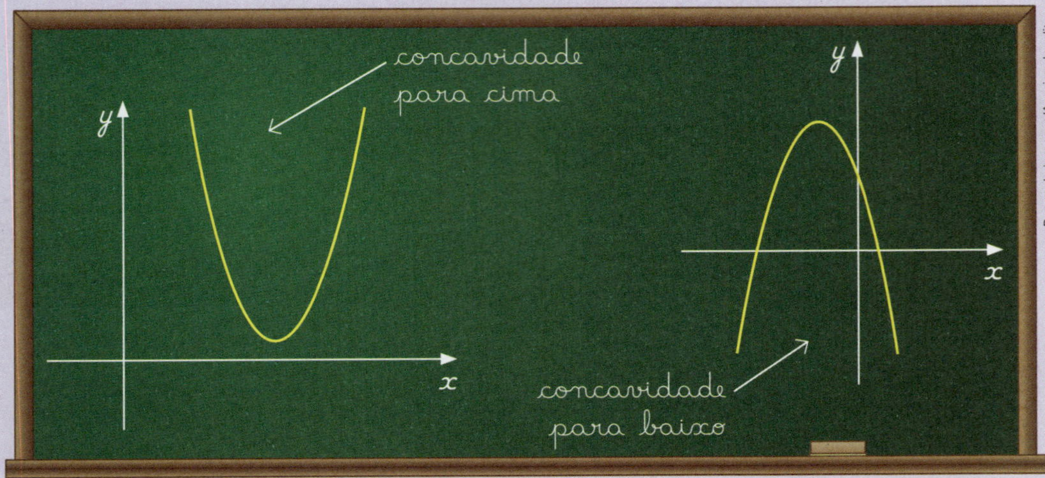

Banco de imagens/Arquivo da editora

Saiba mais

É da palavra **parábola** que vem o nome **antena parabólica**.
Essa curva aparece quando fazemos, de determinada maneira, a secção de um cone por um plano.

As imagens desta página não estão representadas em proporção.

Yuki Ishii/Shutterstock

Antena parabólica.

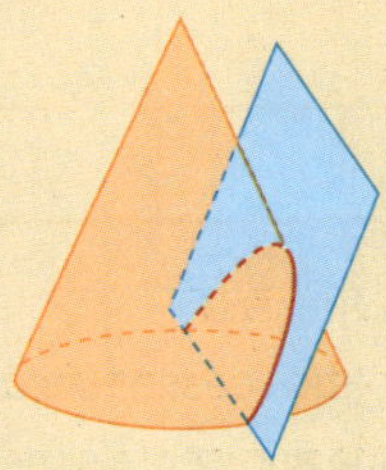

Banco de imagens/Arquivo da editora

Secção de um cone por um plano.

Atividades

71› Considere a função definida por $y = 3x^2 - 2x - 1$, para x e y reais.

a) Essa função é afim ou quadrática?

b) Como é o gráfico dela?

c) Esse gráfico intersecta o eixo x? Se sim, em quais pontos?

d) Ele intersecta o eixo y? Se sim, em quais pontos?

e) O ponto $(-1, 4)$ pertence ao gráfico?

f) Qual é o vértice da parábola?

72› Considere a função dada por $y = x^2 - 6x + 5$, para x e y reais.

a) Construa uma tabela e calcule os valores de y dessa função para os valores inteiros de x de -1 a 7.

b) Construa o gráfico dessa função.

c) Qual é o eixo de simetria desse gráfico?

d) Para qual valor de x o valor de y é mínimo (o menor possível)?

e) Quais são os zeros dessa função?

73› Em uma malha quadriculada, represente um plano cartesiano e construa nele o gráfico da função quadrática correspondente a cada lei dada. Uma dica: Comece descobrindo as coordenadas do vértice $V(x_V, y_V)$; depois, escolha alguns valores de x tal que 2 valores sejam maiores do que x_V e 2 sejam menores.

a) $y = -2x^2 - 4x + 1$

b) $y = 2x^2 + 1$

c) $y = -x^2 + 2x$

d) $y = -x^2$

O gráfico da função quadrática e os coeficientes *a*, *b* e *c*

Vamos considerar a função quadrática dada por $y = ax^2 + bx + c$, com *a*, *b* e *c* números reais e $a \neq 0$, para analisar os coeficientes e a relação deles com a parábola que representa a função.

Coeficiente *a*

O coeficiente *a* da lei da função quadrática é o responsável pela **concavidade** e pela **abertura** da parábola.

- Se $a > 0$, então a concavidade é **para cima**.

- Se $a < 0$, então a concavidade é **para baixo**.

Ilustrações: Banco de imagens/Arquivo da editora

Bate-papo

Retome a questão 3 do *Explorar e descobrir* da página 153 e verifique se sua suposição sobre a concavidade da parábola estava certa.

Além disso, quanto maior o valor absoluto de *a*, menor será a **abertura** da parábola (parábola mais "fechada"), independentemente de a concavidade ser para cima ou para baixo.

Observe alguns exemplos.

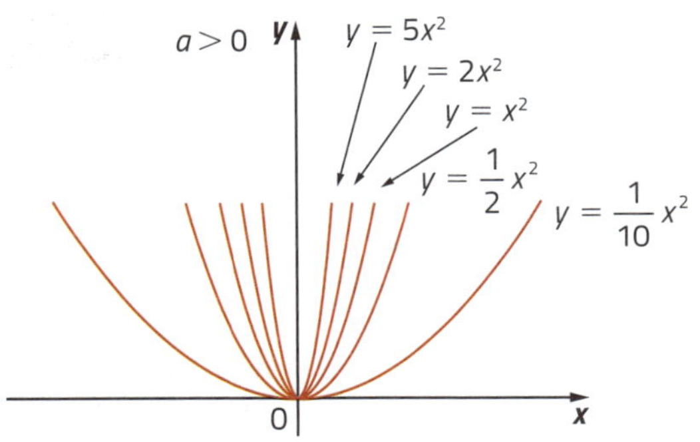

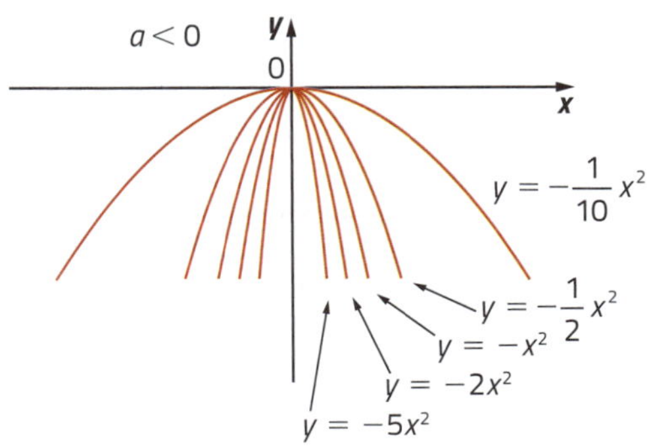

Ilustrações: Banco de imagens/Arquivo da editora

Coeficiente *b*

O coeficiente *b* da lei da função quadrática indica se a parábola **intersecta o eixo *y*** no ramo crescente ou no ramo decrescente da parábola, no sentido da esquerda para a direita.

- Se $b > 0$, então a intersecção da parábola com o eixo *y* ocorre no ramo crescente dela.

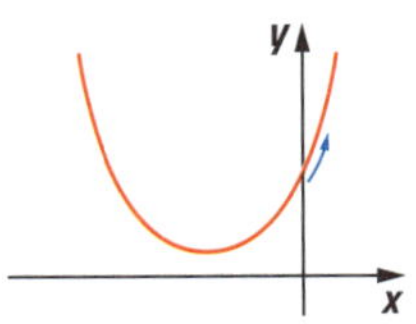

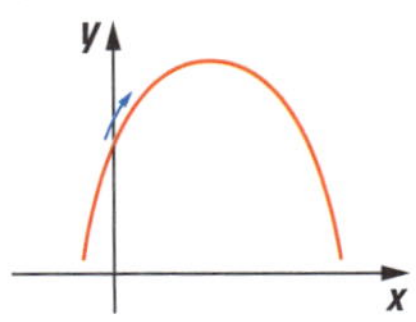

- Se $b < 0$, então a intersecção da parábola com o eixo *y* ocorre no ramo decrescente dela.

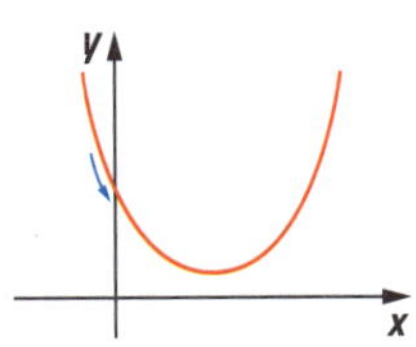

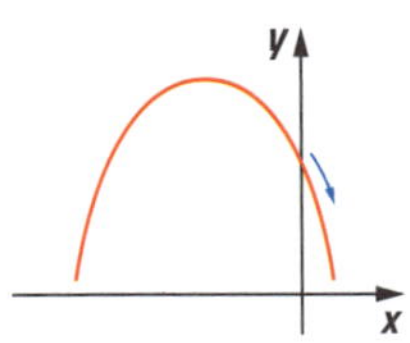

Ilustrações: Banco de imagens/Arquivo da editora

- Se $b = 0$, então a intersecção da parábola com o eixo *y* ocorre no vértice dela.

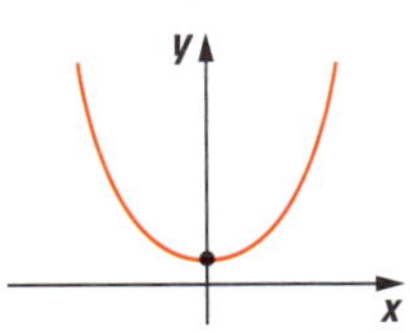

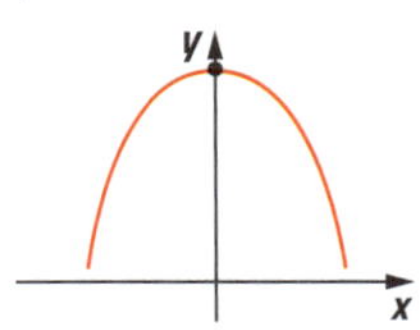

Neste caso, em que $b = 0$, o eixo *y* corresponde ao eixo de simetria da parábola.

Coeficiente *c*

O coeficiente *c* da lei da função quadrática indica o ponto no qual a parábola **intersecta o eixo *y***. Essa intersecção é o ponto $(0, c)$.

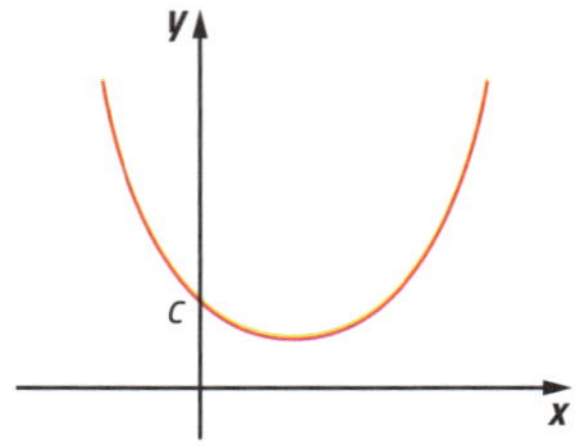

Ilustrações: Banco de imagens/Arquivo da editora

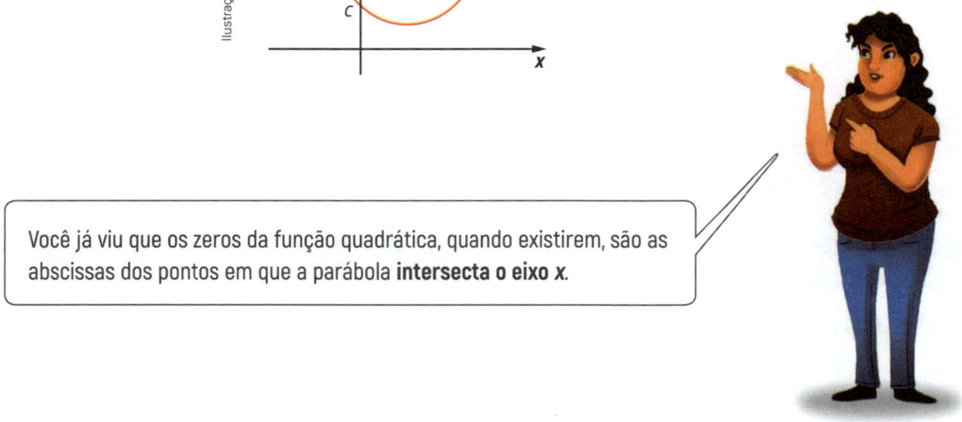

Thiago Neumann/Arquivo da editora

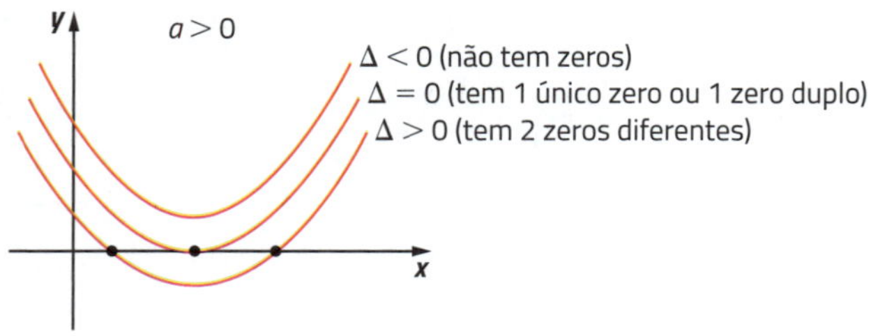

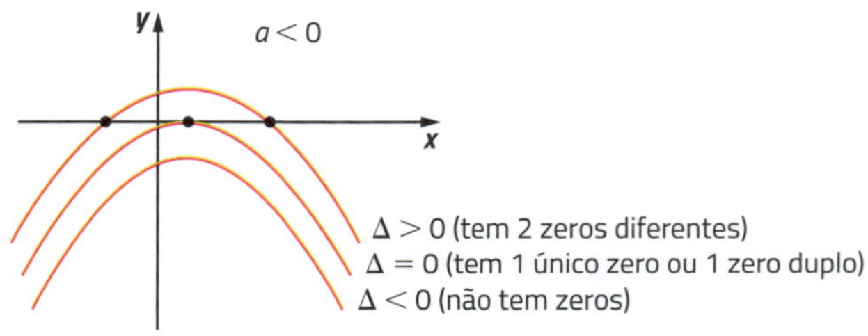

O vértice da parábola e o valor máximo ou valor mínimo da função quadrática

Vamos considerar novamente a função quadrática dada por $y = ax^2 + bx + c$, com a, b e c números reais e $a \neq 0$.

Observando se $a > 0$ ou $a < 0$, também podemos estabelecer se a função tem **valor máximo** ou **valor mínimo**. Esse valor máximo ou mínimo é dado pela **ordenada do vértice** da parábola, ou seja, por y_V.

Veja 2 exemplos.

- Vamos determinar o vértice da parábola que representa a lei $y = 2x^2 - 8x$ e o valor máximo ou valor mínimo da função.

  $\Delta = b^2 - 4ac = (-8)^2 - 4 \cdot 2 \cdot 0 = 64$

  $$x_V = -\frac{b}{2a} = -\frac{(-8)}{2 \times 2} = 2$$

  $$y_V = -\frac{\Delta}{4a} = -\frac{64}{4 \times 2} = -8$$

  Assim, a lei dessa função quadrática tem coeficiente $a > 0$ e a função assume valor mínimo -8, quando $x = 2$. Todos os outros valores de y nessa função são maiores do que -8.

  De fato, isso pode ser observado no gráfico dessa função.

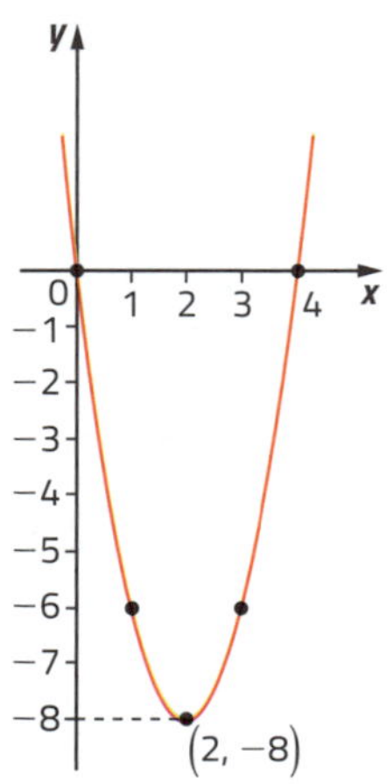

Banco de imagens/Arquivo da editora

- Vamos agora determinar o vértice da parábola dada por $y = -4x^2 + 4x + 5$ e o valor máximo ou valor mínimo da função.

$\Delta = 4^2 - 4 \cdot (-4) \cdot 5 = 16 + 80 = 96$

$$x_V = -\frac{4}{2 \times (-4)} = \frac{1}{2}$$

$$y_V = -\frac{96}{4 \times (-4)} = 6$$

Assim, a lei dessa função quadrática tem coeficiente $a < 0$ e a função assume **valor máximo** 6, quando $x = \frac{1}{2}$. Todos os outros valores de y nessa função são menores do que 6.

Novamente, isso pode ser observado no gráfico dessa função.

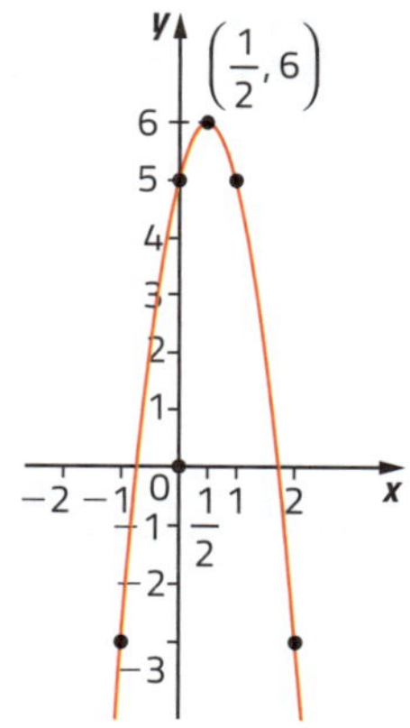

Banco de imagens/Arquivo da editora

Atividades

74 Sem fazer o gráfico, escreva se a parábola que representa a função dada pela lei de cada item intersecta o eixo x em 1 único ponto, em 2 pontos distintos ou se não intersecta o eixo x.

a) $y = -2x^2 + 8x - 8$
b) $y = 2x^2 - 1$
c) $y = x^2 + 1$
d) $y = -3x^2 + 5x$

75 Agora, para cada função dada na atividade anterior, verifique se ela tem valor máximo ou valor mínimo. O que você deve analisar para fazer essa verificação, sem construir o gráfico?

76 A medida de área A de uma região limitada por um trapézio é dada por $A = \frac{(B + b)h}{2}$, em que B é a medida de comprimento da base maior, b é a medida de comprimento da base menor e h é a medida de comprimento da altura.

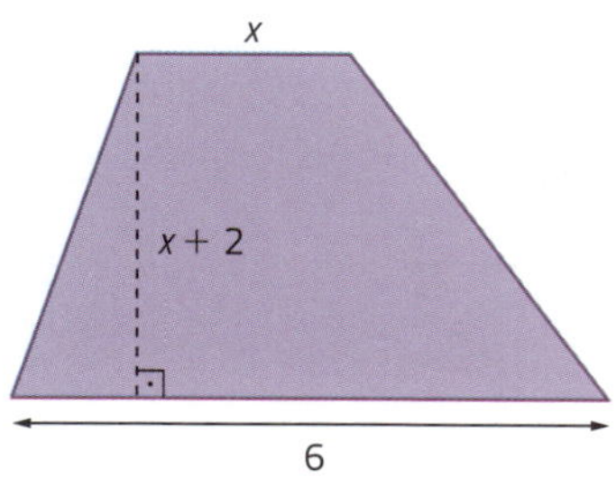

Banco de imagens/Arquivo da editora

Nesse trapézio, a medida de área pode ser dada em função da medida de comprimento da base menor (com $x > 0$) por uma lei do tipo $A = ax^2 + bx + c$, com a, b e c números reais e $a \neq 0$.

a) Determine a lei dessa função.
b) Qual é o valor mínimo dessa função? Esse valor pode ser considerado nessa situação de medida de área, com $x > 0$?

77 Determine o vértice da parábola e o valor máximo ou o valor mínimo da função cuja lei está dada em cada item.

a) $y = x^2 + 4x - 2$
b) $y = x^2 - 6x + 9$
c) $y = -x^2 + 4x - 4$
d) $y = -x^2 - 6x - 8$

78 **Conexões.** Algumas vezes, a trajetória da bola em um chute pode descrever uma parábola. Suponha que a medida de comprimento h (em metros) da altura em que a bola se encontra, t segundos após o chute, seja dada pela fórmula $h = -t^2 + 6t$, com $t \geq 0$.

Mauro Souza/Arquivo da editora

a) Em uma malha quadriculada, represente um plano cartesiano e desenhe o gráfico dessa função.
b) Qual é o eixo de simetria desse gráfico?
c) Após quantos segundos a bola atinge a altura máxima?
d) Qual é a medida de comprimento da altura máxima atingida pela bola?
e) Qual é o par ordenado que representa o ponto de altura máxima dessa trajetória?

79 Retome a situação-problema de cercar com tela o espaço em volta da quadra retangular, da página 151. Resolva essa situação sabendo que a medida de área assume o valor máximo no vértice da parábola que representa a função.

6 Estudo do sinal da função afim e da função quadrática

Estudar o sinal de uma função f significa determinar os valores de x do domínio da função para os quais $f(x)$ é nulo (ou seja, $f(x) = 0$), é positivo (ou seja, $f(x) > 0$) e é negativo (ou seja, $f(x) < 0$).

Vamos aplicar os conhecimentos sobre função afim e função quadrática para estudar o sinal desses tipos de função.

Função afim

Considere esta situação, que contextualiza o estudo do sinal da função afim.

Um comerciante gastou R$ 300,00 na compra de um lote de maçãs. Ele deseja saber quantas maçãs devem ser vendidas por R$ 2,00 para que haja lucro na venda.

Observe que o resultado final (a receita menos a despesa) é dado em função do número x de maçãs vendidas e a lei da função é $f(x) = 2x - 300$, com x natural.

- Vendendo 150 maçãs não haverá lucro nem prejuízo, pois, para $x = 150$, temos $f(x) = 2 \cdot 150 - 300 = 0$.
- Vendendo mais de 150 maçãs haverá lucro, pois, para $x > 150$, temos $f(x) > 0$.
- Vendendo menos de 150 maçãs haverá prejuízo, pois, para $x < 150$, temos $f(x) < 0$.

Observe que o zero dessa função é 150 e, para esse valor de x, o sinal da função é nulo $(f(x) = 0)$. Para os valores de x maiores do que o zero, o sinal da função é positivo $(f(x) > 0)$ e, para valores de x menores do que o zero, o sinal da função é negativo $(f(x) < 0)$.

Estudo do sinal da função pela análise do gráfico

Você já sabe que o zero de uma função afim f, quando existir, é a abscissa do ponto em que a reta que a representa intersecta o eixo x. Assim, podemos fazer o estudo do sinal de uma função afim analisando o coeficiente a e o gráfico da função.

$a > 0$ (função crescente)

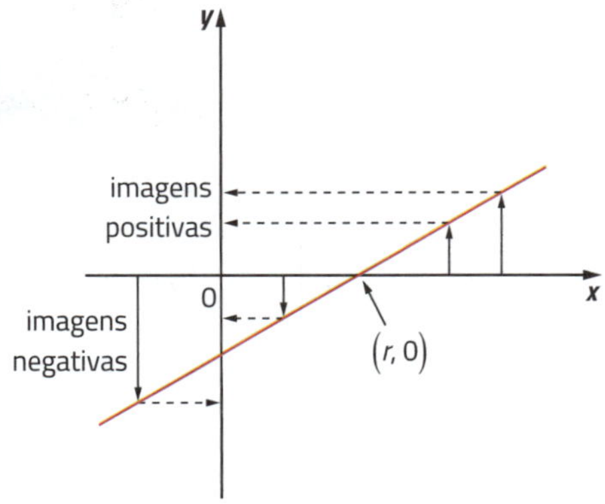

Dispositivo prático:

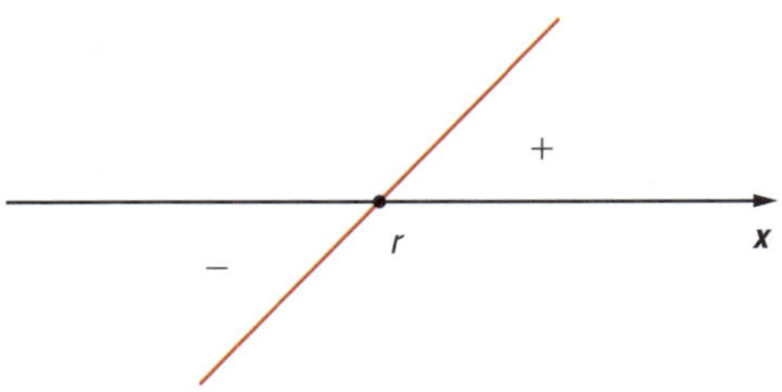

$x = r \Rightarrow f(x) = 0$

$x > r \Rightarrow f(x) > 0$

$x < r \Rightarrow f(x) < 0$

Ilustrações: Banco de imagens/Arquivo da editora

Thiago Neumann/Arquivo da editora

$a < 0$ (função decrescente)

Ilustrações: Banco de imagens/Arquivo da editora

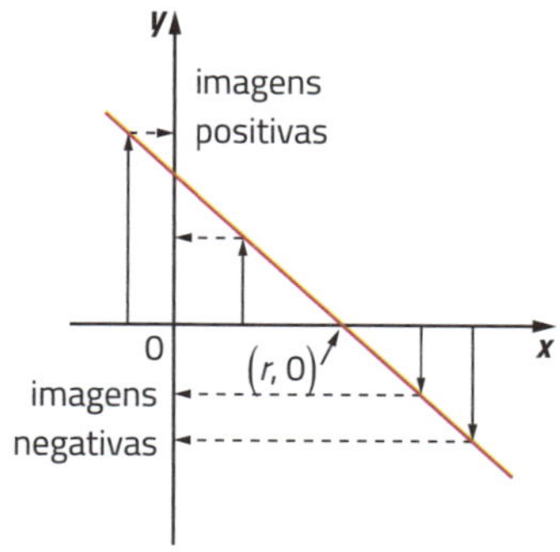

Dispositivo prático:

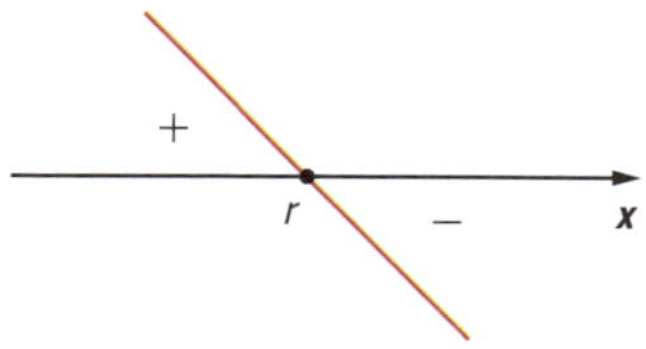

$x = r \Rightarrow f(x) = 0$

$x > r \Rightarrow f(x) < 0$

$x < r \Rightarrow f(x) > 0$

$a = 0$ (função constante)

Nesse caso, $f(x) = b$ para qualquer valor de x.

Thiago Neumann/Arquivo da editora

Veja alguns exemplos.

- $f: \mathbb{R} \to \mathbb{R}$ tal que $f(x) = -4x + 1$.

  Zero da função: $x = -\frac{1}{-4} = \frac{1}{4}$

  $a = -4 < 0$ (função decrescente)

  Então:

  $x = \frac{1}{4} \Rightarrow f(x) = 0$

  $x > \frac{1}{4} \Rightarrow f(x) < 0$

  $x < \frac{1}{4} \Rightarrow f(x) > 0$

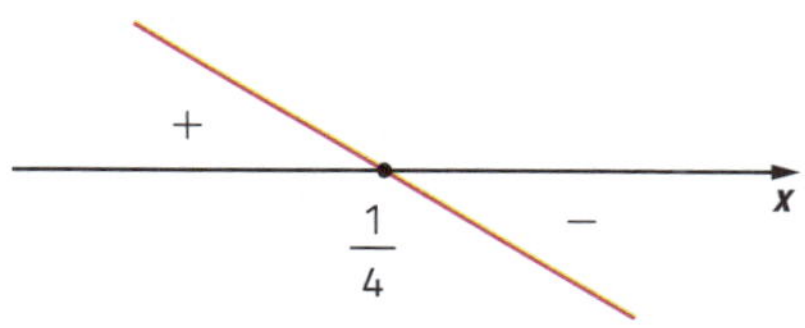

Banco de imagens/Arquivo da editora

  De fato, podemos observar os valores de $f(x)$ no gráfico dessa função.

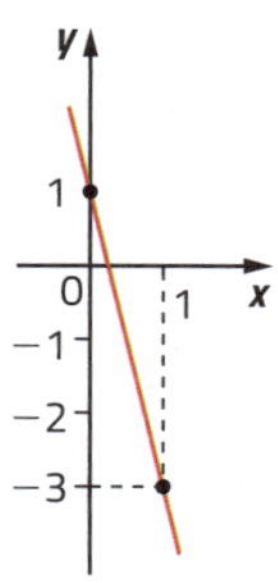

Banco de imagens/Arquivo da editora

- $f(x) = 3x - 1$, com x real.

  Zero da função: $x = -\frac{-1}{3} = \frac{1}{3}$

  $a = 3 > 0$ (função crescente)

  Então:

  $f(x) = 0$ para $x = \frac{1}{3}$.

  $f(x) > 0$ para $x > \frac{1}{3}$.

  $f(x) < 0$ para $x < \frac{1}{3}$.

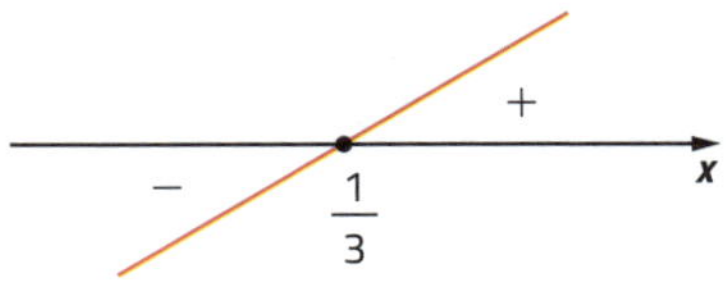

Banco de imagens/Arquivo da editora

- Vamos calcular para quais valores de x a função dada por $f(x) = 4 - 19x$, com x real, é positiva.

  Zero da função: $x = -\frac{4}{-19} = \frac{4}{19}$

  $a = -19 < 0$ (função decrescente)

  Então, a função é positiva quando $x < \frac{4}{19}$.

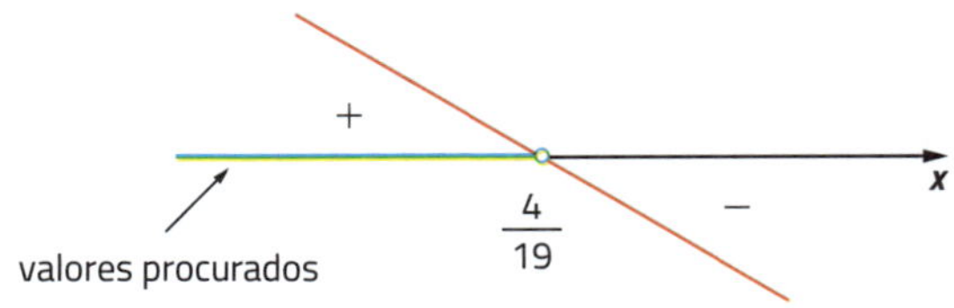

Banco de imagens/Arquivo da editora

Banco de imagens/Arquivo da editora

Thiago Neumann/Arquivo da editora

Atividades

80 Sem construir o gráfico, estude o sinal de cada função afim, com $x \in \mathbb{R}$.

a) $f(x) = x + 4$

b) $f(x) = -2x + 1$

c) $f(x) = -1 + \frac{1}{2}x$

d) $f(x) = 2 - 6x$

81 Responda.

a) Para quais valores reais de x a função dada por $f(x) = 1 - x$ é positiva?

b) E para quais valores reais de x a função definida por $f(x) = 3x + 12$ é negativa?

82 Observe os exemplos acima e os estudos de sinal que você fez na atividade 80 e complete as frases.

Na função afim, quando $a \neq 0$, $f(x)$ tem o sinal de a quando x é maior do que a raiz, $f(x)$ é nulo quando x é ____________ à raiz e $f(x)$ tem o sinal ____________ ao de a quando x é ____________ do que a raiz.

Quando $a = 0$, $f(x)$ tem o sinal de ____________ para qualquer valor real de x.

83 Determine os valores reais de x para que as funções f e g sejam simultaneamente negativas, sabendo que $f(x) = -2x + 8$, $g(x) = 3x - 6$ e $x \in \mathbb{R}$.

Estudo do sinal da função quadrática

Para fazer o estudo do sinal de uma função quadrática f, faremos a análise do gráfico dela, assim como fizemos para a função afim.

Nesse tipo de função, o sinal de $f(x) = ax^2 + bx + c$, com a, b e c reais e $a \neq 0$, vai depender do discriminante $\Delta = b^2 - 4ac$ da equação do 2º grau correspondente ($ax^2 + bx + c = 0$), do coeficiente a e dos zeros da função (se existirem).

Dependendo do discriminante, podem ocorrer 3 casos e, em cada caso, de acordo com o coeficiente a, podem ocorrer 2 situações. Acompanhe todas as possibilidades.

> **Bate-papo**
>
> Converse com os colegas e relembrem quantos zeros uma função quadrática tem, no conjunto dos números reais, de acordo com o discriminante dela e, consequentemente, em quantos pontos o gráfico dela (a parábola) intersecta o eixo x.
>
> a) $\Delta > 0$ b) $\Delta = 0$ c) $\Delta < 0$

1º caso: $\Delta > 0$

A função tem os zeros x' e x'' diferentes e a parábola intersecta o eixo x em 2 pontos distintos. Então, analisamos as possibilidades de acordo com o sinal do coeficiente a.

$a > 0$

$f(x) = 0$ para $x = x''$ ou $x = x'$.

$f(x) > 0$ para $x < x''$ ou $x > x'$.

$f(x) < 0$ para $x'' < x < x'$.

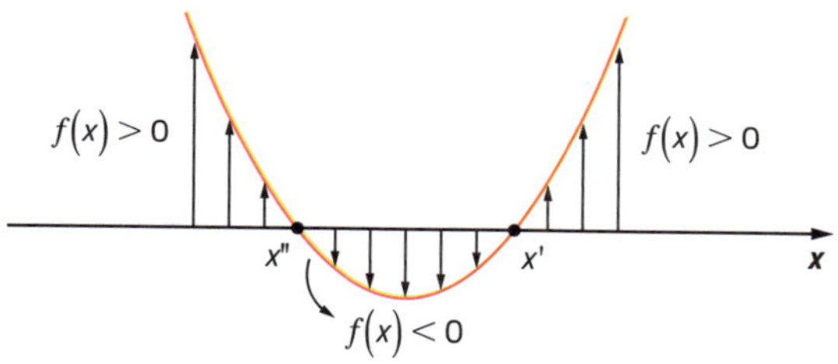

$a < 0$

$f(x) = 0$ para $x = x''$ ou $x = x'$.

$f(x) > 0$ para $x'' < x < x'$.

$f(x) < 0$ para $x < x''$ ou $x > x'$.

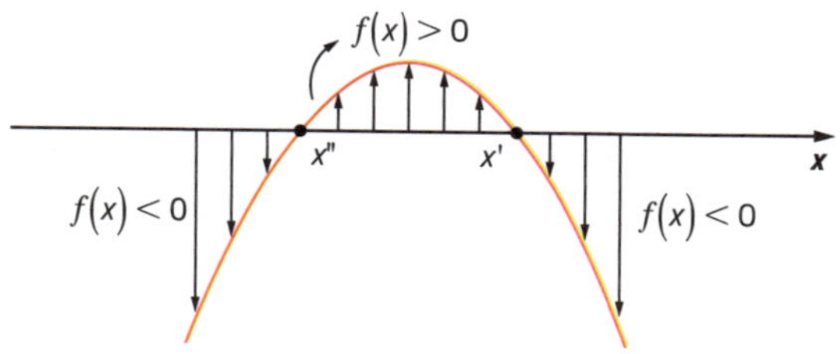

Ilustrações: Banco de imagens/Arquivo da editora

Dispositivo prático:

$\Delta > 0$ e $a > 0$

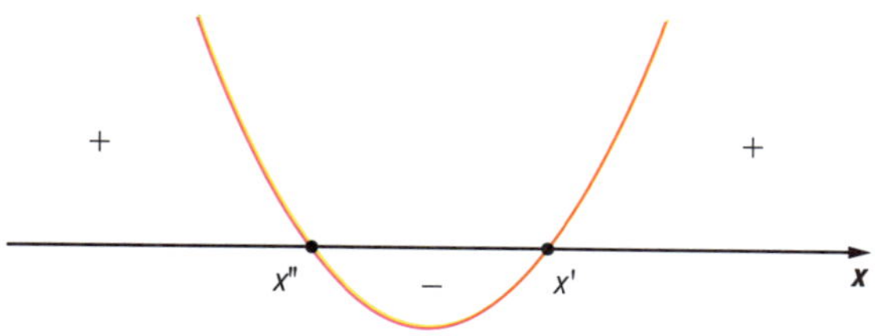

$\Delta > 0$ e $a < 0$

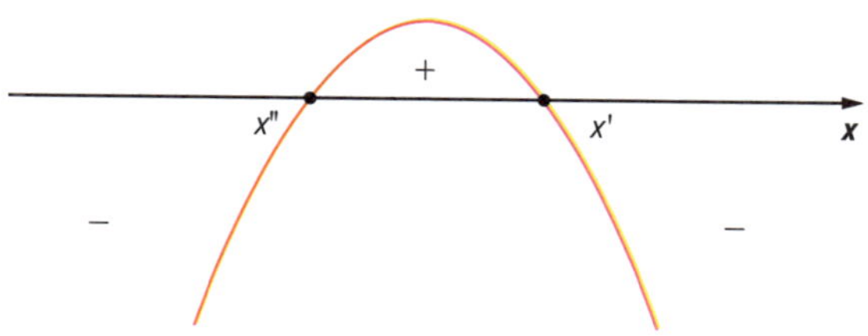

Ilustrações: Banco de imagens/Arquivo da editora

2º caso: $\Delta = 0$

A função tem 1 zero duplo $x' = x''$ e a parábola intersecta o eixo x em 1 ponto (a parábola tangencia o eixo x). Então, analisamos as possibilidades de acordo com o sinal do coeficiente a.

$a > 0$

$f(x) = 0$ para $x = x' = x''$.

$f(x) > 0$ para $x \neq x'$.

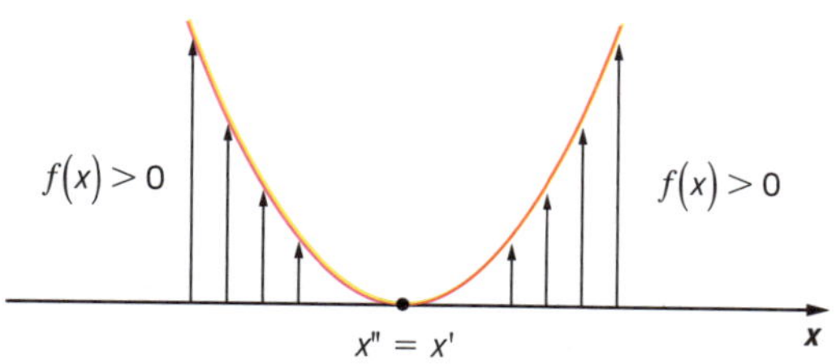

$a < 0$

$f(x) = 0$ para $x = x' = x''$.

$f(x) < 0$ para $x \neq x'$.

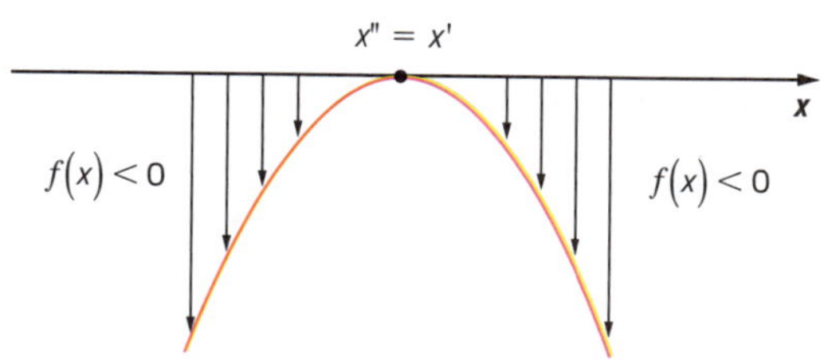

Ilustrações: Banco de imagens/Arquivo da editora

Dispositivo prático:

$\Delta = 0$ e $a > 0$

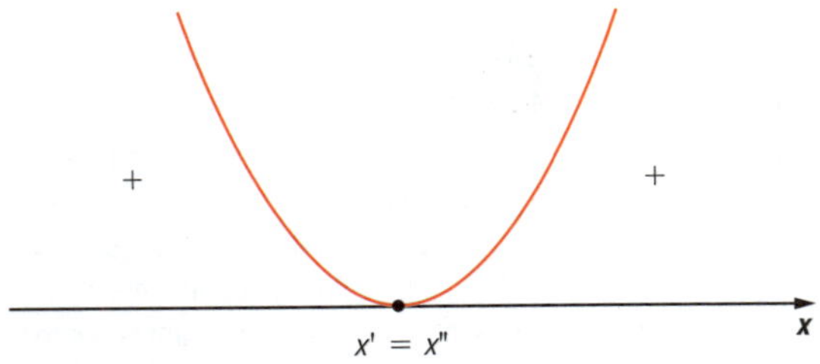

$\Delta = 0$ e $a < 0$

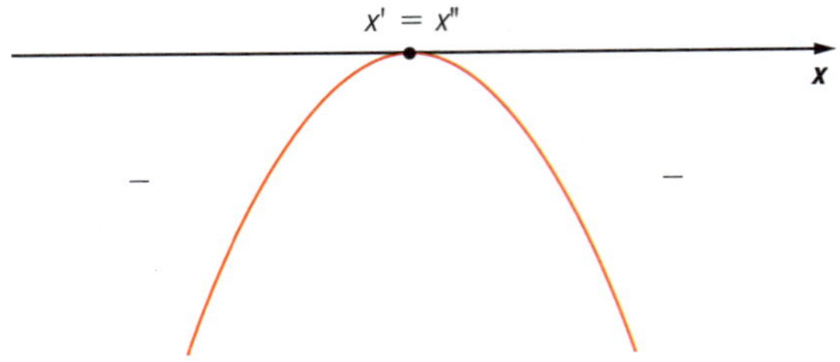

Ilustrações: Banco de imagens/Arquivo da editora

3º caso: $\Delta < 0$

A função não tem zeros reais e a parábola não intersecta o eixo x. Então, analisamos as possibilidades de acordo com o sinal do coeficiente a.

$a > 0$

$f(x) > 0$ para todo x real.

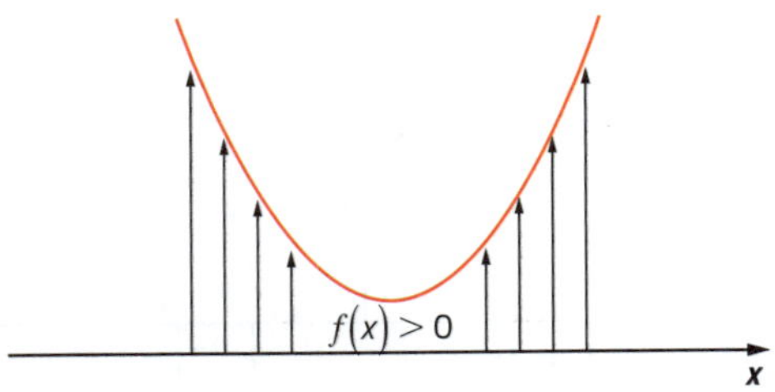

$a < 0$

$f(x) < 0$ para todo x real.

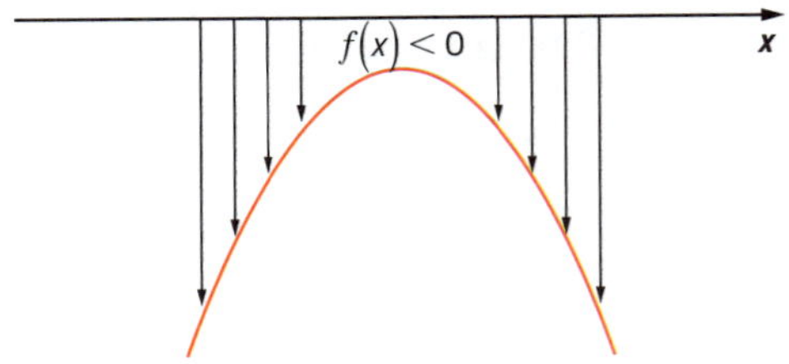

Ilustrações: Banco de imagens/Arquivo da editora

Dispositivo prático:

$\Delta < 0$ e $a > 0$

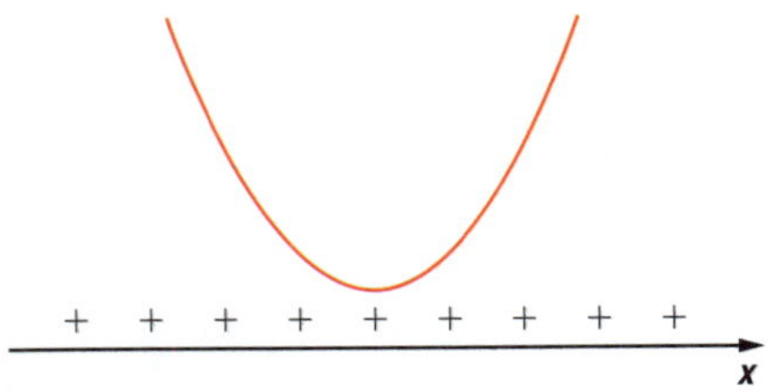

$\Delta < 0$ e $a < 0$

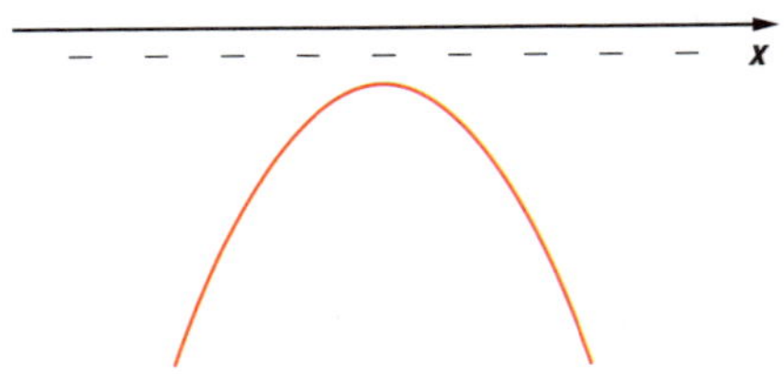

Ilustrações: Banco de imagens/Arquivo da editora

Agora, veja alguns exemplos.

- Vamos estudar o sinal da função quadrática dada por $f(x) = x^2 - 7x + 6$, com x real.

  $\Delta = (-7)^2 - 4 \cdot 1 \cdot 6 = 25 > 0$

  Zeros da função: $x' = 6$ e $x'' = 1$.

  $a = 1 > 0$

  Então:

  $f(x) = 0$ para $x = 1$ ou $x = 6$.

  $f(x) > 0$ para $x < 1$ ou $x > 6$.

  $f(x) < 0$ para $1 < x < 6$.

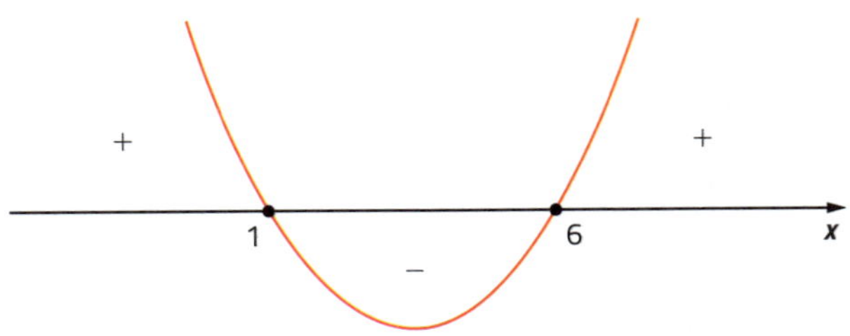

Banco de imagens/Arquivo da editora

  Portanto, $f(x)$ é positiva para x fora do intervalo $[1, 6]$, é nula para $x = 1$ ou $x = 6$ e é negativa para x entre 1 e 6.

- $f: \mathbb{R} \to \mathbb{R}$ tal que $f(x) = 9x^2 + 6x + 1$.

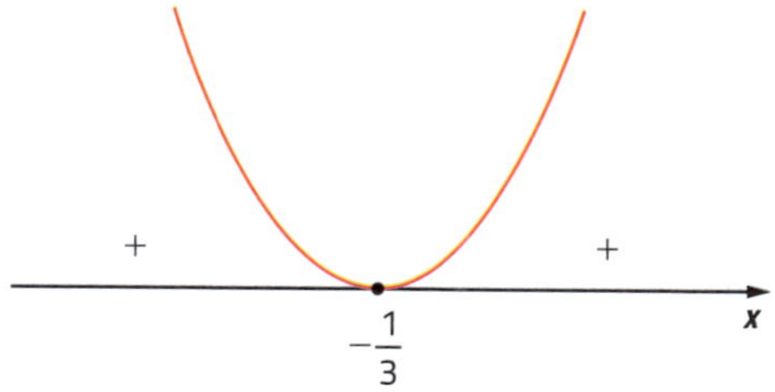

$\Delta = 6^2 - 4 \cdot 9 \cdot 1 = 0$

Zero da função: $x = -\frac{1}{3}$.

$a = 9 > 0$

Então:

$f(x) = 0$ para $x = -\frac{1}{3}$.

$f(x) > 0$ para $x \neq -\frac{1}{3}$.

Ou seja, $f(x)$ é positiva para todo $x \neq -\frac{1}{3}$ e é nula em $x = -\frac{1}{3}$.

- Vamos estudar o sinal da função $f: \mathbb{R} \to \mathbb{R}$ tal que $f(x) = -2x^2 + 3x - 4$.

$\Delta = 3^2 - 4 \cdot (-2) \cdot (-4) = -23 < 0$

A função não tem zeros reais.

$a = -2 < 0$

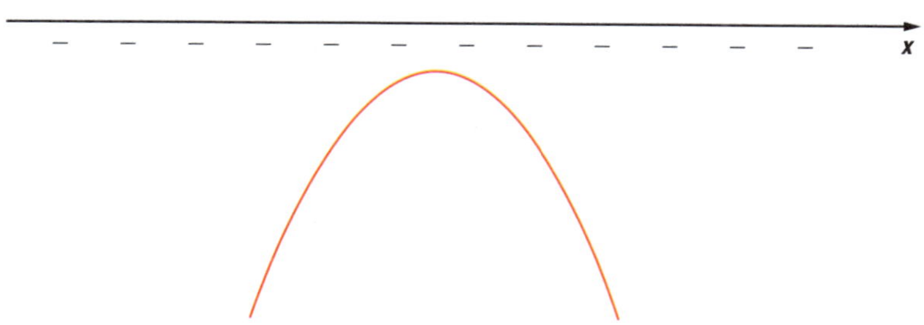

Banco de imagens/Arquivo da editora

Logo, $f(x) < 0$ para todo x real, ou seja, $f(x)$ é sempre negativa.

Atividades

84 Sem construir o gráfico, estude o sinal de cada função quadrática dada, com $x \in \mathbb{R}$.

a) $f(x) = x^2 - 3x - 4$

b) $f(x) = -3x^2 + 2x + 1$

c) $f(x) = x^2 + 4x + 4$

85 Para quais valores reais de x a função definida por $f(x) = x^2 + 7x + 10$ é positiva?

86 Observe os exemplos acima e os estudos de sinal que você fez na atividade 84 e complete as frases.

Na função quadrática, quando $\Delta > 0$, $f(x)$ tem o sinal ________ ao de a quando x está entre as raízes da equação, $f(x)$ é nulo quando x é ________ a uma das raízes e $f(x)$ tem o sinal de a quando x está fora do intervalo ________.

Quando $\Delta = 0$, $f(x)$ tem o sinal de a quando x é ________ da raiz da equação e $f(x)$ é nulo quando x é ________ à raiz.

Quando $\Delta < 0$, $f(x)$ tem o sinal de ________ para qualquer valor real de x.

7 Resolução de inequações do 1º grau ou do 2º grau

No 7º ano, estudamos como resolver inequações do 1º grau com 1 incógnita. O estudo do sinal da função afim e da função quadrática nos ajuda a determinar a solução de inequações do 1º grau com 1 incógnita e de inequações do 2º grau com 1 incógnita.

Acompanhe os exemplos.

- $2x - 5 > 0$, em $\mathbb{R}$.

  Associamos o primeiro membro da inequação à lei de uma função.

  $$\underbrace{2x - 5}_{f(x)} > 0$$

  Então, estudamos o sinal dessa função, buscando $f(x) > 0$.

  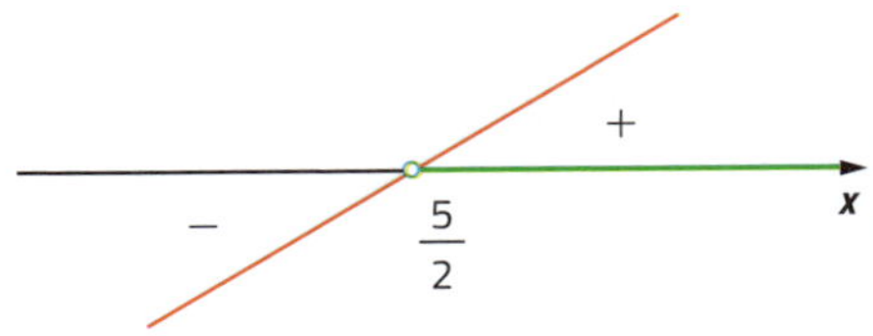

  Banco de imagens/Arquivo da editora

  Zero da função: $x = -\frac{-5}{2} = \frac{5}{2}$

  $f(x) > 0 \Rightarrow x > \frac{5}{2}$

  Logo, a solução dessa inequação é $S = \left\{x \in \mathbb{R} \,\middle|\, x > \frac{5}{2}\right\}$.

- $3 - 2x \geqslant x - 12$, em $\mathbb{R}$.

  $3 - 2x \geqslant x - 12 \Rightarrow -2x - x + 3 + 12 \geqslant 0 \Rightarrow \underbrace{-3x + 15}_{f(x)} \geqslant 0$

  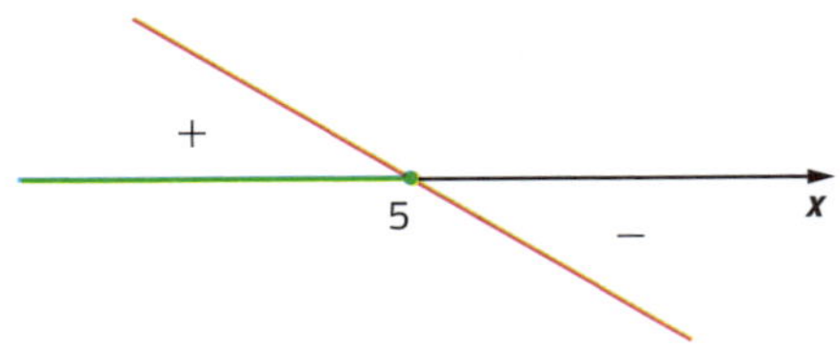

  Banco de imagens/Arquivo da editora

  Zero da função: $x = -\frac{15}{-3} = 5$

  $f(x) \geqslant 0 \Rightarrow x \leqslant 5$

  Logo, $S = \{x \in \mathbb{R} \mid x \leqslant 5\}$.

- $x^2 - 3x + 2 \leqslant 0$, $x \in \mathbb{R}$.

  $$\underbrace{x^2 - 3x + 2}_{f(x)} \leqslant 0,\ x \in \mathbb{R}$$

  $\Delta = (-3)^2 - 4 \cdot 1 \cdot 2 = 9 - 8 = 1 \geqslant 0$

  Zeros da função: $x' = 1$ e $x'' = 2$.

  $a = 1 \geqslant 0$

  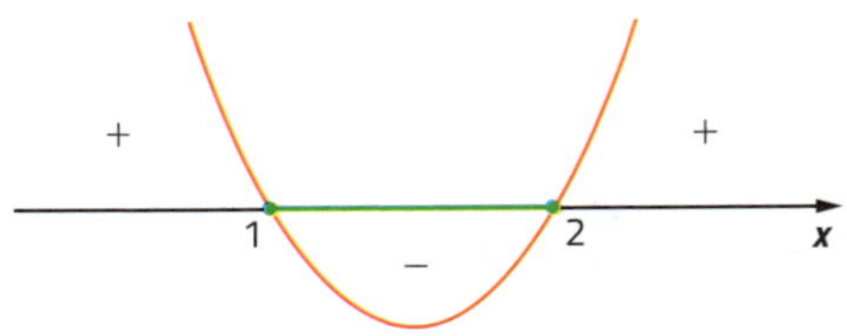

  Banco de imagens/Arquivo da editora

  $$\left.\begin{array}{l} f(x) = 0 \Rightarrow x = 1 \text{ ou } x = 2 \\ f(x) < 0 \Rightarrow 1 < x < 2 \end{array}\right\} f(x) \leqslant 0 \Rightarrow 1 \leqslant x \leqslant 2$$

  Logo, $S = \{x \in \mathbb{R} \mid 1 \leqslant x \leqslant 2\}$.

Atividade

87 Resolva em $\mathbb{R}$ cada inequação usando o estudo do sinal da função correspondente.

a) $3x - 4 \geqslant 0$

b) $8 - 2x > 0$

c) $3x^2 - 10x + 7 < 0$

d) $3 - 4x > x - 7$

e) $\frac{x}{4} - \frac{3(x - 1)}{10} \leqslant 1$

f) $-2x^2 - x + 1 \leqslant 0$

g) $x^2 - 5x + 10 \leqslant 0$

h) $2x^2 - 2x + 5 > 0$

Revisando seus conhecimentos

1 Um comerciante comprou uma mercadoria por R$ 120,00 e vendeu-a por R$ 126,00. O lucro dele foi de:

a) 4%.
b) 5%.
c) 6%.
d) 8%.

2 Em um hexágono convexo, considere todos os segmentos de reta cujas extremidades são vértices desse polígono.

Escolhendo um deles ao acaso, a probabilidade de ele ser uma diagonal é de:

a) $\frac{1}{2}$.
b) $\frac{5}{6}$.
c) $\frac{3}{5}$.
d) $\frac{2}{3}$.

3 Uma piscina tem a forma de um bloco retangular com 25 m de medida de comprimento da extensão, 12 m de medida de comprimento da largura e 1,5 m de medida de comprimento da profundidade. Quantos litros de água, no máximo, podem ser colocados nessa piscina?

4 Este gráfico é de uma função afim. Determine a fórmula dessa função.

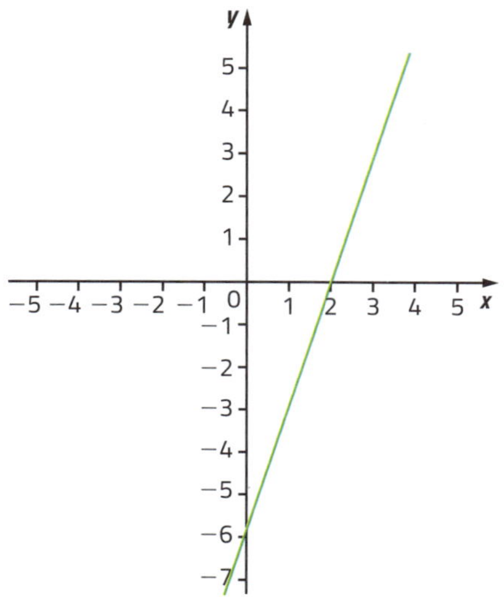

Banco de imagens/Arquivo da editora

5 Maurício gastou a quarta parte do salário dele com aluguel e a terça parte com alimentação, água e energia elétrica. Restaram, ainda, R$ 400,00. Qual é o salário de Maurício?

6 Para encher um reservatório que estava vazio, foram usadas torneiras, com cada uma despejando 20 L de água por minuto, da seguinte maneira: durante os 4 primeiros minutos, ficou aberta apenas 1 torneira; nos 3 minutos seguintes, 3 torneiras ficaram abertas; e, nos 3 minutos finais, 2 torneiras ficaram abertas.

a) Complete esta tabela que relaciona a medida de intervalo de tempo t (em minutos) com a medida de volume V (em litros) de água no reservatório.

Relação entre medida de intervalo de tempo e medida de volume de água

t	0	1	2	3	4	5	6	7	8	9	10
V											

Tabela elaborada para fins didáticos.

b) Indique também o gráfico que melhor expressa essa situação.

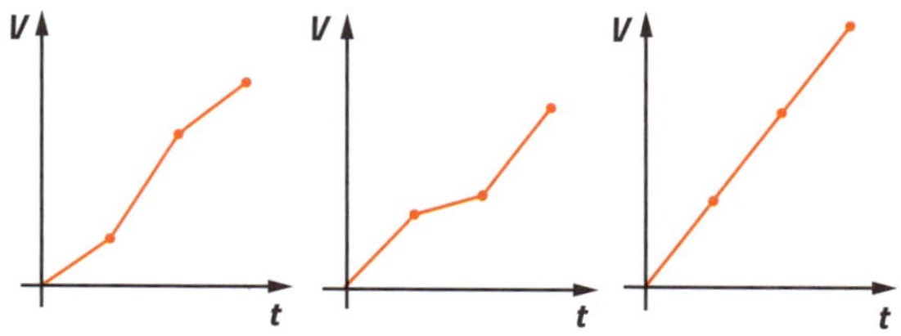

Ilustrações: Banco de imagens/Arquivo da editora

7 Em um paralelogramo, o perímetro mede 23 cm, o comprimento de um dos lados mede 4 cm e a abertura de um dos ângulos internos mede 72°. Quais são as medidas de comprimento dos 4 lados e as medidas de abertura dos 4 ângulos internos?

8 Ao lançar um objeto para cima, podemos calcular a medida de comprimento da altura dele, em relação ao solo, pela fórmula $h(t) = 50t - 5t^2$, em que h é a medida de comprimento da altura, em metros, após t segundos do lançamento.

a) Qual é a medida de comprimento da altura do objeto após 1 segundo do lançamento?

b) Qual é a medida de comprimento da maior altura atingida pelo objeto? Após quantos segundos do lançamento isso ocorre?

c) Após quantos segundos do lançamento o objeto atinge o solo?

9 **(Prova Brasil)** Dois pedreiros constroem um muro em 15 dias. Três pedreiros constroem o mesmo muro em quantos dias?

a) 5 dias.
b) 10 dias.
c) 15 dias.
d) 22,5 dias.

Praticando um pouco mais

Testes oficiais

1 ▸ **(Saresp)** Um motoboy, para fazer entregas ou retirar documentos de escritórios espalhados pela cidade de São Paulo, recebe R$ 3,00 por quilômetro rodado. Suponhamos que ele passe a receber, mensalmente, um auxílio fixo de R$ 50,00. Qual o gráfico que representa o seu ganho mensal, em reais, em função dos quilômetros rodados?

a) 

c) 

b) 

d) 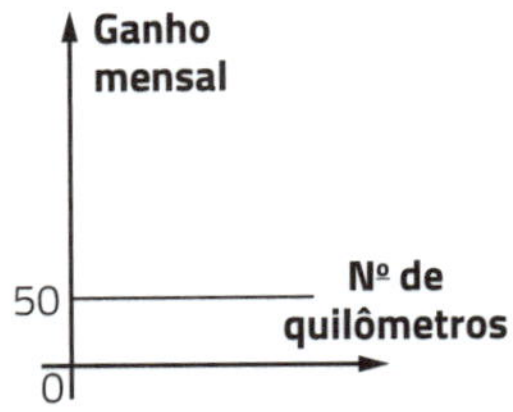

Ilustrações: Banco de imagens/Arquivo da editora

2 ▸ **(Saresp)** Uma população de bactérias cresce, em função do tempo, de acordo com a função:

$$N = 400 \cdot (1{,}2)^t$$

N: número de bactérias

t: tempo em horas

O número de bactérias, na população, depois de 2 horas é:

a) 400.

b) 480.

c) 576.

d) 960.

3 ▸ **(Saresp)** Uma função do tipo $y = kx$, com $k \in \mathbb{R}$, pode representar a relação entre duas grandezas, em que:

I. x representa o número de pães a ser comprado e y o valor a ser pago.

II. x representa o número de minutos em que uma torneira permanece aberta e y o número de litros de água consumidos.

III. x representa a medida do lado de um terreno quadrangular e y a medida de sua área.

Está correto apenas o que se afirma em:

a) **I**.

b) **I** e **II**.

c) **I** e **III**.

d) **II** e **III**.

4 ▸ **(Saresp)** Uma função de 2º grau é expressa genericamente por $f(x) = ax^2 + bx + c$, onde a, b e c são coeficientes reais, com $a \neq 0$. Se uma função do 2º grau tem o coeficiente a negativo, b negativo e c nulo, então, o gráfico que melhor a representará é o da alternativa:

a) 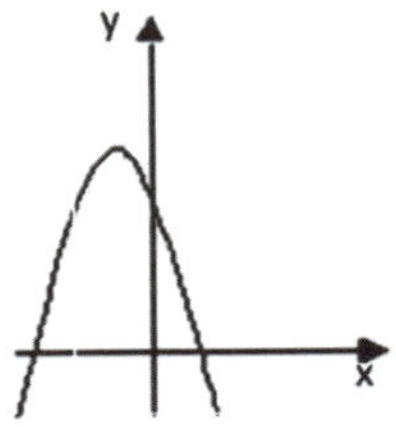

c) 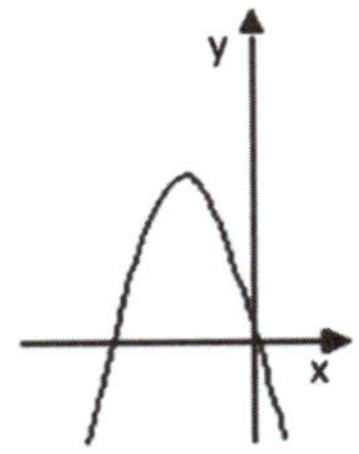

b) 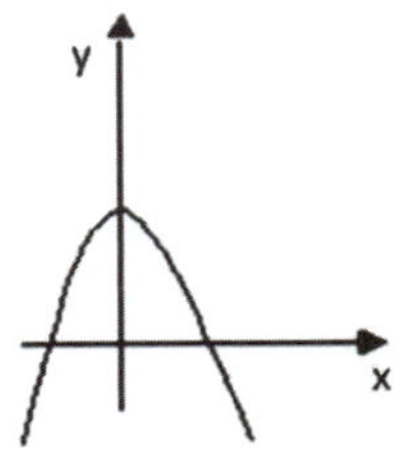

d) 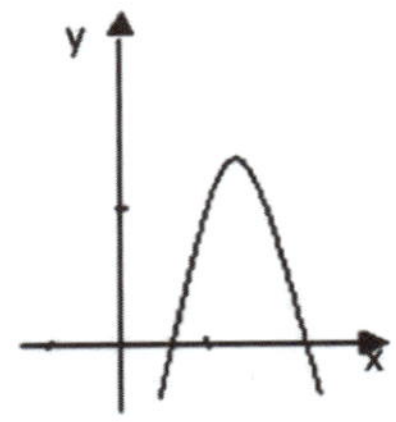

Ilustrações: Reprodução/Saresp, 2008

5 ▸ **(Saresp)** Observe a representação gráfica da função $f(x)$.

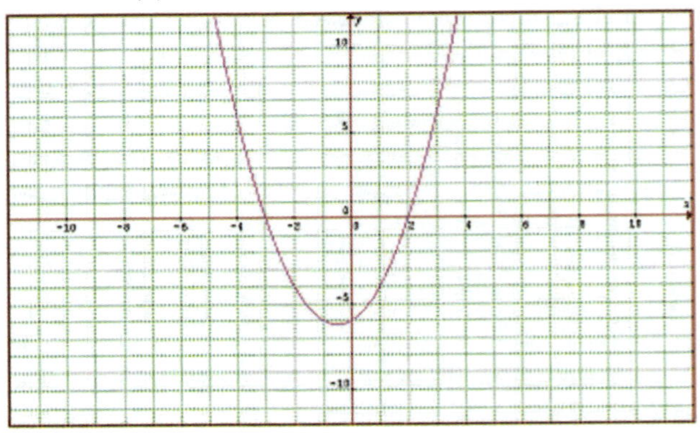

Reprodução/Saresp, 2008

Em relação a $f(x)$, pode-se afirmar que:

a) o seu valor é negativo para todo $x \in [-\infty, -3]$.

b) as duas raízes não são números reais.

c) o seu valor mínimo é positivo.

d) o seu valor é negativo para todo $x \in]-3, 2[$.

Questões de vestibulares e Enem

6 ▸ **(UFPA)** Sejam os conjuntos $A = \{1; 2\}$ e $B = \{0; 1; 2\}$. Qual das afirmativas abaixo é verdadeira?

a) $f: x \mapsto 2x$ é uma função da A em B.

b) $f: x \mapsto x + 1$ é uma função da A em B.

c) $f: x \mapsto x^2 - 3x + 2$ é uma função da A em B.

d) $f: x \mapsto x^2 - x$ é uma função da B em A.

e) $f: x \mapsto x - 1$ é uma função da B em A.

7› **(Uerj)** Os veículos para transporte de passageiros em determinado município têm vida útil que varia entre 4 e 6 anos, dependendo do tipo de veículo. Nos gráficos está representada a desvalorização de quatro desses veículos ao longo dos anos, a partir de sua compra na fábrica.

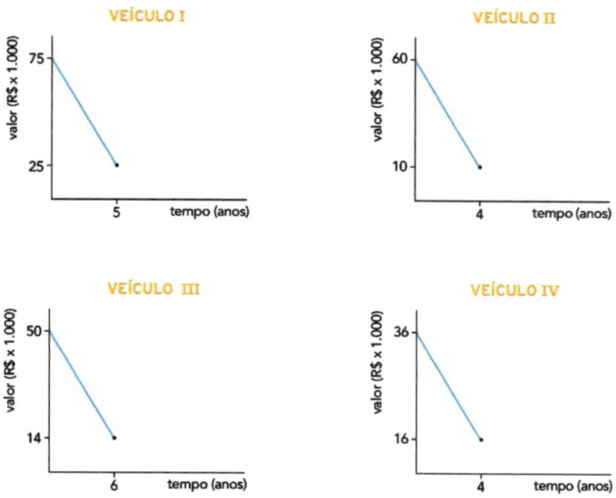

Ilustrações: Reprodução/Uerj, 2018

Com base nos gráficos, o veículo que mais desvalorizou por ano foi:

a) **I**.
b) **II**.
c) **III**.
d) **IV**.

8› **(ESPM-SP)** O gráfico abaixo mostra a variação da temperatura no interior de uma câmara frigorífica desde o instante em que foi ligada. Considere que essa variação seja linear nas primeiras 2 horas.

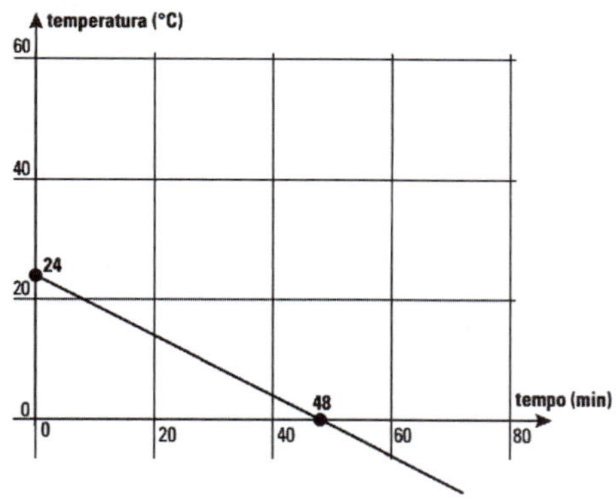

Reprodução/ESPM, 2017

O tempo necessário para que a temperatura atinja −18 °C é de:

a) 90 min.
b) 84 min.
c) 78 min.
d) 88 min.
e) 92 min.

9› **(UEA-AM)** No dia do lançamento de determinado produto, foram vendidas 200 unidades. A partir do segundo dia e nas 9 semanas seguintes, o número de unidades vendidas semanalmente aumentou de acordo com a função $f(x) = 40x + 200$, sendo $f(x)$ o número de unidades vendidas semanalmente e x o número de semanas, com $1 \leq x \leq 9$.

Em relação ao número de unidades vendidas na 3ª semana, o número de unidades vendidas na 9ª semana corresponde a um aumento de:

a) 85%.
b) 80%.
c) 75%.
d) 70%.
e) 65%.

10› **(Enem)** Um sítio foi adquirido por R$ 200 000,00. O proprietário verificou que a valorização do imóvel, após sua aquisição, cresceu em função do tempo conforme o gráfico, e que essa tendência de valorização se manteve nos anos seguintes.

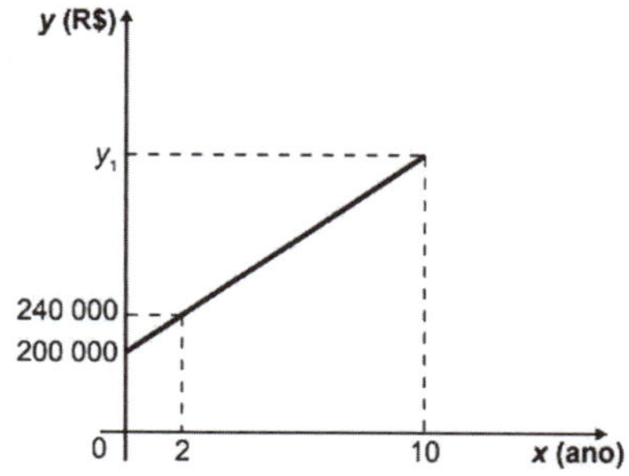

Reprodução/Enem, 2017

O valor desse sítio, no décimo ano após sua compra, em real, será de:

a) 190 000.
b) 232 000.
c) 272 000.
d) 400 000.
e) 500 000.

11› **(Enem)** No Brasil há várias operadoras e planos de telefonia celular.

Uma pessoa recebeu 5 propostas (**A**, **B**, **C**, **D** e **E**) de planos telefônicos. O valor mensal de cada plano está em função do tempo mensal das chamadas, conforme o gráfico.

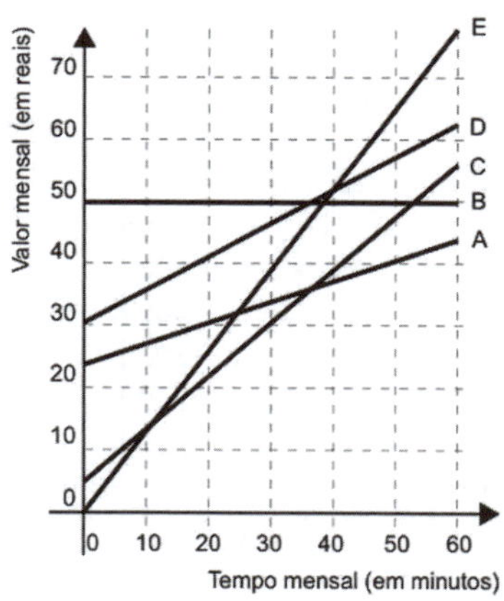

Reprodução/Enem, 2014

Essa pessoa pretende gastar exatamente R$ 30,00 por mês com telefone. Dos planos telefônicos apresentados, qual é o mais vantajoso, em tempo de chamada, para o gasto previsto para essa pessoa?

a) **A**
b) **B**
c) **C**
d) **D**
e) **E**

VERIFIQUE O QUE ESTUDOU

1 Todos os eletrodomésticos de uma loja estão sendo vendidos assim: uma entrada de R$ 100,00 e o restante em 5 prestações iguais.

O valor y de cada prestação é dado em função do preço x do produto comprado.

a) Escreva uma igualdade que dá o valor de y em função de x.

b) Qual é o valor de cada prestação na compra de uma geladeira de R$ 2 000,00?

c) Quanto um cliente vai pagar por um aparelho de televisão, se cada prestação será de R$ 420,00?

2 Estas fórmulas indicam funções de $\mathbb{R}$ em $\mathbb{R}$. Observe e responda.

$y = 4x$ | $y = 2x - 1$ | $y = 3x^2$

$y = x^2 - 5x + 6$ | $y = 5$ | $y = 5x^3 + 2x$

a) Qual delas é a lei de uma função linear?

b) Em qual delas 7 é a imagem de 1?

c) Em qual delas $f(5) = 9$?

d) Quais delas têm $f(0) = 0$?

e) Qual delas tem como gráfico uma reta paralela ao eixo x?

3 Mauro é fabricante de azulejos e sabe que o custo y é diretamente proporcional ao número x de azulejos produzidos.

a) Qual destes gráficos pode representar a lei que relaciona y em função de x nessa situação?

Ilustrações: Banco de imagens/Arquivo da editora

Grafico I

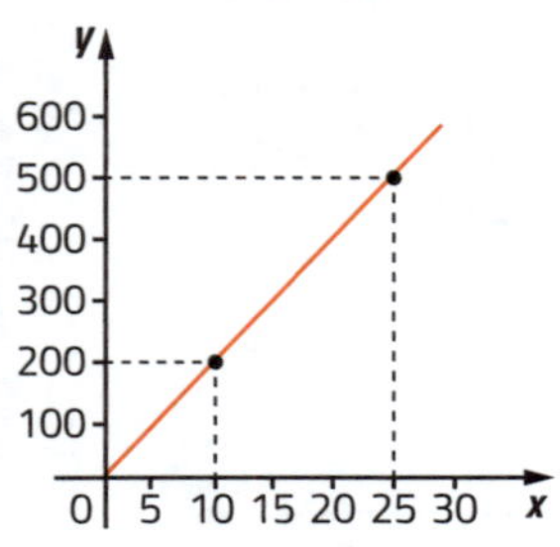

Grafico II

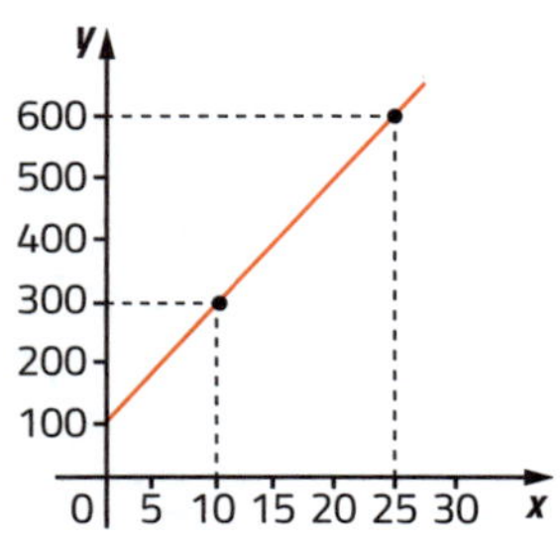

b) Usando os pontos desse gráfico, escreva a fórmula que relaciona y em função de x nessa situação.

4 Uma função de $\mathbb{R}$ em $\mathbb{R}$ é definida por $y = x^2 - 9$. Quais são os pares ordenados dos pontos em que o gráfico intersecta os eixos x e y?

5 Considere esta região plana com as medidas de comprimento dadas em metros.

Banco de imagens/Arquivo da editora

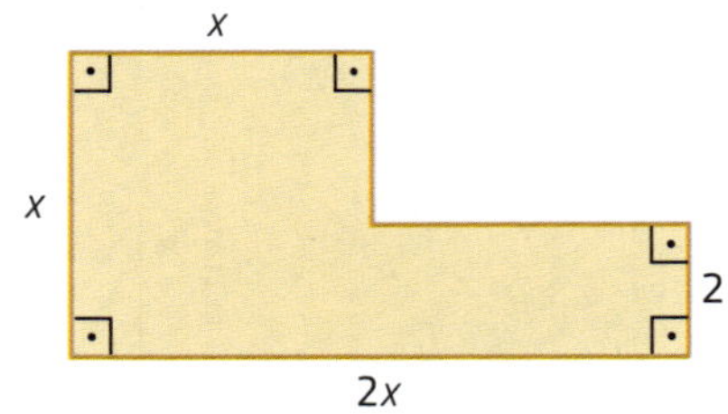

a) Sendo y a medida de área total dessa figura, escreva a fórmula que dá o valor de y em função de x.

b) Qual é o valor de y, para $x = 5$?

c) Qual é o valor de x para $y = 15$?

6 O lucro L de uma empresa, em milhares de reais, na venda de x unidades de determinado produto é dado pela fórmula $L(x) = -x^2 + 12x - 20$, com $x > 0$.

a) Qual é o lucro na venda de 3 unidades desse produto?

b) Quantas unidades devem ser vendidas para que a empresa não tenha lucro nem prejuízo, ou seja, para $L(x) = 0$?

c) Quantas unidades a empresa deverá vender para obter lucro, ou seja, para $L(x) > 0$?

d) A empresa lucrará mais vendendo 4 unidades ou 8 unidades desse produto?

e) Qual é o lucro máximo dessa empresa?

Atenção

Retome os assuntos que você estudou neste capítulo. Verifique em quais teve dificuldade e converse com o professor, buscando maneiras de reforçar seu aprendizado.

Autoavaliação

Algumas atitudes e reflexões são fundamentais para melhorar o aprendizado e a convivência na escola. Reflita sobre elas:

- Mantive meu material escolar organizado?
- Tomei atitudes visando resolver minhas dúvidas sobre o conteúdo e ajudando os colegas naquilo que sei?
- Cuidei de minha postura durante as aulas e nos estudos em casa?
- Ampliei meus conhecimentos de Matemática?

PARA LER, PENSAR E DIVERTIR-SE

Ler

A função φ (fi) de Euler

Entre as inúmeras contribuições matemáticas que o matemático suíço Leonhard Euler nos deixou, está a **função φ de Euler**. Suponha que, dado um número natural, queremos saber quantos números menores do que ele são coprimos com ele. É exatamente isso o que a função φ faz.

Números coprimos é o mesmo que **números primos entre si**, ou seja, números que têm apenas o 1 como divisor comum a eles.

Veja o exemplo de como devemos proceder para calcular quantos são os números menores do que 20 e coprimos com ele.

Fatoramos o número 20.

$$20 = 2^2 \times 5^1$$

Subtraímos 1 unidade de cada expoente e multiplicamos as potências obtidas.

$$2^{2-1} \times 5^{1-1} = 2^1 \times 5^0 = 2$$

Subtraímos 1 unidade de cada fator primo e multiplicamos os resultados, desconsiderando os expoentes.

$$(2-1) \times (5-1) = 1 \times 4 = 4$$

Por fim, multiplicamos os 2 resultados encontrados.

$$2 \times 4 = 8$$

Isso significa que existem 8 números menores do que 20 que são coprimos com ele. São eles: 1, 3, 7, 9, 11, 13, 17 e 19.

De maneira geral, se quisermos descobrir quantos são os números menores do que n e coprimos com n, sendo $n \in \mathbb{N}$ e $n = p_1^{k_1} \cdot p_2^{k_2} \cdot \ldots \cdot p_m^{k_m}$, usamos a função φ.

$$\varphi(n) = p_1^{k_1 - 1} \cdot p_2^{k_2 - 1} \cdot \ldots \cdot p_m^{k_m - 1} \cdot (p_1 - 1) \cdot (p_2 - 1) \cdot \ldots \cdot (p_m - 1)$$

Essa fórmula pode parecer um pouco complicada, mas saiba que as funções matemáticas estão presentes em temas abstratos e em temas bem aplicados ao cotidiano.

Pensar

Quais das relações descritas nos itens representam função?

a) A relação que associa as mães dos alunos de sua turma aos próprios filhos.

b) A relação que associa cada pessoa de sua turma ao dia em que ela faz aniversário.

c) A relação que associa cada estado brasileiro à capital do estado.

Divertir-se

Conexões. Você pode realizar uma experiência para comprovar uma importante função da Física: a medida de pressão da água varia em função da medida de comprimento da profundidade.

Para isso, faça 3 furos em uma garrafa plástica vazia, em diferentes alturas da garrafa, e coloque-a debaixo de uma torneira aberta. Quando a garrafa estiver cheia de água, você vai verificar que a maior medida de pressão no furo inferior da garrafa faz a água esguichar mais longe, em trajetória quase reta, e a medida de pressão menor no furo superior produz um jorro mais fraco. Veja nesta foto.

Konstantin Yolshin/Shutterstock

Experimento com garrafa plástica com furos.

CAPÍTULO

5 Geometria: semelhança, vistas ortogonais e perspectiva

Vista frontal de uma casa

Michel Ramalho/Arquivo da editora

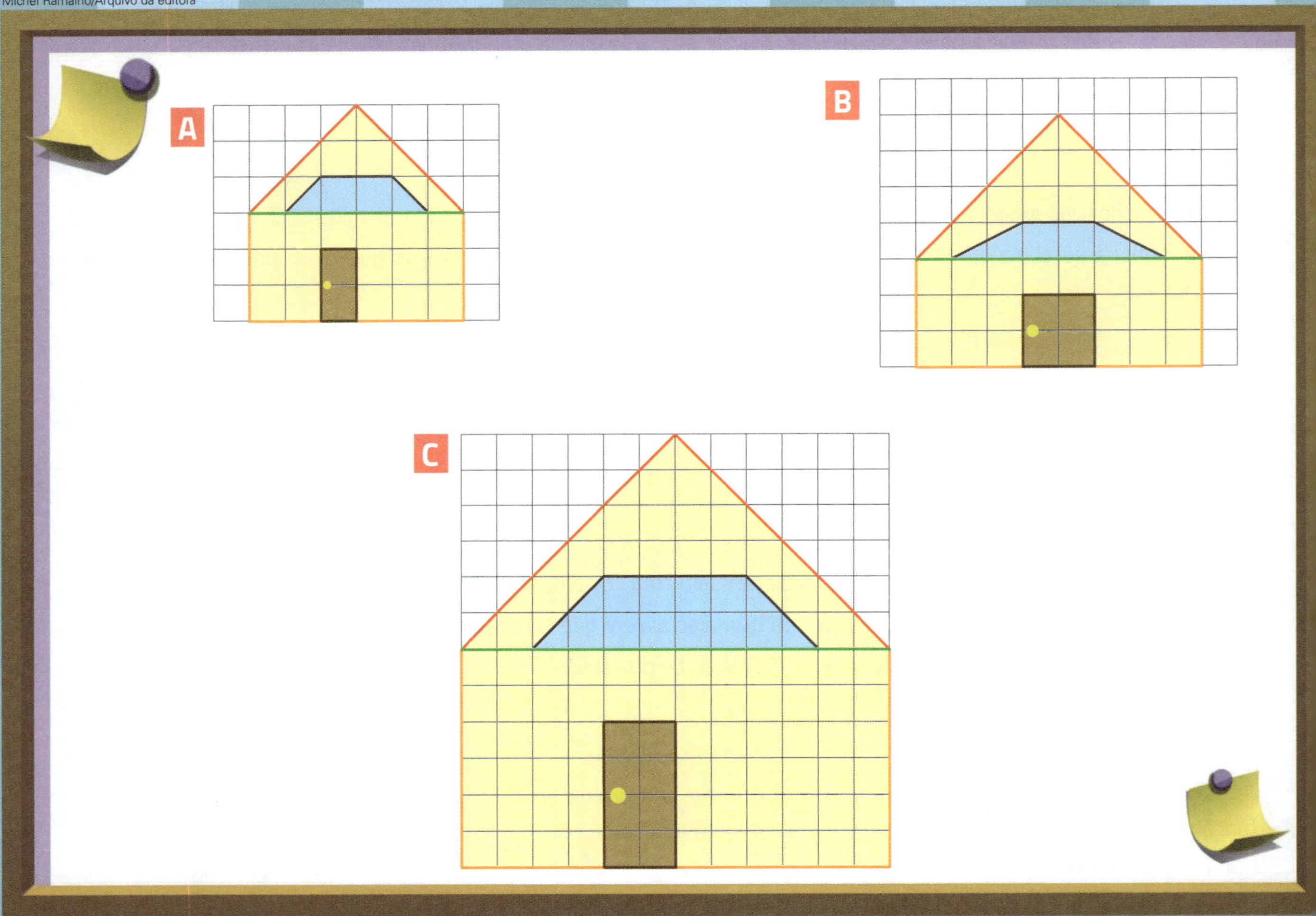

Uma turma observou a imagem desta casa e produziu os desenhos da fachada da casa na malha quadriculada.

Observando os desenhos feitos por 3 alunos, na página anterior, e a imagem da casa, podemos obter algumas conclusões.

- Os contornos das figuras **A** e **C** são figuras semelhantes.
- Os contornos das figuras **A** e **B** não são figuras semelhantes.
- Os contornos dos telhados de **A**, **B** e **C** são figuras semelhantes.
- As janelas de **B** e **C** não são figuras semelhantes.

Você sabe por quê?

Neste capítulo vamos estudar mais um pouco de Geometria, e semelhança de figuras será um dos assuntos abordados.

Converse com os colegas sobre estas questões e registre as respostas.

1▸ Verifique se as figuras citadas em cada item têm os ângulos correspondentes com medidas de abertura iguais.

a) Janela de **A** e janela de **B**.

b) Telhado de **B** e telhado de **C**.

2▸ Verifique se as figuras citadas em cada item têm os lados correspondentes com medidas de comprimento proporcionais.

a) Porta de **A** e porta de **C**.

b) Porta de **A** e porta de **B**.

3▸ Quais portas têm os ângulos correspondentes com medidas de abertura iguais e os lados correspondentes com medidas de comprimento proporcionais?

1 Figuras semelhantes

No dia a dia, dizemos que 2 "coisas" são semelhantes quando são "parecidas", quando têm algumas propriedades comuns. Assim, frequentemente dizemos que pessoas, animais, plantas, prédios, automóveis e muitos outros objetos e figuras são semelhantes.

Em Matemática, não é a mesma coisa, já que usamos o termo **semelhante** em um sentido mais específico, mais restrito, pois estamos interessados nos objetos ou nas **figuras** que **mantêm a mesma forma com variação ou não das medidas de comprimento**.

Quando ampliamos, reduzimos ou reproduzimos uma foto, por exemplo, as medidas de abertura dos ângulos correspondentes não mudam e as medidas de comprimento dos lados da foto ampliada, reduzida ou reproduzida mantêm proporcionalidade com as medidas de comprimento dos lados correspondentes da foto original.

Observe estas fotos, nas quais houve uma ampliação de **A** para **B**.

Fotos: IKO/Shutterstock

- As medidas de abertura dos ângulos correspondentes permanecem iguais.
- Já as medidas de comprimento dos lados correspondentes são proporcionais.

Veja: $\frac{4}{6} = \frac{3}{4{,}5}$, pois $4 \cdot 4{,}5 = 6 \cdot 3$. Simplificando $\frac{4}{6}$, obtemos $\frac{2}{3}$.

Em casos como este, de ampliação de fotos, assim como de redução ou de reprodução, dizemos que a foto original e a foto obtida são **figuras semelhantes**.

Nesse exemplo, dizemos que $\frac{2}{3}$ é a **razão de proporcionalidade** entre **A** e **B**.

Logicamente, a razão de proporcionalidade entre **B** e **A** é $\frac{3}{2}$.

Atividades

1 Sem efetuar medições e considerando as fotos anteriores, responda.

a) Como são os ângulos nos "cantos" da foto **A**? E da foto **B**?

b) Se a medida de comprimento da altura da menina na foto **A** é de 1,8 cm, então qual é essa medida na foto **B**?

c) Se a abertura do ângulo formado pelos braços da menina mede 80° na foto **A**, então quanto ele mede na foto **B**?

2 Veja agora a redução da mesma foto **A** para uma foto **C**. Sem medir, calcule e responda.

a) Qual é a medida de comprimento indicada com **?** na foto **C**?

b) Como são as medidas de abertura de 2 ângulos correspondentes nas 2 fotos?

c) Os 2 retângulos dos contornos dessas fotos são figuras semelhantes?

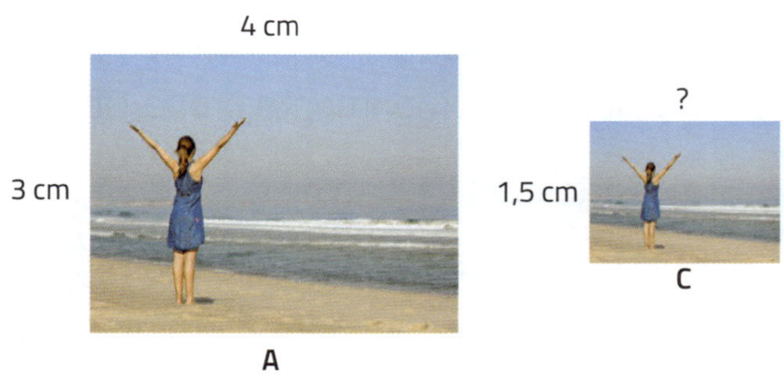

Fotos: IKO/Shutterstock

Ampliação e redução de figuras

A ampliação de fotos, a figura ampliada ou reduzida em uma copiadora, as imagens na tela do cinema, a representação gráfica de continentes, países ou cidades por meio de mapas, a representação gráfica de casas e prédios por meio de plantas, os aeromodelos, as maquetes de edifícios, as miniaturas, etc., são exemplos concretos de figuras semelhantes no cotidiano.

As imagens desta página não estão representadas em proporção.

Miniatura da Torre Eiffel.

Mpanch/Shutterstock

Ozgur Gonen/Shutterstock

Torre Eiffel, em Paris (França). Foto de 2018.

Detalhe ampliado do espelho que aparece ao fundo, no quadro.

Fotos: Jan van Eyck/Galeria Nacional, Londres, Inglaterra

O casal Arnolfini. 1434. Jan van Eyck. Óleo sobre tábua, 82 cm × 60 cm.

Ampliar ou reduzir uma figura significa conservar a forma dela, mantendo as medidas de abertura dos ângulos correspondentes e modificando proporcionalmente todas as medidas de comprimento.

Nas figuras de cada um destes itens, dizemos que **B** e **C** são ampliações de **A** ou que **A** e **B** são reduções de **C**.

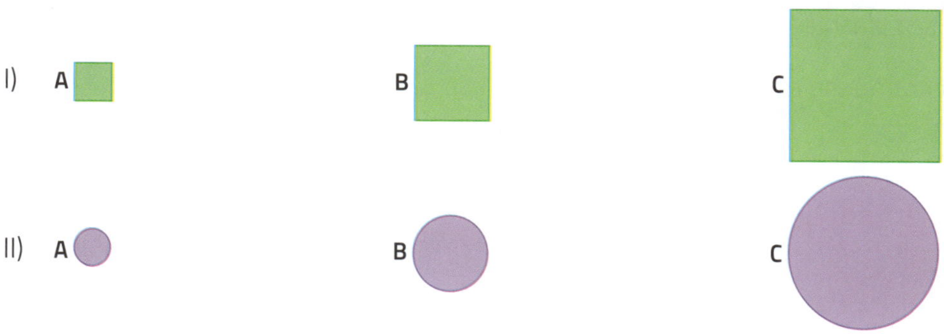

Ilustrações: Banco de imagens/Arquivo da editora

Explorar e descobrir

Você já tentou ampliar ou reduzir figuras? Desenhe uma figura qualquer em uma folha de papel quadriculado e procure ampliá-la ou reduzi-la.

Figuras semelhantes e figuras congruentes

Como você viu, quando reproduzimos, ampliamos ou reduzimos uma figura dizemos que as figuras obtidas são **semelhantes** à figura original. Veremos agora quando temos figuras **congruentes**.

Explorar e descobrir

Observe estas figuras e, depois, responda às questões.

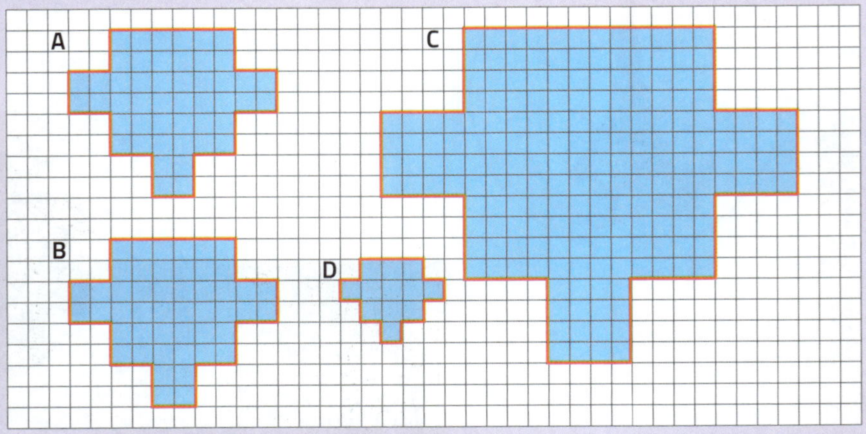

Banco de imagens/Arquivo da editora

a) As figuras **B**, **C** e **D** são semelhantes à figura **A**?

b) A figura **C** é uma ampliação da figura **A**. Qual é a razão entre as medidas de comprimento dos lados correspondentes das figuras **C** e **A**, nessa ordem?

c) A figura **D** é uma redução da figura **A**. Qual é a razão entre as medidas de comprimeto dos lados correspondentes das figuras **D** e **A**, nessa ordem?

d) Compare as figuras **A** e **B**. Qual é a razão entre as medidas de comprimento dos lados correspondentes dessas figuras?

e) De acordo com o item anterior, o que você pode afirmar sobre as figuras **A** e **B**?

A figura **B**, além de ter a mesma forma que a figura **A**, tem também os lados correspondentes com as mesmas medidas de comprimento e os ângulos correspondentes com as mesmas medidas de abertura. Por isso, dizemos que as figuras **A** e **B** são **figuras congruentes**.

Todas as figuras congruentes entre si, isto é, figuras que têm ângulos correspondentes com mesma medida de abertura e lados correspondentes com as mesmas medidas de comprimento, são também semelhantes. A congruência é, portanto, um caso particular de semelhança.

Estes diagramas ilustram essa situação.

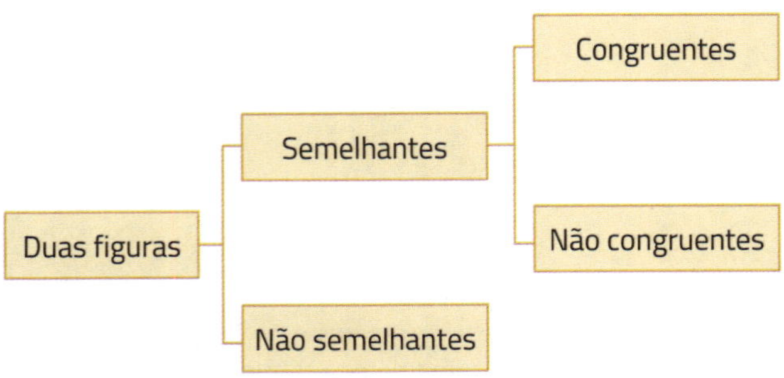

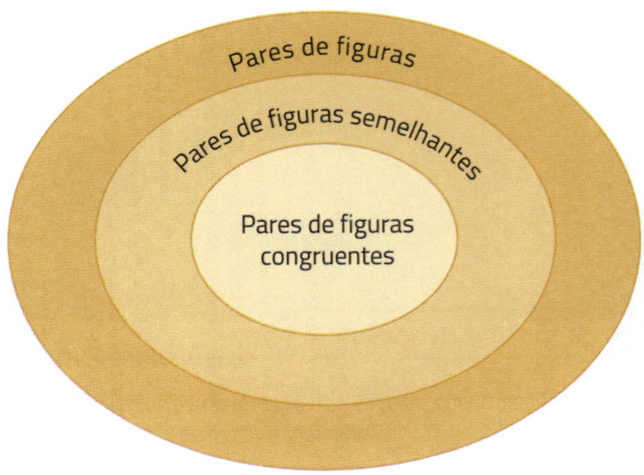

Ilustrações: Banco de imagens/Arquivo da editora

Atividades

3 Analise estes 3 cilindros e identifique os 2 que são figuras semelhantes.

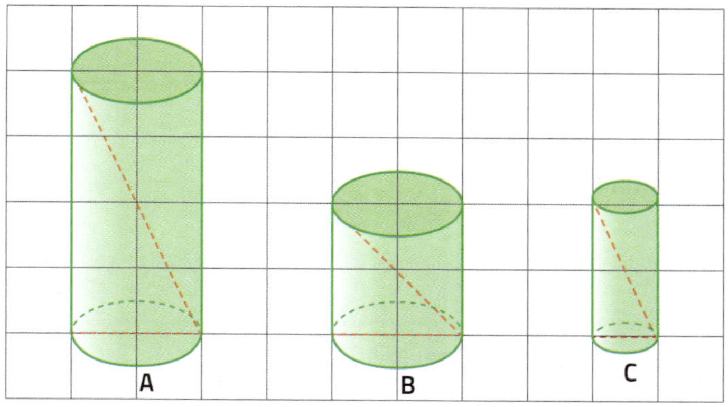

Banco de imagens/Arquivo da editora

4 Examine estas figuras e forme pares de figuras semelhantes. Depois, indique os pares de figuras que, além de serem semelhantes, são também congruentes.

Ilustrações: Banco de imagens/Arquivo da editora

Semelhança de polígonos ou de regiões poligonais

Observe estes retângulos.

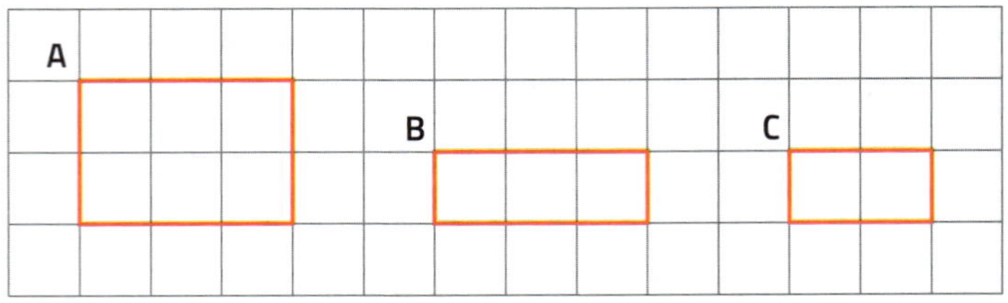

Banco de imagens/Arquivo da editora

Apesar de as figuras **A**, **B** e **C** serem retângulos, nenhuma delas é reprodução, ampliação ou redução de outra.

Vamos, então, tornar mais precisa essa ideia intuitiva de semelhança explicando o que queremos dizer com **ter a mesma forma**.

Explorar e descobrir

Este triângulo $A'B'C'$ é uma ampliação do triângulo ABC.

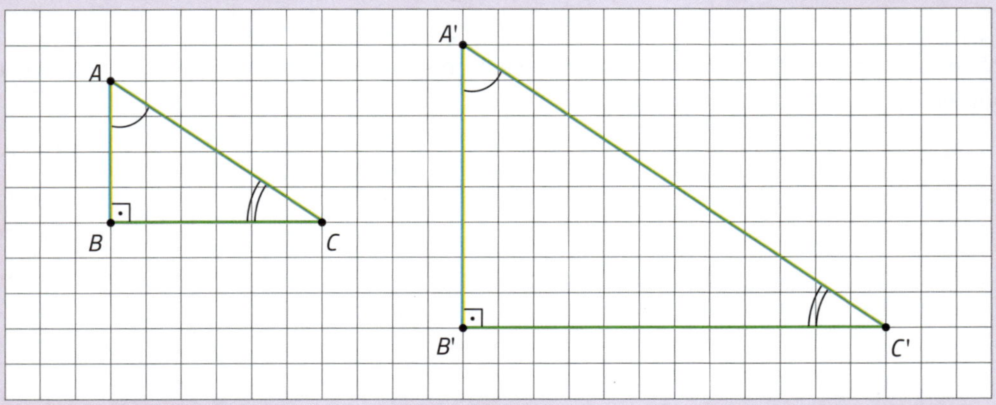

Banco de imagens/Arquivo da editora

1▸ Analise as medidas de abertura dos pares de ângulos internos $\hat{A}$ e $\hat{A}'$, $\hat{B}$ e $\hat{B}'$ e $\hat{C}$ e $\hat{C}'$. O que você concluiu sobre elas, em cada par de ângulos correspondentes?

2▸ Observe agora os pares de lados $\overline{A'B'}$ e $\overline{AB}$, $\overline{B'C'}$ e $\overline{BC}$, $\overline{A'C'}$ e $\overline{AC}$. Qual relação você encontrou entre as medidas de comprimento, em cada par de lados correspondentes?

Lembre-se de que AB representa a medida de comprimento do segmento de reta $\overline{AB}$, e $m(\hat{A})$, a medida de abertura do ângulo $\hat{A}$. Analise as medidas nos triângulos ABC e $A'B'C'$ acima e observe que:

$$m(\hat{A}) = m(\hat{A}')$$

$$m(\hat{B}) = m(\hat{B}')$$

$$m(\hat{C}) = m(\hat{C}')$$

e também que:

$$\frac{A'B'}{AB} = 2;\ \frac{B'C'}{BC} = 2;\ \frac{A'C'}{AC} = 2$$

ou

$$\frac{A'B'}{AB} = \frac{B'C'}{BC} = \frac{A'C'}{AC} = 2$$

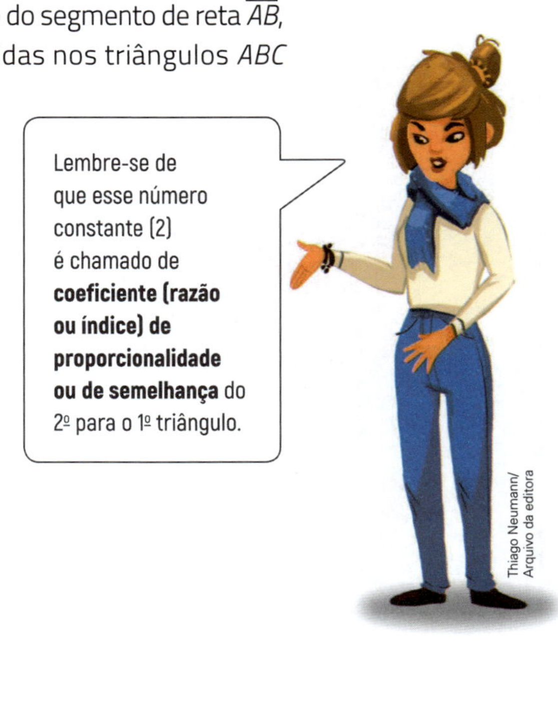

Thiago Neumann/Arquivo da editora

Os ângulos correspondentes têm a mesma medida de abertura (ou seja, são congruentes) e os segmentos de reta correspondentes têm medidas de comprimento proporcionais. Podemos dizer, então, que o $\triangle ABC$ e o $\triangle A'B'C'$ são semelhantes, e indicamos assim: $\triangle ABC \sim \triangle A'B'C'$.

> É isso que queríamos dizer com **ter a mesma forma** ou **ser semelhante**. Generalizando, no caso de 2 polígonos ou 2 regiões poligonais, basta verificar se eles têm os ângulos correspondentes congruentes e os lados correspondentes com medidas de comprimento proporcionais.

Thiago Neumann/Arquivo da editora

Atividades

5 Volte à atividade 4 da página 175. Examine novamente as regiões retangulares **B**, **D** e **J** e verifique se existe algum par entre elas que satisfaz, ao mesmo tempo, as 2 condições para a identificar a semelhança.

6 Examine as 2 figuras de cada item e verifique se são semelhantes. Em caso afirmativo, determine o coeficiente de proporcionalidade da segunda figura em relação à primeira. Em caso negativo, explique o porquê.

a)

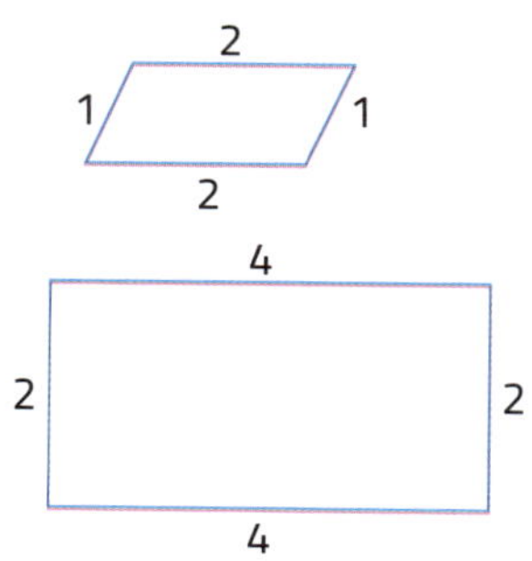

b)

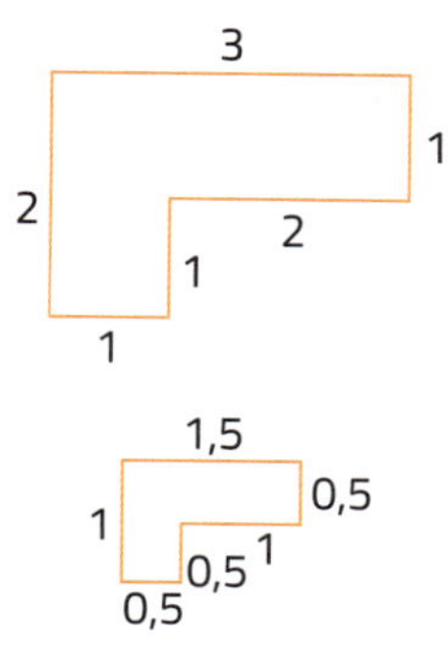

Ilustrações: Banco de imagens/Arquivo da editora

c)

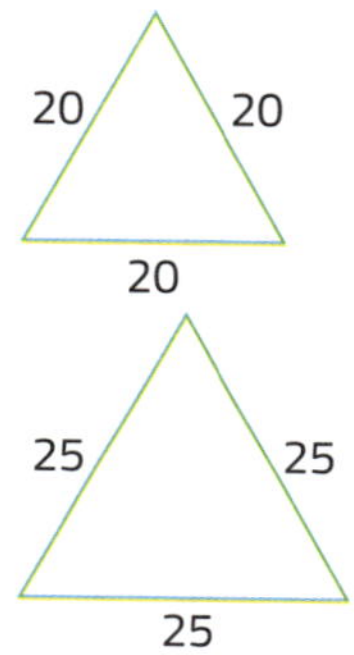

d)

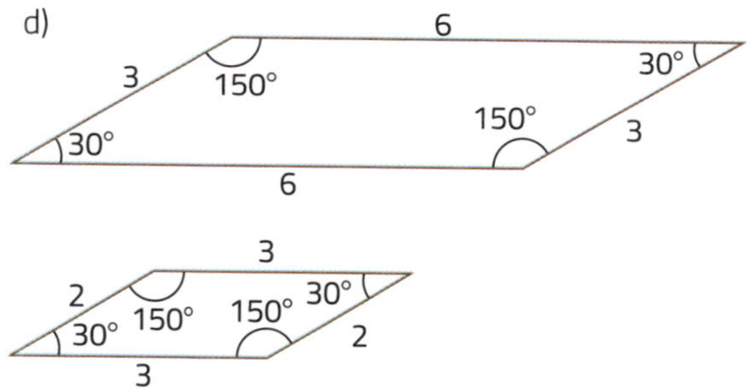

e)

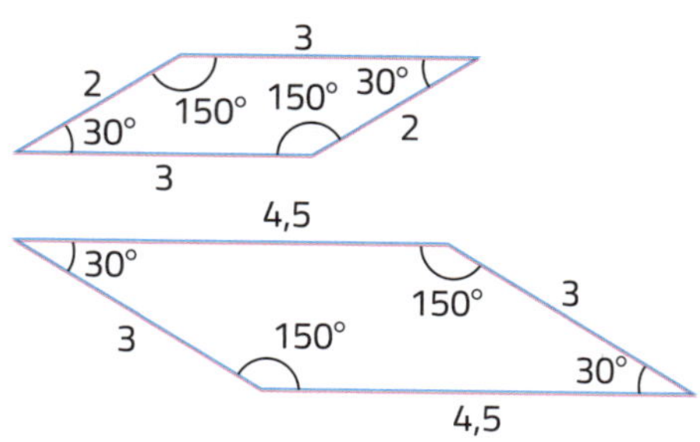

f)

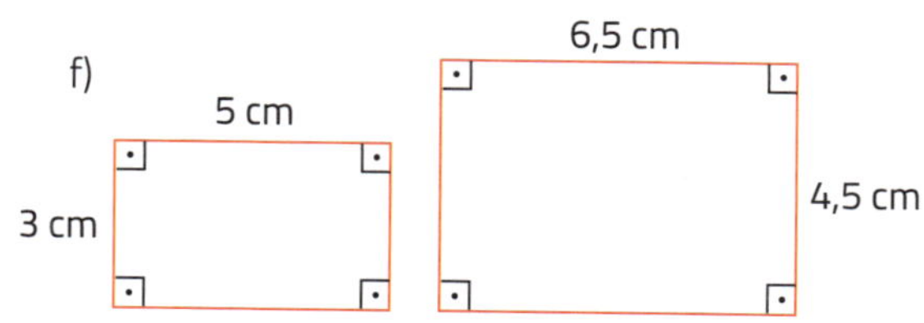

7› **Verdadeira ou falsa?** Verifique se cada frase é verdadeira ou falsa e justifique sua resposta.

a) Todos os quadrados são semelhantes.

b) Todos os retângulos são semelhantes.

8› Considere 2 retângulos semelhantes, um deles com medidas de comprimento de 8 cm (base) por 20 cm (altura). Sabendo que a altura do outro retângulo tem medida de comprimento de 22,5 cm, qual é a medida de comprimento da base dele?

9› Um hexágono regular foi ampliado na razão $\frac{5}{2}$.

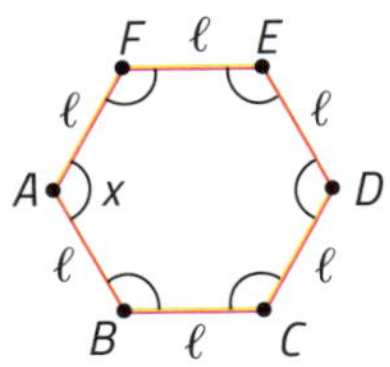

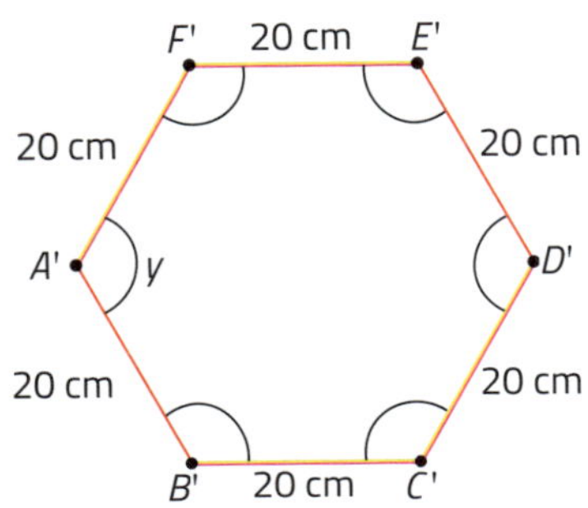

Ilustrações: Banco de imagens/Arquivo da editora

a) Qual é a medida de abertura x do ângulo interno do hexágono regular *ABCDEF*?

b) Qual é a medida de abertura y do ângulo interno do hexágono regular *A'B'C'D'E'F'*?

c) Qual é a medida de comprimento ℓ do lado do hexágono *ABCDEF*?

10› Considere 2 pentágonos regulares (*ABCDE* e *A'B'C'D'E'*) semelhantes. A razão de semelhança é dada por $\frac{AB}{A'B'} = \frac{3}{5}$ e a medida de perímetro de *ABCDE* é 30 u. Calcule $m(\overline{A'B'})$, a medida de perímetro de *A'B'C'D'E'* e a razão entre as medidas de perímetro.

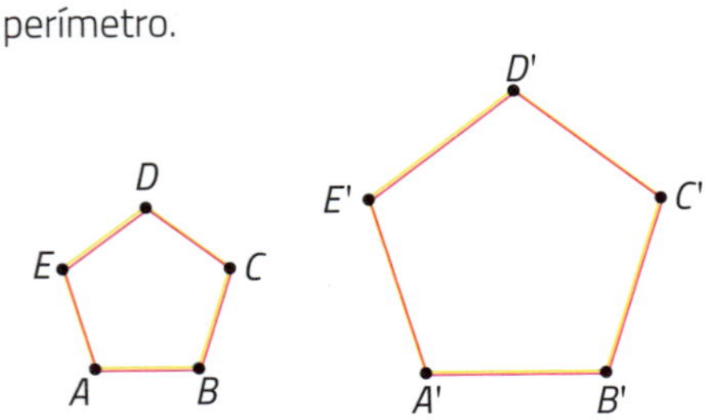

Ilustrações: Banco de imagens/Arquivo da editora

11› Desenhe vários pares de polígonos semelhantes, variando a razão de proporcionalidade.

12› Examine cada par de figuras, responda às questões e, depois, justifique cada resposta.

a) Dois círculos são sempre semelhantes?

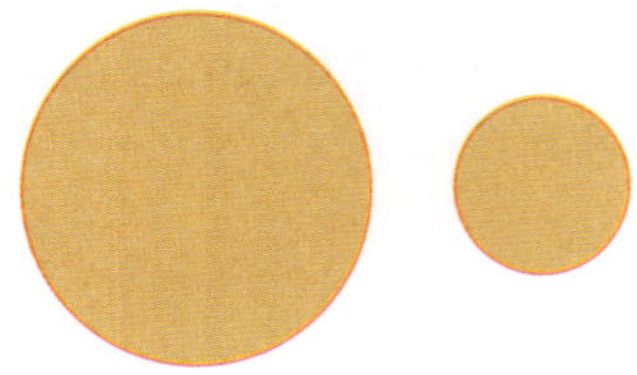

b) Dois triângulos são sempre semelhantes?

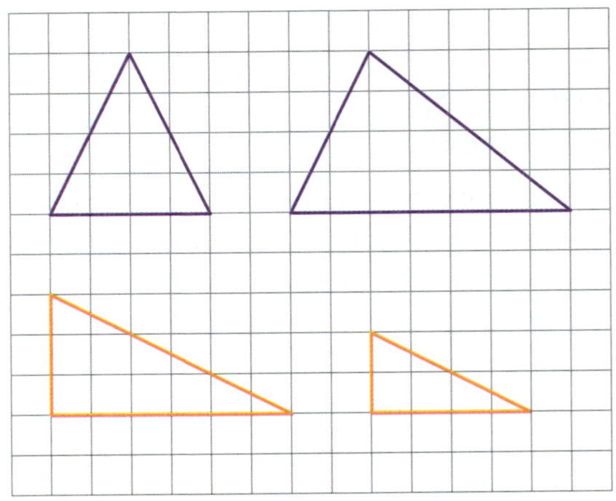

Ilustrações: Banco de imagens/Arquivo da editora

c) Dois polígonos congruentes são sempre semelhantes?

d) Dois polígonos semelhantes são sempre congruentes?

13› **Desafio.** Examine com atenção estes triângulos. Responda: Todos os triângulos equiláteros são semelhantes? Por quê?

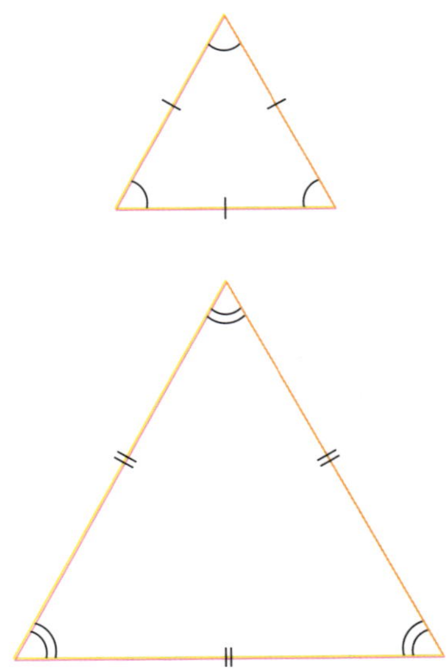

Ilustrações: Banco de imagens/Arquivo da editora

Razão entre as medidas de perímetro de polígonos semelhantes e razão entre as medidas de área de regiões poligonais semelhantes

Vamos retomar os conceitos de razão no contexto de medidas de perímetro de polígonos e medidas de área de regiões poligonais.

Explorar e descobrir

Estes triângulos foram construídos em papel quadriculado. Observe que eles têm os ângulos correspondentes congruentes.

Calcule as razões, sempre do triângulo *ABC* em relação ao triângulo *EFG*.

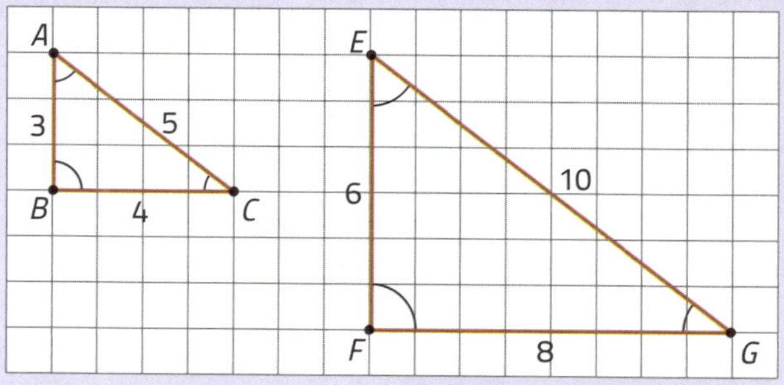

Banco de imagens/Arquivo da editora

a) Determine a razão entre as medidas de comprimento dos lados correspondentes. O que você observou?

b) Diante do que foi estudado, podemos afirmar que esses triângulos são semelhantes?

c) Determine as medidas de perímetro desses triângulos. Qual é a razão entre elas?

d) Observe a razão entre as medidas de comprimento dos lados correspondentes e a razão entre as medidas de perímetro. O que você pode afirmar sobre elas?

e) Determine as medidas de área das regiões triangulares delimitadas por esses triângulos. Qual é a razão entre elas?

f) Observe a razão entre as medidas de comprimento dos lados correspondentes e a razão entre as medidas de área. O que você pode afirmar?

A igualdade que relaciona a razão entre as medidas de área e a razão entre as medidas de comprimento dos lados correspondentes das regiões triangulares semelhantes, neste caso, é $\frac{1}{4} = \left(\frac{1}{2}\right)^2$.

Os matemáticos já provaram que, o que ocorreu neste caso, acontece com todos os polígonos e todas as regiões poligonais semelhantes.

- Se 2 polígonos ou 2 regiões poligonais são semelhantes, então a razão entre as medidas de perímetro é igual à razão entre as medidas de comprimento de quaisquer 2 lados correspondentes, assim como é igual à razão entre as medidas de comprimento de outros 2 elementos lineares correspondentes, como diagonais.
- Se 2 regiões poligonais são semelhantes, então a razão entre as medidas de área é igual ao quadrado da razão entre as medidas de comprimento dos elementos lineares correspondentes (lados, perímetros, diagonais, etc.).

Atividade

14 › Observe as medidas de comprimento dos lados destas 2 regiões retangulares semelhantes e calcule a razão entre as medidas da 1ª pela 2ª, conforme indicado.

a) Razão entre as medidas de comprimento das bases.

b) Razão entre as medidas de comprimento das alturas.

c) Razão entre as medidas de perímetro.

d) Razão entre as medidas de área.

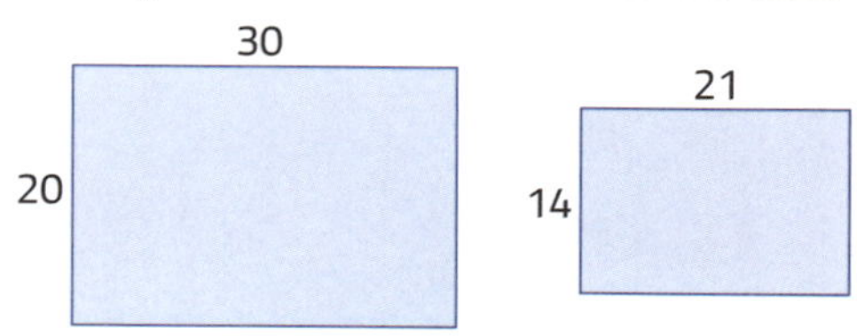

Ilustrações: Banco de imagens/Arquivo da editora

Semelhança de triângulos

Thiago Neumann/Arquivo da editora

As imagens desta página não estão representadas em proporção.

Observe, por exemplo, os triângulos *ABC* e *A'B'C'*, em que os vértices *A*, *B* e *C* do primeiro correspondem, respectivamente, aos vértices *A'*, *B'* e *C'* do segundo.

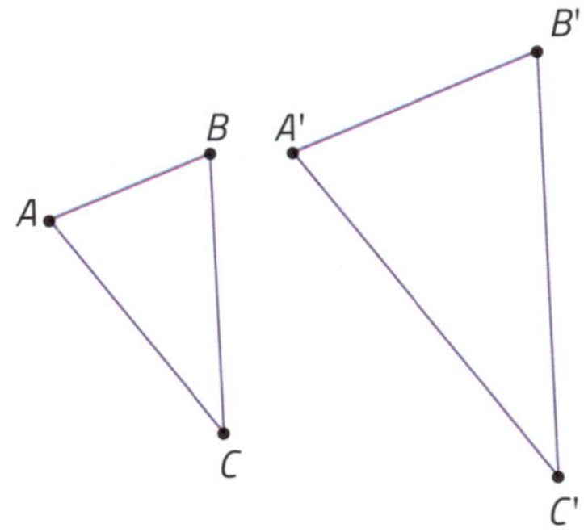

Ilustrações: Banco de imagens/Arquivo da editora

Eles são semelhantes quando, e somente quando, tivermos:

$$m(\hat{A}) = m(\hat{A'}); m(\hat{B}) = m(\hat{B'}); m(\hat{C}) = m(\hat{C'})$$

$$\text{e } \frac{A'B'}{AB} = \frac{B'C'}{BC} = \frac{A'C'}{AC}.$$

Indicamos que o $\triangle ABC$ é semelhante ao $\triangle A'B'C'$ assim: $\triangle ABC \sim \triangle A'B'C'$.

Atividades

15 Examine estes pares de triângulos, com medidas de comprimento na mesma unidade de medida, e escreva quais deles são semelhantes. Justifique sua resposta.

a)

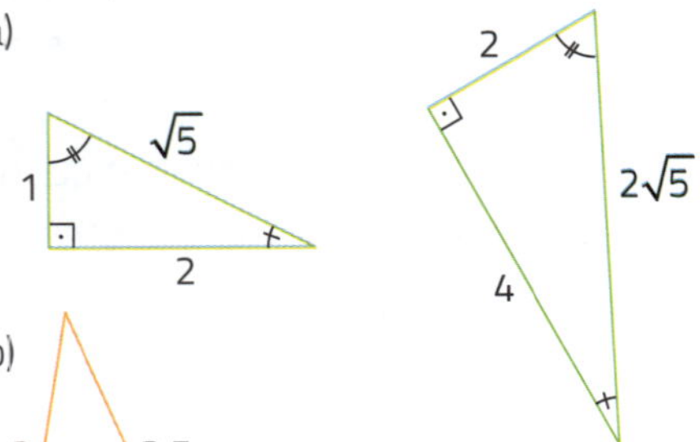

b)

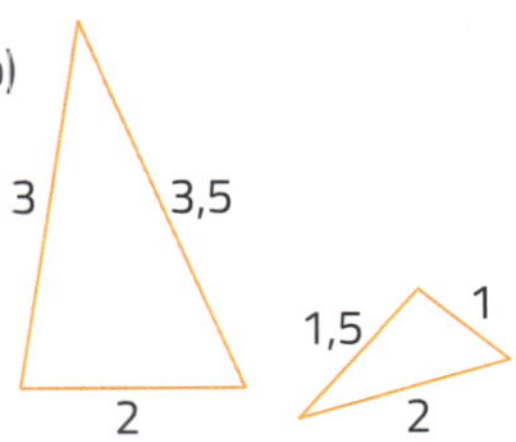

c)

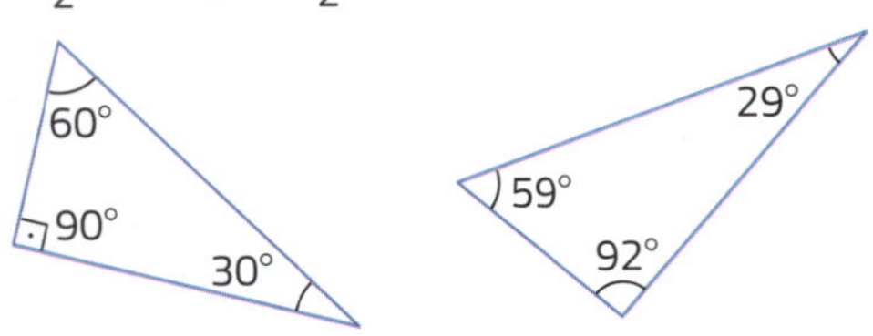

Ilustrações: Banco de imagens/Arquivo da editora

d)

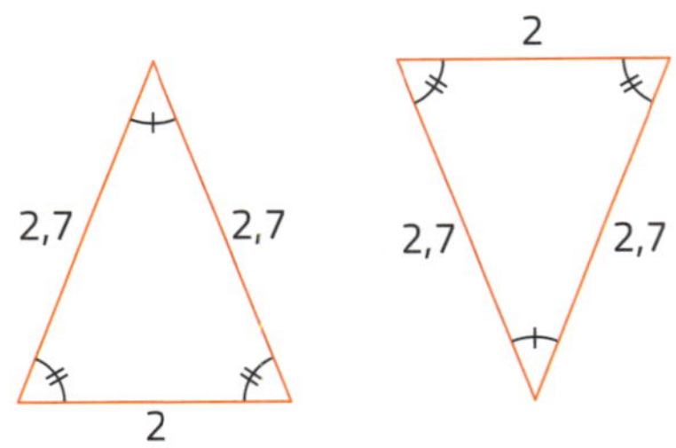

Ilustrações: Banco de imagens/Arquivo da editora

16 Desenhe 2 triângulos que sejam semelhantes e 2 triângulos que não sejam.

17 Os triângulos *ABE* e *DCE* são semelhantes. Calcule $m(\hat{C})$; $m(\hat{D})$; $m(\hat{A})$; $m(\hat{B})$ e $m(A\hat{E}B)$.

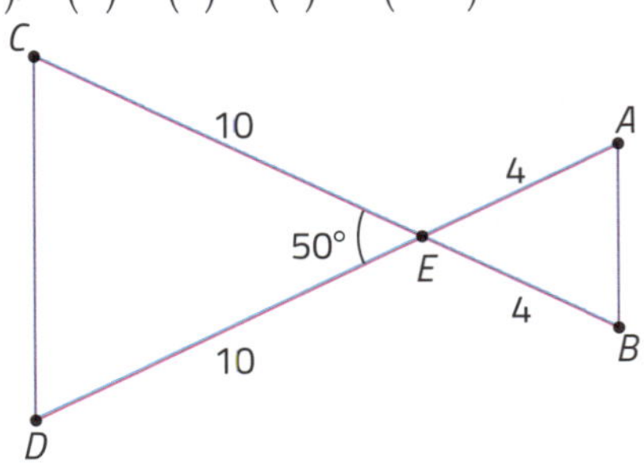

Banco de imagens/Arquivo da editora

Propriedade fundamental da semelhança de triângulos

Há uma propriedade muito importante no estudo da semelhança de triângulos.

> Se traçarmos um segmento de reta paralelo a qualquer um dos lados de um triângulo e ficar determinado outro triângulo, então este triângulo será semelhante ao primeiro.

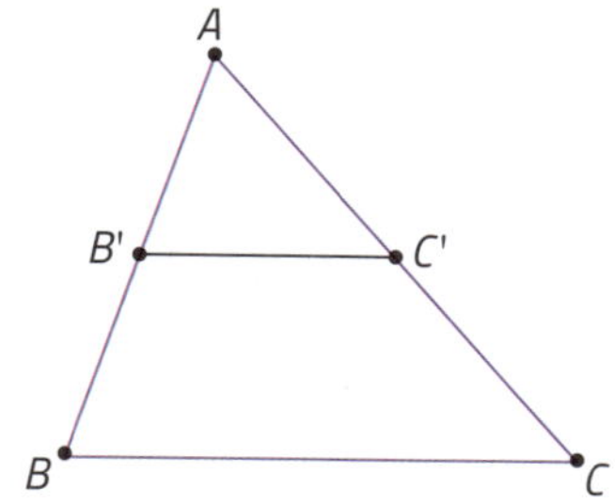

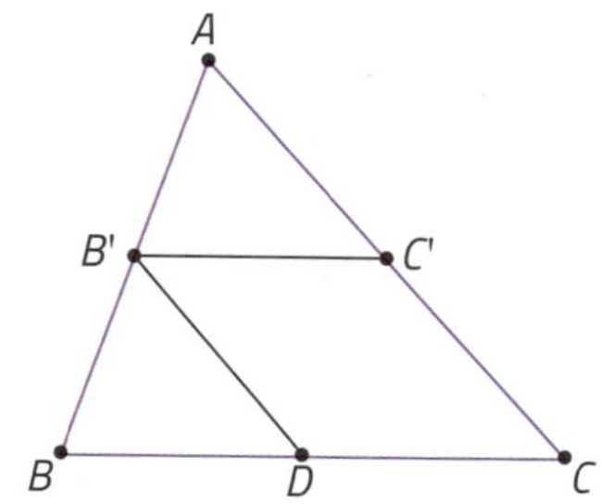

Ilustrações: Banco de imagens/Arquivo da editora

Vamos demonstrar essa propriedade neste $\triangle ABC$, que tem $\overline{B'C'} \parallel \overline{BC}$.

Devemos provar que $\triangle AB'C' \sim \triangle ABC$.

Considerando $\overline{B'C'} \parallel \overline{BC}$ e as transversais $\overline{AB}$ e $\overline{AC}$, pelo teorema de Tales, que você estudou no capítulo 3, podemos escrever:

$$\frac{AB'}{AB} = \frac{AC'}{AC} = k \quad \textbf{(I)}$$

Traçando a partir de B' o segmento de reta $\overline{B'D}$ paralelo ao lado $\overline{AC}$, conforme mostra a figura, podemos também aplicar o teorema de Tales considerando as transversais $\overline{AB}$ e $\overline{BC}$.

Nesse caso, temos:

$$\frac{BB'}{AB} = \frac{BD}{BC} = k' \quad \textbf{(II)}$$

Tomando a igualdade **II** e usando uma das propriedades das proporções, obtemos:

$$\frac{AB - BB'}{AB} = \frac{BC - BD}{BC}$$

Feitos os cálculos, ficamos com:

$$\frac{AB'}{AB} = \frac{DC}{BC} \quad \textbf{(III)}$$

Comparando **I** e **III**, temos:

$$\frac{AB'}{AB} = \frac{AC'}{AC} = \frac{DC}{BC} \quad \textbf{(IV)}$$

Observando a figura acima, vemos que $B'C'CD$ é um paralelogramo $\left(\overline{B'C'}\text{ paralelo a }\overline{DC}\text{ e }\overline{B'D}\text{ paralelo a }\overline{C'C}\right)$ e, portanto, $DC = B'C'$. Substituindo DC por $B'C'$ em **IV**, obtemos:

$$\frac{AB'}{AB} = \frac{AC'}{AC} = \frac{B'C'}{BC}$$

que satisfaz uma das condições de semelhança de triângulos, ou seja, lados correspondentes com medidas de comprimento proporcionais.

A outra condição, congruência dos ângulos correspondentes, é imediata, pois: $\hat{A} \cong \hat{A}$ (comum);

$\left.\begin{array}{l}\hat{1} \cong \hat{2} \\ \hat{3} \cong \hat{4}\end{array}\right\}$ ângulos correspondentes formados por 2 retas paralelas e uma transversal.

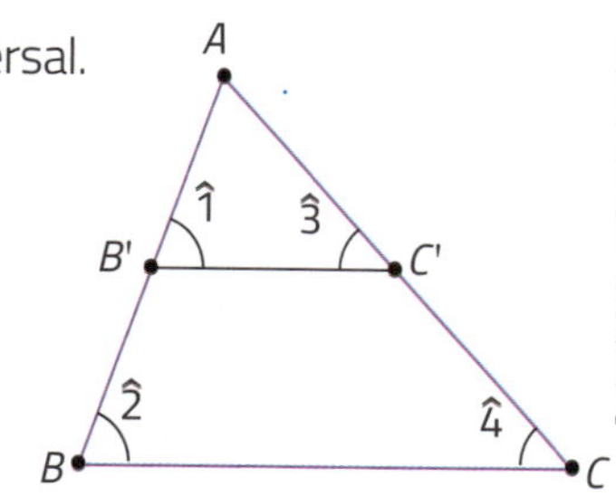

Banco de imagens/Arquivo da editora

Desse modo, temos:

$$\left.\begin{array}{l} m(\hat{A}) = m(\hat{A}) \\ m(\hat{1}) = m(\hat{2}) \\ m(\hat{3}) = m(\hat{4}) \end{array}\right. \quad \text{e} \quad \frac{AB'}{AB} = \frac{AC'}{AC} = \frac{B'C'}{BC}$$

Então, $\triangle AB'C' \sim \triangle ABC$ e fica, portanto, demonstrada a propriedade fundamental da semelhança de triângulos.

Aplicação da propriedade fundamental

Como podemos, experimentalmente, usar a propriedade fundamental para saber se 2 triângulos são semelhantes? Vamos descobrir!

Explorar e descobrir

Vamos verificar se estes triângulos são semelhantes aplicando a propriedade fundamental.

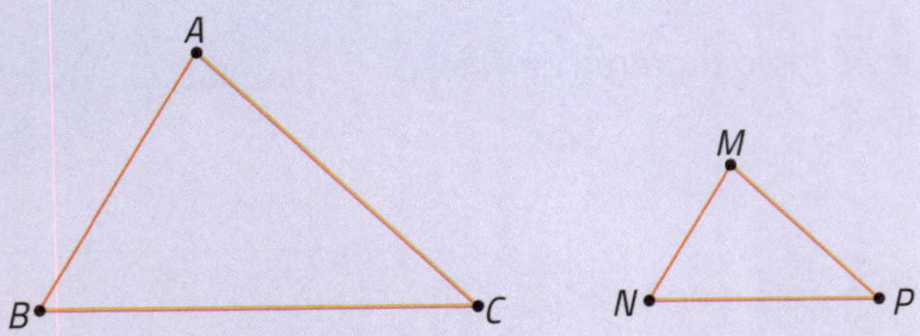

Ilustrações: Banco de imagens/Arquivo da editora

Dotta2/Arquivo da editora

Depois de desenhar o triângulo, recorte-o com cuidado.

1› Em uma folha de papel de seda, decalque um dos triângulos. Por exemplo, o triângulo *MNP*.

Em seguida, movimente esse desenho sobre o triângulo *ABC* até que um dos ângulos do triângulo *MNP* coincida com um dos ângulos do triângulo *ABC*.

Se você escolher o ângulo $\widehat{N}$ do $\triangle MNP$, por exemplo, ele só coincidirá com o ângulo $\hat{B}$ do $\triangle ABC$, e a figura, depois da superposição, ficará assim:

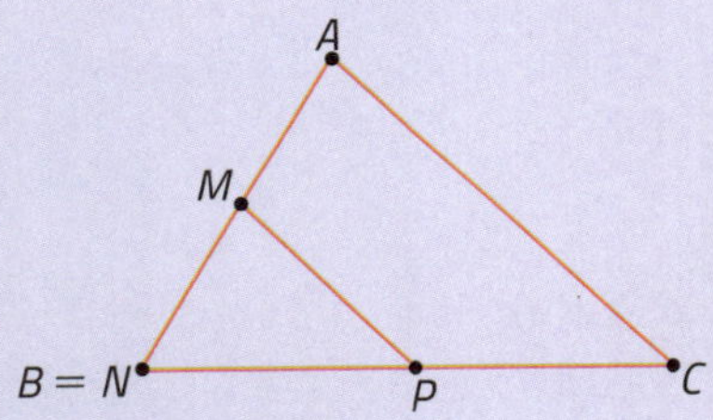

Banco de imagens/Arquivo da editora

Nesse caso os triângulos são semelhantes? Explique.

2› Usando esse mesmo procedimento, verifique se estes pares de triângulos são semelhantes (**I** com **II** e **III** com **IV**). Desenhe, recorte, sobreponha os triângulos e, em seguida, registre suas conclusões.

I

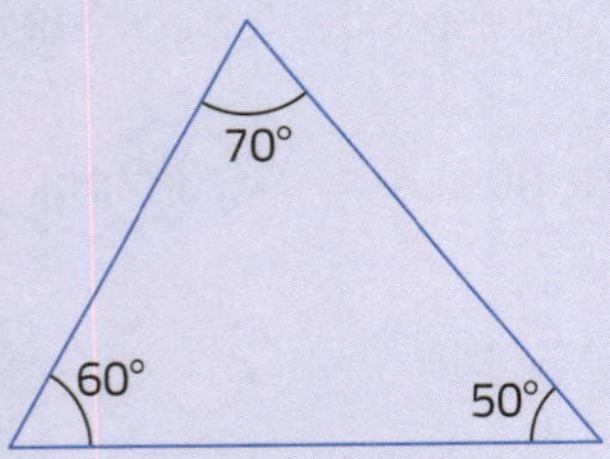

III

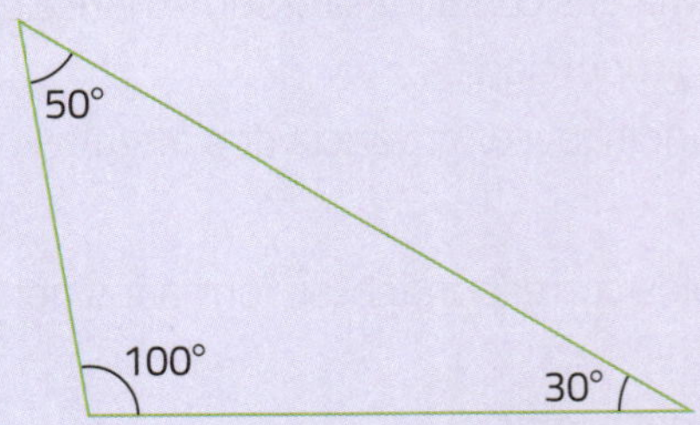

II

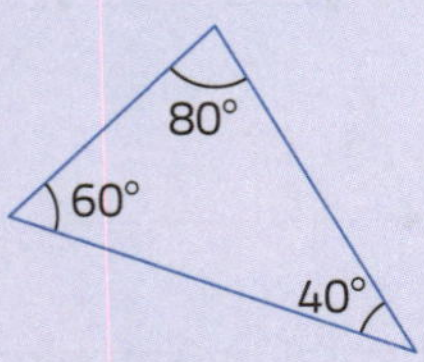

IV

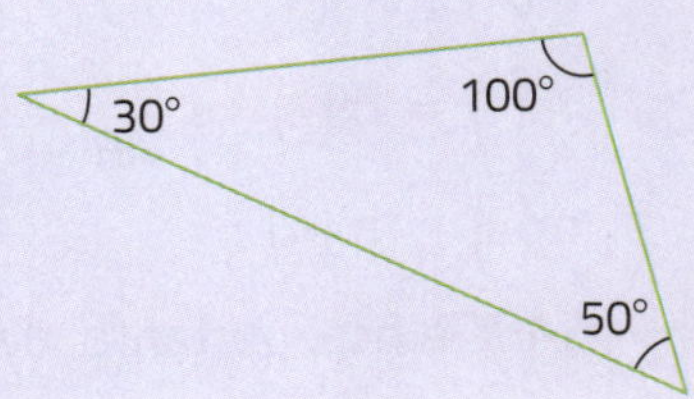

Ilustrações: Banco de imagens/Arquivo da editora

Casos de semelhança de triângulos

Observe estes exemplos de pares de polígonos.

- Estes retângulos têm ângulos correspondentes congruentes, mas não são semelhantes, pois as medidas de comprimento dos lados correspondentes não são proporcionais: $\frac{2}{3} \neq \frac{1}{0,5}$.

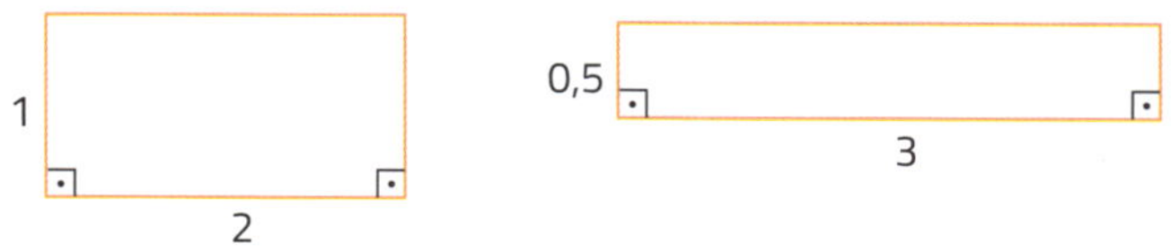

Ilustrações: Banco de imagens/Arquivo da editora

- Estes quadriláteros têm as medidas de comprimento dos lados correspondentes proporcionais $\left(\frac{2}{1} = \frac{3}{1,5}\right)$, mas não são semelhantes, pois os ângulos correspondentes não são congruentes.

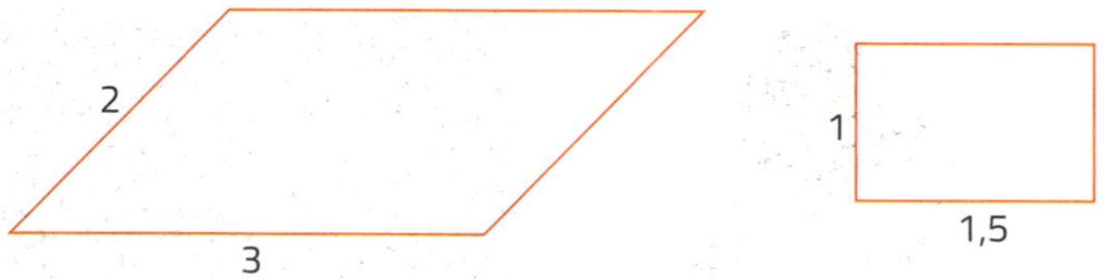

Ilustrações: Banco de imagens/Arquivo da editora

O primeiro exemplo mostra que só a congruência dos ângulos correspondentes não garante a semelhança dos polígonos. O segundo exemplo mostra que só a proporcionalidade das medidas de comprimento dos lados correspondentes também não garante.

Ilustrações: Thiago Neumann/Arquivo da editora

Caso AA (ângulo-ângulo): Se 2 triângulos têm 2 ângulos correspondentes congruentes, então eles são semelhantes.

Vamos demonstrar que, se o $\triangle ABC$ e o $\triangle NMP$ têm $\hat{A} \cong \hat{N}$ e $\hat{B} \cong \hat{M}$, então $\triangle ABC \sim \triangle NMP$.

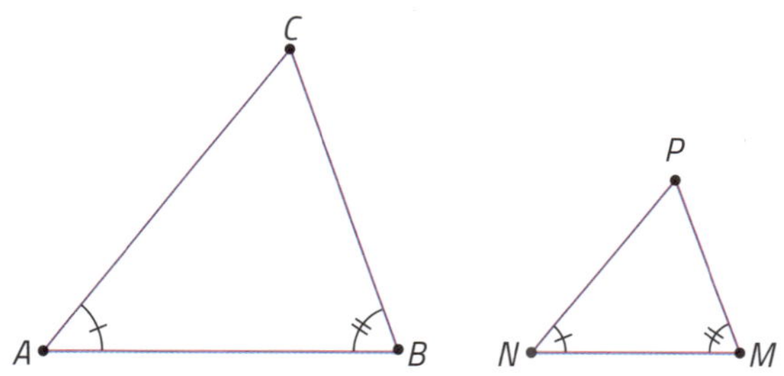

Ilustrações: Banco de imagens/Arquivo da editora

Demonstração

Se $\overline{AB} \cong \overline{NM}$, então, pelo caso ALA de congruência de triângulos, temos que $\triangle ABC \cong \triangle NMP$ e também que $\triangle ABC \sim \triangle NMP$, pois 2 triângulos congruentes são semelhantes com razão de semelhança 1.

Se $AB \neq NM$, vamos analisar o caso de $AB > NM$.

- Marcamos o ponto E em $\overline{AB}$, de modo que $AE = NM$, e traçamos $\overline{EF} \parallel \overline{BC}$.
- Podemos afirmar que $A\hat{E}F \cong A\hat{B}C$ (ângulos correspondentes de retas paralelas cortadas por transversal) e, como $\hat{B} \cong \widehat{M}$, temos $A\hat{E}F \cong \widehat{M}$.
- De $\hat{A} \cong \widehat{N}$, $\overline{AE} \cong \overline{NM}$ e $A\hat{E}F \cong \widehat{M}$, pelo caso ALA de congruência de triângulos, temos $\triangle AEF \cong \triangle NMP$. **(I)**

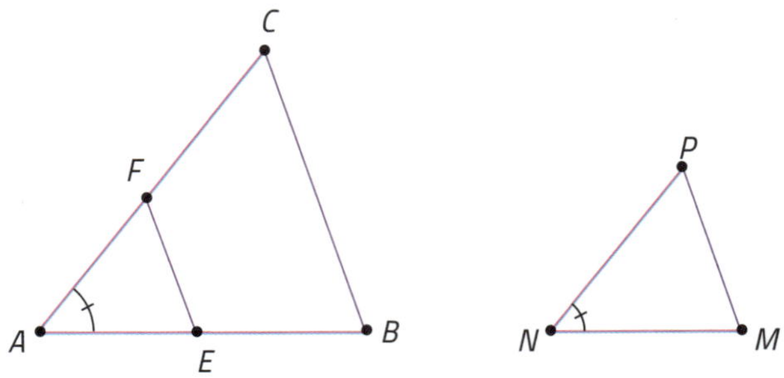

Ilustrações: Banco de imagens/Arquivo da editora

- Pela propriedade fundamental da semelhança de triângulos, temos $\triangle ABC \sim \triangle AEF$. **(II)**
- De **I** e **II**, chegamos ao que queríamos provar: $\triangle ABC \sim \triangle NMP$.

Thiago Neumann/Arquivo da editora

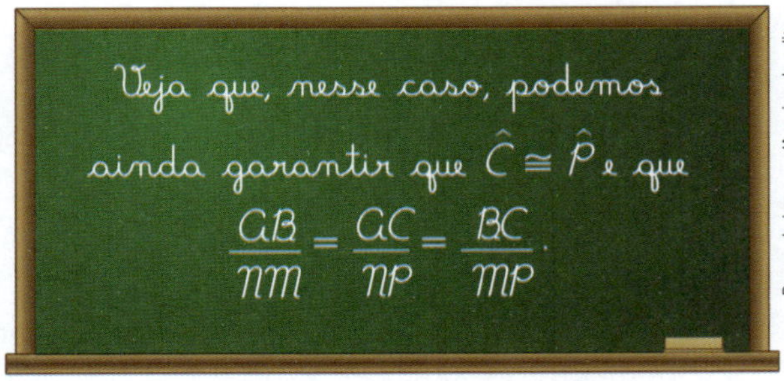

Banco de imagens/Arquivo da editora

Embora seja possível demonstrar, acompanhe por meio de exemplos (sem demonstração), mais 2 casos de semelhança de triângulos.

Caso LAL (lado-ângulo-lado): Se 2 triângulos têm 2 lados correspondentes com medidas de comprimento proporcionais, e os ângulos compreendidos entre esses lados são congruentes, então os triângulos são semelhantes.

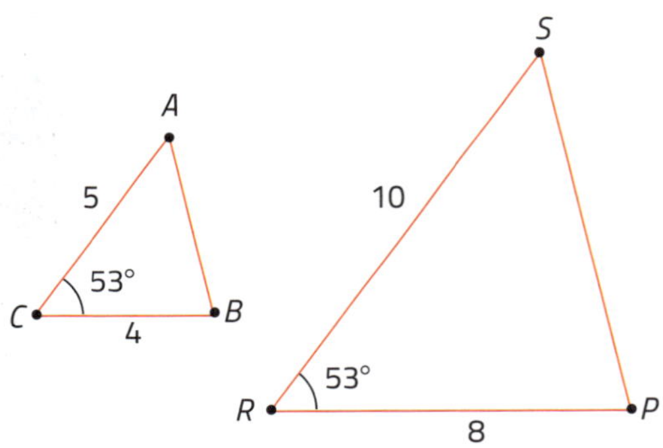

$$\left.\begin{array}{l}\frac{10}{5} = \frac{8}{4} = 2 \\ m(\hat{C}) = m(\hat{R}) = 53°\end{array}\right\} \Rightarrow \triangle ABC \sim \triangle SPR$$

Da semelhança do $\triangle ABC$ e do $\triangle SPR$, podemos afirmar que $\hat{A} \cong \hat{S}$, $\hat{B} \cong \hat{P}$ e $\frac{SP}{AB} = 2$.

Caso LLL (lado-lado-lado): Se 2 triângulos têm os 3 lados correspondentes com medidas de comprimento proporcionais, então eles são semelhantes.

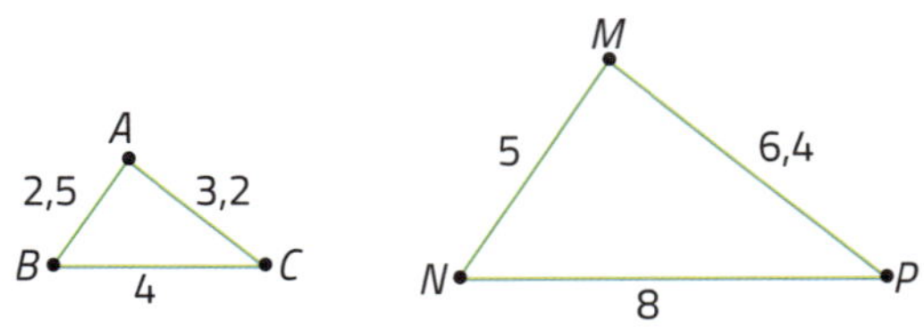

Ilustrações: Banco de imagens/Arquivo da editora

$$\frac{8}{4} = \frac{6{,}4}{3{,}2} = \frac{5}{2{,}5} = 2 \Rightarrow \triangle ABC \sim \triangle MNC \Rightarrow \hat{A} \cong \widehat{M}, \hat{B} \cong \widehat{N} \text{ e } \hat{C} \cong \hat{P}$$

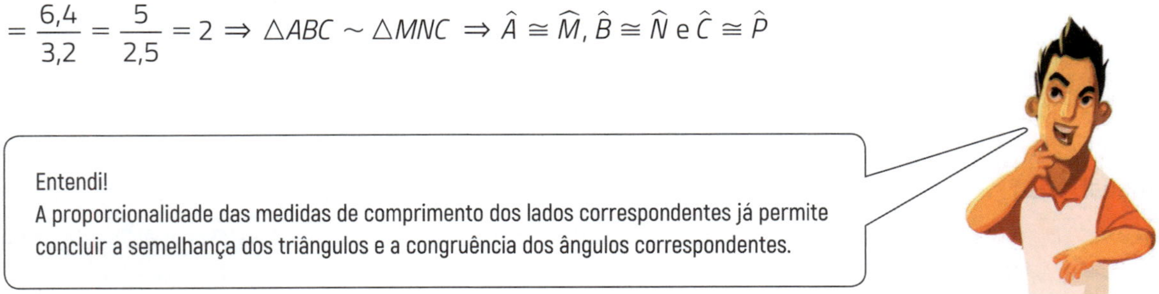

Thiago Neumann/Arquivo da editora

Atividade resolvida passo a passo

(Unirio-RJ) Numa cidade do interior, à noite, surgiu um objeto voador não identificado, em forma de disco, que estacionou a 50 m do solo, aproximadamente. Um helicóptero do exército, situado a aproximadamente 30 m acima do objeto, iluminou-o com um holofote, conforme mostra a figura ao lado. Sendo assim, pode-se afirmar que o raio do disco mede, em m, aproximadamente:

a) 3,0. b) 3,5. c) 4,0. e) 5,0.

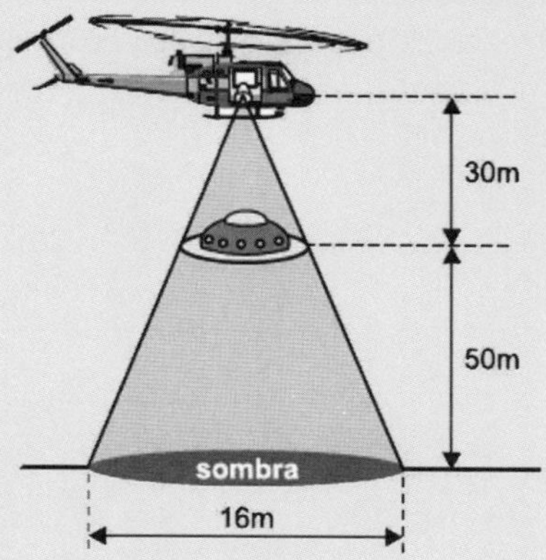

Reprodução/Unirio

Lendo e compreendendo

O diâmetro da sombra e o diâmetro do objeto voador formam, respectivamente, as bases de 2 triângulos semelhantes que têm o mesmo vértice, supondo que esse vértice é o ponto situado no holofote que está preso ao helicóptero. O problema pede a medida de comprimento do raio do objeto voador não identificado.

Planejando a solução

Como os triângulos são semelhantes, as alturas homólogas e os lados homólogos são proporcionais. Então, vamos estabelecer essa relação de proporcionalidade entre as medidas de comprimento desses lados e as medidas de comprimento dessas alturas.

> Alturas homólogas: são alturas relativas a lados homólogos.
> Lados homólogos: são lados que estão, respectivamente, entre ângulos de medidas de abertura iguais.

Executando o que foi planejado

$$\frac{d}{16} = \frac{30}{80} \Rightarrow d = \frac{16 \cdot 30}{80} = 6$$

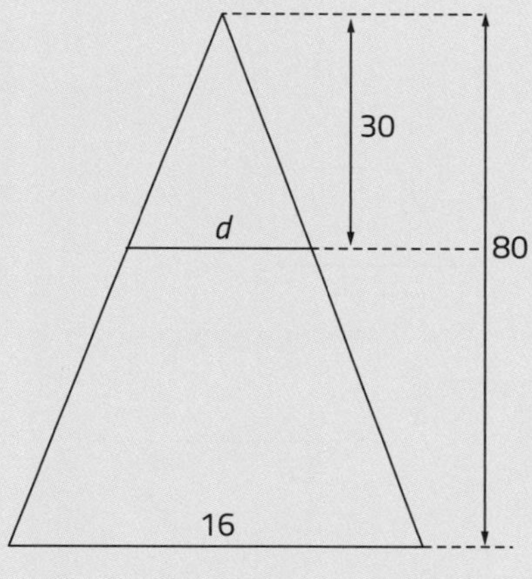

Banco de imagens/Arquivo da editora

Como o problema pede a medida de comprimento do raio do "objeto voador", teremos:

$$r = \frac{d}{2} = \frac{6}{2} = 3$$

Verificando

As medidas de comprimento das alturas e dos lados homólogos devem formar uma proporção:

H: medida de comprimento da altura do maior triângulo.
h: medida de comprimento da altura do menor triângulo.
B: medida de comprimento da base do maior triângulo.
b: medida de comprimento da base do menor triângulo.

$$\frac{H}{h} = \frac{B}{b} \Rightarrow \frac{80}{30} = \frac{16}{6} \Rightarrow 80 \cdot 6 = 30 \cdot 16$$

O produto dos extremos é igual ao produto dos meios.

Emitindo a resposta

O raio do objeto voador não identificado tem medida de comprimento de 3 metros.

Ampliando a atividade

A razão entre as medidas de comprimento da base do triângulo menor e da base do maior é $\frac{3}{8}$. Qual é a razão entre as medidas de área do menor triângulo e do maior?

Solução

Medida de área do triângulo menor: $A_m = \frac{6 \cdot 30}{2} = 90$

Medida de área do triângulo maior: $A_M = \frac{16 \cdot 80}{2} = 640$

Razão entre as medidas de áreas: $\frac{A_m}{A_M} = \frac{90}{640} = \frac{9}{64} = \frac{3^2}{8^2} = \left(\frac{3}{8}\right)^2$

Atividades

18 › Calcule os valores de x e y nesta figura, sabendo que $\overline{AB} \parallel \overline{FG}$.

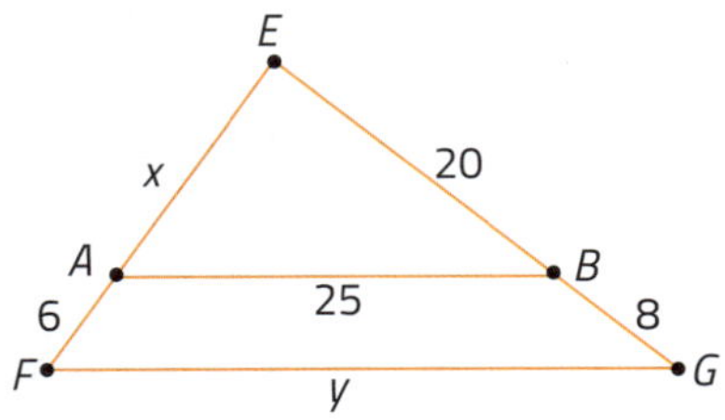

Banco de imagens/Arquivo da editora

19 › Em um $\triangle ABC$, temos:

- $R \in \overline{AB}$
- $S \in \overline{AC}$
- $\overline{RS} \parallel \overline{BC}$

Sabendo que $AB = 25$, $AS = 44$, $RS = 36$ e $BC = 45$, calcule as medidas de comprimento RB, SC e AC.

20 › Nesta figura, o $\triangle BMF$ e o $\triangle RMS$ são semelhantes ou não? Por quê?

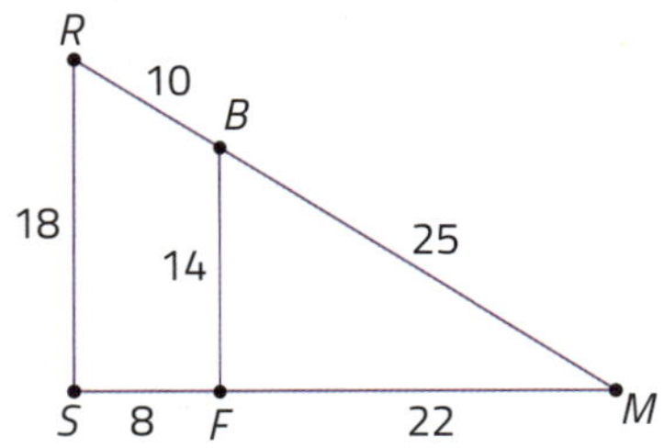

Banco de imagens/Arquivo da editora

21 › Nesta figura, a medida de comprimento da altura do homem é de 1,75 m.

Sabendo que $AB = 4{,}2$ m e $BC = 8{,}4$ m, calcule a medida de comprimento da altura da torre.

As imagens desta página não estão representadas em proporção.

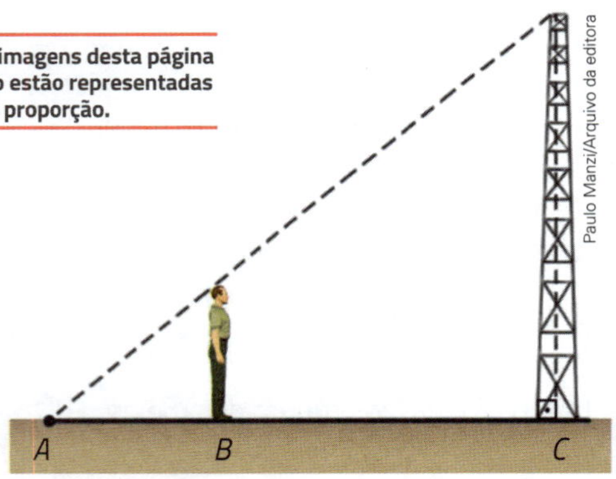

Paulo Manzi/Arquivo da editora

22 › Nesta figura, temos $\overline{AR} \parallel \overline{FH}$.

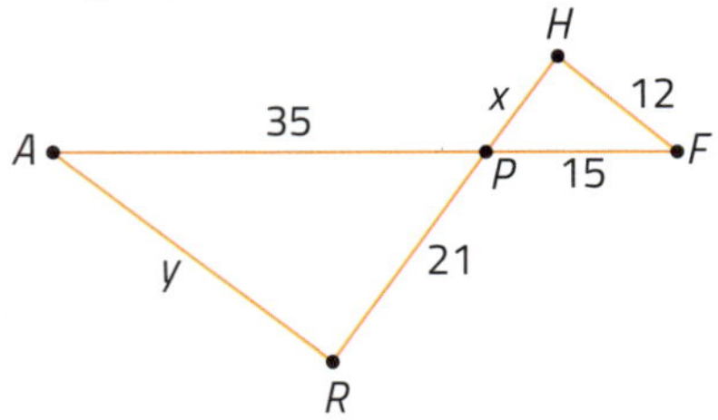

Banco de imagens/Arquivo da editora

a) Mostre que $\triangle ARP \sim \triangle FHP$.

b) Calcule os valores de x e y.

23 › Nesta figura, ABC é um triângulo retângulo cujos catetos têm medidas de comprimento de 3 cm e 4 cm e $MNPB$ é um quadrado cujos lados têm medidas de comprimento de x cm. A medida de perímetro do triângulo retângulo ABC é de 12 cm. Verifique se é verdade que a medida de perímetro do quadrado $MNPB$ é a metade da medida de perímetro do triângulo ABC.

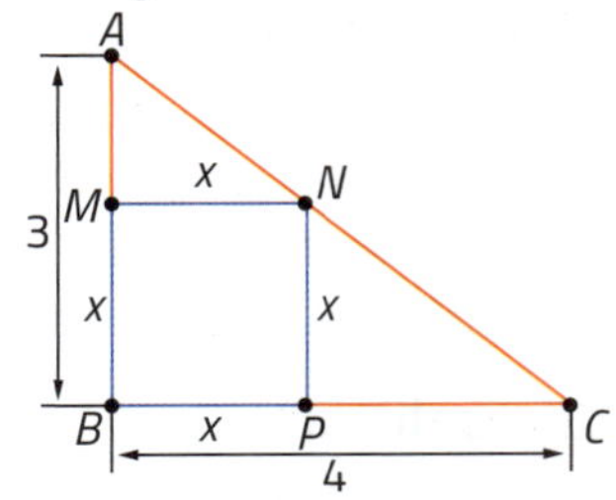

Banco de imagens/Arquivo da editora

24 › Nesta figura, $\overline{AB} \parallel \overline{CD}$. Sabendo que a medida de perímetro do triângulo ABE é de 72 cm, determine as medidas de comprimento x, y e m.

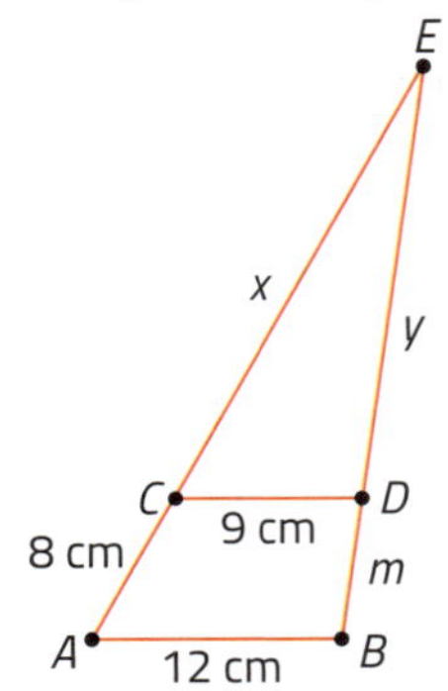

Banco de imagens/Arquivo da editora

25 › Sem fazer medições, identifique os pares de triângulos semelhantes.

a)

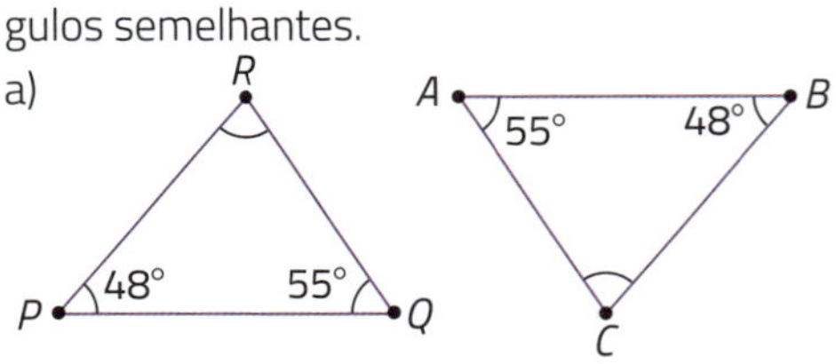

b)

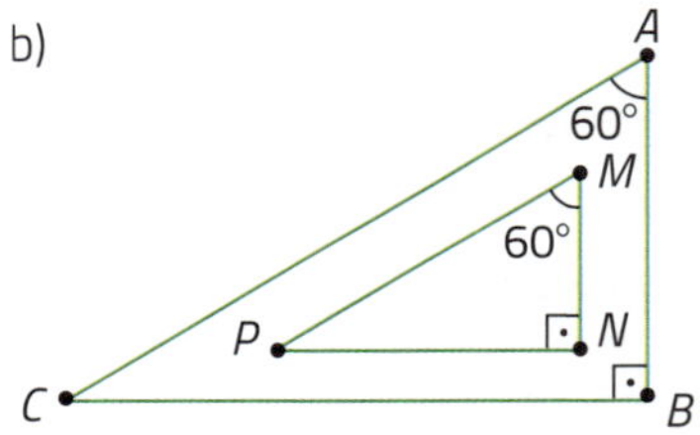

c)

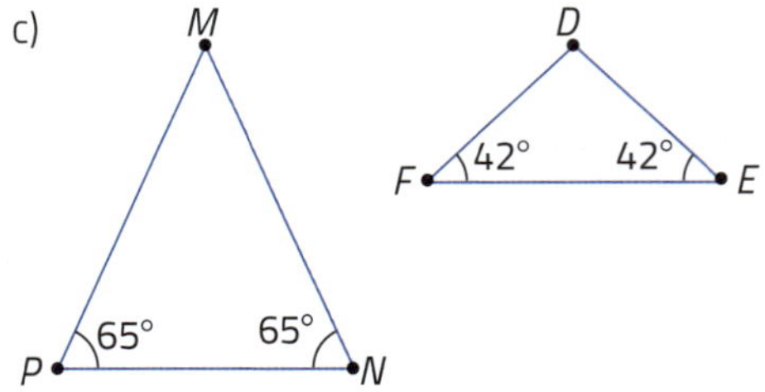

Ilustrações: Banco de imagens/Arquivo da editora

JOGOS

Jogo da semelhança

Com este jogo, você aplicará alguns conhecimentos estudados até agora. Preste atenção às orientações e bom jogo!

Orientações

As imagens desta página não estão representadas em proporção.

Número de participantes: 2 jogadores.
Material: folha de papel sulfite.

Preparação do jogo

Com a folha de papel sulfite, confeccionem 10 papéis iguais, com as letras de **A** a **J**, dobrados para sorteio.

Como jogar

Na sua vez, cada jogador sorteia um papel, localiza o quadro correspondente no tabuleiro a seguir e observa as figuras. Se elas não forem semelhantes, então ele não marca ponto (0 ponto). Se elas forem semelhantes, então ele marca os pontos de acordo com a razão de semelhança entre a figura da esquerda e a figura da direita, nessa ordem. Por exemplo: quem tirar o papel com a letra **A** não marca ponto e quem tirar o papel com a letra **B** marca 2 pontos.

Vence a partida quem marcar mais pontos após as 5 rodadas.

Atenção: Em cada quadro considerem as medidas de comprimento dadas na mesma unidade de medida.

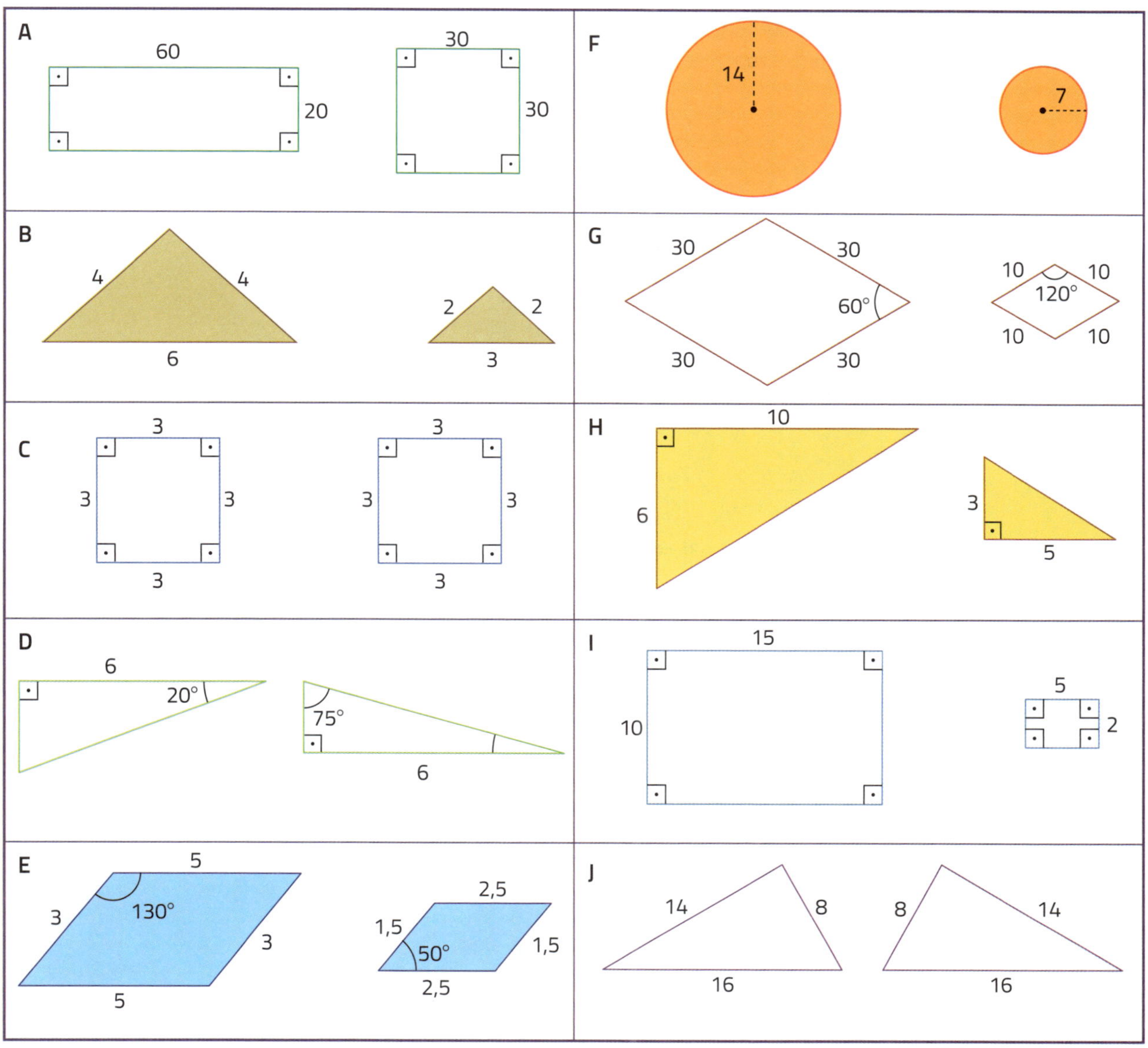

Ilustrações: Banco de imagens/Arquivo da editora

Atividade resolvida passo a passo

(Obmep) Os seis triângulos da figura são retângulos e seus ângulos com vértice no ponto *A* são iguais. Além disso, $AB = 24$ cm e $AC = 54$ cm. Qual é o comprimento de *AD*?

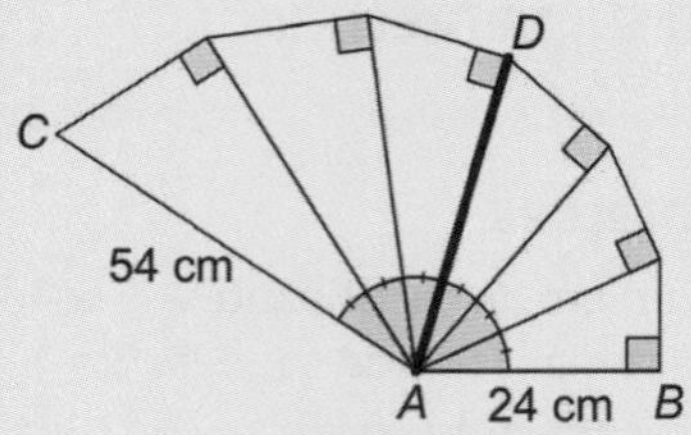

a) 30 cm
b) 34 cm
c) 36 cm
d) 38 cm
e) 39 cm

Lendo e compreendendo

A figura nos mostra 6 triângulos retângulos onde são dadas as medidas de comprimento do maior lado do triângulo maior e de um dos lados menores do triângulo menor. Como os ângulos que estão no vértice *A* têm a mesma medida de abertura e todos os triângulos são retângulos, pelo caso AA de semelhança de triângulos, todos os triângulos da figura são semelhantes.

Planejando a solução

No sentido horário, vamos chamar de *a*, *b*, *x*, *c*, *d* as medidas de comprimento dos lados que não são nem os maiores nem os menores dos triângulos. Já que os triângulos são semelhantes e os lados homólogos têm medidas de comprimento proporcionais, então podemos estabelecer uma proporção.

Devemos lembrar que em uma proporção vale a seguinte propriedade:

$$\frac{a}{b} = \frac{c}{d} = \frac{e}{f} = \frac{g}{h} = \frac{i}{j} = \frac{k}{l} \Rightarrow \frac{a \cdot c \cdot e}{b \cdot d \cdot f} = \frac{g \cdot i \cdot k}{h \cdot j \cdot l}$$

Vejamos, o exemplo:

$$\frac{1}{2} = \frac{2}{4} = \frac{3}{6} = \frac{4}{8} \Rightarrow \frac{1 \cdot 2}{2 \cdot 4} = \frac{3 \cdot 4}{6 \cdot 8} \Rightarrow \frac{2}{8} = \frac{12}{48}$$

Executando o que se planejou

Como os triângulos são semelhantes, temos:

$$\frac{24}{d} = \frac{d}{c} = \frac{c}{x} = \frac{x}{b} = \frac{b}{a} = \frac{a}{54} \Rightarrow$$

$$\Rightarrow \frac{24 \cdot d \cdot c}{d \cdot c \cdot x} = \frac{x \cdot b \cdot a}{b \cdot a \cdot 54} \Rightarrow \frac{24}{x} = \frac{x}{54} \Rightarrow$$

$$\Rightarrow x^2 = 24 \cdot 54 \Rightarrow x^2 = 2^3 \cdot 3 \cdot 2 \cdot 3^3 \Rightarrow x^2 = 2^4 \cdot 3^4 \Rightarrow$$

$$\Rightarrow x^2 = \sqrt{2^4 \cdot 3^4} \Rightarrow x = 2^2 \cdot 3^2 = 36$$

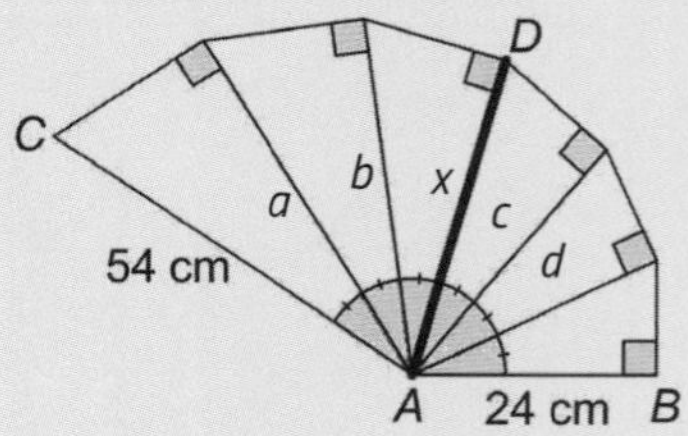

Verificando

Vamos considerar $\frac{24}{d} = k$. Multiplicando os 6 termos da proporção acima, obtemos:

$$k^6 = \frac{24}{54} \Rightarrow k^6 = \frac{4}{9} \Rightarrow k^6 = \left(\frac{2}{3}\right)^2 \Rightarrow k^3 = \frac{2}{3}$$

Por sua vez, temos que: $k^3 = \frac{24}{d} \cdot \frac{d}{c} \cdot \frac{c}{x} \Rightarrow k^3 = \frac{24}{x}$

Então:

$$\frac{24}{x} = \frac{2}{3} \Rightarrow x = 36$$

Emitindo a resposta

Temos $x = 36$. Alternativa **c**.

Aplicações de semelhança de triângulos

Agora, realize as atividades a seguir para aplicar tudo o que você estudou sobre semelhança de triângulos.

Atividades

26 Conexões. **Uso da semelhança para medir distâncias inacessíveis.** Imagine que a prova de uma gincana feita em uma escola fosse medir o comprimento da altura de um prédio ou de um mastro de bandeira.

Como vocês fariam isso? Usariam régua, fita métrica, trena? Seria muito difícil, não é mesmo? Além de usar o teorema de Tales, que vocês estudaram no capítulo 3, o que mais vocês poderiam utilizar aplicando o que aprenderam neste capítulo sobre semelhança de triângulos?

Uma ideia seria medir o comprimento dessas alturas indiretamente, usando semelhança de triângulos e proporção.

Para fazer isso, escolham uma altura inacessível para medir o comprimento (de um edifício, da escola, de uma árvore, da cesta de basquete da quadra, etc.).

Depois, peguem uma folha de papel sulfite e cortem um quadrado seguindo este esquema.

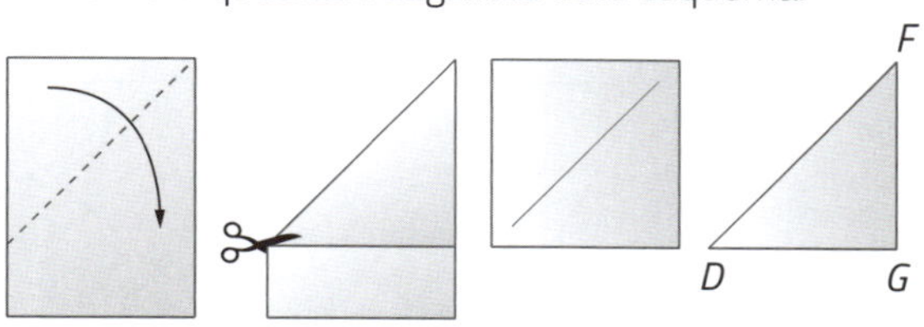

Ilustrações: Banco de imagens/Arquivo da editora

Escolham um colega para mirar o topo do que vocês escolheram medir; neste exemplo, o topo da cesta. Os demais alunos devem observar e garantir que a parte inferior da folha esteja paralela ao chão. O colega escolhido talvez precise afastar-se ou aproximar-se da cesta para que isso ocorra.

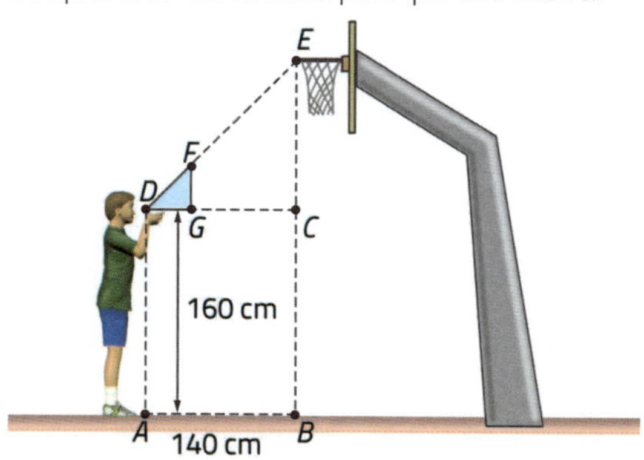

Paulo Manzi/Arquivo da editora

Utilizem uma fita métrica ou uma trena para medir a distância entre o colega e a perpendicular ao chão que passa pelo topo do que está sendo medido ($AB = 140$ cm, nesse exemplo). Depois, meçam também a distância do chão aos olhos do colega ($AD = 160$ cm, nesse exemplo).

Façam um esquema, como o mostrado e anotem todas as medidas de comprimento obtidas.

Observem que $\triangle DCE \sim \triangle DGF$ (pois têm 2 ângulos correspondentes congruentes). Apliquem a propriedade fundamental da semelhança de triângulos e obtenham, aproximadamente, a medida de comprimento da altura investigada.

Considerem possíveis erros pela imprecisão das medições.

27 Use o mesmo processo da atividade anterior e determine a medida de comprimento da altura do mastro desta bandeira.

As imagens desta página não estão representadas em proporção.

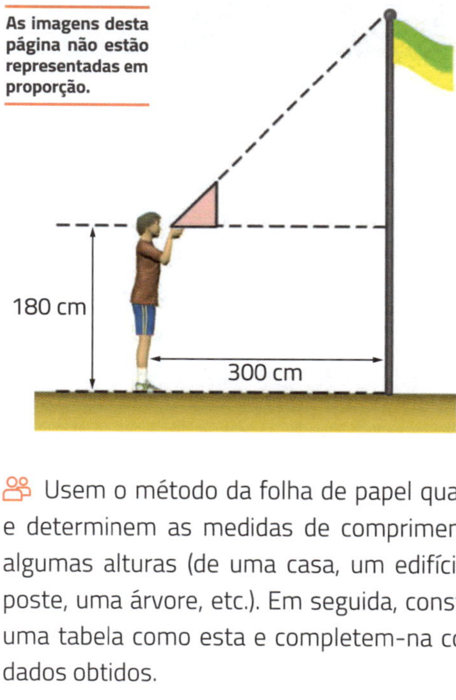

Paulo Manzi/Arquivo da editora

28 Usem o método da folha de papel quadrada e determinem as medidas de comprimento de algumas alturas (de uma casa, um edifício, um poste, uma árvore, etc.). Em seguida, construam uma tabela como esta e completem-na com os dados obtidos.

Alturas inacessíveis

Objeto	Medida de distância até o objeto	Medida de distância do chão aos olhos	Medida de comprimento da altura do objeto

Tabela elaborada para fins didáticos.

29 ▸ Conexões. Calculando a medida de comprimento da altura do Obelisco. Na cidade de São Paulo (SP), no parque Ibirapuera, encontramos o Obelisco, monumento de mármore projetado pelo escultor italiano Galileo Emendabili. Ele foi construído para homenagear os heróis que lutaram na Revolução Constitucionalista de 1932 e foi inaugurado oficialmente em 9 de julho de 1955.

Tales Azzi/Pulsar Imagens

Vista aérea do Obelisco no parque Ibirapuera, São Paulo (SP). Foto de 2017.

Antônio viajou a São Paulo e ficou impressionado com o Obelisco no parque Ibirapuera. Ele logo pensou em perguntar a alguém a medida de comprimento da altura do monumento, mas, como ninguém por perto sabia informar, resolveu usar um pouco das ideias sobre semelhança para medir o comprimento de alturas inacessíveis, assunto que havia estudado na escola.

a) Como deveria estar o clima em São Paulo para que Antônio pudesse calcular a medida de comprimento da altura do Obelisco usando a sombra dele e a ideia de semelhança?

b) Quais são os instrumentos necessários para fazer a medição?

c) O que ele deveria medir?

d) Se a altura de Antônio tem medida de comprimento de 1,80 m e a sombra dele, em determinado instante do dia, tinha medida de comprimento de 1,20 m, então qual é a medida de comprimento da altura do Obelisco se, nesse mesmo instante, ele fazia uma sombra de medida de comprimento de 48 m?

30 ▸ Em quais itens podemos afirmar que os 2 triângulos são semelhantes? Justifique sua resposta.

a)

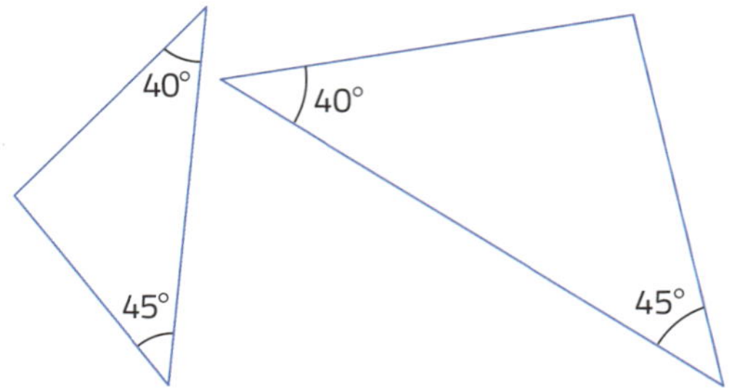

As imagens desta página não estão representadas em proporção.

b)

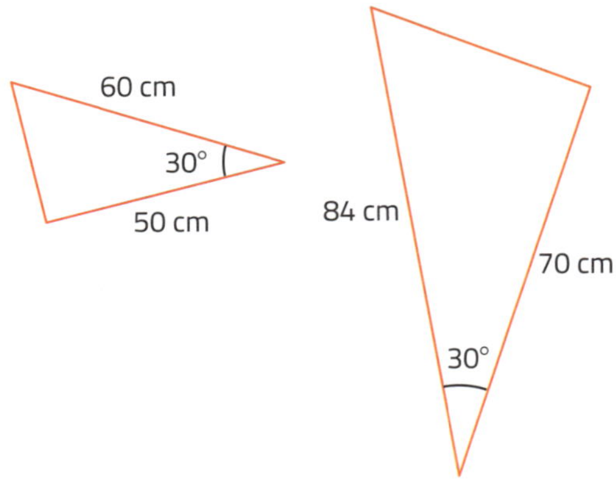

c)

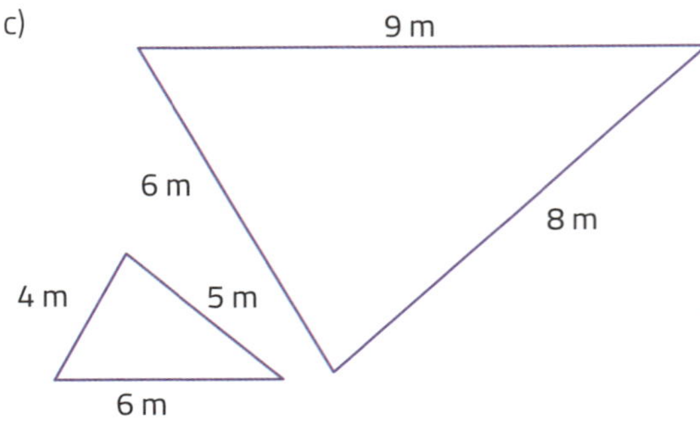

d)

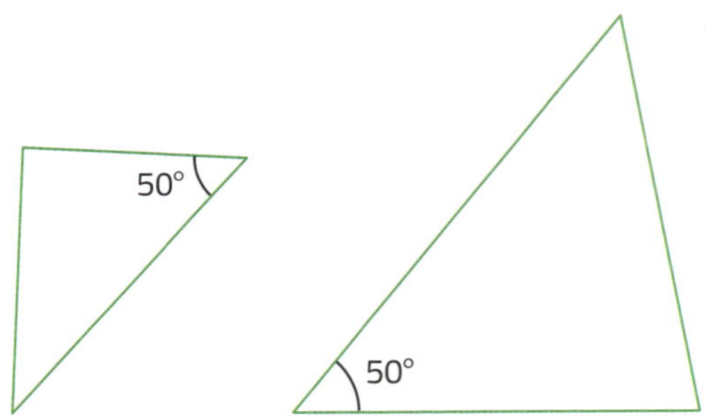

e)

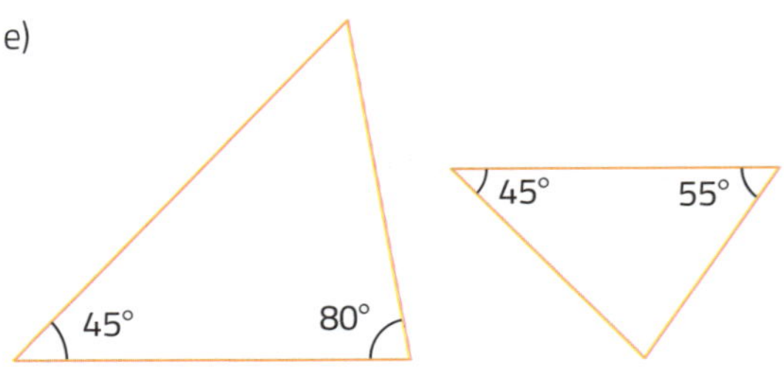

Ilustrações: Banco de imagens/Arquivo da editora

31 Nesta figura, temos $\overline{BC} \parallel \overline{DE}$.

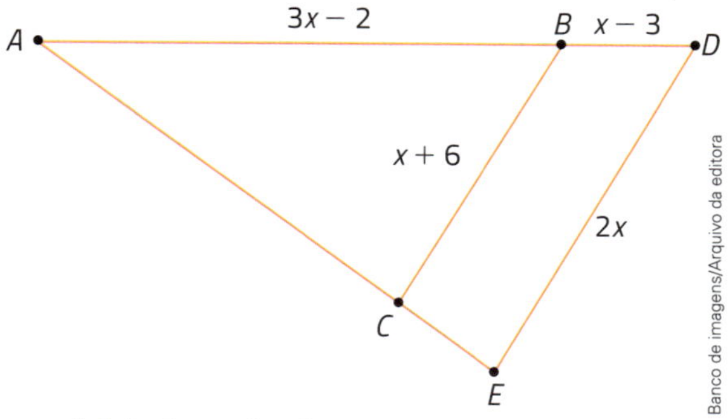

Banco de imagens/Arquivo da editora

a) Calcule o valor de x.

b) Determine a razão entre as medidas de área das regiões planas limitadas pelo $\triangle ABC$ e pelo $\triangle ADE$, nessa ordem.

32 Para cada um dos itens, escrevam uma das seguintes afirmações.

- Os triângulos são semelhantes.
- Os triângulos não são semelhantes.
- Os triângulos podem ser ou não semelhantes.

Depois, converse com um colega e justifiquem a afirmação feita em cada item.

a) O $\triangle ABC$ tem lados de medidas de comprimento de 10 cm, 15 cm e 20 cm, e o $\triangle EFG$ tem lados de medidas de comprimento de 12 cm, 16 cm e 8 cm.

b) O $\triangle PQR$ tem $\hat{P}$ com medida de abertura de 60° e $\hat{Q}$ com medida de abertura de 30°, e o $\triangle XYZ$ tem $\hat{X}$ com medida de abertura de 60° e $\hat{Y}$ com medida de abertura de 50°.

c) O $\triangle MNO$ tem $\widehat{M}$ com medida de abertura de 70° e $\widehat{N}$ com medida de abertura de 30°, e o $\triangle RST$ tem $\hat{R}$ com medida de abertura de 70° e $\hat{S}$ com medida de abertura de 80°.

d) O $\triangle DHL$ tem um lado com medida de comprimento de 3 cm e um lado com medida de comprimento de 4 cm, e o $\triangle IJD$ tem um lado com medida de comprimento de 6 cm e um lado com medida de comprimento de 8 cm.

e) Dois triângulos equiláteros.

f) Dois triângulos isósceles.

g) Um triângulo retângulo e um triângulo acutângulo.

h) Dois triângulos retângulos com um ângulo agudo congruente.

33 É possível afirmar que 2 triângulos são semelhantes se as aberturas de 2 ângulos de um dos triângulos medem 45° e 75°, enquanto as aberturas de 2 ângulos do outro triângulo medem 45° e 60°?

34 Estes triângulos são semelhantes? Explique sua resposta.

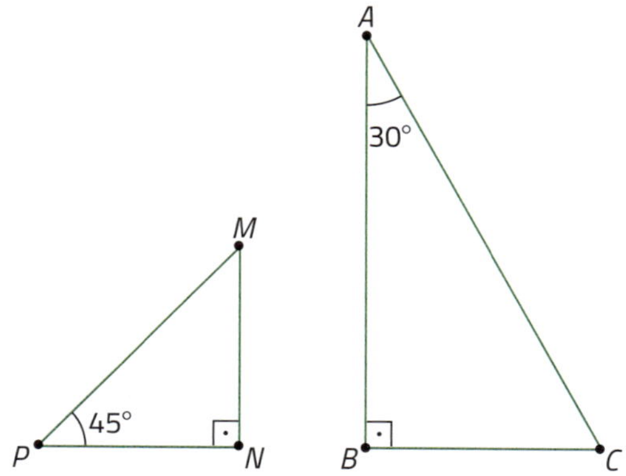

Ilustrações: Banco de imagens/Arquivo da editora

35 Justifique a semelhança dos triângulos ABC e DEC.

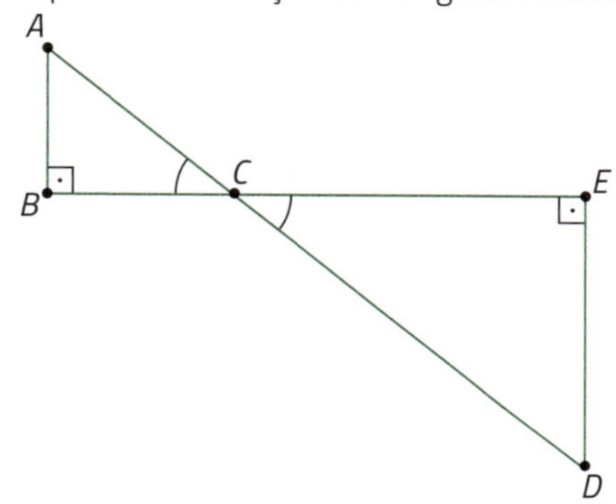

Banco de imagens/Arquivo da editora

36 Dos 3 triângulos desta figura ($\triangle ABC$, $\triangle CDB$ e $\triangle ADB$), há 2 que são semelhantes. Quais são eles?

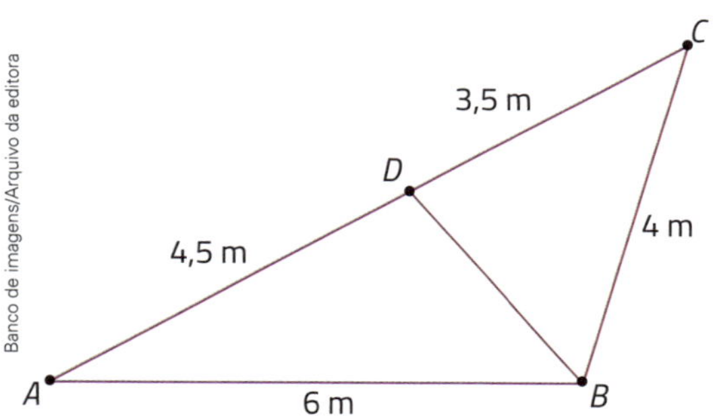

Banco de imagens/Arquivo da editora

37 Converse com um colega sobre qual destas afirmações é verdadeira.

a) Dois triângulos semelhantes são congruentes.

b) Dois triângulos congruentes são semelhantes.

38 Dois triângulos são semelhantes. A medida de perímetro de um dos triângulos é de 35 cm, e a do outro é de 105 cm. Qual é a razão de semelhança entre os triângulos? E a razão entre as medidas de área deles?

39 Observe os triângulos desta figura.

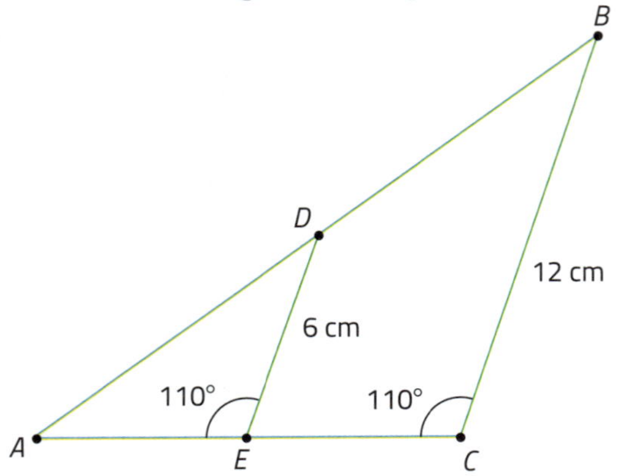

Banco de imagens/Arquivo da editora

a) Mostre que $\triangle ABC \sim \triangle ADE$.

b) Se $EC = 5$ cm, então qual é a medida de comprimento do $\overline{AE}$?

40 Nesta figura, $\overline{BC} \,/\!/\, \overline{DE}$.

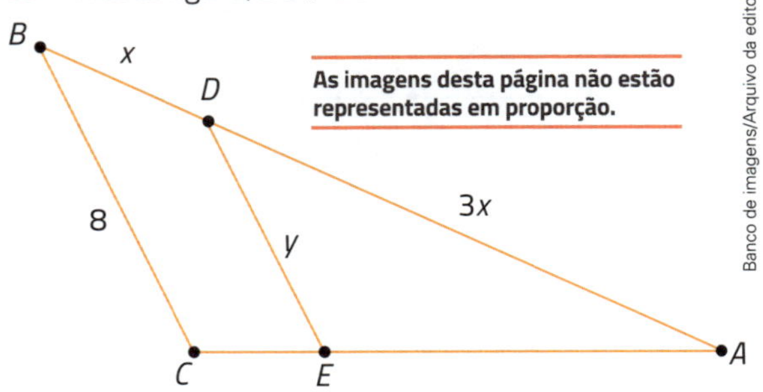

As imagens desta página não estão representadas em proporção.

Banco de imagens/Arquivo da editora

Calcule:

a) a razão de semelhança $\frac{AB}{AD}$;

b) a razão entre as medidas de perímetro dos triângulos *ABC* e *ADE*;

c) o valor de *y*.

41 **Desafio.** É possível 2 triângulos serem semelhantes se um deles tem um ângulo de medida de abertura de 50° e 2 lados de medidas de comprimento de 7 cm, enquanto o outro tem um ângulo com medida de abertura de 70° e 2 lados com medida de comprimento de 9 cm?

42 **Desafio.** Verifique se é possível 2 triângulos isósceles serem semelhantes sabendo que: a abertura de um dos ângulos do primeiro triângulo mede 30° e os comprimentos dos lados congruentes medem 4 cm; e a abertura de um dos ângulos do segundo triângulo tem 75° e os comprimentos dos lados congruentes medem 7 cm.

Raciocínio lógico

Felipe está no degrau do meio de uma escada. Se ele subir 5 degraus, descer 7, voltar a subir 4 e depois mais 9, então chegará ao último degrau. Quantos degraus a escada tem?

43 **Arredondamentos, cálculo mental e resultados aproximados.** Observe esta figura.

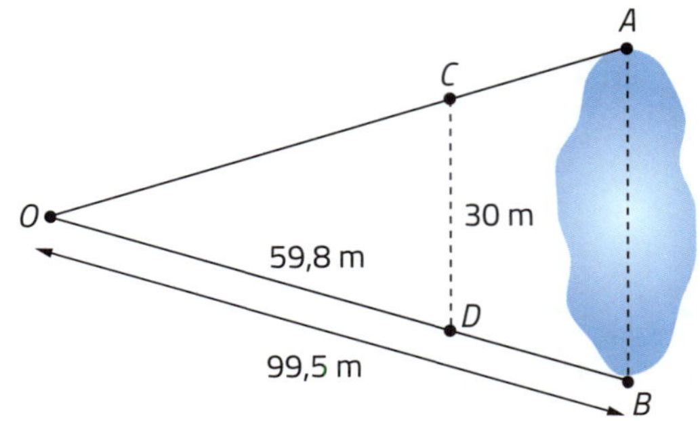

Banco de imagens/Arquivo da editora

A medida de comprimento do lago (*AB*) está mais próxima de 60,2 m; 50,1 m ou 45,9 m? Calcule mentalmente, registre e confira com os colegas.

44 **As viagens de Paulo.** Nesta figura estão representadas 5 cidades (**A**, **B**, **C**, **D** e **E**), algumas rodovias ligando-as e as medidas de comprimento de alguns trechos. A rodovia que liga a cidade **B** à cidade **C** é paralela à rodovia que liga a cidade **D** à cidade **E**.

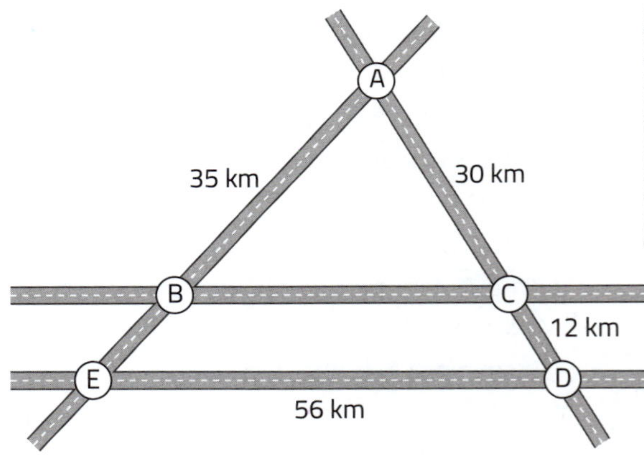

Banco de imagens/Arquivo da editora

Ivo é representante comercial, mora na cidade **A** e viaja por essas cidades a trabalho. Em uma segunda-feira, ele foi de **A** para **B**, depois de **B** para **C** e, em seguida, de **C** para **D**. No retorno foi de **D** para **E**, de **E** para **B** e, finalmente, de **B** para **A**. Considere o consumo de 1 L de combustível para 14 km rodados e o preço de R$ 3,50 para cada litro de combustível. Além do deslocamento nas estradas, considere ainda um deslocamento de 25 km dentro das cidades. Calcule quanto Ivo gastou em combustível nesse dia de trabalho.

2 Representações de sólidos geométricos no plano

Para facilitar a representação de figuras tridimensionais no plano, como é o caso dos sólidos geométricos, podemos utilizar vários tipos de malha (ou rede) que você já deve conhecer, como a pontilhada, a quadriculada e a triangulada. Vamos estudar cada uma delas.

Representações geométricas em malhas

Malha pontilhada

Observe a sequência de procedimentos e a representação final destes sólidos geométricos:

Cubo.

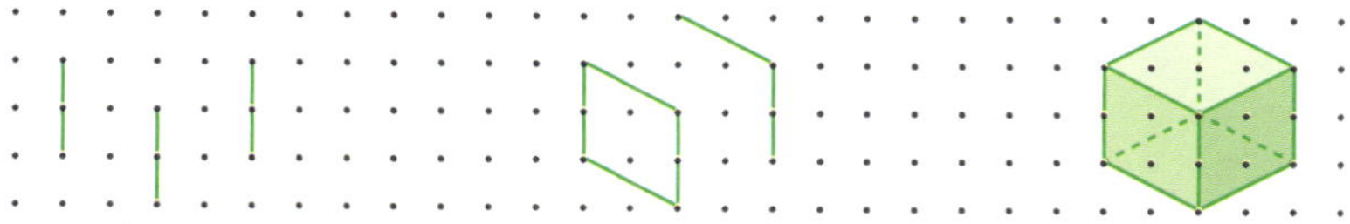

Bloco retangular.

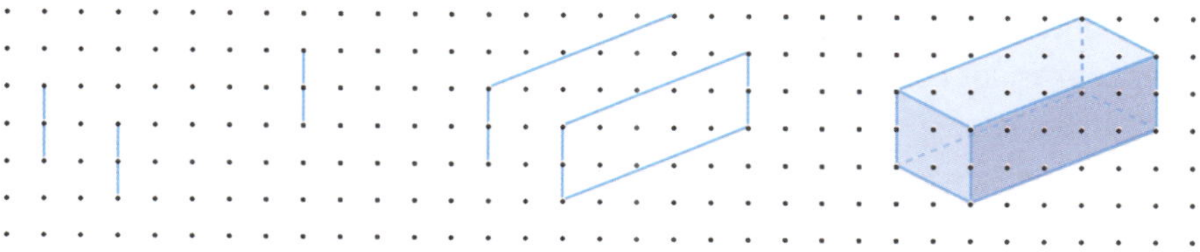

2 cubos justapostos.

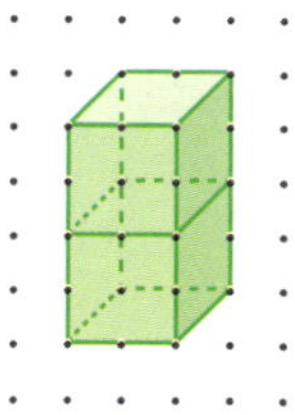

Letra **L** construída com 6 cubos.

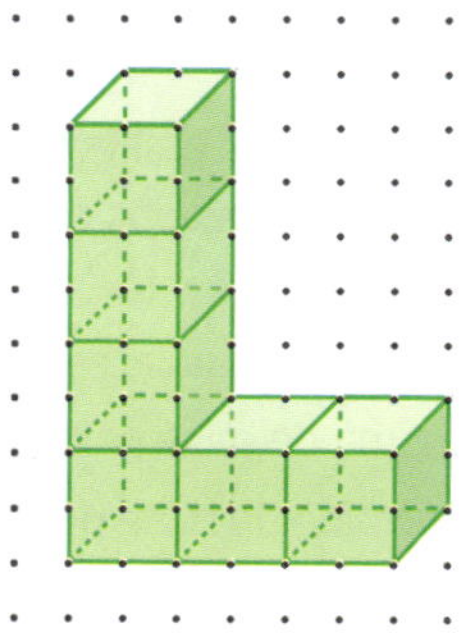

Ilustrações: Banco de imagens/Arquivo da editora

Malha quadriculada

Examine estes exemplos.

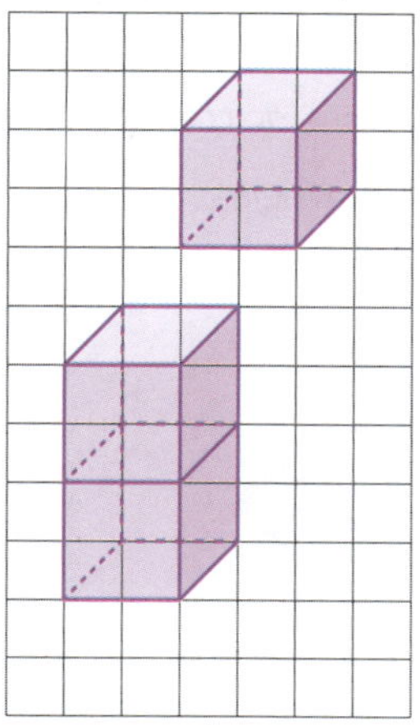

1 ou mais cubos.

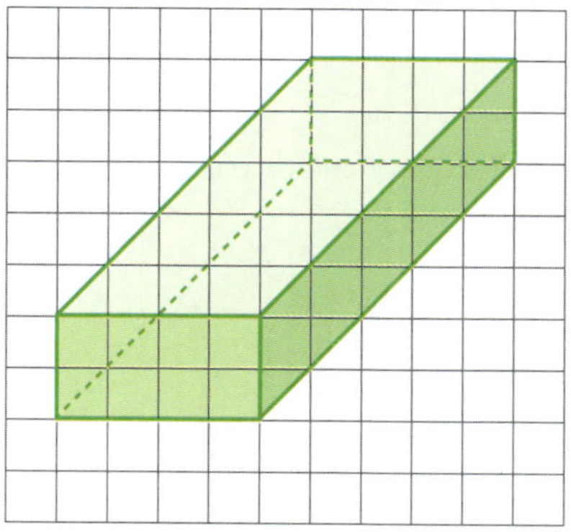

Bloco retangular ou paralelepípedo.

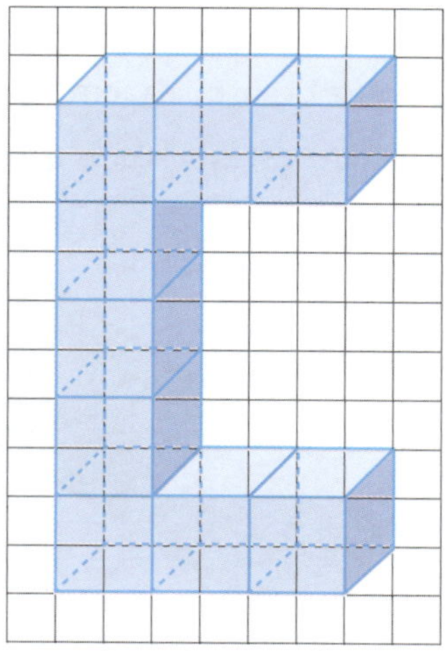

Letra **C** construída com 9 cubos.

Ilustrações: Banco de imagens/Arquivo da editora

Malha triangulada

Observe alguns exemplos.

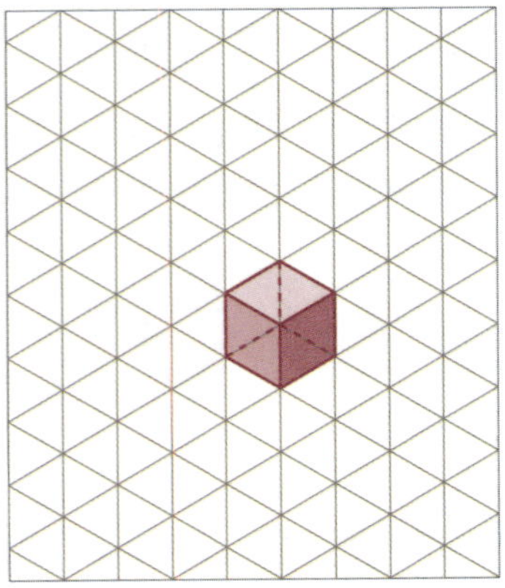

Cubo.

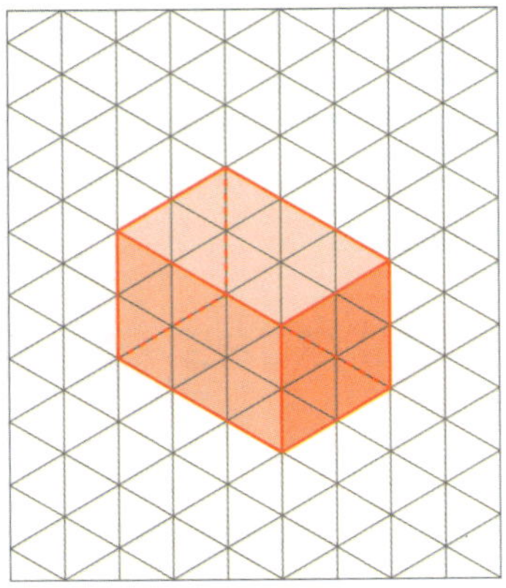

Bloco retangular.

O número 4 com 11 cubos.

Ilustrações: Banco de imagens/Arquivo da editora

Atividades

45 Represente cada figura em uma malha pontilhada, em qualquer posição. Depois, compare suas representações com as dos colegas.

a) 3 cubos justapostos.

b) 2 blocos retangulares justapostos.

c) 1 pilha de cubos formada com 6 cubos.

d) 1 pilha de cubos construída com quantos cubos você quiser.

e) A letra  formada por 7 cubos.

f) A letra  formada por 10 cubos.

g) A letra  formada por 12 cubos.

h) Uma letra a escolher formada por cubos.

46 Represente as figuras em uma malha quadriculada, em qualquer posição. Depois, compare suas representações com as dos colegas.

a) 4 cubos justapostos.

b) 3 blocos retangulares, um sobre o outro.

c) 1 prisma de base hexagonal.

d) 1 pirâmide de base pentagonal.

e) Uma pilha de cubos construída com 5 cubos.

f) A letra **O** com 12 cubos.

g) A letra **F** formada com 8 cubos.

h) Uma pilha de cubos com quantos cubos você quiser.

47 Represente em uma malha triangulada a figura descrita em cada item, em qualquer posição. Depois, compare suas representações com as dos colegas.

a) 5 cubos justapostos.

b) 4 blocos retangulares, um sobre o outro.

c) A letra **L** construída com 6 cubos.

d) Uma peça qualquer (represente-a e faça a descrição dela).

e) Um bloco retangular formado com 16 cubos.

48 Reproduza estes poliedros em uma malha quadriculada e escreva o nome de cada um deles.

a)

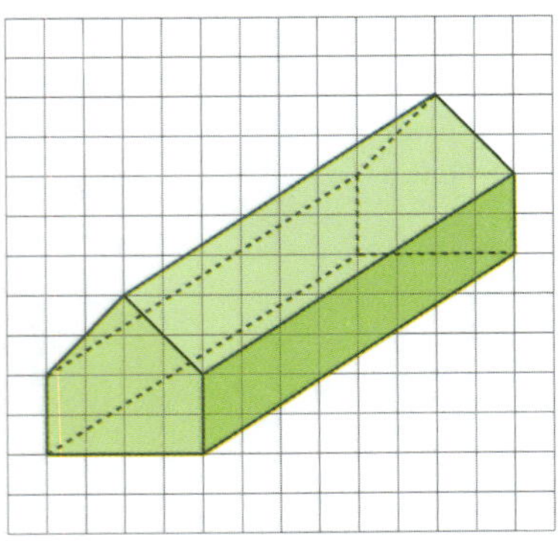

b)

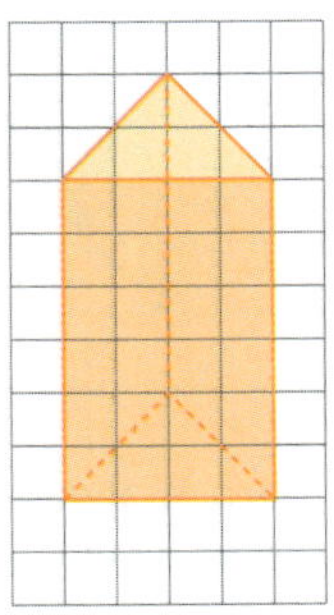

c)

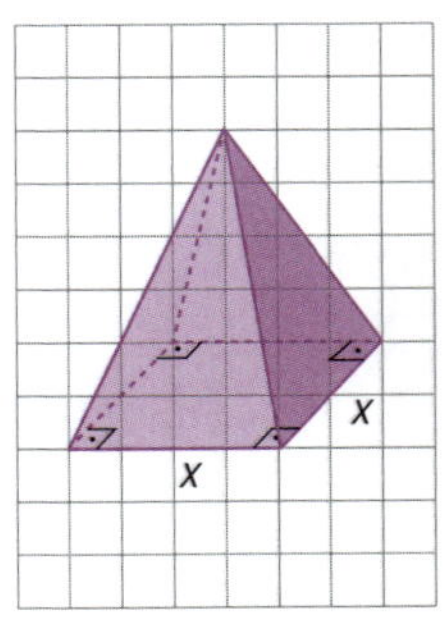

Ilustrações: Banco de imagens/Arquivo da editora

49 › Use sua imaginação e crie uma composição de sólidos geométricos. Represente-a em uma malha quadriculada.

50 › Analise cada pilha de sólidos geométricos representada no plano em malha triangulada. Escreva quantos cubinhos há em cada uma.

a)

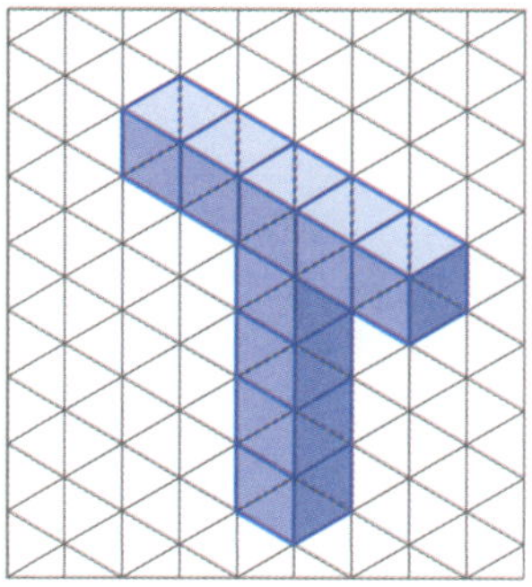

b)

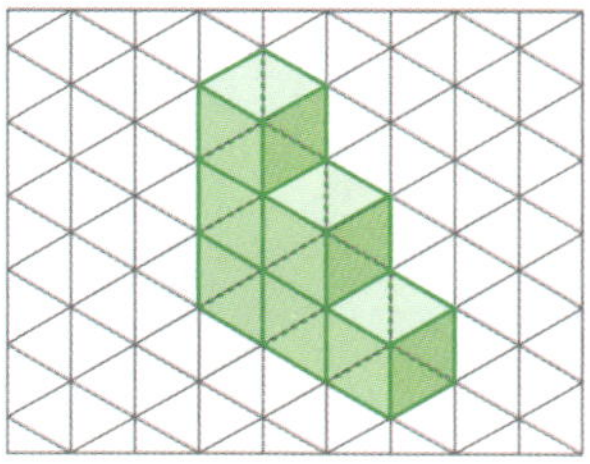

c)

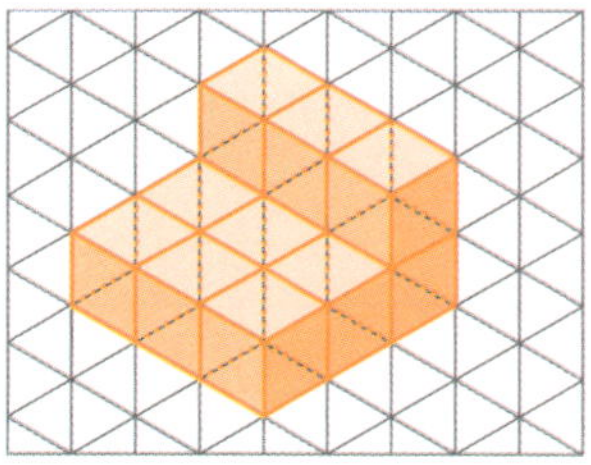

Ilustrações: Banco de imagens/Arquivo da editora

51 › **Previsão.** Observe a representação de uma peça formada por 3 cubos.

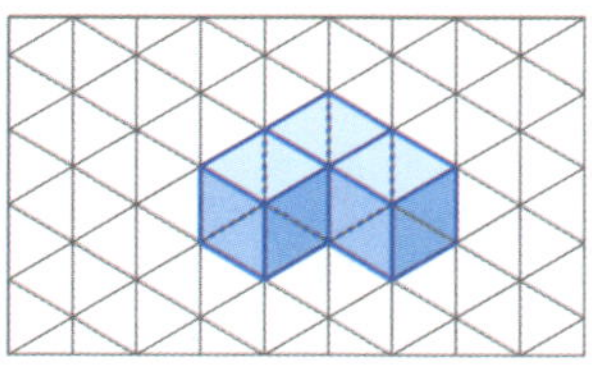

Banco de imagens/Arquivo da editora

a) Você acha que, se forem dobradas as medidas de comprimento de todas as arestas dela, a medida de volume da peça dobrará?

b) Represente essa peça em uma malha triangulada, ampliando-a, de modo que todas as arestas tenham as medidas de comprimento dobradas. Calcule as medidas de volume da peça inicial e da peça ampliada, usando o cubo como unidade de medida e verifique se sua previsão foi correta.

Saiba mais

Você sabe o que é computação gráfica? Consegue imaginar o que imagens em 3D (terceira dimensão) têm a ver com Geometria? Vamos descobrir!

A computação gráfica é um ramo da computação que trabalha essencialmente com a geração de imagens utilizando dados digitais. É uma área muito utilizada atualmente, com aplicações em diversos campos, como cinema, animações, *games* e muito mais.

As imagens desta página não estão representadas em proporção.

Ilustrações: Paulo Manzi/Arquivo da editora

Na computação gráfica, os sólidos geométricos conhecidos como poliedros são utilizados como uma malha de controle para a representação de objetos tridimensionais.

O agrupamento de poliedros possibilita visualizar objetos por diferentes pontos de vista, propiciando vê-los no plano de uma tela (de computador, de *tablet*, etc.) como se fossem reais.

O aumento do número de faces dos poliedros melhora a resolução da imagem, como mostra este esquema.

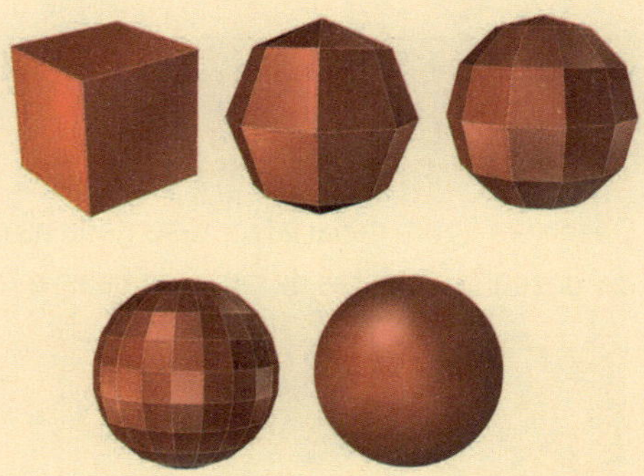

Ilustrações: Paulo Manzi/Arquivo da editora

A utilização da computação gráfica para compor imagens tridimensionais envolve a ideia da representação de sólidos geométricos no plano.

Vistas de um sólido geométrico

Podemos observar um sólido geométrico de várias posições. O desenho que registra o que vemos é conhecido como **vista** do sólido geométrico e é outra maneira de representá-lo no plano.

Examine este sólido geométrico e algumas das vistas dele.

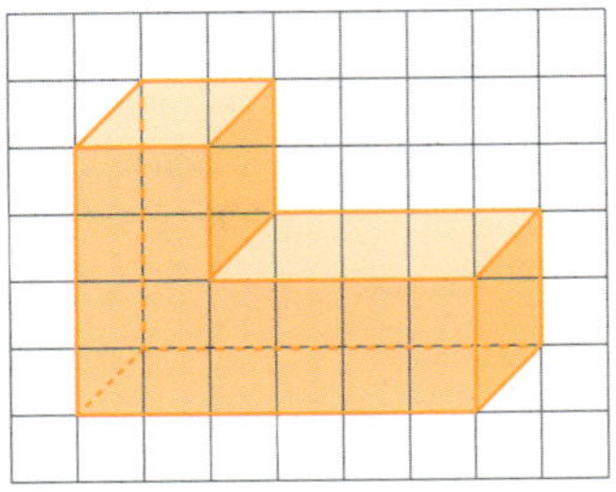

Ilustrações: Banco de imagens/Arquivo da editora

Vista lateral esquerda.

Vista de frente.

Vista de baixo.

Vista de cima.

Vista de trás.

Vista lateral direita.

Atividades

52 Nestas figuras, você vê a representação de um sólido geométrico e 2 das vistas dele. Escreva quais vistas são essas e, depois, desenhe a vista de baixo e uma vista lateral.

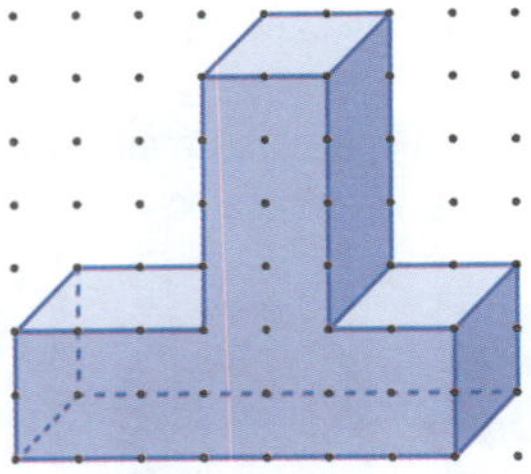

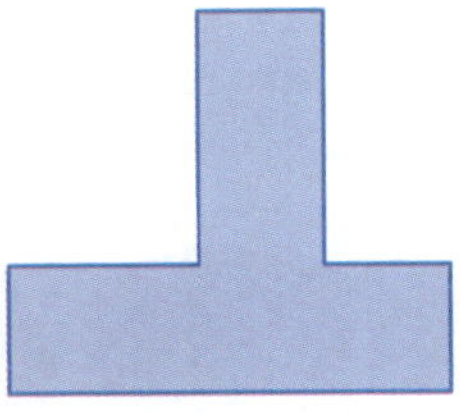

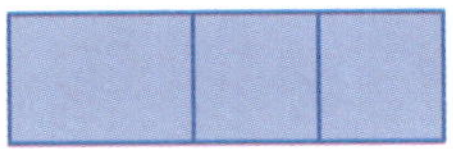

Ilustrações: Banco de imagens/Arquivo da editora

53 Observe a figura espacial representada na malha triangulada e considere a vista de frente da figura. Em seguida, desenhe as vistas de cima, de baixo e lateral dessa figura espacial.

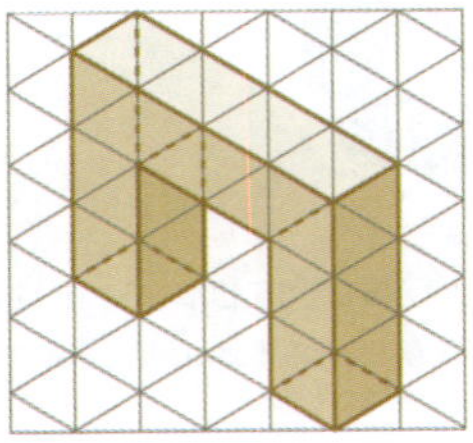

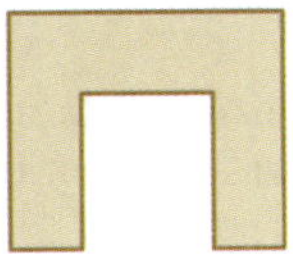

Ilustrações: Banco de imagens/Arquivo da editora

54 ▸ Montando sólidos geométricos. Álvaro vai montar a superfície de um sólido geométrico com fita adesiva e com algumas destas regiões planas.

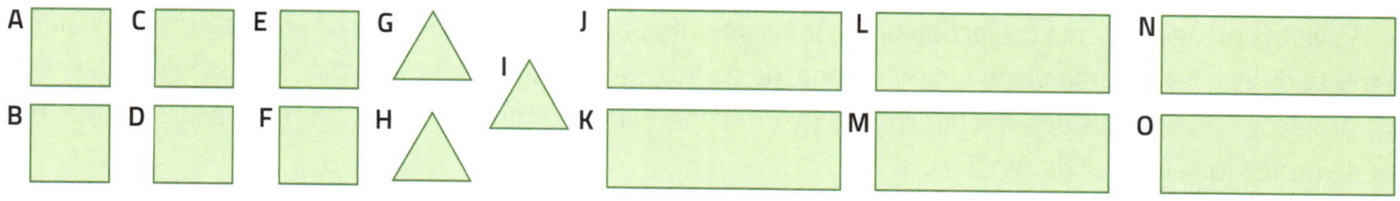

Ilustrações: Banco de imagens/Arquivo da editora

Registre o nome de cada um destes sólidos geométricos. Em seguida, indique todos os que podem ser montados só com as regiões planas acima e escreva as letras das regiões que serão usadas em cada caso.

a) 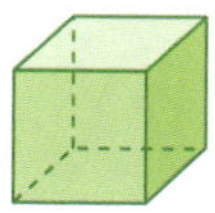

b) 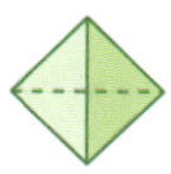

c) 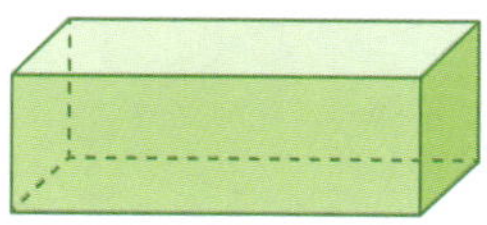

d) 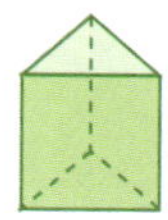

e) 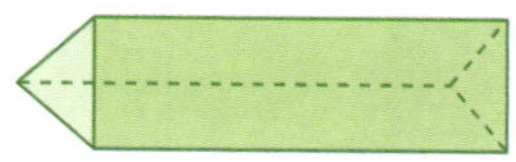

55 ▸ Vistas e previsões. Rodrigo e Marina estão criando uma atividade que ajuda muito no desenvolvimento da visão espacial e da representação no plano. Um deles faz uma arrumação com 3 dados e o outro desenha a vista superior (vista de cima) do objeto montado.

Nas figuras **I**, **II** e **III**, observe o desenho da arrumação e faça uma previsão de qual será a vista superior correta. Depois, utilizando 3 dados, confira sua previsão. Atenção na posição dos pontos nas faces!

I 

a) 

b) 

c) 

II 

a) 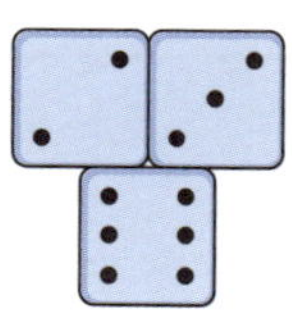

b) 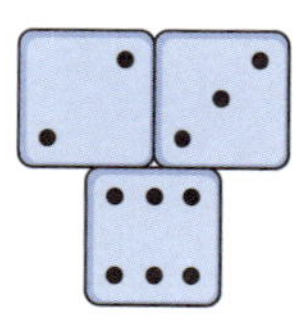

c) 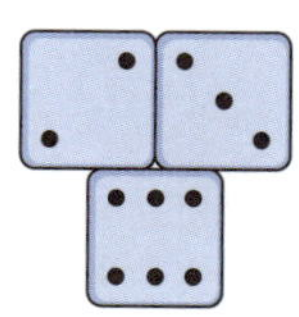

III 

a) 

b) 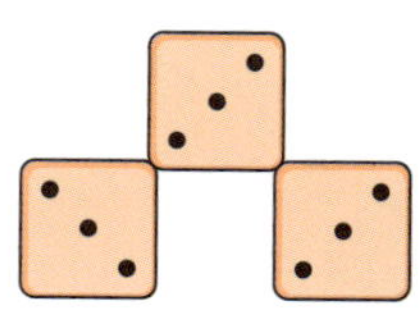

c) 

Ilustrações: Banco de imagens/Arquivo da editora

Vistas ortogonais

Um inestimável recurso na confecção de peças, principalmente ligadas à mecânica, é fornecido pelo desenho técnico mecânico. Esse recurso é chamado **vista ortogonal**.

As vistas ortogonais são projeções ortogonais de uma peça tridimensional em 3 planos perpendiculares, de modo que se tenha uma visão bidimensional de frente, de lado e de cima da peça. Veja estas figuras com as 3 projeções ortogonais de uma pirâmide e de um cone. O objeto tem 3 dimensões, mas as vistas nos planos de projeção são em 2 dimensões.

Ilustrações: Banco de imagens/Arquivo da editora

Observe agora as projeções ortogonais de uma peça de metal em 3 planos perpendiculares e também as vistas frontal, superior e lateral esquerda da peça.

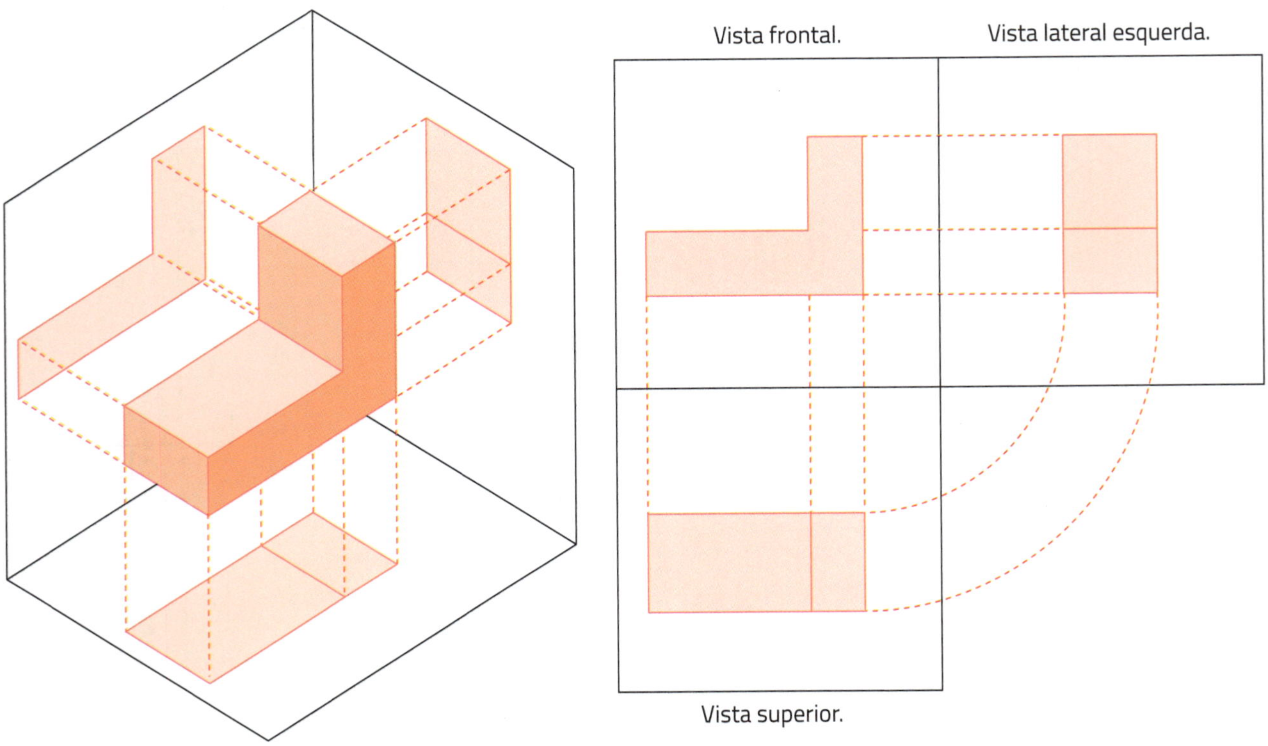

Ilustrações: Banco de imagens/Arquivo da editora

A utilização de vistas ortogonais é uma técnica muito usada por modeladores 3D que trabalham na produção de filmes, *games* e publicidade.

Observe alguns exemplos.

As imagens desta página não estão representadas em proporção.

Ilustrações: Guilherme Asthma/Arquivo da editora

Atividades

56› Desenhe a projeção ortogonal dos sólidos geométricos no plano dado em cada item.

a)
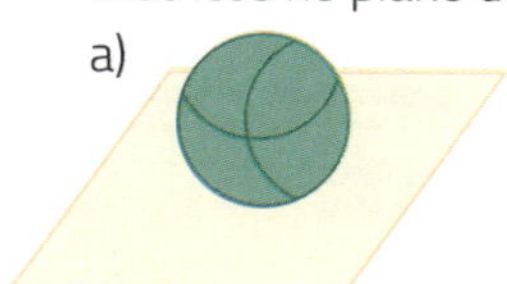

c)
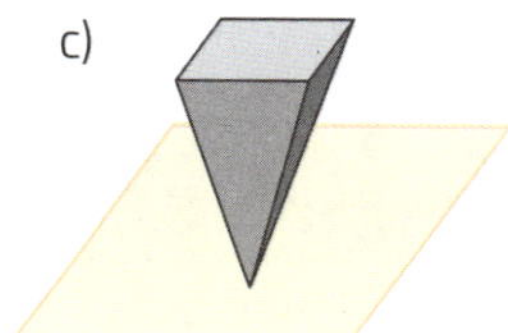

b)

d)
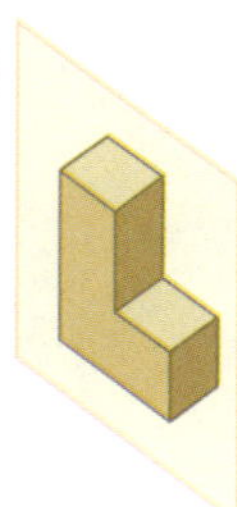

Ilustrações: Banco de imagens/Arquivo da editora

57› Agora, desenhe as projeções ortogonais deste cilindro nos planos α, β e γ.

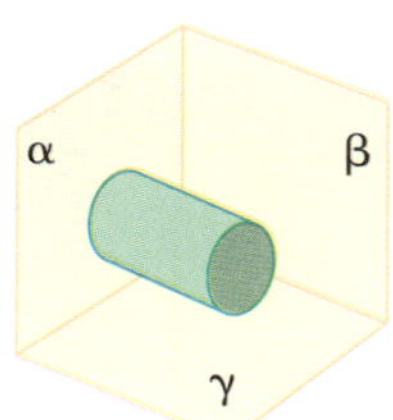

Banco de imagens/Arquivo da editora

58› Neste sólido geométrico, as faces opostas têm cores iguais. Desenhe e pinte as projeções ortogonais nos planos α, β e γ.

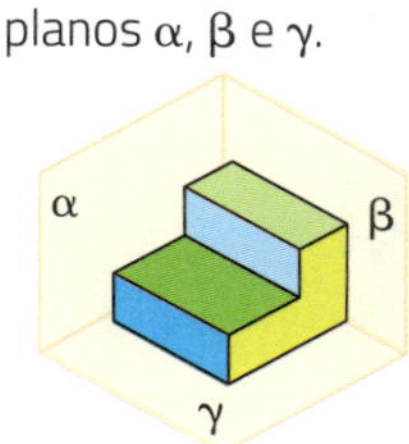

Banco de imagens/Arquivo da editora

59› Identifique se cada afirmação é verdadeira ou falsa.

a) A projeção ortogonal de um paralelepípedo em um plano sempre é uma região quadrada.

b) A projeção ortogonal de um paralelepípedo sobre um plano nunca é uma região quadrada.

c) A projeção ortogonal de um paralelepípedo sobre um plano pode ser uma região quadrada.

d) A projeção ortogonal de uma esfera sobre um plano é sempre um círculo.

e) A projeção ortogonal de um prisma sobre um plano pode ser uma região triangular.

f) A projeção ortogonal de uma pirâmide sobre um plano nunca é um círculo.

60› Qual figura podemos obter na projeção ortogonal de um segmento de reta sobre um plano?

61› Desenhe projeções ortogonais de um CD sobre um plano horizontal, conforme cada item.

a)
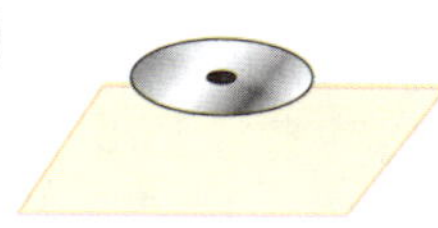

b)
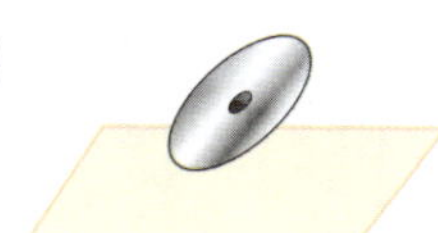

c)
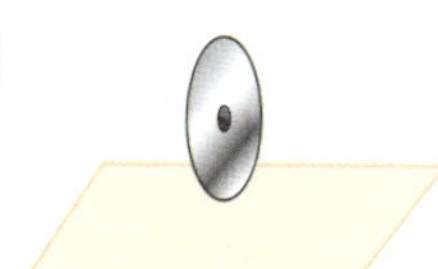

Ilustrações: Banco de imagens/Arquivo da editora

Perspectiva: outra técnica de representar figuras tridimensionais no plano

Observe 3 representações diferentes no plano de um mesmo dado.

Nas representações **B** e **C**, temos a ideia de profundidade, de volume da figura.

Na figura **B**, as representações das faces do dado estão paralelas, como são na realidade do objeto. Já na figura **C**, as representações das faces não estão paralelas, o que auxilia mais ainda na visualização da profundidade. Quando usamos essa técnica da figura **C**, dizemos que a figura foi desenhada usando **perspectiva**.

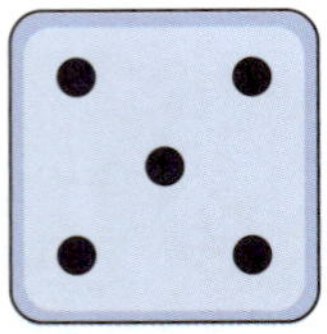
Figura **A**.

Figura **B**.

Figura **C**.

Ilustrações: Banco de imagens/Arquivo da editora

Perspectiva é a representação dos objetos como eles são vistos. É uma representação de algo tridimensional, como em uma fotografia, que dá a ideia de profundidade e de distância dos elementos.

No quadro *A última ceia*, de Leonardo da Vinci (1452-1519), observe o sentido de profundidade que é conseguido pelo conhecimento que ele tinha de perspectiva.

As imagens desta página não estão representadas em proporção.

Fotos: Album/Fotoarena/Igreja Santa Maria delle Grazie, Milão, Itália

A última ceia. 1495-1497. Leonardo da Vinci. Pintura restaurada, 460 cm × 880 cm.

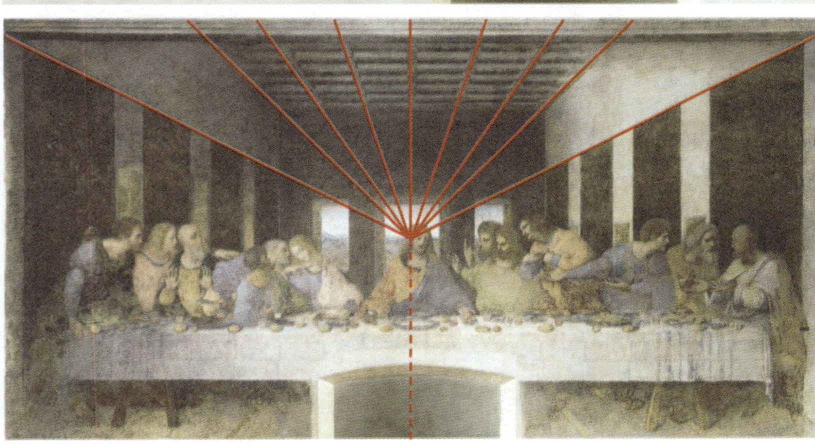

Reprodução da obra *A última ceia*, com destaque para as **linhas de perspectiva**.

A perspectiva também é usada frequentemente em projetos urbanísticos, como nesta imagem.

Guilherme Asthma/Arquivo da editora

As imagens desta página não estão representadas em proporção.

Atividades

62 › Conexões. Em geral, podemos identificar as pinturas que foram feitas e as que não foram feitas com o uso de perspectiva. Você consegue identificar qual destes quadros foi pintado com o recurso de perspectiva?

Direito de reprodução gentilmente cedido por João Candido Portinari/Museu Nacional de Belas Artes, Rio de Janeiro, RJ

Café. 1935. Candido Portinari. Óleo sobre tela, 130 cm × 195 cm.

Reprodução/ © Tarsila do Amaral Empreendimentos/ Coleção particular

Paisagem com touro. 1925. Tarsila do Amaral. Óleo sobre tela, 52 cm × 65 cm.

63 › Veja estes outros exemplos e responda: Em quais itens as letras estão representadas em perspectiva?

a)

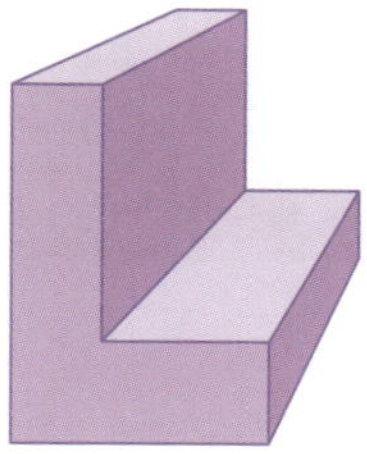

b)

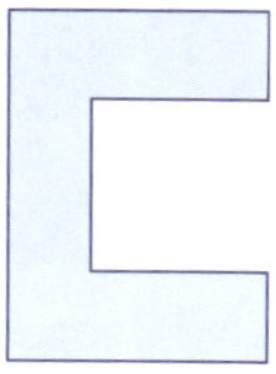

c)

Ilustrações: Banco de imagens/ Arquivo da editora

CONEXÕES

As imagens desta página não estão representadas em proporção.

Perspectiva e Arte

O uso da perspectiva na pintura se deu em grande escala durante o Renascimento, movimento artístico e científico do século XV.

O primeiro artista a resgatar a técnica de uso de perspectiva foi o arquiteto italiano Fillipo Brunelleschi. Depois dele, outros artistas como Leonardo da Vinci e Rafael Sanzio, também italianos, passaram a aplicar a técnica nas obras deles. Veja ao lado uma obra em que Sanzio fez uso dessa técnica.

Album/Fotoarena/Pinacoteca di Brera, Milão, Itália

O casamento da virgem. 1504. Rafael Sanzio. Óleo sobre painel, 174 cm × 121 cm.

Essa técnica, que cria a ilusão de profundidade, continuou sendo utilizada por pintores e escultores de diferentes movimentos artísticos ao longo do tempo e dos países. Nessa lista, estão pintores impressionistas, como os franceses Renoir e Monet, e também pintores pós-impressionistas, como o holandês Van Gogh e o francês Gauguin.

Veja outro exemplo de obra de arte que usa a perspectiva.

The Bridgeman Art Library/Fotoarena/Coleção particular

A longa galeria. 1828. William Henry Hunt. Aquarela sobre papel, 28,6 cm × 42,9 cm.

Outra técnica muito utilizada atualmente é o anamorfismo. Ela usa a perspectiva para criar imagens bidimensionais distorcidas que, quando vistas de determinado ângulo, pareçam tridimensionais. Veja nas fotografias abaixo um exemplo dessa técnica.

Fotos: Reprodução/ <https://www.deviantart.com>

Urso e *Urso 2.* 2012-2018. Nikolaj Arndt. Pinturas em 3D (*street art*), dimensões desconhecidas.

Fonte de consulta: HISTÓRIA DAS ARTES. *No mundo.* Disponível em: <www.historiadasartes.com/nomundo/arte-renascentista/renascimento/>. Acesso em: 20 maio 2019.

Desenho em perspectiva

Dimitrios/Shutterstock

Foto que ilustra a perspectiva de uma paisagem.

Examine esta foto. Ao fundo, temos a **linha do horizonte**, uma linha imaginária em que o céu parece se encontrar com a terra. Essa linha do horizonte é sempre considerada no nível (altura) dos olhos do observador.

Sabemos que as faixas brancas da rodovia, neste local, são paralelas; mas, nesta foto, elas parecem se encontrar em um ponto da linha do horizonte. Esse ponto é chamado **ponto de fuga**.

Desenhar objetos em perspectiva é desenhá-los como eles aparecem em uma foto.

Vamos representar em perspectiva um bloco retangular.

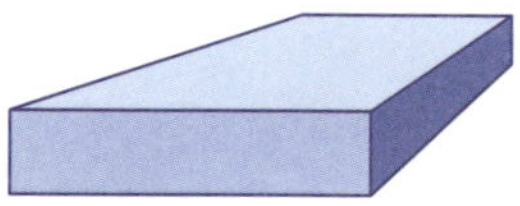
Esboço.

- Inicialmente, traçamos a linha do horizonte (LH) e marcamos nela um ponto de fuga (PF) qualquer. Observando o esboço, podemos perceber que o bloco retangular está abaixo da linha do horizonte e à esquerda do ponto de fuga. Desenhamos, então, a face frontal (vista de frente) do bloco retangular.

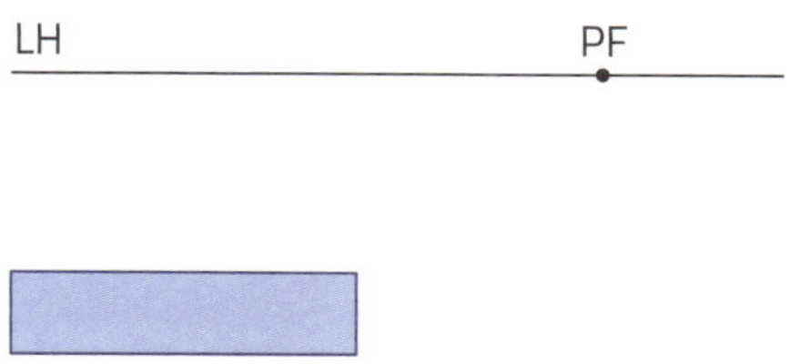

- A partir dos vértices dessa face frontal, traçamos os segmentos de reta que convergem para o ponto de fuga.

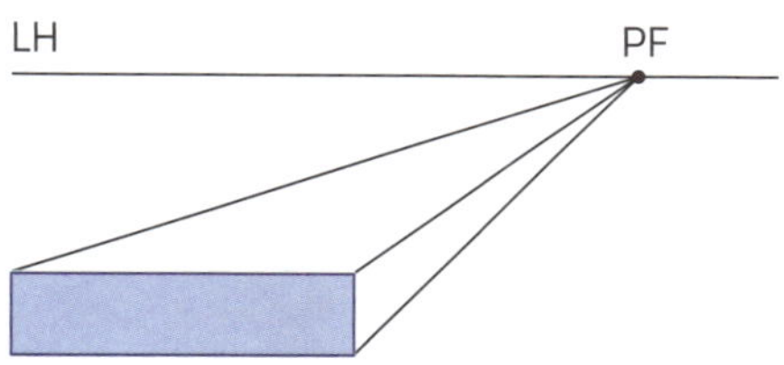

- Traçamos segmentos de reta paralelos às arestas da face frontal de maneira conveniente e utilizando medidas de comprimento arbitrárias. Reforçamos o traçado das demais arestas e faces do bloco retangular.

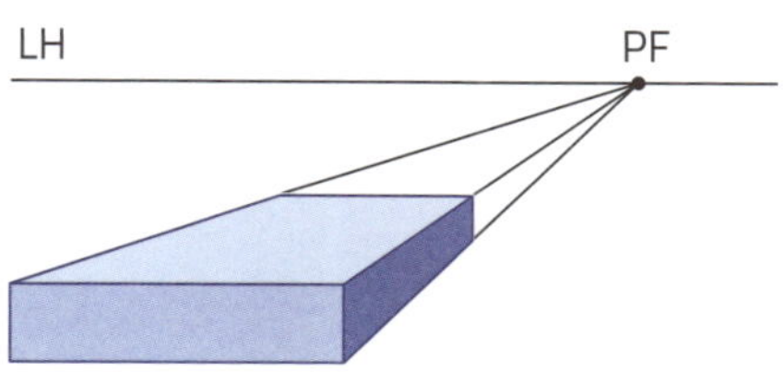

Veja também a representação em perspectiva de um cubo. Pelo esboço, podemos perceber que o cubo está acima da linha do horizonte e à esquerda do ponto de fuga.

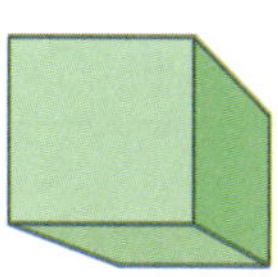
Esboço.

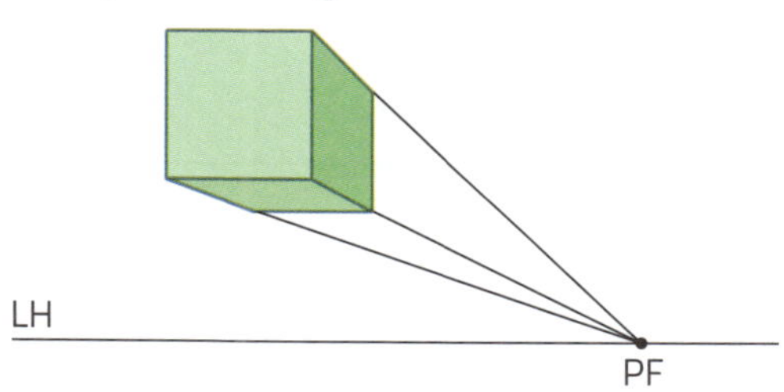

Ilustrações: Banco de imagens/Arquivo da editora

Perspectiva a partir de faces frontais

Observe as faces frontais de 3 blocos retangulares, a linha do horizonte e o ponto de fuga.

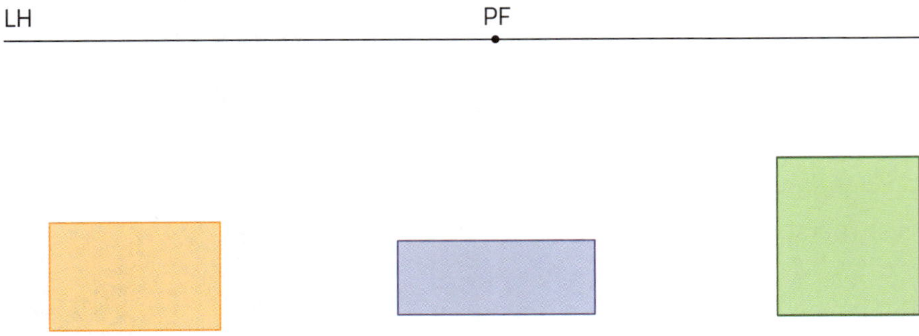

Faces frontais.

Ilustrações: Banco de imagens/Arquivo da editora

Veja como podemos representar os blocos retangulares em perspectiva.

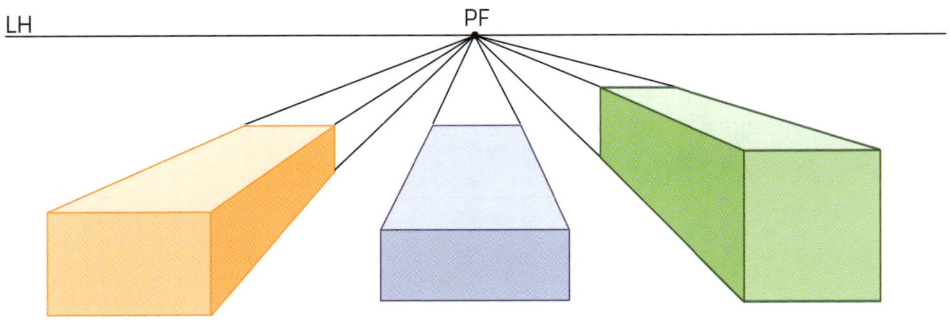

Ilustrações: Banco de imagens/Arquivo da editora

Representação em perspectiva na linha do horizonte

Até agora, vimos a representação em perspectiva de objetos que estão acima ou abaixo da linha do horizonte. Se um cubo estivesse na linha do horizonte, como poderíamos representá-lo? Veja exemplos de 3 possibilidades.

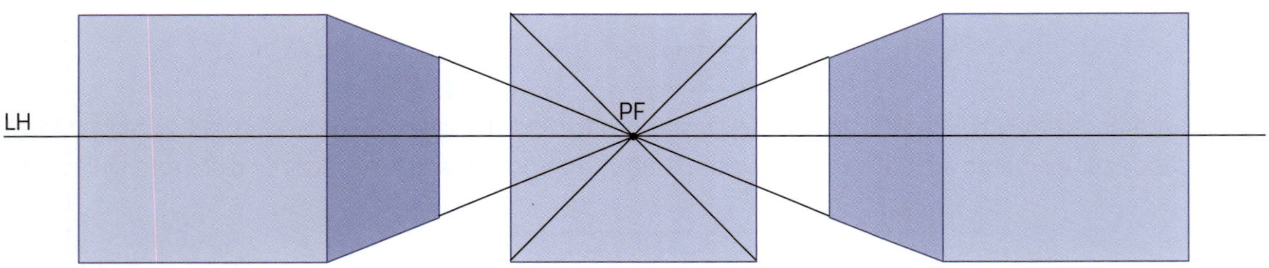

Ilustrações: Banco de imagens/Arquivo da editora

Perspectiva com 2 pontos de fuga

Podemos também representar uma figura espacial em perspectiva usando 2 pontos de fuga. Nesse caso, em vez de uma face frontal, temos uma aresta frontal, com a qual as demais linhas verticais são paralelas.

Veja um exemplo com um bloco retangular abaixo da linha do horizonte.

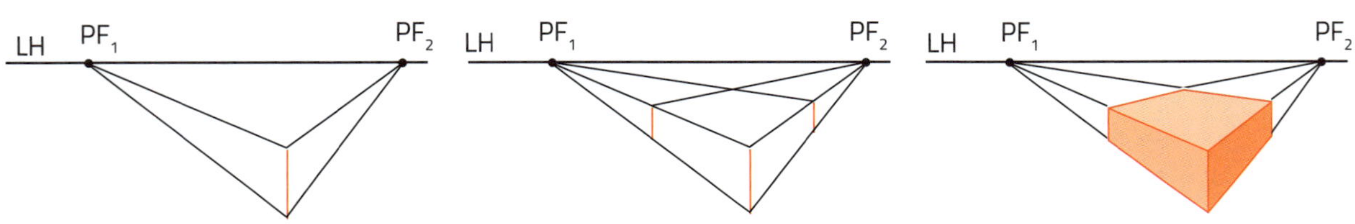

Ilustrações: Banco de imagens/Arquivo da editora

Atividades

64 Represente em perspectiva o bloco retangular e o cubo destes esboços.

a)

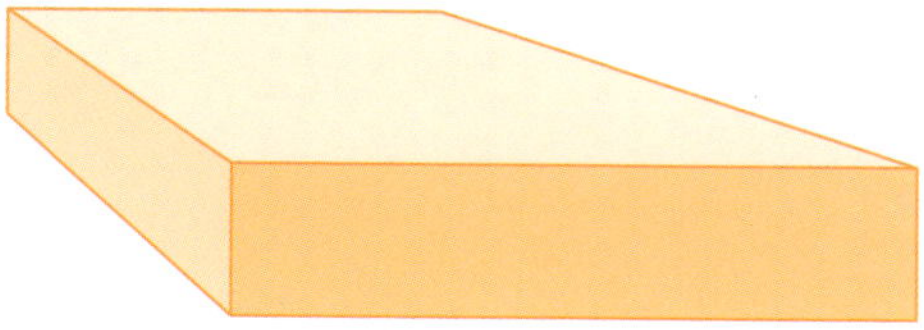

b)

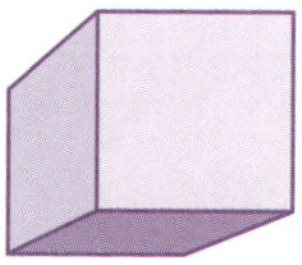

Ilustrações: Banco de imagens/Arquivo da editora

65 Utilizando o procedimento visto na página anterior e considerando a linha do horizonte e o ponto de fuga a seguir, represente em perspectiva os 3 blocos retangulares cujas faces frontais estão dadas.

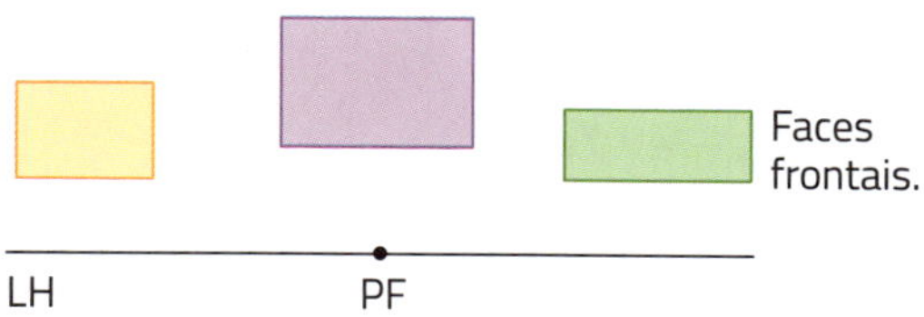

Banco de imagens/Arquivo da editora

66 Verifique se cada uma destas representações em perspectiva está acima ou abaixo da linha do horizonte.

a)

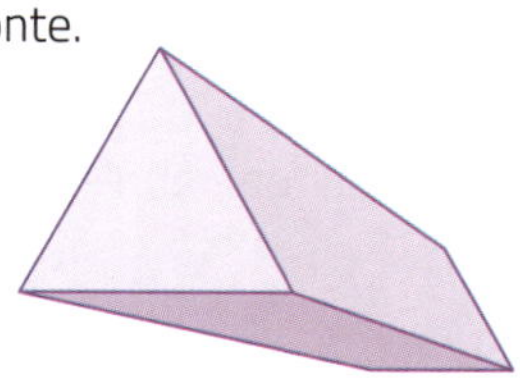

b)

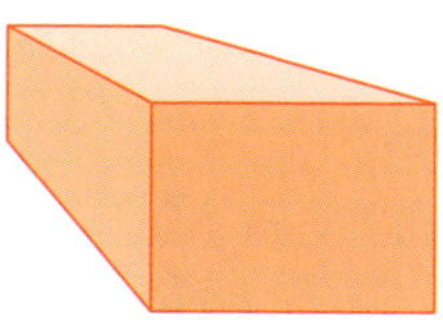

c)

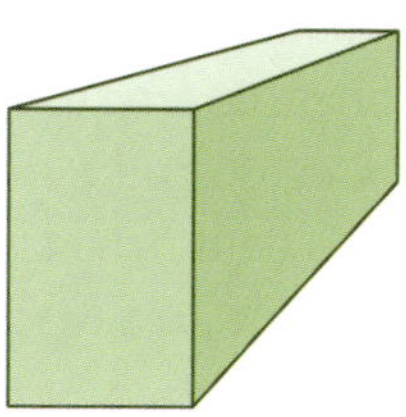

d)

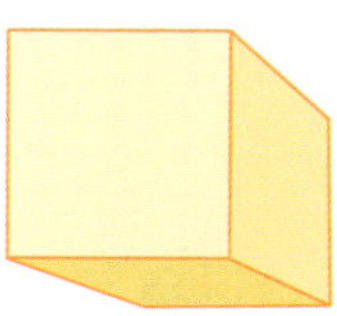

Ilustrações: Banco de imagens/Arquivo da editora

67 Desenhe 3 blocos retangulares na linha do horizonte.

68 Represente esta pilha de cubos em perspectiva. Coloque-a abaixo da linha do horizonte com o ponto de fuga à esquerda.

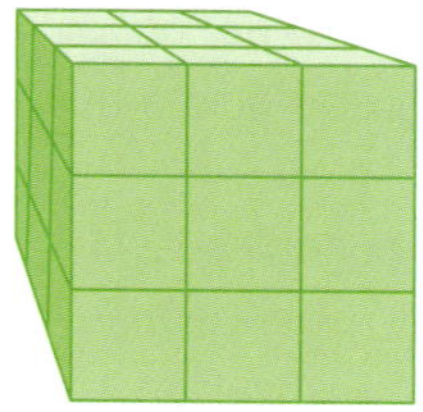

Banco de imagens/Arquivo da editora

69 Copie esta figura e determine o ponto de fuga e a linha do horizonte desta representação em perspectiva.

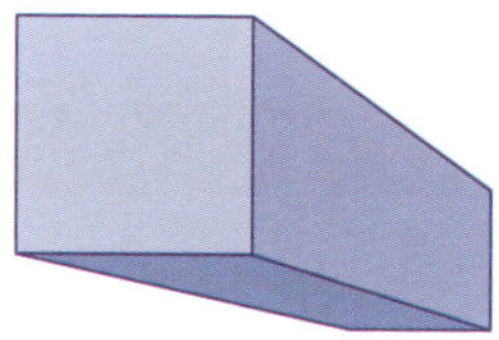

Banco de imagens/Arquivo da editora

70 Complete a representação em perspectiva de um bloco retangular com 2 pontos de fuga, em que a aresta frontal e os pontos de fuga já são dados abaixo.

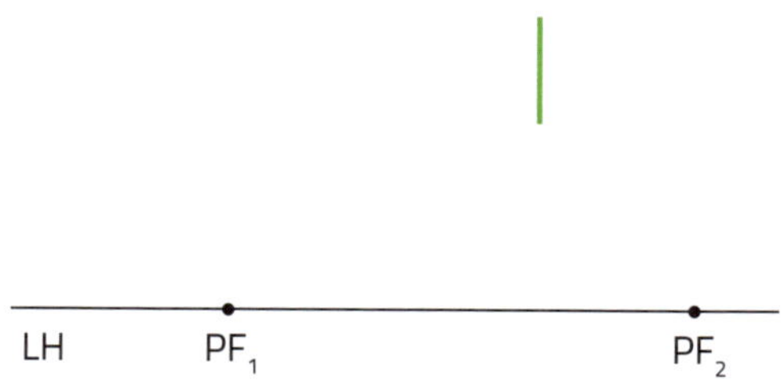

Banco de imagens/Arquivo da editora

71 Agora, complete a representação em perspectiva de 3 caixas em forma de bloco retangular com 2 pontos de fuga, em que são dados a aresta frontal de cada caixa e os 2 pontos de fuga.

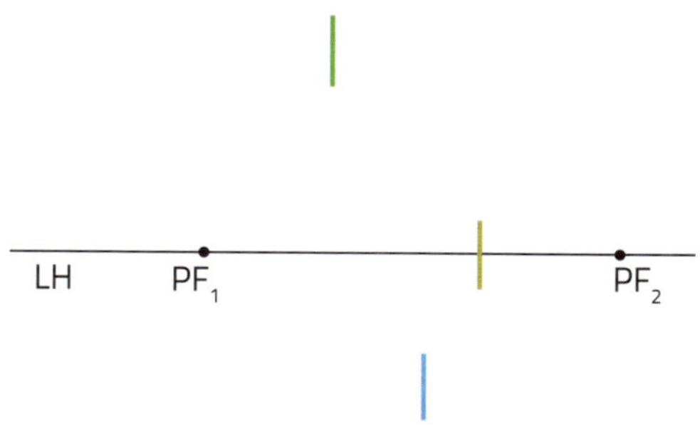

Banco de imagens/Arquivo da editora

Revisando seus conhecimentos

1 Depois de tudo o que você estudou, ficou muito mais fácil desenhar figuras geométricas espaciais em um plano.

Faça o desenho de uma cadeira na mesma posição que a desta figura ou em outra posição, ou, ainda, o desenho de outro objeto que você quiser em:

Paulo Manzi/Arquivo da Editora

a) uma malha pontilhada;

b) uma malha quadriculada;

c) uma malha triangulada.

2 Em determinada cidade, as medidas de temperatura, em graus Celsius, foram registradas durante a semana, sempre ao meio-dia.

Medidas de temperatura ao meio-dia

D	S	T	Q	Q	S	S
19 °C	16 °C	18 °C	24 °C	27 °C	21 °C	22 °C

Tabela elaborada para fins didáticos.

Qual foi a média dessas medidas de temperatura registradas durante a semana?

3 A expressão $\frac{\sqrt{32} - \sqrt{8}}{2}$ equivale a:

a) $\sqrt{2}$. b) $\sqrt{6}$. c) 2. d) $2\sqrt{2}$.

4 Ana gasta 24 minutos para ir da casa dela até a escola e 24 minutos para retornar à casa dela. Em 5 dias, quantas horas ao todo ela gasta indo e voltando da escola?

5 Sabendo que as retas *a*, *b*, *c* e *d* são paralelas, use o que você estudou sobre feixe de retas paralelas intersectado por retas transversais para calcular os valores de *x* e *y*.

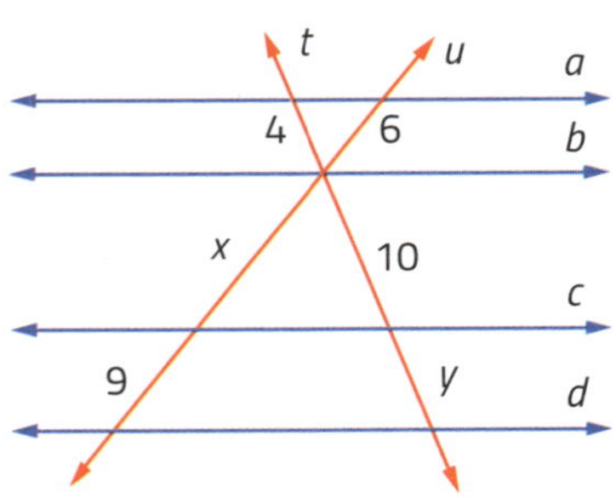

Banco de imagens/Arquivo da editora

6 **(Fuvest-SP)** A equação do 2º grau $ax^2 - 4x - 16 = 0$, com incógnita *x*, tem uma raiz cujo valor é 4. A outra raiz é:

a) 1. b) 2. c) 3. d) -1. e) -2.

7 Nesta figura, temos $\overline{AB} \parallel \overline{DE}$.

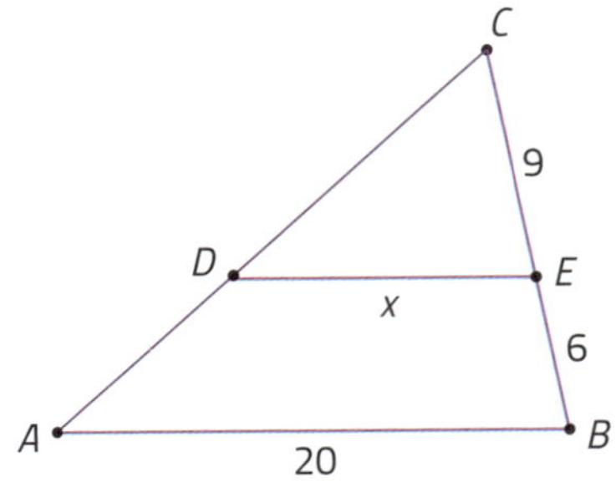

Banco de imagens/Arquivo da editora

O valor de *x* é:

a) 30. b) 12. c) 15. d) 18.

8 Leia estas informações.

- Em um $\triangle PQR$, temos:

  $PQ = 12$ cm

  $PR = 15$ cm

  $m(\hat{P}) = 40°$

- Em um $\triangle MNO$, temos:

  $MN = 35$ cm

  $MO = 28$ cm

  $m(\widehat{M}) = 40°$

a) Mostre que $\triangle PQR \sim \triangle MNO$.

b) Calcule a medida de comprimento *QR* no caso de $NO = 49$ cm.

9 Qual destas equações não tem raiz real?

a) $40x^2 - 100x + 20 = 0$

b) $37x^2 - 98x - 68 = 0$

c) $30x^2 - 80x + 90 = 0$

d) $50x^2 + 200x + 200 = 0$

10 Dois quadriláteros são semelhantes. A medida de comprimento do lado maior do primeiro é de 12 cm e a medida de comprimento do lado maior do segundo é de 8 cm. A medida de área da região determinada pelo primeiro é de 60 cm² a mais do que a medida de área da região determinada pelo segundo. Determine as medidas de área dessas 2 regiões retangulares.

Raciocínio lógico

Usando 6 palitos de fósforo inteiros e iguais, construa 4 triângulos equiláteros de mesmo tamanho.

11 No caso de 2 sólidos geométricos que têm os ângulos das faces correspondentes congruentes e os elementos lineares correspondentes com medidas de comprimento proporcionais, a razão entre as medidas de volume é igual ao cubo da razão entre as medidas de comprimento dos elementos lineares correspondentes. Sabendo disso, analise as medidas das dimensões destes paralelepípedos.

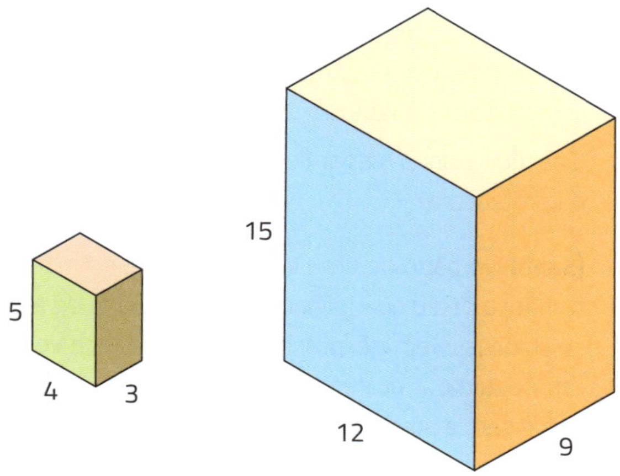

Ilustrações: Banco de imagens/Arquivo da editora

a) Qual é a razão entre as medidas de comprimento das arestas correspondentes?

b) Qual é a razão entre as medidas de área das faces correspondentes?

c) Qual é a razão entre as medidas de volume?

12 Faça a redução desta figura na razão 2 : 3. Depois, responda à questão e justifique sua resposta: A figura inicial e a figura construída são semelhantes?

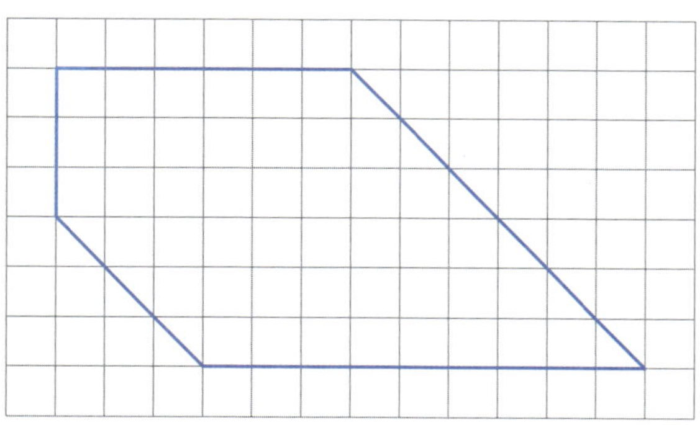

Banco de imagens/Arquivo da editora

13 Considere 2 retângulos semelhantes R_1 e R_2, tais que R_1 tem medidas de comprimento da base de 16 cm e da altura de 6 cm. Se a medida de comprimento da base de R_2 é de 24 cm a mais do que a respectiva medida em R_1, então a medida de comprimento da altura de R_2 é maior ou menor do que a respectiva medida em R_1? Quantos centímetros a mais ou quanto a menos?

14 **Ampliando e reduzindo figuras.** Escolham figuras em jornais ou revistas e façam quadriculados sobre elas, como neste exemplo.

As imagens desta página não estão representadas em proporção.

Banco de imagens/Arquivo da editora

Depois, estabeleçam razões de semelhança para desenhar ampliações e reduções das figuras.

15 Estas 2 figuras são semelhantes. De quanto por cento foi a redução da primeira para a segunda?

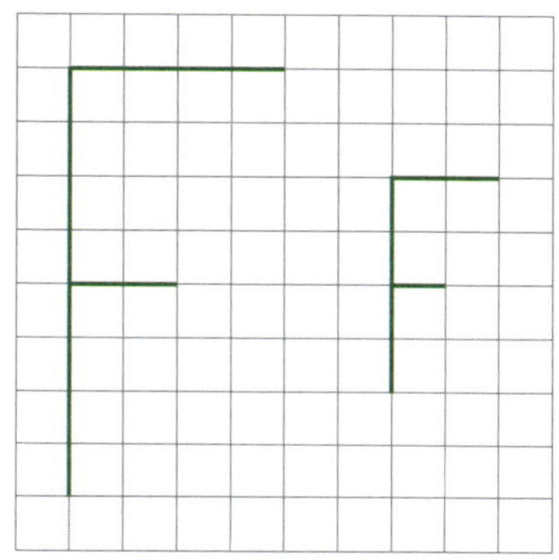

Banco de imagens/Arquivo da editora

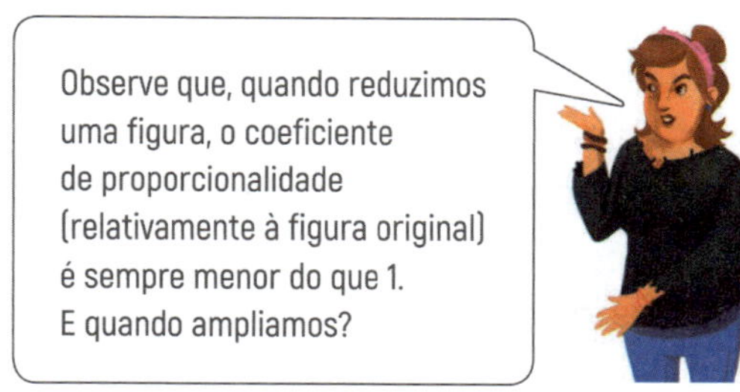

Thiago Neumann/Arquivo da editora

16 **Ampliando e reduzindo.** Construa 2 figuras semelhantes a esta, uma ampliada e outra reduzida, usando malhas quadriculadas.

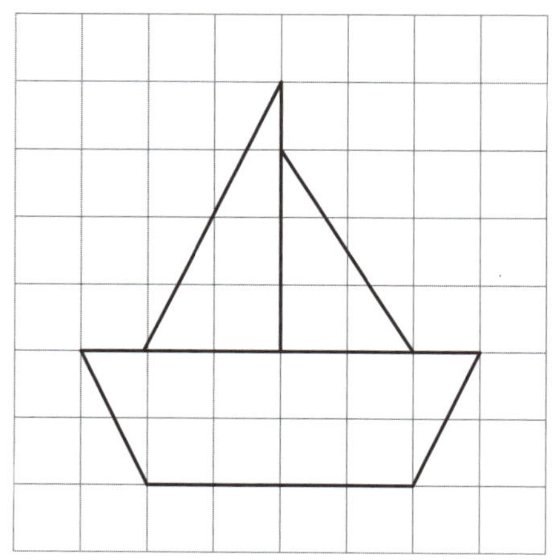

Banco de imagens/Arquivo da editora

Praticando um pouco mais

Testes oficiais

1 **(Prova Brasil)** Ampliando-se o triângulo *ABC*, obtém-se um novo triângulo *A'B'C'*, em que cada lado é o dobro do seu correspondente em *ABC*.

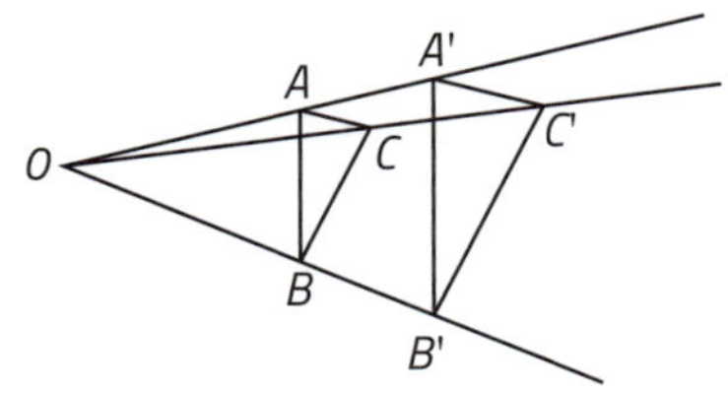

Banco de imagens/Arquivo da editora

Em figuras ampliadas ou reduzidas, os elementos que conservam a mesma medida são:

a) as áreas.
b) os perímetros.
c) os lados.
d) os ângulos.

2 **(Saresp)** Observe os losangos abaixo.

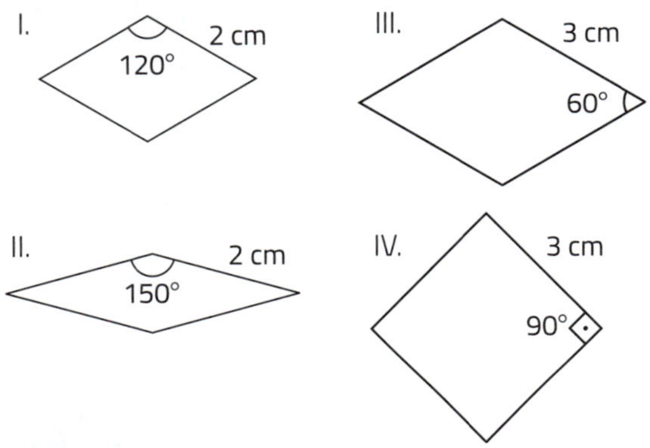

Ilustrações: Banco de imagens/Arquivo da editora

Quais desses losangos são semelhantes entre si?

3 **(Saeb)** O perímetro da figura **II**, em relação ao da figura **I**, ficou:

a) reduzido à metade.
b) inalterado.
c) duplicado.
d) quadruplicado.

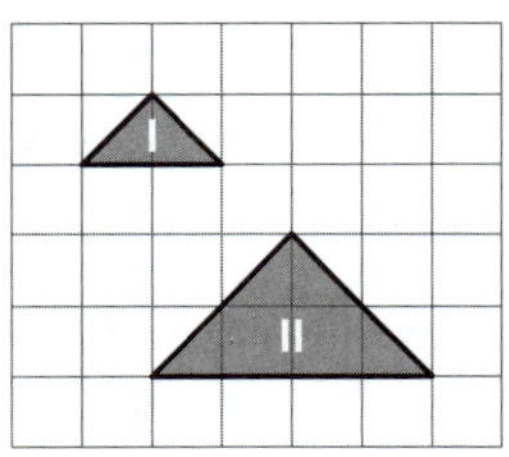

Banco de imagens/Arquivo da editora

4 **(Saeb)** A professora desenhou um triângulo, como [...] abaixo. Em seguida, fez a seguinte pergunta: "Se eu ampliar esse triângulo 3 vezes, como ficarão as medidas de seus lados e de seus ângulos?".

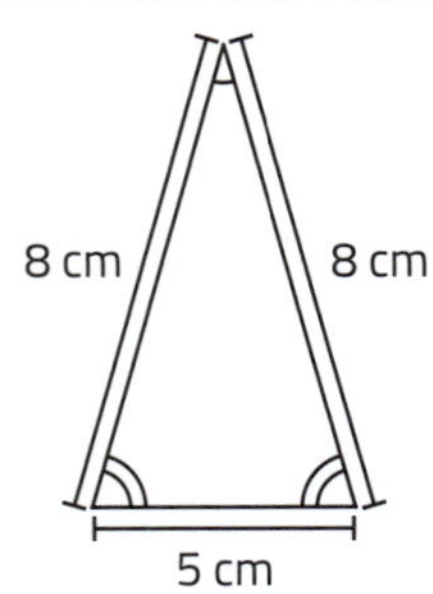

Banco de imagens/Arquivo da editora

As imagens desta página não estão representadas em proporção.

Alguns alunos responderam.

- Fernando: "Os lados terão 3 cm a mais cada um. Já os ângulos serão os mesmos".
- Gisele: "Os lados e ângulos terão suas medidas multiplicadas por 3".
- Marina: "A medida dos lados eu multiplico por 3 e a medida dos ângulos eu mantenho as mesmas".
- Roberto: "A medida da base será a mesma (5 cm), os outros lados eu multiplico por 3 e mantenho a medida dos ângulos".

Qual dos alunos respondeu corretamente à pergunta da professora?

5 **(Saeb)** No pátio de uma escola, a professora de Matemática pediu que Júlio, que mede 1,60 m de altura, se colocasse em pé, próximo de uma estaca vertical. Em seguida, a professora pediu a seus alunos que medissem a sombra de Júlio e a da estaca. Os alunos encontraram as medidas de 2 m e 5 m, respectivamente, conforme ilustram as figuras abaixo.

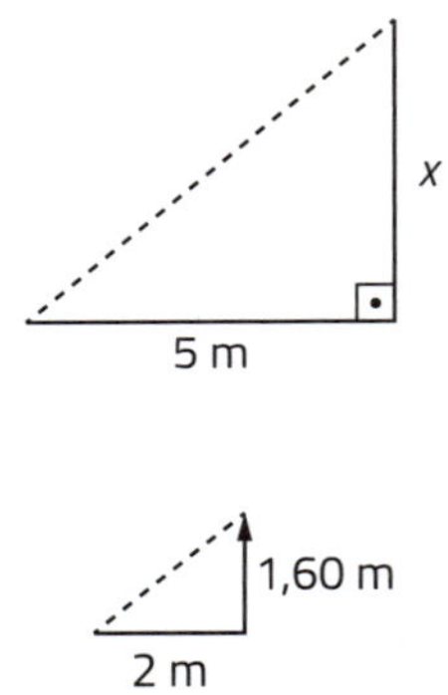

Ilustrações: Banco de imagens/Arquivo da editora

A altura da estaca media:

a) 3,6 m.
b) 4 m.
c) 5 m.
d) 8,6 m.

6 **(Saresp)** Os triângulos *MEU* e *REI* são semelhantes, com $\overline{UM} \parallel \overline{RI}$. O lado $\overline{ME}$ mede 12 cm.

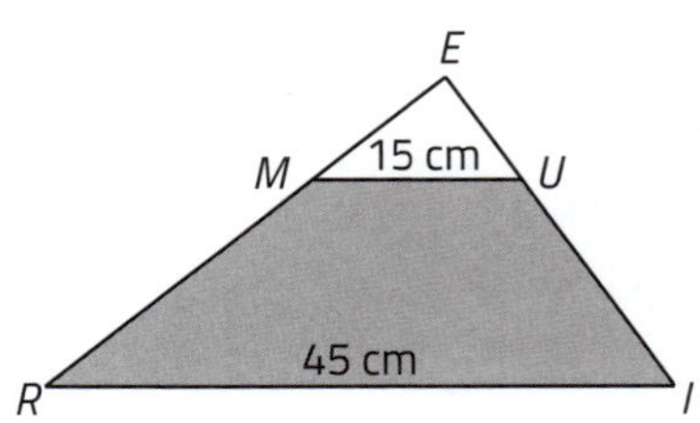

Banco de imagens/Arquivo da editora

Qual é a medida, em cm, do lado $\overline{RE}$?

a) 15
b) 20
c) 24
d) 36

Questões de vestibulares e Enem

7› **(Unimontes-MG)** Na figura abaixo, $\overline{AD} = 1$, $\overline{AB} = a$, $\overline{AE} = b$ e os segmentos $\overline{DE}$ e $\overline{BC}$ são paralelos.

Reprodução/Unimontes, 2015

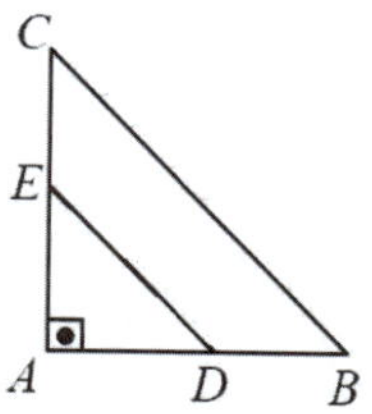

Com base nessas informações, é correto afirmar que $\overline{AC}$ vale:

a) $\frac{a}{b}$.

b) $\frac{b}{a}$.

c) $a + b$.

d) ab.

8› **(Unemat-MT)** Para medir a altura de uma torre um professor de Matemática recorreu à semelhança de triângulos. Em um dia ensolarado cravou uma estaca de madeira em um terreno plano próximo à torre, de modo que a estaca formasse um ângulo de 90° com o solo plano. Em determinado momento mediu a sombra produzida pela torre e pela estaca no solo plano; constatou que a sombra da torre media 12 m e a sombra da estaca 50 cm.

Se a altura da estaca é de 1 metro a partir da superfície do solo, qual a altura da torre?

a) 60 metros.

b) 24 metros.

c) 6 metros.

d) 600 metros.

e) 240 metros.

9› **(CMRJ)** Nas aulas de Desenho do Coronel Wellington, os alunos projetaram uma caixa decorada. A planificação da caixa foi desenhada em uma folha de papel-cartão. A seguir, o contorno do desenho foi recortado e dobrado sobre as linhas pontilhadas para dar origem à caixa. Nas faces da caixa, os alunos desenharam as letras C, M, R e J. A figura 1 mostra a planificação da caixa e a figura 2 mostra a caixa depois de montada.

As imagens desta página não estão representadas em proporção.

Ilustrações: Reprodução/CMRJ, 2017

Figura 1

Figura 2

A opção que mostra essa caixa em outra posição é:

a)

b)
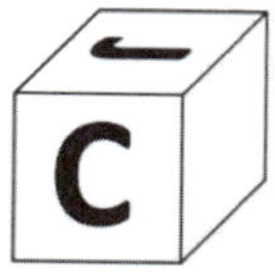

c)

d)

e)

Ilustrações: Reprodução/CMRJ, 2017

10› **(Enem)** Uma torneira do tipo $\frac{1}{4}$ de volta é mais econômica, já que seu registro abre e fecha bem mais rapidamente do que o de uma torneira comum. A figura de uma torneira do tipo $\frac{1}{4}$ de volta tem um ponto preto marcado na extremidade da haste de seu registro, que se encontra na posição fechado, e, para abri-lo completamente, é necessário girar a haste $\frac{1}{4}$ de volta no sentido anti-horário. Considere que a haste esteja paralela ao plano da parede.

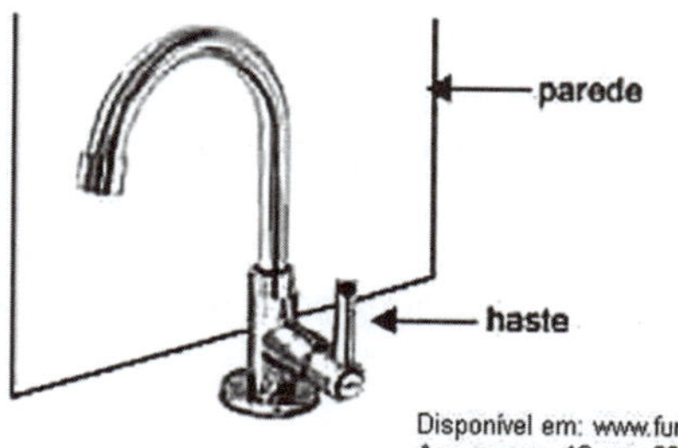

Disponível em: www.furkin.com.br. Acesso em: 13 nov. 2014.

Reprodução/Enem, 2018

Qual das imagens representa a projeção ortogonal, na parede, da trajetória traçada pelo ponto preto quando o registro é aberto completamente?

a)

b)

c)
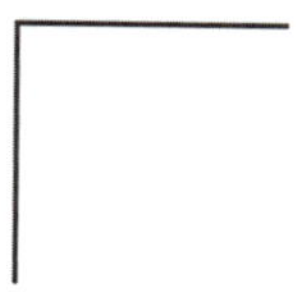

d)

e)

Ilustrações: Reprodução/Enem, 2018

VERIFIQUE O QUE ESTUDOU

1 ▸ Estas figuras são semelhantes? Se sim, então qual é o coeficiente de proporcionalidade?

Banco de imagens/Arquivo da editora

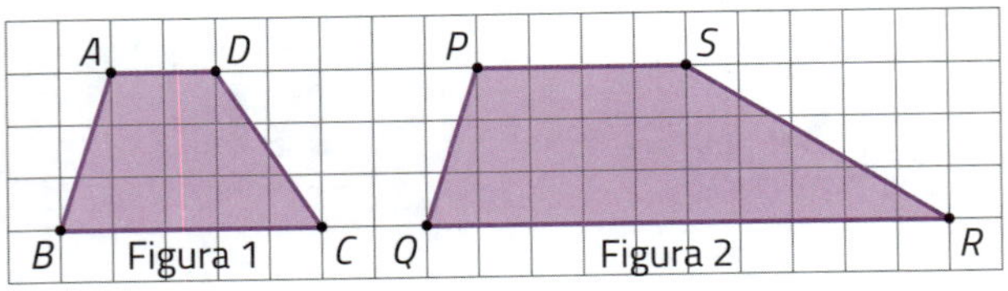

2 ▸ Em cada item escreva se as figuras são semelhantes, não são semelhantes ou podem ser ou não semelhantes.

a) Dois quadriláteros.

b) Dois triângulos equiláteros.

c) Um pentágono e um hexágono.

d) Dois retângulos.

e) Um triângulo isósceles e um triângulo escaleno.

3 ▸ Duas regiões retangulares *ABCD* e *MNPQ* são semelhantes e a razão de semelhança da primeira para a segunda é $\frac{1}{3}$. Se as medidas das dimensões de *ABCD* são 5 cm por 7 cm, então qual é:

a) a razão de semelhança entre as medidas de área delas?

b) a medida de perímetro de *MNPQ*?

4 ▸ Copie apenas o cubo que está desenhado em perspectiva e, nele, trace a linha do horizonte e localize o ponto de fuga.

Ilustrações: Banco de imagens/Arquivo da editora

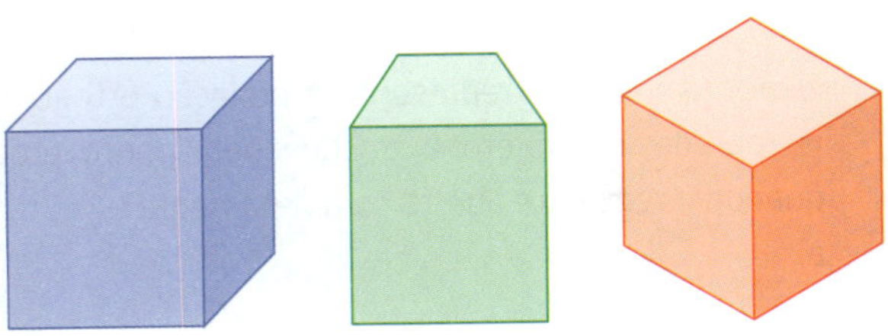

5 ▸ Na figura espacial mostrada abaixo, a seta está apontada para a parte frontal do sólido.

Desenhe as vistas frontal e superior dessa figura espacial.

Banco de imagens/Arquivo da editora

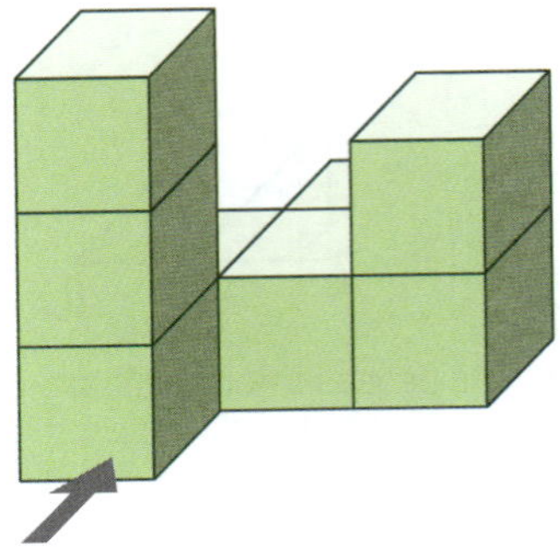

6 ▸ Copie e complete esta figura em malha quadriculada para que a figura represente um paralelepípedo.

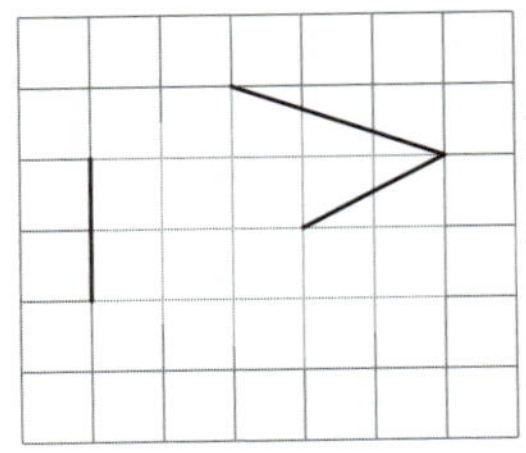

Banco de imagens/Arquivo da editora

7 ▸ Quais figuras vamos obter nas projeções ortogonais deste cilindro nos planos α, β e γ?

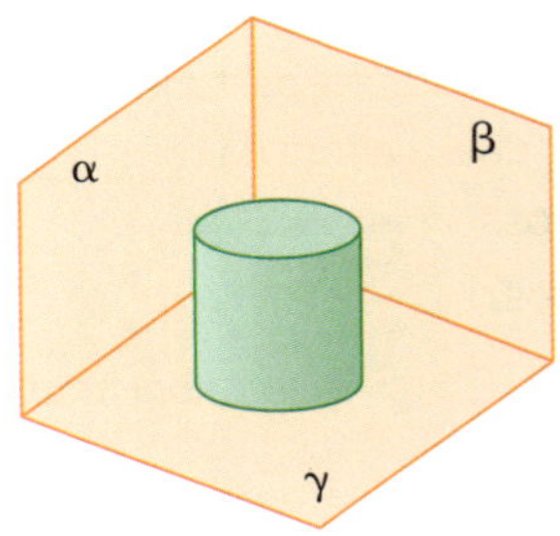

Banco de imagens/Arquivo da editora

Atenção

Retome os assuntos que você estudou neste capítulo. Verifique em quais teve dificuldade e converse com o professor, buscando maneiras de reforçar seu aprendizado.

Autoavaliação

Algumas atitudes e reflexões são fundamentais para melhorar o aprendizado e a convivência na escola. Reflita sobre elas.

- Resolvi todas as atividades propostas pelo professor?
- Colaborei com o professor durante as aulas?
- Concluí o estudo do capítulo com nível satisfatório de aprendizagem?
- Ampliei meus conhecimentos de Matemática?

PARA LER, PENSAR E DIVERTIR-SE

Ler

Após resolverem as atividades da página 189 deste capítulo, Eduardo e Juliana criaram um processo engenhoso para medir o comprimento da altura de um poste.

Juliana foi até o poste e aguardou as instruções de Eduardo. Ele, longe do poste, pegou uma caneta, esticou o braço, fechou um olho e mirou a ponta da caneta na ponta superior do poste e a ponta do polegar na base do poste, de modo que a caneta encobria totalmente o poste.

Então, mantendo a posição do polegar na caneta, Eduardo a girou e pediu a Juliana que ficasse no local onde a ponta da caneta indicava a mesma medida de comprimento da altura do poste.

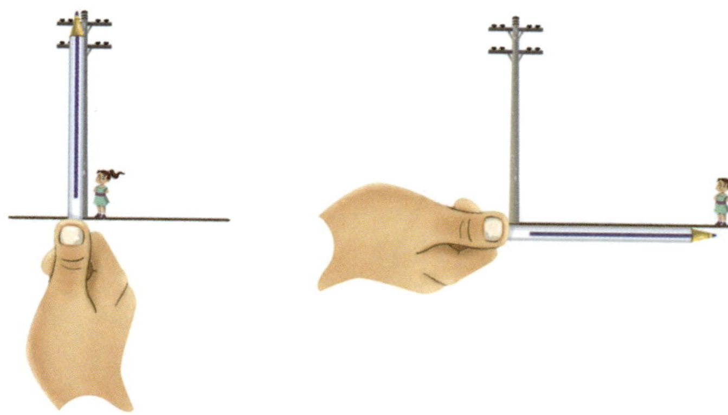

Ilustrações: Murilo Moretti/Arquivo da editora

As imagens desta página não estão representadas em proporção.

Por fim, Eduardo foi até Juliana e mediu a distância entre ela e o poste, descobrindo a medida de comprimento da altura do poste: 6 m.

O que você acha do método que Eduardo e Juliana utilizaram? Será que ele é válido? Por quê?

Pensar

O sino de uma igreja soa 1 **badalada** para cada hora; por exemplo, às 2 horas ele badala 2 vezes e, às 3 horas, 3 vezes.

Às 6 horas, as badaladas desse sino demoraram 30 segundos. Por quantos segundos as badaladas das 12 horas soam?

Badalada: som produzido pelas pancadas no sino.

Divertir-se

Uma folha quadrada de papel foi dobrada 2 vezes e, depois, os 4 cantos foram cortados, como indicam estas figuras.

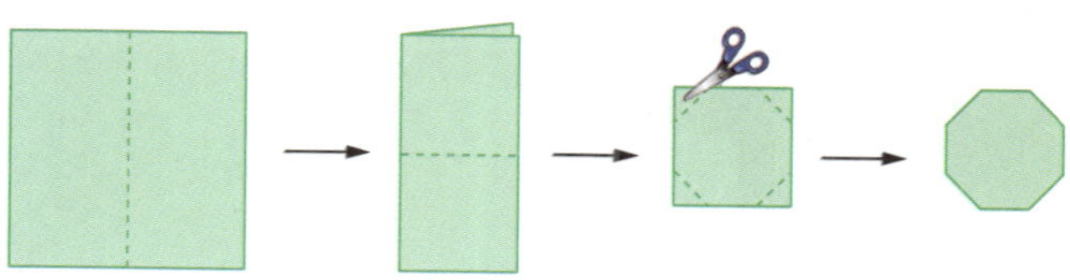

Banco de imagens/Arquivo da editora

a) Qual destas figuras você acha que vai aparecer quando a folha for desdobrada?

A B C D

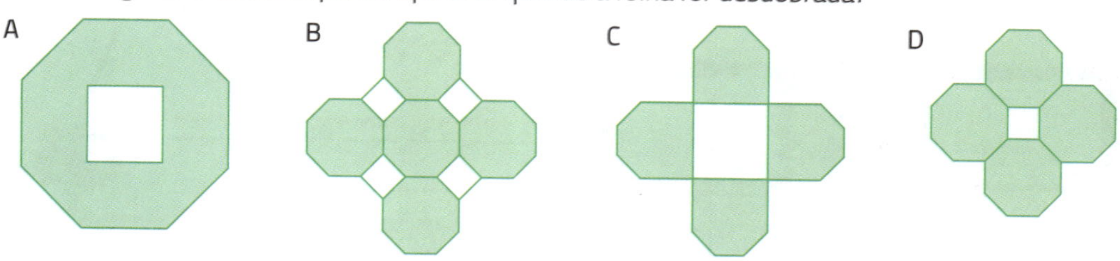

Ilustrações: Banco de imagens/Arquivo da editora

b) Faça a experiência para comprovar sua previsão. Depois, invente outras dobraduras e recortes e desafie um colega a desenhar a figura que será obtida.

CAPÍTULO

6 Trigonometria nos triângulos retângulos

Observe a imagem da página anterior, em que um fio foi esticado do topo do prédio até o ponto mais alto da planta.

Michel Ramalho/Arquivo da editora

Thiago Neumann/Arquivo da editora

Para descobrir a medida de comprimento procurada, precisamos de um teorema que será estudado neste capítulo.

Esse teorema é uma relação envolvendo as medidas de comprimento dos lados de um triângulo retângulo.

Converse com os colegas sobre estas questões e registre as respostas.

1. O triângulo que aparece em destaque na imagem da página anterior é triângulo acutângulo, triângulo obtusângulo ou triângulo retângulo?
2. Justifique a resposta da questão anterior.
3. A medida de comprimento do fio é maior, menor ou igual à medida de comprimento da altura do prédio?
4. Qual é a medida de comprimento do lado do triângulo que está no prédio?

1 Primeiras noções de trigonometria nos triângulos retângulos

A palavra **trigonometria** é formada por 3 radicais gregos.

tri: três *gonos*: ângulos *metron*: medir

Desses radicais, obtemos o significado da palavra trigonometria: medida dos triângulos.

Inicialmente, a Trigonometria era considerada a parte da Matemática que tinha como objetivo o cálculo das medidas dos elementos de um triângulo (medidas de comprimento dos lados e medidas de abertura dos ângulos). Por isso, ela foi originalmente considerada uma extensão da Geometria.

Atualmente, a Trigonometria está presente em muitos outros campos da Matemática, bem como em outras ciências, como você estudará no Ensino Médio.

Em especial, os conceitos trigonométricos são muito utilizados por astrônomos e agrimensores, para medir distâncias muito grandes ou nas situações em que há dificuldade de fazer medições, como do comprimento da largura de um rio, da altura de uma montanha, entre outras.

Neste capítulo, você estudará diversos conceitos relacionados à Trigonometria no triângulo retângulo: as relações métricas (que envolvem apenas as medidas de comprimento dos lados) e as razões trigonométricas (que envolvem as medidas de comprimento dos lados e as medidas de abertura dos ângulos).

Um pouco de História

O estudo da Trigonometria originou-se há muito tempo, com a finalidade de resolver problemas práticos relacionados à navegação e à Astronomia, principalmente entre os gregos e os egípcios.

O astrônomo grego Hiparco de Niceia (190 a.C.-120 a.C.), considerado o pai da Astronomia, foi quem empregou pela primeira vez relações entre as medidas de comprimento dos lados e as medidas de abertura dos ângulos de um triângulo retângulo, por volta de 140 a.C. Por isso, ele é considerado o precursor da Trigonometria.

Look and Learn/Bridgeman Images/Fotoarena

Hiparco de Niceia no observatório em Alexandria. 1876. Autor desconhecido. Cromolitografia, dimensões desconhecidas.

2 Relações métricas nos triângulos retângulos

Uma grande descoberta que envolve medidas de área: o teorema de Pitágoras

Há cerca de 2 500 anos, o famoso matemático, filósofo e astrônomo grego Pitágoras (570 a.C.-475 a.C.) estudou uma interessante regularidade que pode ser verificada a partir das medidas de comprimento dos lados nos triângulos retângulos.

Explorar e descobrir

Examine o triângulo retângulo *ABC*. Ele tem um ângulo reto no vértice *A* e lados com medidas de comprimento *a*, *b* e *c*, na mesma unidade de medida.

Observe que:

- a região quadrada em que a medida de comprimento de cada lado é *b* contém 4 regiões triangulares desta malha. Indicamos a medida de área dessa região quadrada por b^2;
- a região quadrada em que a medida de comprimento de cada lado é *c* contém 4 regiões triangulares desta malha. Indicamos a medida de área dessa região quadrada por c^2.

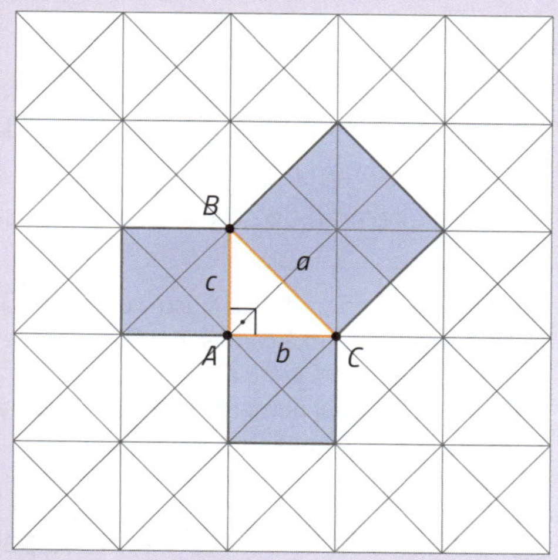

Banco de imagens/Arquivo da editora

1› Quantas regiões triangulares formam a região quadrada em que a medida de comprimento de cada lado é *a*? Como indicamos a medida de área dessa região quadrada?

2› Compare a medida de área da região quadrada de lados com medida de comprimento *a* com a soma das medidas de área das regiões quadradas de lados com medidas de comprimento *b* e *c*. Como elas são?

3› Podemos afirmar que $a^2 = b^2 + c^2$ neste triângulo?

Esse fato pode ser demonstrado para **todos os triângulos retângulos**, ou seja:

Em todo triângulo retângulo, o quadrado da medida de comprimento do lado maior é igual à soma dos quadrados das medidas de comprimento dos outros 2 lados.

Essa relação é chamada de **teorema de Pitágoras**.

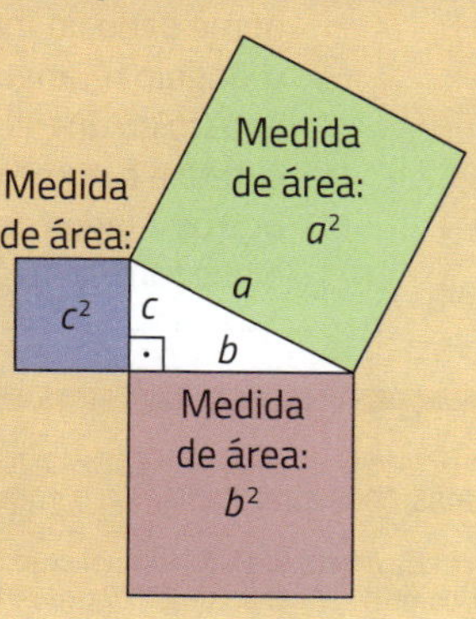

Banco de imagens/Arquivo da editora

$$a^2 = b^2 + c^2$$

Saiba mais

Um famoso pensamento atribuído a Pitágoras é: "Educai as crianças e não será preciso punir os homens.".

The Bridgeman Art Library/Fotoarena

Escultura de mármore de Pitágoras.

Constatação geométrica do teorema de Pitágoras

Podemos constatar concretamente o teorema de Pitágoras para o caso particular do triângulo retângulo cujos lados têm medidas de comprimento de 3, 4 e 5 unidades.

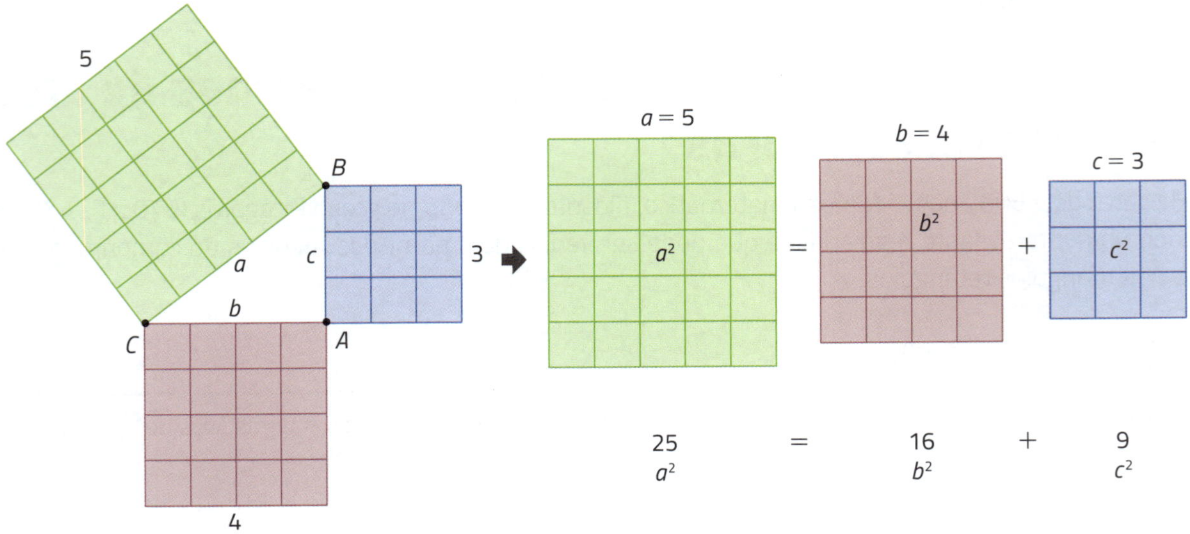

Ilustrações: Banco de imagens/Arquivo da editora

Por volta de 2000 a.C. a 1700 a.C., os babilônios já tinham conhecimento empírico (ou seja, baseado na experiência) dessa relação. Eles se expressavam por enigmas.

Veja um exemplo de como era escrito um desses enigmas.

> Quatro é o comprimento e cinco a diagonal. Qual é a largura?
> O seu tamanho não é conhecido. Quatro vezes quatro é dezesseis.
> Cinco vezes cinco é vinte e cinco. Você tira dezesseis de vinte e cinco
> sobram nove. Qual número eu devo multiplicar para obter nove?
> Três vezes três é nove. Três é a largura.

Mauro Souza/Arquivo da editora

Esse enigma pode ser representado pela equação $x^2 = 5^2 - 4^2$, cuja raiz positiva é 3.

Embora egípcios e babilônios usassem empiricamente a regra que envolve o 3, o 4 e o 5, não cogitaram a generalização dela. Isso só ocorreu com os gregos, no século VI a.C., quando chegaram à expressão geral $a^2 = b^2 + c^2$, válida para qualquer triângulo retângulo.

Fonte de consulta: O GLOBO. *Sociedade*. Disponível em: <https://oglobo.globo.com/sociedade/historia/pesquisadores-solucionam-misterio-de-antiga-tabua-matematica-babilonica-21743526>. Acesso em: 27 ago. 2018.

Desse modo, o **teorema de Pitágoras** é enunciado assim:

> Em todo triângulo retângulo, o quadrado da medida de comprimento a da hipotenusa é igual à soma dos quadrados das medidas de comprimento b e c dos catetos.
>
> $$a^2 = b^2 + c^2$$

Lembre-se: Hipotenusa é o nome dado ao maior lado do triângulo retângulo e que é oposto ao ângulo reto, e cateto é o nome dado aos outros 2 lados do triângulo e que formam o ângulo reto.

Saiba mais

Os babilônios eram um povo que habitava a Mesopotâmia, região entre os rios Tigre e Eufrates, onde atualmente fica o Iraque.

Fonte de consulta: UOL. *História do mundo*. Disponível em: <https://historiadomundo.uol.com.br/babilonia/civilizacao-babilonica.htm>. Acesso em: 22 ago. 2018.

Explorar e descobrir

Em uma folha de papel sulfite, construa um triângulo retângulo qualquer. Indique as medidas de comprimento dos 2 lados menores (os catetos) por b e c e a medida de comprimento do lado maior (a hipotenusa) por a, como mostra a figura ao lado.

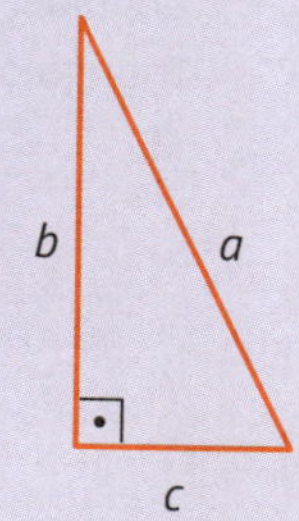

Em seguida, construa 3 regiões quadradas: uma com lado de medida de comprimento a, outra com lado de medida de comprimento b e outra com lado de medida de comprimento c, como nesta figura.

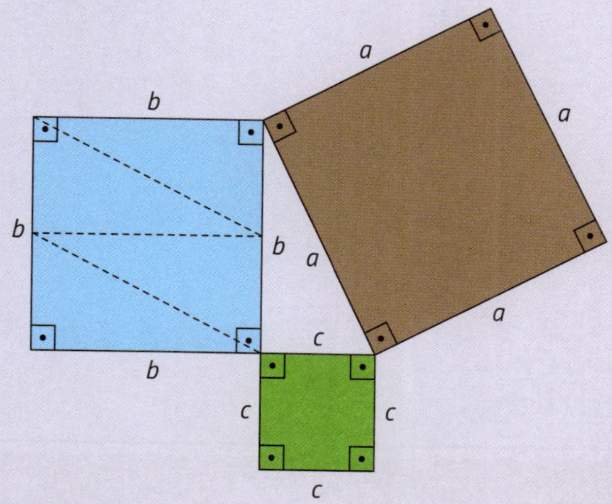

Ilustrações: Banco de imagens/Arquivo da editora

Pinte a região quadrada maior de marrom, a menor de verde e a outra de azul.

Faça recortes e colagens com essas figuras de modo que a região pintada de marrom (que tem medida de área a^2) seja totalmente coberta pelas regiões pintadas de azul (que têm, juntas, a medida de área b^2) e pela região pintada de verde (que tem medida de área c^2).

Uma dica: recorte a região azul nos tracejados indicados acima.

Sabe o que você estará verificando experimentalmente com essa montagem? Que $a^2 = b^2 + c^2$.

Atividades

1 Verifique o teorema de Pitágoras nestes triângulos retângulos.

a)

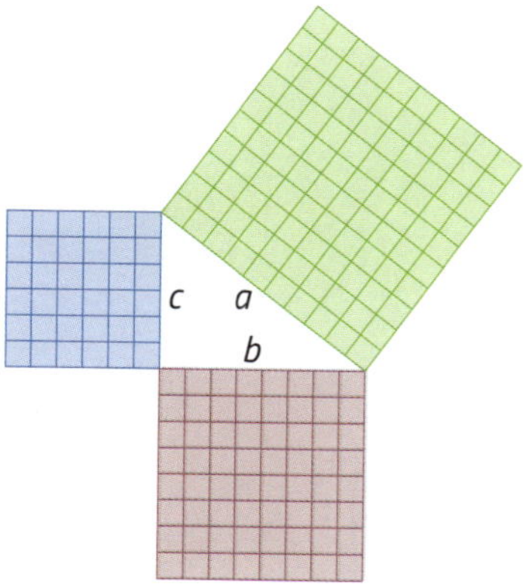

b)

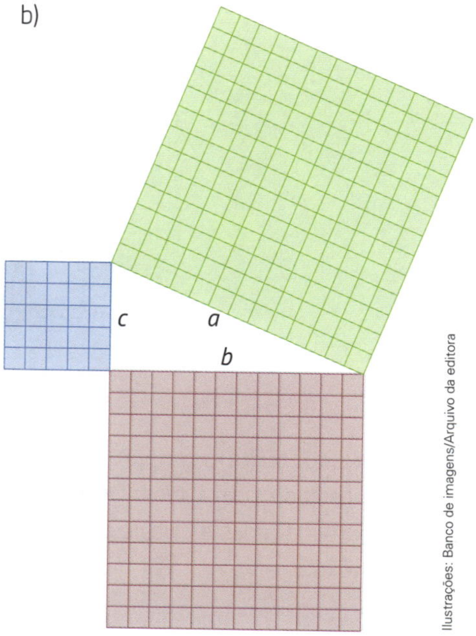

Ilustrações: Banco de imagens/Arquivo da editora

2 ▸ Complete a tabela abaixo usando estes triângulos. Registre a classificação de cada triângulo quanto aos ângulos: acutângulo, obtusângulo ou retângulo. Depois, constate que o teorema de Pitágoras só vale nos triângulos retângulos.

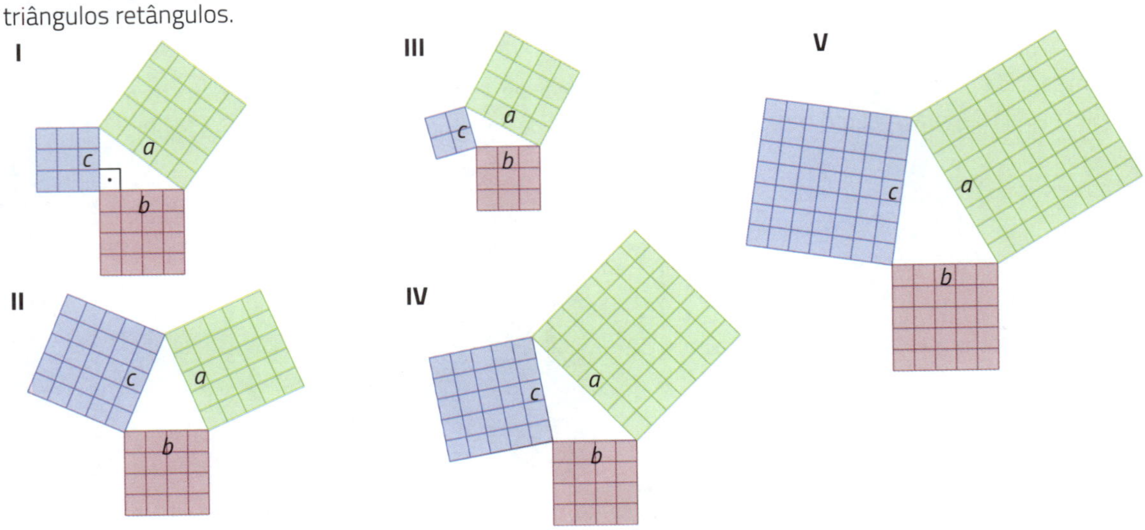

Ilustrações: Banco de imagens/Arquivo da editora

Triângulos

Triângulo	Tipo de triângulo	a^2	$b^2 + c^2$	a^2 é igual a $b^2 + c^2$?
I				
II				
III				
IV				
V				

Tabela elaborada para fins didáticos.

3 ▸ Use o teorema de Pitágoras para resolver estas situações.

a) Um fio será esticado do topo de um prédio até um ponto no chão, como indica esta figura. Qual deve ser a medida de comprimento do fio?

Paulo Manzi/Arquivo da editora

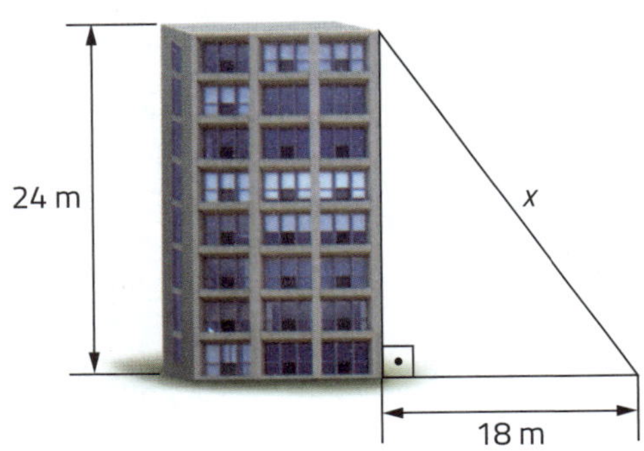

As imagens desta página não estão representadas em proporção.

b) Um canteiro, que tem a forma aproximadamente triangular e um ângulo reto, será cercado com tijolos. Observe nesta figura as medidas de comprimento indicadas e calcule o valor de x e a medida de perímetro desse canteiro.

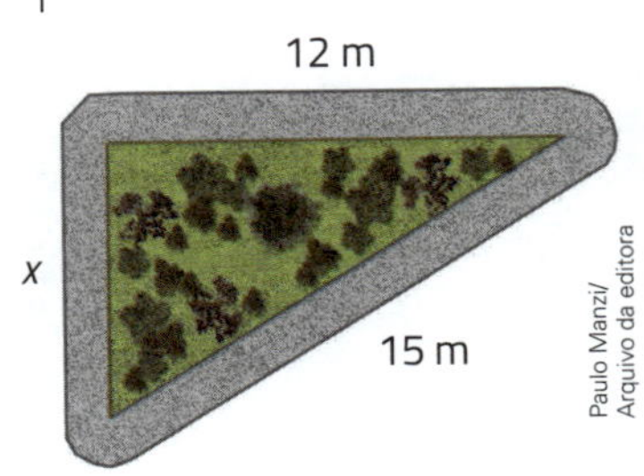

Paulo Manzi/Arquivo da editora

Os elementos e as relações métricas nos triângulos retângulos

Para estudar as relações métricas nos triângulos retângulos, que incluem o teorema de Pitágoras que você já estudou, vamos considerar este triângulo *ABC*, retângulo em *A* (o $\hat{A}$ é reto). Nele, temos:

- o lado $\overline{BC}$, oposto ao ângulo $\hat{A}$, é a hipotenusa do triângulo (de medida de comprimento *a*);
- os lados $\overline{AC}$ e $\overline{AB}$, opostos respectivamente aos ângulos $\hat{B}$ e $\hat{C}$, são os catetos do triângulo (de medidas de comprimento *b* e *c*).

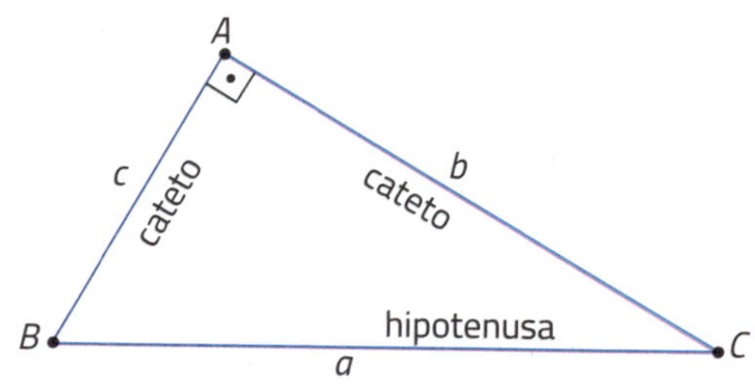

Ilustrações: Banco de imagens/Arquivo da editora

Ao traçarmos a altura $\overline{AH}$ relativa à hipotenusa, obtemos:

- *h*: medida de comprimento da altura relativa à hipotenusa;
- *m*: medida de comprimento da projeção do cateto $\overline{AB}$ sobre a hipotenusa;
- *n*: medida de comprimento da projeção do cateto $\overline{AC}$ sobre a hipotenusa.

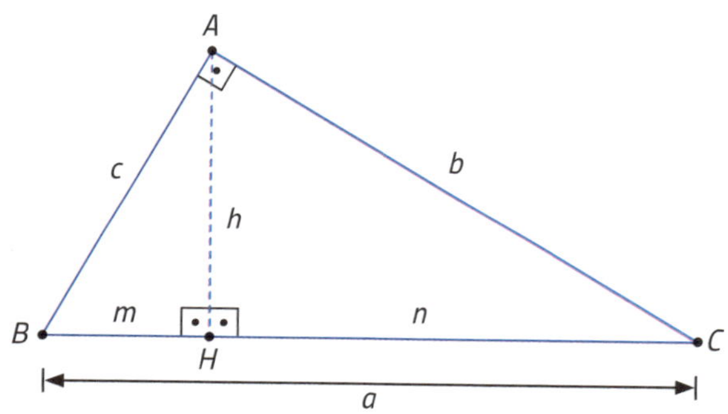

Thiago Neumann/ Arquivo da editora

Demonstração algébrica do teorema de Pitágoras e de outras relações métricas nos triângulos retângulos

Na História da Matemática, muitas foram as demonstrações do teorema de Pitágoras.

Vejamos algumas **relações métricas** no triângulo retângulo, ou seja, relações entre medidas de comprimento, usando semelhança de triângulos, e, depois, uma das demonstrações do teorema de Pitágoras que utiliza essas relações.

Consideremos novamente o triângulo *ABC*, retângulo em *A*, com a altura $\overline{AH}$ relativa à hipotenusa.

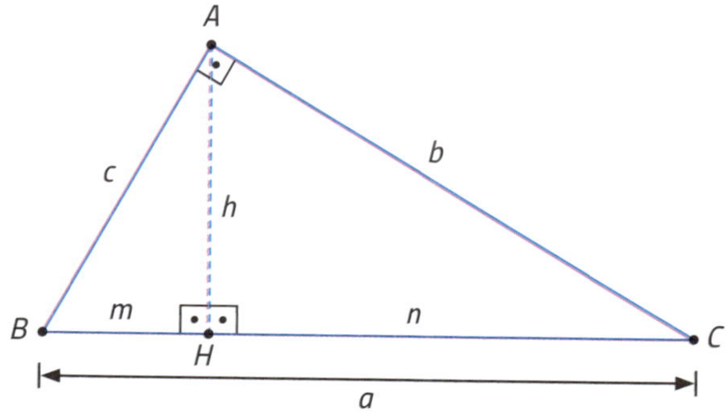

Banco de imagens/Arquivo da editora

Temos que: $\boxed{a = m + n}$ (I)

Vamos considerar os triângulos retângulos *HBA* e *ABC*.

Colocando os 2 triângulos na mesma posição, podemos perceber melhor os ângulos correspondentes e os lados correspondentes.

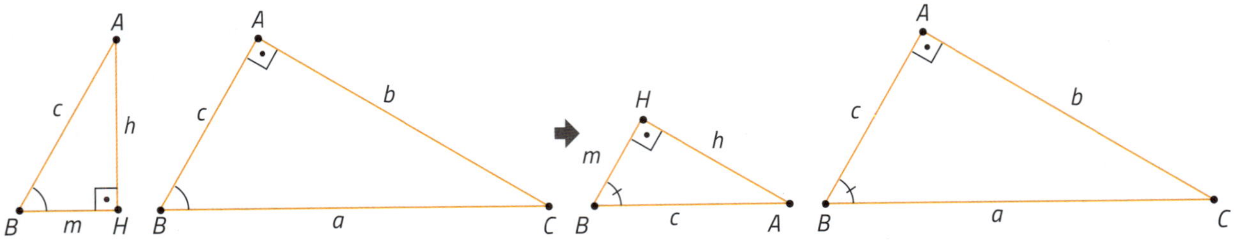

Ilustrações: Banco de imagens/ Arquivo da editora

Os 2 triângulos têm um ângulo reto (são triângulos retângulos) e têm o ângulo $\hat{B}$ comum; logo, pelo caso AA de semelhança de triângulos, temos $\triangle ABC \sim \triangle HBA$.

Se os triângulos são semelhantes, então os lados correspondentes têm medidas de comprimento proporcionais, o que nos permite escrever:

$$\frac{a}{c} = \frac{b}{h} = \frac{c}{m}$$

Dessas proporções, chegamos a estas relações métricas:

$c^2 = am$ **(II)** $ah = bc$ **(III)** $ch = bm$ **(IV)**

Vamos considerar agora os triângulos *ABC* e *HAC*.

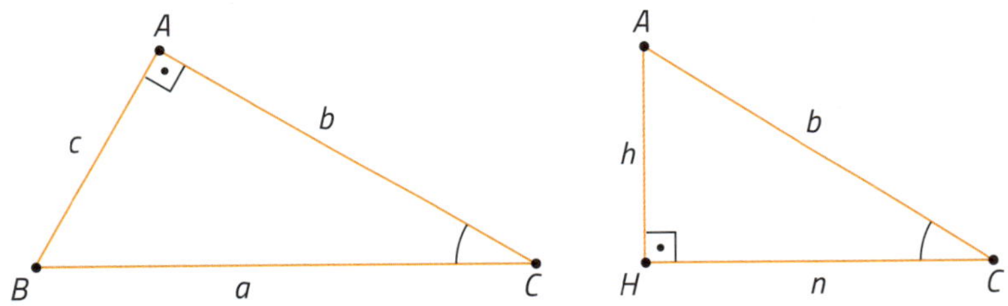

Ilustrações: Banco de imagens/ Arquivo da editora

Esses 2 triângulos têm um ângulo reto e o ângulo $\hat{C}$ é comum; portanto, são semelhantes: $\triangle ABC \sim \triangle HAC$. Como os lados correspondentes têm medidas de comprimento proporcionais, escrevemos as proporções:

$$\frac{a}{b} = \frac{b}{n} = \frac{c}{h}$$

Delas, obtemos estas relações métricas:

$b^2 = an$ **(V)** $bh = nc$ **(VI)** $ah = bc$ **(VII)**

Das relações métricas **IV** e **VI**, obtemos:

$h^2 = mn$ **(VIII)**

Adicionando os 2 membros das igualdades **II** e **V**, obtemos:

$$\left.\begin{array}{l} b^2 = an \\ c^2 = am \end{array}\right\} b^2 + c^2 = an + am \Rightarrow b^2 + c^2 = a(n + m)$$

Como $a = m + n$, da relação **I**, obtemos: $b^2 + c^2 = a \cdot a \Rightarrow b^2 + c^2 = a^2$

Essa é uma das demonstrações do teorema de Pitágoras. Mas há muitas outras maneiras de provar que $a^2 = b^2 + c^2$.

Resumo das relações métricas em um triângulo retângulo

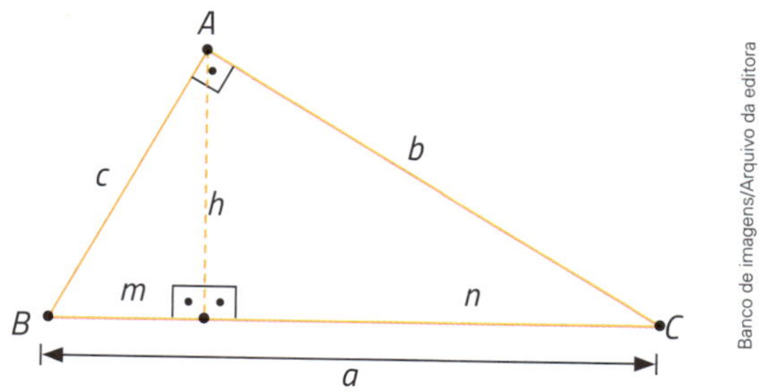

$a = m + n$ — Em qualquer triângulo retângulo, a medida de comprimento da hipotenusa é igual à soma das medidas de comprimento das projeções dos catetos sobre ela.

$b^2 = an$ $\quad$ $c^2 = am$ — Em qualquer triângulo retângulo, o quadrado da medida de comprimento de um cateto é igual ao produto da medida de comprimento da hipotenusa pela medida de comprimento da projeção desse cateto sobre a hipotenusa.

$a^2 = b^2 + c^2$ — (Teorema de Pitágoras) Em qualquer triângulo retângulo, o quadrado da medida de comprimento da hipotenusa é igual à soma dos quadrados das medidas de comprimento dos catetos.

$h^2 = mn$ — Em qualquer triângulo retângulo, o quadrado da medida de comprimento da altura relativa à hipotenusa é igual ao produto das medidas de comprimento das projeções dos catetos sobre a hipotenusa.

$ah = bc$ — Em qualquer triângulo retângulo, o produto das medidas de comprimento dos catetos é igual ao produto da medida de comprimento da hipotenusa pela medida de comprimento da altura relativa à hipotenusa.

Outras demonstrações do teorema de Pitágoras

Acompanhe mais algumas demonstrações do teorema de Pitágoras.

- Vamos determinar a medida de área da região limitada por este trapézio de 2 maneiras: pela fórmula $A = \frac{(B + b) \cdot h}{2}$ e pelo cálculo das medidas de área das 3 regiões triangulares.

  Esta demonstração é atribuída a James Garfield (1831-1881), na época, congressista norte-americano e, mais tarde, 20º presidente dos Estados Unidos.

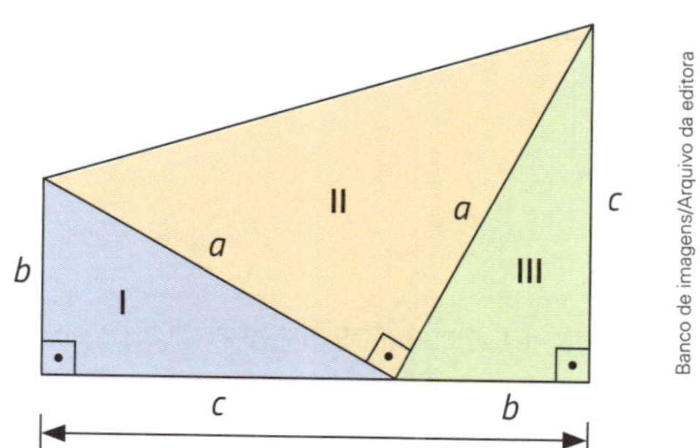

$$A_{\text{região trapezoidal}} = \frac{(b + c) \cdot (b + c)}{2} = \frac{b^2 + 2bc + c^2}{2}$$

$$A_{\text{região trapezoidal}} = A_{\text{região triangular I}} + A_{\text{região triangular II}} + A_{\text{região triangular III}} = \frac{cb}{2} + \frac{aa}{2} + \frac{cb}{2} = \frac{2bc + a^2}{2}$$

Igualando os resultados obtidos pelos 2 cálculos, concluímos:

$$\frac{2bc + a^2}{2} = \frac{b^2 + 2bc + c^2}{2} \Rightarrow a^2 = b^2 + c^2$$

- Uma demonstração bastante curiosa do teorema de Pitágoras foi apresentada pelo matemático hindu Bhaskara (1114-1185), que elaborou esta figura e escreveu embaixo "Aqui está.". A interpretação desta figura é um verdadeiro enigma, que a Álgebra nos ajuda a solucionar.
Traçamos 4 triângulos retângulos com hipotenusa de medida de comprimento a e catetos de medidas de comprimento b e c. A medida de área da região quadrada maior (a^2) é igual à soma das medidas de área das 4 regiões triangulares $\left(4 \cdot \frac{bc}{2}\right)$ e da medida de área da região quadrada menor $(b - c)^2$.
Assim:

$$a^2 = 4 \cdot \frac{bc}{2} + (b - c)^2 \Rightarrow a^2 = 2bc + b^2 - 2bc + c^2 \Rightarrow a^2 = b^2 + c^2$$

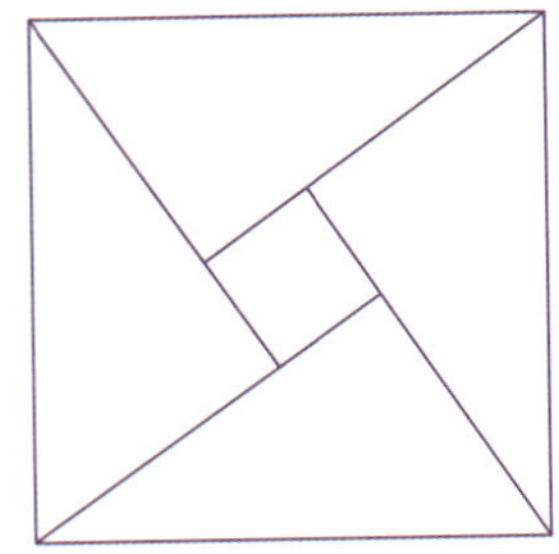

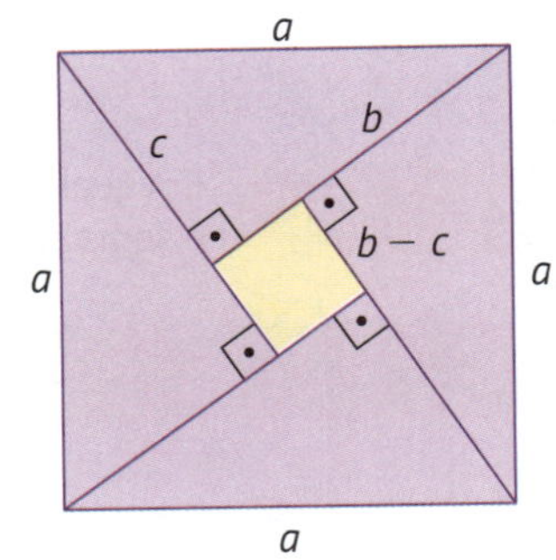

Ilustrações: Banco de imagens/Arquivo da editora

- Uma terceira demonstração é obtida comparando medidas de área (de acordo com historiadores, a demonstração de Pitágoras deve ter sido uma demonstração geométrica semelhante à que segue).
As 2 regiões quadradas maiores têm lados com medida de comprimento $b + c$.
Logo, elas têm a mesma medida de área.
Retirando das 2 regiões quadradas maiores 4 regiões triangulares congruentes, o que sobra na primeira (a^2) é igual ao que sobra na segunda $(b^2 + c^2)$. Então:

$$a^2 = b^2 + c^2$$

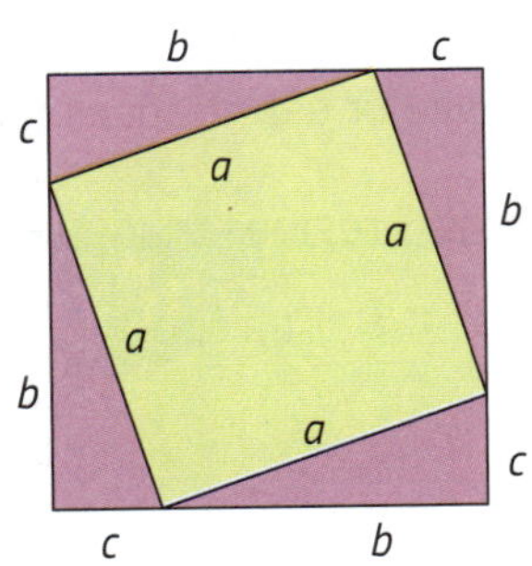

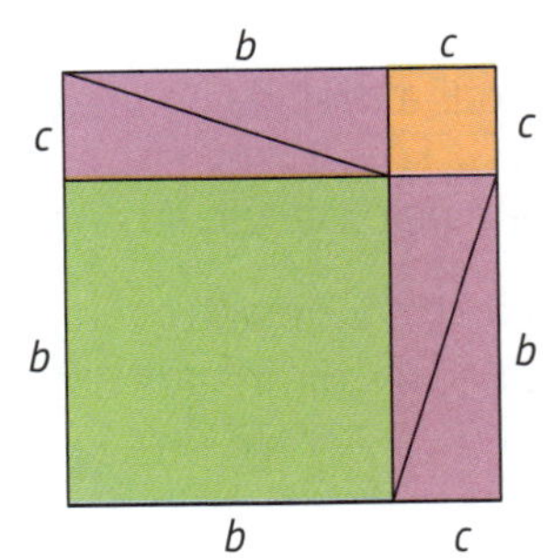

Ilustrações: Banco de imagens/Arquivo da editora

Os ternos pitagóricos

> Os ternos de números inteiros positivos a, b e c que obedecem à relação $a^2 = b^2 + c^2$ são chamados **ternos pitagóricos**.

Um terno pitagórico você já conhece: 3, 4 e 5, pois $5^2 = 4^2 + 3^2$.
Veja essa relação neste triângulo retângulo, com as medidas de comprimento em centímetros.

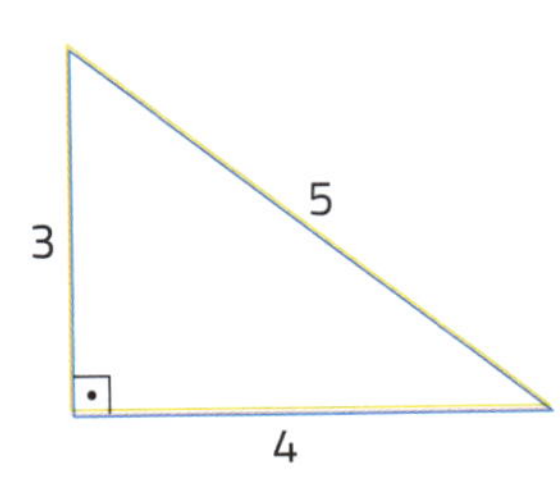

Banco de imagens/Arquivo da editora

Um pouco de História

Os "estiradores de corda" e o teorema de Pitágoras

Você já ouviu falar dos "harpedonaptas" ou "estiradores de corda" do antigo Egito?

Conta-se que os estiradores de cordas, que demarcavam as terras após enchentes do rio Nilo, utilizavam uma corda de 12 nós, com a mesma medida de distância entre todos os nós. Para obter ângulos retos, eles montavam um triângulo com vértices em 3 nós, como nesta imagem.

Guilherme Asthma/Arquivo da editora

O triângulo assim obtido tem lados com medidas de comprimento de 3, 4 e 5 unidades e é um triângulo retângulo, pois a abertura de um dos ângulos internos mede 90°. O procedimento para obter cantos retos já era conhecido pelos antigos "estiradores de corda" há aproximadamente 5 mil anos.

Esse método engenhoso é baseado em uma importante relação, válida para todos os triângulos retângulos: o teorema de Pitágoras.

Observação: No caso dos "estiradores de corda", eles usavam a recíproca do teorema de Pitágoras, ou seja: como $5^2 = 3^2 + 4^2$, o triângulo é retângulo e o ângulo reto é o formado pelos lados com medidas de comprimento de 3 e 4 unidades.

Os babilônios já conheciam os ternos pitagóricos

As imagens desta página não estão representadas em proporção.

Os escribas babilônios encheram as tabuinhas de argila com tabelas impressionantes de sequências de ternos exibindo o teorema de Pitágoras. Eles registraram esses ternos, como 3, 4, 5 ou 5, 12, 13, mas também outros, como 3 456, 3 367, 4 825.

As chances de obter um terno que funcione, verificando 3 números ao acaso, são pequenas. Por exemplo, nos primeiros 12 números naturais positivos (1, 2, 3, ..., 12), há centenas de maneiras de escolher ternos diferentes; de todos eles, somente os ternos 3, 4, 5 e 6, 8, 10 satisfazem o teorema de Pitágoras. A menos que os babilônios tenham empregado uma multidão de calculadores, que passaram toda a carreira fazendo tais cálculos, podemos concluir que eles conheciam, pelo menos, o suficiente da teoria dos números para gerar esses ternos.

Wikipedia/Wikimedia Commons

Tábua de argila conhecida como *Plimpton 322*, com ternos pitagóricos em escrita cuneiforme, da época dos babilônios.

Fonte de consulta: MLODINOW, Leonard. *A janela de Euclides*. 2. ed. São Paulo: Geração Editorial, 2004.

Atividade resolvida passo a passo

(Obmep) O topo de uma escada de 25 m de comprimento está encostado na parede vertical de um edifício. O pé da escada está a 7 m de distância da base do edifício, como na figura. Se o topo da escada escorregar 4 m para baixo ao longo da parede, qual será o descolamento do pé da escada?

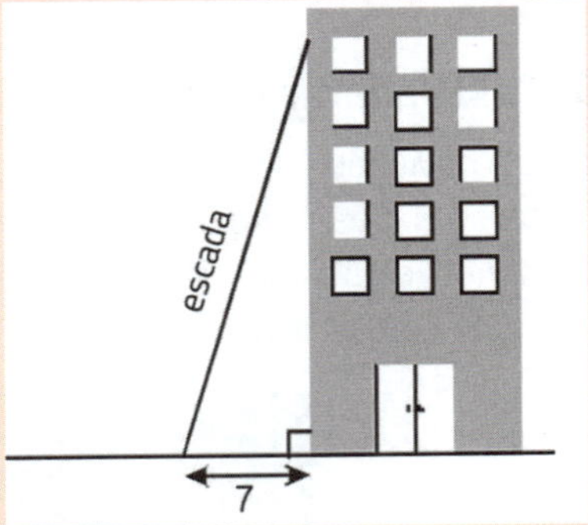

a) 4 m
b) 8 m
c) 9 m
d) 13 m
e) 15 m

Lendo e compreendendo

O problema apresenta 2 situações nas quais uma escada de medida de comprimento de 25 m, encostada em um edifício, escorrega para baixo. Na primeira situação, o pé da escada dista 7 m da parede do edifício. Na segunda situação, o topo da escada vai escorregar 4 m para baixo, e o problema quer saber qual será a medida de comprimento do deslocamento do pé da escada em relação à parede do edifício.

Planejando a solução

Temos que aplicar o teorema de Pitágoras a 2 triângulos retângulos.

Primeiro, vamos calcular a medida de comprimento da altura em que a escada se encontra inicialmente.

Depois, vamos "escorregar" o topo dessa escada 4 m para baixo e, então, descobrir a medida de distância que o pé da escada ficou da parede. Finalmente, vamos calcular a medida de comprimento do deslocamento.

Executando o que foi planejado

Calculamos a medida de comprimento h da altura em que a escada se encontra.

$$h^2 + 7^2 = 25^2 \Rightarrow h^2 + 49 = 625 \Rightarrow h^2 = 625 - 49 \Rightarrow h^2 = 576 \Rightarrow h = \sqrt{576} = 24 \text{ (apenas o valor positivo de } h\text{)}$$

Como o topo da escada vai "escorregar" 4 m para baixo, a medida de comprimento da altura (cateto) será de 20 m. O outro cateto, de medida de comprimento x, será a distância que o pé da escada ficará da parede e a escada, de medida de comprimento de 25 m, será a hipotenusa. A esse novo triângulo retângulo, vamos novamente aplicar o teorema de Pitágoras.

$$x^2 + 20^2 = 25^2 \Rightarrow x^2 + 400 = 625 \Rightarrow x^2 = 625 - 400 \Rightarrow x^2 = 225 \Rightarrow x = \sqrt{225} = 15$$

(novamente, apenas o valor positivo de x)

Calculamos a medida de comprimento do deslocamento: $d = 15 - 7 = 8$

Verificando

Para verificar se a resolução está correta, observamos que temos 2 triângulos retângulos cujas medidas de comprimento dos lados representam, respectivamente, 2 ternos pitagóricos $(25, 24, 7)$ e $(25, 15, 20)$.

Emitindo a resposta

A medida de comprimento do deslocamento será de 8 m. Alternativa **b**.

Ampliando a atividade

Se o pé dessa escada se deslocasse 2 m no sentido da parede, então qual seria a medida de comprimento da altura que o topo da escada ficaria em relação ao solo?

Solução

Teríamos um triângulo retângulo em que a distância do pé da escada até a parede seria um cateto de medida de comprimento de 5 m $(7 - 2 = 5)$ e a hipotenusa seria a escada, de medida de comprimento de 25 m. Aplicando o teorema de Pitágoras, obteríamos:

$$h^2 + 5^2 = 25^2 \Rightarrow h^2 + 25 = 625 \Rightarrow h^2 = 600 \Rightarrow h = \sqrt{600} = 10\sqrt{6} \text{ (apenas o valor positivo de } h\text{)}$$

Logo, a medida de comprimento da altura do topo da escada em relação ao solo seria de $10\sqrt{6}$ m.

Atividades

4 Use o teorema de Pitágoras e determine o valor de x em cada triângulo retângulo. (Considere as medidas de comprimento em cada triângulo na mesma unidade de medida.)

Ilustrações: Banco de imagens/Arquivo da editora

a)

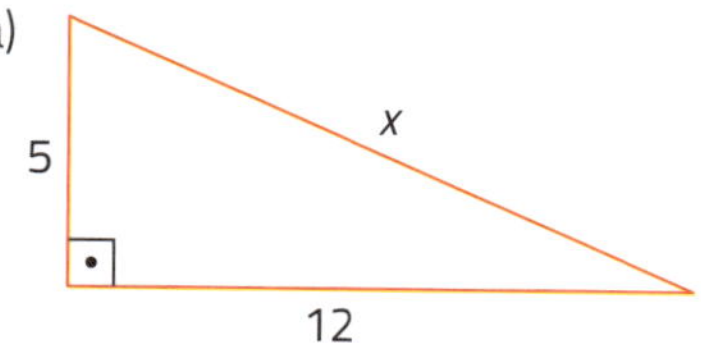

b)

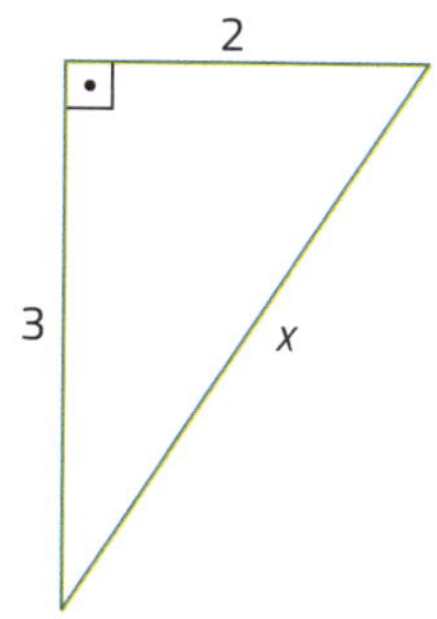

c)

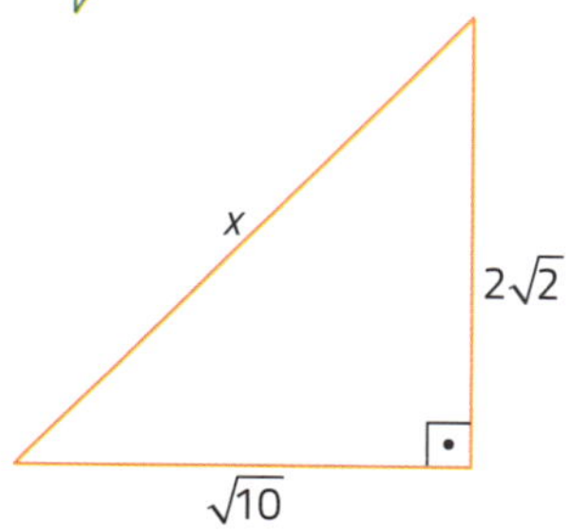

d)

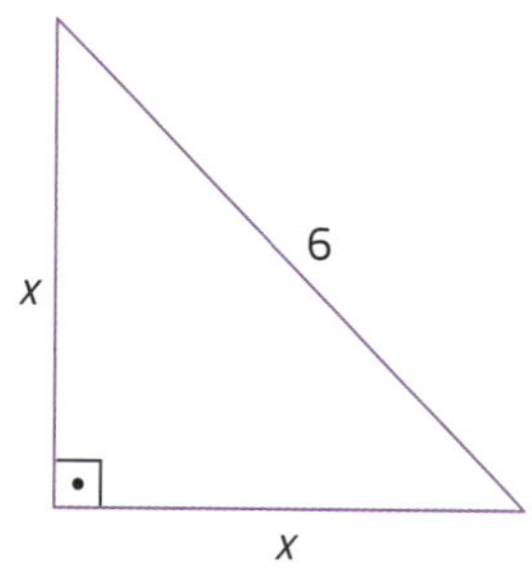

e)

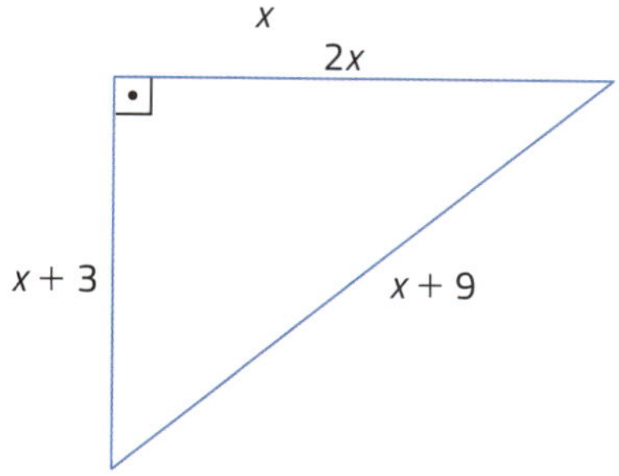

f)

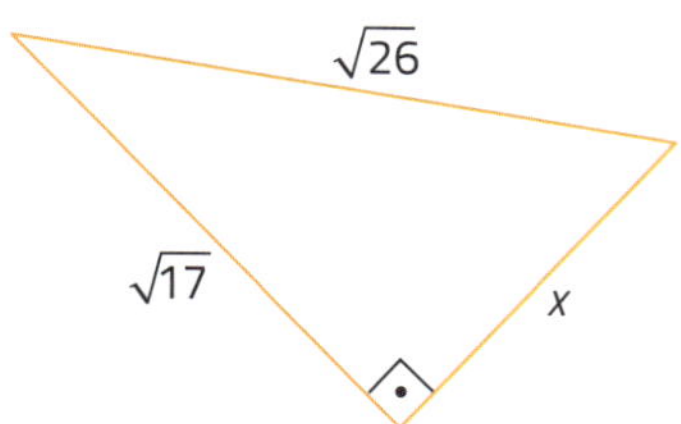

As imagens desta página não estão representadas em proporção.

5 Um fio foi esticado do topo de um prédio até a base de outro, conforme mostra esta figura.

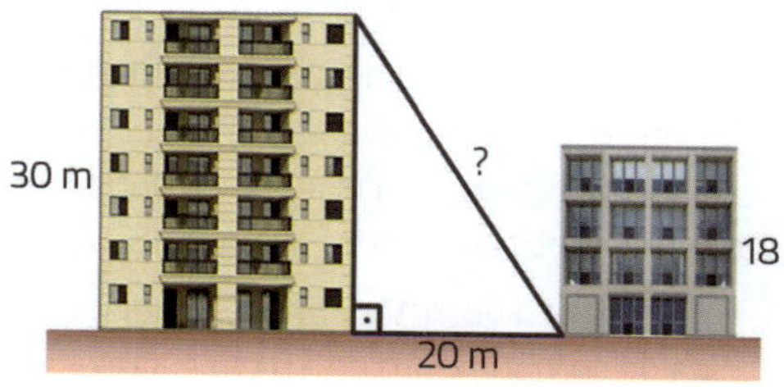

Paulo Manzi/Arquivo da editora

O valor mais próximo da medida de comprimento do fio é:

a) 34 m.

b) 35 m.

c) 36 m.

d) 37 m.

6 Considere as medidas de comprimento dadas nesta região triangular, limitada por um triângulo retângulo, e calcule o que se pede.

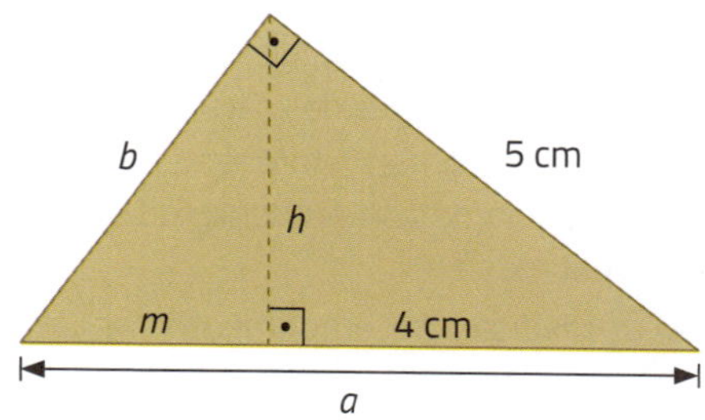

Banco de imagens/Arquivo da editora

a) As medidas de comprimento h, a, m e b.

b) A medida de área dessa região.

7 Determine a medida de perímetro deste triângulo retângulo.

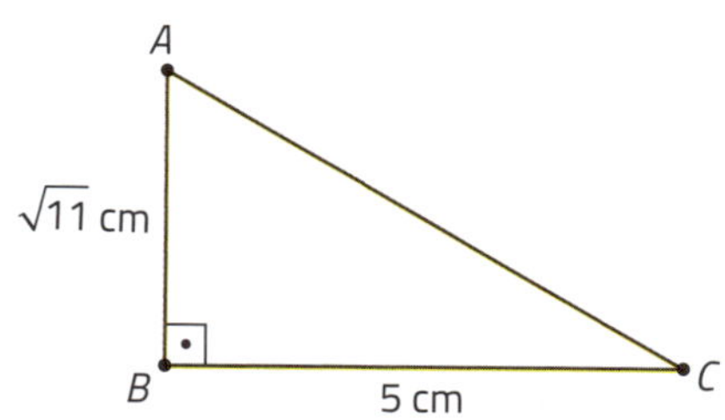

Banco de imagens/Arquivo da editora

8 Qual é a medida de área desta região triangular ABC?

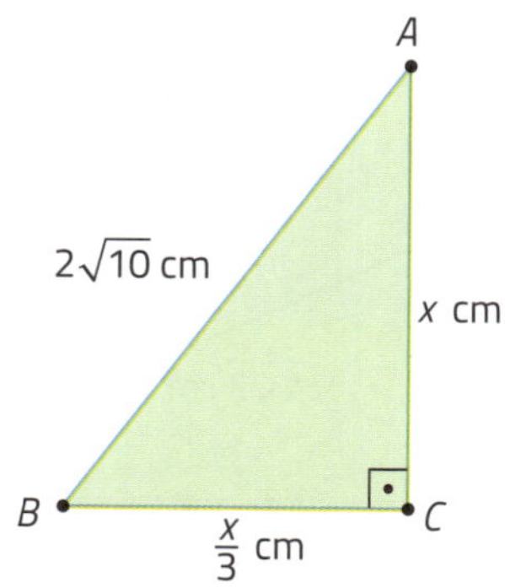

Banco de imagens/Arquivo da editora

9 ▸ Em um triângulo retângulo, a hipotenusa tem medida de comprimento de $3\sqrt{5}$ cm e um dos catetos tem medida de comprimento de 3 cm a menos do que o outro. Qual é a medida de área da região plana limitada por esse triângulo?

10 ▸ Determine a medida de comprimento da diagonal de um retângulo que tem base com medida de comprimento de 10 cm e altura com medida de comprimento de 24 cm.

11 ▸ A hipotenusa de um triângulo retângulo tem medida de comprimento de 10 cm e a razão entre as medidas de comprimento dos catetos é $\frac{3}{4}$. Quais são as medidas de comprimento dos catetos?

12 ▸ Márcia traçou um retângulo *ABCD* tal que $AB = 6$ cm e $BC = 8$ cm. Depois, traçou a diagonal $\overline{AC}$ e o segmento de reta mais curto possível ligando *D* a um ponto do $\overline{AC}$. Qual é a medida de comprimento desse segmento de reta que ela traçou?

13 ▸ Em um triângulo retângulo, as medidas de comprimento das projeções dos catetos sobre a hipotenusa são de 36 mm e 64 mm. Determine:

a) a medida de comprimento da altura relativa à hipotenusa;

b) as medidas de comprimento dos catetos;

c) a medida de área da região triangular correspondente.

14 ▸ Uma escada, de medida de comprimento de 6 m, está apoiada em uma parede. O pé da escada dista 3 m da parede. Qual é a medida de comprimento da altura da outra extremidade da escala em relação ao solo?

15 ▸ Determine o valor de *x* em cada figura.

a)

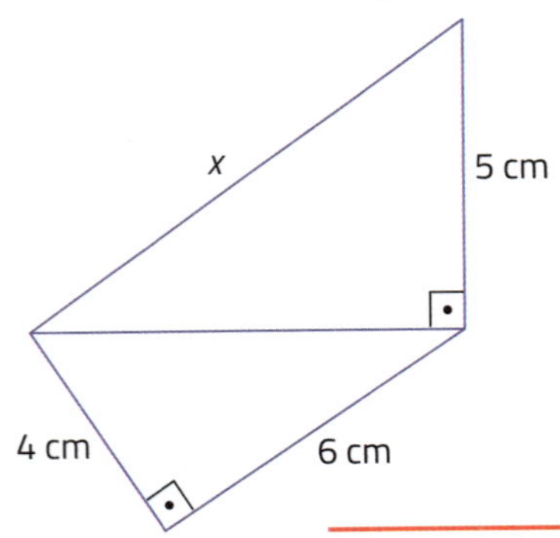

Ilustrações: Banco de imagens/Arquivo da editora

b)

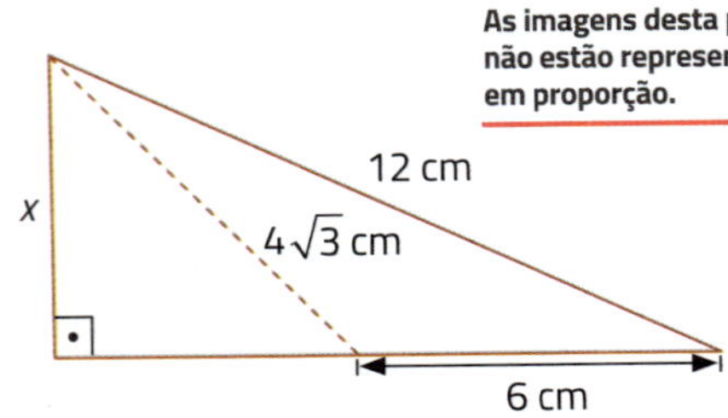

As imagens desta página não estão representadas em proporção.

16 ▸ Conheça outros ternos pitagóricos calculando a medida de comprimento *x* do lado em cada um destes triângulos retângulos.

a)

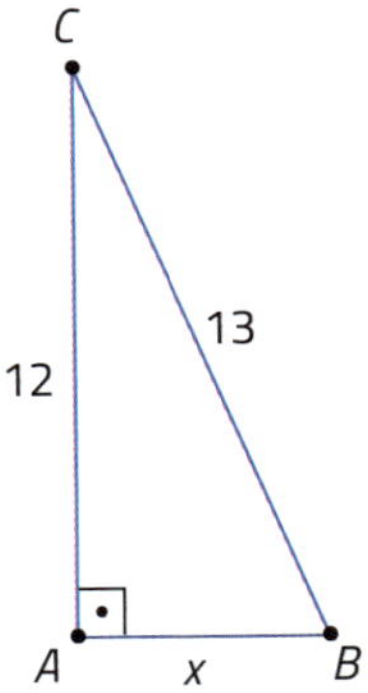

b)

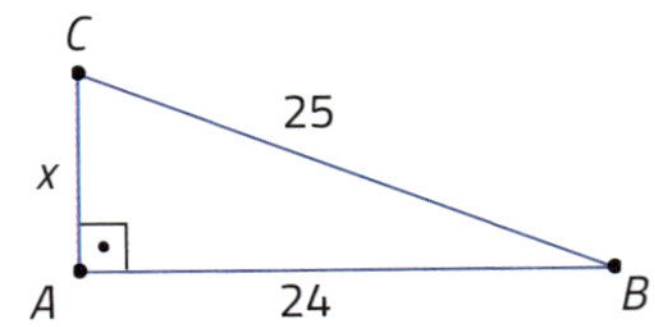

c)

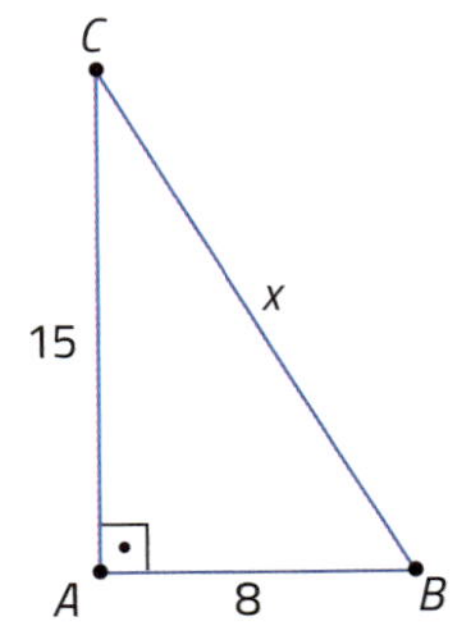

Ilustrações: Banco de imagens/Arquivo da editora

17 ▸ Destes ternos, qual é terno pitagórico? Justifique sua resposta.

a) 9, 10 e 15.

b) 11, 60 e 61.

c) 7, 10 e 11.

18 ▸ Descubra mais ternos pitagóricos. Desafie os colegas para saber quem consegue descobrir um maior número de ternos. Vale usar calculadora.

19 ▸ **Desafio.** Determine os valores de *m* e *n* nesta figura, com $m < n$. (Sugestão: Monte um sistema de 2 equações com incógnitas *m* e *n* e resolva-o.)

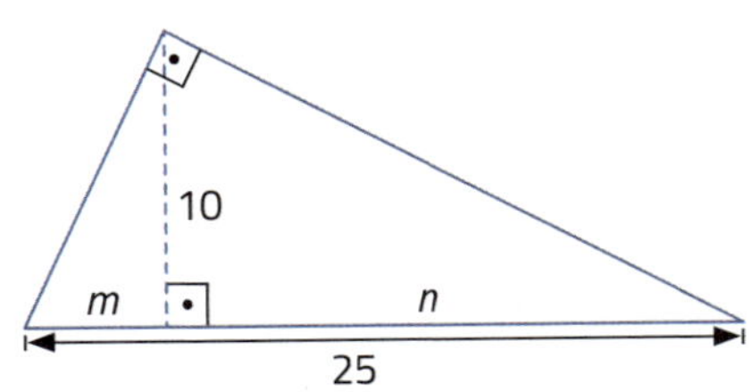

Banco de imagens/Arquivo da editora

3 Aplicações importantes das relações métricas nos triângulos retângulos

Aplicações do teorema de Pitágoras

Diagonal de um quadrado

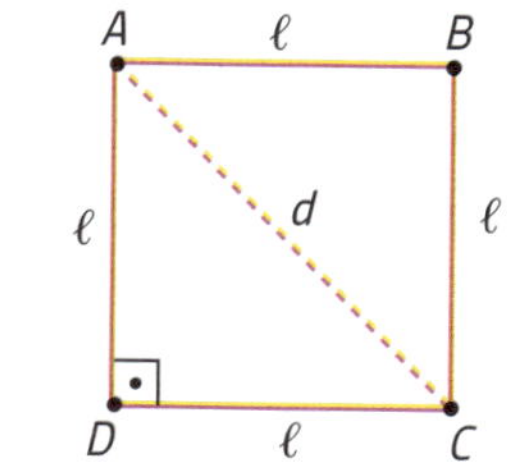

Banco de imagens/Arquivo da editora

Consideremos um quadrado *ABCD* cuja medida de comprimento do lado é ℓ.

Vamos determinar a medida de comprimento d da diagonal desse quadrado em função de ℓ, com d e ℓ na mesma unidade de medida.

O $\triangle ADC$ é retângulo em *D*. Aplicando o teorema de Pitágoras, obtemos:

$$d^2 = \ell^2 + \ell^2 \Rightarrow d^2 = 2\ell^2 \Rightarrow$$
$$\Rightarrow d = \sqrt{2\ell^2} \Rightarrow d = \ell\sqrt{2}$$

Portanto, $d = \ell\sqrt{2}$.

Thiago Neumann/ Arquivo da editora

Altura de um triângulo equilátero

Consideremos um triângulo equilátero *ABC* cuja medida de comprimento do lado é ℓ.

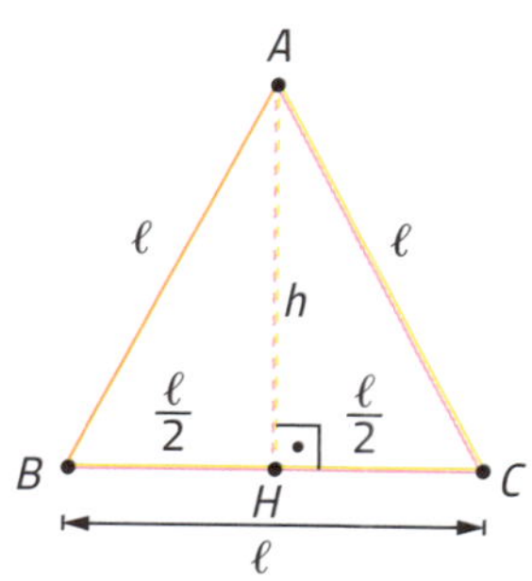

Banco de imagens/Arquivo da editora

Vamos determinar a medida de comprimento h da altura desse triângulo em função de ℓ, com h e ℓ na mesma unidade de medida.

O triângulo *ABH* é retângulo em *H*. Aplicando o teorema de Pitágoras, obtemos:

$$h^2 + \left(\frac{\ell}{2}\right)^2 = \ell^2 \Rightarrow h^2 = \ell^2 - \frac{\ell^2}{4} \Rightarrow h^2 = \frac{3\ell^2}{4} \Rightarrow h = \sqrt{\frac{3\ell^2}{4}} \Rightarrow h = \frac{\ell\sqrt{3}}{2} \Rightarrow h = \frac{\ell}{2} \cdot \sqrt{3}$$

Portanto, $h = \frac{\ell}{2} \cdot \sqrt{3}$.

Isso significa que, em todo triângulo equilátero, a medida de comprimento da altura é igual ao produto da metade da medida de comprimento de um lado por $\sqrt{3}$.

Diagonal de um bloco retangular

Consideremos um bloco retangular cujas medidas das dimensões são a, b e c e cuja diagonal de uma face tem medida de comprimento d; consideremos também que a diagonal do bloco retangular tem medida de comprimento D (com todas as medidas na mesma unidade de medida).

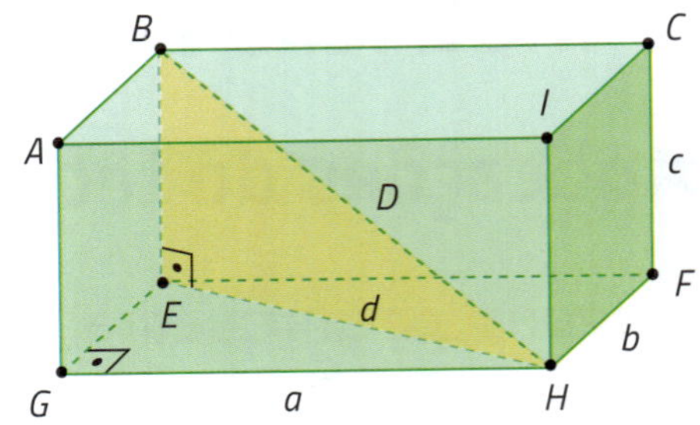

O $\triangle BEH$ é retângulo em E, e a hipotenusa é o $\overline{BH}$. Para calcular o valor de D (medida de comprimento do $\overline{BH}$), precisamos conhecer antes o valor de d (medida de comprimento da hipotenusa do $\triangle EGH$, retângulo em G).

Assim, aplicando o teorema de Pitágoras, obtemos:

$d^2 = a^2 + b^2$ **(I)** $\qquad D^2 = d^2 + c^2$ **(II)**

Substituindo **I** em **II**, obtemos:

$$D^2 = a^2 + b^2 + c^2 \Rightarrow \boxed{D = \sqrt{a^2 + b^2 + c^2}}$$

Caso particular: diagonal de um cubo

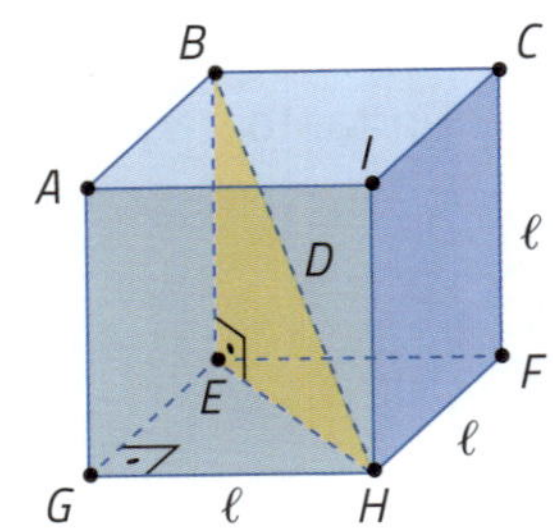

Como o cubo é um caso particular do bloco retangular, em que $a = b = c = \ell$, a fórmula fica:

$$D = \sqrt{\ell^2 + \ell^2 + \ell^2} = \sqrt{3\ell^2} = \ell\sqrt{3}$$

Portanto, $\boxed{D = \ell\sqrt{3}}$.

Atividades

20 Determine a medida de comprimento da diagonal de um quadrado em cada caso.

a) A medida de comprimento do lado é de 5 cm.

b) A medida de comprimento do lado é de $5\sqrt{2}$ cm.

c) A medida de perímetro é de 60 cm.

21 Calcule a medida de comprimento de cada lado de um quadrado nos seguintes casos.

a) A medida de comprimento da diagonal é de $4\sqrt{2}$ cm.

b) A medida de comprimento da diagonal é de 5 cm.

22 A medida de área de uma região quadrada é de 128 cm^2. Qual é a medida de comprimento da diagonal dessa região?

23 Determine a medida de comprimento da altura de um triângulo equilátero nos seguintes casos.

a) A medida de comprimento do lado é de 8 cm.

b) A medida de comprimento do lado é de $\sqrt{3}$ cm.

c) A medida de comprimento do lado é de $6\sqrt{3}$ cm.

d) A medida de comprimento do lado é de 9 cm.

24 A medida de perímetro de um triângulo equilátero é de 15 cm. Calcule a medida de comprimento da altura desse triângulo.

25 Prove que a medida de área de uma região plana limitada por um triângulo equilátero, com lado com medida de comprimento ℓ, é dada por $A = \dfrac{\ell^2\sqrt{3}}{4}$.

26 Usando a aproximação $\sqrt{3} = 1{,}73$, calcule a medida de área aproximada da região determinada por um triângulo equilátero em cada caso.

a) A medida de comprimento do lado de 1,5 cm.

b) A medida de comprimento do lado de 4 cm.

c) A medida de comprimento do lado de $\dfrac{3\sqrt{3}}{2}$ cm.

27 Determine a medida de comprimento da diagonal de um bloco retangular com arestas de medidas de comprimento de 2 cm, 3 cm e 6 cm.

28 Determine a medida de comprimento da diagonal de um cubo cuja aresta tem medida de comprimento de 5 cm.

Triângulo inscrito em uma semicircunferência

Dizemos que um **triângulo** está **inscrito em uma semicircunferência** quando um vértice do triângulo pertence à semicircunferência e os outros 2 vértices são extremidades de um diâmetro dela.

Explorar e descobrir

1› Em uma folha de papel sulfite, tracem várias circunferências com raios de medidas de comprimento diferentes e recortem as regiões obtidas, de modo que o contorno (a circunferência) fique visível no recorte. Depois, dobrem as regiões ao meio e reforcem a dobra com caneta ou lápis colorido.
O que essas dobras representam?

2› Peguem as regiões e marquem um ponto na circunferência de cada uma delas, em posições diferentes.
Em cada circunferência, construam um triângulo com vértices no ponto marcado e nas extremidades do diâmetro.
Qual é a medida de abertura dos ângulos com vértices nos pontos marcados?

3› O que os triângulos obtidos em cada região têm em comum?

Observe estas figuras.

Ilustrações: Banco de imagens/Arquivo da editora

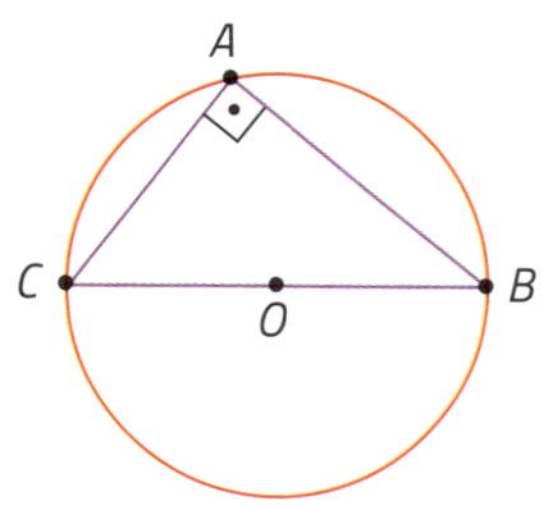

Triângulo inscrito em uma circunferência.

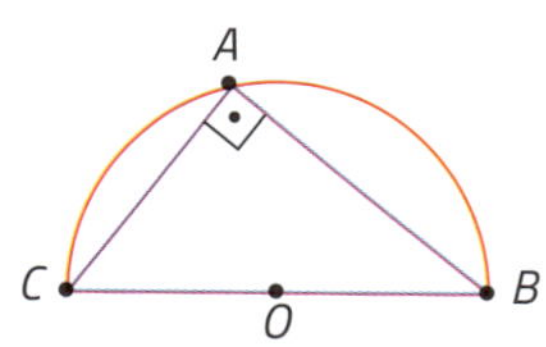

Triângulo inscrito em uma semicircunferência.

Os matemáticos já provaram que todo triângulo inscrito em uma semicircunferência é triângulo retângulo.

Você poderá ver a demonstração desse fato no capítulo 7 deste livro.

Atividades

29› Um triângulo está inscrito em uma semicircunferência cujo diâmetro tem medida de comprimento de 10 dm. A projeção do cateto menor sobre a hipotenusa tem medida de comprimento de 4 dm. Determine a medida de comprimento aproximada da altura relativa à hipotenusa.

30› Considere este triângulo retângulo inscrito em uma semicircunferência cujo raio tem medida de comprimento de 5 m. Determine a medida de comprimento da altura relativa à hipotenusa deste triângulo.

Banco de imagens/Arquivo da editora

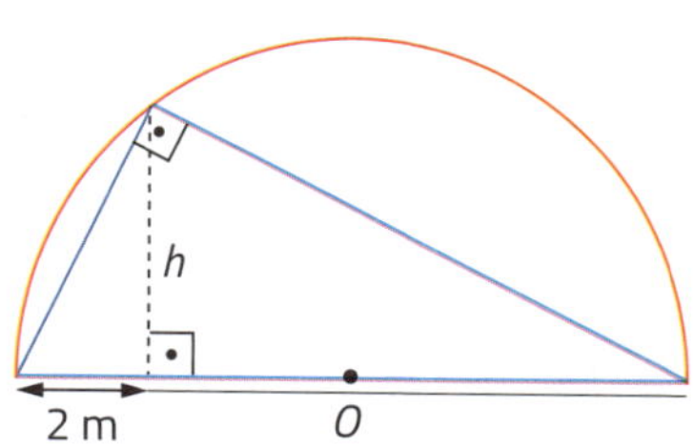

Atividade resolvida passo a passo

(Obmep) No interior do quadrado *ABCD* de lado 9 cm, foram traçadas as semicircunferências de centros *E*, *F* e *G*, tangentes como indicado na figura. Qual é a medida de *AG*?

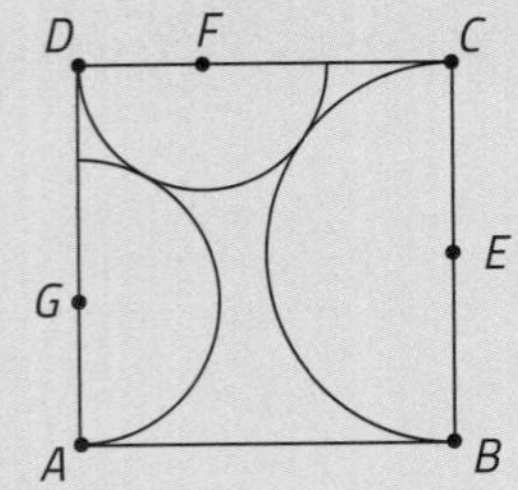

Ilustrações: Banco de imagens/Arquivo da editora

a) $\frac{11}{5}$ cm

b) $\frac{18}{5}$ cm

c) $\frac{19}{5}$ cm

d) $\frac{11}{4}$ cm

e) $\frac{27}{8}$ cm

Em um par de circunferências ou de semicircunferências tangentes, há 1 único ponto comum entre elas. Você também vai estudar circunferências tangentes no capítulo 7 deste livro.

Lendo e compreendendo

São dadas 3 semicircunferências e um quadrado com lado de medida de comprimento de 9 cm. Para descobrir a medida de comprimento do $\overline{AG}$ (raio de uma das semicircunferências), devemos determinar antes a medida de comprimento do raio $\overline{DF}$. A medida de comprimento do raio $\overline{CE}$ já é dada, pois é a metade da medida de comprimento do lado do quadrado.

Planejando a solução

Vamos considerar $DF = y$ e $AG = x$.

Devemos colocar esses valores na figura para visualizar melhor o problema.

Traçando um segmento de reta entre os pontos *G* e *F* e outro segmento de reta entre os pontos *E* e *F*, obtemos 2 triângulos retângulos. Sabendo que a medida de comprimento do lado do quadrado é de 9 cm, podemos atribuir uma expressão para a medida de comprimento de cada um dos lados dos triângulos retângulos. Veja como fica a figura.

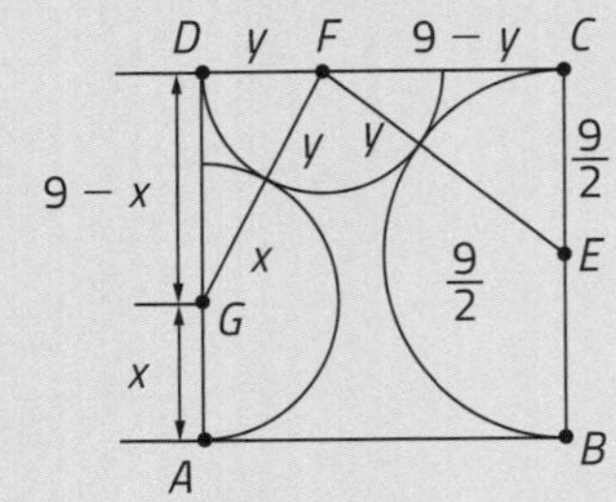

Depois, podemos aplicar o teorema de Pitágoras para calcular o valor de *x* e, usando esse valor, aplicar novamente o teorema de Pitágoras para calcular o valor de *y*.

Executando o que se planejou

Aplicando o teorema de Pitágoras no $\triangle CEF$, obtemos:

$$(9-y)^2 + \left(\frac{9}{2}\right)^2 = \left(\frac{9}{2}+y\right)^2 \Rightarrow 81 - 18y + y^2 + \frac{81}{4} = \frac{81}{4} + 9y + y^2 \Rightarrow 27y = 81 \Rightarrow y = 3$$

Aplicando o teorema de Pitágoras no $\triangle FDG$, obtemos:

$$y^2 + (9-x)^2 = (x+y)^2 \Rightarrow 3^2 + (9-x)^2 = (x+3)^2 \Rightarrow 9 + 81 - 18x + x^2 = x^2 + 6x + 9 \Rightarrow 24x = 81 \Rightarrow$$

$$\Rightarrow x = \frac{81}{24} = \frac{27}{8}$$

Verificando

Substituindo os valores de *x* e *y* no $\triangle FDG$, obtemos:

$$(9-x)^2 + y^2 = (x+y)^2 \Rightarrow \left(9 - \frac{27}{8}\right)^2 + 3^2 = \left(\frac{27}{8} + 3\right)^2 \Rightarrow \left(\frac{45}{8}\right)^2 + 9 = \left(\frac{51}{8}\right)^2 \Rightarrow \frac{2\,601}{64} = \frac{2\,601}{64}$$

Isso confirma o resultado obtido.

Emitindo a resposta

A medida de comprimento do raio $\overline{AG}$ é de $\frac{27}{8}$ cm. Alternativa **e**.

Ampliando a atividade

Qual é a medida de área da região plana interna ao quadrado, mas externa às 3 semicircunferências?

Solução

$$A = 9^2 - \left(\frac{1}{2}\pi \cdot \left(\frac{9}{2}\right)^2 + \frac{1}{2}\pi \cdot 3^2 + \frac{1}{2}\pi \cdot \left(\frac{27}{8}\right)^2\right) = 81 - \frac{\pi}{2}\left(\frac{81}{4} + 9 + \frac{729}{64}\right) =$$

$$= 81 - \frac{\pi}{2}\left(\frac{1296 + 576 + 729}{64}\right) = 81 - \frac{\pi}{2} \cdot \frac{2\,601}{64} = \frac{10\,368 - 2\,601\pi}{128}$$

Método gráfico para calcular o valor de uma raiz quadrada

Seja *ABC* um triângulo retângulo conforme este, sabemos que uma das relações métricas dele é $h^2 = mn$.

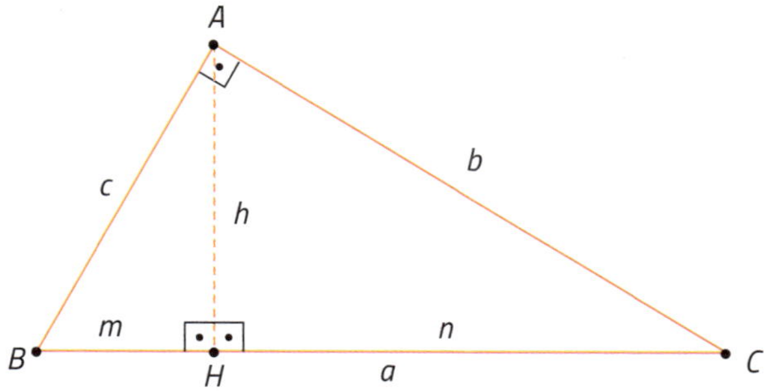

Banco de imagens/Arquivo da editora

Com essa relação, podemos determinar graficamente um valor **aproximado** da raiz quadrada de um número.

Por exemplo, vamos determinar graficamente um valor aproximado de $\sqrt{10}$. Como $2 \cdot 5 = 10$, traçamos uma semicircunferência cuja medida de comprimento do diâmetro seja de 7 cm ($2 + 5 = 7$). Depois, traçamos a altura, pelo ponto *H*, de modo que $m = 2$ cm e $n = 5$ cm.

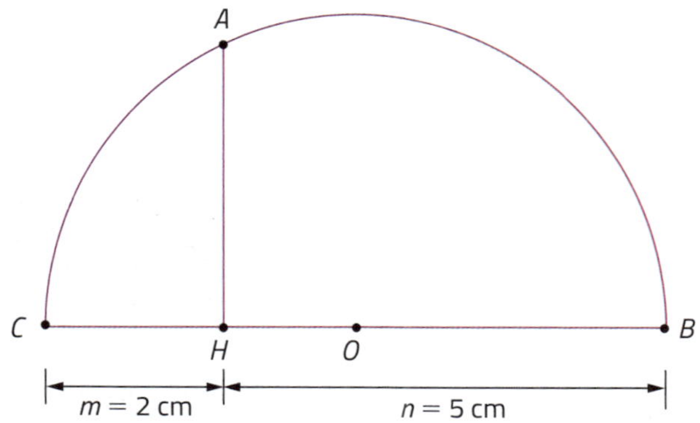

Banco de imagens/Arquivo da editora

Já vimos que o $\triangle ABC$ é retângulo. Então podemos traçar os segmentos de reta $\overline{AB}$ e $\overline{AC}$. Veja como fica a figura.

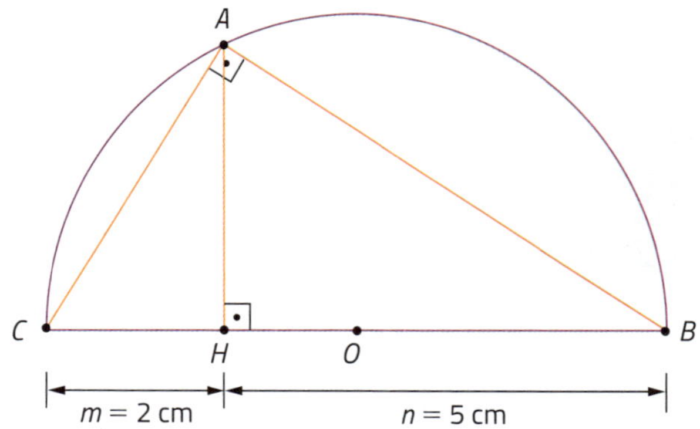

Banco de imagens/Arquivo da editora

Então:

$$h^2 = mn = 2 \cdot 5 = 10, \text{ com } h > 0 \Rightarrow h = \sqrt{10}$$

Medindo o comprimento da altura $\overline{AH}$ nessa figura, obtemos $h \simeq 3{,}2$ cm. Logo, $\sqrt{10} \simeq 3{,}2$.

Atividade

31 ▸ Determine um valor aproximado para algumas raízes quadradas usando esse método.

Outras situações que envolvem as relações métricas nos triângulos retângulos

Agora você vai aplicar as relações métricas estudadas em mais algumas situações.

Atividades

32 Qual é a medida de comprimento dos lados de um losango cujas diagonais têm medidas de comprimento de 6 cm e 8 cm?

33 Nesta figura, o $\overline{AB}$ é uma corda da circunferência.

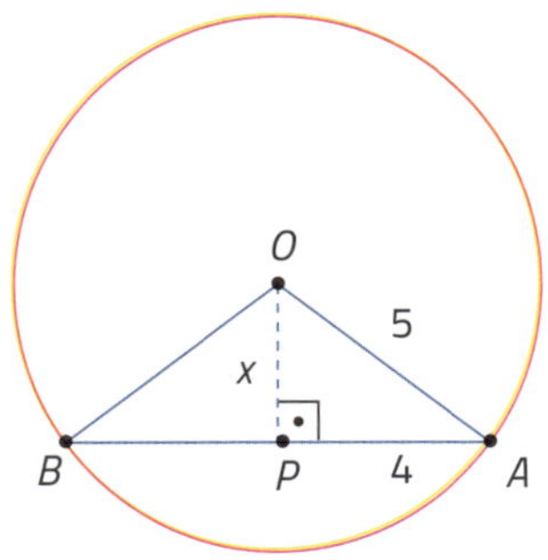

Banco de imagens/Arquivo da editora

Sabendo que a medida de comprimento do $\overline{AB}$ é de 8 cm e a medida de comprimento do diâmetro da circunferência é de 10 cm, calcule a medida de distância entre o centro O da circunferência e a corda $\overline{AB}$.

34 Use o teorema de Pitágoras para determinar as medidas de área e de perímetro deste canteiro, em forma de triângulo retângulo, com as medidas de comprimento indicadas em metros.

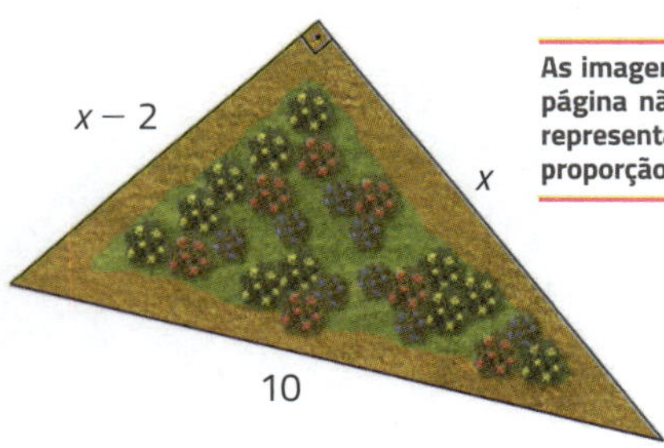

Paulo Manzi/Arquivo da editora

As imagens desta página não estão representadas em proporção.

35 Considere um retângulo cuja diagonal tem medida de comprimento de 29 cm.

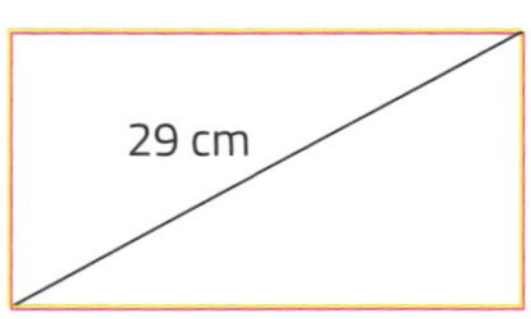

Banco de imagens/Arquivo da editora

Qual é a medida de perímetro desse retângulo sabendo-se que as medidas de comprimento da base e da altura dele são dadas, em centímetros, por 2 números inteiros consecutivos?

36 Nesta figura, qual é a medida de comprimento da altura do avião em relação ao chão?

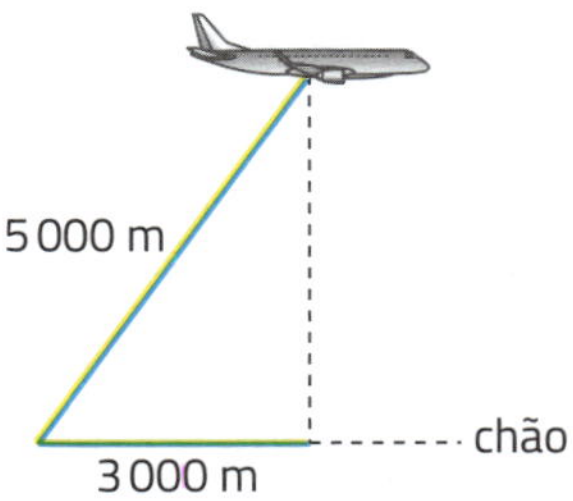

Banco de imagens/Arquivo da editora

37 É comum encontrarmos uma ripa na diagonal em porteiras de madeira como a desta foto. Isso se deve à rigidez dos triângulos, que não se deformam.

Rogério Reis/Pulsar Imagens

Porteira de madeira.

A porteira de uma fazenda tem a base com medida de comprimento de 1,20 m e a ripa, que forma a diagonal, tem medida de comprimento de 1,36 m. Qual é a medida de comprimento da altura dessa porteira?

38 Este triângulo ABC é retângulo, pois está inscrito em uma semicircunferência e a hipotenusa do triângulo coincide com o diâmetro da circunferência.

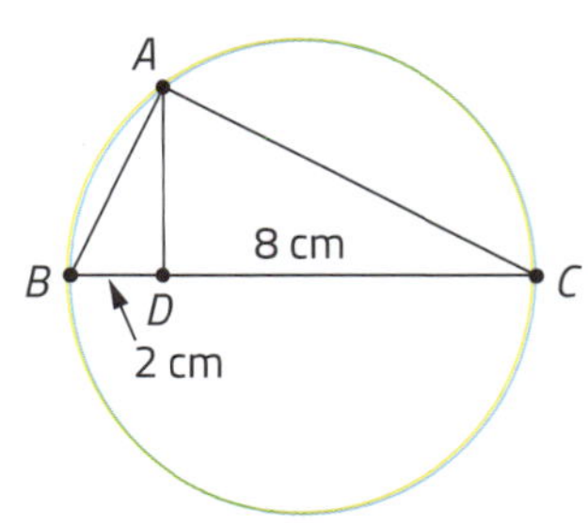

Banco de imagens/Arquivo da editora

As projeções das cordas $\overline{AB}$ e $\overline{AC}$ sobre a hipotenusa têm medidas de comprimento de 2 cm e 8 cm, respectivamente. Qual é a medida de comprimento dessas cordas?

39 › Jorge deixou um pneu, com medida de diâmetro de 80 cm, rolar nesta rampa.

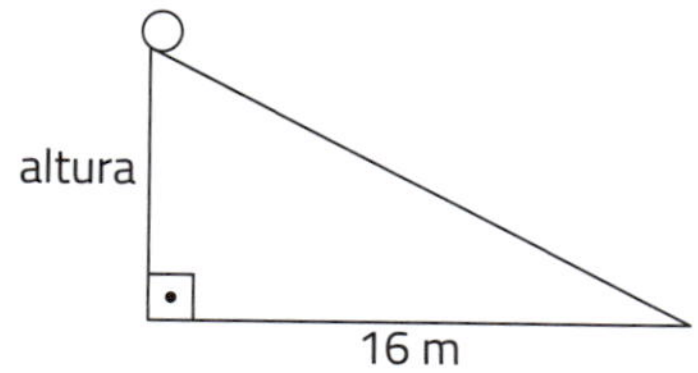

Banco de imagens/Arquivo da editora

Qual é a medida de comprimento da altura dessa rampa, sabendo que o pneu deu exatamente 8 voltas completas até chegar à extremidade no solo? Adote $\pi = 3{,}14$.

40 › Calcule a medida de perímetro e a medida de área desta região plana determinada por um trapézio. As medidas de comprimento estão dadas em metros.

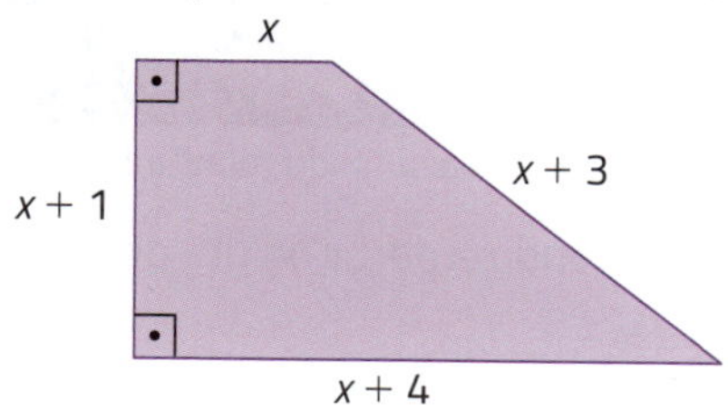

Banco de imagens/Arquivo da editora

41 › Uma torre é sustentada por 3 cabos de aço de mesma medida de comprimento. Calcule a medida de comprimento aproximada da altura da torre, sabendo que a medida de comprimento de cada cabo é de 30 m e os ganchos que prendem os cabos estão a 15 m do centro da base da torre (T).

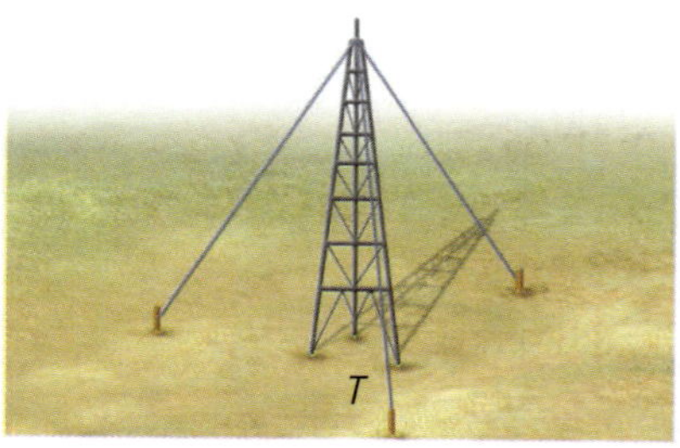

Paulo Manzi/Arquivo da editora

42 › As rodovias representadas pelas retas r_1 e r_2 são perpendiculares e intersectam-se no ponto O. As medidas OA e OB são, respectivamente, de 60 km e 80 km.

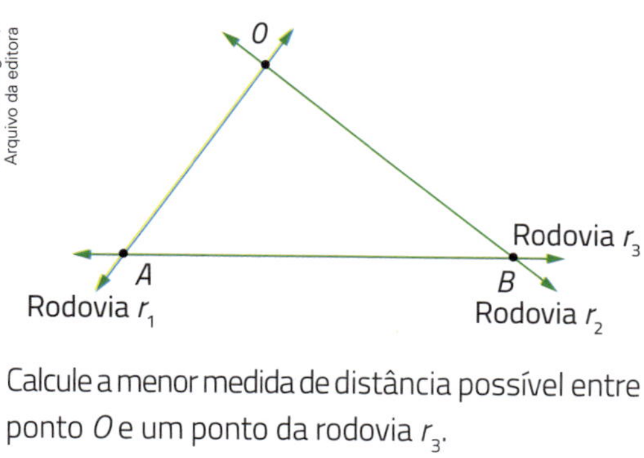

Banco de imagens/Arquivo da editora

Calcule a menor medida de distância possível entre o ponto O e um ponto da rodovia r_3.

43 › Calcule o valor de x nesta figura.

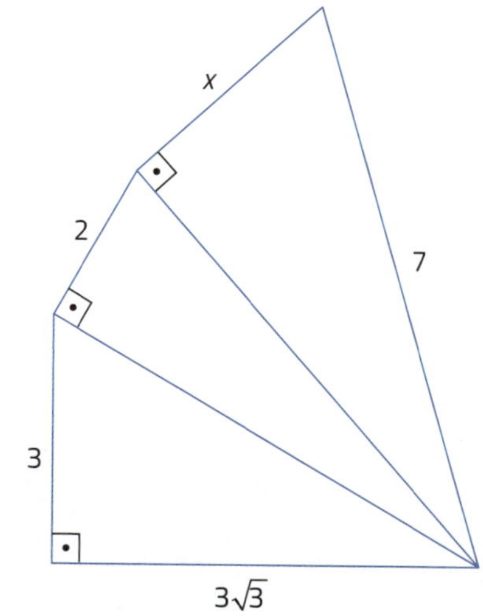

Banco de imagens/Arquivo da editora

44 › Nesta figura, temos $RF = 75$ u e $AP = 36$ u.

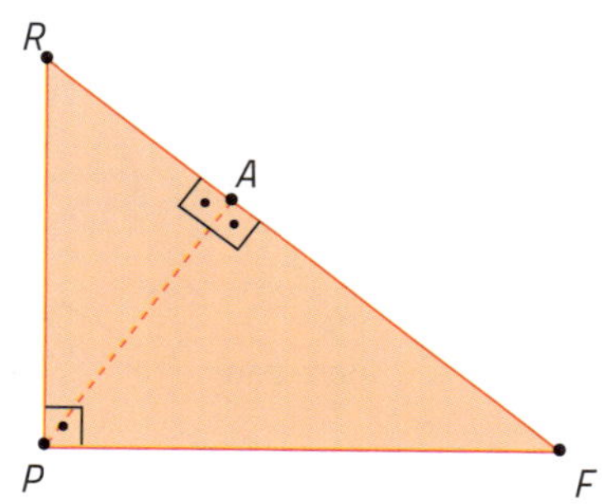

Banco de imagens/Arquivo da editora

Calcule:

a) a medida de comprimento do $\overline{AR}$ e a do $\overline{AF}$;

b) a medida de perímetro do $\triangle APR$;

c) a medida de área da região determinada pelo $\triangle RPF$.

45 › Desafio. Calcule a medida de área desta região triangular ABC de 4 maneiras diferentes.

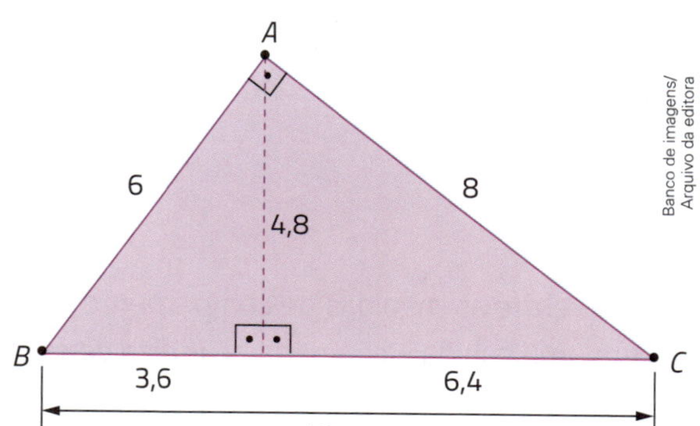

Banco de imagens/Arquivo da editora

4 Razões trigonométricas nos triângulos retângulos

Índice de subida

Você já percebeu como é difícil subir ladeiras muito inclinadas? Observe estas fotos de pessoas subindo ladeiras com inclinações diferentes.

Ascent/PKS Media Inc./Getty Images

Casal subindo ladeira.

Rapt.Tv/Alamy/Fotoarena

Pessoa subindo montanha.

Agora, considere estas figuras. Em cada subida, um ponto P é obtido a partir de um percurso, que determina uma altura e um afastamento.

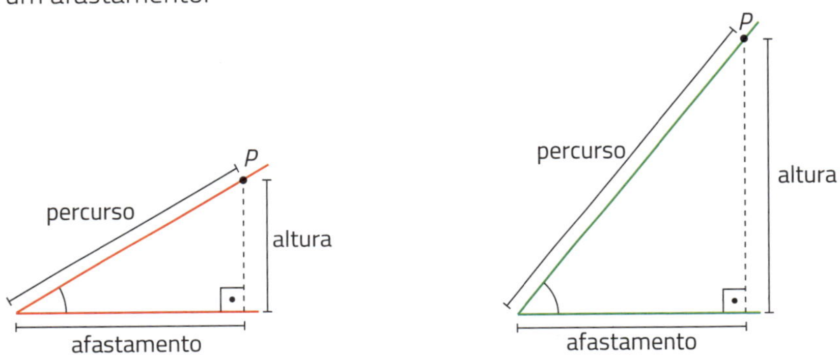

Ilustrações: Banco de imagens/Arquivo da editora

Explorar e descobrir

Examine ao lado a representação de uma rampa e os pontos A, B, C e D.

a) Para cada um dos pontos A, B, C e D, calcule a razão $\dfrac{\text{medida de comprimento da altura}}{\text{medida de comprimento do afastamento}}$ correspondente.

b) Agora, responda: O que você observou em relação às razões que calculou?

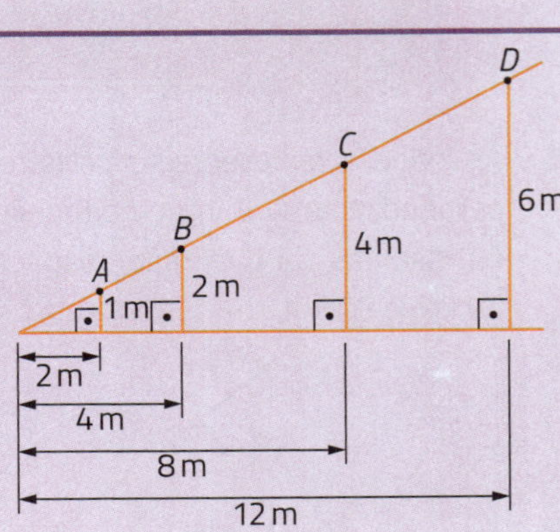

Banco de imagens/Arquivo da editora

A razão entre as medidas de comprimento da altura e da respectiva medida de comprimento do afastamento em uma subida é chamada de **índice de subida**.

$$\text{índice de subida} = \frac{\text{medida de comprimento da altura}}{\text{medida de comprimento do afastamento}}$$

$\frac{1}{3}$

Atividades

46 ▸ Examine esta rampa, calcule a razão

$$\frac{\text{medida de comprimento da altura}}{\text{medida de comprimento do afastamento}}$$

nos pontos *A*, *B* e *C* indicados e determine o índice de subida da rampa.

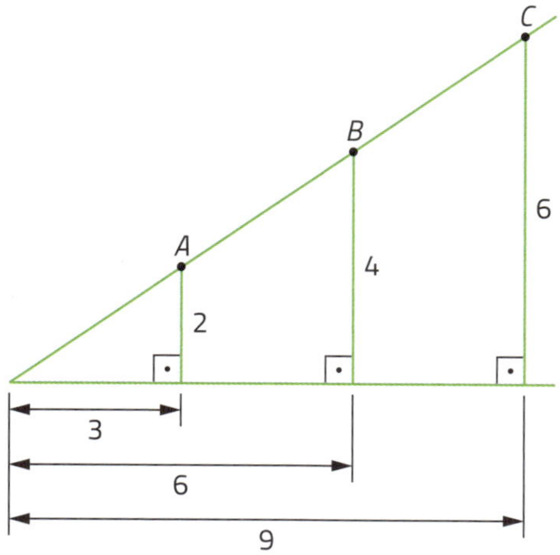

Ilustrações: Banco de imagens/Arquivo da editora

47 ▸ Desenhe a figura descrita em cada item.

a) Uma rampa com altura de medida de comprimento de 6 cm e com índice de subida $\frac{3}{4}$.

b) Uma rampa com afastamento de medida de comprimento de 6 cm e com índice de subida $\frac{3}{4}$.

48 ▸ Calcule o valor de *x* em cada rampa.

a) Índice de subida: $\frac{3}{5}$

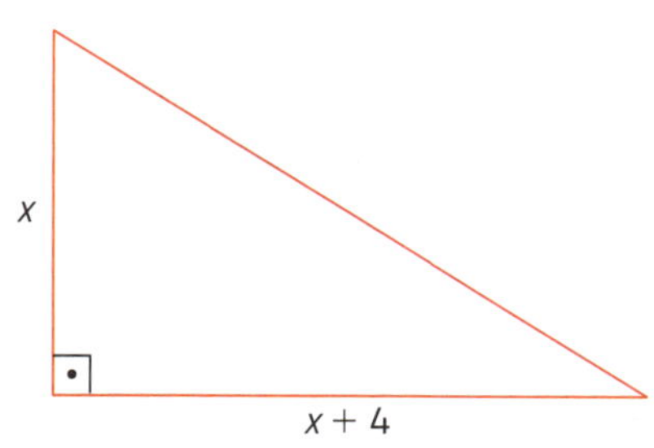

b) Índice de subida: $\frac{1}{3}$

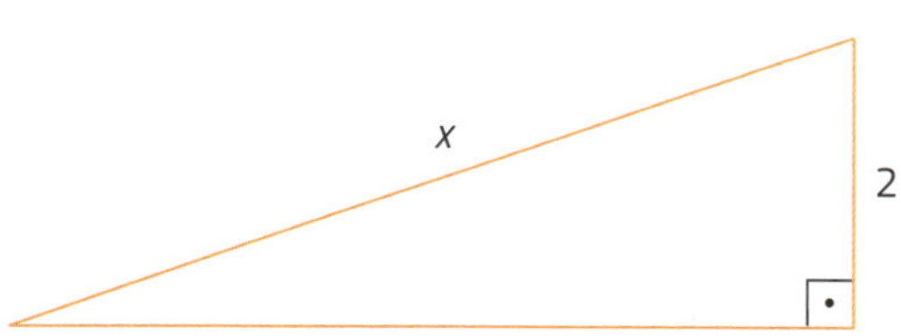

Ilustrações: Banco de imagens/Arquivo da editora

49 ▸ Qual subida é mais íngreme: uma com índice de subida 1 ou uma com índice de subida $\frac{1}{3}$? Justifique sua resposta.

50 ▸ Considere uma subida de índice de subida $\frac{1}{3}$. Se nos afastarmos 45 m, então a quantos metros nos elevaremos do chão?

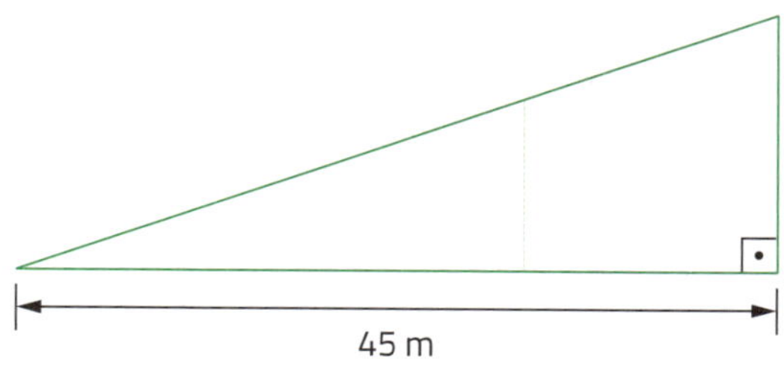

Banco de imagens/Arquivo da editora

51 ▸ Para determinada rampa, temos os dados indicados nesta tabela. Complete a tabela e calcule o índice de subida da rampa.

Dados da rampa

Ponto	Medida de comprimento do afastamento	Medida de comprimento da altura
A	4 m	8 m
B		4 m
C	1 m	
D		6 m
E	5 m	
F	10 m	

Tabela elaborada para fins didáticos.

Índice de subida: ____________________.

52 ▸ Considere uma rampa de índice de subida $\frac{1}{2}$. Se nos elevarmos a uma altura de medida de comprimento de 5 m, então qual será a medida de comprimento do afastamento correspondente?

53 ▸ Converse com um colega sobre esta frase: A proporcionalidade nas medidas de comprimento do afastamento e da altura é decorrente da semelhança dos triângulos retângulos.

A ideia de tangente

Observe estas 2 representações de ladeiras.

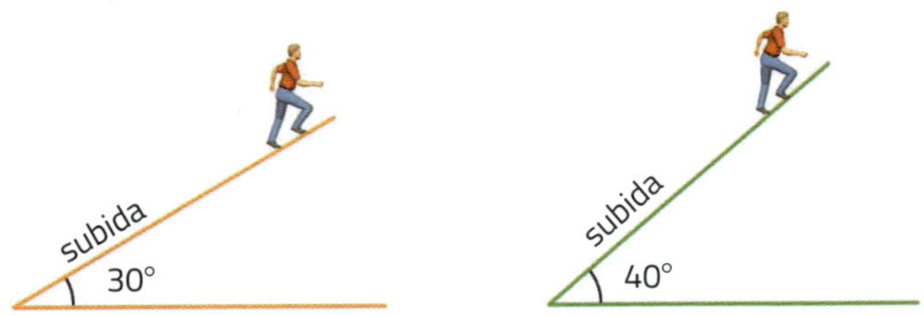

Ilustrações: Paulo Manzi/Arquivo da editora

Dizemos que a segunda ladeira é mais íngreme do que a primeira ou que a segunda ladeira tem um aclive mais acentuado, pois a medida de abertura do ângulo de subida é maior: $40° > 30°$.

Usaremos a palavra **tangente** para associar a medida de abertura do ângulo de subida com o índice dessa subida. A tangente da medida de abertura do ângulo de subida é igual ao índice de subida a ele associado.

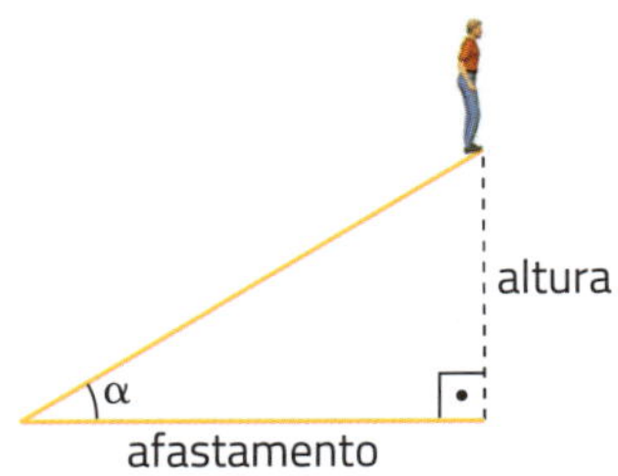

Paulo Manzi/Arquivo da editora

Representamos a tangente da medida de abertura α de um ângulo de subida por: $\tan \alpha$.

$$\tan \alpha = \frac{\text{medida de comprimento da altura}}{\text{medida de comprimento do afastamento}} = \text{índice de subida}$$

Para simplificar a linguagem, podemos dizer tangente da medida de abertura do ângulo ou, apenas, **tangente do ângulo**.

Indicamos assim: $\tan \alpha = \frac{c}{a}$ ou $\tan \hat{C} = \frac{c}{a}$

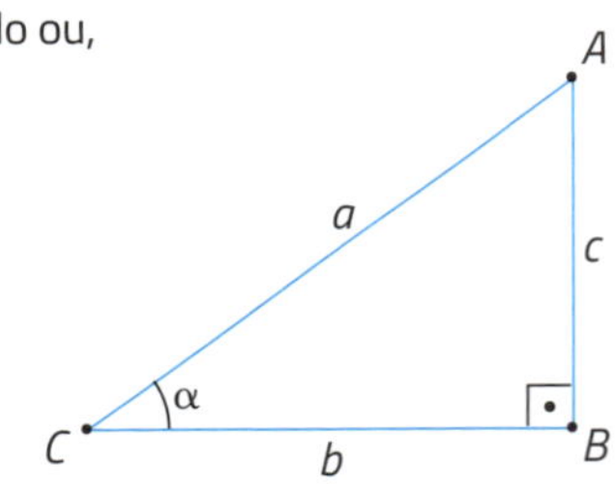

Banco de imagens/Arquivo da editora

Vamos utilizar a definição de tangente de um ângulo para resolver esta situação.

Sem conhecer as medidas de abertura dos ângulos de subida, como saber qual subida é mais íngreme?

Vamos construir os modelos matemáticos de 2 subidas.

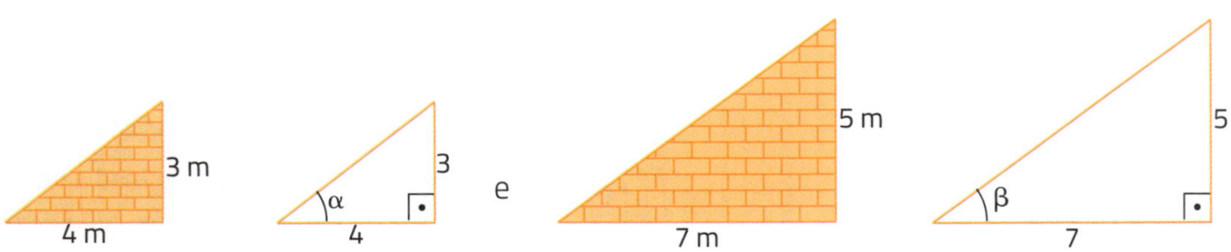

Ilustrações: Banco de imagens/Arquivo da editora

Índice de subida $= \tan \alpha = \frac{3}{4}$

Índice de subida $= \tan \beta = \frac{5}{7}$

Mesmo sem conhecer as medidas de abertura dos ângulos, podemos concluir que a primeira subida é a mais íngreme, pois $\frac{3}{4} > \frac{5}{7} \left(\frac{21}{28} > \frac{20}{28}\right)$.

Atividades

54 ▸ A diagonal de um quadrado é também a bissetriz do ângulo interno dele. Qual é a medida de abertura do ângulo formado entre a bissetriz e o lado do quadrado? E qual é o valor da tangente desse ângulo?

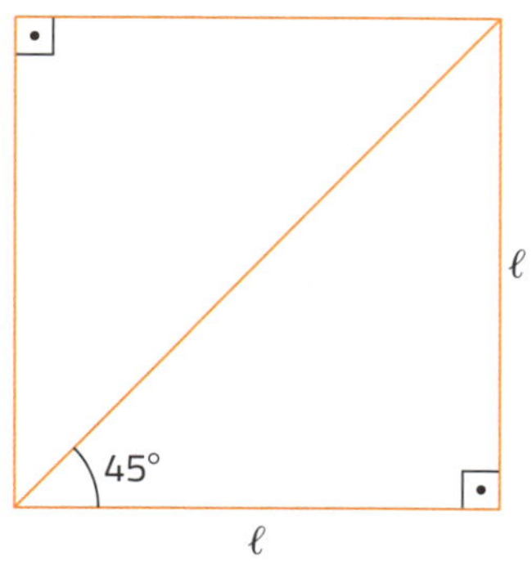

Banco de imagens/Arquivo da editora

55 ▸ Considere que, neste triângulo retângulo, temos $a = 5$ cm e $b = 4$ cm.

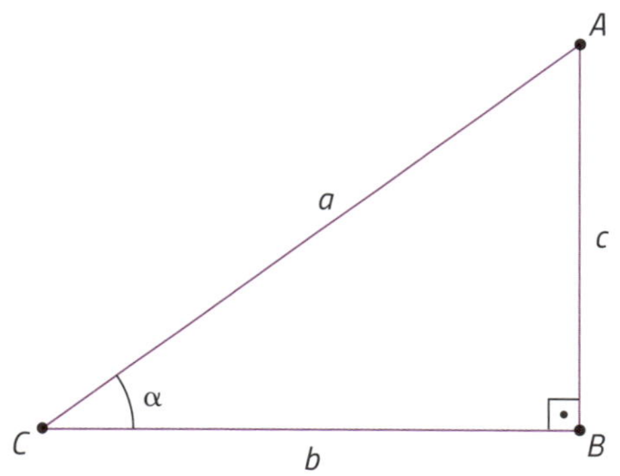

Banco de imagens/Arquivo da editora

a) Calcule o valor da tangente do ângulo de medida de abertura α.

b) Agora, responda e justifique: α é maior do que 45°, menor do que 45° ou igual a 45°?

56 ▸ Observe as medidas de comprimento neste triângulo *ABC*, dadas na mesma unidade de medida.

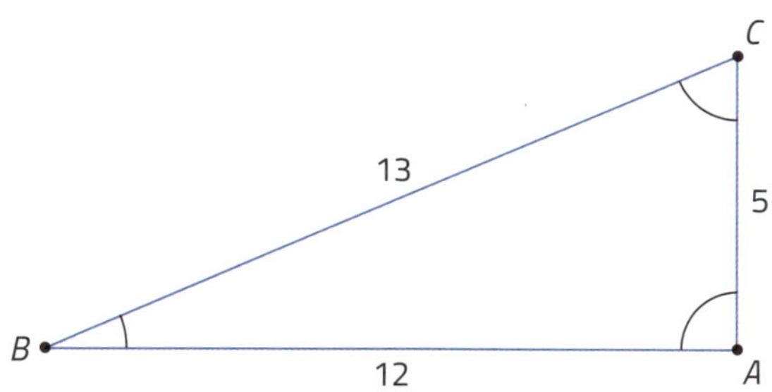

Banco de imagens/Arquivo da editora

a) O triângulo *ABC* é retângulo? Por quê? Se a resposta for afirmativa, então qual é o ângulo reto?

b) Qual é o valor de $\tan \hat{B}$?

57 ▸ Dada uma reta em um plano cartesiano, a tangente do ângulo que a reta faz com o eixo *x*, partindo do eixo *x*, no sentido anti-horário, nos fornece a **inclinação** da reta.

Observe esta figura e responda: Qual é a medida de abertura do ângulo de inclinação da reta?

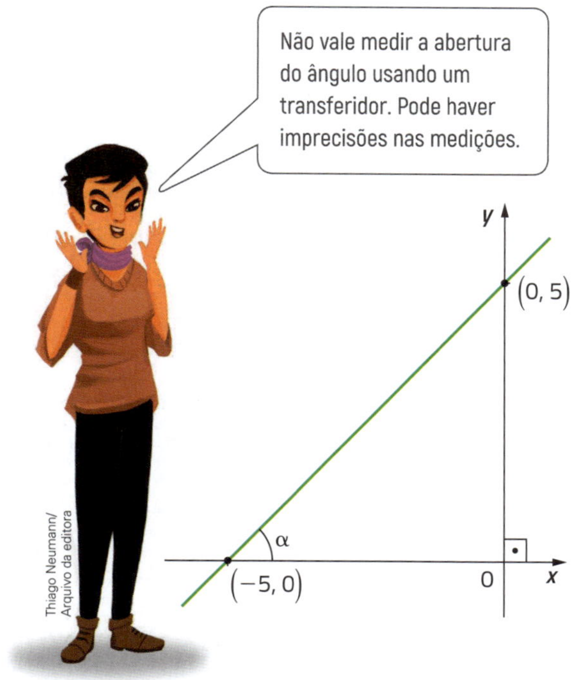

Thiago Neumann/Arquivo da editora

Banco de imagens/Arquivo da editora

58 ▸ Em um momento em que o Sol estava a 45° em relação ao ponto *A*, como nesta figura, mediu-se o comprimento da sombra (*AB*) de um prédio, obtendo-se 28 m. Qual é a medida de comprimento da altura desse prédio?

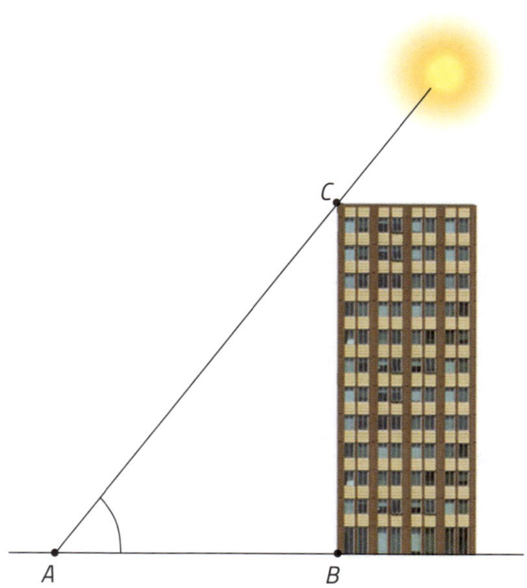

Paulo Manzi/Arquivo da editora

As ideias de seno e de cosseno

Vimos que, para cada subida com ângulo de inclinação de medida de abertura α, ficam determinados o percurso, a altura e o afastamento.

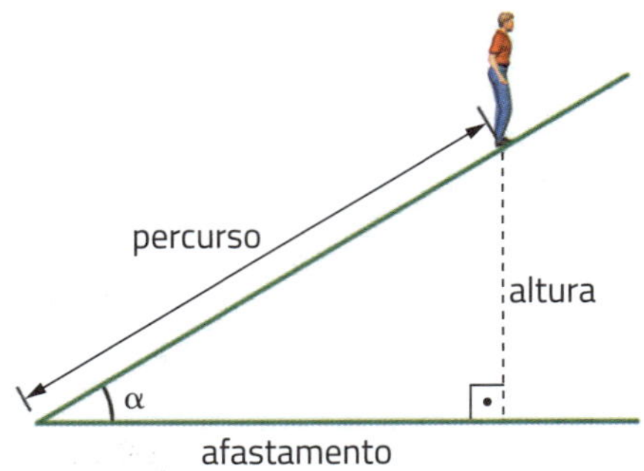

Paulo Manzi/Arquivo da editora

Estudamos também que existe um valor constante obtido pela razão entre as medidas de comprimento da altura e do afastamento, que é conhecido por **índice de subida** ou por **tangente de α**.

$$\tan \alpha = \frac{\text{medida de comprimento da altura}}{\text{medida de comprimento do afastamento}}$$

Além desse valor, podemos determinar o **seno de α** (indicamos por sen α) e o **cosseno de α** (indicamos por cos α). Assim como a tan α, também o sen α e o cos α indicam quanto a subida é íngreme.

$$\text{sen } \alpha = \frac{\text{medida de comprimento da altura}}{\text{medida de comprimento do percurso}}$$

$$\cos \alpha = \frac{\text{medida de comprimento do afastamento}}{\text{medida de comprimento do percurso}}$$

Atividades

59 Converse com os colegas sobre estas subidas com percursos de medidas de comprimento iguais e com ângulos de medidas de abertura diferentes. Depois, juntos, respondam às questões.

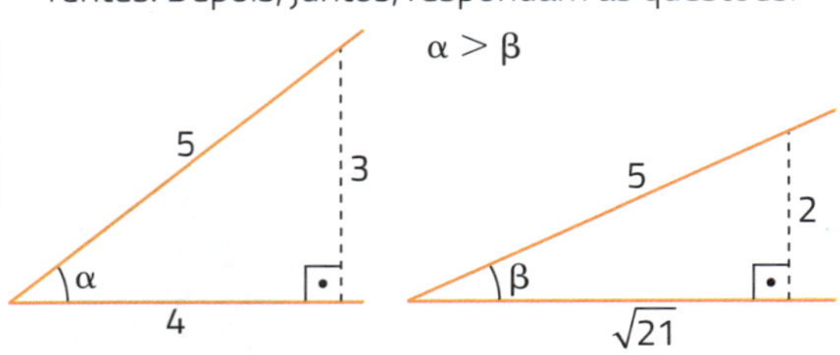

Ilustrações: Banco de imagens/Arquivo da editora

a) Em qual dessas subidas se alcança uma altura com maior medida de comprimento em percursos com a mesma medida de comprimento?

b) Qual tem valor maior: sen α ou sen β?

c) Qual dessas subidas tem afastamento com maior medida de comprimento?

d) Qual tem valor maior: cos α ou cos β?

60 **Desafio.** Calcule os valores de tan 60°, sen 60° e cos 60°.

Dica: Você pode usar um triângulo equilátero como este e considerar parte dele como uma "rampa" com ângulo de medida de abertura de 60°, percurso de medida de comprimento ℓ, afastamento de medida de comprimento $\frac{\ell}{2}$ e altura de medida de comprimento $h = \frac{\ell\sqrt{3}}{2}$.

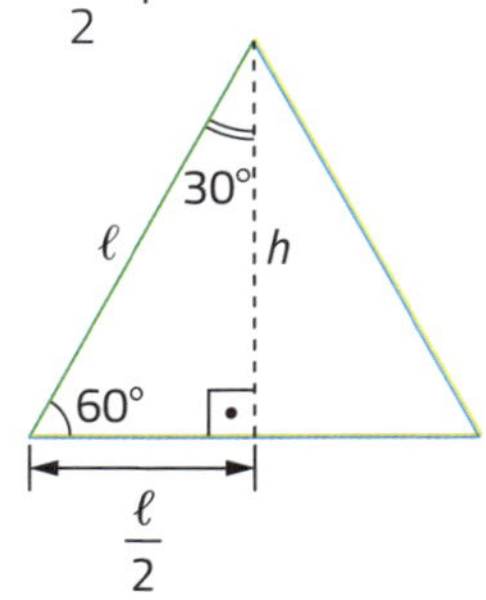

Banco de imagens/Arquivo da editora

CONEXÕES

De onde vem o nome seno?

Quando estudei Trigonometria no colégio, meu professor ensinou que **seno** vem do latim, *sinus*, que significa 'seio', 'volta', 'curva', 'cavidade' (como nas palavras enseada, sinuosidade). E usou o gráfico da função, que é realmente bastante sinuoso, para justificar o nome.

Mais tarde, vim a aprender que não é bem assim. *Sinus* é a tradução latina da palavra árabe *jaib* que significa 'dobra', 'bolso' ou 'prega de uma vestimenta'. Isso não tem nada a ver com o conceito matemático de seno. Trata-se de uma tradução defeituosa, que infelizmente durou até hoje. A palavra árabe adequada, a que deveria ser traduzida, seria *jiba*, em vez de *jaib*. *Jiba* refere-se à corda de um arco (de caça ou de guerra). Uma explicação para esse erro é proposta por A. Aaboe (*Episódios da história antiga da Matemática*, p. 139): em árabe, como em hebraico, é frequente escreverem-se apenas as consoantes das palavras; o leitor se encarrega de completar as vogais. Além de *jiba* e *jaib* terem as mesmas consoantes, a primeira dessas palavras era pouco comum, pois tinha sido trazida da Índia e pertencia ao idioma sânscrito.

Reprodução/Universidade de Yale, EUA

Historiador das ciências exatas e matemático dinamarquês Asger Hartvig Aaboe (1922-2007).

Evidentemente, quando se buscam as origens das palavras, é quase inevitável que se considerem várias hipóteses e dificilmente se pode ter certeza absoluta sobre a conclusão.

LIMA, Elon Lages. *Meu professor de Matemática*. Rio de Janeiro: Instituto de Matemática Pura e Aplicada (Impa)/Vitae – Apoio à Cultura, Educação e Promoção Social, 1991. p. 187.

Questões

1 › Explique com suas palavras a ideia principal desse texto.

2 › De acordo com o autor desse texto, por que a palavra seno tem origem em uma tradução defeituosa?

Definição de seno, cosseno e tangente para ângulos agudos, usando semelhança de triângulos

Considere o triângulo *ABC* ao lado, retângulo em *A*. Nele, temos:

- *a* é a medida de comprimento da hipotenusa;
- *b* e *c* são as medidas de comprimento dos catetos;
- $\hat{B}$ e $\hat{C}$ são ângulos agudos;
- $\overline{AC}$ é o cateto oposto ao ângulo $\hat{B}$;
- $\overline{AB}$ é o cateto adjacente ao ângulo $\hat{B}$.

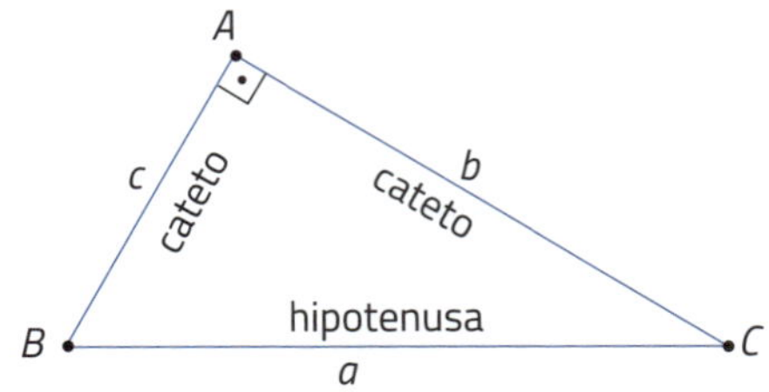

Considere agora um ângulo $A\hat{O}B$ de medida de abertura θ, com $0° < \theta < 90°$. A partir dos pontos *C*, *E*, *G*, etc. da semirreta $\overrightarrow{OA}$ podemos traçar as perpendiculares $\overline{CD}$, $\overline{EF}$, $\overline{GH}$, etc. à semirreta $\overrightarrow{OB}$, como na figura ao lado.

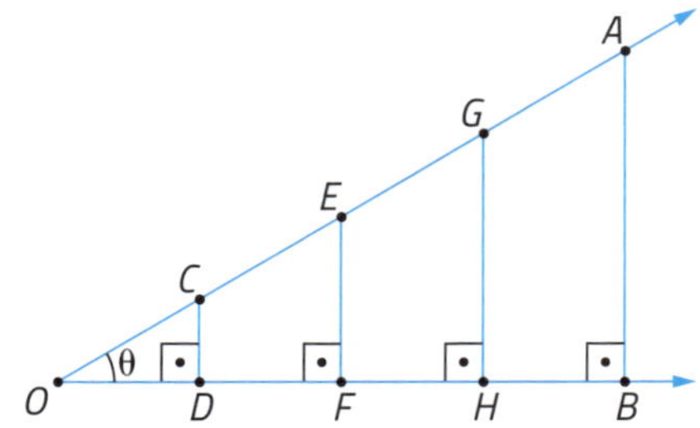

Ilustrações técnicas desta página: Banco de imagens/Arquivo da editora

Os triângulos *OCD*, *OEF*, *OGH*, etc. são semelhantes por terem os mesmos ângulos internos. Portanto, podemos escrever:

$$\frac{CD}{OC} = \frac{EF}{OE} = \frac{GH}{OG} = \ldots \text{ (constante)}$$

Essas razões dependem apenas do valor de θ (e não do "tamanho" do triângulo retângulo do qual θ é a medida de abertura de um dos ângulos agudos) e são chamadas de **seno** da medida de abertura θ, ou **seno de θ**.

Assim, considerando apenas o △*OCD*, escrevemos:

$$\text{sen } \theta = \frac{CD}{OC} = \frac{\text{medida de comprimento do cateto oposto a } \theta}{\text{medida de comprimento da hipotenusa}} \text{ (com } 0° < \theta < 90°\text{)}$$

$\overline{CD}$ é o cateto oposto ao ângulo $\hat{B}$, que tem medida de abertura θ. Para simplificar a linguagem, podemos dizer que $\overline{CD}$ é o **cateto oposto a θ**.

De modo análogo, da semelhança dos triângulos, obtemos as razões:

- $\frac{OD}{OC} = \frac{OF}{OE} = \frac{OH}{OG} = \ldots$ (constante)
- $\frac{CD}{OC} = \frac{EF}{OF} = \frac{GH}{OH} = \ldots$ (constante)

Essas razões também dependem apenas da medida de abertura θ e são chamadas de **cosseno de θ** e **tangente de θ**, respectivamente.

$$\cos \theta = \frac{OD}{OC} = \frac{\text{medida de comprimento do cateto adjacente a } \theta}{\text{medida de comprimento da hipotenusa}} \text{ (com } 0° < \theta < 90°\text{)}$$

$$\tan \theta = \frac{CD}{OD} = \frac{\text{medida de comprimento do cateto oposto a } \theta}{\text{medida de comprimento do cateto adjacente a } \theta} \text{ (com } 0° < \theta < 90°\text{)}$$

As razões sen $\theta = \frac{CD}{OC}$, cos $\theta = \frac{OD}{OC}$ e tan $\theta = \frac{CD}{OD}$ são chamadas de **razões trigonométricas** em relação ao ângulo agudo de medida de abertura θ.

Como vimos, a semelhança de triângulos é que fundamenta as razões trigonométricas. Compare essas definições com as relações dadas na página 238 e que envolvem afastamento, percurso e altura em uma subida.

Thiago Neumann/Arquivo da editora

Atividades

61 Considerem este triângulo retângulo, em que $\hat{B}$ é um dos ângulos agudos.

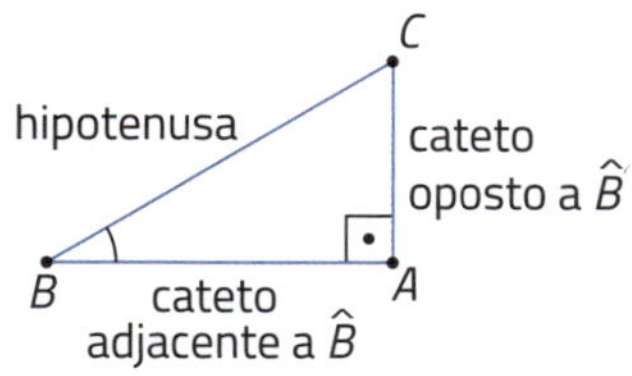

Banco de imagens/Arquivo da editora

Justifiquem cada afirmação.

a) sen $\hat{B}$ é um número entre 0 e 1.

b) cos $\hat{B}$ é um número entre 0 e 1.

c) tan $\hat{B}$ é um número maior do que 0 e pode ser menor do que, maior do que ou igual a 1.

62 Examine este triângulo retângulo e calcule o valor de cada razão.

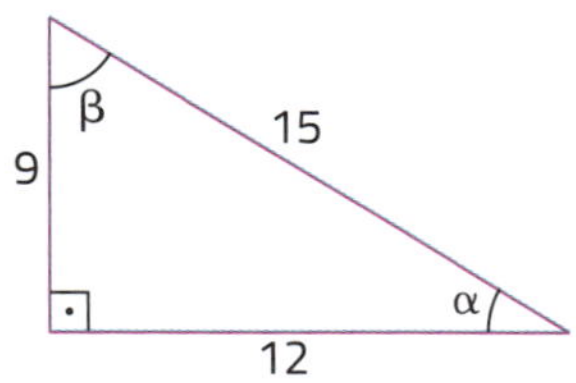

Banco de imagens/Arquivo da editora

a) sen α

b) cos α

c) tan α

d) sen β

e) cos β

f) tan β

63 Os resultados da atividade anterior estão coerentes com as afirmações da atividade 61?

64 Calcule o valor de x em cada figura considerando as medidas dadas.

a) $\cos \beta = 0{,}6$

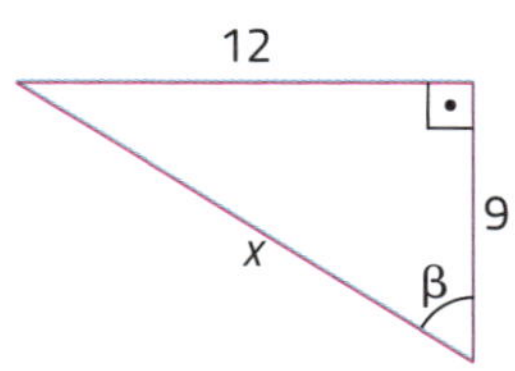

b) $\text{sen}\, \alpha = \dfrac{3}{5}$; $\cos \alpha = \dfrac{4}{5}$ e $\tan \alpha = \dfrac{3}{4}$.

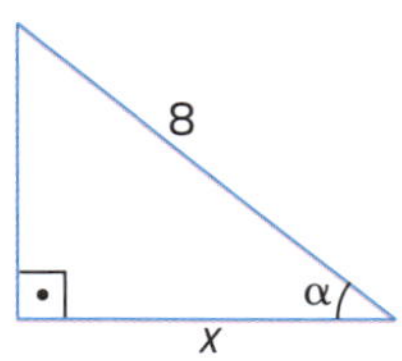

c) $\text{sen}\, \hat{A} = \dfrac{5}{13}$; $\cos \hat{A} = \dfrac{12}{13}$ e $\tan \hat{A} = \dfrac{5}{12}$.

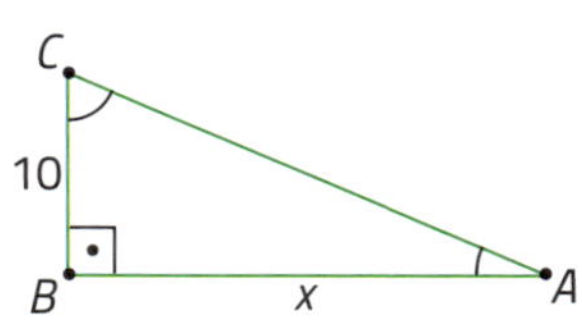

Ilustrações: Banco de imagens/Arquivo da editora

d) $\cos \hat{A} = \dfrac{\sqrt{3}}{2}$

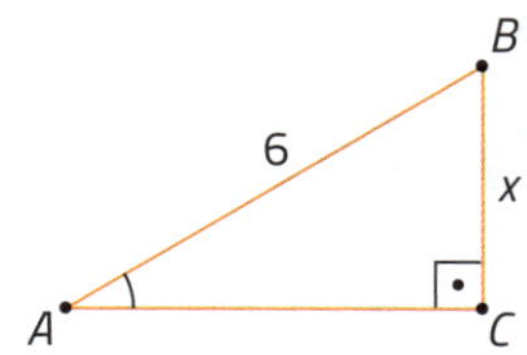

Banco de imagens/Arquivo da editora

65 Em um triângulo EFG, retângulo em E, temos $\text{sen}\, \hat{F} = \dfrac{5}{6}$, $\cos \hat{F} = \dfrac{\sqrt{11}}{6}$ e $\tan \hat{F} = \dfrac{5\sqrt{11}}{11}$.

a) Se a hipotenusa do $\triangle EFG$ tem medida de comprimento de 30 cm, então quais são as medidas de comprimento dos catetos?

b) Calcule os valores de sen $\hat{G}$, cos $\hat{G}$ e tan $\hat{G}$.

c) Calcule o valor de cada expressão.

- $(\text{sen}\, \hat{F})^2 + (\cos \hat{F})^2$
- $\dfrac{\text{sen}\, \hat{F}}{\cos \hat{F}}$
- $\text{sen}^2\, \hat{G} + \cos^2 \hat{G}$
- $\dfrac{\text{sen}\, \hat{G}}{\cos \hat{G}}$

Thiago Neumann/Arquivo da editora

d) Compare os valores de sen $\hat{F}$ com cos $\hat{G}$ e de cos $\hat{F}$ com sen $\hat{G}$.

e) Como são os valores de tan $\hat{F}$ e tan $\hat{G}$?

f) Compare os valores encontrados para $\dfrac{\text{sen}\, \hat{F}}{\cos \hat{F}}$ e tan $\hat{F}$. Faça o mesmo para o ângulo $\hat{G}$.

Observação: Os fatos verificados com os ângulos agudos do $\triangle EFG$ nesta atividade acontecem sempre com os 2 ângulos agudos de um triângulo retângulo. As demonstrações serão feitas nas próximas páginas.

5 Razões trigonométricas de ângulos agudos

Relações entre seno, cosseno e tangente de ângulos agudos

As razões trigonométricas seno, cosseno e tangente de ângulos agudos se relacionam de várias maneiras, como verificaremos a seguir.

- **Relação trigonométrica fundamental:** $\text{sen}^2\,\alpha + \cos^2\alpha = 1$

Demonstração

Considere este triângulo *CAB*, retângulo em *A*, tal que $m(\hat{C}) = \alpha$.

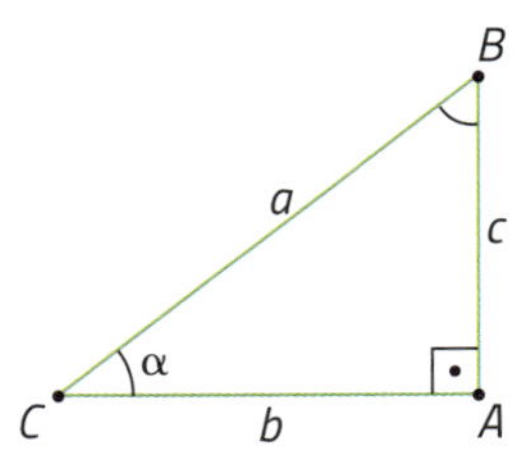

Banco de imagens/ Arquivo da editora

Das razões trigonométricas sen α e cos α e pelo teorema de Pitágoras ($a^2 = b^2 + c^2$), obtemos:

$$\text{sen}^2\,\alpha + \cos^2\alpha = \left(\frac{c}{a}\right)^2 + \left(\frac{b}{a}\right)^2 = \frac{c^2 + b^2}{a^2} = \frac{a^2}{a^2} = 1$$

Portanto, $\text{sen}^2\,\alpha + \cos^2\alpha = 1$, para $0° < \alpha < 90°$.

- $\tan\alpha = \dfrac{\text{sen}\,\alpha}{\cos\alpha}$, para $0° < \alpha < 90°$

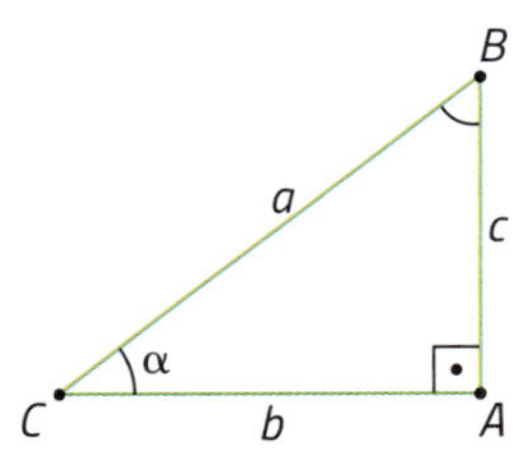

Banco de imagens/ Arquivo da editora

Demonstração

$$\frac{\text{sen}\,\alpha}{\cos\alpha} = \frac{\frac{c}{a}}{\frac{b}{a}} = \frac{c}{a} \div \frac{b}{a} = \frac{c}{\cancel{a}} \cdot \frac{\cancel{a}}{b} = \frac{c}{b} = \tan\alpha$$

ou

$$\tan\alpha = \frac{c^{\div a}}{b_{\div a}} = \frac{\frac{c}{a}}{\frac{b}{a}} = \frac{\text{sen}\,\alpha}{\cos\alpha}$$

(dividimos os termos da razão $\frac{c}{b}$ por $a \neq 0$)

Portanto, $\tan\alpha = \dfrac{\text{sen}\,\alpha}{\cos\alpha}$, para $0° < \alpha < 90°$.

- $\text{sen}\,\alpha = \cos\beta$, $\cos\alpha = \text{sen}\,\beta$ e $\tan\alpha = \dfrac{1}{\tan\beta}$, para $\alpha + \beta = 90°$

Se 2 ângulos agudos de medidas de abertura α e β são complementares ($\alpha + \beta = 90°$), então o seno de um dos ângulos é igual ao cosseno do complemento dele ($\text{sen}\,\alpha = \cos\beta$ e $\cos\alpha = \text{sen}\,\beta$) e a tangente de um é o inverso da tangente do complemento dele $\left(\tan\alpha = \dfrac{1}{\tan\beta}\right)$.

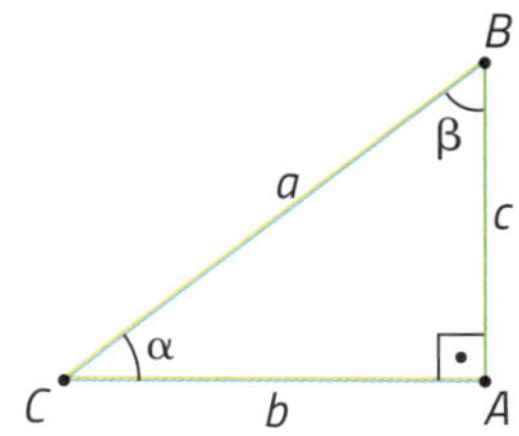

Demonstração

α e β são medidas complementares, isto é, $\alpha + \beta = 90°$.

Aplicando as definições de seno, cosseno e tangente nesse triângulo retângulo, obtemos:

$\text{sen}\,\alpha = \dfrac{c}{a} = \cos\beta$; portanto, $\text{sen}\,\alpha = \cos\beta$.

$\cos\alpha = \dfrac{b}{a} = \text{sen}\,\beta$; portanto, $\cos\alpha = \text{sen}\,\beta$.

$\tan\alpha = \dfrac{c}{b} = \dfrac{1}{\frac{b}{c}} = \dfrac{1}{\tan\beta}$; portanto, $\tan\alpha = \dfrac{1}{\tan\beta}$.

Observação: Com essas 3 relações, sempre que conhecemos os valores do seno, do cosseno ou da tangente de um ângulo agudo, podemos obter os valores do seno, do cosseno e da tangente do complemento desse ângulo, respectivamente.

Atividades

66 Usando 2 caminhos diferentes, calcule o valor de x neste triângulo sabendo que $\text{sen}\,\alpha = \dfrac{4}{5}$.

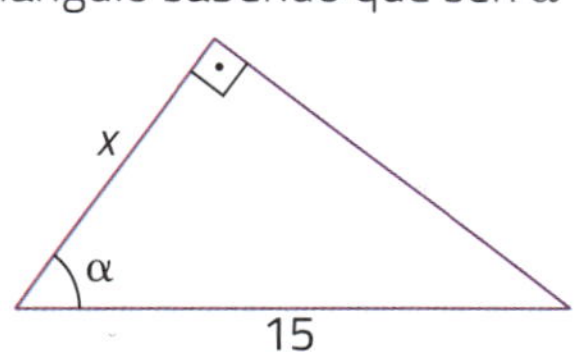

Banco de imagens/Arquivo da editora

67 Complete os itens para α e β medidas de abertura de ângulos agudos.

a) Se $\text{sen}\,\alpha = \dfrac{\sqrt{3}}{5}$, então $\cos\alpha =$ __________ e

$\tan\alpha =$ __________.

b) Se $\tan\alpha = \dfrac{3}{8}$, então $\tan(90° - \alpha) =$ __________.

c) Se $\tan\beta = 0{,}75$ e $\cos\beta = 0{,}8$, então

$\text{sen}\,\beta =$ __________.

68 Veja como Ana calculou os valores aproximados de sen 40°, cos 40° e tan 40°.

Com régua e transferidor, Ana construiu um triângulo retângulo no qual um dos ângulos tem medida de abertura de 40° e a hipotenusa tem medida de comprimento de 5 cm.

Então, Ana mediu o comprimento dos 2 catetos e obteve os valores aproximados de 3,2 cm e 3,8 cm. Em seguida, ela efetuou alguns cálculos e obteve os valores desejados.

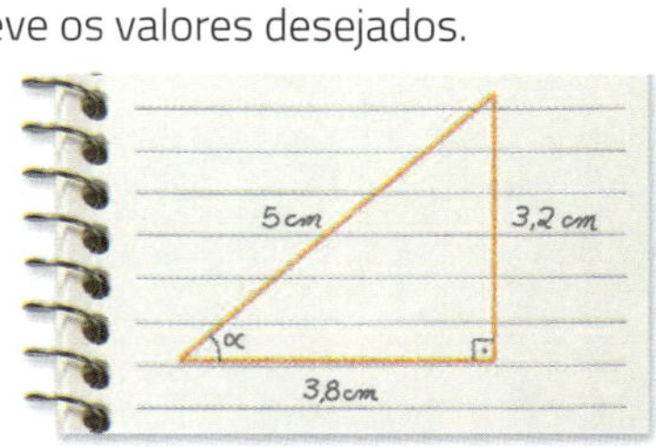

Paulo Manzi/Arquivo da editora

Use os procedimentos desenvolvidos por Ana, efetue os cálculos e determine os valores aproximados de sen 40°, cos 40° e tan 40°.

69 Com os valores obtidos na atividade anterior, você pode descobrir os valores aproximados do seno, do cosseno e da tangente de outro ângulo. Qual é a medida de abertura desse ângulo? E quais são esses valores?

70 Neste triângulo retângulo, temos $\cos\alpha = \dfrac{12}{13}$.

Banco de imagens/Arquivo da editora

a) Calcule os valores de $\text{sen}\,\alpha$ e $\tan\alpha$.

b) Determine a medida de comprimento da hipotenusa.

Razões trigonométricas para ângulos com medidas de abertura de 30°, 45° e 60°

Você já sabe que, em todo triângulo equilátero, cada um dos 3 ângulos internos tem medida de abertura de 60°. Quando traçamos uma das alturas de um triângulo equilátero, obtemos 2 triângulos retângulos congruentes.

Se ℓ é a medida de comprimento de cada lado, então a medida de comprimento da altura traçada é $\frac{\ell\sqrt{3}}{2}$ e os 2 triângulos formados têm lados com medidas de comprimento ℓ, $\frac{\ell}{2}$ e $\frac{\ell\sqrt{3}}{2}$ e ângulos com medidas de abertura de 90°, 60° e 30°.

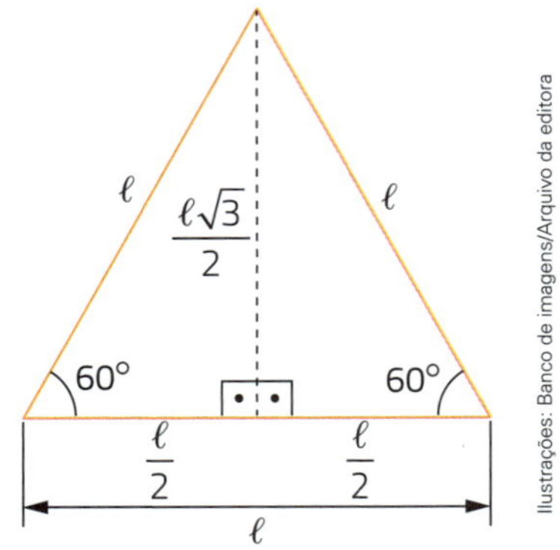

Escolhendo um dos triângulos formados, podemos obter as razões trigonométricas para os ângulos de medida de abertura de 30° e de 60°.

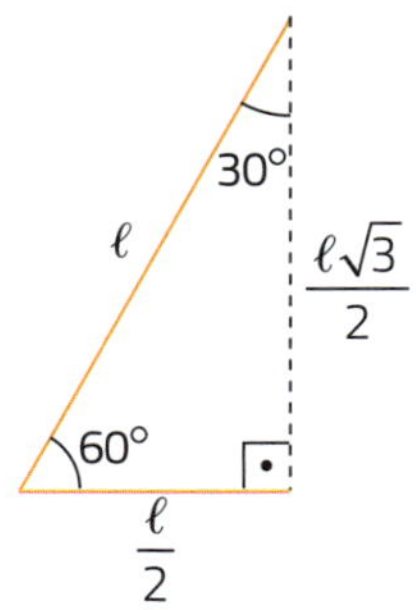

Escolhendo outro triângulo retângulo conveniente, como este, também podemos determinar as razões trigonométricas para os ângulos de medida de abertura de 45°.

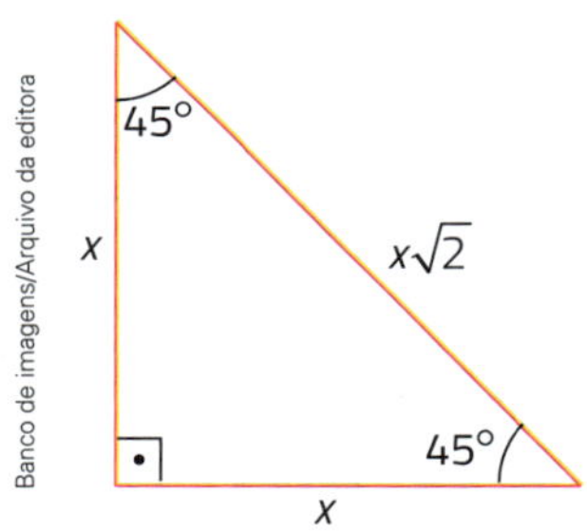

Explorar e descobrir

Veja como podemos obter o valor de sen 30° usando o triângulo retângulo com ângulos de medidas de abertura de 30°, 60° e 90°. Esse valor também serve para cos 60°.

$$\text{sen } 30° = \cos 60° = \frac{\frac{\ell}{2}}{\ell} = \frac{\cancel{\ell}}{2} \cdot \frac{1}{\cancel{\ell}} = \frac{1}{2}$$

Calcule os outros valores e, em seguida, confira com os colegas.

a) cos 30° = sen 60° = ___________

b) tan 30° = ___________

c) sen 45° = cos 45° = ___________

d) tan 60° = ___________

e) tan 45° = ___________

Atividades

71 ▸ Complete esta tabela com os valores que você calculou no *Explorar e descobrir* da página anterior.

Razões trigonométricas para ângulos de medida de abertura de 30°, 45° e 60°

	sen	cos	tan
30°			
45°			
60°			

72 ▸ Observe este triângulo retângulo.

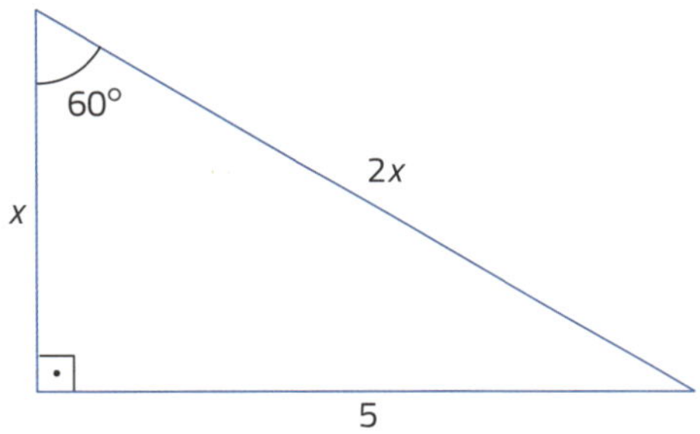

Banco de imagens/Arquivo da editora

Veja que podemos calcular o valor de x de 2 maneiras diferentes.

$$\tan 60° = \frac{5}{x} \Rightarrow \sqrt{3} = \frac{5}{x} \Rightarrow x = \frac{5}{\sqrt{3}} = \frac{5\sqrt{3}}{3}$$

ou

$$(2x)^2 = x^2 + 5^2 \Rightarrow x^2 = \frac{25}{3}\text{, com } x > 0 \Rightarrow$$

$$\Rightarrow x = \frac{5}{\sqrt{3}} = \frac{5\sqrt{3}}{3}$$

Faça o mesmo para este triângulo e calcule o valor de x de 2 maneiras diferentes.

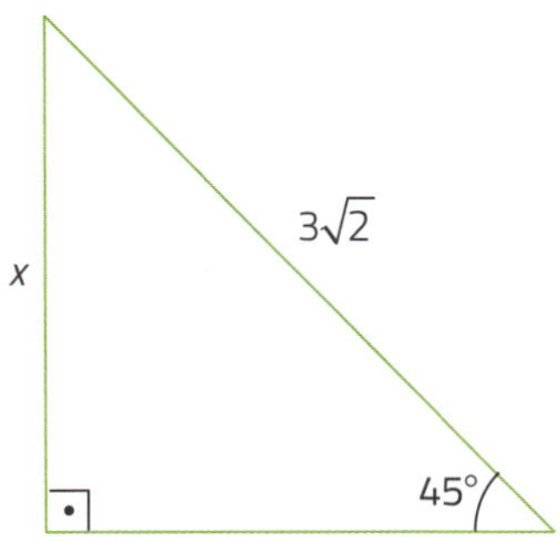

Banco de imagens/Arquivo da editora

73 ▸ Complete novamente a tabela de razões trigonométricas para ângulos com medidas de abertura de 30°, 45° e 60°. Mas, agora, escreva os valores na forma decimal até os milésimos.

Razões trigonométricas para ângulos de medida de abertura de 30°, 45° e 60°

	sen	cos	tan
30°			
45°			
60°			

Utilize estes valores aproximados: $\sqrt{2} = 1{,}41$ e $\sqrt{3} = 1{,}73$.

Thiago Neumann/Arquivo da editora

74 ▸ A corda $\overline{BC}$ forma um ângulo de medida de abertura de 30° com um diâmetro desta circunferência.

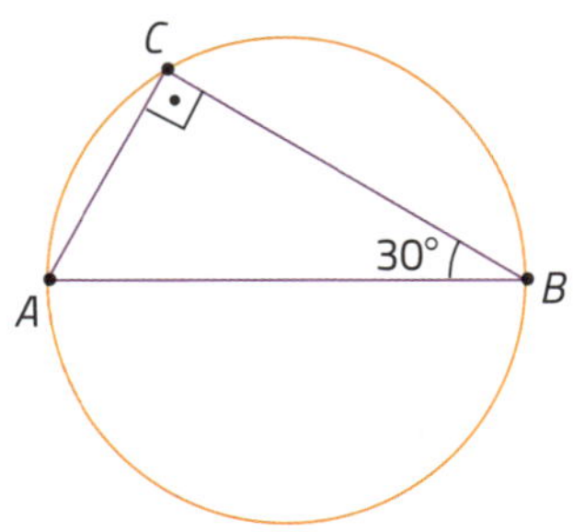

Banco de imagens/Arquivo da editora

Qual é a medida de comprimento dessa corda, sabendo que o raio da circunferência tem medida de comprimento de 1,5 cm? Consulte a tabela da atividade anterior.

A tabela das razões trigonométricas de ângulos agudos

Nas atividades 71 e 73, você preencheu as tabelas com os valores exatos e com os valores aproximados do seno, do cosseno e da tangente de ângulos com medidas de abertura de 30°, 45° e 60°. Para resolver problemas com triângulos retângulos, eventualmente precisamos conhecer os valores dessas razões trigonométricas dos ângulos agudos dos triângulos, que podem ter medidas de abertura diferentes de 30°, 45° e 60°. Assim, para facilitar os cálculos, há alguns séculos foi organizada uma tabela com os valores aproximados, na forma decimal, para os ângulos com medidas de abertura de 1° a 89°. Veja como é essa tabela.

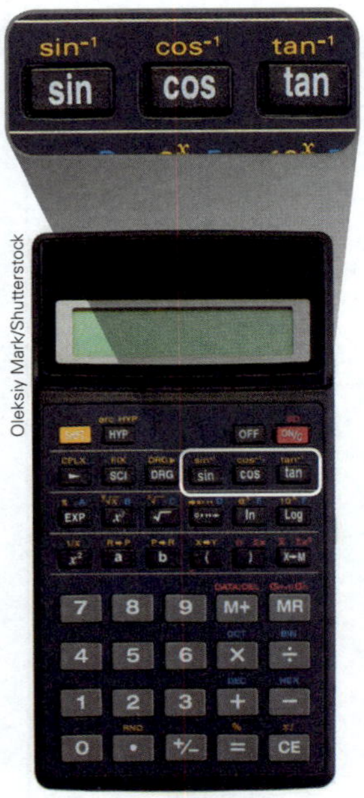

Oleksiy Mark/Shutterstock

Nas calculadoras científicas, geralmente as teclas de seno, cosseno e tangente são indicadas por *sin*, *cos* e *tan*.

Tabela de razões trigonométricas

Medida de abertura	sen	cos	tan	Medida de abertura	sen	cos	tan
1°	0,017	1,000	0,017	46°	0,719	0,695	1,036
2°	0,035	0,999	0,035	47°	0,731	0,682	1,072
3°	0,052	0,999	0,052	48°	0,743	0,669	1,111
4°	0,070	0,998	0,070	49°	0,755	0,656	1,150
5°	0,087	0,996	0,087	50°	0,766	0,643	1,192
6°	0,105	0,995	0,105	51°	0,777	0,629	1,235
7°	0,122	0,993	0,123	52°	0,788	0,616	1,280
8°	0,139	0,990	0,141	53°	0,799	0,602	1,327
9°	0,156	0,988	0,158	54°	0,809	0,588	1,376
10°	0,174	0,985	0,176	55°	0,819	0,574	1,428
11°	0,191	0,982	0,194	56°	0,829	0,559	1,483
12°	0,208	0,978	0,213	57°	0,839	0,545	1,540
13°	0,225	0,974	0,231	58°	0,848	0,530	1,600
14°	0,242	0,970	0,249	59°	0,857	0,515	1,664
15°	0,259	0,966	0,268	60°	0,866	0,500	1,732
16°	0,276	0,961	0,287	61°	0,875	0,485	1,804
17°	0,292	0,956	0,306	62°	0,883	0,469	1,881
18°	0,309	0,951	0,325	63°	0,891	0,454	1,963
19°	0,326	0,946	0,344	64°	0,899	0,438	2,050
20°	0,342	0,940	0,364	65°	0,906	0,423	2,145
21°	0,358	0,934	0,384	66°	0,914	0,407	2,246
22°	0,375	0,927	0,404	67°	0,921	0,391	2,356
23°	0,391	0,921	0,424	68°	0,927	0,375	2,475
24°	0,407	0,914	0,445	69°	0,934	0,358	2,605
25°	0,423	0,906	0,466	70°	0,940	0,342	2,747
26°	0,438	0,899	0,488	71°	0,946	0,326	2,904
27°	0,454	0,891	0,510	72°	0,951	0,309	3,078
28°	0,469	0,883	0,532	73°	0,956	0,292	3,271
29°	0,485	0,875	0,554	74°	0,961	0,276	3,487
30°	0,500	0,866	0,577	75°	0,966	0,259	3,732
31°	0,515	0,857	0,601	76°	0,970	0,242	4,011
32°	0,530	0,848	0,625	77°	0,974	0,225	4,332
33°	0,545	0,839	0,649	78°	0,978	0,208	4,705
34°	0,559	0,829	0,675	79°	0,982	0,191	5,145
35°	0,574	0,819	0,700	80°	0,985	0,174	5,671
36°	0,588	0,809	0,727	81°	0,988	0,156	6,314
37°	0,602	0,799	0,754	82°	0,990	0,139	7,115
38°	0,616	0,788	0,781	83°	0,993	0,122	8,144
39°	0,629	0,777	0,810	84°	0,995	0,105	9,514
40°	0,643	0,766	0,839	85°	0,996	0,087	11,430
41°	0,656	0,755	0,869	86°	0,998	0,070	14,301
42°	0,669	0,743	0,900	87°	0,999	0,052	19,081
43°	0,682	0,731	0,933	88°	0,999	0,035	28,636
44°	0,695	0,719	0,966	89°	1,000	0,017	57,290
45°	0,707	0,707	1,000				

Atividades

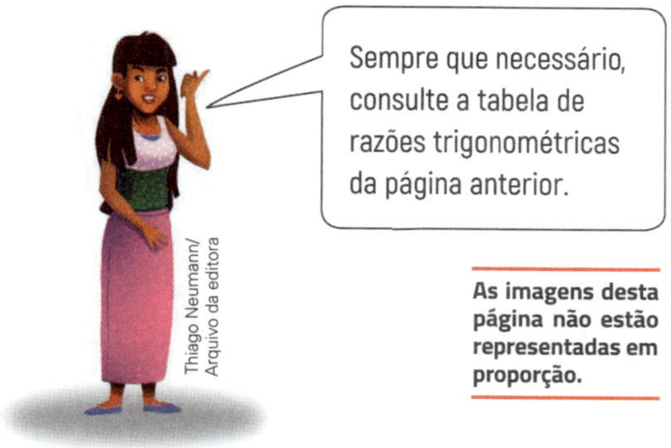

As imagens desta página não estão representadas em proporção.

75 › Calcule o valor de x em cada triângulo. Use uma calculadora para efetuar as operações.

a)

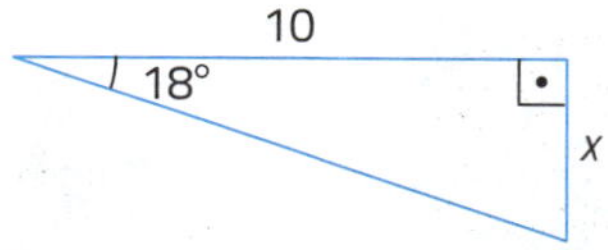

b)

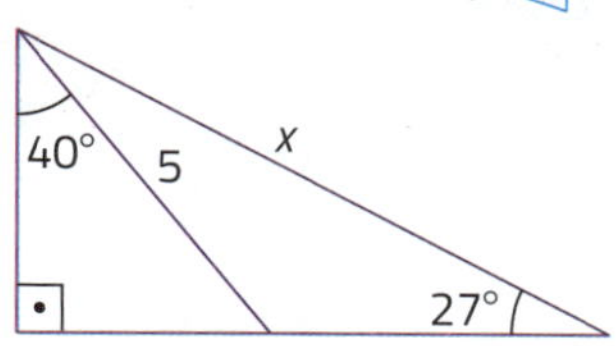

Ilustrações: Banco de imagens/Arquivo da editora

76 › Uma rampa faz um ângulo de medida de abertura α com a horizontal.

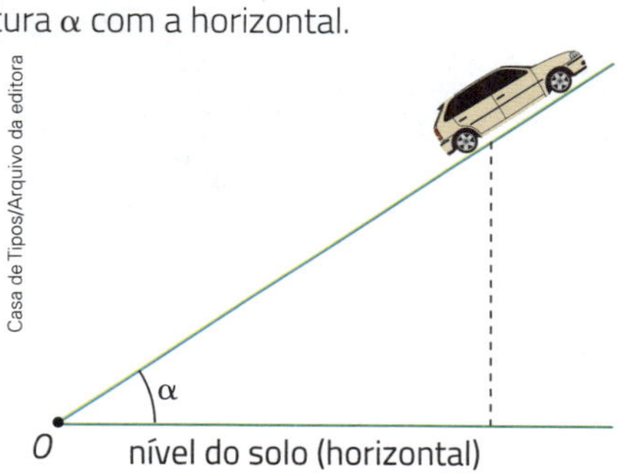

Um carro percorreu 6 m na rampa e atingiu uma altura com medida de comprimento de 3,27 m. Qual é a medida α?

77 › Você estudou que um triângulo com os lados com medidas de comprimento de 3, 4 e 5 unidades é um triângulo retângulo, pois vale a relação $5^2 = 3^2 + 4^2$.

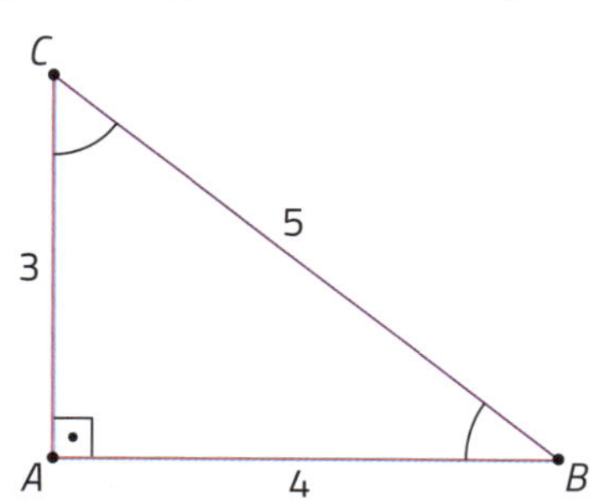

Determine a medida de abertura aproximada dos ângulos agudos desse triângulo.

78 › Um caminhão sobe uma rampa com medida de inclinação de 10° em relação ao plano horizontal. Se a rampa tem medida de comprimento de 30 m, então a quantos metros o caminhão se eleva, verticalmente, após percorrer toda a rampa?

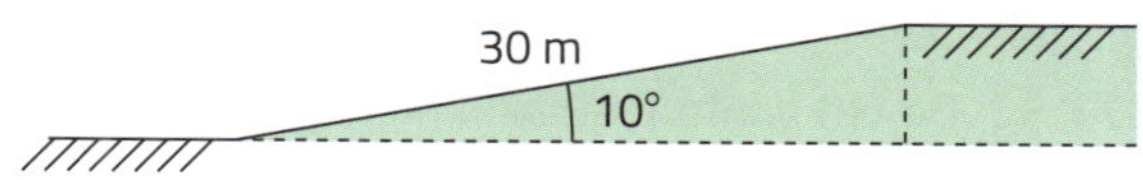

79 › Nestes triângulos, temos $\alpha = 28°$, $\beta = 62°$ e $h = 10$. Calcule o valor de $x + y$.

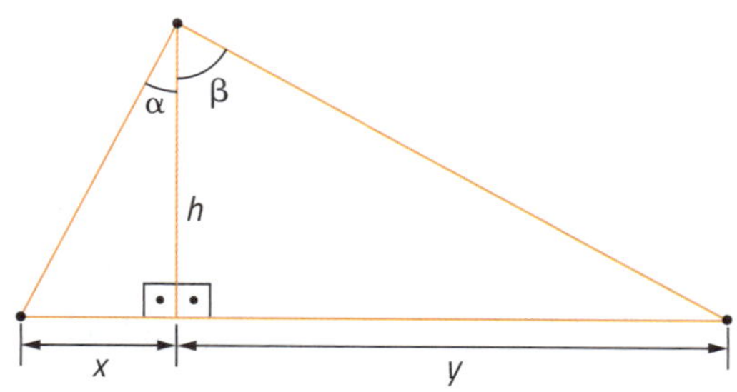

80 › Na construção de um telhado, foram usadas telhas portuguesas como as desta foto.

Parte de um telhado com telhas portuguesas.

O "caimento" do telhado é de 20° em relação ao plano horizontal. Sabendo que em cada lado da casa foram construídos 6 m de telhado e, até a laje do teto, a casa tem altura de medida de comprimento de 3 m, determine a medida de comprimento da altura do ponto mais alto do telhado dessa casa.

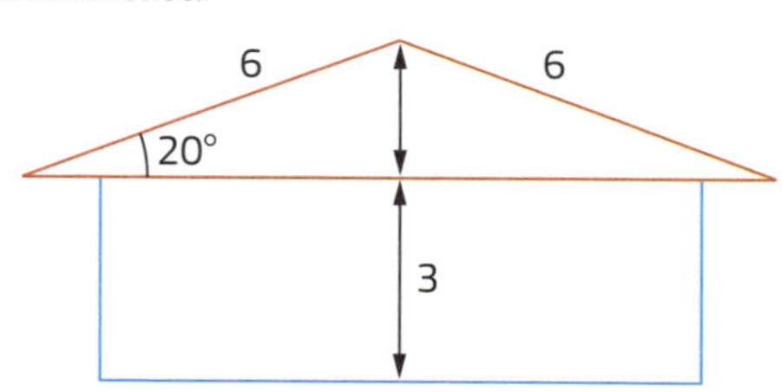

81 › Em um triângulo retângulo, a altura relativa à hipotenusa determina sobre ela segmentos de reta (projeções dos catetos sobre a hipotenusa) com medidas de comprimento de 4 cm e 9 cm. Calcule a medida de abertura aproximada do ângulo formado pela altura e pelo cateto menor desse triângulo.

82 › De um ponto *O* situado no chão, avista-se o topo de um prédio sob um ângulo de medida de abertura de 60°. Com uma calculadora, determine a medida de comprimento da altura desse prédio sabendo que a distância que o separa do ponto *O* mede 22 m.

As imagens desta página não estão representadas em proporção.

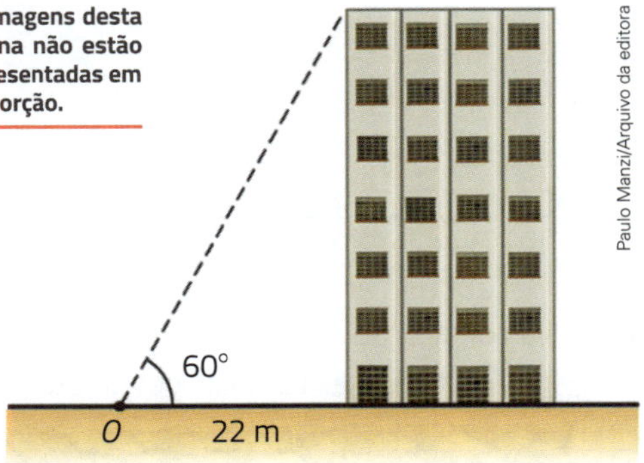

83 › Um avião decola do aeroporto (*A*) e sobe formando um ângulo com medida de abertura constante de 15° com a horizontal. Na direção do percurso do avião, a 2 km do aeroporto, existe uma torre retransmissora de televisão cuja altura tem medida de comprimento de 40 m.

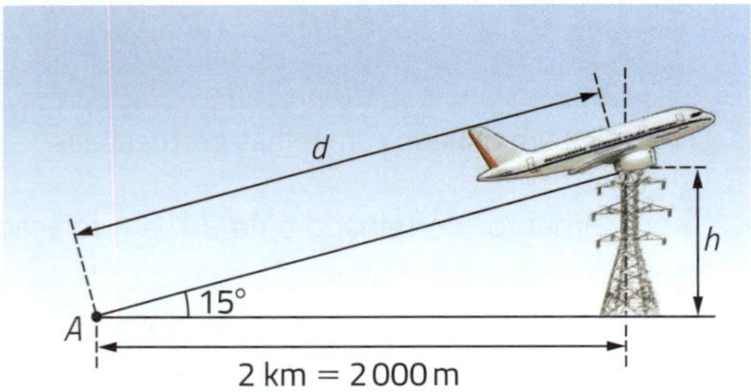

Verifique se existe a possibilidade de o avião se chocar com a torre. (Nesse caso, ele deveria desviar-se da rota.)

84 › **Conexões.** Para determinar a medida de comprimento da altura de uma torre, um topógrafo colocou o teodolito (aparelho que mede a abertura de ângulos) a 100 m da base e obteve um ângulo de medida de abertura de 30°.

Veja a imagem.

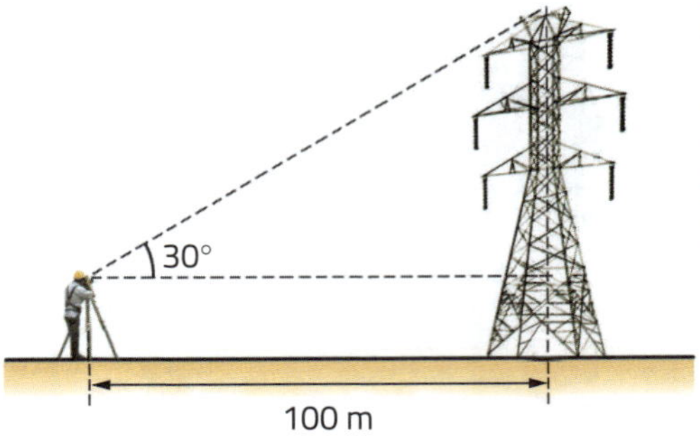

Topógrafo utilizando um teodolito.

Sabendo que a luneta do teodolito estava a 1,70 m do solo, qual é a medida de comprimento aproximada da altura da torre?

85 › **Desafio.** Um carro andou 9 km em linha reta de *B* até *A*. Em seguida, virou 90° à esquerda e andou mais 10 km em linha reta de *A* até *C*. Qual é a medida de abertura do giro que o carro deve dar, à esquerda, para voltar pela estrada que liga *C* e *B*?

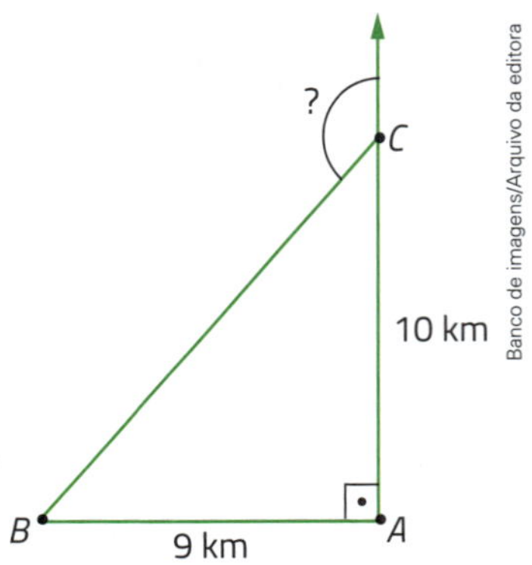

6 Razões trigonométricas e relações trigonométricas em quaisquer triângulos

Seno e cosseno de ângulos obtusos

Você já aprendeu a calcular os valores do seno e do cosseno de ângulos agudos, associando-os a triângulos retângulos. Porém, não existem ângulos obtusos em triângulos retângulos.

Neste momento, você aprenderá apenas como lidar na prática com as razões trigonométricas de ângulos obtusos. No Ensino Médio, você estudará a parte teórica que fundamenta as relações.

Considere as seguintes propriedades.

- $\text{sen } 90° = 1$ e $\cos 90° = 0$.
- O seno de um ângulo obtuso (de medida de abertura *x*) é igual ao seno do suplemento desse ângulo: $\text{sen } x = \text{sen } (180° - x)$.
- O cosseno de um ângulo obtuso (de medida de abertura *x*) é o oposto do cosseno do suplemento desse ângulo: $\cos x = -\cos (180° - x)$.

Acompanhe alguns exemplos de como calcular os valores de sen 120° e cos 120°.

O suplemento do ângulo de medida de abertura de 120° tem medida de abertura de 60° (180° − 120° = = 60°). Assim:

$$\text{sen } 120° = \text{sen } 60° = \frac{\sqrt{3}}{2}$$

$$\cos 120° = -\cos 60° = -\frac{1}{2}$$

Atividades

86 Calcule o valor de cada razão trigonométrica.

a) sen 135° b) cos 135° c) sen 150° d) cos 150°

87 Use a tabela de razões trigonométricas e determine cada valor.

a) cos 130°
b) sen 110°
c) sen 175°
d) cos 138°
e) sen 151°
f) cos 100°

88 Sem usar a tabela, determine o valor de *x* em cada item.

a) $x = \text{sen } 20° - \text{sen } 160° + \cos 44° + \cos 136°$

b) $x = \text{sen } 10° \cdot \cos 50° + \cos 130° \cdot \text{sen } 170°$

Lei dos cossenos e lei dos senos

Examine a seguinte situação. Como medir a distância entre as árvores A e B?

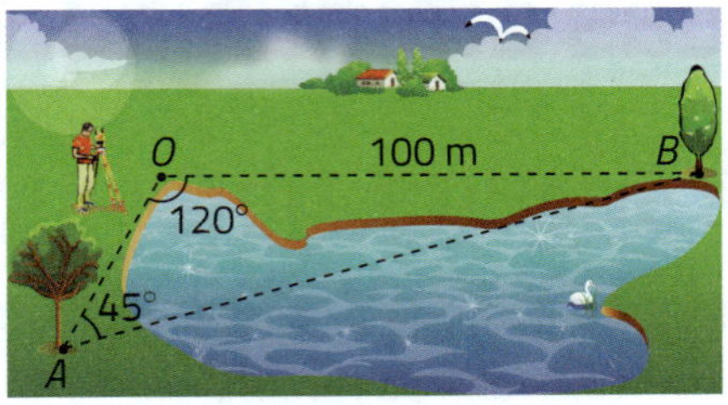

Não é possível fazer a medição direta da distância entre A e B, pois existe uma lagoa entre elas.

Um topógrafo mediu a abertura de 2 ângulos (120° e 45°) e a distância de 100 m (medições possíveis de serem feitas).

O triângulo AOB é obtusângulo e a solução desse problema é calcular a medida de comprimento do lado $\overline{AB}$. Como o triângulo **não** é retângulo, não podemos usar as razões trigonométricas e as relações trigonométricas já estudadas neste capítulo.

Para casos como esse, precisamos conhecer a **lei dos senos** e a **lei dos cossenos**.

Lei dos cossenos

Considere um triângulo ABC qualquer com lados de medidas de comprimento a, b e c e o ângulo $\hat{A}$ oposto ao lado de medida de comprimento a. Vamos demonstrar a relação chamada **lei dos cossenos**.

$$a^2 = b^2 + c^2 - 2bc \cdot \cos \hat{A}$$

Traçamos a altura $\overline{BH}$ do triângulo e consideramos 2 diferentes situações.

- **O $\hat{A}$ é agudo.**

  O $\triangle BHC$ é retângulo. Aplicando o teorema de Pitágoras, obtemos:

  $$a^2 = h^2 + (b - x)^2 \Rightarrow a^2 = h^2 + b^2 - 2bx + x^2 \text{ (I)}$$

  O $\triangle BHA$ também é retângulo; então, obtemos:

  $$c^2 = h^2 + x^2 \quad \text{ou} \quad h^2 = c^2 - x^2 \text{ (II)}$$

  Substituindo h^2 de **II** em **I**, obtemos:

  $$a^2 = c^2 - x^2 + b^2 - 2bx + x^2 \Rightarrow a^2 = b^2 + c^2 - 2bx$$

  Como $x = c \cdot \cos \hat{A}$, temos $a^2 = b^2 + c^2 - 2bc \cdot \cos \hat{A}$.

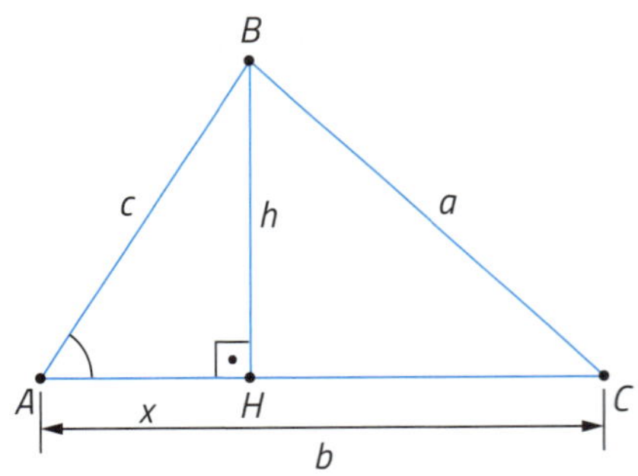

- **O $\hat{A}$ é obtuso.**

  O $\triangle BHC$ é retângulo. Aplicando o teorema de Pitágoras, obtemos:

  $$a^2 = h^2 + (b + x^2) \Rightarrow a^2 = h^2 + b^2 + 2bx + x^2 \text{ (I)}$$

  O $\triangle BHA$ também é retângulo; então, obtemos:

  $$c^2 = h^2 + x^2 \text{ ou } h^2 = c^2 - x^2 \text{ (II)}$$

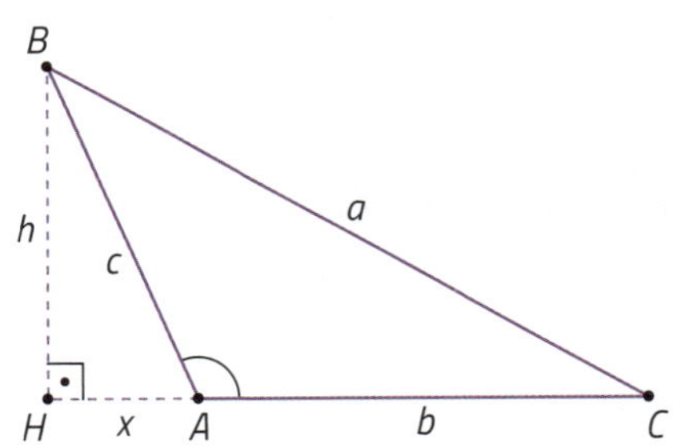

Ilustrações: Banco de imagens/Arquivo da editora

  Substituindo h^2 de **II** em **I**, obtemos:

  $$a^2 = c^2 - x^2 + b^2 + 2bx + x^2 \Rightarrow a^2 = b^2 + c^2 + 2bx$$

  Como $x = c \cdot \cos B\hat{A}H$ e o cosseno de um ângulo é igual ao oposto do cosseno do suplemento dele, temos:

  $$a^2 = b^2 + c^2 + 2bc \cdot \cos B\hat{A}H \Rightarrow a^2 = b^2 + c^2 - 2bc \cdot \cos \hat{A}$$

Observações

- O teorema de Pitágoras é um caso particular da lei dos cossenos, que ocorre quando $\hat{A}$ é ângulo reto, pois $\cos 90° = 0$.

$$a^2 = b^2 + c^2 + 2bc \cdot \underbrace{\cos \hat{A}}_{0} \Rightarrow a^2 = b^2 + c^2$$

- De maneira análoga ao que foi feito com a e $\hat{A}$, é possível demonstrar também que:

$$b^2 = a^2 + c^2 - 2ac \cdot \cos \hat{B} \quad \text{e} \quad c^2 = a^2 + b^2 - 2ab \cdot \cos \hat{C}$$

A lei dos cossenos tem muitas aplicações em Geometria. Por exemplo, conhecendo as medidas de comprimento dos lados de um triângulo, podemos calcular as medidas de abertura dos ângulos (usando os cossenos) e as medidas de comprimento das alturas.

Veja um exemplo em que é aplicada a lei dos cossenos.

Vamos determinar a medida de comprimento do lado $\overline{AB}$ deste triângulo.

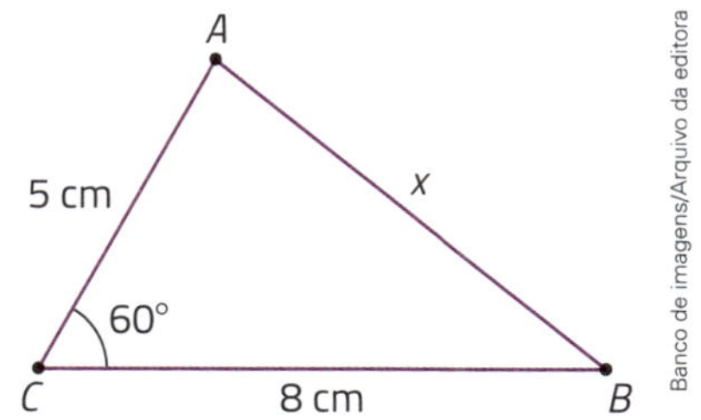

Pela lei dos cossenos, temos:

$$x^2 = 8^2 + 5^2 - 2 \cdot 5 \cdot 8 \cdot \cos 60° = 64 + 25 - 80 \cdot \frac{1}{2} = 89 - 40 = 49 \Rightarrow x = \pm\sqrt{49} = \pm 7$$

Como se trata da medida de comprimento de um segmento de reta, a raiz negativa é desprezada.

Logo, $x = 7$ cm.

Lei dos senos

Considere um triângulo ABC qualquer com lados de medidas de comprimento a, b e c opostos aos ângulos $\hat{A}$, $\hat{B}$ e $\hat{C}$, respectivamente. Vamos demonstrar a relação chamada **lei dos senos**.

$$\frac{a}{\text{sen } \hat{A}} = \frac{b}{\text{sen } \hat{B}} = \frac{c}{\text{sen } \hat{C}}$$

Faremos essa demonstração considerando os tipos de triângulo separadamente.

- **$\triangle ABC$ é acutângulo.**

Traçamos a altura relativa a um dos ângulos; $\hat{B}$ por exemplo.

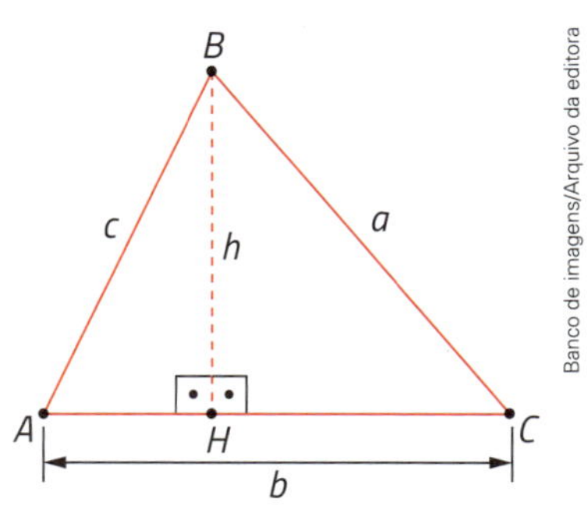

No $\triangle AHB$, temos $\text{sen } \hat{A} = \dfrac{h}{c}$ ou $h = c \cdot \text{sen } \hat{A}$.

No $\triangle CHB$, temos $\text{sen } \hat{C} = \dfrac{h}{a}$ ou $h = a \cdot \text{sen } \hat{C}$.

Então $c \cdot \text{sen } \hat{A} = a \cdot \text{sen } \hat{C}$ e, dessa igualdade, obtemos $\dfrac{a}{\text{sen } \hat{A}} = \dfrac{c}{\text{sen } \hat{C}}$ (**I**).

Se a altura traçada for relativa ao ângulo $\hat{C}$, então obteremos a igualdade $\dfrac{a}{\text{sen } \hat{A}} = \dfrac{b}{\text{sen } \hat{B}}$ (**II**).

De **I** e **II**, concluímos que $\dfrac{a}{\text{sen } \hat{A}} = \dfrac{b}{\text{sen } \hat{B}} = \dfrac{c}{\text{sen } \hat{C}}$ em todo triângulo acutângulo ABC.

- **O $\triangle ABC$ é obtusângulo.**

  Neste caso, consideramos inicialmente a altura relativa ao ângulo $\hat{B}$.

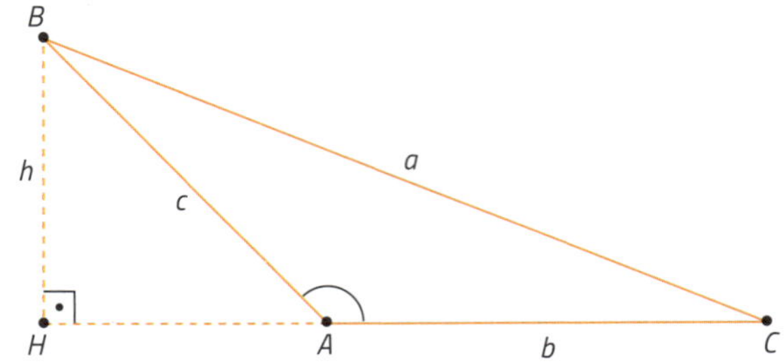

Banco de imagens/Arquivo da editora

  No $\triangle BHC$, $\text{sen}\,\hat{C} = \dfrac{h}{a}$ ou $h = a \cdot \text{sen}\,\hat{C}$.

  No $\triangle BHA$, $\text{sen}\,B\hat{A}H = \dfrac{h}{c}$. E, como $\text{sen}\,B\hat{A}H = \text{sen}\,\hat{A}$, temos $\text{sen}\,\hat{A} = \dfrac{h}{c}$ ou $h = c \cdot \text{sen}\,\hat{A}$.

  Se $h = a \cdot \text{sen}\,\hat{C}$ e $h = c \cdot \text{sen}\,\hat{A}$, então $a \cdot \text{sen}\,\hat{C} = c \cdot \text{sen}\,\hat{A}$ e, dessa igualdade, obtemos $\dfrac{a}{\text{sen}\,\hat{A}} = \dfrac{c}{\text{sen}\,\hat{C}}$. **(III)**

  Considerando a altura relativa ao ângulo $\hat{A}$, chegamos a $\dfrac{b}{\text{sen}\,\hat{B}} = \dfrac{c}{\text{sen}\,\hat{C}}$. **(IV)**

  De **III** e **IV**, concluímos que $\dfrac{a}{\text{sen}\,\hat{A}} = \dfrac{b}{\text{sen}\,\hat{B}} = \dfrac{c}{\text{sen}\,\hat{C}}$ em todo triângulo obtusângulo *ABC*.

Essa relação também é válida para os triângulos retângulos (veja a atividade 92 da próxima página). Então, podemos enunciar a lei dos senos.

> Em qualquer triângulo *ABC*, a razão entre a medida de comprimento de um lado e o valor do seno do ângulo oposto a ele é constante, ou seja, $\dfrac{a}{\text{sen}\,\hat{A}} = \dfrac{b}{\text{sen}\,\hat{B}} = \dfrac{c}{\text{sen}\,\hat{C}}$, com *a*, *b* e *c* sendo as medidas de comprimento dos lados opostos a $\hat{A}$, $\hat{B}$ e $\hat{C}$, respectivamente.

Veja os exemplos de aplicação da lei dos senos.

- Vamos determinar o valor de *x* neste triângulo usando a lei dos senos e a tabela de razões trigonométricas.

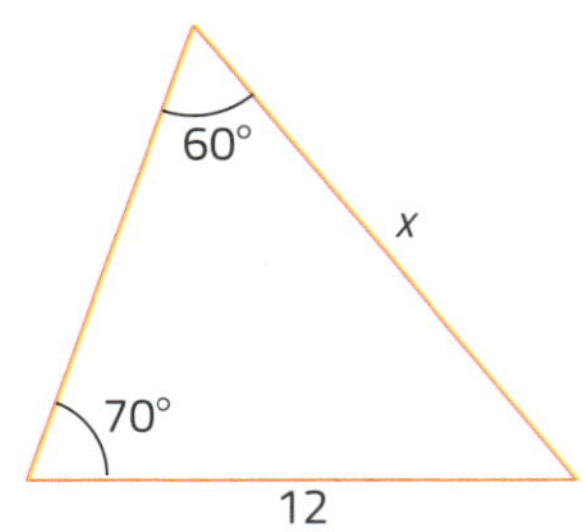

$$\frac{12}{\text{sen}\,60°} = \frac{x}{\text{sen}\,70°} \Rightarrow \frac{12}{0{,}866} = \frac{x}{0{,}94} \Rightarrow x \simeq 13$$

- Vamos determinar a medida de abertura aproximada do $\hat{A}$ em um $\triangle ABC$, sabendo que $AB = 7$ cm, $BC = 3$ cm e $\text{m}(\hat{C}) = 100°$.

$$\frac{AB}{\text{sen}\,\hat{C}} = \frac{BC}{\text{sen}\,\hat{A}} \Rightarrow \frac{7}{\text{sen}\,100°} = \frac{3}{\text{sen}\,\hat{A}} \Rightarrow \frac{7}{0{,}985} = \frac{3}{\text{sen}\,\hat{A}} \Rightarrow \text{sen}\,\hat{A} \simeq 0{,}422 \Rightarrow \text{m}(\hat{A}) \simeq 25°$$

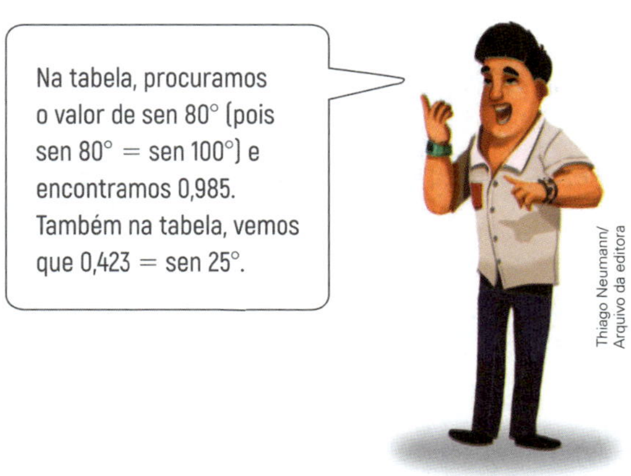

Thiago Neumann/Arquivo da editora

Atividades

89 ▸ Determine a medida de comprimento x do lado $\overline{BC}$ deste triângulo.

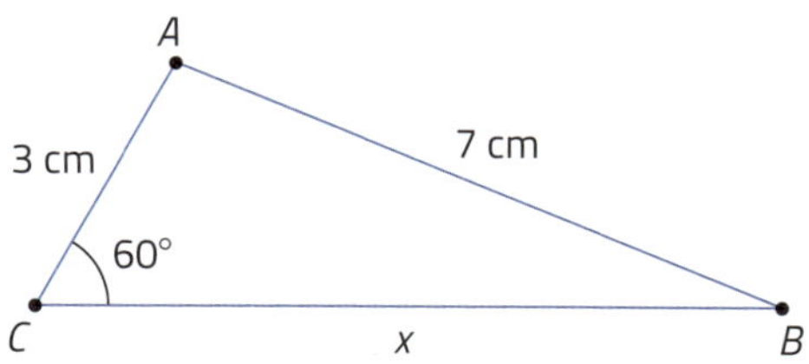

Banco de imagens/Arquivo da editora

90 ▸ Em um $\triangle ABC$, temos $AB = 6$ cm, $AC = 5$ cm e $BC = 7$ cm. A medida de abertura do ângulo $\hat{A}$ está mais próxima de 58°, 68° ou 78°? (Consulte a tabela da página 246.)

91 ▸ Determine a medida de comprimento da diagonal maior deste paralelogramo.

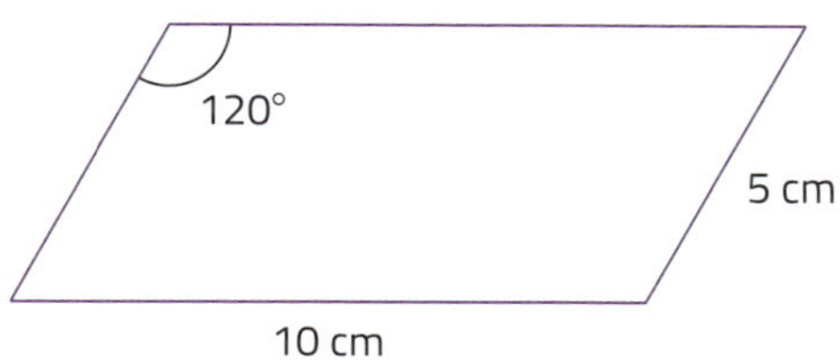

Banco de imagens/Arquivo da editora

92 ▸ Mostre que, se um $\triangle ABC$ é retângulo, então também temos $\frac{a}{\text{sen } \hat{A}} = \frac{b}{\text{sen } \hat{B}} = \frac{c}{\text{sen } \hat{C}}$. Lembre-se: $\text{sen } 90° = 1$.

93 ▸ Determine o valor de x neste triângulo.

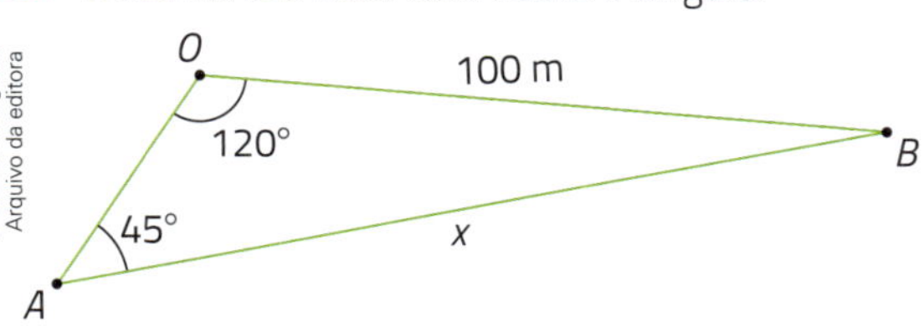

Banco de imagens/Arquivo da editora

94 ▸ Para este triângulo, determine os valores de x e y.

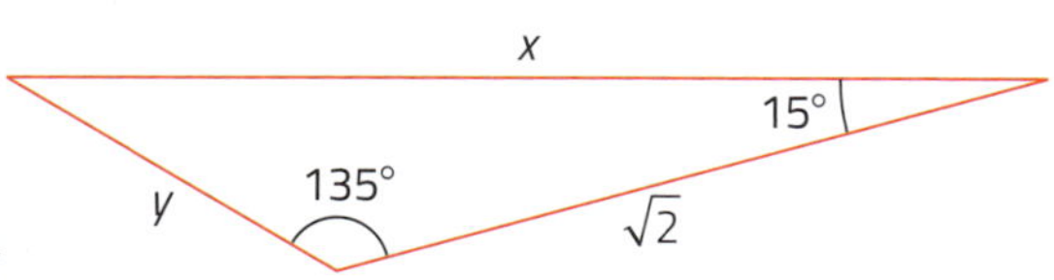

Banco de imagens/Arquivo da editora

95 ▸ Determine a medida de comprimento aproximada da diagonal menor deste losango.

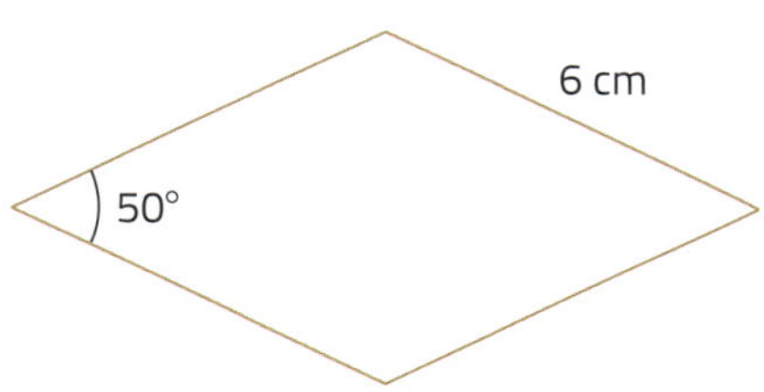

Banco de imagens/Arquivo da editora

96 ▸ Considerando esta figura, calcule o valor da expressão $x^2 + 5y$.

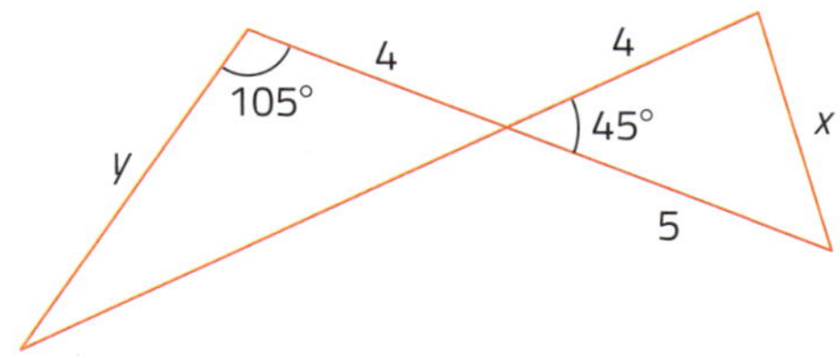

Banco de imagens/Arquivo da editora

97 ▸ Determine o valor de α (medida de abertura do ângulo $\hat{A}$) neste triângulo.

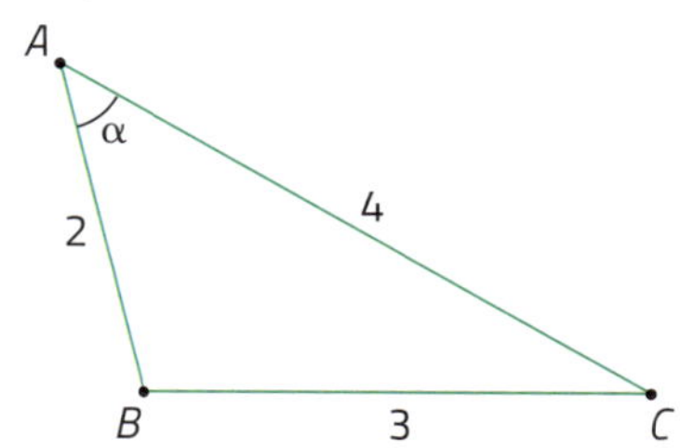

Banco de imagens/Arquivo da editora

98 ▸ "Resolver um triângulo" é determinar as medidas de comprimento dos 3 lados e as medidas de abertura dos 3 ângulos internos. "Resolva o triângulo" dado.

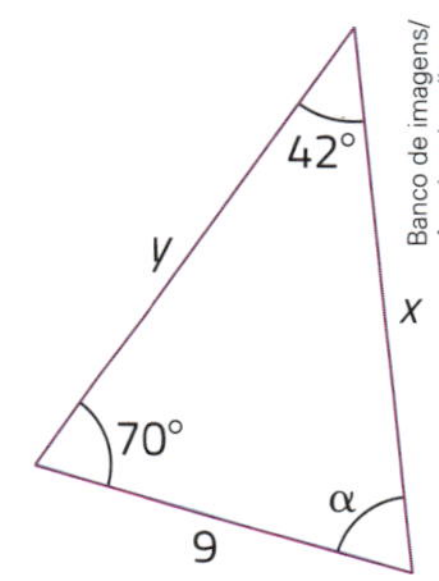

Banco de imagens/Arquivo da editora

99 ▸ Para este triângulo, determine o valor de x.

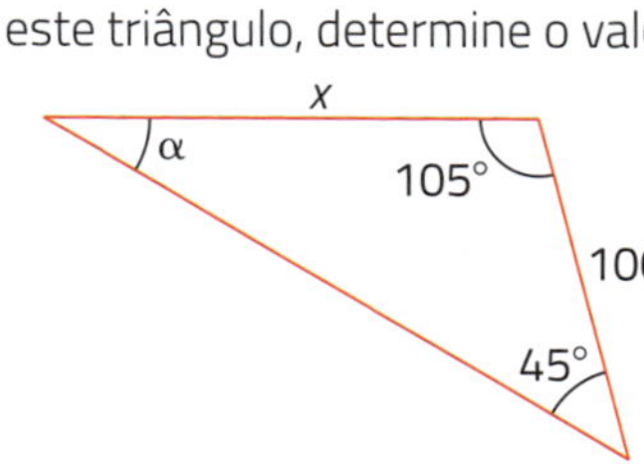

Banco de imagens/Arquivo da editora

100 ▸ Neste triângulo, temos $a = 4$, $b = 3\sqrt{2}$ e $m(\hat{C}) = 45°$. Determine o valor de c.

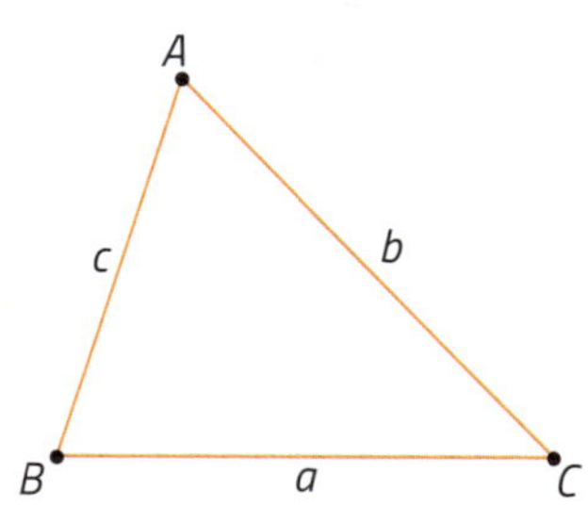

Banco de imagens/Arquivo da editora

101 ▸ Em um triângulo, 2 lados têm medidas de comprimento de 10 cm e 6 cm e formam entre si um ângulo de medida de abertura de 120°. Determine a medida de comprimento do terceiro lado.

102 ▸ Resolva a situação-problema da página 250.

Revisando seus conhecimentos

1 Considere estes triângulos retângulos.

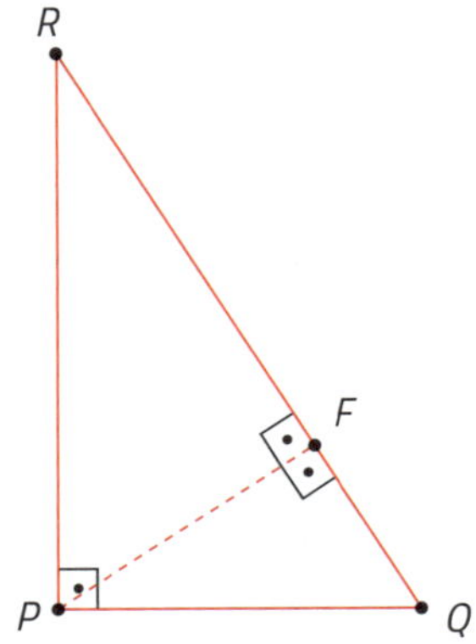

Banco de imagens/Arquivo da editora

A única afirmação que não vale para eles é:

a) $(PF)^2 = (RF) \cdot (QF)$.

b) $(FQ)^2 + (PF)^2 = (PQ)^2$.

c) $(RF)^2 = (RQ) \cdot (PR)$.

d) $(RQ) \cdot (PF) = (RP) \cdot (PQ)$.

e) $(RF) + (FQ) = QR$.

2 Em um triângulo retângulo, a medida de perímetro é de 48 cm e um dos catetos tem medida de comprimento de 12 cm. A altura relativa à hipotenusa tem medida de comprimento de:

a) 8,4 cm.

b) 9,6 cm.

c) 15 cm.

d) 7,2 cm.

3 A soma das medidas de área de 2 terrenos retangulares é igual a 3000 m². A medida de área de um deles é o triplo da medida de área do outro. Qual é a medida de área de cada terreno?

4 Considere esta planta baixa de uma construção.

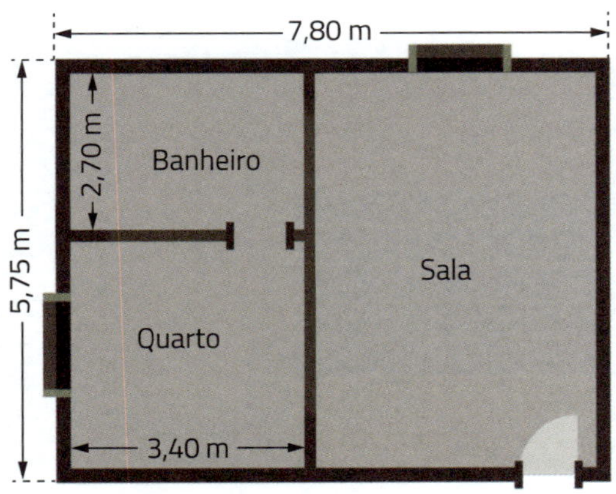

Banco de imagens/Arquivo da editora

a) Determine a medida de área de cada cômodo e, depois, a medida de área total dessa construção.

b) Se cada metro quadrado de construção custa, em média, R$ 790,00, então qual é o custo dessa construção?

5 **Matemática e poesia.** Leia este poema de Millôr Fernandes.

Poesia matemática

Às folhas tantas
do livro matemático
um Quociente apaixonou-se
um dia
doidamente
por uma Incógnita.
Olhou-a com seu olhar inumerável
e viu-a do ápice à base
uma figura ímpar;
olhos romboides,
boca trapezoide,
corpo retangular,
seios esferoides.

Fez de sua uma vida
paralela à dela
até que se encontraram
no infinito.
"Quem és tu?",
indagou ele
em ânsia radical.
"Sou a soma do quadrado dos catetos.
Mas pode me chamar de Hipotenusa."

[...]

FERNANDES, Millôr. *Poesia matemática.* Rio de Janeiro: Desiderata, 2009.

Com um colega, verifiquem se está correta a última frase: "Sou a soma dos quadrados dos catetos. Mas pode me chamar de Hipotenusa.".

6 O produto de 2 números naturais primos:

a) nunca é primo.

b) nunca é par.

c) nunca é ímpar.

d) nunca é múltiplo de 5.

7 A equação $x^2 + (m - n)x - 2(m + n) = 0$, de incógnita x, tem -2 e 4 como raízes. Então:

a) $m = 3$ e $n = 1$.

b) $m = -3$ e $n = -1$.

c) $m = 1$ e $n = 3$.

d) $m = -1$ e $n = -3$.

8 ▸ Nesta figura, o $\triangle ABC$ é retângulo em B, e $\overline{BH}$ é a altura relativa à hipotenusa.

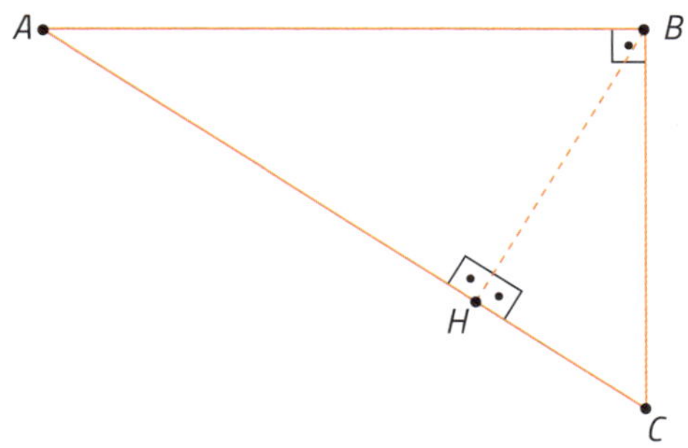

Banco de imagens/Arquivo da editora

Se $AC = 8$ cm e $BH = 2\sqrt{3}$ cm, então a única afirmação falsa é:

a) $AH = 6$ cm.
b) $AB = 4\sqrt{3}$ cm.
c) $HC = 2$ cm.
d) $BC = 3$ cm.

9 ▸ Se $x - y = 6$ e $xy = -9$, então $x + y$ é igual a:

a) 0.
b) -1.
c) 1.
d) 2.

10 ▸ **(Unimep-SP)** Qual o maior inteiro que podemos somar ao dividendo da divisão de 487 por 23, sem alterar o quociente?

a) 21.
b) 19.
c) 20.
d) 18.
e) n.d.a.

11 ▸ O produto de 0,75 por $0,\overline{6}$ é igual a:

a) 0,5.
b) $0,\overline{5}$.
c) 0,6.
d) 0,5666.

12 ▸ A média aritmética das notas de 2 provas de Matemática feitas por Elisângela foi 7. Na primeira prova, ela tirou x e, na segunda, 2 pontos a mais do que na primeira. Qual foi a nota da primeira prova?

13 ▸ **(USF-SP)** Uma pessoa caminha 12 metros sobre uma rampa plana com determinada inclinação. Ao final dos 12 metros, ela para e, nesse momento, encontra-se a 2 m do solo. Continua caminhando pela rampa e percorre mais 18 m até se encontrar no ponto mais alto a "h" metros do solo.

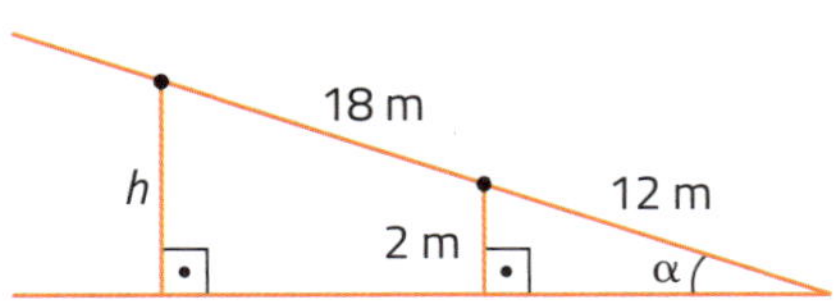

Banco de imagens/Arquivo da editora

Sendo assim, a altura h, em metros, é de:

a) 2,5.
b) 4,0.
c) 5,0.
d) 7,0.
e) 8,5.

14 ▸ **Conexões. (Uerj)** O tempo necessário para que um planeta do Sistema Solar execute uma volta completa em torno do Sol é um ano. Observe as informações na tabela.

Planetas	Duração do ano em dias terrestres
Mercúrio	88
Vênus	225
Terra	365
Marte	687

Se uma pessoa tem 45 anos na Terra, sua idade contada em anos em Vênus é igual a:

a) 73.
b) 76.
c) 79.
d) 82.

15 ▸ **(ESPM-SP)** Considere uma malha quadriculada cujas células são quadrados de lado 1. Segundo o teorema de Pick, a área de um polígono simples cujos vértices são nós dessa malha é igual ao número de nós da malha que se encontram no interior do polígono mais metade do número de nós que se encontram sobre o perímetro do polígono, menos uma unidade.

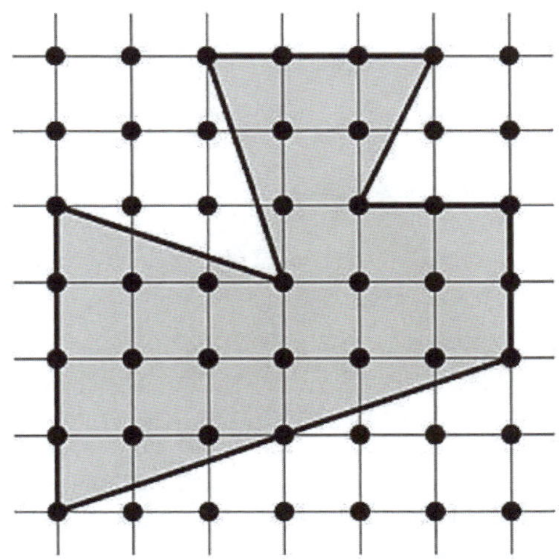

Reprodução/ESPM, 2018

De acordo com esse teorema, a área do polígono representado na figura acima é igual a:

a) 21
b) 18
c) 23
d) 19
e) 22

16 ▸ **(Fafi-MG)** Em uma empresa, 8 funcionários produzem 2 000 peças trabalhando 8 horas por dia durante 5 dias. O número de funcionários necessários para que essa empresa produza 6 000 peças em 15 dias, trabalhando 4 horas por dia, é:

a) 2.
b) 3.
c) 4.
d) 8.
e) 16.

Praticando um pouco mais

Testes oficiais

1 **(Saresp)** A diagonal de um quadrado mede $60\sqrt{2}$ m. Quanto mede o lado desse quadrado?

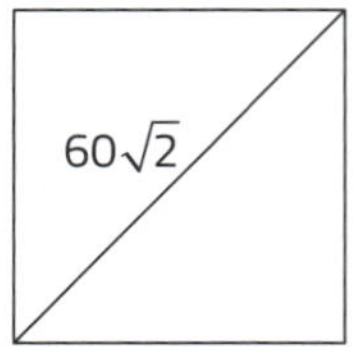

Banco de imagens/Arquivo da editora

a) 50 m

b) 60 m

c) 75 m

d) 90 m

2 **(Saresp)** O cartaz retangular da figura foi preso à parede com auxílio de um fio, conforme indicado. Qual é o comprimento do fio?

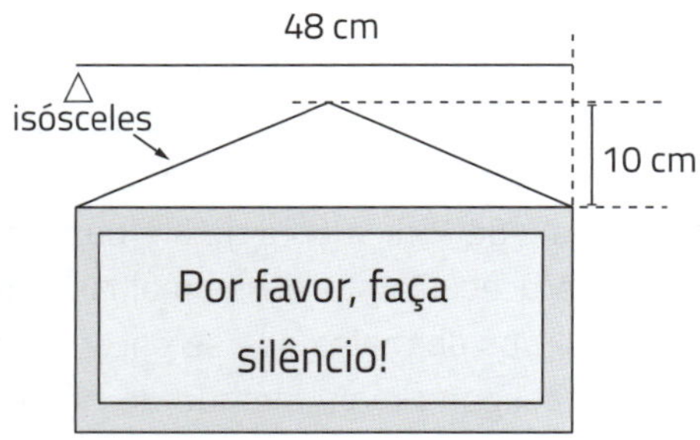

Banco de imagens/Arquivo da editora

3 **(Saresp)** Uma praça tem a forma de um triângulo retângulo, com uma via de passagem pelo gramado, que vai de um vértice do ângulo reto até a calçada maior, como ilustrado pela figura abaixo.

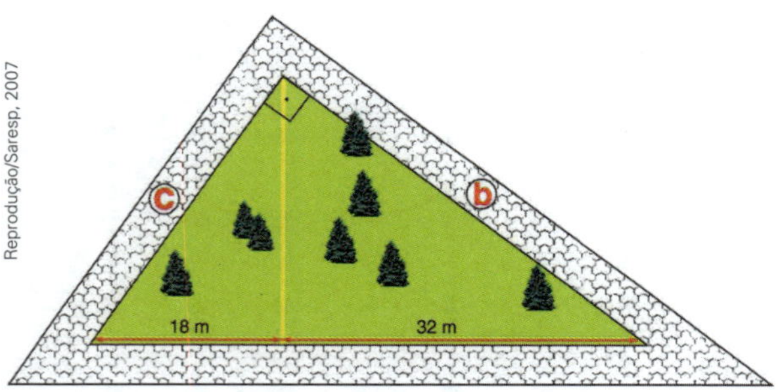

Reprodução/Saresp, 2007

Sabendo que esta via divide o contorno maior do gramado em dois pedaços, um de 32 m e outro de 18 m, quanto mede, em metros, o contorno *b*?

4 **(Saresp)** Um motorista vai da cidade **A** até a cidade **E**, passando pela cidade **B**, conforme mostra a figura.

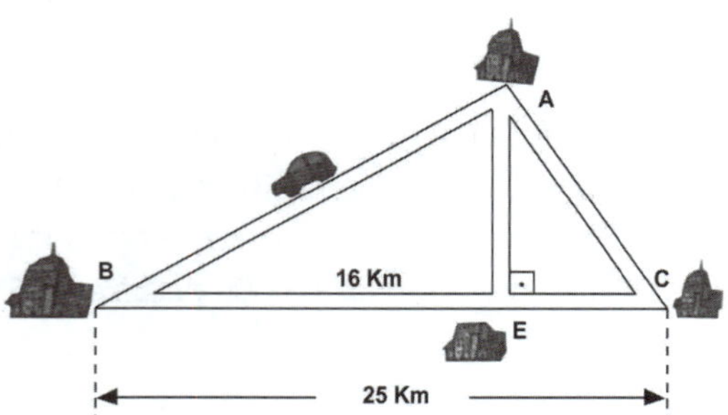

Reprodução/Saresp, 2007

Ele percorreu:

a) 41 km.

b) 15 km.

c) 9 km.

d) 36 km.

5 **(Saeb)** Para se deslocar de sua casa até a sua escola, Pedro percorre o trajeto representado na figura abaixo.

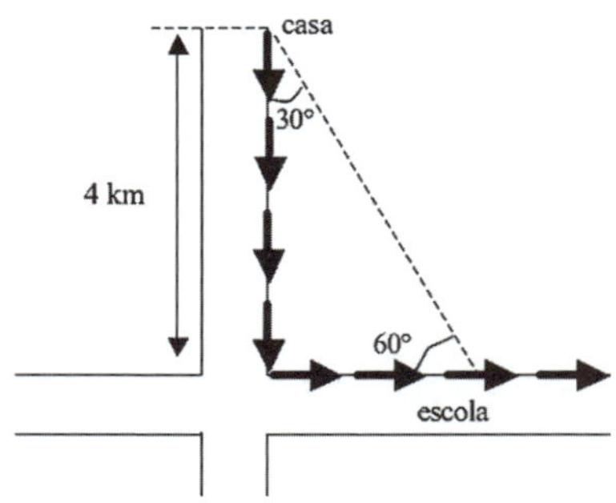

Reprodução/Saeb, 2011

Sabendo que $\text{tg}\,(60°) = \sqrt{3}$, a distância total, em km, que Pedro percorre no seu trajeto de casa para a escola é de:

a) $4 + \frac{\sqrt{3}}{4}$.

b) $4 + \sqrt{3}$.

c) $4 + \frac{4\sqrt{3}}{3}$.

d) $4\sqrt{3}$.

e) $4 + 4\sqrt{3}$.

Podemos usar a notação tan ou tg para a tangente.

6 **(Saresp)** Karen tem problemas com sono e seu médico recomendou que seu colchão fosse inclinado segundo um ângulo de 30° em relação ao solo.

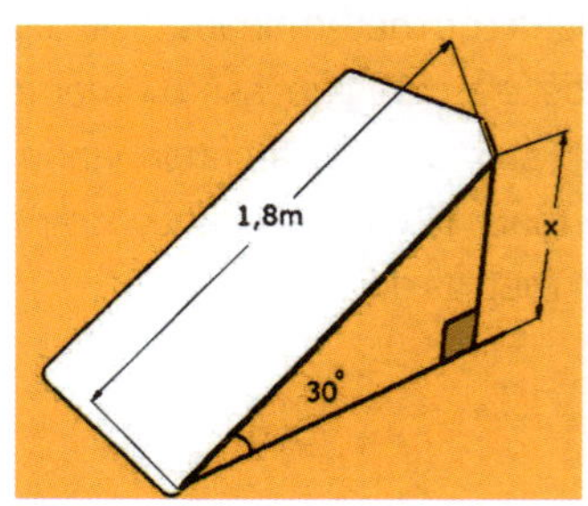

Reprodução/Saresp, 2009

Sabendo que o colchão tem 1,80 m de comprimento e terá uma parte apoiada no chão, conforme ilustra a figura, a medida *x*, que representa a altura do apoio do colchão na parede, é:

a) 0,50 m.

b) 0,80 m.

c) 0,90 m.

d) 1,00 m.

Questões de vestibulares e Enem

7 ▸ (IFSP) Uma escada de 10 metros de comprimento está apoiada em uma parede que forma um ângulo de 90 graus com o chão. Sabendo que o ângulo entre a escada e a parede é de 30 graus, é correto afirmar que o comprimento da escada corresponde, da distância x do "pé da escada" até a parede em que ela está apoiada, a:

a) 145%.
b) 200%.
c) 155%.
d) 147,5%.
e) 152,5%.

8 ▸ (UFPI) Em um triângulo, um dos ângulos mede 60° e os lados adjacentes a este ângulo medem 1 cm e 2 cm. O valor do perímetro deste triângulo, em centímetros, é:

a) $3 + \sqrt{5}$.
b) $5 + \sqrt{3}$.
c) $3 + \sqrt{3}$.
d) $3 + \sqrt{7}$.
e) $5 + \sqrt{7}$.

9 ▸ (Cesgranrio-RS) No triângulo ABC, os lados $\overline{AC}$ e $\overline{BC}$ medem 8 cm e 6 cm, respectivamente, e o ângulo $\hat{A}$ vale 30°.

O seno do ângulo $\hat{B}$ vale:

a) $\frac{1}{2}$.
b) $\frac{2}{3}$.
c) $\frac{3}{4}$.
d) $\frac{4}{5}$.
e) $\frac{5}{6}$.

10 ▸ (IFBA) Um grupo de corredores de aventura se depara com o ponto A no topo de um despenhadeiro vertical (o ângulo $\hat{C}$ é reto), ponto este que já está previamente ligado ao ponto B por uma corda retilínea de 60 m conforme a figura a seguir.

Reprodução/IFBA, 2016

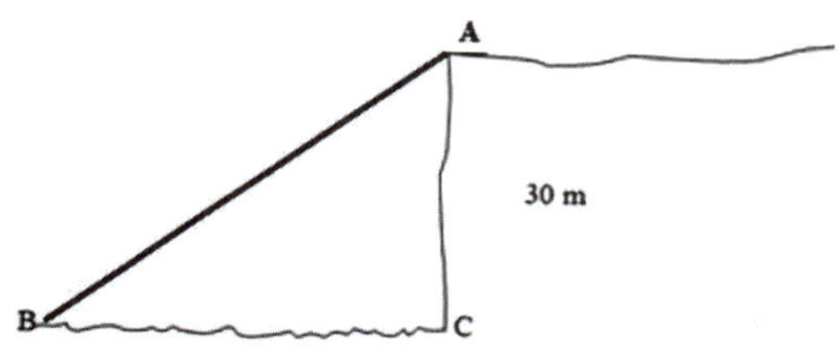

Se a altura ($AC = 30$ m) do despenhadeiro fosse a metade do que é, o comprimento da corda deveria ser igual a:

a) 15 m.
b) 30 m.
c) $3\sqrt{15}$ m.
d) $13\sqrt{15}$ m.
e) $15\sqrt{13}$ m.

11 ▸ (Ifal) Um prédio projeta, no chão, uma sombra de 15 metros de comprimento. Sabendo que, nesse momento, o sol faz um ângulo de 45° com a horizontal, determine a altura desse prédio em metros.

a) 10.
b) 15.
c) 20.
d) 25.
e) 30.

12 ▸ (PUC-RJ) Uma bicicleta saiu de um ponto que estava a 8 metros a leste de um hidrante, andou 6 metros na direção norte e parou.

Assim, a distância entre a bicicleta e o hidrante passou a ser:

a) 8 metros.
b) 10 metros.
c) 12 metros.
d) 14 metros.
e) 16 metros.

13 ▸ (EEAR) Se ABC é um triângulo retângulo em A, o valor de n é:

Reprodução/EEAR, 2019

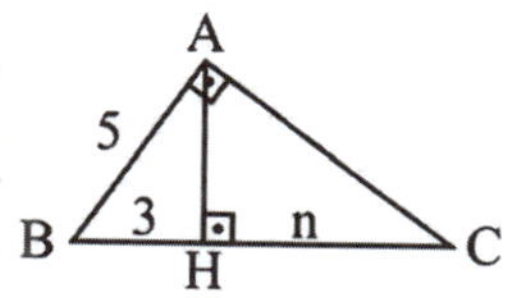

a) $\frac{22}{3}$.
b) $\frac{16}{3}$.
c) 22.
d) 16.

14 ▸ Desafio. (Uerj) Um modelo de macaco, ferramenta utilizada para levantar carros, consiste em uma estrutura composta por dois triângulos isósceles congruentes, AMN e BMN, e por um parafuso acionado por uma manivela, de modo que o comprimento da base MN possa ser alterado pelo acionamento desse parafuso. Observe a figura.

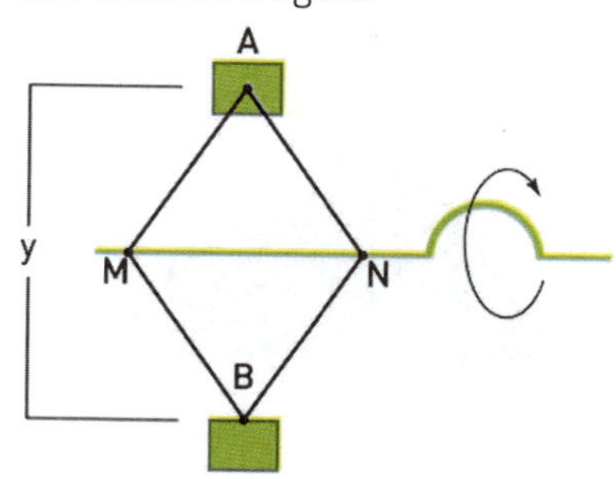

Reprodução/UERJ, 2013

Considere as seguintes medidas: $AM = NA = BM = BN = 4$ dm; $MN = x$ dm; $AB = y$ dm.

O valor, em decímetros, de y em função de x corresponde a:

a) $\sqrt{16 - 4x^2}$.
b) $\sqrt{64 - x^2}$.
c) $\frac{\sqrt{16 - 4x^2}}{2}$.
d) $\frac{\sqrt{64 - 2x^2}}{2}$.

VERIFIQUE O QUE ESTUDOU

1 Este $\triangle ABC$ é retângulo em A.

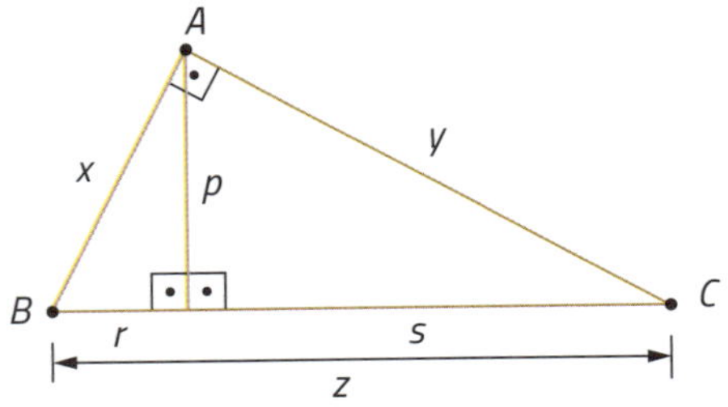

Banco de imagens/Arquivo da editora

Complete as relações métricas com a medida de comprimento que está faltando.

a) $r + s =$ _________

b) $x^2 = z \cdot$ _________

c) $p^2 = r \cdot$ _________

d) $x \cdot y = z \cdot$ _________

e) $z^2 = x^2 +$ _________

f) $r^2 + p^2 =$ _________

2 Quais são as medidas de comprimento indicadas em cada item?

a) Da hipotenusa de um triângulo retângulo com catetos de medidas de comprimento de 6 cm e 8 cm.

b) Da diagonal de um quadrado com lados de medida de comprimento de 20 cm.

c) Da altura de um triângulo equilátero com lados de medida de comprimento de 20 cm.

d) Da diagonal de um cubo com arestas de medida de comprimento de 5 cm.

3 Em uma cidade, foi projetada uma praça com forma triangular, conforme esta figura.

Paulo Manzi/Arquivo da editora

Calcule qual será a medida de comprimento total das passarelas (indicadas em cinza na figura) dessa praça. (Dica: Use este modelo matemático da praça.)

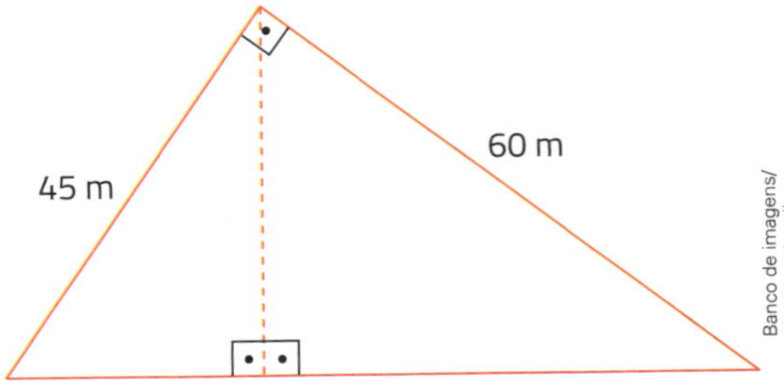

Banco de imagens/Arquivo da editora

4 Ao empinar pipa, Carlos liberou todos os 100 metros da linha do carretel e, usando um aplicativo de celular, observou que a medida de abertura do ângulo formado pela linha da pipa e o chão era de 30°. Desconsiderando a medida de comprimento da altura da mão de Carlos que segurava a linha e qualquer curvatura da linha, determine a medida de comprimento da altura da pipa em relação ao solo.

5 Um fazendeiro vai cercar com tela um terreno triangular destinado à criação de galinhas. Sabendo que as medidas de comprimento de 2 lados do terreno são de 3 m e 5 m e que a medida de abertura do ângulo formado entre esses lados é de 120°, determine a medida de comprimento da tela que vai cercar o terreno.

Dados: $\text{sen } 120° = \frac{\sqrt{3}}{2}$ e $\cos 120° = -\frac{1}{2}$.

Atenção

Retome os assuntos que você estudou neste capítulo. Verifique em quais teve dificuldade e converse com o professor, buscando maneiras de reforçar seu aprendizado.

Autoavaliação

Algumas atitudes e reflexões são fundamentais para melhorar o aprendizado e a convivência na escola. Reflita sobre elas.

- Mantive organizada uma agenda de atividades individuais ou em grupo?
- Empenhei-me para que minha participação nas aulas e nas atividades com os colegas fosse proveitosa para todos?
- Resolvi as atividades indicadas pelo professor?
- Esforcei-me para superar minhas dificuldades?
- Ampliei meus conhecimentos de Matemática?

PARA LER, PENSAR E DIVERTIR-SE

As imagens desta página não estão representadas em proporção.

Ler

O professor de Matemática, genealogista, escritor e engenheiro Elisha Scott Loomis (1852-1940), nascido no estado de Ohio (Estados Unidos), é autor de um dos livros mais completos sobre o teorema de Pitágoras. A primeira versão desse livro, lançada em 1927, continha 230 demonstrações do famoso teorema. A segunda versão, lançada em 1940 logo após a morte do autor, tinha 370 demonstrações.

Wikipedia/Wikimedia Commons

Elisha Scott Loomis.

Capa do livro *The Pythagorean Proposition*, de Elisha Scott Loomis.

Reprodução/The National Council of Teachers of Mathematics

Fonte de consulta: UNIVERSIDADE ESTADUAL DA PARAÍBA. Disponível em: <http://dspace.bc.uepb.edu.br/jspui/bitstream/123456789/678/1/PDF%20-%20Marconi%20Coelho%20dos%20Santos.pdf>. Acesso em: 16 abr. 2019.

Pensar

Quantos triângulos retângulos existem com a hipotenusa com medida de comprimento de 5 unidades? Você consegue listar 3 deles?

Divertir-se

Veja esta malha triangulada, que foi criada para ser a capa de um livro.

Pixabay/<pixabay.com>

Em uma folha de papel sulfite, crie uma malha triangulada que tenha apenas triângulos retângulos, pinte o interior deles e use a composição para decorar o que você quiser! Pode ser a capa de um caderno, um quadro ou até mesmo um papel de presente.

CAPÍTULO 7

Circunferências e círculos

Rodrigo Pascoal/Arquivo da editora

A praça que aparece na imagem da página anterior tem a forma circular.

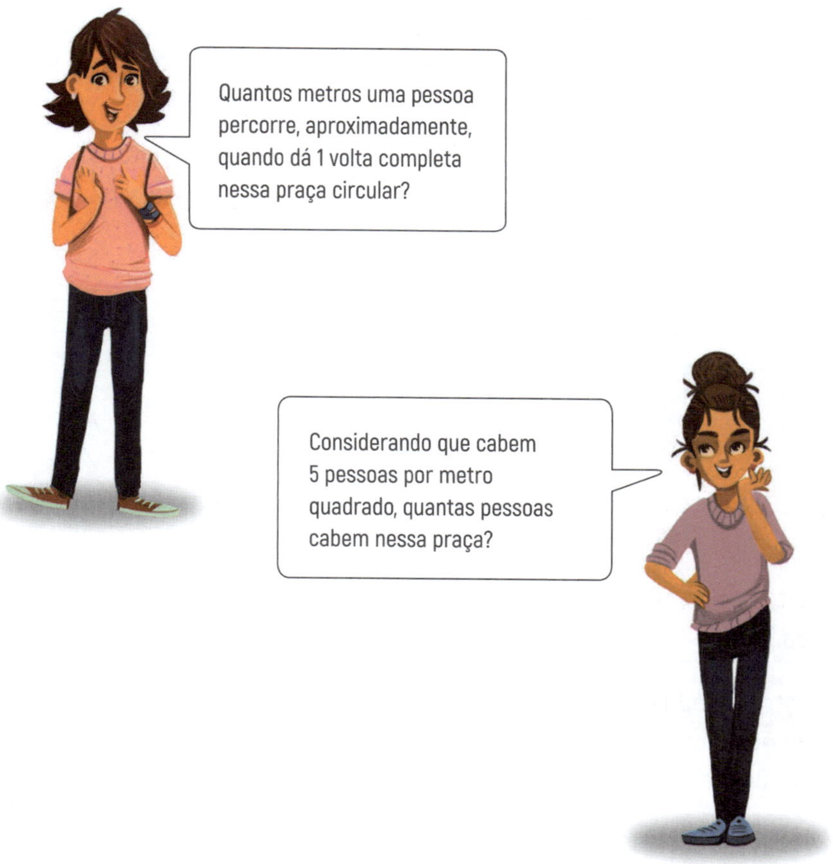

Ilustrações: Thiago Neumann/Arquivo da editora

Para responder à primeira dessas perguntas, precisamos saber como calcular a medida de comprimento de uma circunferência.

Para responder à segunda pergunta, precisamos saber como calcular a medida de área de um círculo.

Esses e outros assuntos relacionados a circunferências e círculos serão estudados neste capítulo.

Converse com os colegas sobre estas questões e faça os registros.

1▸ Qual é a diferença entre círculo e circunferência?

2▸ O que indica a medida de comprimento de 40 m na imagem da página anterior?

3▸ Qual figura tem maior medida de área: uma região quadrada com lados de medida de comprimento de 10 cm ou um círculo com raio de medida de comprimento de 5 cm?

1 Circunferência e círculo

Você já sabe: planificando a superfície (a "casca") de um cilindro, obtemos regiões planas. E dessas regiões planas, podemos obter contornos.

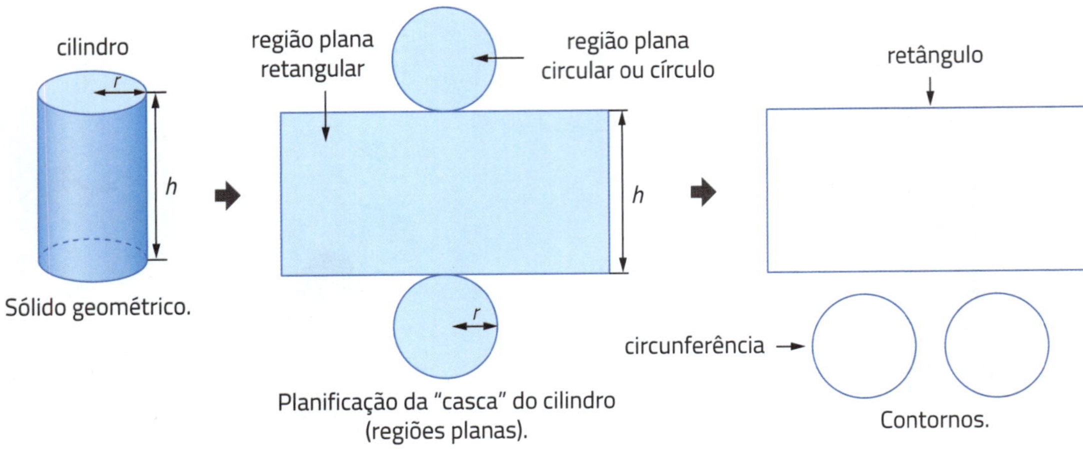

Sólido geométrico.

Planificação da "casca" do cilindro (regiões planas).

Contornos.

Ilustrações: Banco de imagens/Arquivo da editora

Vamos retomar os conceitos de circunferência e de círculo e relembrar alguns cálculos que podemos fazer com os elementos deles para, depois, ampliar o assunto.

Circunferência é o conjunto de todos os pontos de um plano que são equidistantes de um ponto fixo desse plano. O ponto fixo é o **centro** da circunferência e a medida de distância constante é a medida de comprimento do **raio** (segmento de reta que liga um ponto da circunferência ao centro).

Círculo é o conjunto de todos os pontos da circunferência e do interior dela.

Círculo de centro O e raio de medida de comprimento r.

Circunferência de centro O e raio de medida de comprimento r.

Ilustrações: Banco de imagens/Arquivo da editora

Como você já estudou no 7º ano, há várias maneiras de traçar uma circunferência. Recorde algumas delas.

As imagens desta página não estão representadas em proporção.

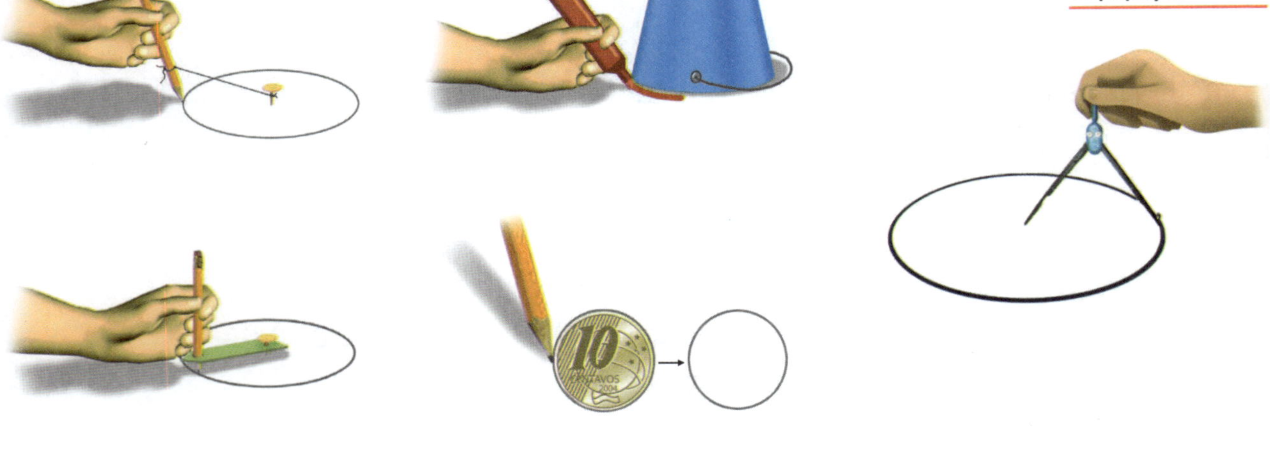

Ilustrações: Paulo Manzi/Arquivo da editora

Atividades

1 **Conexões.** Vocês já repararam como é fácil encontrar objetos do cotidiano com a forma de circunferência ou de círculo?

As rodas são os objetos mais facilmente associados a essas figuras geométricas.

Paulo Manzi/ Arquivo da editora

Representação de alguns tipos de roda usados ao longo da História.

No século XIX, surgiram as bicicletas com raios de arame nas rodas.

SSPL/Getty Images

Observe outros exemplos.

Com o movimento giratório em torno do próprio centro, a roda tornou-se parte das engrenagens que movimentam máquinas e motores.

Paulo Manzi/Arquivo da editora

Bettmann/Corbis/Getty Images

Foto tirada durante a filmagem de *Tempos modernos*, em 1936, mostra Charles Chaplin, no papel de Carlitos, lubrificando uma máquina cheia de engrenagens.

John Brueske/Alamy/Fotoarena

Roda-d'água ao lado do moinho, em Pigeon Forge, Tennessee (Estados Unidos). Foto de 2018.

Converse com os colegas sobre estes e outros objetos que lembram a forma de circunferência ou de círculo. Depois, registrem pelo menos outros 3 exemplos.

2 Converse com um colega e, depois, cada um responde às perguntas dos itens.

Andre Dib/Pulsar Imagens

A vitória-régia, planta característica da Amazônia, tem folhas circulares e flutuantes que chegam a ter até 2 m de medida de comprimento do diâmetro.

a) Qual é a propriedade comum a todos os pontos de uma circunferência?

b) Você se lembra do nome que damos ao conceito matemático em que: todos os pontos da figura têm uma mesma propriedade; nenhum outro ponto do universo considerado tem essa propriedade? A circunferência é um exemplo desse conceito.

c) O que é o raio de uma circunferência?

d) O que é o diâmetro de uma circunferência?

e) Como são as medidas de comprimento de todos os raios de uma circunferência?

f) Qual é a relação entre a medida de comprimento de um diâmetro e a medida de comprimento de um raio na mesma circunferência?

g) O centro é um ponto da circunferência?

h) **Corda** é todo segmento de reta cujas extremidades são 2 pontos da circunferência. Qual é a corda de maior medida de comprimento em uma circunferência?

As imagens desta página não estão representadas em proporção.

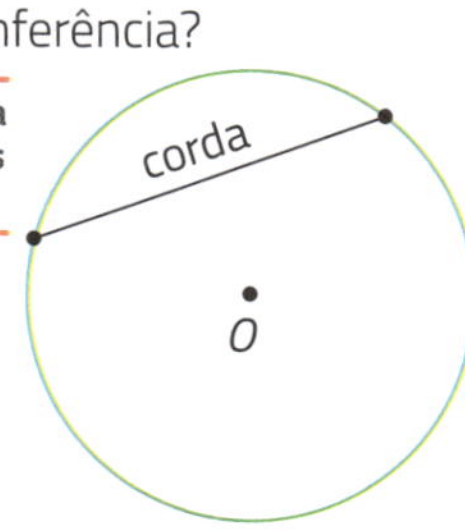

Banco de imagens/Arquivo da editora

3 Converse com outro colega e, depois, responda cada item.

a) Qual é o nome dado ao número que se obtém dividindo a medida de comprimento de qualquer circunferência pela medida de comprimento do diâmetro? Qual é o símbolo que usamos para representar esse número?

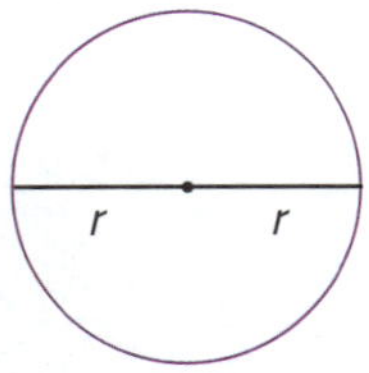

Ilustrações: Banco de imagens/Arquivo da editora

b) Esse número é racional ou irracional?

c) Qual é o valor aproximado desse número, com 2 casas decimais?

d) Qual é a fórmula que dá a medida de comprimento C da circunferência em função da medida de comprimento r do raio?

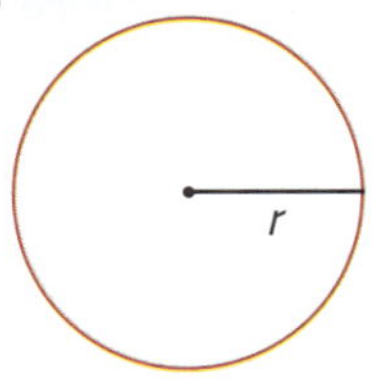

e) Qual é a fórmula que dá a medida de área A do círculo em função da medida de comprimento r do raio?

As imagens desta página não estão representadas em proporção.

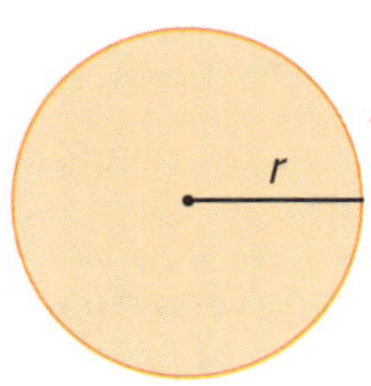

4 Use a aproximação racional $\pi = 3,1$ (com 1 casa decimal), calcule e responda aos itens.

a) Qual é a medida de comprimento de uma circunferência com raio de medida de comprimento de 3,5 cm?

b) Qual é a medida de comprimento de uma circunferência que tem diâmetro de medida de comprimento de 12 cm?

c) A medida de comprimento de uma circunferência é de 43,4 cm. Qual é a medida de comprimento do raio? E a medida de comprimento do diâmetro?

d) Qual é a medida de área de um círculo cujo raio tem medida de comprimento de 3,5 cm?

e) Qual é a medida de comprimento do raio de um círculo que tem medida de área de 111,6 cm^2?

5 Qual é a medida de distância aproximada que Natália percorre quando dá 1 volta completa nesta pista circular seguindo a linha tracejada? (Use $\pi = 3$.)

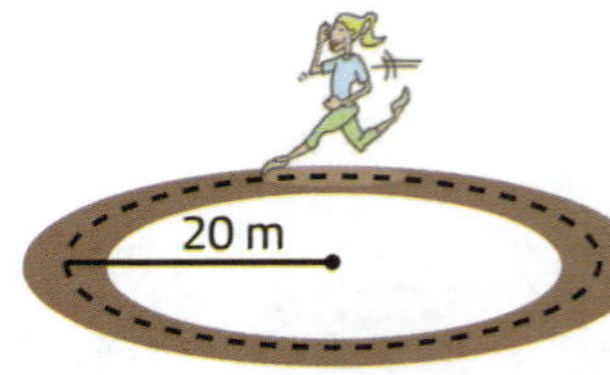

Banco de imagens/Arquivo da editora

6 **Conexões.** As árvores sequoia, cipreste-calvo de Montezuma e baobá são consideradas as que têm o tronco mais grosso do mundo. A circunferência do tronco de um dos maiores espécimes de sequoia tem medida de comprimento de 31,31 m.

a) Como podemos determinar a medida de comprimento do diâmetro do tronco sem cortar a árvore?

b) Qual é a medida de comprimento do diâmetro dessa sequoia? (Use $\pi = 3,14$.)

iStockphoto/Getty Images

Sequoia-gigante no Parque Nacional Sequoia (Estados Unidos). Foto de 2018.

7 O comprimento da circunferência de uma moeda de R$ 1,00 mede aproximadamente 8,6 cm. Use $\pi = 3,1$ e calcule a medida de área de cada face dessa moeda. Use calculadora.

Casa da Moeda do Brasil/Ministério da Fazenda

8 ▸ Uma roda-gigante tem medida de comprimento do diâmetro de 32 m. De quantos metros é o deslocamento de uma cadeirinha quando ela dá 1 giro completo? (Use $\pi = 3,14$.)

Allan Szeto/Shutterstock

Roda-gigante.

9 ▸ Se a medida de comprimento da linha do equador é de, aproximadamente, 24 000 milhas terrestres, então qual é a medida de comprimento aproximada, em metros, da distância dessa linha ao centro da Terra? Pesquise quantos metros tem 1 milha terrestre.

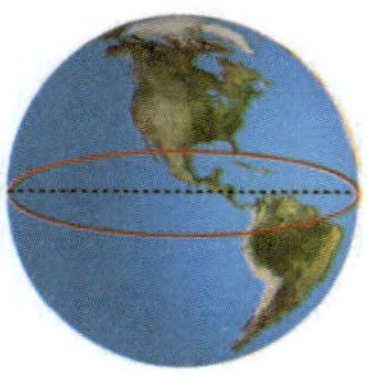

Luis Moura/Arquivo da editora

As imagens desta página não estão representadas em proporção.

Representação artística e em cores fantasia do planeta Terra com destaque para a linha do equador.

Saiba mais

A forma do planeta Terra lembra uma esfera, mas com um leve achatamento nos polos. Por esse motivo, usamos as expressões diâmetro equatorial e diâmetro polar para diferenciar os 2 segmentos de reta indicados nestas imagens.

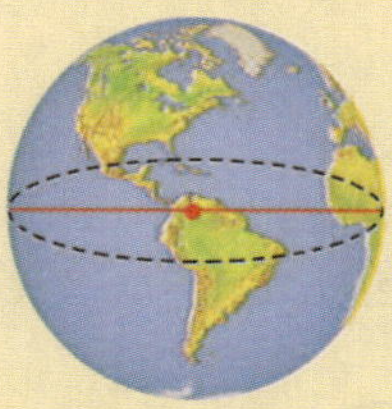

Diâmetro equatorial. Medida de comprimento aproximada: 12 756 km.

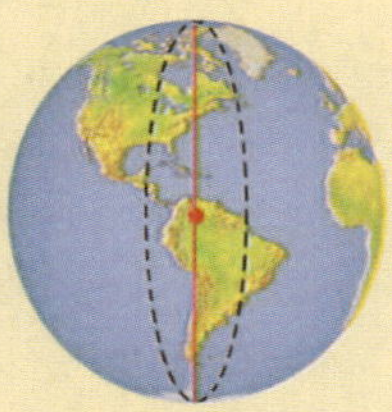

Diâmetro polar. Medida de comprimento aproximada: 12 714 km.

Ilustrações: Paulo Manzi/Arquivo da editora

Representações artísticas e em cores fantasia do planeta Terra com os traçados do diâmetro equatorial, do diâmetro polar e das circunferências correspondentes.

10 ▸ **Conexões.** Considerando as informações dadas no *Saiba mais*, determine a diferença entre as medidas de comprimento da circunferência da Terra para o diâmetro equatorial e para o diâmetro polar. (Use $\pi = 3,14$ e calculadora.)

11 ▸ **Conexões.** O comprimento da circunferência máxima em volta da Lua mede, aproximadamente, 10 757 km. Determine as medidas de comprimento do diâmetro e do raio da Lua. (Use $\pi = 3,1$ e calculadora.)

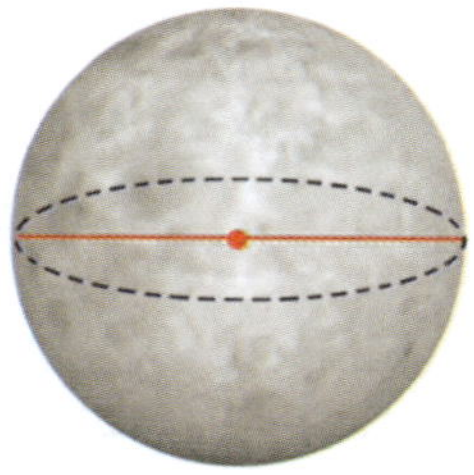

Paulo Manzi/Arquivo da editora

Representação artística e em cores fantasia da Lua com os traçados da circunferência máxima e do diâmetro.

12 ▸ Esta figura é chamada de semicírculo. Use $\pi = 3,1$ e calcule as medidas de perímetro e de área deste semicírculo.

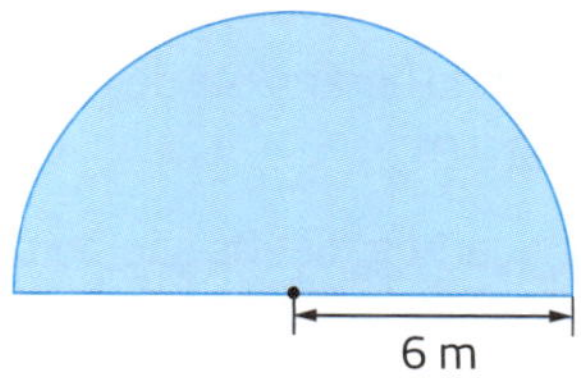

Banco de imagens/Arquivo da editora

Saiba mais

O termo **perímetro** é utilizado também em Informática (perímetro de rede), em Medicina (perímetro cefálico, perímetro da cintura), etc.

A medição do perímetro da cintura ou do perímetro abdominal de uma pessoa pode identificar sobrepeso. Pessoas com maior medida de perímetro da cintura podem desenvolver hipertensão arterial, diabetes e doenças cardiovasculares, além de ter mais dificuldade para executar atividades cotidianas, como vestir-se, subir escadas, carregar pacotes, entre outras.

13 ▸ Use $\pi = 3$ e calcule a medida de área da parte pintada em cada figura.

a)

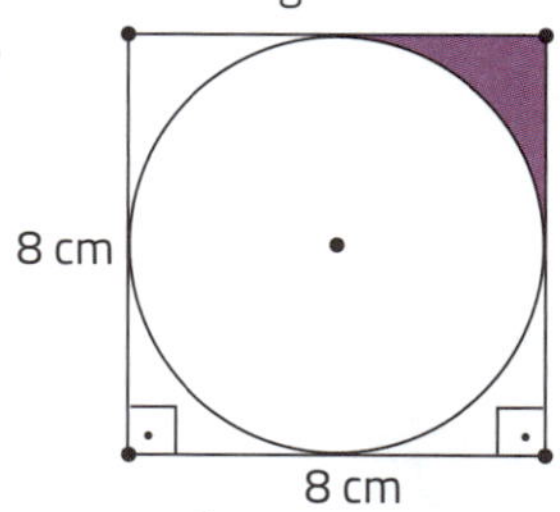

b)

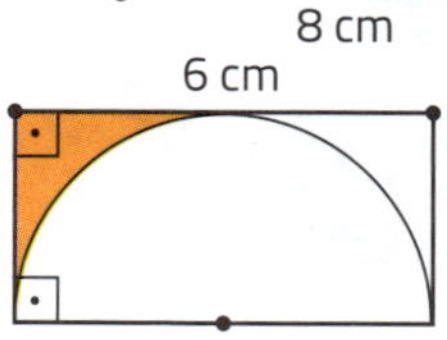

Ilustrações: Banco de imagens/Arquivo da editora

14 ▸ Ainda usando $\pi = 3$, calcule a medida de perímetro da parte pintada na figura do item **a** da atividade anterior.

15 ▸ Considere uma pista circular com medida de comprimento do diâmetro de 24 m e os pontos A, B, C e D nas posições indicadas nesta figura.

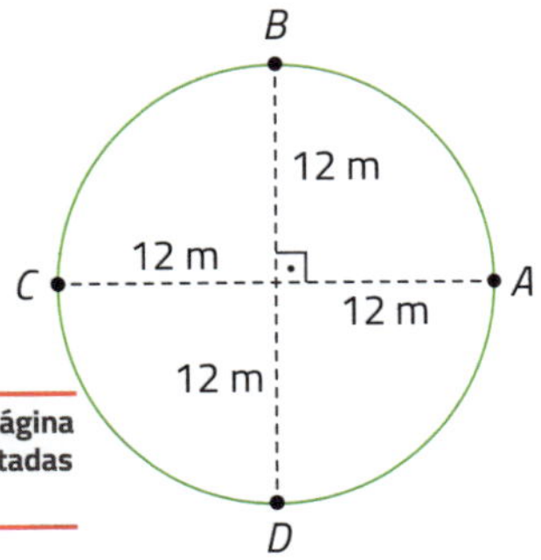

Banco de imagens/Arquivo da editora

As imagens desta página não estão representadas em proporção.

Use $\pi = 3,1$ e calcule a medida de distância percorrida em cada deslocamento.

a) De A até C.

b) De A até B, no sentido anti-horário.

c) De A até D, no sentido anti-horário.

d) No sentido horário: sai de C, dá 1 volta completa e vai até B.

16 ▸ Calcule quantos metros são percorridos para ir de A até B pelos caminhos indicados.

Use $\pi = 3,14$.

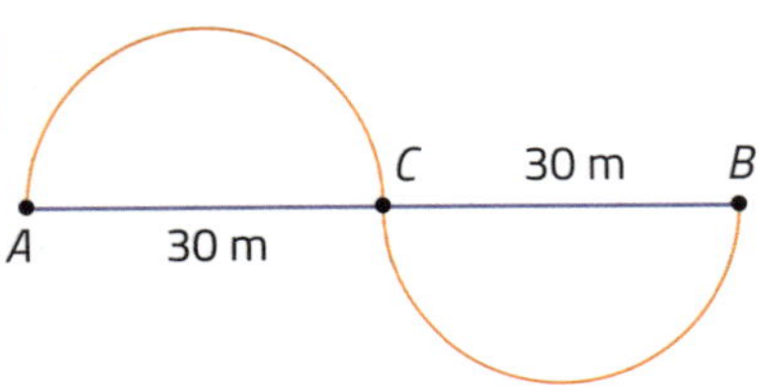

Banco de imagens/Arquivo da editora

a) Azul.

b) Laranja.

c) Laranja de A até C e azul de C até B.

17 ▸ Use $\pi = 3,14$ e determine o que se pede.

a) A medida de comprimento da curva que separa a parte pintada de preto desta circunferência da parte em branco.

b) A medida de área da parte pintada de preto.

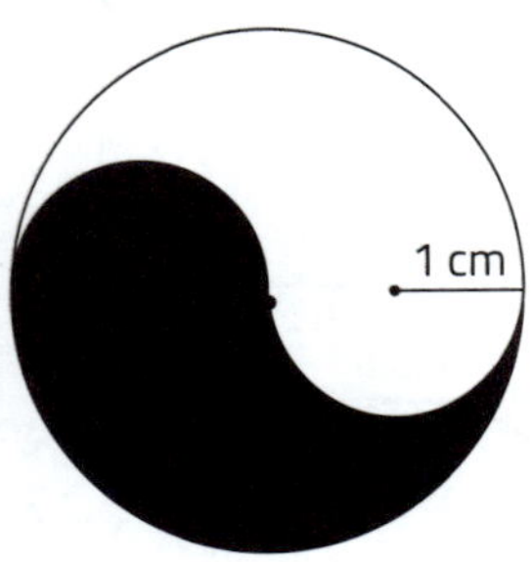

Babiina/Shutterstock

18 ▸ A roda de um veículo tem raio com medida de comprimento de 0,36 m. Quantas voltas essa roda dá quando o veículo percorre 4 521,6 m? (Use $\pi = 3,14$.)

19 ▸ A base de uma lata de biscoitos tem a forma de um círculo. Para calcular a medida de perímetro dessa base, Maurício contornou a lata com uma fita métrica e obteve a medida de 63 cm. Já Regina mediu o comprimento do raio do círculo da base, obteve a medida de 10 cm, usou a fórmula e também chegou a 63 cm para a medida de perímetro da base. Qual valor aproximado para π Regina usou?

Patricia Hofmeester/Shutterstock

Lata de biscoitos.

20 ▸ Um quadrado tem medida de perímetro de 60 cm. Use $\pi \simeq 3,14$ e faça o que se pede.

a) Determine a medida de comprimento da circunferência inscrita nesse quadrado .

b) Determine a medida de área do círculo correspondente.

21 ▸ **Cálculos envolvendo π, com resultados exatos.** Quando queremos obter resultados exatos, ou seja, sem fazer aproximações, mantemos o símbolo π nos cálculos. Veja alguns exemplos.

- Medida de comprimento C de uma circunferência com raio de medida de comprimento de 7 cm: $C = 2 \cdot \pi \cdot 7$ cm ou $C = 14\pi$ cm.

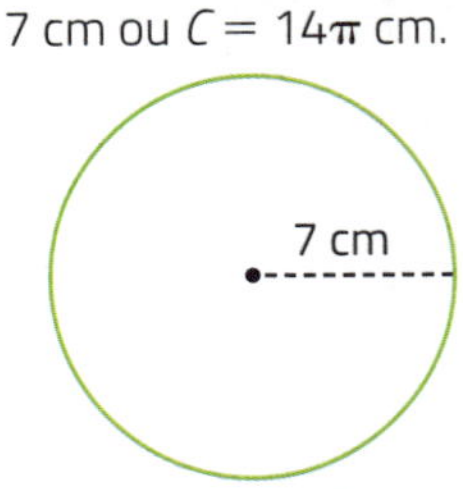

- Medida de área A de um círculo com raio de medida de comprimento de 7 cm: $A = \pi \cdot 7^2$ cm^2 ou $A = 49\pi$ cm^2.

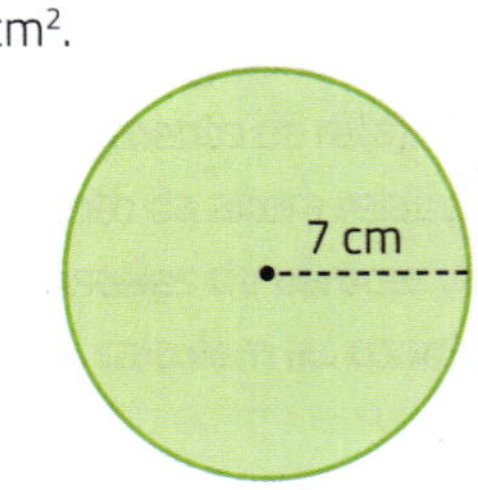

Ilustrações: Banco de imagens/Arquivo da editora

Indique os valores exatos do que é pedido em cada item.

a) Medida de perímetro de uma circunferência com raio de medida de comprimento de 3,5 cm.

b) Medida de área de um círculo com raio de medida de comprimento de 8 m.

22 › Responda e justifique. Depois, confira usando raios de medida de comprimento de 5 cm e de 10 cm (dobro de 5 cm).

a) A medida de comprimento do raio de uma circunferência e a medida de comprimento da circunferência são grandezas diretamente proporcionais?

b) A medida de comprimento do raio de um círculo e a medida de área do círculo são grandezas diretamente proporcionais?

23 › Desafio. Um quadrado está inscrito em uma circunferência cujo comprimento mede 6π cm. A medida de perímetro desse quadrado é de:

a) $\sqrt{2}$ cm.

b) $6\sqrt{2}$ cm.

c) $3\sqrt{2}$ cm.

d) $12\sqrt{2}$ cm.

24 › Círculo e triângulo. Este círculo e esta região triangular têm a mesma medida de área. Essa foi uma descoberta de Arquimedes.

As imagens desta página não estão representadas em proporção.

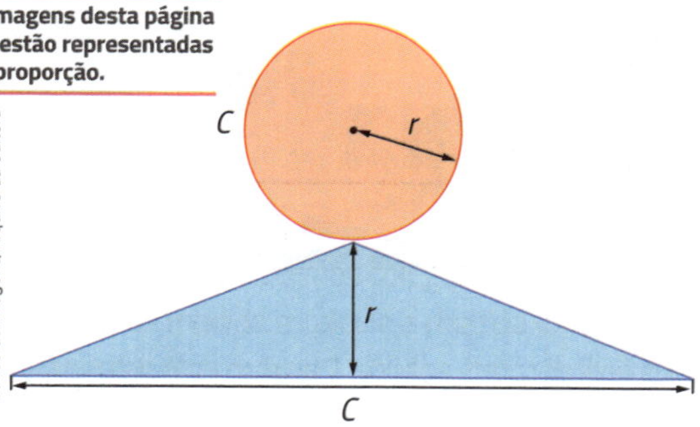

Banco de imagens/Arquivo da editora

Calcule as medidas de área do círculo e do triângulo para constatar esse fato.

Um pouco de História

Arquimedes de Siracusa foi um matemático, físico, engenheiro, inventor e astrônomo grego. Embora poucos detalhes da vida dele sejam conhecidos, são suficientes para que ele seja considerado um dos principais cientistas da Antiguidade clássica.

Album/Fotoarena/Museu Estatal Pushkin de Belas Artes, Moscou, Rússia

Arquimedes. c. 1750. Giuseppe Nogari. Óleo sobre tela, 55 cm × 44,5 cm.

Fonte de consulta: UOL EDUCAÇÃO. *Biografias*. Disponível em: <https://educacao.uol.com.br/biografias/arquimedes.htm>. Acesso em: 25 ago. 2018.

25 › Ilusão de ótica. Este conjunto de circunferências sobrepostas dá a ideia de qual objeto?

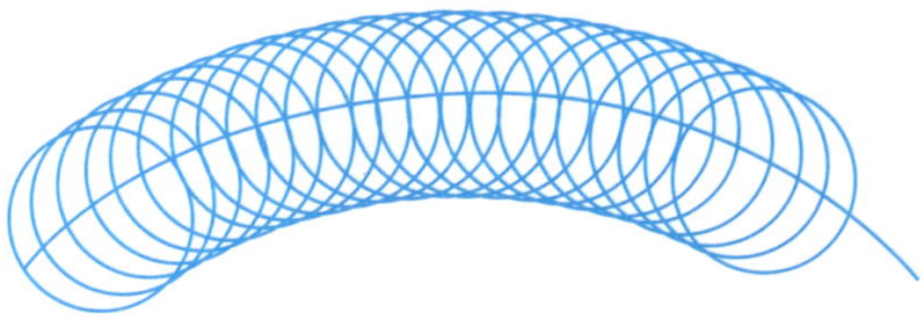

Banco de imagens/Arquivo da editora

26 › Geometria e Arte.

a) Circunferências com mesmo centro e raios com medidas de comprimento diferentes são chamadas **circunferências concêntricas**. Em uma folha de papel sulfite, desenhe circunferências concêntricas e reproduza estas figuras.

Guilherme Asthma/Arquivo da editora

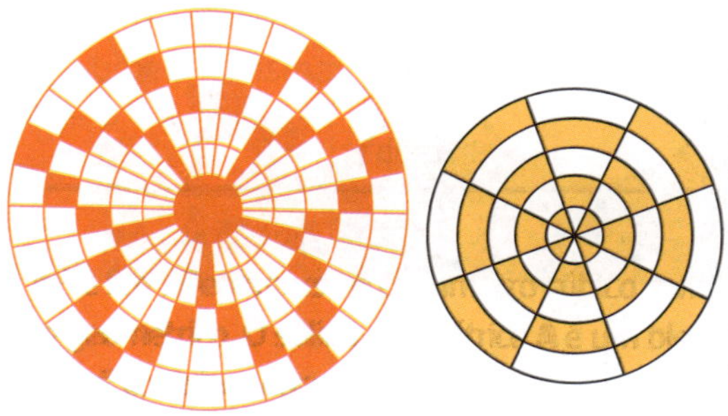

Ilustrações: Banco de imagens/Arquivo da editora

b) Faça um trabalho artístico envolvendo circunferências e círculos.

27 › A partir da figura **A**, construa a figura **B** na qual no centro há um hexágono regular. Use apenas circunferências.

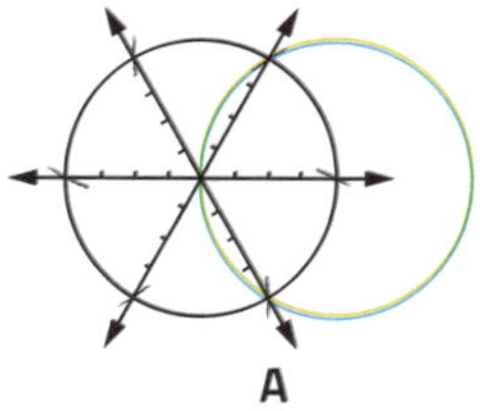

A

B

Ilustrações: Banco de imagens/Arquivo da editora

CONEXÕES

A quadratura do círculo

Você sabia que, há cerca de 4 000 anos, os egípcios tentaram encontrar uma maneira de desenhar, com régua e compasso, uma região quadrada que tivesse a mesma medida de área que um círculo dado?

Eles tentaram construir uma região quadrada com lados de medida de comprimento ℓ, tal que $\ell^2 = \pi r^2$.

Esse desafio, chamado **quadratura do círculo**, foi um dos mais famosos problemas clássicos da Antiguidade.

Por volta de 1800 a.C., os egípcios acreditavam que já tinham "resolvido" o problema, considerando a medida de comprimento do lado do quadrado igual a $\frac{8}{9}$ da medida de comprimento do diâmetro do círculo dado $\left(\ell = \frac{8}{9} \cdot d = \frac{8}{9} \cdot 2r = \frac{16}{9} \cdot r = 1,\bar{7} \cdot r\text{, ou seja, } \ell = 1,\bar{7}r\right)$.

Guilherme Asthma/Arquivo da editora

Observe que:

$$\ell^2 = \pi r^2 \Rightarrow \ell = \sqrt{\pi r^2} \Rightarrow \ell = r\sqrt{\pi}$$

Como π é um número irracional, o valor de $\ell = r\sqrt{\pi}$ só pode ser obtido de modo aproximado. Por exemplo, para uma aproximação racional $\pi = 3,14$, temos $\ell = r\sqrt{\pi} \simeq 1,772 \cdot r$.

Somente em 1882, mais de 3 000 anos depois de esse problema ser proposto, o matemático alemão Ferdinand von Lindemann provou que é impossível construir, com régua e compasso, uma região quadrada com medida de área exatamente igual à de um círculo dado. Isso não significa que a região quadrada proposta não exista; ela existe, mas não pode ser construída usando apenas régua e compasso, como foi apresentado pelos geômetras da Antiguidade.

Fonte de consulta: EVES, Howard. *Introdução à história da Matemática*. Trad. Hygino H. Domingues. Campinas: Ed. da Unicamp, 1995.

Questão

Usando $\pi = 3,14$, Luciana calculou a medida de área de um círculo e obteve 379,94 cm^2.

a) Qual é a medida de comprimento do raio desse círculo?

b) Qual é a medida de comprimento do lado de um quadrado que determina uma região quadrada de mesma medida de área que esse círculo?

2 Circunferências, retas e polígonos

Posição relativa de uma reta e uma circunferência

Em um mesmo plano, uma reta e uma circunferência podem ter 1 único ponto comum, 2 pontos comuns ou não ter pontos comuns. Observe.

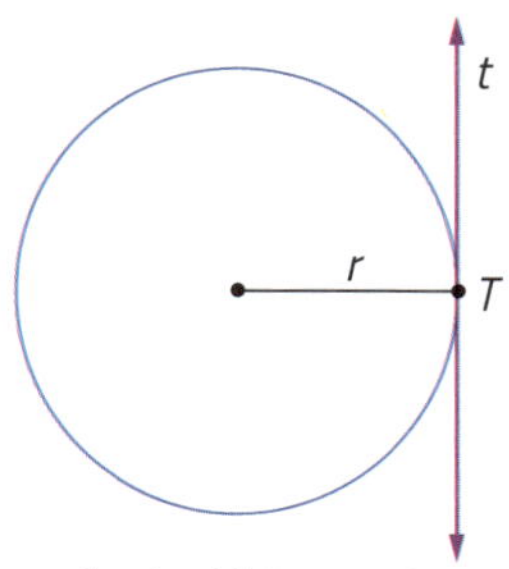

A reta t é **tangente** à circunferência.

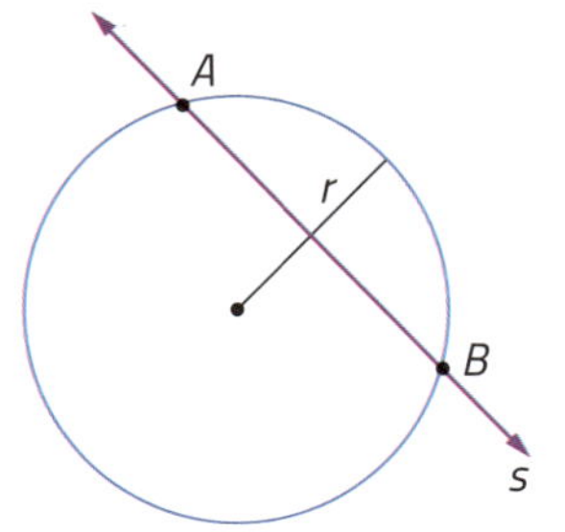

A reta s é **secante** à circunferência.

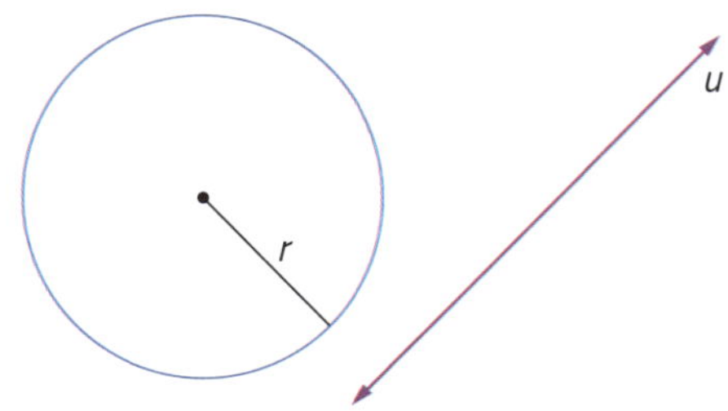

A reta u é **externa** à circunferência.

Ilustrações: Banco de imagens/Arquivo da editora

Qualquer reta tangente a uma circunferência é perpendicular ao raio no ponto de tangência: $t \perp \overline{CT}$.

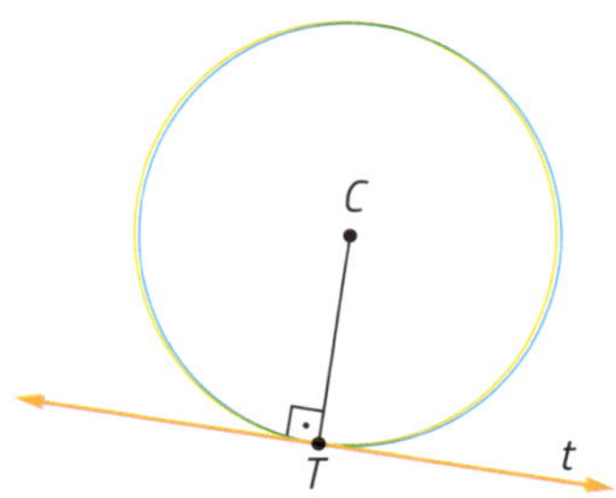

Banco de imagens/Arquivo da editora

A medida de distância d entre um ponto P e uma reta m é a medida de comprimento do segmento de reta que liga esse ponto a um ponto da reta, perpendicularmente.

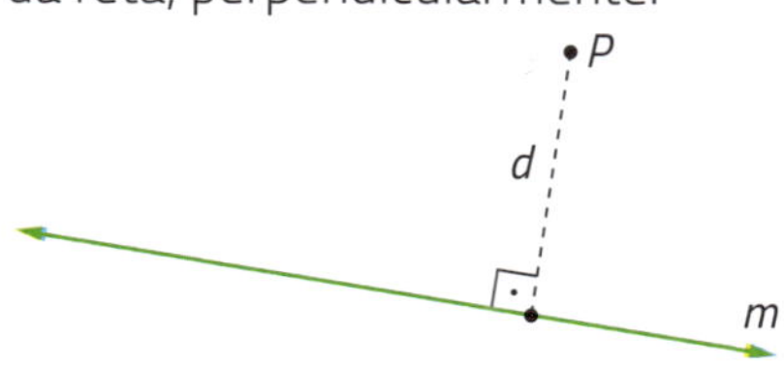

Banco de imagens/Arquivo da editora

Considere d a medida de distância entre o centro da circunferência e a reta dada e r a medida de comprimento do raio da circunferência. Vamos comparar d e r nos 3 casos apresentados.

A reta é tangente à circunferência.

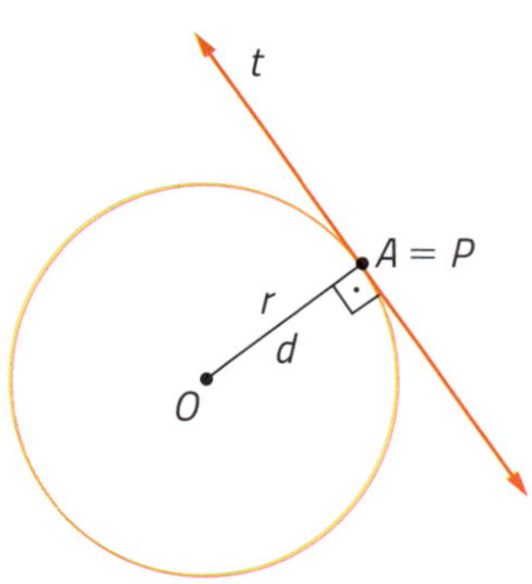

$d = r$

A reta é secante à circunferência.

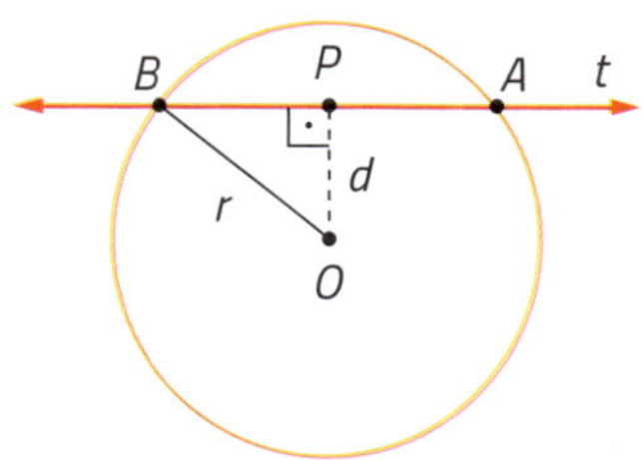

$d < r$

A reta é externa à circunferência.

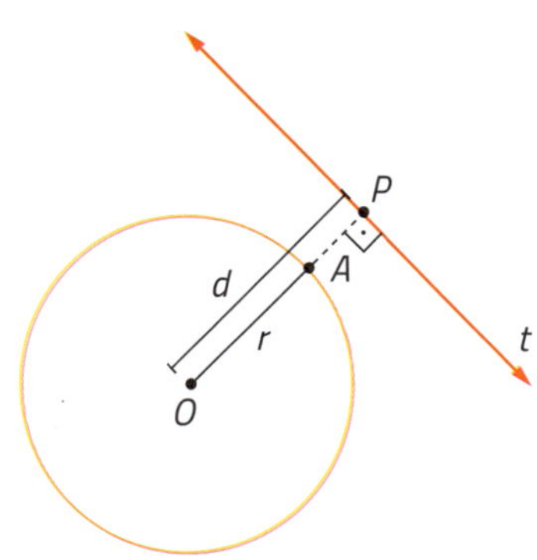

$d > r$

Ilustrações: Banco de imagens/Arquivo da editora

Circunferência inscrita em um polígono e circunferência circunscrita a um polígono

Você deve se lembrar dos conceitos de **inscrito** e de **circunscrito** do estudo dos pontos notáveis do triângulo, feito no 8º ano. Vamos retomar e ampliar esses conceitos para qualquer polígono.

> Se todos os lados de um polígono são tangentes a uma circunferência, então dizemos que a **circunferência** está **inscrita** no polígono.
> Se todos os vértices de um polígono pertencem à circunferência, então dizemos que a **circunferência** está **circunscrita** ao polígono.

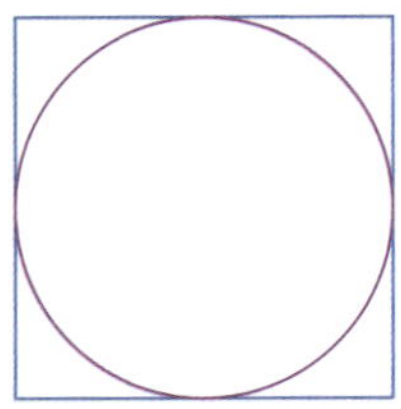

Circunferência inscrita no quadrado.

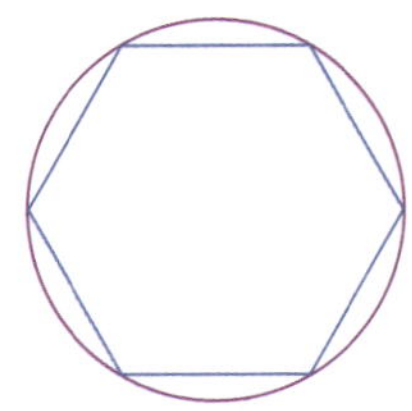

Circunferência circunscrita ao hexágono.

Ilustrações: Banco de imagens/Arquivo da editora

Analogamente, se a circunferência está inscrita no polígono, então dizemos que o **polígono** está **circunscrito** à circunferência; e se a circunferência está circunscrita ao polígono, então dizemos que o **polígono** está **inscrito** na circunferência.

Atividades

28 Observem estas figuras e respondam aos itens.

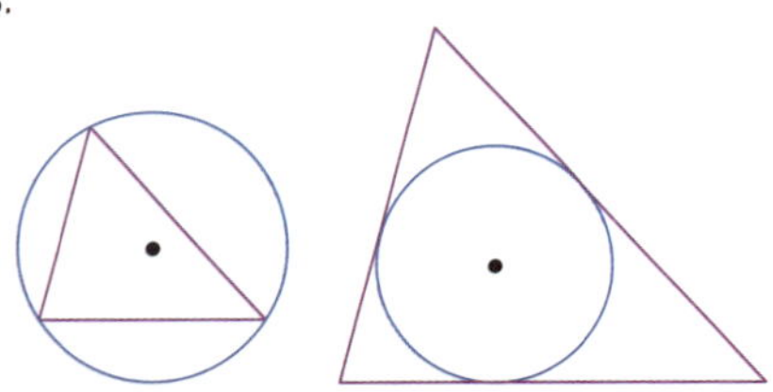

Ilustrações: Banco de imagens/Arquivo da editora

a) O que é circunferência circunscrita a um triângulo?

b) O que é e como se obtém o circuncentro de um triângulo?

c) O que é circunferência inscrita em um triângulo?

d) O que é e como se obtém o incentro de um triângulo?

e) Como se obtêm os pontos de tangência dos lados do triângulo com a circunferência inscrita nele?

29 Pode-se dizer que, nesta figura, a circunferência está inscrita no quadrilátero? Por quê?

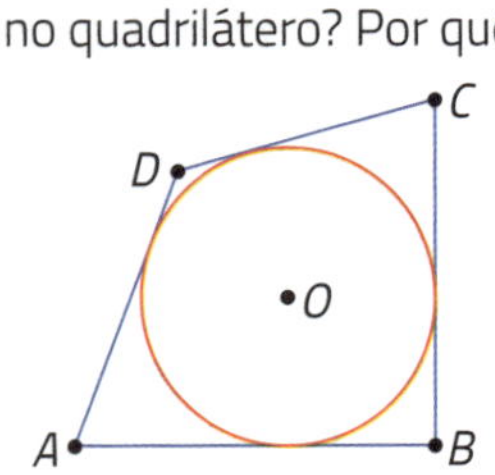

Banco de imagens/Arquivo da editora

30 Sendo $\overline{PT}$ e $\overline{PQ}$ segmentos de reta congruentes e que estão contidos em retas tangentes à circunferência, determine as medidas de comprimento deles sabendo que a medida de comprimento do raio da circunferência é de 3,5 cm e que a medida de perímetro do quadrilátero *PTOQ* é de 28 cm.

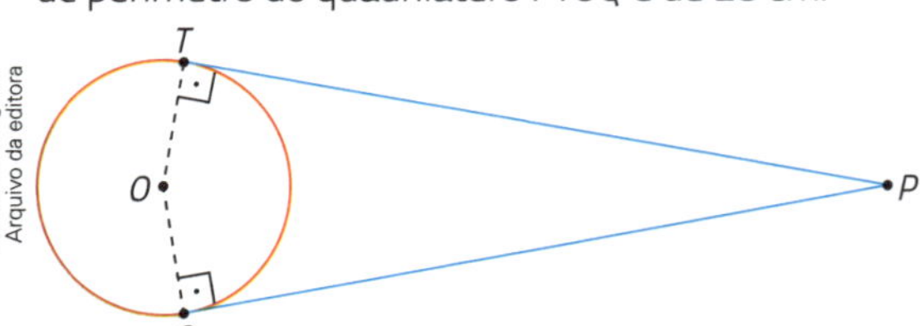

Banco de imagens/Arquivo da editora

31 Os pontos *A*, *B* e *C* desta figura representam 3 bairros de uma cidade. Se uma escola for construída para atender aos 3 bairros, então qual será a localização ideal dela?

Faça uma construção localizando o ponto em que deve ser construída a escola.

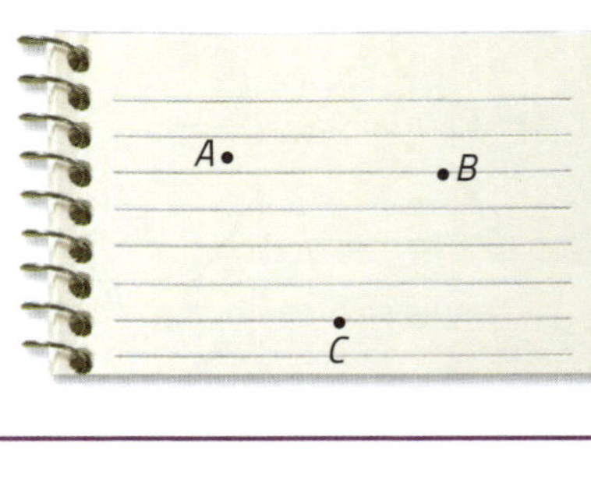

Paulo Manzi/Arquivo da editora

Posição relativa de 2 circunferências

Veja agora as diferentes posições de 2 circunferências distintas de um plano, quando consideramos o número de pontos comuns a elas, e a relação entre a medida de distância entre os centros das circunferências e as medidas de comprimento dos raios delas.

1º caso: Circunferências com 1 único ponto comum (circunferências **tangentes**).

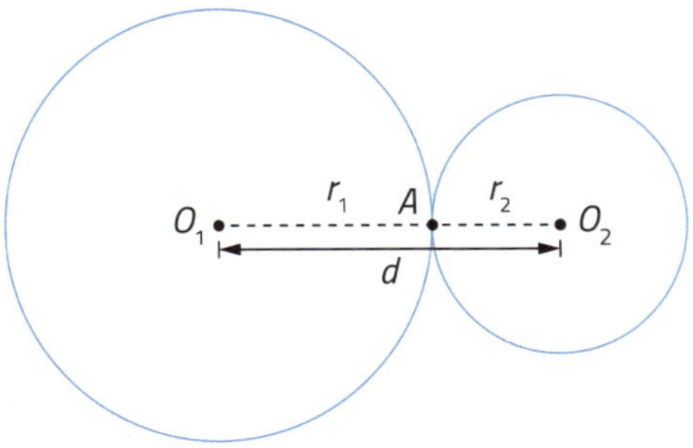

Tangentes externas: $d = r_1 + r_2$.

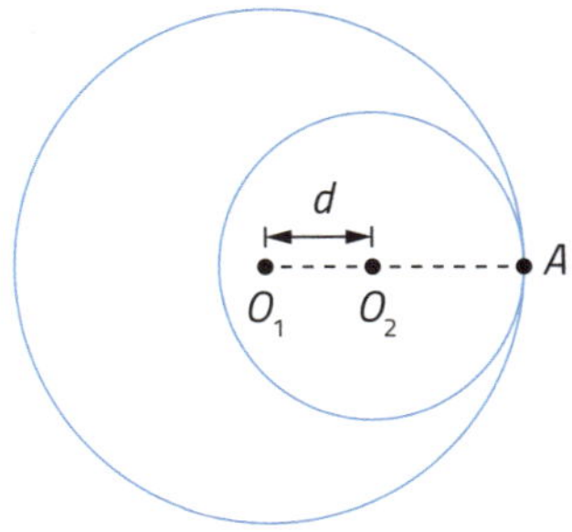

Tangentes internas: $d = r_1 - r_2$, com $r_1 > r_2$.

Ilustrações: Banco de imagens/Arquivo da editora

d é a medida de distância entre os centros das circunferências.

Thiago Neumann/Arquivo da editora

2º caso: Circunferências com 2 pontos comuns (circunferências **secantes**).

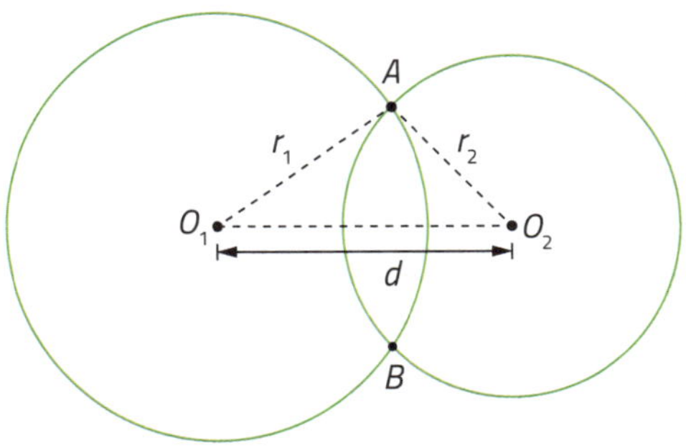

Banco de imagens/Arquivo da editora

$r_1 - r_2 < d < r_1 + r_2$, com $r_1 \geqslant r_2$.

3º caso: Circunferências sem ponto comum.

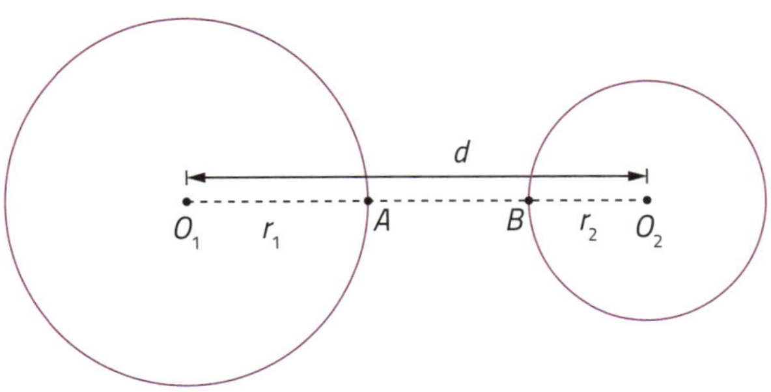

Externas: $d > r_1 + r_2$.

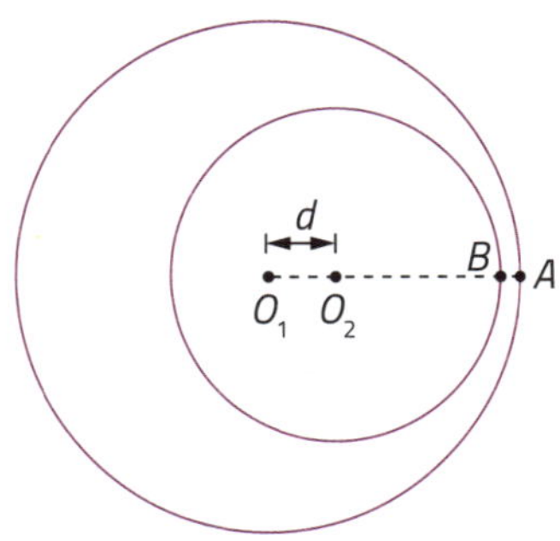

Internas: $d < r_1 - r_2$, com $r_1 > r_2$.

Ilustrações: Banco de imagens/Arquivo da editora

Caso particular

Nesta figura, as circunferências C_1 (de centro O_1) e C_2 (de centro O_2) não têm pontos comuns e C_2 é **interna** à C_1. Além disso, os 2 centros coincidem, ou seja, elas são **circunferências concêntricas**.

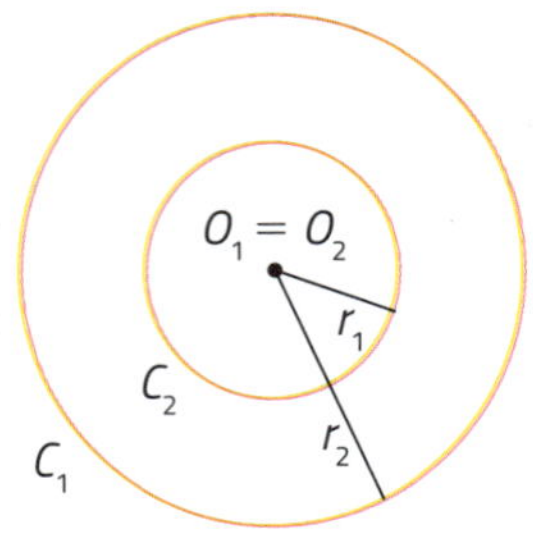

Atividades

32 Quais são as posições relativas das 2 circunferências representadas em cada item?

Ilustrações: Banco de imagens/Arquivo da editora

a)

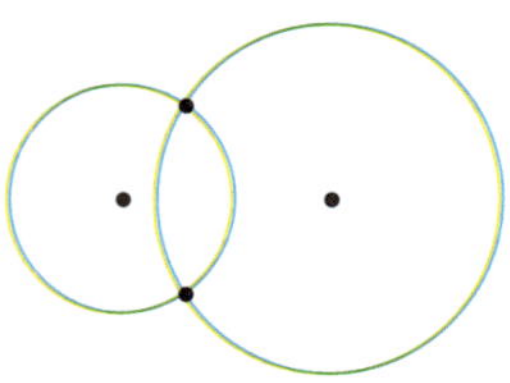

b)

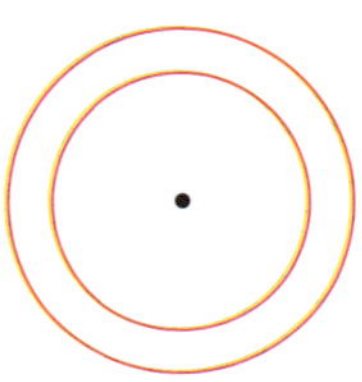

c)

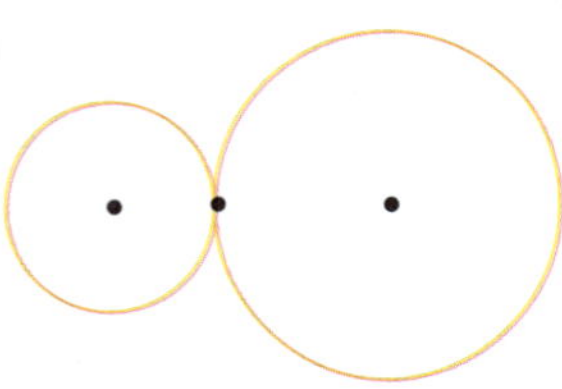

d)

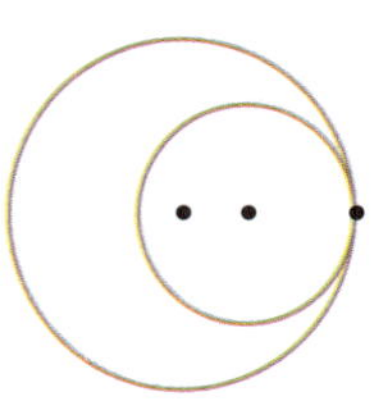

e)

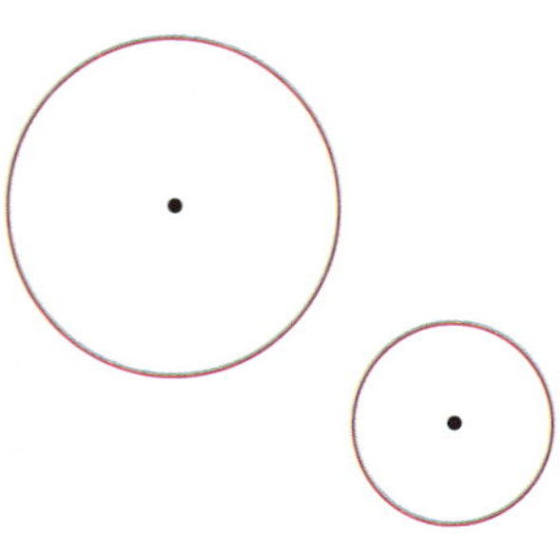

f)

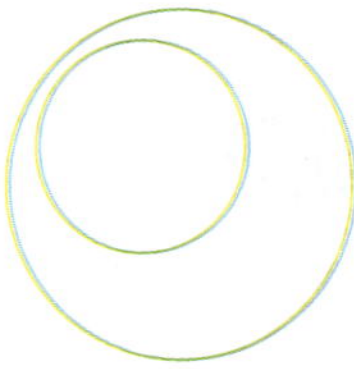

33 Observe nesta figura as circunferências tangentes externas 2 a 2.

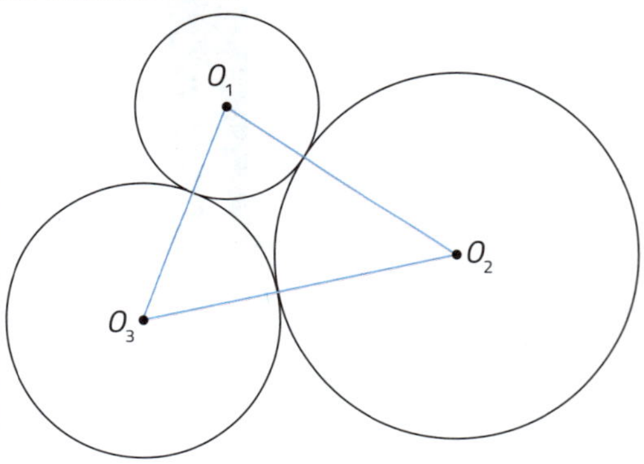

Sabendo que os raios dessas circunferências têm medidas de comprimento de 4 cm, 3 cm e 2 cm, calcule as medidas de comprimento dos lados do triângulo $O_1O_2O_3$, com vértices nos centros das circunferências. Depois, classifique esse triângulo quanto aos lados.

34 Duas circunferências de centros O e P são secantes e os respectivos raios têm medidas de comprimento de 4 cm e 9 cm. Determine as possíveis medidas de distância entre O e P.

35 Duas circunferências tangenciam-se externamente e a medida de distância entre os centros é de 10 cm. A medida de comprimento do raio da circunferência menor é $\frac{2}{3}$ da medida de comprimento do raio da circunferência maior.
Quais são as medidas de comprimento desses raios?

Uma aplicação das circunferências: construção de polígonos regulares

Você já viu algumas construções de polígonos regulares, com régua e compasso, nos anos anteriores. Agora, vamos retomá-las e aprender outras.

Triângulo equilátero

Lembre-se: Triângulo equilátero é o triângulo que tem todos os lados com mesma medida de comprimento e todos os ângulos com mesma medida de abertura. Vamos retomar a construção dele.

Ilustrações: Banco de imagens/Arquivo da editora

1) Trace um segmento de reta $\overline{AB}$ de medida de comprimento *a*.

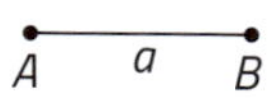

2) Coloque a ponta-seca do compasso no ponto *A* e trace uma circunferência com raio de medida de comprimento *a*. Analogamente, coloque a ponta-seca do compasso no ponto *B* e trace uma circunferência com raio de medida de comprimento *a*.

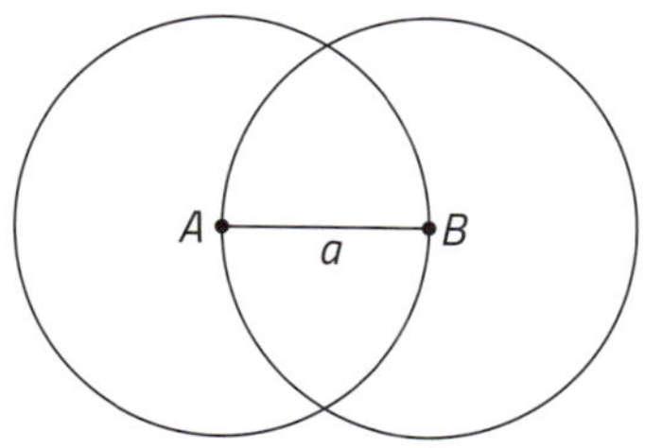

3) Marque os pontos *C'* e *C"* de intersecção das circunferências e trace os segmentos de reta $\overline{AC'}$, $\overline{AC''}$, $\overline{BC'}$ e $\overline{BC''}$.

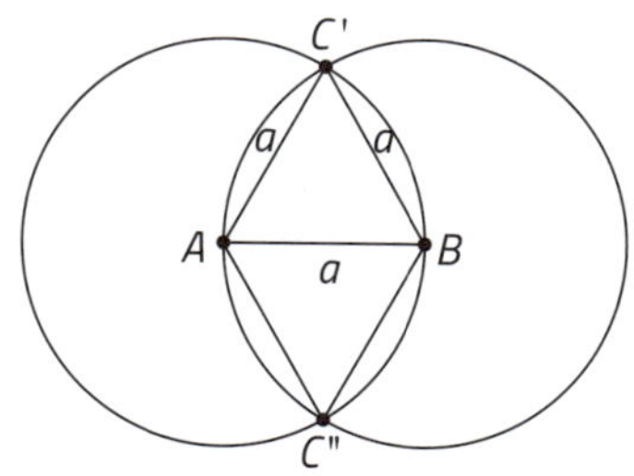

Observe que foram obtidos 2 pontos de intersecção das circunferências traçadas, já que elas são secantes. Nesse caso, podemos construir 2 triângulos equiláteros congruentes ($\triangle ABC'$ e $\triangle ABC''$) com lados de medidas de comprimento *a*.

Quadrado

Lembre-se: Quadrado é o quadrilátero que tem todos os lados com mesma medida de comprimento e todos os ângulos com mesma medida de abertura, igual a 90°. Vamos retomar a construção dele.

Ilustrações: Banco de imagens/Arquivo da editora

1) Trace um segmento de reta $\overline{AB}$ de medida de comprimento *a*. Depois, trace uma reta *r* perpendicular a $\overline{AB}$ em *A*.

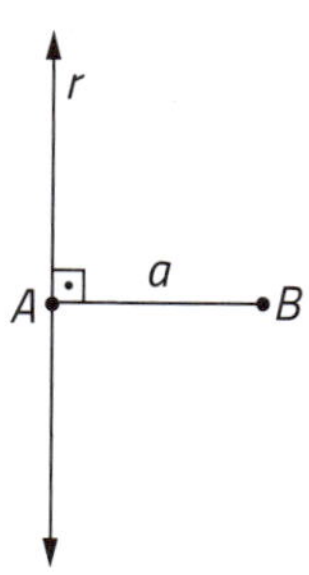

2) Coloque a ponta-seca do compasso no ponto *A* e trace uma circunferência com raio de medida de comprimento *a*. Marque o ponto *D* de intersecção dessa circunferência com a reta *r*, para cima do segmento de reta $\overline{AB}$. Analogamente, coloque a ponta-seca do compasso no ponto *B* e trace uma circunferência com raio de medida de comprimento *a*.

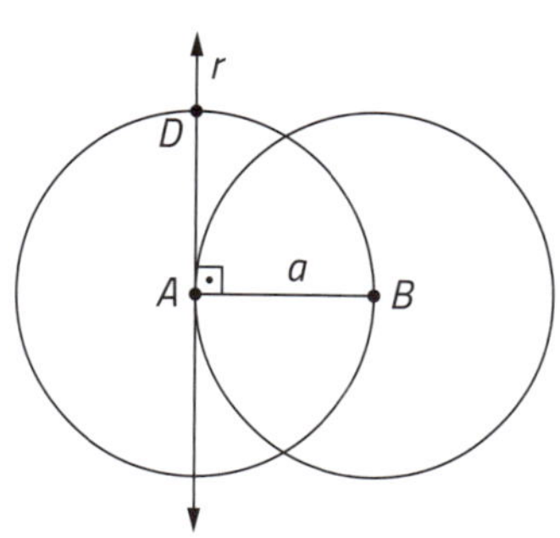

3) Coloque a ponta-seca do compasso no ponto *D* e trace uma circunferência com raio de medida de comprimento *a*. O ponto de intersecção dessa circunferência com a circunferência de centro em *B* é o ponto *C*. Trace os segmentos de reta $\overline{BC}$ e $\overline{CD}$.

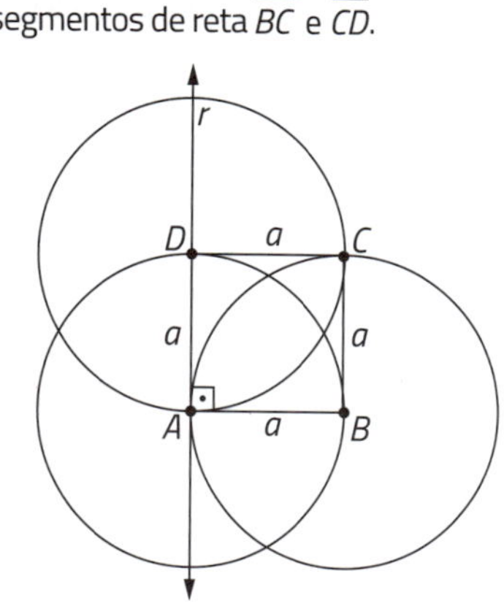

Observe que, nesse caso, todas as circunferências são secantes e todas têm raios com mesma medida de comprimento.

Pentágono regular

Você já sabe: O pentágono regular é um polígono de 5 lados que tem todos os lados com mesma medida de comprimento e todos os ângulos com mesma medida de abertura, igual a 108°.

A construção do pentágono regular é um pouco mais trabalhosa. Vamos acompanhá-la passo a passo.

Ilustrações: Banco de imagens/Arquivo da editora

1) Trace um segmento de reta $\overline{AB}$ de medida de comprimento a.

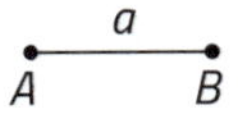

2) Coloque a ponta-seca do compasso no ponto A e trace uma circunferência com raio de medida de comprimento a. Analogamente, coloque a ponta-seca do compasso no ponto B e trace uma circunferência com raio de medida de comprimento a. Nomeie os pontos de intersecção das circunferências de P e O.

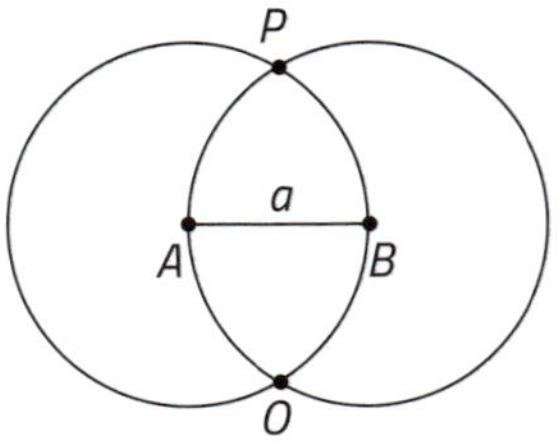

3) Coloque a ponta-seca do compasso no ponto O e trace uma circunferência com raio de medida de comprimento a. Nomeie os pontos de intersecção das circunferências de H e G.

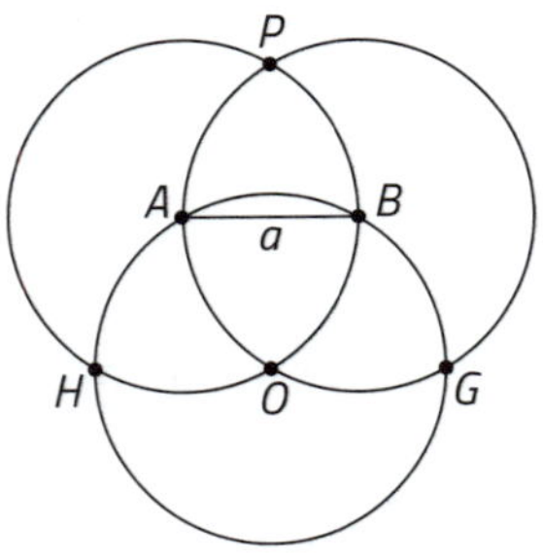

4) Trace a reta r que passa pelos pontos P e O para obter o ponto F, intersecção da circunferência de centro em O com a reta r. Trace a reta s que passa pelos pontos H e F para obter o ponto C. Depois, trace a reta t que passa pelos pontos G e F para obter o ponto E.

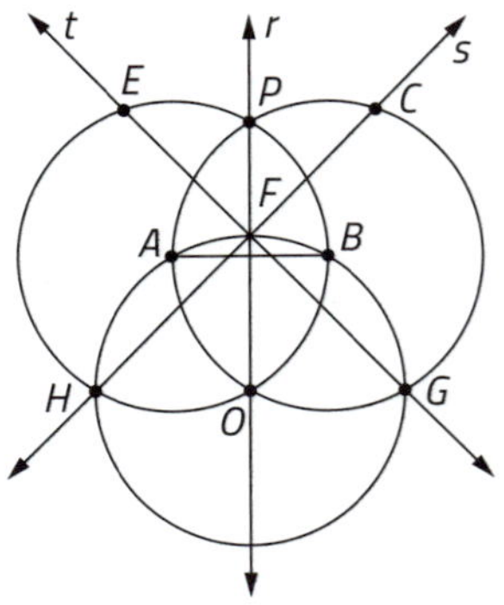

5) Coloque a ponta-seca do compasso no ponto E e trace uma circunferência com raio de medida de comprimento a. Analogamente, coloque a ponta-seca do compasso no ponto C e trace uma circunferência com raio de medida de comprimento a. Nomeie o ponto de intersecção dessas circunferências de D.

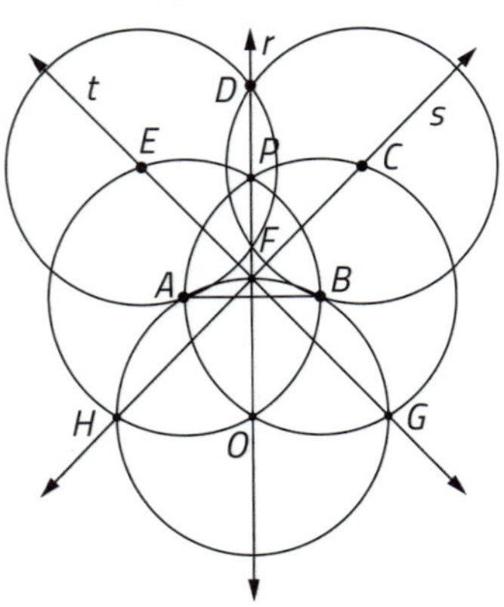

6) Trace os segmentos de reta $\overline{BC}$, $\overline{CD}$, $\overline{DE}$ e $\overline{EA}$, obtendo o pentágono regular com lados de medida de comprimento a.

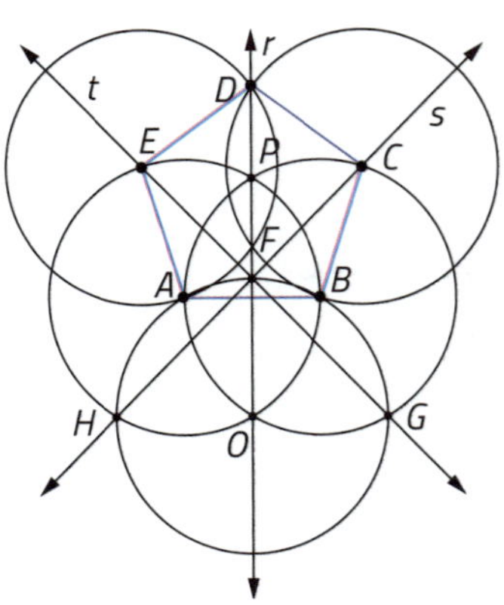

MATEMÁTICA
E TECNOLOGIA

O GeoGebra

O GeoGebra é um *software* livre e dinâmico de Matemática que pode ser utilizado em diversos conteúdos de Álgebra e de Geometria e em todos os níveis de ensino. Ele foi criado em 2001 pelo matemático austríaco Markus Hohenwarter (1976-) e recebeu diversos prêmios na Europa e Estados Unidos.

No endereço <www.geogebra.org/download>, você pode fazer o *download* do *software* "Geometria" ou acessá-lo *on-line*. Se precisar, peça a alguém mais experiente que o ajude com a instalação.

***Software* livre:** qualquer programa gratuito de computador cujo código-fonte deve ser disponibilizado para permitir o uso, o estudo, a cópia e a redistribuição.

Construção de um hexágono regular a partir da medida de comprimento do lado

Veja os passos que devem ser seguidos no GeoGebra para construir um hexágono regular a partir da medida de comprimento do lado.

1º passo: Clique na opção "Segmento com comprimento fixo" no menu de ferramentas (à esquerda da tela, na parte superior), marque 1 ponto próximo ao centro da tela e escolha uma medida de comprimento para esse segmento de reta. Nesse exemplo, vamos usar $AO = 5$. Depois, clique na opção "Reta" e nos pontos A e O para traçar a reta que passa por esses pontos.

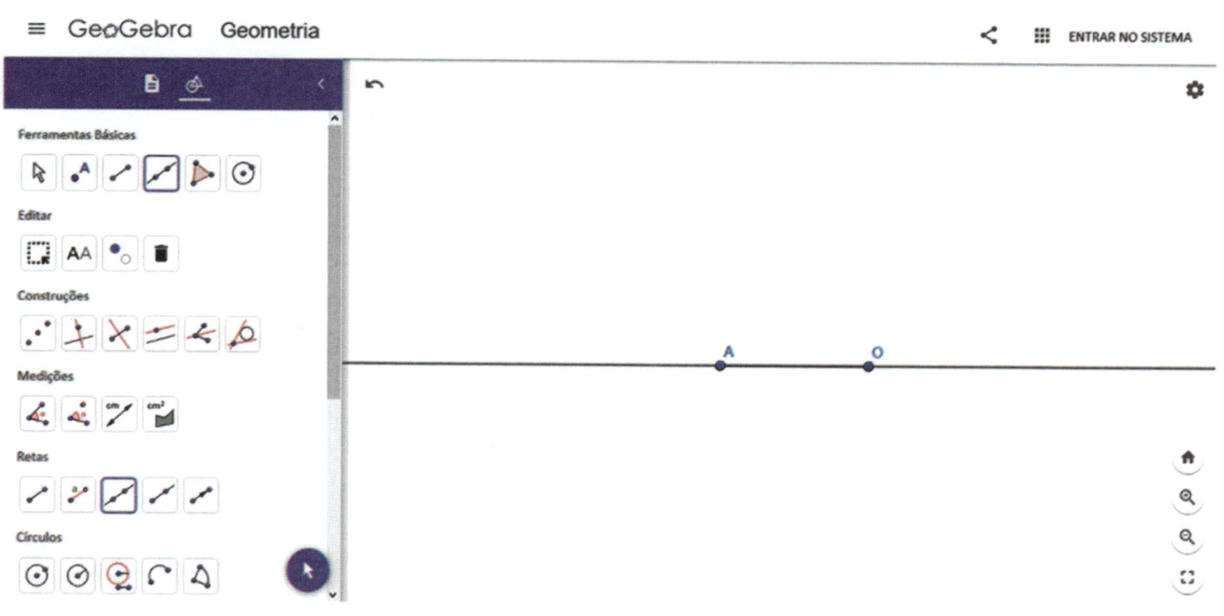

Fotos: Reprodução/www.geogebra.org

2º passo: Clique na opção "Círculo dados centro e um de seus pontos" e nos pontos A e O, nessa ordem, para traçar a circunferência com centro em A e raio de medida de comprimento AO. Clique novamente na ferramenta de circunferência e nos pontos *O* e *A*, nessa ordem, para traçar a circunferência com centro em *O* e raio de medida de comprimento *AO*. Os pontos de intersecção das circunferências com a reta *r* são os pontos *P* e *D*. Use a ferramenta "Ponto" para marcá-los.

Fotos: Reprodução/www.geogebra.org

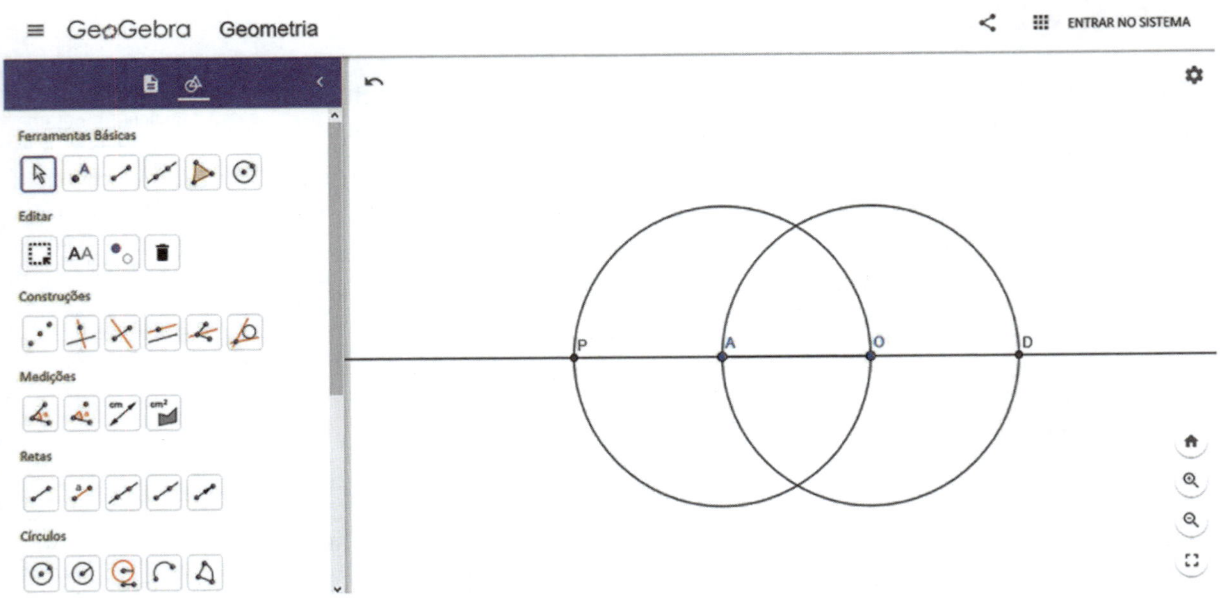

3º passo: Escolha um dos pontos *P* ou *D* para continuar a construção. Nesse exemplo, vamos escolher o ponto *D*. Clique na opção "Círculo dados centro e um de seus pontos" e nos pontos *D* e *O*, nessa ordem, para traçar a circunferência com centro em *D* e raio de medida de comprimento $OD = AO = 5$ cm.

4º passo: Clique na opção "Ponto" e marque todos os pontos de intersecção entre as 3 circunferências. Esses são os vértices do hexágono. Clique na opção "Segmento" e trace os segmentos de reta $\overline{AB}$, $\overline{BC}$, $\overline{CD}$, $\overline{DE}$ e $\overline{EF}$ para obter o hexágono regular com lados de medida de comprimento $AO = AB = 5$.

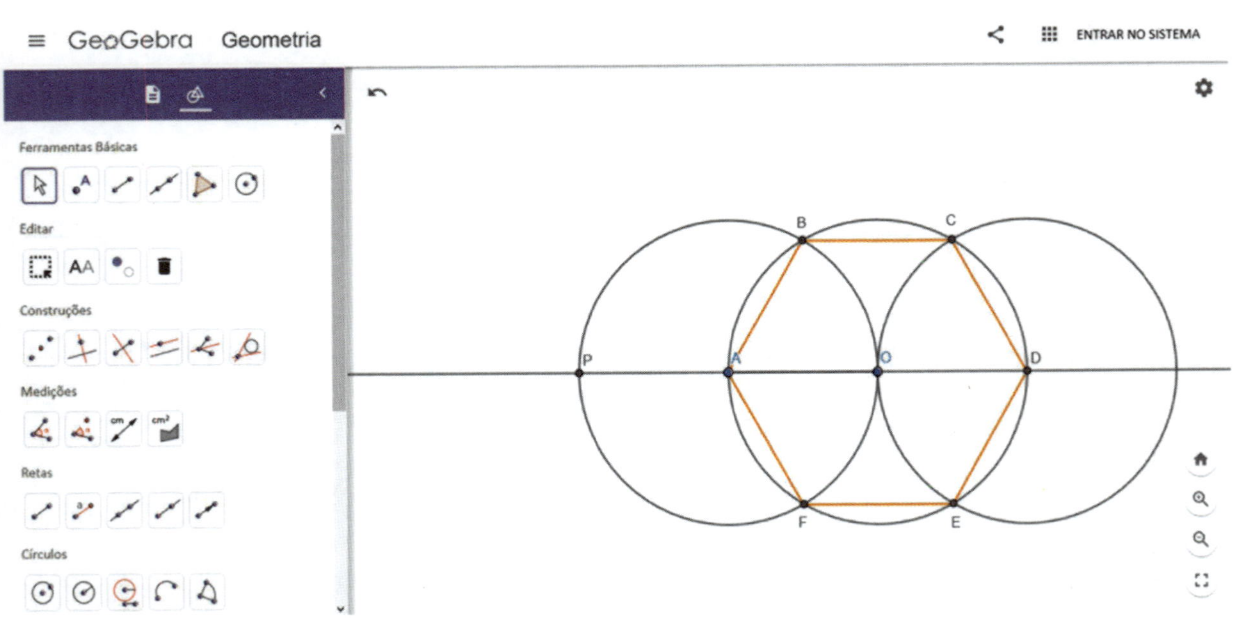

Polígono regular de 2*n* lados

A partir de um polígono regular de *n* lados, podemos construir um polígono regular de 2*n* lados. Veja o passo a passo a seguir. Neste exemplo, vamos usar um hexágono regular para obter um dodecágono regular.

Ilustrações: Banco de imagens/Arquivo da editora

- Trace uma reta que passe por 2 vértices não consecutivos do hexágono regular. Depois, escolha outros 2 vértices não consecutivos e trace outra reta. O ponto de intersecção das retas é o ponto *O*. Trace a circunferência com centro em *O* e raio com medida de comprimento igual à medida de distância entre *O* e qualquer um dos vértices do hexágono, obtendo uma circunferência que circunscreve o hexágono.

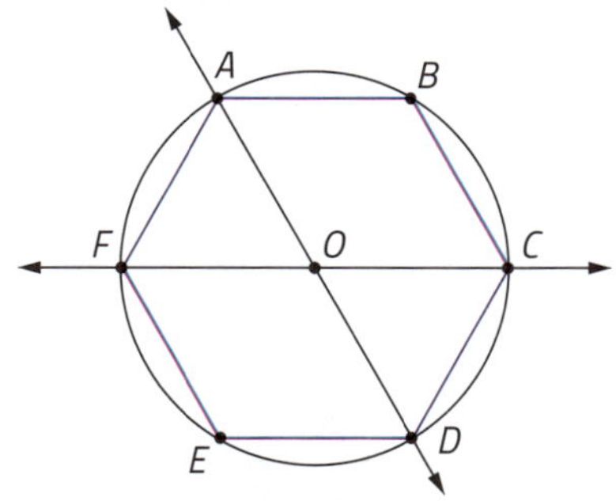

- Trace a mediatriz de cada um dos lados do hexágono e marque o ponto de intersecção da mediatriz de cada lado com a circunferência. Esses serão, junto com os vértices do hexágono, os vértices do dodecágono regular.

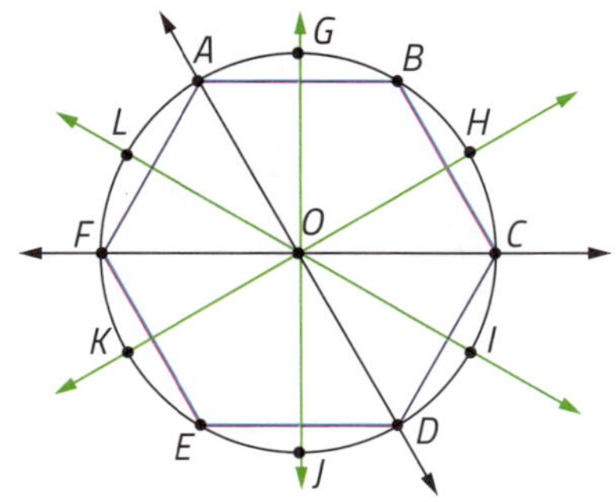

- Trace os segmentos de reta ligando os vértices consecutivos e obtendo um dodecágono regular.
  Essa técnica é válida para qualquer polígono regular de *n* lados.

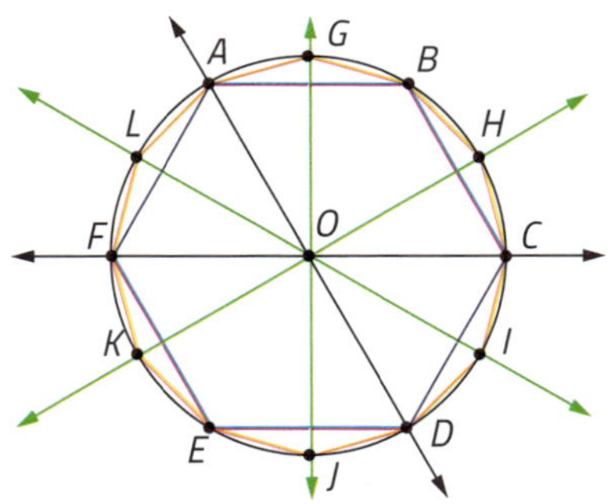

Atividades

36 › Copie estes segmentos de reta e construa o que se pede.

Ilustrações: Banco de imagens/Arquivo da editora

a) Um triângulo equilátero com lados de medida de comprimento *AB*.

b) Um quadrado com lados de medida de comprimento *CD*.

37 › Usando régua e compasso, construa um triângulo equilátero inscrito em uma circunferência com raio de medida de comprimento de 4 cm. (Sugestão: Faça a construção do hexágono regular e escolha os vértices adequadamente.)

38 › Use apenas régua e compasso para construir um octógono regular a partir deste quadrado inscrito na circunferência.

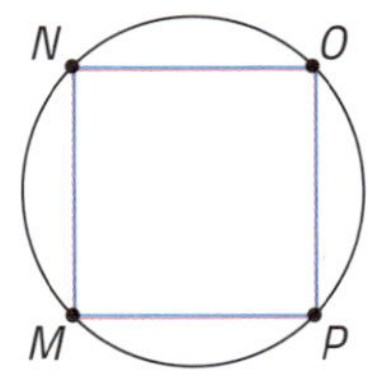

Banco de imagens/Arquivo da editora

39 › Usando apenas régua e compasso, construa um hexágono com lados com a mesma medida de comprimento deste segmento de reta $\overline{AB}$.

Banco de imagens/Arquivo da editora

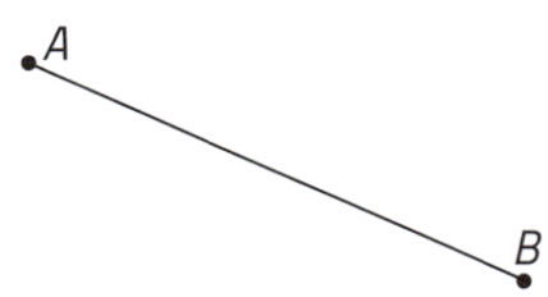

3 Ângulos em uma circunferência

Ângulo central e arcos

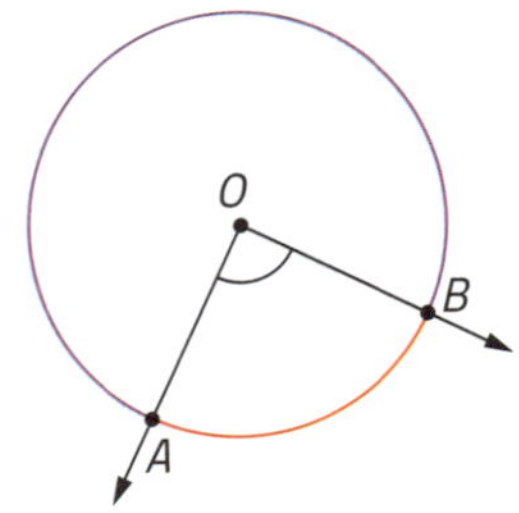

Observe esta figura. O ângulo $A\hat{O}B$ é um **ângulo central** da circunferência.

As características desse ângulo são:

- o vértice O é o centro da circunferência;
- os lados do ângulo determinam 2 raios da circunferência (raios $\overline{OA}$ e $\overline{OB}$).

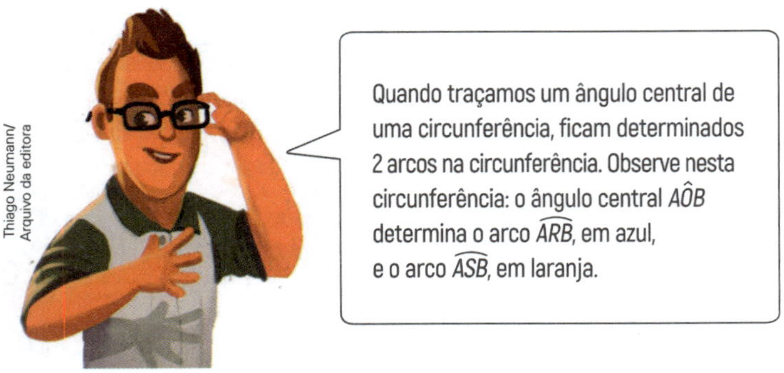

Thiago Neumann/ Arquivo da editora

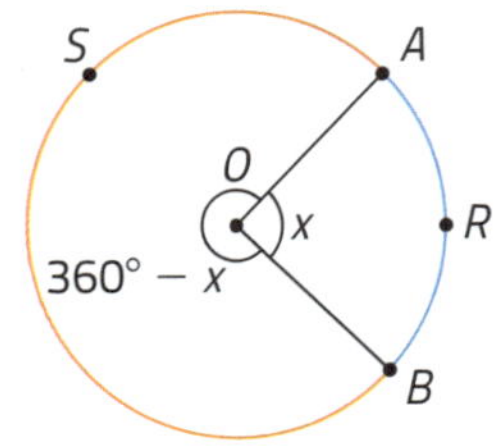

Ilustrações: Banco de imagens/Arquivo da editora

A cada um dos arcos, podemos associar 2 medidas: a **medida de comprimento**, dada em centímetros ou metros, por exemplo, e a **medida angular**, dada em graus.

Assim, nessa figura, temos:

- $A\hat{O}B$: ângulo central de medida de abertura x;
- $\overset{\frown}{ARB}$ (em azul): arco de medida angular x;
- $\overset{\frown}{ASB}$ (em laranja): arco de medida angular $360° - x$.

Circunferência, ângulo central, círculo e setor circular

Thiago Neumann/Arquivo da editora

Analise estas figuras.

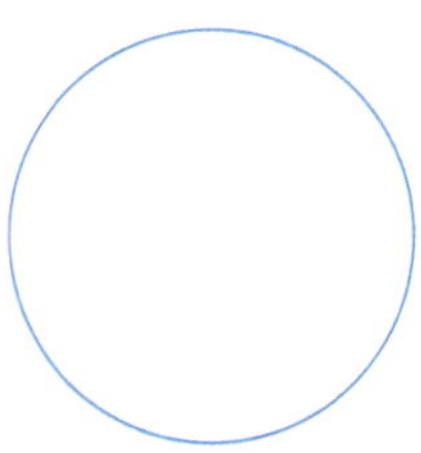

Circunferência.

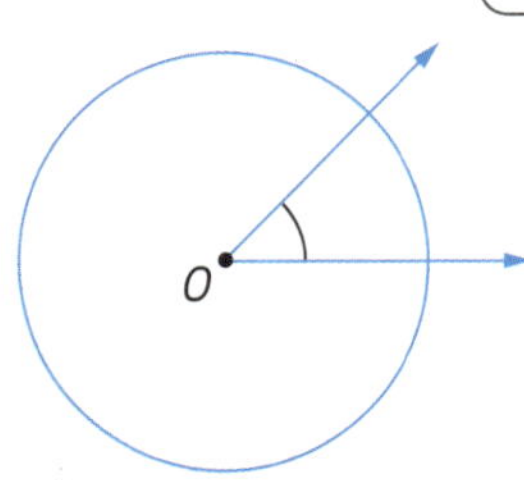

Ângulo central em uma circunferência.

Círculo.

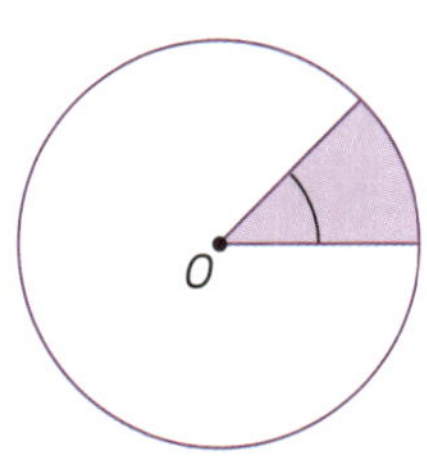

Setor circular.

Ilustrações: Banco de imagens/Arquivo da editora

Shabaneiro/Shutterstock

Pizza cortada em partes iguais que lembram setores circulares.

Atividade resolvida passo a passo

(Obmep) A figura mostra um quadrado *ABCD* de lado 1 cm e arcos de circunferência $\overset{\frown}{DE}$, $\overset{\frown}{EF}$, $\overset{\frown}{FG}$ e $\overset{\frown}{GH}$ com centros *A*, *B*, *C* e *D*, respectivamente.

Qual é a soma dos comprimentos desses arcos?

a) 5π cm

b) 6π cm

c) 7π cm

d) 8π cm

e) 9π cm

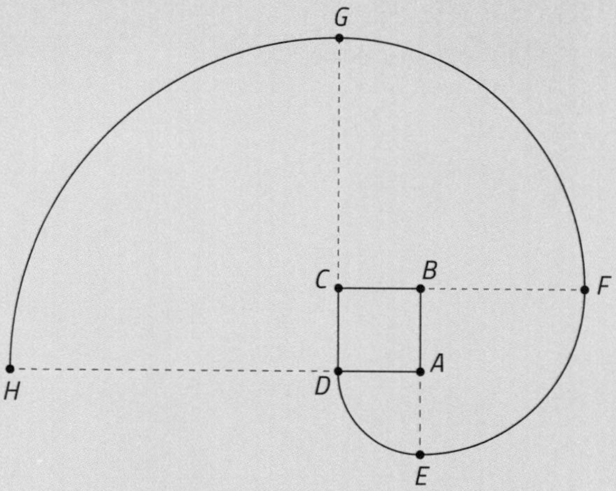

Banco de imagens/Arquivo da editora

Lendo e compreendendo

A figura apresenta 4 arcos de circunferência. A solução do problema propõe encontrar a medida de comprimento de cada um dos arcos e, depois, somá-las.

Planejando a solução

Temos que determinar a medida de comprimento do raio de cada um dos arcos para encontrar as medidas de comprimento deles. Cada arco corresponde a $\frac{1}{4}$ do comprimento da circunferência.

Executando o que foi planejado

Observamos que o 1º arco tem a medida de comprimento do raio igual à medida de comprimento do lado do quadrado; ou seja, $r_1 = 1$. Seguindo no sentido anti-horário, temos que cada raio tem medida de comprimento igual à medida de comprimento do raio do arco que o antecede mais 1 cm. Assim:

$$r_1 = 1 \Rightarrow C_1 = \frac{2\pi r_1}{4} = \frac{2\pi \cdot 1}{4} = \frac{2\pi}{4}$$

$$r_2 = r_1 + 1 = 2 \Rightarrow C_2 = \frac{2\pi r_2}{4} = \frac{2\pi \cdot 2}{4} = \frac{4\pi}{4}$$

$$r_3 = r_2 + 1 = 3 \Rightarrow C_3 = \frac{2\pi r_3}{4} = \frac{2\pi \cdot 3}{4} = \frac{6\pi}{4}$$

$$r_4 = r_3 + 1 = 4 \Rightarrow C_4 = \frac{2\pi r_4}{4} = \frac{2\pi \cdot 4}{4} = \frac{8\pi}{4}$$

A medida de comprimento, em centímetros, da curva toda é:

$$C = C_1 + C_2 + C_3 + C_4 = \frac{2\pi}{4} + \frac{4\pi}{4} + \frac{6\pi}{4} + \frac{8\pi}{4} = \frac{20\pi}{4} = 5\pi$$

Verificando

Observando a figura, podemos ver que as medidas de comprimento dos raios são, respectivamente, 1, 2, 3 e 4 cm. A medida de comprimento total poderia ser calculada assim:

$$C = \frac{2\pi \cdot 1 + 2\pi \cdot 2 + 2\pi \cdot 3 + 2\pi \cdot 4}{4} = \frac{2\pi + 4\pi + 6\pi + 8\pi}{4} = \frac{20\pi}{4} = 5\pi$$

Emitindo a resposta

A soma das medidas de comprimento dos arcos é $C = 5\pi$ cm. Alternativa **a**.

Ampliando a atividade

Qual é a medida de área da região obtida pelos 4 setores circulares mais a região quadrada?

Solução

A medida de área de cada setor circular é igual a $\frac{1}{4}$ da medida de área do círculo correspondente. Vamos calcular a medida de área de cada setor.

$$A_1 = \frac{\pi \cdot 1^2}{4} = \frac{\pi}{4} \qquad A_2 = \frac{\pi \cdot 2^2}{4} = \frac{4\pi}{4} \qquad A_3 = \frac{\pi \cdot 3^2}{4} = \frac{9\pi}{4} \qquad A_4 = \frac{\pi \cdot 4^2}{4} = \frac{16\pi}{4}$$

A medida de área da região quadrada é: $1^2 = 1$. Então, a medida de área total *A*, em centímetros quadrados, é:

$$A = A_1 + A_2 + A_3 + A_4 + 1 = \frac{\pi}{4} + \frac{4\pi}{4} + \frac{9\pi}{4} + \frac{16\pi}{4} + 1 = \frac{30\pi}{4} + 1 = \frac{15\pi}{2} + 1$$

Atividades

40 Em cada item, um aluno determina mentalmente as medidas de abertura dos ângulos centrais, indicadas pelas letras, e justifica o procedimento. Os demais conferem a resposta.

a)

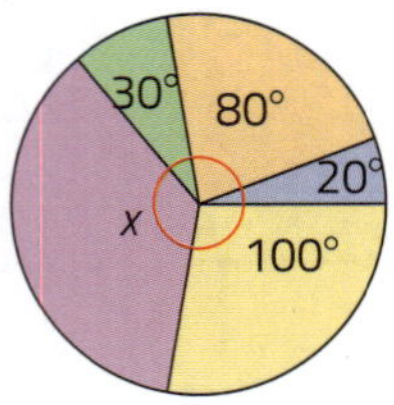

c)

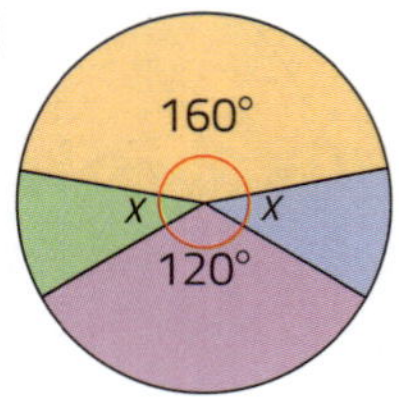

b)

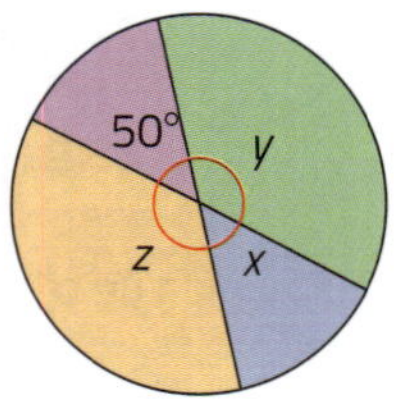

d)

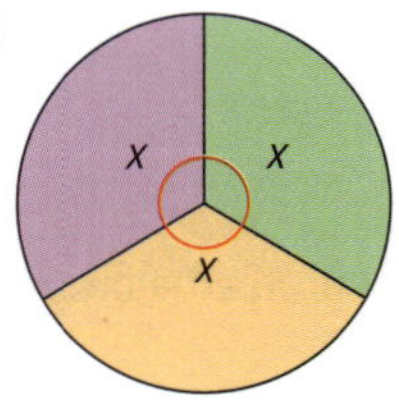

Ilustrações: Banco de imagens/Arquivo da editora

41 Usando régua, compasso e transferidor, faça o que se pede.

a) Construa uma circunferência com centro *O* e raio de medida de comprimento de 3 cm. Trace nela um raio $\overline{OA}$.

b) Construa uma circunferência com centro *M* e raio de medida de comprimento de 4 cm. Trace nela um diâmetro $\overline{EF}$.

c) Construa uma circunferência com raio de medida de comprimento de 2 cm. Trace nela um ângulo central com medida de abertura de 40°.

d) Construa uma circunferência com raio de medida de comprimento de 2,5 cm. Trace e pinte nela um setor circular com ângulo central de medida de abertura de 110°.

42 Observe esta figura e responda: Qual é a medida angular do arco $\widehat{AMB}$.

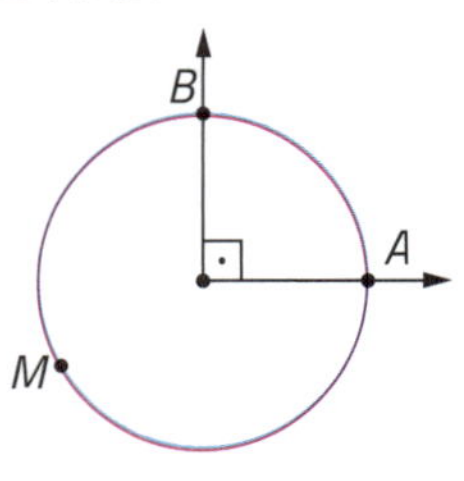

Banco de imagens/Arquivo da editora

43 Em cada caso, calcule a medida de abertura do ângulo central determinado pelos ponteiros dos relógios, que marcam horas exatas.

a)

b)

c)

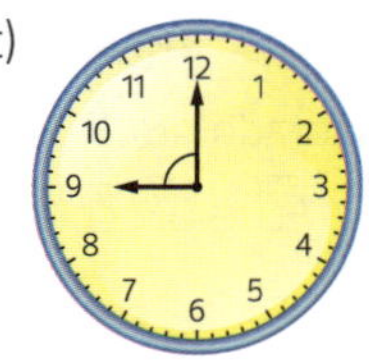

d)

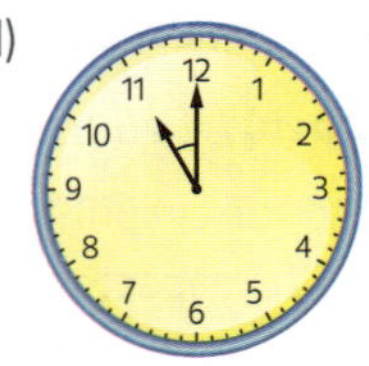

Ilustrações: Banco de imagens/Arquivo da editora

44 **Geometria e Arte.** Use sua criatividade e construa um mosaico com hexágonos regulares. Pinte sua obra como quiser. Veja 2 exemplos.

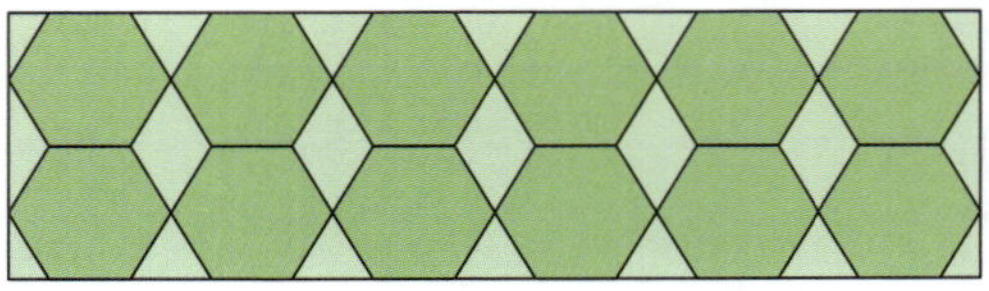

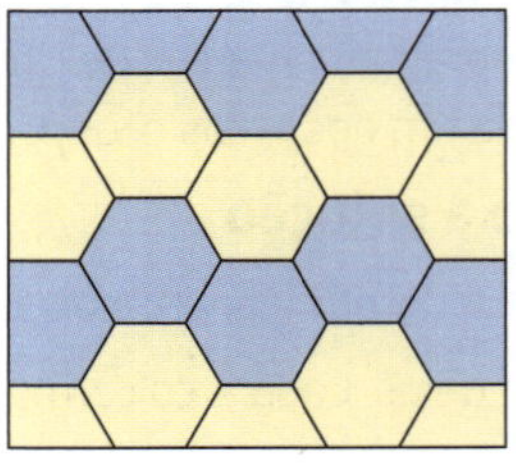

Ilustrações: Banco de imagens/Arquivo da editora

45 **Setor circular e coroa circular.**

a) Esta figura mostra um setor circular de uma circunferência com raio de medida de comprimento de 3 cm e que tem ângulo central de medida de abertura de 40°. Use $\pi = 3,1$ e calcule as medidas de perímetro e de área deste setor circular.

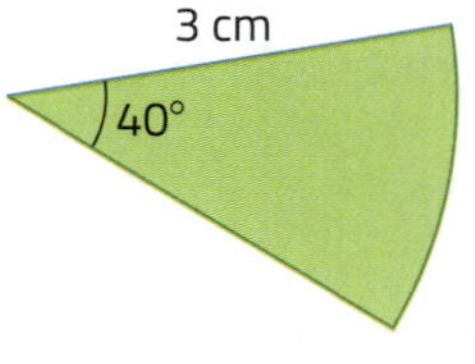

b) Esta figura mostra uma coroa circular com raios de medidas de comprimento de 1,5 cm e 1 cm. Calcule a medida de área dela usando $\pi = 3,1$.

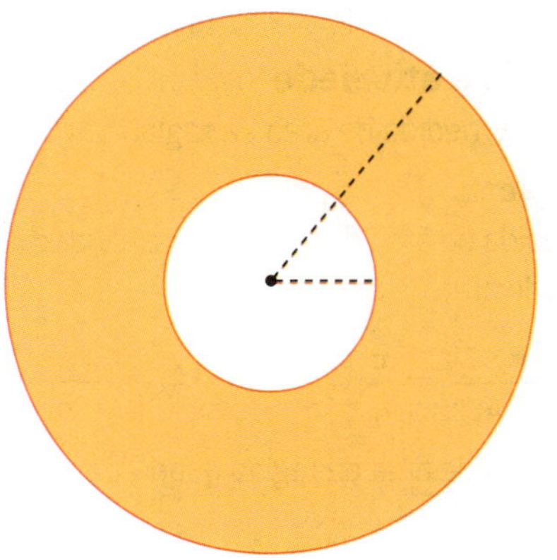

Ilustrações: Banco de imagens/Arquivo da editora

Ângulo inscrito

Thiago Neumann/Arquivo da editora

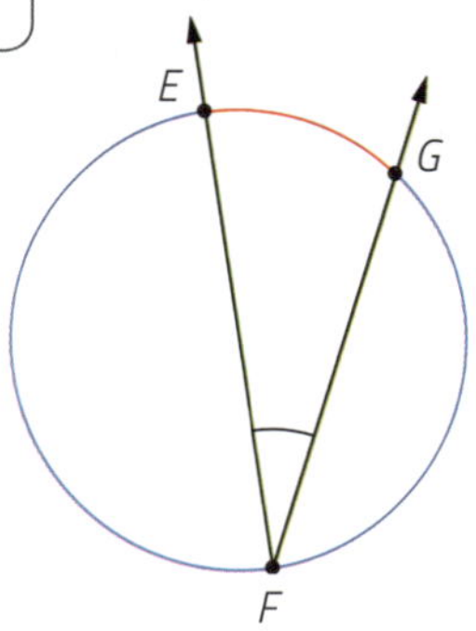

Banco de imagens/Arquivo da editora

As características desse ângulo são:

- o vértice F é um ponto da circunferência;
- os lados do ângulo determinam 2 cordas na circunferência (cordas $\overline{FE}$ e $\overline{FG}$);
- o arco $\overset{\frown}{EG}$ do ângulo correspondente não contém o vértice do ângulo.

Atividades

46 Use régua, compasso e transferidor para construir o que se pede.

a) Um ângulo central de medida de abertura de 100° em uma circunferência com raio de medida de comprimento de 2 cm.

b) Um ângulo inscrito de medida de abertura de 30° em uma circunferência com raio de medida de comprimento de 3 cm.

47 No item **a** da atividade anterior, quais são as medidas angulares dos 2 arcos determinados pelo ângulo central?

48 Em cada figura, estão desenhados um ângulo central e um ângulo inscrito, com o mesmo arco correspondente, em circunferências de centro O. Observem as 3 figuras, troquem ideias e respondam: Qual é a relação entre as medidas de abertura desses 2 ângulos em cada figura?

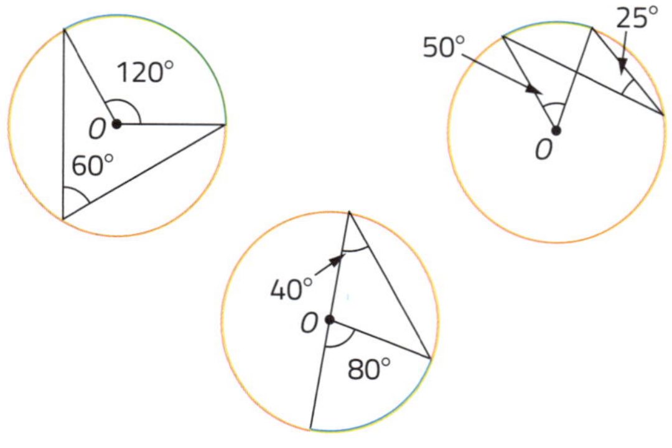

Ilustrações: Banco de imagens/Arquivo da editora

49 Examine os 2 primeiros exemplos e determine as medidas de abertura x e y nas outras 2 figuras. Depois, responda: Como são as medidas de abertura dos 2 ângulos inscritos de mesmo arco correspondente em cada figura?

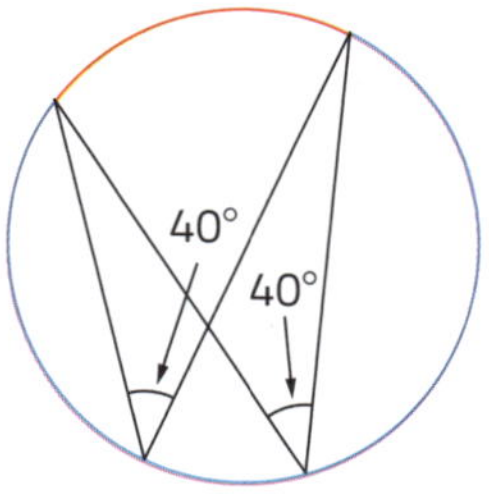

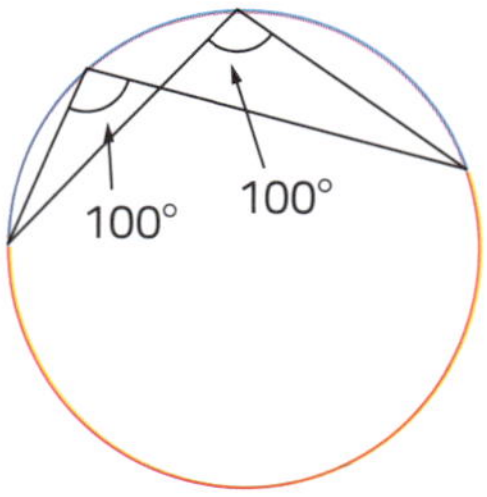

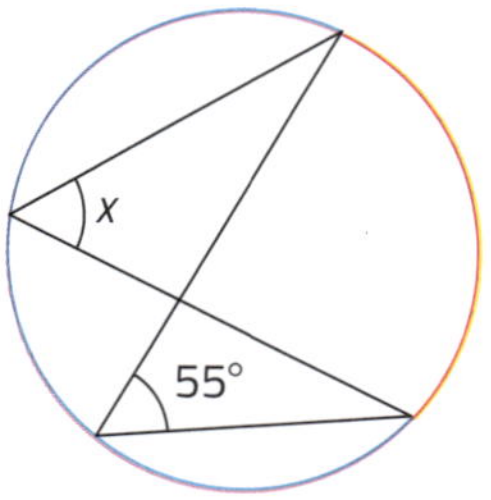

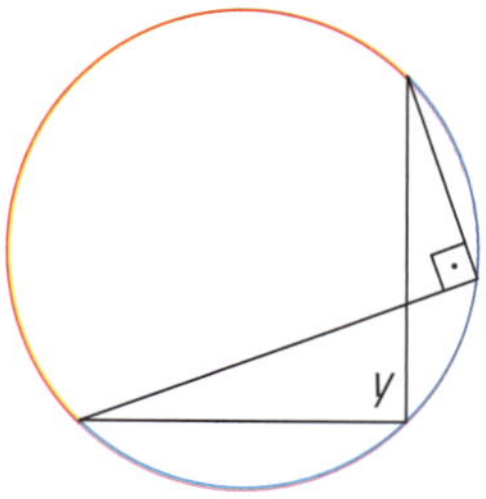

Ilustrações: Banco de imagens/Arquivo da editora

Bate-papo

Converse com um colega sobre as conclusões a que vocês chegaram nas atividades 48 e 49. Como garantir a validade dessas conclusões para todas as situações análogas?

Relação entre as medidas de abertura do ângulo central e do ângulo inscrito de um mesmo arco

Se um ângulo central e um ângulo inscrito em uma circunferência têm o mesmo arco correspondente, então a medida de abertura do ângulo central é o dobro da medida de abertura do ângulo inscrito.

Podemos **demonstrar** essa propriedade analisando 3 situações que envolvem as medidas de abertura do ângulo inscrito e do ângulo central de um mesmo arco.

Um dos lados do ângulo inscrito determina um diâmetro da circunferência

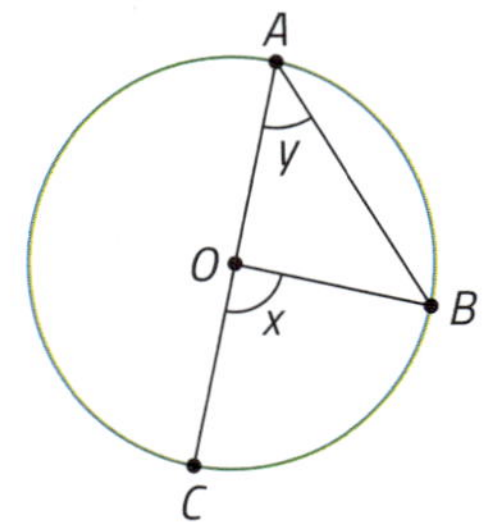

Banco de imagens/Arquivo da editora

Sabendo que O é o centro da circunferência, temos:

- $C\hat{O}B$ é um ângulo central, de arco $\overset{\frown}{BC}$, que tem medida de abertura x;
- $C\hat{A}B$ é um ângulo inscrito, também de arco $\overset{\frown}{BC}$, e medida de abertura y;
- $\overline{AC}$ é um diâmetro da circunferência.

O $\triangle AOB$ é isósceles, pois $\overline{OA} \cong \overline{OB}$ (raios). Logo, a medida de abertura de $A\hat{B}O$ também é y.

Como $C\hat{O}B$ é um ângulo externo do $\triangle AOB$, a medida de abertura x é igual à soma das medidas de abertura dos 2 ângulos internos não adjacentes a ele $(y + y)$.

Logo, $x = y + y$ ou $x = 2y$, como queríamos demonstrar.

O ângulo inscrito e o ângulo central de mesmo arco estão em outra posição

Ilustrações: Banco de imagens/Arquivo da editora

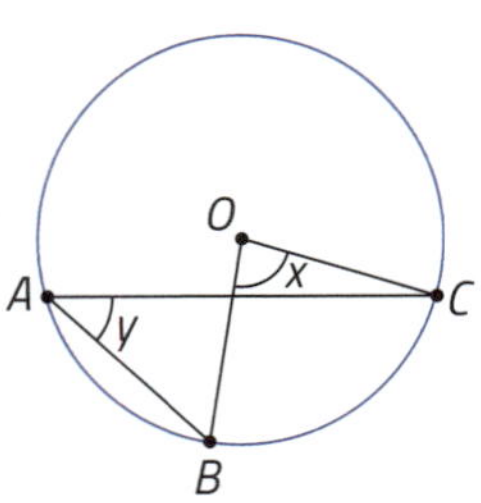

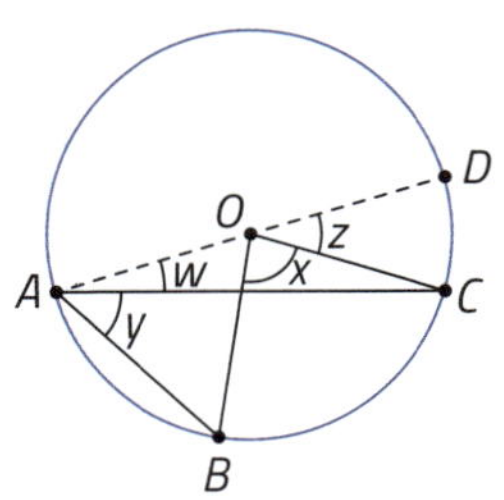

Para demonstrar a propriedade nesse caso, traçamos o diâmetro $\overline{AD}$ e usamos 2 vezes o mesmo raciocínio da situação anterior.

$$z = 2w \text{ e } x + z = 2(y + w)$$

Substituindo z por $2w$ na segunda igualdade, obtemos:

$$x + \cancel{2w} = 2y + \cancel{2w} \Rightarrow x = 2y$$, como queríamos demonstrar.

Mais uma posição do ângulo inscrito e do ângulo central

Ilustrações: Banco de imagens/Arquivo da editora

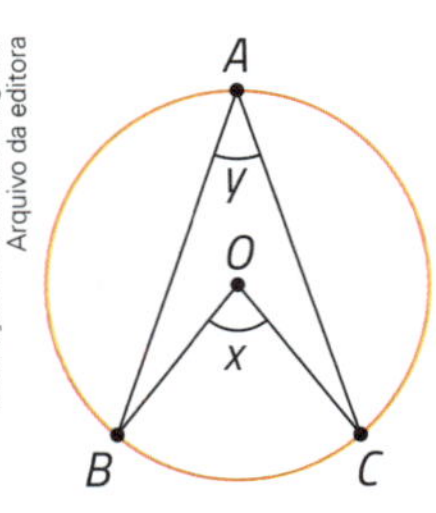

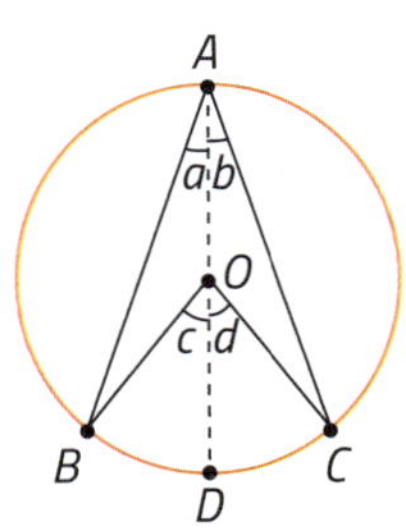

Traçamos o diâmetro $\overline{AD}$ de modo que $a + b = y$ e $c + d = x$.

Os triângulos AOB e AOC são isósceles, pois têm 2 lados de mesma medida de comprimento (raios). Nos triângulos isósceles, os ângulos da base têm a mesma medida de abertura. Então, a abertura de $A\hat{B}O$ mede a e a abertura de $A\hat{C}O$ mede b.

$B\hat{O}D$ é um ângulo externo ao $\triangle AOB$. Então, $c = a + a$, ou seja, $c = 2a$.

$C\hat{O}D$ é um ângulo externo ao $\triangle AOC$. Então, $d = b + b$, ou seja, $d = 2b$.

Somando membro a membro, obtemos:

$$c + d = 2a + 2b \Rightarrow c + d = 2(a + b) \Rightarrow \boxed{x = 2y}$$, como queríamos demonstrar.

Atividades

50 Meça a abertura dos ângulos e confira a relação entre o ângulo inscrito e o ângulo central em cada circunferência.

a)

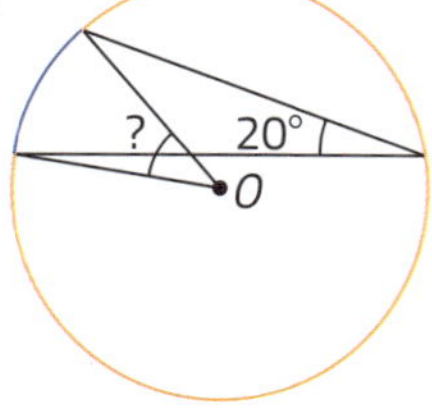

c)

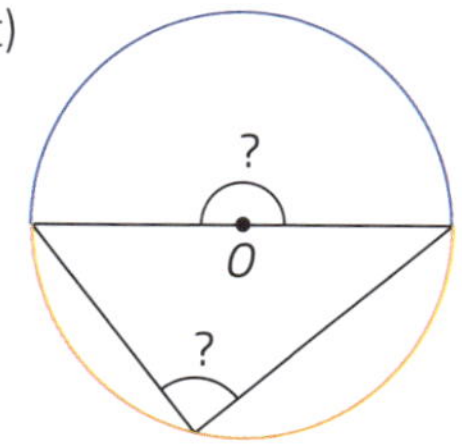

b)

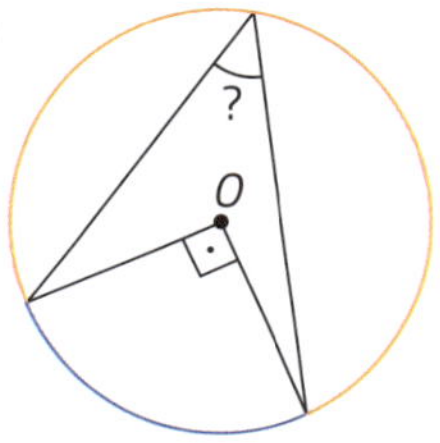

Ilustrações: Banco de imagens/Arquivo da editora

51 Considerando o que você estudou neste capítulo, demonstre esta importante propriedade, cuja descoberta é atribuída a Tales de Mileto (640 a.C.-550 a.C.).

> Se $\overline{AB}$ é um diâmetro e C é um ponto qualquer da circunferência, distinto de A e B, então o $\triangle ABC$ é retângulo em C, isto é, $\hat{C}$ é reto.

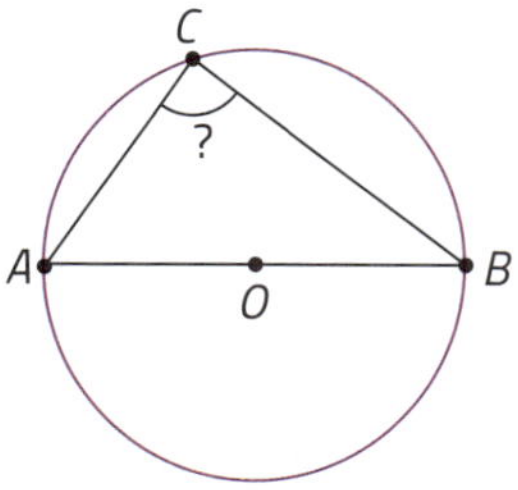

Banco de imagens/Arquivo da editora

> No capítulo anterior você viu, sem demonstração, que todo triângulo inscrito em uma semicircunferência é triângulo retângulo. Agora você mesmo fará essa demonstração!

52 Ainda usando o que foi demonstrado, prove que:

> Se 2 ângulos inscritos têm o mesmo arco correspondente, então as medidas de abertura deles são iguais.

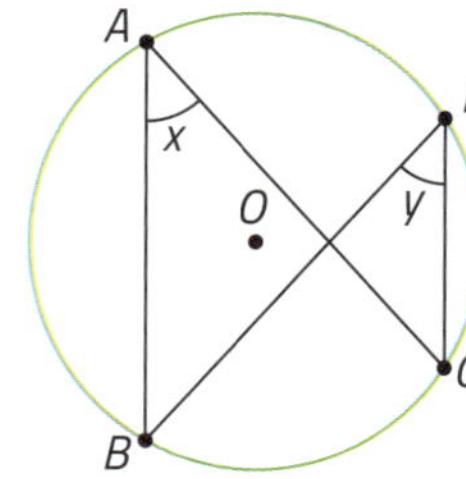

Banco de imagens/Arquivo da editora

Sugestão: Compare x e y com a medida de abertura do ângulo central de arco $\overset{\frown}{BC}$.

53 Considere O o centro desta circunferência. Qual é o valor de x?

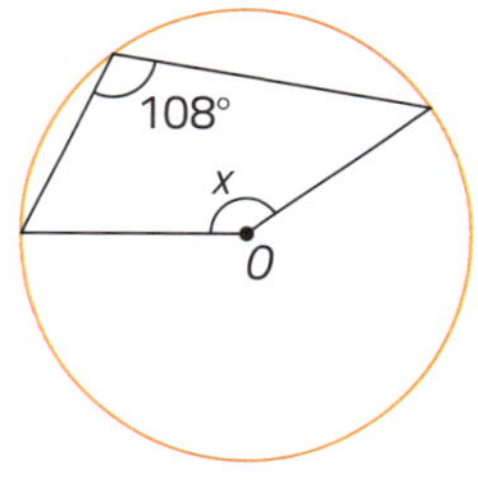

Banco de imagens/Arquivo da editora

54 Calcule a medida de abertura x indicada nesta figura.

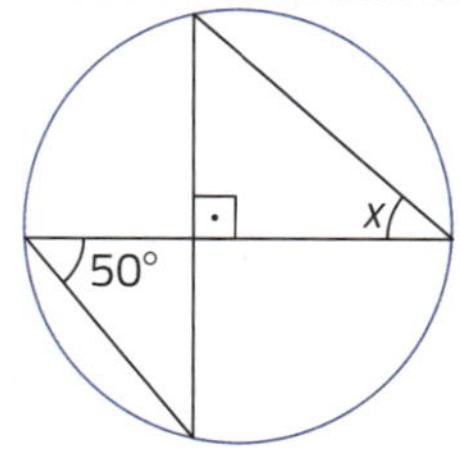

Banco de imagens/Arquivo da editora

55 Nesta figura, $\overline{AC}$ e $\overline{BD}$ são diâmetros. Prove que o quadrilátero $ABCD$ é um retângulo.

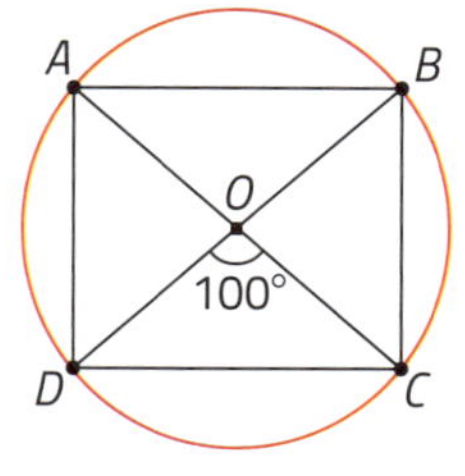

Banco de imagens/Arquivo da editora

56 Em um octógono regular, a medida de perímetro é de 96 cm. Calcule a medida de comprimento de um lado, a medida de abertura de um ângulo interno e a medida de abertura do ângulo central formado por 2 vértices consecutivos e o centro da circunferência circunscrita ao octógono.

MATEMÁTICA
E TECNOLOGIA

Verificação da propriedade das medidas de abertura do ângulo central e do ângulo interno de um mesmo arco

Veja os passos que devem ser seguidos no GeoGebra para verificar essa propriedade.

1º passo: Clique na opção "Círculo dados centro e um de seus pontos" no menu de ferramentas (à esquerda da tela, na parte superior), e clique em 2 pontos distintos no centro da tela para traçar a circunferência com centro em A e raio $\overline{AB}$.

Atenção: o GeoGebra nomeia como círculo, mas a construção é de uma **circunferência**.

2º passo: Clique na opção "Reta" e clique nos pontos A e B para traçar a reta r que passa pelos pontos A e B. Depois, clique na opção "Ponto" e clique na intersecção entre a reta r e a circunferência com centro em A, obtendo o ponto C.

3º passo: Clique na opção "Ponto" e clique em 2 pontos da circunferência que não sejam B nem C, cada um de um lado da reta r. Estes são os pontos D e E.

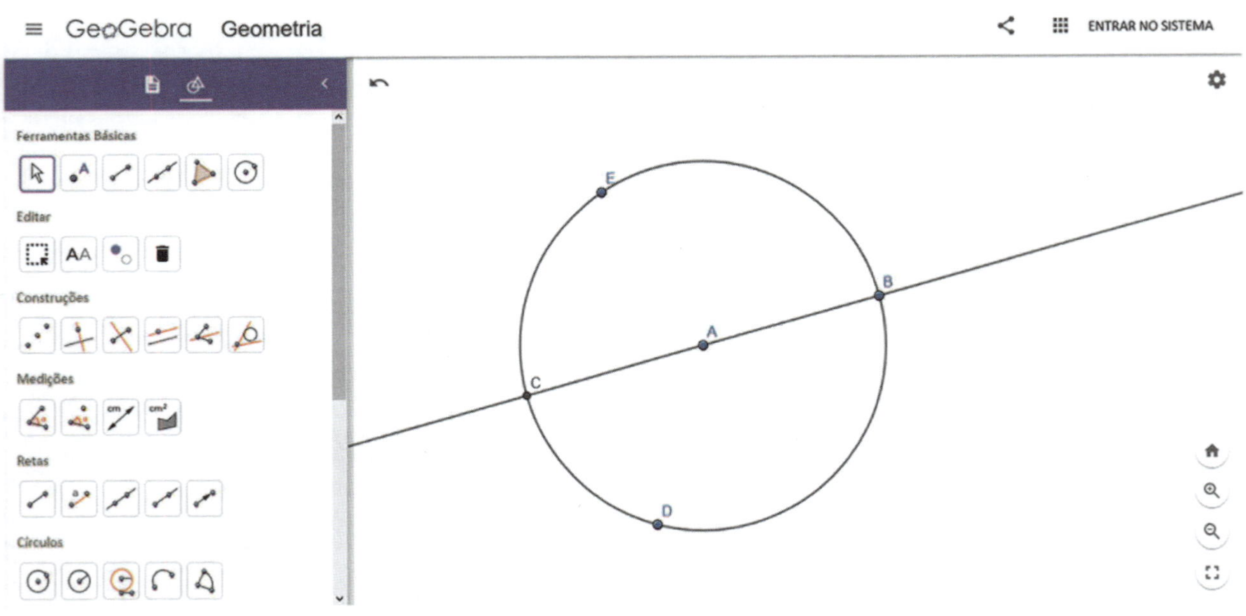

Fotos: Reprodução/www.geogebra.org

4º passo: Clique na opção "Segmento" e clique nos pontos A e D para traçar o segmento de reta entre esses pontos. Depois, clique novamente na opção "Segmento" e nos pontos D e E. Por fim, ainda com a opção "Segmento", clique nos pontos E e B.

5º passo: Clique na opção "Ângulo" e clique nos pontos D, A e B, nessa ordem, obtendo a medida de abertura do ângulo $D\hat{A}B$. Repita o procedimento para os pontos D, E e B, nessa ordem, para obter a medida de abertura do ângulo $D\hat{E}B$.

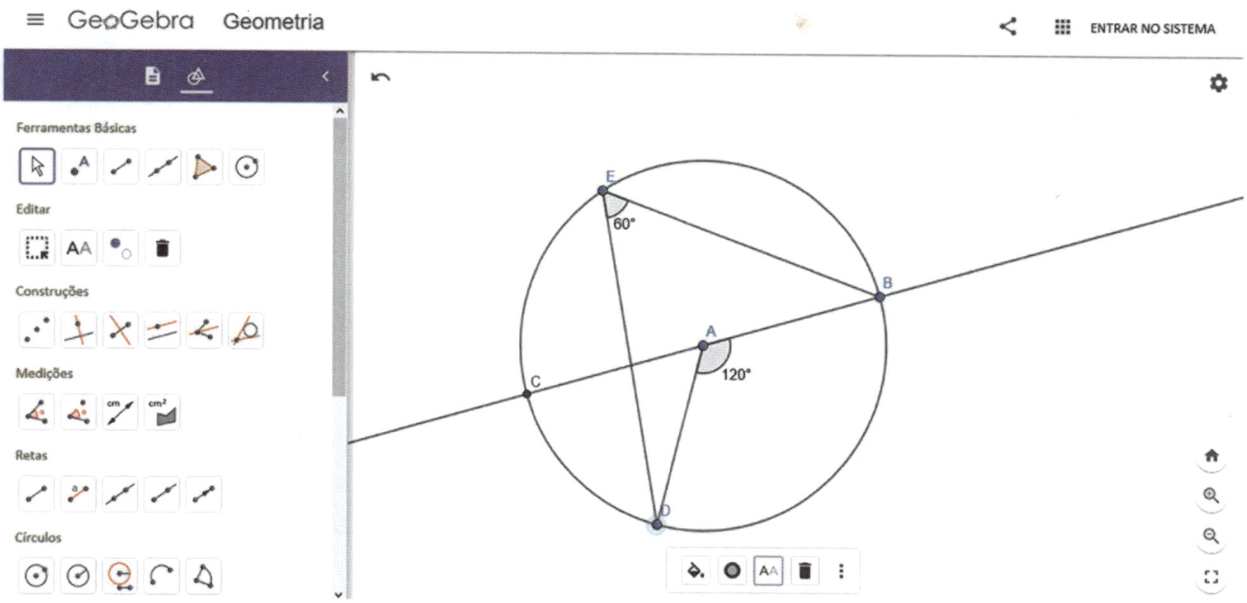

Fotos: Reprodução/www.geogebra.org

6º passo: Clique na opção "Mover" e arraste o ponto *D* entre os pontos *B* e *C*. Depois, use a mesma ferramenta para arrastar o ponto *E* entre os pontos *C* e *B*.

O que você observou ao mover os pontos *D* e *E*?

Um pouco de História

A Matemática dos caldeus

A Geometria dos caldeus e assírios tinha um caráter essencialmente prático e era utilizada nos diversos trabalhos rudimentares de agrimensura. Sabiam decompor, para determinação da área, um terreno irregular em triângulos retângulos, retângulos e trapézios. As áreas do quadrado (como o caso particular de retângulo), do triângulo retângulo e do trapézio são corretamente estabelecidas. Chegaram também (3000 a.C.!) ao cálculo do volume do cubo, do paralelepípedo e talvez do cilindro.

Erich Lessing/Album/Fotoarena/ Palácio de Ashurnazirpal II em Nimrud, Iraque.

Baixo-relevo que decora o salão do trono do palácio de Ashurnazirpal II (883 a.C.-859 a.C.) em Nimrud, na Mesopotâmia, atualmente território do Iraque. No detalhe, roda de carro com 6 raios.

É interessante assinalar que, na representação dos carros assírios, as rodas apareciam sempre com 6 raios, opostos diametralmente e formando ângulos centrais iguais. Isso nos leva a concluir, com segurança, que os caldeus conheciam o hexágono regular e sabiam dividir a circunferência em 6 partes iguais. Cada uma dessas partes da circunferência era dividida em 60 partes também iguais (por causa do sistema de numeração), resultando daí a divisão total da circunferência em 360 partes ou graus.

MELLO E SOUZA, Júlio César. *Matemática divertida e curiosa*. 15. ed. Rio de Janeiro: Record, 2001. p. 23.

Ângulo de segmento

Thiago Neumann/ Arquivo da editora

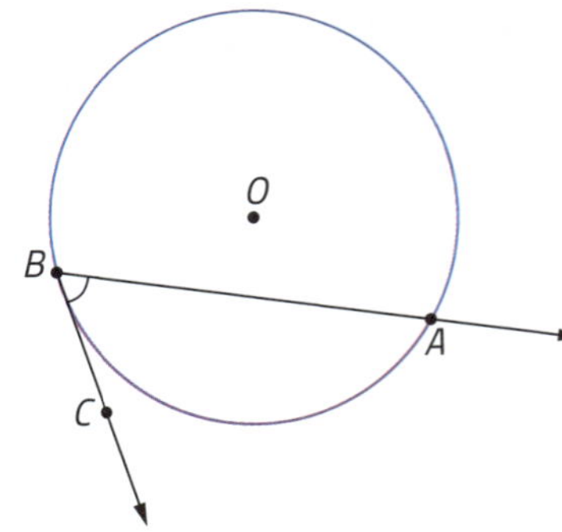

Banco de imagens/Arquivo da editora

As características desse ângulo são:

- o vértice *B* é um ponto da circunferência;
- um dos lados $(\overrightarrow{BA})$ desse ângulo está contido em uma reta tangente à circunferência;
- o outro lado $(\overrightarrow{BC})$ do ângulo está contido em uma reta secante à circunferência e têm 2 pontos comuns com ela.

Os matemáticos já provaram que:

> Um ângulo de segmento e um ângulo inscrito de mesmo arco têm medidas de abertura iguais.

Atividades

57› Justifique a seguinte afirmação: A medida de abertura de um ângulo de segmento é a metade da medida de abertura do ângulo central de mesmo arco.

58› Calcule a medida de abertura *x* do ângulo de segmento de cada circunferência.

Ilustrações: Banco de imagens/Arquivo da editora

a)

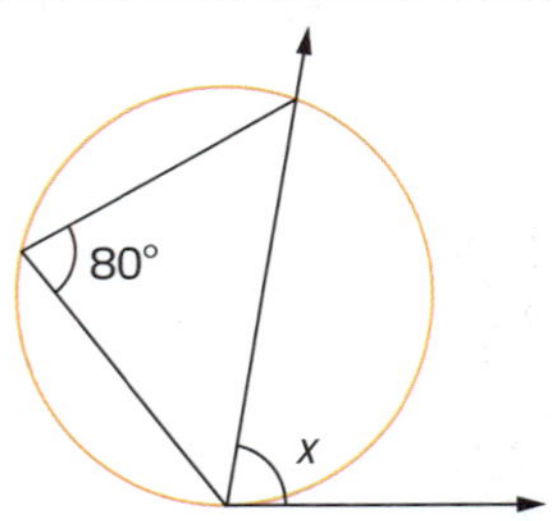

b)

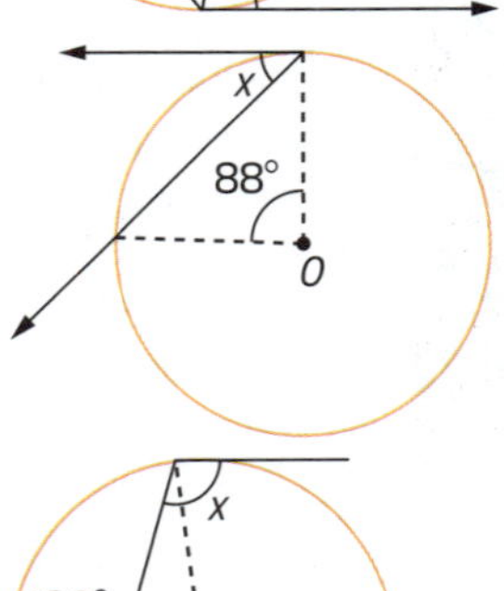

c)

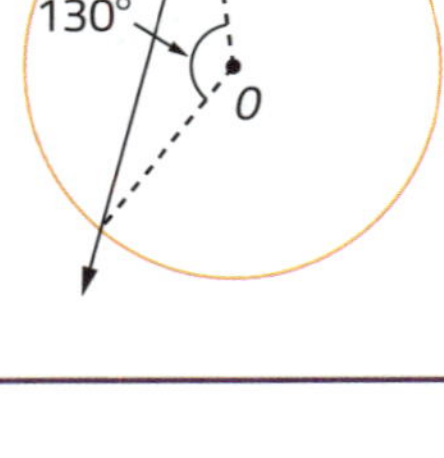

59› Observe os ângulos nesta circunferência.

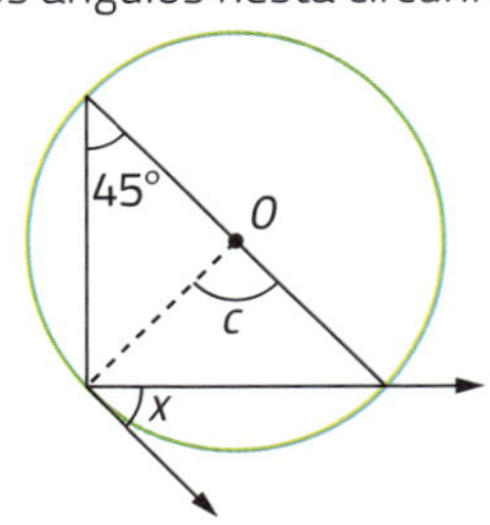

Banco de imagens/Arquivo da editora

a) Qual é a medida de abertura *x* do ângulo de segmento indicado?

b) Qual é a medida de abertura *c* do ângulo central indicado?

60› Em uma circunferência de centro *O*, a reta $\overleftrightarrow{AB}$ é tangente em *A*, o segmento de reta $\overline{AC}$ é uma corda e o ângulo $C\hat{A}B$ tem medida de abertura de 50°. Calcule as medidas de abertura dos ângulos $O\hat{A}B$ e $C\hat{O}A$.

Raciocínio lógico

Observe estas 2 circunferências e os 10 pontos destacados.
Trace mais 2 circunferências de tal modo que cada ponto fique isolado em uma das 10 regiões planas formadas por todas as circunferências.

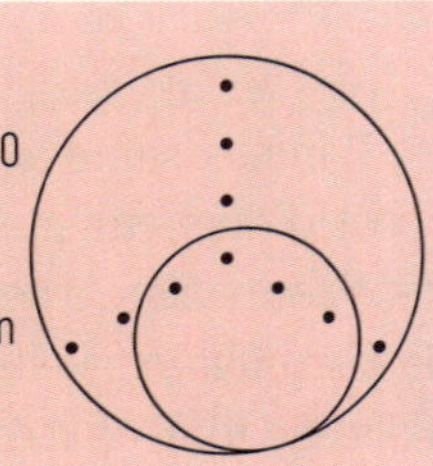

Banco de imagens/Arquivo da editora

4 Relações métricas nas circunferências

Assim como estabelecemos relações métricas e relações trigonométricas nos triângulos retângulos, no capítulo anterior, também podemos estabelecer relações métricas nas circunferências.

Você já sabe que corda, diâmetro e raio são segmentos de reta relacionados às circunferências.

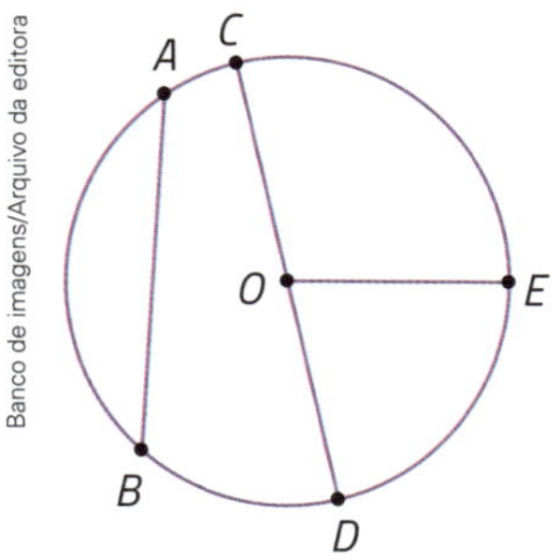

- O segmento de reta $\overline{AB}$ é uma corda desta circunferência: as extremidades A e B são pontos da circunferência.
- O $\overline{CD}$ é um diâmetro desta circunferência (é também uma corda da circunferência que passa pelo centro dela).
- O $\overline{OE}$ é um raio desta circunferência: as extremidades são o centro O e um ponto E da circunferência.

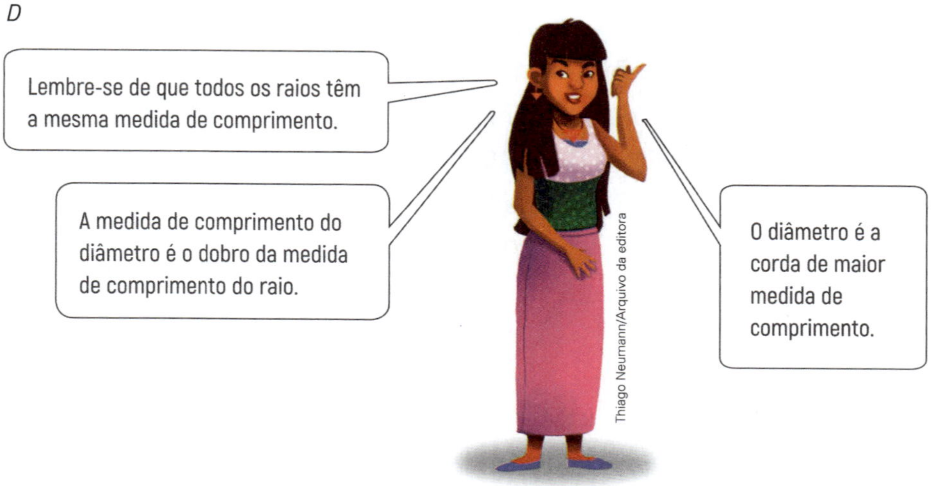

Usando as posições relativas de uma reta e uma circunferência, vamos, inicialmente, definir mais alguns elementos associados às circunferências.

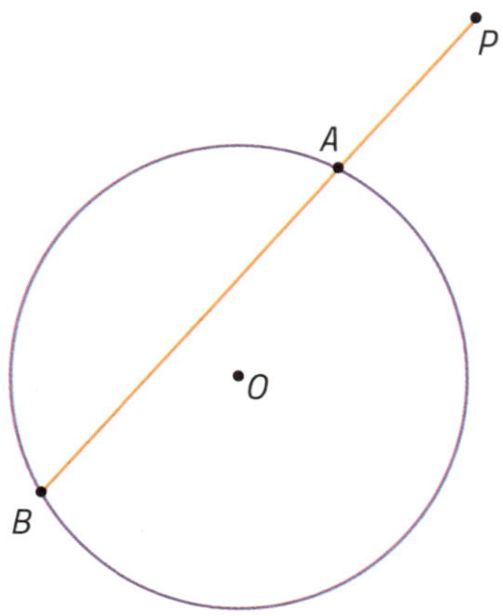

$\overline{PB}$ é um **segmento de reta secante** a essa circunferência: esse segmento de reta tem 2 pontos de intersecção com a circunferência e está contido em uma reta secante à circunferência de modo que uma das extremidades (nesse caso, P) é um ponto fora da região circular correspondente, e a outra extremidade (nesse caso, B) é um ponto da circunferência.

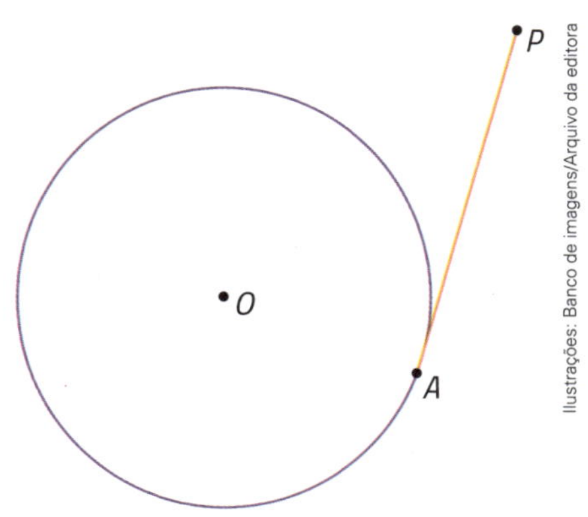

$\overline{PA}$ é um **segmento de reta tangente** a essa circunferência: esse segmento de reta tem 1 ponto de intersecção com a circunferência e está contido em uma reta tangente à circunferência de modo que uma das extremidades (nesse caso, A) é o ponto de tangência.

Agora podemos estudar 3 relações métricas: entre 2 cordas concorrentes; entre 2 segmentos de reta secantes; e entre 1 segmento de reta secante e 1 segmento de reta tangente.

Relação métrica entre 2 cordas concorrentes em uma circunferência

Nesta circunferência, os segmentos de reta $\overline{AB}$ e $\overline{CD}$ são 2 cordas que se intersectam no ponto P.

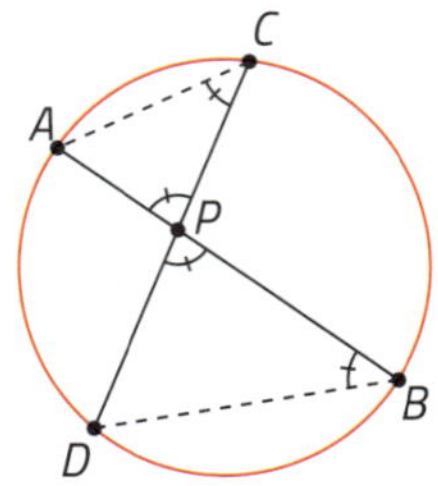

Banco de imagens/Arquivo da editora

Considerando os triângulos APC e DPB, temos:

- $A\hat{C}D \cong D\hat{B}A$ (ângulos inscritos de mesmo arco)
- $A\hat{P}D \cong D\hat{P}A$ (ângulos opostos pelo vértice)

Da congruência dos 2 pares de ângulos, podemos concluir que os triângulos APC e DPB são semelhantes. Eles têm, portanto, lados correspondentes proporcionais, ou seja:

$$\frac{AP}{DP} = \frac{CP}{BP} = \frac{AC}{DB}$$

Da primeira igualdade, obtemos:

$$AP \cdot BP = CP \cdot DP$$

Assim, demonstramos que:

Em toda circunferência, quando 2 cordas se intersectam, temos que o produto das medidas de comprimento dos 2 segmentos de reta formados em uma corda é igual ao produto das medidas de comprimento dos 2 segmentos de reta formados na outra corda.

Relação métrica entre 2 segmentos de reta secantes a uma circunferência

Em toda circunferência, quando traçamos 2 segmentos de reta secantes a partir de um mesmo ponto, temos que o produto da medida de comprimento de um segmento de reta secante pela medida de comprimento da parte externa é igual ao produto da medida de comprimento do outro segmento de reta secante pela medida de comprimento da parte externa dele.

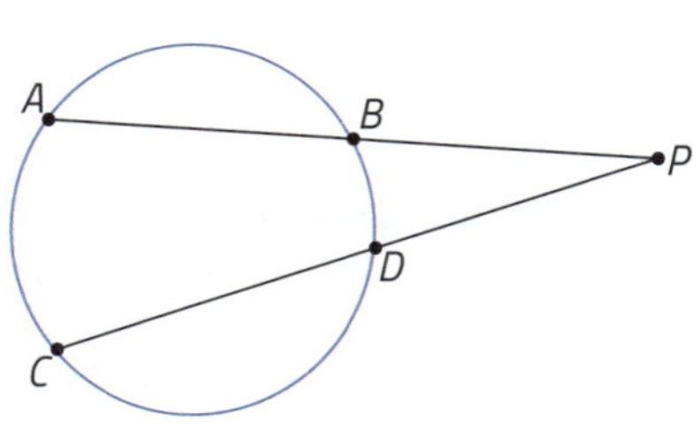

Banco de imagens/Arquivo da editora

Nesta figura, $\overline{PA}$ e $\overline{PC}$ são segmentos de reta secantes e os segmentos de reta $\overline{PB}$ e $\overline{PD}$ formados são as "partes externas".

Em símbolos, temos:

$$PA \cdot PB = PC \cdot PD$$

Atividades

61 Considere esta circunferência de centro O e identifique os segmentos de reta traçados.

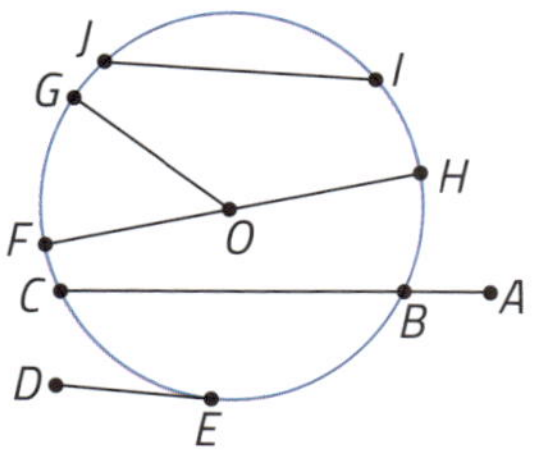

Banco de imagens/Arquivo da editora

a) As cordas.

b) Os raios.

c) O diâmetro.

d) O segmento de reta tangente.

e) O segmento de reta secante.

f) A parte externa do segmento de reta secante.

62 Nesta figura, a medida de comprimento do raio da circunferência é de 5 cm e $\overline{PQ}$ é um segmento de reta tangente à circunferência, de medida de comprimento de 12 cm. Qual é a medida de comprimento do segmento de reta $\overline{OP}$?

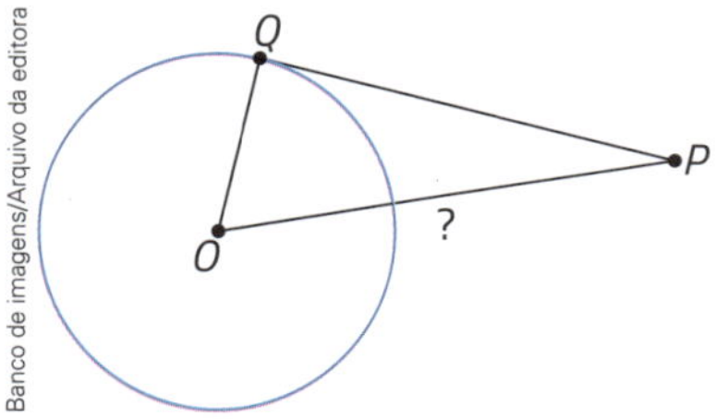

Banco de imagens/Arquivo da editora

Thiago Neumann/Arquivo da editora

63 Use a relação entre 2 cordas concorrentes de uma circunferência e determine o valor de x nestas figuras.

a)

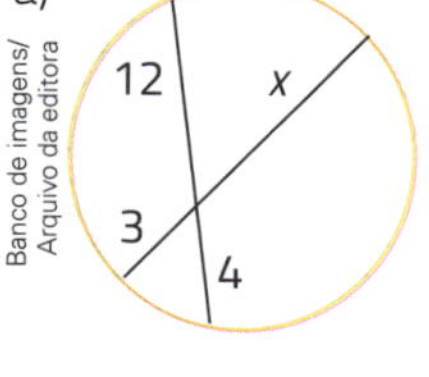

Banco de imagens/Arquivo da editora

b)

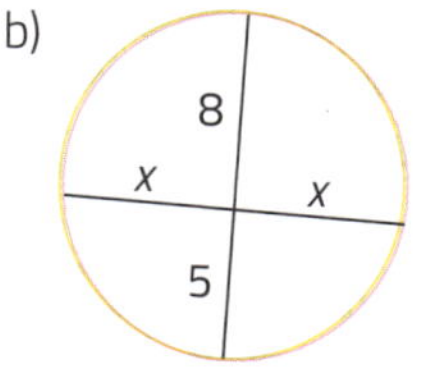

c)

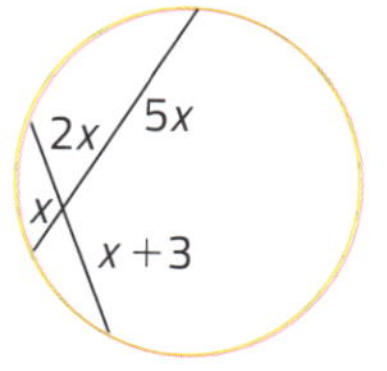

d)

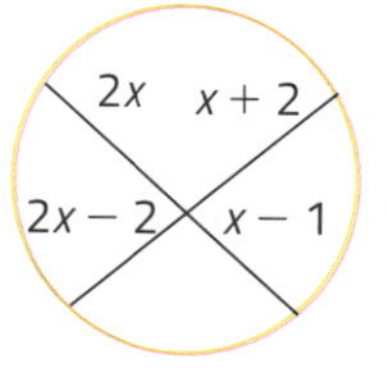

Ilustrações: Banco de imagens/Arquivo da editora

64 **Desafio.** Demonstre a relação $PA \cdot PB = PC \cdot PD$ entre 2 segmentos de reta secantes a uma circunferência.

65 Use a relação entre 2 segmentos de reta secantes para calcular o valor de x em cada figura.

a)

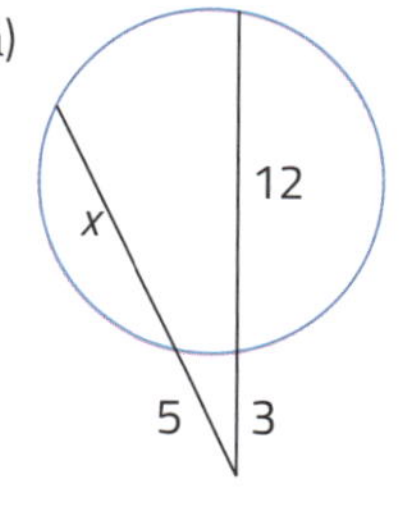

b)

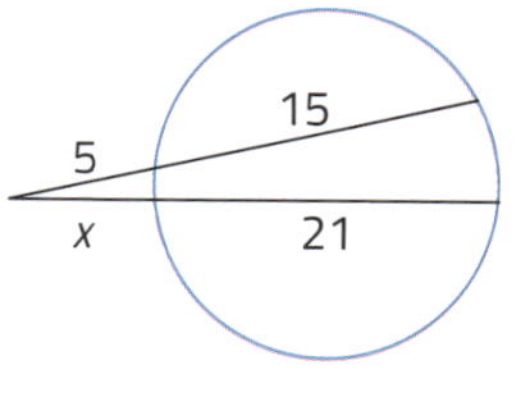

c)

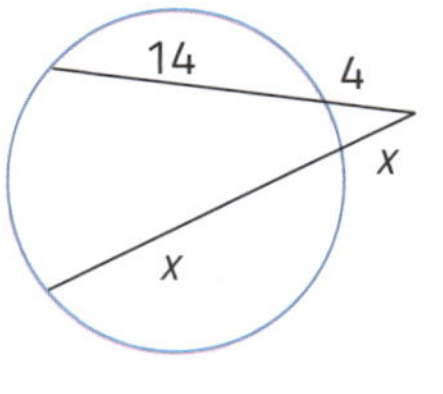

d)

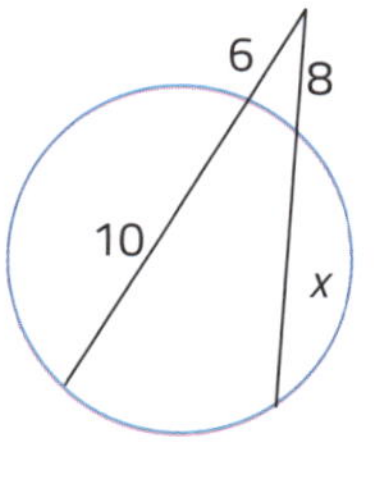

Ilustrações: Banco de imagens/Arquivo da editora

Relação métrica entre 1 segmento de reta secante e 1 segmento de reta tangente a uma circunferência

Nesta figura, a partir do ponto P externo à circunferência, temos um segmento de reta tangente $\overline{PA}$ e um segmento de reta secante $\overline{PB}$ à circunferência.

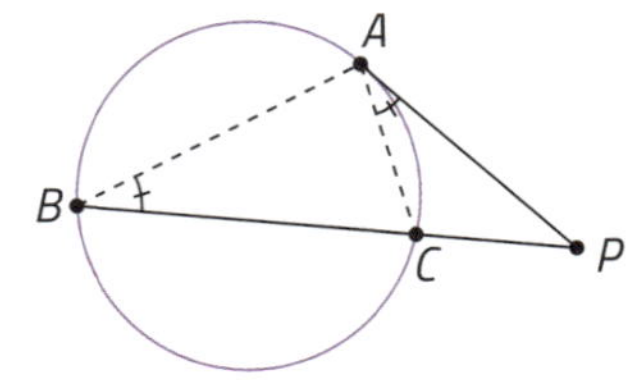

Banco de imagens/Arquivo da editora

Analisando os triângulos PAC e PBA, temos:

- $\hat{P} \cong \hat{P}$ (ângulo comum)
- $P\hat{A}C \cong P\hat{B}A$ (ângulo de segmento e ângulo inscrito de mesmo arco)

Pelo caso AA de semelhança de triângulos, temos $\triangle PAC \sim \triangle PBA$. Portanto, os lados correspondentes têm medidas de comprimento proporcionais: $\frac{PA}{PB} = \frac{PC}{PC} = \frac{AC}{BA}$.

Da primeira igualdade, obtemos $PA \cdot PA = PB \cdot PC$ ou $(PA)^2 = PB \cdot PC$.

Assim, fica demonstrado que:

> Em toda circunferência, se traçamos, a partir de um mesmo ponto, um segmento de reta tangente e um segmento de reta secante, o quadrado da medida de comprimento do segmento de reta tangente é igual ao produto da medida de comprimento do segmento de reta secante e da medida de comprimento da parte externa dele.

Atividades

66 Determine o valor de x nestas circunferências, que têm traçados um segmento de reta tangente e um segmento de reta secante a partir de um mesmo ponto.

Ilustrações: Banco de imagens/Arquivo da editora

a)

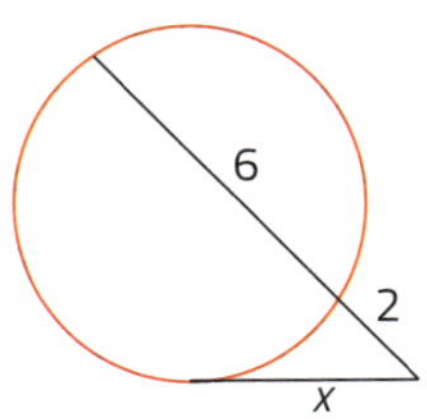

b)

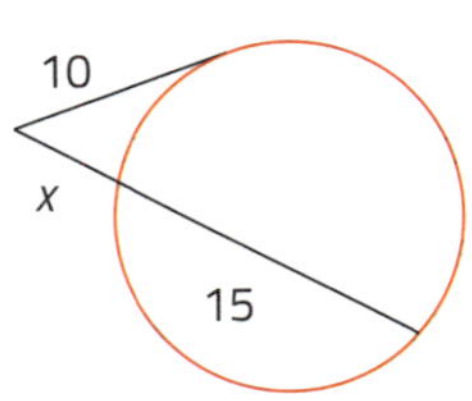

c)

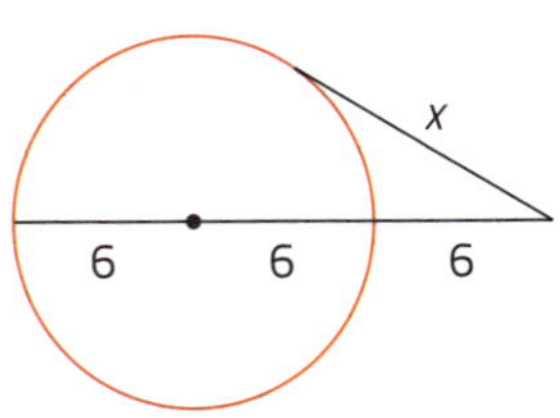

67 A partir de um ponto P fora de uma região circular, com raio de medida de comprimento de 5 cm, traça-se um segmento de reta tangente $\overline{PA}$ e um segmento de reta secante $\overline{PB}$ que passa pelo centro da região e tem a parte externa à circunferência com medida de comprimento de 6 cm. Calcule a medida de comprimento do $\overline{PA}$.

68 A partir de um ponto P fora de uma região circular, com raio de medida de comprimento de 6 cm, são traçados um segmento de reta tangente e um segmento de reta secante. Calcule a medida de comprimento do segmento de reta tangente sabendo que essa medida é o dobro da medida de comprimento da parte externa do segmento de reta secante e que esse segmento de reta secante passa pelo centro da circunferência.

69 Nesta figura, r é a medida de comprimento do raio da circunferência, O é o centro da circunferência e T é um ponto de tangência.

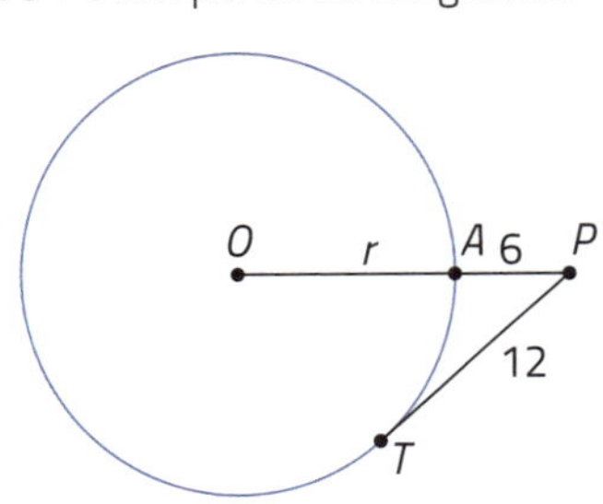

Banco de imagens/Arquivo da editora

Determine o valor de r.

Revisando seus conhecimentos

1 Rogério gravou 4 DVDs, colocou-os em caixas com cores diferentes e arrumou-os na prateleira da estante. Se Rogério quiser variar a posição das caixas na prateleira, então quantas arrumações diferentes ele poderá fazer?

2 **(UniBH-MG)** Se 120 operários constroem 600 m de estrada em 30 dias de trabalho, o número de operários necessários para construir 300 m de estrada em 300 dias é:

a) 6.
b) 24.
c) 240.
d) 600.
e) 2 400.

3 Descubra a medida de abertura de um ângulo sabendo que a soma das medidas de abertura do complemento com o suplemento dele é igual a 130°.

4 Qual é a solução da equação $\frac{3x-1}{2} = \frac{2x+11}{3}$?

5 Nesta figura, temos $\overline{AB} \cong \overline{DC}$ e $\overline{AC} \cong \overline{BD}$. Prove que $m(\hat{1}) = m(\hat{2})$.

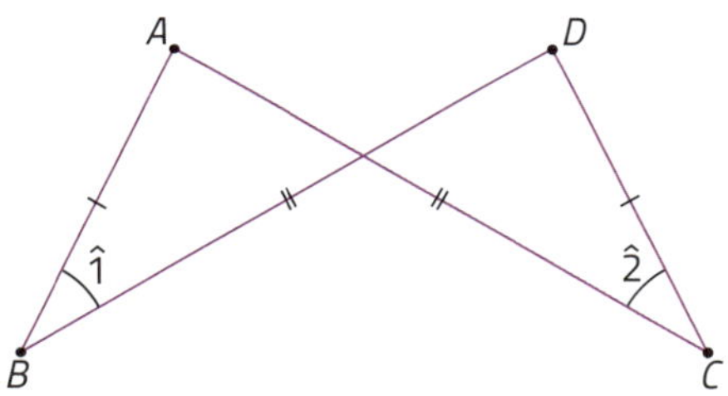

Banco de imagens/Arquivo da editora

6 Considerando uma circunferência e uma reta, qual afirmação é falsa?

a) Elas podem não ter ponto comum.
b) Elas podem ter 1 único ponto comum.
c) Elas podem ter 2 pontos comuns.
d) Elas podem ter 3 pontos comuns.

7 Quantas faces triangulares uma pirâmide de base hexagonal tem?

a) 6
b) 12
c) 7
d) 8

8 Na circunferência desta figura, *O* é o centro, a abertura de $M\hat{R}H$ mede $2x - 1°$ e a abertura de $M\hat{O}H$ mede $3x + 18°$.

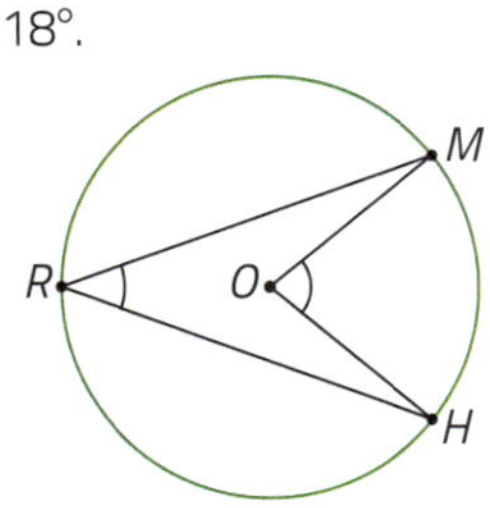

Banco de imagens/Arquivo da editora

O valor de *x* é:

a) 35°.
b) 20°.
c) 18°.
d) 27°.

9 **Conexões. (Vunesp)** Um botânico mede o crescimento de uma planta, em centímetros, todos os dias. Ligando os pontos colocados por ele num gráfico, obtemos a figura abaixo.

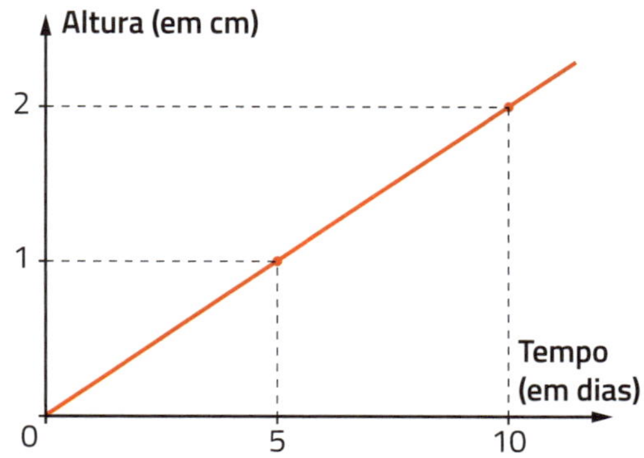

Banco de imagens/Arquivo da editora

Se for mantida sempre essa relação entre tempo e altura, a planta terá, no 30º dia, uma altura igual a:

a) 5 cm.
b) 6 cm.
c) 3 cm.
d) 15 cm.
e) 30 cm.

10 **(UFRGS-RS)** A razão entre a base e a altura de um retângulo é de 3 para 2 e a diferença entre elas é de 10 cm. A área desse retângulo é de:

a) 200 cm².
b) 300 cm².
c) 500 cm².
d) 600 cm².

11 A diagonal de um cubo tem medida de comprimento de $10\sqrt{3}$ cm. Qual é a medida de comprimento da aresta desse cubo?

12 A altura de um triângulo equilátero tem medida de comprimento de $4\sqrt{3}$ m. Determine a medida de comprimento do lado desse triângulo.

13 A medida de comprimento da diagonal de um quadrado é de $6\sqrt{2}$ cm. Qual é a medida de perímetro desse quadrado?

14 Determine a medida de comprimento do lado $\overline{BC}$ deste trapézio sabendo que a medida de comprimento da base menor é $\frac{1}{4}$ da medida de comprimento da base maior.

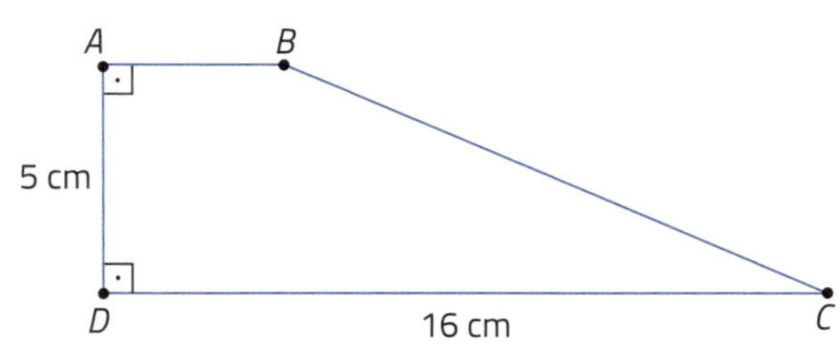

Banco de imagens/Arquivo da editora

Praticando um pouco mais

Testes oficiais

1 › (Saeb) Exatamente no centro de uma mesa redonda com 1 m de raio, foi colocado um prato de 30 cm de diâmetro, com doces e salgados para uma festa de final de ano. Qual a distância entre a borda desse prato e a pessoa que se serve dos doces e salgados?

a) 115 cm
b) 85 cm
c) 70 cm
d) 20 cm

2 › (Saeb) Na figura abaixo, há um conjunto de setores circulares, cujos ângulos centrais são de 90°.
Cada setor está com a medida do seu raio indicada.

Ilustrações: Banco de imagens/Arquivo da editora

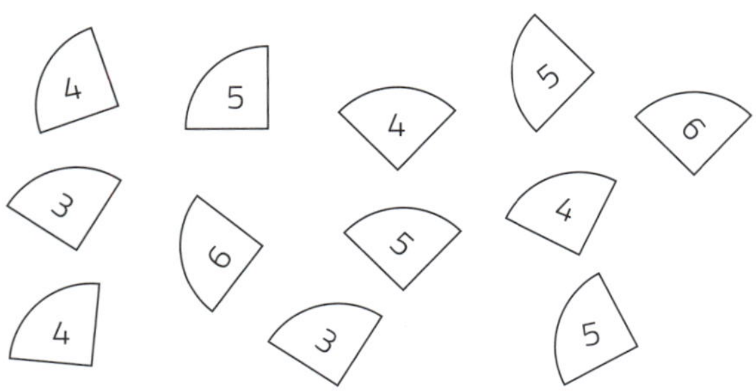

Agrupando-se, convenientemente, esses setores, são obtidos:

a) 3 círculos.
b) no máximo um círculo.
c) 2 círculos e 2 semicírculos.
d) 4 círculos.

3 › (Saresp) O diâmetro das rodas de um caminhão é de 80 cm.

Guilherme Asthma/Arquivo da editora

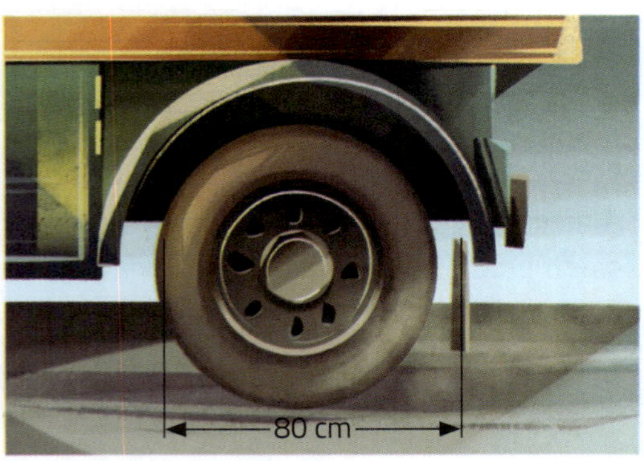

Supondo $\pi = 3$, calcule a distância que o caminhão percorre a cada volta da roda, sem derrapar.

a) 2,4 m
b) 3,0 m
c) 4,0 m
d) 4,8 m

4 › (Obmep) Desenhe duas circunferências de mesmo centro, uma de raio medindo 1 cm e outra de raio medindo 3 cm. Na região exterior à circunferência de 1 cm de raio e interior à de 3 cm de raio, desenhe circunferências que sejam, simultaneamente, tangente às duas circunferências, como mostrado na figura dada.

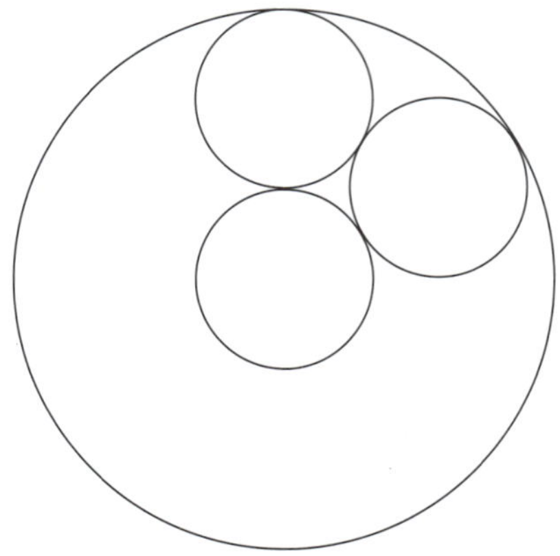

Banco de imagens/Arquivo da editora

a) Qual deve ser o raio dessas circunferências?
b) Qual é o número máximo dessas circunferências que podem ser desenhadas, sem que elas se sobreponham?

5 › (Obmep) O diâmetro de uma *pizza* grande é o dobro do diâmetro de uma *pizza* pequena. A *pizza* grande é cortada em 16 fatias iguais.
A que fração de uma *pizza* pequena correspondem 3 fatias da *pizza* grande?

a) $\frac{1}{3}$
b) $\frac{3}{8}$
c) $\frac{1}{2}$
d) $\frac{3}{4}$
e) $\frac{5}{8}$

6 › (Obmep) Quatro circunferências de mesmo raio estão dispostas como na figura, determinando doze pequenos arcos, todos de comprimento 3.

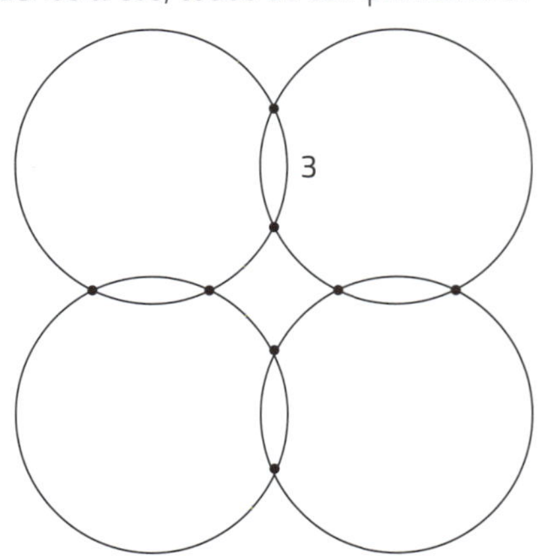

Banco de imagens/Arquivo da editora

Qual é o comprimento de cada uma dessas circunferências?

a) 18
b) 20
c) 21
d) 22
e) 24

Questões de vestibulares e Enem

7 ▸ **(PUC-RJ)** Em um círculo, um ângulo central de 20 graus determina um arco de 5 cm. Qual o tamanho do arco, em cm, determinado por um ângulo central de 40 graus?

a) 5
b) 10
c) 20
d) 40
e) 60

8 ▸ **Conexões. (Enem)** Pivô central é um sistema de irrigação muito usado na agricultura, em que uma área circular é projetada para receber uma estrutura suspensa. No centro dessa área, há uma tubulação vertical que transmite água através de um cano horizontal longo, apoiado em torres de sustentação, as quais giram, sobre rodas, em torno do centro do pivô, também chamado de base, conforme mostram as figuras. Cada torre move-se com velocidade constante.

Reprodução/Enem, 2017

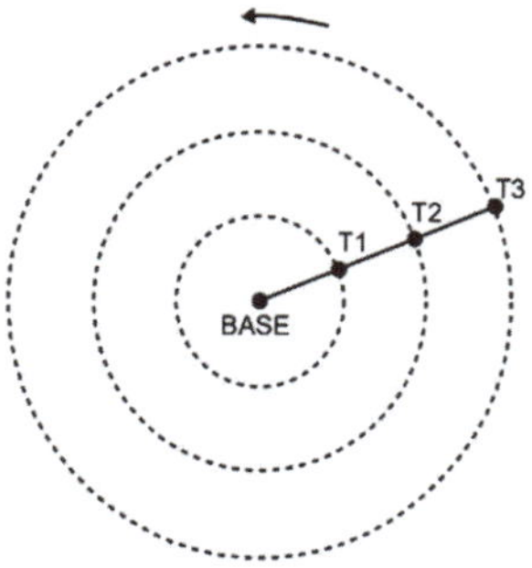

Reprodução/Enem, 2017

Um pivô de três torres (T_1, T_2 e T_3) será instalado em uma fazenda, sendo que as distâncias entre torres consecutivas, bem como da base à torre T_1, são iguais a 50 m. O fazendeiro pretende ajustar as velocidades das torres de tal forma que o pivô efetue uma volta completa em 25 horas. Use 3 como aproximação para π.

Para atingir seu objetivo, as velocidades das torres T_1, T_2 e T_3 devem ser, em metro por hora, de:

a) 12, 24 e 36.
b) 6, 12 e 18.
c) 2, 4 e 6.
d) 300, 1 200 e 2 700.
e) 600, 2 400 e 5 400.

9 ▸ **(FEI-SP)** Na figura abaixo, $\overline{AB}$ é um diâmetro do círculo.

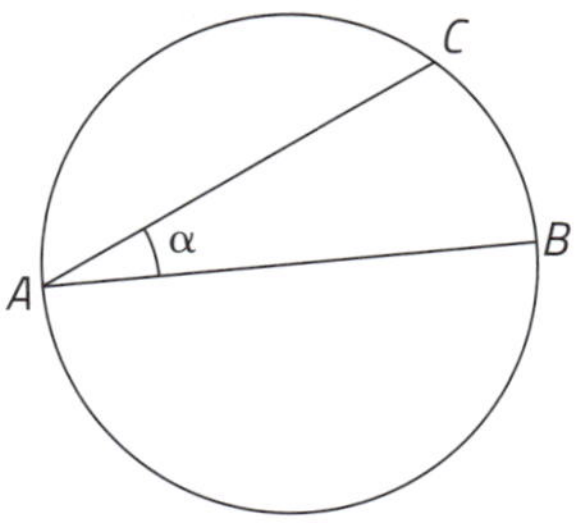

Banco de imagens/Arquivo da editora

Se o arco $\widehat{AC}$ corresponde a 120°, o ângulo α mede:

a) 60°.
b) 40°.
c) 30°.
d) 80°.
e) 72°.

10 ▸ **(Unifor-CE)** A figura abaixo mostra três circunferências de centros *A*, *B* e *C* e tangentes duas a duas.

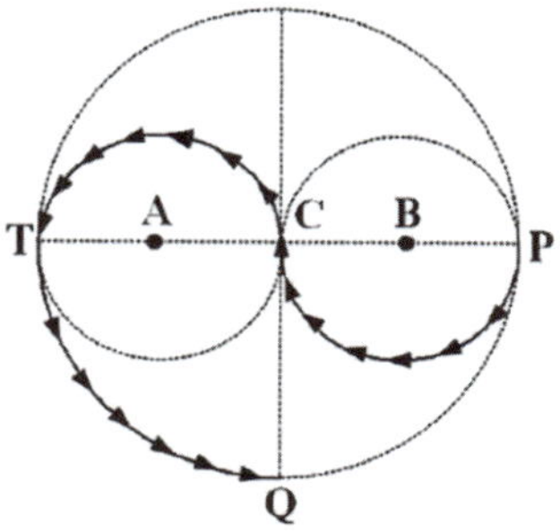

Reprodução/Unifor, 2015

Se as retas que ligam os pontos *C* a *Q* e *P* a *T* são perpendiculares e se o raio da circunferência maior é 6 m, quantos metros deve uma pessoa percorrer para ir do ponto *P* ao ponto *Q* seguindo a trajetória dada pela figura?

a) 6π
b) 7π
c) 8π
d) 9π
e) 10π

11 ▸ **(FEI-SP)** Na figura abaixo, $\overline{AB}$ é tangente à circunferência no ponto *B* e mede 8 cm.

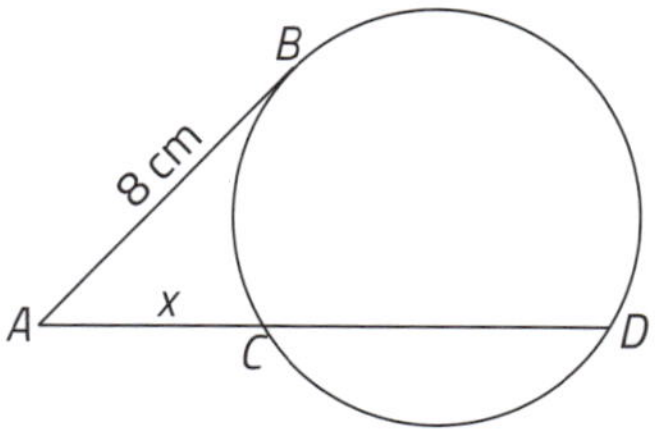

Banco de imagens/Arquivo da editora

Se $\overline{AC}$ e $\overline{CD}$ têm a mesma medida *x*, o valor de *x*, em cm, é:

a) 4.
b) $4\sqrt{3}$.
c) 8.
d) $3\sqrt{2}$.
e) $4\sqrt{2}$.

12 ▸ **(Unesp-SP)** Em um plano horizontal encontram-se representadas uma circunferência e as cordas $\overline{AC}$ e $\overline{BD}$. Nas condições apresentadas na figura, determine o valor de *x*.

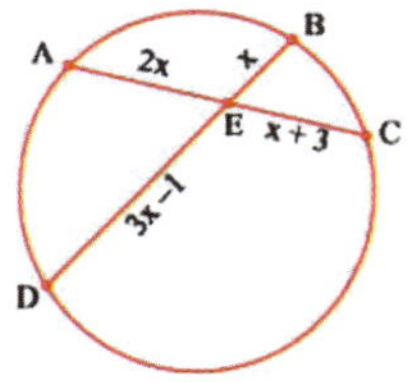

Reprodução/Unesp

VERIFIQUE O QUE ESTUDOU

1 Analise os valores nos quadros e responda aos itens com um destes valores.

9π	4π	20π	12π

$2\pi + 8$	32π	$16 + 8\pi$

a) Medida de comprimento de uma circunferência com raio de medida de comprimento de 6 cm.

b) Medida de área de um círculo com raio de medida de comprimento de 3 cm.

c) Medida de área de um setor circular com raio de medida de comprimento de 4 cm e ângulo central com medida de abertura de 90°.

d) Medida de perímetro de um setor circular com raio de medida de comprimento de 4 cm e ângulo central de medida de abertura de 90°.

e) Medida de área de uma coroa circular com raios de medidas de comprimento de 6 cm e 4 cm.

f) Medida de área de um semicírculo com raio de medida de comprimento de 8 cm.

g) Medida de perímetro de um semicírculo com raio de medida de comprimento de 8 cm.

2 Determine a medida de abertura do ângulo $P\hat{Q}R$ nesta circunferência.

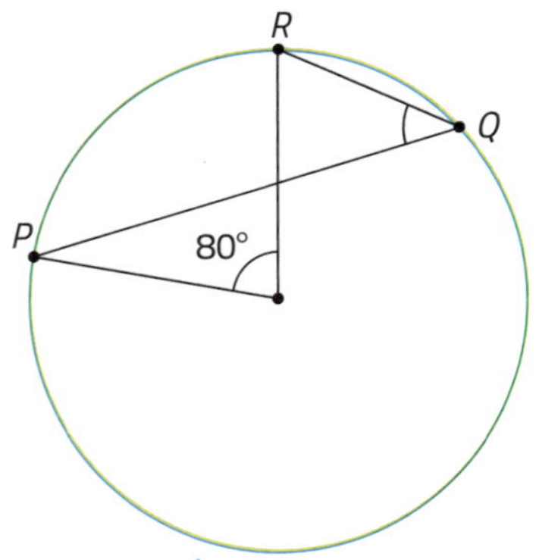

Banco de imagens/Arquivo da editora

3 Calcule o valor de x.

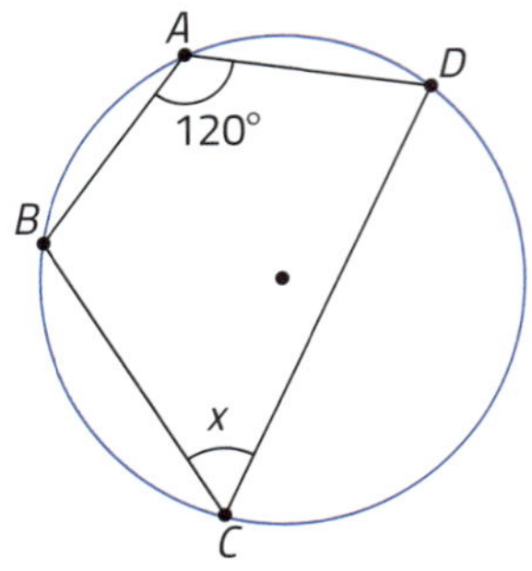

Banco de imagens/Arquivo da editora

4 De acordo com os dados desta figura, calcule o valor de x e as medidas de abertura dos ângulos $A\hat{P}B$ e $A\hat{Q}B$.

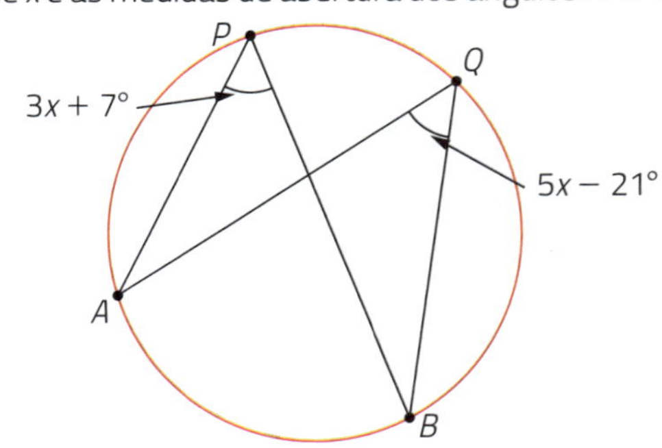

Banco de imagens/Arquivo da editora

5 Em uma circunferência, $A\hat{P}B$ é um ângulo inscrito de medida de abertura $3(x + 1°)$ e $A\hat{O}B$ é um ângulo central de medida de abertura $7x - 1°$. Calcule as medidas de abertura dos ângulos $A\hat{P}B$ e $A\hat{O}B$.

6 Nesta circunferência, a medida de comprimento do diâmetro $\overline{AD}$ é de 20 cm, $PC = 10$ cm e $PA = 12$ cm. Determine a medida de comprimento BC.

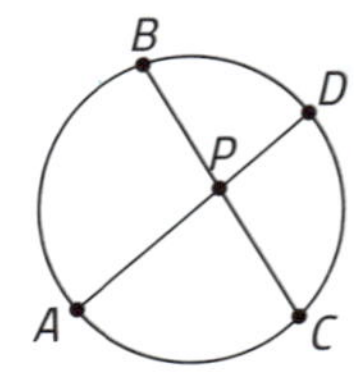

Banco de imagens/Arquivo da editora

Atenção

Retome os assuntos que você estudou neste capítulo. Verifique em quais teve dificuldade e converse com o professor, buscando maneiras de reforçar seu aprendizado.

Autoavaliação

Algumas atitudes e reflexões são fundamentais para melhorar o aprendizado e a convivência na escola. Reflita sobre elas.

- Participei das aulas com atenção, acompanhando as explicações e realizando as atividades?
- Tive atitudes solidárias com o professor e os colegas?
- Empenhei-me em consolidar meu conhecimento, resolvendo as atividades do livro?
- Ampliei meus conhecimentos de Matemática?

PARA LER, PENSAR E DIVERTIR-SE

Ler

Yin e *yang* constituem um conceito filosófico da cultura asiática, mais precisamente da cultura chinesa, que se desenvolveu ao longo de milhares de anos. Esse conceito retrata a dualidade de tudo o que há no Universo, como se tudo fosse governado e constituído por conjuntos de 2 elementos complementares, 2 forças fundamentais opostas que permitem que as coisas funcionem em equilíbrio. Em resumo, o *yin* é representado por um princípio caracterizado por energia interna, passividade, escuridão e absorção, e o *yang* é o princípio caracterizado por energia externa, calor e positividade.

Também conhecido como símbolo da arte marcial chinesa tai chi chuan, o *yin* e *yang* é formado por um círculo dividido em 2 metades por uma linha curva. Uma das metades do círculo é preta e representa o lado *yin*, e a outra metade é branca e representa o *yang*. Há um ponto da cor oposta em cada metade, o que representa a ideia de que cada metade carrega um pouco da outra.

Babiina/Shutterstock

Fontes de consulta: BRASIL ESCOLA. *Filosofia*. Disponível em: <https://brasilescola.uol.com.br/filosofia/yin-yang.htm>; THOUGHTCO. *History & Culture*. Disponível em: <www.thoughtco.com/yin-and-yang-629214>; SIGNIFICADOS. Disponível em: <www.significados.com.br/ying-yang/>. Acesso em: 27 abr. 2019.

Pensar

Usando régua e compasso, como você desenharia o símbolo do tai chi chuan usando esta circunferência, de raio de medida de comprimento de 4 cm? Faça a construção e descreva-a para um colega.

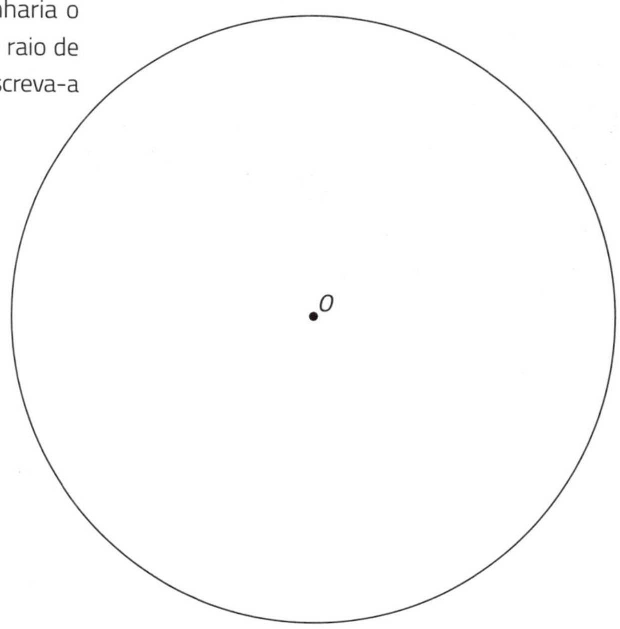

Banco de imagens/Arquivo da editora

Divertir-se

Providenciem 10 pinos de boliche (ou garrafas PET fechadas, com um pouco de areia ou de água dentro) e algumas argolas com raios de medidas de comprimento diferentes. Vocês vão brincar com um boliche diferente: cada aluno, na sua vez, deve tentar acertar as argolas ao redor dos pinos; os pontos obtidos nos acertos devem ser inversamente proporcionais às medidas de área dos círculos limitados pelas argolas.

Por exemplo, considerando um coeficiente de proporcionalidade 100 e argolas que definem círculos com medidas de área de aproximadamente 1 000 cm², 800 cm², 400 cm² e 200 cm², a pontuação correspondente a essas argolas é, respectivamente, $\frac{100}{1000} = 0{,}1$; $\frac{100}{800} = 0{,}125$; $\frac{100}{400} = 0{,}25$ e $\frac{100}{200} = 0{,}5$.

Divirta-se tentando acertar as argolas nos pinos!

CAPÍTULO

8 Grandezas e medidas

Medida de distância entre os planetas do Sistema Solar e o Sol

Planeta	Medida de distância aproximada, em quilômetros (km)	Medida de distância aproximada, em unidades astronômicas (UA)
Mercúrio	57 910 000	0,4
Vênus	108 200 000	0,7
Terra	149 600 000	1,0
Marte	227 940 000	1,5
Júpiter	778 330 000	5,2
Saturno	1 429 400 000	9,5
Urano	2 870 990 000	19,1
Netuno	4 504 300 000	30,0

Fonte de consulta: PLANETÁRIO UFSC. *O sistema solar*. Disponível em: <http://planetario.ufsc.br/o-sistema-solar/>. Acesso em: 29 ago. 2018.

Rodrigo Pascoal/Arquivo da editora

Rodrigo Pascoal/Arquivo da editora

Essas cenas mostram aplicações do uso de unidades de medida "muito grandes" e "muito pequenas".

Neste capítulo vamos retomar e ampliar os estudos relacionados às grandezas e às medidas delas.

Converse com os colegas sobre estas questões e, depois, registre as respostas.

1 Qual foi a grandeza analisada na cena da página anterior? E na cena acima?

2 Quais foram as unidades de medida utilizadas em cada cena?

3 Quais grandezas você já estudou? Cite 3 exemplos.

4 Qual é o planeta mais distante do Sol no Sistema Solar?

1 Grandezas e medidas no plano cartesiano

As grandezas e medidas estão presentes em praticamente todas as atividades humanas, desde as mais simples, no dia a dia, como observar um horário no relógio ou medir o comprimento de uma mesa, até as mais elaboradas, na tecnologia e na ciência, como saber a memória de um computador ou a massa do átomo de hidrogênio.

Na Matemática, as grandezas e as medidas são como pontos de conexão com diferentes conceitos e ideias matemáticas, e o conteúdo que vamos estudar agora é um exemplo disso.

Historicamente, o uso da Trigonometria, por exemplo, trouxe um grande avanço na previsão quando medimos determinadas distâncias. Também a Geometria plana, através da semelhança de triângulos, nos deu a possibilidade de medir a distância entre 2 pontos inacessíveis. Mas o grande avanço, nesse sentido, foi proporcionado pelo matemático e filósofo francês René Descartes (1596-1650) quando criou o sistema de coordenadas cartesianas.

Erich Lessing/Album/Fotoarena/Museu do Louvre, Paris, França

Retrato de René Descartes. 1785. Frans Hals. Óleo sobre tela, 77,5 cm × 68,5 cm.

Você já estudou o **plano cartesiano**. Ele é um plano no qual traçamos 2 retas numeradas chamadas de **eixo *x* (das abscissas)** e **eixo *y* (das ordenadas)**. Elas se intersectam formando um ângulo de medida de abertura de 90°.

Nesse plano, cada ponto pode ser identificado por um **par ordenado**. No par ordenado, o primeiro número representa a posição do ponto em relação ao eixo x e o segundo número representa a posição do ponto em relação ao eixo y. Representamos o par ordenado de um ponto P da seguinte maneira: $P(x_P, y_P)$.

Por exemplo, o ponto B, neste plano cartesiano, tem as coordenadas -1 e 4 e é representado pelo par ordenado $B(-1, 4)$.

Banco de imagens/Arquivo da editora

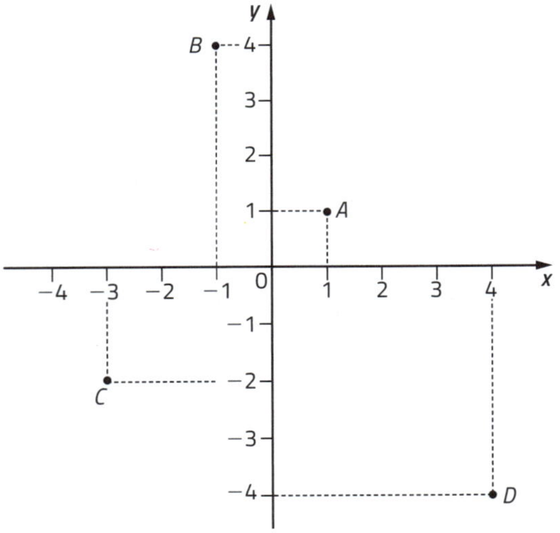

O plano cartesiano é dividido em 4 quadrantes que são numerados no sentido anti-horário: 1º quadrante (onde está o ponto A), 2º quadrante (ponto B), 3º quadrante (ponto C) e 4º quadrante (ponto D).

Distância entre 2 pontos

Dados 2 pontos A e B em um plano cartesiano, a medida de distância entre eles, que é indicada por $d(A, B)$, é a medida de comprimento do segmento de reta $\overline{AB}$, na mesma unidade de medida considerada nos 2 eixos do plano.

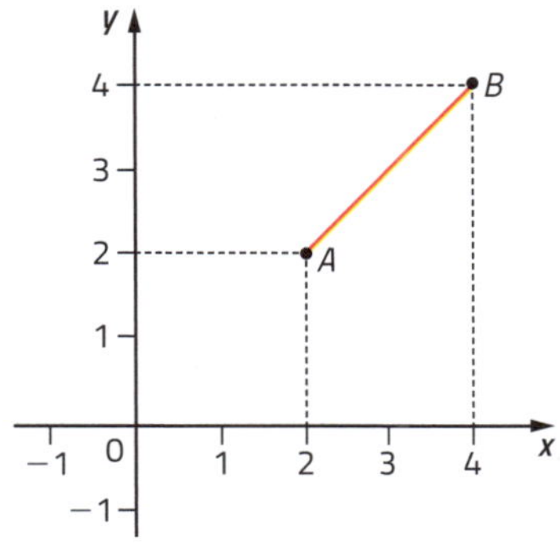

Banco de imagens/Arquivo da editora

Vamos aprender como calcular essa medida usando as coordenadas dos pontos no plano cartesiano.

Distância entre 2 pontos quando o segmento de reta que os une é paralelo ao eixo *x* ou ao eixo *y*

Quando o segmento de reta que liga os pontos é paralelo ao eixo x ou ao eixo y, podemos calcular a medida de comprimento do segmento de reta facilmente. Veja os exemplos.

$\overline{AB}$ paralelo ao eixo x.

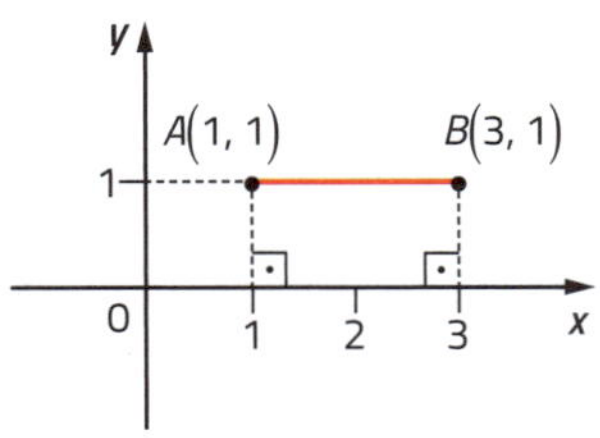

$d(A, B) = x_B - x_A = 3 - 1 = 2$
unidades de medida de comprimento

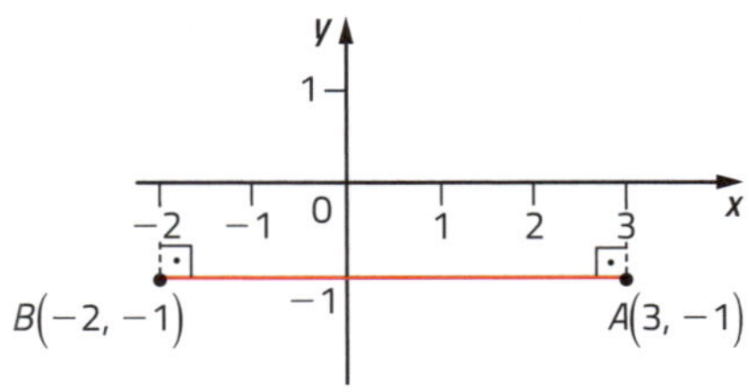

$d(A, B) = x_A - x_B = 3 - (-2) = 5$
unidades de medida de comprimento

Ilustrações: Banco de imagens/Arquivo da editora

Neste caso, subtraímos as abscissas dos pontos: a maior abscissa menos a menor, para que o resultado seja positivo.

$\overline{AB}$ paralelo ao eixo y.

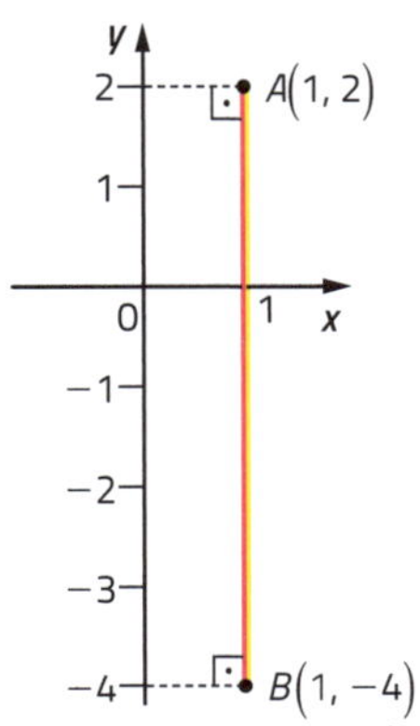

$d(A, B) = y_A - y_B = 2 - (-4) = 6$
unidades de medida de comprimento

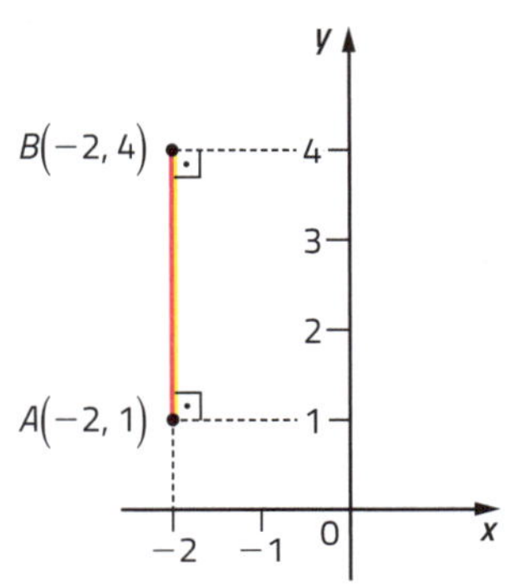

$d(A, B) = y_B - y_A = 4 - 1 = 3$
unidades de medida de comprimento

Ilustrações: Banco de imagens/Arquivo da editora

Neste caso, subtraímos as ordenadas dos pontos: a maior ordenada menos a menor, para que o resultado seja positivo.

Distância entre 2 pontos quaisquer

Explorar e descobrir

Veja este triângulo retângulo *BCD* que foi construído no plano cartesiano.

As imagens desta página não estão representadas em proporção.

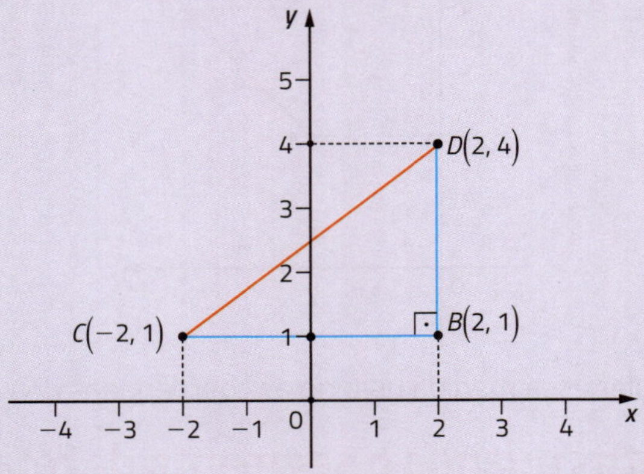

Banco de imagens/Arquivo da editora

1 ▸ Calcule a medida de comprimento dos segmentos de reta $\overline{BC}$ e $\overline{BD}$ usando o método que você acabou de aprender.

2 ▸ Sabendo que esse triângulo é retângulo, calcule a medida de comprimento do lado $\overline{CD}$ do triângulo. Dica: Use o teorema de Pitágoras.

Assim, para calcular a medida de distância entre 2 pontos quaisquer do plano cartesiano, basta considerar o segmento de reta com extremidades nesses pontos como a hipotenusa de um triângulo retângulo, descobrir as medidas de comprimento dos catetos desse triângulo e aplicar o teorema de Pitágoras.

Veja alguns exemplos.

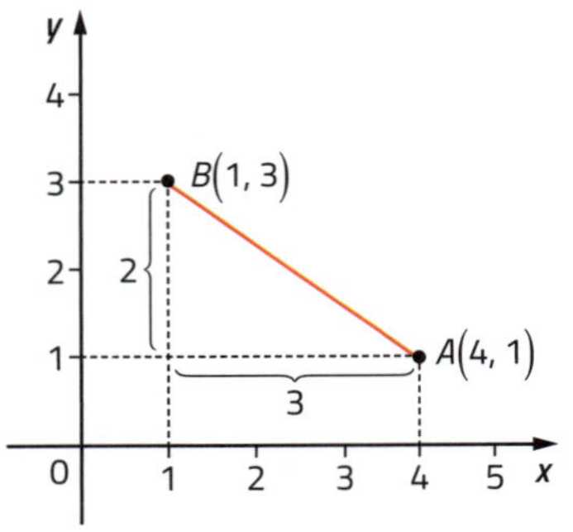

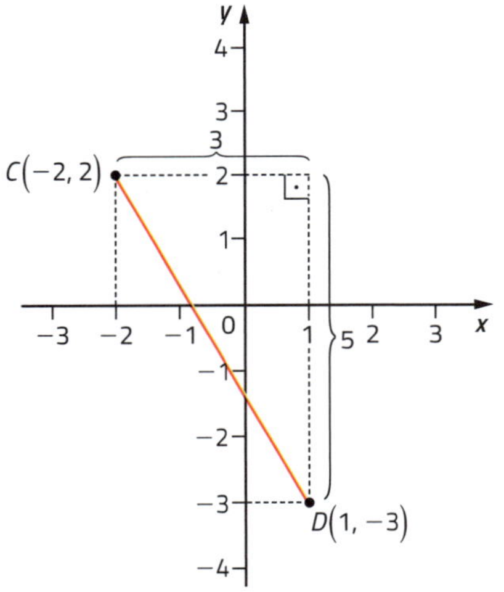

Ilustrações: Banco de imagens/Arquivo da editora

$[d(A, B)]^2 = 3^2 + 2^2 = 13$,
com $d(A, B) > 0 \Rightarrow d(A, B) = \sqrt{13}$
unidades de medida de comprimento

$[d(C, D)]^2 = 3^2 + 5^2 = 34$,
com $d(A, B) > 0 \Rightarrow d(C, D) = \sqrt{34}$
unidades de medida de comprimento

Observe outra maneira de indicar o cálculo das medidas dessas distâncias.

$d(A, B) = \sqrt{(4 - 1)^2 + (1 - 3)^2} = \sqrt{9 + 4} = \sqrt{13}$

$d(C, D) = \sqrt{(-2 - 1)^2 + (2 - (-3))^2} = \sqrt{9 + 25} = \sqrt{34}$

Atividades

1 ▸ Determine a medida de distância entre os pontos A e B em cada plano cartesiano usando como unidade de medida de comprimento o lado do quadradinho da malha.

a)

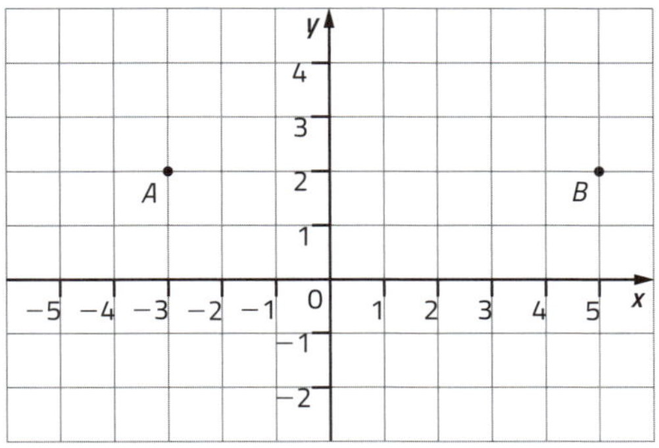

Ilustrações: Banco de imagens/Arquivo da editora

b)

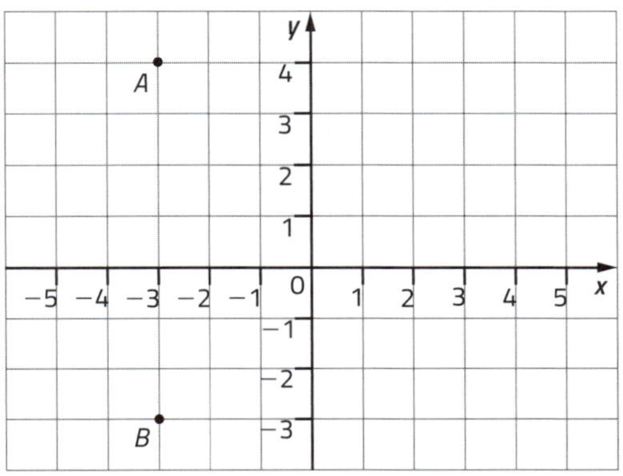

c)

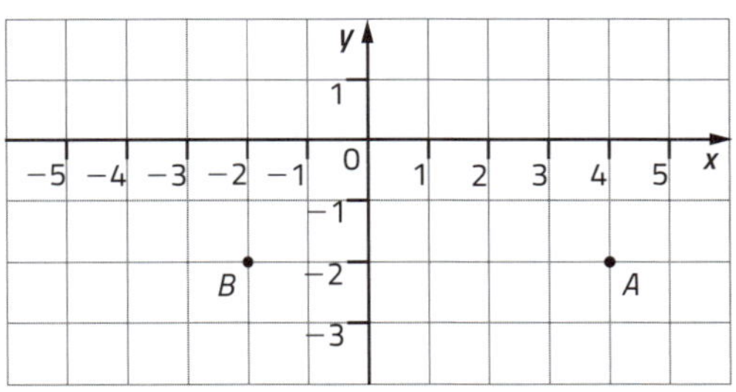

2 ▸ Calcule a medida de comprimento x do segmento de reta $\overline{AB}$ em cada plano cartesiano usando como unidade de medida de comprimento o lado do quadradinho da malha.

a)

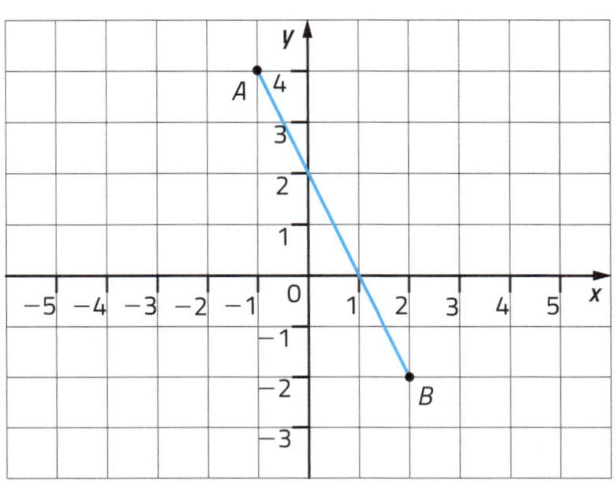

Banco de imagens/Arquivo da editora

b)

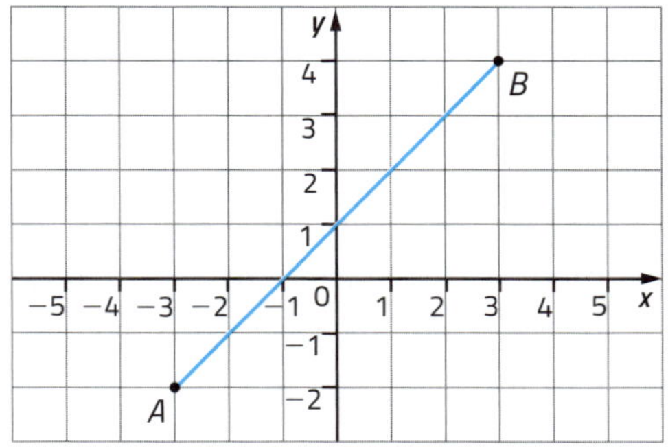

Ilustrações: Banco de imagens/Arquivo da editora

c)

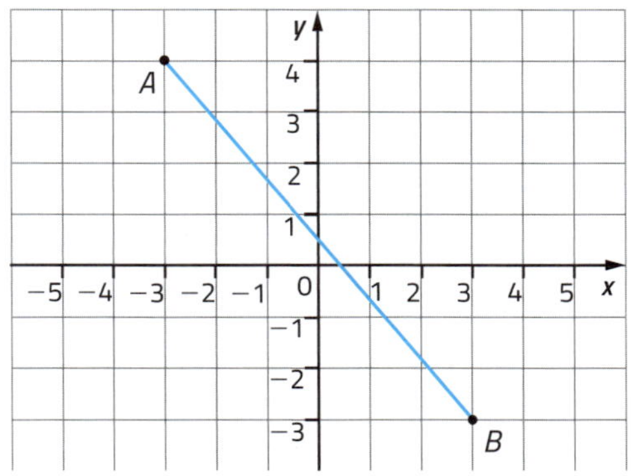

3 ▸ Calcule a medida de distância entre os pontos $A(-1, 3)$ e $B(4, 15)$, localizados em um plano cartesiano cujos quadradinhos da malha têm lados com medida de comprimento de 1 cm.

4 ▸ Os pontos $A(4, 1)$ e $B(3, k)$ distam um do outro $\sqrt{26}$ cm. Determine o valor da ordenada k.

5 ▸ **Desafio.** Trace um plano cartesiano e marque 2 pontos A e B de modo que $d(A, B) = 13$ cm.

6 ▸ Uma cidade do interior teve um planejamento urbano muito rigoroso. O engenheiro que a projetou o fez de modo que a planta fosse desenhada sobre um sistema de coordenadas cartesianas ortogonais e que a prefeitura ficasse localizada exatamente na origem do sistema. Todas as avenidas partem da praça onde se localiza a prefeitura. O hospital está localizado na avenida **Z**, em um ponto que corresponde ao par ordenado $(-2, 4)$, e a escola, na avenida **D**, em um ponto que corresponde ao par ordenado $(2, -3)$. O que está mais próximo da prefeitura: o hospital ou a escola?

7 ▸ Dois colegas debatiam o que seriam 2 pontos do plano cartesiano simétricos em relação à origem. Luiz disse que são "quaisquer pontos que têm a mesma medida de distância em relação à origem". Já Fernando disse que "além de terem a mesma medida de distância em relação à origem, esses pontos devem ter abscissas e ordenadas, respectivamente, simétricas". Quem está correto? Justifique sua resposta.

Perímetro e área

Podemos determinar a medida de perímetro e a medida de área de regiões poligonais cujos vértices são pontos do plano cartesiano usando o que aprendemos sobre a medida de distância entre 2 pontos. Veja alguns exemplos.

- Vamos calcular a medida de perímetro e a medida de área desta região retangular, usando o centímetro como unidade de medida de comprimento.

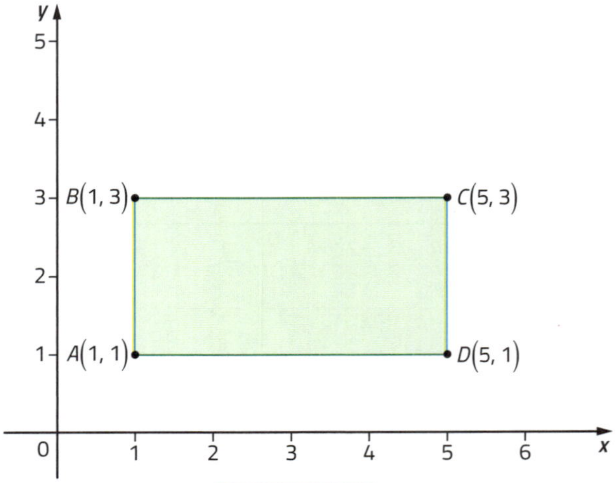

Banco de imagens/Arquivo da editora

As imagens desta página não estão representadas em proporção.

$d(A, D) = 5 - 1 = 4$

$d(B, C) = 4$

$d(A, B) = 3 - 1 = 2$

$d(C, D) = 2$

Medida de perímetro de *ABCD*:
$4 + 4 + 2 + 2 = 12$

Medida de área de *ABCD*: $4 \cdot 2 = 8$

Logo, a medida de perímetro da região retangular *ABCD* é de 12 cm e a medida de área é de 8 cm^2.

- Agora vamos calcular a medida de perímetro e a medida de área desta região triangular *ABC* usando a unidade de medida de comprimento u indicada.

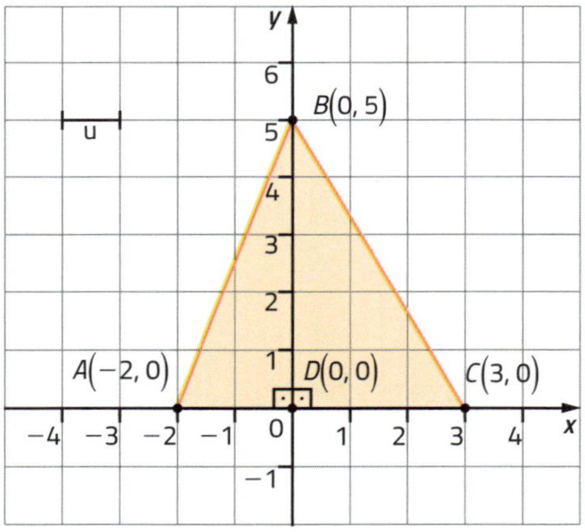

Banco de imagens/Arquivo da editora

O $\triangle ABC$ é retângulo: $[d(A, B)]^2 = 2^2 + 5^2 = 4 + 25 = 29 \Rightarrow d(A, B) = \sqrt{29}$

O $\triangle BDC$ é retângulo: $[d(B, C)]^2 = 3^2 + 5^2 = 9 + 25 = 34 \Rightarrow d(B, C) = \sqrt{34}$

Medida de comprimento da base do $\triangle ABC$: $d(A, C) = 3 - (-2) = 3 + 2 = 5$

Medida de comprimento da altura do $\triangle ABC$: $d(B, D) = 5 - 0 = 5$

Medida de perímetro do $\triangle ABC$: $d(A, C) + d(A, B) + d(D, C) = 5 + \sqrt{29} + \sqrt{34} \simeq 5 + 4{,}9 + 5{,}8 = 15{,}7$

Medida de área do $\triangle ABC$: $\frac{5 \cdot 5}{2} = \frac{25}{2} = 12{,}5$

Portanto, a medida de perímetro do $\triangle ABC$ é de, aproximadamente, 15,7 u, e a medida de área é de 12,5 u^2.

Atividades

8 ▸ Determine a medida de perímetro e a medida de área destas regiões retangulares, sendo u e u^2 as unidades de medida, respectivamente.

a)

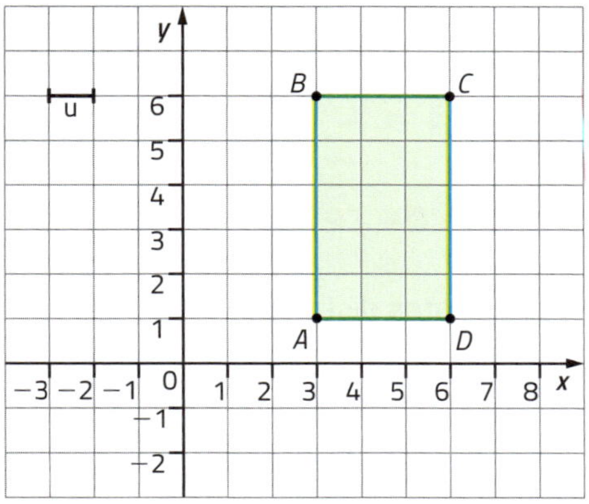

c)

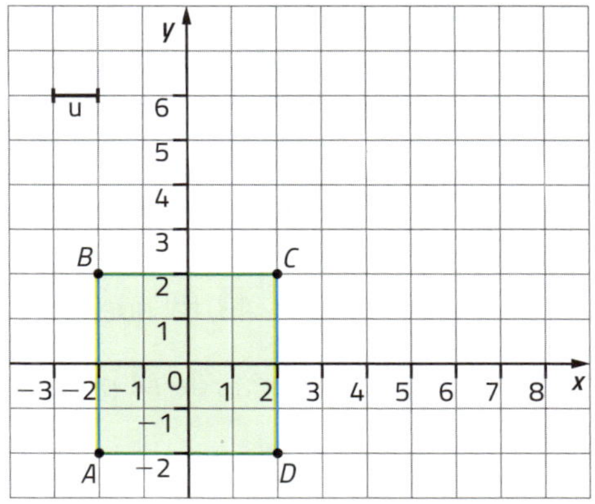

Ilustrações: Banco de imagens/Arquivo da editora

b)

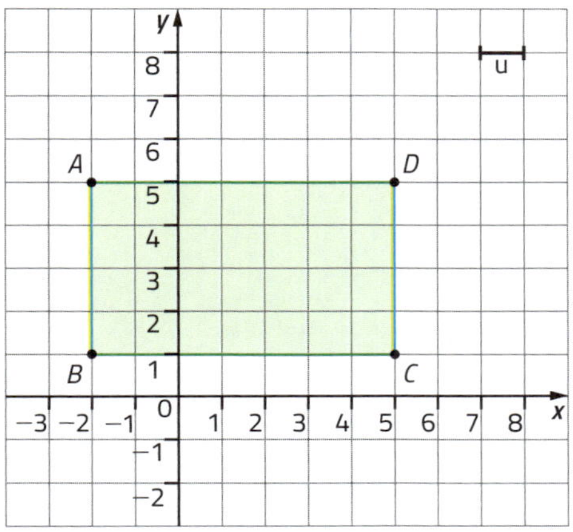

d)

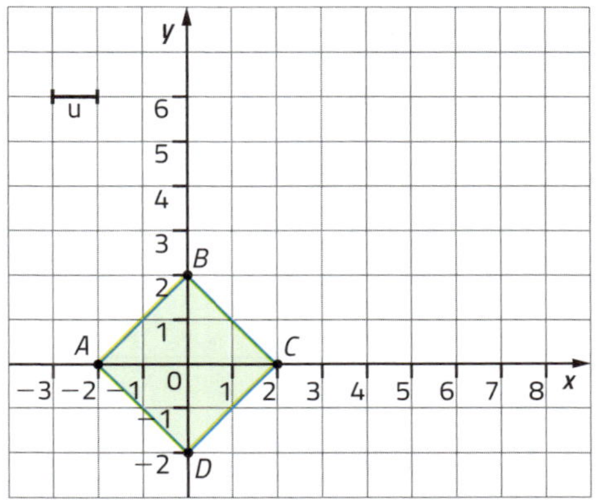

9 ▸ **Desafio.** Em uma malha quadriculada em centímetros, desenhe um sistema de eixos cartesianos e uma região retangular com medida de perímetro de 20 cm e medida de área de 24 cm^2.

10 ▸ Determine a medida de perímetro e a medida de área desta região triangular, sendo u e u^2, respectivamente, as unidades de medida.

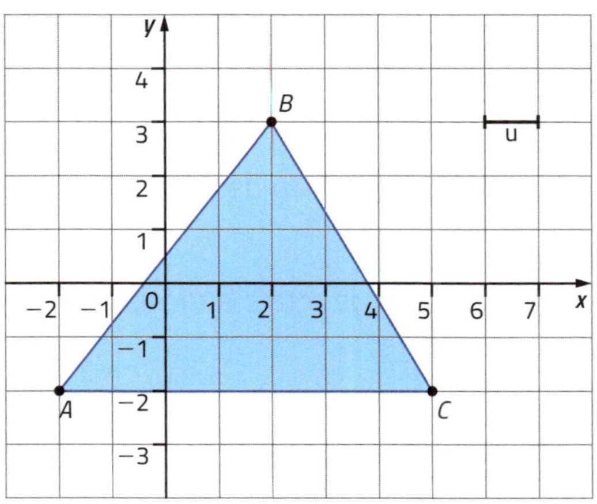

Banco de imagens/Arquivo da editora

11 ▸ Reúna-se com 2 colegas e considerem o triângulo ABC de vértices $A(-1, -3)$, $B(6, 1)$ e $C(2, -5)$.

a) Cada um vai calcular a medida de comprimento de um dos lados: $\overline{AB}$, $\overline{AC}$ e $\overline{BC}$. Depois, verifiquem juntos se esse triângulo é retângulo ou não.

b) Calculem a medida de área aproximada da região triangular correspondente, sendo u^2 a unidade de medida. Usem uma calculadora e a aproximação com 1 casa decimal.

Ponto médio de um segmento de reta

Observe o ponto M pertencente ao segmento de reta $\overline{AB}$. O ponto M é o **ponto médio** do $\overline{AB}$ se e somente se $\frac{AM}{MB} = 1$, ou seja, $AM = MB$.

Banco de imagens/Arquivo da editora

Coordenadas do ponto médio de um segmento de reta

Dado um segmento de reta $\overline{AB}$, tal que $A(x_1, y_1)$ e $B(x_2, y_2)$ são pontos distintos, vamos determinar as coordenadas de M, ponto médio do $\overline{AB}$.

Considere o ponto médio $M(x, y)$.

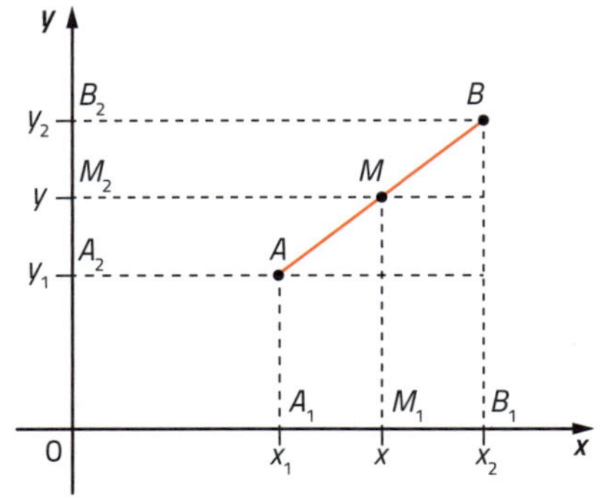

Banco de imagens/Arquivo da editora

Considerando os triângulos retângulos obtidos e aplicando o teorema de Tales, obtemos:

$$\frac{AM}{MB} = \frac{A_1M_1}{M_1B_1} \Rightarrow 1 = \frac{x - x_1}{x_2 - x} \Rightarrow x - x_1 = x_2 - x \Rightarrow 2x = x_2 + x_1 \Rightarrow x = \frac{x_2 + x_1}{2}$$

$$\frac{AM}{MB} = \frac{A_2M_2}{M_2B_2} \Rightarrow 1 = \frac{y - y_1}{y_2 - y} \Rightarrow y - y_1 = y_2 - y \Rightarrow 2y = y_2 + y_1 \Rightarrow y = \frac{y_2 + y_1}{2}$$

> Essa demonstração independe da localização dos pontos A e B nos quadrantes do plano cartesiano.

Então, podemos concluir que, dado um segmento de reta de extremidades $A(x_1, y_1)$ e $B(x_2, y_2)$:

- a abscissa do ponto médio do segmento de reta é a média aritmética das abscissas das extremidades: $x = \frac{x_2 + x_1}{2}$
- a ordenada do ponto médio do segmento de reta é a média aritmética das ordenadas das extremidades: $y = \frac{y_2 + y_1}{2}$

Portanto, o ponto médio M do segmento de reta $\overline{AB}$ é tal que:

$$M\left(\frac{x_1 + x_2}{2}, \frac{y_1 + y_2}{2}\right)$$

Bate-papo

Converse com um colega e respondam: Por que A e B devem ser pontos distintos?

Veja alguns exemplos.

- Vamos determinar as coordenadas do ponto M, ponto médio do $\overline{AB}$, sabendo que $A(3, -2)$ e $B(-1, -6)$.

Solução

Considerando $M(x_M, y_M)$, temos:

$$x_M = \frac{3+(-1)}{2} = \frac{2}{2} = 1 \qquad y_M = \frac{-2+(-6)}{2} = \frac{-8}{2} = -4$$

Logo, $M(1, -4)$.

- $M(-1, 5)$ é o ponto médio do segmento de reta $\overline{AB}$, em que $A(3, 5)$. Vamos determinar as coordenadas do ponto B.

Solução

$$x_M = \frac{x_A + x_B}{2} \Rightarrow -1 = \frac{3 + x_B}{2} \Rightarrow -2 = x_B + 3 \Rightarrow x_B = -5$$

$$y_M = \frac{y_A + y_B}{2} \Rightarrow 5 = \frac{5 + y_B}{2} \Rightarrow 10 = 5 + y_B \Rightarrow y_B = 5$$

Assim, as coordenadas do ponto B são -5 e 5, ou seja, $B(-5, 5)$.

- Vamos calcular as medidas de comprimento das medianas do triângulo ABC, sabendo que $A(2, -6)$, $B(-4, 2)$ e $C(0, 4)$.

Recorde.

I) A **mediana** de um triângulo é o segmento de reta que tem como extremidades um vértice e o ponto médio do lado oposto.

II) Todo triângulo tem 3 medianas que se intersectam em um único ponto, chamado **baricentro** do triângulo.

Solução

Observe a figura com as medianas do triângulo ABC.

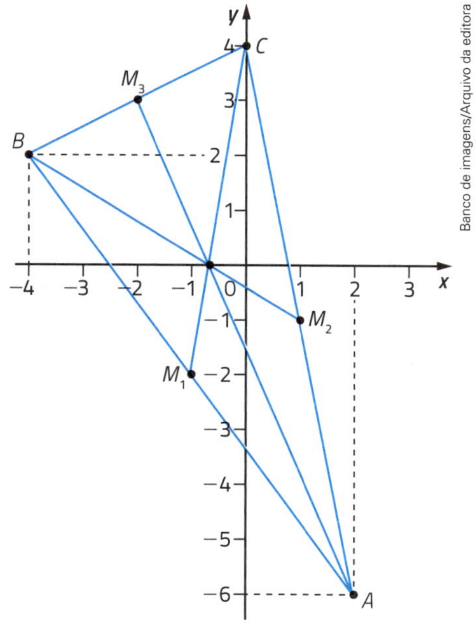

Banco de imagens/Arquivo da editora

M_1 é o ponto médio do $\overline{AB}$.

$$x = \frac{-4+2}{2} = -1$$

$$y = \frac{2-6}{2} = -2$$

Logo, $M_1(-1, -2)$.

M_2 é o ponto médio do $\overline{AC}$.

$$x = \frac{0+2}{2} = 1$$

$$y = \frac{4-6}{2} = -1$$

Logo, $M_2(1, -1)$.

M_3 é o ponto médio do $\overline{BC}$.

$$x = \frac{0-4}{2} = -2$$

$$y = \frac{4+2}{2} = 3$$

Logo, $M_3(-2, 3)$.

Saiba mais

Em um triângulo de vértices $A(x_1, y_1)$, $B(x_2, y_2)$ e $C(x_3, y_3)$, o baricentro G desse triângulo é o ponto $G(x_G, y_G)$, tal que $x_G = \frac{x_1 + x_2 + x_3}{3}$ e $y_G = \frac{y_1 + y_2 + y_3}{3}$.

Agora, vamos calcular as medidas de comprimentos das medianas.

Mediana $\overline{AM_3}$, sendo $A(2, -6)$ e $M_3(-2, 3)$.

$$d(A, M_3) = \sqrt{(-2-2)^2 + (3+6)^2} = \sqrt{16+81} = \sqrt{97}$$

Mediana $\overline{BM_2}$, sendo $B(-4, 2)$ e $M_2(1, -1)$.

$$d(B, M_2) = \sqrt{(1+4)^2 + (-1-2)^2} = \sqrt{25+9} = \sqrt{34}$$

Mediana $\overline{CM_1}$, sendo $C(0, 4)$ e $M_1(-1, -2)$.

$$d(C, M_1) = \sqrt{(-1-0)^2 + (-2-4)^2} = \sqrt{1+36} = \sqrt{37}$$

- Lembrando que as diagonais de um paralelogramo intersectam-se nos pontos médios, vamos determinar as coordenadas do vértice *D* de um paralelogramo em que os outros vértices são $A(0, 8)$, $B(1, 7)$ e $C(4, 16)$.

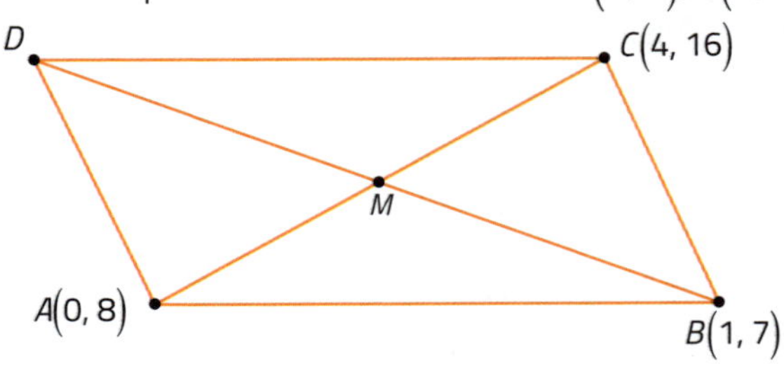

Banco de imagens/Arquivo da editora

Solução

Nesse tipo de problema, podemos fazer um esboço da figura, não necessariamente com a correta localização no plano cartesiano.

Coordenadas do ponto *M*:

$$x_M = \frac{x_A + x_C}{2} = \frac{0+4}{2} = 2 \qquad y_M = \frac{y_A + y_C}{2} = \frac{8+16}{2} = 12$$

Vamos, agora, determinar as coordenadas do ponto *D*.

$$x_M = \frac{x_D + x_B}{2} \Rightarrow 2 = \frac{x_D + 1}{2} \Rightarrow x_D = 3 \qquad y_M = \frac{y_D + y_B}{2} \Rightarrow 12 = \frac{y_D + 7}{2} \Rightarrow y_D = 17$$

Logo, *D* é o vértice de coordenadas 3 e 17, ou seja, $D(3, 17)$.

Atividades

12 › Determine o ponto médio do segmento de reta de extremidades *A* e *B* em cada item.

a) $A(1, -7)$ e $B(3, -5)$.

b) $A(-1, 5)$ e $B(5, -2)$.

c) $A(-4, -2)$ e $B(-2, -4)$.

13 › Uma das extremidades de um segmento de reta é o ponto $A(-2, -2)$. Sabendo que $M(3, -2)$ é o ponto médio desse segmento de reta, calcule as coordenadas do ponto $B(x, y)$, que é a outra extremidade do segmento de reta.

14 › Em um triângulo isósceles, a altura e a mediana relativas à base são segmentos de reta coincidentes (são o mesmo segmento de reta). Calculem a medida de comprimento da altura relativa à base $\overline{BC}$ de um triângulo isósceles de vértices $A(5, 8)$, $B(2, 2)$ e $C(8, 2)$ e, depois, calculem as coordenadas do baricentro *G*.

15 › Em um paralelogramo *ABCD*, $M(1, -2)$ é o ponto de intersecção das diagonais $\overline{AC}$ e $\overline{BD}$. Sabendo que $A(2, 3)$ e $B(6, 4)$ são 2 vértices consecutivos do paralelogramo e que as diagonais se intersectam mutuamente ao meio, determine as coordenadas dos vértices *C* e *D*.

2 Volume de sólidos geométricos

Nos anos anteriores, você já estudou a noção de volume de sólidos geométricos. Vamos recordar e aprofundar esse estudo.

Examine estas representações.

> **Saiba mais**
>
> A medida de volume do globo terrestre é de aproximadamente 1 083 207 000 000 km³, ou seja, um trilhão, oitenta e três bilhões e duzentos e sete milhões de quilômetros cúbicos.

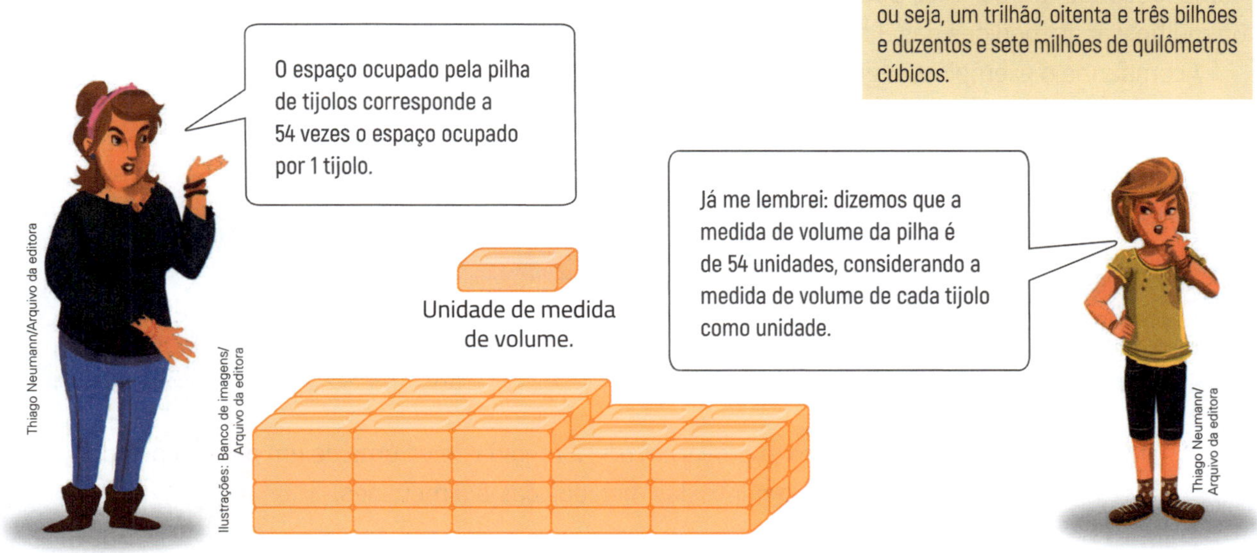

Thiago Neumann/Arquivo da editora

Ilustrações: Banco de imagens/Arquivo da editora

Thiago Neumann/Arquivo da editora

Atividades

16 Converse com os colegas sobre o significado de cm³, m³ e km³. Depois, use o centímetro cúbico como unidade de medida e calcule a medida de volume de cada sólido geométrico. O sólido geométrico **A** é um bloco retangular. Nos outros 2 sólidos geométricos considere que não há cubinhos escondidos.

As imagens desta página não estão representadas em proporção.

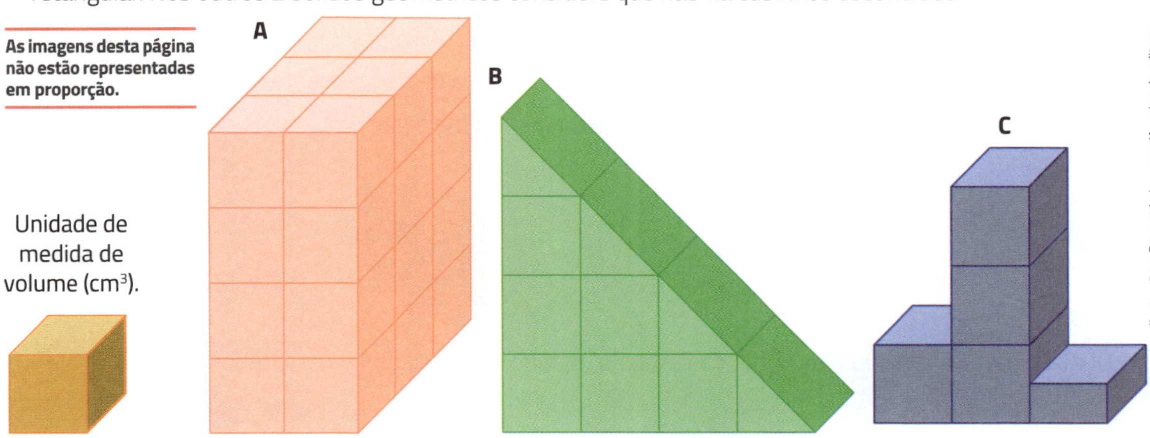

Ilustrações: Banco de imagens/Arquivo da editora

17 Ainda usando o centímetro cúbico como unidade de medida e em uma malha quadriculada em centímetros, desenhe 2 sólidos geométricos (um deles deve ser um bloco retangular), ambos com medida de volume de 10 cm³.

18 **Volume e capacidade.** Lúcio queria saber a medida de capacidade (volume interno) de uma vasilha cilíndrica. Para isso, ele montou a superfície de um cubo com medida de capacidade de 8 cm³, retirou a "tampa" e vedou as arestas com fita isolante. Em seguida, foi enchendo todo o cubo com areia e despejando na vasilha. Para enchê-la, foi necessária a areia correspondente à medida de capacidade de 4 cubos e meio. Qual é a medida de capacidade da vasilha?

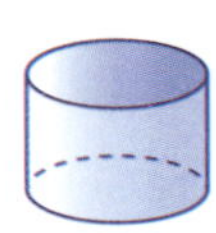

Banco de imagens/Arquivo da editora

Cálculo da medida de volume de sólidos geométricos

Vamos estudar as fórmulas que nos possibilitam calcular a medida de volume dos principais tipos de sólido geométrico.

Volume de um paralelepípedo

Você se lembra de como determinar a medida de volume de um paralelepípedo ou bloco retangular? Vamos recordar juntos. Você pode contar quantos cubinhos de 1 unidade de medida de volume cabem nele ou multiplicar as medidas das 3 dimensões (largura, profundidade e altura).

Acompanhe o exemplo a seguir.

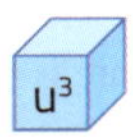

Unidade de medida de volume.

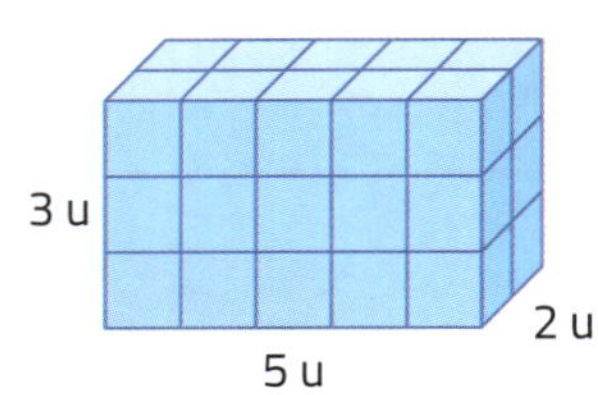

Ilustrações: Banco de imagens/ Arquivo da editora

Contando os cubinhos, temos: $V = 30\ u^3$

Efetuando a multiplicação das medidas das 3 dimensões, obtemos: $V = 5 \cdot 2 \cdot 3 = 30 \Rightarrow V = 30\ u^3$

> De modo geral, os matemáticos já provaram que a medida de volume de um paralelepípedo é igual ao produto das medidas das 3 dimensões.
>
> $V = a \cdot b \cdot c$
>
> (unidades de medida de volume)

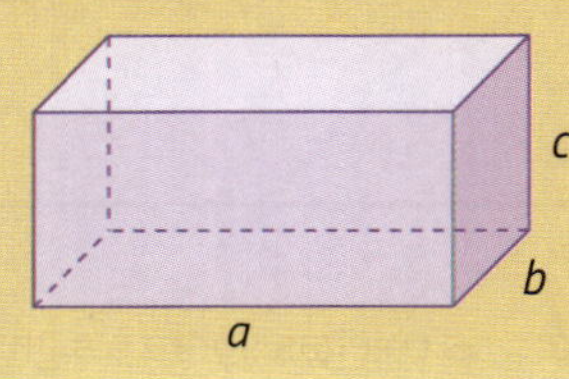

Banco de imagens/ Arquivo da editora

Atividades

19 › Qual é a medida de volume de um cubo com arestas de medida de comprimento de 10 cm?

20 › Escreva uma fórmula geral para determinar a medida de volume deste paralelepípedo e a medida de volume deste cubo.

Banco de imagens/ Arquivo da editora

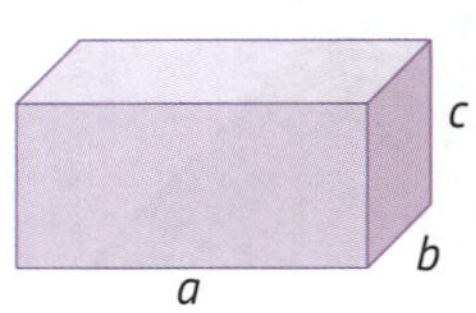

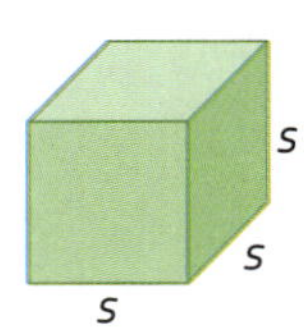

As imagens desta página não estão representadas em proporção.

21 › Qual é a medida de volume interno da caixa, do aquário e da piscina representados abaixo?

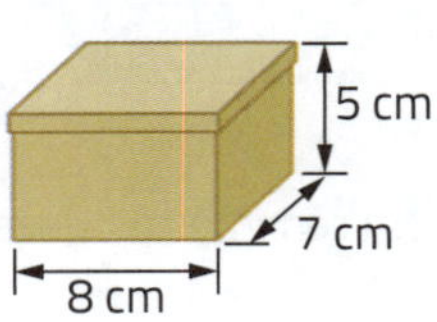

Caixa.

Aquário.

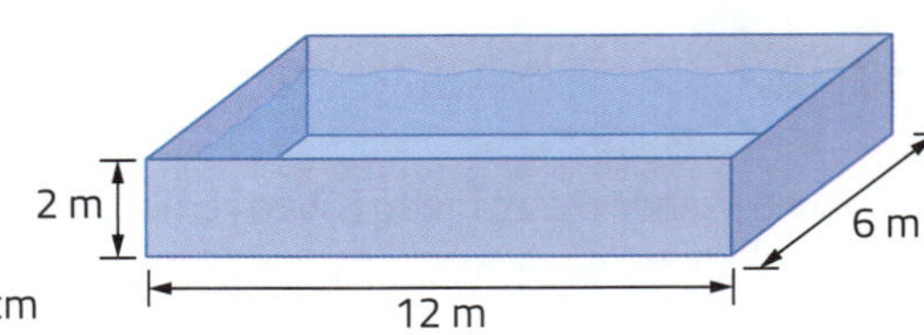

Piscina.

Ilustrações: Paulo Manzi/Arquivo da editora

Volume de um prisma qualquer

Explorar e descobrir

1› Observem esta região retangular e a unidade de medida de área indicada.

Ilustrações: Banco de imagens/ Arquivo da editora

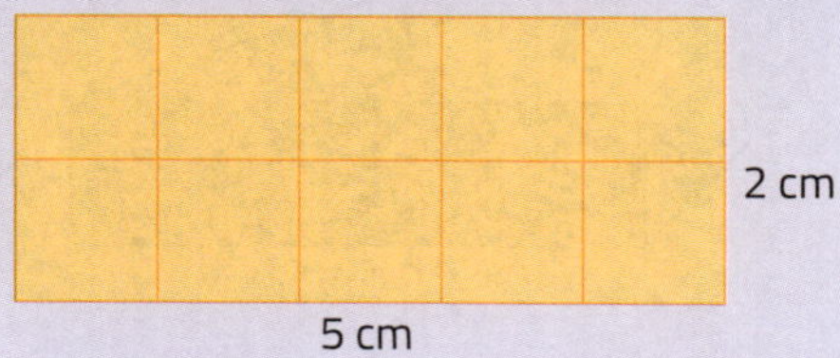

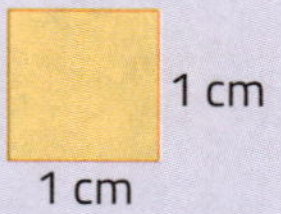

Unidade de medida de área: 1 cm^2.

a) Usem a região quadrada que indica a unidade de medida de área e determinem a medida de área, em centímetros quadrados, dessa região retangular.

b) Observem este cubinho de arestas de medida de comprimento de 1 cm e indiquem quantos cubinhos são necessários para sobrepor a região retangular.

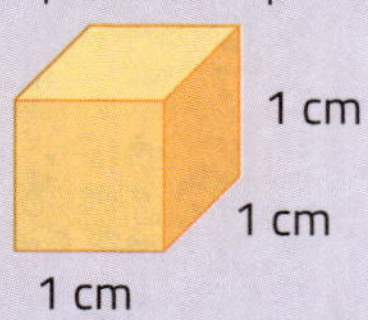

Unidade de medida de volume: 1 cm^3.

c) E quantos desses cubinhos são necessários para "encher" completamente este prisma? Essa quantidade corresponde à medida de volume do prisma?

d) Como podemos obter a medida de volume desse prisma relacionando a medida de área da base e a medida de comprimento da altura? Façam o cálculo.

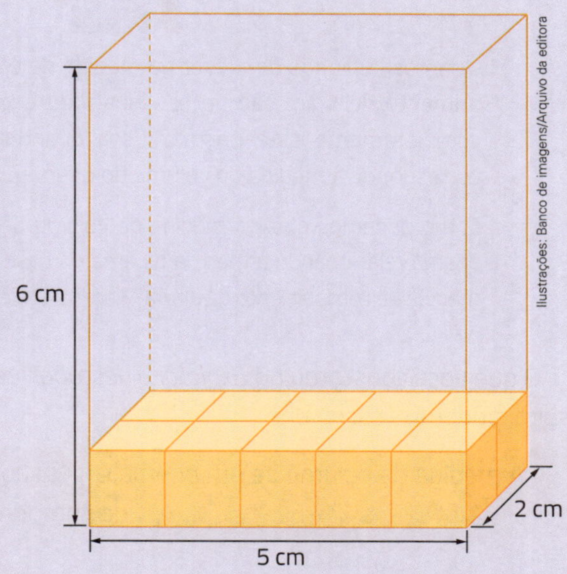

Ilustrações: Banco de imagens/Arquivo da editora

2› Vamos calcular a medida de volume deste outro prisma.

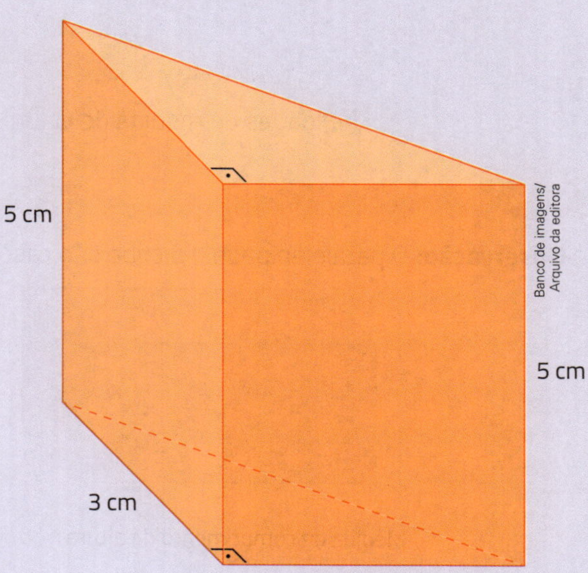

Banco de imagens/ Arquivo da editora

a) Determinem a medida de área, em centímetros quadrados, desta região plana limitada por um triângulo retângulo.

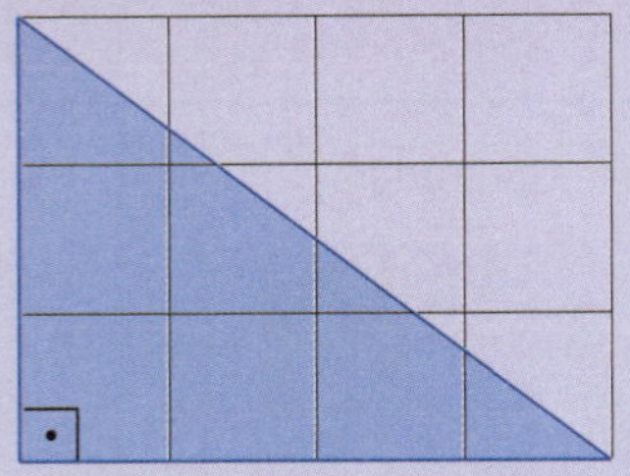

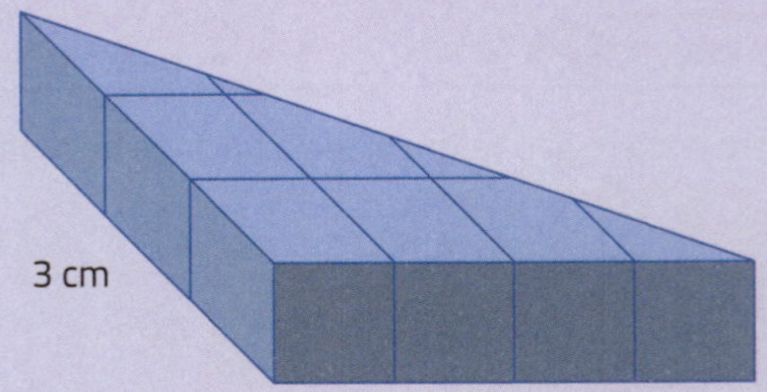

Ilustrações: Banco de imagens/Arquivo da editora

Thiago Neumann/Arquivo da editora

b) Quantos cubinhos de aresta de medida de comprimento de 1 cm são necessários para encher completamente este prisma? Essa quantidade corresponde à medida de volume do prisma?

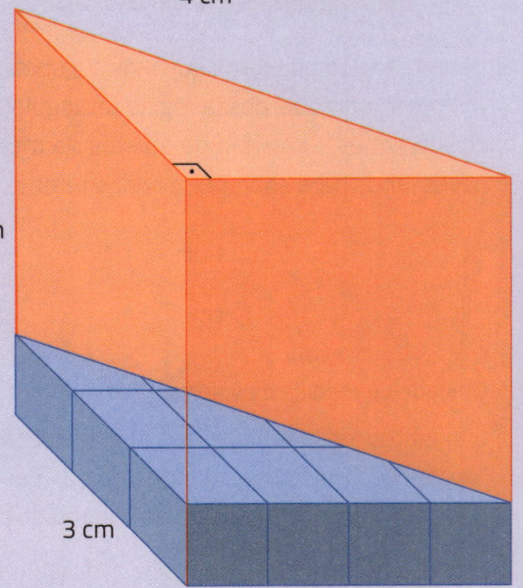

c) Como podemos obter a medida de volume desse prisma relacionando a medida de área da base e a medida de comprimento da altura? Façam o cálculo.

O que você constatou no *Explorar e descobrir*, os matemáticos já provaram que vale para qualquer prisma. Assim, podemos escrever:

A medida de volume de um prisma é igual ao produto da medida de área da base (A_b) pela medida de comprimento da altura (h).

$$V = A_b \cdot h$$
(unidades de medida de volume)

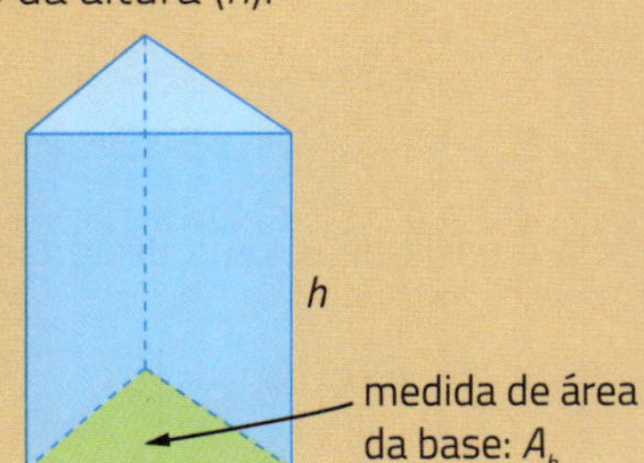

Banco de imagens/Arquivo da editora

Observação: O paralelepípedo e o cubo são casos particulares de prisma. Como você estudou, temos:

Ilustrações: Banco de imagens/Arquivo da editora

Medida de comprimento da altura

$V = a \cdot b \cdot c$

Medida de área da base: A_b

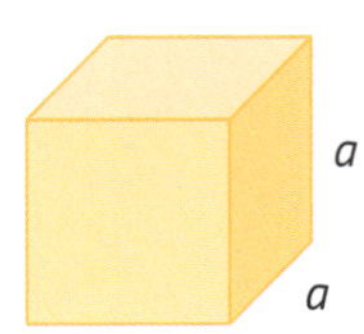

Medida de comprimento da altura

$V = a \cdot a \cdot a = a^3$

Medida de área da base: A_b

Atividades

22 Calcule a medida de volume de cada sólido geométrico.

a) Prisma com altura de medida de comprimento de 5 cm e cuja base tem como contorno um triângulo retângulo com lados de medidas de comprimento de 6 cm, 8 cm e 10 cm.

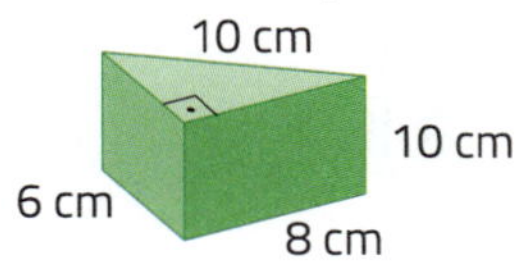

Banco de imagens/Arquivo da editora

b) Prisma com altura de medida de comprimento de 6 cm e cuja base tem como contorno um hexágono regular com lados de medida de comprimento de 8 cm. (Use $\sqrt{3} = 1{,}7$.)

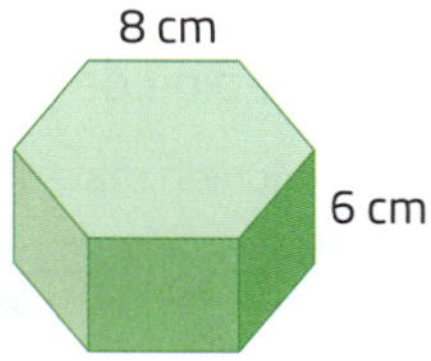

Banco de imagens/Arquivo da editora

23 **Volume e capacidade.** Em uma caixa-d'água com medida de volume de 1 m³ cabem 1000 L de água. Calcule quantos litros de água cabem em um reservatório que tem a forma de um bloco retangular com medidas das dimensões de 2 m, 1,5 m e 70 cm.

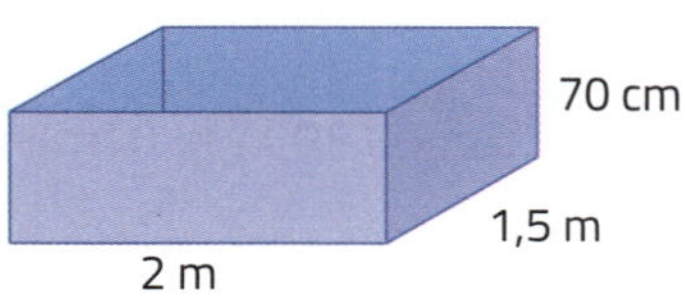

Banco de imagens/Arquivo da editora

As imagens desta página não estão representadas em proporção.

24 Um tanque com a forma de bloco retangular tem as dimensões com as medidas indicadas nesta figura. Se uma torneira despeja 25 L de água por minuto, então em quanto tempo ela enche esse tanque, inicialmente vazio?

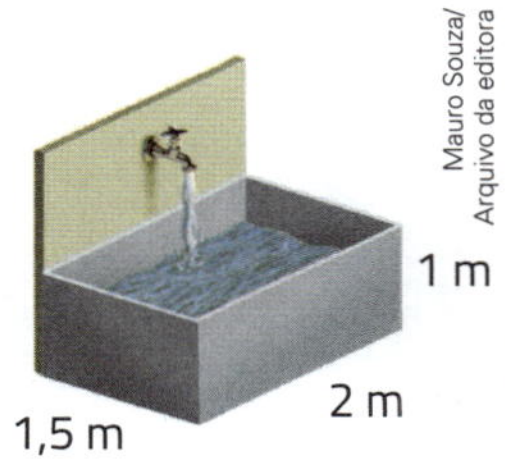

Mauro Souza/Arquivo da editora

25 Qual deve ser a medida de comprimento da aresta de um reservatório cúbico para que a medida de capacidade dele seja de 8000 L?

26 **Conexões. Volume, massa e densidade.** Os 2 recipientes mostrados nestas figuras estão cheios de um mesmo material. A quantidade de material contida no recipiente cúbico tem medida de massa de 600 g.

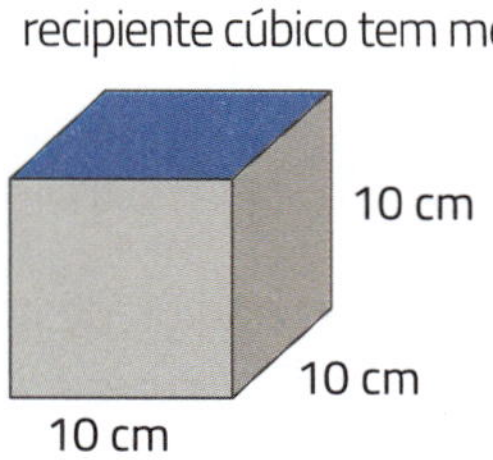

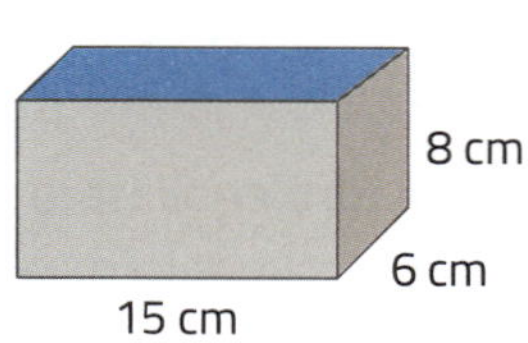

Ilustrações: Banco de imagens/Arquivo da editora

a) Sabendo que a quantidade de massa que cabe no recipiente é diretamente proporcional à medida de volume do recipiente cheio, qual é a medida de massa da quantidade de material contida no recipiente com a forma de paralelepípedo?

b) Para calcular a medida de **densidade** desse material (em g/cm³), determinamos a razão entre a medida de massa (em g) de certa quantidade do material e a medida de volume (em cm³) ocupada por ele. Qual é a medida de densidade desse material?

c) Quando um material é colocado em um recipiente com água, ele flutuará se a medida de densidade for menor do que a medida de densidade da água ou afundará se for maior do que ela. Sabendo que a medida de densidade da água é de 1 g/cm³, esse material, quando colocado na água, afundará ou flutuará?

27 **Fazendo chocolates.** Elisabete faz chocolate para vender. Ela vende barras de um mesmo tipo de chocolate, de 3 tamanhos diferentes. As barras têm a forma aproximada de paralelepípedo, e a medida de volume (em cm³), a medida de massa (em g) e o preço (em reais) são diretamente proporcionais.

a) Veja as informações da barra grande. Analise-as e escreva as informações das barras média e pequena.

Medida de volume: 90 cm³.
Medida de massa: 72 g.
Preço: R$ 8,10.

Barra grande.

Barra média.

Barra pequena.

Ilustrações: Paulo Manzi/Arquivo da editora

b) Um quarto tipo de barra de chocolate feito por Elisabete tem a forma cúbica e será vendido por R$ 5,76. Determine a medida de volume, a medida de cada dimensão e a medida de massa, considerando que a proporcionalidade será mantida.

Volume de um cilindro

Você já viu como calcular a medida de volume de um cilindro. Assim como o prisma, basta multiplicar a medida de área da base pela medida de comprimento da altura.

Sendo a base do cilindro um círculo com raio de medida de comprimento r e medida de área πr^2, temos:

$$V = \pi r^2 h$$

(unidades de medida de volume)

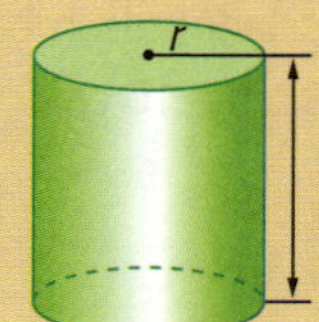

Banco de imagens/Arquivo da editora

Veja alguns exemplos.

- Qual é a medida de capacidade de uma lata de compota que tem a forma cilíndrica, com diâmetro da base de medida de comprimento de 10 cm e altura de medida de comprimento de 12 cm?

Realidade

walterericsy/Shutterstock

Lata.

Modelo matemático

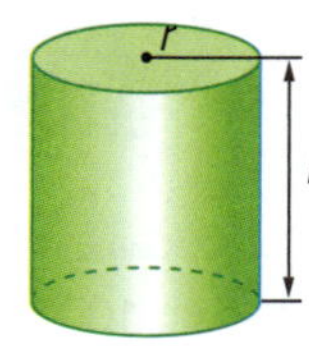

Cilindro.

Banco de imagens/Arquivo da editora

Como a medida de comprimento do diâmetro da base é de 10 cm, a medida de comprimento r do raio é de 5 cm.

Logo: $V = \pi r^2 h = \pi \cdot 5^2 \cdot 12 = 300\pi \Rightarrow V = 300\pi$ cm^3

Considerando $\pi = 3{,}14$ e sabendo que 1 dm$^3 \leftrightarrow$ 1 L e 1 cm$^3 \leftrightarrow$ 1 mL, temos $300 \cdot 3{,}14$ mL $= 942$ mL.

Logo, a medida de capacidade da lata é de, aproximadamente, 942 mL.

- Esta figura mostra um cilindro inscrito em um cubo. A medida de volume do cilindro é de 64π cm^3. Vamos calcular a medida de volume do cubo.

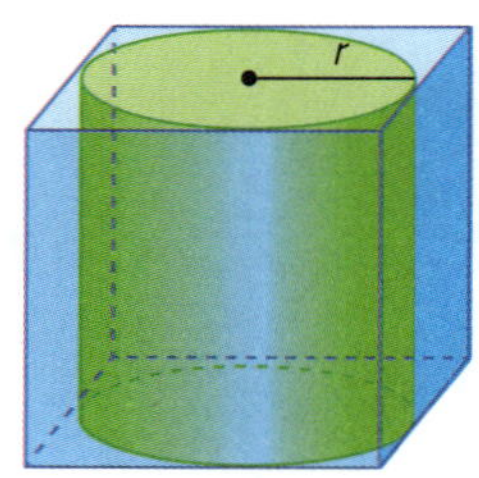

Banco de imagens/Arquivo da editora

$a = 2r = h$

Como a medida de comprimento da altura do cilindro é igual à medida de comprimento do diâmetro da base, temos:

$$V = \pi r^2 h = 64\pi = \pi r^2 \cdot 2r \Rightarrow 2r^3 = 64 \Rightarrow r^3 = 32 \Rightarrow r = 2\sqrt[3]{4}$$

Como a medida de comprimento da aresta do cubo é igual à medida de comprimento do diâmetro da base do cilindro, temos:

$$a = 2r = 4\sqrt[3]{4}$$

Vamos, então, calcular a medida de volume do cubo:

$$V = a^3 = \left(4\sqrt[3]{4}\right)^3 = 4^3 \cdot 4 = 256$$

Portanto, a medida de volume do cubo é de 256 cm^3.

Observação: Todo cilindro inscrito em um cubo é um **cilindro equilátero**, ou seja, a medida de comprimento do diâmetro da base do cilindro e a medida do comprimento da altura dele são iguais à medida de comprimento das arestas do cubo.

Atividade resolvida passo a passo

(UFG-GO) Um produtor de suco armazena seu produto em caixas, em forma de paralelepípedo, com altura de 20 cm, tendo capacidade de 1 litro. Ele deseja trocar a caixa por uma embalagem em forma de cilindro, de mesma altura e mesma capacidade. Para que isso ocorra, qual deve ser o raio da base dessa embalagem cilíndrica?

Lendo e compreendendo

O problema pede que, conhecida a medida de volume interno (capacidade) de um paralelepípedo, encontremos a medida de comprimento do raio da base de um cilindro que tem a mesma medida de volume interno desse paralelepípedo.

Planejando a solução

Para encontrarmos a medida de comprimento do raio da base do cilindro, devemos seguir o seguinte roteiro.

Como conhecemos a medida de capacidade, em litros, do paralelepípedo, podemos determinar a medida de volume interno, em centímetros cúbicos. Já conhecemos a medida de comprimento da altura e a medida de volume interno desse sólido; então é possível calcular a medida de área da base.

Se o paralelepípedo e o cilindro têm a mesma medida de volume interno e a mesma medida de comprimento da altura, então as bases deles devem ter a mesma medida de área. O último passo é igualarmos as medidas de área das bases e, finalmente, descobrirmos a medida de comprimento do raio da base do cilindro.

Executando o que foi planejado

Vamos determinar a medida de volume interno V do paralelepípedo. $1 \text{ L} \leftrightarrow 1 \text{ dm}^3 = 1000 \text{ cm}^3$.

Determinamos, então, a medida de área A_b da base do paralelepípedo, conhecidas a medida de volume interno V e a medida de comprimento h da altura dele.

$$V = A_b \times h \Rightarrow 1000 \text{ cm}^3 = A_b \times 20 \text{ cm} \Rightarrow A_b = 50 \text{ cm}^2$$

Como o cilindro e o paralelepípedo têm bases com a mesma medida de área, obtemos:

$$\pi r^2 = 50 \Rightarrow r^2 = \frac{50}{\pi} \Rightarrow r = \sqrt{\frac{50}{\pi}} = \frac{5\sqrt{2}}{\sqrt{\pi}}$$

Verificando

Vamos calcular a medida de volume interno do cilindro e mostrar que é igual à medida de volume interno do paralelepípedo.

$$V = \pi r^2 \cdot h = \pi\left(\frac{5\sqrt{2}}{\sqrt{\pi}}\right)^2 \cdot 20 = \pi \cdot \frac{50}{\pi} \cdot 20 = 1000, \text{ o que confirma o resultado obtido.}$$

Emitindo a resposta

A medida de comprimento do raio da base do cilindro é de $\frac{5\sqrt{2}}{\sqrt{\pi}}$ cm.

Ampliando a atividade

Um recipiente cilíndrico tem o diâmetro da base com medida de comprimento de 10 cm. Coloca-se água nesse recipiente até certa medida de comprimento da altura. Em seguida, coloca-se uma pedra dentro desse recipiente.

Se a água dentro do recipiente sobe 2 cm após a pedra ser colocada, então qual é a medida de volume dessa pedra?

Solução

A medida de volume da pedra é igual à medida de volume da água que se deslocou, ou seja, é equivalente à medida de volume interno de um cilindro com raio da base de medida de comprimento de 5 cm e com altura de medida de comprimento de 2 cm.

$$V = \pi r^2 \cdot h = \pi \cdot 5^2 \cdot 2 = 50\pi \Rightarrow V = 50\pi \text{ cm}^3$$

Atividades

28 ▸ **Medidas de volume exata e aproximada.** Indique a medida de volume exata do cilindro cujo raio da base tem medida de comprimento de 3 cm e cuja altura tem medida de comprimento de 5 cm. Depois, usando $\pi = 3{,}1$ calcule a medida de volume aproximada.

29 ▸ Use $\pi = 3{,}14$ e determine a medida de volume aproximada de um cilindro que tem altura de medida de comprimento de 10 cm e raio da base de medida de comprimento de:

a) 1 cm;

b) 10 cm.

As imagens desta página não estão representadas em proporção.

30 ▸ O poço do sítio de Sandro tem a forma de um cilindro. Quantos litros de água esse poço comporta, aproximadamente, se a medida de comprimento do diâmetro da base é de 2 m e a medida de comprimento da profundidade do poço é de 6 m? (Use $\pi = 3{,}14$.)

Guilherme Asthma/Arquivo da editora

31 ▸ Um tambor de gasolina tem a forma de um cilindro, com raio da base de medida de comprimento de 50 cm e altura de medida de comprimento de 1,20 m. Quantos litros de gasolina cabem, aproximadamente, nesse tambor? (Use $\pi = 3{,}14$.)

32 ▸ Um tanque de petróleo tem a forma de um cilindro com altura de medida de comprimento de 10 m e com raio da base de medida de comprimento de 10 m. Usando $\pi = 3{,}14$, calcule quantos litros de petróleo, aproximadamente, esse tanque comporta. (Lembre-se: $1\ m^3 \leftrightarrow 1000\ L$.)

noomcpk/Shutterstock

Tanques de petróleo.

33 ▸ Uma indústria produz latas cilíndricas de alumínio com tampa de plástico. Veja as medidas de comprimento, indicadas nesta lata. Use $\pi = 3{,}1$, faça os cálculos necessários e responda aos itens.

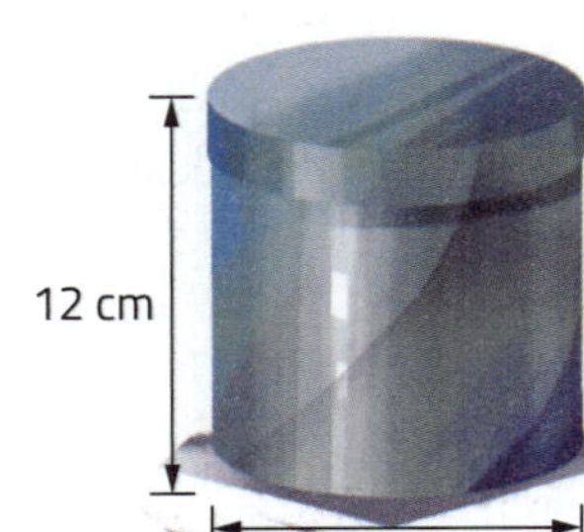

Guilherme Asthma/Arquivo da editora

a) Quanto vai ser gasto de alumínio, em cm^2, na produção de cada lata?

b) Quanto vai ser gasto de alumínio na produção de 1000 latas? Essa quantidade é mais ou menos do que 45 m^2?

c) Qual é a medida de capacidade dessa lata, em mililitros? Lembre-se de que 1 dm^3 corresponde a 1 L.

d) Para embalar 186 litros de um produto, quantas dessas latas são necessárias?

Volume de uma pirâmide

Explorar e descobrir

Construa com cartolina recipientes com as formas de uma pirâmide e de um prisma de **mesma base** e de **mesma medida de comprimento da altura**. Em seguida, encha de areia o recipiente com a forma de pirâmide, quantas vezes for necessário, e despeje a areia no recipiente com a forma de prisma até enchê-lo.

Ilustrações: Banco de imagens/Arquivo da editora

Quantas vezes você encheu o recipiente com a forma de pirâmide para encher todo o recipiente com a forma de prisma?

Ao realizar a experiência do *Explorar e descobrir*, você verificou que são necessários 3 vezes o conteúdo do recipiente com a forma de pirâmide para encher o recipiente com a forma de prisma, nas condições indicadas. Também podemos dizer que:

A medida de volume da pirâmide é $\frac{1}{3}$ da medida de volume do prisma com mesma base e mesma medida de comprimento da altura.

E os matemáticos já provaram que isso acontece com todas as pirâmides. Então, podemos escrever:

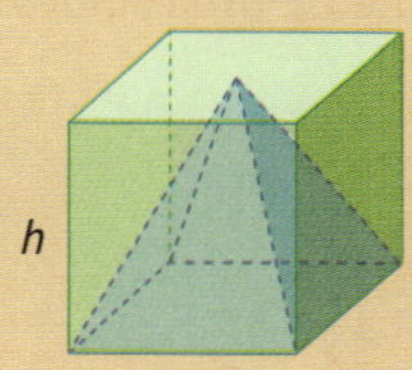

Banco de imagens/Arquivo da editora

Medida de volume do prisma:

$$V = A_b \cdot h$$

(A_b: medida de área da base; h: medida de comprimento da altura)

Medida de volume da pirâmide:

$$V = \frac{1}{3} A_b \cdot h \text{ ou } V = \frac{A_b \cdot h}{3}$$

(unidades de medida de volume)

As imagens desta página não estão representadas em proporção.

Atividades

34. Pedro ganhou uma pirâmide de acrílico com as seguintes características: a base é uma região retangular com medidas das dimensões de 5 cm por 6 cm e a altura tem medida de comprimento de 9 cm. Qual é a medida de volume dessa pirâmide?

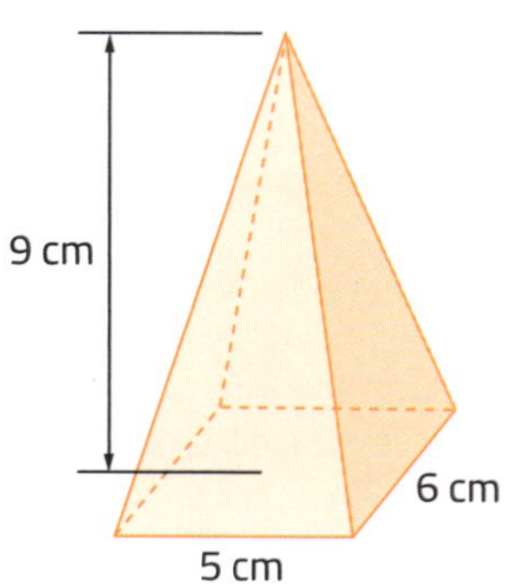

Banco de imagens/Arquivo da editora

35. **Arredondamentos, cálculo mental e resultado aproximado.** A medida de comprimento da altura desta pirâmide é de 8,95 cm. A medida de volume dessa pirâmide está mais próxima de 80 cm³, 70 cm³ ou 60 cm³?

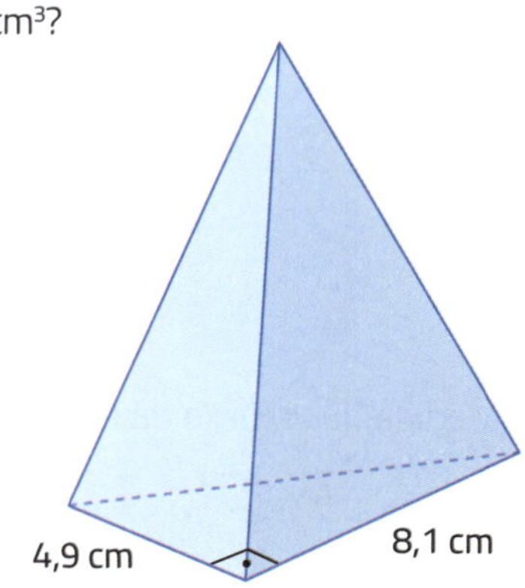

Banco de imagens/Arquivo da editora

Volume de um cone

Explorar e descobrir

Faça o mesmo experimento da página anterior, agora usando um cone e um cilindro de **mesma base** e de **mesma medida de comprimento da altura**. Encha de areia o recipiente com a forma de cone, quantas vezes for necessário, e despeje a areia no recipiente com a forma de cilindro até enchê-lo.

Paulo Manzi/Arquivo da editora

Quantas vezes você encheu o recipiente com a forma de cone para encher todo o recipiente com a forma de cilindro? Então, o que se pode concluir sobre a medida de volume de cada cone em relação à medida de volume do cilindro?

O que você observou no *Explorar e descobrir* acontece sempre e já foi provado pelos matemáticos. Então, podemos escrever:

A medida de volume de um cone é $\frac{1}{3}$ da medida de volume de um cilindro com mesma base e mesma medida de comprimento da altura.

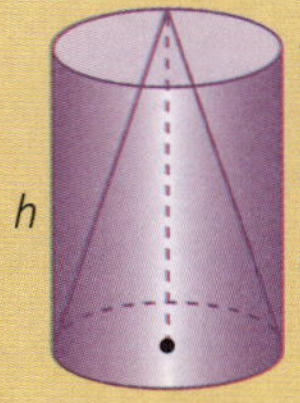

Banco de imagens/Arquivo da editora

Medida de volume do cilindro: $V = A_b \cdot h$

Medida de volume do cone: $V = \frac{A_b \cdot h}{3}$

(unidades de medida de volume)

Volume de uma esfera

Veja agora a fórmula da medida de volume de uma esfera, com raio de medida de comprimento *r*, que será demonstrada no Ensino Médio.

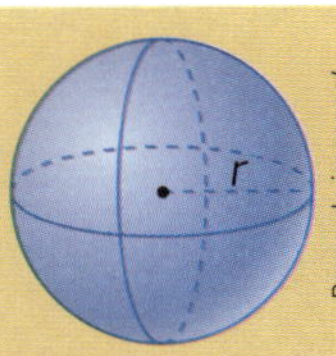

Banco de imagens/Arquivo da editora

Medida de volume da esfera:

$$V = \frac{4\pi r^3}{3}$$

(unidades de medida de volume)

Saiba mais

Conheça também a fórmula da medida de área da superfície ("casca") de uma esfera, que será demonstrada no Ensino Médio.

$A = 4\pi r^2$

(unidades de medida de área)

Atividades

36 Um cone tem altura de medida de comprimento de 6 cm e o raio da base tem medida de comprimento de 5 cm. Qual é a medida de volume desse cone? Use $\pi = 3,14$.

37 Qual destes sólidos geométricos tem maior medida de volume: a pirâmide ou o cone? Considere $\pi = 3,14$.

Ilustrações: Banco de imagens/Arquivo da editora

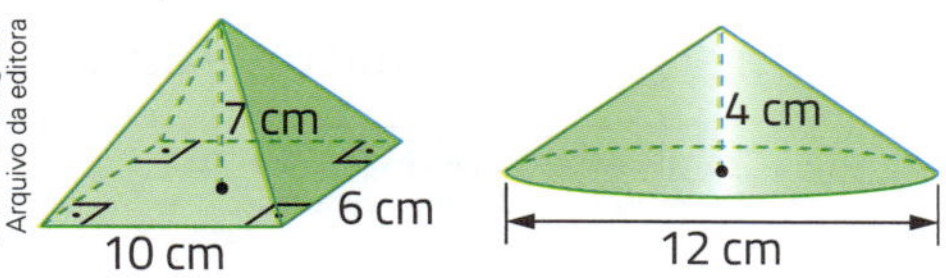

38 **Conexões.** Considere a Terra com a forma aproximada de uma esfera, cujo raio tem medida de comprimento de 6 370 km. Use uma calculadora e, adotando $\pi = 3,14$, determine:

a) a medida de área da superfície do planeta Terra;

b) a medida de volume do planeta Terra.

39 Na figura **1**, temos um cone "dentro" de um cilindro e as medidas de comprimento $h = 6$ cm e $r = 3$ cm. Na figura **2**, temos uma pirâmide "dentro" de um cubo tal que as arestas do cubo têm medidas de comprimento de 9 cm.

Ilustrações: Banco de imagens/Arquivo da editora

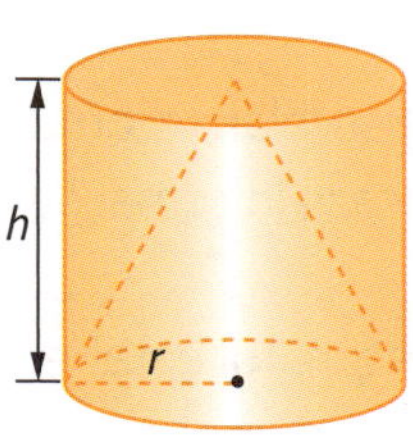

Figura 1

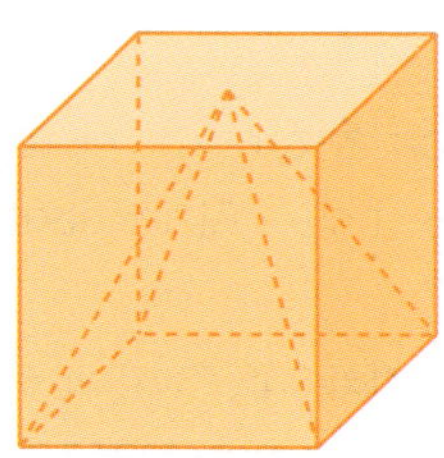

Figura 2

a) Calcule a medida de volume do cone da figura **1**.

b) Calcule a medida de volume da pirâmide da figura **2**.

40 Quantos litros de água o reservatório desta figura contém quando está com 80% da capacidade? Use $\pi = 3,14$.

As imagens desta página não estão representadas em proporção.

Banco de imagens/Arquivo da editora

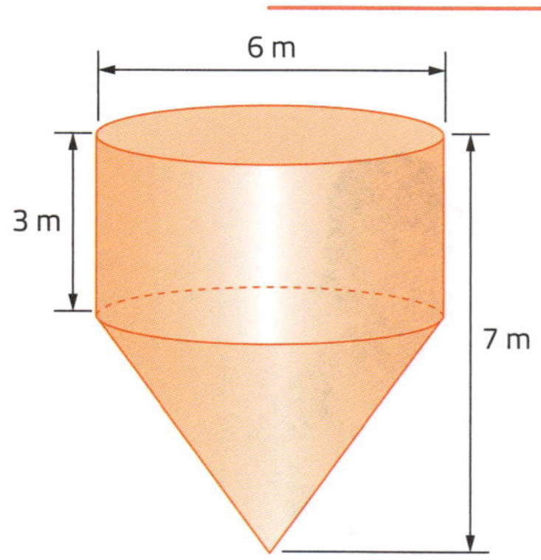

41 **Conexões.** A Basílica Menor Nossa Senhora da Glória (no Paraná), também conhecida como Catedral de Maringá, foi construída entre julho de 1959 e maio de 1972, tendo sido idealizada pelo arcebispo brasileiro dom Jaime Luiz Coelho (1916-2013) e projetada pelo arquiteto brasileiro José Augusto Bellucci (1907-1998).

De forma cônica, a base da catedral tem diâmetro externo de medida de comprimento de 50 m e altura externa de medida de comprimento de 114 m, sendo a catedral mais alta da América Latina.

Internamente, também tem forma cônica, com diâmetro interno de medida de comprimento de 38 m e altura livre de medida de comprimento de 84 m. A catedral tem capacidade para 3 500 pessoas, que podem ocupar 2 galerias internas superpostas.

Fonte de consulta: MARINGA.COM. *O portal da cidade*. Disponível em: <www.maringa.com/turismo/catedral.php>. Acesso em: 31 maio 2019.

Qual é a medida de volume total da Catedral de Maringá? E qual é a medida de volume interno da catedral? Use $\pi = 3,14$.

42 Um tanque em forma de paralelepípedo tem como base uma região retangular com lados de medidas de comprimento de 30 cm por 20 cm. Ele está com nível de água até altura de medida de comprimento de 7,5 cm. Quando uma esfera sólida é completamente mergulhada no tanque, o nível de água se eleva em 0,5 cm. Qual é a medida de comprimento do raio dessa esfera? Considere $\pi = 3$.

43 A medida de volume de água que é armazenada em uma caixa-d'água é uma função das medidas das dimensões da caixa. Por exemplo, para um reservatório com a forma esférica, a medida de volume V pode ser calculada em função da medida de comprimento r do raio, com a fórmula $V = \frac{4\pi r^3}{3}$, que você estudou na página anterior.

Veja alguns valores de V em função de r.

Medidas em uma caixa-d'água esférica

R (em m)	0	0,6	1,2	1,6	2,0
V (em m³)	0	0,9	7,2	17,2	33,5

Tabela elaborada para fins didáticos.

a) Represente esses valores graficamente.

b) Use $\pi = 3$ e determine quantos litros de água cabem, aproximadamente, em uma caixa-d'água esférica cujo raio tem medida de comprimento de 1,4 m.

3 Unidades de medida de outras grandezas

Unidades de medida de armazenamento de informação

O grande avanço tecnológico da segunda metade do século passado foi o advento dos computadores, uma máquina que passou a fazer parte do cotidiano de quase todas as pessoas. Dentre os atributos desses aparelhos, estão a capacidade de nos trazer informações, elaborar os mais diversos projetos e até de facilitar nossa comunicação com outras pessoas.

As imagens desta página não estão representadas em proporção.

iStockphoto/Getty Images

Enciclopédias.

Kaspars Grinvalds/Shutterstock

Computador.

Menos de 50 anos atrás, os estudantes, quando precisavam fazer uma pesquisa escolar, recorriam às enciclopédias, com diversos volumes, que ocupavam muito espaço físico. Atualmente, essas informações estão na memória dos computadores.

Passou então a ser importante medir o armazenamento dessas máquinas; assim, foi estabelecida uma unidade de medida, o ***bit***, que é a menor unidade de medida de informação que pode ser armazenada ou transmitida.

O *bit* é uma unidade binária, ou seja, as medidas são organizadas na base 2 e ele só pode assumir 2 valores: o 0 ou o 1. Um conjunto de **8 *bits*** corresponde a **1 *byte* (1 B)**, que é a unidade de medida.

Assim como outras grandezas, a unidade de medida *byte* também tem múltiplos. Mas, para entendê-los, vamos inicialmente compreender o significado do prefixo **quilo**. Esse prefixo significa que, em uma unidade de medida de base decimal (base 10), devemos multiplicar a unidade de medida em questão por 1000, ou seja, 10^3. Assim:

1 **quilô**metro = 1000 × 1 metro
1 **quilo**grama = 1000 × 1 grama

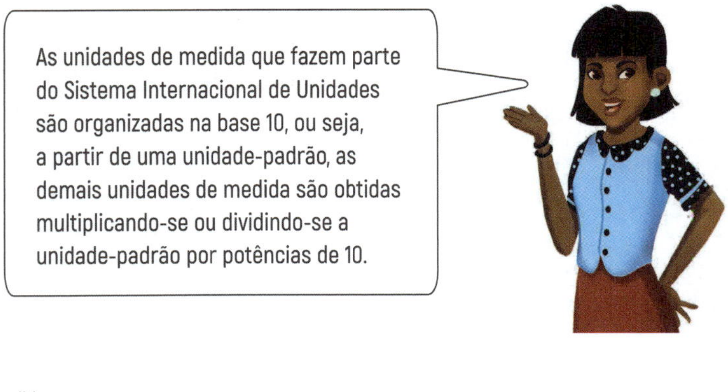

Thiago Neumann/Arquivo da editora

Como a quantidade de informação armazenada utiliza o sistema binário (base 2), os fatores de multiplicação para obtenção das unidades de medida são potências de 2. Veja nesta tabela.

Unidades de medida de armazenamento de informação

Unidade de medida	Símbolo	Potência	Valor correspondente
Byte	B	2^0	1
Quilobyte	kB	2^{10}	1 024
Megabyte	MB	2^{20}	1 048 576
Gigabyte	GB	2^{30}	1 073 741 824
Terabyte	TB	2^{40}	1 099 511 627 176
Petabyte	PB	2^{50}	1 125 899 906 842 624
Exabyte	EB	2^{60}	1 152 921 564 606 845 976
Zettabyte	ZB	2^{70}	1 180 591 620 717 411 303 424
Yottabyte	YB	2^{80}	1 208 925 819 614 630 000 000 000

Fonte de consulta: TECMUNDO. *Programação.* Disponível em: <www.tecmundo.com.br/programacao/227-o-que-e-bit-.htm>. Acesso em 29 ago. 2018.

Perceba que há diferença nas nomenclaturas; por exemplo, na base 10, o prefixo quilo indica que o fator de multiplicação é $10^3 = 1000$. Já na base 2, o prefixo quilo indica que o fator é $2^{10} = 1024$.

Atividades

44 ▸ Ao adquirir um *pendrive* de 64 GB quantos *bits*, aproximadamente, esse acessório consegue armazenar? Responda usando potências de 2.

bakhistudio/Shutterstock

Pendrive.

45 ▸ Na especificação da memória do computador, costuma-se usar como unidade de medida o *byte* e os múltiplos dele (kB, MB, GB, etc.). Dentre estas alternativas, qual corresponde ao valor equivalente a 1 MB (um *megabyte*)?

a) 1000 kB

b) 1024 kB

c) 1000 B

d) 1024 B

e) 1000000 B

46 ▸ Um arquivo com 1 MB corresponde a:

a) 8000 *bits*.

b) 8388608 *bits*.

c) 15392 *bits*.

d) 8 000 000 *bits*.

e) 15 588 608 *bits*.

47 ▸ Um estudante universitário tem, na memória do computador, 950 apostilas com 950 kB cada uma. Quantas dessas apostilas ele conseguirá transferir por um *software* que tem medida de transferência de dados de 700 MB?

48 ▸ Felipe comprou um computador que tem as seguintes medidas:

- placa de vídeo de 1 GB.
- memória de 2 GB.
- HD de 500 GB.

Escreva o valor aproximado dessas medidas, usando o *byte* como unidade de medida. Dica: Escreva-as usando notação científica.

Hertz

Em informática, ***clock* interno** é o número de instruções que podem ser executadas a cada segundo. A unidade de medida é o **hertz (Hz)**, que indica a medida de frequência na qual o processador trabalha. Então, 1 Hz indica 1 operação por segundo.

Vejamos nesta tabela as unidades de medida de frequência e a respectiva velocidade do *clock* interno para indicar quão rápido é o processador.

Unidades de medida de frequência

Unidade de medida	Símbolo	Potência
Hertz	Hz	10^0
Decahertz	daHz	10^1
Hectohertz	hHz	10^2
Quilohertz	kHz	10^3
Megahertz	MHz	10^6
Gigahertz	GHz	10^9
Terahertz	THz	10^{12}
Petahertz	PHz	10^{15}
Exahertz	EHz	10^{18}
Zettahertz	ZHz	10^{21}
Yottahertz	YHz	10^{24}

Fonte de consulta: INMETRO. *Inovação*. Disponível em: <www.inmetro.gov.br/inovacao/publicacoes/si_versao_final.pdf>. Acesso em: 29 ago. 2018.

Por exemplo, se um processador trabalha a 800 MHz, então a capacidade dele é de 800 000 000 operações de ciclo por segundo. Se trabalha a 30 GHz, isso significa que ele envia 30 000 000 000 de ciclos (dados) em 1 segundo.

Rotação por minuto (RPM)

A medida de velocidade de rotação indica a medida de intervalo de tempo que o disco rígido leva para procurar e acessar os dados embaralhados nele. Quanto maior a medida de velocidade, mais rápido é o acesso. Até pouco tempo atrás, o padrão era de 5 400 RPM (rotações por minuto) para computadores de mesa (*desktop*) e 4 200 RPM para *notebooks*. Atualmente, é até difícil encontrar esses discos à venda, pois o padrão tornou-se de 7 200 RPM, que chega a ser até 40% mais rápido. Os *notebooks* atuais costumam vir com discos de 5 400 RPM a 7 200 RPM. Além desses, existem ainda algumas exceções que podem chegar até 15 000 RPM.

Fonte de consulta: TECMUNDO. *Hardware*. Disponível em: <www.tecmundo.com.br/hardware/102277-hd-comum-hd-alta-velocidade-descubra-diferencas.htm>. Acesso em: 29 ago. 2018.

O disco rígido (também conhecido como HD, iniciais da expressão inglesa *hard disk*) é a parte do computador que armazena a memória secundária dele.

Atividades

49 ▸ Na frequência na qual um processador trabalha, os múltiplos da unidade de medida hertz se relacionam com ela na base decimal ou na base 2?

50 ▸ Supondo que, em um disco rígido de um computador, as grandezas velocidade de rotação e intervalo de tempo fossem proporcionais, elas seriam direta ou indiretamente proporcionais? Justifique sua resposta.

Essas grandezas não são de fato proporcionais, pois há outros fatores que influenciam em uma maior ou menor medida de intervalo de tempo para uma mesma medida de velocidade de rotação em diferentes discos rígidos.

Unidades de medida para medir comprimentos muito grandes

O que é medir?

Recordamos que medir uma grandeza é compará-la com uma outra de mesma natureza estabelecida como unidade de medida. Ou seja, medir é determinar quantas vezes a unidade de medida cabe na grandeza que pretendemos medir.

Ao percorrer uma rodovia, estabelecemos que a unidade de medida de comprimento (ou de distância) é o quilômetro (km). Para medir a distância entre 2 cidades, precisamos saber quantos quilômetros essa rodovia tem, ligando essas 2 cidades. Por exemplo, a medida de distância rodoviária (de carro ou ônibus) entre a cidade de Campinas e a capital São Paulo é de 93,9 km, ou seja, cabem 93 trechos de 1 km e mais 900 m $\left(0{,}9 \text{ de } 1 \text{ km ou } \frac{9}{10} \text{ de } 1 \text{ km}\right)$ entre essas 2 cidades.

Mapa rodoviário de São Paulo

Banco de imagens/Arquivo da editora

Fonte de consulta: IBGE. *Atlas geográfico escolar*. 7. ed. Rio de Janeiro, 2016.

As unidades de medida de distância, como o metro, a milha (1609 m) e o quilômetro (1000 m), são muito utilizadas cotidianamente, mas elas se tornam inviáveis quando queremos medir distâncias muito grandes, como aquelas que aparecem nos estudos de Astronomia. Daí a necessidade de conhecer outras unidades de medida de distância.

Unidade astronômica (UA)

A órbita da Terra em torno do Sol tem a forma aproximadamente elíptica; isso explica por que a medida de distância entre a Terra e o Sol varia de acordo com a posição do planeta Terra nessa trajetória, ao longo do ano. Vamos considerar a medida de distância média entre a Terra e o Sol, que é de 149 587 870 700 metros ou, aproximadamente, 150 000 000 quilômetros ($1,5 \times 10^8$ km). Então 150 milhões de quilômetros é o que chamamos de **1 unidade astronômica (1 UA)**. Esse tipo de unidade é usada para medir distâncias entre planetas no Sistema Solar ou entre planetas extrassolares (exoplanetas) e as respectivas estrelas.

Vejamos as medidas de distância, em quilômetros e em unidades astronômicas, entre os planetas do Sistema Solar e o Sol.

Medida de distância entre os planetas do Sistema Solar e o Sol

Planeta	Medida de distância aproximada, em quilômetros (km)	Medida de distância aproximada, em unidades astronômicas (UA)
Mercúrio	57 910 000	0,4
Vênus	108 200 000	0,7
Terra	149 600 000	1,0
Marte	227 940 000	1,5
Júpiter	778 330 000	5,2
Saturno	1 429 400 000	9,5
Urano	2 870 990 000	19,1
Netuno	4 504 300 000	30,0

Fonte de consulta: PLANETÁRIO UFSC. *O sistema solar*. Disponível em: <http://planetario.ufsc.br/o-sistema-solar/>. Acesso em: 29 ago. 2018.

Luis Moura/Arquivo da editora

Representação sem escala e em cores fantasia do Sol e dos planetas do Sistema Solar.

Ano-luz

O **ano-luz** é uma unidade de medida de distância que corresponde à distância percorrida pela luz, no vácuo, no intervalo de tempo de 1 ano (365,25 dias). Essa medida corresponde a aproximadamente $9,6 \times 10^{12}$ km.

Saiba mais

A estrela Alpha Centauri C, que é a estrela mais próxima da Terra, excluindo o Sol, está localizada a 4,2 anos-luz da Terra. Isso significa que, quando um astrônomo posiciona o telescópio para visualizar essa estrela, ele vê como ela era há pouco mais de 4 anos.

Parsec

Em Astronomia, **paralaxe (p')** é a diferença, em um arco de circunferência, na posição aparente vista por observadores em locais distintos. O **parsec (pc)** é uma unidade de medida astronômica que corresponde à distância de um objeto cuja paralaxe anual equivale a um arco de 1 segundo (1").

A **paralaxe anual** é definida pela diferença entre a posição de uma estrela vista a partir do Sol e a partir da Terra. Calcula-se, então, o parsec que corresponde à distância para a qual a paralaxe anual equivale a um arco de 1 segundo, o que corresponde a 3,6 anos-luz. É importante destacar que não é possível ver uma estrela a partir do Sol; em função disso, a observação é feita a partir de 2 pontos opostos da órbita do planeta Terra e o resultado obtido é dividido por 2.

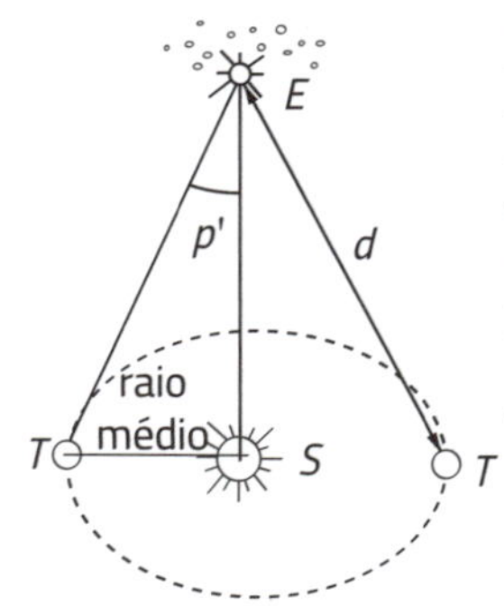

p': paralaxe
Para $p' = 1"$, temos 1 pc.
1 parsec equivale à medida de distância de 206 265 UA
(1 pc = 206 265 UA).

Explorar e descobrir

Descubra a medida de distância entre a Terra e a Lua usando a paralaxe

Feche o olho direito, observe um ponto na lousa e cubra esse ponto com o dedo indicador. Sem mover o dedo, feche o olho esquerdo e abra o olho direito. Perceba que o dedo parece ter mudado de posição, já que o ponto está visível agora.

Essa alteração aparente é a **paralaxe**. Analisando os ângulos envolvidos nessa observação, é possível calcular a medida de distância entre objetos. Quando os objetos estão distantes, temos de observá-los de um ponto e depois de outro, a certa distância.

A medida de distância média entre a Terra e a Lua, obtida com radares e feixes de *laser*, é de aproximadamente 384 000 km. Utilizando o efeito da paralaxe, cientistas chegaram a 386 000 km.

Fonte de consulta: UFRGS. *Qual é a distância entre a Terra e a Lua?*. Disponível em: <www.if.ufrgs.br/novocref/?contact-pergunta=qual-e-a-distancia-entre-a-terra-e-a-lua>. Acesso em: 29 ago. 2018.

Atividades

51 Usando o conceito de "o que é medir", tente explicar o que significa para você uma medida de distância de 10,5 milhas. Estabeleça a milha como unidade de medida.

52 Um satélite artificial atingiu a medida de distância de $7,5 \times 10^8$ km da Terra. Qual é essa medida de distância em unidades astronômicas?

53 Duas estrelas distam, entre si, a medida de 3 parsecs. Qual é medida de distância entre elas em anos-luz?

54 Dois satélites artificiais e em órbita em torno do Sol distam, um do outro, a medida de 3 UA. Qual é a medida de distância entre eles em quilômetros?

55 Podemos dizer que a medida de distância entre a Terra e a Lua é um pouco menos de 390 000 km. Qual é essa medida de distância em unidades astronômicas?

Fonte de consulta: UFRGS. *Qual é a distância entre a Terra e a Lua?*. Disponível em: <www.if.ufrgs.br/novocref/?contact-pergunta=qual-e-a-distancia-entre-a-terra-e-a-lua>. Acesso em: 29 ago. 2018.

56 A estrela Sirius se encontra a 8,7 anos-luz da Terra. Se uma nave espacial sai da Terra a uma medida de velocidade de 100 000 quilômetros por ano, então quantos anos essa viagem da Terra até Sirius vai demorar?
Suponha 1 ano-luz = 9×10^{12} km.

Fonte de consulta: UOL. *Ciência*. Disponível em: <https://noticias.uol.com.br/ciencia/ultimas-noticias/redacao/2015/10/06/clique-ciencia-qual-a-estrela-mais-distante-que-conseguimos-ver-a-olho-nu.htm>. Acesso em: 29 ago. 2018.

Unidades de medida para medir comprimentos muito pequenos

Algumas medidas desafiam nossa imaginação.

Olhando para uma régua escolar, veja na escala o que representa 1 milímetro. Você consegue imaginar esse milímetro dividido em 1 000 partes iguais? Pois 1 dessas partes é o **micrômetro**, que é igual a 0,001 mm ou 0,000001 m. O micrômetro é representado pelo símbolo μ**m**.

$$1\ \mu m = 10^{-3}\ mm = 10^{-6}\ m$$

As imagens desta página não estão representadas em proporção.

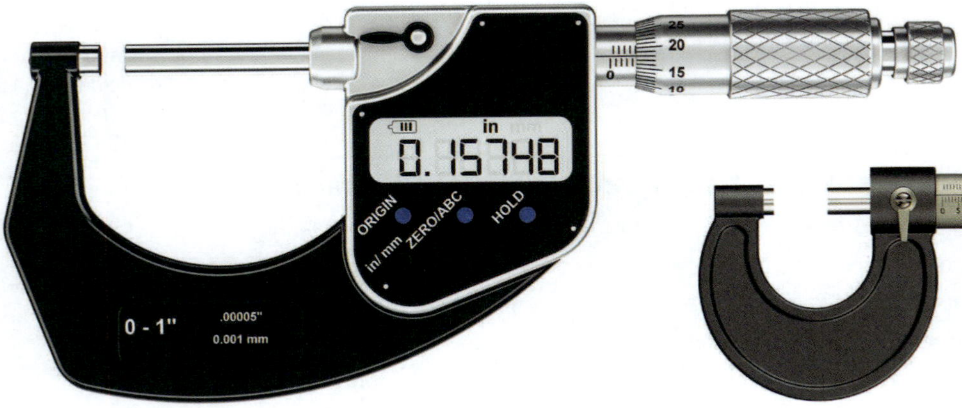

AlexLMX/Shutterstock

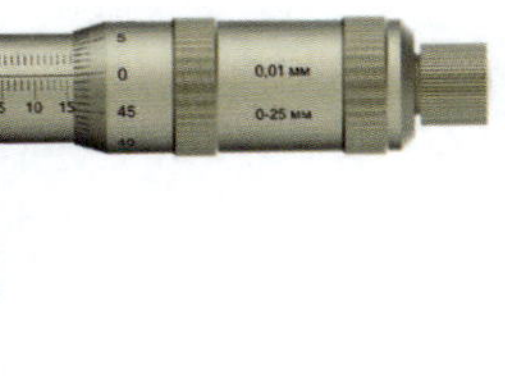
Thomas Soellner/Shutterstock

O micrômetro digital e o micrômetro manual são instrumentos de medida de comprimento com precisão até a unidade de medida de mesmo nome, o micrômetro.

Até 1968, essa unidade de medida era chamada de mícron e representada pela letra grega μ (mi). Foi então oficialmente modificada pelo Bureau Internacional de Pesos e Medidas e substituída por micrômetro, com símbolo μm.

Agora, imagine dividir 1 milímetro em 1 milhão de partes iguais. Temos que 1 dessas partes é o **nanômetro**, que é representado por **nm**.

$$1\ nm = 10^{-6}\ mm = 10^{-9}\ m$$

E para que servem unidades de medida de comprimento tão pequenas? Elas servem, por exemplo, para determinar as medidas de comprimento de onda na luz, que correspondem a 400 nm a 700 nm. Medem, ainda, radiação ultravioleta, radiação infravermelha, radiação gama, etc.

Atividades

57 Qual é a medida de comprimento, em micrômetros, de uma régua escolar de 30 centímetros?

58 Uma unidade de medida de comprimento usada em países de língua inglesa é o **pé**. Temos que 1 pé = 30,48 cm. Calcule quantos micrômetros 1 pé tem.

59 Quantos nanômetros 1 jarda tem, sabendo que 1 jarda = 3 pés?

60 Em quantas partes iguais precisamos dividir um segmento de reta de medida de comprimento de 1 mm para que cada parte tenha medida de comprimento de 1 nanômetro?

61 Considere esta aproximação: 1 ano-luz corresponde a $9{,}6 \times 10^{12}$ km. Quantos micrômetros 1 ano-luz tem?

CONEXÕES

Poluição sonora

Nível sonoro

O som de uma música, de um ruído, de uma voz e do latido de um cachorro são alguns exemplos de ondas sonoras que são captadas pelo aparelho auditivo humano. Ao ser atingido por essa onda sonora, o ouvido tem a capacidade de converter a variação de pressão provocada por essa onda no ar em um estímulo nervoso. Esse estímulo, quando chega ao cérebro, passa uma sensação auditiva que chamamos de **som**.

Alf Ribeiro/Shutterstock

Trânsito congestionado na avenida Paulista, em São Paulo (SP), uma das avenidas mais importantes da cidade. Foto de 2018.

A classificação de um som como fraco (canto de um canário) ou forte (buzina de um carro) está relacionada à **intensidade sonora**, que é medida em watt por metro quadrado (W/m^2). A menor medida de intensidade sonora que nossos ouvidos conseguem captar (limiar de audibilidade – representada por I_0) é $I_0 = 10^{-12}$ W/m^2.

A medida de **nível sonoro (NS)** de um ambiente é calculada quando relacionamos determinada medida de intensidade sonora I que esteja ocorrendo nesse ambiente com o limiar de audibilidade I_0. Existe uma fórmula matemática para relacionar I com I_0 para obter NS. Essa fórmula emprega um conteúdo chamado logaritmos, que será objeto de estudo apenas no Ensino Médio. O nível sonoro é medido em decibéis (dB).

Poluição sonora

Poluição sonora é o excesso de ruídos, provenientes de diversas atividades, capazes de afetar a saúde física e até a saúde mental dos seres humanos. A OMS recomenda que não devemos submeter nossa audição a mais de 50 dB. Isso, é claro, varia de pessoa para pessoa. O certo é que ao ouvirmos os sons acima de 80 dB estamos comprometendo nossa saúde.

Veja a medida de nível sonoro aceitável em determinados ambientes, de acordo com a Associação Brasileira de Normas Técnicas (ABNT).

Nível sonoro aceitável de acordo com o ambiente

Ambiente	Medida de nível sonoro (em dB)
Áreas hospitalares e dormitórios	45
Ambientes educacionais (salas de aula)	50
Escritórios	65
Casas de espetáculo ou ginásios esportivos	80

Fontes de consulta: as mesmas do texto.

Um som com medida de nível sonoro acima de 130 dB pode causar danos irreparáveis à audição. Veja na tabela a medida de nível sonoro de alguns ruídos que fazem parte do cotidiano.

Nível sonoro de ruídos cotidianos

Fonte sonora	Medida de nível sonoro (em dB)
Trânsito congestionado	70 a 90
Liquidificador	85
Feira livre	90
Secador de cabelos	95
Latidos	95
Banda de *rock*	100
Britadeira	120
Fogos de artifício	125
Avião decolando	140

Fontes de consulta: as mesmas do texto.

Quanto maior a medida de nível sonoro, menos tempo devemos ouvir o som em questão. Veja nesta tabela a tolerância do nosso organismo para ruídos contínuos ou intermitentes.

Exposição diária a sons de acordo com o nível sonoro

Medida de nível sonoro (em dB)	Máxima exposição diária
85	8 horas
90	4 horas
95	2 horas
100	1 hora

Fontes de consulta: as mesmas do texto.

Fontes de consulta: MUNDO EDUCAÇÃO. *Matemática*. Disponível em: <https://mundoeducacao.bol.uol.com.br/matematica/medindo-intensidade-dos-sons.htm>; INFOESCOLA. *Meio ambiente*. Disponível em: <www.infoescola.com/meio-ambiente/poluicao-sonora/>. Acesso em: 29 ago. 2018.

Questões

1 ▸ Preencha esta tabela.

Exposição diária a sons de acordo com o nível sonoro

Fonte sonora	Máxima exposição diária
Feira livre	
Liquidificador	
Latidos	
Banda de *rock*	
Secador de cabelo	
Trânsito congestionado	

2 ▸ Existe outra unidade de medida para o nível sonoro, o bel (B), em que 1 B = 10 dB. Qual é a medida de nível sonoro do barulho de um liquidificador em bels?

3 ▸ Quantos W/m^2 representam a medida de intensidade sonora que é mil vezes maior do que o limiar de audibilidade?

4 ▸ **Pesquisa em grupo.** A poluição sonora é considerada crime no Brasil? Em caso afirmativo, veja se a lei que rege tal delito é de âmbito municipal, estadual ou federal. Faça uma pesquisa em grupo sobre este tema e apresente os resultados para os colegas.

Revisando seus conhecimentos

1 Considere esta região triangular *ABC*.

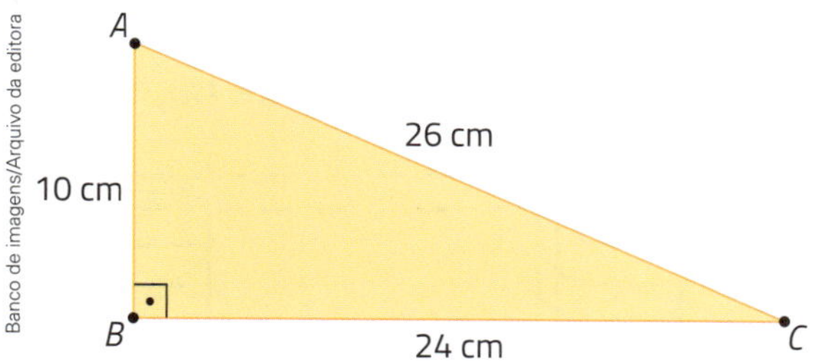

A região triangular *EFG* tem medida de área de 270 cm^2 e é semelhante a essa região triangular *ABC*. A medida de perímetro da região triangular *EFG* é de:

a) 90 cm.
b) 135 cm.
c) 40 cm.
d) 120 cm.

2 Nesta figura, $a \parallel b \parallel c$. Calcule as medidas de comprimento *m* e *n*, sendo $m + n = 12$.

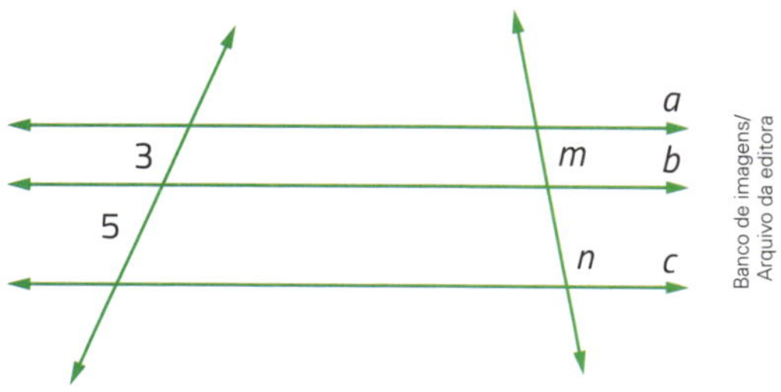

3 Um terreno retangular tem medida de área de 216 m^2 e a razão entre as medidas de comprimento da largura e da profundidade é $\frac{2}{3}$. A medida de perímetro desse terreno é de:

a) 56 m.
b) 60 m.
c) 64 m.
d) 68 m.

4 **(Unifor-CE)** O numeral $512^{0,555...}$ é equivalente a:

a) 32.
b) $16\sqrt{2}$.
c) 2.
d) $\sqrt{2}$.
e) $\sqrt[5]{2}$.

5 A equação $4x^2 + bx + c = 0$, com incógnita *x*, tem como raízes os números -5 e 2. Então, o valor de $b + c$ é igual a:

a) 28.
b) -28.
c) 14.
d) -14.

6 Um apicultor conseguiu analisar a produção de mel em uma colmeia do apiário dele. Ele registrou que essa produção cresceu linearmente durante 7 dias. Para uma análise mais apurada, construiu um gráfico no qual o eixo das abscissas registra o final de cada dia e o eixo das ordenadas registra a produção de mel acumulada, em mililitros, também até o final de cada dia.

Considere a segunda-feira como o dia 1 e o domingo como o dia 7.

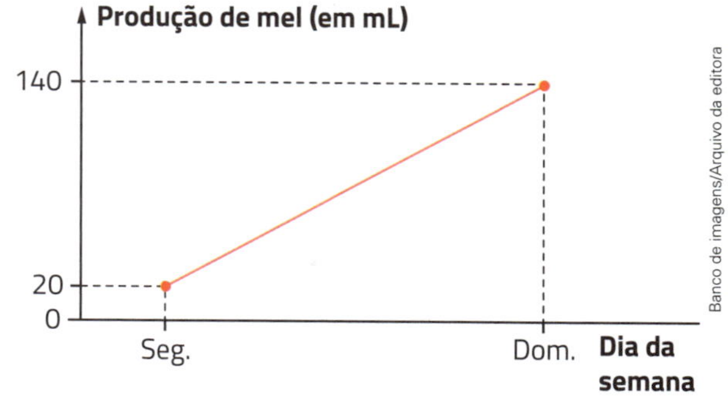

Qual foi a produção de mel acumulada ao final da quinta-feira?

Um pouco de História

As pirâmides do Egito

Das pirâmides do Egito, as 3 mais famosas são as que serviram de túmulos aos faraós Quéops, Quéfren e Miquerinos. A pirâmide de Quéops foi concluída no reinado de Rededef, cerca de 2580 a.C. A medida de comprimento da altura original dessa pirâmide era de 146,6 m, com base quadrada de lados de medidas de comprimento de 230 m, cobrindo pouco mais de 5 ha de medida de área. Estima-se ter sido necessária uma força-trabalho permanente de 4 000 pessoas por 30 anos para manobrar 2,3 milhões de blocos de pedra calcária de até 15 t, totalizando cerca de 5 480 000 t de pedras.

Pirâmides de Gizé, no Egito. Foto de 2017.

Fonte de consulta: INFOESCOLA. *Civilização egípcia*. Disponível em: <www.infoescola.com/civilizacao-egipcia/piramide-de-queops/>. Acesso em: 29 ago. 2018.

7 **Conexões.** Considere as informações dadas no *Um pouco de História*.

a) Calcule a medida de área da base da pirâmide de Quéops e a medida de volume total, considerando a medida de comprimento da altura original. Use calculadora.

b) Crie um problema com os dados do texto. Peça a um colega que o resolva e você resolve o problema que ele criou.

Praticando um pouco mais

Testes oficiais

1 ▸ Conexões. (Saresp) Os materiais empregados na construção dos *lasers* que fazem a leitura dos CDs que você ouve é um exemplo do emprego da nanotecnologia. Seu avanço se dá na medida da capacidade da tecnologia moderna em ver e manipular átomos e moléculas, que possuem medidas microscópicas. Essas medidas podem ser expressas em nanômetro, que é uma unidade de medida de comprimento, assim como o centímetro ou o milímetro, e equivale a 1 bilionésimo do metro, isto é, 0,000000001 m. A notação científica usada para representar o nanômetro é:

a) 10^{-10} m.
b) 10^{-9} m.
c) 10^{-8} m.
d) 10^{-7} m.

2 ▸ (Saresp) Para calcular o volume V de um prisma é usada a expressão $V = A_b \times h$, em que A_b e h são, respectivamente, a área da base e a medida da altura do prisma.

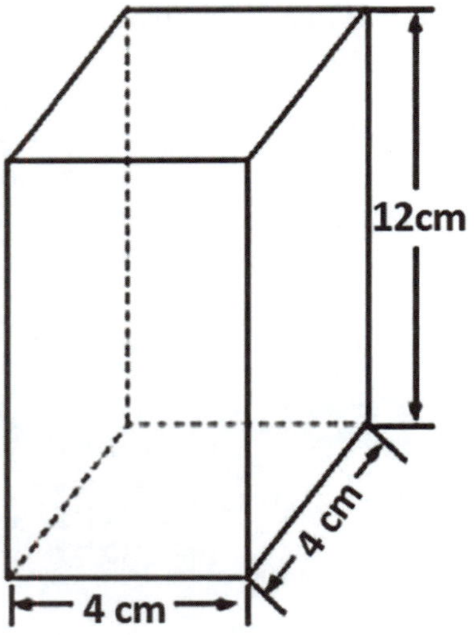

Reprodução/Saresp, 2007

Assim sendo, o volume do prisma de base quadrada representado na figura é, em centímetros cúbicos:

a) 186.
b) 192.
c) 372.
d) 384.

3 ▸ (Saresp) Luís quer construir uma mureta com blocos de 20 cm × 10 cm × 8 cm. Observe a figura com as indicações da forma e da extensão da mureta e calcule o número de blocos necessários para a realização do serviço com os blocos na posição indicada (observação: leve em consideração nos seus cálculos também os blocos que já estão indicados na figura).

Forma e extensão da mureta

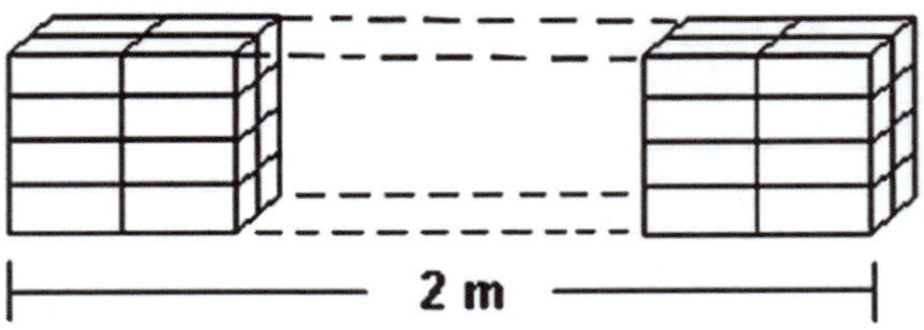

Ilustrações: Reprodução/Saresp, 2007

As imagens desta página não estão representadas em proporção.

Dimensões do tijolo

a) 80 blocos.
b) 140 blocos.
c) 160 blocos.
d) 180 blocos.

Questões de vestibulares e Enem

4 ▸ (EEAR) Seja ABC um triângulo tal que $A(1, 1)$, $B(3, -1)$ e $C(5, 3)$. O ponto ________ é o baricentro desse triângulo.

a) $(2, 1)$
b) $(3, 3)$
c) $(1, 3)$
d) $(3, 1)$

5 ▸ (Enem) Foi utilizado o plano cartesiano para a representação de um pavimento de lojas. A loja **A** está localizada no ponto $A(1, 2)$. No ponto médio entre a loja **A** e a loja **B** está o sanitário **S** localizado no ponto $S(5, 10)$.

Determine as coordenadas do ponto de localização da loja **B**.

a) $(-3, -6)$
b) $(-6, -3)$
c) $(3, 6)$
d) $(9, 18)$
e) $(18, 9)$

6 ▸ (Enem) Alguns objetos, durante a sua fabricação, necessitam passar por um processo de resfriamento. Para que isso ocorra, uma fábrica utiliza um tanque de resfriamento, como mostrado na figura.

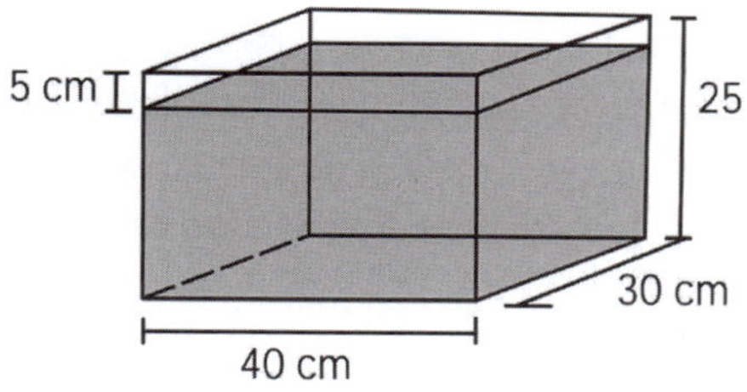

Reprodução/Enem, 2012

O que aconteceria com o nível da água se colocássemos no tanque um objeto cujo volume fosse de 2 400 cm³?

a) O nível subiria 0,2 cm, fazendo ao água ficar com 20,2 cm de altura.
b) O nível subiria 1 cm, fazendo a água ficar com 21 cm de altura.
c) O nível subiria 2 cm, fazendo a água ficar com 22 cm de altura.
d) O nível subiria 8 cm, fazendo a água transbordar.
e) O nível subiria 20 cm, fazendo a água transbordar.

7 ▸ Conexões. (Enem) Para resolver o problema de abastecimento de água foi decidida, numa reunião do condomínio, a construção de uma nova cisterna. A cisterna atual tem formato cilíndrico, com 3 m de altura e 2 m de diâmetro, e estimou-se que a nova cisterna deverá comportar 81 m³ de água, mantendo o formato cilíndrico e a altura da atual. Após a inauguração da nova cisterna a antiga será desativada.
Utilize 3,0 como aproximação para π.
Qual deve ser o aumento, em metros, no raio da cisterna para atingir o volume desejado?

a) 0,5
b) 1,0
c) 2,0
d) 3,5
e) 8,0

8 ▸ (Enem) Uma pessoa comprou um aquário em forma de um paralelepípedo retângulo reto, com 40 cm de comprimento, 15 cm de largura e 20 cm de altura. Chegando em casa, colocou no aquário uma quantidade de água igual à metade de sua capacidade. A seguir, para enfeitá-lo, irá colocar pedrinhas coloridas, de volume igual a 50 cm³ cada, que ficarão totalmente submersas no aquário.

Após a colocação das pedrinhas, o nível da água deverá ficar a 6 cm do topo do aquário.

O número de pedrinhas a serem colocadas deve ser igual a:

a) 48.
b) 72.
c) 84.
d) 120.
e) 168.

9 ▸ Conexões. (UFRGS-RS) A nave espacial *Voyager*, criada para estudar planetas do Sistema Solar, lançada da Terra em 1977 e ainda em movimento, possui computadores com capacidade de memória de 68 kB (*quilobytes*). Atualmente, existem pequenos aparelhos eletrônicos que possuem 8 GB (*gigabytes*) de memória.

Observe os dados do quadro a seguir.

10^n	Prefixo	Símbolo
10^{24}	iota	Y
10^{21}	zeta	Z
10^{18}	exa	E
10^{15}	peta	P
10^{12}	tera	T
10^{9}	giga	G
10^{6}	mega	M
10^{3}	quilo	k
10^{2}	hecto	h
10^{1}	deca	da

Considerando as informações do enunciado e os dados do quadro, a melhor estimativa, entre as alternativas abaixo, para a razão da memória de um desses aparelhos eletrônicos e da memória dos computadores da *Voyager* é:

a) 100.
b) 1 000.
c) 10 000.
d) 100 000.
e) 1 000 000.

10 ▸ (UFRJ) Nei deseja salvar, em seu *pendrive* de 32 GB, os filmes que estão gravados em seu computador. Ele notou que os arquivos de seus filmes têm tamanhos que variam de 500 MB a 700 MB. *Gigabyte* (símbolo GB) é a unidade de medida de informação que equivale a 1 024 *megabytes* (MB).

Determine o número máximo de filmes que Nei potencialmente pode salvar em seu *pendrive*.

VERIFIQUE O QUE ESTUDOU

1 Calcule a medida de perímetro e a medida de área de uma região triangular ABC, na qual $A(0, 3)$, $B(0, -1)$ e $C(3, -1)$, sendo u e u² as unidades de medida, respectivamente.

2 Em um paralelogramo $RSPQ$, representado em plano cartesiano com malha quadriculada de 1 cm, temos $R(0, 0)$, $S(1, 3)$ e $P(7, 3)$.

Determine a medida de comprimento da diagonal $\overline{SQ}$.

3 Um paralelepípedo com medidas das dimensões de 5 cm, 10 cm e 20 cm tem medida de volume igual à de um cubo. Qual é a medida de comprimento de cada aresta do cubo?

4 Em um cilindro que tem diâmetro com medida de comprimento de 8 cm e altura com medida de comprimento de 6 cm, a medida de área total de superfície dele e a medida de volume são, respectivamente, de:

a) 80π cm² e 96π cm³.
b) 80π cm² e 84π cm³.
c) 60π cm² e 96π cm³.
d) 60π cm² e 84π cm³.

5 Uma pirâmide de base quadrada tem medida de comprimento da altura de 6 cm e medida de perímetro da base de 12 cm. Qual é a medida de volume dessa pirâmide?

6 Um recipiente cúbico de arestas de medida de comprimento de 10 cm está com água até certa medida de comprimento da altura. No interior, é colocada uma pedra que faz a medida de comprimento da altura da água subir 4 cm sem que a água transborde. Qual é a medida de volume da pedra colocada no interior?

7 Considere um cone e uma pirâmide que têm a mesma medida de volume. Como são as medidas de comprimento da altura desses sólidos geométricos, sabendo que a medida de área da base do cone é o dobro da medida de área da base da pirâmide?

8 A razão entre 1 micrômetro e 1 nanômetro, nesta ordem, é igual a qual potência de 10?

9 Conexões. **(Enem)**

Seu olhar

Na eternidade

Eu quisera ter

Tantos anos-luz

Quantos fosse processar

Pra cruzar o túnel

Do tempo do seu olhar

Gilberto Gil, 1984.

Gilberto Gil usa na letra da música a palavra composta anos-luz. O sentido prático, em geral, não é obrigatoriamente o mesmo que na ciência. Na Física, 1 ano-luz é uma medida que relaciona a velocidade da luz e o intervalo de tempo de 1 ano e que, portanto, se refere a:

a) tempo.
b) aceleração.
c) distância.
d) velocidade.
e) luminosidade.

Atenção

Retome os assuntos que você estudou neste capítulo. Verifique em quais teve dificuldade e converse com o professor, buscando maneiras de reforçar seu aprendizado.

Autoavaliação

Algumas atitudes e reflexões são fundamentais para melhorar o aprendizado e a convivência na escola. Reflita sobre elas.

- Participei das atividades propostas, contribuindo com o professor e com os colegas nas atividades experimentais e em grupo?
- Sanei todas as minhas dúvidas?
- Esforcei-me para realizar as leituras do livro com atenção e para resolver as atividades e os problemas propostos?
- Tenho retomado em casa a matéria que vi em sala de aula?
- Ampliei meus conhecimentos de Matemática?

PARA LER, PENSAR E DIVERTIR-SE

Ler

Além da unidade de medida hertz utilizada para medir a "velocidade" de um processador (como um computador), atualmente, fabricantes de computadores e *videogames* utilizam a unidade de medida **teraflops**. Conheça um pouco sobre ela.

Computadores de qualquer tipo são, na verdade, grandes máquinas de calcular e basicamente todas as nossas interações com o computador, de enviar um e-mail a rodar um jogo em 4K, se resumem a grandes quantidades de números e cálculos sendo realizadas a todo instante.

[...] Em geral, quanto mais teraflops o computador, processador ou placa de vídeo atingir, mais rápido ele será e maior capacidade de processamento ele oferecerá.

E é aí que entram os tais flops. A sigla refere-se a "operações de ponto flutuante por segundo" e é a medida de performance bruta mais convencional.

Parece abstrato e confuso, mas na verdade trata-se de um conceito simples. Quando se fala em "ponto flutuante", ou no termo original em inglês, *floating point*, estamos nos referindo a números com vírgula, ou como você deve ter aprendido na escola, os chamados números reais. O tal "ponto flutuante", na verdade, é a vírgula que pode flutuar, dependendo do cálculo realizado e da quantidade de casas depois da vírgula utilizada.

Fazer uma multiplicação ou divisão com números inteiros, que não têm vírgulas, é um processo trivial e simples. Entretanto, realizar as mesmas operações com números reais, que possuem vírgulas, exige mais raciocínio e atenção.

E o mesmo conceito vale para computadores. A realização de cálculos pesados, usando números reais, exige maior capacidade de processamento e é uma capacidade essencial para a indústria do *software*. [...]

O "tera" em teraflop é um prefixo, assim como em *terabyte*. Refere-se a trilhão e pode ser substituído por outras escalas, como kilo, mega, giga, peta, etc.

TECHTUDO. *Jogos*. Disponível em: <www.techtudo.com.br/noticias/2017/06/teraflops-entenda-o-que-significa-o-termo-usado-em-pcs-e-videogames.ghtml>. Acesso em: 29 abr. 2019.

Pensar

Colocados como nesta imagem, 12 palitos de fósforo usados delimitam uma região quadrada com medida de área de 9 unidades.

Unidade de medida de área.

Região quadrada.

Ilustrações: Banco de imagens/Arquivo da editora

Use todos os 12 palitos e delimite regiões planas que tenham medidas de área de 8, 7, 6 e 5 unidades.

Divertir-se

Você sabia que o número 1 089 é considerado mágico? Acompanhe as instruções, veja o exemplo e descubra a característica impressionante desse número!

Instruções	Exemplo
Escolha um número de 3 algarismos diferentes.	245
Escreva esse número com os algarismos na ordem contrária.	542
Subtraia o maior número do menor.	$542 - 245 = 297$
Escreva o resultado da subtração com os algarismos na ordem contrária e some os resultados.	$297 + 792 = 1\,089$

Isso acontece com qualquer número de 3 algarismos diferentes. Faça o teste com alguns números e comprove.

CAPÍTULO

9 Estatística, combinatória e probabilidade

Hero Images/Getty Images

Partida de futebol de campo feminino.

Veja a tabela de resultados de um time de futebol em um campeonato.

Resultados no campeonato

Resultado	Contagem	Frequência absoluta	Frequência relativa
Vitória	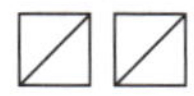	10	50%
Empate		4	20%
Derrota		6	30%

Tabela elaborada para fins didáticos.

Agora, observe alguns desses dados organizados nestes gráficos.

Frequência absoluta dos resultados no campeonato

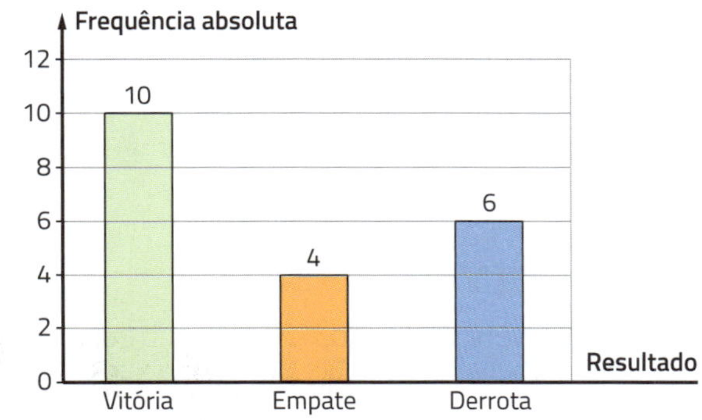

Frequência absoluta dos resultados no campeonato

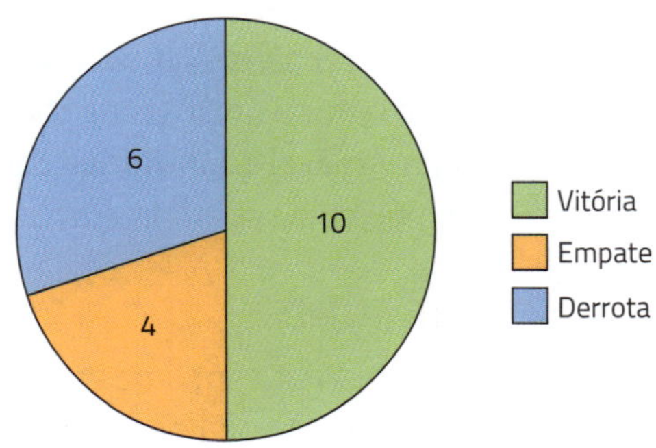

Ilustrações: Ericson Guilherme Luciano/Arquivo da editora

Gráficos elaborados para fins didáticos.

Quando registramos os resultados obtidos por um time de futebol em um campeonato, usando tabelas e gráficos como estes, estamos trabalhando com Estatística.

Neste capítulo vamos retomar e ampliar os estudos de Estatística, assim como de outros assuntos relacionados a ela, como Combinatória e Probabilidade.

Converse com os colegas sobre estas questões e faça os registros.

1. Se em cada vitória o time ganha 3 pontos, em cada empate ganha 1 ponto e em cada derrota não ganha pontos, então quantos pontos esse time ganhou nesse campeonato?
2. Como se chegou à porcentagem de 20% para a frequência relativa dos empates?
3. Qual nome é dado a cada um dos gráficos apresentados?
4. Qual foi o número de vitórias de um time que disputou 20 partidas e venceu 60% delas?

1 Estatística

Pesquisa estatística e termos relacionados a ela

Nos anos anteriores, você estudou alguns termos relacionados a uma pesquisa estatística. Vamos retomá-los e aprofundar os estudos sobre eles.

Variável e valor da variável

Considere que a questão formulada em uma pesquisa seja esta: "Qual é sua disciplina escolar favorita?".

Nesse caso, "disciplina escolar" é a **variável** da pesquisa, e Língua Portuguesa, Matemática, Ciências, História e Geografia são alguns valores dessa variável.

Agora, veja nestes exemplos os tipos de variável que podemos ter.

- "Grau de instrução" é uma **variável qualitativa ordinal**, pois expõe uma qualidade e os valores da variável seguem uma ordem (Ensino Fundamental, Ensino Médio, Ensino Superior, e assim por diante).
- "Disciplina escolar" é uma **variável qualitativa nominal**, pois expõe uma qualidade e os valores da variável não seguem uma ordem.
- "Idade (em anos completos)" é uma **variável quantitativa discreta**, pois expõe uma quantidade por meio de um número natural (indica uma contagem).
- "Altura" é uma **variável quantitativa contínua**, pois expõe uma quantidade por meio de um número real (indica uma medida de comprimento).

Frequência absoluta e frequência relativa de uma variável

Considere a pergunta feita em uma escola: "Qual é seu sabor de sorvete preferido?". Foram entrevistados 20 alunos, ou seja, a **amostra** da pesquisa era composta de 20 indivíduos. Na pesquisa, a variável "sabor" apresentou 4 valores: chocolate, morango, limão e baunilha.

A pesquisa constatou que 5 pessoas preferem chocolate, 4 pessoas preferem morango, 10 pessoas preferem limão e apenas 1 pessoa prefere baunilha. O número de vezes que cada valor da variável foi escolhido é a **frequência absoluta (FA)** desse valor.

A **frequência relativa (FR)** de um valor da variável é obtida quando calculamos a razão entre a frequência absoluta dele e o número de pessoas da amostra. Por exemplo, a frequência relativa do valor chocolate é $\frac{5}{20} = \frac{1}{4} = 0{,}25 = 25\%$.

Usando esses dados, podemos montar uma **tabela de frequências**.

Frequências da escolha de sabor de sorvete preferido

Sabor	Frequência absoluta	Frequência relativa (em %)
Chocolate	5	25%
Morango	4	20%
Limão	10	50%
Baunilha	1	5%
Total	20	100%

Tabela elaborada para fins didáticos.

Tabela de frequências por intervalos

M. Business Images/Shutterstock

Meninas jogando basquete.

Há casos em que a variável apresenta muitos valores e, por isso, é inviável colocar uma linha da tabela para cada valor da variável. Em casos assim, recorremos ao agrupamento dos valores em **intervalos** ou **classes**.

Por exemplo, veja os valores registrados na pesquisa sobre a medida de comprimento da altura dos alunos do 9º ano que participam do time de basquete da escola.

1,73 m	1,70 m	1,62 m	1,62 m	1,74 m
1,70 m	1,74 m	1,66 m	1,68 m	1,76 m
1,80 m	1,63 m	1,75 m	1,65 m	1,81 m

Acompanhe o procedimento para montar a tabela de frequências por intervalos.

1º) Calculamos a diferença entre a maior e a menor medida de comprimento da altura registrada e obtemos a **amplitude total**: 1,81 − 1,62 = 0,19.

2º) Escolhemos o número de intervalos (geralmente superior a 4). Nesse caso, escolhemos 5 intervalos.

3º) Considerando um número conveniente que seja maior do que a amplitude total e seja divisível pelo número de intervalos, determinamos a **amplitude relativa** de cada intervalo (classe). No exemplo, para 5 intervalos e escolhendo o número 0,20, obtemos: 0,20 ÷ 5 = 0,04.

4º) Elaboramos a tabela de frequências.

Medida de comprimento da altura dos alunos

Classe das medidas de comprimento da altura (em m)	FA	FR (em %)
1,62 ⊢— 1,66	4	26,7%
1,66 ⊢— 1,70	2	13,3%
1,70 ⊢— 1,74	3	20%
1,74 ⊢— 1,78	4	26,7%
1,78 ⊢— 1,82	2	13,3%
Total	15	100%

Tabela elaborada para fins didáticos.

O intervalo 1,62 ⊢— 1,66 indica fechado à esquerda e aberto à direita. Por isso, o valor 1,66 não deve ser registrado em 1,62 ⊢— 1,66, e sim em 1,66 ⊢— 1,70.

Observação: A desvantagem de agrupar dados em intervalos é não podermos saber a frequência de um valor específico da variável. Por exemplo, observando apenas a tabela de frequências, não podemos dizer quantos alunos têm medida de comprimento da altura de 1,62 m.

Atividades

1 Considere estas medidas de massa dos alunos do grupo de teatro de uma escola.

47 kg	48,3 kg	44 kg	49 kg	46,6 kg
46,8 kg	45,8 kg	45,5 kg	50,3 kg	50,9 kg
45 kg	43,7 kg	48,1 kg	44 kg	46,3 kg

a) Qual é o tipo da variável "massa"?

b) Elabore uma tabela de frequências dessa variável por intervalo agrupando os valores em 5 classes (intervalos).

c) Qual é a frequência relativa, em porcentagem, do último intervalo que você considerou?

2 Entre um grupo de funcionários de uma empresa foi feita uma pesquisa sobre salários tomando-se como referência o salário mínimo. Os dados obtidos se referem ao número de salários mínimos que cada funcionário recebe. Veja: 5,1; 2,5; 7; 4,3; 3,1; 6; 3,3; 5,5; 4; 6,5; 5; 2,8; 5,7; 4,5; 2; 5; 5,5; 2,9; 5; 1,7; 7; 3; 5,6; 4,2; 3,9. Elabore a tabela de frequências considerando a variável "salário" com os valores em 6 classes (intervalos).

Medidas de tendência central e medidas de dispersão

Nos anos anteriores, você estudou as **medidas de tendência central**, como média aritmética (simples e ponderada), mediana e moda.

Elas têm como objetivo concentrar em um único valor os diversos valores de uma variável. Em outras palavras, essas medidas são utilizadas para encontrar um valor que represente um conjunto de dados.

Recorde as medidas de tendência central, considerando que os conjuntos de dados permitem determiná-las.

- **Média aritmética**

  Para calcular a média aritmética, basta adicionar todos os valores do conjunto e dividir a soma pelo número de valores do conjunto. Se a média aritmética for ponderada, então é necessário multiplicar cada valor do conjunto pelo respectivo peso antes de efetuar a adição e dividir pela soma dos pesos.
- **Mediana**

  Em um conjunto de valores, podemos organizá-los em ordem crescente ou decrescente. Se o número de elementos do conjunto for ímpar, então a mediana é o valor central na ordem. E, se o número for par, então a mediana é a média aritmética dos 2 valores centrais.
- **Moda**

  A moda é o valor do conjunto que tem a maior frequência.

Há casos em que as medidas de tendência central são insuficientes para representar um conjunto de dados. Isso geralmente ocorre quando os elementos desse conjunto estão muito dispersos.

Thiago Neumann/Arquivo da editora

Nesse caso, é conveniente utilizar medidas que expressem o **grau de dispersão** de um conjunto de dados. É o que fazem as **medidas de dispersão:** amplitude, variância e desvio-padrão. Recorde-as.

- **Amplitude**

  A amplitude de um conjunto de valores numéricos mostra a faixa de variação entre os valores desse conjunto. Para determiná-la, calculamos a diferença entre o maior valor da variável e o menor valor.
- **Variância**

  A variância é determinada pela soma de todos os quadrados das diferenças entre cada valor do conjunto e a média dos valores do conjunto. Esse valor é então dividido pelo número de valores do conjunto. Por isso, é uma medida de dispersão mais significativa do que a amplitude.
- **Desvio-padrão**

  O desvio-padrão é obtido extraindo a raiz quadrada da variância.

Atividade

3 Dados estes 3 conjuntos de 10 números em cada um, escolha um dos conjuntos e determine a média aritmética, a mediana, a amplitude, a variância e o desvio-padrão dos números.

Conjunto	Números									
A	1010	815	1002	950	1007	1008	1009	1040	1001	903
B	888	900	1050	1000	1080	1230	920	1113	1117	902
C	995	880	1041	1112	1215	1093	991	940	1053	1058

Gráficos

Os gráficos têm como objetivo tentar expressar visualmente um conjunto de dados (de valores de uma variável) para que a compreensão deles seja facilitada. É possível organizar os dados de diversas maneiras, de acordo com a situação considerada. Assim, vamos retomar os tipos de gráfico que você já estudou e aprofundar um pouco mais o assunto, aprendendo como escolher o melhor gráfico para cada situação e utilizando as medidas de tendência central que você também já viu.

Gráfico de segmentos ou de linha

A bibliotecária de uma escola fez um levantamento sobre o número de livros emprestados em cada mês, de fevereiro a junho de um ano letivo.

Existe uma correspondência nessa situação: para cada mês, temos um número de livros emprestados. Por isso, em um sistema de eixos cartesianos, podemos marcar os pontos correspondentes aos pares ordenados e, em seguida, ligar os pontos consecutivos.

O gráfico obtido é chamado de **gráfico de segmentos** ou **gráfico de linha**. Observe-o.

Empréstimos de livros da biblioteca

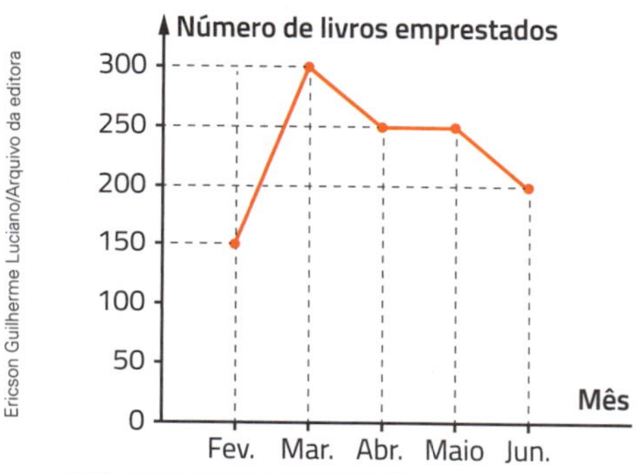

Gráfico elaborado para fins didáticos.

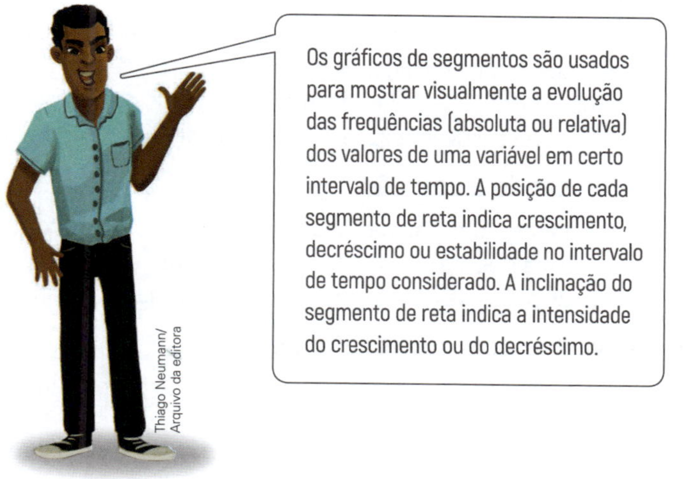

Gráfico de barras (horizontais ou verticais)

Maria Rita é gerente de uma loja de roupas e registrou neste gráfico o número de peças de roupa vendidas nessa loja no mês de agosto, de 2013 a 2019.

Um **gráfico de barras** é aquele que representa os valores de uma variável relacionados às respectivas frequências (absoluta ou relativa) por meio de barras (horizontais ou verticais), que têm a mesma medida de comprimento da largura e com espaços iguais entre elas. As barras se diferem pela medida de comprimento da altura, que é diretamente proporcional às respectivas frequências.

Veja que, neste exemplo, a variável é quantitativa e os valores da variável estão organizados em ordem cronológica. Quando a variável representada é qualitativa, geralmente não existe uma ordem predefinida de disposição dos valores dela.

Os gráficos de barras nos permitem interpretar e comparar as frequências de maneira rápida. Porém, esse tipo de gráfico não é adequado quando desejamos comparar a frequência de cada valor da variável com a amostra, por exemplo.

Peças de roupas vendidas no mês de agosto (de 2013 a 2019)

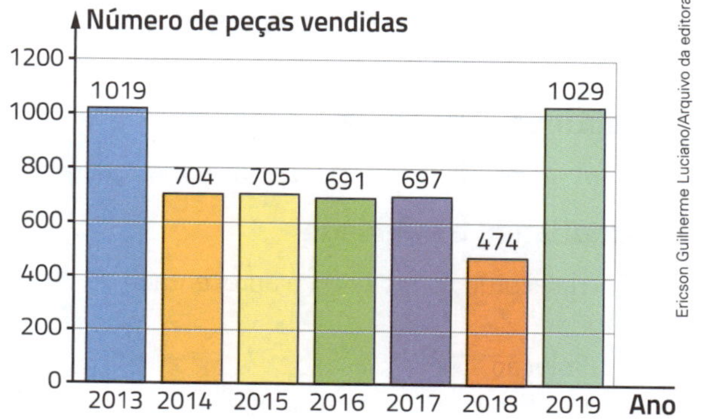

Gráfico elaborado para fins didáticos.

Atividade resolvida passo a passo

(Enem) O dono de uma farmácia resolveu colocar à vista do público o gráfico mostrado a seguir, que apresenta a evolução do total de vendas (em reais) de certo medicamento ao longo do ano de 2011.

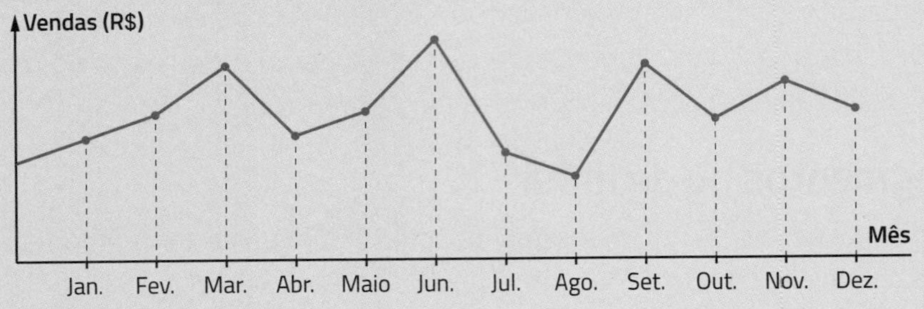

Ericson Guilherme Luciano/Arquivo da editora

De acordo com o gráfico, os meses em que ocorreram, respectivamente, a maior e a menor venda absoluta em 2011 foram:

a) março e abril.
b) março e agosto.
c) agosto e setembro.
d) junho e setembro.
e) junho e agosto.

Lendo e compreendendo

Quando trabalhamos com um sistema de coordenadas cartesianas, cada ponto do gráfico é designado por uma abscissa e uma ordenada. Neste caso, as abscissas são os 12 meses do ano e estão no eixo "mês" e as ordenadas são os valores das vendas, em reais, e estão no eixo "vendas". Temos que descobrir quais são as abscissas (meses) que têm, respectivamente, a maior e a menor ordenada (vendas).

Planejando a solução

Para descobrirmos as coordenadas de um ponto, traçamos segmentos de reta perpendiculares aos eixos. Quanto mais acima estiver a ordenada (vendas), maior ela é; e quanto mais abaixo estiver, menor ela é. Então, vamos traçar as paralelas ao eixo das abscissas partindo dos pontos em destaque no gráfico.

Executando o que foi planejado

Descobrimos as ordenadas de cada ponto em destaque no gráfico.

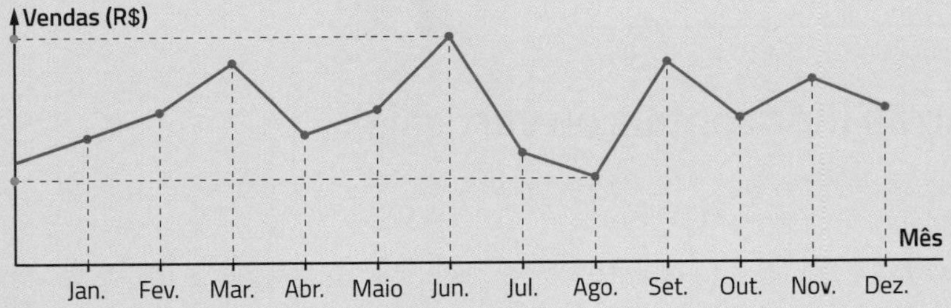

Ericson Guilherme Luciano/Arquivo da editora

A maior ordenada corresponde ao mês de junho e a menor, ao mês de agosto.

Verificando

Com uma régua, traçamos paralelas ao eixo das abscissas partindo de cada ponto em destaque no gráfico. Podemos verificar que não há ordenada maior à que corresponde ao mês de junho, nem menor do que aquela que corresponde ao mês de agosto.

Emitindo a resposta

A maior e a menor venda ocorreram, respectivamente, nos meses de junho e agosto. Alternativa **e**.

Ampliando a atividade

De acordo com o gráfico apresentado na questão, em quais meses as vendas cresceram em relação ao mês anterior?

Solução

Os meses que tiveram número de vendas maior do que o mês anterior são: janeiro, fevereiro, março, maio, junho, setembro e novembro.

Gráfico de setores

Em uma escola, foram oferecidas aos alunos 3 atividades extras: natação, dança e informática. Observe nestes gráficos as frequências (relativa, em porcentagem, e absoluta) de cada uma dessas atividades entre todos os alunos do 9º ano.

Escolha das atividades extras

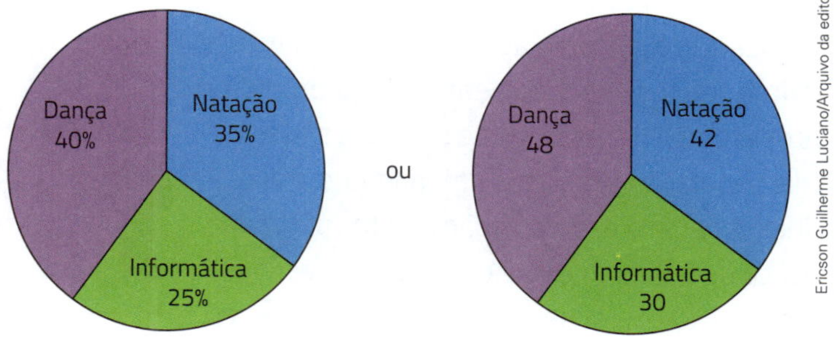

Gráficos elaborados para fins didáticos.

O **gráfico de setores** ou **gráfico de *pizza*** é aquele cujas frequências dos valores das variáveis são associadas a setores circulares. A maior vantagem desse tipo de gráfico é o fato de que podemos comparar imediatamente a frequência do valor de uma variável com a amostra, algo que não podemos fazer, por exemplo, em um gráfico de barras ou em um gráfico de segmentos.

Para construir um gráfico de setores, dividimos o círculo em setores que tenham medidas de abertura do ângulo central diretamente proporcionais às frequências de cada valor da variável.

O gráfico de setores tem um forte impacto visual e é muito utilizado quando desejamos fazer uma análise das proporções, pois, quanto maior a frequência de um valor, maior a medida de abertura do ângulo central do setor correspondente.

Histograma

O professor de Matemática de uma turma do 9º ano organizou as notas dos alunos em uma tabela e em um gráfico. Observe.

Notas de Matemática dos alunos do 9º ano

Nota	Frequência absoluta
0 ⊢— 2	1
2 ⊢— 4	2
4 ⊢— 6	7
6 ⊢— 8	12
8 ⊢— 10	8

Tabela elaborada para fins didáticos.

Notas de Matemática dos alunos do 9º ano

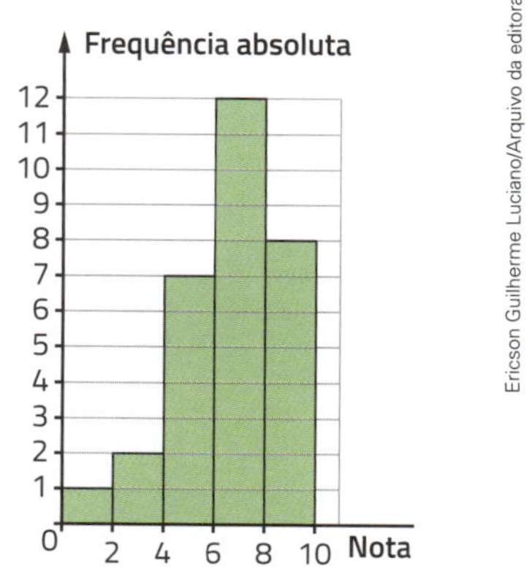

Gráfico elaborado para fins didáticos.

O **histograma** é uma das maneiras de apresentar graficamente os valores de uma variável quando eles estão agrupados em classes (ou intervalos). Ele é formado por um conjunto de barras justapostas, cujas bases são iguais e se apoiam no eixo horizontal do gráfico. Os pontos médios das bases das barras devem coincidir com os pontos médios dos intervalos de cada classe.

As medidas de comprimento da altura das barras são diretamente proporcionais às frequências das classes.

Assim como os gráficos de barras, os histogramas nos permitem interpretar e comparar as frequências (absoluta ou relativa) dos intervalos de maneira rápida. Mas, como ele trabalha com intervalos, não é possível saber a frequência de um valor específico.

Pictogramas ou gráficos pictóricos

Em publicações como revistas e jornais, é comum ilustrar os vários tipos de gráfico utilizando figuras relacionadas ao assunto, tornando-os mais atraentes. Veja ao lado um exemplo de gráfico que retrata a situação da população brasileira em idade de trabalhar. A parcela da população que faz parte da força de trabalho é composta pelas pessoas empregadas e desempregadas (ocupadas e desocupadas). Já a parcela da população que está fora da força de trabalho é formada por pessoas que não podem trabalhar por motivos de saúde, aposentadoria ou que desistiram de procurar emprego.

Raio X do trabalho no Brasil

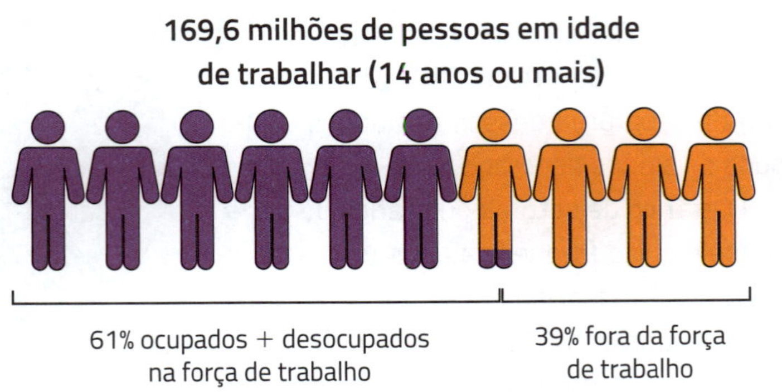

Fonte de consulta: VALOR. *Brasil.* Disponível em: <www.valor.com.br/brasil/5699837/ibge-total-de-pessoas-fora-da-forca-de-trabalho-e-o-maior-desde-2012>. Acesso em: 3 set. 2018.

Ilustrações: Banco de imagens/Arquivo da editora

Nesse gráfico, usamos uma figura para representar uma porcentagem do número de habitantes da população brasileira. Veja ao lado a legenda desse gráfico.

10% do número de habitantes da população brasileira em idade de trabalhar (14 anos ou mais).

Quando representamos dados estatísticos dessa maneira, chamamos essa representação de **gráfico pictórico** (ou **pictograma**).

Atividades

4 Examine este gráfico e responda aos itens.

Valor da venda do dólar comercial com base no primeiro dia útil de cada ano (de 2008 a 2018)

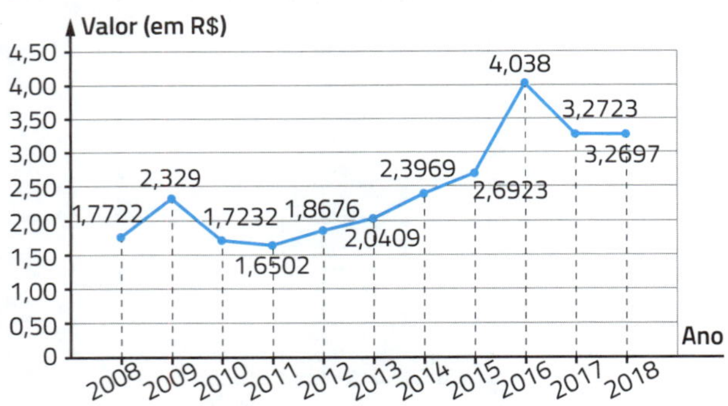

Ericson Guilherme Luciano/Arquivo da editora

Fonte de consulta: FINANCE ONE. *Cotações do dólar.* Disponível em: <https://financeone.com.br/moedas/cotacoes-do-dolar>. Acesso em: 3 set. 2018.

a) O que indica o eixo horizontal desse gráfico?

b) O que indica o eixo vertical?

c) Nesse período, em qual ano o dólar teve maior cotação no primeiro dia útil?

d) Entre quais anos o dólar comercial manteve a cotação em crescimento?

e) Entre quais anos o dólar comercial apresentou decréscimo na cotação?

f) De quanto por cento foi o decréscimo da cotação do dólar comercial do primeiro dia útil de 2009 para o primeiro dia útil de 2011? Use uma calculadora.

5 **Conexões.** Observe neste gráfico a porcentagem da população de cada região, com 15 anos de idade ou mais, em 2017, que era analfabeta.

Analfabetismo por região (2017)

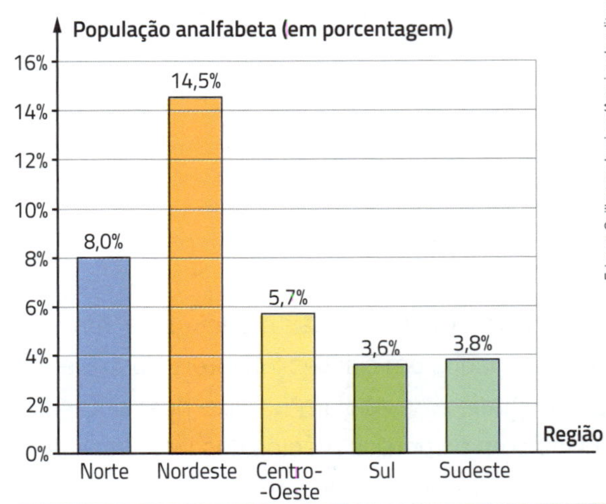

Ericson Guilherme Luciano/Arquivo da editora

Fonte de consulta: UOL EDUCAÇÃO. *Notícias.* Disponível em: <https://educacao.uol.com.br/noticias/2018/05/18/pais-tem-115-milhoes-de-analfabetos-diferenca-racial-se-mantem.htm>. Acesso em: 3 set. 2018.

a) Qual era a porcentagem de analfabetos da população da região Centro-Oeste em 2017?

b) Qual região tinha a maior porcentagem de analfabetos?

c) Nesse gráfico, podemos dizer que a região com maior porcentagem de analfabetos é também a região com maior número de pessoas analfabetas no Brasil? Explique.

6 › Examine este gráfico e responda aos itens.

Matrizes elétricas brasileiras

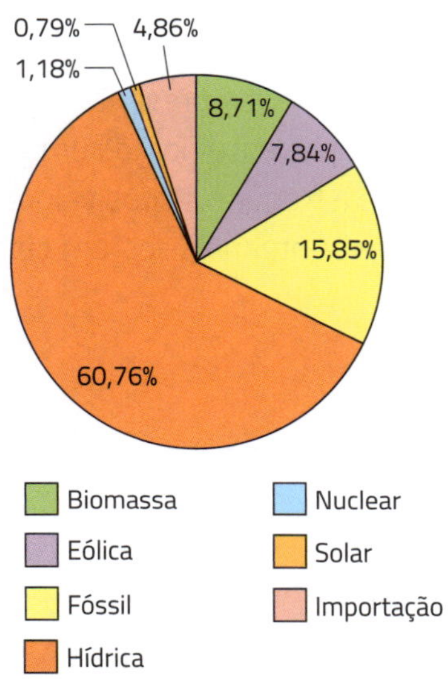

Ericson Guilherme Luciano/Arquivo da editora

Fonte de consulta: ANEEL. *Aplicações*. Disponível em: <www2.aneel.gov.br/ aplicacoes/capacidadebrasil/OperacaoCapacidadeBrasil.cfm>. Acesso em: 3 set. 2018.

a) Qual é o assunto que esse gráfico aborda?

b) Qual é a fonte desse gráfico?

c) De quanto por cento é a oferta de energia que provém da força dos ventos?

d) Qual é a fonte de energia de menor participação na oferta total?

e) Existe alguma fonte de energia que participa com mais da metade no total da oferta de energia? Justifique sua resposta.

f) Sem usar transferidor, responda: Qual é a medida de abertura do ângulo central correspondente ao setor da energia que provém de fósseis?

7 › Conexões. Uma pesquisa foi realizada com certo número de famílias sobre o consumo de energia elétrica, em quilowatts-hora, durante o mês de janeiro. O resultado da pesquisa está registrado no histograma a seguir.

Consumo de energia elétrica durante o mês de janeiro

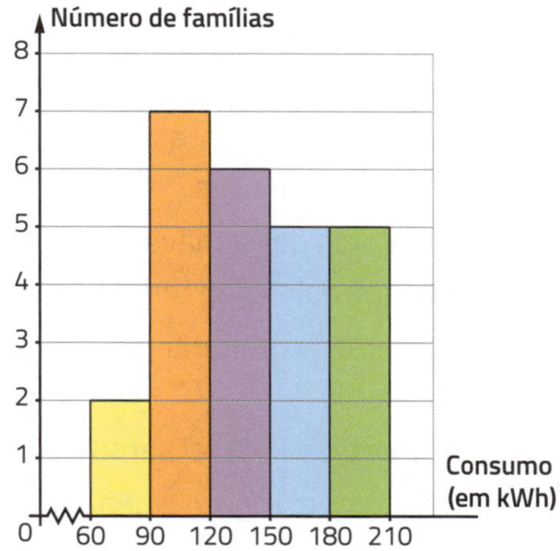

Ericson Guilherme Luciano/Arquivo da editora

Gráfico elaborado para fins didáticos.

a) O que indica a coluna lilás desse gráfico?

b) Quantas famílias gastaram menos do que 90 kWh no mês de janeiro?

c) Quantas famílias gastaram 150 kWh ou mais?

d) Qual é o número total de famílias pesquisadas?

e) Agora, construa a tabela de frequências correspondente a esses dados.

8 › Conexões. Observe as informações neste gráfico.

Consumo médio diário de água no mundo

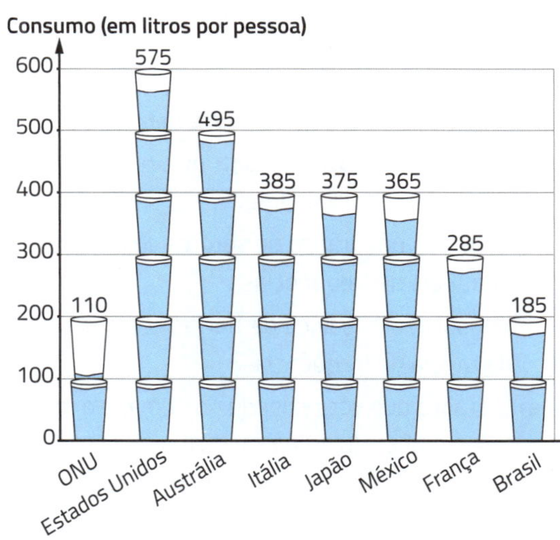

Ericson Guilherme Luciano/Arquivo da editora

Fonte de consulta: BRASIL ESCOLA. *Geografia*. Disponível em: <https://brasilescola.uol.com.br/geografia/consumo-agua-no-mundo.htm>. Acesso em: 3 set. 2018.

a) Qual informação esse gráfico traz?

b) Qual é a razão entre o consumo médio diário de água por pessoa nos Estados Unidos e no Brasil?

Como escolher o melhor tipo de gráfico?

Ao escolher um gráfico, precisamos responder a 3 perguntas que nos ajudam a selecionar o tipo de gráfico ideal para cada situação.

- O que será mostrado no gráfico?

  Quando desejamos comparar os valores das variáveis, os gráficos ideais são os de barras (verticais ou horizontais) ou de segmentos. Quando as variáveis indicam um intervalo de tempo, costumamos optar pelo gráfico de segmentos.

  Quando os valores das variáveis estão organizados em classes, o histograma é o gráfico mais indicado. Nesse caso, normalmente temos a frequência absoluta ou a frequência relativa de cada classe.

  Quando queremos comparar os valores das variáveis em relação ao todo, o gráfico mais indicado é o gráfico de setores.

- Quantos valores da variável serão mostrados no gráfico? Como é a distribuição das frequências deles?

  É importante ter em mente a quantidade de valores da variável que será representada no gráfico para que ele não fique muito poluído ou prejudique a leitura. Por exemplo, escolhemos um gráfico de barras verticais ou horizontais de acordo com o espaço disponível e a frequência dos valores da variável. Quando temos muitos valores da variável, pode ser interessante organizá-los em classes, em um histograma.

Atividades

9 › Conexões. Em um posto de saúde, foi pesquisada a idade (em anos) das crianças que tomaram determinada vacina em um dia. Observe os dados registrados.

2; 8; 3; 9; 6; 4; 5; 7; 7; 2; 4; 2; 5; 1; 2; 2; 8; 5; 7; 9; 5; 9; 3; 4; 5; 9; 3; 6; 5; 6; 5; 4; 4; 2; 4; 6; 9; 4; 5; 7; 7; 4; 2; 1; 2; 1; 1; 1; 3; 6.

a) Construa a tabela de frequências das idades das crianças vacinadas nesse dia.

b) Qual gráfico você acredita que é melhor para representar esses dados?

c) Construa um gráfico de setores com os valores da tabela de frequências.

d) Construa um gráfico de barras com os valores da tabela de frequências.

e) O gráfico que você sugeriu no item **b** é o mesmo que o gráfico do item **c** ou do item **d**? Se não for, então construa o gráfico que você sugeriu; use os valores da tabela de frequências.

f) Compare todos os gráficos e explique qual deles você acha que representa melhor os valores da tabela de frequências.

10 › Gabriela anotou 8 notas que ela obteve nas aulas de Redação durante o 1º bimestre e construiu um gráfico de segmentos com esses valores.

Notas de Gabriela nas aulas de Redação no 1º bimestre

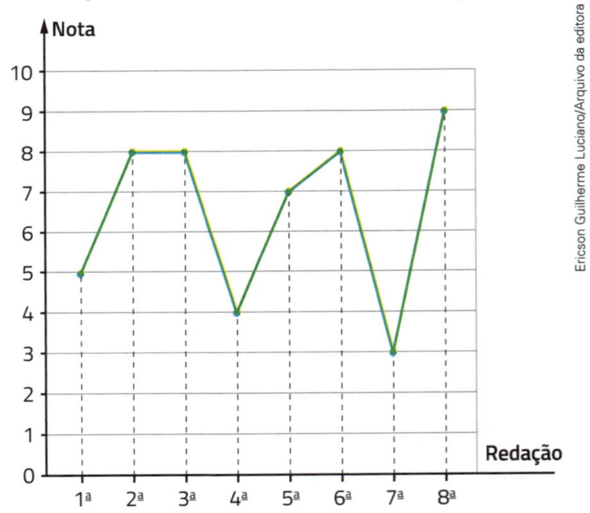

Gráfico elaborado para fins didáticos.

a) Construa um gráfico de barras verticais com os dados desse gráfico de segmentos.

b) Qual é a média dessas notas?

c) Qual é a moda dessas notas?

d) Qual é a mediana dessas notas?

e) Qual dos gráficos representa melhor essas notas?

Gráficos que podem induzir a erros

Algumas vezes, os gráficos divulgados pela mídia podem induzir o leitor a fazer uma interpretação equivocada da informação apresentada.

Observe um exemplo de um gráfico com erros de um tema que geralmente é divulgado pela mídia.

Inflação no Brasil

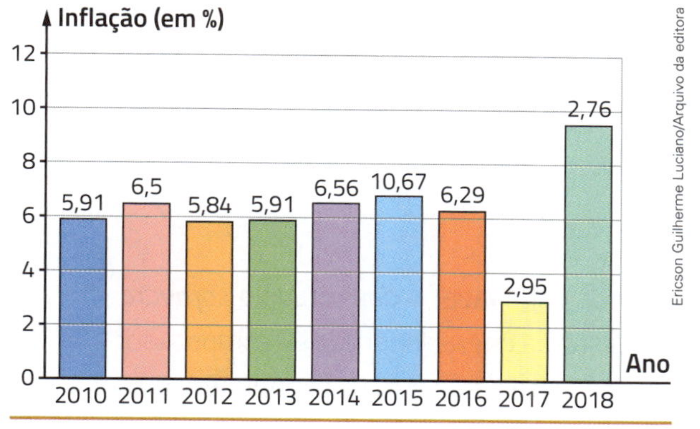

Fonte de consulta: EXAME. *Economia*. Disponível em: <https://exame.abril.com.br/economia/veja-a-trajetoria-da-inflacao-no-brasil-por-mes-grupo-e-ano/>. Acesso em: 3 set. 2018.

Bate-papo

Converse com um colega e identifiquem neste gráfico os erros que podem levar o leitor a ter uma interpretação equivocada.

Esse gráfico não apresenta a proporcionalidade correta entre as barras verticais e as respectivas inflações (em porcentagem). Observe que a barra de 2015 (10,67%) tem medida de comprimento da altura quase igual à medida de comprimento da altura da barra de 2014 (6,56%). Além disso, em 2018 (2,76%) a medida de comprimento da altura da barra é muito maior do que a medida de comprimento da altura de todas as outras barras; no entanto, esse ano teve a menor inflação. Isso induz o leitor a acreditar que a inflação de 2018 foi a maior no período de 2010 a 2018.

Observe ao lado o gráfico corrigido.

Inflação no Brasil

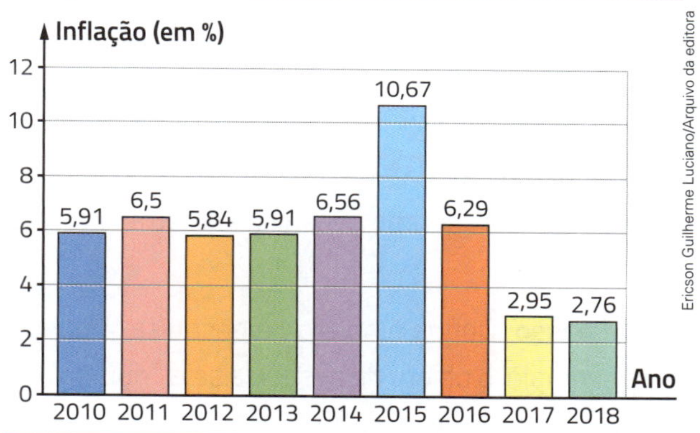

Fonte de consulta: EXAME. *Economia*. Disponível em: <https://exame.abril.com.br/economia/veja-a-trajetoria-da-inflacao-no-brasil-por-mes-grupo-e-ano/>. Acesso em: 3 set. 2018.

Atividade

11 Em uma eleição, foi feita uma pesquisa de preferência de candidato. Um dos candidatos usou os dados para construir um gráfico e divulgar como parte da propaganda eleitoral. Veja o gráfico divulgado pelo candidato.

a) Qual é o erro presente neste gráfico?

b) O que esse erro pode induzir os eleitores a pensar?

c) Construa o gráfico de setores corretamente.

Candidato X lidera a pesquisa de votos

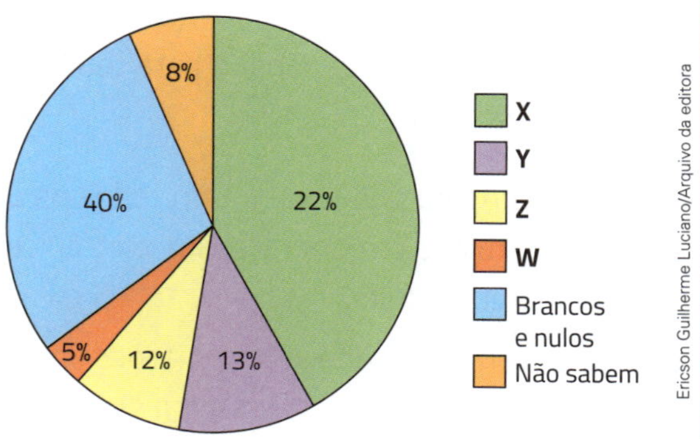

Gráfico elaborado para fins didáticos.

O LibreOffice

O LibreOffice (antigo BROffice) é um *software* livre formado por 6 aplicativos.

- Editor de texto (Write).
- Planilha eletrônica (Calc).
- Editor de apresentação (Impress).
- Editor de desenho (Draw).
- Editor de fórmulas (Math).
- Banco de dados (Base).

No endereço <www.libreoffice.org/>, você pode fazer o *download* do *software*. Durante a instalação, é necessário indicar o sistema operacional de seu computador (MS-Windows, MacOS ou Linux). Se precisar, peça a alguém mais experiente que o ajude com a instalação.

O aplicativo Calc é uma ferramenta que, entre outras vantagens, permite a construção de gráficos. Utilizaremos esse recurso tecnológico para auxiliar a representar e interpretar dados de uma pesquisa.

Depois de realizar o *download*, observe que esse aplicativo é uma planilha eletrônica. Ela é formada por linhas (1, 2, 3, ...) e colunas (A, B, C, ...).

Realizando uma pesquisa amostral

Vamos realizar uma pesquisa amostral na sua escola. Para isso, siga o passo a passo.

1º passo: Defina o objeto de pesquisa, a população e o tipo da pesquisa. Para este exemplo, o objeto de pesquisa será "número de pessoas que fazem reciclagem de lixo" e a população serão todos os alunos da escola.

2º passo: Agora que definimos os parâmetros da pesquisa, defina como será feita a amostragem. Neste caso, considerando a praticidade, é melhor coletar aleatoriamente dados de indivíduos de cada série da escola ou, ainda, de cada turma.

3º passo: Escreva um questionário com perguntas sobre o objeto de pesquisa. Por exemplo: "Qual é seu nome?"; "Qual é sua idade?"; "Você faz reciclagem de lixo?". Depois, aplique esse questionário para todos os indivíduos escolhidos de acordo com a amostra.

4º passo: Agora que você já tem todos os dados, você pode organizá-los em tabelas construídas em uma planilha eletrônica. Coloque na planilha uma coluna para cada pergunta feita.

Digite na primeira linha as informações obtidas com as perguntas, por exemplo, "Nome"; "Idade"; "Você faz reciclagem de lixo". Depois, em cada coluna, coloque as informações obtidas por meio do questionário. Aqui, cada linha corresponde às respostas de uma pessoa diferente.

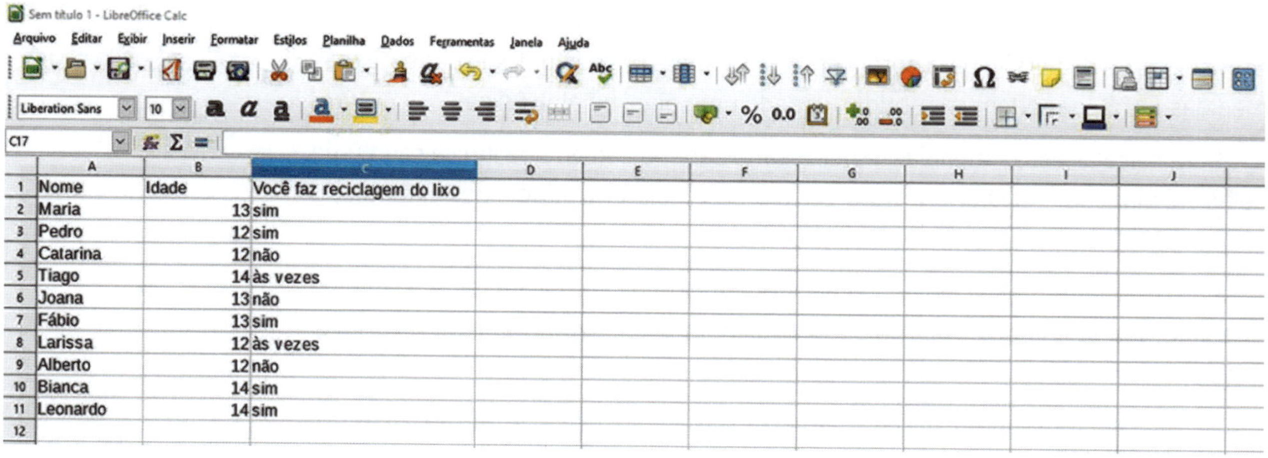

	A	B	C
1	Nome	Idade	Você faz reciclagem do lixo
2	Maria	13	sim
3	Pedro	12	sim
4	Catarina	12	não
5	Tiago	14	às vezes
6	Joana	13	não
7	Fábio	13	sim
8	Larissa	12	às vezes
9	Alberto	12	não
10	Bianca	14	sim
11	Leonardo	14	sim

Reprodução/LibreOffice.org

Observações

- Você pode aumentar ou diminuir a largura da célula clicando entre 2 letras e arrastando o fio para um dos lados.

Fotos: Reprodução/LibreOffice.org

- Você pode *desfazer* ou *refazer* uma ação clicando nos ícones localizados à esquerda na barra de ferramentas.

5º passo: Escolha uma das perguntas e monte uma tabela com as frequências absolutas dos valores. Para isso, abra uma nova planilha clicando na parte inferior da tela e copiando nela os dados.

Por exemplo, utilizando os dados da coluna **C** do exemplo, obtemos esta tabela de frequências absolutas.

Resposta	FA
Sim	5
Não	3
Às vezes	2

Reprodução/LibreOffice.org

6º passo: Selecione todas as células preenchidas na nova planilha e clique na opção "Inserir gráfico" que se encontra na parte superior da tela. Será aberta uma nova janela; selecione a opção "*Pizza*". Clique em "Concluir" e será gerado um gráfico de setores.

7º passo: Selecione novamente todas as células, clique na opção "Inserir gráfico" e selecione a opção "Coluna". Clique em "Concluir" e será gerado um gráfico de colunas.

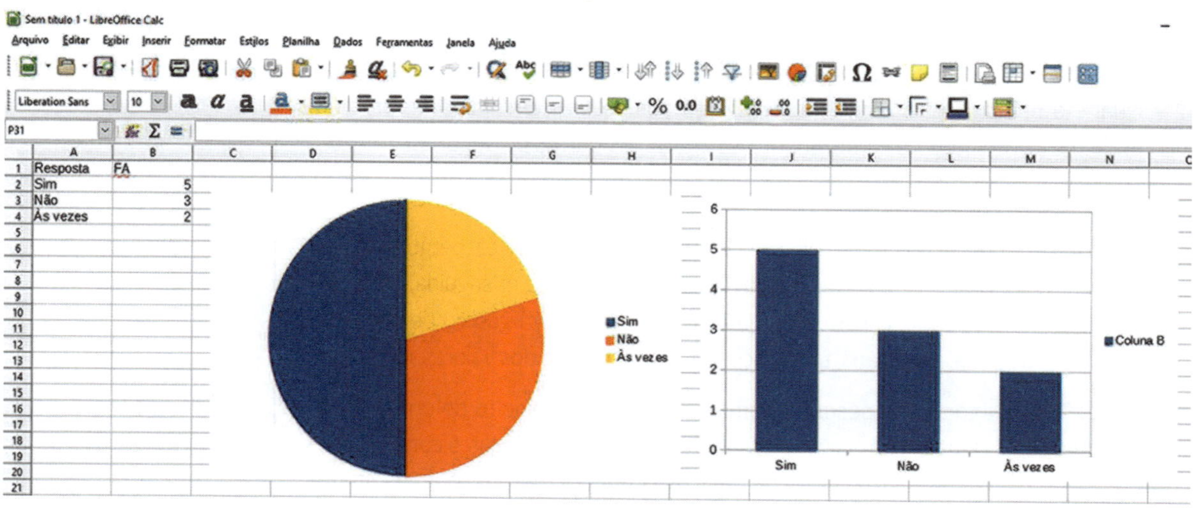

Fotos: Reprodução/LibreOffice.org

8º passo: Além de gráficos, você pode usar as medidas de tendência central e as medidas de dispersão para obter conclusões sobre um conjunto de dados. Essas medidas também podem ser obtidas usando uma planilha eletrônica.

Para calcular essas medidas, é necessário saber o código que indica cada uma delas na planilha eletrônica. Para o cálculo da média aritmética, por exemplo, o código é **MÉDIA**.

Para realizar esse cálculo, é preciso identificar onde começa e onde termina o intervalo dos dados que você colocou na planilha. Por exemplo, para a variável "idade", o intervalo começa na célula **B2** e vai até a célula **B11**.

Dessa maneira, clique em uma célula vazia na planilha e digite: **= MÉDIA (B2:B11)**; depois, tecle *enter*. Na célula que estava vazia, aparecerá o valor correspondente à média do conjunto de valores selecionados; nesse caso, a média das idades da amostra da população.

9º passo: Faça o mesmo para calcular as outras medidas de tendência central e as medidas de dispersão. Veja os códigos.

Moda: **MODA**	= MODA (B2:B11)
Mediana: **MED**	= MED (B2:B11)
Desvio-padrão: **DESVPAD**	= DESVPAD (B2:B11)
Variância: **VAR**	= VAR (B2:B11)

Lembre-se de substituir as células correspondentes a cada variável e aos dados dos colegas.

10º passo: Faça um relatório explicando qual é a pesquisa e como você escolheu a amostra. Inclua também o questionário que você criou, a tabela com os dados coletados, os gráficos que você construiu e os valores das medidas de tendência central e das medidas de dispersão que você calculou. Por fim, escreva um parágrafo com suas conclusões.

Questões

1. A pesquisa que você fez é considerada censitária ou amostral? Justifique.
2. Qual é a relação entre as medidas de área dos setores circulares do primeiro gráfico e as medidas de comprimento da altura das barras do segundo gráfico?
3. Qual é a amplitude dos resultados?
4. Realize outra pesquisa com os colegas da turma, porém, desta vez, pergunte quantas horas eles gastam por semana para ir e voltar da escola. Em seguida, utilizando uma planilha eletrônica, construa um gráfico de barras e um gráfico de setores e determine a média, a mediana, a variância e o desvio-padrão dos valores da variável.
5. Faça agora uma pesquisa com os familiares a respeito de um tema de seu interesse. Depois, compartilhe os resultados com os colegas e converse sobre eles. Observe qual é o gráfico que mais facilitaria a exposição dos resultados que você obteve.

2 Combinatória: método de contagem

Princípio multiplicativo ou princípio fundamental da contagem

Acompanhe a resolução desta situação-problema.

Luciana estava indecisa sobre qual combinação de roupa usaria em um dia, tendo à disposição 2 saias, nas cores cinza e bege, e 3 blusas, nas cores rosa, verde e laranja. Sabendo disso, de quantas maneiras diferentes Luciana pode escolher um conjunto composto de 1 saia e 1 blusa?

Para resolver esse problema simples do cotidiano, podemos montar uma tabela com as opções disponíveis.

Opções de combinação das roupas

Opção	Cor da saia	Cor da blusa
1ª	Cinza	Rosa
2ª	Cinza	Verde
3ª	Cinza	Laranja
4ª	Bege	Rosa
5ª	Bege	Verde
6ª	Bege	Laranja

Tabela elaborada para fins didáticos.

Há 2 possibilidades de saias (cinza e bege) e 3 possibilidades de blusas (rosa, verde e laranja), totalizando 6 possibilidades para o conjunto.

Para resolver esse tipo problema, os matemáticos descobriram o seguinte princípio, chamado **princípio multiplicativo** ou **princípio fundamental da contagem**.

> Se uma decisão D_1 pode ser tomada de m maneiras e, qualquer que seja essa escolha, a decisão D_2 pode ser tomada de n maneiras, então, o número de maneiras distintas de tomar consecutivamente as decisões D_1 e D_2 é igual a $m \cdot n$.

Observe que, como o número de maneiras de compor um conjunto com 1 saia e 1 blusa não é grande, enumeramos todas as opções. Mas como enumeraríamos todas as opções se o número de saias e de blusas fosse bem maior? Tentando listar todos os conjuntos, correríamos o risco de esquecer algum conjunto ou contar determinado conjunto mais de uma vez.

Thiago Neumann/Arquivo da editora

Neste exemplo, tivemos 2 decisões: D_1 (escolher a saia, na qual há 2 opções) e D_2 (escolher a blusa, na qual há 3 opções). Portanto, o número de maneiras distintas de tomar consecutivamente as decisões D_1 e D_2 nesse caso é 6 ($2 \cdot 3 = 6$).

Também podemos representar essa situação com um diagrama chamado **árvore de possibilidades** (ou **diagrama da árvore** ou **árvore de enumeração**). Trata-se de um modo muito útil para apresentar todas as maneiras de uma decisão com poucos elementos a serem tomados.

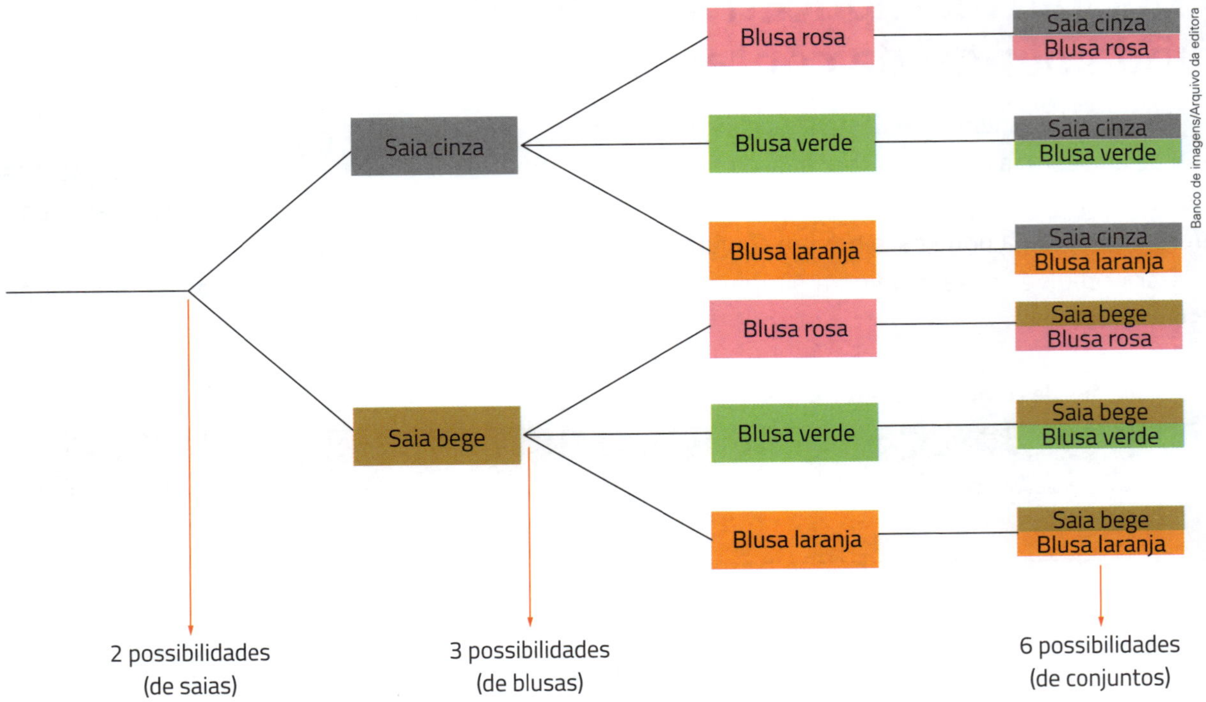

Agora, acompanhe outros exemplos de situações que envolvem contagem.

- Em muitas situações do cotidiano, é necessário criar senhas com letras e/ou números. Por exemplo, para a abertura de uma conta bancária, para a proteção de um cofre, para a criação de um endereço de *e-mail* e em *videogames* e outros jogos eletrônicos.

  Vamos determinar, por exemplo, quantas senhas podemos formar com 2 vogais diferentes.

  Começando com **A**: AE, AI, AO, AU.
  Começando com **E**: EA, EI, EO, EU.
  Começando com **I**: IA, IE, IO, IU.
  Começando com **O:** OA, OE, OI, OU.
  Começando com **U**: UA, UE, UI, UO.

  Também podemos determinar o total de senhas utilizando o princípio multiplicativo. Observe que, para a 1ª escolha, temos 5 opções (**A**, **E**, **I**, **O** e **U**). Para a 2ª escolha, temos apenas 4 opções, pois a vogal não pode ser repetida. Note que, independentemente da vogal da primeira escolha, restarão 4 opções para a vogal da segunda escolha.

  Total: $5 \times 4 = 20$

  Logo, é possível formar 20 senhas com 2 vogais diferentes.

- Renato é pintor e vai pintar 5 casas vizinhas. Para isso, ele dispõe de 5 cores diferentes de tinta.

As imagens desta página não estão representadas em proporção.

Mauro Souza/Arquivo da editora

De quantos modos diferentes ele pode realizar essa pintura em cada um dos casos descritos?

a) Não havendo repetição de cor.

Vamos resolver utilizando o princípio multiplicativo.

Como as cores não podem se repetir, o número de possibilidades é dado por:

$5 \cdot 4 \cdot 3 \cdot 2 \cdot 1 = 120$

b) As casas vizinhas tendo cores diferentes.

Assim, temos:

1ª casa: 5 opções de cor;

2ª casa: 4 opções, pois a cor da casa anterior não pode ser repetida;

3ª casa: 4 opções, pois a cor da 2ª casa não pode ser utilizada, mas a cor da 1ª casa pode;

4ª casa: 4 opções, pois, analogamente, a cor da 3ª casa não pode ser utilizada, mas as cores das casas anteriores podem;

5ª casa: 4 opções, analogamente.

Aplicando o princípio multiplicativo, obtemos: $5 \cdot 4 \cdot 4 \cdot 4 \cdot 4 = 1\,280$

Atividades

12 Uma cliente chega a um restaurante para jantar. Ela pode escolher entre 3 pratos principais (com carne, peixe e frango) e 2 sobremesas que são oferecidas (sorvete e salada de frutas). De quantas maneiras diferentes essa cliente pode fazer a escolha de 1 prato principal e 1 sobremesa?

13 O quadro de funcionários de uma empresa conta com 5 administradores, 3 advogados, 2 contadores e 3 economistas. Deseja-se formar uma equipe com esses funcionários para analisar um projeto, e essa equipe deve ser composta de 1 economista, 1 contador, 1 advogado e 1 administrador. De quantas maneiras diferentes essa equipe pode ser formada?

14 Uma escola tem 5 professores de Língua Portuguesa, 6 de Matemática e 3 de História. Há quantas possibilidades diferentes de formar uma comissão que tenha 1 professor de cada uma dessas 3 disciplinas?

15 Quantos são os resultados possíveis para os 3 primeiros classificados de uma final olímpica de natação que é disputada por 8 atletas?

16 A Copa do Mundo de Futebol de 2014 foi realizada no Brasil e contou com 32 países participantes. Quantas eram as possibilidades de campeão e vice-campeão?

Edson Lopes Jr./UOL/Folhapress

Vista aérea da Arena Corinthians, em São Paulo (SP), onde foi realizada a abertura da Copa do Mundo de Futebol de 2014. Foto de 2018.

17 ▸ Uma pessoa tem 3 opções de meio de transporte para ir da cidade **A** à cidade **B** (trem, ônibus ou avião), 2 opções para ir da cidade **B** à cidade **C** (barco ou carro) e 2 opções para ir da cidade **C** à cidade **D** (de bicicleta ou a cavalo). De quantas maneiras diferentes essa pessoa pode sair da cidade **A** e chegar à cidade **D**, passando pelas cidades **B** e **C**, nessa ordem?

18 ▸ Calcule quantas senhas diferentes é possível criar em cada item, considerando as regras descritas.

a) Senhas de 4 letras utilizando apenas vogais.

b) Senhas de 4 letras distintas utilizando apenas vogais.

19 ▸ Com os algarismos 1, 2, 3, 4, 5, 6 e 7, quantas senhas podem ser formadas:

a) com 5 algarismos?

b) com 5 algarismos distintos?

c) com 3 algarismos pares?

20 ▸ Dóris dispõe de 5 cores diferentes de lápis: azul, verde, laranja, amarelo e vermelho. Ela quer pintar o desenho de uma bandeira com 5 listras horizontais.

a) De quantas maneiras diferentes Dóris pode pintar a bandeira se as listras adjacentes não puderem ter a mesma cor?

b) De quantas maneiras diferentes Dóris pode pintar a bandeira se quiser que todas as listras tenham cores diferentes?

21 ▸ Uma escola organizou um torneio de futebol entre 4 equipes do 9º ano: **A**, **B**, **C** e **D**. Cada equipe enfrenta todas as outras uma única vez. Calcule o número de jogos realizados por equipe e o total de jogos desse torneio.

22 ▸ José é dono de um pequeno restaurante que oferece, entre as opções do cardápio, o prato popularmente conhecido como prato feito ou simplesmente PF. O cliente pode escolher entre carne ou frango e tem direito a 1 acompanhamento, que pode ser escolhido entre arroz, macarrão, salada e legumes. Quantos tipos diferentes de PF José oferece no restaurante?

23 ▸ Andressa decidiu ir à praia no fim de semana. Na mala, entre outras roupas, ela colocou 4 biquínis, 3 pares de chinelos e 2 chapéus de praia.
De quantos modos diferentes Andressa pode se vestir colocando biquíni, chapéu e chinelos?

24 ▸ **Conexões.** Em lojas e supermercados, os produtos geralmente apresentam um **código de barras**, formado por uma sequência de barras retangulares verticais.

Ao serem lidos por um equipamento especial, esses códigos fornecem várias informações sobre determinado produto, como nome, descrição, empresa, fabricante e preço. Além disso, quando compramos um produto e o vendedor passa o código de barras no leitor de códigos, isso permite atualizar o estoque do estabelecimento rapidamente, o que reduz as chances de erro.

O sistema que é mais comumente empregado nos produtos utiliza 13 algarismos relacionados às barras. Observe esta imagem e o que significa cada algarismo ou grupo de algarismos.

Leo Burgos/Acervo do fotógrafo

Código de barras.

A: indicam o país de origem do produto (789 indica que o produto é de origem brasileira).

B: identificam a empresa responsável pela fabricação daquele produto.

C: identificam o produto.

D: corresponde ao dígito de verificação (ou dígito verificador), calculado a partir dos outros 12 algarismos, e tem como objetivo garantir a autenticidade do código como um todo.

Cada produto, com determinadas características, tem um código de barras específico e único, que outro produto não tem. Assim, por exemplo, todas as caixas de suco de laranja da marca **X** produzidas em um país têm certo código de barras; já as caixas de suco de limão da marca **X** produzidas nesse mesmo país têm outro código.

Sabendo que os 3 primeiros dígitos de um código de barras de um produto (identificação do país de origem) não serão modificados, qual é o número máximo de produtos que pode ser licenciado para esse país? Considere o código de barras com 12 algarismos, desconsiderando o último dígito (pois, como dito anteriormente, ele é calculado em função dos outros 12, a partir de várias multiplicações e divisões).

3 Probabilidade

A **probabilidade** está muito presente em nosso dia a dia. No início de toda partida do campeonato brasileiro de futebol, por exemplo, os capitães dos times fazem a escolha entre cara e coroa e o juiz lança uma moeda para cima. Ao verificar a previsão do tempo para o final de semana, ficamos sabendo qual é a chance de chover. Para esses e muitos outros acontecimentos do cotidiano, temos a probabilidade como figura principal.

Também é bem frequente associarmos essa palavra a **medida de chance** ou a **medida de incerteza**. A ideia de incerteza ou imprevisibilidade do futuro foi o que motivou diversos matemáticos a desenvolverem os estudos na área da Probabilidade.

Mark Douet/Taxi/Getty Images

Jogo de tabuleiro com dados.

Vamos retomar alguns dos conceitos que já aprendemos.

- **Experimento aleatório:** é aquele em que não há como prever o resultado. Por exemplo, ao lançar um dado, não há como saber qual face ficará virada para cima.
- **Espaço amostral:** é o conjunto formado por todos os resultados possíveis de um experimento aleatório. Geralmente esse conjunto é representado pela letra Ω. No exemplo do lançamento do dado, o espaço amostral é: $\Omega = \{1, 2, 3, 4, 5, 6\}$.
- **Evento:** é um subconjunto do espaço amostral. Ainda sobre a situação do lançamento do dado, sortear um número par, por exemplo, é um evento. Perceba que um evento pode ser um conjunto vazio (por exemplo, sortear o número 9 no dado de 6 faces) ou um conjunto igual ao espaço amostral (por exemplo, sortear um número maior do que 0 no dado de 6 faces). Geralmente indicamos eventos por uma letra maiúscula; no evento: sortear um número par, temos: $A = \{\text{número par}\}$ ou $A = \{2, 4, 6\}$.

- **Espaço amostral equiprovável:** é aquele em que todos os resultados possíveis têm a mesma chance de ocorrer. No exemplo do lançamento do dado, sendo ele honesto, o espaço amostral é equiprovável. Existem também espaços amostrais que não são equiprováveis; por exemplo, ao girar esta roleta, as cores não têm a mesma chance de serem sorteadas.

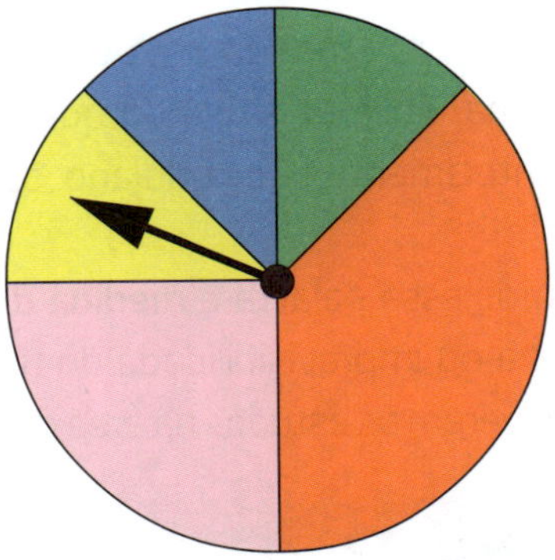

Ericson Guilherme Luciano/Arquivo da editora

- **Probabilidade:** em um espaço amostral equiprovável, a probabilidade de um evento A ocorrer é definida pela razão entre o número de resultados favoráveis, $n(A)$, e o número de resultados possíveis do espaço amostral, $n(\Omega)$. Matematicamente, escrevemos assim: $p(A) = \frac{n(A)}{n(\Omega)}$.

  Considerando que o evento A seja sortear um número par no dado, temos $\Omega = \{1, 2, 3, 4, 5, 6\}$, $n(\Omega) = 6$, $A = \{2, 4, 6\}$ e $n(A) = 3$. Logo, $p(A) = \frac{n(A)}{n(\Omega)} = \frac{3}{6} = \frac{1}{2} = 0{,}5 = 50\%$.

  Considerando agora a roleta a seguir, em que cada parte dela tem a mesma chance de ser sorteada, podemos calcular a probabilidade do evento B: sortear uma parte vermelha. Para isso, identificamos o número de resultados favoráveis e o número de resultados possíveis do espaço amostral. Nesse caso, 3 partes são vermelhas entre as 8 partes possíveis de serem sorteadas, ou seja, $n(B) = 3$ e $n(\Omega) = 8$. Logo, $p(B) = \frac{3}{8} = 0{,}375 = 37{,}5\%$.

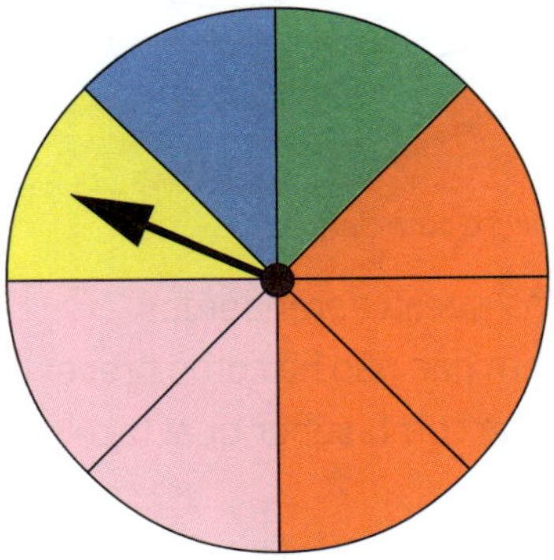

Ericson Guilherme Luciano/Arquivo da editora

Explorar e descobrir

Considerem a situação da roleta dada acima, em que cada parte tem a mesma chance de ser sorteada.

a) Construam uma tabela com a probabilidade de cada cor ser obtida nessa roleta.

b) Qual é a probabilidade de obter as cores verde ou vermelho?

c) Qual cor tem a maior probabilidade de ocorrer? Por quê?

d) Qual deve ser a soma das probabilidades de todas as cores quando elas estão indicadas na forma de fração? E quando estão indicadas em porcentagem?

Eventos independentes e eventos dependentes

Eventos independentes

Vamos supor um baralho comum de 52 cartas (13 cartas de cada naipe: paus ♣, ouros ♦, copas ♥ e espadas ♠). Vamos retirar 1 carta desse baralho e, em seguida, devolvê-la ao baralho. Depois, retiramos outra carta. Qual é a probabilidade de a primeira carta ser de ouros e a segunda ter o número 2?

Ilustrações: Banco de imagens/Arquivo da editora

Suponha o evento *A*: retirar uma carta de ouros, e o evento *B*: retirar uma carta com o número 2.

Você acha que o resultado do evento *A* muda a probabilidade do evento *B*?

A probabilidade de retirar uma carta de ouros é:

$$p(A) = \frac{n(A)}{n(\Omega)} = \frac{13}{52} = \frac{1}{4} = 0{,}25 = 25\%$$

Como a carta retirada no evento *A* é recolocada no baralho, a probabilidade de retirar uma carta com o número 2 é:

$$p(B) = \frac{n(B)}{n(\Omega)} = \frac{4}{52} = \frac{1}{13} \simeq 0{,}077 = 7{,}7\%$$

Esses eventos são chamados **independentes**.

> Dois eventos aleatórios são independentes quando a ocorrência de um deles não tem qualquer efeito na probabilidade de ocorrência do outro. Se *A* e *B* são eventos independentes, então $p(A) \cdot p(B) = p(A \cap B)$.

Neste caso, o evento $A \cap B$ é sortear uma carta de ouros com o número 2. Perceba que $p(A \cap B) = \frac{1}{52}$.

> $\cap$ é o símbolo que indica intersecção. Aqui a intersecção dos eventos *A* e *B* é o conjunto de todos os elementos que pertencem ao conjunto *A* **e** que pertencem ao conjunto *B* ao mesmo tempo.

Eventos dependentes

Imagine agora a retirada de 1 carta do baralho de 52 cartas seguida da retirada de outra carta desse mesmo baralho. Observe que, dessa vez, não houve reposição da primeira carta retirada.

Considere novamente o evento *A*: retirar uma carta de ouros, e o evento *B*: retirar uma carta com o número 2. Perceba que, neste caso, os eventos são **dependentes**, uma vez que a retirada da primeira carta vai influenciar no número de resultados possíveis (o espaço amostral foi alterado para 51 cartas possíveis) e, se a primeira carta sorteada tiver o número 2, então a retirada dela também vai influenciar o número de resultados favoráveis.

> Dois eventos aleatórios são dependentes quando a ocorrência de um deles tem efeito na probabilidade de ocorrência do outro evento. Se *A* e *B* são eventos dependentes, então $p(A) \cdot p(B) \neq p(A \cap B)$.

Atividade resolvida passo a passo

(Unesp) Numa pesquisa feita com 200 homens, observou-se que 80 eram casados, 20 separados, 10 eram viúvos e 90 eram solteiros. Escolhido um homem, ao acaso, a probabilidade de ele não ser solteiro é:

a) 0,65.
b) 0,6.
c) 0,55.
d) 0,5.
e) 0,35.

Lendo e compreendendo

Para resolver o problema, devemos considerar o conceito de que a probabilidade de um evento ocorrer é a razão entre o número de resultados favoráveis (no caso, de homens não solteiros) e o número de resultados possíveis (de homens pesquisados).

Planejando a solução

Precisamos identificar quantos homens no grupo não são solteiros e estabelecer a razão entre o número de não solteiros e número total de homens pesquisados.

Executando o que foi planejado

Vamos chamar de A (evento) o conjunto dos homens não solteiros. Então: $n(A) = 80 + 20 + 10 = 110$.
Chamaremos de Ω (espaço amostral) o conjunto de todos os homens pesquisados. Então: $n(S) = 200$.

A probabilidade de se escolher um homem ao acaso e ele ser elemento do conjunto A é de:

$$p(A) = \frac{n(A)}{n(\Omega)} = \frac{110}{200} = 0{,}55 = 55\%.$$

Verificando

A probabilidade de escolher um homem não solteiro também pode ser calculada como sendo 1 menos a probabilidade de escolher um homem solteiro. Vejamos:

$$1 - \frac{90}{200} = 1 - 0{,}45 = 0{,}55$$

Emitindo a resposta

A probabilidade de escolher um homem não solteiro nesse grupo é de 55% = 0,55. Alternativa **c**.

Ampliando a atividade

Nesse grupo, calcule a probabilidade de escolher um homem ao acaso e ele ser:

a) viúvo;
b) não viúvo.

Solução

a) Vamos chamar o evento E: escolher um homem viúvo. Então: $n(E) = 10$.

$$p(E) = \frac{n(E)}{n(S)} = \frac{10}{200} = 0{,}05 = 5\%$$

b) Vamos chamar o evento $\overline{E}$: escolher um homem não viúvo. Então: $n(\overline{E}) = 190$.

$$p(\overline{E}) = \frac{n(\overline{E})}{n(S)} = \frac{190}{200} = 0{,}95 = 95\%$$

Neste exemplo, os eventos escolher um homem viúvo e escolher um homem não viúvo são chamados de **eventos complementares**. A soma das probabilidades de 2 eventos complementares é sempre igual a 1 ou 100%.

Atividades

25 Classifique os eventos de cada item como eventos independentes ou eventos dependentes. Em seguida, determine a probabilidade pedida.

a) Em 3 lançamentos consecutivos de uma moeda honesta, qual é a probabilidade de o terceiro lançamento apresentar a face cara voltada para cima?

> **Lembre-se:** Em uma moeda perfeita, também chamada de honesta ou não viciada, as 2 faces da moeda têm a mesma chance de serem sorteadas.
>
> 
> Cara.
>
> 
> Coroa.
>
> Reprodução/Casa da Moeda do Brasil/ Ministério da Fazenda

b) Serão sorteados 2 alunos diferentes de uma turma de 40 alunos. O primeiro aluno sorteado ganhará um livro e o segundo ganhará um estojo. João faz parte dessa turma e não ganhou o livro. Qual é a probabilidade de ele ter ganhado o estojo?

Grintan/Shutterstock

Livro.

As imagens desta página não estão representadas em proporção.

Petr Malyshev/Shutterstock

Estojo escolar.

c) Um baralho tem 52 cartas, todas diferentes entre si. Serão retiradas 2 cartas sucessivamente e sem reposição. Qual é a probabilidade de a segunda carta ser um 7 de copas sabendo que a primeira carta foi de espada?

Palokha Tetiana/Shutterstock

Baralho de cartas.

26 Tomemos 6 cartas de um baralho comum: 3 cartas de copas (1 dama, 1 valete e 1 rei), 2 cartas de paus (1 dama e 1 rei) e 1 rei de espadas. Essas cartas, depois de embaralhadas, são colocadas em uma mesa com a face virada para baixo.

a) Considere os eventos *A*: sortear um rei na primeira carta, e *B*: sortear uma carta de copas na segunda carta. Sabendo que não há reposição da carta entre as retiradas, esses eventos são dependentes ou independentes? Justifique.

b) Considere os eventos *C*: sortear um valete na primeira carta, e *D*: sortear uma carta de paus na segunda carta. Sabendo que não há reposição da carta entre as retiradas, esses eventos são dependentes ou independentes? Justifique.

27 Em uma escola, há 160 pessoas no período da manhã e 250 no período da tarde. O total de funcionários é 107 e o total de alunos é 303.

a) Complete esta tabela.

Pessoas na escola

Pessoa \ Período	Manhã	Tarde	**Total**
Aluno	128		
Funcionário		75	
Total	**160**	**250**	

Tabela elaborada para fins didáticos.

b) Construa 2 gráficos de setores de acordo com os dados dessa escola: um deve mostrar as porcentagens de pessoas no período da manhã e no período da tarde da escola; o outro deve mostrar as porcentagens de funcionários e de alunos dessa escola.

c) Qual é a probabilidade, em porcentagem, de sortear ao acaso uma pessoa dessa escola e ela ser:

I. do período da manhã?

II. do período da tarde?

III. funcionário?

IV. aluno?

d) **Desafio.** Qual é a probabilidade, em porcentagem, de uma pessoa dessa escola, escolhida ao acaso, ser um funcionário do período da tarde?

Probabilidade condicional

A probabilidade de um evento A ocorrer **condicionado** ao fato de que um evento B já ocorreu é chamada **probabilidade condicional**.

Analise esta situação. Uma estrebaria tem 18 animais em treinamento, entre cavalos e éguas, que são destinados à terapia de crianças. Dos 9 animais que já estão com ferraduras, 5 são éguas. Dos cavalos, 6 ainda não receberam ferraduras. Considere os eventos A: sortear um animal com ferradura, B: ser égua, e $A|B$: sortear um animal que tenha ferradura **condicionado** ao fato de que seja uma égua.

Para calcular a probabilidade do evento $A|B$, podemos montar uma tabela de probabilidades.

Número de animais da estrebaria

Animal \ Ferradura	Com ferradura	Sem ferradura	Total
Cavalo	4	6	10
Égua	5	3	8
Total	**9**	**9**	**18**

Tabela elaborada para fins didáticos.

Assim, podemos calcular a probabilidade de $A|B$.

$$p(A|B) = \frac{5}{8} = 62{,}5\%$$

número de éguas com ferradura (5)

número total de éguas (8)

Lemos $A|B$ da seguinte maneira: evento A dado o evento B.

A probabilidade condicional de um evento A ocorrer dado que um evento B já ocorreu pode ser calculada por $p(A|B) = \frac{p(A \cap B)}{p(B)}$, com $p(B) \neq 0$.

Então, nesta situação, temos:

$$p(A \cap B) = \frac{5}{18} \text{ e } p(B) = \frac{8}{18}$$

Logo:

$$p(A|B) = \frac{\frac{5}{18}}{\frac{8}{18}} = \frac{5}{8}$$

Atividades

28 Na turma em que Leandro estuda, há 15 alunos com 13 anos de idade e 20 alunos com 14 anos de idade. Dos alunos mais novos, 20% usam óculos e, dos mais velhos, 30% usam óculos.

a) Complete esta tabela.

Número de alunos da turma

Idade \ Uso de óculos	Não usa	Usa	Total
13			
14			
Total			

Tabela elaborada para fins didáticos.

b) Sorteando ao acaso um aluno dessa turma que usa óculos, qual é a probabilidade de que ele tenha 13 anos de idade?

29 Um levantamento estatístico revela informações sobre um grupo de pessoas em uma empresa com 2 filiais.

Número de profissionais em uma empresa

Filial \ Profissão	Professor	Advogado	Dentista
A	60	80	50
B	90	40	30

Tabela elaborada para fins didáticos.

a) Qual é a probabilidade de ser escolhido desse grupo, ao acaso, um advogado, sabendo-se que essa pessoa trabalha na filial **A**?

b) Qual é a probabilidade de ser escolhido desse grupo, ao acaso, um professor, sabendo-se que essa pessoa trabalha na filial **B**?

c) E qual é a probabilidade de ser escolhido desse grupo, ao acaso, um professor da filial **B**?

4 Estatística e Probabilidade

Muitos dos fenômenos estudados pela Estatística são de natureza aleatória. Desse modo, os estudos de Estatística e de Probabilidade complementam-se. Veja e aplique o que você estudou nas atividades a seguir.

Atividades

30 Uma pesquisa sobre peças com defeito foi realizada em uma fábrica de parafusos. Em um lote de 600 peças, constatou-se que 30 estavam com defeito.

a) Qual é a porcentagem de peças defeituosas em relação ao total de peças?

b) Construa um gráfico de setores representando as peças defeituosas e as não defeituosas. Qual é a medida de abertura do ângulo do setor referente às peças com defeito?

c) Sendo retirada ao acaso 1 peça desse lote, qual é a probabilidade de que ela tenha defeito?

Raisa Kanareva/Shutterstock

Parafusos.

31 **Conexões. (Vunesp)** Num grupo de 100 pessoas da zona rural, 25 estão afetadas por uma parasitose intestinal **A** e 11 por uma parasitose intestinal **B**, não se verificando nenhum caso de incidência conjunta de **A** e **B**.

Duas pessoas desse grupo são escolhidas, aleatoriamente, uma após a outra.

Determine a probabilidade de que, dessa dupla, a primeira pessoa esteja afetada por **A** e a segunda por **B**.

32 Em uma pesquisa sobre meios de transporte, 80 trabalhadores foram entrevistados e responderam à pergunta: "Qual meio de transporte você utiliza para ir ao trabalho?".

As respostas foram assim tabuladas:

- 42 trabalhadores usam ônibus;
- 28 usam carro;
- 30 usam moto;
- 12 usam ônibus e carro;
- 14 usam carro e moto;
- 18 usam ônibus e moto;
- 5 usam os 3 meios: carro, ônibus e moto;
- os demais vão a pé para o trabalho.

Para organizar os dados da pesquisa, foi feito este diagrama com o número de trabalhadores em cada caso.

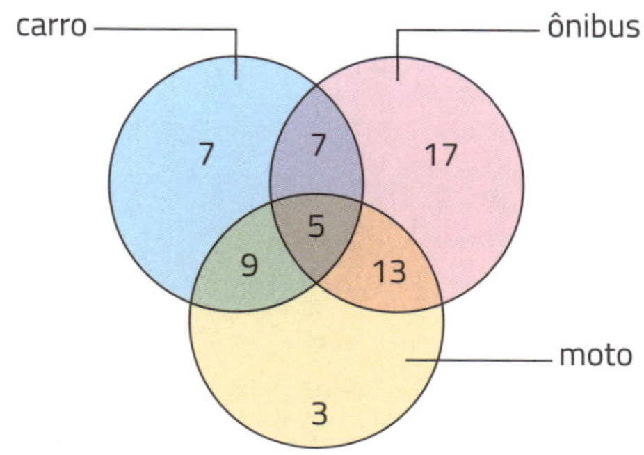

Banco de imagens/Arquivo da editora

Qual é a probabilidade, na forma de fração, de que um desses trabalhadores, selecionado ao acaso, utilize:

a) somente ônibus?

b) somente carro?

c) carro e ônibus, mas não moto?

d) nenhum desses 3 meios de transporte?

e) apenas 1 desses meios de transporte?

f) carro?

33 Os 36 alunos da turma de Júlio foram consultados para saber se praticam algum destes esportes: voleibol (V) e handebol (H). As respostas foram: 20 alunos afirmaram que praticam voleibol, 15 handebol e 4 não praticam nenhum deles.

a) Complete este diagrama com o número de alunos em cada parte.

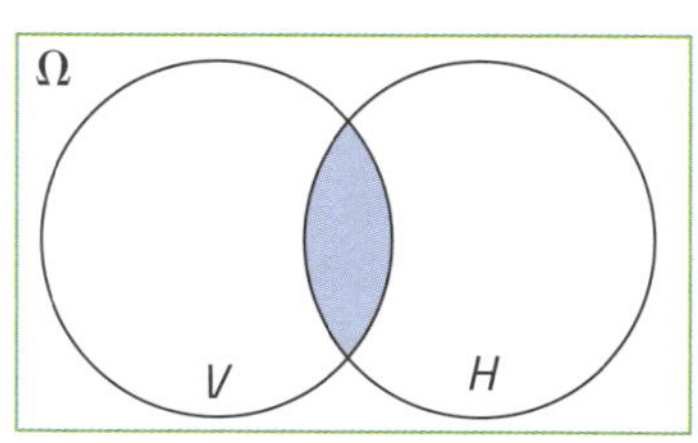

Banco de imagens/Arquivo da editora

b) Qual é a probabilidade de que um aluno dessa turma pratique voleibol e handebol?

34› **(Enem)** Uma empresa de alimentos imprimiu em suas embalagens um cartão de apostas do seguinte tipo:

Frente do cartão

Banco de imagens/Arquivo da editora

Verso do cartão

- Inicie raspando apenas uma das alternativas da linha de início (linha 1).
- Se achar uma bola de futebol, vá para a linha 2 e raspe apenas uma das alternativas.
- Continue raspando dessa forma até o fim do jogo.
- Se encontrar um **X** em qualquer uma das linhas, o jogo está encerrado e você não terá direito ao prêmio.
- Se encontrar uma bola de futebol em cada uma das linhas, terá direito ao prêmio.

Cada cartão de apostas possui 7 figuras de bolas de futebol e 8 sinais de "**X**" distribuídos entre os 15 espaços possíveis, de tal forma que a probabilidade de um cliente ganhar o prêmio nunca seja igual a zero. Em determinado cartão, existem duas bolas na linha 4 e duas bolas na linha 5. Com esse cartão, a probabilidade de o cliente ganhar o prêmio é:

a) $\frac{1}{27}$.
b) $\frac{1}{36}$.
c) $\frac{1}{54}$.
d) $\frac{1}{72}$.
e) $\frac{1}{108}$.

35› **(Enem)** Em um concurso de televisão, apresentam-se ao participante 3 fichas voltadas para baixo, estando representadas em cada uma delas as letras **T**, **V** e **E**. As fichas encontram-se alinhadas em uma ordem qualquer. O participante deve ordenar as fichas ao seu gosto, mantendo as letras voltadas para baixo, tentando obter a sigla TVE. Ao desvirá-las, para cada letra que esteja na posição correta ganhará um prêmio de R$ 200,00.

I) A probabilidade de o participante não ganhar qualquer prêmio é igual a:

a) 0.
b) $\frac{1}{3}$.
c) $\frac{3}{4}$.
d) $\frac{1}{2}$.
e) $\frac{1}{6}$.

II) A probabilidade de o concorrente ganhar exatamente o valor de R$ 400,00 é igual a:

a) 0.
b) $\frac{1}{3}$.
c) $\frac{1}{2}$.
d) $\frac{2}{3}$.
e) $\frac{1}{6}$.

36› Como você viu na atividade 16 da página 349, a Copa do Mundo de Futebol de 2014, que foi realizada no Brasil, contou com a participação de 32 seleções. Suponha que uma empresa de sucos imprimiu, em algumas tampinhas das embalagens, um possível resultado com os 2 primeiros colocados da competição. Por exemplo, Brasil como 1º colocado e Argentina como 2ª colocada. A empresa produziu apenas 1 tampinha para cada resultado possível e premiou o consumidor que tinha, ao final do campeonato, a tampinha com o palpite correto. Qual é a probabilidade, na forma fracionária, de uma pessoa que guardou apenas 1 tampinha com resultado ter sido premiada?

Alamy/Fotoarena

Logo da Copa do Mundo de Futebol masculino de 2014, no Brasil.

Estimar probabilidades usando dados estatísticos

Considere a seguinte situação.

As imagens desta página não estão representadas em proporção.

Uma fábrica produz 1 milhão de canetas por mês. Como saber a probabilidade de encontrar uma caneta defeituosa se conhecemos apenas o número de elementos do espaço amostral?

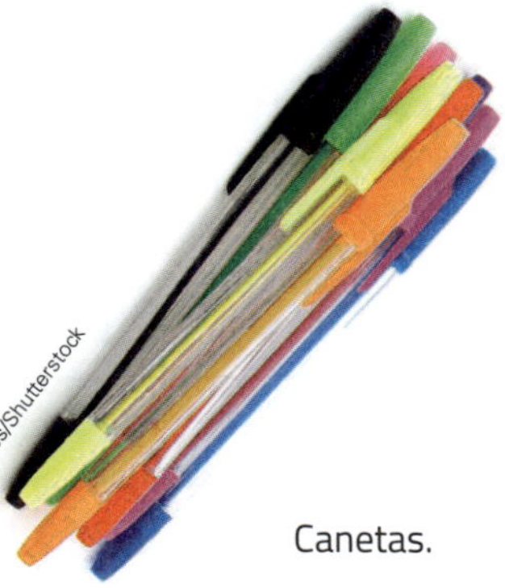

Farres/Shutterstock

Canetas.

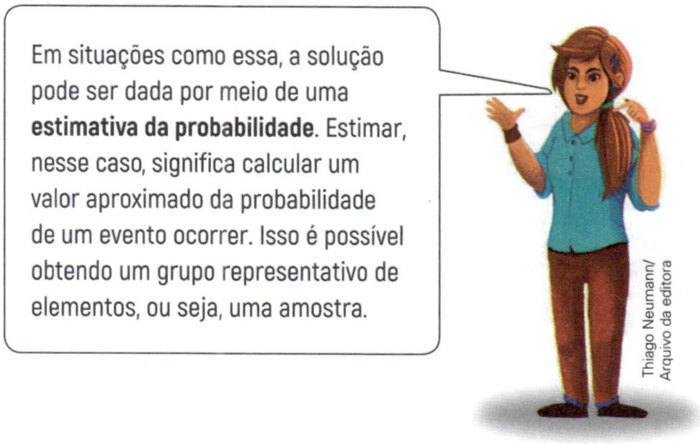

Thiago Neumann/
Arquivo da editora

Suponha que um funcionário dessa fábrica de canetas tenha reunido uma amostra de canetas coletadas aleatoriamente e tenha construído esta tabela.

Produção de canetas

Amostra	Data	Número de canetas da amostra	Frequência absoluta das canetas defeituosas	Frequência relativa das canetas defeituosas (em %)
1	1/10/18	1200	9	0,75%
2	2/10/18	2000	22	1,10%
3	3/10/18	1500	13	0,86%
4	4/10/18	3000	33	1,10%
5	7/10/18	800	9	1,13%
6	8/10/18	900	10	1,11%
7	9/10/18	1400	6	0,43%
8	10/10/18	2200	30	1,36%
9	11/10/18	3400	25	0,74%
10	14/10/18	1000	14	1,40%
11	15/10/18	600	6	1,00%
12	16/10/18	700	8	1,14%
13	17/10/18	1000	13	1,30%
14	18/10/18	1100	9	0,81%
15	21/10/18	2300	18	0,78%
16	22/10/18	1200	14	1,16%
17	23/10/18	600	7	1,16%
18	24/10/18	1400	15	1,14%
19	25/10/18	2000	20	1,00%
20	28/10/18	1700	18	1,06%
Total	-	**30000**	**300**	-

Tabela elaborada para fins didáticos.

Observe que a probabilidade, na última coluna, oscila, na maioria das vezes, entre 0,80% e 1,20%. No entanto, para termos uma estimativa mais real da probabilidade de encontrar uma caneta defeituosa, usamos a soma do número de canetas das amostras e a soma do número de canetas defeituosas em todas as amostras para calcular a probabilidade de encontrar canetas defeituosas. Assim:

$$p(A) = \frac{300}{30\,000} = \frac{1}{100} = 1\%$$

Portanto, a probabilidade estimada de encontrarmos uma caneta defeituosa é de 1%. Por exemplo, em um lote com 10 000 canetas, o valor estimado do número de canetas defeituosas é de 1% de 10 000, ou seja, de 100 canetas.

Atividades

37 Usando sua turma como uma amostra representativa do 9º ano da escola, completem esta tabela com os dados solicitados.

Informações sobre a turma

Informação \ Frequência	Absoluta	Relativa (em %)
Idade igual a 13 anos		
Idade igual a 14 anos		
Filho único		
Canhoto		
Usa óculos		

Tabela elaborada para fins didáticos.

38 Usando a tabela que vocês construíram na atividade anterior, estimem e registrem qual é a probabilidade, em porcentagem, de vocês selecionarem ao acaso um aluno do 9º ano da escola que:

a) tenha 13 anos;

b) tenha 14 anos;

c) seja filho único;

d) seja canhoto;

e) use óculos.

39 **Conexões.** Uma bula de remédio informa que, após diversas pesquisas com milhares de usuários de um medicamento, foram detectados os seguintes efeitos colaterais em 5% dos pacientes: boca seca, sonolência e tontura. Considerando essa informação estatística e sabendo que esse medicamento foi aplicado em 1 820 pacientes de determinada rede hospitalar, qual é o número estimado desses pacientes que sofreram efeitos colaterais com o uso do medicamento?

40 **Conexões.** Seguros de carro, seguros de vida e seguros de saúde (planos de saúde) são estruturas montadas tendo por base as probabilidades e as informações estatísticas. A partir delas, são definidos os valores pagos pelas seguradoras, nos casos previstos na apólice.

Observe as informações divulgadas por uma companhia de seguros com relação ao risco de perder a vida devido a cada acidente.

- Exposição a forças da natureza é de 1 em 3 000 (0,033%).
- Incêndio em um prédio, de 1 em 1 400 (0,071%).
- Um tiro, de 1 em 350 (0,286%).
- Acidente de carro, de 1 em 75 (1,333%).
- Câncer, de 1 em 5 (20%).

Um exemplo de como funciona o cálculo em valores é que a seguradora, dispondo desses dados, oferece 80% do valor da apólice como pagamento no caso de uma fatalidade. Por exemplo, o valor da apólice será de R$ 350,00 (pois o risco é de 1 em 350) para cada R$ 1,00 investido anualmente pelo segurado no caso de morte por tiro. Assim, se o segurado investe R$ 100,00 anualmente, então a família dele terá direito a 80% de 100 × 350, que é R$ 28 000,00 no caso do falecimento por tiro.

Dessa maneira, qual é o valor recebido pela família do segurado em cada caso?

a) Um segurado que investia anualmente R$ 200,00 e faleceu em decorrência de um incêndio em um prédio.

b) Um segurado que investia anualmente R$ 300,00 e faleceu em decorrência de uma exposição a forças da natureza.

c) Um segurado que investia anualmente R$ 1 000,00 e faleceu em decorrência de câncer.

Revisando seus conhecimentos

1 Em um trapézio, a medida de comprimento de uma das bases é de 10 cm, e a medida de comprimento da outra base é igual à medida de comprimento da altura. A região plana determinada por esse trapézio tem medida de área de 48 cm^2. Então, podemos afirmar que a medida de comprimento da altura fica entre:

a) 2 cm e 5 cm.
b) 5 cm e 8 cm.
c) 8 cm e 11 cm.
d) 11 cm e 14 cm.

2 Ao sortear 1 mês do ano, qual é a probabilidade de sair um mês cujo nome começa e termina com vogal?

3 **Conexões.** **(Enem)** O administrador de uma cidade, implantando uma política de reutilização de materiais descartados, aproveitou milhares de tambores cilíndricos dispensados por empresas da região e montou *kits* com seis tambores para o abastecimento de água em casas de famílias de baixa renda, conforme a figura seguinte. Além disso, cada família envolvida com o programa irá pagar somente R$ 2,50 por metro cúbico utilizado.

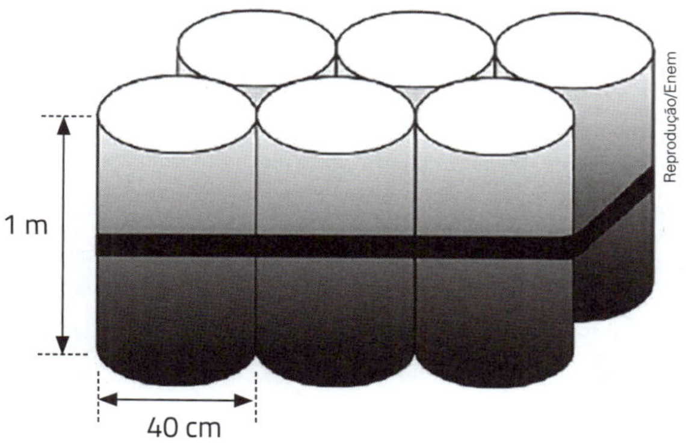

Uma família que utilizar 12 vezes a capacidade total do *kit* em um mês pagará a quantia de (considere $\pi \simeq 3$):

a) R$ 86,40.
b) R$ 21,60.
c) R$ 8,64.
d) R$ 7,20.
e) R$ 1,80.

4 No lançamento de 2 dados de cores diferentes, a probabilidade de saírem 2 números primos é de:

a) 20%.
b) 25%.
c) 30%.
d) 50%.

5 **Conexões.** **(Enem)** Um dos índices de qualidade do ar diz respeito à concentração de monóxido de carbono (CO), pois esse gás pode causar vários danos à saúde. A tabela abaixo mostra a relação entre a qualidade do ar e a concentração de CO.

Qualidade do ar	Concentração de CO - ppm* (média de 8h)
Inadequada	15 a 30
Péssima	30 a 40
Crítica	Acima de 40

*ppm (parte por milhão) = 1 micrograma de CO por grama de ar = 10^{-6} g

Para analisar os efeitos do CO sobre os seres humanos, dispõe-se dos seguintes dados.

Concentração de CO (ppm)	Sintomas em seres humanos
10	Nenhum
15	Diminuição da capacidade visual
60	Dores de cabeça
100	Tonturas, fraqueza muscular
270	Inconsciência
800	Morte

Suponha que você tenha lido em um jornal que na cidade de São Paulo foi atingido um péssimo nível de qualidade do ar.

Uma pessoa que estivesse nessa área poderia:

a) não apresentar nenhum sintoma.
b) ter sua capacidade visual alterada.
c) apresentar fraqueza muscular e tontura.
d) ficar inconsciente.
e) morrer.

6 Descreva estes eventos considerando o sorteio de um número natural de 1 a 10.

a) *A*: sortear um número par.
b) *B*: sortear um número ímpar.
c) *C*: sortear um número múltiplo de 3.
d) *D*: sortear um número com 2 algarismos.
e) *E*: sortear um divisor de 6.

7 **Fazendo uma bandeira.** Para torcer no próximo jogo da seleção brasileira, Sérgio vai fazer uma bandeira estilizada, com as 4 cores da bandeira nacional, como mostra esta figura.

As imagens desta página não estão representadas em proporção.

Nessa bandeira, a região retangular foi dividida por 2 segmentos de reta: um deles é a diagonal da região e o outro liga um vértice à metade do lado maior. Se é necessário meio metro quadrado de tecido para fazer a parte verde, então quanto será preciso para fazer a parte amarela?

8 Faça o que se pede.

a) Escreva o maior número possível usando os algarismos 6, 1, 5, 7 e 3, sem repeti-los.

b) Escreva o menor número possível usando esses algarismos.

c) Determine a soma desses 2 números.

d) Calcule a diferença entre esses números.

9 O número 13 milhões, 212 mil e 147, escrito só com algarismos, é:

a) 13 212 147.

b) 130 212 147.

c) 13 210 147.

d) 13 000 212.

10 De acordo com dados da Divisão de População da ONU, estima-se que a população do mundo em 2030 será de 8 600 000 000 de pessoas. Escreva esse número com palavras e algarismos de modo simplificado.

Fonte de consulta: ONU BR. Disponível em: <https://nacoesunidas.org/apesar-de-baixa-fertilidade-mundo-tera-98-bilhoes-de-pessoas-em-2050/>. Acesso em: 2 maio 2018.

11 Em um triângulo retângulo, a altura determina sobre a hipotenusa 2 segmentos de reta com medida de comprimento de 16 cm e de 9 cm. Determine as medidas de comprimento dessa altura e dos catetos do triângulo.

12 Determine o valor de *x* considerando esta circunferência.

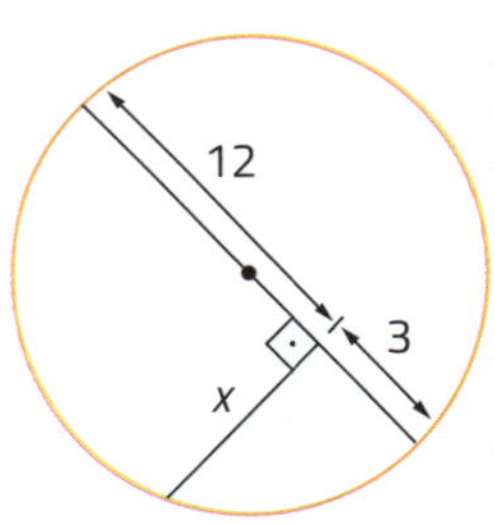

Banco de imagens/Arquivo da editora

13 Um terreno retangular é gramado e dentro dele há um tanque de água quadrado, cujas medidas de comprimento dos lados estão nesta imagem.

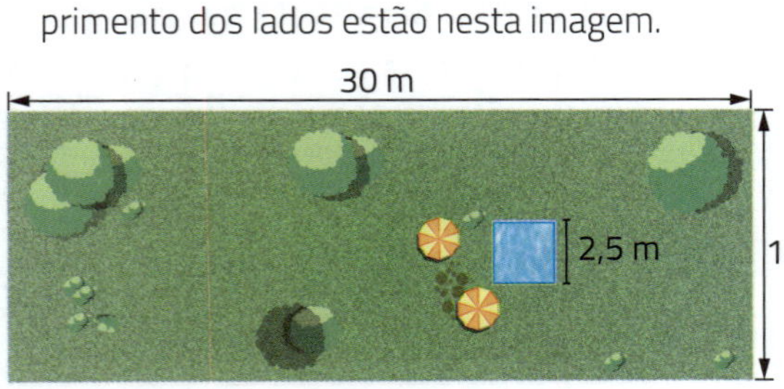

Banco de imagens/Arquivo da editora

Qual é a medida de área da parte gramada deste terreno?

14 Sendo *x* a medida de comprimento do cateto deste triângulo retângulo, determine o valor de *x*.

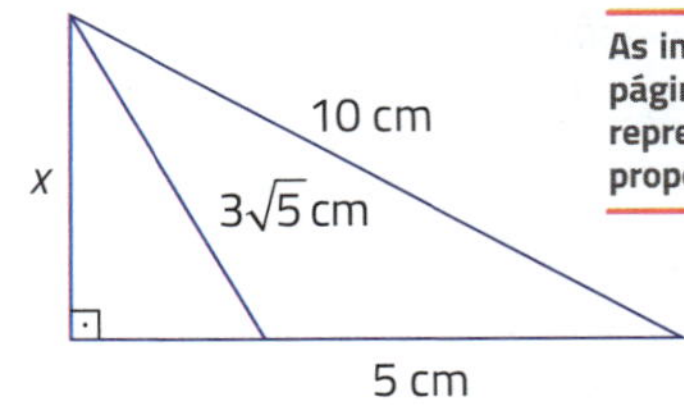

As imagens desta página não estão representadas em proporção.

Banco de imagens/Arquivo da editora

15 As diagonais de um losango têm medida de comprimento de 15 cm e de 12 cm. Um paralelogramo, cuja base tem medida de comprimento de 30 cm, determina uma região plana que tem a mesma medida de área que a região limitada pelo losango. Qual é a medida de comprimento da altura do paralelogramo?

16 Faça as reflexões de cada figura em relação ao eixo e_1 e, depois, ao eixo e_2.

a)

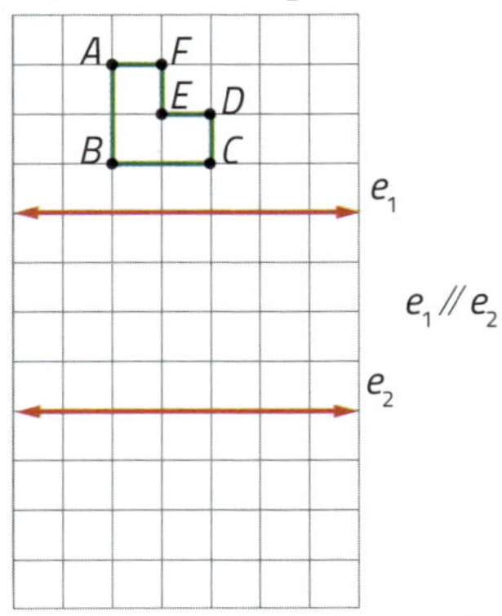

b)

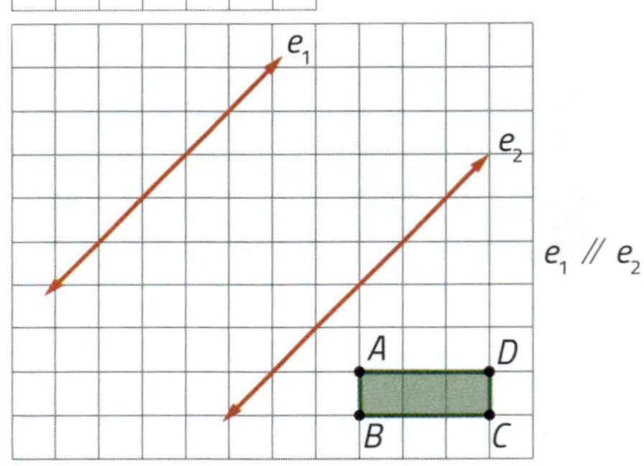

c)

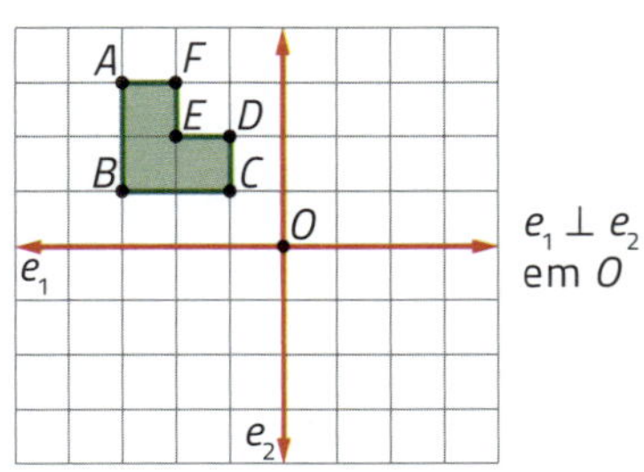

d)

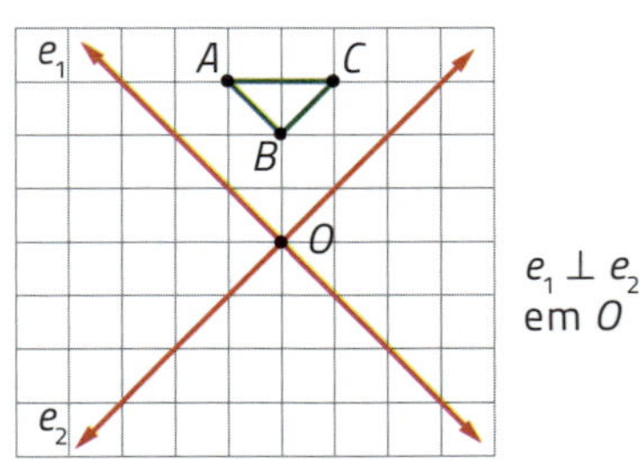

Ilustrações: Banco de imagens/Arquivo da editora

17 Observe as transformações geométricas que você fez na atividade anterior e complete estas afirmações. Converse com os colegas sobre as conclusões.

a) A composição de 2 simetrias axiais de eixos e_1 e e_2 paralelos corresponde a uma ________________.

b) A composição de 2 simetrias axiais de eixos e_1 e e_2 perpendiculares em um ponto O corresponde a uma ________________________________.

18 **(Enem)** Uma criança deseja criar triângulos utilizando palitos de fosforo de mesmo comprimento. Cada triângulo será construído com exatamente 17 palitos e pelo menos um dos lados do triângulo deve ter o comprimento de exatamente 6 palitos. A figura ilustra um triângulo construído com essas características.

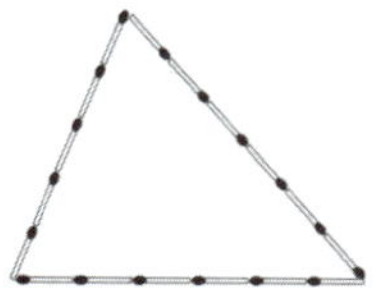

Reprodução/Enem 2014

A quantidade máxima de triângulos não congruentes dois a dois que podem ser construídos é:

a) 3.
b) 5.
c) 6.
d) 8.
e) 10.

19 **(Prova Brasil)** Observe o triângulo abaixo.

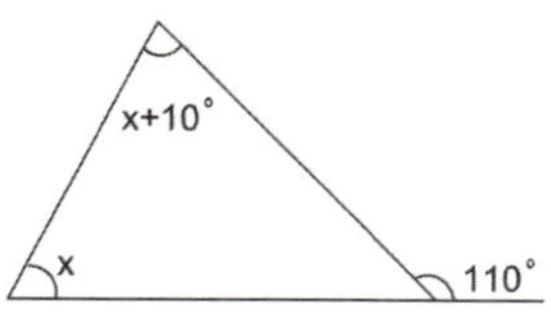

Reprodução/Prova Brasil, 2011

O valor de x é:

a) 110°.
b) 80°.
c) 60°.
d) 50°.

20 **(Enem)** Uma família possui um terreno retangular com 18 metros de largura e 24 metros de comprimento. Foi necessário demarcar nesse terreno dois outros iguais, na forma de triângulos isósceles, sendo que um deles será para o filho e o outro para os pais. Além disso, foi demarcada uma área de passeio entre os dois novos terrenos para o livre acesso das pessoas.

Os terrenos e a área de passeio são representados na figura.

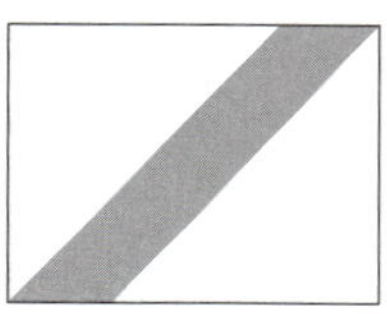

Banco de imagens/Arquivo da editora

A área de passeio calculada pela família, em metro quadrado, é de:

a) 108.
b) 216.
c) 270.
d) 288.
e) 324.

21 **(Obmep)** No retângulo da figura temos $AB = 6$ cm e $BC = 4$ cm. O ponto E é o ponto médio do lado $\overline{AB}$.

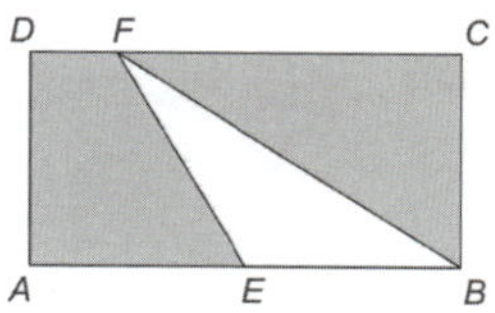

Reprodução/Obmep, 2006

Qual é a área da parte sombreada?

a) 12 cm²
b) 15 cm²
c) 18 cm²
d) 20 cm²
e) 24 cm²

22 Se 2 ângulos opostos pelo vértice são tais que as medidas de abertura deles são $2x - 10°$ e $x + 35°$, então qual é a medida de abertura de cada ângulo?

23 Em 2 ângulos suplementares, um deles tem medida de abertura igual ao triplo da medida de abertura do outro. Determine a medida de abertura do maior ângulo.

24 **(Prova Brasil)** Fabricio percebeu que as vigas do telhado de sua casa formavam um triângulo retângulo que tinha um ângulo de 68°.

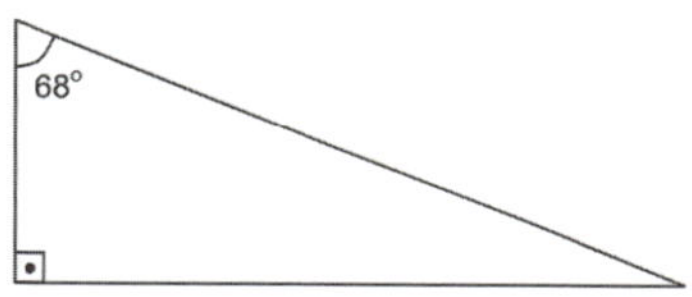

Reprodução/Prova Brasil, 2011

Quanto medem os outros ângulos?

a) 22° e 90°.
b) 45° e 45°.
c) 56° e 56°.
d) 90° e 28°.

25 Maria Joaquina pegou uma folha retangular com lados de medidas de comprimento de 30 cm por 20 cm e recortou, dos 4 cantos, regiões quadradas com lados de medida de comprimento de x cm.

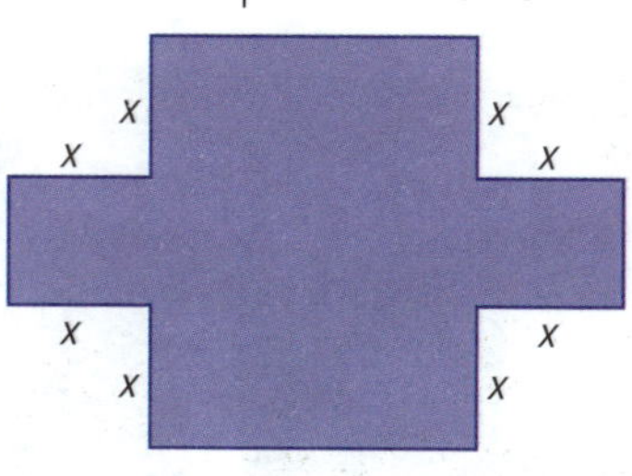

Banco de imagens/Arquivo da editora

Com isso, a medida de área que sobrou da folha é de 404 cm². Qual é o valor de x?

26 Estas regiões retangulares têm a mesma medida de área, dada em metros quadrados. Determine o valor de x, em metros.

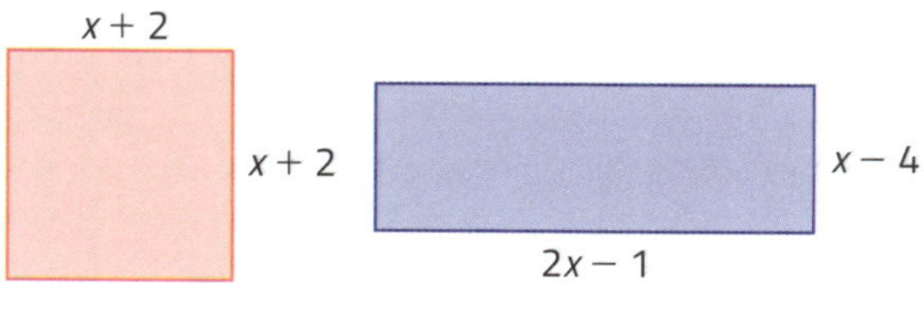

Ilustrações: Banco de imagens/Arquivo da editora

Praticando um pouco mais

Testes oficiais

1 ▸ (Saresp) As cartas abaixo serão colocadas numa caixa e uma será retirada ao acaso.

Ilustrações: Reprodução/Saresp, 2012

A probabilidade de a carta retirada ter a figura de uma pessoa é:

a) $\frac{1}{3}$. b) $\frac{1}{4}$. c) $\frac{2}{3}$. d) $\frac{2}{5}$.

2 ▸ (Saresp) Se lançarmos um dado (não viciado) duas vezes, a probabilidade de obtermos o número 6 nas duas jogadas é:

a) $\frac{1}{6}$. b) $\frac{2}{9}$. c) $\frac{1}{12}$. d) $\frac{1}{36}$.

3 ▸ Desafio. (Obmep) Carlinhos escreveu OBMEP2013 em cartões, que ele colocou enfileirados no quadro de avisos de sua escola. Ele quer pintar de verde ou amarelo os cartões com letras e de azul ou amarelo os cartões com algarismos, de modo que cada cartão seja pintado com uma única cor e que cartões vizinhos não tenham cores iguais.

Reprodução/Obmep, 2013

As imagens desta página não estão representadas em proporção.

De quantas maneiras diferentes ele pode fazer a pintura?

a) 2
b) 3
c) 6
d) 7
e) 12

Questões de vestibulares e Enem

4 ▸ (IFPE) Um auditório em forma de um salão circular dispõe de 6 portas, que podem ser utilizadas tanto como entrada ou para saída do salão. De quantos modos distintos uma pessoa que se encontra fora do auditório pode entrar e sair do mesmo, utilizando como porta de saída uma porta diferente da que utilizou para entrar?

a) 6
b) 5
c) 12
d) 30
e) 36

5 ▸ (UEG-GO) Numa lanchonete o lanche é composto por três partes: pão, molho e recheio. Se essa lanchonete oferece aos seus clientes duas opções de pão, três de molho e quatro de recheio, a quantidade de lanches distintos que ela pode oferecer é de:

a) 9.
b) 12.
c) 18.
d) 24.

06 ▸ (Unisinos-RS) O consumo de combustível de um automóvel é medido pelo número de quilômetros que percorre, gastando 1 L de combustível. O consumo depende, entre outros fatores, da velocidade desenvolvida. O gráfico a seguir indica o consumo na dependência da velocidade, de certo automóvel.

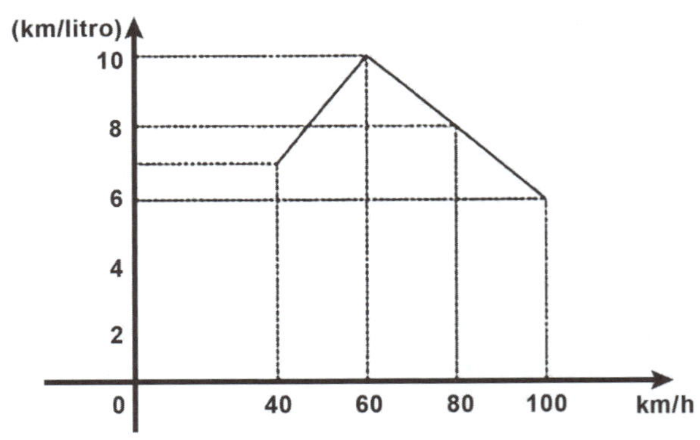

Reprodução/Unisinos, 2008

A análise do gráfico mostra que:

a) o maior consumo se dá aos 60 km/h.
b) a partir de 40 km/h, quanto maior a velocidade, maior é o consumo.
c) o consumo é diretamente proporcional à velocidade.
d) o menor consumo se dá aos 60 km/h.
e) o consumo é inversamente proporcional à velocidade.

7› **(Enem)** Uma equipe de especialistas do centro meteorológico de uma cidade mediu a temperatura do ambiente, sempre no mesmo horário, durante 15 dias intercalados, a partir do primeiro dia de um mês. Esse tipo de procedimento é frequente, uma vez que os dados coletados servem de referência para estudos e verificação de tendências climáticas ao longo dos meses e anos.

As medições ocorridas nesse período estão indicadas no quadro.

Dia do mês	Temperatura (em °C)
1	15,5
3	14
5	13,5
7	18
9	19,5
11	20
13	13,5
15	13,5
17	18
19	20
21	18,5
23	13,5
25	21,5
27	20
29	16

Em relação à temperatura, os valores da média, mediana e moda são, respectivamente, iguais a:

a) 17 °C, 17 °C e 13,5 °C.

b) 17 °C, 18 °C e 13,5 °C.

c) 17 °C, 13,5 °C e 18 °C.

d) 17 °C, 18 °C e 21,5 °C.

e) 17 °C, 13,5 °C e 21,5 °C.

8› **(Enem)** Um sistema de radar é programado para registrar automaticamente a velocidade de todos os veículos trafegando por uma avenida, onde passam em média 300 veículos por hora, sendo 55 km/h a máxima velocidade permitida.

Um levantamento estatístico dos registros do radar permitiu a elaboração da distribuição percentual de veículos de acordo com sua velocidade aproximada.

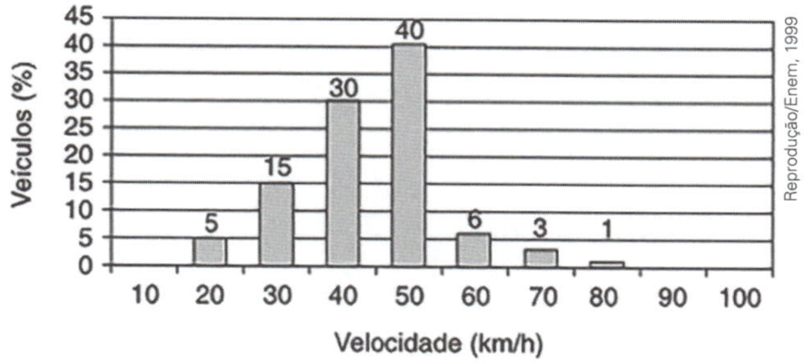

A velocidade média dos veículos que trafegam nessa avenida é de:

a) 35 km/h.

b) 44 km/h.

c) 55 km/h.

d) 76 km/h.

e) 88 km/h.

9› **(Enem)** Os dados do gráfico seguinte foram gerados a partir de dados colhidos no conjunto de seis regiões metropolitanas pelo Departamento Intersindical de Estatística e Estudos Socioeconômicos (Dieese).

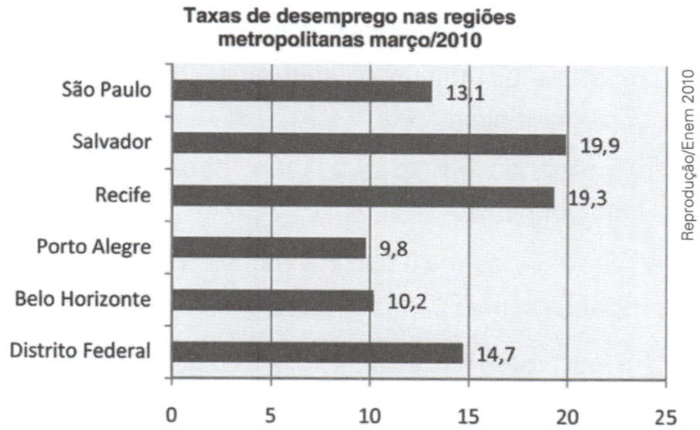

Disponível em: <http://g1.globo.com>. Acesso em: 28 abr. 2010 (adaptado).

Supondo que o total de pessoas pesquisadas na região metropolitana de Porto Alegre equivale a 250 000, o número de desempregados em março de 2010, nessa região, foi de:

a) 24 500.

b) 25 000.

c) 200 500.

d) 223 000.

e) 227 500.

VERIFIQUE O QUE ESTUDOU

1 Uma pesquisa envolvendo 40 pessoas teve a seguinte pergunta: "Entre laranja, uva e maçã, qual fruta você prefere?". Complete os itens.

a) A variável nesta pesquisa é do tipo

______________________.

b) Uva é um dos ______________ da variável.

c) Se uva recebeu 10 votos, então a frequência absoluta dela foi __________ e a frequência relativa foi __________.

d) No gráfico de setores dessa pesquisa, o setor correspondente à uva tem ângulo central com medida de abertura de __________.

2 Ana, Bia, Carol e Dani são amigas. Elas resolveram formar uma sigla utilizando as iniciais dos nomes delas para estampar camisetas. *ABCD* e *BADC* são 2 siglas possíveis. Sem repetir nenhuma letra e usando as 4 letras, qual é o total de siglas distintas que podem ser formadas?

3 Considere fichas que podem ser formadas por 1 vogal e 1 número natural de 1 a 9, nessa ordem.

a) Quantas fichas podemos formar?

b) Destas, quantas têm um número par?

c) E quantas têm a letra **E**?

4 Calcule a probabilidade em cada situação.

a) Sorteando um número natural de 0 a 19, o número ser múltiplo de 6.

b) Sorteando um mês do ano, obter um mês do 1º trimestre.

c) Sorteando uma letra do alfabeto, ser uma letra da palavra BRASIL.

5 Pesquisem em revistas, jornais ou na internet e selecionem uma notícia que apresente algum tipo de gráfico. Escrevam um breve texto que apresente todas as informações fornecidas pelo gráfico, indicando a fonte e o tipo de gráfico. Depois, recortem e colem o gráfico em uma folha de papel sulfite. Elaborem algumas questões relativas a ele e deem para outra dupla responder. Vocês respondem às perguntas elaboradas por ela.

6 Na realização de uma prova, foi anotado o intervalo de tempo que cada aluno gastou para concluí-la (em minutos).

56	44	47	51
57	46	57	53
54	49	50	52
51	43	55	51
55	45	46	48
49	50	56	50
50	49	48	47
51	51	–	–

a) Construa a tabela de frequências com os valores em 5 classes.

b) Faça um histograma relacionando as classes e as frequências absolutas.

7 Determine as 3 medidas estatísticas de tendência central (média aritmética, moda e mediana) considerando esta tabela de frequências.

Tabela de frequências

Idade (em anos)	Frequência absoluta
13	3
14	2
15	4
16	1

Tabela elaborada para fins didáticos.

Atenção

Retome os assuntos que você estudou neste capítulo. Verifique em quais teve dificuldade e converse com o professor, buscando maneiras de reforçar seu aprendizado.

Autoavaliação

Algumas atitudes e reflexões são fundamentais para melhorar o aprendizado e a convivência na escola. Reflita sobre elas.

- Empenhei-me em resolver as atividades apresentadas neste livro?
- Recorri ao professor e aos colegas buscando superar as dificuldades encontradas?
- Ampliei meus conhecimentos de Matemática?

PARA LER, PENSAR E DIVERTIR-SE

Ler

Nota histórica

A teoria das probabilidades teve início nos jogos de azar. Os matemáticos italianos Girolamo Cardano (1501-1576) e Galileu Galilei (1564-1642) estão entre os primeiros a analisar, matematicamente, jogos de dados.

Depois disso, o matemático francês Blaise Pascal (1623-1662), consultado sobre questões dos jogos de dados por um amigo que era jogador fanático, o francês Antoine Gombaud (1607-1684, conhecido por Chevallet de Méré), manteve correspondência com o matemático francês Pierre de Fermat (1601-1665). Dessa correspondência entre Pascal e Fermat e das pesquisas realizadas por eles observando várias situações de jogos de azar é que evolui a teoria das probabilidades.

Outros matemáticos que se dedicaram, direta ou indiretamente, ao estudo das probabilidades foram: o holandês Christiaan Huygens (1629-1695), ao qual é atribuído o primeiro livro sobre probabilidade; o francês Abraham de Moivre (1667-1754), que escreveu o livro *Doutrina das probabilidades*, em 1718; e o suíço Jacob Bernoulli (1654-1705).

Mais tarde, os matemáticos suíço Leonhard Euler (1707-1783) e francês Jean le Rond D'Alembert (1717-1783) desenvolveram outros estudos sobre probabilidade, aplicando-os à Economia, Ciências sociais e jogos de loteria. De acordo com o matemático, historiador da matemática e autor estadunidense Carl Boyer (1906-1976):

> entre os problemas de loteria que Euler publicou em 1765, o mais simples é o seguinte: suponha que n bilhetes são numerados consecutivamente de 1 a n e que bilhetes são tirados ao acaso; então a probabilidade de que três números consecutivos sejam tirados é $\frac{2 \cdot 3}{n(n-1)}$.

Ainda de acordo com Boyer, a teoria das probabilidades deve mais ao matemático francês Pierre-Simon Laplace (1749-1827) do que a qualquer outro matemático. A partir de 1774, ele escreveu muitos artigos sobre o assunto, cujos resultados ele incorporou no clássico *Théorie analytique des probabilités*, de 1812. Ele considerou a teoria em todos os aspectos e em todos os níveis.

Mais recentemente, os nomes dos matemáticos francês Jules Henri Poincaré (1854-1912), francês Félix Édouard Justin Émile Borel (1871-1956) e húngaro John von Neumann (1903-1957) aparecem relacionados ao estudo de probabilidade e de teoria dos jogos.

Atualmente, a teoria das probabilidades é muito usada na teoria dos jogos e em Estatística, Biologia, Psicologia, Sociologia, Economia e pesquisa operacional.

Fonte de consulta: BOYER, Carl Benjamin. *História da Matemática*. São Paulo: Edgard Blücher/Edusp, 2012. p. 334.

Pensar

(Fatec-SP) Considere verdadeiras as seguintes afirmações.

I) Todos os amigos de João são amigos de Mário.

II) Mário não é amigo de nenhum amigo de Paulo.

III) Antônio só é amigo de todos os amigos de Roberto.

Se Roberto é amigo de Paulo, então:

a) Antônio é amigo de Roberto.

b) João é amigo de Roberto.

c) Mário é amigo de Roberto.

d) Antônio não é amigo de João.

Divertir-se

Willian Raphael Silva/<https://www.humorcomciencia.com/>

Fonte: HUMOR COM CIÊNCIA. *Tirinhas*. Disponível em: <www.humorcomciencia.com/tirinhas/a-senha/>. Acesso em: 11 jun. 2019.

GLOSSÁRIO

A

Ampliação: Aumento proporcional de uma figura.

Ver **figuras semelhantes**.
A figura **B** é uma ampliação da figura **A**, pois as medidas de comprimento dos lados de **B** são o dobro das medidas de comprimento dos lados de **A** e as medidas de abertura dos ângulos são mantidas. Dizemos que as figuras **A** e **B** são semelhantes.

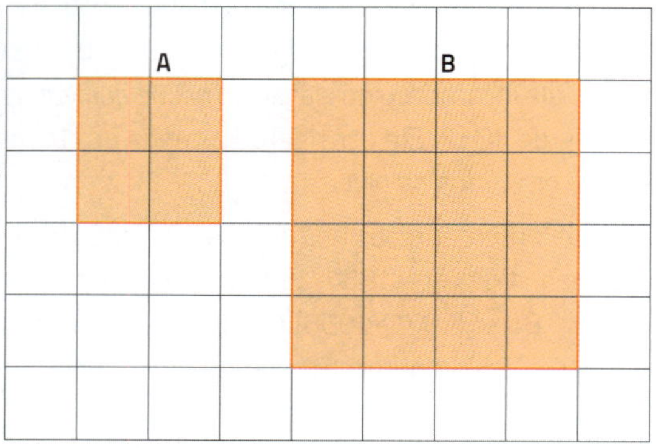

Banco de imagens/Arquivo da editora

Ângulo central: Ângulo cujo vértice é o centro de uma circunferência ou de um círculo.

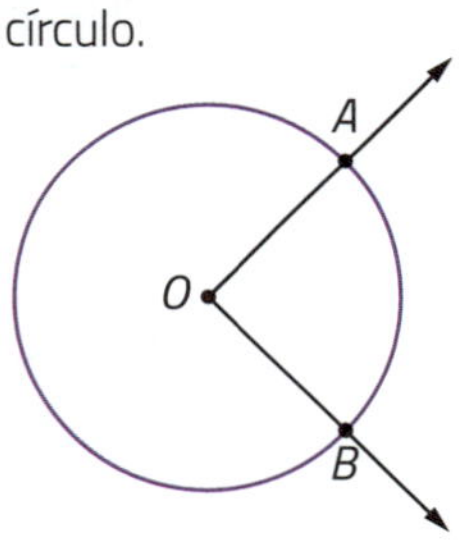

Banco de imagens/Arquivo da editora

O é o centro dessa circunferência.
$\overline{OA}$ e $\overline{OB}$ são raios da circunferência.
$A\hat{O}B$ é um ângulo central.

Ângulo de segmento: Ângulo cujo vértice é um ponto de uma circunferência, um dos lados está contido em uma reta tangente à circunferência e o outro lado está contido em uma reta secante à circunferência e tem 2 pontos comuns com ela.

Ver **reta tangente a uma circunferência** e **reta secante a uma circunferência**.

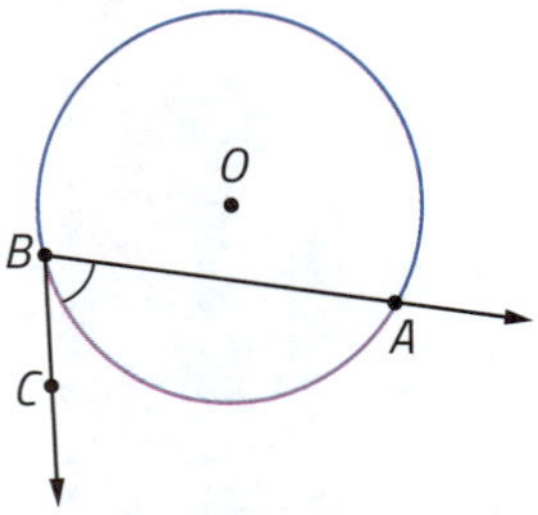

Banco de imagens/Arquivo da editora

$A\hat{B}C$ é um ângulo de segmento dessa circunferência de centro O.

Ângulo inscrito: Ângulo cujo vértice é um ponto de uma circunferência, os lados determinam 2 cordas da circunferência e o arco correspondente ao ângulo não contém o vértice dele.

Ver **arco**.

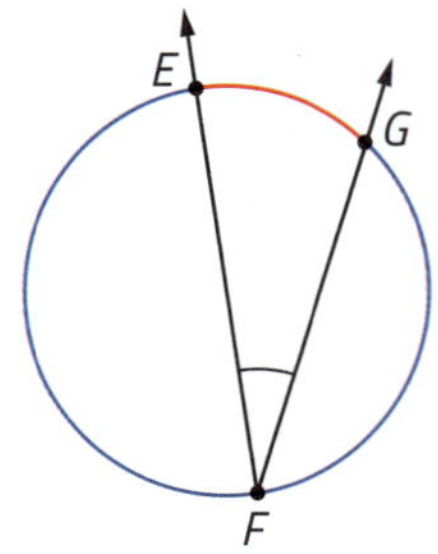

Banco de imagens/Arquivo da editora

$E\hat{F}G$ é um ângulo inscrito nessa circunferência, de arco $\overset{\frown}{EG}$.

Arco de circunferência: Cada uma das partes de uma circunferência determinadas por um ângulo central.

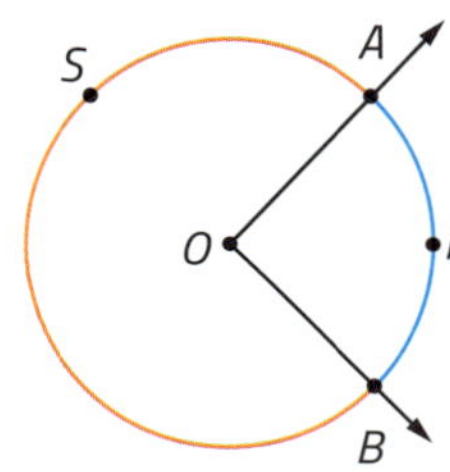

Banco de imagens/Arquivo da editora

O ângulo central $A\hat{O}B$ determina os arcos $\overset{\frown}{ASB}$ e $\overset{\frown}{ARB}$ nessa circunferência.

Área: Grandeza correspondente ao espaço ocupado por uma superfície. A medida dela pode ser expressa em centímetros quadrados (cm^2), metros quadrados (m^2), quilômetros quadrados (km^2), etc.
Podemos calcular a medida de área de algumas regiões planas utilizando as medidas de comprimento de alguns elementos (como lados, alturas e diagonais).

Região quadrada

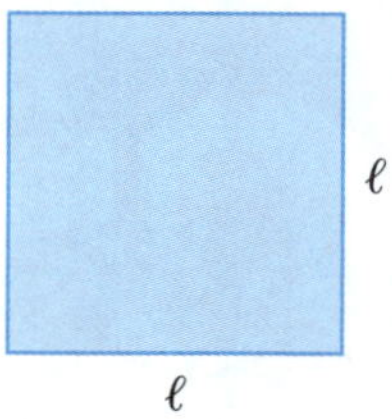

Banco de imagens/Arquivo da editora

$A = \ell \times \ell$ ou $A = \ell^2$
(unidades de medida de área)

Ilustrações: Banco de imagens/Arquivo da editora

Região retangular

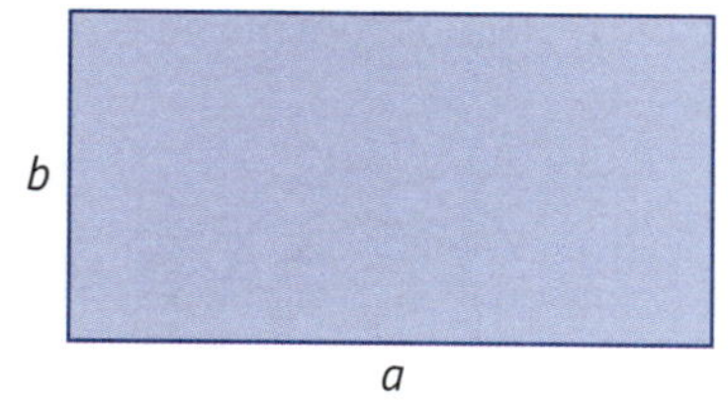

$A = a \times b$
(unidades de medida de área)

Região limitada por um paralelogramo

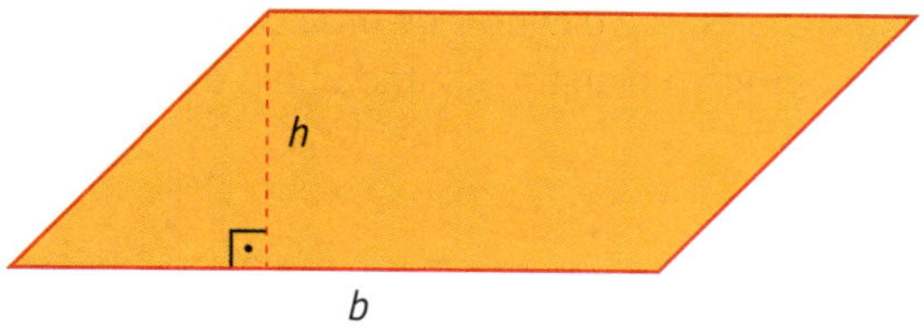

$A = b \times h$
(unidades de medida de área)

Região triangular

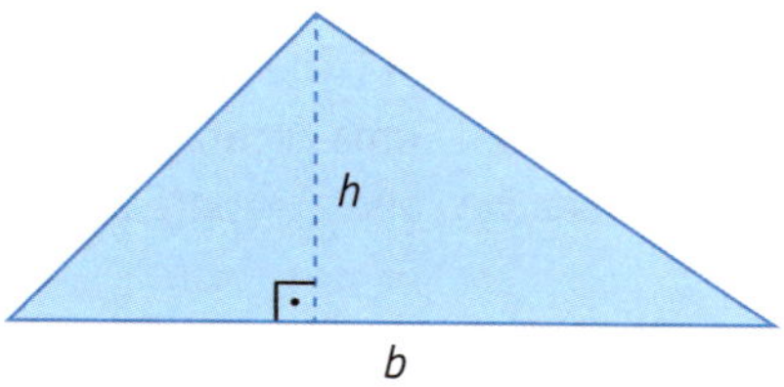

$A = \frac{bh}{2}$ ou $A = \frac{1}{2}bh$
(unidades de medida de área)

Região limitada por um trapézio

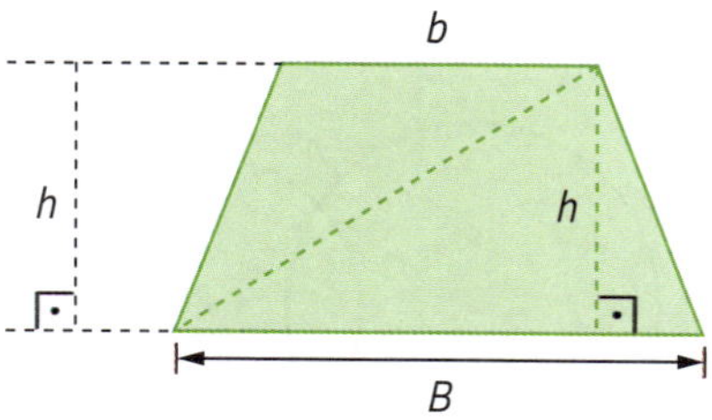

$A = \frac{(B + b)h}{2}$
(unidades de medida de área)

Região limitada por um losango

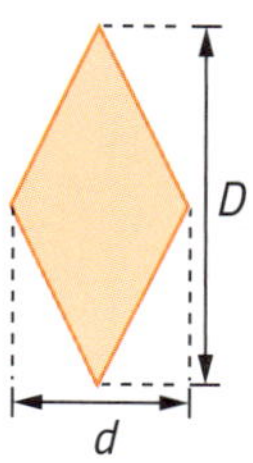

$A = d \times \frac{D}{2}$ ou $A = \frac{Dd}{2}$
(unidades de medida de área)

Círculo

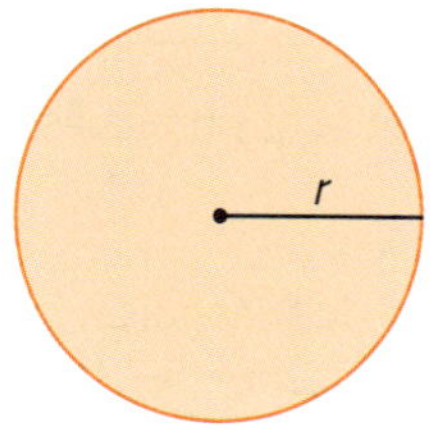

Banco de imagens/Arquivo da editora

$A = \pi r^2$
(unidades de medida de área)

B

Base de uma figura: Segmento de reta ou região plana presente em algumas figuras geométricas.

Ilustrações: Banco de imagens/Arquivo da editora

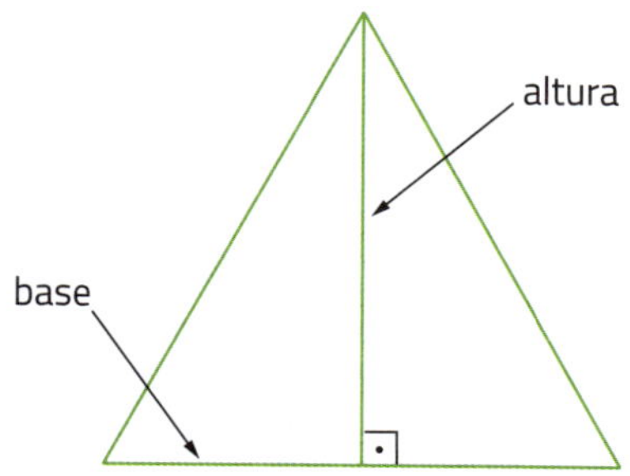

Base do triângulo.

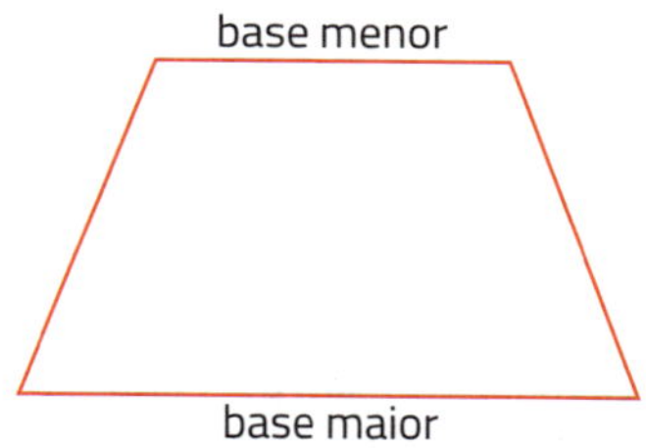

Bases do trapézio.

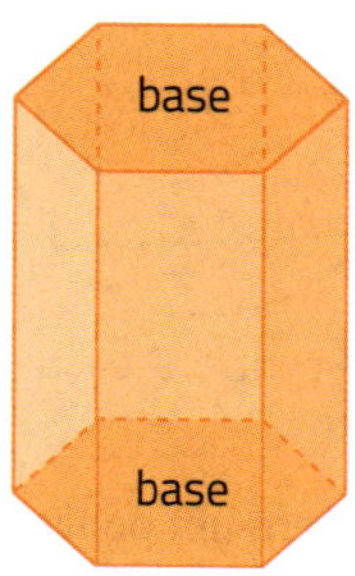

Bases do prisma.

Base do cone.

C

Capital: Dívida ou quantia que uma pessoa investe.

Ver **juro**.

Casos de semelhança de triângulos: Situações nas quais é possível garantir a semelhança de 2 triângulos sem a necessidade de verificar se os 3 pares de lados correspondentes têm medidas de comprimento proporcionais e se os 3 pares de ângulos internos correspondentes são congruentes.
Se 2 ângulos internos de um triângulo são respectivamente congruentes a 2 ângulos internos de outro triângulo, então esses triângulos são semelhantes (caso AA).

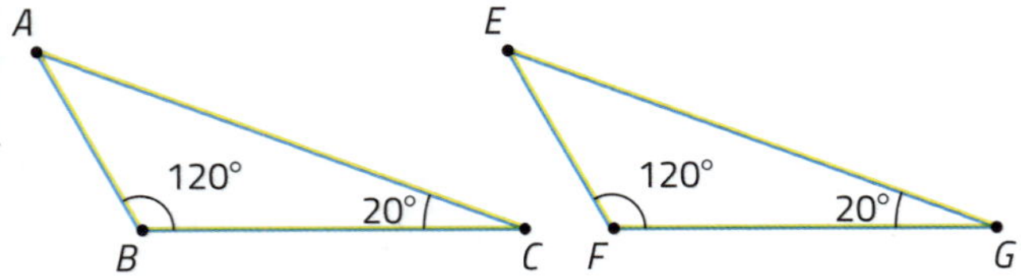

Ilustrações: Banco de imagens/Arquivo da editora

Como $\hat{B} \cong \hat{F}$ e $\hat{C} \cong \hat{G}$, podemos afirmar que os triângulos *ABC* e *EFG* são semelhantes. Indicamos assim: $\triangle ABC \sim \triangle EFG$.
Há outros casos de semelhança de triângulos.

Cateto: Cada um dos lados que formam o ângulo reto de um triângulo retângulo.

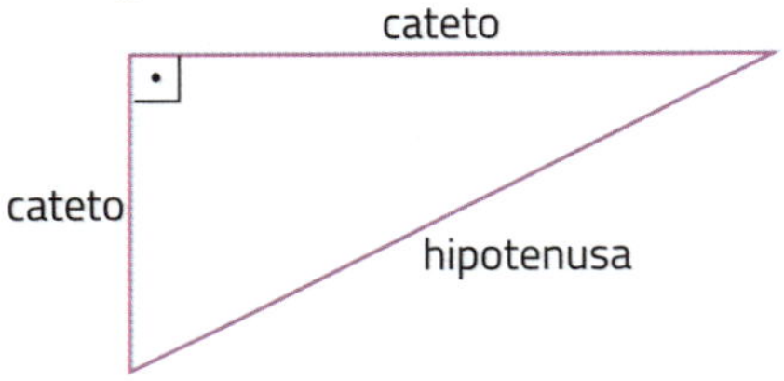

Banco de imagens/Arquivo da editora

Circunferência circunscrita a um polígono: Circunferência tal que todos os vértices do polígono pertencem a ela.

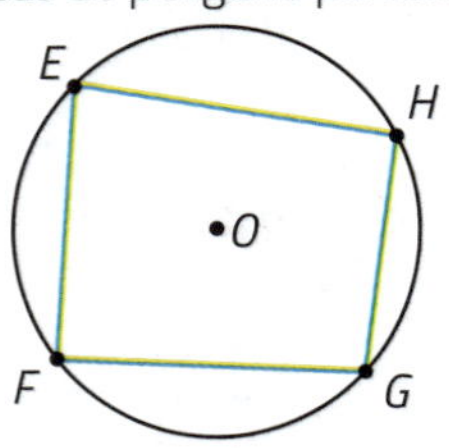

Banco de imagens/Arquivo da editora

Essa circunferência de centro *O* é circunscrita ao quadrilátero *EFGH*.

Circunferência inscrita em um polígono: Circunferência tal que todos os lados do polígono são tangentes a ela.

Ver **reta tangente a uma circunferência**.

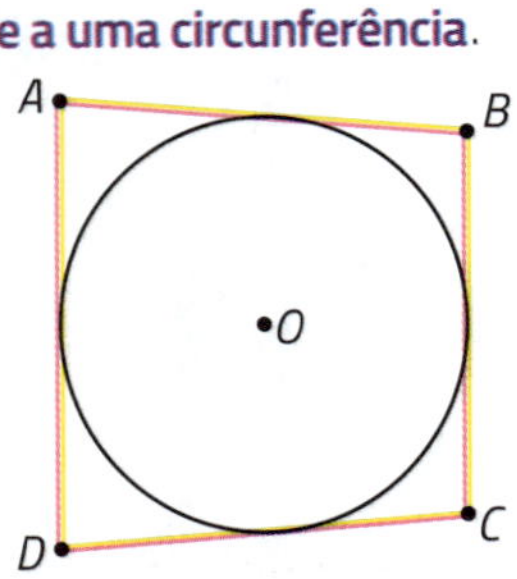

Banco de imagens/Arquivo da editora

Essa circunferência de centro *O* é inscrita no quadrilátero *ABCD*.

Circunferências concêntricas: Duas circunferências que têm o mesmo centro e raios com medidas de comprimento diferentes.

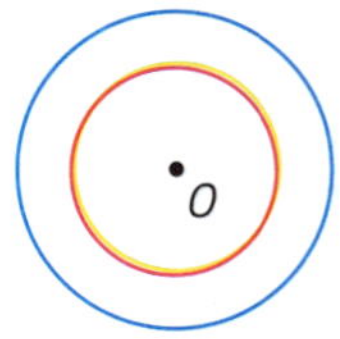

Banco de imagens/Arquivo da editora

Essas circunferências são concêntricas de centro *O*.

Circunferências externas: Duas circunferências que não têm ponto comum e o centro de uma circunferência não pertence à região plana delimitada pela outra circunferência.

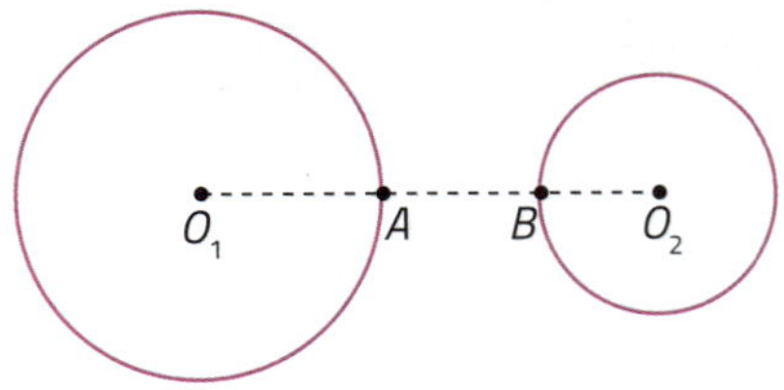

Banco de imagens/Arquivo da editora

Circunferências internas: Duas circunferências que não têm ponto comum e o centro de uma circunferência pertence à região plana delimitada pela outra circunferência.

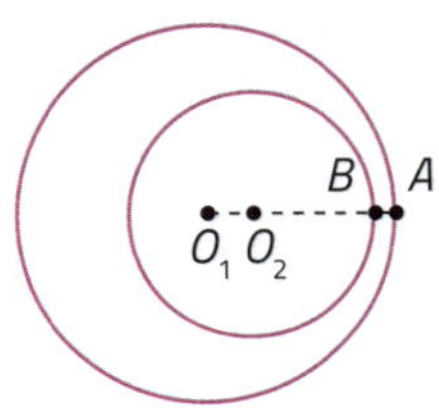

Banco de imagens/Arquivo da editora

Circunferências secantes: Duas circunferências que têm 2 pontos comuns.

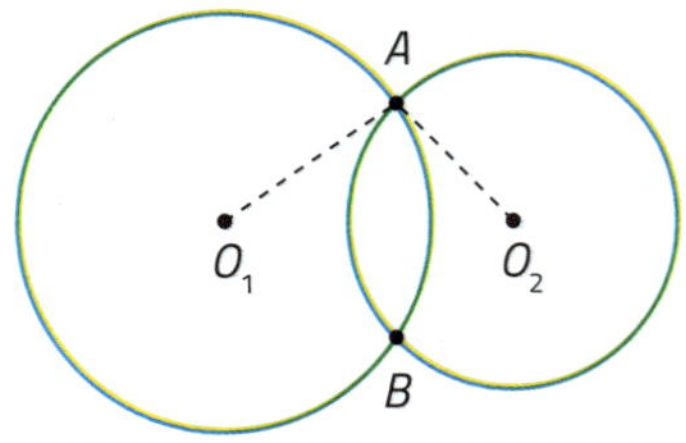

Banco de imagens/Arquivo da editora

Circunferências tangentes: Duas circunferências que têm 1 único ponto comum.

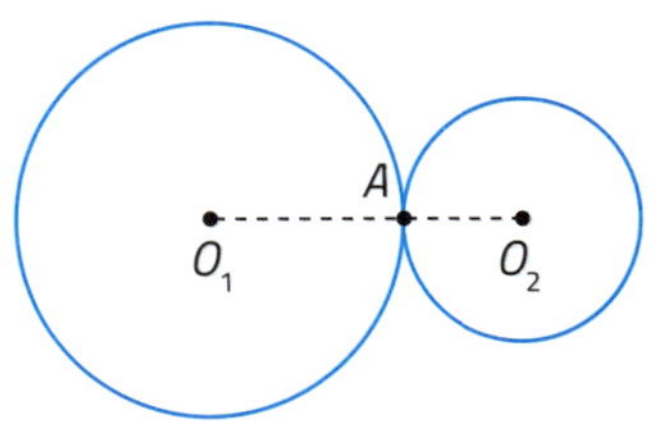

Tangentes externas (o centro de uma circunferência não pertence à região plana delimitada pela outra circunferência).

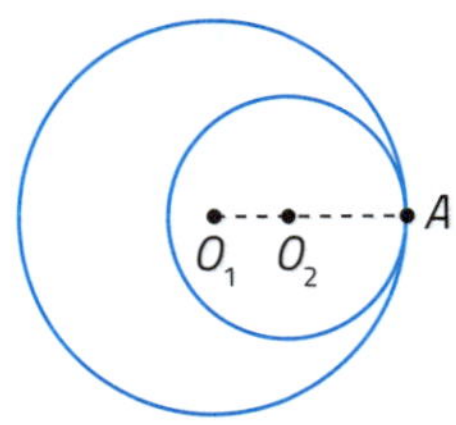

Tangentes internas (o centro de uma circunferência pertence à região plana delimitada pela outra circunferência).

Ilustrações: Banco de imagens/Arquivo da editora

Coeficientes de uma equação do 2º grau: Em uma equação do 2º grau de incógnita *x*, escrita na forma geral $ax^2 + bx + c = 0$, com $a \neq 0$, os números representados por *a*, *b* e *c* são os coeficientes.

Ver **equação do 2º grau com 1 incógnita**.
Na equação $x^2 - 4x + 7 = 0$, os coeficientes são 1, −4 e 7.

Comprimento de uma circunferência: Nome dado ao perímetro da circunferência.

Ver **perímetro**.

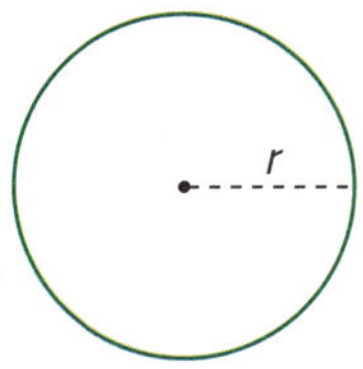

Banco de imagens/Arquivo da editora

$C = 2\pi r$
(unidades de medida de comprimento)

Congruência: Ver **figuras congruentes**.

Conjunto imagem de uma função: Em uma função $f: A \rightarrow B$, o conjunto imagem $(\text{Im}(f))$ é o conjunto de todos os $y \in B$ tal que $x \in A$ e $y = f(x)$.
A função $f: \mathbb{R} \rightarrow \mathbb{R}$ dada por $y = x^2$ tem domínio $D = \mathbb{R}$, contradomínio $D = \mathbb{R}$ e conjunto imagem $\text{Im}(f) = \mathbb{R}^+$.

Ver **função**.

Contradomínio de uma função: Em uma função $f: A \rightarrow B$, o conjunto *B* é o contradomínio (D).
A função $f: \mathbb{R} \rightarrow \mathbb{R}$ dada por $y = x^2$ tem domínio $D = \mathbb{R}$, contradomínio $D = \mathbb{R}$ e conjunto imagem $\text{Im}(f) = \mathbb{R}^+$.

Ver **função**.

Corda de uma circunferência: Segmento de reta cujas extremidades são 2 pontos de uma circunferência.

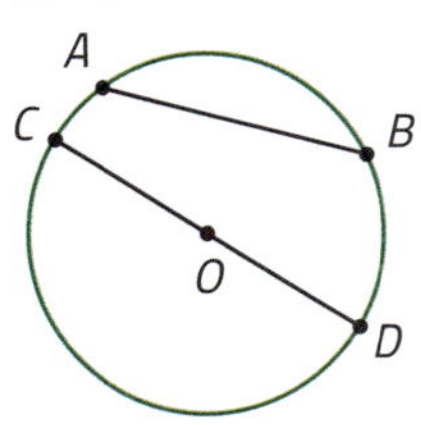

Banco de imagens/Arquivo da editora

$\overline{AB}$ e $\overline{CD}$ são cordas dessa circunferência de centro *O*.
$\overline{CD}$ também é um diâmetro dessa circunferência.

Coroa circular: Região plana delimitada por 2 círculos concêntricos (de mesmo centro).

Ver **circunferências concêntricas**.

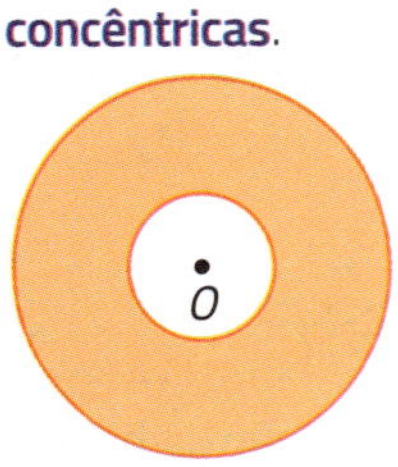

Banco de imagens/Arquivo da editora

A parte pintada dessa figura é uma coroa circular.

Cosseno de um ângulo agudo: Número associado à medida de abertura de um ângulo agudo.
Pode ser obtido da seguinte maneira: considerando um ângulo agudo de um triângulo retângulo, o cosseno da medida de abertura desse ângulo é a razão entre a medida de comprimento do cateto adjacente a ele e a medida de comprimento da hipotenusa.

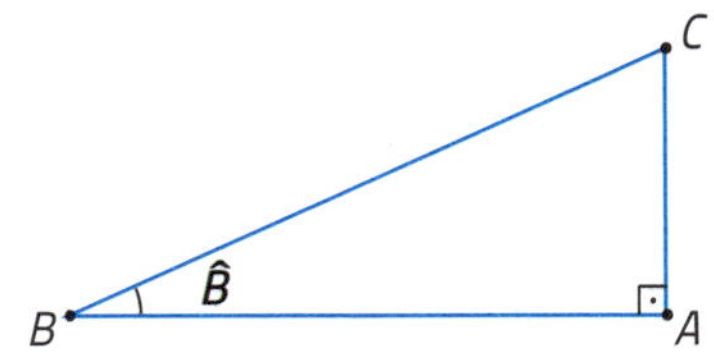

Banco de imagens/Arquivo da editora

Indicamos o cosseno da medida de abertura do ângulo $\hat{B}$, ou, apenas, cosseno do ângulo $\hat{B}$, por $\cos \hat{B} = \frac{AB}{BC}$.

D

Demonstração: Procedimento no qual, a partir de uma ou mais afirmações, por um encadeamento de argumentos lógicos, chegamos a outra afirmação.

Discriminante em uma equação do 2º grau com 1 incógnita: Valor da expressão $\Delta = b^2 - 4ac$ na equação do 2º grau $ax^2 + bx + c = 0$, de incógnita *x*, com *a*, *b* e *c* reais e $a \neq 0$.
O valor de Δ (maior do que 0, menor do que 0 ou igual a 0) de uma equação do 2º grau determina quantas raízes reais ela tem.

Ver **raízes (ou soluções) de uma equação com 1 incógnita**.

Domínio de uma função: Em uma função $f: A \rightarrow B$, o conjunto *A* é o domínio (D).
A função $f: \mathbb{R} \rightarrow \mathbb{R}$ dada por $y = x^2$ tem domínio $D = \mathbb{R}$, contradomínio $D = \mathbb{R}$ e conjunto imagem $\text{Im}(f) = \mathbb{R}^+$.

Ver **função**.

E

Equação: Igualdade que contém pelo menos 1 incógnita.

Ver **incógnita**.
$5x + 3 = 25$ é uma equação de incógnita *x*.
$x - y = 3$ é uma equação com 2 incógnitas, *x* e *y*.
Resolver uma equação significa determinar os possíveis valores das incógnitas (**soluções** ou **raízes** da equação).
Resolver a equação $3x + 2 = 14$ significa determinar a solução dela, que é $x = 4$.
Resolver a equação $x + y = 10$ significa determinar as soluções dela, como $(1, 9)$ e $(-3, 13)$. No conjunto dos números reais, essa equação tem infinitas soluções.

Equação do 1º grau com 1 incógnita: Toda equação que pode ser escrita na forma $ax + b = 0$, com *a* e *b* números reais e $a \neq 0$.

Ver **equação**.
$4x - 7 = x + 1$ é uma equação do 1º grau de incógnita *x*, pois pode ser escrita como $3x - 8 = 0$.
$a = 3$ e $b = -8$ são os coeficientes dessa equação.

Equação do 2º grau com 1 incógnita: Toda equação que pode ser escrita na forma $ax^2 + bx + c = 0$, com a, b e c números reais e $a \neq 0$.

Ver **equação**.
$y(y + 4) = 3$ é uma equação do 2º grau de incógnita y, pois pode ser escrita na forma $y^2 + 4y - 3 = 0$.
$a = 1$, $b = 4$ e $c = -3$ são os coeficientes dessa equação.

Equação do 2º grau completa: Equação da forma $ax^2 + bx + c = 0$, que tem $a \neq 0$, $b \neq 0$ e $c \neq 0$.

Ver **equação do 2º grau com 1 incógnita**.
$2x^2 - x + 7 = 0$ é uma equação do 2º grau completa, pois $a = 2 \neq 0$, $b = -1 \neq 0$ e $c = 7 \neq 0$.

Equação do 2º grau incompleta: Equação da forma $ax^2 + bx + c = 0$, com $a \neq 0$ e com $b = 0$ e/ou $c = 0$.

Ver **equação do 2º grau com 1 incógnita**.
$3x^2 = 0$, $7x^2 + 2x = 0$ e $-5x^2 + 20 = 0$ são equações do 2º grau incompletas.

Escala: Relação entre as medidas de comprimento de um desenho e as respectivas medidas de comprimento do objeto real representado pelo desenho.
Se a escala de um mapa é 1 : 1000000, então cada centímetro no mapa corresponde a 1000000 cm (ou 10 km) na realidade.

Espaço amostral: Conjunto de todos os resultados possíveis de um experimento aleatório.
Representamos o espaço amostral pela letra Ω.
No lançamento de um dado de 6 faces, o espaço amostral é $\Omega = \{1, 2, 3, 4, 5, 6\}$.

Espaço amostral equiprovável: Quando todos os resultados possíveis do espaço amostral têm a mesma chance de ocorrer.

Ver **espaço amostral**.
No lançamento de uma moeda não viciada, tanto obter cara quanto obter coroa têm a mesma chance de ocorrer.

Estatística: Parte da Matemática que apresenta, organiza e interpreta informações numéricas em tabelas e gráficos.

Estudo do sinal de uma função: Significa determinar os valores de x do domínio de uma função f para os quais $f(x)$ é nulo (ou seja, $f(x) = 0$), é positivo (ou seja, $f(x) > 0$) e é negativo (ou seja, $f(x) < 0$).

Ver **função** e **zeros de uma função**.
Na função afim dada por $f(x) = 2x + 1$, com x real, temos: $f(x) = 0$ para $x = -\frac{1}{2}$, $f(x) > 0$ para $x > -\frac{1}{2}$ e $f(x) < 0$ para $x < -\frac{1}{2}$.

Evento: Qualquer subconjunto do espaço amostral. Geralmente, é representado por uma letra maiúscula do alfabeto, (A, B, C, etc.).
Se um evento é vazio, então ele é chamado **evento impossível**. Se um evento coincide com o espaço amostral, então dizemos que é um **evento certo**.

Ver **espaço amostral**.
No lançamento de um dado de 6 faces, o evento A: sair um número par pode ser representado por $A = \{2, 4, 6\}$.
Nesse experimento, o evento B: sair um número maior do que 6 é um evento impossível, e o evento C: sair um número entre 0 e 7 é um evento certo.

Eventos dependentes: Dados 2 eventos, eles são dependentes quando a ocorrência de um tem efeito na probabilidade de ocorrência do outro.
Se 2 eventos A e B são dependentes, então:

$$p(A) \cdot p(B) \neq p(A \cap B)$$

Ao sortear 2 cartas de um baralho, uma depois da outra, sem a reposição da primeira carta, o evento A: retirar uma dama e o evento B: retirar uma carta de copas são dependentes.

Eventos independentes: Dados 2 eventos, eles são independentes quando a ocorrência de um não tem qualquer efeito na probabilidade de ocorrência do outro.
Se 2 eventos A e B são independentes, então:

$$p(A) \cdot p(B) = p(A \cap B)$$

Ao sortear 2 cartas de um baralho, uma depois da outra, com a reposição da primeira carta, o evento A: retirar uma dama e o evento B: retirar uma carta de copas são independentes.

F

Fatoração: Transformação de uma expressão algébrica ou de um número como um produto.
Uma fatoração do polinômio $x^2 - 9$ é $(x + 3)(x - 3)$.
Uma fatoração do número 28 é $2 \cdot 2 \cdot 7$ ou $2^2 \cdot 7$.

Feixe de retas paralelas: Conjunto de retas paralelas 2 a 2.

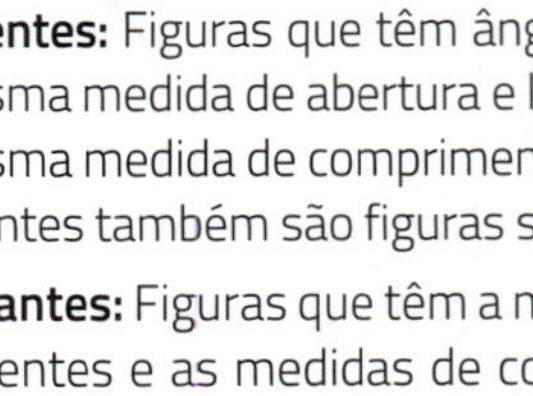

Banco de imagens/Arquivo da editora

As retas r, s, t e u dessa figura formam um feixe de retas paralelas. Indicamos assim: $r // s // t // u$.

Figuras congruentes: Figuras que têm ângulos correspondentes com mesma medida de abertura e lados correspondentes com mesma medida de comprimento.
Figuras congruentes também são figuras semelhantes.

Figuras semelhantes: Figuras que têm a mesma forma, os ângulos congruentes e as medidas de comprimento dos lados proporcionais.

Ver **casos de semelhança de triângulos**.

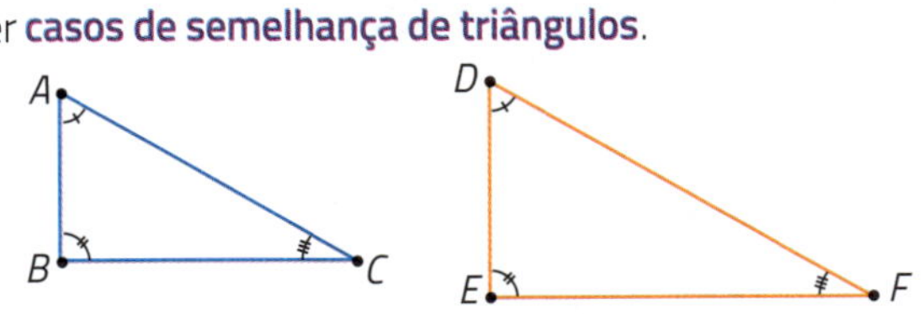

Os triângulos ABC e DEF são semelhantes. Indicamos: $\triangle ABC \sim \triangle DEF$.

Ilustrações: Banco de imagens/Arquivo da editora

Fórmula de Bhaskara: Nome dado no Brasil para a fórmula que permite calcular as raízes de uma equação do 2º grau com 1 incógnita usando os valores dos coeficientes da equação.

Ver **discriminante em uma equação do 2º grau**, **equação do 2º grau com 1 incógnita** e **raízes (ou soluções) de uma equação com 1 incógnita**.
Equação: $ax^2 + bx + c = 0$, com $a \neq 0$.
Coeficientes: a, b e c.
Discriminante: $\Delta = b^2 - 4ac$.
Fórmula de Bhaskara: $x = \dfrac{-b \pm \sqrt{\Delta}}{2a}$.

Função: Dados os conjuntos não vazios A e B, a função f de A em B (indicamos: $f: A \rightarrow B$) é uma regra que indica como associar cada elemento $x \in A$ a um único elemento $y \in B$.
Essa correspondência pode ser expressa, por exemplo, por uma fórmula (lei) ou por um gráfico.
A lei $y = x^2$ define uma função de $\mathbb{R}$ em $\mathbb{R}$ que, para cada número real, associa o quadrado desse número.
Nessa função, y é a **variável dependente** e x é a **variável independente**.
Por essa função, dizemos que a imagem de 3 é 9 e a imagem de -3 também é 9, pois $y = 3^2 = 9$ e $y = (-3)^2 = 9$.

Função afim: Toda função $f: \mathbb{R} \rightarrow \mathbb{R}$ cuja lei de formação pode ser escrita na forma $y = ax + b$, com a e b reais.
O gráfico de uma função afim é sempre uma reta.

Ver **função**.
$y = 3x - 2$ é a lei de uma função afim.
$y = 7$ é a lei de outra função afim.

Função linear: Toda função $f: \mathbb{R} \rightarrow \mathbb{R}$ cuja lei de formação pode ser escrita na forma $y = ax$, com a real e $a \neq 0$.
A função linear é um caso particular de função afim ($y = ax + b$, com $a \neq 0$ e $b = 0$).
O gráfico de uma função linear é sempre uma reta oblíqua ao eixo x que passa pela origem $(0, 0)$.

Ver **função**.
$y = 3x$ é a fórmula de uma função linear.
$y = x + 1$ é a lei de uma função afim que não é linear.

Função quadrática: Toda função $f: \mathbb{R} \rightarrow \mathbb{R}$ cuja lei de formação pode ser escrita na forma $y = ax^2 + bx + c$, com a, b e c reais e $a \neq 0$.
O gráfico de uma função quadrática é sempre uma curva chamada parábola, cujo eixo de simetria é perpendicular ao eixo x.

Ver **função**.

$y = 3x^2 - 2x + 1$ é a fórmula de uma função quadrática.

G

Gráfico de uma função: Uma das formas usadas para representar, no plano cartesiano, os valores correspondentes de x e y em uma função.

Ver **função**.

Este é o gráfico da função que, a cada número real x, associa o dobro dele ($y = 2x$).

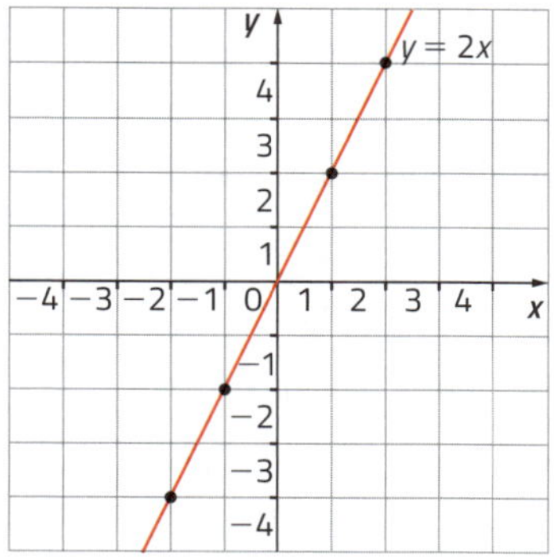

Banco de imagens/Arquivo da editora

H

Hipotenusa: Lado oposto ao ângulo reto em um triângulo retângulo.
A hipotenusa é sempre o lado de maior medida de comprimento no triângulo retângulo.

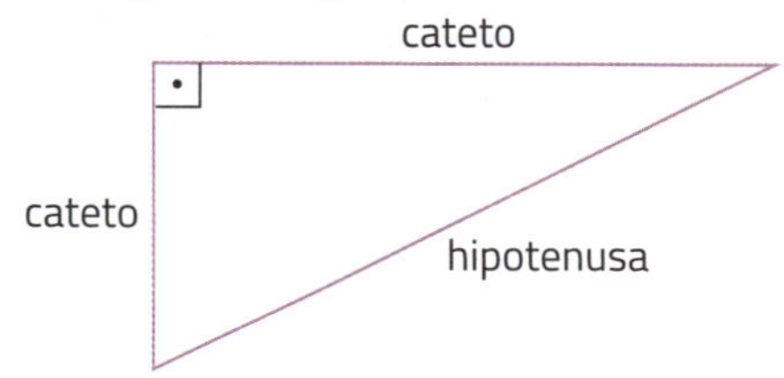

Banco de imagens/Arquivo da editora

Histograma: Tipo de gráfico no qual os valores da variável estão agrupados em classes (intervalos).
Em uma turma, foram organizadas uma tabela e um histograma com as medidas de comprimento da altura dos alunos.

Alunos da turma

Medida de comprimento da altura (em cm)	Frequência absoluta
140 ⊢ 150	6
150 ⊢ 159	9
160 ⊢ 170	15
170 ⊢ 180	3

Tabela elaborada para fins didáticos.

Alunos da turma

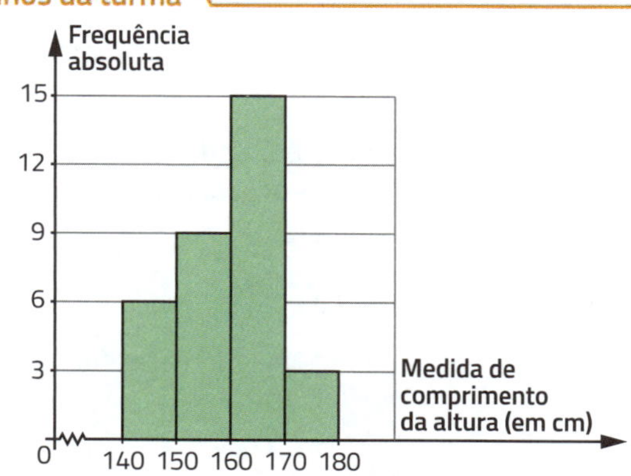

Banco de imagens/Arquivo da editora

Gráfico elaborado para fins didáticos.

I

Incógnita: Letra que representa um número desconhecido em uma equação ou inequação.
$3x + 4 = 19$ é uma equação de incógnita x.
$x - y = 6$ é uma equação com 2 incógnitas, x e y.
$2(x - 1) > x$ é uma inequação com incógnita x.

Índice: Um dos termos de uma radiciação.

Ver **radiciação**.
Em $\sqrt[3]{125} = 5$, o índice é o número 3.

Índice de subida: Razão entre a medida de comprimento da altura e a respectiva medida de comprimento do afastamento em uma subida.

J

Juro: Quantia obtida como rendimento de um capital aplicado ou quantia paga como compensação por um empréstimo ou parcelamento de uma dívida.
Ao aplicar R$ 1 000,00 em uma poupança que rende 0,4% ao mês, depois de 1 mês, haverá R$ 1 004,00.
Nesse caso, o capital é de R$ 1 000,00, a taxa de juro é de 0,4% ao mês, o montante é de R$ 1 004,00 e o rendimento é de R$ 4,00 de juro.

L

Linha do horizonte: Ver **perspectiva**.

M

Montante: Soma do capital com o juro em uma aplicação ou em um empréstimo.

Ver **juro**.

N

Número irracional: Número cuja representação decimal é infinita e não periódica.
$\sqrt{2} = 1{,}414213562...$ e o número pi ($\pi = 3{,}141592653...$) são números irracionais.
O conjunto dos números irracionais é representado pela letra $\mathbb{I}$.

Número racional: Todo número que pode ser escrito na forma fracionária, com numerador e denominador inteiros e denominador diferente de 0 (zero).

0,3 é número racional, pois $0{,}3 = \frac{3}{10}$.
O conjunto dos números racionais é representado pela letra $\mathbb{Q}$.

$$\mathbb{Q} = \left\{ x \;\middle|\; x = \frac{p}{q}, p \in \mathbb{Z}, q \in \mathbb{Z}, q \neq 0 \right\}$$

Número real: Número que pertence ao conjunto que inclui todos os números racionais e todos os números irracionais.

Ver **número irracional** e **número racional**.
$-\frac{1}{2}$ é um número real racional e $\sqrt{5}$ é um número real irracional.

O conjunto dos números reais é representado pela letra $\mathbb{R}$.

$$\mathbb{R} = \{x \mid x \text{ é racional ou } x \text{ é irracional}\}$$

O

Operações inversas: Operações tais que uma "desfaz" o que a outra "faz".
A adição e a subtração são operações inversas.
A multiplicação e a divisão exata também são operações inversas.
A potenciação e a radiciação também são operações inversas.
$(-2)^3 = -8 \Rightarrow \sqrt[3]{-8} = -2$

P

Perímetro: Grandeza correspondente ao comprimento de um contorno. A medida dela pode ser expressa em centímetros (cm), metros (m), quilômetros (km), etc.

A medida de perímetro dessa região retangular é de 6 cm ($2 + 2 + 1 + 1 = 6$).

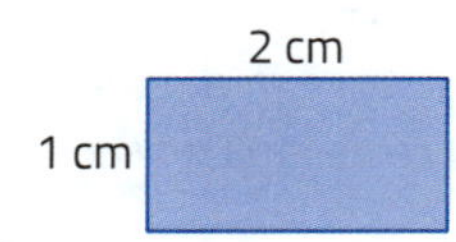

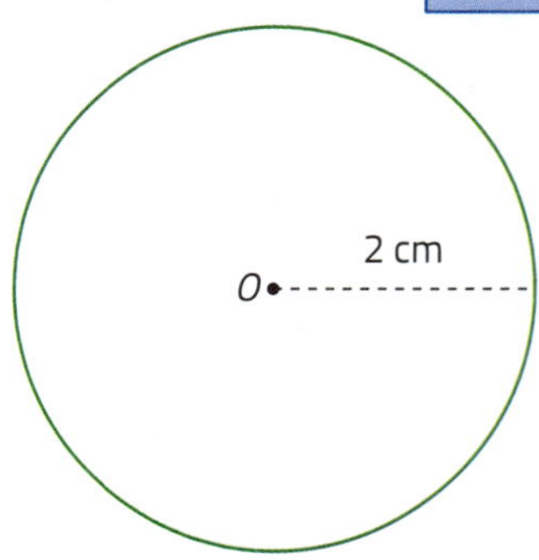

Ilustrações: Banco de imagens/Arquivo da editora

A medida de perímetro (medida de comprimento) dessa circunferência é de 4π cm ou, aproximadamente, 12,4 cm (usando $\pi = 3{,}1$).

$$C = 2\pi r = 2\pi \times 2 = 4\pi$$

Perspectiva: Maneira de representar um objeto como ele é visto, dando a ideia de profundidade.

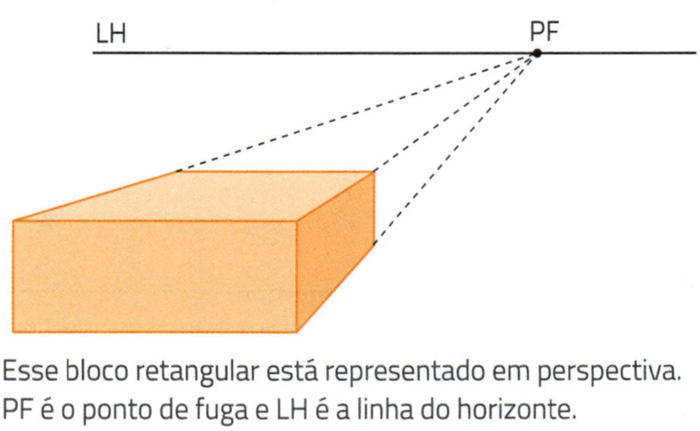

Banco de imagens/Arquivo da editora

Esse bloco retangular está representado em perspectiva. PF é o ponto de fuga e LH é a linha do horizonte.

Pi: Nome dado ao número irracional que corresponde à razão entre a medida de comprimento de uma circunferência e a medida de comprimento do diâmetro dela. O símbolo desse número é a letra grega π (pi).
Esse número irracional pode ser aproximado para $\pi = 3$; $\pi = 3{,}1$; $\pi = 3{,}14$; por exemplo.

Ver **comprimento de uma circunferência** e **número irracional**.

Pictograma ou gráfico pictórico: Tipo de gráfico no qual se utilizam figuras relativas ao que foi pesquisado para torná-lo mais atraente.

Livros vendidos em janeiro

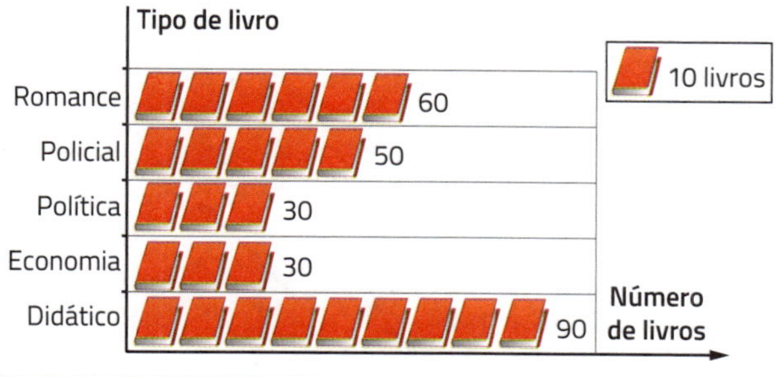

Banco de imagens/Arquivo da editora

Gráfico elaborado para fins didáticos.

Polígono regular: Polígono no qual todos os lados têm a mesma medida de comprimento e todos os ângulos internos têm a mesma medida de abertura.

Ilustrações: Banco de imagens/Arquivo da editora

Triângulo regular ou triângulo equilátero. Quadrilátero regular ou quadrado. Pentágono regular.

Ponto de fuga: Ver **perspectiva**.

Potenciação: Operação correspondente a um produto de fatores iguais.

A potenciação $\left(\sqrt{3}\right)^2 = 3$ corresponde a $\sqrt{3} \times \sqrt{3} = \sqrt{9} = 3$. Nessa potenciação, $\sqrt{3}$ é a base, 2 é o expoente e $\left(\sqrt{3}\right)^2$ é a potência.

Princípio multiplicativo ou princípio fundamental da contagem: É a ferramenta que permite a contagem de agrupamentos que podem ser descritos por uma sequência de decisões.
Pode ser enunciado da seguinte maneira: Se uma decisão D_1 pode ser tomada de m maneiras e, qualquer que seja essa escolha, a decisão D_2 pode ser tomada de n maneiras, então o número de maneiras distintas de se tomarem consecutivamente as decisões D_1 e D_2 é igual a $m \cdot n$.
Se Fabiano tem 3 camisetas (preta, bege e marrom) e 4 bermudas (azul, branca, verde e laranja), então ele pode se vestir de 12 maneiras diferentes, pois $3 \cdot 4 = 12$.

Probabilidade: Medida de chance de ocorrer um evento.
A probabilidade de um evento é dada pela razão entre o número de resultados favoráveis (número de elementos do evento) e o número de resultados possíveis (número de elementos do espaço amostral).
No lançamento de um dado, o evento A: sair um número maior do que 4 tem probabilidade $p(A) = \frac{n(A)}{n(\Omega)} = \frac{2}{6} = \frac{1}{3}$.

Se um evento é impossível, então a probabilidade de ele ocorrer é 0. Se um evento é certo, então a probabilidade de ele ocorrer é 1 (ou 100%).

Probabilidade condicional: É a probabilidade de um evento ocorrer condicionado ao fato de que outro evento já ocorreu. Dados 2 eventos A e B, temos que a probabilidade do evento A ocorrer dado que o evento B já ocorreu é dada por

$$p(A|B) = \frac{p(A \cap B)}{p(B)},\ \text{com } p(B) \neq 0.$$

Ao sortear 1 carta de um baralho, a probabilidade de ser uma dama sabendo que a carta é de copas é de $\frac{\frac{1}{52}}{\frac{13}{52}} = \frac{1}{13}$.

Produto notável: Multiplicação de expressões algébricas que apresenta uma regularidade nos resultados e que, por isso, pode simplificar os cálculos algébricos.

Quadrado da soma: $(a + b)^2 = a^2 + 2ab + b^2$

Quadrado da diferença: $(a - b)^2 = a^2 - 2ab + b^2$

Produto da soma pela diferença: $(a + b)(a - b) = a^2 - b^2$

Propriedade: Um fato que acontece sempre com uma operação, um grupo de figuras, etc.
A propriedade da multiplicação de raízes é $\sqrt{a} \cdot \sqrt{b} = \sqrt{a \cdot b}$, com a e b números reais positivos ou nulos.

A propriedade fundamental das proporções é $\frac{a}{b} = \frac{c}{d} \Rightarrow a \cdot d = b \cdot c$.

R

Racionalização de denominador: Transformação de uma fração com denominador irracional em uma fração equivalente, mas com denominador racional.

$$\frac{4}{\sqrt{6}} = \frac{4 \cdot \sqrt{6}}{\sqrt{6} \cdot \sqrt{6}} = \frac{4\sqrt{6}}{\sqrt{36}} = \frac{4\sqrt{6}}{6} = \frac{2\sqrt{6}}{3}$$

Radicando: Um dos termos de uma radiciação.

Ver **radiciação**.
Em $\sqrt[4]{81} = 3$, o radicando é o número 81.

Radiciação: Nome de uma operação com números.

$\sqrt{25} = 5$, pois 5 é um número positivo e $5^2 = 25$.

$\sqrt[3]{64} = 4$, pois $4^3 = 64$.

$\sqrt[5]{-1} = -1$, pois $(-1)^5 = -1$.

$\sqrt[4]{-16}$ é impossível no conjunto dos números reais, pois nenhum número real elevado à quarta potência resulta -16.

$\sqrt{3} = 1{,}7320508...$ é um número irracional (não admite raiz exata).

Em $\sqrt[3]{125} = 5$, dizemos que 125 é o radicando, 3 é o índice, $\sqrt[3]{125}$ é a raiz, 5 é o valor da raiz e o símbolo $\sqrt{\ }$ é o radical.

Raízes (ou soluções) de uma equação com 1 incógnita: Números que, colocados no lugar da incógnita em uma equação com 1 incógnita, tornam as igualdades verdadeiras.

Ver **equação**.
3 é raiz da equação $2x - 1 = x + 2$, pois $2 \cdot 3 - 1 = 3 + 2$.
1 e -7 são raízes da equação $x^2 + 6x - 7 = 0$, pois $1^2 + 6 \times 1 - 7 = 0$ e $(-7)^2 + 6 \times (-7) - 7 = 0$.

Raízes (ou soluções) de uma equação com 2 incógnitas: Pares ordenados que, colocados no lugar das incógnitas em uma equação com 2 incógnitas, tornam a igualdade verdadeira.

Ver **equação**.

$(3, 7)$ é solução da equação $x + y = 10$, pois $3 + 7 = 10$.

$(9, 1)$ também é solução dessa equação, pois $9 + 1 = 10$.

No conjunto dos números reais, essa equação tem infinitas soluções.

Razão de semelhança: Razão entre as medidas de comprimento dos lados correspondentes em 2 figuras semelhantes. Em figuras congruentes, a razão de semelhança é igual a 1.

Ver **figuras semelhantes** e **figuras congruentes**.

Razões trigonométricas: Seno, cosseno e tangente de ângulos agudos são exemplos de razões trigonométricas em triângulos retângulos.

Ver **seno de um ângulo agudo**, **cosseno de um ângulo agudo** e **tangente de um ângulo agudo**.

Redução: Diminuição proporcional de uma figura.

Ver **figuras semelhantes**.
O triângulo **B** dado a seguir é uma redução do triângulo **A**, pois, para obter **B**, as medidas de comprimento dos lados de **A** foram multiplicadas por $\frac{1}{2}$ e as medidas de abertura dos ângulos foram mantidas. Dizemos que **A** e **B** são triângulos semelhantes.

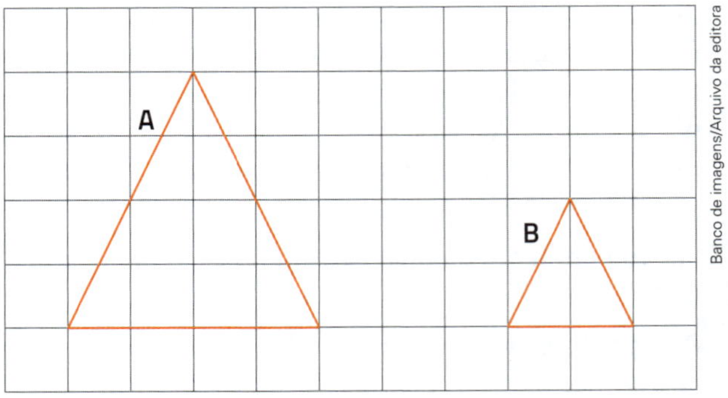

Banco de imagens/Arquivo da editora

Reta externa a uma circunferência: Reta que não tem ponto comum à circunferência.

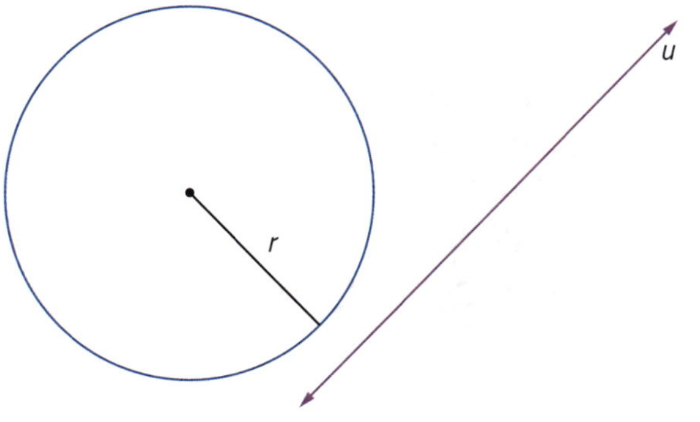

Banco de imagens/Arquivo da editora

Reta secante a uma circunferência: Reta que tem 2 pontos comuns à circunferência.

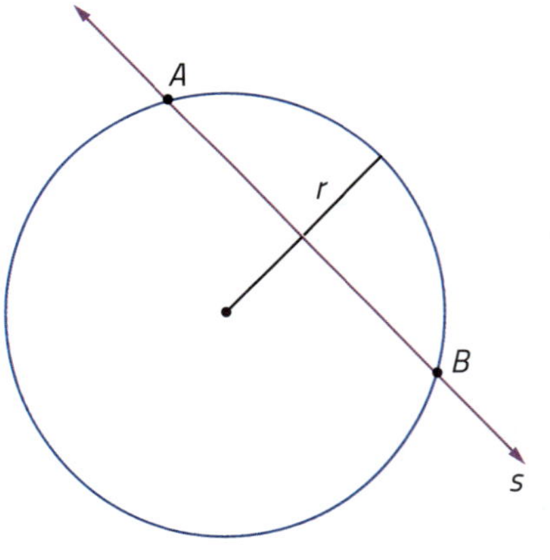

Banco de imagens/Arquivo da editora

Reta tangente a uma circunferência: Reta que tem 1 único ponto comum à circunferência. Ela é perpendicular ao raio no ponto de tangência.

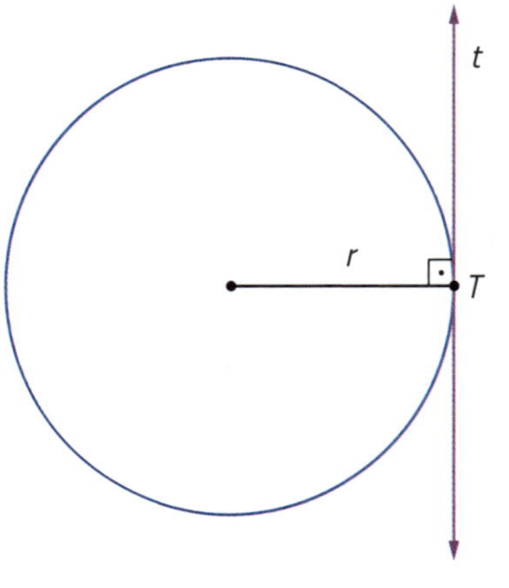

Banco de imagens/Arquivo da editora

S

Segmento de reta secante a uma circunferência: Segmento de reta que tem 2 pontos de intersecção com a circunferência e está contido em uma reta secante à circunferência, de modo que uma das extremidades é um ponto fora da região circular correspondente e a outra extremidade é um ponto da circunferência.

Banco de imagens/Arquivo da editora

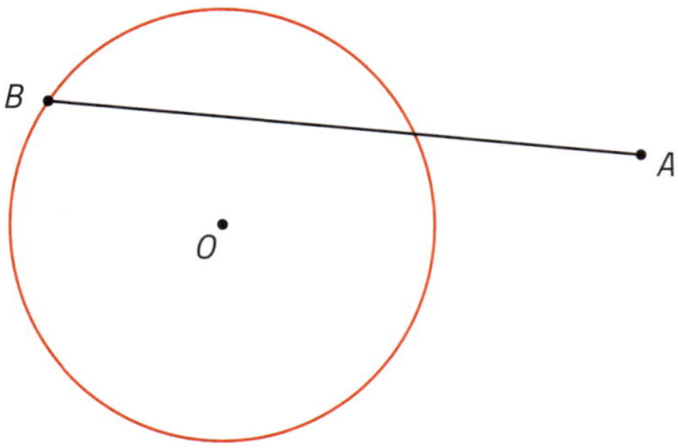

$\overline{AB}$ é um segmento de reta secante a essa circunferência.

Segmento de reta tangente a uma circunferência: Segmento de reta que tem 1 ponto de intersecção com a circunferência e está contido em uma reta tangente à circunferência, de modo que uma das extremidades é o ponto de tangência.

Banco de imagens/Arquivo da editora

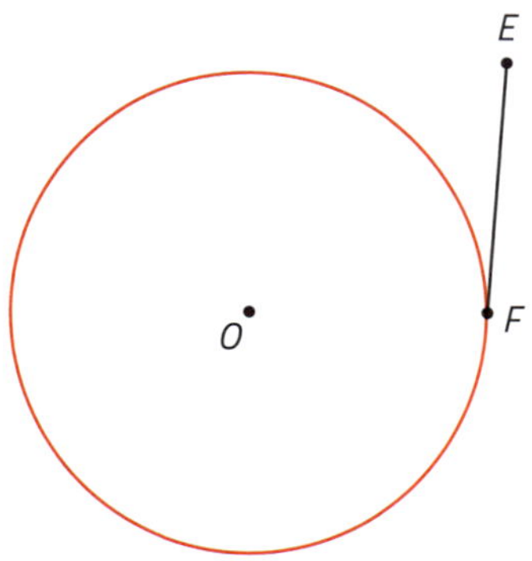

$\overline{EF}$ é um segmento de reta tangente a essa circunferência. F é o ponto de tangência.

Semelhança: Ver **figuras semelhantes**.

Seno de um ângulo agudo: Número associado à medida de abertura de um ângulo agudo.
Pode ser obtido da seguinte maneira: considerando um ângulo agudo de um triângulo retângulo, o seno da medida de abertura desse ângulo é a razão entre a medida de comprimento do cateto oposto a ele e a medida de comprimento da hipotenusa.

Banco de imagens/Arquivo da editora

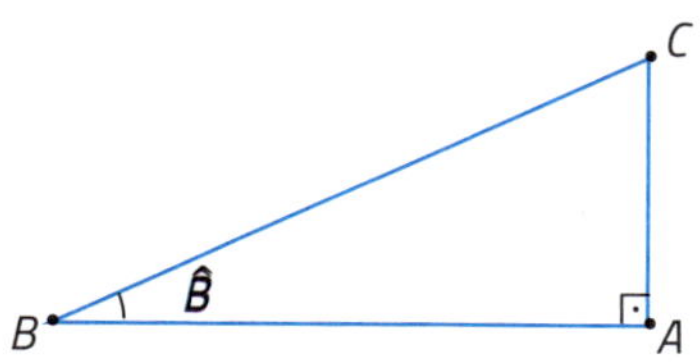

Indicamos o seno da medida de abertura do ângulo $\hat{B}$, ou, apenas, seno do ângulo $\hat{B}$, por sen $\hat{B} = \frac{AC}{BC}$.

Setor circular: Qualquer uma das partes do círculo determinadas por um ângulo central.

Banco de imagens/Arquivo da editora

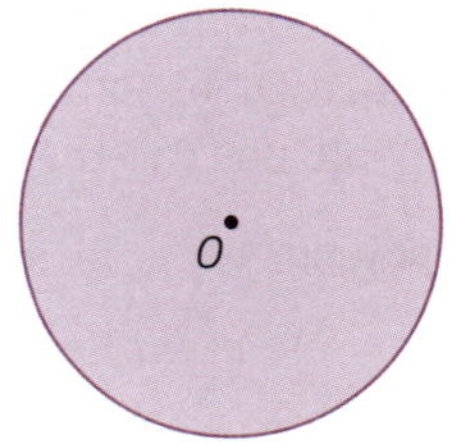

Círculo.

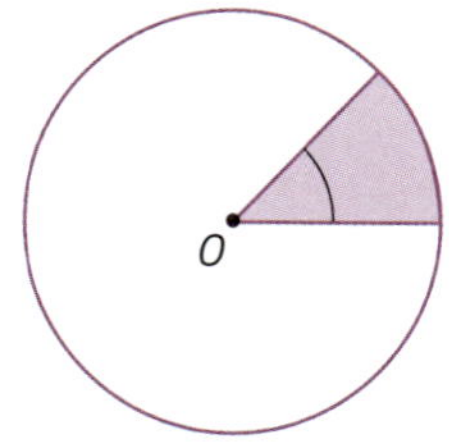

Setor circular.

Sistema de equações: Conjunto de 2 ou mais equações das quais se procuram as soluções comuns.

Ver **equação**.

$\begin{cases} 2x + y = 3 \\ x - y = 6 \end{cases}$ é um sistema de equações.

O par ordenado $(0, 3)$ é solução da primeira equação do sistema, mas não é da segunda.
O par ordenado $(7, 1)$ é solução da segunda equação, mas não é da primeira.
O par ordenado $(3, -3)$ é solução do sistema, pois é solução das 2 equações ao mesmo tempo.

T

Tangente de um ângulo agudo: Número associado à medida de abertura de um ângulo agudo.
Pode ser obtido da seguinte maneira: considerando um ângulo agudo de um triângulo retângulo, a tangente da medida de abertura desse ângulo é a razão entre a medida de comprimento do cateto oposto a ele e a medida de comprimento do cateto adjacente.

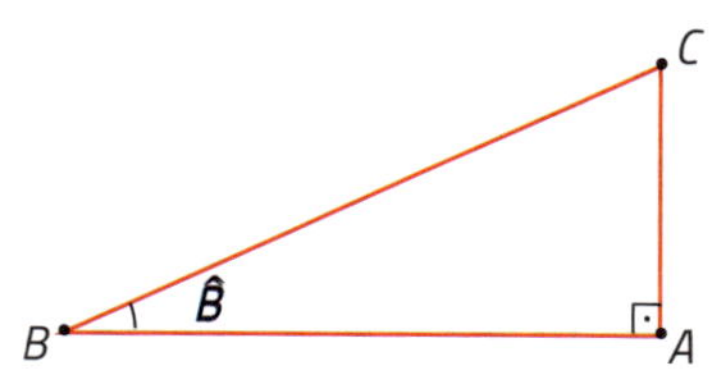

Banco de imagens/Arquivo da editora

Indicamos a tangente da medida de abertura do ângulo $\hat{B}$, ou, apenas, tangente do ângulo $\hat{B}$, por tan $\hat{B} = \frac{AC}{AB}$.

Taxa de juro: Taxa (porcentagem) usada como remuneração em uma aplicação ou que se paga em um empréstimo, em determinado intervalo de tempo.

Ver **juro**.

Teorema: Propriedade matemática que pode ser provada por meio de uma demonstração.

Ver **demonstração**.

Teorema de Pitágoras: Teorema que teve os primeiros estudos atribuídos ao matemático grego Pitágoras (século V a.C.): Em todo triângulo retângulo o quadrado da medida de comprimento da hipotenusa é igual à soma dos quadrados das medidas de comprimento dos catetos.

Ver **teorema, cateto** e **hipotenusa**.

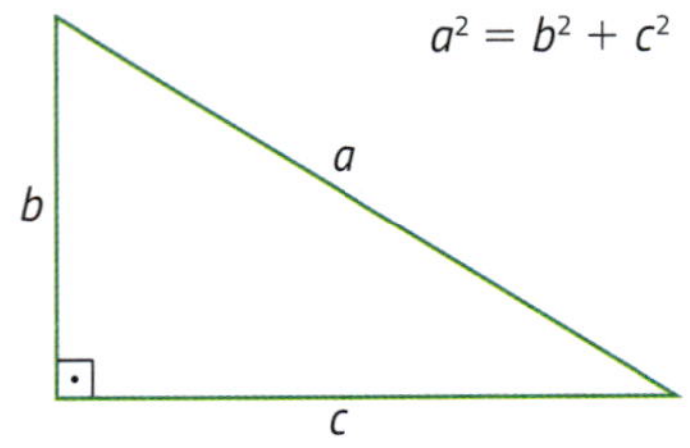

Banco de imagens/Arquivo da editora

Teorema de Tales: Teorema atribuído ao matemático grego Tales de Mileto, que viveu no século VI a.C.: Um feixe de retas paralelas determina, sobre 2 retas transversais, segmentos de reta proporcionais.

Ver **feixe de retas paralelas** e **teorema**.

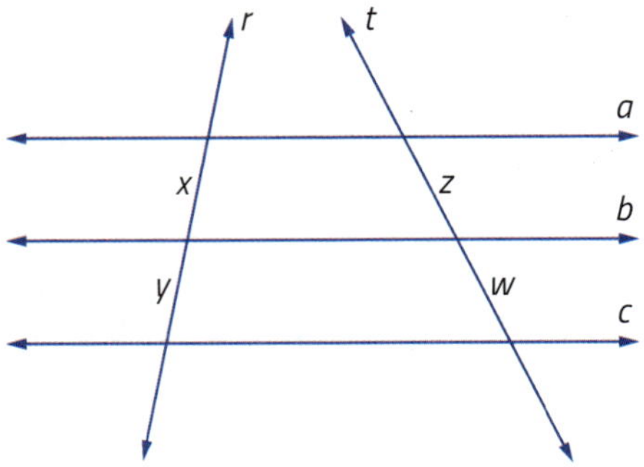

Banco de imagens/Arquivo da editora

Essas retas *a*, *b* e *c* formam um feixe de paralelas. Então: $\frac{x}{z} = \frac{y}{w}$ e $\frac{x}{y} = \frac{z}{w}$.

Terno pitagórico: Três números inteiros positivos que podem ser as medidas de comprimento dos lados de um triângulo retângulo, em uma mesma unidade de medida.

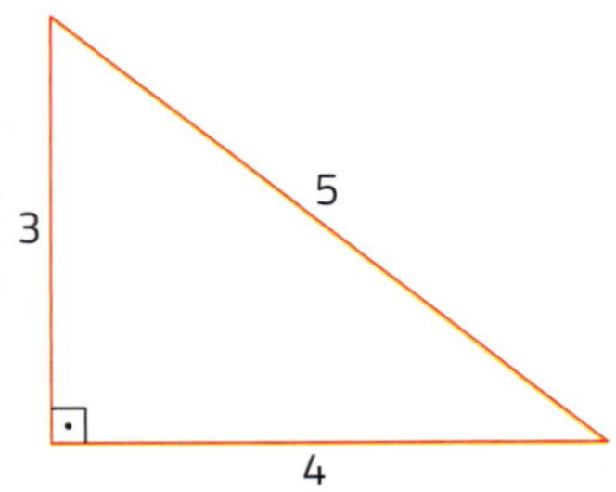

Banco de imagens/Arquivo da editora

Os números 3, 4 e 5 formam um terno pitagórico, pois $5^2 = 3^2 + 4^2$.
Outros ternos pitagóricos: 5, 12 e 13; 9, 12 e 15.

Trigonometria: Estudo que relaciona medidas de comprimento de lados e medidas de abertura de ângulos em um triângulo.
Trigono quer dizer "triângulo", e metria, "medida".
Seno, cosseno e tangente de um ângulo agudo são assuntos estudados em Trigonometria.

V

Variável (em Estatística): Aquilo que se busca em uma pesquisa estatística.
"Medida de comprimento da altura", "número de irmãos" e "candidato" são exemplos de variáveis.

Variável qualitativa: Variável em que cada valor expõe uma qualidade.
"Ano da turma" (6º ano, 7º ano, 8º ano, etc.) é uma variável qualitativa **ordinal**, pois os valores da variável seguem uma ordem.
"Esporte" (futebol, tênis, voleibol, etc.) é uma variável qualitativa **nominal**, pois os valores da variável não seguem uma ordem.

Variável quantitativa: Variável em que cada valor explicita uma quantidade.
"Idade" (3 anos, 8 anos, 12 anos, etc.) é uma variável quantitativa **discreta**, pois os valores da variável são expressos por números naturais.
"Medida de distância" (1 km; 1,7 km; 25,85 km; etc.) é uma variável quantitativa **contínua**, pois os valores da variável são expressos por números reais.

Vértice da parábola: Ponto de intersecção da parábola que representa uma função quadrática e do eixo de simetria da parábola.

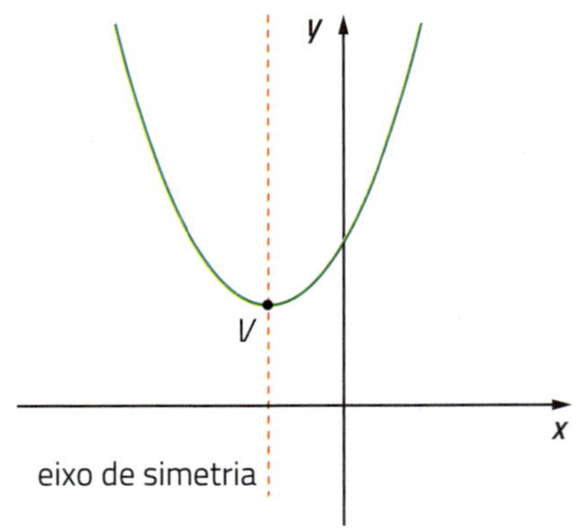

Banco de imagens/Arquivo da editora

Vista de um sólido geométrico: Representação de um sólido geométrico de acordo com a posição em que o observador o vê. Exemplos: vistas superior, inferior, frontal, lateral, de trás.

Prisma. Vista superior. Vista frontal.

Banco de imagens/Arquivo da editora

Volume: Grandeza correspondente ao espaço ocupado por um sólido geométrico ou um objeto. A medida dela pode ser expressa em centímetros cúbicos (cm^3), metros cúbicos (m^3), etc.

Paralelepípedo

Ilustrações: Banco de imagens/ Arquivo da editora

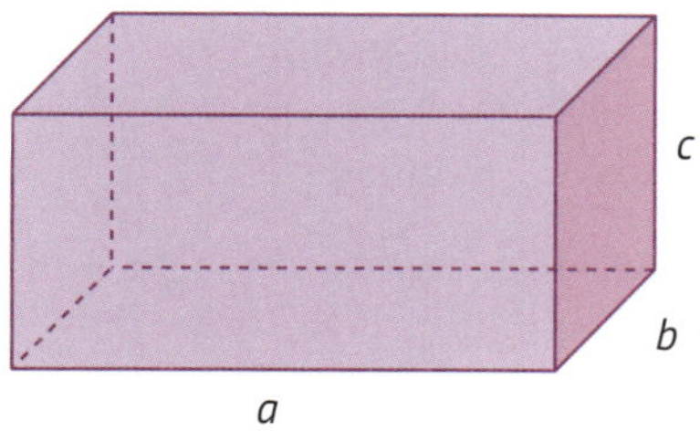

$$V = a \cdot b \cdot c$$

(unidades de medida de volume)

Cubo

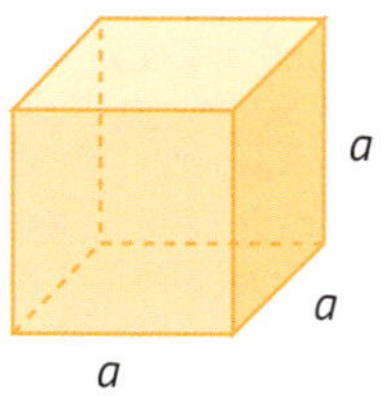

$$V = a \cdot a \cdot a \text{ ou } V = a^3$$

(unidades de medida de volume)

Prisma

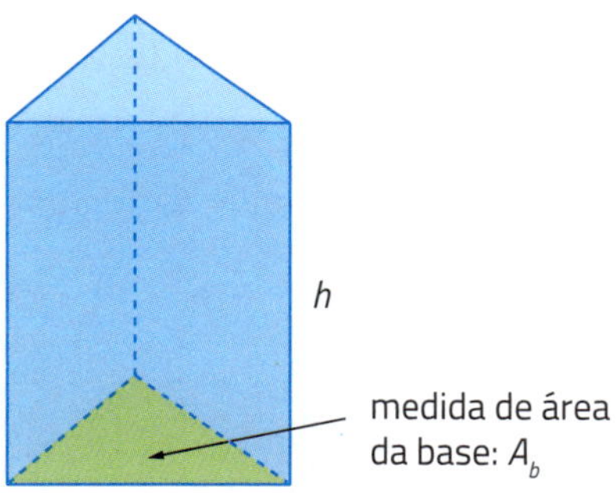

$$V = A_b \cdot h$$

(unidades de medida de volume)

Cilindro

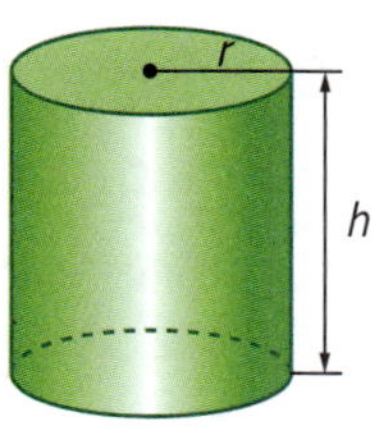

$$V = A_b \cdot h \text{ ou } V = \pi r^2 h$$

(unidades de medida de volume)

Pirâmide

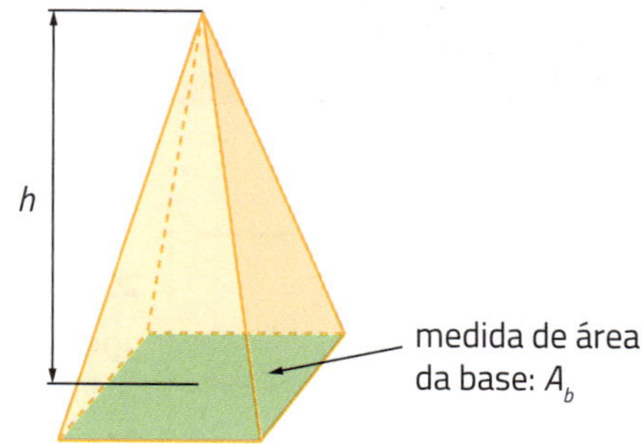

Ilustrações: Banco de imagens/Arquivo da editora

$$V = \frac{A_b \cdot h}{3}$$

(unidades de medida de volume)

Cone

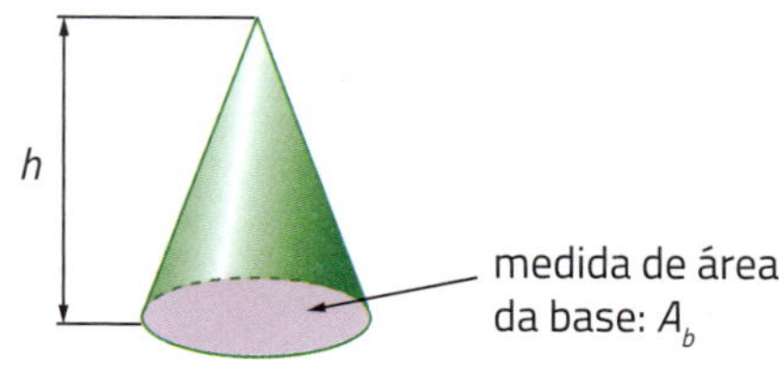

$$V = \frac{A_b \cdot h}{3} \text{ ou } V = \frac{\pi r^2 \cdot h}{3}$$

(unidades de medida de volume)

Esfera

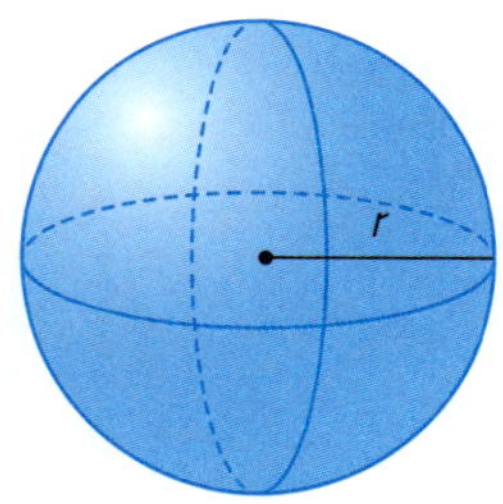

$$V = \frac{4\pi r^3}{3}$$

(unidades de medida de volume)

Z

Zeros de uma função: Em uma função $f: A \rightarrow B$, são todos os valores de $x \in A$ cujas imagens, em B, quando existirem, são iguais a 0, ou seja, $f(x) = 0$.

Na representação gráfica no plano cartesiano, os zeros são as abscissas dos pontos em que o gráfico intersecta o eixo x.

Ver **função** e **gráfico de uma função**.

6 é o zero da função definida em $\mathbb{R}$ por $y = f(x) = \frac{x}{2} - 3$, pois $f(6) = \frac{6}{2} - 3 = 0$.

3 e -3 são os zeros da função definida em $\mathbb{R}$ por $y = f(x) = x^2 - 9$, pois $f(3) = 3^2 - 9 = 0$ e $f(-3) = (-3)^2 - 9 = 0$.

RESPOSTAS

Capítulo 1

1▸ $\frac{1}{4}, \frac{3}{4}, \frac{29}{4}, \frac{5}{3}, \frac{3}{2}$ e $\frac{5}{1}$.

2▸ a) 4 b) −0,25 c) $0,\bar{1}$ d) 3,2

4▸ a) Racional. b) Irracional. c) Racional.

5▸ Valor exato: 20π cm; valor aproximado: 62,8 cm.

6▸ 108 m^2

7▸ a) 3 e 4. b) 5 e 6. c) 9 e 10. d) 6 e 7. e) 24 e 25. f) 2 e 3.

9▸ a) Aproximadamente 2,6.
b) Aproximadamente 3,6.
c) Aproximadamente 1,7.

10▸ a) Aproximadamente 2,82.
b) Aproximadamente 4,47.

12▸ a) 3,31662479...
b) 6,08276253...
c) 9,48683298...
d) 4,47213595...

13▸ Aproximadamente 38 m.

14▸ a) Racional; 21. b) Irracional. c) Irracional. d) Racional; 44.

15▸ a) Aproximadamente 0,28.
b) Aproximadamente 0,39.
c) Aproximadamente 0,89.
d) Aproximadamente 0,82.
e) Aproximadamente 1,56.
f) Aproximadamente 0,91.

16▸ a) 5
b) Aproximadamente 6,3.
c) 36

17▸ a) 0 e 8.
b) −4; 0 e 8.
c) $-4; \frac{1}{3}; 0,\bar{8}; 0; -1\frac{3}{5}$; 4,86 e 8.
d) $\sqrt{6}$ e π.

18▸ Número real.

19▸ **a**, **b**, **c**, **f**.

20▸ Item **d**: existem números racionais que não são inteiros; item **e**: todo número racional é real, pois o conjunto dos números racionais está contido (é parte) no conjunto dos números reais.

21▸ Pedro, Carla e Flávia.

22▸ a) Entre 5 e 6; real irracional.
b) Entre 2 e 3; real racional.
c) Entre −9 e −8; real racional.
d) Entre 7 e 8; real irracional.
e) Entre 3 e 4; real irracional.

25▸ **a**, **b**, **d**, **e**.

26▸ $\{x \in \mathbb{R} \mid -1 \leqslant x < 2\}$

27▸ a) $\{0, 1, 2\}$
b) $\{-2, -1, 0, 1, ...\}$
c) $\{0, 1\}$
d) $\{-1, 0, 1, 2, 3\}$
e) Não existe valor natural para *x*.
f) $\{..., -3, -2, -1\}$

28▸ a) $<$ b) $>$ c) $<$ d) $<$ e) $>$ f) $>$

29▸ $-2,8; -2,\bar{7}; 0; \sqrt{3}; \frac{12}{5}$.

30▸ a) 3 números; 4 números.
b) Infinitos números; infinitos números.

31▸ $0,25 < \frac{1}{2} < 0,52 < 0,\bar{5} < \frac{6}{10} < \frac{4}{5}$

32▸ a) A de 7 polegadas.
b) A de $\frac{3}{4}$ pé.
c) Aproximadamente 76,20 cm.

33▸ a) $\frac{1}{6}$; real racional não inteiro.
b) 46; real racional inteiro.
c) $\sqrt{70}$; real irracional.
d) 3,5; real racional não inteiro.
e) −2; real racional inteiro.
f) $\pi = 3,141592...$; real irracional.
g) $2\frac{1}{3}$; real racional não inteiro.

34▸ 27,2 kg

35▸ a) 4 vezes. b) 20 vezes. c) 595 cal d) 280 cal e) 290 cal

36▸ a) A retangular; a circular.
b) O cubo; o bloco retangular verde.

37▸ a) 210 b) 260 c) 3 d) 25 e) 56 f) 12

38▸ a) $\frac{\sqrt{3}}{5}$ b) $\frac{3}{2}$ c) $\frac{2}{3}$ d) $\frac{1}{7}$ e) $\frac{3}{4}$ f) $\frac{1}{6}$

39▸ a) 21 b) $3\sqrt{2}$ c) $10\sqrt{5}$ d) 27 e) $2\sqrt{2}$ f) Já está simplificada. g) 18 h) $6\sqrt{15}$

40▸ a) $\sqrt{27}$ b) $\sqrt{200}$ c) $\sqrt{40}$ d) $\sqrt{12}$ e) $\sqrt{500}$ f) $\sqrt{1000}$

41▸ a) $\sqrt[3]{40}$ b) $\sqrt[n]{a^n b}$

42▸ a) $\frac{\sqrt{5}}{5}$ b) $\frac{\sqrt{7}}{1}$ ou $\sqrt{7}$. c) $\frac{3\sqrt{11}}{11}$ d) $\frac{\sqrt{a}}{a}$ e) $\frac{\sqrt{p}}{1}$ ou $\sqrt{p}$. f) $\frac{2\sqrt{5}}{3}$

43▸ $\frac{4}{\sqrt{6}}$

44▸ a) Aproximadamente 1,15.
b) Aproximadamente 2,115.
c) Aproximadamente 1,858.
d) Aproximadamente 3,33.

45▸ a) $\frac{\sqrt[3]{4}}{2}$ b) $\frac{7\sqrt[5]{81}}{3}$

46▸ a) 1 b) $\frac{4}{3}$ ou $1\frac{1}{3}$. c) $\frac{1}{7}$ d) $\frac{1}{4}$ e) $-\frac{1}{2}$

47▸ a) $5\sqrt{7}$ b) $4\sqrt{3}$ c) $10\sqrt{3}$ d) $2\sqrt{5} - 2\sqrt{2}$ e) $7\sqrt{5}$ f) $9\sqrt{10}$

48▸ **b**

49▸ a) 125 b) 16 c) $\frac{9}{64}$ d) 1 e) 2 f) $9\sqrt{3}$

50▸ a) $-\frac{1}{125}$ b) $\frac{7}{9}$ c) $\frac{1}{7}$ d) $\frac{\sqrt{2}}{4}$

51▸ a) 5×10^2
b) 6×10^{-4}
c) $2,5 \times 10^{-8}$
d) 2×10^{-2}
e) $3,4 \times 10^{-2}$
f) 8×10^{-1}
g) $2,039 \times 10^1$
h) 8×10^{-6}
i) $4,8 \times 10^4$
j) 7×10^9
k) $9,231 \times 10^2$
l) $4,04 \times 10^4$

52▸ a) 80 000 b) 0,05 c) 352 000 d) 0,0016

53▸ a) $2,279 \times 10^8$ km
b) $7,783 \times 10^8$ km
c) $9,11 \times 10^{-28}$ g

54▸ a) 4 b) $\sqrt{11}$ c) $\frac{\sqrt{5}}{3}$ d) −1 e) $\frac{1}{6}$

55▸ a) $\sqrt[3]{125} = 5$; número real racional.
b) $\sqrt[3]{(-1)^2} = \sqrt[3]{1} = 1$; número real racional.
c) $\sqrt[4]{(-1)^3} = \sqrt[4]{-1}$; não é número real.
d) $\sqrt[5]{0^4} = \sqrt[5]{0} = 0$; número racional.
e) $\frac{1}{0^4} = \frac{1}{0}$; não é número real.
f) $\sqrt[3]{(-3)^2} = \sqrt[3]{9}$; número real irracional.

56▸ a) $\sqrt[4]{6}$ b) $3\sqrt{3}$ c) $\sqrt[9]{121}$ d) $\frac{\sqrt{3}}{3}$

57▸ a) 10^5 b) 10^{-3} c) 10^{-2} d) $10^{\frac{1}{3}}$ e) $10^{\frac{3}{2}}$ f) $10^{-\frac{2}{5}}$

58▸ a) 10^{92} milhões de dólares.
b) 10^{50}
c) A raiz cúbica de 1 centilhão.
d) **A-III**; **B-I**; **C-V**; **D-II**; **E-IV**.
e) $n = 25$

Revisando seus conhecimentos

1▸ **d**

2▸ **a-D**; **b-C**; **c-A**; **d-B**.

3▸ a) 6 frações.
b) $\frac{2}{5}, \frac{2}{6}, \frac{5}{2}, \frac{5}{6}, \frac{6}{2}$ e $\frac{6}{5}$.
c) $\frac{1}{2}$
d) $\frac{1}{6}$
e) $\frac{1}{6}$

4▸ **c**

5▸ 9 cm^2

6▸ Aproximadamente 1 570 pessoas.

7▸ **a**

8▸ a) 500 e 5. b) 900 e 900. c) Séc. XIX. d) Séc. XV.

9▸ a) Gráfico de setores.
b) Distribuição da medida de área total do Brasil por região, em 2017.
c) IBGE; *Geociências*. Disponível em: <www.ibge.gov.br/geociencias-novoportal/organizacao-do-territorio/estrutura-territorial/15761-areas-dos-municipios.html?t=downloads&c=12>.
d) A região Norte.

10▸ c

Praticando um pouco mais

1▸ e
2▸ c
3▸ e
4▸ d
5▸ a
6▸ e
7▸ a
8▸ c
9▸ c
10▸ b
11▸ e
12▸ e
13▸ d
14▸ 28
15▸ 5
16▸ c
17▸ c

Verifique o que estudou

1▸ a) Números inteiros; $\{..., -2, -1, 0, 1, 2, ...\}$.
b) Números racionais; $\left\{x \mid x = \frac{p}{q}\text{, com } p \in \mathbb{Z}, q \in \mathbb{Z} \text{ e } q \neq 0\right\}$.
c) Números naturais; $\{0, 1, 2, 3, ...\}$.
d) Números irracionais; números que não podem ser escritos como decimais exatos ou dízimas periódicas.
e) Números reais; {racionais, irracionais}.

2▸ **a**, **c**, **e**, **f**, **h**.

3▸ a) -4
b) $\frac{2}{5}$
c) π
d) $4,\bar{7}$
e) $\sqrt{18}$
f) $\sqrt{64}$
g) Todos.

4▸ a) *C*
b) *B*
c) *D*
d) *E*
e) *A*
f) *F*

5▸ $\left\{x \in \mathbb{R} \mid \frac{13}{5} < x < 4,1\right\}$

6▸ b

7▸ a) $<$ b) $>$ c) $=$

8▸ a) $64^{\frac{1}{3}}$
b) 2^2
c) $8^{\frac{2}{3}}$
d) 4

Para ler, pensar e divertir-se

Divertir-se

6/6/2036; 7/7/2049; 8/8/2064 e 9/9/2081.

Capítulo 2

1▸ a) $a^2 + 10a + 25$
b) $x^2 + 6x + 9$
c) $y^2 + 20y + 100$
d) $x^2 + 14x + 49$
e) $a^2 + 8a + 16$
f) $x^2 + 2x + 1$
g) $4x^2 + 4xy + y^2$
h) $9a^2 + 24a + 16$
i) $25 + 30x + 9x^2$
j) $x^4 + 2x^2a^2 + a^4$

2▸ $(x + 3)(x + 3)$

3▸ a) $2x^2 - x + 9$ b) 0

4▸ a) $a^2 - 6a + 9$
b) $x^2 - 4x + 4$
c) $25 - 10y + y^2$
d) $a^2 - 2a + 1$
e) $4a^2 - 4ab + b^2$
f) $9x^2 - 30x + 25$
g) $9 - 12x + 4x^2$
h) $\frac{1}{9} - \frac{2}{3}x + x^2$

5▸ $4ab + (a - b)^2 = 4ab + a^2 - 2ab + b^2 = a^2 + 2ab + b^2$ e $(a + b)^2 = a^2 + 2ab + b^2$; logo, $4ab + (a - b)^2 = (a + b)^2$.

6▸ a) $(x - 5)^2$
b) $(a + 3)^2$
c) $(x - 4y)^2$
d) $(6x + 1)^2$

7▸ a) $a^2 - 4$
b) $y^2 - 16$
c) $x^2 - 9$
d) $x^2 - 25$
e) $a^2 - 1$
f) $t^2 - 36$
g) $4a^2 - b^2$
h) $4x^2 - 4y^2$

8▸ a) 1 b) $x^2 + \frac{2}{4}$ ou $x^2 + \frac{1}{2}$.

9▸ Não; deveria ser $(x + 13)(x - 13) = x^2 - 169$.

10▸ a) $(x + 30)(x - 30)$
b) $(4x + y)(4x - y)$
c) $(8 + 5a)(8 - 5a)$
d) $(13 + 7y^2)(13 - 7y^2)$

11▸ a) $4x \times 2x - 3 \times 2x$
b) $(4x - 3) \times 2x$ ou $2x \times (4x - 3)$.
c) $2x \times (4x - 3) = 8x^2 - 6x$

12▸ a) $4(r + 3)$
b) $5(x - 4)$
c) $5x(3x^2 + 2x - y)$
d) $x(x - y)$
e) $a(a + b + 1)$
f) $(x - 4)(x + 6)$

13▸ a) $(x - 2)(2x + 3y)$
b) $(x + y)(x + 1)$
c) $(a + 3)(b - 7)$

14▸ **b**

15▸ $4a$

16▸ a) $(x + 1)(x - 1)$
b) $(y + 9)(y - 9)$
c) $(1 + a)(1 - a)$
d) $(x + 12)(x - 12)$
e) $(8x + 3)(8x - 3)$
f) $\left(6 + \frac{x}{7}\right)\left(6 - \frac{x}{7}\right)$

17▸ **a**, **d**.

18▸ a) $(2x + 1)^2$
b) $(y - 7)^2$
c) $(10x - 4)^2$
d) $\left(x + \frac{1}{2}\right)^2$

19▸ a) $(x + 1)^2$
b) $(a - 3)^2$
c) $(x + 10)^2$
d) $(n - 5)^2$
e) $(y - 11)^2$
f) $(x - 8)^2$

20▸ Ele errou, pois, para ter a fatoração $(x - 6)^2$, o trinômio deveria ser $x^2 - 12x + 36$.

21▸ a) $3x(x - 5)$
b) $(5a - 1)(a + 2b)$
c) $(x + 20)^2$
d) $(3x + 5)(3x - 5)$
e) $(4a - 1)^2$
f) $(r - s)^2$
g) $(m + n)(m - n)$
h) $(7x + 12y)(7x - 12y)$

22▸ $(5x + 3)(x + 5)$

23▸ a) $5x(9x^2 - y^2) = 5x(3x + y)(3x - y)$
b) $(a^2 + b^2)(a^2 - b^2) = (a^2 + b^2)(a + b)(a - b)$
c) $x(y - 5) + 4(y - 5) = (x + 4)(y - 5)$
d) $y(y^2 - 9) = y(y + 3)(y - 3)$
e) $(x + y)^2 + 5(x + y) = (x + y)(x + y + 5)$
f) $a(a - 3) - b(a - 3) = (a - 3)(a - b)$

24▸ a) Raízes: -7 e 3.
b) Raízes: $\frac{3}{4}$ e -5.
c) Raízes: $-\frac{2}{3}$ e $-\frac{5}{4}$.
d) Raízes: 1, -5 e $\frac{1}{2}$.

25▸ a) $5x(x - 3) = 0$; raízes: 0 e 3.
b) $(n + 11)(n - 11) = 0$; raízes: -11 e 11.
c) $(t + 6)^2 = 0$; raiz: -6.
d) $3x(x^2 - 16) = 0 \Rightarrow 3x(x + 4)(x - 4) = 0$; raízes: 0, -4 e 4.

26▸ a) 11 664
b) 998 001
c) 99 980 001
d) 2 601
e) 996 004
f) 4 000
g) 2 000
h) 400 000

27▸ a) $100(N - 25) + (50 - N)^2 = 100N - 2\,500 + 2\,500 - 100N + N^2 = N^2$
b) 2 401; 3 249.

34▸ **a**, **c**, **d**, **e**.

35▸ a) 1º grau.
b) 3º grau.
c) 2º grau.
d) 4º grau.

36▸ a) $2x^2 - 3x = 0$ b) $\frac{1}{3}x^2 - x + 5 = 0$

37▸ A do item **b**, pois os coeficientes *b* e *c* são diferentes de 0; a do item **a**, pois o coeficiente *c* é igual a 0.

38▸ a) $a = 2$; $b = -10$; $c = 5$.
b) $a = 1$; $b = 6$; $c = 0$.
c) $a = 1$; $b = -2$; $c = 10$.

39▸ a) $x + x^2 = 20$; equação do 2º grau completa.
b) $x \times (-x) = -81$; equação do 2º grau incompleta.
c) $x + 2x = 9$; equação do 1º grau.

40▸ $\frac{x(x - 3)}{2} = 54 \Rightarrow x^2 - 3x = 108 \Rightarrow x^2 - 3x - 108 = 0$ (equação do 2º grau); $a = 1$, $b = -3$ e $c = -108$.

42▸ $m \neq 0$

43▸ c) $(x + 3)(x + 1) = 15$, porque pode ser escrita na forma $ax^2 + bx + c = 0$, com $a \neq 0$.

44▸ a) Não.
b) Não.
c) Sim.
d) Sim.
e) Sim.

45▸ 2 e 3.

47▸ **A-IV**; **B-I**; **C-II**; **D-III**.

48▸ **b**

49▸ 2

50▸ a) $x' = 6$ e $x'' = -6$.
b) $x' = 7$ e $x'' = -7$.
c) $x' = 10$ e $x'' = -10$.
d) $x' = 3$ e $x'' = -3$.

51 ▸ a) $x' = 5$ e $x'' = -5$.
b) Não existe valor real para x.
c) $x' = 4\sqrt{2}$ e $x'' = -4\sqrt{2}$.
d) $x' = 6$ e $x'' = -6$.
e) $x' = 4$ e $x'' = -4$.
f) $x' = 35$ e $x'' = -35$.

52 ▸ 3

53 ▸ 5 ou −5.

54 ▸ 6 ou −6.

55 ▸ 4 cm

56 ▸ $+\sqrt{2\frac{1}{2}}$ ou $-\sqrt{2\frac{1}{2}}$.

57 ▸ a) $y' = 0$ e $y'' = \frac{2}{5}$.
b) $x' = 0$ e $x'' = 5$.
c) $x' = 0$ e $x'' = 14$.
d) $x' = 0$ e $x'' = \frac{\sqrt{5}}{5}$.

58 ▸ a) 5 ou −5. b) $1\frac{1}{2}$

59 ▸ **a**, **e**.

60 ▸ a) $x' = \sqrt{15}$ e $x'' = -\sqrt{15}$.
b) $x = 0$
c) Não existe valor real para x.
d) $x' = 0$ e $x'' = 5$.
e) $y' = 0$ e $y'' = 3$.
f) $x' = \frac{1}{3}$ e $x'' = -\frac{1}{3}$.

61 ▸ a) $x^2 - 64 = 0$
b) $x^2 - 8x = 0$
c) $x^2 - 5 = 0$
d) $x^2 + \frac{3}{7}x = 0$ ou $7x^2 + 3x = 0$.

62 ▸ a) $x = -7$ c) $y = 11$
b) $x = \frac{1}{6}$ d) $x = 2\frac{1}{2}$

63 ▸ $x^2 + 10x + 25 = 0$

64 ▸ A do item **b**; $x = -2$.

65 ▸ 1 raiz.

66 ▸ 1

67 ▸ $x' = -3\frac{1}{4}$ e $x'' = +1\frac{3}{4}$.

68 ▸ 1 ou −3.

70 ▸ a) $x' = -4$ e $x'' = -2$.
b) $x' = -1$ e $x'' = 11$.
c) $x' = 2$ e $x'' = -2\frac{2}{3}$.
d) $x' = -3$ e $x'' = -5$.
e) $y' = 3$ e $y'' = -1$.
f) Não existe valor real para x.

71 ▸ 11

72 ▸ a) $x' = 0$ e $x'' = 2\frac{2}{3}$.
b) $y' = 4$ e $y'' = -4$.
c) $t = 0$
d) $x = 8$
e) $z' = 1$ e $z'' = -13$.
f) $x' = 3$ e $x'' = -3$.

73 ▸ 30 m e 50 m².

74 ▸ a) $a = 1$, $b = -1$ e $c = -6$.
b) 25
c) 3
d) −2
e) $x' = 3$ e $x'' = -2$.
f) Sim.

75 ▸ a) $a = 9$, $b = 9$ e $c = 2$.
b) 9
c) $x' = -\frac{1}{3}$ e $x'' = -\frac{2}{3}$.
d) $x' = -\frac{1}{3}$ e $x'' = -\frac{2}{3}$.
e) Sim.

76 ▸ a) $x' = 1$ e $x'' = -\frac{1}{3}$.
b) $y' = 6$ e $y'' = 1$.
c) $x' = x'' = -\frac{1}{4}$
d) Impossível em $\mathbb{R}$.

77 ▸ $x' = 6$ e $x'' = -3$.

78 ▸ a) $x' = 1$ e $x'' = \frac{3}{4}$; $\Delta = 1$; $\Delta > 0$.
b) $x' = x'' = 6$; $\Delta = 0$.
c) $x' = 3$ e $x'' = 25$; $\Delta = 64$; $\Delta > 0$.
d) Impossível em $\mathbb{R}$; $\Delta = 28$; $\Delta < 0$.
e) $m' = 2$ e $m'' = \frac{3}{5}$; $\Delta = 49$; $\Delta > 0$.
f) $x' = -3$ e $x'' = -1$; $\Delta = 4$; $\Delta > 0$.

79 ▸ a) $\Delta = -11$; nenhuma raiz real.
b) $\Delta = 0$; 1 raiz real (ou 2 raízes reais iguais).
c) $\Delta = 21$; 2 raízes reais distintas.

80 ▸ $x' = 5$ e $x'' = -5$.

81 ▸ Impossível em $\mathbb{R}$.

82 ▸ a) $x' = 1$ e $x'' = \frac{1}{2}$.
b) $x' = -1$ e $x'' = 3$.
c) $x' = 3$ e $x'' = \frac{1}{3}$.
d) Impossível em $\mathbb{R}$.
e) $x' = 0{,}2$ e $x'' = 0{,}4$.
f) $y' = -2$ ou $y'' = 2$.
g) $t' = -2$ ou $t'' = 1$.
h) $x' = 5$ ou $x'' = -\frac{1}{2}$.

83 ▸ a) $x' = -1$ e $x'' = -3$.
b) $x' = 4$ e $x'' = -2$.

84 ▸ $x' = 1 + \sqrt{7}$ (fica entre 3 e 4) e
$x'' = 1 - \sqrt{7}$ (fica entre −2 e −1).

85 ▸ 5 e 2 ou −7 e 14.

86 ▸ 8 cm

87 ▸ Daqui a 3 anos.

88 ▸ 18 alunos.

89 ▸ Entre 3 e 4.

90 ▸ $x' = 0$; $x'' = 4$ e $x''' = -2$.

91 ▸ a) Incompleta. d) Completa.
b) Completa. e) Completa.
c) Incompleta. f) Completa.

92 ▸ a) $x^2 + 4x = 0$
b) $x^2 + 7x + 10 = 0$
c) $x^2 - 81 = 0$
d) $2x^2 - 7x - 4 = 0$
e) $x^2 + 6x + 9 = 0$
f) $6x^2 - 5x + 1 = 0$

93 ▸ a) Não, porque $(x - 3)(x - 0) = 0 \Rightarrow$ $\Rightarrow x^2 - 3x = 0$, que é uma equação incompleta do 2º grau.
b) Incompleta, porque, sendo a e $-a$ as raízes, temos $(x - a)(x - (-a)) = 0 \Rightarrow$ $\Rightarrow (x - a)(x + a) = 0 \Rightarrow x^2 - a^2 = 0$.

94 ▸ a) $(x + 4)(x + 1)$
b) $(5x + 4)(2x - 3)$
c) $(x - 3)(3x - 1)$
d) $(y - 5)(y + 6)$

95 ▸ a) $x(x^2 - 25) = x(x + 5)(x - 5)$
b) $3(x^2 + 2xy + y^2) = 3 \cdot (x + y)^2$

96 ▸ a) 300 °C
b) Após 10 min e após 20 min.

97 ▸ 6 retas.

98 ▸ $(4, -2)$ e $(2, -4)$.

99 ▸ a) 6 jogos. d) 380 jogos.
b) 12 jogos. e) 15 times.
c) $j = n^2 - n$

100 ▸ 3 anos.

101 ▸ a) $c = 80x^2 + 1\,600x$
b) $x = 4$

102 ▸ a) 4 s
b) Aproximadamente 11 m.

Revisando seus conhecimentos

1 ▸ 9 anos.
2 ▸ R$ 155,52
3 ▸ a) Felipe. b) Ana.
4 ▸ **b**
5 ▸ **a**
6 ▸ **e**
7 ▸ 35 e 27.
8 ▸ 0 e 6.
9 ▸ $x' = \frac{1}{15}$ e $x'' = -\frac{11}{15}$.
10 ▸ a) $x' = 6$ e $x'' = -5{,}6$.
b) $x' = 20$ e $x'' = -20$.
11 ▸ **c**
12 ▸ **c**
13 ▸ 96 m²
14 ▸ a) $\frac{(x+3)(x-3)}{x(x-3)} = \frac{x+3}{x}$
b) $\frac{2 \times 4a}{4a(a+2)} = \frac{2}{a+2}$
c) $\frac{(x+1)^2}{(x+1)} = x + 1$
d) $\frac{y}{y(y+1)} = \frac{1}{y+1}$

Praticando um pouco mais

1 ▸ **b**	5 ▸ **a**	9 ▸ **a**	13 ▸ **b**
2 ▸ **c**	6 ▸ **d**	10 ▸ **d**	14 ▸ **a**
3 ▸ **a**	7 ▸ **b**	11 ▸ **a**	15 ▸ **d**
4 ▸ **a**	8 ▸ **d**	12 ▸ **c**	16 ▸ **a**

Verifique o que estudou

1 ▸ a) $x^2 - x$ c) $x^2 - 1$
b) $3x^2$ d) $\frac{x^2}{2} + x + \frac{1}{2}$

2 ▸ a) $(x + 7)(x - 7) = x^2 - 49$
b) $(y + 9)^2 = y^2 + 18y + 81$
c) $(r - s)^2 = r^2 - 2rs + s^2$

3 ▸ a) $x^2 + 14x + 49$
b) $x^2 - 14x + 49$
c) $x^2 - 49$
d) $16x^2 - 72x + 81$
e) $9x^2 - y^2$
f) $9a^2 + 48ab + 64b^2$

4 ▸ a) $(x - 8)^2$
b) $(x + 30)(x - 30)$
c) $(x + 3)(x + y)$
d) $(x - 3)(x - 1)$

e) $2x(4x - 5)$
f) $(x - 6)^2$
g) $(5x + 3y)(5x - 3y)$
h) $(2a + 5b)^2$
i) $x(x - 3) + y(x - 3) = (x - 3)(x + y)$
j) $a^5(a + 5)$
k) $(y + 11)(y - 11)$
l) $a(a + 1) + b(a + 1) = (a + 1)(a + b)$

5› $x^2 + \frac{1}{6}x - \frac{1}{6} = 0$ ou $6x^2 + x - 1 = 0$.

6› $x' = 8 + 2\sqrt{6}$ e $x'' = 8 - 2\sqrt{6}$.

7› $x' = 2$ e $x'' = -2\frac{1}{2}$.

8› 0 ou 4.

9› a) $4(x - 3) = 0$
b) $3x^2 + 1 = 0$
c) $x(3x - 2) = 0$
d) $4x^2 - 1 = 0$
e) $x^2 - 6x + 8 = 0$
f) $x^2 - 2x + 1 = 0$

10› 5 m

11› A do item **b**, pois $(y + 5)(y + 5) = (y + 5)^2 = y^2 + 10y + 25$.

Para ler, pensar e divertir-se

Pensar
2, 2 e 9 anos.

Divertir-se
Descobrir enigmas é divertido.

Capítulo 3

1› a) $\frac{4}{7}$ b) $\frac{3}{4}$ c) $\frac{4}{3}$

2› 1

3› a) $\frac{2}{5}$ b) $\frac{3}{5}$ c) $\frac{2}{5}$

4› Itens **a** e **c**.

5› a) 85,5 km/h b) 360 m/min

6› 4 horas.

7› 315 km

8› 12 min

9› 10 km/h

10› a) 8 hab./km²
b) 1 500 km²
c) 36 000 habitantes.

11› a) Número de habitantes da população: 669 526. Medida de área (em km²): 281 737,888. Valor da densidade demográfica aproximado (hab./km²): 33,41; 112,05.
b) Minas Gerais.
c) Minas Gerais.
d) Alagoas.

12› a) 6 b) 5 c) 6

13› $\frac{10}{15} = \frac{4}{6}$; $\frac{6}{15} = \frac{4}{10}$; $\frac{6}{4} = \frac{15}{10}$; $\frac{15}{10} = \frac{6}{4}$; $\frac{15}{6} = \frac{10}{4}$.

14› a) $\frac{20}{30} = \frac{14}{21}$ c) $\frac{30}{21} = \frac{20}{14}$
b) $\frac{14}{20} = \frac{21}{30}$ d) $\frac{21}{14} = \frac{30}{20}$

16› a) 17 km b) 40 cm

17› a) 1 : 200 ou 1 cm : 2 m.
b) 5 m por 4 m.

18› a) 98,4 cm c) 0,15 cm
b) 1,95 m

19› a) 1 936 km b) 3 146 km

20› a) Cada centímetro na planta corresponde a 200 cm ou 2 m na realidade.
b) 4 m
c) 28 m²

21› 1 : 350 000

22› a) 1 cm : 25 km ou 1 : 2 500 000.
b) 1 cm : 30 m ou 1 : 3 000.
c) 1 cm : 2,5 km ou 1 : 250 000.
d) 1 cm : 100 km ou 1 : 10 000 000.

24› a) 10 048 m ou 10,048 km.
b) 24 min

25› 2,5 m

26› 30 cm

27› 2 m

28› 32 m e 60 m².

29› 100 m

30› a) $\frac{4}{6}$ ou $\frac{2}{3}$. c) $\frac{3}{4,5}$ ou $\frac{2}{3}$.
b) $\frac{2}{3}$ d) $\frac{2}{3}$; sim.

31› a) $\frac{2}{3}$ c) 1 e) 2
b) $\frac{2}{3}$ d) $\frac{1}{6}$ f) $\frac{3}{5}$

32› a) Sim. b) Não. c) Sim.

33› $\frac{7}{15}$

34› 6 cm ou 60 mm.

35› a) **A** e **B**; **A** e **C**; **B** e **C**.
b) **A** e **C**.

36› a) $BC = 2$; $A'B' = 6$.
b) Sim, pois a figura *ABCDE* é uma ampliação de *A'B'C'D'E'*.
c) São congruentes; todos os ângulos internos correspondentes também são congruentes.

37› b) Lados: $\frac{2}{4} = \frac{1}{2}$; perímetros: $\frac{8}{16} = \frac{1}{2}$; áreas: $\frac{4}{16} = \frac{1}{4}$.
c) Lados: $\frac{2}{6} = \frac{1}{3}$; perímetros: $\frac{8}{24} = \frac{1}{3}$; áreas: $\frac{4}{36} = \frac{1}{9}$.
d) Lados: $\frac{4}{6} = \frac{2}{3}$; perímetros: $\frac{16}{24} = \frac{2}{3}$; áreas: $\frac{16}{36} = \frac{4}{9}$.

38› a) 3,5 cm c) 32 cm; 20 cm.
b) 8,96 cm

40› a) $\frac{d}{\ell} = \frac{2,9}{1,8} \simeq 1,6$ b) $(3\sqrt{5} + 3)$ cm

41› a) $x = 12,6$ b) $x = 9$

42› a) $x = 10$ c) $x = 4$
b) $x = 9$ d) $x = 12$

43› **a**, **b**, **c**, **d**, **f**, **g**.

44› **a**, **d**, **e**.

46› $XQ = 4$ cm; $PY = 9$ cm; $YR = 6$ cm.

47› a) $x = 5$ b) $x = 20$ c) $x = 12$

48› O texto explica brevemente como Tales utilizou a ideia de proporcionalidade para calcular a medida de comprimento da altura de uma pirâmide.

49› **b**

50› Base de 1,60 m e altura de 1,20 m.

52› 832 km.

53› a) A sala de 15 cabines deve ter 30 m²; a de 10 cabines, 20 m²; e a de 20 cabines, 40 m².

54› 841 mm e 1 189 mm.

55› a) Base da porta: 200 cm; altura da porta: 320 cm; lado da janela: 160 cm.

56› a) 10 cm, 15 cm e 25 cm.
b) Na fabricação de 100 caixas grandes.
c) $\frac{125}{343}$

57› a) I. 450 cm ou 4,50 m.
II. 22,5 cm
III. 36 cm
b) 1 : 16; como os numeradores são iguais, quanto menor for o denominador da fração, maior será a fração e maior será a miniatura $\left(\frac{1}{16} > \frac{1}{20}\right)$.

58› a) 55,8 c) R$ 27,60
b) R$ 34,00 d) 533

59› a) 20 c) R$ 4,50
b) 12 d) 6

60› R$ 30,00; 20%.

61› a) 234 meninos e 286 meninas.
b) 650 alunos; 390 meninas.
c) 48%; 52%.

62› a) 42,00 d) 46,00
b) 15% e) 260,00
c) 450,00

63› Juros compostos, pois a taxa de juros é aplicada sobre o valor do período anterior, e não apenas sobre o montante inicial.

64› a) R$ 42 400,00 b) R$ 42 448,32

65› Severino.

66› No sistema de juros compostos; R$ 4,83 a mais.

67› 2% ao mês.

68› R$ 13 310,00

70› a) R$ 131,67
b) R$ 141,40
c) R$ 9,73
d) Aproximadamente 6,88% a mais.

Revisando seus conhecimentos

1› 84 cm

2› 54 cm²

3› $x = 36°$

4› a) 35 b) 60 c) 55 d) 20

5› Aproximadamente 15 m.

6› a) 12 números. c) 18 números.
b) 24 números.

7› Cada unidade linear na planta (uma medida de comprimento de 1 cm, por exemplo) corresponde a 10 000 unidades lineares na realidade (no caso desse exemplo: 10 000 cm ou 100 m).

8› $x = 5$; $\frac{15}{20} = \frac{6}{8}$.

9› 45 m

10› $a = 3$ cm e $b = 4,5$ cm.

11› a) $x = 4$ e $y = 5$ ou $x = 2$ e $y = -1$.
b) $x = 2$ e $y = \frac{1}{2}$ ou $x = -1$ e $y = -1$.

12› a) km/h ou quilômetro por hora.
b) **A**: 285 km em 3 horas.

13› a) Caneta.
b) R$ 4,16
c) R$ 0,25
d) I. R$ 21,22
II. Aproximadamente 36,02%.

14› Laura: R$ 800,00; Raul: R$ 600,00.

15› **d**

16› R$ 930,00

17› a) 10 cm b) 100 cm^2

18› Julho de 2018: 22526; 3875. Agosto de 2017: 5592.

Praticando um pouco mais

1› b
2› d
3› d
4› a
5› b
6› d
7› c
8› a
9› b
10› e
11› b
12› c

Verifique o que estudou

1› a) *AB*, *EF*.
b) *CD*, *EF*.
c) $\frac{4}{3}$

2› $GH = 4,5$ cm

3› a) 31 cm b) 2,5 cm c) 21 cm

4› c

5› $x = 6$

6› 30 m

7› 25%

8› a) R$ 242,00
b) R$ 162,00
c) R$ 198,00

9› a) 220,00
b) 220,50

Para ler, pensar e divertir-se

Pensar

4 sacos de arroz.

Capítulo 4

1› a) R$ 16,80
b) 8 caixas.
c) I. 56 II. 15

2› a) 12
b) 5

3› a) Saída: *y*: -4; -1; $+2$; $+5$; $+8$; $+11$.

7› b) $y = 11,7$
c) $x = 1,3$

8› Sim.

9› a) Medida de perímetro (em cm): 8; 12; 14; 15,2; 16; 40.
c) Sim, porque dobrando a medida de comprimento do lado, a medida de perímetro dobra; triplicando a medida de comprimento do lado, a medida de perímetro triplica, e assim por diante.
d) 47 cm
e) 5,5 cm

10› b) $y = 3$
c) $x = -\frac{1}{2}$

11› a) A medida de área da região retangular é dada em função da medida de comprimento do lado.
b) A medida de área *A*.
c) A medida de comprimento ℓ do lado.
e) 144 cm^2
f) 13 cm

12› a) Custo (R$): 6,00; 7,20; 8,40 e 1,2*n*.
b) Sim.
c) O custo de produção é dado em função do número de peças.
e) R$ 12,00; R$ 24,00; R$ 60,00.
f) 100 peças.
g) *c* (custo de produção); *n* (número de peças).

13› b) Sim, o sucessor de um número natural depende desse número natural.
c) Sim.

16› b) R$ 172,00
c) 20 clientes.

17› b) R$ 340,00
c) R$ 800,00
d) 80 parafusos.
e) Lucro; R$ 60,00.

18› a) Medida de distância *d* (em quilômetros): 150; 200; 250; 350.
b) A medida de distância percorrida *d* em função da medida de intervalo de tempo *t*.
c) Sim, pois, em meia hora, são percorridos 50 km; em 1 hora, são percorridos 100 km; e assim por diante.
d) A medida de distância percorrida.

19› a) O salário *S*, pois depende do valor total de vendas *x* do mês.
c) R$ 1900,00
d) Não, pois, dobrando o valor de *x*, o valor de *S* não dobra.

20› a) O custo *c* do conserto.

21› a) R$ 65,00
b) 12 cadernos.

22› a) 58,50 c) 2 e) 130,00
b) 6,50 d) 3 f) 8

23› **a**, **c**.

24› É função.

25› Não é função, pois $0 \in A$ e não tem correspondente em *B*.

26› Sim.

28› a) Sim. b) Sim.

29› a) $D(f) = \{3, 4, 5, 6\}$
b) $Im(f) = \{1, 3, 7\}$
c) $f(4) = 1$
d) $y = 7$
e) $x = 6$
f) $x = 3$ ou $x = 4$
g) $f(6) = 3$
h) $y = 1$
i) $x = 5$

30› b) $D(g) = \{1, 3, 4\}$; $CD(g) = \{3, 9, 12\}$; $Im(g) = \{3, 9, 12\}$.
c) $g(3) = 9$
d) $x = 4$

31› a) Variação do volume em função do intervalo de tempo.
b) 600 L
c) 5 minutos.
d) 100 L
f) Não, nem direta nem inversamente proporcional.

32› $f(3) = 2$

33› 2 e -2.

34› a) -1
b) 2

35› a) Sobre o eixo *x*, pois todo par ordenado de números reais (x, y) com $y = 0$ tem o ponto correspondente sobre o eixo *x*.
b) $y = x^2 + 8$ não tem zeros, pois, para $y = 0$, temos $x^2 = -8$, o que é impossível para *x* real; $y = x^3 + 8$ tem o -2 como zero, pois $y = (-2)^3 + 8 = 0$.
c) -2 e -3.

36› a) Sim.
b) Não; para o *x* assinalado, há 2 valores para *y* ou existem retas perpendiculares ao eixo *x* que intersectam o gráfico em mais de um ponto.
c) Sim.
d) Sim.
e) Sim.
f) Não; para o valor de *x* assinalado, há 2 valores para *y* ou existem retas perpendiculares ao eixo *x* que intersectam o gráfico em mais de um ponto.
g) Não; para um valor de *x*, há todos os valores reais para *y*.
h) Sim.
i) Sim.

38› a) Não, porque existem valores reais de *x* sem correspondente em *y*.
b) $x \in \mathbb{R}, -1 \leq x \leq 2$.
c) $x = 1$ ou $x = -1$.
d) $y = 2$
e) 2 zeros: -1 e 1.

39› a) 8 g/cm^3
b) *V* (em cm^3): 60; 90. *m* (em g): 240; 200.
d) É possível traçar uma semirreta, pois as medidas de volume e de massa podem assumir qualquer valor real não negativo, já que volume e massa são grandezas contínuas com valores positivos.

40› c) I. Para $x < 8$.
II. Para $x > 8$.
III. Para $x = 8$.

41› a) O pai ganhou a corrida, pois ele chegou aos 100 m em 14 s e o filho, em 17 s; a diferença das medidas de intervalo de tempo foi de 3 s.
b) Cerca de 70 m.
c) Após 10 s.

42› b) 28 palitos.
c) 5 quadrados.

43› **a**, **c**, **d**, **f**, **g**, **h**.
a) $a = -3$ e $b = 5$. f) $a = \frac{1}{3}$ e $b = 0$.
c) $a = 1$ e $b = 0$. g) $a = 0$ e $b = 3$.
d) $a = 7$ e $b = -14$. h) $a = \frac{2}{3}$ e $b = -5$.

44› b) Sim. d) R$ 81,20
c) R$ 58,00 e) 174 peças.

45› a) -7 c) -3
b) 3 d) $\frac{3}{2}$

46› a) Decrescente; crescente.
c) A reta intersecta o eixo *x* no ponto $(3, 0)$ e o eixo *y* no ponto $(0, 3)$; a reta intersecta o eixo *x* no ponto $\left(\frac{1}{2}, 0\right)$ e o eixo *y* no ponto $\left(0, -\frac{1}{2}\right)$.

48 a) Agudo.
b) Obtuso.
c) Obtuso.
d) Agudo.

50 $y = \frac{4}{3}x + 4$

51 $x = 17$

52 **a**, **c**, **e**, **f**, **h**.
a) Decrescente.
c) Crescente.
e) Decrescente.
f) Crescente.
h) Crescente.

53 Sim, a função dada no item **h**.

55 a) Função g.
b) Função f.
c) Função h.
d) Nenhuma.

57 a) Função afim, mas não linear.
b) Função afim e linear.
c) Função afim e linear.
d) Não é função afim.

58 a) É a lei de uma função linear.
b) Sim; 4.
c) Não é a lei de uma função linear.
d) Não.

59 b) Sim, pois dobrando a medida de comprimento h da altura, a medida de área A dobra; triplicando a medida de comprimento h da altura, a medida de área A triplica; e assim por diante; o coeficiente de proporcionalidade é 4.
c) $4\ cm^2$, $8\ cm^2$ e $16\ cm^2$.

60 a) Não.
b) Sim; 3.
c) Sim; 6,2.
d) Não.

64 $(1, 5)$

66 **b**

67 **a**, **b**, **d**, **f**, **g**, **h**, **i**.

68 a) $d = \frac{n(n-3)}{2}$
b) Sim, pois $d = \frac{n(n-3)}{2}$ corresponde a $d = \frac{1}{2}n^2 - \frac{3}{2}n$.
c) 35 diagonais.
d) 14 lados.

69 a) $a = 3$, $b = -4$ e $c = 1$.
b) $y = 1$, $y = 0$, $y = 8$ e $y = 0$, respectivamente.
c) $x = 1$ ou $x = \frac{1}{3}$.
d) $x = 0$ ou $x = \frac{4}{3}$.

70 a) 2 e 4.
b) $\frac{1}{2}$ e $\frac{1}{3}$.
c) 3
d) Não existem zeros em $\mathbb{R}$.

71 a) Quadrática.
b) Uma parábola.
c) Sim; em $(1, 0)$ e $\left(-\frac{1}{3}, 0\right)$.
d) Sim; no ponto $(0, -1)$.
e) Sim.
f) $\left(\frac{1}{3}, -\frac{4}{3}\right)$

72 a) 12; 5; 0; −3; −4; −3; 0; 5; 12.
c) Reta perpendicular ao eixo x e que passa por $x = 3$.
d) $x = 3$
e) 1 e 5.

74 a) Em 1 único ponto.
b) Em 2 pontos distintos.
c) Não intersecta.
d) Em 2 pontos.

75 Valor máximo: a, d; valor mínimo: b, c; deve-se analisar o coeficiente a: valor máximo para $a < 0$ e valor mínimo para $a > 0$.

76 a) $A = \frac{1}{2}x^2 + 4x + 6$
b) −2; não.

77 a) $V(-2, -6)$; valor mínimo: −6.
b) $V(3, 0)$; valor mínimo: 0.
c) $V(2, 0)$; valor máximo: 0.
d) $V(-3, 1)$; valor máximo: 1.

78 b) Reta perpendicular ao eixo t, passando por $t = 3$.
c) 3 s
d) 9 m
e) $(3, 9)$

79 Uma região quadrada cujos lados têm medidas de comprimento de 50 m.

80 a) $x = -4 \Rightarrow f(x) = 0$; $x > -4 \Rightarrow f(x) > 0$; $x < -4 \Rightarrow f(x) < 0$.
b) $x = \frac{1}{2} \Rightarrow f(x) = 0$; $x > \frac{1}{2} \Rightarrow f(x) < 0$; $x < \frac{1}{2} \Rightarrow f(x) > 0$.
c) $x = 2 \Rightarrow f(x) = 0$; $x > 2 \Rightarrow f(x) > 0$; $x < 2 \Rightarrow f(x) < 0$.
d) $x = \frac{1}{3} \Rightarrow f(x) = 0$; $x > \frac{1}{3} \Rightarrow f(x) < 0$; $x < \frac{1}{3} \Rightarrow f(x) > 0$.

81 a) Para $x < 1$.
b) Para $x < -4$.

82 Igual; oposto; menor; b.

83 Não existe valor real de x.

84 a) $f(x) = 0$ para $x = -1$ ou $x = 4$; $f(x) > 0$ para $x < -1$ ou $x > 4$; $f(x) < 0$ para $-1 < x < 4$.
b) $f(x) = 0$ para $x = -\frac{1}{3}$ ou $x = 1$; $f(x) > 0$ para $-\frac{1}{3} < x < 1$; $f(x) < 0$ para $x < -\frac{1}{3}$ ou $x > 1$.
c) $f(x) = 0$ para $x = -2$; $f(x) > 0$ para $x \neq -2$.

85 $x < -5$ ou $x > -2$.

86 Oposto; igual; das raízes; diferente; igual; a.

87 a) $S = \left\{x \in \mathbb{R} \mid x \geq \frac{4}{3}\right\}$
b) $S = \{x \in \mathbb{R} \mid x < 4\}$
c) $S = \left\{x \in \mathbb{R} \mid 1 < x < \frac{7}{3}\right\}$
d) $S = \{x \in \mathbb{R} \mid x < 2\}$
e) $S = \{x \in \mathbb{R} \mid x \geq -14\}$
f) $S = \left\{x \in \mathbb{R} \mid x \leq -1 \text{ ou } x \geq \frac{1}{2}\right\}$
g) $S = \varnothing$
h) $S = \mathbb{R}$

Revisando seus conhecimentos

1 b
2 c
3 450 000 L
4 $y = 3x - 6$
5 R$ 960,00
6 a) V: 0; 20; 40; 60; 80; 140; 200; 250; 300; 340; 380.
7 Lados: 4 cm, 4 cm, 7,5 cm e 7,5 cm; ângulos internos: 72°, 72°, 108° e 108°.
8 a) 45 m
b) 125 m; 5 s.
c) 10 s
9 b

Praticando um pouco mais

1 b
2 c
3 b
4 c
5 d
6 c
7 b
8 b
9 c
10 d
11 c

Verifique o que estudou

1 b) R$ 380,00 c) R$ 2 200,00
2 a) $y = 4x$
b) $y = 5x^3 + 2x$
c) $y = 2x - 1$
d) $y = 4x$; $y = 3x^2$ e $y = 5x^3 + 2x$.
e) $y = 5$
3 a) Gráfico **I**.
b) $y = 20x$
4 Eixo y em $(0, -9)$; eixo x em $(3, 0)$ e $(-3, 0)$.
5 a) $y = x^2 + 2x$
b) $y = 35$
c) $x = 3$
6 a) R$ 7 000,00
b) 2 unidades ou 10 unidades.
c) 3, 4, 5, 6, 7, 8 ou 9 unidades.
d) Ela lucrará o mesmo valor.
e) R$ 16 000,00

Para ler, pensar e divertir-se

Pensar

a) Não é função porque a mãe pode ter mais de 1 filho.
b) É função.
c) É função.

Capítulo 5

1▸ a) Retos; retos. b) 2,7 cm c) 80°

2▸ a) 2 cm. b) Iguais. c) Sim.

3▸ Os cilindros **A** e **C**.

4▸ Pares de figuras semelhantes: **A** e **H**, **C** e **K**, **F** e **I**, **G** e **L**; semelhantes e congruentes: **F** e **I**.

5▸ Não.

6▸ a) Não são semelhantes, pois as medidas de abertura dos ângulos correspondentes não são iguais.
b) São semelhantes; coeficiente de proporcionalidade $\frac{1}{2}$.
c) São semelhantes; coeficiente de proporcionalidade $\frac{5}{4}$.
d) Não são semelhantes, pois as medidas de comprimento dos lados correspondentes não são proporcionais.
e) São semelhantes; coeficiente de proporcionalidade $\frac{3}{2}$.
f) Não são semelhantes, pois as medidas de comprimento dos lados correspondentes não são proporcionais.

7▸ a) Verdadeira, pois as medidas de comprimento dos lados são sempre proporcionais e as medidas de abertura dos ângulos são sempre iguais a 90°.
b) Falsa.

8▸ 9 cm

9▸ a) 120° b) 120° c) 8 cm

10▸ 10 u; 50 u; $\frac{3}{5}$.

12▸ a) Sim; um sempre é uma cópia, ampliação ou redução do outro.
b) Não; os 2 triângulos roxos não são semelhantes e os 2 triângulos laranja são semelhantes.
c) Sim; a razão de proporcionalidade é 1.
d) Não.

13▸ Sim, pois os ângulos correspondentes têm sempre a mesma medida de abertura, de 60°; e os lados correspondentes têm sempre medidas de comprimento proporcionais.

14▸ a) $\frac{30}{21} = \frac{10}{7}$ b) $\frac{20}{14} = \frac{10}{7}$ c) $\frac{100}{70} = \frac{10}{7}$ d) $\frac{600}{294} = \left(\frac{10}{7}\right)^2$

15▸ a) São semelhantes, pois os ângulos correspondentes são congruentes e os lados correspondentes têm medidas de comprimento proporcionais: $\frac{1}{2} = \frac{2}{4} = \frac{\sqrt{5}}{2\sqrt{5}}$; $\triangle ABC \sim \triangle A'B'C'$.
b) Não são semelhantes; basta verificar que as medidas de comprimento dos lados correspondentes não são proporcionais: $\frac{2}{1} = \frac{3}{1,5} \neq \frac{3,5}{2}$.
c) Não são semelhantes; porque os ângulos correspondentes não são congruentes.
d) São semelhantes, com razão de proporcionalidade 1 (logo, são também congruentes).

17▸ $m(\hat{C}) = 65°$; $m(\hat{D}) = 65°$; $m(\hat{A}) = 65°$; $m(\hat{B}) = 65°$ e $m(A\hat{E}B) = 50°$.

18▸ $x = 15$ e $y = 35$.

19▸ $RB = 5$; $SC = 11$ e $AC = 55$.

20▸ Não, pois $\frac{25}{35} \neq \frac{22}{30} \neq \frac{14}{18}$.

21▸ 5,25 m

22▸ a) $\hat{A} \cong \hat{F}$ (ângulos alternos internos de paralelas cortadas por transversal); $A\hat{P}R \cong F\hat{P}H$ (opostos pelo vértice); pelo caso AA de semelhança de triângulos, temos $\triangle ARP \sim \triangle FHP$.
b) $x = 9$ e $y = 28$.

23▸ Não.

24▸ $x = 24$ cm, $y = 21$ cm e $m = 7$ cm.

25▸ **a**, **b**.

27▸ 480 cm ou 4,80 m.

29▸ a) Ensolarado.
b) Fita métrica, trena ou metro de carpinteiro.
d) 72 m

30▸ a) Os 2 triângulos são semelhantes, pois têm 2 ângulos correspondentes congruentes.
b) Os 2 triângulos são semelhantes, pois eles têm um ângulo correspondente congruente formado por lados com medidas de comprimento proporcionais: $\frac{60}{84} = \frac{50}{70}$.
c) Os 2 triângulos não são semelhantes, pois os lados correspondentes não têm medidas de comprimento proporcionais: $\frac{4}{6} = \frac{6}{9} \neq \frac{5}{8}$.
d) Não podemos afirmar que os 2 triângulos são semelhantes, nem que não são semelhantes (há necessidade de mais informações).
e) Os 2 triângulos são semelhantes, pois ambos têm ângulos correspondentes de medidas de abertura de 45°, 80° e 55°.

31▸ a) $x = 10$ b) $\frac{16}{25}$

32▸ a) Os triângulos são semelhantes.
b) Os triângulos não são semelhantes.
c) Os triângulos são semelhantes.
d) Os triângulos podem ser ou não semelhantes.
e) Os triângulos são semelhantes.
f) Os triângulos podem ser ou não semelhantes.
g) Os triângulos não são semelhantes.
h) Os triângulos são semelhantes.

33▸ Sim.

34▸ Não são semelhantes, pois os ângulos do triângulo *ABC* têm medidas de abertura de 90°, 30° e 60°; os ângulos do triângulo *MNP* têm medidas de abertura de 90°, 45° e 45°.

35▸ $\triangle ABC \sim \triangle DEC$ pelo caso AA, pois têm 2 ângulos correspondentes congruentes: $\hat{B} \cong \hat{E}$ (ângulos retos); e $\hat{C}_1 \cong \hat{C}_2$ (ângulos opostos pelo vértice).

36▸ $\triangle ABC$ e $\triangle ADB$.

37▸ **b**

38▸ $\frac{1}{3}$ ou 3; $\frac{1}{9}$ ou 9.

39▸ a) $\hat{A} \cong \hat{A}$ (ângulo comum); $\hat{E} \cong \hat{C}$ (ângulos de medida de abertura de 110°); caso AA.
b) $AE = 5$ cm

40▸ a) $\frac{4}{3}$ b) $\frac{4}{3}$ c) 6

41▸ Não é possível.

42▸ É possível quando as aberturas dos ângulos nos 2 triângulos medirem 30°, 75° e 75°.

43▸ 50,1 m

44▸ R$ 54,25

48▸ a) Prisma de base pentagonal.
b) Prisma de base triangular.
c) Pirâmide de base quadrada.

50▸ a) 9 cubinhos.
b) 6 cubinhos.
c) 12 cubinhos.

51▸ b) Peça inicial: 3 cubos; peça ampliada: 24 cubos.

52▸ Vista de frente; vista de cima

54▸ a) Cubo; usar **A**, **B**, **C**, **D**, **E** e **F**.
b) Pirâmide de base triangular; não pode ser montada, pois são necessárias 4 regiões triangulares, e só há 3.
c) Paralelepípedo; usar, por exemplo, as peças **A**, **B**, **J**, **K**, **L** e **M**.
d) Prisma de base triangular; usar, por exemplo, as peças **A**, **B**, **C**, **G** e **H**.
e) Prisma de base triangular; usar, por exemplo, as peças **J**, **K**, **L**, **G** e **H**.

55▸ I. **c** II. **b** III. **b**

59▸ a) F b) F c) V d) V e) V f) V

60▸ Um segmento de reta ou um ponto.

62▸ O quadro *Café*.

63▸ **a**, **c**.

66▸ a) Acima. b) Abaixo. c) Abaixo. d) Acima.

Revisando seus conhecimentos

2▸ 21 °C

3▸ **a**

4▸ 4 h

5▸ $x = 15$ e $y = 6$.

6▸ **e**

7▸ **b**

8 a) O $\triangle PQR$ e o $\triangle MNO$ são semelhantes pelo caso LAL, pois têm ângulos correspondentes congruentes formados por 2 lados com medidas de comprimento proporcionais: $\hat{P} \cong \hat{M}$ e $\frac{15}{35} = \frac{12}{28} = \frac{3}{7}$.
b) 21 cm

9 c

10 1ª região: 108 cm²; 2ª região: 48 cm².

11 a) $\frac{1}{3}$
b) $\left(\frac{1}{3}\right)^2$
c) $\left(\frac{1}{3}\right)^3$

12 Sim.

13 Maior; 9 cm a mais.

Praticando um pouco mais

1 d
2 I e III.
3 c
4 Marina.
5 b
6 d
7 d
8 b
9 a
10 a

Verifique o que estudou

1 Não, pois $\frac{PS}{AD} = \frac{QR}{BC} = 2$, porém, $\frac{PQ}{AB} \neq 2$ e $\frac{RS}{CD} \neq 2$.

2 a) Podem ser ou não semelhantes.
b) São semelhantes.
c) Não são semelhantes.
d) Podem ser ou não semelhantes.
e) Não são semelhantes.

3 a) $\frac{1}{9}$
b) 72 cm

7 Regiões retangulares em α e β e círculo em γ.

Para ler, pensar e divertir-se

Pensar

66 s

Divertir-se

b) Figura **D**.

Capítulo 6

1 a) $a^2 = 100$; $b^2 = 64$; $c^2 = 36$; $100 = 64 + 36$.
b) $a^2 = 169$; $b^2 = 144$; $c^2 = 25$; $169 = 144 + 25$.

2 Tipo de triângulo: retângulo; acutângulo; obtusângulo; obtusângulo; acutângulo. a^2: 25; 25; 16; 49; 64. $b^2 + c^2$: 16 + 9; 16 + 25; 9 + 4; 16 + 25; 25 + 49. a^2 é igual a $b^2 + c^2$?: sim; não; não; não; não.

3 a) 30 m
b) $x = -9$ m; 36 m.

4 a) $x = 13$
b) $x = \sqrt{13}$
c) $x = 3\sqrt{2}$
d) $x = 3\sqrt{2}$
e) $x = 6$
f) $x = 3$

5 c

6 a) $h = 3$ cm; $a = 6{,}25$ cm; $m = 2{,}25$ cm; $b = 3{,}75$ cm.
b) 9,375 cm²

7 $11 + \sqrt{11}$ cm ou aproximadamente 14,3 cm.

8 6 cm²

9 9 cm²

10 26 cm

11 6 cm e 8 cm.

12 4,8 cm

13 a) 48 mm
b) 60 mm e 80 mm.
c) 2 400 mm² ou 24 cm².

14 Aproximadamente 5,2 m.

15 a) $x = \sqrt{77}$ cm $\simeq 8{,}8$ cm
b) $x = \sqrt{23}$ cm $\simeq 4{,}8$ cm

16 a) $x = 5$; terno: 5, 12 e 13.
b) $x = 7$; terno: 7, 24 e 25.
c) $x = 17$; terno: 8, 15 e 17.

17 b

19 $m = 5$ e $n = 20$.

20 a) $5\sqrt{2}$ cm
b) 10 cm
c) $15\sqrt{2}$ cm

21 a) 4 cm
b) $\frac{5\sqrt{2}}{2}$ cm

22 16 cm

23 a) $4\sqrt{3}$ cm
b) $\frac{3}{2}$ cm ou 1,5 cm.
c) 9 cm
d) $\frac{9\sqrt{3}}{2}$ cm

24 Aproximadamente 4,3 cm.

26 a) Aproximadamente 0,97 cm².
b) Aproximadamente 6,92 cm².
c) Aproximadamente 2,92 cm².

27 7 cm

28 $5\sqrt{3}$ cm ou aproximadamente 8,66 cm.

29 Aproximadamente 4,9 dm.

30 4 m

32 5 cm

33 3 cm

34 24 m² e 24 m.

35 82 cm

36 4 000 m

37 64 cm ou 0,64 m.

38 $2\sqrt{5}$ cm e $4\sqrt{5}$ cm.

39 12 m

40 16 m e 12 m².

41 Aproximadamente 26 m.

42 48 km

43 $x = 3$

44 a) 27 u e 48 u.
b) 108 u
c) 1 350 u²

45 24

46 A: $\frac{2}{3}$; B: $\frac{2}{3}$; C: $\frac{2}{3}$; índice de subida: $\frac{2}{3}$.

48 a) $x = 6$
b) $x = 2\sqrt{10}$

49 A rampa de índice de subida 1, pois nela a medida de comprimento da altura é igual à medida de comprimento do afastamento e, na rampa de índice de subida $\frac{1}{3}$, a medida de comprimento da altura é a terça parte da medida de comprimento do afastamento.

50 15 m

51 Medida de comprimento do afastamento: 2 m; 3 m. Medida de comprimento da altura: 2 m; 10 m; 20 m. Índice de subida: 2.

52 10 m

54 45°; 1.

55 a) $\frac{3}{4}$
b) Menor, pois $\frac{3}{4} < 1$.

56 a) Sim; porque $13^2 = 169$ e $12^2 + 5^2 = 169$; ângulo $\hat{A}$.
b) $\frac{5}{12}$

57 45°

58 28 m

59 a) Na subida de maior medida de abertura do ângulo (α).
b) sen α
c) A subida de menor medida de abertura do ângulo (β).
d) cos β

60 $\tan 60° = \sqrt{3}$; $\text{sen } 60° = \frac{\sqrt{3}}{2}$; $\cos 60° = \frac{1}{2}$.

61 a) $\text{sen } \hat{B} = \frac{AC}{BC}$ e $AC < BC$.
b) $\cos \hat{B} = \frac{AB}{BC}$ e $AB < BC$.
c) $\tan \hat{B} = \frac{AC}{AB}$ e AC pode ser maior do que, menor do que ou igual a AB.

62 a) $\frac{3}{5}$
b) $\frac{4}{5}$
c) $\frac{3}{4}$
d) $\frac{4}{5}$
e) $\frac{3}{5}$
f) $\frac{4}{3}$

63 Sim.

64 a) $x = 15$
b) $x = 6{,}4$
c) $x = 24$
d) $x = 3$

65 a) 25 cm e $5\sqrt{11}$ cm.
b) $\text{sen } \hat{G} = \frac{\sqrt{11}}{6}$, $\cos \hat{G} = \frac{5}{6}$ e $\tan \hat{G} = \frac{\sqrt{11}}{5}$.
c) • 1
• $\frac{5\sqrt{11}}{11}$
• 1
• $\frac{\sqrt{11}}{5}$
d) $\text{sen } \hat{F} = \cos \hat{G}$ e $\cos \hat{F} = \text{sen } \hat{G}$.
e) São números inversos.
f) $\frac{\text{sen } \hat{F}}{\cos \hat{F}} = \tan \hat{F}$ e $\frac{\text{sen } \hat{G}}{\cos \hat{G}} = \tan \hat{G}$.

66 $x = 9$

67 a) $\frac{\sqrt{22}}{5}$; $\frac{\sqrt{66}}{22}$.

b) $\frac{8}{3}$ ou $2\frac{2}{3}$.

c) 0,6

68 sen 40° ≃ 0,64; cos 40° ≃ 0,76 e tan 40° ≃ 0,84.

69 50°; sen 50° ≃ 0,76; cos 50° ≃ 0,64 e tan 50° ≃ 1,19.

70 a) $\text{sen}\ \alpha = \frac{5}{13}$ e $\tan \alpha = \frac{5}{12}$.

b) 41,6 m

71 sen: $\frac{1}{2}$; $\frac{\sqrt{2}}{2}$; $\frac{\sqrt{3}}{2}$. cos: $\frac{\sqrt{3}}{2}$; $\frac{\sqrt{2}}{2}$; $\frac{1}{2}$.

tan: $\frac{\sqrt{3}}{3}$; 1; $\sqrt{3}$.

72 $\text{sen}\ 45° = \frac{x}{3\sqrt{2}} \Rightarrow \frac{\sqrt{2}}{2} = \frac{x}{3\sqrt{2}} \Rightarrow$

$\Rightarrow 2x = 6 \Rightarrow x = 3$ ou $x^2 + x^2 = (3\sqrt{2})^2 \Rightarrow$

$\Rightarrow 2x^2 = 18 \Rightarrow x^2 = 9$, com $x > 0 \Rightarrow$

$\Rightarrow x = 3$

73 sen: 0,5; 0,705; 0,865. cos: 0,865; 0,705; 0,5. tan: 0,577; 1; 1,73.

74 Aproximadamente 2,6 cm.

75 a) $x = 3{,}25$

b) $x \simeq 8{,}4$

76 $\alpha = 33°$

77 $m(\hat{B}) = 37°$ e $m(\hat{C}) = 53°$.

78 5,22 m

79 $x + y = 24{,}13$

80 5,052 m

81 Aproximadamente 34°.

82 Aproximadamente 38 m.

83 Não.

84 Aproximadamente 59,4 m.

85 138°

86 a) $\frac{\sqrt{2}}{2}$

b) $-\frac{\sqrt{2}}{2}$

c) $\frac{1}{2}$

d) $-\frac{\sqrt{3}}{2}$

87 a) −0,643

b) 0,940

c) 0,087

d) −0,743

e) 0,485

f) −0,174

88 a) $x = 0$

b) $x = 0$

89 8 cm

90 78°

91 $5\sqrt{7}$ cm

93 Aproximadamente 122,47 m.

94 $x = 2$ e $y \simeq 0{,}73$.

95 Aproximadamente 5,07 cm.

96 41

97 $\alpha \simeq 47°$

98 $\alpha = 68°$; $x \simeq 12{,}65$ e $y \simeq 12{,}47$.

99 $x = 100\sqrt{2}$

100 $c = \sqrt{10}$

101 14 cm

102 $50\sqrt{6}$ cm ou aproximadamente 122,5 cm.

Revisando seus conhecimentos

1 c

2 b

3 750 m² e 2 250 m².

4 a) Banheiro: 9,18 m²; quarto: 10,37 m²; sala: 25,30 m²; medida de área total: 44,85 m².

b) R$ 35 431,50

5 Não, o correto seria: "Sou a raiz quadrada da soma dos quadrados dos catetos. Mas pode me chamar de Hipotenusa.".

6 a
7 c
8 d
9 a
10 d
11 a
12 6
13 c
14 a
15 a
16 c

Praticando um pouco mais

1 b
2 52 cm
3 40 m
4 d
5 c
6 c
7 b
8 c
9 b
10 e
11 b
12 b
13 b
14 b

Verifique o que estudou

1 a) z
b) r
c) s
d) p
e) y^2
f) x^2

2 a) 10 cm
b) $20\sqrt{2}$ cm
c) $10\sqrt{3}$ cm
d) $5\sqrt{3}$ cm

3 216 m

4 50 m

5 15 m

Para ler, pensar e divertir-se

Pensar

Infinitos.

Capítulo 7

2 a) Estão no mesmo plano e têm a mesma medida de distância em relação a 1 ponto desse plano (o centro).

b) Lugar geométrico.

c) É o segmento de reta com extremidades no centro e 1 ponto da circunferência.

d) É o segmento de reta com extremidades em 2 pontos da circunferência e que passa pelo centro dela.

e) Iguais.

f) É o dobro.

g) Não.

h) O diâmetro.

3 a) Pi; π.
b) Irracional.
c) $\pi \simeq 3{,}14$
d) $C = 2\pi r$
e) $A = \pi r^2$

4 a) 21,7 cm
b) 37,2 cm
c) 7 cm; 14 cm.
d) 37,975 cm²
e) 6 cm

5 Aproximadamente 120 m.

6 a) Usando a fórmula $C = \pi d$.

b) Aproximadamente 9,97 m.

7 Aproximadamente 6,076 cm².

8 100,48 m

9 Aproximadamente 6 228 439 m.

10 Aproximadamente 131,88 km.

11 Aproximadamente 3 470 km e 1 735 km.

12 30,6 cm e 55,8 cm².

13 a) 4 cm²
b) 2,25 cm²

14 14 cm

15 a) 37,2 m

b) 18,6 m

c) 55,8 m

d) 93 m

16 a) 60 m

b) 94,2 m

c) 77,1 m

17 a) 6,28 cm

b) 6,28 cm²

18 2 000 voltas.

19 3,15

20 a) 47,1 cm

b) 176,625 cm²

21 a) 7π cm

b) 64π m²

22 a) Sim, pois, quando a medida de comprimento do raio dobra, triplica, etc., a medida de comprimento da circunferência dobra, triplica, etc. Para $r = 5$ cm, temos $C = 10\pi$ cm, e para $r = 10$ cm (dobro de 5), temos $C = 20\pi$ cm (dobro de 10π cm). Ou sim, pois $C = 2\pi \times r$ dá o valor de C em função de r, pela lei de uma função linear.

b) Não, pois, quando a medida de comprimento do raio dobra, a medida de área do círculo não dobra. Para $r = 5$ cm, temos $A = 25\pi$ cm², e para $r = 10$ cm (dobro de 5 cm), temos $A = 100\pi$ cm² (não é o dobro de 25π cm²). Não, pois $A = \pi \cdot r^2$ dá o valor de A em função de r, mas a lei da função não é uma de função linear.

23 d

25 Uma mola.

28 a) É a circunferência que passa pelos 3 vértices de um triângulo.

b) Circuncentro é o centro da circunferência circunscrita ao triângulo. Ele é obtido no encontro das mediatrizes dos lados do triângulo.

c) É a circunferência que tem os 3 lados do triângulo tangentes a ela.

d) Incentro é o centro da circunferência inscrita no triângulo. Ele é obtido no encontro das bissetrizes dos ângulos internos do triângulo.

e) Ligando o incentro aos lados do triângulo, perpendicularmente.

29 Sim, pois todos os lados do quadrilátero são tangentes à circunferência.

30 10,5 cm

31 No circuncentro do $\triangle ABC$.

32 a) Secantes.

b) Sem ponto comum, internas e concêntricas.

c) Tangentes externas.

d) Tangentes internas.

e) Sem ponto comum e externas.

f) Sem ponto comum, internas e não concêntricas.

33 7 cm, 6 cm e 5 cm; triângulo escaleno.

34 5 cm $< d <$ 13 cm

35 6 cm e 4 cm.

37› Traçamos uma circunferência com raio de medida de comprimento de 4 cm e, com essa mesma abertura, marcamos 6 pontos na circunferência. Escolhendo, alternadamente, um ponto sim e outro não, temos os 3 vértices do triângulo equilátero. Basta traçar os segmentos de reta entre eles.

40› a) $x = 130°$
b) $x = 50°$; $y = 130°$ e $z = 130°$.
c) $x = 40°$
d) $x = 120°$

42› 270°

43› a) 150° c) 90°
b) 90° d) 30°

45› a) Aproximadamente 8,1 cm e 3,1 cm^2.
b) 3,875 cm^2

47› 100° e 260°.

48› A medida de abertura do ângulo central é o dobro da medida de abertura do ângulo inscrito.

49› $x = 55°$ e $y = 90°$; são iguais.

50› a) $40° = 2 \times 20°$
b) $90° = 2 \times 45°$
c) $180° = 2 \times 90°$

51› $A\hat{O}B$ é um ângulo central de arco correspondente $\widehat{AB}$ e medida de abertura de 180°. $A\hat{C}B$ é um ângulo inscrito de mesmo arco correspondente $\widehat{AB}$. Pelo que foi demonstrado, a medida de abertura do $A\hat{C}B$ é a metade da medida de abertura do $A\hat{O}B$, ou seja, $180° \div 2 = 90°$. Se o $A\hat{C}B$ tem medida de abertura de 90°, então o $\triangle ACB$ é retângulo em C.

52› $B\hat{A}C$ e $B\hat{D}C$ são ângulos inscritos de mesmo arco $\widehat{BC}$, sendo $m(B\hat{A}C) = x$ e $m(B\hat{D}C) = y$. Se a abertura do ângulo central de arco $\widehat{BC}$ mede a, então, pelo que foi demonstrado, $x = \frac{a}{2}$ e $y = \frac{a}{2}$. Então podemos concluir que $x = y$.

53› $x = 144°$

54› $x = 40°$

56› 12 cm, 135° e 45°.

57› O ângulo de segmento tem medida de abertura igual à do ângulo inscrito de mesmo arco. A medida de abertura desse ângulo inscrito é a metade da medida de abertura do ângulo central de mesmo arco. Logo, a medida de abertura do ângulo de segmento é a metade da medida de abertura do ângulo central de mesmo arco.

58› a) $x = 80°$ c) $x = 115°$
b) $x = 44°$

59› a) $x = 45°$ b) $c = 90°$

60› 90° e 100°.

61› a) $\overline{IJ}$, $\overline{FH}$ e $\overline{BC}$. d) $\overline{DE}$
b) $\overline{OG}$, $\overline{OF}$ e $\overline{OH}$. e) $\overline{AC}$
c) $\overline{FH}$ f) $\overline{AB}$

62› 13 cm

63› a) $x = 16$ c) $x = 2$
b) $x = 2\sqrt{10}$ d) $x = 1$

65› a) $x = 4$ c) $x = 6$
b) $x = 4$ d) $x = 4$

66› a) $x = 4$ c) $x = 6\sqrt{3}$
b) $x = 5$

67› $4\sqrt{6}$ cm

68› 8 cm

69› $r = 9$

Revisando seus conhecimentos

1› 24 arrumações.

2› a

3› 70°

4› $x = 5$

5› Traçando o $\overline{AD}$, obtemos os triângulos ABD e ACD. Pelo caso LLL, $\triangle ABD \cong$ $\cong \triangle ACD$. Logo, $m(\hat{1}) = m(\hat{2})$.

6› d **9›** b **12›** 8 m
7› a **10›** d **13›** 24 cm
8› b **11›** 10 cm **14›** 13 cm

Praticando um pouco mais

1› b **2›** c **3›** a

4› a) 1 cm.
b) 6 circunferências.

5› d **9›** c
6› e **10›** d
7› b **11›** e
8› a **12›** $x = 7$

Verifique o que estudou

1› a) 12π cm e) 20π cm^2
b) 9π cm^2 f) 32π cm^2
c) 4π cm^2 g) $(16 + 8\pi)$ cm
d) $(2\pi + 8)$ cm

2› 40° **3›** $x = 60°$

4› $x = 14°$; $m(A\hat{P}B) = m(A\hat{Q}B) = 49°$.

5› $m(A\hat{P}B) = 24°$ e $m(A\hat{O}B) = 48°$.

6› 19,6 cm

Capítulo 8

1› a) 8 unidades. c) 6 unidades.
b) 7 unidades.

2› a) $x = \sqrt{45}$ unidades
b) $x = \sqrt{72}$ unidades
c) $x = \sqrt{85}$ unidades

3› 13 cm

4› $k = 6$ ou $k = -4$.

6› A escola.

7› Fernando está correto, pois, além de terem a mesma medida de distância em relação à origem, esses pontos devem ter abscissas e ordenadas respectivamente simétricas.

8› a) 16 u e 15 u^2. c) 16 u e 16 u^2.
b) 22 u e 28 u^2. d) $8\sqrt{2}$ u e 8 u^2.

9› Região retangular com lados de medidas de comprimento de 4 cm por 6 cm.

10› $(7 + \sqrt{41} + \sqrt{34})$ u e 17,5 u^2.

11› a) Sim.
b) Aproximadamente 25,9 u^2.

12› a) $M(2, -6)$ c) $M(-3, -3)$
b) $M\left(2, \frac{3}{2}\right)$

13› $B(8, -2)$

14› 6 unidades; $G(5, 4)$.

15› $C(0, -7)$ e $D(-4, -8)$.

16› 24 cm^3; 8 cm^3; 4,5 cm^3.

18› 36 cm^3

19› 1 000 cm^3

20› Paralelepípedo: $V = a \cdot b \cdot c$;
cubo: $V = s \cdot s \cdot s$ ou $V = s^3$.

21› 280 cm^3; 180 000 cm^3; 144 m^3.

22› a) 120 cm^3
b) Aproximadamente 979,2 cm^3.

23› 2 100 L

24› 2 horas.

25› 2 m

26› a) 432 g c) Flutuará.
b) 0,6 g/cm^3

27› a) Barra média: Medida de volume: 80 cm^3; medida de massa: 64 g; preço: R$ 7,20; barra pequena: Medida de volume: 36 cm^3; medida de massa: 28,8 g; preço: R$ 3,24.
b) Medida de volume: 64 cm^3; medida de cada dimensão: 4 cm; medida de massa: 51,2 g.

28› 45π cm^3; aproximadamente 139,5 cm^3.

29› a) Aproximadamente 31,4 cm^3.
b) Aproximadamente 3 140 cm^3.

30› Aproximadamente 18 840 L.

31› Aproximadamente 942 L.

32› Aproximadamente 3 140 000 L.

33› a) Aproximadamente 449,5 cm^2.
b) Aproximadamente 449 500 cm^2; menos.
c) Aproximadamente 930 mL.
d) 200 latas.

34› 90 cm^3

35› 60 cm^3

36› Aproximadamente 157 cm^3.

37› O cone.

38› a) Aproximadamente 509 645 864 km^2.
b) Aproximadamente 1 082 148 051 226 km^3.

39› a) 18π cm^3 b) 243 cm^3

40› Aproximadamente 97 968 L.

41› Aproximadamente 74 575 m^3; aproximadamente 31 739,12 m^3.

42› Aproximadamente 4,2 cm.

43› b) Aproximadamente 10 976 L.

44› 2^{39} *bits*.

45› b

46› b

47› 754 apostilas.

48› 1×10^9 B; 2×10^9 B; 5×10^{11} B.

49› Na base decimal ou na base 10.

50› Indiretamente proporcionais, pois conforme a medida de velocidade de rotação aumenta, a medida de intervalo de tempo diminui.

52› 5 UA

53› 10,8 anos-luz.

54› $4,5 \times 10^8$ km

55› $2,6 \times 10^{-3}$ UA

56› 783 000 000 anos.

57› 3×10^5 μm

58› $3,048 \times 10^5$ μm

59› $9,144 \times 10^8$ nm

60› 1 milhão de partes.

61› $9,6 \times 10^{21}$ μm

Revisando seus conhecimentos

1› a

2› $m = 4,5$ e $n = 7,5$.

3› b **4›** a **5›** b **6›** 80 mL

7› a) 52 900 m^2; 7 755 140 m^3.

Praticando um pouco mais

1› b
2› b
3› a
4› d
5› d
6› c
7› c
8› a
9› d
10› 65 filmes.

Verifique o que estudou

1› 12 u e 6 u^2.
2› $\sqrt{34}$ cm
3› 10 cm
4› a
5› 18 cm^3
6› 400 cm^3
7› A medida de comprimento da altura do cone é a metade da medida de comprimento da altura da pirâmide ou a medida de comprimento da altura da pirâmide é o dobro da medida de comprimento da altura do cone.
8› 10^3
9› c

Capítulo 9

1› a) Variável quantitativa contínua.
3› Conjunto *A*: 974,5; 1 004,5; 225; 4 153,05 e 64,4;.conjunto *B*: 1 020; 1 025; 342; 12 280,6 e 110,8; conjunto *C*: 1 037,8; 1 047; 335; 7 908,96 e 88,9.
4› a) O ano, no primeiro dia útil.
b) O valor, em reais.
c) Em 2016.
d) De 2008 a 2009 e de 2011 a 2016.
e) De 2009 a 2011 e de 2016 a 2018.
f) Aproximadamente 29,15%.
5› a) 5,7%
b) A região Nordeste.
c) Não, pois o número de pessoas analfabetas é calculado utilizando o número de habitantes da população de cada região. Portanto, se a população da região Nordeste for muito pequena, então existe a possibilidade de que essa região não tenha o maior número de pessoas analfabetas no Brasil.
6› a) As matrizes elétricas brasileiras.
b) ANEEL. *Aplicações*. Disponível em: <www2.aneel.gov.br/aplicacoes/capacidadebrasil/OperacaoCapacidadeBrasil.cfm>.
c) 7,84%
d) A energia solar.
e) Sim, a energia hídrica, pois a participação é de 60,76%, que é mais da metade de 100% (total da oferta de energia).
f) Aproximadamente 57°.
7› a) Que 6 famílias consumiram de 120 a 150 kWh nesse mês, excluído o valor de 150 kWh.
b) 2 famílias.
c) 10 famílias.
d) 25 famílias.
8› a) O consumo médio diário de água por pessoa em diferentes países.
b) Aproximadamente 3,1.
10› b) 6,5
c) 8
d) 7,5

11› a) O setor correspondente ao candidato **X** (22%) é o maior, mas na verdade o maior setor deveria ser o correspondente aos votos brancos e nulos (40%).
b) Que o candidato **X** é o preferido de quase metade dos eleitores.
12› 6 maneiras.
13› 90 maneiras.
14› 90 possibilidades.
15› 336 resultados.
16› 992 possibilidades.
17› 12 maneiras.
18› a) 625 senhas.
b) 120 senhas.
19› a) 16 807 senhas.
b) 2 520 senhas.
c) 27 senhas.
20› a) 1 280 maneiras.
b) 120 maneiras.
21› 3 jogos e 6 jogos.
22› 8 tipos.
23› 24 maneiras.
24› 1 000 000 000 ou 1 bilhão de produtos.
25› a) Eventos independentes; $\frac{1}{2}$ ou 50%.
b) Eventos dependentes; $\frac{1}{39}$ ou aproximadamente 2,6%.
c) Eventos dependentes; $\frac{1}{51}$ ou aproximadamente 2%.
26› a) Dependentes, pois há alteração do espaço amostral.
b) Dependentes, pois há alteração do espaço amostral.
27› a) Aluno: 175;303. Funcionário: 32;107. Total: 410.
c) I. Aproximadamente 39%.
II. Aproximadamente 61%.
III. Aproximadamente 26%.
IV. Aproximadamente 74%.
d) Aproximadamente 18%.
28› a) Não usa: 12; 14; 26. Usa: 3; 6; 9. Total: 15; 20; 35.
b) $\frac{1}{3}$ ou aproximadamente 33,3%.
29› a) $\frac{8}{19}$ ou aproximadamente 42,1%.
b) $\frac{9}{16}$ ou 56,25%.
c) $\frac{9}{35}$ ou aproximadamente 25,7%.
30› a) 5%
c) $\frac{1}{20}$ ou 5%.
31› $\frac{11}{400}$ ou aproximadamente 2,75%.
32› a) $\frac{17}{80}$
b) $\frac{7}{80}$
c) $\frac{7}{80}$
d) $\frac{19}{80}$
e) $\frac{27}{80}$
f) $\frac{28}{80}$ ou $\frac{7}{20}$.
33› b) $\frac{1}{12}$ ou aproximadamente 8,3%.
34› c
35› I-b; II-a
36› $\frac{1}{992}$
39› 91 pacientes.
40› a) R$ 224 000,00
b) R$ 720 000,00
c) R$ 4 000,00

Revisando seus conhecimentos

1› b
2› $\frac{1}{6}$
3› b
4› b
5› b
6› a) $A = \{2, 4, 6, 8, 10\}$
b) $B = \{1, 3, 5, 7, 9\}$
c) $C = \{3, 6, 9\}$
d) $D = \{10\}$
e) $E = \{1, 2, 3, 6\}$
7› 2 m^2 de tecido.
8› a) 76 531
b) 13 567
c) 90 098
d) 62 964
9› a
10› 8 bilhões e 600 milhões.
11› Medida de comprimento da altura: 12 cm; medidas de comprimento dos catetos: 20 cm e 15 cm.
12› $x = 6$
13› 293,75 m^2
14› $x = 6$ cm
15› 3 cm
17› a) Translação.
b) Simetria central de centro *O* ou rotação de 180° em torno de *O*.
18› a
19› d
20› a
21› a
22› 80°
23› 135°
24› a
25› 7 cm
26› 13 m

Praticando um pouco mais

1› d
2› d
3› b
4› d
5› d
6› d
7› b
8› b
9› a

Verifique o que estudou

1› a) Qualitativa nominal.
b) Valores.
c) 10; 25%
d) 90°
2› 24 siglas.
3› a) 45 fichas.
b) 20 fichas.
c) 9 fichas.
4› a) $\frac{4}{20}$ ou $\frac{1}{5}$ ou 20%.
b) $\frac{3}{12}$ ou $\frac{1}{4}$ ou 25%.
c) $\frac{6}{26}$ ou $\frac{3}{13}$ ou aproximadamente 23%.
7› Média aritmética: 14,3 anos; moda: 15 anos; mediana: 14,5 anos.

Para ler, pensar e divertir-se

Pensar

d

Lista de siglas

Veja a seguir o significado das siglas que utilizamos, ao longo do livro, nas questões.

Cefet-MG: Centro Federal de Educação Tecnológica de Minas Gerais.
Cefet-PR: Centro Federal de Educação Tecnológica do Paraná.
Cesgranrio-RJ: Fundação Cesgranrio.
CMRJ: Colégio Militar do Rio de Janeiro.
EEAR: Escola de Especialistas de Aeronáutica.
Enem: Exame Nacional do Ensino Médio.
ESPM-SP: Escola Superior de Propaganda e Marketing.
Fafi-MG: Faculdade de Filosofia, Ciências e Letras de Belo Horizonte.
Fatec-SP: Faculdade de Tecnologia de São Paulo.
FEI-SP: Centro Universitário da Faculdade de Engenharia Industrial.
Fuvest-SP: Fundação Universitária para o Vestibular.
Ifal: Instituto Federal de Alagoas.
IFBA: Instituto Federal de Educação, Ciência e Tecnologia da Bahia
IFCE: Instituto Federal de Educação, Ciência e Tecnologia do Ceará.
IFPE: Instituto Federal de Educação, Ciência e Tecnologia de Pernambuco.
IFSP: Instituto Federal de Educação, Ciência e Tecnologia de São Paulo.
Mack-SP: Universidade Presbiteriana Mackenzie.
Obmep: Olimpíada Brasileira de Matemática das Escolas Públicas.
PUC-RJ: Pontifícia Universidade Católica do Rio de Janeiro.
PUC-RS: Pontifícia Universidade Católica do Rio Grande do Sul.
Saeb: Sistema Nacional de Avaliação da Educação Básica.
Saresp: Sistema de Avaliação de Rendimento Escolar do Estado de São Paulo.
Spaece: Sistema Permanente de Avaliação da Educação Básica do Ceará.
UA-AM: Universidade de Aveiro, Amazonas.
UEG-GO: Universidade Estadual de Goiás.
UEM-PR: Universidade Estadual de Maringá.
UEPG-PR: Universidade Estadual de Ponta Grossa.
Uerj: Universidade do Estado do Rio de Janeiro.
UFC-CE: Universidade Federal do Ceará.
UFPA: Universidade Federal do Pará.
UFPB: Universidade Federal da Paraíba.
UFPI: Universidade Federal do Piauí.
UFRGS-RS: Universidade Federal do Rio Grande do Sul.
UFRJ: Universidade Federal do Rio de Janeiro.
UFSM-RS: Universidade Federal de Santa Maria.
Unemat-MT: Universidade do Estado de Mato Grosso.
Unesp-SP: Universidade Estadual Paulista Júlio de Mesquita Filho.
UniBH-MG: Centro Universitário de Belo Horizonte.
Unicamp-SP: Universidade Estadual de Campinas.
Unifor-CE: Fundação Edson Queiroz Universidade de Fortaleza.
Unimep-SP: Universidade Metodista de Piracicaba.
Unimontes-MG: Universidade de Montes Claros.
Unisinos-RS: Universidade do Vale do Rio dos Sinos.
USF-SP: Universidade São Francisco.
UTFPR: Universidade Tecnológica Federal do Paraná.
Vunesp: Fundação para o Vestibular da Unesp, São Paulo.

Minha biblioteca

Indicamos a seguir algumas leituras relacionadas com os assuntos de Matemática que você está estudando, além de outras para ampliar seus conhecimentos gerais. Procure, sempre que possível, complementar seus estudos com essas leituras.

BUORO, Anamelia Bueno; KOK, Beth. *O outro lado da moeda*. São Paulo: Companhia Editora Nacional, 2007. (Coleção Arte na Escola).

COLEÇÃO A descoberta da Matemática. São Paulo: Ática, 2002.

COLLINS, Fergus; STROUD, Jonathan. *Livro dos recordes e curiosidades*. São Paulo: Girassol, 2002.

GORDON, Hélio. *A história dos números*. São Paulo: FTD, 2002.

LAURENCE, Ray. *Guia do viajante pelo mundo antigo:* Roma. São Paulo: Ciranda Cultural, 2010.

MAJUNGMUL; Ji Won Lee. *A origem dos números*. São Paulo: Callis, 2010.

MENEZES, Silvana de. *O quadrado mágico:* a escola pitagórica. São Paulo: Cortez, 2009.

MILIES, Francisco César; BUSSAB, José Hugo de Oliveira. *A Geometria na Antiguidade clássica*. São Paulo: FTD, 2000.

POSKITT, Kjartan. *Medidas desesperadas:* comprimento, área e volume. São Paulo: Melhoramentos, 2005.

REDE, Marcelo. *A Mesopotâmia*. 2. ed. São Paulo: Saraiva, 2002. (Coleção Que história é esta?).

SOBRAL, Fátima. *O livro do tempo*. São Paulo: Impala, 2006.

SOCIEDADE BRASILEIRA PARA O PROGRESSO DA CIÊNCIA (SBPC). *Revista Ciência hoje das crianças*. Rio de Janeiro.

TAHAN, Malba. *Matemática divertida e curiosa*. 7. ed. Rio de Janeiro: Record, 1991.

________. *O homem que calculava*. 55. ed. Rio de Janeiro: Record, 2001.

STRATHERN, Paul. *Pitágoras e seu teorema em 90 minutos*. Rio de Janeiro: Zahar, 1998.

ZIRALDO. *Almanaque Maluquinho:* pra que dinheiro? São Paulo: Globo, 2011.

Mundo virtual

Você também pode complementar seus estudos acessando alguns *sites* relacionados à Matemática e a outros assuntos gerais. Todos os *sites* foram acessados em set. 2018.

Arte & Matemática
<www2.tvcultura.com.br/artematematica/home.html>

Atractor – Matemática interactiva
<www.atractor.pt>

Discovery Channel na escola
<www.discoverynaescola.com>

IBGE Países
<www.ibge.gov.br/paisesat>

IBGE *Teen*
<teen.ibge.gov.br>

Jogos educacionais
<universoneo.com.br/fund>

Kademi
<www.kademi.com.br>

Olimpíada Brasileira de Matemática
<www.obm.org.br/opencms>

Material de divulgação – Observatório Nacional
<www.on.br/index.php/pt-br/conteudo-do-menu-superior/34-acessibilidade/114-material-divulgacao-daed.html>

Racha cuca – Jogos de Matemática
<rachacuca.com.br/jogos/tags/matematica>

Só Matemática
<www.somatematica.com.br/efund.php>

TV Escola
<tvescola.mec.gov.br>

Universidade Federal Fluminense (UFF-RJ) – Conteúdos digitais para o ensino e aprendizagem de Matemática e Estatística
<www.cdme.im-uff.mat.br/>

Bibliografia

AABOE, Asger. *Episódios da história antiga da Matemática.* Rio de Janeiro: Sociedade Brasileira de Matemática (SBM), 1998. (Fundamentos da Matemática).

ABRANTES, Paulo. *Avaliação e educação matemática.* Rio de Janeiro: Ed. da USU-Gepem, 1995. Dissertação de Mestrado em Educação. v. 1.

________ et al. *Investigar para aprender Matemática.* Lisboa: Associação de Professores de Matemática (APM), 1996.

BOYER, Carl Benjamin. *História da Matemática.* Trad. de Elza F. Gomide. 3. ed. São Paulo: Edgard Blücher, 2012.

BRASIL. Ministério da Educação. *Base Nacional Comum Curricular.* Brasília, 2017.

________. Ministério da Educação. Secretaria de Educação Básica. Fundo Nacional de Desenvolvimento da Educação. *Guia de livros didáticos:* Ensino Fundamental – Anos finais – PNLD 2017. Brasília, 2016.

________. Ministério da Educação. Secretaria de Educação Básica. Secretaria de Educação Continuada, Alfabetização, Diversidade e Inclusão. Conselho Nacional de Educação. *Diretrizes Curriculares Nacionais Gerais da Educação Básica.* Brasília, 2013.

________. Ministério da Educação. Secretaria de Educação Básica. João Bosco Pitombeira Fernandes de Carvalho (Org.). *Matemática:* Ensino Fundamental. Brasília: 2010. v. 17. (Coleção Explorando o ensino).

________. Ministério da Educação. Secretaria de Educação Fundamental. *Parâmetros Curriculares Nacionais:* Matemática. 3º e 4º ciclos. Brasília, 1998.

CARAÇA, Bento de Jesus. *Conceitos fundamentais de Matemática.* Lisboa: Gradiva, 1998.

CARRAHER, Terezinha Nunes (Org.). *Aprender pensando:* contribuição da psicologia cognitiva para a educação. 19. ed. Petrópolis: Vozes, 2008.

CARRAHER, Terezinha Nunes; CARRAHER, David; SCHLIEMANN, Ana Lúcia. *Na vida dez, na escola zero.* 16. ed. São Paulo: Cortez, 2011.

CARVALHO, João Bosco Pitombeira de. As propostas curriculares de Matemática. In: BARRETO, Elba Siqueira de Sá (Org.). *Os currículos do Ensino Fundamental para as escolas brasileiras.* São Paulo: Autores Associados/Fundação Carlos Chagas, 1998.

D'AMBROSIO, Ubiratan. *Educação matemática:* da teoria à prática. Campinas: Papirus, 1997.

DANTE, Luiz Roberto. *Formulação e resolução de problemas de Matemática:* teoria e prática. São Paulo: Ática, 2010.

EVES, Howard. *Introdução à história da Matemática.* Trad. de Hygino H. Domingues. 4. ed. Campinas: Ed. da Unicamp, 2004.

IFRAH, Georges. *História universal dos algarismos:* a inteligência dos homens contada pelos números e pelo cálculo. Trad. de Alberto Muñoz e Ana Beatriz Katinsky. Rio de Janeiro: Nova Fronteira, 2000. Tomos 1 e 2.

________. *Os números:* a história de uma grande invenção. 9. ed. São Paulo: Globo, 1998.

INMETRO. *Vocabulário internacional de metrologia:* conceitos fundamentais e gerais e termos associados. Rio de Janeiro, 2009.

KALEFF, Ana Maria Martensen Roland. *Vendo e entendendo poliedros.* Niterói: Eduff, 1998.

KAMII, Constance. *Ensino de aritmética:* novas perspectivas. 4. ed. Campinas: Papirus, 1995.

________; JOSEPH, Linda Leslie. *Aritmética:* novas perspectivas – implicações da teoria de Piaget. Campinas: Papirus, 1995.

LINS, Rômulo Campos; GIMENEZ, Joaquim. *Perspectivas em aritmética e álgebra para o século XXI.* 3. ed. Campinas: Papirus, 1997.

LOPES, Maria Laura Mouzinho (Coord.). *Tratamento da informação:* explorando dados estatísticos e noções de probabilidade a partir das séries iniciais. Rio de Janeiro: Ed. da UFRJ (Instituto de Matemática), Projeto Fundão, Spec/PADCT/Capes, 1997.

________; NASSER, Lilian (Org.). *Geometria na era da imagem e do movimento.* Rio de Janeiro: Ed. da UFRJ (Instituto de Matemática), Projeto Fundão, Spec/PADCT/Capes, 1996.

LUCKESI, Cipriano. *A avaliação da aprendizagem escolar.* 22. ed. São Paulo: Cortez, 2011.

MOYSÉS, Lúcia. *Aplicações de Vygotsky à Educação matemática.* 11. ed. Campinas: Papirus, 2011.

NASSER, Lilian; SANT'ANNA, Neide da Fonseca Parracho (Coord.). *Geometria segundo a teoria de Van Hiele.* Rio de Janeiro: Ed. da UFRJ (Instituto de Matemática), Projeto Fundão, Spec/PADCT/Capes, 1997.

OCHI, Fusako Hori et al. *O uso de quadriculados no ensino da Geometria.* 3. ed. São Paulo: Edusp (Instituto de Matemática e Estatística), CAEM/Spec/PADCT/Capes, 1997.

PARRA, Cecília; SAIZ, Irma (Org.). *Didática da Matemática:* reflexões psicopedagógicas. Porto Alegre: Artes Médicas, 1996.

PERELMANN, Iakov. *Aprenda álgebra brincando.* Trad. de Milton da Silva Rodrigues. São Paulo: Hemus, 2001.

PIAGET, Jean et al. *La enseñanza de las matemáticas modernas.* Madrid: Alianza, 1983.

POLYA, George. *A arte de resolver problemas.* Trad. de Heitor Lisboa de Araújo. Rio de Janeiro: Interciência, 1995.

SANTOS, Vânia Maria Pereira (Coord.). *Avaliação de aprendizagem e raciocínio em Matemática:* métodos alternativos. Rio de Janeiro: Ed. da UFRJ (Instituto de Matemática), Projeto Fundão, Spec/PADCT/Capes, 1997.

________; REZENDE, Jovana Ferreira (Coord.). *Números:* linguagem universal. Rio de Janeiro: Ed. da UFRJ (Instituto de Matemática), Projeto Fundão, Spec/PADCT/Capes, 1996.

SCHLIEMANN, Ana Lúcia et al. *Estudos em psicologia da Educação matemática.* Recife: Ed. da UFPE, 1997.

________; CARRAHER, David (Org.). *A compreensão de conceitos aritméticos:* ensino e pesquisa. Campinas: Papirus, 1998. (Revista Perspectivas em Educação matemática.)

SECRETARIA DE EDUCAÇÃO DO ESTADO DE SÃO PAULO. *Propostas curriculares do Estado de São Paulo – Matemática:* Ensino Fundamental – Ciclo II e Ensino Médio. 3. ed. São Paulo, 2008.

SOCIEDADE BRASILEIRA DE EDUCAÇÃO MATEMÁTICA. *Educação matemática em revista.* São Paulo, 1993.

________. *Revista do professor de Matemática.* Rio de Janeiro, 1982.

TAHAN, Malba. *O homem que calculava.* 55. ed. Rio de Janeiro: Record, 2001.

TINOCO, Lúcia. *Geometria euclidiana por meio de resolução de problemas.* Rio de Janeiro: Ed. da UFRJ (Instituto de Matemática), Projeto Fundão, Spec/PADCT/Capes, 1999.

________. *Construindo o conceito de função no 1º grau.* Rio de Janeiro: Ed. da UFRJ (Instituto de Matemática), Projeto Fundão, Spec/PADCT/Capes, 1996.

________. *Razões e proporções.* Rio de Janeiro: Ed. da UFRJ (Instituto de Matemática), Projeto Fundão, Spec/PADCT/Capes, 1996.

Papéis de sorteio
